Chemisch-technische Untersuchungsmethoden

Ergänzungswerk
zur achten Auflage

Herausgegeben von
Dr.-Ing. **Jean D'Ans**

Dritter Teil
Untersuchungsmethoden der organisch-chemischen Technologie

Mit 198 Abbildungen im Text

Bearbeitet von

A. Berthmann, F. Burgstaller, G. Dorfmüller, W. Esch,
S. Funke, J. Großfeld, H. v. Haasy, W. Halden, G. Hamann,
E. van Hulle, G. Jayme, H. P. Kaufmann, R. Korn,
A. Küntzel, H. Leonhardt, H. Mendrzyk, E. Messmer,
Ph. Naoùm, P. Rabe, S. Reissinger, E. Ristenpart,
E. Sauer, H. Sommer, H. Thomas, W. Toeldte, W. Weltzien,
K. Windeck-Schulze, R. Wurzschmitt

Mit einem Gesamtsachverzeichnis
für das Haupt- und Ergänzungswerk
Bearbeitet von Dr. **Hilde Erdmann**

Berlin
Verlag von Julius Springer
1940

ISBN-13:978-3-642-89000-0   e-ISBN-13:978-3-642-90856-9
DOI: 10.1007/978-3-642-90856-9

Vorwort.

Mit dem vorliegenden III. Band, in dem die chemisch-technischen Untersuchungsmethoden der Erzeugnisse der organisch-chemischen Großindustrie behandelt werden, liegt das Ergänzungswerk abgeschlossen vor. Der Inhalt hat gegenüber dem des Hauptwerkes zum Teil eine starke Wandlung erfahren, bedingt durch die gewaltige Umwälzung und die bewunderungswürdigen Erfolge in der Herstellung und Anwendung von organischen Stoffen als Werkstoffe und Faserstoffe. Bei diesen spielt für die Bewertung der Roh- und Fertigprodukte die Haltbarkeit und die mechanische Widerstandsfähigkeit eine ausschlaggebende Rolle, so daß deren Messung wertvollere und werkstoffgerechtere Ergebnisse liefert als die chemische Untersuchung allein. Aus diesem Grunde ist in den Abschnitten „Papier", „Gespinstfasern und Textilien", „Kunststoffe" und „Kautschuk und Gummiwaren" den physikalischen und mechanischen Untersuchungsmethoden ein viel breiterer Raum zugebilligt worden als bisher. Es ist so eine lehrreiche Übersicht über die auf verschiedenen Arbeitsgebieten gesondert entwickelten mechanisch-physikalischen Untersuchungsverfahren und Meßvorrichtungen zustande gekommen.

Bei den Anstrichmitteln ist dieselbe Entwicklung nach der Seite der stärkeren Beachtung der Untersuchungen der Eigenschaften des fertigen Objektes zu verzeichnen, um aus ihnen die Eignung des Mittels selbst zu kennzeichnen.

Noch bei einem dritten Gebiet hat die neuere Entwicklung, die in der Zukunft noch viel stärker zu beachten sein wird, zu einer Änderung gegenüber der bisherigen Behandlungsweise Veranlassung gegeben. Es ist eine Industrie neuartiger sowohl organischer als auch anorganischer Wasch- und Reinigungsmittel entstanden. Die Verfahren zur Untersuchung und Bewertung dieser Mittel sind in einem einheitlichen Abschnitte zusammengefaßt worden. In diesem sind auch die Fortschritte in der Untersuchung der Seifen zu finden, die bisher im Abschnitt „Fette und Wachse" untergebracht waren. Den „Lipoiden" ist, ihrer wachsenden Bedeutung entsprechend, ein besonderer Abschnitt gewidmet worden.

Trotz der großen Erschwernisse durch die Zeitumstände konnte $^3/_4$ Jahre nach dem Erscheinen des 1. Bandes das ganze Ergänzungswerk zum glücklichen Ende geführt werden. Für diesen Erfolg gebührt allen Mitarbeitern der wärmste Dank, besonders aber den Herren W. Esch, J. Großfeld, S. Reissinger und W. Toeldte, die für verhinderte Mitarbeiter zum Teil erst vor wenigen Monaten eingesprungen sind, und denen daher das große Verdienst zuzusprechen ist, daß das Werk lückenlos nach seiner ursprünglichen Planung erscheinen kann.

Auch jetzt beim Abschluß des Werkes möchte ich für die Förderung und Unterstützung den Behörden und Industrien meinen Dank wiederholen, insbesondere der I.G.Farbenindustrie für ihre Bereitwilligkeit, auch die wichtigen Abschnitte „Wasch- und Reinigungsmittel" und „Kautschuk" für den vorliegenden Band bearbeiten zu lassen.

Die Register und das Generalregister sind von Frau Dr. H. Erdmann bearbeitet worden, auch ihr sei Dank ausgesprochen als Anerkennung für ihre wertvolle, sehr mühevolle Mitarbeit.

Die Durchführung der gestellten Aufgabe ist mir nur möglich gewesen durch die außerordentlich große Hilfe und Unterstützung, die ich von seiten des Verlages erfahren habe. Hierfür möchte ich ihm auch hier noch meinen besten Dank sagen.

Berlin, Februar 1940.

D'Ans.

Inhaltsverzeichnis.

Seite

II. Chemische Untersuchungsmethoden 657
   A. Quantitative Untersuchung 657
      1. Bestimmung von Estern 657
      2. Bestimmung von freien Alkoholen 657
      3. Bestimmung von Aldehyden und Ketonen 660
      4. Bestimmung von Phenolen und Phenoläthern 661
   B. Allgemeine Untersuchungsverfahren zur Zerlegung eines ätherischen
      Öles und zum Nachweis seiner Einzelbestandteile 662
   C. Qualitativer Nachweis verschiedener Zusätze 671
III. Konstanten und Eigenschaften ätherischer Öle 672
IV. Konstanten und Eigenschaften von Riechstoffen 678

Organische Farbstoffe 679
   I. Die Vor- und Zwischenprodukte der organischen Farbstoffe. Von Dr.-
      Ing. Edmund van Hulle, Leverkusen (Rhld.) 679
   A. Allgemeines 679
   B. Spezieller Teil 680
      1. Aromatische Kohlenwasserstoffe 680
      2. Nitrierte aromatische Kohlenwasserstoffe 680
      3. Benzolsulfosäuren 681
      4. Aromatische Amine 681
      5. Phenole 682
      6. Aldehyde und Ketone 683
      7. Aromatische Carbonsäuren 683
      8. Naphthalinsulfosäuren 684
      9. Arylhydrazinsulfosäuren 684
     10. Anthracen 684
 Literatur 684

   II. Analyse der Farbstoffe 685
      Erkennung und Trennung von Farbstoffgemischen. Von Dr.-Ing.
      Ernst Messmer, Leverkusen (Rhld.) 685
 Literatur 688

   III. Die Farbstoffe. Von Dr. P. Rabe, Leverkusen (Rhld.) 688
      1. Farbstoffbezeichnungen 688
      2. Prüfung der Lichtechtheit nach Typen 689
      3. Tanninbrechweinsteinbeize 689
      4. Druckversuche 691
      5. Basische Farbstoffe, Beizen 691
      6. Grundieren 691
      7. Küpen- und Indanthrenfarbstoffe 691
      8. Allgemeines 691
      9. Sulfurierte Öle (Emulphore) 691
     10. Entschlichtungsmittel 691
     11. Netzmittel 691
     12. Emulgiermittel 691
     13. Reinigungsmittel 692
     14. Entschlichtungsmittel 692
     15. Weichmachungsmittel 692

Tinte. Von Dr. H. van Haasy, Dresden-Loschwitz 692

Chemische Präparate. Von Dr. H. Leonhardt und Dr. G. Hamann, Darm-
stadt 697
   I. Anorganische Präparate 697
   A. Reduktionsmittel 697
      1. Hydrazinsulfat 697
      2. Hydroxylaminhydrochlorid 697
      3. Natriumhydrosulfit 697
      4. Formaldehyd-Natriumsulfoxylat 697

Inhaltsverzeichnis. XXI

Berichtigungen zum Hauptwerk.

Bd. IV, S. 325: Zeile 3 von unten statt $(2a - b) \cdot 0,61753$ setzen:
$$(a - b) \cdot 0,61753.$$
Die Bestimmung kann ebensogut mit einer 0,1 n-Thiosulfatlösung durchgeführt werden.

Bd. II/1, S. 792: Wasserbestimmung im gelöschten Kalk mittels CaC_2. Die Gleichung soll lauten: $CaC_2 + 2 H_2O \rightarrow Ca(OH)_2 + C_2H_2$; der Faktor dementsprechend 0,1632 statt 0,0816 g H_2O.

Berichtigung zum vorliegenden Band.

S. 337 Literatur 1. Zeile: Statt Böhme lies Bömer.

Zuckerfabrikation.

Von

Dr.-Ing. G. Dorfmüller, Berlin.

Einleitung.

Seit Erscheinen des Hauptwerkes sind einige Arbeiten erschienen, die wichtig genug sind, um nachfolgend darüber ausführlicher zu berichten. Als Anordnung ist die des Hauptwerkes beibehalten worden. Verwiesen sei noch auf den Abschnitt „Optische Messungen", Erg.-Bd. I, S. 366, wo Refraktometer für die Zuckerindustrie beschrieben sind und auf S. 100 bei den Refraktometertabellen für Trockensubstanz Prozente angegeben sind.

I. Zuckerrüben.

1. Zuckergehalt (V, 4). Für die Ausführung der Institutsmethode errechneten O. Spengler, W. Paar und E. Mück unter Berücksichtigung des Kolloidwassers bei Verwendung von 26 g Rübenbrei eine Zugabe von 177,15 cm³ Bleiessigwasser. Bei Verwendung einer 177-cm³-Pipette müssen demnach statt 26 g nur 25,98 g Rübenbrei abgewogen werden.

Colorimetrische Bestimmung des schädlichen Stickstoffes der Amide und Aminosäuren in der Rübe. Bei Reinigung und Weiterverarbeitung der Säfte wirken Aminosäuren und Amide störend, weshalb die Ermittlung des durch sie bedingten Stickstoffbetrages sehr wünschenswert ist. Nach Staněk und Pavlas ist unter „schädlicher Aminostickstoff" jener Betrag zu verstehen, der sich aus dem Stickstoff der Aminosäuren und der Hälfte des Stickstoffes der Amide ergibt. Die von Staněk und Pavlas ausgearbeitete Methode zur Bestimmung dieses „schädlichen Stickstoffes" (sog. Blauzahlmethode) beruht auf der Eigenschaft der Amide und Aminosäuren auch nach Bleiessigklärung, mit Kupferoxyd bei gleich großer schädlicher Stickstoffmenge ziemlich gleiche Farbstärken zu liefern. Man versetzt völlig klaren Digestionssaft[1] (26 g : 200 cm³) bzw. geklärten Preß- oder Diffusionssaft (26 : 200 cm³) mit $^1/_{10}$ des Volumens Kupferreagens[2] (Kölbchen 100/110 cm³), schüttelt

---

[1] Wenn es sich um angegriffene, invertzuckerhaltige Rüben handelt, muß man statt der heißen wäßrigen Digestion die kalte, wäßrige Digestion mit feinem Rübenbrei anwenden, damit völlig klarer, farbloser Digestionssaft erhalten wird.

[2] Kupferreagens: 10 g reines kristallisiertes, unverwittertes, trockenes Kupfernitrat in 700 cm³ Wasser gelöst, mit 250 g kristallisiertem Natriumacetat versetzt und nach Auflösen bei 20° zu 1 l aufgefüllt, durchgeschüttelt und filtriert. Aus dem Filtrat scheidet sich eine sehr geringe Menge von basischem Kupferacetat ab. Nach Filtration bleibt die Lösung haltbar.

durch, gießt in die Probeflasche sofort um und vergleicht alsbald unter Benützung einer Tageslichtlampe den Farbton mit Standardfarblösungen. (Hergestellt aus Kupfersulfat und Kobaltammoniumsulfat in etwa $^1/_2$%iger Schwefelsäure gelöst.) Die Farbstärke dieser Lösungen entspricht 10—90 mg Stickstoff je 100 g Rübe, abgestuft von 5 zu 5 mg, d. h. um je 0,005% auf Rübe. Diese Stickstoffwerte sind in die Gläser, die die Farblösungen enthalten, eingeritzt (Blauzahlen). Die Methode ist für technische Zwecke geeignet.

2. Invertzucker. Maßanalytische Bestimmung (V, 20). Es ist bekannt, daß die Invertzuckerbestimmung nach Herzfeld — Bestimmung geringer Invertzuckermengen in Gegenwart eines großen Saccharoseüberschusses (V, 16) — keine genauen Ergebnisse liefern kann. Die größte Fehlerquelle des Verfahrens besteht darin, daß infolge der Eigenreduktion durch reine Saccharose Kupferoxydulmengen entsprechend Invertzuckermengen von 30—40 mg für 10 g Saccharose abgeschieden werden können (Ztschr. f. Zuckerind. d. čsl. Repbl. 15, 281, 289). Wenngleich dieses Verfahren noch immer als Handelsmethode in Deutschland vorgeschrieben ist, übertrifft die von O. Spengler, F. Tödt und M. Scheuer ausgearbeitete Methode jene von Herzfeld sowohl an Genauigkeit wie auch an rascher und einfacher Ausführung. Wie die genannten Autoren zeigten, hängt die Verläßlichkeit der mit kupferhaltigen Lösungen arbeitenden Methoden ganz von dem Verlauf der Kupferreduktion ab. Neben anderen Faktoren ist vor allem die Kupferkonzentration und der p_H-Wert von größter Bedeutung für die Reaktion. Die Oxydation wird mit der Müllerschen Lösung (seignettesalzhaltige, sodaalkalische Kupfersulfatlösung) vorgenommen. Die Bestimmung des reduzierten Kupfers geschieht durch Titration mit Jodlösung.

Zur Bestimmung des Invertzuckers im Rohrzucker verfährt man folgendermaßen:

10 g Rohzucker werden in einem 300 cm³ fassenden Erlenmeyerkolben in 100 cm³ destilliertem Wasser gelöst. Man setzt 10 cm³ Müllersche Lösung hinzu und erhitzt 10 Minuten im siedenden Wasserbad. Das Wasserbad muß von vornherein so stark kochen, daß auch durch das Einhängen der Kolben das Sieden nicht unterbrochen wird, wobei der innere Flüssigkeitsspiegel mindestens 2 cm unter dem äußeren stehen muß. Nach der Reaktion kühlt man möglichst schnell, ohne umzuschwenken, auf ungefähr Zimmertemperatur ab[1] und gibt zuerst 5 cm³ 5fach normaler Essigsäure bzw. Weinsäure und dann 20 cm³ (bzw. 40 cm³) $^1/_{30}$ n-Jodlösung hinzu. Der Jodüberschuß wird nach Auflösung des Niederschlages mit $^1/_{30}$ n-Thiosulfat unter Zusatz einiger Kubikzentimeter Stärkelösung[2] zurücktitriert.

Gleichzeitig mit diesem „Hauptversuch" wird ein „Nullversuch" ohne Zuckerzusatz in derselben Weise durchgeführt. Die

---

[1] Am besten stülpt man ein kleines Becherglas über den Kolben und läßt kaltes Leitungswasser auffließen. In den Kolben selbst wird kein „Abschreck"-wasser zugesetzt.

[2] Sehr vorteilhaft ist die Verwendung von Zulkowski-Stärke, die sich schon in der Kälte äußerst leicht löst (1—2% Lösung).

Differenz der Thiosulfatwerte des Haupt- und Nullversuches entspricht den verbrauchten Kubikzentimetern Jodlösung.

1 cm³ $^1/_{30}$ n-Jodlösung = 1 mg Invertzucker.

Bei Serienversuchen genügt es selbstverständlich, den Nullwerttiter, der in erster Linie etwaige Verunreinigungen der Reagenzien ausschalten soll, von Zeit zu Zeit auf seine Konstanz und Richtigkeit zu überprüfen.

Die Thiosulfatlösung wird dadurch haltbar gemacht, daß man beim Auffüllen je Liter etwa 3 cm³ einfach normale Natronlauge hinzusetzt. Auf ihre richtige Einstellung ist besonderer Wert zu legen. Für die Eigenreduktion von 10 g Saccharose sind 2 cm³ $^1/_{30}$ n-Jodlösung, also 2 mg, vom Invertzucker abzuziehen, bei geringeren Mengen entsprechend weniger (z. B. für 2,5 g Zucker nur 0,5 cm³).

Durch eine besondere Titration muß der Jodverbrauch in der Kälte festgestellt und vom Resultat abgezogen werden, da man sonst andere reduzierende Substanzen wie schweflige Säure als Invertzucker finden würde. Hierbei muß ebenso wie beim Hauptversuch zuerst die Säure und dann das Jod zugesetzt werden, da die alkalische Jodlösung bereits in der Kälte mit Invertzucker reagiert.

Für die Herstellung der Müllerschen Lösung sind nur reinste Reagenzien, „pro analysi" (am besten mit Garantieschein) zu verwenden. Man übergießt in einem 1-l-Meßkolben 35 g kristallisiertes Kupfersulfat ($CuSO_4 \cdot 5\ H_2O$) mit 400 cm³ kochendem Wasser und in einem anderen Gefäß 173 g Seignettesalz sowie 68 g wasserfreie Soda (z. B. 180 g kristallisierte Soda, $Na_2CO_3 \cdot 10\ H_2O$) mit 500 cm³ siedendem Wasser. Nach Auflösung und Abkühlung gießt man auch die zweite Lösung in den Meßkolben und füllt zur Marke auf. Die Lösung wird mit Aktivkohle (1—2 Teelöffel) gut durchgeschüttelt und nach mehrstündigem Stehen durch ein gehärtetes Filter abgesaugt. Die so hergestellte Lösung hält sich praktisch unverändert. Sollten sich nach sehr langer Zeit geringe Kupferausscheidungen bilden, so müssen diese abfiltriert werden.

Diese Müllersche Stammlösung ist für die Reduktionsbestimmung ausschließlich in der Verdünnung 1:10 zu verwenden. 10 cm³ Stammlösung reichen theoretisch aus, um ein Reduktionsvermögen entsprechend 40 cm³ $^1/_{30}$ n-Jodlösung, also 40 mg Invertzucker zu bestimmen. Da aber ein gewisser Überschuß an Reagens vorhanden sein muß, soll man praktisch nicht über etwa 30 mg Invertzucker hinausgehen. Ist der Invertzuckergehalt größer, so sind entsprechend kleinere Einwaagen zu machen, da eine Erhöhung des Flüssigkeitsvolumens einen zu langsamen Temperaturanstieg zur Folge hat.

In der Tschechoslovakei wird bereits seit mehreren Jahren an Stelle der Herzfeldschen Methode die ungekürzte jodometrische Methode von R. Ofner angewandt. Man bedient sich bei dieser Methode einer seignettesalzhaltigen, sodaalkalischen Kupfersalzlösung, die sekundäres Natriumphosphat enthält[1]. Die zu untersuchende Rohzuckerlösung

---

[1] Die Ofnersche Lösung enthält 5,0 g reinstes kristallisiertes Kupfersulfat, 10,0 g wasserfreies reinstes Natriumcarbonat, 300 g kristallisiertes Seignettesalz und 50 g kristallisiertes sekundäres Natriumphosphat zu 1 l Wasser gelöst. Zur Lösung setzt man hierauf etwas Aktivkohle oder Kieselgur und bewahrt nach Filtration die Ofnersche Lösung am besten in einer dunklen Glasflasche auf.

(50 g Rohzucker im 200-cm³-Kolben gelöst und zur Marke aufgefüllt)
wird mit etwa 0,7 g trocknem, gepulverten basischen Bleiacetat und bei
Nachprodukten mit etwa 1,4 g geklärt und filtriert. 160 cm³ des Filtrates werden mit 15 cm³ Natriumphosphatlösung zur Entbleiung (bei
Nachprodukten mit 20 cm³) versetzt, dann zur Marke aufgefüllt, nach
Zugabe von 1 g Entfärbungskohle durchgeschüttelt und nach ¼ Stunde
abfiltriert. Zu 50 cm³ des Filtrates (10 g Zucker) werden 50 cm³ der
Kupferlösung nach Ofner gegeben. Die Mischung, der man eine Messerspitze Bimssteinpulver oder Talk zugesetzt hat, wird hierauf auf einer
mit kreisförmigen Ausschnitt (6,5 cm Durchmesser) versehener und
mit einem Drahtnetz unterlegten Asbestplatte erhitzt. Die Flüssigkeit
wird mit einem gewöhnlichen Brenner in 4—5 Minuten zum Sieden
gebracht und dann genau 5 Minuten im mäßigen Sieden erhalten. Nach
sofortigem Abkühlen durch Einstellen in kaltes Wasser gibt man zu der
mit 13 cm³ n-Salzsäure versetzten Flüssigkeit einen Überschuß von
0,0323 n-Jodlösung (5—20 cm³ je nach der Menge des abgeschiedenen
Kupferoxyduls). Man läßt den verschlossenen Kolben unter zeitweiligem
Schütteln etwa 2 Minuten stehen, gibt dann 5 cm³ Stärkelösung zu
und titriert mit 0,0323 n-Natriumthiosulfatlösung. Die „Prager Anleitung" (S. 12, 13) gibt genaue Ausführungsvorschriften nach der
Ofnerschen Methode zur Bestimmung des Invertzuckers in Rohzucker,
Dicksaft, Füllmasse, Melasse und Ablauf wie auch in der Rübe und im
Diffusionssaft.

II. Zwischenprodukte.

A. Rübensäfte und Dünnsäfte.

a) **Dichte** (V, 31). Zur fortlaufenden Überwachung der Dichte
von Fabriksäften, z. B. Rohsaft, Dicksaft ist von der Firma „Hydro",
Apparate-Bauanstalt G. m. b. H., Düsseldorf-Rath ein Dichteschreiber,
das **Spezivometer**, gebaut worden, das sich mehrfach in die Praxis
eingeführt hat. Die Wirkungsweise des Apparates besteht darin, daß
die zu messende Flüssigkeit ständig ein Meßgefäß (Inhalt etwa 5 l)
durchströmt, das in horizontalangeordneten Spiralrohren federnd aufgehängt ist. Die Spiralrohre dienen gleichzeitig als Zu- und Ableitung
für den Saft. Jede Dichteänderung bewirkt eine Belastungsänderung
der Spiralrohre, die infolge ihrer Elastizität nach oben oder unten aus-
weichen und so eine der Dichteänderung entsprechende Bewegung des
Meßgefäßes auslösen. Diese Bewegung wird mittels einer Hebelüber-
setzung auf einen Schreiber übertragen, der den Hub des Meßgefäßes
auf dem ablaufenden Streifen des Registrierwerkes aufzeichnet. Die
Brixgrade des Saftes sind innerhalb des gewählten Meßbereiches dann
ohne weiteres abzulesen. Wie eine Prüfung des Apparates durch
O. Spengler, F. Tödt und S. Böttger ergab, ist das Gerät für den
Betrieb zur Überwachung der Verdampfstation geeignet. Es läßt sich
in jede Leitung leicht einschalten, die einen Druck von etwa 5 m Wassersäule besitzt.

b) **Asche** (V, 47). An Stelle des zur Aschebestimmung in Zucker-
fabriksprodukten benutzten Leitfähigkeitsapparates nach F. Tödt (V, 49),

bei dem man sich eines Telephons zur Feststellung der Stromlosigkeit
bedient, wurde in der Folge ein Instrument geschaffen, das mit Galvanometer und rotierendem Gleichrichter ausgestattet ist. Bei diesem
Apparat kommt das umständliche und unsichere Abhören des Ton-
minimums durch das Telephon in Wegfall (Gollnow). Die neueste
Form dieses Apparates liegt in dem von Tödt und Gollnow gebauten
Apparat vor, der mit einem elektromagnetischen Wechselstrom-Null-
instrument ausgestattet ist. Die Apparatur besteht aus einer Spezial-
meßbrücke, die alle Teile für die Ausführung der Leitfähigkeitsmessung
eingebaut enthält und aus dem Elektrodengefäß. Der Meßbereich der
beiden Skalen liegt zwischen 0,145—3,0 % bzw. zwischen 0,145—0,007 %
Asche.

Ein weiterer Aschenbestimmungsapparat liegt in dem Raffinometer von Buse-Tödt-Gollnow vor. Eine Ausführungsform desselben besitzt einen Meßbereich von 0,1—0,01 % bzw. von 0,01—0,001 %
Asche. Die andere Ausführungsform erstreckt sich auf einen Meßbereich
von 1,500—0,0015 % Asche. Dieses Raffinometer besitzt ein Spezial-
galvanometer, das nach beiden Seiten vom Nullpunkt ausschlägt.
Dadurch wird eine genaue und bequeme Einstellung und eine höchste
Genauigkeit erreicht. Man kann mit diesem Gerät und mit einem
Leitfähigkeitsgefäß alle Zuckerfabriksprodukte messen.

c) Alkalität. *I. Saftalkalität* (V, 51). Zur Bestimmung der optimalen Alkalität des ersten Saturationssaftes wurde bislang für die
Betriebskontrolle Thymolphthaleinpapier in den Handel gebracht, das
bei 85° die charakteristische Hellblaufärbung ($p_H = 10,9$) zeigte. Durch
die in den letzten Jahren vielfach geübte „kalte Vorscheidung", bei der
eine Vorbehandlung des Diffusionssaftes mit etwa 0,25 % CaO bei ungefähr 40° erfolgt, muß unter Verwendung des Thymolphthaleinpapiers
zur Bestimmung des Vorscheideoptimums der kalte Vorscheidesaft
vorher im Laboratorium auf 85° erwärmt werden. Bei dieser Temperatur erteilt der optimal vorgeschiedene Saft dem Thymolphthaleinpapier den gleichen hellblauen Farbton wie er durch den optimal ge-
schiedenen ersten Saturationssaft erzeugt wird. Bei 40° hingegen wird
das Thymolphthaleinpapier dunkelblau gefärbt. Auf Grund einer Arbeit
von O. Spengler, S. Böttger und Dörfeldt wurde das sog. „Neue
Vorscheidepapier" in die Praxis eingeführt, das bei 40° durch eine
hellblaue Färbung den optimalen Punkt der Vorscheidung angibt.
Das umständliche nachträgliche Erhitzen des Saftes kommt damit in
Wegfall.

II. Natürliche Alkalität (V, 54). Zur Ermittlung der optimalen
Alkalität, die einem Mindestgehalt an Restkalk entspricht, wendet man
für die laufende Betriebskontrolle an Stelle der bisher geübten Methoden
(z. B. $CaCl_2$-Methode von Spengler und Brendel) (V, 54 u. 55) die von
Spengler und Böttger aus der R. B. Warderschen „Zweistufen-
Titrationsmethode" entwickelte sog. „Methylrotmethode" an. Die
älteren Methoden, zu denen auch die Institutsmethode von Spengler
und Brendel zur Bestimmung der theoretischen und praktischen natürlichen Restalkalität gehört (V, 53 u. 54), weisen bei Säften mit verschieden

hoher natürlicher Alkalität ungleichmäßige Abweichungen von der Standardmethode (Eimermethode) (V, 54) auf. Sie sind außerdem in ihrer Ausführung wesentlich zeitraubender als die Methylrotmethode. Sie wird folgendermaßen ausgeführt: Man entnimmt der Pfanne der zweiten Saturation eine Probe, filtriert und titriert 10 cm³ des Filtrates mit $^1/_{28}$ n-Säure in der ersten Stufe bis zur Phenolphthaleinneutralität. Nach Zugabe von soviel Methylrot, daß die Flüssigkeit deutlich gelb erscheint, fährt man in denselben vorgelegten 10 cm³ mit der Titration bis zur eben eintretenden deutlichen Rosarotfärbung fort, die den Farbton bei $p_H = 5$ nach der Tödtschen Farbenskala aufweist. Wenn optimale Alkalität vorgelegen hat, muß die Anzahl der verbrauchten Kubikzentimeter Säure bei beiden Titrationen in jeder Stufe die gleiche sein. Der gesamte Säureverbrauch ergibt die praktische natürliche Restalkalität, die Hälfte hingegen die optimale Alkalität. Wenn der Phenolphthaleinwert größer ist, wird die Alkalität durch NaOH oder sogar durch $Ca(OH)_2$ bedingt, wenn der Methylrotwert höher liegt, ist der Saft bereits übersaturiert. Auch bei nicht übersaturiertem Saft kann der Methylrotwert höher liegen. Dieser Fall tritt bei anormalen Säften (unreife Rüben) oder bei nicht genügender Reinigung der Säfte ein. Die Pufferung ist dann sehr stark. In diesem Fall muß die optimale Alkalität durch die „Eimermethode" ermittelt werden.

Ausgelaugte Schnitzel und Preßlinge, Trocken- und Zuckerschnitzel. Bestimmung der Polarisation (V, 60). O. Spengler, W. Paar und E. Mück ermittelten im Durchschnitt für Trockenschnitzel, Steffenschnitzel und vollwertige Zuckerschnitzel auf das halbe Normalgewicht bezogen folgende Markvolumina: 7,5 cm³, 4,8 cm³ und 4,48 cm³. Für die Untersuchung von Trockenschnitzeln sind demgemäß bei Verwendung einer 177-cm³-Pipette 11,57 g (statt bisher 11,61 g), und von Zuckerschnitzeln 11,74 g wie bisher anzuwenden.

Die Methode zur Bestimmung des Gesamtzuckergehaltes (V, 60) ist dahin abzuändern, daß an Stelle von 25,88 g vollwertiger Zuckerschnitzel (getrocknete Rüben) nur 25,77 g und anstatt 25,67 g Steffenschnitzel nur 25,51 g zur Anwendung kommen.

B. Dicksäfte und Sirup.

Zuckergehalt (V, 62). In den Refraktometertabellen für das Zuckerrefraktometer, bezogen auf 20° bzw. auf 28°, die von Staněk bzw. von Prinsen Geerligs aufgestellt wurden, finden sich nach Schulz unregelmäßige Schwankungen, die sich bei Zugrundelegung der Schönrockschen Temperaturwerte nicht mehr zeigen. Es wurde daher von Snyder wie auch von E. Landt eine neue Temperaturkorrektionstabelle, bezogen auf 20° aufgestellt, die von der Internationalen Kommission für einheitliche Methoden der Zuckeranalysen angenommen wurde.

Tabelle 1. Internationale Temperaturkorrektionstabelle 1936 für das Normalmodell, bezogen auf 20° C.

Tempe- ratur °C	Prozente Zucker														
	0	5	10	15	20	25	30	35	40	45	50	55	60	65	70
	Von dem Zuckergehalt ist abzuziehen														
10	0,50	0,54	0,58	0,61	0,64	0,66	0,68	0,70	0,72	0,73	0,74	0,75	0,76	0,78	0,79
11	0,46	0,49	0,53	0,55	0,58	0,60	0,62	0,64	0,65	0,66	0,67	0,68	0,69	0,70	0,71
12	0,42	0,45	0,48	0,50	0,52	0,54	0,56	0,57	0,58	0,59	0,60	0,61	0,61	0,63	0,63
13	0,37	0,40	0,42	0,44	0,46	0,48	0,49	0,50	0,51	0,52	0,53	0,54	0,54	0,55	0,55
14	0,33	0,35	0,37	0,39	0,40	0,41	0,42	0,43	0,44	0,45	0,45	0,46	0,46	0,47	0,48
15	0,27	0,29	0,31	0,33	0,34	0,34	0,35	0,36	0,37	0,37	0,38	0,39	0,39	0,40	0,40
16	0,22	0,24	0,25	0,26	0,27	0,28	0,28	0,29	0,30	0,30	0,30	0,31	0,31	0,32	0,32
17	0,17	0,18	0,19	0,20	0,21	0,21	0,21	0,22	0,22	0,23	0,23	0,23	0,23	0,24	0,24
18	0,12	0,13	0,13	0,14	0,14	0,14	0,14	0,15	0,15	0,15	0,15	0,16	0,16	0,16	0,16
19	0,06	0,06	0,06	0,07	0,07	0,07	0,07	0,08	0,08	0,08	0,08	0,08	0,08	0,08	0,08
	Zu dem Zuckergehalt ist hinzuzuzählen														
21	0,06	0,07	0,07	0,07	0,07	0,08	0,08	0,08	0,08	0,08	0,08	0,08	0,08	0,08	0,08
22	0,13	0,13	0,14	0,14	0,15	0,15	0,15	0,15	0,15	0,16	0,16	0,16	0,16	0,16	0,16
23	0,19	0,20	0,21	0,22	0,22	0,23	0,23	0,23	0,23	0,24	0,24	0,24	0,24	0,24	0,24
24	0,26	0,27	0,28	0,29	0,30	0,30	0,31	0,31	0,31	0,31	0,31	0,32	0,32	0,32	0,32
25	0,33	0,35	0,36	0,37	0,38	0,38	0,39	0,40	0,40	0,40	0,40	0,40	0,40	0,40	0,40
26	0,40	0,42	0,43	0,44	0,45	0,46	0,47	0,48	0,48	0,48	0,48	0,48	0,48	0,48	0,48
27	0,48	0,50	0,52	0,53	0,54	0,55	0,55	0,56	0,56	0,56	0,56	0,56	0,56	0,56	0,56
28	0,56	0,57	0,60	0,61	0,62	0,63	0,63	0,64	0,64	0,64	0,64	0,64	0,64	0,64	0,64
29	0,64	0,66	0,68	0,69	0,71	0,72	0,72	0,73	0,73	0,73	0,73	0,73	0,73	0,73	0,73
30	0,72	0,74	0,77	0,78	0,79	0,80	0,80	0,81	0,81	0,81	0,81	0,81	0,81	0,81	0,81

Eine entsprechende Temperaturkorrektionstabelle wurde für das Tropenmodell (28°) aufgestellt:

Tabelle 2. Internationale Temperaturkorrektionstabelle 1936 für das Tropenmodell, bezogen auf 28° C.

Tempe- ratur °C	Prozente Zucker														
	0	5	10	15	20	25	30	35	40	45	50	55	60	65	70
	Von dem Zuckergehalt ist abzuziehen														
20	0,57	0,59	0,60	0,61	0,62	0,63	0,63	0,64	0,64	0,64	0,64	0,64	0,64	0,65	0,65
21	0,51	0,52	0,53	0,53	0,55	0,55	0,55	0,56	0,56	0,56	0,56	0,56	0,56	0,57	0,57
22	0,44	0,46	0,46	0,46	0,47	0,48	0,48	0,49	0,48	0,48	0,48	0,48	0,48	0,49	0,49
23	0,37	0,38	0,39	0,39	0,40	0,40	0,40	0,41	0,41	0,41	0,40	0,40	0,40	0,41	0,41
24	0,30	0,31	0,32	0,32	0,32	0,32	0,32	0,33	0,33	0,33	0,32	0,32	0,32	0,33	0,33
25	0,23	0,23	0,24	0,24	0,24	0,24	0,24	0,25	0,25	0,25	0,24	0,24	0,24	0,24	0,24
26	0,16	0,16	0,16	0,16	0,16	0,16	0,16	0,17	0,16	0,16	0,16	0,16	0,16	0,16	0,16
27	0,08	0,08	0,08	0,08	0,08	0,08	0,08	0,08	0,08	0,08	0,08	0,08	0,08	0,08	0,08
	Zu dem Zuckergehalt ist hinzuzuzählen														
29	0,09	0,09	0,09	0,09	0,09	0,09	0,09	0,08	0,08	0,08	0,08	0,08	0,08	0,08	0,08
30	0,17	0,17	0,17	0,17	0,17	0,17	0,17	0,17	0,17	0,17	0,17	0,17	0,17	0,17	0,17
31	0,26	0,26	0,26	0,26	0,26	0,26	0,26	0,25	0,25	0,25	0,25	0,25	0,25	0,25	0,25
32	0,35	0,35	0,35	0,35	0,35	0,34	0,34	0,34	0,34	0,34	0,34	0,33	0,33	0,33	0,33
33	0,44	0,44	0,44	0,44	0,44	0,43	0,43	0,43	0,43	0,42	0,42	0,42	0,42	0,42	0,42
34	0,54	0,54	0,53	0,53	0,53	0,52	0,52	0,52	0,52	0,51	0,51	0,50	0,50	0,50	0,50
35	0,63	0,63	0,63	0,62	0,62	0,62	0,61	0,61	0,61	0,60	0,60	0,59	0,59	0,59	0,58
36	0,73	0,73	0,73	0,72	0,72	0,72	0,71	0,70	0,70	0,69	0,69	0,68	0,67	0,67	0,67

C. Füllmassen (V, 69).

Ausnutzung des Zuckers beim Verkochen. Die nachstehenden beiden Tabellen, die von W. Paar aus den von ihm abgeleiteten Ausnutzungsformeln aufgestellt wurden, können zur Auswertung der Analysenergebnisse benutzt werden, die beim Verkochen von Dicksäften bzw. von Abläufen resultieren. Aus den Tabellen kann man sogleich ersehen, wieweit der Zucker ausgenutzt ist, d. h. wieviel Prozente des vorhandenen

Tabellen zur Ermittlung der Ausnutzung des Zuckers beim Verkochen von Dicksäften und Abläufen, sowie zur Ermittlung des scheinbaren Reinigungseffektes:

Tabelle 3. Ausnutzung des Zuckers beim Verkochen von Dicksäften.

bei einer Reinheit des Muttersirups bzw. Ablaufes von	Die Ausnutzung des Zuckers beträgt % bei einer Reinheit des Dicksaftes von					
	95	94	93	92	91	90
94	17,54	—	—	—	—	—
93	30,07	15,20	—	—	—	—
92	39,47	26,60	13,44	—	—	—
91	46,78	35,46	23,90	12,08	—	—
90	52,63	42,56	32,26	21,74	10,99	—
89	57,42	48,38	39,10	29,64	19,98	10,10
88	61,41	53,20	44,81	36,24	27,48	18,52
87	64,78	57,29	49,63	41,81	33,81	25,64
86	67,67	60,79	53,76	46,58	39,25	31,74
85	70,17	63,83	57,35	50,72	43,95	37,03
84	72,37	66,49	60,49	54,35	48,08	41,67
83	74,31	68,84	63,25	57,55	51,72	45,76
82	76,02	70,92	65,71	60,38	54,94	49,38
81	77,56	72,79	67,91	62,93	57,84	52,63
80	78,95	74,47	69,89	65,22	60,44	55,56
79	80,20	75,99	71,68	67,29	62,79	58,20
78	81,34	77,37	73,32	69,17	64,94	60,61
77	82,38	78,63	74,80	70,89	66,89	62,80
76	83,33	79,79	76,16	72,46	68,68	64,81
75	84,21	80,85	77,42	73,91	70,33	66,67
74	85,02	81,84	78,58	75,25	71,85	68,38
73	85,77	82,74	79,65	76,49	73,26	69,96
72	86,47	83,59	80,65	77,64	74,57	71,43
71	87,12	84,38	81,58	78,71	75,79	72,80
70	87,72	85,11	82,44	79,71	76,93	74,08
69	88,28	85,79	83,25	80,64	77,98	75,27
68	88,82	86,44	84,01	81,52	78,98	76,39
67	89,32	87,04	84,72	82,35	79,92	77,44
66	89,78	87,61	85,39	83,12	80,80	78,43
65	90,23	88,15	86,02	83,85	81,63	79,37
64	90,64	88,65	86,62	84,54	82,42	80,25
63	91,04	89,13	87,18	85,19	83,16	81,08
62	91,41	89,58	87,72	85,81	83,86	81,87
61	91,77	90,02	88,23	86,40	84,53	82,62
60	92,11	90,43	88,71	86,96	85,17	83,33
59	92,43	90,82	89,17	87,49	85,77	84,01
58	92,73	91,19	89,61	87,99	86,34	84,66
57	93,02	91,54	90,02	88,47	86,89	85,27

Tabelle 4. Ausnutzung des Zuckers beim Verkochen von Abläufen.

Die Ausnutzung des Zuckers beträgt %

bei einer Reinheit des Muttersirups bzw. der Melasse von	bei einer Reinheit des Ablaufes von										
	82	81	80	79	78	77	76	75	74	73	72
81	6,43	—	—	—	—	—	—	—	—	—	—
80	12,20	6,17	—	—	—	—	—	—	—	—	—
79	17,43	11,75	5,95	—	—	—	—	—	—	—	—
78	22,19	16,84	11,37	5,77	—	—	—	—	—	—	—
77	26,51	21,46	16,30	11,00	5,56	—	—	—	—	—	—
76	30,49	25,71	20,83	15,82	10,66	5,41	—	—	—	—	—
75	34,15	29,63	25,00	20,26	15,37	10,40	5,27	—	—	—	—
74	37,53	33,24	28,85	24,35	19,72	15,00	10,14	5,13	—	—	—
73	40,65	36,57	32,40	28,12	23,72	19,24	14,62	9,87	4,99	—	—
72	43,57	39,69	35,73	31,66	27,48	23,21	18,82	14,30	9,66	4,92	—
71	46,27	42,58	38,80	34,93	30,95	26,88	22,70	18,40	13,98	9,47	4,78
70	48,79	45,28	41,68	37,99	34,19	30,32	26,34	22,23	18,03	13,72	9,26
69	51,14	47,78	44,35	40,83	37,21	33,51	29,71	25,80	21,78	17,68	13,42
68	53,36	50,15	46,88	43,51	40,06	36,53	32,90	29,17	25,33	21,41	17,35
67	55,44	52,38	49,25	46,04	42,74	39,37	35,90	32,33	28,67	24,93	21,04
66	57,40	54,47	51,47	48,41	45,25	42,03	38,71	35,30	31,80	28,22	24,50
65	59,24	56,44	53,58	50,64	47,62	44,54	41,36	38,10	34,75	31,33	27,77
64	60,98	58,29	55,55	52,74	49,85	46,89	43,86	40,73	37,53	34,25	30,84
63	62,62	60,05	57,43	54,73	51,96	49,14	46,23	43,23	40,16	37,02	33,76
62	64,18	61,72	59,20	56,62	53,96	51,26	48,47	45,60	42,66	39,65	36,52
61	65,67	63,31	60,90	58,43	55,88	53,29	50,62	47,87	45,05	42,16	39,17
60	67,08	64,81	62,50	60,13	57,69	55,20	52,64	50,00	47,29	44,53	41,66
59	68,42	66,25	64,03	61,75	59,41	57,02	54,56	52,03	49,44	46,78	44,03
58	69,69	67,61	65,48	63,29	61,05	58,75	56,40	53,97	51,48	48,93	46,29
57	70,90	68,90	66,85	64,75	62,60	60,40	58,13	55,80	53,41	50,96	48,43

Zuckers auskristallisiert sind, wenn ein Sirup von bestimmter Reinheit verkocht worden ist und der Ablauf hiervon einen bestimmten Quotienten besitzt. Aus der Tabelle ergibt sich z. B. ohne weiteres, daß beim Verkochen eines Dicksaftes von der Reinheit 95 auf einen Muttersirup von der Reinheit 94 bereits 17,54% des vorhandenen Zuckers auskristallisierten, und daß bei einer Reinheit des Muttersirupes von 92, 39,47% des Zuckers zur Kristallisation kamen. Wenn z. B. eine Weißzuckerfabrik, die ohne Einwurf fremden Zuckers arbeitet, Dicksaft mit einer durchschnittlichen Reinheit 94 verkochte und im Durchschnitt der Kampagne die Melassereinheit 60 betrug, so sind laut Tabelle 1 90,43% von dem im Dicksaft vorhandenen Zucker als Kristallzucker in Form der verschiedenen Produkte erhalten worden.

Aus Tabelle 4 ist die Ausnutzung des im Ablauf vorhandenen Zuckers bei der Nachproduktarbeit abzulesen.

Da bei der Saftreinigung ein Teil des Nichtzuckers entfernt wird und der Rest desselben mit dem gesamten Zucker in Lösung bleibt, also der umgekehrte Vorgang wie beim Verkochen stattfindet, kann

Tabelle 3 ohne weiteres auch zur Feststellung des Reinigungseffektes[1] verwendet werden. Statt „Reinheit des Muttersirupes" hat man „Reinheit des ungereinigten Saftes" und statt „Reinheit des Dicksaftes", „Reinheit des gereinigten Saftes" zu setzen. Bringt man z. B. einen Rohsaft vom Quotienten 89 auf einen Dünnsaft von 94 Reinheit, so beläuft sich nach Tabelle 3 der Reinigungseffekt auf 48,38%. Diesen Effekt nennt man nach W. Paar zweckmäßig „Scheinbarer Reinigungseffekt", da bei der Saftreinigung die einzelnen Bestandteile des Nichtzuckers nicht gleichmäßig entfernt werden und im gereinigten Saft an Stelle der entfernten Nichtzuckerstoffe teilweise andere Nichtzuckerstoffe vorhanden sind.

III. Fertigprodukte.

Rohzucker, raffinierter Zucker, Nachprodukte.

Asche. Für Rohzucker - Ersterzeugnisse ist in Deutschland die Bestimmung der Asche auf elektrometrischem Weg vorgeschrieben. Für Nachprodukte und Melassen hat zur Zeit noch die Scheiblersche Sulfatmethode Gültigkeit. In der ehemaligen Tschechoslovakei war die Methode der Aschebestimmung auf elektrometrischem Weg bei Handelsanalysen von Rohzuckern bis zu einem Aschegehalt von 1,00% ausschließlich zugelassen.

Zur Durchführung der elektrometrischen Aschebestimmung in Rohzuckern verfährt man unter Verwendung des Apparates von Tödt und Gollnow (S. 5) wie folgt: 5 g Zucker werden in einer Neusilberschale abgewogen, in destilliertem Wasser gelöst und die Lösung zu 100 cm³ aufgefüllt. Nach Durchschütteln gießt man die Lösung in das Elektrodengefäß, schließt es an den Apparat an und führt die Messung durch, wobei der Aschegehalt in Prozenten direkt am Apparat abgelesen wird. Mit Hilfe einer Temperaturkorrektionstabelle werden die abgelesenen Aschenwerte auf die Normaltemperatur von 20° bezogen. Vor Beginn der Versuche muß der Aschegehalt des Lösungswassers (destilliertes Wasser) ermittelt werden. Wenn er über 0,007% liegt, muß der diesen Betrag übersteigende Wert vom Aschegehalt abgezogen werden. Wasser, dessen Aschegehalt über 0,05% liegt, darf nicht verwendet werden.

Bei der Aschebestimmung von Raffinerieprodukten mit dem Raffinometer von Buse-Tödt-Gollnow ist es zweckmäßig wegen der geringen Aschegehalte größere Substanzmengen als 5 g zur Untersuchung zu verwenden (z. B. 10 g).

Nach neuesten Untersuchungen von O. Spengler, K. Zablinsky und A. Wolf kann man unbedenklich auch bei Nachprodukten und Melassen die elektrometrische Aschebestimmung ausführen. Man muß zu diesem Zweck zu den Rohzucker-Nacherzeugnissen bzw. zu den

---

[1] Unter Reinigungseffekt versteht man die Menge Nichtzuckerstoffe, die durch den Reinigungsprozeß aus 100 Teilen der ursprünglich vorhandenen Nichtzuckerstoffe entfernt worden ist.

Melassen so viel aschefreie Raffinade zusetzen, daß das Verhältnis Asche : Zuckergehalt etwa das gleiche wird, wie es im Rohzucker-Ersterzeugnis vorliegt.

Literatur.

Böttger, S.: Siehe O. Spengler. — Buse, H.: Zentralblatt Zuckerind. **1936**, 780.

Dörfeldt, W.: Siehe O. Spengler.

Gollnow, G.: Dtsch. Zuckerind. **1938**, 292.

Landt, E.: Dtsch. Zuckerind. **1936**, 1027.

Mück, E.: Siehe O. Spengler.

Ofner, R.: Ztschr. f. Zuckerind. česk. Repbl. **13**, 249 (1932) u. Prager Anleitung.

Paar, W.: Dtsch. Zuckerind. **1934**, 885. Siehe auch O. Spengler. — Pavlas, P.: Siehe V. Staněk. — Prinsen Geerligs: Internat. Sugar Journ. **10**, 70 (1908).

Scheuer, M.: Siehe O. Spengler. — Schulz, H.: Vereins-Ztschr. **71**, 88 (1921). — Spengler, O. u. S. Böttger: Vereins-Ztschr. **83**, 19 (1933). — Spengler, O., S. Böttger u. W. Dörfeldt: Dtsch. Zuckerind. **1936**, 1063. — Spengler, O., W. Paar u. E. Mück: Ztschr. Wirtschaftsgruppe Zuckerind. **87**, 627, 639 (1937). — Spengler, O., F. Tödt u. S. Böttger: Ztschr. Wirtschaftsgruppe Zuckerind. **85**, 680 (1935). — Spengler, O., F. Tödt u. M. Scheuer: Ztschr. Wirtschaftsgruppe Zuckerind. **86**, 130, 322 (1936). — Spengler, O., K. Zablinsky u. A. Wolf: Ztschr. Wirtschaftsgruppe Zuckerind. **88**, 691 (1938). — Staněk, V.: Ztschr. Zuckerind. Böhmen **1908/09**, 165. — Staněk, V. u. P. Pavlas: Ztschr. Zuckerind. česk. Repbl. **16**, 129 (1934).

Wolf, A.: Siehe O. Spengler.

Zablinsky, K.: Siehe O. Spengler.

Spiritus (V, 116).

Von

Professor Dr. **J. Großfeld**, Berlin.

I. Alkoholometrie (V, 150).

Durch die Verordnung betr. Änderung und Ergänzung der Eichordnung (Reichsgesetzbl. 1927 I, 513) wurde bestimmt, daß Meßgeräte (Pyknometer, Büretten, Pipetten usw.) nur noch für die Temperatur von 20° geeicht werden dürfen. Im Auftrage des Reichsausschusses für Weinforschung zur Vorbereitung der Einführung der Normaltemperatur von 20° an Stelle der noch geltenden von 15° in die amtliche Weinuntersuchung haben C. von der Heide und H. Mändlen neue Alkoholtafeln berechnet und dabei folgende Formel zugrunde gelegt:

$$d^{20}/_4 = \frac{d^{20}/_{15}}{1,0084},$$

worin die Zahl 1,0084 das Dichteverhältnis des Wassers $d\,^4/_{15}$ bedeutet, die in der amtlichen Tafel angegeben ist.

Die Gramme Alkohol in 1 l wurden nach der Formel gefunden

$$g = 10 \cdot p \cdot d^{20}/_4,$$

12   Spiritus.

Tabelle 1. Bestimmung des Alkoholgehalts von Alkohol-Wasser-
mischungen aus der Dichte bei 20°. Berechnet von J. Großfeld[1].

Dichte $d^{20}/_4$	Alkohol			Dichte $d^{20}/_4$	Alkohol			Dichte $d^{20}/_4$	Alkohol		
	Gew.-%	Raum-%	g in 1 l		Gew.-%	Raum-%	g in 1 l		Gew.-%	Raum-%	g in 1 l
				0,953	30,50	36,82	290,5	0,907	53,11	61,02	481,6
				0,952	31,09	37,49	295,8	0,906	53,54	61,45	485,1
0,998	0,15	0,19	1,5	0,951	31,67	38,15	301,0	0,905	53,89	61,89	488,5
0,997	0,68	0,86	6,8					0,904	54,42	62,32	492,0
0,996	1,22	1,54	12,2	**0,950**	**32,24**	**38,80**	**306,3**	0,903	54,86	62,75	495,3
0,995	1,77	2,24	17,7	0,949	32,80	39,43	311,4	0,902	55,30	63,18	498,8
0,994	2,34	2,95	23,2	0,948	33,36	40,06	316,4	0,901	55,74	63,61	502,2
0,993	2,91	3,67	28,9	0,947	33,91	40,68	321,3				
0,992	3,50	4,40	34,7	0,946	34,45	41,28	326,0	**0,900**	**56,18**	**64,04**	**505,6**
0,991	4,09	5,14	40,6	0,945	34,99	41,89	330,7	0,899	56,61	64,47	508,9
				0,944	35,52	42,48	335,3	0,898	57,05	64,89	512,3
0,990	**4,70**	**5,90**	**46,5**	0,943	36,05	43,07	339,9	0,897	57,48	65,32	515,6
0,989	5,32	6,66	52,6	0,942	36,58	43,65	344,5	0,896	57,91	65,73	518,9
0,988	5,94	7,44	58,8	0,941	37,10	44,22	349,0	0,895	58,34	66,15	522,2
0,987	6,59	8,24	65,1					0,894	58,78	66,56	525,5
0,986	7,25	9,05	71,4	**0,940**	**37,62**	**44,80**	**353,6**	0,893	59,21	66,97	528,7
0,985	7,91	9,88	77,9	0,939	38,13	45,36	358,1	0,892	59,64	67,39	532,0
0,984	8,60	10,72	84,6	0,938	38,64	45,92	362,5	0,891	60,07	67,80	535,2
0,983	9,30	11,57	91,3	0,937	39,13	46,46	366,8				
0,982	10,01	12,45	98,1	0,936	39,63	47,00	371,1	**0,890**	**60,50**	**68,21**	**538,5**
0,981	10,73	13,33	105,1	0,935	40,13	47,53	375,2	0,889	60,93	68,62	541,7
				0,934	40,62	48,05	379,4	0,888	61,36	69,03	544,9
0,980	**11,47**	**14,24**	**112,3**	0,933	41,12	48,58	383,5	0,887	61,79	69,43	548,1
0,979	12,21	15,15	119,5	0,932	41,60	49,10	387,7	0,886	62,22	69,83	551,3
0,978	12,97	16,06	126,8	0,931	42,09	49,62	391,8	0,885	62,65	70,24	554,5
0,977	13,73	16,99	134,2					0,884	63,08	70,63	557,6
0,976	14,50	17,92	141,6	**0,930**	**42,57**	**50,15**	**395,9**	0,883	63,50	71,03	560,8
0,975	15,28	18,87	149,0	0,929	43,05	50,66	399,9	0,882	63,93	71,43	563,9
0,974	16,05	19,81	156,3	0,928	43,52	51,17	403,9	0,881	64,36	71,83	567,0
0,973	16,82	20,74	163,6	0,927	44,00	51,67	407,9				
0,972	17,59	21,66	170,9	0,926	44,47	52,17	411,8	0,880	64,78	72,22	570,1
0,971	18,36	22,58	178,2	0,925	44,94	52,66	415,7	0,879	65,21	72,61	573,2
				0,924	45,41	53,15	419,6	0,878	65,63	73,00	576,2
0,970	**19,11**	**23,48**	**185,3**	0,923	45,87	53,63	423,4	0,877	66,06	73,39	579,3
0,969	19,86	24,38	192,3	0,922	46,34	54,12	427,2	0,876	66,48	73,78	582,4
0,968	20,60	25,26	199,3	0,921	46,80	54,60	431,0	0,875	66,91	74,16	585,4
0,967	21,32	26,12	206,2					0,874	67,33	74,54	588,5
0,966	22,04	26,97	212,9	**0,920**	**47,26**	**55,07**	**434,8**	0,873	67,75	74,92	591,5
0,965	22,75	27,81	219,6	0,919	47,72	55,55	438,5	0,872	68,17	75,30	594,5
0,964	23,45	28,64	226,1	0,918	48,17	56,02	442,2	0,871	68,59	75,68	597,5
0,963	24,14	29,45	232,5	9,917	48,63	56,49	445,9				
0,962	24,82	30,25	238,8	0,916	49,08	56,95	449,6	**0,870**	**69,01**	**76,06**	**600,4**
0,961	25,49	31,03	245,0	0,915	49,53	57,41	453,2	0,869	69,43	76,43	603,4
				0,914	49,99	57,87	456,9	0,868	69,85	76,80	606,3
0,960	**26,15**	**31,80**	**251,0**	0,913	50,44	58,33	460,5	0,867	70,27	77,18	609,2
0,959	26,80	32,56	257,0	0,912	50,89	58,79	464,1	0,866	70,69	77,55	612,1
0,958	27,44	33,30	262,8	0,911	51,33	59,24	467,7	0,865	71,11	77,92	615,1
0,957	28,07	34,03	268,6					0,864	71,52	78,28	618,0
0,956	28,68	34,74	274,2	**0,910**	**51,78**	**59,69**	**471,2**	0,863	71,94	78,65	620,9
0,955	29,30	35,44	279,8	0,909	52,22	60,13	474,7	0,862	72,36	79,02	623,8
0,954	29,90	36,13	285,2	0,908	52,66	60,58	478,2	0,861	72,78	79,38	626,6

[1] Nach der 10fach ausführlicheren Tabelle im Handbuch der Lebensmittelchemie, Bd. II, S. 1704. Siehe auch diesen Band, S. 45.

Tabelle 1 (Fortsetzung).

Dichte $d^{20}/_4$	Alkohol		
	Gew.-%	Raum-%	g in 1 l
0,860	73,20	79,74	629,5
0,859	73,61	80,10	632,3
0,858	74,03	80,46	635,1
0,857	74,44	80,81	638,0
0,856	74,86	81,17	640,8
0,855	75,27	81,52	643,6
0,854	75,68	81,87	646,3
0,853	76,09	82,22	649,1
0,852	76,50	82,57	651,8
0,851	76,91	82,91	654,5
0,850	77,32	83,26	657,2
0,849	77,73	83,60	659,9
0,848	78,14	83,94	662,6
0,847	78,55	84,27	665,3
0,846	78,95	84,61	667,9
0,845	79,36	84,95	670,6
0,844	79,76	85,28	673,2
0,843	80,17	85,61	675,8
0,842	80,58	85,94	678,4
0,841	80,98	86,27	681,0
0,840	81,38	86,60	683,6
0,839	81,79	86,92	686,2
0,838	82,19	87,25	688,8
0,837	82,59	87,57	691,3

Dichte $d^{20}/_4$	Alkohol		
	Gew.-%	Raum-%	g in 1 l
0,836	82,99	87,89	693,8
0,835	83,39	88,21	696,3
0,834	83,79	88,52	698,8
0,833	84,19	88,83	701,3
0,832	84,59	89,15	703,7
0,831	84,98	89,45	706,2
0,830	85,37	89,76	708,6
0,829	85,76	90,06	711,0
0,828	86,15	90,36	713,3
0,827	86,54	90,66	715,7
0,826	86,92	90,95	718,0
0,825	87,31	91,24	720,3
0,824	87,70	91,53	722,6
0,823	88,08	91,82	724,9
0,822	88,47	92,11	727,2
0,821	88,85	92,40	729,5
0,820	89,24	92,69	731,8
0,819	89,62	92,98	734,0
0,818	90,00	93,26	736,2
0,817	90,38	93,54	738,4
0,816	90,76	93,81	740,5
0,815	91,13	94,08	742,7
0,814	91,50	94,34	744,8
0,813	91,86	94,60	746,9

Dichte $d^{20}/_4$	Alkohol		
	Gew.-%	Raum-%	g in 1 l
0,812	92,23	94,86	748,9
0,811	92,59	95,12	750,9
0,810	92,95	95,38	752,9
0,809	93,31	95,63	754,9
0,808	93,67	95,88	756,9
0,807	94,03	96,13	758,8
0,806	94,38	96,37	760,8
0,805	94,74	96,61	762,7
0,804	95,09	96,85	764,6
0,803	95,44	97,09	766,4
0,802	95,78	97,32	768,3
0,801	96,13	97,55	770,1
0,800	96,48	97,77	771,8
0,799	96,82	97,99	773,6
0,798	97,16	98,21	775,3
0,797	97,50	98,43	777,0
0,796	97,84	98,65	778,8
0,795	98,17	98,87	780,5
0,794	98,51	99,08	782,2
0,793	98,84	99,29	783,8
0,792	99,16	99,49	785,4
0,791	99,49	99,69	787,0

worin p = Gewichtsprozent Alkohol. Durch Division der so gefundenen Zahlen g durch die Zahl 0,78942 ergibt sich die Anzahl Kubikzentimeter Alkohol in 1 l Wein:

$$M = \frac{g}{0,78942},$$

worin 0,78942 die Dichte von 100%igem Alkohol bei 20° ist.

Aus diesen Angaben wurde von J. Großfeld eine neue Alkoholtabelle berechnet, die S. 12 gekürzt wiedergegeben ist.

II. Alkoholbestimmung in nicht als Getränke dienenden Zubereitungen.

(Nach Technische Bestimmungen. Herausgegeben vom Reichsmonopolamt. Berlin 1939.)

1. Riech- und Schönheitsmittel, Heilmittel und Essenzen. 1. Vor Ermittelung des Weingeistgehalts ist durch eine Vorprüfung festzustellen, ob in dem Erzeugnis Harze, Extraktstoffe, Glycerin, ferner freie Säure oder Ammoniak enthalten sind.

2. Enthält das Erzeugnis keinen der im Abs. 1 genannten Stoffe, so sind 50 g der Probe und 50 g Wasser in einem Scheidetrichter abzuwägen und mit 50 cm³ Petroläther auszuschütteln.

3. Enthält das Erzeugnis Stoffe der im Abs. 1 genannten Art, so werden 50 g der Probe in einem Kolben abgewogen, bei Gegenwart von freier Säure oder von Ammoniak neutralisiert und mit 100 cm³ Wasser versetzt. Von diesem Gemisch werden etwa 90 cm³ in einen gewogenen Scheidetrichter übergetrieben und mit 50 cm³ Petroläther ausgeschüttelt.

4. Nach vollständiger Trennung der nach Abs. 2 oder 3 erhaltenen Schichten wird die untere Schicht in einen gewogenen Kolben abgelassen und ihr Gewicht durch Zufügen von Wasser auf 100 g gebracht. Mittels des Dichtefläschchens oder einer geeigneten Weingeistspindel wird der Weingeistgehalt ermittelt.

5. Der ermittelte Weingeistgehalt ergibt durch Vervielfachen mit 2 den Weingeistgehalt des Erzeugnisses in Gewichtshundertteilen.

2. Äthyläther- und weingeisthaltige Erzeugnisse. a) Ermittelung des Gehalts an Äthyläther. 1. 50 g der Probe werden in einem etwa 500 cm³ fassenden Kolben abgewogen und mit 150 cm³ Wasser versetzt. Auf den Kolben wird ein etwa 50 cm hoher Siedeaufsatz nach Vigreux aufgesetzt, der mit einem abgekürzten Thermometer zu versehen und mit einem Kühler zu verbinden ist. Als Vorlage dient ein gewogenes, enges, mit Glasstopfen verschließbares Schüttelstandglas von 50 cm³ Inhalt, das von einem Kältegemisch umgeben ist. Das Thermometer darf erst nach etwa 2 Stunden den Temperaturgrad 50 anzeigen. Ist bei weiterem vorsichtigen Erhitzen ein Temperaturgrad von 65 erreicht und etwa 10 Minuten lang gehalten, so wird das Übertreiben unterbrochen. Das Schüttelstandglas wird verschlossen und wieder gewogen.

2. Das Gewicht des Destillats ergibt durch Vervielfachen mit 2 den Gehalt des Erzeugnisses an Äthyläther in Gewichtshundertteilen.

b) Ermittlung des Weingeistgehalts. 1. Das Übertreiben wird fortgesetzt. In einem gewogenen Kolben werden etwa 90 cm³ Destillat aufgefangen und durch Zufügen von Wasser auf 100 g gebracht. Mittels des Dichtefläschchens oder einer geeigneten Weingeistspindel wird der Weingeistgehalt ermittelt.

2. Ist das Destillat stark getrübt oder in zwei Schichten getrennt, so ist es in einem Scheidetrichter mit 50 cm³ Petroläther auszuschütteln und nach 1. 4 (s. oben) weiter zu behandeln.

3. Der ermittelte Weingeistgehalt ergibt durch Vervielfachen mit 2 den Weingeistgehalt des Erzeugnisses in Gewichtshundertteilen.

3. Lacke, Polituren, Celluloselacke und Kollodium. a) Ermittelung des Weingeistgehalts. α) *Erzeugnisse, die nur Branntwein als Lösungsmittel enthalten.* 1. 50 g der Probe werden in einem etwa 500 cm³ fassenden Kolben abgewogen und mit Wasserdampf abgetrieben. Es werden etwa 150 cm³ Destillat aufgefangen.

2. Ist das Destillat trübe oder ist eine Trennung der Flüssigkeit in zwei Schichten eingetreten, so ist es mit 50 cm³ Petroläther auszuschütteln. Die untere Schicht dient zur Ermittelung des Weingeistgehalts.

3. Die nach Abs. 1 oder 2 erhaltene Flüssigkeitsmenge wird nochmals abgetrieben. In einem gewogenen Kolben werden etwa 90 cm³ aufgefangen und durch Zufügen von Wasser auf 100 g gebracht. Mit Hilfe

des Dichtefläschchens oder einer geeigneten Weingeistspindel wird der Weingeistgehalt ermittelt.

4. Der ermittelte Weingeistgehalt ergibt durch Vervielfachen mit 2 den Weingeistgehalt des Erzeugnisses in Gewichtshundertteilen.

β) *Erzeugnisse, die nur Branntwein und Äthyläther als Lösungsmittel enthalten.* Die Entfernung des Äthyläthers und die Ermittelung des Weingeistgehalts hat nach der S. 14 gegebenen Anleitung zu erfolgen.

γ) *Erzeugnisse, die neben Branntwein und Äthyläther noch andere Stoffe als Lösungsmittel enthalten.* Enthält das Erzeugnis neben Branntwein und Äthyläther noch andere Stoffe als Lösungsmittel, so bleibt dem untersuchenden Chemiker die Auswahl eines geeigneten Verfahrens zur Ermittelung des Weingeistgehalts überlassen. In dem Befundzeugnis ist die Arbeitsweise so ausführlich zu beschreiben, daß Nachprüfungen des Ergebnisses möglich sind.

b) **Ermittlung des Gehalts an nichtflüchtigen Bestandteilen (Rückstand).** 1. Zunächst sind ungelöste feste Bestandteile abzutrennen. Etwa 10 g der Probe werden in einer Schale auf Zentigramme genau abgewogen. Der Schaleninhalt wird dann auf dem Wasserbad eingedampft und 2 Stunden lang bei 105° getrocknet. Celluloselacke und Kollodium sind lediglich auf dem Wasserbade einzudampfen.

2. Das Gewicht des Rückstandes ergibt, mit 100 vervielfacht und durch das Gewicht der eingewogenen Menge geteilt, den Gehalt des Erzeugnisses an nicht flüchtigen Bestandteilen (Rückstand) in Gewichtshundertteilen.

3. Der Rückstand darf in Wasser nicht löslich sein. Bei Untersuchung von Kollodium und Celluloselacken ist zu prüfen, ob der Rückstand Kollodiumwolle enthält.

4. **Seifen für Körperreinigung und -pflege.** a) **Ermittlung des Weingeistgehalts.** 100 g der Probe werden mit etwa 100 cm³ Wasser und 50 g Calciumchlorid versetzt. In das Gemisch wird so lange Wasserdampf eingeleitet, bis etwa 90 cm³ in einen gewogenen Kolben übergegangen sind. Das Gewicht des Destillats wird durch Zufügen von Wasser auf 100 g gebracht und der Weingeistgehalt des Erzeugnisses in Gewichtshundertteilen mittels des Dichtefläschchens oder einer geeigneten Weingeistspindel ermittelt.

b) **Ermittlung des Gehalts an Gesamtfettsäure.** 1. 4—5 g der Probe werden auf Milligramme genau abgewogen, in 50 cm³ Wasser gelöst und verlustlos in einen Scheidetrichter gespült. Zur Abscheidung der Fettsäuren wird nach Zusatz von Methylorangelösung Salzsäure (Dichte 1,126) bis zur Rotfärbung der Flüssigkeit zugegeben und mit 50 cm³ Äthyläther durchgeschüttelt. Nach völliger Trennung der Schichten wird die wäßrige Flüssigkeit abgezogen und die ätherische Lösung mit Wasser bis zum Verschwinden der Salzsäurereaktion nachgewaschen. Nach Abtrennung wird die ätherische Lösung in einen gewogenen, weithalsigen Kolben durch ein Filter, in dem sich etwas wasserfreies Natriumsulfat befindet, filtriert. Das Filter wird bis zur völligen Entfernung der Fettsäuren mit Äthyläther gewaschen. Der Äthyläther wird abgetrieben und der Rückstand bei 105° getrocknet und gewogen.

2. Das Gewicht des Rückstandes ergibt, mit 100 vervielfacht und durch das Gewicht der eingewogenen Menge geteilt, den Gehalt des Erzeugnisses an Gesamtfettsäure in Gewichtshundertteilen.

5. Seifen und seifenähnliche Erzeugnisse, die zur Körperreinigung und -pflege nicht bestimmt und geeignet sind. a) Ermittlung des Gehalts an Lösungsmitteln. 100 g der Probe werden mit etwa 100 cm³ Wasser und 50 g Calciumchlorid versetzt. In das Gemisch wird so lange Wasserdampf eingeleitet, bis etwa 200 cm³ übergegangen sind. Das Destillat wird in einem mit Teilung versehenen Scheidetrichter mit 50 cm³ Petroläther durchgeschüttelt. Nach Trennung der Schichten wird die Raummenge der oberen Schicht abgelesen. Diese ergibt nach Abzug der zugesetzten 50 cm³ Petroläther die in 100 Gewichtsteilen des Erzeugnisses enthaltenen Raumteile Lösungsmittel.

b) Ermittlung des Weingeistgehalts. Die den Weingeist enthaltende untere Schicht wird abgetrennt und abgetrieben, bis in einen gewogenen Kolben etwa 90 cm³ übergegangen sind. Das Gewicht des Destillats wird durch Zufügen von Wasser auf 100 g gebracht und der Weingeistgehalt des Erzeugnisses in Gewichtshundertteilen mittels des Dichtefläschchens oder einer geeigneten Weingeistspindel ermittelt.

6. Nebenerzeugnisse der Branntweingewinnung (Fuselöl). a) Ermittlung des Fuselölgehalts. 1. Die in den Nebenerzeugnissen der Branntweingewinnung enthaltenen Fuselöle werden beim Ausschütteln mit Calciumchloridlösung abgeschieden.

2. Zur Vornahme der Untersuchung ist ein Fuselölprober zu verwenden. Die Calciumchloridlösung wird genau bis zum Teilstrich 30 eingefüllt; bis zum Teilstrich 40 läßt man die Probe aus einer Pipette zufließen. Nach dem Verschließen des Probers ist der Inhalt 1 Minute lang gründlich durchzumischen und der Ruhe zu überlassen, bis eine Trennung in zwei Schichten eingetreten ist. Etwa an den Wandungen haftende Öltröpfchen sind durch senkrechtes Aufstoßen des Probers auf die Handfläche, durch Drehen zwischen den Fingern oder durch leichtes Neigen zum Aufsteigen zu bringen.

3. Die an der Teilung abgelesene Menge der oberen Schicht ergibt durch Vervielfachen mit 10 den Fuselölgehalt des Erzeugnisses in Raumhundertteilen.

4. Entspricht der Fuselölgehalt nicht den in § 251 der Brennereiordnung gegebenen Bestimmungen oder bestehen über das Untersuchungsergebnis Zweifel, so ist eine Probe an das Reichsmonopolamt einzusenden.

b) Ermittlung des Weingeistgehalts. 1. 50 g der Probe werden in einem Kolben abgewogen, unter mehrmaligem Nachspülen mit insgesamt 100 cm³ Calciumchloridlösung in einen Scheidetrichter übergeführt und unter Zugabe von 30 cm³ Cumol 2 Minuten kräftig durchgeschüttelt. Nach Trennung der Flüssigkeiten wird die untere Schicht ohne Verlust in den Siedekolben der Brennvorrichtung abgelassen. Die im Scheidetrichter zurückbleibende Flüssigkeit wird noch zweimal mit je 50 cm³ Calciumchloridlösung geschüttelt; die unteren Schichten werden gleichfalls in den Siedekolben abgelassen. Nach Zufügen von einer Messerspitze Holzkohlepulver werden ungefähr 90 cm³ in den gewogenen Erlenmeyerkolben der Brennvorrichtung übergetrieben. Ist infolge zu lebhaften Siedens Flüssigkeit aus dem Siedekolben über den Siedeaufsatz hinaus in den Kühler übergetreten, so ist der Versuch zu verwerfen.

2. Das Gewicht des Destillats wird durch Zugabe von Wasser auf 100 g gebracht. Nach dem Umschütteln wird der Inhalt des Kolbens durch ein trockenes Papierfilter gegossen und im Filtrat der Weingeistgehalt mittels einer geeigneten Weingeistspindel ermittelt.

3. Der ermittelte Weingeistgehalt ergibt durch Vervielfachen mit 2 den Weingeistgehalt des Fuselöls in Gewichtshundertteilen.

7. Ester. 1. 25 g der Probe werden mit 50 cm³ Natronlauge (Dichte 1,30) sowie mit 100 cm³ Wasser versetzt und am Rückflußkühler bis zur vollständigen Verseifung gekocht. Nach dem Abkühlen werden etwa 90 cm³ in einen gewogenen Kolben übergetrieben. Das Gewicht des Destillats wird durch Zufügen von Wasser auf 100 g gebracht. Mittels des Dichtefläschchens oder einer geeigneten Weingeistspindel ist der Weingeistgehalt zu ermitteln.

2. Das Destillat ist auf Äthyläther (Geruchsprüfung) und in Verdachtsfällen auf andere Stoffe, die eine hinreichend zuverlässige Feststellung des Weingeistgehalts verhindern würden, ferner auf Methylalkohol und Aceton zu prüfen. Das Ergebnis dieser Prüfung ist in dem Befundzeugnis anzugeben.

3. Der nach Abs. 1 ermittelte Weingeistgehalt ergibt durch Vervielfachen mit 4 den vergütungsfähigen Weingeistgehalt des Erzeugnisses in Gewichtshundertteilen.

8. Wassernachweis in Äthylalkohol. Da in Motortreibstoffen Alkohol als Beimischung nur in wasserfreier Form brauchbar ist, weil nur wasserfreier Alkohol mit Benzin und Benzol hinreichend vollkommen mischbar ist, wird die Bestimmung geringer Wassermengen in Äthylalkohol von Bedeutung. Hierfür sind folgende beiden Methoden vorgeschlagen worden:

a) **Acetylenverfahren.** F. Schütz und W. Klaudnitz benutzen die von Dupré gemachte Beobachtung, daß wasserhaltiger Alkohol sich mit Calciumcarbid zu Acetylen umsetzt. Sie fangen das freiwerdende Acetylen in Aceton auf, führen es in Acetylenkupfer über, das dann nach Willstätter nach Umsetzung mit Ferrisulfat mittels Kaliumpermanganat titriert wird.

b) **Ameisensäureesterverfahren.** Nach F. Adickes wird Ameisensäureester in alkoholischer Natriumäthylatlösung bei Anwesenheit von Wasser — auch in geringsten Spuren — fast augenblicklich verseift, indem sich unter Verbrauch des Wassers das schwerlösliche Natriumformiat bildet:

$$HCOO \cdot C_2O_5 + NaO \cdot C_2H_5 + H_2O = 2\,HO \cdot C_2H_5 + HCOONa.$$

Ein Überschuß an Ameisensäureester wird beim Siedepunkt des Alkohols durch das Natriumäthylat in Kohlenoxyd und Alkohol zerlegt. Die Reaktion kann auch zur Bereitung von absolutem Alkohol benutzt werden.

Zum Nachweis von Wasser in Alkohol wird das Äthylat-Estergemisch (50 cm³ Alkohol, 1 g Natrium, 10 g Ester bei 0° im Erlenmeyerkolben absitzen lassen), das sich von selbst wasserfrei einstellt, durch eine Jenaer Glasfilternutsche zu dem zu prüfenden Alkohol gegeben. Enthält der Alkohol 0,013% Wasser oder darüber, so tritt eine Fällung ein.

Zur Bestimmung größerer Mengen Wasser (etwa von 2,5% an) wird das abgeschiedene Natriumformiat abfiltriert. Bei kleineren Mengen destilliert man den Alkohol und den nicht verbrauchten Ester vom gebildeten Natriumformiat und dem überschüssigen Natriumäthylat —·zuletzt im Vakuum — ab. Die Ameisensäure wird dann durch Reduktion von Quecksilberchlorid in bekannter Weise (vgl. V, 246) bestimmt, wobei darauf zu achten ist, daß Alkohol selbst Quecksilberchlorid oxydiert und daher bei dieser Reaktion entfernt sein muß. Das zur Wägung gebrachte Quecksilberchlorür hat das rund 26fache Gewicht des Wassers.

III. Vergällung und Genußunbrauchbarmachung von Branntwein (V, 159).

(Bekanntmachung des Reichsmonopolamtes vom 17. November 1933, § 27—29; Reichsministerialbl. S. 551.)

A. Verzeichnis der Mittel, mit denen Branntwein (zum allgemeinen ermäßigten Verkaufspreise) unvollständig zu vergällen ist[1].

I. Allgemeine Bestimmungen.

Die Vergällungsmittel müssen den Anforderungen der gegebenen Untersuchungsanleitungen (vgl. S. 21) entsprechen. Die angegebenen Mengen der Vergällungsmittel sind auf je 100 l Weingeist zuzusetzen.

II. Art und Menge der Vergällungsmittel.

1. Für die unvollständige Vergällung von Branntwein werden zugelassen:

a) zu gewerblichen (technischen) Zwecken, mit Ausnahme der unter Ziff. 3 genannten Verwendungszwecke,

b) zu Reinigungs-, Wasch- und Desinfektionszwecken:

2,5 l Vergällungsholzgeist oder 2,0 l Toluol oder 2,0 l gereinigtes Lösungsbenzol II oder 1,0 l Pyridinbasen oder 0,025 l Tieröl.

2. Sofern die unter Ziff. 1 bezeichneten Mittel für die nachstehenden Verwendungszwecke zwar zulässig, aber nicht geeignet sind, werden außerdem zugelassen:

a) zur Herstellung von Lacken, Polituren, Verdünnungsmitteln für Lacke und Lösungsmitteln:

1,0 l Terpentinöl;

b) zur Herstellung von Seifen und seifenähnlichen Erzeugnissen:

1,0 kg Ricinusöl und 0,4 kg Kalilauge 33% oder Natronlauge 33%;

c) zur Herstellung von Zellhorn (Celluloid) und ähnlichen Erzeugnissen, Lederersatzstoffen, Kunstseide und synthetischem Campher:

1,0 kg Campher;

---

[1] Unzulässig ist die Verwendung von Branntwein zum allgemeinen ermäßigten Verkaufspreise beispielsweise auch für die Herstellung folgender Erzeugnisse: a) branntweinhaltige Heilmittel und Ungeziefermittel, gleichviel, ob sie zum Gebrauch bei Menschen oder Tieren Verwendung finden sollen; b) branntweinhaltige Desinfektionsmittel, die auch zu Heilzwecken dienen können; c) branntweinhaltige Badezusätze.

d) zur Herstellung von Emulsionen und ähnlichen Zubereitungen für photographische Zwecke, Lichtdruck- und Lichtpausverfahren:

1,0 l verflüssigte Carbolsäure oder

10,0 l Äthyläther;

e) zur Herstellung von Spiegelbelag;

1,0 l Petroleumbenzin;

f) zur Herstellung wissenschaftlicher Präparate zu Lehrzwecken, zur Vornahme von chemischen Untersuchungen aller Art und zum Ansetzen von Chemikalien, Reagenzien:

1,0 l Petroleumbenzin oder

1,0 l verflüssigte Carbolsäure;

g) zur Herstellung von Chloroform, Bromoform, Jodoform, Chloräthyl und Bromäthyl:

0,3 kg Chloroform oder

0,2 kg Jodoform oder

0,5 kg Chloräthyl oder

0,3 kg Bromäthyl;

h) zu Wasch- und Desinfektionszwecken, soweit nicht eine Heilwirkung, wie z. B. bei Einreibungen, Spülungen oder Umschlägen, beabsichtigt ist:

0,3 kg Chloroform und 0,3 kg Campher oder

1,0 l Petroleumbenzin oder

1,0 l verflüssigte Carbolsäure;

i) zur Herstellung, Aufbewahrung und Sterilisation von medizinischem Nähmaterial:

1,0 l Petroleumbenzin;

k) zur Herstellung von Verbandstoffen mit Ausnahme von Kollodium:

10,0 l Äthyläther.

3. Für die nachstehenden Verwendungszwecke, bei denen die unter Ziff. 1 und 2 aufgeführten Mittel nicht zulässig sind, werden zugelassen:

a) zur Herstellung von Brauglasur:

6,0 kg Schellack oder

1,0 kg Fichtenkolophonium;

b) zur Herstellung von Lacken, die bei Nahrungs- und Genußmitteln verwendet werden (z. B. Schokoladen- und Marzipanlacken):

10,0 kg Benzoeharz oder

5,0 kg Sandarakharz.

B. Vorschriften für die unvollständige Vergällung von Branntwein (zum Essigbranntweinpreise) zur Herstellung von Speiseessig.

Durchführung der Vergällung.

1. In der auf je 100 l Weingeist zuzusetzenden Essigmenge müssen mindestens 6 kg wasserfreie Essigsäure enthalten sein. 100 l des vergällten Branntweins dürfen höchstens 40 l Weingeist enthalten.

2. Auf je 100 l Weingeist sind demnach beispielsweise zuzusetzen:

200 l Essig, enthaltend 3 Hundertteile Essigsäure, oder

150 l Essig, enthaltend 4 Hundertteile Essigsäure, oder

120 l Essig, enthaltend 5 Hundertteile Essigsäure, u n d 30 l Wasser,
oder

100 l Essig, enthaltend 6 Hundertteile Essigsäure, u n d 50 l Wasser,
oder

75 l Essig, enthaltend 8 Hundertteile Essigsäure, u n d 75 l Wasser,
oder

60 l Essig, enthaltend 10 Hundertteile Essigsäure, u n d 90 l Wasser,
oder

50 l Essig, enthaltend 12 Hundertteile Essigsäure, u n d 100 l Wasser.

3. Bei der Berechnung der für jedes Gefäß zuzusetzenden Mengen
sind für jedes angefangene Liter Essig oder Wasser ein volles Liter zuzusetzen. Eine über das vorgeschriebene Maß hinaus zugesetzte Essigmenge und die in dem Branntwein enthaltene Wassermenge sind auf
Antrag auf den Wasserzusatz in Anrechnung zu bringen. Das Wasser
darf ganz oder zum Teil durch eine gleiche Menge Bier, Hefenwasser,
Wein oder Obstwein ersetzt werden.

C. Verzeichnis der Zusatzstoffe, mit denen Branntwein (zum besonderen ermäßigten Verkaufspreise) zu Genußzwecken unbrauchbar zu machen ist[1].

I. Allgemeine Bestimmungen.

Die Zusatzstoffe müssen den Anforderungen der auf Bd. V, S. 159 und
diesen Bd., S. 21 gegebenen Untersuchungsanleitungen entsprechen. Die
angegebenen Mengen der Zusatzstoffe sind auf je 100 l Weingeist
zuzusetzen.

II. Art und Menge der Zusatzstoffe.

Für die Unbrauchbarmachung· von Branntwein zu Genußzwecken
werden zugelassen:

1. zur Herstellung von branntweinhaltigen Heilmitteln vorwiegend
zum äußerlichen Gebrauch, die nicht im Deutschen Arzneibuch aufgeführt sind:

1,0 kg Campher   oder   0,5 kg Thymol;

2. zur Herstellung von folgenden branntweinhaltigen Heilmitteln
vorwiegend zum äußerlichen Gebrauch, die im Deutschen Arzneibuch
aufgeführt sind,

a) Linimentum saponato-camphoratum (Opodeldoc),
Spiritus camphoratus (Campherspiritus),
Spiritus russicus (Russischer Spiritus),
Spiritus saponato-camphoratus (Flüssiger Opodeldoc),
Vinum camphoratum (Campherwein):

1,0 kg Campher;

---

[1] Unzulässig ist die Verwendung von Branntwein zum besonderen ermäßigten
Verkaufspreise beispielsweise für die folgenden Erzeugnisse: a) branntweinhaltige
Heilmittel, die im Deutschen Arzneibuch aufgeführt sind, mit Ausnahme der
unter Ziff. 2 bezeichneten Heilmittel; b) Hienfongessenz und in der Zusammensetzung oder Bezeichnung ähnliche Erzeugnisse; c) Karmelitergeist, Melissengeist
oder ähnlich bezeichnete Erzeugnisse; d) Wunderbalsam, Jerusalemer Balsam und
Tinctura Benzoes composita (zusammengesetzte Benzoetinktur); e) Erzeugnisse,
die zu Inhalationen oder zur örtlichen Behandlung der Schleimhäute dienen.

b) Linimentum saponato-ammoniatum (Flüssiges Seifenliniment),
   Liquor Cresoli saponatus (Kresolseifenlösung),
   Sapo glycerinatus liquidus (Flüssige Glycerinseife),
   Spiritus saponatus (Seifenspiritus),
   Spiritus Saponis kalini (Kaliseifenspiritus):
30,0 kg Kaliseife oder
18,0 kg Olivenöl, Leinöl oder andere fette Öle und 21,0 kg Kalilauge 15%;
   c) Tinctura Benzoes (Benzoetinktur):
      18,0 kg Benzoeharz;
   d) Tinctura Myrrhae (Myrrhentinktur):
      18,0 kg Myrrhenharz;
   3. zur Herstellung von branntweinhaltigen Desinfektionsmitteln, die auch zu Heilzwecken dienen können und die **nicht** im Deutschen Arzneibuch aufgeführt sind:
      1,0 kg Campher oder
      0,5 kg Thymol oder
      30,0 kg Kaliseife oder
18,0 kg Olivenöl, Leinöl oder andere fette Öle **und** 21,0 kg Kalilauge 15%;
   4. zur Herstellung von Franzbranntwein, in der Zusammensetzung ähnlichen oder als Franzbranntwein bezeichneten Erzeugnissen von anderer Zusammensetzung:
      1,0 kg Campher oder
      0,5 kg Thymol;
   5. zur Herstellung von branntweinhaltigen Riech- und Schönheitsmitteln:
      1,0 l Phthalsäurediäthylester oder
      0,5 kg Thymol.

D. Untersuchung der Vergällungsmittel (V, 159).

(Vgl. Technische Bestimmungen zu den Ausführungsbestimmungen zum Gesetz über das Branntweinmonopol vom 8. April 1922, Berlin 1939.)

Folgende Änderungen bzw. Ergänzungen gegenüber dem Hauptwerk sind eingetreten:

1. Äthyläther (V, 164). Die Dichte soll zwischen 0,713—0,728 bei 15° liegen.

2. Acetonnachläufe (V, 166). Bei Destillation sollen bis 60° höchstens 2 cm³, bis 80° höchstens 50 cm³, bis 180° mindestens 90 cm³ übergehen.

3. Benzoeharz. Benzoeharz soll im Aussehen den handelsüblichen Anforderungen der einzelnen Sorten entsprechen. Bei Ausziehen von 5 g des gepulverten Harzes mit Branntwein sollen nicht mehr als 1,5 g Rückstand verbleiben.

4. Carbolsäure, verflüssigt (V, 167). Dichte 1,066—1,071.

Gehaltsermittlung. Bei der Vorschrift im Hauptwerk entsprechen die zugesetzten 25 cm³ Bromsalzlösung (2,477 g[1] Kaliumbromat und

---

[1] 0,007 g Brom im Kubikzentimeter entsprechen theoretisch 2,438 g $KBrO_3$ im Liter oder 1 cm³ obiger Lösung 0,00711 g Brom.

8,719 g Kaliumbromid im Liter; 1 cm³ entspricht 0,007 g Brom) 22 cm³ $^1/_{10}$ n-Bromsalzlösung. Die zur Umsetzung verbrauchten Kubikzentimeter $^1/_{10}$ n-Natriumthiosulfatlösung werden von 22 cm³ in Abzug gebracht. Der Rest ergibt mit 6,286 vervielfacht und durch das Gewicht der eingewogenen Menge Carbolsäure geteilt den Gehalt an Phenol, der mindestens 85 Gewichtshundertteile betragen soll (1 cm³ $^1/_{10}$ n-Bromsalzlösung entspricht 0,001567 g Phenol; 6,268 = 0,001567 · 100 · 40).

5. Chloroform (V, 164). Siedepunkt 60—62°.

6. Kaliseife. Gelbbraune, durchsichtige, weiche, schlüpfrige Masse, löslich in Wasser und Branntwein.

Zur Ermittlung des Gehaltes an Fettsäuren werden 2,5 g Kaliseife in 50 g heißem Wasser gelöst, mit 5 cm³ Schwefelsäure (Dichte 1,14) versetzt und im Wasserbad so lange erwärmt, bis die abgeschiedenen Fettsäuren klar auf der wäßrigen Flüssigkeit schwimmen. Der erkalteten Flüssigkeit setzt man 10 cm³ Petroläther zu und schwenkt vorsichtig um, bis die Fettsäuren in dem Petroläther gelöst sind. Dann gibt man die gesamte Flüssigkeit in einen Scheidetrichter, spült zuerst mit 10 cm³, dann mit 5 cm³ Petroläther nach und schüttelt die im Scheidetrichter vereinigten Flüssigkeiten nochmals kräftig durch. Nach dem Absetzen läßt man die wäßrige Schicht vollständig abfließen, setzt zu der Petrolätherlösung 25 cm³ Wasser hinzu, schüttelt durch und läßt nach dem Absetzen die wäßrige Schicht abermals möglichst vollständig abfließen. Nun gibt man zu der Petrolätherlösung 1 g wasserfreies Natriumsulfat, schüttelt kräftig durch, läßt noch $^1/_2$ Stunde lang ruhig stehen und filtriert dann durch ein Wattebäuschchen in ein gewogenes Kölbchen. Man spült 2mal mit je 5 cm³ Petroläther nach und destilliert die vereinigten Petrolätherlösungen bei gelinder Wärme auf dem Wasserbad ab. Der hierbei verbleibende Rückstand wird bei einer 75° nicht übersteigenden Temperatur getrocknet. Sein Gewicht muß mindestens 1 g betragen, entsprechend einem Gehalt an Fettsäuren von 40 Gewichtshundertteilen.

7. Lösungsbenzol II, gereinigt. Bei Durchschütteln von 40 cm³ Lösungsbenzol mit 40 cm³ Wasser soll nach Trennung der Flüssigkeiten die obere Schicht mindestens 38 cm³ betragen. Beim Durchschütteln von 80 cm³ Lösungsbenzol mit 20 cm³ Branntwein soll eine klare Lösung entstehen.

8. Myrrhenharz. Gelbe rötliche oder braune Körner oder löcherige Klumpen mit körniger Bruchfläche. Bei Ausziehen von 5 g des Pulvers mit Branntwein sollen nicht mehr als 3,5 g Rückstand verbleiben.

9. Olivenöl, Leinöl oder andere fette Öle. Das Öl soll im Aussehen handelsüblichen Sorten entsprechen und in Äthyläther, Petroläther und Chloroform leicht löslich sein. Werden 10 g Öl mit 5 g Kaliumhydroxyd und 50 cm³ Branntwein verseift, so dürften sich beim Verdünnen mit 60 cm³ Wasser nur geringe Mengen unverseifbarer Bestandteile abscheiden.

10. Petroleumbenzin (V, 165). 80 cm³ Petroleumbenzin sollen mit 20 cm³ Branntwein durchgeschüttelt, eine klare Lösung ergeben.

11. Phthalsäurediäthylester (V, 165). Bei der Bestimmung der Verseifungszahl werden die verbrauchten Kubikzentimeter Normalsäure von 75 cm³ in Abzug gebracht, der Rest ergibt mit 2,22 vervielfacht den Gehalt an Phthalsäurediäthylester, der mindestens 97,5 Gewichtshundertteile betragen soll (1 cm³ n-Lauge entspricht 0,111 g Phthalsäurediäthylester).

12. Sandarakharz. Durchsichtige, blaßcitronengelbe, weißlich bestäubte Körner mit glasglänzendem Bruch. Werden 5 g gepulvertes Harz mit Branntwein ausgezogen, so soll nicht mehr als 1 g Rückstand verbleiben.

13. Schellack (V, 163). Schmelzpunkt 60—100°. Werden 5 g gepulverter Schellack mit Branntwein ausgezogen, so sollen höchstens 0,25 g zurückbleiben. Werden 5 g des Pulvers mit Äthyläther ausgezogen, so sollen wenigstens 2,5 g verbleiben.

14. Terpentinöl (V, 161). Werden 100 cm³ übergetrieben, so sollen bis 150° höchstens 5 cm³, bis 180° mindestens 80 cm³ übergegangen sein.

Ermittlung der Bromzahl. 1 cm³ des bei der Ermittlung des Siedeverhaltens aufgefangenen und durchgemischten Destillats wird in einem Meßkolben in Branntwein zu 100 cm³ gelöst. 10 cm³ dieser Lösung werden mit 25 cm³ Branntwein und 5 cm³ Salzsäure (Dichte 1,126) versetzt. Aus einer Bürette wird Bromsalzlösung (vgl. bei Carbolsäure, S. 21) tropfenweise zugelassen, bis die Flüssigkeit schwach gelb gefärbt ist und diese Färbung 1 Minute beibehält. Die verbrauchten Kubikzentimeter Bromsalzlösung ergeben mit 0,07 vervielfacht, die Bromzahl, die mindestens 1,4 betragen soll.

15. Tieröl (V, 161). Flüchtige Basen. 10 cm³ des bei der Prüfung des Siedeverhaltens anfallenden und durchgemischten Destillats werden mit 150 cm³ Wasser vermischt und unter kräftigem Umschütteln mit Normalschwefelsäure titriert, bis 1 Tropfen der Mischung auf Kongopapier einen deutlichen blauen Rand hervorruft. Hierzu sollen mindestens 10,0 cm³ Normalschwefelsäure erforderlich sein.

Prüfung auf Pyrrol. 2,5 cm³ einer Lösung von 1 cm³ Tieröl in 100 cm³ Branntwein werden mit Branntwein auf 100 cm³ verdünnt. In 10 cm³ dieser Lösung wird ein mit Salzsäure (Dichte 1,126) befeuchteter Fichtenholzspan kurze Zeit eingetaucht. Nach dem Herausnehmen, spätestens nach einigen Minuten, soll er eine deutliche Rotfärbung zeigen.

16. Toluol (V, 162). Werden 100 cm³ Toluol übergetrieben, so sollen bis 100° höchstens 5 cm³ und bis 120° mindestens 90 cm³ übergegangen sein. 40 cm³ Toluol mit 40 cm³ Wasser durchgeschüttelt sollen nach Trennung der Flüssigkeiten mindestens 38 cm³ obere Schicht ergeben.

17. Vergällungsholzgeist. Gehalt an Methylalkohol (H. Oldekop). In einen mindestens 250 cm³ fassenden Verseifungskolben mit Schliff werden 40 cm³ Essigsäureanhydrid-Pyridingemisch gebracht. Diesem Gemisch wird eine auf Milligramme genau abgewogene Menge von etwa 1—1,5 g Vergällungsholzgeist zugesetzt. Der Kolben wird mit Rückflußrohr versehen, bis zum Hals 40 Minuten lang in lebhaft siedendes Wasser gestellt und dann abgekühlt. Der Kolbeninhalt wird mit 50 cm³ Wasser vermischt, nach Ablauf von 10 Minuten mit einigen Körnchen Phenolphthalein versetzt und mit Normallauge bis zur bleibenden Rotfärbung titriert. Von der Lauge sind 50 cm³ zunächst mittels Pipette zuzusetzen. Die verbrauchte Menge Normallauge ist von dem Säurewert von 40 cm³ Essigsäureanhydrid-Pyridingemisch (§ 44) in

Abzug zu bringen. Der Rest ergibt mit 3,2 vervielfacht und durch das Gewicht der eingewogenen Menge geteilt den Gehalt an Methylalkohol, der nicht mehr als 40 Gewichtshundertteile betragen soll (1 cm³ Normallauge entspricht 0,032 g Methylalkohol).

Allylalkohol. 100 cm³ Bromsalzlösung (vgl. S. 21) werden mit 30 cm³ Schwefelsäure (Dichte 1,31) versetzt. Zu dem Gemisch gibt man bei Tageslicht unter Umschwenken langsam, zuletzt tropfenweise bis zur dauernden Entfärbung Vergällungsholzgeist. Hierzu sollen mindestens 20 und höchstens 30 cm³ Vergällungsholzgeist erforderlich sein.

18. Mindestmenge der Untersuchungsproben von Vergällungsmitteln für Branntwein. Äthyläther, Lösungsbenzol II, gereinigt, Petroleumbenzin, Toluol, Vergällungsholzgeist 500 cm³ oder 500 g; Acetonnachläufe, Buttersäure, technisch, Phthalsäurediäthylester, Pyridinbasen, Terpentinöl, Tieröl 250 cm³ oder 250 g; Kalilauge, Natronlauge 100 cm³ oder 100 g; Bromäthyl, Chloräthyl, Chloroform, Carbolsäure, verflüssigt, Öle (fette Öle) 50 cm³ oder 50 g; Feste Vergällungsmittel 25 g.

E. Vorschriften für die Beschaffenheit von Erzeugnissen, die unter Verwendung von unvollständig vergälltem Branntwein hergestellt werden und Branntwein enthalten.

(Vgl. Technische Bestimmungen zu den Ausführungsbestimmungen zum Gesetz über das Branntweinmonopol vom 8. April 1922. Berlin 1939.)

1. Lacke und Polituren. a) Brauglasur. Gehalt von mindestens 20 Gewichtshundertteilen Schellack oder sonstigen Harzen.

b) Lacke und Polituren. Gehalt von mindestens 10 Gewichtshundertteilen nicht flüchtigen Bestandteilen (Harze oder ähnliche Stoffe) oder (auf Antrag) mindestens 10 Hundertteilen des Weingeistgehaltes.

c) Kollodium und Celluloselacke. Höchstens 70 Gewichtshundertteile Weingeist. Gehalt an Kollodiumwolle bzw. Cellulosederivat mindestens 1 Gewichtshundertteil.

2. Verdünnungsmittel für Lacke und Lösungsmittel. Herstellung nur mit besonderer Genehmigung des Reichsmonopolamtes zulässig.

3. Seifen und seifenähnliche Erzeugnisse. a) Zur Körperreinigung bestimmte und geeignete Seifen. Feste Seifen (die sich bei Zimmertemperatur mit einem Messer in Stücke von bestimmter Form schneiden lassen) dürfen höchstens 20 Gewichtshundertteile Weingeist und müssen mindestens 40 Gewichtshundertteile Gesamtfettsäure enthalten. Flüssige Seifen müssen mindestens 10 Gewichtshundertteile Gesamtsäure enthalten.

b) Nicht zur Körperreinigung und -pflege bestimmte und geeignete Seifen. Die Erzeugnisse dürfen höchstens 30 Gewichtshundertteile Weingeist enthalten. Liegt dieser Gehalt über 20 Gewichtshundertteilen, so muß das Fertigerzeugnis in 100 Gewichtsteilen mindestens 20 Raumteile Lösungsmittel enthalten. Im anderen Falle dürfen sie nur mit besonderer Genehmigung des Reichsmonopolamtes hergestellt werden.

IV. Bestimmung der Zuckerarten (V, 167, 193).

A. Berechnung des Extraktes aus der Dichte bei 20°.

Tabelle 2. Ermittlung des Zucker- (bzw. Extrakt-) Gehaltes wäßriger Zuckerlösungen aus der Dichte bei 20° (vgl. S. 11). Nach J. Großfeld[1].

Dichte $d^{20}/_4$	Zucker %	Zucker g in 1 l
0,999	0,20	2,0
1,000	0,46	4,6
1,001	0,71	7,1
1,002	0,97	9,7
1,003	1,23	12,3
1,004	1,49	14,9
1,005	1,74	17,5
1,006	2,00	20,1
1,007	2,25	22,7
1,008	2,51	25,3
1,009	2,76	27,9
1,010	3,02	30,5
1,011	3,27	33,1
1,012	3,52	35,7
1,013	3,78	38,3
1,014	4,03	40,9
1,015	4,28	43,5
1,016	4,54	46,1
1,017	4,79	48,7
1,018	5,04	51,3
1,019	5,29	53,9
1,020	5,54	56,5
1,021	5,78	59,1
1,022	6,04	61,7
1,023	6,29	64,3
1,024	6,53	66,9
1,025	6,78	69,5
1,026	7,03	72,1
1,027	7,27	74,7
1,028	7,52	77,3
1,029	7,77	79,9
1,030	8,01	82,6
1,031	8,26	85,2
1,032	8,50	87,8
1,033	8,75	90,4
1,034	8,99	93,0
1,035	9,24	95,6
1,036	9,48	98,2
1,037	9,72	100,8
1,038	9,97	103,4
1,039	10,21	106,1
1,040	10,45	108,7
1,041	10,69	111,3

Dichte $d^{20}/_4$	Zucker %	Zucker g in 1 l
1,042	10,93	113,9
1,043	11,17	116,5
1,044	11,41	119,1
1,045	11,65	121,8
1,046	11,89	124,4
1,047	12,13	127,0
1,048	12,37	129,6
1,049	12,61	132,2
1,050	12,84	134,9
1,051	13,07	137,5
1,052	13,32	140,1
1,053	13,55	142,7
1,054	13,79	145,3
1,055	14,02	147,9
1,056	14,26	150,6
1,057	14,50	153,2
1,058	14,73	155,8
1,059	14,96	158,4
1,060	15,19	161,1
1,061	15,43	163,7
1,062	15,66	166,3
1,063	15,90	168,9
1,064	16,12	171,6
1,065	16,36	174,2
1,066	16,59	176,8
1,067	16,82	179,4
1,068	17,05	182,1
1,069	17,28	184,7
1,070	17,51	187,3
1,071	17,74	190,0
1,072	17,97	192,6
1,073	18,20	195,2
1,074	18,42	197,9
1,075	18,65	200,5
1,076	18,88	203,1
1,077	19,11	205,8
1,078	19,33	208,4
1,079	19,56	211,0
1,080	19,78	213,7
1,081	20,01	216,3
1,082	20,23	218,9
1,082	20,46	221,6
1,084	20,68	224,2

Dichte $d^{20}/_4$	Zucker %	Zucker g in 1 l
1,085	20,91	226,9
1,086	21,03	229,5
1,087	21,36	232,1
1,088	21,58	234,8
1,089	21,80	237,4
1,090	22,02	240,0
1,091	22,25	242,7
1,092	22,47	245,3
1,093	22,69	248,0
1,094	22,91	250,6
1,095	23,13	253,3
1,096	23,35	255,9
1,097	23,57	258,5
1,098	23,79	261,2
1,099	24,00	263,8
1,100	24,22	266,5
1,101	24,44	269,1
1,102	24,66	271,8
1,103	24,88	274,4
1,104	25,10	277,1
1,105	25,31	279,7
1,106	25,53	282,4
1,107	25,75	285,0
1,108	25,96	287,7
1,109	26,18	290,3
1,110	26,39	293,0
1,111	26,61	295,6
1,112	26,82	298,3
1,113	27,04	300,9
1,114	27,25	303,6
1,115	27,47	306,2
1,116	27,68	308,9
1,117	27,89	311,5
1,118	28,11	314,2
1,119	28,32	316,9
1,120	28,53	319,5
1,121	28,74	322,2
1,122	28,95	324,8
1,123	29,16	327,5
1,124	29,37	330,2
1,125	29,58	332,8
1,126	29,79	335,5
1,127	30,00	338,1

Dichte $d^{20}/_4$	Zucker %	Zucker g in 1 l
1,128	30,21	340,8
1,129	30,42	343,5
1,130	30,63	346,1
1,131	30,84	348,8
1,132	31,05	351,5
1,133	31,26	354,1
1,134	31,46	356,8
1,135	31,67	359,5
1,136	31,88	362,1
1,137	32,08	364,8
1,138	32,29	367,5
1,139	32,50	370,1
1,140	32,70	372,8
1,141	32,91	375,5
1,142	33,11	378,1
1,143	33,32	380,8
1,144	33,52	383,5
1,145	33,73	386,2
1,146	33,93	388,8
1,147	34,13	391,5
1,148	34,34	394,2
1,149	34,54	396,9
1,150	34,74	399,5
1,151	34,94	402,2
1,152	35,15	404,9
1,153	35,35	407,6
1,154	35,55	410,3
1,155	35,75	412,9
1,156	35,95	415,6
1,157	36,15	418,3
1,158	36,35	421,0
1,159	36,55	423,7
1,160	36,75	426,4
1,161	36,95	429,0
1,162	37,15	431,7
1,163	37,35	434,4
1,164	37,55	437,1
1,165	37,75	439,8
1,166	37,95	442,5
1,167	38,14	445,2
1,168	38,34	447,9
1,169	38,54	450,5

[1] Nach der 10fach ausführlicheren Tabelle im Handbuch der Lebensmittelchemie, Bd. 2, S. 1676.

Tabelle 2 (Fortsetzung).

Dichte $d^{20}/_4$	Zucker %	Zucker g in 1 l	Dichte $d^{20}/_4$	Zucker %	Zucker g in 1 l	Dichte $d^{20}/_4$	Zucker %	Zucker g in 1 l	Dichte $d^{20}/_4$	Zucker %	Zucker g in 1 l
1,170	38,74	453,2	1,208	46,02	556,0	1,245	52,78	657,1	1,282	59,24	759,5
1,171	38,93	455,9	1,209	46,21	558,7	1,246	52,96	659,9	1,283	59,41	762,3
1,172	39,13	458,6				1,247	53,14	662,6	1,284	59,58	765,0
1,173	39,33	461,3	1,210	46,40	561,4	1,248	53,32	665,4	1,285	59,75	767,8
1,174	39,52	464,0	1,211	46,58	564,1	1,249	53,49	668,1	1,286	59,92	770,6
1,175	39,72	466,7	1,212	46,77	566,9				1,287	60,09	773,4
1,176	39,91	469,4	1,213	46,96	569,6	1,250	53,67	670,9	1,288	60,26	776,2
1,177	40,11	472,1	1,214	47,14	572,3	1,251	53,85	673,6	1,289	60,43	779,0
1,178	40,30	474,8	1,215	47,33	575,0	1,252	54,02	676,4			
1,179	40,50	477,5	1,216	47,51	577,8	1,253	54,20	679,1	1,290	60,60	781,8
			1,217	47,70	580,5	1,254	54,38	681,9	1,291	60,77	784,6
1,180	40,69	480,2	1,218	47,88	583,2	1,255	54,55	684,7	1,292	60,94	787,4
1,181	40,89	482,9	1,219	48,07	585,9	1,256	54,73	687,4	1,293	61,11	790,2
1,182	41,08	485,6				1,257	54,91	690,2	1,294	61,28	793,0
1,183	41,27	488,3	1,220	48,25	588,7	1,258	55,08	692,9	1,295	61,45	795,8
1,184	41,47	491,0	1,221	48,43	591,4	1,259	55,26	695,7	1,296	61,62	798,6
1,185	41,66	493,7	1,222	48,62	594,1				1,297	61,78	801,4
1,186	41,85	496,4	1,223	48,80	596,8	1,260	55,43	698,5	1,298	61,95	804,2
1,187	42,04	499,1	1,224	48,98	599,6	1,261	55,61	701,2	1,299	62,12	807,0
1,188	42,24	501,8	1,225	49,17	602,3	1,262	55,78	704,0			
1,189	42,43	504,5	1,226	49,35	605,0	1,263	55,96	706,8	1,300	62,29	809,7
			1,227	49,53	607,8	1,264	56,13	709,5	1,301	62,45	812,5
1,190	42,62	507,2	1,228	49,72	610,5	1,265	56,36	712,3	1,302	62,62	815,3
1,191	42,81	509,9	1,229	49,90	613,3	1,266	56,48	705,1	1,303	62,79	818,1
1,192	43,00	512,6				1,267	56,65	707,8	1,304	62,96	821,0
1,193	43,19	515,3	1,230	50,08	616,0	1,268	56,83	720,6	1,305	63,12	823,8
1,194	43,38	518,0	1,231	50,26	618,7	1,269	57,00	723,3	1,306	63,29	826,6
1,195	43,57	520,7	1,232	50,44	621,5				1,307	63,46	829,4
1,196	43,76	523,4	1,233	50,62	624,2	1,270	57,18	726,1	1,308	63,62	832,2
1,197	43,95	526,1	1,234	50,80	626,9	1,271	57,35	728,9	1,309	63,79	835,0
1,198	44,14	528,9	1,235	50,99	629,7	1,272	57,52	731,7			
1,199	44,33	531,6	1,236	51,17	632,4	1,273	57,69	734,5	1,310	63,95	837,8
			1,237	51,35	635,2	1,274	57,87	737,2	1,311	64,12	840,6
1,200	44,52	534,3	1,238	51,53	637,9	1,275	58,04	740,0	1,312	64,28	843,4
1,201	44,71	537,0	1,239	51,71	640,6	1,276	58,21	742,8	1,313	64,45	846,2
1,202	44,90	539,7				1,277	58,38	745,6	1,314	64,62	849,1
1,203	45,09	542,4	1,240	51,89	643,4	1,278	58,56	748,3	1,315	64,78	851,9
1,204	45,27	545,1	1,241	52,06	646,1	1,279	58,73	751,1	1,316	64,95	854,7
1,205	45,46	547,8	1,242	52,24	648,9				1,317	65,11	857,5
1,206	45,65	550,6	1,243	52,42	651,6	1,280	58,90	753,9	1,318	65,27	860,3
1,207	45,84	553,3	1,244	52,60	654,4	1,281	59,07	756,7	1,319	65,44	863,1

B. Bestimmung des reduzierenden Zuckers.

Als einfache Schnellmethode zur Bestimmung des reduzierenden
Zuckers hat sich die maßanalytische Methode nach Schoorl unter
Anwendung von Fehlingscher Lösung bewährt. Die Ausführung ist
die gleiche, wie sie bei der Anwendung der Methode von Schoorl auf
die amtliche Weinuntersuchung zur Bestimmung des Zuckers (Invertzucker) in trockenen Weinen (V, 266) vorgeschrieben ist. Nur gelten
zur Berechnung auf Glucose, Fructose und Maltose andere Umrech-
nungswerte, nämlich für die zur Titration angewendete Substanzmenge:

C. Bestimmung von Fructose (Lävulose) neben Glucose (Dextrose).

Im Gegensatz zu Fructose wird Glucose von Jod in alkalischer Lösung oxydiert, entsprechend der Gleichung

$$R \cdot C{\big<}^{O}_{H} + 2\,J + 3\,NaOH =$$
$$R \cdot COONa + 2\,NaJ + 2\,H_2O.$$

Unter geeigneten Versuchsbedingungen kann so, wie zuerst G. Romijn gezeigt hat, die Glucose bestimmt werden. Die Methode wurde von R. Willstätter und G. Schudel und J. Bougault verbessert und wird nach I. M. Kolthoff wie folgt ausgeführt:

Jod-Natronlaugeverfahren von Willstätter-Schudel. Zu 10 cm³ der Zuckerlösung, die höchstens 1,1% Glucose enthalten darf, setzt man 25 cm³ $^1/_{10}$ n-Jodlösung und darauf unter Umschütteln 30 cm³ $^1/_{10}$ n-Natronlauge. Nach 3—10 Minuten langem Stehen im verschlossenen Gefäß säuert man mit verdünnter Schwefel- oder Salzsäure an und titriert den Jodüberschuß mit $^1/_{10}$ n-Thiosulfatlösung zurück. Je 1 cm³ bei der Reaktion verbrauchter $^1/_{10}$ n-Jodlösung entspricht 9,00 mg Glucose.

Jod-Natriumcarbonatverfahren von Bougault. Zu 10 cm³ der 0,9—1,2%igen Zuckerlösung setzt man 25 cm³ $^1/_{10}$ n-Jodlösung und 15 cm³ n-Natriumcarbonatlösung und titriert nach 20—25 Minuten unter Ansäuern mit 10 cm³ 4 n-Salz- oder Schwefelsäure den Jodüberschuß mit Thiosulfatlösung zurück. Auch hier entspricht je 1 cm³ gebundener $^1/_{10}$ n-Jodlösung 9,00 mg Glucose.

Nach weiteren Vorschriften von Kolthoff sowie von C. I. Kruisheer oxydiert man zur Bestimmung der Fructose neben Glucose und Saccharose die Glucose durch Jodlösung im Überschuß, reduziert diesen Jodüberschuß genau mit Sulfit und bestimmt dann die Fructose, z. B. nach Schoorl (vgl. S. 26) und die Saccharose ebenso nach Inversion als Invertzucker. Durch Anwendung dieser Methode ist die Bestimmung verschiedener Zuckerarten nebeneinander an Zuverlässigkeit und Genauigkeit bedeutend gestiegen.

Tabelle 3.

Verbrauchte $^1/_{10}$ n-Thiosulfatlösung cm³	Glucose (Dextrose) mg	Fructose Lävulose mg	Maltose mg
1	3,2	3,2	5,0
2	6,3	6,4	10,5
3	9,4	9,7	16,0
4	12,6	13,0	21,5
5	15,9	16,4	27,0
6	19,2	20,0	32,5
7	22,4	23,7	38,0
8	25,6	27,4	43,5
9	28,9	31,1	49,0
10	32,3	34,9	55,0
11	35,7	38,7	60,5
12	39,0	42,4	66,0
13	42,4	46,2	72,0
14	45,8	50,0	78,0
15	49,3	53,7	83,5
16	52,8	57,5	89,0
17	56,3	61,2	95,0
18	59,8	65,0	101,0
19	63,3	68,7	107,0
20	66,9	72,4	112,5
21	70,7	76,2	118,5
22	74,5	80,1	124,5
23	78,5	84,0	130,5
24	82,6	87,8	136,5
25	86,6	91,7	142,5

Literatur.

Adickes, F.: Ber. Dtsch. Chem. Ges. **63**, 2753 (1930).
Bougault, J.: Journ. Pharmac. Chim. **16**, 97, 313 (1917).
Dupré, P. V.: Analyst **31**, 213 (1906).
Großfeld, J.: Handbuch der Lebensmittelchemie, Bd. II, S. 1704.
Heide, C. von der u. H. Mändlen: Ztschr. f. Unters. Lebensmittel **66**, 338 (1933).
Kolthoff, I. M.: Ztschr. f. Unters. Lebensmittel **45**, 131, 141 (1923). — Kruisheer, C. I.: Ztschr. f. Unters. Lebensmittel **58**, 261 (1929).
Oldekop, H.: Ztschr. f. Unters. Nahrgs.- u. Genußmittel **26**, 129 (1913).
Romijn, G.: Ztschr. f. anal. Ch. **36**, 349 (1897).
Schoorl, N.: Ztschr. f. Unters. Lebensmittel **39**, 180 (1920). — Schütz, F. u. W. Klaudnitz: Ztschr. f. angew. Ch. **44**, 42 (1931).
Vigreux, H.: Chem.-Ztg. **28**, 686 (1904).
Willstätter, R.: Ber. Dtsch. Chem. Ges. **53**, 939 (1920). — Willstätter, R. u. G. Schudel: Ber. Dtsch. Chem. Ges. **51**, 780 (1918).

Branntweine und Liköre.

Von

Professor Dr. **J. Großfeld**, Berlin.

I. Begriffsbestimmungen (V, 184).

Als Ausnahmen von § 100 des Branntweinmonopolgesetzes sind durch Bekanntmachung des Reichsmonopolamtes vom 17. November 1933 (Reichsministerialbl. 1934, 551) folgende Mindestweingeistgehalte festgesetzt:

Raumhundertteile

1. für Eierliköre, Milchliköre und (eigelbhaltige) Schokoladenliköre 20
2. für Kakaoliköre, Teeliköre und Kaffeeliköre 25
3. für schwedischen Punsch 25
4. für alle anderen Liköre 30
5. für einfache Trinkbranntweine (B.M.G. § 95), die im Bezirk der Provinzen Schlesien und der ehemaligen sächsischen Kreishauptmannschaft Bautzen zum Verbrauch gelangen 25

Als Liköre gelten nur solche gesüßten Trinkbranntweine, die mindestens 22 g Extrakt in 100 cm³ enthalten.

Nach einer weiteren Bekanntmachung vom 16. November 1933 (Reichsanz. Nr. 280) ist der von der Reichsmonopolverwaltung bezogene Branntwein ausschließlich im eigenen Betriebe des Beziehers zu verarbeiten, soweit nicht die Reichsmonopolverwaltung Ausnahmen ausdrücklich zugelassen hat. Die Herabsetzung von Branntwein mit Wasser ist, sofern der herabgesetzte Branntwein nicht in verschlossenen, etikettierten Flaschen abgegeben wird, nur dann als Verarbeitung anzusehen, wenn der so hergestellte Branntwein höchstens 41 Raumhundertteile Weingeist enthält.

Den Trinkbranntweinherstellern ist gestattet, unverarbeiteten Branntwein mit unverändertem Weingeistgehalt in Mengen bis zu je $^1/_2$ l im Einzelfalle an Privatpersonen für häusliche Zwecke weiterzuverkaufen. Herabsetzung auf eine Weingeiststärke von 92,4 Gew.-% = 95 Vol.-% ist gestattet, wenn der Sprit mit einem höheren Weingeistgehalt geliefert ist.

Frankreich.

Merkmale für absinthartige Liköre. Dekret vom 7. April 1938 (Journ. Officiel de la République Francaise Nr. 84 vom 8. April 1938, S. 4188 und Berichtigung hierzu ebendort Nr. 85 vom 9. April 1938, S. 4249. — Dtsch. Handl.-Arch. 1938, 2903).

Handel mit alkoholhaltigen Getränken. Dekret vom 28. Juni 1938 (Journ. officiel de la République Francaise Nr. 151 vom 29. Juni 1938, S. 7554. — Dtsch. Handl.-Arch. 1938, 3447).

Handel mit Rum und Tafia. Dekret vom 17. Juni 1938 (Journ. officiel de la République Francaise Nr. 149 vom 26. Juni 1938, S. 7328).

Vereinigte Staaten von Amerika.

Regulations 5 der bundesstaatlichen Aufsichtsbehörde für die Alkoholwirtschaft betr. Etikettierung und Anpreisung von Branntwein (Treasury Decisions un de the Customs usw. 69, Nr. 5 vom 30. Jan. 1936, S. 41. — T. D. 6. — Deutsch. Handl.-Arch. 1937, 1646).

Begriffsbezeichnungen Weingeist, Whisky, Gins, Weinbrand, Rum, Kordials und Liköre.

Gesetz betr. Etikettierung und Anpreisung von Branntwein, Wein- oder Malzgetränken vom 29. August 1935, in der Fassung des Gesetzes vom 26. Juni 1936. — Dtsch. Handl.-Arch. 1937, 1032.

Angaben über Bekämpfung von unlauterem Wettbewerb und ungesetzlichen Handlungen.

II. Untersuchungsverfahren.

A. Branntweine allgemein.

1. Alkohol (V, 191). Über die Alkoholbestimmung in gewöhnlichen Branntweinen vgl. die Ausführungen im Hauptwerk V, 19 und diesen Band, S. 11.

Alkoholbestimmung in Likören und Essenzen (V, 191). Eine Weiterentwicklung der Methode von Hefelmann gibt O. Ant-

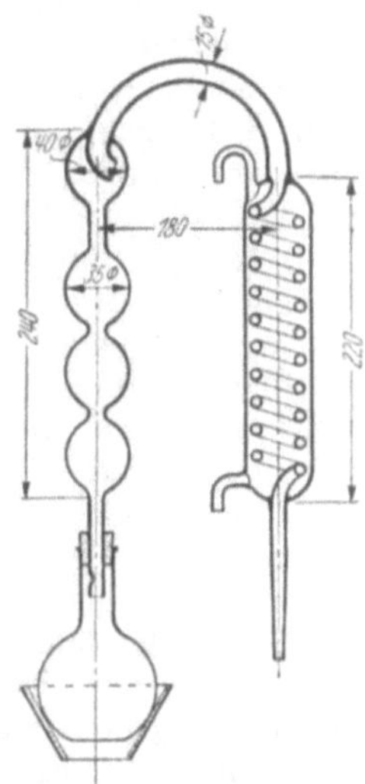

Abb. 1. Alkoholdestillation nach Ant-Wuorinen.

Wuorinen (Abb. 1) an, die sehr gleichmäßige Ergebnisse liefert. 50 cm³ der zu prüfenden Flüssigkeit werden unter Nachspülen mit 25 cm³ Wasser in einen 300-cm³-Kolben übergeführt und dann in dem nebenstehend abgebildeten Extraktionsapparat in eine 50-cm³-Meßflasche destilliert, bis das Destillat ein paar Zentimeter über die Marke gestiegen ist. Das Destillat wird in einen 250 cm³ fassenden Schütteltrichter gebracht, wobei zum Nachspülen 5 cm³ Wasser verwendet werden. Dann gibt man 5 cm³ konzentrierte Calciumchloridlösung (100 g kristallisiertes Calciumchlorid + 150 g Wasser) zu und schüttelt mit 50 cm³ Petroläther 4—5 Minuten lang kräftig durch, läßt 10 Minuten stehen und zieht die Alkohol-Wasserschicht direkt in die Destillationsflasche ab. Der im Trichter zurückgebliebene Petroläther wird zuerst mit 8 cm³ und dann mit 4 cm³ Calciumchloridlösung gewaschen. Bei den Abtrennungen im Scheidetrichter ist die Grenze der Flüssigkeitsschichten genau zu beachten. Aus der erhaltenen Chlorcalciumlösung wird der Alkohol abdestilliert und pyknometrisch bestimmt. Die Alkoholverluste durch Destillation betrugen in der verwendeten Apparatur 0,3%, die als Korrektur zum Endergebnis hinzugezählt werden.

2. **Ester** (V, 197). Zur Bestimmung der flüchtigen Ester wird nach der Vorschrift des Reichsausschusses für Weinforschung für Brennwein (vgl. S. 41) in einem Kolben aus Jenaer Geräteglas (oder aus einem andern durch Alkalien schwer angreifbarem Glase) zu 50 cm³ Destillat nach Zusatz eines Tropfens Phenolphthaleinlösung so lange tropfenweise $^1/_{10}$ n-Kalilauge zugegeben, bis schwache Rotfärbung auftritt. Dann fügt man noch genau 15 cm³ $^1/_{10}$ n-Lauge hinzu und erhitzt den Inhalt des Kolbens unter Verwendung eines Rückflußkühlers 1 Stunde lang zu schwachem Sieden. Nach dem Abkühlen wird die Flüssigkeit in dem Kolben mit $^1/_{10}$ n-Schwefelsäure titriert, bis die rote Färbung gerade verschwindet.

1 cm³ $^1/_{10}$ n-Alkali entspricht 0,088 g Äthylacetat. Für Brennwein nach S. 41 gilt folgende Berechnung: Wurden a cm³ $^1/_{10}$ n-Schwefelsäure verbraucht, so enthält das Destillat $x = (15 - a) \cdot 0{,}587$ g Ester in 1 l absolutem Alkohol. Angabe mit 2 Dezimalstellen.

3. **Bestimmung der höheren Alkohole** nach Th. von Fellenberg (1) (V, 198). Für Brennweine (vgl. S. 41) wird vom Reichsausschuß für Weinforschung folgende Vorschrift gegeben: 100 cm³ des nach S. 41 erhaltenen Destillats werden zur Beseitigung von Aldehyden und Terpenen mit 2 cm³ normaler Silbernitratlösung und 1 cm³ 30% enthaltender Kalilauge $^1/_2$ Stunde am Rückflußkühler auf dem Wasserbade erhitzt und dann über freier Flamme abdestilliert. Das Destillat wird bei 15° mit Wasser auf 100 cm³ aufgefüllt. 5 cm³ dieses Destillats werden in einem 100-cm³-Kölbchen mit 2,5 cm³ einer 1% enthaltenden Lösung von reinstem Salicylaldehyd in reinem fuselölfreiem Alkohol und 2,5 cm³ Wasser versetzt. Dann läßt man bei geneigter Stellung des Kölbchens 20 cm³ reine konzentrierte Schwefelsäure zufließen und schwenkt sorgfältig um. Die Flüssigkeit erwärmt sich stark und nimmt bald eine violettrote Färbung an, die allmählich zunimmt. — Gleichzeitig mit dem Brennweindestillat wird in genau gleicher Weise eine Vergleichslösung angesetzt, die 30 Raumhundertteile Alkohol und 2 cm³ höhere Alkohole je Liter absoluten Alkohols enthält. — Für die Bereitung der Vergleichslösung werden 0,8 cm³ reiner Isoamylalkohol und 0,2 cm³ reiner Isobutylalkohol in reinem fuselölfreiem Alkohol von 30 Raumhundertteilen zu 100 cm³ gelöst. 61 cm³ dieser Stammlösung mit Alkohol von 30 Raumhundertteilen zu 1 l verdünnt, ergeben eine Vergleichslösung, die 2 cm³ höhere Alkohole (genau 2,03 cm³) auf das Liter absoluten Alkohol enthält. Die höheren Alkohole sind auf Reinheit zu prüfen und nochmals unter Vor- und Nachlaufabscheidung zu destillieren. Der zur Lösung verwendete Alkohol darf für sich allein im blinden Versuch mit Salicylaldehyd und Schwefelsäure keine rote Färbung geben.

45 Minuten nach Zusatz der Schwefelsäure haben sich die Mischungen nahezu auf Zimmertemperatur abgekühlt. Man verdünnt sie nun mit je 50 cm³ Schwefelsäure von etwa 62 Gewichtshundertteilen (hergestellt durch Mischen gleicher Raumteile Wasser und Schwefelsäure von der Dichte 1,84) und vergleicht unmittelbar anschließend die Farbstärken in einem Colorimeter. Wenn weitere Verdünnung einer Lösung erwünscht ist, kann sie mit der gleichen Schwefelsäure vorgenommen werden.

Bei jeder Reihe von Bestimmungen muß eine Vergleichsprobe mit angesetzt werden, da die Lösungen nicht längere Zeit haltbar sind. Die Reihenversuche sind in Gefäßen von der gleichen Form und Größe durchzuführen, weil die Farbstärke wesentlich von der Höhe der Temperatur und der Dauer der Erhitzung abhängt. Aus diesem Grunde ist es auch unstatthaft, vor der Zeit künstlich abzukühlen.

Berechnung. Wurden am Colorimeter für die Vergleichslösung a Teilstriche, für die zu untersuchende Lösung b Teilstriche abgelesen, so enthält das Destillat $x = 2a/b$ cm³ höhere Alkohole, berechnet auf 1 l absoluten Alkohol. Bei Verdünnung der Vergleichslösung auf die n-fache Menge oder der zu untersuchenden Lösung auf die m-fache Menge, ist das Ergebnis durch n zu teilen bzw. mit m malzunehmen. Angabe mit einer Dezimalstelle.

Statt des Salicylaldehyds eignet sich nach von Fellenberg (2) auch p-Oxybenzaldehyd, der mit Schwefelsäure allein vollkommen farblos bleibt, mit höheren Alkoholen dagegen sehr klare Färbungen liefert und mit den Aldehyden der Fettreihe nicht reagiert. H. Riffart und H. Keller (1) haben diese Ausführungsform zu einem Mikroverfahren abgeändert und zur Messung der Farbe das Stufenphotometer empfohlen. B. Bleyer, W. Diemair und E. Frank stellten durch vergleichende Prüfung verschiedener Aldehyde mit Salicylaldehyd fest, daß diesem in der Reaktionsfähigkeit p-Dimethylaminobenzaldehyd nahekommt. Bei Absinthimitationen bringt von Fellenberg (4) zunächst die ätherischen Öle durch Behandlung mit Salicylaldehyd und einer zur Reaktion der höheren Alkohole ungenügenden Menge konzentrierter Schwefelsäure in Reaktion, worauf die höheren Alkohole nach dem Verdünnen der Lösung, Entfernung der Trübbestandteile und vorhandenen Farbstoffe mit Tierkohle und Abdestillieren bestimmt werden. Über den Mechanismus der Salicylaldehydreaktion zum Nachweis der Fuselöle vgl. K. Täufel, H. Thaler und O. Bauer.

An Stelle des Verfahrens von Röse (V, 198) empfiehlt W. Leithe Ausschüttelung des auf 30 Vol.-% Alkohol eingestellten Branntweins mit α-Chlornaphthalin und Prüfung der Chlornaphthalinschicht mit dem Pulfrich- oder Abbe-Refraktometer. Das Verfahren zeichnet sich durch Einfachheit und Schnelligkeit aus. Die Ergebnisse stimmen praktisch mit den nach dem Röse-Verfahren erhaltenen überein.

4. Isopropylalkohol. Der Nachweis von Isopropylalkohol beruht auf seiner Oxydation zu Aceton mittels Chromschwefelsäure und Nachweis des Acetons, meist durch Nitroprussidnatrium (V, 205). Arbeitsvorschriften dazu haben unter anderem O. Noetzel und D. Henville angegeben.

Sehr bequem ist auch der Nachweis des durch Oxydation von Isopropylalkohol entstandenen Acetons mit m-Nitrophenylhydrazin im hängenden Tropfen nach dem Mikrobecherverfahren von C. Griebel, wofür F. Weiß eine Vorschrift gibt. Noch bei Gegenwart von 1% Isopropylalkohol im Branntwein erhält man charakteristische goldgelbe stark spitz auslaufende, meist gebogene Kristallnadeln von Aceton-m-nitrophenylhydrazon.

Zum Nachweis des Isopropylalkohols kann nach W. Meyer auch Überführung in Xanthogenat und dessen Jodverbrauch dienen.

Zur Bestimmung oxydiert H. Kemal eine etwa 0,1%ige Lösung mittels Kaliumdichromat-Schwefelsäure innerhalb von 24 Stunden in der Kälte zu Aceton, destilliert dieses nach Alkalisieren der Lösung ab und gibt zu dem alkalisch gemachten Destillat 0,1 n-Jodlösung. Nach 15 Minuten wird angesäuert und der Jodüberschuß mit 0,1 n-Natriumthiosulfat zurücktitriert.

5. Aldehyd (V, 201). Arbeitsvorschriften zur Bestimmung von Aldehyden und Furfurol in Feinsprit und Branntwein geben G. Vegezzi und P. Haller. Sie verwenden als Reagens auf Aldehyd m-Phenylendiamin, auf Furfurol Anilin und Eisessig, eine Mischung, die mit Acetaldehyd keine Färbung liefert; dagegen reagiert Furfurol stark mit m-Phenylendiamin. Zur Herstellung des Aldehydreagens gibt man zu 10 cm³ 10%iger Lösung 0,5 cm³ Schwefelsäure und 0,5 g Tierkohle, läßt 1—2 Stunden absitzen und filtriert. Bei der Prüfung auf Furfurol störende Kupfermengen (Grünfärbung) werden durch Calciumhydroxyd niedergeschlagen und abfiltriert.

H. Riffart und H. Keller (2) führen die Aldehydbestimmung mit Schiffs-Reagens aus und messen die entstehende Färbung im Stufenphotometer. Auch Furfurol läßt sich nach den gleichen Untersuchern stufenphotometrisch bestimmen. S. Hähnel und B. Holmberg untersuchten den Einfluß von Salzsäure im Schiffs-Reagens auf den Absorptionshöchstwert und fanden, daß die Messung im Stufenphotometer durch 1,8 g Acetat im Liter nicht beeinflußt wird, daß dagegen die Hydroxylaminmethode im Vergleich zur colorimetrischen zu niedrige Ergebnisse liefert.

6. Furfurol (V, 204). Für Brennwein (vgl. S. 41) wird vom Reichsausschuß für Weinforschung folgende Vorschrift gegeben:

Vorprobe. 10 cm³ des nach S. 41 erhaltenen Destillats und 10 cm³ einer Lösung von 3,0 mg Furfurol in 1 l Alkohol von 30 Raumhundertteilen werden mit 10 Tropfen farblosem Anilin und 3 Tropfen Salzsäure von der Dichte 1,126 versetzt. Nach 15 Minuten werden beide Lösungen hinsichtlich ihres (rötlichen) Farbtones verglichen.

War die das Destillat enthaltende Flüssigkeit:

1. farblos geblieben, dann enthält das Destillat kein Furfurol;

2. schwächer oder gleich stark gefärbt wie die Vergleichslösung, dann ist anzugeben: unter 0,01 g Furfurol in 1 l absolutem Alkohol des Destillates;

3. stärker gefärbt als die Vergleichslösung, dann ist die Menge des Furfurols zu bestimmen.

Bestimmung des Furfurols. 10 cm³ des Destillats (S. 41) werden mit 40 cm³ Alkohol von 50 Raumhundertteilen gemischt. Zu der auf 15° abgekühlten Mischung gibt man 2 cm³ farbloses Anilin und 0,5 cm³ Salzsäure von der Dichte 1,126. Gleichzeitig mit dem Destillat setzt man je 10 cm³ von Vergleichslösungen an, die in Alkohol von 30 Raumhundertteilen bekannte Mengen Furfurol enthalten, und vergleicht die das Destillat enthaltende Lösung mit der in der Farbstärke ähnlichsten Vergleichslösung im Colorimeter.

Einen ungefähren Anhalt für den erforderlichen Furfurolgehalt der Vergleichslösungen kann man sich bei der Vorprobe verschaffen, wenn man in farblosen Reagensgläsern die Schichthöhen der dabei erhaltenen beiden Lösungen so einstellt, daß in der Durchsicht etwa gleiche Farbstärke vorhanden ist. Die Furfurolgehalte sind dann umgekehrt proportional den Schichthöhen. Für die Herstellung der Vergleichslösungen geht man zweckmäßig von einer Stammlösung aus, die durch entsprechendes Verdünnen mit Alkohol von 30 Raumhundertteilen auf die gewünschten Furfurolgehalte gebracht wird.

Berechnung. Wurden im Colorimeter für die Vergleichslösung, die n g Furfurol je Liter absoluten Alkohol enthielt, a Teilstriche, für die zu untersuchende Lösung b Teilstriche abgelesen, so enthält das Destillat $x = na/b$ g Furfurol, berechnet auf 1 l absoluten Alkohol. Angabe mit 2 Dezimalstellen.

7. Methylalkohol (V, 207). (Technische, Bestimmungen. Herausgegeben vom Reichsmonopolamt für Branntwein. Berlin 1939.) Die Prüfung auf Methylalkohol wird mit einer Prüfung auf Aceton (S. 35) und Pyridinbasen (S. 36) verbunden.

a) Vorbereitende Maßnahmen. 1. Für die Untersuchung soll, sofern möglich, eine Probenmenge verwendet werden, die etwa 50 cm³ Weingeist enthält, da andernfalls in Branntweinerzeugnissen mit geringem Weingeistgehalt oder in teilweise entgälltem Branntwein die nachzuweisenden Stoffe der Feststellung entgehen können.

2. Die Probe ist zunächst auf Geruch und Geschmack zu prüfen. Der Weingeistgehalt ist nach den für die einzelnen Erzeugnisse gegebenen Anleitungen (S. 13—17) zu ermitteln. Erzeugnisse, die alkalisch reagieren, sind vorher zu neutralisieren. Vor dem Abtrieb sind 30 cm³ Normalschwefelsäure zuzusetzen. Nach der Weingeistermittlung ist das Destillat für die Prüfung auf Methylalkohol und Aceton (S. 35), der im Kolben verbliebene Rückstand zur Prüfung auf Pyridinbasen (S. 36) zu verwenden.

3. Für die Prüfung auf Methylalkohol und Aceton ist das Destillat durch wiederholtes Übertreiben vorsichtig anzureichern. Es wird jeweils die Hälfte der im Kolben befindlichen Flüssigkeitsmenge aufgefangen, bis das letzte Destillat etwa 20 cm³ beträgt. Diese Menge wird umgeschüttelt und geteilt; die eine Hälfte dient zur Prüfung auf Methylalkohol, die andere zur Prüfung auf Aceton (S. 35).

b) Prüfung auf Methylalkohol. α) *Nachweis mit guajacolsulfosaurem Kalium.* 1. Der Nachweis besteht darin, daß der in der Probe enthaltene Methylalkohol zu Formaldehyd oxydiert wird, der mit guajacolsulfosaurem Kalium bei Gegenwart von Schwefelsäure eine rötlichviolette Färbung gibt (Deutsches Arzneibuch VI; H. Matthes).

2. Von der für die Bestimmung des Methylalkohols vorgesehenen Hälfte des angereicherten Destillats wird aus einem kleinen Kolben mit Hilfe doppelt rechtwinkelig gebogenen, 90 cm langen Glasrohrs 1 cm³ übergetrieben. Der aufsteigende Schenkel des Rohres soll eine Länge von 25 cm, der absteigende eine Länge von 45 cm aufweisen. Der Abtrieb ist mit kleiner Flamme so zu leiten, daß hierzu etwa 5 Minuten erforderlich sind; der absteigende Schenkel des Glasrohrs darf nicht warm werden.

3. Das erhaltene Destillat wird in einem weiten Probierglas mit 4 cm³ Schwefelsäure (Dichte 1,14) versetzt. Hierzu wird unter Kühlung (Eiswasser) nach und nach 1 g fein zerriebenes Kaliumpermanganat unter jedesmaligem Umschütteln zugefügt. Nach Beendigung der Oxydation läßt man zur Erzielung eines klaren Filtrats das verschlossene Probierglas etwa 15 Minuten unter wiederholtem Umschütteln bei Zimmertemperatur stehen. Darauf wird durch ein kleines, trockenes Filter unter Zurückgießen der ersten abgelaufenen Tropfen in ein starkwandiges Probierglas filtriert. Das meist noch schwach rötlich gefärbte Filtrat läßt man gut verschlossen stehen, bis es farblos geworden ist.

4. Zu 0,5 cm³ einer frisch bereiteten Lösung von 0,04 g guajacolsulfosaurem Kalium in 10 cm³ Schwefelsäure (Dichte 1,84), die sich auf einem auf weißer Unterlage ruhenden Uhrglas befinden, werden 5 Tropfen des farblosen Filtrats aus einer Pipette unmittelbar über der Oberfläche zugesetzt.

5. War in der Probe Methylalkohol vorhanden, so tritt sofort eine rötlichviolette Färbung ein, die mindestens 10 Minuten bestehen bleibt.

β) Nachweis mit Morphinsulfat. 1. Der Nachweis besteht darin, daß der in der Probe enthaltene Methylalkohol zu Formaldehyd oxydiert wird, der mit Morphinsulfat bei Gegenwart von Schwefelsäure eine violette Färbung gibt (G. Fendler und C. Mannich).

2. Die Vorbereitung der Probe erfolgt nach der unter α 2 und 3 beschriebenen Weise.

3. Das durch Einstellen in Eiswasser abgekühlte farblose Filtrat wird mit 2 cm³ gekühlter Schwefelsäure (Dichte 1,84) unter weiterem Kühlen vermischt und mit 2 cm³ einer frisch bereiteten Lösung von 0,2 g Morphinsulfat in 10 cm³ Schwefelsäure (Dichte 1,84) unterschichtet.

4. War in der Probe Methylalkohol vorhanden, so tritt innerhalb 30 Minuten an der Berührungsstelle der Flüssigkeitsschichten eine Färbung auf, die im auffallenden Licht dunkelviolett und im durchfallenden Licht schwach violett erscheint. Andersartige Färbungen zeigen Methylalkohol nicht an.

Über die Bewertung des Ergebnisses vgl. S. 36.

Von anderen Prüfungsmethoden auf Methylalkohol seien folgende genannt.

Nachweis. E. Eegriwe oxydiert den Methylalkohol nach Denigès-Kolthoff in schwach phosphorsaurer Lösung mit Permanganat zu Formaldehyd und weist diesen mittels Chromotropsäure durch Auftreten einer Violettrosafärbung nach. Auf diese Weise werden in 1 Tropfen Lösung noch 3,5 γ oder in Branntwein mit 40 Vol.-% Alkoholgehalt noch 5,3 γ Methylalkohol neben 6100 γ Äthylalkohol erkannt. W. Meyer empfiehlt zur Unterscheidung des Methylalkohols von den höheren Homologen Überführung in Kaliumxanthogenat und dessen Titration mit Jodlösung.

Bestimmung. Ein sehr genaues Verfahren zur Bestimmung des Methylalkohols in gewöhnlichen Branntweinen, dann in einer besonderen Ausführungsform für Spirituosen, die sehr wenig Methylalkohol enthalten, haben O. Ant-Wuorinen und E. Kotonen beschrieben. Die Bestimmung beruht auf Oxydation mit Permanganat in phosphorsaurer Lösung zu Formaldehyd unter genau festgelegten Bedingungen und stufenphotometrischer Messung der mit Schiffs-Reagens eintretenden Färbung.

M. Flanzy weist auf den natürlichen Methylalkoholgehalt alkoholischer Getränke hin. Er fand in je 1 l von

Weinbrand (30 Proben) unter 1000 mg,
Cognac-Weindestillat (13) 300—1500 mg,
Armagnac-Weindestillat (12) 500—800 mg,
Birnenbranntwein (3) 660—750 mg,
Apfelbranntwein (11) 300—1600 mg,
Kirsch-, Pflaumen- und Zwetschenbranntwein (9) 1200—1600 mg,
Tresterbranntweinen (35) 1000—4000 mg,
Branntwein aus Apfeltrestern (2) 5900—6300 mg.

Er nennt die in 1 l Alkohol vorhandene, in Milligrammen ausgedrückte Menge Methylalkohol die Methylzahl und benutzt sie zur Unterscheidung von Alkoholarten.

8. Prüfung auf Aceton. 1. Der Nachweis des Acetons beruht auf der Bildung einer himbeerroten Verbindung von Aceton und Nitroprussidnatrium in alkalischer Lösung nach E. Legal.

2. Die nach 7 a 3 (S. 33) erhaltene zweite Hälfte des Abtriebs wird zur Anreicherung des Acetongehalts wie 7 b α 2 (S. 33) behandelt.

3. Das erhaltene Destillat wird in einem Probierglas zur Bindung des Aldehyds mit 1 cm³ Ammoniakflüssigkeit versetzt und dann verschlossen. Nach Ablauf von mindestens 3 Stunden werden 1 cm³ Natronlauge (Dichte 1,17) und 1 cm³ Nitroprussidnatriumlösung zugefügt.

4. War in der Probe Aceton vorhanden, so tritt eine deutlich himbeerrote Färbung ein, die nach Zusatz von verdünnter Essigsäure in Violettrot übergeht. Andersartige Färbungen zeigen Aceton nicht an.

Über die Bewertung des Ergebnisses vgl. auch S. 36.

Bestimmung von Aceton und Äthyl-Butyl- und Isopropylalkohol in Gärungsflüssigkeiten. G. L. Stahly, O. L. Osburn und C. H. Werkman bestimmen im mehrfach umdestillierten Destillat von 500 cm³ Gärflüssigkeit in einem Teile das Aceton jodometrisch nach Messinger-Goodwin. Ein anderer Teil wird mit Kaliumbichromat und Phosphorsäure oxydiert, wodurch Isopropylalkohol zu Aceton, Äthylalkohol zu Essigsäure und Butylalkohol zu Buttersäure oxydiert werden. Von diesen bestimmt man das Aceton wieder jodometrisch, die beiden Säuren auf Grund des verschiedenen Teilungsfaktors beim Ausschütteln mit Äther.

9. Prüfung auf Pyridinbasen (V, 206). 1. Der im Kolben verbliebene Rückstand (vgl. S. 33, 7 a 2) wird in einer Schale auf dem Wasserbad bis auf etwa 10 cm³ oder bei hohem Extraktgehalt bis zur Dickflüssigkeit eingeengt, in einen kleinen Rundkolben übergespült und nach dem Erkalten mit 20 cm³ Natronlauge (Dichte 1,17) versetzt. Man treibt unter Verwendung eines Kugelaufsatzes und eines Vorstoßes, dessen Ende in eine mit 5 cm³ Normalschwefelsäure beschickte Vorlage eintaucht, etwa die Hälfte des Kolbeninhalts über. Das Destillat wird in einer Schale auf dem Wasserbad bis auf etwa 5 cm³ eingeengt. Nach dem Erkalten wird durch Zugabe von 0,5 g Calciumcarbonat der Schwefelsäuregehalt abgestumpft. Pyridinbasen machen sich hierbei schon durch den Geruch bemerkbar.

2. Der Schaleninhalt wird abgesaugt, der klare Filterablauf zunächst mit 0,3 cm³ Bariumchloridlösung versetzt und der entstandene Niederschlag durch ein gehärtetes Filter abfiltriert. Nachdem durch Zusatz eines Tropfens Bariumchloridlösung zum Filterablauf die völlige Ausfällung der Schwefelsäure festgestellt ist, werden 5 Tropfen Cadmiumchloridlösung zugefügt.

3. Waren in der Probe Pyridinbasen vorhanden, so entstehen, bisweilen erst nach 2—3 Tagen, Kristalle von Pyridincadmiumchlorid. Diese erscheinen unter dem Mikroskop bei etwa 60—100facher Vergrößerung als spießige, meist stern- oder büschelförmig gruppierte Nadeln. Beim Erwärmen einer Probe der abfiltrierten Kristalle mit 1 Tropfen Natronlauge tritt der Geruch nach Pyridinbasen auf.

Bewertung der Untersuchungsergebnisse bei der Prüfung auf Methylalkohol, Aceton und Pyridinbasen. 1. Die Verwendung von vollständig vergälltem Branntwein (Brennspiritus) bei der Herstellung des untersuchten Erzeugnisses gilt als erwiesen, wenn in diesem das Vorhandensein von Pyridinbasen und von mindestens einem der beiden anderen Stoffe (Methylalkohol und Aceton) unzweifelhaft festgestellt worden ist.

2. Wird Methylalkohol und Aceton oder Aceton allein nachgewiesen, so kann bei der Herstellung des Erzeugnisses ein mit Vergällungsholzgeist unvollständig vergällter Branntwein oder ein vollständig vergällter Branntwein, dem die Pyridinbasen entzogen sind, verwendet worden sein.

3. Wird Methylalkohol allein durch eine sehr starke Reaktion nachgewiesen, so kann Methylalkohol als solcher bei der Herstellung des Erzeugnisses Verwendung gefunden haben.

10. Bestimmung von Kohlenwasserstoffen in vergälltem Alkohol. Zur Bestimmung von Kohlenwasserstoffen in mit Holzessig, Petroleumbenzin, Solventnaphtha oder Benzol vergälltem Alkohol hat R. W. Hoff eine Vorschrift angegeben.

11. Fraktionierte Destillation von Branntweinen zur Anreicherung typischer Aromastoffe (V, 211). Für Brennweine (vgl. S. 41) wird vom Reichsausschuß für Weinforschung folgende Vorschrift gegeben:

Von dem nach S. 41 unter *I* b α hergestellten Destillat werden durch abermalige Destillation 8 Teildestillate (Fraktionen) von je 25 cm³ gewonnen, die auf Geruch und Geschmack zu prüfen sind.

Zum Verschließen der Apparatur sind Korkstopfen zu verwenden; als Destillationsaufsatz ist ein Doppelkugelaufsatz zu benutzen. Die Destillationsgeschwindigkeit ist so zu regeln, daß in 15 Minuten 25 cm³ Destillat übergehen, die in numerierten Kölbchen zu je 25 cm³ aufgefangen werden. Stehen für die Untersuchung nicht ausreichende Mengen Brennwein zur Verfügung, dann ist der Versuch mit halben Ausgangs- und Teildestillatmengen auszuführen.

Für die Geschmacksprüfung der Teildestillate werden zweckmäßig A.T.L.-Kostgläser (vgl. V, 211) benutzt. Je 20 cm³ der Teildestillate 1—6 (5 cm³ dienen für die Ausgiebigkeitsprüfung) werden in Kostgläser gebracht und die ersten 3 Teildestillate mit der doppelten Menge, die Teildestillate 4—6 mit der gleichen Menge reinem Leitungswasser von 20° verdünnt. Dann wird der Inhalt der Kostgläser gut durchgeschüttelt und zunächst auf Geruch und dann auf Geschmack geprüft.

In dem ersten Teildestillat treten leicht flüchtige Aromastoffe, vorwiegend Essigester neben Aldehyd, auf, die häufig auch noch in dem zweiten Teildestillat in schwächerem Maße festzustellen sind. Die typischen Weinaromastoffe sind hauptsächlich in dem 2.—4., bisweilen auch noch in dem 5. Teildestillat enthalten. Das 6. und die weiteren Teildestillate, die unverdünnt gekostet werden können, schmecken in der Regel wäßrig, bisweilen bei hohem Gehalt des Destillates an flüchtigen Säuren säuerlich und dienen zur Feststellung auffallender, ungewöhnlicher Geschmacksbeeinflussungen, z. B. durch unreine Gärung, faulige Hefe, Anbrennungen des Brenngutes oder dumpfigen Schimmelgeschmack.

Die typischen Weinaromastoffe sind in der Beurteilung nach Reinheit und Stärke zu kennzeichnen.

12. Ausgiebigkeitsprüfung nach Wüstenfeld (V, 212). Für Brennweine wird vom Reichsausschuß für Weinforschung folgende Vorschrift gegeben:

Von den Teildestillaten, in denen typische Weinaromastoffe durch die Kostprobe (vgl. S. 42) festgestellt wurden (in der Regel die Teildestillate 2—4 oder 2—5), werden je 5 cm³ in ein 100-cm³-Meßkölbchen zusammengegeben (bzw. je 2,5 cm³ in ein 50-cm³-Meßkölbchen), das mit Leitungswasser bis zur Marke aufgefüllt wird. Nach dem Durchmischen werden in eine Reihe von A.T.L.-Kostgläsern 0,1, 0,5, 1,0, 1,5, 2,0 und 2,5 cm³ abpipettiert, die wieder mit Leitungswasser auf je 100 cm³ ergänzt werden. Den verwendeten Kubikzentimetern Destillat entsprechen etwa folgende Verdünnungen: 0,1 = 1 : 2000; 0,5 = 1 : 400; 1,0 = 1 : 200; 1,5 = 1 : 140; 2,0 = 1 : 100; 2,5 = 1 : 80.

Nach dem Durchmischen wird, beginnend mit der stärksten Verdünnung, durch Verkosten festgestellt, in welchem Glase zuerst das Auftreten typischer Weinbukettstoffe geschmacklich deutlich wahrnehmbar ist. Die Grenze ihres Auftretens bezeichnet die Ausgiebigkeit des Erzeugnisses. Zeigt eine Verdünnung noch einen wäßrigen Geschmack, die nächst geringere Verdünnung aber schon ein so deutliches Aroma, daß dessen Auftreten zwischen den beiden Verdünnungen anzunehmen ist, so wird die Ausgiebigkeit durch den Mittelwert bezeichnet.

Zu beachten ist, daß bei der Prüfung nicht irgendein auftretender Geschmack, sondern charakteristische Weinbukettstoffe festzustellen sind. Bei der stärksten Verdünnung 1 : 2000 sind solche nur selten (bei Brennweinen mit hochwertigen Charentedestillaten) wahrnehmbar. Eine Ausgiebigkeit von 1 : 400 (sehr ausgiebig) entspricht guten wertvollen Erzeugnissen. Ausgiebigkeiten von 1 : 300 (recht ausgiebig) und 1 : 200 (mäßig ausgiebig) sind noch nicht zu beanstanden.

J. Bürgi empfiehlt die fraktionierte Destillation mittels des Birektifikators und Anwendung der Ausgiebigkeitsprüfung auf das Destillat für die Untersuchung von Kirschwasser. Die 4. Fraktion ist gewöhnlich trübe und enthält sämtliche Aromastoffe des Kirschwassers.

Zur direkten Prüfung von Rum, Arrak und Kirschwasser ohne Destillation hat C. Luckow folgende Form der Ausgiebigkeitsprüfung empfohlen: 0,1 cm³ der Probe wird mit Wasser von Zimmertemperatur auf 50 cm³ verdünnt. Von dieser Verdünnung bringt man 0,25, 0,5, 1,0, 2,0 und 2,5 cm³ wieder mit Wasser auf 50 cm³. Man stellt dann, beginnend mit der größten Verdünnung fest, bei welcher der zuletzt erhaltenen Verdünnungen der Branntwein im Geruch und Geschmack eben deutlich zum Ausdruck kommt. Bei Kirschwasser werden in ähnlicher Weise 5 cm³ auf 100 cm³ gebracht und dann nochmals 0,1, 0,5, 1,0, 1,5 und 2,0 cm³ auf 100 cm³ ergänzt. — Rum zeigte meist eine Ausgiebigkeit von 1 : 25000, Arrak von 1 : 16700 und Kirschwasser von 1 : 2000 bis 1 : 2600.

B. Einzelne Branntweine.

1. Steinobstbranntweine, Kirschwasser. Zur Blausäurebestimmung (V, 196) in Kirschwasser hat Th. von Fellenberg (3) das Verfahren des Schweizerischen Lebensmittelbuches wie folgt abgeändert:

Reagenzien. 1. Silbernitratlösung von 3,143 g im Liter; 1 cm³ = 0,5 mg HCN.

2. Rhodanammoniumlösung von 1,412 g im Liter, genau auf die Silberlösung eingestellt.

3. 5%ige Ferriammoniumsulfatlösung.

4. Normalammoniak.

5. Normalsalpetersäure. Ferner konzentriertes Ammoniak und konzentrierte Salpetersäure.

Ausführung. Zur Bestimmung der freien Blausäure werden 50 cm³ Branntwein in einem Schüttelzylinder oder 100-cm³-Meßkölbchen mit Glasstopfen mit 5 cm³ Silbernitratlösung versetzt und kräftig umgeschüttelt, bis sich das Silbercyanid ausscheidet bzw. zusammenballt.

Zur Bestimmung der Gesamtblausäure werden 50 cm³ Branntwein in einem ebensolchen Gefäß mit 5 cm³ Silbernitratlösung, dann mit 2,5 cm³ Normalammoniak versetzt, umgeschwenkt und sofort mit 3,5 cm³ Normalsalpetersäure angesäuert. Man schüttelt wie angegeben bis zur Ausscheidung des Silbercyanids.

Die weitere Behandlung geschieht in beiden Fällen gleich. Man filtriert klar durch ein Filterchen von 5—6 cm Durchmesser und wäscht mit 0,1%iger Salpetersäure (1 cm³ n-HNO₃ in 60 cm³ Wasser) gründlich (3—5 Filterfüllungen) aus. Beim Auswaschen etwa entstehende Trübungen im Filtrat rühren nicht von Silbercyanid und sind belanglos.

Das Filter mit Niederschlag wird nun im 100-cm³-Erlenmeyerkölbchen mit 1—2 cm³ konzentriertem Ammoniak übergossen, die Hauptmenge der Flüssigkeit über freier Flamme abgekocht, mit einigen Kubikzentimetern Wasser verdünnt und weiter gekocht, bis der Ammoniakgeruch nahezu verschwunden ist, wobei sich das Silberoxyd wieder abscheidet. Nun fügt man 0,5 cm³ konzentrierte Salpetersäure hinzu, kocht wieder großenteils ab, verdünnt wieder mit einigen Kubikzentimetern Wasser und kocht erneut, bis der Niederschlag vollständig gelöst ist und ein Geruch nach Blausäure nicht mehr wahrgenommen wird. Der Rückstand wird auf ungefähr 3—5 cm³ verdünnt, mit 2 Tropfen Ferriammoniumsulfatlösung versetzt und mit Rhodanammon titriert. Hierzu kann man bei kleinen Gehalten eine in Hundertstel Kubikzentimeter eingeteilte, 1 cm³ fassende Pipette verwenden. Je 1 cm³ entspricht 10 mg Blausäure im Liter. — Bei hohen Gehalten kann auch das Silber rücktitriert werden, wobei man rund 0,3 cm³ Indicator zufügt.

Für die Erkennung der Echtheit von Kirschwasser und zur Unterscheidung von Kunstkirsch eignet sich nach eingehenden Untersuchungen von H. Mohler (1) vor allem die spektrophotometrische Untersuchung der Destillatfraktionen (vgl. besonders H. Mohler und F. Almasy sowie Mohler (2).

2. Wermutbranntwein. Prüfung auf Absinth. Zur Prüfung, ob ein Wermutbranntwein als ein durch das deutsche Absinthgesetz vom 27. April 1923 verbotenes Erzeugnis anzusehen ist, empfiehlt A. Beythien folgenden in der Schweizer Vollziehungsverordnung vorgeschriebenen Arbeitsgang:

a) **Alkoholbestimmung durch Destillation** wie in Branntwein bei Gegenwart ätherischer Öle nach S. 13 unter II 1 2.

b) **Trübung mit Wasser.** Von dem auf höchstens 45 Vol.-% Alkohol verdünnten Branntwein werden 25 oder 50 cm³ in einem hohen Becherglase von genau 5 cm Durchmesser tropfenweise oder in ganz dünnem Strahle mit der 3fachen Menge destilliertem Wasser versetzt. Wenn bei der Beobachtung auf schwarzer Unterlage nahe am Fenster Trübung oder Opalescenz auftritt, ist das Merkmal der Trübung erfüllt.

c) **Ätherisches Öl.** Zu 50 cm³ des nach a) erhaltenen Destillates gibt man 25 cm³ eines Gemisches, das zu gleichen Teilen aus einer Lösung von 50 g Jod und einer solchen von 60 g Quecksilberchlorid in je 1 l 95%igem Alkohol besteht, stellt daneben einen blinden Versuch mit 50 cm³ Alkohol von der Stärke des Absinths an und läßt 3 Stunden in verschlossener Flasche bei 18° stehen. Nach Zusatz von 10 cm³ konzentrierter Kaliumjodidlösung wird mit $^1/_{10}$ n-Thiosulfatlösung zurücktitriert. 1 cm³ = 0,2032 g ätherisches Öl in 1 l. — Der Geruch des ätherischen Öles wird nach Abdunstung des bei der Alkoholbestimmung erhaltenen Petrolätherauszuges am Rückstand festgestellt.

d) **Thujon.** Man versetzt 10 cm³ des nach a) erhaltenen Destillates mit 1 cm³ frisch bereiteter 10%iger Lösung von Nitroprussidnatrium und 5 Tropfen Natronlauge, läßt nach dem Durchschütteln $^1/_2$ Minute stehen und gibt 1 cm³ Essigsäure hinzu. Bei Gegenwart von Thujon (1 : 1000) tritt eine schöne rote Färbung auf.

Über den Nachweis von Bitterstoffen vgl. auch Noetzel, S. 68.

3. Eierlikör. Prüfung auf Eigehalt. Zur Ermittlung des Gehaltes an Eidotter empfiehlt sich Bestimmung der Gesamtphosphorsäure und der Lecithinphosphorsäure nach J. Großfeld und J. Peter:

Gesamtphosphorsäure. 5 g des gut durchgemischten Eierbranntweines werden in einer Platinschale mit 2,5 cm³ einer wäßrigen Lösung von 50 g Magnesiumacetat in 100 cm³ durchgerührt, auf dem Wasserbade zur Trockne verdampft und dann im Trockenschrank bei 110° oder höher nachgetrocknet. Darauf wird der Trockenrückstand verascht, wobei anfangs mit kleiner Flamme, dann kräftig durchgeglüht wird.

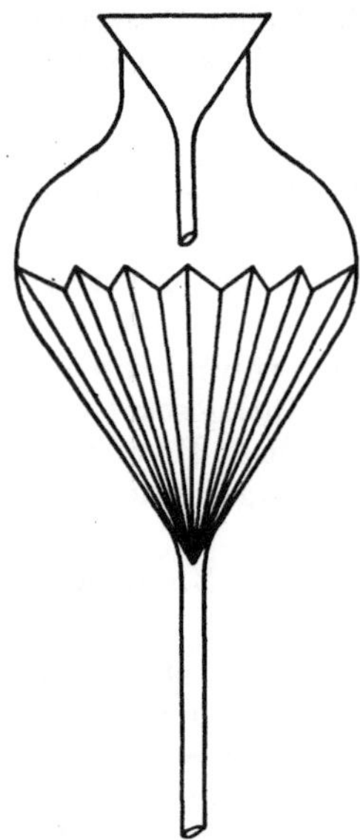
Abb. 2. Kapseltrichter nach Großfeld.

Die Asche löst man unter Erwärmen auf dem Wasserbad in 12,5 cm³ Salpetersäure von der Dichte 1,2, filtriert durch ein Rundfilter in ein Becherglas und wäscht zunächst mit 20 cm³ Ammonnitratlösung (500 g/l), dann mit Wasser nach, bis die Filtratmenge etwa 60 cm³ beträgt. Man rührt das Filtrat um und erhitzt es vorsichtig zum beginnenden Sieden. Dann nimmt man das Becherglas von der Flamme und fügt unter Umschwenken 5 cm³ einer 10%igen Ammoniummolybdatlösung hinzu und läßt 3 Stunden oder bis zum folgenden Tage stehen. Nun sammelt man den gelben Niederschlag auf einem Porzellanfiltertiegel und wäscht ihn mit einer wäßrigen Lösung von 50 g Ammoniumnitrat und 40 cm³ Salpetersäure der Dichte 1,2 im Liter aus. Der Tiegel wird dann bei 110° getrocknet und durch 5 Minuten langes Erhitzen im Ofen bei etwa 500° in eine gleichmäßige blauschwarze Masse umgewandelt, die der Zusammensetzung $P_2O_5 \cdot 24\,MoO_3$ entspricht. Ihr Gewicht mal 0,0395 ergibt das Gewicht der Gesamtphosphorsäure (P_2O_5) in 5 g, also das Gewicht des Niederschlages mal 0,79 die Gesamtphosphorsäure in Prozent des Likörs.

Lecithinphosphorsäure. 10 g Eierbranntwein werden in einem 100-cm³-Meßkolben abgewogen, in kleinen Anteilen nach und nach mit 70 cm³ 95%igem Alkohol versetzt und auf dem Wasserbade am Rückflußkühler 15 Minuten lang im Sieden erhalten. Dann wird noch warm unter Umschwenken mit Benzol fast zur Marke aufgefüllt, nach dem Abkühlen bei Zimmertemperatur auf die Marke eingestellt und umgeschüttelt. Man fügt eine Messerspitze Kieselgur hinzu und filtriert mit Hilfe eines Kapseltrichters (vgl. Abb. 2) unter Verwerfung der ersten Anteile in ein 50-cm³-Meßkölbchen bis zur Marke. Den Inhalt dieses Kölbchens führt man unter Nachspülen mit etwas Alkohol in eine Platinschale über, fügt 2,5 cm³ der Magnesiumacetatlösung und verdunstet auf dem Wasserbad vorsichtig (zunächst Unterstellen eines Uhrglases) zur Trockne. Die weitere Behandlung ist die gleiche wie oben bei der Gesamtphosphorsäure.

Berechnung des Eigelbs. Aus der Gesamtphosphorsäure (P_2O_5) berechnet sich der Gehalt an Reineidotter (frei von Eiklar und Chalazen) mit dem mittleren Faktor 70, aus der Lecithin-Phosphorsäure mit dem Faktor 99. — Zur angenäherten Berechnung auf Roheigelb, wie es technisch verwendet wird und im Durchschnitt noch Eiklar enthält, kann man mit Juckenack die Faktoren 78 bzw. 122 verwenden. Die Anzahl der verwendeten Eidotter berechnet man, indem man das für 1 l Eierlikör gefundene Reineigelb in Gramm durch 16 oder das Roheigelb durch 18 teilt.

4. Untersuchung von Brennwein. Vom Reichsausschuß für Weinforschung sind nach Reichsgesundheitsbl. [9, 446 (1934)] für die Untersuchung von Brennwein (verstärktem Wein zur Herstellung von Weinbrand) folgende Richtlinien bekanntgegeben:

Für die Untersuchung des Brennweines ist eine Probe von annähernd $2^1/_4$ l (3 Flaschen zu etwa $^3/_4$ l) zu entnehmen. Diese Menge reicht für die nachstehend angegebenen Prüfungen und Bestimmungen. Der Mehrbedarf für anderweitige Untersuchungen ist von der Art der letzteren und von der besonderen Fragestellung im einzelnen Falle abhängig.

I. Chemische Untersuchung. Der Umfang der chemischen Untersuchung bleibt dem Ermessen der Sachverständigen nach Lage des einzelnen Falles überlassen. Insbesondere wird hierbei darauf zu achten sein, ob nicht durch Zusatz von extrakterhöhenden Stoffen oder durch Entsäuerung mit kohlensaurem Kalk versucht worden ist, die Brennweine so zu verfälschen, daß sie den in Art. 15 der Verordnung des Reichsministers des Innern vom 16. Juli 1932 zur Ausführung des Weingesetzes (Reichsgesetzbl. I, S. 358) für Brennweine festgelegten Grenzzahlen (im Liter höchstens 2 g flüchtige Säure und mindestens 12 g zuckerfreies Extrakt) genügen. Im allgemeinen sollen die auszuführenden Prüfungen und Bestimmungen sich auf folgende Bestandteile und Eigenschaften jeder Probe erstrecken:

a) Im Wein. Bestimmung des Gehaltes an Alkohol, Extrakt, Zucker, zuckerfreiem Extrakt, Asche, titrierbaren Säuren (Gesamtsäure) und flüchtigen Säuren nach der amtlichen Anweisung zur chemischen Untersuchung des Weines.

b) Im Destillat. Bestimmung des Gehaltes an flüchtigen Estern, höheren Alkoholen und Furfurol.

Die Untersuchung ist in der nachstehend beschriebenen Weise vorzunehmen:

α) *Herstellung des Destillates.* $6000/a$ cm³ Brennwein (a = Alkoholgehalt des Brennweines in Raumhundertteilen) werden in einem amtlich beglaubigten Meßzylinder bei 15° genau abgemessen und in den Destillationskolben von 500 cm³ Inhalt umgegossen. Den Zylinder spült man einmal mit 5 cm³ Wasser nach. Dann wird der Destillationskolben unter Verwendung von Korkstopfen mit einem Destillieraufsatz von 20 cm Höhe versehen und die Destillation in der Weise vorgenommen, daß zunächst vorsichtig mit kleiner, später mit verstärkter Flamme erhitzt wird, bis der vorgelegte Meßkolben von 200 cm³ Inhalt fast bis zur Marke

mit Destillat gefüllt ist. Schließlich füllt man mit Wasser bei 15° zur
Marke auf und mischt den Inhalt.

β) *Bestimmung der flüchtigen Ester.* Hierzu werden 50 cm³ Destillat
nach S. 30 behandelt.

γ) *Bestimmung der höheren Alkohole.* Vgl. S. 30.

δ) *Bestimmung des Furfurols.* Vgl. S. 32.

II. Sinnenprüfung. Folgende Prüfungen sind auszuführen:

a) Prüfung des Brennweins. Der Brennwein ist auf Aussehen,
Geruch und Geschmack zu prüfen.

b) Prüfung der Destillatanteile der fraktionierten Destilla-
tion. 9600/a cm³ Brennwein (a = Alkoholgehalt des Brennweins in
Raumhundertteilen) werden abgemessen und unter Verwendung von
Korkstopfen in der unter I b α (S. 41) angegebenen Weise destilliert,
bis 240 cm³ Destillat übergegangen sind. Diese werden dann nach
S. 37 weiter geprüft.

c) Ausgiebigkeitsprüfung nach Wüstenfeld (vgl. S. 37).

Wird die Untersuchung infolge besonderer Umstände statt nach den
vorstehend genannten Verfahren in anderer Weise vorgenommen, so
sind die benutzten Verfahren zu bezeichnen und die Gründe für ihre
Anwendung anzugeben.

Ein Runderlaß des Reichs- und Preußischen Ministers des Innern
(IVb 4353/35) vom 16. Februar 1935 regelt die Untersuchung von Brennwein und Stichwein weiter wie folgt:

Wird Wein zur Herstellung von Weinbrand oder zur Herstellung
von Weinessig in Kesselwagen mit mehreren Abteilungen eingeführt,
deren Inhalt als gleichartig angegeben ist, so entnimmt die Zollstelle
aus jeder Abteilung eine Probe und sendet die Proben unvermischt an
die Untersuchungsstelle. Diese stellt fest, ob die Proben gleichartig
sind. Nach Anlage 2 der Weinzollordnung unter II[1] ist die Wahl der
Verfahren zur Feststellung der Gleichartigkeit der Proben dem Sachverständigen zu überlassen. Ergibt sich hierbei, daß die Proben gleichartig sind, so sind sie zu einer Mischprobe zu vereinigen und an dieser
ist dann die Untersuchung auf Einfuhrfähigkeit vorzunehmen. Bei
diesem Vorgehen wird die Untersuchung eines Kesselwagens mit Brennwein 40 RM., im Falle der Beanstandung 80 RM., eines Kesselwagens
mit Stichwein 15 RM., im Falle der Beanstandung 45 RM. Gebühren
verursachen.

Bei der Untersuchung von Stichwein ist jede aus einer Abteilung
des Kesselwagens zu entnehmende Probe auf mindestens ³/₄ l oder
1 Flasche, bei der Untersuchung von Brennwein auf mindestens 2¹/₄ l,
entsprechend 3 Flaschen (vgl. S. 41) zu bemessen.

---

[1] Vgl. E. Hepp: Das Weingesetz. Ausführungsbestimmungen und Weinzollordnung. Berlin 1933.

Literatur.

Ant-Wuorinen, O.: Ztschr. f. Unters. Lebensmittel **66**, 444 (1933). — Ant-Wuorinen, O. u. E. Kotonen: Ztschr. f. Unters. Lebensmittel **69**, 59 (1935); **74**, 273 (1937).

Beythien, A.: Laboratoriumsbuch für Lebensmittelchemiker, 2. Aufl., S. 402. 1939. — Bleyer, B., W. Diemair u. E. Frank: Ztschr. f. Unters. Lebensmittel **66**, 389 (1933). — Bürgi, J.: Mitt. Lebensmittelunters. **20**, 320 (1929).

Eegriwe, E.: Mikrochim. Acta **2**, 329 (1937).

Fellenberg, Th. von: (1) Mitt. Lebensmittelunters. **1**, 311 (1916). — (2) Mitt. Lebensmittelunters. **20**, 16 (1929). — (3) Mitt. Lebensmittelunters. **21**, 43 (1930). — (4) Mitt. Lebensmittelunters. **27**, 292 (1936). — Fendler, G. u. C. Mannich: Arb. Pharm. Inst. Univ. Berlin **3**, 243 (1906). — Flanzy, M.: C. r. d. l'Acad. des sciences **198**, 2020 (1934).

Goodwin, L. F.: Journ. Amer. Chem. Soc. **42**, 39 (1920). — Großfeld, J. u. J. Peter: Dtsch. Dest.-Ztg. **1934**, 552 u. Ztschr. f. Unters. Lebensmittel **69**, 16 (1935).

Hähnel, S. u. B. Holmberg: Svens. kem. Tidskr. **46**, 45 (1934). — Henville, D.: Analyst **53**, 416 (1928). — Hoff, R. W.: Analyst **59**, 687 (1934).

Kemal, H.: Ztschr. f. anal. Ch. **107**, 33 (1936).

Legal, E.: Ztschr. f. anal. Ch. **22**, 64 (1883). — Leithe, W.: Ztschr. f. Unters. Lebensmittel **72**, 351 (1936). — Luckow, C.: Wein u. Rebe **18**, 266 (1937).

Matthes, H.: Pharm. Ztg. **71**, 1508 (1926). — Meyer, W.: Pharm. Zentralhalle Deutschland **78**, 669 (1937). — Mohler, H.: (1) Ztschr. f. Unters. Lebensmittel **68**, 240, 500 (1934); **70**, 329 (1935); **72**, 504 (1936); **73**, 171 (1937). —(2) Mitt. Lebensmittelunters. **25**, 8 (1934). — Mohler, H. u. F. Almasy: Ztschr. f. Unters. Lebensmittel **68**, 500 (1934).

Noetzel, O.: Ztschr. f. Unters. Lebensmittel **53**, 388 (1927).

Riffart, H. u. H. Keller: (1) Ztschr. f. Unters. Lebensmittel **68**, 131, 566 (1934). — (2) Ztschr. f. Unters. Lebensmittel **68**, 134 (1934).

Stahly, G. L., O. L. Osburn u. C. H. Werkman: Analyst **59**, 319 (1934).

Täufel, K., H. Thaler u. O. Bauer: Ztschr. f. Unters. Lebensmittel **69**, 401 (1935).

Vegezzi, G. u. P. Haller: Mitt. Lebensmittelunters. **25**, 39 (1934).

Weiß, F.: Ztschr. f. Unters. Lebensmittel **57**, 45 (1929).

Wein.

Von

Professor Dr. J. Großfeld, Berlin.

I. Entnahme und Behandlung der Proben (V, 213).

Für eine einheitliche Durchführung des Weingesetzes sind am 2. November 1933 Grundsätze erlassen (vgl. Reichsgesetzbl. I 1933, S. 801).

Diese beziehen sich auf die Organisation der Weinkontrolle durch Weinkontrolleure, persönliche Anforderungen an diese und auf die Ausführung der Weinkontrolle.

Für die Probenahme sind die bereits im Hauptwerk angeführten Gesichtspunkte zu beachten mit folgenden Abänderungen und Ergänzungen:

Aus jedem Fasse sind als Probe drei Flaschen (Dreiviertelliterflaschen oder Literflaschen) zu entnehmen. Von Flaschenweinen sind mindestens drei Flaschen jeder beanstandeten Weinsorte zu entnehmen.

Die Proben von Traubenmaische und Traubenmost sind aus der mittleren Flüssigkeitsschicht zu entnehmen; sie müssen von Schalen, Kämmen und sonstigen Abfällen freibleiben. Sie dürfen nicht filtriert werden und sind in der Weise haltbar zu machen, daß die zu $^3/_4$ gefüllten Flaschen, nachdem die Kohlensäure durch Schütteln entfernt worden ist, fest verkorkt, zugebunden und darauf $^1/_2$ Stunde im Wasserbad auf 80° erhitzt werden; ist eine geeignete Vorrichtung hierzu nicht vorhanden oder sollen die Proben auf Rohrzucker untersucht werden, so sind der Flüssigkeit in jeder Flasche 6 Tropfen ätherisches Senföl zuzusetzen. Von der Haltbarmachung darf abgesehen werden, wenn die Proben ohne größeren Zeitverlust an die Untersuchungsstelle abgeliefert werden können, oder wenn sie nicht mehr deutlich gären und keinen süßen Geschmack aufweisen.

Je eine versiegelte und bezeichnete Flasche der Probe ist dem Betriebsinhaber zurückzulassen. Die beiden anderen Flaschen sind an die Untersuchungsstelle zu befördern, sofort oder nach sachgemäßer Aufbewahrung, liegend an einem vor Sonnenlicht geschützten kühlen Orte. Zur Verhütung von Glasbruch sind sie sorgfältig zu verpacken.

Über die Probenahme ist dem Betriebsinhaber eine Empfangsbescheinigung zu erteilen, in der die gezahlte oder vereinbarte Entschädigung anzugeben ist.

II. Untersuchung des Weines.

A. Dichte bei 20° [1] (V, 218).

Die Ermittlung erfolgt in der gleichen Form wie im Hauptwerk beschrieben, nur mit dem Unterschied, daß das Pyknometer in einem Wasserbad von 20° statt 15° behandelt wird.

---

[1] Zur Zeit ist noch die Bestimmung der Dichte bei 15°, nicht bei der Normaltemperatur von 20°, vorgeschrieben. Vgl. auch S. 11.

Die Berechnung der Dichte (s) bei 20°, bezogen auf Wasser von 4°, geschieht nach folgender Formel

$$s = \frac{0{,}99823\,(c-a)}{b-a}.$$

Hierbei bedeutet wieder:

a des Gewicht des leeren Pyknometers.

b das Gewicht des bis zur Marke mit Wasser von 20° gefüllten Pyknometers.

c das Gewicht des bis zur Marke mit Wein von 20° gefüllten Pyknometers.

B. Alkoholbestimmung bei 20° (V, 219).

Auch hier wird wie im Hauptwerk angegeben verfahren, nur wird das Pyknometer bei 20° eingestellt. Die der gefundenen Dichte des Destillates

Tabelle 1. Berechnung des Alkoholgehaltes aus der Dichte bei 20°.

Dichte 20°/4°	9	8	7	6	5	4	3	2	1	0
	\multicolumn{10}{c}{Gramm Alkohol in 1 l:}									
0,999	—	—	—	—	—	—	—	—	—	—
8	—	—	—	—	—	0,0	0,0	0,4	1,0	1,5
7	2,0	2,5	3,1	3,6	4,1	4,7	5,2	5,7	6,3	6,8
6	7,3	7,8	8,4	8,9	9,4	10,0	10,5	11,1	11,6	12,2
5	12,7	13,3	13,8	14,4	14,9	15,5	16,0	16,6	17,1	17,7
4	18,2	18,7	19,3	19,8	20,4	21,0	21,5	22,1	22,7	23,2
3	23,8	24,4	24,9	25,5	26,1	26,6	27,2	27,8	28,3	28,9
2	29,4	30,0	30,6	31,2	31,8	32,4	32,9	33,5	34,1	34,7
1	35,3	35,9	36,4	37,0	37,6	38,2	38,8	39,4	40,0	40,6
0	41,2	41,8	42,3	42,9	43,5	44,1	44,7	45,3	45,9	46,5
0,989	47,1	47,7	48,3	48,9	49,5	50,2	50,8	51,4	52,0	52,6
8	53,2	53,9	54,5	55,1	55,7	56,3	56,9	57,6	58,2	58,8
7	59,4	60,0	60,7	61,3	61,9	62,6	63,2	63,8	64,5	65,1
6	65,7	66,3	67,0	67,6	68,2	68,9	69,5	70,1	70,8	71,4
5	72,1	72,8	73,4	74,0	74,7	75,4	76,0	76,6	77,3	77,9
4	78,6	79,3	79,9	80,6	81,3	81,9	82,6	83,3	83,9	84,6
3	85,2	85,9	86,6	87,2	87,9	88,6	89,3	89,9	90,6	91,3
2	92,0	92,7	93,4	94,0	94,7	95,4	96,1	96,8	97,4	98,1
1	98,8	99,5	100,2	100,9	101,6	102,3	103,0	103,7	104,4	105,1
0	105,8	106,5	107,2	107,9	108,7	109,4	110,1	110,8	111,5	112,3
0,979	113,0	113,7	114,4	115,1	115,9	116,6	117,3	118,0	118,8	119,5
8	120,2	121,0	121,7	122,4	123,2	123,9	124,6	125,4	126,1	126,8
7	127,6	128,3	129,1	129,8	130,5	131,3	132,0	132,8	133,5	134,2
6	135,0	135,7	136,4	137,2	137,9	138,6	139,4	140,1	140,9	141,6
5	142,3	143,1	143,8	144,5	145,3	146,0	146,7	147,5	148,2	149,0
4	149,7	150,4	151,2	151,9	152,6	153,4	154,1	154,8	155,6	156,3
3	157,0	157,8	158,5	159,2	160,0	160,7	161,4	162,2	162,9	163,6
2	164,3	165,1	165,8	166,5	167,3	168,0	168,7	169,5	170,2	170,9
1	171,7	172,4	173,1	173,8	174,6	175,3	176,0	176,7	177,4	178,2
0	178,9	179,6	180,3	181,0	181,7	182,5	183,2	183,9	184,6	185,3
0,969	186,0	186,7	187,4	188,1	188,8	189,5	190,2	190,9	191,6	192,3
8	193,1	193,8	194,5	195,1	195,8	196,5	197,2	197,9	198,6	199,3
7	200,0	200,7	201,4	202,1	202,7	203,4	204,1	204,8	205,5	206,2
6	206,8	207,5	208,2	208,9	209,5	210,2	210,9	211,6	212,3	212,9
5	213,6	214,3	214,9	215,6	216,2	216,9	217,6	218,2	218,9	219,6

bei 20° entsprechenden Alkoholgehalte werden aus den von C. v. d. Heide und H. Mändlen berechneten Tabellen, nämlich die der gefundenen Dichte entsprechenden Gramm Alkohol in 1 l Wein aus der Tabelle 1, die Maßprozente aus der Tabelle 2, entnommen.

Tabelle 2.
Umrechnung der Gramm Alkohol in 1 l auf Maßprozent bei 20°.

Gramm Alkohol in 1 l		Gramm Alkohol in 1 l, Einer									
		0	1	2	3	4	5	6	7	8	9
Hunderter	Zehner	Maßprozente Alkohol									
—	0	0,0	0,13	0,25	0,38	0,51	0,64	0,76	0,89	1,01	1,14
—	1	1,27	1,39	1,52	1,65	1,77	1,90	2,03	2,15	2,28	2,41
—	2	2,53	2,66	2,79	2,91	3,04	3,17	3,29	3,42	3,55	3,67
—	3	3,80	3,93	4,05	4,18	4,31	4,43	4,56	4,69	4,81	4,94
—	4	5,07	5,19	5,32	5,45	5,57	5,70	5,83	5,95	6,08	6,21
—	5	6,33	6,46	6,59	6,71	6,84	6,97	7,10	7,22	7,35	7,47
—	6	7,60	7,73	7,85	7,98	8,11	8,24	8,36	8,49	8,61	8,74
—	7	8,87	8,99	9,12	9,25	9,38	9,50	9,63	9,75	9,88	10,01
—	8	10,13	10,26	10,39	10,51	10,64	10,77	10,89	11,02	11,15	11,27
—	9	11,40	11,53	11,65	11,78	11,91	12,03	12,16	12,29	12,41	12,54
1	0	12,67	12,80	12,92	13,05	13,17	13,30	13,43	13,56	13,68	13,81
1	1	13,93	14,06	14,19	14,31	14,44	14,56	14,69	14,82	14,95	15,07
1	2	15,20	15,33	15,45	15,58	15,71	15,83	15,96	16,09	16,21	16,34
1	3	16,47	16,60	16,72	16,85	16,97	17,10	17,23	17,35	17,48	17,61
1	4	17,73	17,86	17,99	18,11	18,24	18,37	18,50	18,62	18,75	18,87
1	5	19,00	19,13	19,26	19,38	19,51	19,64	19,76	19,89	20,02	20,14
1	6	20,27	20,39	20,52	20,65	20,77	20,90	21,03	21,16	21,28	21,41
1	7	21,54	21,66	21,79	21,92	22,04	22,17	22,30	22,42	22,55	22,68
1	8	22,81	22,93	23,06	23,18	23,31	23,44	23,56	23,69	23,82	23,94
1	9	24,07	24,19	24,32	24,45	24,57	24,70	24,83	24,96	25,08	25,21
2	0	25,34	25,46	25,59	25,72	25,84	25,97	26,10	26,22	26,35	26,48
2	1	26,60	26,73	26,86	26,98	27,11	27,24	27,36	27,49	27,62	27,74

Einschalttabelle.

Gramm Alkohol in 1 l, Dezimale	Maßprozente Alkohol	Gramm Alkohol in 1 l, Dezimale	Maßprozente Alkohol	Gramm Alkohol in 1 l, Dezimale	Maßprozente Alkohol
0,1	0,01	0,4	0,05	0,7	0,09
0,2	0,03	0,5	0,06	0,8	0,10
0,3	0,04	0,6	0,08	0,9	0,11

C. Extraktstoffe (V, 221).

Zur Ausführung der Extraktbestimmung aus der Dichte bei 20° verfährt man analog wie früher für 15° beschrieben wurde, nur daß man die Dichte nach S. 44 berechnet und zur Ablesung die Tabelle 3, S. 47 verwendet.

Tabelle 3.

Dichte 20°/4° bis zur 2. Dezimalstelle	3. Dezimalstelle der Dichte									
	0	1	2	3	4	5	6	7	8	9
	Gramm Extrakt in 1 l:									
0,99	—	—	—	—	—	—	—	—	0,0	2,0
1,00	4,6	7,1	9,7	12,3	14,9	17,5	20,1	22,7	25,3	27,9
1,01	30,5	33,1	35,7	38,3	40,9	43,5	46,1	48,7	51,3	53,9
2	56,5	59,1	61,7	64,3	66,9	69,5	72,1	74,7	77,3	79,9
3	82,6	85,2	87,8	90,4	93,0	95,6	98,2	100,8	103,4	106,1
4	108,7	111,3	113,9	116,5	119,1	121,8	124,4	127,0	129,6	132,2
5	134,9	137,5	140,1	142,7	145,3	147,9	150,6	153,2	155,8	158,4
6	161,1	163,7	166,3	168,9	171,6	174,2	176,8	179,4	182,1	184,7
7	187,3	190,0	192,6	195,2	197,9	200,5	203,1	205,8	208,4	211,0
8	213,7	216,3	218,9	221,6	224,2	226,9	229,5	232,1	234,8	237,4
9	240,0	242,7	245,3	248,0	250,6	253,3	255,9	258,5	261,2	263,8
1,10	266,5	269,1	271,8	274,4	277,1	279,7	282,4	285,0	287,7	290,3
1	293,0	295,6	298,3	300,9	303,6	306,2	308,9	311,5	314,2	316,9
2	319,5	322,2	324,8	327,5	330,2	332,8	335,5	338,1	340,8	343,5
3	346,1	348,8	351,5	354,1	356,8	359,4	362,1	364,8	367,5	370,1
4	372,8	375,5	378,1	380,8	383,5	386,2	388,8	391,5	394,2	396,9
1,15	399,5	402,2	404,9	407,6	410,3	412,9	415,6	418,3	421,0	423,7

Einschalttabelle.

4. Dezimalstelle der Dichte 20°/4°	Für die Dichten von		4. Dezimalstelle der Dichte 20°/4°	Für die Dichten von	
	0,9980 bis 0,9990	0,9991 bis 1,1599		0,9980 bis 0,9990	0,9991 bis 1,1599
	Gramm Extrakt in 1 l			Gramm Extrakt in 1 l	
0	—	0,0	5	0,7	1,3
1	—	0,3	6	1,0	1,6
2	—	0,5	7	1,2	1,8
3	0,2	0,8	8	1,5	2,1
4	0,4	1,0	9	1,7	2,3

Außerdem nimmt nun für

s die nach S. 44 ermittelte Dichte des Weines bei 20°,

s_1 die nach S. 44 ermittelte Dichte des alkoholischen Destillats bei 20°,

s_2 die Dichte des Destillationsrückstandes bei 20° nach Auffüllung auf 50 cm³ die in V, 223 angegebene Umrechnungsformel folgende Gestalt an:

$$s_2 = s - s_1 + 0{,}9982\,.$$

Nach C. von der Heide und W. Zeisset (1) ist bei normalen Weinen das indirekt gefundene Extrakt in der Regel um 1,5—2,0 g/l höher als das direkt gefundene. Bei mit Glycerin verfälschten Weinen nähert sich mit steigenden Glycerinzusätzen das direkte Extrakt dem indirekten und wird etwa von 6 g/l an sogar größer als das indirekte. Außerdem liefern stark mit Glycerin verfälschte Weine Extrakte, die in Abweichung von der Norm in der Hitze halbflüssig bleiben und erst in der Kälte erstarren. I. Bošnjak empfiehlt zur Bestimmung des wahren Extraktes bei Weinen mit höchstens 5—8 g/l Zucker 1 g Wein in fein verteiltem neutralen Sand im Vakuum über Schwefelsäure zu trocknen, bis Alkohol, Wasser und flüchtige Säuren verschwunden sind.

D. Asche.

Phosphorsäure (V, 225). Zur Bestimmung der Phosphorsäure eignet sich auch die bei Eierlikör (S. 40) beschriebene Veraschung mit Magnesiumacetat, mit anschließender Fällung als Molybdat und Wägung als $P_2O_5 \cdot 24\,MoO_3$.

Eine colorimetrische Mikromethode zur Bestimmung der Phosphorsäure in 10 cm³ Wein mit Hilfe von Molybdänblaulösung nach Sch. R. Zinzadze beschreiben C. von der Heide und K. Hennig (2).

E. Organische Säuren.

1. Bestimmung der flüchtigen Säuren (V, 228). Bei der Bestimmung der flüchtigen Säuren wird vorhandene Schweflige Säure als „Essigsäure" teilweise mit bestimmt. Sie ist im Destillat leicht daran erkennbar, daß sie Jodlösung entfärbt und damit oder mit Wasserstoffperoxyd in Schwefelsäure übergeht, die dann mit Bariumchlorid in salzsaurer Lösung eine Fällung liefert. Zur Ausschaltung der Störung empfiehlt sich nach A. Widmer und F. Braun Zugabe von 1 cm³ 3%igem Wasserstoffperoxyd zum Wein vor der Destillation.

Zum Nachweis und zur Bestimmung von *Buttersäure*, die in normalen Weinen nur in sehr geringer Menge vorkommt, hat L. Klinc eine empfindliche Methode angegeben.

2. Säuregrad (p_H-Wert). Zur p_H-Messung in Wein und anderen Flüssigkeiten sind die elektrischen und colorimetrischen Methoden in den letzten Jahren außerordentlich vervollkommnet worden. Über Einzelheiten vgl. A. Thiel.

3. Weinsäure (V, 237). Das amtliche Verfahren zur Bestimmung der Weinsäure eignet sich nach D. W. Steuart nach Anbringung einiger Abänderungen auch für Apfelwein. Als Korrektur für die Löslichkeit werden der Endtitration für 20° 1,15 cm³ 0,1 n-Lauge hinzugefügt. Bei Apfelweinen mit einem Gehalt unter 1 g Weinsäure im Liter werden vor der Zugabe von Alkohol 0,2 g reines Kaliumbitartrat zugesetzt und bei der Ausrechnung wieder abgezogen. Bei 2—3 g Weinsäure im Liter fügt man zweckmäßig 2 cm³ Kaliumacetatlösung statt 0,5 cm³ hinzu. Vgl. auch F. Seiler. Die Löslichkeitskorrektur für den Alkoholgehalt beträgt bei 20°

$$\text{für Alkohol} \quad 0 \quad\quad 5 \quad\;\; 10 \quad\;\; 15 \text{ Maßprozent}$$
$$f \;= 1{,}35 \quad 1{,}05 \quad 0{,}9 \quad 0{,}8 \text{ cm}^3 \text{ 0,1 n-Lauge}$$

Anwesenheit von Pektin wirkt erniedrigend auf das Ergebnis. Auch kann die Weinsäure durch bakterielle Vorgänge zerstört werden. P. Berg und S. Schmechel (1) schalten die Unsicherheit des Lösungsfaktors für Weinstein durch Fällung bei 0° nach einer besonderen Arbeitsvorschrift aus. L. Semichon und M. Flanzy empfehlen zur Weinsäurebestimmung die durch große Genauigkeit ausgezeignete Ausfällung als Racemat mit Ammonium-l-tartrat bei Gegenwart von Calciumsulfat.

4. Salicylsäure und p-Oxybenzoesäure (V, 239). Die Bestimmung der Salicylsäure mit dem Stufenphotometer beschreiben H. Riffart und H. Keller (2).

Die Methyl-, Äthyl- und Propylester der p-Oxybenzoesäure, dieses Iomeren der Salicylsäure, sind unter dem Namen Nipagin, Nipasol, Nipacombin und Solbrol als Konservierungsmittel im Handel.

Nach F. Weiß (1) liefert p-Oxybenzoesäure, die den Schmelzpunkt 215° hat, mit Millons Reagens Rotfärbung, besonders beim Erwärmen, dagegen nicht Rotfärbung nach Nitrieren und Reduzieren mit Hydroxylamin wie Benzoesäure, auch keine Reaktion mit Eisenchlorid.

Den Nachweis der Ester führt Th. Sabalitschka mit dem Reagens von Nickel, das H. Kreis und J. Studinger durch Lösen von 7 g Mercurichlorid und 4,4 g Kaliumnitrit in 100 cm³ Wasser bereiten, wobei von einem sich bildenden braunen Niederschlag abfiltriert wird. Mischt man dieses Reagens zu gleichen Teilen mit wäßriger Esterlösung oder gibt 1 cm³ zu dem trockenen Ester und erhitzt 15 Minuten im Wasserbade, so tritt noch bei Anwendung von 0,0015% Ester enthaltender wäßriger Lösung Rotfärbung auf.

Zur Bestimmung haben außer Weiß, Th. von Fellenberg und St. Krauze, F. W. Edwards, N. R. Nanji und M. K. Hassan u. a. Vorschriften angegeben.

Über den Nachweis sehr kleiner Mengen verschiedener Konservierungsmittel nebeneinander vgl. auch R. Fischer.

p-Oxybenzoesäureester lassen sich nach Ch. Valencien und J. Deshusses auch bromometrisch bestimmen. Dabei bilden sich gut kristallisierende Dibromide, die am Schmelzpunkt (Methylester 124°, Propylester 110°) erkannt werden.

5. Benzoesäure (V, 248). Bei der Reaktion von E. Mohler wird die Benzoesäure zu ihrer Erkennung nitriert, und die Nitroprodukte werden dann in ammoniakalischer Lösung mit Natriumsulfid in rotbraune Ammoniumverbindungen umgewandelt. Durch Einführung von Hydroxylamin als Reduktionsmittel von J. Großfeld entsteht eine Rotfärbung, die spezifischer und nach R. Kapeller-Adler durch Entstehung von p-diacidihydrodinitrobenzoesaures Ammonium verursacht ist.

Zur Ausführung der Reaktion erhitzt man im Reagensglase einige Milligramm der mit Äther ausgeschüttelten Substanz mit 0,1 g Kaliumnitrat und 1 cm³ konzentrierter Schwefelsäure[1] 20 Minuten im siedenden Wasserbad. Nach Abkühlen verdünnt man mit 2 cm³ Wasser und macht nach abermaligem Abkühlen mit 10 cm³ 15%igem Ammoniak stark ammoniakalisch. Dann gibt man 2 cm³ einer Lösung von 2 g Hydroxylaminchlorid in 100 cm³ Wasser zu und mischt. Bei Gegenwart von Benzoesäure tritt allmählich schöne Rotfärbung ein.

---

[1] Auch 1 cm³ einer frisch bereiteten Lösung von 10 g Kaliumnitrat in konzentrierter Schwefelsäure zu 100 cm³ ist verwendbar; diese Lösung ist aber nicht haltbar; sie wird nach einiger Zeit ohne ihr Aussehen zu verändern unwirksam.

Zur colorimetrischen Bestimmung der Benzoesäure werden 100 cm³ Wein nach V, 249 mit Äther ausgeschüttelt. Der Ätherlösung entzieht man die Benzoesäure mit $^1/_{10}$ n-Natronlauge in geringem Überschuß und bringt die so erhaltene Benzoatlösung mit Wasser auf 50 cm³. Von dieser Lösung bringt man 1 cm³ in ein Reagensrohr und verdampft im siedenden Wasserbade unter Aufblasen eines Luftstromes zur Trockne. Zu diesem Trockenrückstand gibt man 0,1 g Kaliumnitrat und 1 cm³ konzentrierte Schwefelsäure, erhitzt 20 Minuten im siedenden Wasserbade, kühlt ab und verdünnt mit 2 cm³ Wasser. Nach abermaligem Abkühlen fügt man 2 cm³ wäßrige Hydroxylaminchloridlösung (2 g des Salzes in 100 cm³) hinzu und macht durch Zusatz von 10 cm³ 15%iger Ammoniaklösung ammoniakalisch. Nach Umschütteln wird das Röhrchen sodann in Wasser von 60° gestellt und 5 Minuten darin belassen. Darauf läßt man die rote Lösung durch Eintauchen des Röhrchens in kaltes Wasser erkalten. In ein zweites Reagensröhrchen von gleicher Form und Größe gibt man anschließend 1 cm³ 25%ige Salzsäure und 13 cm³ 2%ige Ammoniumrhodanidlösung. Dazu läßt man aus einer Bürette tropfenweise unter jedesmaligem Durchschütteln des Gemisches soviel einer Lösung von 0,864 g Ammoniumeisenalaun im Liter (1 cm³ = 0,1 mg Fe) tropfen, bis die Rotfärbungen in beiden Röhrchen, in der Längsrichtung betrachtet, übereinstimmen. Aus dem Verbrauche an Eisenlösung ergibt sich die ungefähre Benzoesäuremenge nach beistehender Tabelle 4.

Zur genauen Bestimmung der Benzoesäure bringt man nun von der Benzoatlösung soviel, wie gemäß der ungefähren Ermittlung 1 mg Benzoesäure entspricht, in ein trockenes Reagensrohr und in ein zweites 1,00 cm³ einer Lösung von 100 mg Benzoesäure in 10 cm³ $^1/_{10}$ n-Natronlauge gelöst und auf 100 cm³ aufgefüllt. Beide Reagensröhren werden alsdann in genau gleicher Weise wie oben behandelt und die erhaltene Rotfärbung colorimetrisch verglichen.

Mit geringen Abänderungen liefert das vorstehende Verfahren nach H. Riffart und H. Keller (1) auch zur Messung im Stufenphotometer geeignete Lösungen.

6. p-Chlorbenzoesäure (Mikrobin) (V, 250). Bei Ausführung der Prüfung auf Benzoesäure durch Nitrieren und Reduktion mit Hydroxylamin nach Großfeld (vgl. S. 49) beobachtete J. Schwaibold bei Vorliegen von p-Chlorbenzoesäure eine Grünfärbung, die allerdings schnell in Orangerot umschlägt. Führt man aber die Prüfung nach F. Weiß (2) als Ringreaktion aus, indem man im Reagensrohr über die

Tabelle 4.

Eisenlösung cm³	Benzoesäure mg	Eisenlösung cm³	Benzoesäure mg	Eisenlösung cm³	Benzoesäure mg
0,0	0,0	1,0	4,3	2,0	8,0
0,1	0,3	1,1	4,8	2,1	8,3
0,2	0,7	1,2	5,3	2,2	8,5
0,3	0,9	1,3	5,9	2,3	8,8
0,4	1,2	1,4	6,4	2,4	9,0
0,5	1,6	1,5	6,7	2,5	9,3
0,6	2,1	1,6	6,9	2,6	9,5
0,7	2,7	1,7	7,2	2,7	9,8
0,8	3,2	1,8	7,5	2,8	10,0
0,9	3,7	1,9	7,8	2,9	10,3

ammoniakalische Lösung 1 cm³ der Hydroxylaminlösung vorsichtig überschichtet, so entsteht je nach der vorhandenen Menge Chlorbenzoesäure sofort oder innerhalb einiger Minuten ein grüner Farbring, während Benzoesäure einen roten Ring liefert.

7. Citronensäure (V, 245). Für die Bestimmung der Citronensäure in Wein liegt heute in dem Pentabromacetonverfahren auf Grund der neueren Arbeiten von P. Berg und G. Schulze (2), sowie O. Reichard (1) ein spezifisches und genaues Untersuchungsverfahren vor. Zur Vorprüfung auf Citronensäure empfiehlt sich die Reaktion mit Mercurisulfatlösung nach Denigès. Reichard gibt folgenden Arbeitsgang an:

a) **Vorprüfung mit Mercurisulfatlösung.** 10 cm³ Wein werden mit etwa 2 cm³ einer Lösung von 5 g Mercurioxyd in 20 cm³ konzentrierter Schwefelsäure und 100 cm³ Wasser versetzt, mit einer Messerspitze voll Eponit oder Tierkohle — bei Rotweinen entsprechend mehr — geschüttelt und farblos filtriert. 5 cm³ Filtrat werden bis nahe zum Sieden erhitzt und tropfenweise mit gesättigter Permanganatlösung versetzt, so lange, bis ein brauner Niederschlag ungelöst verbleibt. Dieser wird durch einige Tropfen Perhydrol aufgehellt. Weiße Trübungen bzw. weißer Bodensatz deuten auf Citronensäure hin. Ihre Mengen lassen sich mittels Vergleichslösungen von abgestuftem Gehalt annähernd abschätzen; folgende Hinweise können ebenfalls einen gewissen Anhaltspunkt geben:

α) Milchig-weiße Trübungen mit einer bläulichen Opalescenz — sie lassen in einem 15-mm-Probierrohr bei auffallendem Licht dahinter gehaltene Druckschrift eben noch erkennen — zeigen für Wein „normale" Citronensäuremengen an, d. h. einen Höchstgehalt von rund 300 mg je Liter.

β) Stärkere, milchig-weiße Trübungen, die undurchsichtig sind, nach dem Absitzen die Kuppe des Probierrohres völlig ausfüllen, sind für Traubenweine „anomal" und deuten auf mehr als 500 mg je Liter hin.

γ) Noch stärkere, weiße Trübungen, die schon bei Zugabe der ersten Tropfen Permanganatlösung als weiße Wolken auftreten, völlig undurchsichtig sind und einen noch größeren Bodensatz ergeben, deuten auf 1 g und mehr je Liter hin.

b) **Bestimmung der Citronensäure als Pentabromaceton.** *Bromierung mit Bariumfällung* (bei zuckerhaltigen und zuckerfreien Flüssigkeiten anwendbar). 100 cm³ Wein (Traubenmost) — bei Flüssigkeiten mit starker, mehr als 1 g Citronensäure je Liter anzeigender Denigès-Reaktion 50 cm³, bei Beerenwein oder Beerensäften mit sehr starker, etwa 2 g und mehr Citronensäure anzeigender Denigès-Reaktion 20 cm³ — werden in einer glasierten Porzellanschale mit Ammoniak schwach alkalisch gemacht, mit so viel Kubikzentimetern Bariumchloridlösung (10 %ig) versetzt, als dem Produkt der als Weinsäure berechneten Gesamtsäure je Liter mal 2 entspricht (in der Regel 10—20 cm³), auf etwa 30 cm³ eingedampft, auf den Neutralpunkt mit Ammoniak kontrolliert, noch heiß in ein Zentrifugenglas unter Nachspülen mit heißem Wasser gebracht und mit so viel Alkohol versetzt, daß die Mischung wenigstens 50 Raumteile Alkohol enthält. Ist eine genügend große

Zentrifuge nicht vorhanden, so kann die Fällung auch in einem Glaskolben vorgenommen werden.

Die Mischung wird rasch abgekühlt, ausgeschleudert bzw. filtriert, der Bodensatz 2mal mit Alkohol (50%ig) ausgewaschen, in eine Porzellanschale gespült, durch Eindampfen vom Alkohol befreit, in einen 50-cm³-, gegebenenfalls 100-cm³-Meßkolben unter Verwendung von 10 cm³ Schwefelsäure $(1+1)$ gebracht und mit so viel Kubikzentimetern einer Lösung von 8,5 g Kaliumbromid und 2,5 g Kaliumbromat in 100 cm³ Wasser[1] versetzt, bis die Farbe des Gemisches in ein deutliches Orange, bei Rotweinen in Gelbbraun umgeschlagen ist und die Gegenwart von freiem Brom anzeigt; hierzu reichen bei Weißweinen in der Regel 5 cm³, bei Rotweinen 5—10 cm³ aus. Sodann wird bis zur Marke von 50 bzw. 100 cm³ aufgefüllt, durchgemischt und durch wiederholtes Aufgießen auf ein Faltenfilter in einen Meßzylinder glanzhell filtriert.

25,0 cm³ bzw. 50,0 cm³ Filtrat (= halbe Menge der Ausgangsflüssigkeit), die mit Pipette durch Ansaugen mittels Saugpumpe entnommen werden, werden in einem Erlenmeyerkolben mit Kaliumbromidlösung (50%ig) im Überschuß versetzt — in der Regel genügen 2 cm³ —, mit 1 Tropfen einer gesättigten, mit Schwefelsäure angesäuerten, klaren Ferroammoniumsulfatlösung vermischt, in Eiswasser auf etwa 0° abgekühlt und mit gesättigter Kaliumpermanganatlösung aus einer Bürette unter Umschwenken so lange tropfenweise versetzt, bis die Farbe der Flüssigkeit über Goldgelb in Braungelb umgeschlagen ist und einige Zeit bestehen bleibt. Sodann verbleibt der mit Korkstopfen verschlossene Kolben so lange (einige Minuten) im Eiswasser, bis die dunkelbraune Farbe wieder in Goldgelb aufgehellt ist, dann wird abermals bis zur Dunkelfärbung Permanganatlösung zugetropft, unter Kühlung aufgehellt und die Oxydation so lange fortgesetzt, bis bei Anwesenheit von Citronensäure infolge Bildung von Pentabromaceton eine zunehmende Trübung und schließlich ein bleibender, brauner Niederschlag von Manganperoxyd entsteht.

Der Manganniederschlag wird nach ½stündigem Stehen durch vorsichtiges Zutropfen einer mit Schwefelsäure angesäuerten, klar filtrierten, gesättigten Ferroammoniumsulfatlösung bis auf geringe Mengen gelöst; diese werden durch einige Tropfen Kaliumbromidlösung zum Verschwinden gebracht und das Ganze zum klaren Absetzen beiseite gestellt, am besten über Nacht im Eisschrank. Das Gemisch muß in Farbe und Geruch freies Brom in geringen Mengen erkennen lassen, also gelbe Farbe zeigen; ein Übermaß von Brom kann durch Ferroammoniumsulfatlösung beseitigt, ein Zuwenig durch Kaliumbromid-Bromatlösung erhöht werden.

Das gelblichweiße, deutlich abgesetzte Pentabromaceton wird in einem Glasfiltertiegel (1 G 4) filtriert, 2mal mit wenig kaltem Wasser ausgewaschen, kräftig abgesaugt, im Vakuumexsiccator über Schwefelsäure bei ½stündigem Evakuieren 2 Stunden lang getrocknet und

---

[1] Zweckmäßig wird die Kaliumbromid-Bromatlösung mit 1 Tropfen Schwefelsäure angesäuert, um die bei längerer Aufbewahrung leicht eintretende Schimmelbildung zu verhindern.

gewogen. Die Wägung wird bis zur Gewichtskonstanz wiederholt. (Erste Wägung.)

Das Leergewicht des Tiegels wird festgestellt, indem das Pentabromaceton durch Durchsaugen von einigen Kubikzentimetern Äther[1], dann von 3mal je 10 cm³ Alkohol völlig ausgewaschen, der leere Tiegel im Vakuumexsiccator über Schwefelsäure getrocknet und dann gewogen wird. (Zweite Wägung.)

Differenz zwischen beiden Wägungen = Pentabromaceton.

Pentabromaceton × 0,4642 = wasserhaltige Citronensäure in der halben Menge Ausgangswein (Most) oder

Pentabromaceton × 9,284 = wasserhaltige Citronensäure je Liter (bei 100 cm³ Ausgangsflüssigkeit).

Schmelzpunkt von Pentabromaceton (roh) = 70—72°, nach dem Umkristallisieren aus verdünntem Alkohol = 73°.

Direkte Bromierung (ohne Bariumfällung) (nur bei zuckerfreien, d. h. weniger als 1 g Zucker je Liter enthaltenden Flüssigkeiten anwendbar). 100 cm³ Wein — bei Flüssigkeiten mit starker, mehr als 1 g Citronensäure je Liter andeutender Denigès-Reaktion 50 cm³, bei Beerenweinen mit sehr starker Reaktion 20 cm³ — werden in einer glasierten Porzellanschale auf dem Wasserbade bis auf rund 10 cm³ eingedampft, in einen 50-cm³-Meßkolben gebracht, mit 10 cm³ Schwefelsäure (1 + 1) und so viel Kubikzentimetern einer Lösung von 8,5 g Kaliumbromid und 2,5 g Kaliumbromat in 100 cm³ Wasser versetzt, bis die Farbe der Untersuchungsflüssigkeit in ein deutliches Orange, bei Rotweinen in Gelbbraun umgeschlagen ist und die Gegenwart von freiem, überschüssigem Brom kenntlich wird; hierzu reichen in der Regel bei Weißweinen 5 cm³, bei Rotweinen 5—10 cm³ aus. Sodann wird bis zur Marke von 50 cm³ aufgefüllt, durchgemischt und durch wiederholtes Aufgießen auf ein Faltenfilter in einen Meßzylinder glanzhell filtriert.

25 cm³ Filtrat (= halbe Ausgangsmenge Wein) werden in der unter b, Abs. 3 beschriebenen Weise bromiert und weiter verarbeitet.

Bromierung bei Vergärung des Zuckers mittels Hefe (bei Flüssigkeiten mit mehr als 1 g Zucker je Liter). 100 cm³ Wein werden zur Vertreibung des Alkohols in einer Porzellanschale auf etwa die Hälfte eingedampft, in einen Kolben übergespült, wenn notwendig mit so viel Wasser verdünnt, daß der Zuckergehalt nicht mehr als 10% beträgt, nach dem Abkühlen mit einigen Kubikzentimetern flüssiger, gärkräftiger Weinhefe, am besten Reinzuchthefe, versetzt und, mit Wattebausch verschlossen, an einem warmen Orte der Gärung überlassen; nach beendeter Gärung wird in einer Porzellanschale auf etwa 10 cm³ eingedampft, der Rückstand in einen 50-cm³-Meßkolben übergeführt, mit 10 cm³ Schwefelsäure (1 + 1) und so viel Kubikzentimetern einer Lösung von 8,5 g Kaliumbromid und 2,5 g Kaliumbromat in 100 cm³ Wasser versetzt, bis die Farbe der Untersuchungsflüssigkeit in Orange bzw. Gelb-

---

[1] Soll das Pentabromaceton identifiziert werden, dann unterbleibt das Durchsaugen von Äther, das Lösen erfolgt nur mit Alkohol; das alkoholische Filtrat wird vorsichtig bis zur milchig-weißen Trübung mit Wasser versetzt, worauf alsbald die Abscheidung von Kristallen erfolgt.

braun umgeschlagen ist. Sodann wird bis zur Marke von 50 cm³ aufgefüllt, durchgemischt und glanzhell filtriert.

25 cm³ Filtrat (= halbe Menge der Ausgangsflüssigkeit) werden sodann in der unter b, Abs. 3 beschriebenen Weise bromiert und weiter verarbeitet.

An Stelle dieser direkten Bromierung kann die Citronensäure auch mit Bariumchlorid gefällt und dann nach b, Abs. 1 bestimmt werden.

Statt als Pentabromaceton kann die Citronensäure in Wein auch durch Überführung in Aceton bestimmt werden. Neuere Verfahren dafür haben A. I. Kogan, W. Bartels, K. Täufel und F. Mayr, Täufel und K. Schoierer sowie A. Heiduschka und H. Sommer angegeben.

8. Hibiscussäure. Auf die Auffindung dieser neuen Fruchtsäure in den Fruchtkelchen von Hibiscus sabdariffa L. (Karkade) durch C. Griebel, ihre Erkennung und Unterscheidung von anderen Fruchtsäuren sei verwiesen. Griebel gibt als Konstitution ein Lacton der Oxycitronensäure von der Formel $C_6H_6O_7$ an.

9. Ameisensäure (V, 246). Da Ameisensäure in weit höherem Maße als ihre höheren Homologen zu Hydratbildung neigt, verläuft ihre Abtrennung durch Destillation mit Wasserdampf langwierig und unvollkommen. J. Großfeld und R. Payfer destillieren daher die Ameisensäure aus wäßriger Lösung mit in Wasser unlöslichen Destillationsmitteln, vorzugsweise mit Benzin vom Siedepunkt 100—110° oder Toluol. Um aber einer Neubildung von Ameisensäure bei dieser Destillation durch Caramelisierung von vorhandenem Zucker zu begegnen, wird die Destillation in einem besonderen Destillierapparat wiederholt ausgeführt und jedesmal bei beginnender Caramelisierung abgebrochen.

Die gleichen Untersucher haben weiter gefunden, daß man sehr kleine Gehalte an Ameisensäure in zuckerreichen Lebensmitteln durch Perforation mit Äther quantitativ abtrennen und dann durch Destillation mit Benzin bestimmen kann.

F. Anorganische Säuren.

1. Schwefelsäure (V, 252). Bei der Bestimmung der Schwefelsäure bzw. von Sulfaten empfiehlt es sich das Bariumsulfat statt durch ein Papierfilter zu filtrieren auf einem Porzellanfiltertiegel (A 1 oder A 2) zu sammeln und nach schwachem Glühen im Ofen bei etwa 500° zu wägen.

Bei der Bestimmung des Sulfatrestes in Süßweinen führt ein Kochen nach Ansäuern mit Salzsäure leicht zur Bildung von unlöslichen Caramelstoffen. Um dies zu vermeiden ist ein Ansäuern mit 96%iger Essigsäure (auf 50 cm³ Wein 2 cm³) vorzuziehen.

2. Schweflige Säure (V, 253). Bei Trauben- und Obstsüßmosten liefert das amtliche Verfahren meist zu hohe Werte. Zuverlässiger sind die Ergebnisse nach einem von S. Rothenfußer angegebenen von M. Fischler und H. Kretzdorn vereinfachten Verfahren: 50 cm³ Süßmost werden in einem 500-cm³-Stehkolben aus Jenaer Glas mit Wasser auf etwa 300 cm³ verdünnt und ½ Kaffeelöffel voll feines Bims-

steinpulver beigegeben. Der Kolben, in den durch eine zweite Bohrung
ein mit Glashahn abzuschließender Meßbehälter für 25%ige Phosphorsäure führt, ist durch ein steigendes Doppelknierohr mit einem senkrecht stehenden Kühler und dieser mit einer Vorlage verbunden, die
25 cm³ Normalkalilauge enthält. Das bis an den Boden reichende Einleitungsrohr ist unten etwas auf-
getrieben und hat kleine Öffnungen.
Nach Zugabe von 5—10 cm³ Phosphorsäure wird nun destilliert, bis
die Destillatmenge die Marke 75 cm³
erreicht hat. Dann spült man die Flüssigkeit quantitativ in einen 150-cm³-Erlen-
meyerkolben und titriert nach Ansäuern
mit 10 cm³ Schwefelsäure (1 + 3) mit $^1/_{50}$ n-
Jodlösung.

3. Chlorid (V, 255). Eine Bestimmung der
Chloride ohne Veraschung direkt im Wein
bietet außer der Vereinfachung den Vorteil,
daß durch die Veraschung leicht entstehende
Chloridverluste mit Sicherheit vermieden
werden. Die Ausführung der Bestimmung
im Wein mit Silbernitrat stößt aber bei der
noch zulässigen Salpetersäurekonzentration
nicht selten auf Schwierigkeiten durch Abscheidung von Silber infolge von im Wein
vorhandenen Aldehyden und Zucker. Diese
Schwierigkeiten vermeidet das Mercurinitrat-
verfahren von E. Votoček. Es beruht
darauf, daß Chloride sich mit Mercurinitrat
sofort zu nicht dissoziiertem Mercurichlorid
umsetzen. Erst wenn alles Chlorid so um-
gesetzt ist, treten freie Mercuriionen auf,
die dann mit Nitroprussidnatrium als Indicator eine Trübung liefern. Das Verfahren
kann in salpeter- oder schwefelsaurer Lösung
ausgeführt werden. Es erfordert aber zur

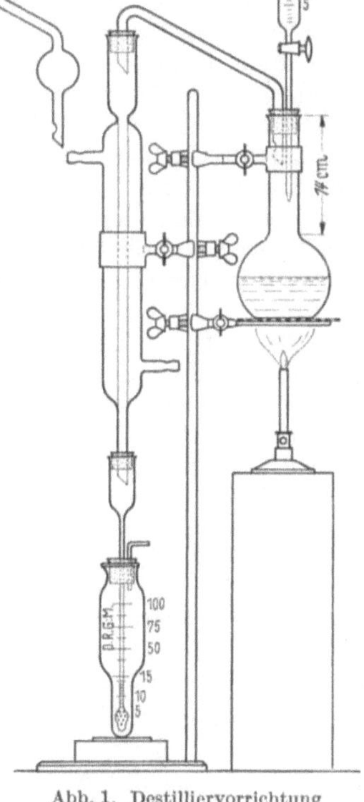

Abb. 1. Destilliervorrichtung
nach **Rothenfußer**.

Titration völlig klare Titrationsflüssigkeit, um die beginnende Trübung
bei der Titration scharf erkennen zu lassen.

Bei Wein kann man wie folgt verfahren: Eine bestimmte Menge
Wein (50 oder 100 cm³) dampft man zur Entfernung des Alkohols und
anderer flüchtiger Stoffe auf etwa die Hälfte ein und führt den Rückstand unter Nachspülen mit Wasser in ein 100-cm³-Meßkölbchen über.
Dazu gibt man 1 cm³ Kaliumferrocyanidlösung (150 g/l) und schüttelt
kräftig um. Nun fügt man 1 cm³ Zinkacetatlösung (300 g/l) hinzu, füllt
zur Marke auf und filtriert durch ein trockenes Faltenfilter. 50 cm³ des
völlig klaren Filtrats versetzt man mit einer Messerspitze voll (50 bis
100 mg) Nitroprussidnatrium und titriert mit $^1/_{10}$ n-Mercurinitratlösung,
die man durch Lösen von 10,83 g reinstem Quecksilberoxyd in Salpetersäure im geringen Überschuß und Auffüllen auf 1 l bereitet hat. Die

Titration ist beendet, sobald 1 Tropfen Mercurinitratlösung eine eben erkennbare bleibende Trübung hervorruft.

Für genaueste Bestimmungen vermindert man das Ergebnis um 0,15 cm³, worauf je 1 cm³ des Mercurinitratverbrauches 3,546 mg Cl′ oder 5,846 mg NaCl entspricht.

4. Fluorid (V, 260). Zur Abscheidung von Fluor eignet sich nach R. J. Meyer und W. Schulz vorzüglich Lanthanacetat. Man dampft die zu untersuchende schwach alkalische Lösung auf etwa 10 cm³ ein, säuert sie mit Essigsäure stark an und versetzt sie dann in der Kälte mit einem Überschuß einer 1%igen Lösung von Lanthanacetat, fügt reichlich festes Ammoniumacetat hinzu und kocht auf. Die Flüssigkeit trübt sich und scheidet dann einen flockigen Niederschlag ab, der nach einigem Stehen oder Erwärmen feinkörnig wird. Bei sehr geringen Mengen läßt man die Probe einige Stunden stehen. Die Empfindlichkeitsgrenze liegt bei etwa 0,01 mg F. — Der erhaltene Niederschlag von Lanthanfluorid kann nach H. Lührig zur Anstellung der Ätzprobe als weitere Bestätigung dienen.

Eine Farbreaktion auf Fluor hat J. H. de Boer angegeben: Eine Lösung von 0,02 g Zirkoniumoxychlorid und 0,015 g alizarinsulfosaurem Natrium in 10 cm³ Wasser, gemischt mit 60 cm³ konzentrierter Salzsäure, die eine rotviolette Farbe besitzt, schlägt bereits mit 0,001 mg Fluorionen in 1 cm³ Wasser nach Hellgelb um. I. M. Kolthoff und M. E. Stansby verwenden als Reagens eine Lösung, die 0,16 g $ZrOCl_2 \cdot 8 H_2O$, 9 mg Purpurin, 30 cm³ Alkohol und 720 cm³ konzentrierte Salzsäure enthält. Das Fluor wird als Siliciumfluorid in eine Vorlage abdestilliert, die 1 cm³ der Reagenslösung enthält. Nitrate und Nitrite zerstören das Purpurin, was aber durch Zusatz von Salicylsäure zur Lösung verhindert werden kann. Oxydationsmittel macht man durch Natriumbisulfit, Tartrate durch Ferrisulfat unschädlich. — Auch zu einer colorimetrischen Fluorbestimmung ist das Verfahren geeignet.

5. Blausäure (V, 260). Eine sehr empfindliche Reaktion auf Blausäure zum Nachweis der Blauschönung ist nach L. Chauveau und A. Vasseur die mit Natriumpikrat: 20 cm³ Wein werden mit Natronlauge im geringen Überschuß auf dem Wasserbad verdampft. Den Rückstand bringt man in einen 100-cm³-Erlenmeyerkolben, fügt einen Kristall Weinsäure hinzu, befestigt zwischen Korken und Hals einen Papierstreifen mit Natriumpikrat und stellt auf das Wasserbad. Noch 0,03 mg Blausäure färben das Papier in 20 Minuten orangerot.

Zum Nachweis gelöster Cyanverbindungen (Überschönung) nach O. Reichard (3) ist zunächst auf das äußere Aussehen der Weine zu achten. Überschönte Weine trüben sich nach einiger Zeit unter Abspaltung von Blausäure und hinterlassen dann beim Filtrieren grüne oder blaue Niederschläge.

Vorprobe. 10 cm³ des filtrierten Weines werden in einem Probierrohr mit 1 cm³ 10%iger eisenfreier Salzsäure und 2 Tropfen einer Lösung von 5 g Kaliumferrocyanid und 5 g Kaliumferricyanid in 100 cm³ Wasser versetzt. Entsteht im Verlaufe von 24 Stunden ein deutlicher Niederschlag von Berlinerblau und bleibt nach dieser Zeit beim

Filtrieren durch ein kleines eisenfreies Filter und Auswaschen mit wenig
kaltem Wasser ein deutlicher Niederschlag von Berlinerblau auf dem
Filter zurück, so enthält der Wein keine gelösten Eisencyanverbindungen.
Bleibt dagegen kein deutlicher Niederschlag von Berlinerblau auf dem
Filter zurück, so ist die Untersuchung wie folgt fortzusetzen:

Nachweis gelöster Eisencyanverbindungen. 10 cm³ des filtrierten Weines werden in einem Probierrohr mit 1 cm³ 10%iger Salzsäure und 0,3 cm³ 1%iger Ferriammoniumsulfatlösung versetzt. Man
läßt das Gemisch 24 Stunden stehen, filtriert durch ein kleines Filter
und wäscht dasselbe bei Rotweinen mit wenig kaltem Wasser aus.
Bleibt auf dem Filter ein deutlicher Niederschlag von Berlinerblau
zurück, so ist der Nachweis gelöster Eisencyanverbindungen erbracht.

G. Glycerin (V, 261).

Eine Mikroausführung des Jodidverfahrens mit sehr geringem Jodverbrauch beschreibt F. v. Bruchhausen. Das im Mikromethoxyl-
apparat nach Pregl durch Kochen mit Jodwasserstoff aus dem Glycerin
gebildete Isopropyljodid wird in natriumacetathaltigen Eisessig geleitet,
der einige Tropfen Brom enthält. Durch das Brom wird das Jod des
Alkyljodids in Jodsäure übergeführt, die, nach Beseitigung des Brom-
überschusses durch Ameisensäure, jodometrisch gemessen werden kann,
wobei 6 J einem Mol Glycerin entsprechen.

H. Saccharin und Dulcin (V, 285).

Zur Isolierung aus Getränken adsorbiert O. Ant-Wuorinen (1)
die Süßstoffe an Knochenkohle und gewinnt sie daraus wieder durch
Extraktion mit Alkohol.

Zum Nachweis des Dulcins verwendet Ant-Wuorinen die
Reaktion nach Rugger. Die Dulcinlösung wird mit 2—3 cm³ 0,1 n-
Silbernitratlösung auf dem Wasserbade eingedampft, wobei die Lösung
gewöhnlich schon nach einigen Minuten sich violett färbt. Den meist
nur schwach gefärbten Trockenrückstand löst man in Alkohol und
erhält je nach vorhandener Dulcinmenge eine schwächer oder stärker
weinrote Lösung. — Vl. Stanek und P. Pavlas nehmen die mit Äther
ausgezogene Substanz mit 1 cm³ Wasser auf, fügen 3 Tropfen Jorissen-
Reagens (neutrale Mercurinitratlösung) hinzu und erhitzen 3 Minuten
im Wasserbad. Bei Versetzen mit 2 Tropfen Ceriacetatlösung entsteht
dann aus Dulcin Violettfärbung, die, an sich rasch verschwindend, durch
Zusatz von 1—3 Tropfen Benzylalkohol fixiert werden kann. — Dulcin
und Saccharin nebeneinander lassen sich nach H. J. Vlezenbeek
wie folgt nachweisen: 100 mg Gemisch werden mit 100 mg Resorcin
und 1 cm³ Schwefelsäure im Reagensrohr 1,5—2 Minuten auf 180°
erhitzt, sofort in 5 cm³ Wasser ausgegossen, abgekühlt und mit Natronlauge alkalisch gemacht. Stark grüne Fluorescenz der Flüssigkeit zeigt
Saccharin an. Dann wird Jodtinktur oder Kupfersulfat zugesetzt und
auf 100 cm³ verdünnt: Violettfärbung zeigt Dulcin an.

I. Formaldehyd (V, 287).

Das wie früher erhaltene Destillat aus 25 cm³ mit 0,1—0,2 g Weinsäure angesäuertem Wein in Menge von 5 cm³ versetzt man in einem Reagensrohr mit 1 cm³ konzentrierter Schwefelsäure und fügt nach dem Umschütteln 5 cm³ Fuchsinschweflige Säure (Schiffs-Reagens) hinzu. Eine nach abermaligem Umschütteln allmählich eintretende und nach 15 Minuten noch beständige Violettfärbung zeigt Formaldehyd an. Noch weniger als 0,5 mg Formaldehyd im Liter ergeben die Reaktion. — M. V. Ionescu und C. Bodea versetzen 2—5 cm³ des klaren Weines mit 1—2 Vol. 0,7%iger Lösung von Dimethyldihydroresorcin (Dimedon), worauf in der Kälte innerhalb 15 Minuten rascher beim Kochen ein weißer kristalliner Niederschlag von Methylen-bis-[di-methyldihydroresorcin] vom Schmelzpunkt 184—187° ausfällt, wenn mehr als 0,02 g Formaldehyd im Liter vorhanden sind. Naturweine geben keine Reaktion. Über den Nachweis von Formaldehyd neben Hexamethylentetramin vgl. C. Kollo und Fl. Polychroniade.

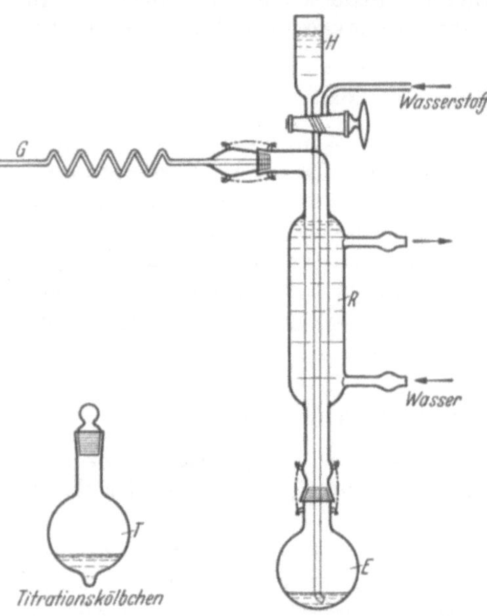

Abb. 2. Apparat zur Arsenbestimmung nach Gangl und Vázquez Sánchez. (Aus Handb. f. Lebensmittelchemie, Bd. VII.)

J. Metallverbindungen.

1. Arsen (V, 287). Zur Bestimmung des Arsens in Wein wird die Methode von J. Gangl und J. Vázquez Sánchez als empfindlich und genau von W. Diemair und J. Waibel empfohlen.

Das Arsen wird nach dem Marshschen Prinzip in einer Spiralröhre aus Quarz quantitativ abgeschieden, in einer Jodmonochloridlösung gelöst und das frei gemachte Jod in stark salzsaurer Lösung bei Gegenwart von Cyan und Tetrachlorkohlenstoff mit Jodat titriert.

Die Bestimmung ist leicht und rasch ausführbar (in wenigen Stunden), sehr empfindlich und erlaubt, kleinste Arsenmengen (wenige Gamma) mit absoluter Genauigkeit zu bestimmen.

An Gerätschaften sind erforderlich: 1. Ein Kippscher Apparat für Wasserstoffentwicklung, 2. Sondergerät mit Glasschliff für Bildung von Arsenwasserstoff und Arsenspiegel auf Quarzspiralrohr (s. Abb. 2), 3. Titrationskölbchen, 4. eine Mikrobürette.

An Lösungen sind erforderlich:

1. Jodmonochloridlösung: 1,56 g Kaliumjodid und 1,00 g Kaliumjodat werden in 50 cm³ Wasser gelöst. Die wäßrige Lösung läßt man

unter Umrühren zu etwa 50 cm³ konzentrierter Salzsäure zufließen. Nach Zufügen von einigen Tropfen Tetrachlorkohlenstoff wird so lange Kaliumjodatlösung tropfenweise zugefügt, bis die Tetrachlorkohlenstoffschicht nach kräftigem Schütteln eben entfärbt ist. Die Lösung ist unbegrenzt haltbar.

2. Schwefelsäure (1 + 5).

3. Zinkpulver, chemisch rein, arsenfrei.

4. Kaliumcyanidlösung, 10%ig.

5. 0,001 m-Kaliumjodatlösung, durch Auflösen von 0,214 g Kaliumjodat in 1 l Wasser hergestellt; 1,0 cm³ = 59,9 γ As.

Hinsichtlich des Reaktionsverlaufes ist zu ergänzen, daß die Lösung des Arsenspiegels fast momentan in Jodmonochlorid nach folgender Gleichung erfolgt: $As + 5 JCl + 4 H_2O = AsO_4''' + 5 J + 5 Cl' + 8 H\cdot$. Das freigemachte Jod wiederum wird bei Gegenwart von Cyankalium durch Jodat quantitativ in Jodcyan übergeführt, wobei der Endpunkt am Verschwinden der Jodreaktion (Violettfärbung des Tetrachlorkohlenstoffes) zu erkennen ist: $HJO_3 + 4 J + 5 HCN = 5 JCN + 3 H_2O$.

Die Durchführung der Bestimmung geht folgendermaßen vor sich:

10,0 cm³ Most oder Wein werden in einem 100-cm³-Kjeldahl-Kolben aus arsenfreiem Glas mit 10,0 cm³ Wasserstoffsuperoxyd (30%ig) und 2 cm³ konzentrierter Schwefelsäure über freier Gasflamme so lange erhitzt, bis der Inhalt farblos geworden ist und weiße Schwefelsäuredämpfe aufzusteigen anfangen. Eine etwa auftretende Braunfärbung ist sofort durch weiteren Zusatz von Wasserstoffsuperoxyd zu beseitigen. Nach dem Erkalten wird mit 5 cm³ Wasser verdünnt und die Lösung zur Arsenbestimmung verwendet:

Ungefähr 5 g chemisch reines, arsenfreies Zink in Pulverform[1] werden in den Entwicklungskolben (E) gebracht, dieser mit Rückflußkühler (R) und mit Glührohr (G) verbunden. Die Schliffe sind leicht einzufetten. Die Luft im Apparat wird durch Durchleiten eines Wasserstoffstromes, der durch eine Waschflasche mit Permanganat gereinigt und durch Schwefelsäure getrocknet wird, vollständig verdrängt, was nach 5 Minuten erreicht ist. Hierauf wird die Spirale des Glührohres in ihrer ganzen Ausdehnung mit einem Schnittbrenner zum Glühen gebracht, der Glühraum zu beiden Seiten mit Asbestscheiben abgeschirmt und das Quarzrohr beim Austreten aus dem Glühraum mit einem nassen Wattebausch gekühlt.

Durch den Hahntrichter (H) läßt man etwa 1 cm³ Schwefelsäure (1 : 5) in den Entwicklungskolben (E) zufließen, wobei die Gaszuleitung aus dem Kippschen Apparat abzustellen und die Wasserkühlung einzuschalten ist. Nach kurzer Zeit hat die Gasentwicklung die richtige Geschwindigkeit erreicht, wenn die austretenden, durch eine Sperrflüssigkeit (Wasser) geleiteten Gasblasen eben noch voneinander unterschieden werden können und in 5 Minuten etwa 100 cm³ messen.

Nunmehr läßt man die Arsenlösung langsam durch den Hahntrichter in den Entwicklungskolben fließen, so daß die Gasentwicklung dieselbe

---

[1] Zu beziehen von E. Merck, Darmstadt, und Schering-Kahlbaum A.G., Berlin. Noch besser werden 5 g Zinkpulver verwendet, die mit 0,1 cm³ 1%iger Kupfersulfatlösung aktiviert werden.

bleibt und an Untersuchungsflüssigkeit je 1 cm³ in Abständen von mehreren Minuten zuströmt. Zum Schlusse wird der Trichter mehrmals mit kleinen Mengen Schwefelsäure (1 : 5) nachgespült, insgesamt mit 10 cm³. Beim Nachlassen der Gasentwicklung wird der Entwicklungskolben mit kleiner Flamme langsam angewärmt und schließlich bis zum Sieden erhitzt. Die Kochdauer beträgt 15 Minuten, der Wasserstoffstrom wird, wenn nötig, reguliert, das Erhitzen schließlich eingestellt und das Rohr im Wasserstoffstrom zum Abkühlen gebracht.

Das Quarzrohr mit Arsenspiegel wird äußerlich mit wenig Salzsäure (1 : 1), der Arsenspiegel durch wiederholtes Aufsaugen von 0,5 cm³ Jodmonochloridlösung, die sich in einem Titrationskölbchen (T) von 15 cm³ befinden, vollständig in Lösung gebracht und das Rohrinnere mehrmals mit einigen Tropfen Jodmonochloridlösung und dann mit Salzsäure (1 : 1) nachgewaschen. Hierzu sind insgesamt 1—2 cm³ Lösung erforderlich. Nach Zugabe von 0,7 cm³ 10%iger Kaliumcyanidlösung und etwa 2 Tropfen Tetrachlorkohlenstoff wird die im Titrationskölbchen befindliche Lösung mit einer 0,001 m-Kaliumjodatlösung bis zum völligen Verschwinden der Violettfärbung des Tetrachlorkohlenstoffes titriert.

Der Umschlag ist scharf, die Jodatlösung wird mit einer in $^1/_{100}$ cm³ geteilten Mikrobürette zugegeben.

Verbrauchte Kubikzentimeter 0,001 m-KJO₃ × 60 = γ As in 10 cm³ Wein oder 0,1 mg As in 1 l Wein.

Nach Diemair und Waibel ist es jedoch für genannte Versuche nötig das im Destillationsgefäß zurückbleibende und sich der Bestimmung entziehende Arsen gesondert zu bestimmen.

Zur schätzungsweisen Ermittlung des Arsengehaltes empfiehlt sich eine Verfeinerung der Gutzeitschen Arsenprobe von G. Lockemann und B. v. Bülow, mit der noch 2 γ Arsen nachweisbar sind. Auf Abtrennung des Arsens aus Wein und Most als Arsentrichlorid durch Destillation, Überführung in Arsensäure und deren colorimetrischen Messung nach Zindzadse beruht eine Methode von J. Burkard und B. Wullhorst.

2. Kupfer und Zink (V, 289). Nach C. von der Heide und K. Hennig (3) werden 100 cm³ Wein unter Umschütteln zuerst mit 5 cm³ einer 5%igen Kaliumferrocyanid-, dann mit 5 cm³ einer 0,2%igen Tannin- und 5 cm³ einer 0,2%igen Gelatinelösung versetzt. Nach 24stündigem Stehen im Dunkeln wird der Niederschlag durch ein Faltenfilter von 15 cm Durchmesser klar abfiltriert, aber nicht ausgewaschen.

Zur Kupferbestimmung bringt man den Niederschlag in eine Quarzschale, trocknet und verascht bei möglichst niedriger Temperatur, nimmt die Asche mit verdünnter Salzsäure auf, führt die Lösung in eine Platinschale über, gibt 0,5 cm³ reinster Flußsäure hinzu und dampft zur Trockne. Dann nimmt man mit 20 cm³ Normalsalzsäure auf, löst die Salze durch Erwärmen, bringt die Lösung unter Nachspülen mit Wasser in einen 100 cm³ fassenden Philippsbecher, der bei 20 cm³ eine Marke trägt und dampft auf dem Wasserbade bis zu dieser Marke ein.

In die noch heiße Lösung leitet man 30 Minuten lang Schwefelwasserstoff ein. Dann bedeckt man den Becher mit einem Uhrglase und stellt ihn auf ein schwach siedendes Wasserbad, bis sich der Niederschlag gut absetzt. Nach $^1/_2$ Stunde wird das Einleiten des Schwefelwasserstoffs wiederholt. Zur vollständigen Klärung läßt man einige Stunden stehen; dann leitet man nochmals 5 Minuten lang Schwefelwasserstoff hindurch, filtriert durch ein kleines Filter (5,5 cm Durchmesser) und wäscht mit Schwefelwasserstoffwasser, das 1% Salzsäure enthält, gründlich aus. Das Filter verascht man in einer Porzellanschale bei möglichst niedriger Temperatur, nimmt die Asche in verdünnter Salpeter-Salzsäure auf, dampft unter Zugabe von wenig Salpetersäure wiederholt zur Trockne, nimmt mit Wasser endgültig auf und spült die Lösung verlustlos in ein 100-cm³-Meßkölbchen. Darauf. wird nach A. Schachkeldjan colorimetriert.

Erforderliche Lösungen. 1. Kupferlösung: 0,9821 g Kupfersulfat ($CuSO_4 + 5\ H_2O$) werden mit 10 cm³ 10%iger Schwefelsäure mit Wasser zu 250 cm³ gelöst. 25 cm³ davon werden auf 250 cm³ verdünnt. 1 cm³ der ersten Lösung enthält 1 mg, 1 cm³ der zweiten Lösung 0,1 mg Cu.

2. 3%ige Lösung von Natriumsalicylat.

3. 25%iges Ammoniak.

4. Lösung von 0,1 g farblosem Benzidin in 100 cm³ 20%iger Essigsäure.

5. 1%ige Kaliumcyanidlösung.

Ausführung des Versuches. Man stellt drei Standlösungen her. In je ein geeichtes 100-cm³-Meßkölbchen bringt man 1 cm³, 3 cm³ und 5 cm³ der zweiten Kupfersulfatlösung. Dann gibt man zu jedem Kölbchen 10 cm³ Salicylatlösung, 10 cm³ Ammoniak, 2 cm³ Benzidin, 1,5 cm³ Kaliumcyanidlösung und füllt mit Wasser bis zur Marke auf. Es entstehen prächtig himbeerrote Färbungen. In das Kölbchen, in dem sich die zu prüfende Kupfersalzlösung befindet, gibt man dieselben Mengen der Lösungen Nr. 2, 3, 4 und 5 wie zu den Standlösungen, füllt mit Wasser bis zur Marke auf und vergleicht im Colorimeter mit der Standlösung, die in der Farbtiefe der Analysenlösung am nächsten kommt. Nötigenfalls sind verdünntere Standlösungen oder verdünntere Analysenlösungen herzustellen; doch ist das Verdünnen einmal hergestellter Lösungen mit Wasser nicht zulässig.

Zur Zinkbestimmung fängt man das Filtrat vom Schwefelkupferniederschlag samt den Waschwässern in einer Platinschale auf und verdampft zur Trockne. Den Rückstand nimmt man mit 3 cm³ 5%iger Essigsäure auf, bedeckt mit einem Uhrglas und erwärmt kurze Zeit auf dem Wasserbade. Von einem kleinen unlöslich bleibenden Rückstand [$FePO_4$, $Fe(OH)_3$] wird klar abgefiltert. Man sammelt das Filtrat samt Waschwässern in einem kleinen Philippsbecher, der bei 20 cm³ eine Marke trägt, und dampft es bis zu dieser Marke ein. In die zum Sieden erhitzte klare Flüssigkeit leitet man in derselben Weise, wie oben beim Kupfer beschrieben ist, wiederholt Schwefelwasserstoff ein. Schließlich filtert man durch ein kleines 5,5-cm-Filter und wäscht mit essigsäurehaltigem Schwefelwasserstoffwasser sorgfältig aus.

Den meist durch Spuren von Platinsulfid und Kupfersulfid dunkelgefärbten Niederschlag behandelt man mit heißer 10%iger Salpetersäure, die man auf den Filterrand tropfen läßt. Schließlich wird mit heißem Wasser nachgewaschen. Das Filtrat samt Waschwässern sammelt man in eine gewogene Platinschale, dampft zur Trockne, glüht und wägt nach dem Abkühlen. In der Hitze muß der Glührückstand schön gelb gefärbt sein. — Zur genaueren Wägung kann man den Eindampfrückstand in ein auf der Mikrowaage gewogenes 5-g-Platinschälchen überführen, hier eindampfen, glühen und auf der Mikrowaage wägen.

Zur Bestimmung des Kupfers nach dem Dithizonverfahren von H. Fischer hat O. Ant-Wuorinen (2) eine ausführliche Vorschrift angegeben. Bei dieser Methode ist außer bei sehr extraktreichen Weinen eine vorherige Zerstörung der organischen Substanz nicht erforderlich.

3. Blei (V, 291). P. Berg und S. Schmechel (2) empfehlen folgende Ausführungsform des Dithizonverfahrens:

I. Erforderliche Lösungen:

3 n-Salpetersäure.

2,5 n-Natronlauge.

Trinatriumcitratlösung. 125 g Citronensäure + 70 g Natriumhydroxyd in 500 cm³.

Dithizonlösung. Frisch zu bereiten aus 25 cm³ Vorratslösung und 75 cm³ Chloroform; die Vorratslösung enthält 10 mg Dithizon in 100 cm³ Chloroform.

Ammoniakreagens. 10 g Kaliumcyanid und 10 g Citronensäure werden in 500 cm³ Ammoniak (mit 28% NH_3) gelöst und mit Wasser auf 1 l verdünnt. Gut verschlossen aufzubewahren.

Stammlösungen zur Herstellung von bleihaltigen Vergleichslösungen:

Lösung I (bleifrei). 300 cm³ 3 n-Salpetersäure, 160 cm³ 2,5 n-Natronlauge mit Wasser zu 1000 cm³.

Lösung II (bleihaltig). Wie Stammlösung I, jedoch mit Zusatz von 0,25 cm³ einer Lösung von 1,6 g Bleinitrat in 100 cm³ etwa 0,1%iger Salpetersäure, entsprechend also für Lösung II 2,5 mg Pb im Liter.

Arbeitsweise. Die Asche von 25 cm³ Wein wird in 10 cm³ verdünnter Salpetersäure gelöst, mit 5 cm³ Natronlauge alkalisch gemacht, nach Abkühlen in einen 50-cm³-Stehzylinder mit Glasstopfen gebracht und hierin auf 30 cm³ aufgefüllt. Nach Zusatz von 5 cm³ Trinatriumcitratlösung, 5 cm³ Ammoniakreagens und 10 cm³ Dithizonlösung wird sofort 20—30 Sekunden lang kräftig geschüttelt. Der Farbvergleich erfolgt alsbald nach dem Absetzen des Chloroforms, wobei die Bleistandardlösungen genau analog behandelt werden. An Stelle der Veraschung kann die organische Substanz von 10—20 cm³ Wein auch mit 1 cm³ Schwefelsäure und 2—4 cm³ Perhydrol im 100-cm³-Kjeldahl-Kolben zerstört werden. Die entstehende Lösung wird dann schwach alkalisch gemacht und wie oben behandelt.

Bei der Colorimetrie kann die grüne Eigenfarbe des Dithizons stören. Man kann dann durch Behandeln mit sehr verdünntem Ammoniak, das die rote Bleiverbindung nicht löst, den Reagensüberschuß entfernen, worauf man die bleibende rote oder nach Ansäuern grüne Lösung colorimetriert.

4. Silber (Katadynisierung). Die Prüfung erfolgt wie bei Essig, S. 76.

5. Eisen und Aluminium (V, 292). Zur Bestimmung des Gesamteisens werden nach C. von der Heide und K. Hennig (4) 50 cm³ Wein oder Most verascht, der Rückstand mit 5 cm³ verdünnter Salzsäure aufgenommen, in ein 100-cm³-Kölbchen filtriert, mit 10 cm³ 10%iger Salzsäure, 5 cm³ 2%iger Kaliumpersulfatlösung und 10 cm³ 10%iger Kaliumrhodanidlösung vermischt, mit Wasser bis zur Marke aufgefüllt und gegen eine Lösung von Ferroammonsulfat (1,7557 g mit verdünnter Salpetersäure wiederholt eingedampft, Rückstand mit Salzsäure mehrmals eingedampft, dann mit Wasser auf 250 cm³ aufgefüllt; 50 cm³ der Lösung zu 500 cm³ verdünnt: 1 cm³ der Lösung 1 enthält 1 mg, 1 cm³ Lösung 2 0,1 mg Fe) colorimetriert. Methoden zur Bestimmung von Ferro- und Ferrieisen nebeneinander im Wein haben L. Ferré und A. Michel sowie J. Ribéreau-Gayon angegeben.

Aluminium bestimmt I. M. Kolthoff colorimetrisch mit 1,2,5,8-Oxyanthrachinon. Die sehr empfindliche Methode erfordert aber Verwendung von Glassorten, die kein Aluminium abgeben, sowie sorgfältige Entfernung der störenden Metalle, insbesondere des Eisens. Zur Bestimmung des Aluminiums mit 8-Oxychinolin hat E. Jung eine ausführliche Vorschrift angegeben.

6. Calcium und Magnesium (V, 295). Der außerordentliche Sorgfalt erfordernden Bestimmungsform als Calciumoxyd ist die Wägung des Niederschlages als Calciumoxalat $CaC_2O_4 \cdot H_2O$ vorzuziehen. Handelt es sich um eine Bestimmung von Calcium und Magnesium allein, so kann unmittelbar von der salzsauren Aschenlösung ausgegangen werden, entsprechend folgender Vorschrift [vgl. J. Großfeld und E. Lindemann (2)].

Die Asche einer bestimmten Menge (z. B. 100 cm³) Wein wird in einigen Kubikzentimetern 25%iger Salzsäure gelöst, filtriert und mit Ammoniak gegen Methylorange neutralisiert. Dann werden 10 cm³ 10%ige Salzsäure und 10 cm³ 4%ige Ammoniumoxalatlösung sowie einige Tropfen Methylrot- oder Methylorangelösung hinzugefügt. Man bringt die Lösungen auf etwa 150 cm³ und erhitzt zum leichten Sieden. Nun fügt man langsam tropfenweise unter Fortsetzung des leichten Siedens 50%ige Natriumacetatlösung bis zum Umschlag des Indicators hinzu und läßt erkalten. Dann filtriert man den entstandenen Calciumoxalatniederschlag durch einen gewogenen Porzellanfiltertiegel (A 2), trocknet 1 Stunde bei 105° und wägt. Das Gewicht des Niederschlages, mal 0,2743 liefert die entsprechende Menge Ca.

Das Filtrat kann zur Bestimmung des Magnesiums in der früher beschriebenen Weise verwendet werden.

7. Kalium und Natrium (V, 297). Zur Bestimmung des Kaliums empfiehlt sich auch die Abscheidung und Wägung als Kaliumperchlorat. Hierzu kann folgender Arbeitsgang dienen:

Eine bestimmte Menge Wein (125 cm³) wird gemäß der früheren Vorschrift verascht und die salzsaure Aschenlösung hergestellt; diese wird wie früher in einem 100-cm³-Kolben mit Kalkmilch im Überschuß behandelt und filtriert. 80 cm³ des klaren Filtrats (= 100 cm³ Wein) erhitzt man nach Ansäuern mit Essigsäure zum Sieden und fällt den Calciumüberschuß mit Ammonoxalat, filtriert vom Niederschlag ab, wäscht aus und dampft das Filtrat in einer gewogenen Platinschale zur Trockne, wobei man gegen Schluß einige Tropfen Salzsäure zusetzt. Den Rückstand erwärmt man 2 Stunden bei 120—130°, vertreibt die Ammonsalze durch leichtes Glühen und wägt den Rückstand der Alkalichloride (Kaliumchlorid + Natriumchlorid).

Bestimmung des Kaliums. Man löst die so erhaltenen Alkalichloride[1] in etwa 20 cm³ Wasser unter Zusatz einiger Tropfen Salzsäure und fügt 5—10 cm³ einer 20%igen Überchlorsäure hinzu. Alsdann verdampft man auf dem Wasserbade ohne Unterbrechung zur Trockne. Der Abdampfrückstand wird nach dem Erkalten mit 15 cm³ 96%igem Alkohol übergossen und mit einem am Ende breitgedrückten Glasstab sorgfältig zerrieben. Nach kurzem Absitzenlassen wird die über den Kaliumperchlorat stehende Flüssigkeit durch einen Glasfiltertiegel (10 G 3) filtriert. Sodann wird der Rückstand noch 2mal mit 96%igem Alkohol, der 0,2% Überchlorsäure enthält, zerrieben, dekantiert und endlich das Perchlorat in den Tiegel gebracht und mit 0,2% Überchlorsäure enthaltendem Alkohol ausgewaschen. Zuletzt spritzt man zur Verdrängung der Überchlorsäure den Niederschlag mit möglichst wenig 96%igem Alkohol ab und trocknet ihn ½ Stunde lang bei 120—130°.

Zur Umrechnung des $KClO_4$ auf Kalium dient der Faktor 0,2822.

Bestimmung des Natriums. Zur Bestimmung des Natriums eignet sich die Ausfällung als Uranylmagnesiumnatriumacetat

$$(UO_2)_3 \cdot (CH_3 \cdot COO)_2 \cdot Mg(CH_3 \cdot COO)_2 \cdot Na(CH_3 \cdot COO) + 6 H_2O$$

oder als Uranylzinknatriumacetat

$$(UO_2)_3 \cdot (CH_3 \cdot COO)_2 \cdot Zn(CH_3 \cdot COO)_2 \cdot Na(CH_3 \cdot COO) + 6 H_2O.$$

Für die Bestimmung im Wein mit Uranyl-Magnesiumacetat hat O. Reichard (2) eine eingehende Vorschrift gegeben.

Das Uranylzinknatriumacetat bietet die Vorteile eines noch größeren Molekulargewichts (1539) und noch größerer Schwerlöslichkeit. Die von H. H. Barber und I. M. Kolthoff angegebene Vorschrift zur Bestimmung des Natriums lautet: Von der zu prüfenden Alkalichloridlösung mit höchstens 8 mg Natrium in 1 cm³ wird 1,00 cm³ mit 10 cm³ Reagens[2] vermischt[3]. Dann läßt man mindestens 30 Minuten lang stehen und filtriert durch einen Glastiegel (10 G 3). Nach scharfem Absaugen wäscht man 5—6mal mit je 2 cm³ Reagens und saugt nach jeder Auswaschung ab. Dann verdrängt man das Reagens durch 5maliges Auswaschen mit 95%igem Alkohol, der mit dem Niederschlag gesättigt[4] ist. Schließlich entfernt man den Alkohol mit Äther. Dann wird der Tiegel abgewischt und nach mindestens 10 Minuten langem Stehen im Waagenkasten gewogen. — Der Umrechnungsfaktor auf Na ist 0,01495.

---

[1] Zur gleichzeitigen Prüfung auf Natrium werden die Chloride auf ein bestimmtes Volumen gebracht und hiervon der größere Teil zur Prüfung auf Kalium benutzt, der Rest zur Prüfung auf Natrium.

[2] Man löst heiß 10 g Uranylacetat und 6 g 30%ige Essigsäure in 50 g Wasser und gibt zu dieser Lösung eine heiß bereitete Lösung von 30 g Zinkacetat und 3 g 30%ige Essigsäure in 50 g Wasser. Die Mischung läßt man 24 Stunden stehen und filtriert.

[3] Oder ein Mehrfaches dieser Menge wird mit der entsprechenden Menge Reagens behandelt.

[4] Reiner 95%iger Alkohol löst in 1 cm³ 0,5 g des Niederschlages, also eine fast vernachlässigbare Menge.

Natrium ist ein regelmäßiger Bestandteil der Weine, aber nur in sehr kleinen Mengen. O. Reichard (2) fand in 1934er und 1935er Pfalzweinen Natriumgehalte zwischen 1—20 mg im Liter und nimmt bei 30 mg/l künstlichen Zusatz von Natriumsalzen an. Auslandsweine enthalten bisweilen beträchtliche Mengen Natriumchlorid, so aus Weingebieten in der Nähe der Meeresküste oder von einem an Kochsalz reichen Boden. Auch kann durch die Behandlung der Fässer mit Meerwasser oder durch die Grundwasserverhältnisse nach J. L. Merz Natriumchlorid in den Wein gelangen.

K. Oxymethylfurfurol.

Nach C. I. Kruisheer, N. J. M. Vorstman und L. C. E. Kniphorst enthalten Süßweine, welche ohne Zusatz von eingekochtem Most oder von Caramel hergestellt worden sind, kein Oxymethylfurfurol oder nur äußerst geringe Mengen davon, meßbare Mengen (100 bis 1000 mg/l) jedoch mit Zusatz von konzentriertem Most bereitete Süßweine.

Die Genannten beschreiben eine Methode zum einfachen Nachweis des Oxymethylfurfurols mittels Phloroglucin + Salzsäure und zur Bestimmung durch Abtrennung mittels Perforation, Reinigung von den begleitenden, störenden Aldehyden und Fällung als Phloroglucid. — W. Huntenburg führte den Nachweis von Oxymethylfurfurol in Süßweinen durch Überführung in Lävulinsäure neben Ameisensäure und Bestimmung der gebildeten Lävulinsäure als 1-Phenyl-3-methyl-6-oxo-1,4,5,6-tetra-hydro-pyridazin; auch er fand bei den verschiedenen Süßweinen beträchtliche Unterschiede. — Th. von Fellenberg erkennt Oxymethylfurfurol enthaltende Süßweine daran, daß zugesetzte Schweflige Säure durch ihre Bindung an das Oxymethylfurfurol sehr rasch verschwindet.

L. 2,3-Butylenglykol, Acetylmethylcarbinol und Diacetyl.

Arbeitsverfahren zum Nachweis dieser Stoffe in Wein und anderen Gärungsprodukten haben L. C. E. Kniphorst und C. I. Kruisheer ausgearbeitet. Dabei wird das Diacetyl als Nickeldimethylglyoxim, nach Schmalfuß und Rethorn das Acetylmethylcarbinol durch Oxydation mit Eisenchlorid zu Diacetyl nach van Niel und das 2,3-Butylenglykol durch Oxydation mit Brom zu Acetylmethylcarbinol und dieses weiter mit Eisenchlorid zu Diacetyl ermittelt. — Eine Anwendung der Untersuchung auf 20 Weinproben ergab in allen Fällen ein Fehlen von Acetylmethylcarbinol und Diacetyl, aber ein Vorkommen von 2,3-Butylenglykol in Menge von 42—80 mg-% auf je 1 Vol.-% Alkohol in nicht gespriteten Süßweinen, dagegen in gespriteten Süßweinen bedeutend kleinere Mengen oder kein Butylenglykol.

M. Nachweis von Obstweinzusatz zu Wein (V, 300).

Vom Reichsausschuß für Weinforschung ist eine „Einheitsvorschrift zum Nachweis von Obstwein in Traubenwein nach dem Sorbitverfahren von Werder und Zäch" bekanntgegeben worden[1]. Eine wörtliche

---

[1] Reichsgesundheitsblatt 8, 634 (1933).

Wiedergabe befindet sich auch im Handbuch der Lebensmittelchemie Bd. II, S. 966. Die Vorschrift ist nur als eine vorläufige anzusehen und bedarf einer weiteren Verbesserung zur Ausschaltung der Unsicherheit bei kleinen Sorbitmengen.

Infolge Anwendung von o-Chlorbenzaldehyd zur Kondensation und Abscheidung des Sorbits durch F. M. Litterscheid ist, wie eine eingehende Nachprüfung von E. Vogt (1) gezeigt hat, das Verfahren von Werder an Sicherheit, Schärfe und Reinheit so bedeutend verbessert worden, daß 5% Obstwein mit Sicherheit, 2—3% noch in vielen Fällen nachgewiesen werden können. Zur Identifizierung des abgeschiedenen o-Chlortribenzalsorbits genügt nach Vogt bereits die Bestimmung des Schmelzpunktes, der bei dem ungereinigten Produkt zwischen 185—210, meist 190—200 gefunden wird. Die Eignung des o-Chlorbenzaldehyds wird auch durch B. Bleyer, W. Diemair und G. Lix bestätigt, die außerdem den m-Nitrobenzaldehyd als besonders geeignet fanden. Einen Farbnachweis von Sorbit neben Mannit hat G. Reif gefunden; dieser beruht darauf, daß man unter geeigneten Bedingungen den o-Chlorbenzalsorbit mit Schwefelsäure spaltet und den frei gewordenen o-Chlorbenzaldehyd mit Aceton in o,o-Dichlordibenzalaceton überführt, das sich in Schwefelsäure mit rotoranger Farbe löst. Benzalsorbit liefert eine ähnliche Reaktion. Dagegen wird die Chlorbenzalmannitverbindung unter den Versuchsbedingungen nicht gespalten und damit die Reaktion dann negativ. Um auch Süßweine auf einfache Weise auf Sorbit prüfen zu können, fällen C. von der Heide und W. Zeisset (2) vorhandenen Zucker als Calciumsaccharat aus, wodurch wesentliche Verluste an Sorbit nicht eintreten.

Zu beachten ist, daß auch reine Traubenweine nach E. Vogt (3) und Ch. Schätzlein und E. Sailer sehr kleine Sorbitmengen enthalten können, Mengen, die aber so gering (etwa bis zu 30 mg Dibenzalsorbit für 100 cm³ Wein) sind, daß dadurch eine Verfälschung mit Obstwein nicht vorgetäuscht wird.

N. Nachweis von Beerenweinzusatz.

Weinähnliche Getränke aus Beerenfrüchten (Johannisbeeren, Stachelbeeren, Himbeeren, Heidelbeeren) enthalten als kennzeichnenden Bestandteil Citronensäure in größeren Mengen, die nach dem Pentabromacetonverfahren (S. 51) bestimmt wird. Kleine Mengen Citronensäure kommen aber auch in naturreinen Weinen vor. Nach O. Reichard (4) lassen sich folgende Leitsätze aufstellen:

1. In deutschen Traubenmosten ist Citronensäure regelmäßig vorhanden, und zwar in Mengen von einigen Milligrammen bis zu rund 300 mg/l; die Durchschnittswerte liegen etwas höher als bei Wein.

2. Bei deutschen Weinen liegt der Citronensäuregehalt zwischen 0 und rund 300 mg/l, beträgt im Mittel 100—150 mg/l und ist abhängig vom Gehalt des Ausgangsmostes und vom Werdegang des Weines; beim biologischen Säureabbau wird auch die Citronensäure aufgespalten und kann völlig verschwinden.

3. Ein Zusatz von Citronensäure zu Traubensaft oder Wein kann in Form der chemischen Substanz oder als Beerensaft bzw. -wein erfolgen und ist dann erwiesen, wenn die natürlichen Höchstmengen von 300 mg/l deutlich überschritten sind.

4. Bei Auslandsweinen liegen ähnliche Verhältnisse vor. Die natürlichen Höchstmengen betragen hier rund 300 mg, bei Dessertweinen etwas über 300 mg, jedoch unter 400 mg Citronensäure je Liter; Zusätze sind dann erwiesen, wenn die Höchstzahlen von 300 mg/l bzw. 400 mg/l wesentlich überschritten sind.

O. Nachweis von Heidelbeersaft und -wein.

Eine Methode zur Erkennung von Heidelbeerwein und Heidelbeer-Rotweinverschnitten hat zuerst W. Plahl angegeben. R. Ofner hat eine auch für Süßweine geeignete Ausführungsform gefunden, die von W. Diemair und G. Lix verbessert wurde. Auf Grund dieser Vorarbeiten empfehlen C. von der Heide und K. Hennig (5) folgende Arbeitsvorschrift:

50 cm³ Wein werden mit 2,5 g Entfärbungskohle (z. B. Tierkohle D.A.B. VI oder Weineponit) 5 Minuten im Sieden erhalten. Man ergänzt das Wasser auf 50 cm³ und saugt in einer Nutsche von der Kohle ab.

a) 10 cm³ Filtrat werden mit 1 cm³ konzentrierter Salzsäure zum Sieden erhitzt. Tritt hierbei Grün- oder Blaufärbung ein, so ist der Nachweis eines Zusatzes von Heidelbeerwein geführt.

b) Tritt beim Erhitzen des angesäuerten Filtrates keine Färbung ein, so behandelt man die Kohle auf der Nutsche folgendermaßen: Man wäscht sie auf der Nutsche mit heißem Wasser zuerst 5—6mal sorgfältig aus, dann bringt man sie in einen Kolben, fügt 45 cm³ Wasser und 5 cm³ Normallauge hinzu und erhitzt zum Sieden. Nach 2 Minuten wird wieder abgenutscht. 20 cm³ Filtrat versetzt man mit 1 cm³ Normalsalzsäure und 1 cm³ Bleiessig (Plumbum subaceticum D.A.B. VI). Dann schüttelt man gut durch, gibt, ohne zu filtern, 1 cm³ Natriumsulfatlösung hinzu und filtriert.

α) 10 cm³ Filtrat erhitzt man nach Zusatz von 1 cm³ Salzsäure zum Sieden. Tritt dabei Blau- oder Grünfärbung ein, so ist der Nachweis eines Heidelbeerweinzusatzes geführt.

β) Im anderen Falle versetzt man weitere 20 cm³ Filtrat von b) mit 1 cm³ Normalsalzsäure und 0,5 cm³ Bleiessig, schüttelt gut durch, gibt 0,5 cm³ Natriumsulfatlösung hinzu und filtriert. Dann verfährt man weiter wie bei α).

Nach von der Heide und Hennig kann aus dem Ausbleiben der Reaktion nicht mit Sicherheit geschlossen werden, daß ein Verschnitt mit Heidelbeerwein nicht stattgefunden hat. Plahl führt ein Ausbleiben der Reaktion auf reaktionshindernde Einwirkung von Zucker (z. B. in Kompott) zurück, die aber bei Saft oder Wein aus frischen Beeren nicht zu befürchten sei. — Außer Heidelbeeren liefern nach Plahl auch Moosbeeren (Vaccinium oxycoccus L.) die Reaktion.

P. Nachweis von Wermutwein.

Ein Verfahren zur Erkennung und zum Nachweis von Wermutwein beschreibt O. Noetzel. Es beruht auf Isolierung der aromatischen Bestandteile und besonders auf dem Nachweis des Wermutbitterstoffs nach Beseitigung anderer pflanzlicher Bitterstoffe. Durch Vergleich des bitteren Geschmacks mit einer Wermutbitterstofflösung von bekanntem Gehalt kann der Gehalt an Wermutkraut annähernd quantitativ festgestellt werden. Auch entwermutisierter Wein kann erkannt werden.

Q. Verfahren zum Nachweis sonstiger Stoffe.

1. Farbstoff. Nachweis künstlicher Färbung von Wein auf chromatographischem und spektrophotometrischem Wege. [H. Mohler und W. Hämmerle (1).]

2. Holundersaft (E. Waser, H. Mohler und F. Almasy).

3. Oxalsäure (V, 300). Nach J. Großfeld und E. Lindemann (1) empfiehlt sich Fällung als Calciumoxalat bei $p_H = 4,0$, wobei in 100 cm³ nicht mehr als $0,9 \pm 0,5$ mg Oxalsäure in Lösung bleiben. Bei diesem Säuregrad stören Phosphate nicht mehr, dagegen Weinsäure, Citronensäure und Äpfelsäure, über deren Entfernung durch Umkristallisieren Angaben gemacht werden.

4. Trockenbeerweine, Luminescenzerscheinungen (V, 330) (P. Berg und L. Stockert; A. Heiduschka und E. Möhlau; W. Diemair, B. Bleyer und F. Arnold.

5. Veilchenwurzelextrakt (H. Mohler).

6. Weißwein in Rotwein [H. Mohler und W. Hämmerle (2)].

III. Untersuchung des Traubenmostes (V, 304).

Alkoholbestimmung. Bei geschwefelten Mosten kann vorhandene schweflige Säure beim Abdestillieren in das Destillat gehen und durch Erhöhung der Dichte das Ergebnis für Alkohol scheinbar herabsetzen. R. Cultrera empfiehlt daher zuvor nicht nur den Most, sondern auch das erste Destillat mit Magnesiumoxyd zu neutralisieren und erst die Dichte des zweiten Destillats zur Berechnung des Alkohols zu verwenden.

Über das Vorkommen von Zink, Kupfer und Arsen in Süßmosten und die Notwendigkeit dafür Höchstgrenzen festzusetzen vgl. C. von der Heide und K. Hennig (1).

IV. Beurteilung des Weines (V, 305).

A. Traubenwein.

Durch die dritte Verordnung zur Ausführung des Weingesetzes vom 6. Mai 1936 sind folgende Änderungen der Verordnung vom 16. Juli 1932 ergangen:

1. Kellerbehandlung. Gestattet ist bei der Kellerbehandlung: Verwendung von reiner gasförmiger oder verdichteter Kohlensäure oder der bei der Gärung von Wein entstehenden Kohlensäure ohne Beschränkung der in den Wein gelangenden Menge.

Verwendung von Tannin bis zur Höchstmenge von 10 g auf 100 l allgemein.

Verwendung von Sauerstoff.

Klärung (Schönung) von Traubensüßmost mit Filtrationsenzym, einem Gemisch pflanzlicher Enzyme auf einem pflanzlichen Träger, auch in Verbindung mit den anderen zugelassenen Klärmitteln.

Nicht mehr gestattet sind Käsestoff (Casein) und entrahmte Milch. Durch Runderlaß des Reichs- und Preußischen Ministers des Innern vom 11. Oktober 1935 ist die Klärung mit Ferrocyankalium unter den für Wein geltenden Bedingungen auch für Traubensüßmost gestattet.

Bei der Klärung mit Ferrocyankalium dürfen aber in dem geklärten Weine keine Cyanverbindungen gelöst verbleiben.

2. Berechnung der Zuckermenge bei der Verbesserung der Moste und Weine (V, 309). Da die Alkoholbildung vom Zuckergehalt des Mostes abhängig ist, der zum Mostgewicht nicht in fester Beziehung steht, hält E. Vogt (2) eine Berechnung des Alkoholgehaltes im Wein aus dem Mostgewicht und umgekehrt für unzulässig. C. von der Heide nimmt eine mittlere Alkoholausbeute von 45% bei der Vergärung von Invertzucker und Saccharose im Most, für die Umgärung 50% an und empfiehlt bei der Mostverbesserung für Trockenzuckerung 0,24 kg, bei nasser Zuckerung 0,22 kg zur Erhöhung des Mostgewichtes um je 1° Oe. zuzusetzen, um 100 l Gärgut zu erhalten; bei der Umgärung sind bei Trockenzuckerung 0,21, bei nasser Zuckerung 0,20 kg zu verwenden (vgl. hierzu auch F. Trauth und K. Bässler).

3. Stichweine (V, 315). Nach dem Runderlaß des Ministers des Innern vom 6. Oktober 1933 sind stichige Weine als verdorbene Lebensmittel anzusehen, die nur unter ausreichender Kenntlichmachung in den Verkehr gebracht werden dürfen. Weine deutscher Erzeugung, die gemäß den Vorschriften des Weingesetzes hergestellt oder behandelt worden sind, sind mit dieser Einschränkung hinsichtlich der Bezeichnung verkehrsfähig im Sinne des Weingesetzes und dürfen somit zur Herstellung von Weinessig verwendet werden. Von der Einfuhr sind stichige Erzeugnisse (Trauben, Traubenmaische, Getränke) an sich ausgeschlossen, können aber, sofern sie im übrigen den Vorschriften des Weingesetzes entsprechen, unter Zollsicherung zur Bereitung von Essig oder Weinessig zugelassen werden.

Die Untersuchung geschieht wie bei Wein nach der amtlichen Anweisung, so insbesondere auf Dichte (Spezifisches Gewicht), Alkohol, Extrakt, Asche, Gesamtsäure, flüchtige Säure und Weinsäure.

Bei der Bestimmung des Alkohols ist auf Anbringung der Korrektur durch die flüchtige Säure zu achten; nach der Zollvorschrift wird diese Schwierigkeit durch Neutralisieren vor der Destillation umgangen.

Bei der Bestimmung der flüchtigen Säure sind oft zum völligen Abdestillieren bis zu 800 cm³ Destillat erforderlich.

4. Vorkommen von Buttersäure in Wein. Buttersäure findet sich in Mengen von 10—20 mg/l als normaler Bestandteil im Wein. Bei Süßweinen kann diese Menge auf 50—60 mg [P. Berg und G. Schulze (1)], infolge einer eigenartigen Gärung, des Buttersäurestichs auch auf 150—300 mg ansteigen. Große Mengen Buttersäure, bis zu 700 mg/l enthalten Weine und Auszüge aus Johannisbrot; doch kann nach Berg und Schulze aus dem Buttersäuregehalt von Wein nicht auf Zusätze von Johannisbrotzusätze geschlossen werden.

5. **Schaumwein** (V, 336). Durch Anordnung Nr. 16 der Hauptvereinigung der deutschen Weinbauwirtschaft vom 8. Dezember 1938 (Verkündgsbl. Reichsnährstd. **1939**, 97) ist der Hersteller von Schaumwein verpflichtet im Falle der Mitverarbeitung von ausländischem Wein einen bestimmten Mindestanteil (für 1939 40%) an Wein deutscher Erzeugung zu verwenden.

Ein neues Weingesetz ist am 12. August 1938 in Argentinien erlassen. [Vgl. Gesetze und Verordnungen; Beilage zur Ztschr. f. Unters. Lebensmittel **31**, 38 (1939).]

B. Obst und Beerenweine [1].

Unbeschadet den Bestimmungen des Weingesetzes müssen die im folgenden Verzeichnis aufgeführten Getränke so hergestellt sein, daß sie den Begriffsbestimmungen entsprechen.

Verschnitte der fertigen Getränke sind zulässig zwischen

a) dessertweinähnlichen Getränken (Verzeichnis I, *1—8*);

b) tischweinähnlichen Getränken (Verzeichnis IIa, *1—3*); unter Kennzeichnung auch mit Apfel- bzw. Birnenwein (Verzeichnis IIb, *1—4*).

Bei Verwendung anderer weinähnlicher Getränke zum Verschnitt sind die Kennzeichnungsvorschriften A 2 zu beachten. Ein Verschnitt mit Rhabarberwein ist in jedem Fall unzulässig.

Für die Verpackung gelten die Vorschriften des Maß- und Gewichtsgesetzes vom 13. Dezember 1935. Die Verpackung erfolgt in Flaschen, Korbflaschen, Holzfässern oder Tanks, aber so, daß die Getränke darin keine Wertverminderung erfahren.

Kennzeichnungsvorschriften. 1. Die Kennzeichnung des Getränkes richtet sich nach der Fruchtart, die zu dessen Herstellung verwendet wurde; der Unterschied zwischen dessert- und tischweinähnlichen Getränken muß in der Kennzeichnung klar hervortreten. Werden Sortenbezeichnungen und die unterscheidende Bezeichnung „Dessert- bzw. Tischwein" nicht zu einem Wert verbunden, so müssen sie in unmittelbarem Zusammenhang miteinander stehen. Die Bezeichnung als Dessert- bzw. Tischwein muß alsdann — in Klammern gesetzt — in halb so großen Buchstaben in gleicher Schriftart und Farbe wie die Sortenbezeichnung angebracht sein.

2. Bei Verschnitten müssen, unbeschadet der Kenntlichmachung als „Dessert- bzw. Tischwein" nach Ziffer 1 dieses Abschnittes, die einzelnen Fruchtarten, aus denen das Getränk hergestellt ist, namentlich aufgeführt werden; jedoch sind Sammelbezeichnungen, wie „Mehrfruchtdessertwein", „Mehrfruchttischwein", „Beerendessertwein" ohne nähere Angaben der verwendeten Obstarten als ausreichende Kenn-

---

[1] Verkündgsbl. Reichsnährstd. **1938**, 454. — An der gleichen Stelle sind auch Normativbestimmungen für Obstsüßmoste gegeben.

zeichnung zulässig, sofern die im Verzeichnis unter I *1—8*, IIa *1—3* genannten Getränke zum Verschnitt verwendet werden. Die Verwendung von Kernobstweinen (abgesehen von der Verwendung von Apfeldessert- wein zu Mehrfruchtdessertweinen) sowie von nicht im Verzeichnis auf- geführten weinähnlichen Getränken bei Verschnitten muß namentlich gekennzeichnet werden. Für Verschnitte zwischen Apfel- und Birnen- weinen (B. IIb/*3—4*) gilt die Kennzeichnung als „Obstwein" für aus- reichend[1].

3. Die Bezeichnung „naturrein" darf nur für die im Verzeichnis unter II b/*1* und *2* angeführten Erzeugnisse verwendet werden.

Bezeichnungen, wie „Süßer Most" für in Gärung befindliche Obst- säfte sind im Hinblick auf die alkoholfreien Obstsäfte (Süßmoste) irre- führend.

4. Die Verwendung von Phantasienamen ist nur bei Mehrfrucht- erzeugnissen zulässig, und zwar muß in unmittelbarem Zusammenhang damit und in mindestens halb so großen Buchstaben die Bezeichnung als „Mehrfruchtdessertwein" bzw. „Mehrfruchttischwein" (vgl. A 2, S. 70) angegeben werden. Apfel- und Birnenweine bzw. deren Verschnitte miteinander dürfen nicht mit einem Phantasienamen belegt werden.

5. Hinweise auf die Güte bzw. Verfahren der Zubereitung sind zu- sätzlich gestattet, sofern diese den Tatsachen entsprechen und ein Nachweis hierfür einwandfrei erbracht werden kann.

6. Bei Abgabe in Flaschen müssen neben der Sortenbezeichnung auf den Flaschenschildern angegeben sein: der Name oder die Firma und der Ort der gewerblichen Niederlassung des Herstellers. Bringt ein anderer als der Hersteller die Getränke in den Verkehr, so können anstatt des Herstellers Name oder Firma sowie Ort der gewerblichen Niederlassung des Verteilers angegeben werden.

A. Verzeichnis der normierten weinähnlichen Getränke.

I. Dessertweinähnliche Getränke.

Bezeichnung	*Begriffsbestimmungen*
1. a) Johannisbeerdessert- *wein, rot:*	Mindestens 13 Raum-H.-T. Alkohol = 103,1 g im Liter.
b) Johannisbeerdessert- *wein, weiß:*	Mindestens 7 g im Liter nichtflüchtige Säuren[2].
c) Johannisbeerdessert- *wein, schwarz:*	Höchstens 1,8 g im Liter flüchtige Säuren[3].
2. Stachelbeerdessertwein:	Mindestens 13 Raum-H.-T. Alkohol=103,1 g im Liter, mindestens 7 g im Liter nichtflüchtige Säuren, höchstens 1,8 g im Liter flüchtige Säuren.
3. Brombeerdessertwein:	Mindestens 13 Raum-H.-T. Alkohol=103,1 im Liter, mindestens 7 g im Liter nichtflüchtige Säuren, höchstens 1,8 g im Liter flüchtige Säuren.
4. Sauerkirschdessertwein:	Mindestens 13 Raum-H.-T. Alkohol = 103,1 g im Liter, mindestens 6 g im Liter nichtflüchtige Säuren, höchstens 1,8 g im Liter flüchtige Säuren.

---

[1] Ein aus Gründen der Farberhaltung vorgenommener geringfügiger Zusatz eines anderen Obstweines zu einem Johannisbeerwein gilt nicht als Verschnitt.

[2] Der Gehalt an nichtflüchtigen Säuren ist jeweils als Weinsäure berechnet.

[3] Der Gehalt an flüchtigen Säuren ist jeweils als Essigsäure berechnet.

Bezeichnung	*Begriffsbestimmungen*

5. Erdbeerdessertwein: Mindestens 13 Raum-H.-T. Alkohol = 103,1 g im Liter, mindestens 6 g im Liter nichtflüchtige Säuren (einschließlich dem gesetzlich zulässigen Zusatz an Milchsäure), höchstens 1,8 g im Liter flüchtige Säuren.

6. Heidelbeerdessertwein: Mindestens 12,5 Raum-H.-T. Alkohol = 99,2 g im Liter mindestens 7 g im Liter nichtflüchtige Säuren, höchstens 1,8 g im Liter flüchtige Säuren.

7. Apfeldessertwein: Mindestens 13 Raum-H.-T. Alkohol = 103,1 g im Liter, mindestens 4 g im Liter nichtflüchtige Säuren, höchstens 1,8 g im Liter flüchtige Säuren.

8. Hagebuttendessertwein: Mindestens 13 Raum-H.-T. Alkohol = 103,1 g im Liter, mindestens 6 g im Liter nichtflüchtige Säuren (einschließlich der gesetzlich zugelassenen Milchsäure), höchstens 1,8 g im Liter flüchtige Säuren.

9. Rhabarberdessertwein: Mindestens 13 Raum-H.-T. Alkohol = 103,1 g im Liter, mindestens 6 g im Liter nichtflüchtige Säuren, höchstens 1,8 g im Liter flüchtige Säuren.

10. Mehrfruchtdessertwein: Mindestens 13 Raum-H.-T. Alkohol = 103,1 g im Liter, mindestens 6 g im Liter nichtflüchtige Säuren, höchstens 1,8 g im Liter flüchtige Säuren.

II. Tischweinähnliche Getränke.

a) Beerenweine (süß oder herb).

1. Johannisbeertischwein, rot: Mindestens 8 Raum-H.-T. Alkohol = 63,5 g im Liter, höchstens 10 Raum-H.-T. Alkohol = 79,4 g im Liter, mindestens 5 g im Liter nichtflüchtige Säuren[1], höchstens 1,4 g im Liter flüchtige Säuren[2].

2. Brombeertischwein: Mindestens 8 RaumH.-T. Alkohol = 63,5 g im Liter, höchstens 10 Raum-H.-T. Alkohol = 79,4 g im Liter, mindestens 5 g im Liter nichtflüchtige Säuren, höchstens 1,4 g im Liter flüchtige Säuren.

3. Heidelbeertischwein: Mindestens 8 Raum-H.-T. Alkohol = 63,5 g im Liter, höchstens 11 Raum-H.-T. Alkohol = 87,3 g im Liter, mindestens 5 g im Liter nichtflüchtige Säuren, höchstens 1,4 g im Liter flüchtige Säuren.

4. Mehrfruchttischwein: Mindestens 8 Raum-H.-T. Alkohol = 63,5 g im Liter, höchstens 10 Raum-H.-T. Alkohol = 79,4 g im Liter, mindestens 5 g im Liter nichtflüchtige Säuren, höchstens 1,4 g im Liter flüchtige Säuren.

b) Apfel- und Birnenweine.

1. Apfelwein, naturrein: Mindestens 5,5 Raum-H.-T. Alkohol = 43,6 g im Liter, höchstens 1,4 g im Liter flüchtige Säuren, mindestens 22 g im Liter zuckerfreies Extrakt.

2. Birnenwein, naturrein: Mindestens 5,5 Raum-H.-T. Alkohol = 43,6 g im Liter, höchstens 1,4 g im Liter flüchtige Säuren, mindestens 25 g im Liter zuckerfreies Extrakt.

Beurteilungsgrundsätze:

„Apfelwein, naturrein", „Birnenwein, naturrein" sind die aus dem unverdünnten reinen Saft der Äpfel bzw. Birnen hergestellten Getränke.

Die angegebenen Werte für Alkohol und zuckerfreies Extrakt stellen Mindestwerte dar. Eine Unterschreitung dieser Werte kann, wie das umfangreiche Analysenmaterial aus einer Reihe von Jahren gezeigt hat, nur in seltensten Ausnahmefällen

---

[1] und [2] Vgl. Anm. 2 und 3, S. 71.

eintreten, und zwar bedingt durch die Verwendung von Obst, dessen Saft auf Grund besonderer Wachstumsbedingungen anormal zusammengesetzt ist [1].

Bezeichnung	*Begriffsbestimmungen*
3. Apfelwein:	Mindestens 5,0 Raum-H.-T. Alkohol = 39,7 g im Liter, höchstens 1,4 g im Liter flüchtige Säuren, mindestens 20 g im Liter zuckerfreies Extrakt.
4. Birnenwein:	Mindestens 5,0 Raum-H.-T. Alkohol = 39,7 g im Liter, höchstens 1,4 g im Liter flüchtige Säuren, mindestens 23 g im Liter zuckerfreies Extrakt.
5. Obstwein:	Mindestens 5,0 Raum-H.-T. Alkohol = 39,7 g im Liter, höchstens 1,4 g im Liter flüchtige Säuren, mindestens 20 g im Liter zuckerfreies Extrakt.

C. Weinhaltige Getränke (V, 335).

Nach der Verordnung von 20. März 1936 (Reichsgesetzbl. I 1936, S. 196) gelten folgende Bestimmungen:

Wermutwein ist das aus Wein unter Verwendung von Wermutkraut hergestellte Getränk, in dem der dem Wermutkraut eigentümliche Geschmack deutlich hervortritt und das in 1 l mindestens 750 cm³ Wein sowie insgesamt mindestens 119 und höchstens 145 g Alkohol enthält.

Kräuterweine sind die aus Wein unter Verwendung von würzenden Stoffen hergestellten Getränke. Zu den Kräuterweinen gehören jedoch nicht Wermutwein, Bowlen, Punsche, Glühwein, Trinkbranntweine aller Art und Arzneiweine (Chinawein, Kondurangowein, Colawein, Pepsinwein usw.). Kräuterweine müssen so hergestellt sein, daß sie in 1 l höchstens 140 g Alkohol und mindestens 750 cm³ Wein enthalten.

Bei der Herstellung von Wermutwein dürfen nur folgende Stoffe verwendet werden: Wein, außer Hybridenwein; Wermutkraut, allein oder im Gemisch mit anderen würzenden Pflanzenteilen, auch in Auszügen, zu 1 l Wein jedoch höchstens 50 cm³ wäßriger Auszug; reiner Sprit von mindestens 90 Vol.-%; technisch reiner Rüben- oder Rohrzucker, auch in Wasser gelöst (auf 1 kg Zucker höchstens 2 l Wasser); kleine Mengen gebrannter Zucker (Zuckercouleur); Citronensäure; als Klärmittel (vgl. S. 69) in technisch reiner Form: Hausen-, Stör- oder Welsblase (in Wein gelöst), Gelatine, Agar-Agar, Tannin (bis zu 10 g im Liter), Eiereiweiß, spanische Erde, weiße Tonerde (Kaolin), mechanisch wirkende Filterdichtungsstoffe (Asbest, Cellulose u. dgl.); entrahmte Milch bis zu 1 l auf 100 l zur Beseitigung von Geschmacksfehlern.

Für die Herstellung von Kräuterweinen gelten die gleichen Bestimmungen mit der Ausnahme, daß statt Wermutkraut und Wermutauszügen würzende Kräuter und Auszüge daraus (höchstens 50 cm³ wäßriger Auszug auf 1 l Wein) verwendet werden dürfen.

Wird Wermutwein oder Kräuterwein in Flaschen oder ähnlichen Gefäßen gewerbsmäßig verkauft oder feilgehalten, so muß auf dem Flaschenbild in deutlicher und unverwischbarer Schrift angegeben sein: Bei Wermutwein das Land der Herstellung (Deutscher Wermutwein,

---

[1] Es ist vorgesehen, alljährlich Kennzahlen über die Zusammensetzung der Säfte bestimmter Obstsorten aus einer Reihe geschlossener Anbaugebiete aufzustellen. Diese Kennzahlen sollen die Grundlage für eine umfassendere Beurteilung der naturreinen Obstweine der verschiedenen Jahrgänge geben.

Italienischer Wermutwein usw.); bei Kräuterwein die Bezeichnung „Kräuterwein"; bei beiden Namen oder Firma des Herstellers oder desjenigen, der das Getränk in den Verkehr bringt, sowie der Ort der gewerblichen Hauptniederlassung; wenn dieser Ort im Auslande liegt, das Getränk jedoch in Deutschland hergestellt ist, der Ort der Herstellung. Diese Angaben sind auch in die Preislisten, Weinkarten und Rechnungen sowie sonstige im geschäftlichen Verkehr üblichen Mitteilungen aufzunehmen.

Literatur.

Ant-Wuorinen, O.: (1) Ztschr. f. Unters. Lebensmittel **70**, 389 (1935). — (2) Ztschr. f. Unters. Lebensmittel **72**, 220 (1936).

Barber, H. H. und I. M. Kolthoff: Journ. Amer. Chem. Soc. **50**, 1625 (1928). — Bartels, W.: Ztschr. f. Unters. Lebensmittel **65**, 1 (1933). — Berg, P. u. S. Schmechel: (1) Ztschr. f. Unters. Lebensmittel **64**, 348 (1932). — (2) Ztschr. f. Unters. Lebensmittel **70**, 58 (1935). — Berg, P. u. G. Schulze: (1) Ztschr. f. Unters. Lebensmittel **63**, 62 (1932). — (2) Ztschr. f. Unters. Lebensmittel **67**, 605 (1934). — Berg, P. u. L. Stockert: Ztschr. f. Unters. Lebensmittel **57**, 448 (1929). — Bleyer, B., W. Diemair u. G. Lix: Ztschr. f. Unters. Lebensmittel **65**, 37 (1933); vgl. auch **68**, 364 (1937). — de Boer, G. H.: Rec. trav. chim. Pays-Bas **44**, 1072 (1925). — Bošniak, J.: Jahresber. œnolog. Station Beograd **1**, 175 (1936). — Bruchhausen, F. v.: Ztschr. f. Unters. Lebensmittel **68**, 32 (1934). — Burkard, J. u. B. Wullhorst: Ztschr. f. Unters. Lebensmittel **70**, 308 (1935).

Chauveau, L. u. A. Vasseur: Ann. des Falsifications Fraudes **29**, 470 (1936). — Cultrera, R.: R. Staz. sperim. Agraria, Modena **27**, 296 (1937).

Diemair u. G. Lix: Ztschr. f. Unters. Lebensmittel **66**, 540 (1933). — Diemair, W.: Chem.-Ztg. **56**, 247 (1932). — Diemair, W., B. Bleyer u. F. Arnold: Ztschr. f. Unters. Lebensmittel **68**, 457 (1934). — Diemair, W. u. J. Waibel: Ztschr. f. Unters. Lebensmittel **72**, 226 (1936).

Edwards, F. W., N. R. Nanji and M. K. Hassan: Analyst **62**, 178 (1937).

Fellenberg, Th. von: Mitt. Lebensmittelunters. **25**, 249 (1934). — Fellenberg, Th. von u. St. Krauze: Mitt. Lebensmittelunters. **23**, 111 (1932). — Ferré, L. et A. Michel: Ann. des Falsifications Fraudes **26**, 297 (1933). — Fischer, H.: Ztschr. f. angew. Ch. **46**, 442, 517 (1933). — Fischer, R.: Ztschr. f. Unters. Lebensmittel **67**, 161 (1934). — Fischler, M. u. H. Kretzdorn: Ztschr. f. Unters. Lebensmittel **75**, 38 (1938).

Gangl, H. u. J. Vázquez Sánchez: Ztschr. f. anal. Ch. **98**, 81 (1934). — Griebel, C.: Ztschr. f. Unters. Lebensmittel **77**, 561 (1939). — Großfeld, J.: Ztschr. f. Unters. Nahrgs- u. Genußmittel **30**, 271 (1915). — Großfeld, J. u. E. Lindemann: (1) Ztschr. f. anal. Ch. **97**, 1 (1934). — Ztschr. f. Unters. Lebensmittel **68**, 612 (1934). — (2) Ztschr. f. Unters. Lebensmittel **69**, 48 (1935). — Großfeld, J. u. R. Payfer: Ztschr. f. Unters. Lebensmittel **78**, 1 (1939).

Heide, C. von der: Ztschr. f. Unters. Lebensmittel **69**, 131, 254 (1935). — Heide, C. von der u. K. Hennig: (1) Ztschr. f. Unters. Lebensmittel **66**, 321 (1933). — (2) Ztschr. f. Unters. Lebensmittel **66**, 341 (1933). — (3) Ztschr. f. Unters. Lebensmittel **66**, 344 (1933). — (4) Ztschr. f. Unters. Lebensmittel **66**, 347 (1933). — (5) Ztschr. f. Unters. Lebensmittel **67**, 614 (1934). — Heide, C. von der u. H. Mändlen: Ztschr. f. Unters. Lebensmittel **66**, 338 (1933). — Heide, C. von der u. W. Zeisset: (1) Ztschr. f. Unters. Lebensmittel **69**, 138 (1935). — (2) Ztschr. f. Unters. Lebensmittel **70**, 383 (1935). — Heiduschka, A. u. E. Möhlen: Pharm. Zentralhalle Deutschland **71**, 689 (1930). — Heiduschka, A. u. H. Sommer: Pharm. Zentralhalle Deutschland **76**, 593 (1935). — Huntenburg, W.: Ztschr. f. Unters. Lebensmittel **71**, 332 (1936).

Jonescu, M. V. et C. Boden: Bull. Soc. Chim. de France [4] **45**, 466 (1929). — Jung, E.: Ztschr. f. Pflanzenernähr., Düngg u. Bodenkde **26**, 1 (1932).

Kapeller-Adler, R.: Biochem. Ztschr. **252**, 185 (1932). — Klinc, L.: Ztschr. f. Unters. Lebensmittel **69**, 363 (1935). — Kniphorst, L. C. E. u. C. I. Kruisheer: Ztschr. f. Unters. Lebensmittel **73**, 1 (1937). — Kogan, A. I.: Ztschr. f. anal. Ch. **80**, 112 (1930). — Kollo, C. u. Fl. Polychroniade: Pharm. Zentralhalle Deutschland **73**, 578 (1932). — Kolthoff, I. M.: Chemisch Weekblad **24**, 447 (1927). — Kolthoff, I. M. and M. E. Stansby: Ind. and Engin. Chem., Anal. Ed. **6**, 118 (1934). — Kreis, H. u. J. Studinger: Mitt. Lebensmittelunters. **18**, 333 (1927). — Krüisheer, C. I., N. J. M. Vorstman u. L. C. E. Kniphorst: Ztschr. f. Unters. Lebensmittel **69**, 570 (1935).

Litterscheid, F. M.: Ztschr. f. Unters. Lebensmittel **62**, 653 (1931). — Lockemann, G. u. B. v. Bülow: Ztschr. f. anal. Ch. **94**, 322 (1933); vgl. auch Ztschr. f. Unters. Lebensmittel **72**, 224 (1936). — Lührig, H.: Pharm. Zentralhalle Deutschland **67**, 513 (1926).

Merz, J. L.: Wein u. Rebe **10**, 103 (1928). — Meyer, R. J. u. W. Schulz: Ztschr. f. angew. Ch. **38**, 203 (1925). — Mohler, E.: Ztschr. f. anal. Ch. **36**, 202 (1897). — Mohler, H.: Ztschr. f. Unters. Lebensmittel **71**, 266 (1936). — Mohler, H. u. W. Hämmerle: (1) Ztschr. f. Unters. Lebensmittel **70**, 193 (1935). — (2) Ztschr. f. Unters. Lebensmittel **71**, 186 (1936).

Noetzel, O.: Ztschr. f. Unters. Lebensmittel **71**, 538 (1936).

Ofner, R.: Chem.-Ztg. **55**, 666 (1931).

Plahl, W.: Ztschr. f. Unters. Nahrgs.- u. Genußmittel **13**, 1 (1907); **15**, 262, 416 (1908); vgl. auch Ztschr. f. Unters. Lebensmittel **69**, 383 (1935).

Reichard, O.: (1) Ztschr. f. Unters. Lebensmittel **68**, 138 (1934). — (2) Ztschr. f. Unters. Lebensmittel **71**, 501 (1936). — (3) Handbuch der Lebensmittelchemie, Bd. 7, S. 330. — (4) Handbuch der Lebensmittelchemie, Bd. 7, S. 428. — Reif, G.: Ztschr. f. Unters. Lebensmittel **62**, 82 (1931). — Ribereau-Gayon, J.: Ann. des Falsifications Fraudes **26**, 297 (1933). — Riffart, H. u. H. Keller: (1) Ztschr. f. Unters. Lebensmittel **68**, 122 (1934). — (2) Ztschr. f. Unters. Lebensmittel **68**, 126 (1934). — Rothenfußer, S.: Ztschr. f. Unters. Lebensmittel **58**, 98 (1929).

Sabalitschka, Th.: Ztschr. f. angew. Ch. **42**, 936 (1929). — Schachkeldjan, A.: Ztschr. f. anal. Ch. **81**, 139 (1930). — Schätzlein, Ch. u. E. Sailer: Ztschr. f. Unters. Lebensmittel **70**, 484 (1935). — Schwaibold, J.: Pharm. Zentralhalle Deutschland **73**, 513 (1932). — Seiler, F.: Ztschr. f. Unters. Lebensmittel **64**, 285 (1932). — Semichon, L. u. M. Flanzy: Ann. des Falsifications Fraudes **26**, 403 (1933). — Stanek, Vl. u. P. Pavlas: Mikrochemie **17** (N. F. **11**) 22 (1935). — Steuart, D. W.: Analyst **59**, 532 (1934).

Täufel, K. u. F. Mayr: Ztschr. f. anal. Ch. **93**, 1 (1933). — Täufel, K. u. K. Schoierer: Ztschr. f. Unters. Lebensmittel **71**, 297 (1936). — Thiel, A.: Handbuch der Lebensmittelchemie, Bd. 2, S. 136. — Trauth, F. u. K. Bässler: Wein u. Rebe **16**, 107 (1934) u. Ztschr. f. Unters. Lebensmittel **72**, 476 (1936).

Valencien, Ch. u. J. Deshusses: Mitt. Lebensmittelunters. **30**, 88 (1939). — Vlezenbeek, H. J.: Pharm. Weekblad **74**, 127 (1937). — Vogt, E.: (1) Ztschr. f. Unters. Lebensmittel **67**, 407 (1934). — (2) Ztschr. Lebensmittel **68**, 473 (1934). — (3) Ztschr. f. Unters. Lebensmittel **69**, 587 (1935). — Votoček, E.: Chem.-Ztg. **42**, 257 (1918).

Waser, E., H. Mohler u. F. Almasy: Ztschr. f. Unters. Lebensmittel **69**, 396 (1935). — Weiß, F.: (1) Ztschr. f. Unters. Lebensmittel **59**, 472 (1930). — (2) Ztschr. f. Unters. Lebensmittel **67**, 84 (1934). — Widmer, A. u. F. Braun: Landw. Jahrb. Schweiz **1936**, 603.

Zinzadze, Sch. R.: Ztschr. f. Pflanzenernährg., Düngg u. Bodenkde A **16**, 129 (1930).

Essig (V, 339).

Von

Professor Dr. **J. Großfeld**, Berlin.

A. Bestimmung des Alkohols.

Zur Bestimmung des Restalkohols in Ablaufessigen empfiehlt
H. Kreipe eine besondere Ausführungsform des Verfahrens von Wid-
mark, wie es zur Alkoholbestimmung in Blut gebräuchlich ist.

B. Prüfung auf Sorbit (V, 355).

H. Wüstenfeld und H. Kreipe stellten bei Anwendung des Verfahrens von Werder (vgl. S. 65) auf Weinessig Störungen durch anorganische Salze fest und empfehlen daher folgende Abänderung: 500 cm³
Weinessig werden mit etwa 10 g Tierkohle 3—5 Minuten zur völligen Entfärbung gekocht, filtriert und in 3—4 Anteilen nach und nach im Vakuum
bis auf etwa 10 cm³ eingedampft. Dieser Rückstand wird nach Zusatz von
2 cm³ Schwefelsäure (1:1) wiederholt kräftig geschüttelt, der entstehende
Niederschlag abfiltriert, ausgewaschen und das Filtrat wieder im Vakuum
auf 10 cm³ eingeengt. Abermals wird der neu entstandene Niederschlag
abfiltriert und ausgewaschen. Das so gewonnene, von störenden Salzen
ziemlich befreite Filtrat wird jetzt nach Werder in der üblichen Weise
weiter verarbeitet. Empfehlenswert ist hier auch die Farbreaktion mit
Aceton nach Reif (vgl. S. 66). — Bei Doppelweinessigen genügt es
zur Prüfung nur 250 cm³ zu verwenden.

C. Nachweis von Silber (Katadynisierung).

Zum Nachweis von Silber in nach dem Katadynverfahren behandelten
Essigen und Fruchtsaftlimonaden empfiehlt O. Noetzel die Methode
von F. Feigl, die auf Bildung einer roten Silberverbindung mit Para-
dimethylaminobenzylidenrhodanin beruht. Zur Bestimmung des Silbers
muß die Substanz verascht werden, was sowohl auf trockenem wie auf
nassem Wege geschehen kann. Es gelingt aber nach Noetzel auch in
zuckerhaltigen Flüssigkeiten vorhandene kleine Silbermengen an Aktivkohle (Carbo activatus siccus pro Analysi Merck) quantitativ zu adsor-
bieren und dadurch die Veraschung großer Substanzmengen zu vermeiden.

D. Unterscheidung der Essigsorten (V, 360).

Zur Erkennung der Echtheit des Weinessigs durch chemische Prüfung eignet sich nach J. Pritzker Bestimmung des Acetylmethylcarbinols, von dem Weinessig 49—122 mg im Liter enthält. Es geht
bei der Alkoholbestimmung quantitativ in das Destillat und kann darin
ziemlich genau mit Fehling-Lösung bestimmt werden, indem man das
gewogene Cu_2O mit dem Faktor 0,25 malnimmt.

A. Schmidt (2) zieht außerdem die Prüfung auf Oxydierbarkeit und die Jodzahl (vgl. unten) heran, wobei er folgende unteren Grenzwerte aufstellt: Oxydierbarkeitszahl (vgl. V, 358) 8 cm³ $^1/_{10}$ n-KMnO$_4$, Jodzahl 90 cm³ $^1/_{100}$ n-Jodlösung, Acetylmethylcarbinol 60 mg im Liter.

H. Mohler und W. Hämmerle benutzen Acetylmethylcarbinol-, Glycerin- und Zuckergehalt sowie die Prüfung auf Gerbsäure mit Eisenchlorid als Beurteilungsgrundlage. Zur Bestimmung des Acetylmethylcarbinols dient folgende Methode: 50 cm³ Essig und 50 cm³ 30%ige Eisenchloridlösung werden unter Zusatz von etwas Bimsstein im Reichert-Meißl-Apparat destilliert. Das verlängerte Kühlerende taucht in eine Lösung von 1 cm³ 10%iger Nickelchloridlösung, 2 cm³ 20%iger Hydroxylaminchloridlösung und 3 cm³ 20%iger Natriumacetatlösung. Nun wird langsam abdestilliert, wobei bis zum Siedebeginn 10 Minuten verstreichen und 60—70 cm³ innerhalb 50 Minuten übergehen sollen. Das Destillat wird mit Ammoniak schwach alkalisch gemacht, 30 Minuten auf dem siedenden Wasserbad erwärmt, über Nacht stehen gelassen, der rote Nickeldimethylglyoximniederschlag auf einem Glasfiltertiegel gesammelt, mit Wasser ausgewaschen, bei 105° getrocknet und gewogen. Umrechnungsfaktor auf Acetylmethylcarbinol = 0,61. — Weinessige mit weniger als 50 mg im Liter sind verfälscht. Glycerinwerte über 4 g im Liter sprechen für künstlichen Glycerinzusatz. Versetzt man 10 cm³ Essig tropfenweise mit 10%iger Eisenchloridlösung, so entstehen bei Weinessig nur schwache braungelbe bis schmutziggrüne Färbungen; stark grüne bis blaugrüne Färbungen weisen auf Tanninzusatz (Kunstextrakt) hin. Zuckergehalte unter 1,0 g im Liter sind anomal.

Sonstige Verfahren zur Unterscheidung von Gärungsessig und Essig aus Essigsäure und Essigessenz (V, 358). Zur Unterscheidung von Fruchtessig, Gärungsessig und Essenzessig empfiehlt J. J. J. Dingemans folgende Methode: 10 cm³ Essig werden mit 1 cm³ 30%iger Phosphorsäure und 1 cm³ 3%iger Permanganatlösung vermischt. Man läßt 10 Minuten stehen, wobei das Permanganat bei Fruchtessig stark, bei Gärungsessig langsam und bei Essenzessig sehr langsam reduziert wird. Die Mischung wird mit 1 cm³ gesättigter Oxalsäurelösung und 1 cm³ 4 n-Schwefelsäure versetzt und stehen gelassen, bis sie klar geworden ist. Dann versetzt man mit 10 cm³ Schiffschem Reagens, wodurch nach einigen Stunden bei Fruchtessig eine starke, bei Gärungsessig eine schwache und bei Essenzessig keine Rotviolettfärbung entsteht. Zugesetztes Caramel ist ohne Einfluß.

Nach Schmidt (1) liegt die Oxydierbarkeitszahl (vgl. V, 358), die zweckmäßig vor und nach 2 Minuten langem Schütteln des Essigs mit Kohle ermittelt wird, bei normalen Spritessigen zwischen 3,5—8,0 cm³ 0,1 n-Permanganatlösung für 50 cm³ 3%igen Essig. Essenzessige erreichen höchstens Werte von 1,0—1,5 cm³.

Für die Jodzahl (vgl. V, 358) findet Schmidt bei Spritessig Werte von 30—60.

Zur Untersuchung und Beurteilung von Gärungs- und Essenzessig, insbesondere über die Zuverlässigkeit der üblichen Methoden vgl. auch A. C. Hartmann.

E. Schwermetalle.

Die Prüfung erfolgt wie bei Wein, S. 58.

Literatur.

Dingemans, J. J. J.: Chemisch Weekblad **30**, 345 (1933).
Feigl, F.: Ztschr. anal. Ch. **74**, 380 (1928).
Hartmann, A. C.: Dtsch. Essigind. **41**, 361 (1937).
Kreipe, H.: Dtsch. Essigind. **39**, 165 (1935).
Mohler, H. u. W. Hämmerle: Mitt. Lebensmittelunters. **28**, 297 (1937).
Noetzel, O.: Ztschr. f. Unters. Lebensmittel **78**, 315 (1939).
Pritzker, J.: Mitt. Lebensmittelunters. **25**, 101 (1934).
Schmidt, A.: (1) Ztschr. f. Unters. Lebensmittel **69**, 472 (1935). — (2) Ztschr.
f. Unters. Lebensmittel **73**, 441 (1937).
Wüstenfeld, H. u. H. Kreipe: Dtsch. Essigind. **35**, Nr. 24 (1931).

Weinsäure (V, 377).

Von

Professor Dr. **J. Großfeld**, Berlin.

Neue Farbreaktionen der Weinsäure und Citronensäure mit Pyridin und Essigsäureanhydrid haben O. Fürth und H. Herrmann angegeben. Über die Anforderungen an Weinsäure und Citronensäure für Lebensmittel vgl. H. Patsch.

Rasche Unterscheidung von Weinsäure und Citronensäure. V. Evrard weist auf die Verschiedenheit in der Dichte der Kristalle hin. Die Kristalle der offizinellen Citronensäure $C_6H_8O_7 \cdot 1\,H_2O$ haben die Dichte 1,542, die der Weinsäure $C_4H_6O_6$ die Dichte 1,760. In Tetrachlorkohlenstoffe (Dichte 1,594) schwimmen Citronensäurekristalle, während die der Weinsäure untersinken.

L. Rossi versetzt eine Lösung der Säure mit Alkalimeta- oder -pyrovanadat und erhält dann bei Weinsäure die für die Bildung von Polyvanadat charakteristische orangenrote Färbung, die auch Mineralsäuren hervorrufen. Mit Citronensäure bleibt die ursprünglich gelbe Farbe der Vanadinlösung bestehen.

Zur genaueren Prüfung vgl. bei Wein, S. 48 und S. 51.

Literatur.

Evrard, V.: Journ. Pharmac. Belgique **19**, 719 (1937).
Fürth, O. u. H. Herrmann: Biochem. Ztschr. **289**, 448 (1935).
Patsch, H.: Pharm. Ztg. **79**, 1033 (1934).
Rossi, L.: Ann. Chim. analyt. appl. **18**, 366 (1928).

Citronensäure (V, 393).

Von

Professor Dr. J. Großfeld, Berlin.

Über Anforderungen und Erkennungsprüfungen vgl. auch bei Weinsäure, S. 78. Nach Th. Budde und G. v. Lagiewski ist der im Deutschen Arzneibuch 6 zugelassene Bleigehalt viel zu hoch und gesundheitlich bedenklich.

Zum Nachweis kleiner Mengen Weinsäure (1 : 1000) in Citronensäure empfiehlt E. Eegriwe β-β_1-Dinaphthol in konzentrierter Schwefelsäure, das mit Weinsäure charakteristische grüne Fluorescenz liefert. Zur Bestimmung von Oxalsäure neben Weinsäure hat E. J. Ssotnikov ein Verfahren beschrieben.

F. Noto und F. Perciabosco benutzen zum Nachweis von kleinen Mengen Oxalsäure die geringere Löslichkeit der Citronensäure in Äther: 100 g des Säuregemisches werden 3 Stunden lang mit 250 cm³ Äther am Rückfluß gekocht. Nach dem Erkalten wird von der ausgeschiedenen Citronensäure abfiltriert, das Filtrat zur Trockne verdampft und der Rückstand in 25 cm³ Wasser gelöst. Gibt man zu dieser Lösung 5 cm³ 13%ige Calciumchloridlösung, so entsteht je nach vorhandener Oxalsäuremenge sofort oder in einigen Stunden ein Niederschlag von Calciumoxalat. Noch 0,0025% davon lassen sich so nachweisen. — Über Bestimmung von Oxalsäure neben Citronensäure vgl. auch E. J. Ssotnikov.

Literatur.

Budde, Th. u. G. v. Lagiewski: Apoth.-Ztg. **51**, 1600 (1936).
Eegriwe, E.: Ztschr. f. anal. Ch. **95**, 323 (1933).
Noto, F. et F. Perciabosco: Ann. Chim. analyt. appl. **33**, 21 (1933).
Ssotnikow, E. J.: C. r. d. l'Acad. des sciences, U.R.S.S. Ser. A (russ.) **1933**, 83; Chem. Zentralblatt **1934** I, 2799.

Milchsäure (V, 393).

Von

Professor Dr. J. Großfeld, Berlin und Dr. H. Leonhardt, Darmstadt.

1. Qualitativer Nachweis. Nach Eegriwe läßt sich Milchsäure durch die Violettfärbung nachweisen, die aus dem durch Oxydation gebildeten Acetaldehyd und p-Oxydiphenyl entsteht. Erfassungsgrenze 1 γ; Grenzkonzentration 1 : 100000. 1 Tropfen (0,05 cm³) der Probelösung wird mit 1 cm³ konzentrierter Schwefelsäure 2 Minuten auf 85° erwärmt, dann auf etwa 28° unter dem Wasserhahn abgekühlt und mit wenig p-Oxydiphenyl versetzt. Nach dem Umschütteln und Stehenlassen (10—30 Minuten) tritt bei Anwesenheit von Milchsäure eine intensiv violettrote bis hellviolette Färbung auf. Ameisensäure, Essigsäure, Propionsäure und Glykolsäure bleiben farblos. Gleiche bzw. ähnliche Färbungen geben α-n-Oxybuttersäure und Brenztraubensäure.

Weitere Erkennungsproben siehe Mercks Reagenzienverzeichnis, 8. Aufl., S. 708. 1936.

2. Reinheitsprüfung. Das Niederländische Arzneibuch läßt auf Glykolsäure prüfen, indem 0,5 g Milchsäure mit 4 cm³ Natriumcarbonat und 1 cm³ Kaliumpermanganatlösung erwärmt werden. Nach dem Filtrieren wird das Filtrat mit Essigsäure angesäuert und mit Calciumchloridlösung versetzt. Es darf keine Trübung auftreten.

Salzsäure und Schwefelsäure dürfen höchstens in geringen Spuren, Schwefelwasserstoff, schweflige Säure, Äpfelsäure und Phosphorsäure dürfen nicht vorhanden sein (Schweizer Arzneibuch 1933).

3. Quantitative Bestimmung. Zur Gehaltsbestimmung von Handelsmilchsäuren für Gerbereizwecke siehe Vagda-Kalender 1932, S. 66. Über die Bestimmung der Milchsäure in vegetabilischen Gerbbrühen siehe Highberger und Yonel.

Um Milchsäure auch in Gegenwart von Methylglyoxal, Brenztraubensäure und Acetaldehyd nach einem der üblichen Verfahren bestimmen zu können, kann man nach Simon und Neuberg die drei letzteren Verbindungen durch 2,4-Dinitrophenylhydrazin quantitativ ausfällen. Den Überschuß des 2,4-Dinitrophenylhydrazins beseitigt man im Filtrat durch Ausfällen mit Alkali, Abfiltrieren und Ausschütteln des zweiten Filtrats.

Zur Ermittlung des Milchsäuregehalts in Silofutter empfiehlt Gneist auch elektrometrische Titration bis p_H 7,07 (s. a. Stollenwerk; Keseling).

4. Für **die Gehaltsbestimmung** liefert auf Grund von Nachprüfungen von F. Girault die Vorschrift nach dem Deutschen Arzneibuch 6 (V, 403) gegenüber den französischen, britischen, amerikanischen, spanischen, italienischen und niederländischen amtlichen Verfahren die größte Genauigkeit.

d-Milchsäure kann nach dem DRP. 593657 der Byk-Guldenwerke in Berlin auch in fester Form mit dem Schmelzpunkt 53° in Form nicht zerfließlicher Kristalle gewonnen werden.

Literatur.

Eegriwe, E.: Ztschr. f. anal. Ch. **95**, 324 (1933).

Girault, F.: Bull. Sci. pharmacol. **41** (36), 331 (1934). — Gneist, K.: Biedermanns Zentralblatt Agrik. Chem. ration, Landwirtschaftsbetr. Abt. B Tierernährg **4**, 483 (1932); Chem. Zentralblatt **1933** I, 150.

Highberger, J. H. and D. L. Yonel: Journ. Amer. Leather Chem. Assoc. **27**, 343 (1932); Chem. Zentralblatt **1932** II, 2915.

Keseling, J.: Landw. Jahrbb. **79**, 783 (1934); Ztschr. f. anal. Ch. **60**, 110 (1937).

Simon, E. u. C. Neuberg: Biochem. Ztschr. **232**, 479 (1931). — Stollenwerk, W.: Landw. Jahrbb. **76**, 809 (1932).

Explosivstoffe und Zündwaren.

Von

Dr. phil. **Ph. Naoúm** und Dr.-Ing. **A. Berthmann,**
Leverkusen-Schlebusch 1.

Einleitung (III, 1159).

Einleitend sei auf das Werk „Chemische Untersuchung der Spreng-
und Zündstoffe" unter besonderer Berücksichtigung der zu ihrer Herstellung notwendigen Ausgangsstoffe, herausgegeben von Ludwig Metz,
unter Verwendung eines von Kast hinterlassenen Manuskriptes (Verlag
Friedrich Vieweg & Sohn A.G., Braunschweig, 1931) hingewiesen. Darin
sind zahlreiche Untersuchungsmethoden, auf die im Rahmen dieses
Werkes nur hingewiesen werden kann, ausführlich beschrieben.

Außerdem sei an dieser Stelle bereits auf eine neue Analysenmethode
verwiesen, die sich zur Lösung besonderer Aufgaben in der Sprengstoff-
chemie Eingang verschaffen wird. Es handelt sich hierbei um die Polarographie[1] (Chemische Analyse mit dem Polarographen von Dr. Hans
Hohn, Band 3 der Anleitungen für die chemische Laboratoriumspraxis,
Verlag von Julius Springer, Berlin, 1937 und Physikalische Methoden
der analytischen Chemie, Teil II, von W. Böttger, Akademische Verlags-
Gesellschaft m. b. H., Leipzig 1936, Abschnitt Polarographie). Diese
Methode dient allgemein zur qualitativen und quantitativen Bestimmung
kathodisch reduzierbarer Substanzen. Da hierzu auch Salpetersäure,
salpetrige Säure, sowie organische Nitrokörper zählen, so lassen sich diese
ebenfalls bestimmen. Ein Nachteil der Methode ist die geringe Genauigkeit
(Fehlergrenze etwa 2%). Der Vorteil der Methode liegt in der Schnelligkeit der Ausführung, der Möglichkeit große Reihenuntersuchungen durchzuführen und vor allem in der Empfindlichkeit der Methode. So kann
z. B. der Gehalt einer 0,001%igen Lösung von Trinitrotoluol genau bestimmt werden. Auf die bereits ausgearbeiteten Analysenmethoden wird
in den betreffenden Abschnitten näher eingegangen.

Auch auf dem Gebiete der p_H-Messung sind im Laufe der letzten Jahre
mancherlei Fortschritte z. B. Indicatorfolien, Glaselektroden usw. zu
verzeichnen, so daß auch diese Methode insbesondere zu Stabilitäts-
bestimmungen immer mehr Eingang finden wird.

Explosivstoffe.

I. Rohstoffe.

A. Sauerstoffabgebende Salze.

Natronsalpeter (III, 1163). Zum Nachweis von Nitrit kann außer der
angeführten Methode auch die von Quartaroli dienen. Danach versetzt man 100 cm³ 6%iger Rhodankaliumlösung mit 0,5 g Ferrosulfat

---

[1] Schaub, Erg.-Bd. I, 75.

und 2 cm³ reiner nitrosefreier 50%iger Salpetersäure und schüttelt, bis das Sulfat vollkommen gelöst ist. 2 cm³ dieses Reagenzes werden mit Wasser auf 30 cm³ verdünnt, wobei nur eine geringe bleibende Färbung auftreten darf, und dann wird die zu untersuchende Salpeterlösung zugegeben. Bei Anwesenheit von Nitrit entsteht eine blutrote Färbung.

Außerdem verweisen wir auf die polarographische Bestimmung von Nitraten und Nitriten auf Grund einer Arbeit von Matuo Tokuoka sowie Physikalische Methoden der analytischen Chemie von Böttger.

Eine Zusammenfassung verschiedener qualitativer und quantitativer Nachweise von Nitraten und Nitriten wurde von A. S. Wassiljew gegeben.

Zur Untersuchung der anderen sauerstoffabgebenden Salze liegen keine neueren Methoden vor.

B. Nitriersäuren (III, 1173).

Die Bestimmung von salpetriger und Salpetersäure in Nitriersäuren kann relativ einfach polarographisch durchgeführt werden (Polarographische Analysenvorschrift von K. Schwarz).

Außerdem kann der Säuregehalt durch elektrometrische und konduktometrische Titration bestimmt werden (Erich Müller und H. Kogert).

Salpetersäure (III, 1173). In der Handelssalpetersäure kommen gelegentlich organische Verunreinigungen vor, die nach Crawford aus Tetranitromethan, Chlortrinitromethan und Dichlordinitromethan bestehen. Diese Verunreinigungen sind vielfach die Ursache eines schlechten Abel-Testes der mit der verunreinigten Salpetersäure hergestellten Sprengstoffe. Die Verunreinigungen können angereichert werden durch Destillation der mit dem gleichen Volumen Wasser verdünnten Salpetersäure bzw. Mischsäure. Sie finden sich, da sie leicht flüchtig sind, in den ersten Fraktionen der Destillation und können darin nachgewiesen werden. Tetranitromethan, das die wichtigste Verunreinigung darstellt, gibt beim Ausschütteln mit Metaxylol eine Gelbfärbung.

C. Mehrwertige Alkohole.

Flüssige Gemische verschiedener mehrwertiger Alkohole (III, 1187). In Betrieben, die zugleich Glycerin, Glykol, Monochlorhydrin und eventuell auch noch andere mehrwertige Alkohole unter Umständen im Gemisch miteinander zu Sprengölen verarbeiten, kann sich die Notwendigkeit ergeben, die Gemische dieser Alkohole zu erkennen und ihre Zusammensetzung näher zu bestimmen. Dies kann durch die Bestimmung der Dichte oder des Brechungsindex erfolgen, indem man in den einschlägigen Laboratorien Skalen dieser Daten für die jeweils möglicherweise vorkommenden oder hergestellten Gemische empirisch herstellt.

Dasselbe gilt für die Gemische der entsprechenden Salpetersäureester (vgl. Hauptwerk III, 1226 bei Nitroglykol). Die Gegenwart von z. B. Glykol im Glycerin kann sehr leicht durch Abdestillieren des ersteren im Vakuum nachgewiesen bzw. bestimmt werden.

D. Aromatische Kohlenwasserstoffe, Phenole und Amine
(III, 1188).

Hexamethylentetramin ist das Ausgangsprodukt für die Gewinnung des Sprengstoffes Cyclotrimethylentrinitramin (sog. Hexogen s. d.) und wird in der handelsüblichen fast chemisch reinen Qualität verwendet.

E. Sprengstoffkomponenten ohne eignen explosiven Charakter.

1. Alsimin (auch Silumin) (III, 1199). Aluminiumsilicid, Verbindung von Aluminium und Silicium mit mehr oder weniger hohem Gehalt an Eisen, die in Form von feinem Pulver in pulverförmigen Ammonsalpetersprengstoffen denselben Zweck erfüllt, wie Aluminiumpulver und dem letzteren an Wirksamkeit, je nach Aluminiumgehalt nur wenig nachsteht.

Die Wirksamkeit zur Erhöhung der Kraftleistung und Sensibilität der damit hergestellten Sprengstoffe ist von dem Feinheitsgrad der Mahlung abhängig. Das Produkt soll ein Sieb von 2500 Maschen (Din 1171, Sieb Nr. 50), pro Quadratzentimeter mit geringem Rückstand passieren.

Der Eisengehalt soll 10% nicht übersteigen.

Der Aluminiumgehalt beträgt je nach Sorte 25—50%.

Die Analyse erstreckt sich auf Bestimmung des Feinheitsgrades durch Anwendung der verschiedenen Siebe, Bestimmung von Al, Fe und Si in bekannter Weise, wobei der Aufschluß durch Kalischmelze im Silbertiegel erfolgen kann.

Das Produkt muß frei sein von Carbiden bzw. darf mit Wasser nicht reagieren. Den besten Aufschluß über die praktische Verwendbarkeit einer Sorte gibt die Herstellung einer Sprengstoffprobe.

2. Calciumsilicid (Ca_2Si) wird in einigen Ländern als Bestandteil pulverförmiger Ammonsalpetersprengstoffe benutzt. Es gibt Mischungen von hoher Kraftleistung, wenn es auch nicht die hohe Wirksamkeit von Aluminiumpulver und Aluminiumsilicid besitzt.

Schwarzes, feines Pulver. Der Grad der Wirksamkeit als Sprengstoffbestandteil ist abhängig vom Feinheitsgrade, in dem es verwendet wird (vgl. Alsimin). Es muß frei sein von Carbiden und darf beim Vermischen mit Ammonsalpeter keinen deutlichen Geruch nach Ammoniak zeigen. Das technische Produkt kann durch Behandlung mit verdünnter (5%iger) Ammonsalpeterlösung gereinigt werden.

II. Fertigprodukte.

A. Cellulosenitrate.

Chemische Beständigkeit (III, 1221). Die Beständigkeit kann auch durch die Leitfähigkeitsmethode von Nauckhoff-Philip [Kast-Metz (1)] bestimmt werden. Bei dieser Methode werden die Zersetzungsgase in wasserstoffperoxydhaltiges Wasser geleitet und die Änderung der Leitfähigkeit desselben bestimmt, die ein Maß für die Stabilität ist.

Die Methode der Leitfähigkeitsmessung ist auch von de Bruin und de Pauw vorgeschlagen worden [Kast-Metz (2)].

III. Aromatische Nitrokörper.

1. Stickstoffbestimmung (III, 1230). Nach Lehmstedt und Zumstein lassen sich Nitramingruppen neben Nitrogruppen in vielen Fällen im Lungeschen Nitrometer oder nach Schulze-Tiemann quantitativ bestimmen [vgl. auch Untersuchung von Trinitrophenylmethylnitramin (Tetryl) III, 1242].

2. Pikrinsäure (III, 1237). Nach Sacharow läßt sich Pikrinsäure in ammoniakalischer wäßriger Lösung mit $^1/_{10}$ n-Kupferammonsulfatlösung titrimetrisch bestimmen. Im Umschlagspunkt geht die orangefarbige Ammonpikratlösung in ein grünliches Gelb über. Zur Erkennung des Umschlagspunktes läßt man den Niederschlag jedesmal etwa 2 Minuten lang absitzen und betrachtet den oberen Rand der Flüssigkeit. Man kann auch den entstehenden Niederschlag abfiltrieren, mit verdünnter Ammoniaklösung auswaschen und bei 50° bis zur Gewichtskonstanz trocknen und wägen. Der Niederschlag hat die Formel:

$$[C_6H_2(NO_2)_3O]_2 \, Cu(NH_3)_4 \cdot 3\,H_2O.$$

3. Isomere Trinitrotoluole (III, 1239). Technisch wurde bisher nur das symmetrische 2.4.6. oder α-Trinitrotoluol verwendet. (Schmelzpunkt im reinen Zustande 81°, Erstarrungspunkt 80,9°.) Rein erhalten wird es aus Ortho- oder Paranitrotoluol bzw. deren Gemisch. Bei energischem Nitrieren kann man aus Metanitrotoluol ein Gemisch von β- und γ-Trinitrotoluol erhalten, welches bei 74—76° schmilzt.

Die drei isomeren Trinitrotoluole lassen sich nach Marqueyrol, Köhler und Jovinet mit Aceton und alkoholischer Natronlauge unterscheiden.

Weiter kann nach Robertson das β- und γ-Trinitrotoluol im α-Trinitrotoluol dadurch nachgewiesen werden, daß es mit pyridin- oder rhodanammonhaltigem Ammonsalpeter gemischt wird. Bei Anwesenheit von β- und γ-Trinitrotoluol findet eine stürmische Gasentwicklung in der Kälte statt.

Verfasser konnten feststellen, daß zwar nicht in der Kälte, wohl aber bei 90—100° im Wasserbad eine Gasentwicklung eintritt, wenn man α-Trinitrotoluol, das mehr als 1% β- und γ-Trinitrotoluol enthält, mit etwa der gleichen Menge Ammonsalpeter mischt und mit so viel Pyridin versetzt, daß die Masse gerade bedeckt ist. Die Gasentwicklung setzt erst nach 10 Minuten langem Erhitzen ein und ist je nach dem Gehalt an unsymmetrischem Trinitrotoluol mehr oder weniger stark.

Bei Gegenwart von Rhodanammon konnten Verfasser keine Gasentwicklung beobachten.

Nach Muraour können β- und γ-Trinitrotoluol im Rohtrinitrotoluol durch Behandlung mit Natriumsulfit und Zurücktitrieren des nicht verbrauchten Sulfits mit Jodlösung bestimmt werden. Zu diesem Zweck bringt man 20 g des gemahlenen Trinitrololuols in einen Kolben mit 30 cm³ einer 3%igen Lösung von Natriumsulfit sicc. zusammen, schüttelt kräftig um, läßt $^1/_2$ Stunde stehen, schüttelt ein zweites Mal um und filtriert nach $^1/_2$ Stunde ab. 5 cm³ des Filtrates werden mit $^1/_{10}$ n-Jodlösung zurücktitriert. Der Umschlagspunkt macht sich durch Entfärbung bemerkbar. Man kann auch als Indicator etwas Tetrachlorkohlenstoff zugeben, der durch überschüssiges Jod violett gefärbt wird. 0,0063 g Natriumsulfit entsprechen 0,01135 g asymmetrischem Trinitrotoluol.

Verfasser fanden nach dieser Methode immer zu hohe Werte, da offenbar auch das α-Trinitrotoluol von der Sulfitlösung angegriffen wird. Selbst unter Berücksichtigung des Sulfitverbrauches von reinstem α-Trinitrotoluol läßt die Genauigkeit der Messungen sehr zu wünschen übrig.

4. Dinitrochlorbenzol (III, 1240). Entsteht leicht durch Nitrierung aus Chlorbenzol, kommt als Sprengstoff für sich nicht in Betracht, dagegen als Ausgangsstoff für synthetische Sprengstoffe und als Vorstufe für den hochwirksamen Sprengstoff Trinitrochlorbenzol. Schmelzpunkt des technischen Produktes 48—50°. Der Chlorgehalt läßt sich durch Kochen mit Sodalösung bestimmen.

5. Trinitrochlorbenzol. Entsteht durch energische Nitrierung von Dinitrochlorbenzol mit hochkonzentrierten Säuren. Schmelzpunkt in reinstem Zustand 83°. Erstarrungspunkt soll nicht unter 80° liegen.

Bei der Untersuchung ist die Labilität des Chloratomes zu beachten, es liefert schon bei längerer Behandlung mit heißem Wasser Pikrinsäure. Mit Ammoniak gibt es Trinitroanilin.

Trinitrochlorbenzol diente früher als Ausgangsstoff für Hexanitrodiphenylsulfid. Bei Verwendung als Sprengstoff für sich hat es den Vorteil der bequemen Gießbarkeit und einer hohen Gußdichte (1,74—1,75), die eine hohe Brisanz verbürgt.

IIIa. Aliphatische Nitrokörper.

1. Tetranitromethan ($C(NO_2)_4$). Flüssigkeit vom Siedepunkt 126° und Dichte 1,65, von charakteristischem, erstickendem Geruch, bildet sich als Nebenprodukt bei der energischen Nitrierung (Hochnitrierung) aromatischer Kohlenwasserstoffe, vorzüglich Benzol und Toluol mit sehr konzentrierten, SO_3-reichen Nitriersäuregemischen durch Aufspaltung des aromatischen Kernes. Wird aus den Nitrokörpern durch Behandlung mit Dampf entfernt.

Kommt auch als Verunreinigung von Salpetersäure (bei Wiedergewinnung aus Abfallsäuren) und Mischsäuren vor. Nachweis durch Verdünnung der Säuren und Wasserdampfdestillation. Es geht mit Wasserdampf sehr leicht über. Erkennung bei größerer Menge als ölige Tröpfchen, oder durch den Geruch oder durch Gelbfärbung von Metaxylol.

Tetranitromethan ist in reinem Zustande kaum explosiv, bildet dagegen, wenn es organische Körper (z. B. Nitrobenzol oder Toluol) gelöst enthält, mit denselben hochsensible, schlagempfindliche und brisante Sprengstoffe. Seine Abscheidung als Nebenprodukt in Nitrokörperbetrieben ist daher wegen der Gefahr der Bildung solcher Lösungen zu vermeiden.

2. Cyclotrimethylentrinitramin (genannt: Hexogen). Einwirkungsprodukt von höchstkonzentrierter Salpetersäure auf Hexamethylentetramin. Hochbrisanter Sprengstoff, der von einigen Staaten für Sonderzwecke benutzt wird.

Reines Hexogen schmilzt bei 201° und besitzt eine ausgezeichnete chemische Stabilität bei hohen Temperaturen. Es läßt sich wochenlang auf 100° C erhitzen, ohne sich zu zersetzen. Es erleidet bei 100° nur einen ganz geringfügigen Gewichtsverlust, während unreine Produkte bei der Erhitzung nach Formaldehyd riechende Nebenprodukte entweichen lassen.

IV. Rauchschwache Pulver.

Quantitative Untersuchung (III, 1244). Ausführliche Angaben über die quantitative Untersuchung rauchloser Pulver, insbesondere auch die Bestimmung der verschiedensten Lösemittel findet man in Kast-Metz (3). An dieser Stelle finden sich auch ausführliche Angaben über die Bestimmung der chemischen Beständigkeit, der Lagerbeständigkeit, Brisanz, ballistischen Beständigkeit und andere physikalische Prüfungen.

V. Gewerbliche Sprengmittel (Sprengstoffgemische).

1. Allgemeines über die Zusammensetzung der Sprengstoffe (III, 1251). Wettersprengstoffe für den Kohlenbergbau. Im Laufe des Jahres 1938 hat sich auf dem Gebiete der Wettersprengstoffe auch im Inland eine bemerkenswerte Neuerung durchgesetzt, die im Auslande schon vor längerer Zeit vorgeschlagen und in Belgien und England seit einigen Jahren in steigendem Umfange eingeführt worden war. Es sind dies die sog. ummantelten Sprengstoffe oder „Mantelsprengstoffe". Im Auslande, wo man von jeher als Wettersprengstoffe solche von einer den inländischen gegenüber höheren Energieleistung und nach deutschen Begriffen und Prüfungsmethoden geringeren Sicherheit benutzt hatte, hatte sich zuerst das Bedürfnis ergeben, die Sicherheit dieser Sprengstoffe zu erhöhen. Dies sollte nach einem bereits 1914 von Lemaire, dem damaligen Leiter der staatlichen belgischen Versuchsstrecke gemachten Vorschlag durch Umhüllung der einzelnen Sprengstoffpatronen mit einer Schicht unbrennbarer Salze geschehen, die besonders gute flammenlöschende bzw. wärmeabsorbierende Eigenschaften aufwiesen.

Nach mehrfachen Versuchen in verschiedenen Ländern mit derartig mit inerten Salzen umhüllten Patronen, wobei die Hüllen teils mit losen Salzen gefüllt waren, teils aus gepreßten Salzgemischen (z. B. Kochsalz und Flußspat) bestanden, also starr waren, wurden diese sog. Mantelsprengstoffe in Belgien und England seit einigen Jahren in zunehmendem Umfang eingeführt, so daß heute in diesen Ländern 40—60% aller in Kohlenbergwerken benutzten Sprengstoffe in dieser Weise umhüllt sind, wobei in England Natriumbicarbonat als Füllstoff für die Umhüllung bevorzugt wird, während in Belgien verschiedene Salzgemische gebräuchlich sind.

In Deutschland gaben einzelne Schlagwetterentzündungen beim Gebrauche der üblichen Wettersprengstoffe an bestimmten, scheinbar besonders gefährdeten Betriebspunkten (z. B. in den immer mehr zunehmenden Blindortbetrieben) Veranlassung, eine weitere Erhöhung der Sicherheit beim Gebrauche der Wettersprengstoffe zu fordern, worauf die erwähnten umhüllten bzw. mit einem Salzmantel umgebenen Patronen hier in der Weise weiterentwickelt wurden, daß an Stelle des Salzmantels ein außerordentlich schwacher Sprengstoff von absoluter Schlagwettersicherheit trat, der zum überwiegenden Teile aus inertem Salz bestand (Kochsalz oder Gemisch von Kochsalz und Natriumbicarbonat) und im übrigen einen gewissen Anteil an flüssigem vom Salz resorbiertem Nitroglycerin (15—20%) enthielt, so daß man von einem mit etwas Nitroglycerin angefeuchteten Salz sprechen kann.

Als Kernsprengstoffe werden die bisher gebräuchlichen plastischen nitroglycerinhaltigen Wettersprengstoffe, wie Wetter-Nobelite und Wetter-Wasagite usw. benutzt. Durch besondere Patronierverfahren wird der sehr schwache, hochsichere sog. Mantelsprengstoff um den Kernsprengstoff allseitig herumgelegt, so daß auch die Patronenköpfe mit Mantelsprengstoff bedeckt sind. Die Schichtdicke beträgt 3,5—4 mm. Der Gesamtdurchmesser der Kombination bisher 32 mm, das Gewichtsverhältnis zwischen Kern- und Mantelsubstanz etwa 55/45.

Der Gehalt der Mantelsubstanz an dem hochsensiblen flüssigen Nitroglycerin bewirkt eine hervorragend gute und sichere Übertragung der Detonationswelle von Patrone zu Patrone.

Bei der Prüfung hat sich die Sicherheit dieser Kombination als der der bisherigen Wettersprengstoffe derartig überlegen erwiesen, daß die Bergbehörde die Schießarbeit mit derselben auch an Stellen wieder zuläßt, wo sie vorher wegen der Gefahr verboten war. Die Gesamtenergie der neuen Kombination ist per Volumeinheit naturgemäß geringer, als die der sonstigen Wettersprengstoffe, so daß je nach Arbeitsweise und Betriebspunkt ein mengenmäßiger Mehrverbrauch von Sprengstoff für dieselbe Arbeitsleistung von 20—30% in Frage kommt. Dieser Mehrverbrauch wird aber durch den Vorteil unbedingter Sicherheit und die Möglichkeit, die Schießarbeit auch an sonst gefährdeten Punkten aufrechterhalten zu können, wettgemacht.

2. Untersuchung und Analyse der Mantelsprengstoffe. Im Handel sind zur Zeit Mantelsprengstoffe mit der Bezeichnung: Wetter-Nobelit B (M 1) bzw. (M 2) usw., wobei M bedeutet, daß es sich um einen ummantelten Sprengstoff handelt und die Ziffer die Sorte angibt, ferner Wetter-Wasagit B (M).

Für die Untersuchung ist zu beachten, daß bei einem Teil der Mantelsprengstoffe die Kernpatrone sich in einer besonderen Papierhülle befindet, die Gesamtpatrone also zwei Hüllen besitzt und es somit ohne Schwierigkeit möglich ist, Kernsubstanz und Mantelsubstanz zu trennen und getrennt nach den bekannten und beschriebenen Methoden zu analysieren. Die Analyse der Mantelsubstanz erfolgt nach demselben Schema wie die der andern gewerblichen Sprengstoffgemische (III, 1251f.). Die innere Papierhülle ist immer dann vorhanden, wenn der sog. Mantelsprengstoff Bicarbonate enthält, da letztere mit dem in allen Wettersprengstoffen vorhandenen Ammonsalpeter unter Ammoniakentwicklung reagieren würden.

Es gibt aber auch Sorten bzw. Patronierverfahren, die auf die innere Hülle verzichten. In diesem Falle umgibt die feuchte Mantelsubstanz direkt den plastischen Kernsprengstoff und haftet an diesem. Die einigermaßen genaue Trennung erfordert große Sorgfalt und eine gewisse Diffusion von Bestandteilen ist bei längerer Lagerung der Sprengstoffe nicht ganz zu vermeiden. So wandert eine gewisse Menge des leicht gelatinierten Nitroglycerins aus dem nitroglycerinreicheren plastischen Kern in den nitroglycerinärmeren Mantelsprengstoff hinein, so daß bei Sprengstoffen einige Wochen nach der Fabrikation Abweichungen des Nitroglyceringehaltes bis zu 2% gegenüber dem Sollgehalt vorkommen können. Für die Sicherheit ist dies ohne Bedeutung und eine möglichst sorgfältige Trennung von Kern und Mantel, Bestimmung des Verhältnisses von Kernsubstanz und Mantelsubstanz, welches durch die amtliche Prüfung in engen Grenzen festgelegt ist, sowie schließlich genaue Analyse beider Bestandteile wird dennoch zuletzt den Beweis ermöglichen, ob der Sprengstoff bei der Fabrikation in der vorschriftsmäßigen Sollzusammensetzung hergestellt worden ist.

VI. Prüfung der Sprengmittel auf Verkehrssicherheit
(III, 1262).

Am 1. Oktober 1938 ist eine neue Eisenbahnverkehrsordnung erschienen, wonach die Klasse I, Explosionsgefährliche Gegenstände in
1a) Sprengstoffe (Spreng- und Schießmittel und ähnliche Stoffe),
1b) Munition,
1c) Zündwaren, Feuerwerkskörper u. dgl.,
1d) verdichtete, verflüssigte oder unter Druck gelöste Gase,
1e) Stoffe, die in Berührung mit Wasser entzündliche oder die Verbrennung unterstützende Gase entwickeln, zerfällt.
Die Klasse 1a wird in zwei Gruppen unterteilt.

Die erste Gruppe enthält Sprengstoffe, die sowohl als Stückgut als auch in Wagenladungen zur Beförderung zugelassen sind. Darunter fallen Nitrocellulose unter besonderen Bedingungen, zahlreiche organische Nitrokörper, sowie einige gelatinöse und alle pulverförmigen Ammonsalpetersprengstoffe.

Die zweite Gruppe umfaßt alle Sprengstoffe, die nur in ganzen Wagenladungen zur Beförderung zugelassen sind, worunter unter anderem Dynamite und dynamitähnliche Sprengstoffe, Chlorat- und Perchloratsprengstoffe, sowie Schwarzpulver fallen. Unter besonderen Bedingungen dürfen auch einige Sprengstoffe der zweiten Gruppe, z. B. Schwarzpulver und gewisse Chloratsprengstoffe als Stückgut in beschränkten Mengen versandt werden.

Die Prüfungsbestimmungen sind im Anhang I der Anlage C zur E.V.O. zusammengestellt und haben sich nicht verändert.

VII. Sprengtechnische Prüfung der Sprengmittel.

Detonationsgeschwindigkeit (III, 1272). Der Kondensator-Chronograph, der insbesondere zur Messung der Detonationsgeschwindigkeit kleinster Meßstrecken von wenigen Zentimetern verwendet wird, wurde von Roth wesentlich verbessert.

VIII. Prüfung der Sprengkraft und Sprengwirkung der Sprengmittel.

1. Trauzlsche Bleiblockprobe (III, 1273). Außer den ausführlichen Untersuchungen von Naoúm über die Bleiblockausbauchung, ihre Abhängigkeit von der Dichte und ihre Beziehung zum spezifischen Druck ist noch eine Arbeit von Haid und Koenen erschienen, die die Bleiblockausbauchungen gleicher Volumina messen und miteinander vergleichen. Nach den Verfassern kann man Drucke und Druckimpulse nur vergleichen, wenn man sie auf gleiche Flächen bezieht. Deshalb wurden form- und volumgleiche Körper aus den zu untersuchenden Sprengstoffen hergestellt und je nach ihrer Stärke in normalen oder um 5 cm verlängerten Bleiblöcken geschossen.

Das Ergebnis wird als „Sprengwirkung" angesprochen und kann auf die Gewichtseinheit bezogen werden (Grammzahl). Die so erhaltenen auf 10 g bezogenen Werte stimmen mit den von Naoúm gefundenen einigermaßen überein, wofern Dichten angewendet werden, bei denen die Detonationssensibilität nicht erheblich beeinträchtigt wird bzw. die verwendeten Preßkörper nicht so hochkomprimiert sind, daß bei dem nur schwachen Einschluß im Bleiblock die Detonationsfähigkeit vermindert wird.

2. Die Stauchprobe (Brisanzprobe) (III, 1275). Über den Stauchapparat nach Kast liegt eine ausführliche Arbeit von Haid und Selle vor. Darin wird festgestellt, daß kleine Unterschiede in den Versuchsbedingungen, z. B. Größe der Kupferzylinder, Gewicht und Härte des Stahlstempels usw. andere Stauchwerte bedingen. Die Korrektur der Messungen wird angegeben und die Stärke der Stauchung in sog. Staucheinheiten gemessen.

Weiter sei auf eine Methode zur Messung der Brisanz von Wöhler und Roth hingewiesen. Diese benutzen nicht wie Kast und Hess die unmittelbare mechanische Wirkung des Explosionsstoßes zu seiner Messung, sondern schwächen den Explosionsstoß in einem mehr oder weniger stark phlegmatisiertem Sprengstoffgemisch bis zu einem immer konstanten Betrag ab. Als Sprengstoff wird Trinitroxylol verwendet, das durch Zusatz steigender Mengen Kochsalz verschieden stark phlegmatisiert wird. Als Indicator wird eine Bleiplatte verwendet. Die Brisanz des untersuchten Sprengstoffes erkennt man an dem Prozentgehalt des zugesetzten Kochsalzes. Diese Methode wird mit nur wenigen Gramm Sprengstoff ausgeführt und ist vorzüglich für einheitliche Sprengstoffe von hoher Brisanz geeignet.

IX. Knallsätze, Zündsätze, Sprengkapseln und Zündhütchen.

1. Knallquecksilber (III, 1278). Die Knallsäure kann im Knallquecksilber nach der sog. Boforser Methode durch Titration bestimmt werden [Kast-Metz (4)]. 3 g reines Jodkalium werden in 50 cm³ $^1/_{10}$ n-Natriumthiosulfatlösung gegeben und rasch 0,3 g Knallquecksilber zugesetzt. Nach seiner Lösung wird unter Verwendung von Methylorange mit $^1/_{10}$ n-Schwefelsäure titriert. Dann titriert man das nicht verbrauchte Natriumthiosulfat mit $^1/_{10}$ n-Jodlösung und Stärke als Indicator zurück. 1 cm³ Thiosulfat entspricht 0,01423 g Knallquecksilber und 1 cm³ Säure 0,007115 g. Die jodometrische Bestimmung ist genauer als die alkalimetrische, die leicht etwas zu hohe Werte gibt.

2. Bleitrinitroresorcinat (III, 1280). Das Bleitrinitroresorcinat wird dem Bleiazid zugesetzt, um eine höhere Zündempfindlichkeit der damit hergestellten Sprengkapseln zu erzielen. Die Untersuchung erstreckt sich meist nur auf die Bestimmung des Bleigehaltes als Sulfat; er beträgt bei der chemisch reinen Substanz 44,2%. Außerdem kann nach Rathsburg das Trinitroresorcin durch Titration mit Titanosalzen nach Knecht und Hibbert bestimmt werden.

3. Guanyl-nitrosamino-guanyl-tetrazen, Tetrazen. Dieser Körper wird als Ersatz des Knallquecksilbers in rostfreien Zündsätzen verwendet. Er ist farblos bis schwachgelblich und hat ein feinkristallines Aussehen. Die Verpuffungstemperatur ist 137°. Seine Schlagempfindlichkeit ist etwa die gleiche wie die von Knallquecksilber, seine Reibungsempfindlichkeit ist jedoch bedeutend geringer.

Eine analytische Bestimmungsmethode für Tetrazen ist bisher nicht beschrieben worden.

X. Die Stabilitätsprüfung für Schießmittel und Sprengmittel (III, 1286).

Zu den bekannten Stabilitätsprüfungen ist im Laufe der Berichtszeit keine neue hinzugekommen. Es sind wohl an den gebräuchlichen Apparaturen kleine Verbesserungen angebracht worden, deren Aufzählung im einzelnen zu weit führen würde.

XI. Zündwaren und Feuerwerkskörper (III, 1302).

Auf dem Gebiete der Zündwaren und Feuerwerkskörper sind in der Berichtszeit keine neuen Untersuchungsmethoden von Bedeutung veröffentlicht worden.

Literatur.

Crawford: Journ. Soc. Chem. Ind. **41**, 321 (1922).

Haid u. Koenen: Ztschr. f. Schieß- u. Sprengstoffwes. **29**, 102f. (1934). — Haid u. Selle: Ztschr. f. Schieß- u. Sprengstoffwes. **29**, 11f. (1934).

Kast-Metz: (1) Chemische Untersuchung der Spreng- und Zündstoffe, S. 248. — (2) S. 248. — (3) S. 273—303. — (4) S. 494.

Lehmstedt u. Zumstein: Ber. Dtsch. Chem. Ges. **58** II, 2024 (1925); vgl. auch Untersuchung von Trinitrophenylmethylnitramin (Tetryl), S. 1242.

Marqueyrol, Köhler et Jovinet: Mém. poudr. **18**, 68 (1921). — Matuo, Tokuoka: Chem. Zentralblatt **108** II, 1236 (1937). — Müller, Erich u. H. Kogert: Ztschr. f. anorg. u. allg. Ch. **188**, 160 (1930). — Muraour: Bull. Soc. Chim. de France [4] **35**, 376 (1924).

Naoúm: Ztschr. f. Schieß- u. Sprengstoffwes. **27**, 181f. (1932). — Nauckhoff-Philip: Siehe Kast-Metz, S. 248.

Quartaroli: Gazz. chim. ital. **48** I, 102 (1918).

Rathsburg: Ber. Dtsch. Chem. Ges. **54**, 3183 (1921). — Robertson: Journ. Chem. Soc. London **119**, 27 (1921). — Roth: Ztschr. f. Schieß- u. Sprengstoffwes. **28**, 42 (1933).

Sacharow: Chem. Zentralblatt **106** I, 276 (1935). — Schwarz: Ztschr. f. anal. Ch. **115**, 170 (1939).

Wassiljew: Ztschr. f. anal. Ch. **111**, 121 (1936). — Wöhler u. Roth: Ztschr. f. Schieß- u. Sprengstoffwes. **29**, 9f. (1934).

Zellstoff- und Papierfabrikation.

Von

Professor Dr.-Ing. **Georg Jayme**, Darmstadt.

I. Pflanzliche Rohstoffe (V, 533).

In der modernen Zellstoffindustrie gewinnt die Untersuchung der verwandten pflanzlichen Rohstoffe immer größeren Raum. Man hat erkannt, daß es möglich ist, durch sorgfältige Analyse die aus dem Material zu erwartende Ausbeute vorauszubestimmen. Außerdem kann man nach genauer Feststellung der Zusammensetzung bei bisher noch nicht benutzten Stoffen mit ziemlicher Sicherheit voraussagen, welches Aufschlußverfahren dafür am besten geeignet ist.

Die Untersuchungsmethoden sind bis jetzt hauptsächlich für Hölzer ausgearbeitet worden, und es erscheint durchaus nicht sicher, ob sich alle Methoden ohne weiteres auf andere pflanzliche Rohstoffe übertragen lassen. Dies hat sich sehr eindeutig bei der Untersuchung von Stroh herausgestellt.

Besonders angezeigt erscheint die eingehende Analyse im Falle von Schwankungen der Zellstoffausbeute und des Verlaufs des Kochprozesses. In solchen Fällen empfiehlt es sich, die wichtigsten Bestimmungen, z. B. der Roh- und Reincellulose, des Lignins, der Löslichkeit in verdünnter Natronlauge, des Asche- und Harzgehaltes, periodisch auszuführen und ihre Ergebnisse in Beziehung zu den beobachteten Schwankungen zu setzen.

1. Probenahme und Vorbereitung. Im Falle von Holz hat es sich als notwendig erwiesen, daß eine gute Durchschnittsprobe des Holzes unter tunlichster Vermeidung von Erhitzen zerkleinert und daß aus dem entstandenen Holzpulver eine bestimmte Fraktion herausgesiebt wird. Um eine dabei etwa eintretende Sortierung des Materials nach Härte zu vermeiden, muß die auf dem Sieb verbleibende gröbere Portion weiter zerkleinert und ebenfalls durch das gröbere Sieb getrieben werden.

Die Zerkleinerung des Holzes kann mit Raspeln, Feilen oder mit Scheibenzerkleinerern erfolgen. Im Exsiccator getrocknete Buchenholzbohrspäne lassen sich in einem Mörser zerreiben. Bei Hölzern ist darauf zu achten, daß bei der Analyse z. B. einer Stammscheibe die richtigen Anteile von Kern- und Splintholz in die Probe gelangen.

Andere Materialien wie Stroh, Gräser und dgl. müssen erst klein geschnitten, dann in einer Mühle zermahlen und gesiebt werden. Bei inhomogenen Materialien, die z. B. Knoten enthalten, empfiehlt es sich, diese herauszusortieren und getrennt zu analysieren; durch Bestimmung ihres mengenmäßigen Anteils kann man Aufschluß über die Zusammensetzung des gesamten Materials erhalten.

Zum Aussieben des Materials wird empfohlen, die Fraktion zu verwenden, die ein Sieb Nr. 40 passiert und von einem Sieb Nr. 60 zurück-

gehalten wird. Bei gleichmäßigem Material kann die Grenze nach unten
noch etwas weiter gezogen werden.

In den meisten Fällen wird das zerkleinerte und gesiebte Material
vor der Analyse einer Extraktion mit organischen Lösungsmitteln unterzogen, um die störenden Harze, Wachse und Fette zu entfernen. Das
Material wird stets in einer luftdicht verschlossenen Pulverflasche aufbewahrt und der Feuchtigkeitsgehalt in einer gesonderten Probe bestimmt.
Die Analysendaten, z. B. die Furfurolausbeute, werden dann in Prozent
der absolut trockenen, extrahierten Holzsubstanz angegeben. Dies
ist, um Verwechslungen vorzubeugen, ausdrücklich zu vermerken. In
einer anderen Probe wird der durch die Extraktion entstandene Substanzverlust quantitativ bestimmt; es können so die erhaltenen Analysenergebnisse auf das nicht extrahierte, absolut trockene Material umgerechnet werden.

Bei der Bearbeitung dieses und der folgenden Kapitel sind neben
dem neuesten Schrifttum folgende einschlägigen Methodensammlungen
herangezogen worden.

1. Schwalbe-Sieber: Die chemische Betriebskontrolle in der Zell-
stoff- und Papierindustrie, 3. Aufl. 1931.

2. Merkblätter der Faserstoff-Analysenkommission des Vereins
der Zellstoff- und Papier-Chemiker und -Ingenieure. Bisher erschienen
Nr. 1—16, im Text F.A.K.-Blätter genannt.

3. Charles Dorée: The methods of cellulose chemistry, 1933.

4. T.A.P.P.I. Standards der Technical Association of the Pulp and
Paper Industry. U.S.A. New York. Die sich hierauf beziehenden Me-
thoden werden im Text als T.A.P.P.I.-Methoden mit den entsprechenden
Nummern gekennzeichnet.

Liste der F.A.K.-Merkblätter[1].

1. Zur Charakteristik von Zellstoffen. — Charakterisierung ungebleichter
Zellstoffe nach Härte und Bleichfähigkeit. Papierfabr. **32**, 109 (1934).

2. Härtebestimmung ungebleichter Sulfit- und Natronzellstoffe. — Bestimmung des Aufschlußgrades ungebleichter Zellstoffe. Papierfabr. **32**, 157 (1934).

3. Einheitsmethode für die Bestimmung des Ligningehaltes ungebleichter und
gebleichter Zellstoffe. Papierfabr. **32**, 169 (1934).

4. Einheitsmethoden für die Probenzerkleinerung sowie für die Bestimmung
der Feuchtigkeit, Stoffdichte und des Aschengehaltes von Zellstoffen. Papierfabr.
32, 313 (1934).

5. Bestimmung des Harz- und Fettgehaltes in Zellstoffen. Papierfabr. **32**,
345 (1934).

6. Einheitsmethoden für die Bestimmung des Alkoholextraktes und die Zerlegung von Harzextrakten in Unverseifbares, Fettsäuren und Harzsäuren. Papierfabr. **32**, 481 (1934).

7. Einheitsmethoden für die Bestimmung der Alphacellulose, des Gesamtalkalilöslichen sowie der Beta- und Gammacellulose. Papierfabr. **32**, 521 (1934).

8. Einheitsmethoden für die Bestimmung der Kupferzahl von Zellstoffen.
Papierfabr. **33**, 1 (1935).

9. Bestimmung von Holzgummi in Zellstoffen. — Pentosanbestimmung
(„Tollens-Zahl"). Papierfabr. **33**, 225 (1935).

10. Einheitsmethoden für die Bestimmung der Quellungskriterien. Papierfabr. **34**, 17 (1936).

---

[1] Siehe auch Korn: Fortschritte in der Papier- und Zellstoffprüfung. Papierfabr. **33**, 217 (1935); **34**, 137 (1936); **35**, 188 (1937); **36**, 304 (1938).

11. Einheitsmethode für die Bestimmung der Xanthogenatviscosität. Papierfabr. **34**, 57 (1936).

12. Einheitsmethode für die Bestimmung der Kupferamminviscosität. Papierfabr. **34**, 113 (1936).

13. Einheitsmethode für die Beurteilung von Zellstoffen hinsichtlich ihrer mechanischen Pergamentierfähigkeit. Papierfabr. **34**, 397 (1936).

14. Einheitsmethoden für die Untersuchung von Sulfitzellstoffablaugen. Papierfabr. **35**, 283 (1937).· Nachtrag: Papierfabr. **35**, 365 (1937).

15. Der mikroskopische Harznachweis im Zellstoff. Papierfabr. **35**, 293 (1937).

2. Raumgewichtsbestimmung. Diese Bestimmungen werden an nicht zerkleinertem Holz ausgeführt. Es empfehlen sich folgende Begriffsbestimmungen:

a) **Darrdichte** $= d_0$. Diese Zahl bedeutet das Gewicht von 1 cm³ Holz im darrtrockenen, d. h. absolut trockenen Zustande. Darrgewicht und Darrvolumen werden nach Erreichung der Gewichtskonstanz beim Trocknen bestimmt. $\dfrac{\text{Darrgewicht}}{\text{Darrvolumen}} = d_0$.

b) **Frischdichte** $= d_f$. Diese Zahl bedeutet das Gewicht von 1 cm³ Holz im l.f. oder luftfeuchten Zustand. Sie ergibt sich aus dem Gewicht (Frischgewicht$_{l.f.}$) und dem Volumen (Frischvolumen$_{l.f.}$) der lufttrockenen Probe in folgender Weise: $\dfrac{\text{Frischgewicht}_{l.f.}}{\text{Frischvolumen}_{l.f.}} = d_f$.

c) **Raumdichte** $= d_r$. Diese Zahl wird in der Zellstoffindustrie am meisten verwendet. Sie entspricht dem Anteil absolut trockener Holzsubstanz, die in einem Volumen der lufttrockenen Probe enthalten ist. $\dfrac{\text{Darrgewicht}}{\text{Frischvolumen}} = d_r$.

Da beim Trocknen von Holz eine Volumverkleinerung eintritt, ist dieses Verhältnis in der Natur nie reproduzierbar, stellt also eine theoretische Größe dar. Trotz alledem behält sie einen hohen praktischen Wert, da sie bei chemischen Prozessen die Unterlage für die Ausbeuteberechnung liefert.

Zwecks Bestimmung obiger Größen muß das Volumen des Holzes bestimmt werden; dazu dienen folgende Methoden:

Volumenbestimmung des Holzes. a) Durch Ausmessung genau gearbeiteter geometrischer Körper wie Zylinder und Würfel. Die bei der Trocknung eventuell auftretenden Risse oder Verzerrungen der Körper müssen als Fehlerquelle berücksichtigt werden.

b) Durch Verdrängung von Quecksilber. Geeignet sind hierfür die Apparate von Breuil[1] und Heininger und Jayme[2].

In dem Breuilschen Apparat (hergestellt von Amsler & Co., Schaffhausen) wird die zu untersuchende Probe mittels einer Feder in das in einem Stahlgefäß befindliche Quecksilber getaucht. Durch eine seitlich angebrachte Mikrometerschraube kann ein Kolben in das Gefäß eingeführt und damit der Spiegel des Quecksilbers auf eine bestimmte Marke einer Meßcapillare eingestellt werden. Eine Parallelmessung wird ohne Holzprobe durchgeführt. Aus der Differenz der beiden Messungen läßt sich das Volumen des Holzes berechnen.

---

[1] Vgl. F. Kollmann: Technologie des Holzes, S. 37. 1936.

[2] Bisher unveröffentlicht; entwickelt im Institut für Cellulosechemie. Techn. Hochschule Darmstadt.

Nach Heininger nnd Jayme. Das Meßprinzip des auch für Mikrobestimmungen verwendbaren Gerätes (hergestellt von M. W. Herbig, Darmstadt) beruht auf der Verdrängung einer für die gewünschte Genauigkeit der Messung geeigneten Flüssigkeitsmenge (Quecksilber, Paraffinöl, Petroleum oder dgl. und der Ermittlung der scheinbaren Volumenzunahme der Meßflüssigkeit in einem Meßrohr).

Das gläserne Gerät (Abb. 1) besteht aus einem U-Rohr, dessen einer Schenkel als Meßröhre und dessen anderer als Probenaufnahmegefäß mit darüber angebrachter Nullpunktsmarke ausgebildet ist. Eine auf der Rückseite des Apparates angebrachte Beleuchtungseinrichtung erleichtert eine scharfe Ablesung.

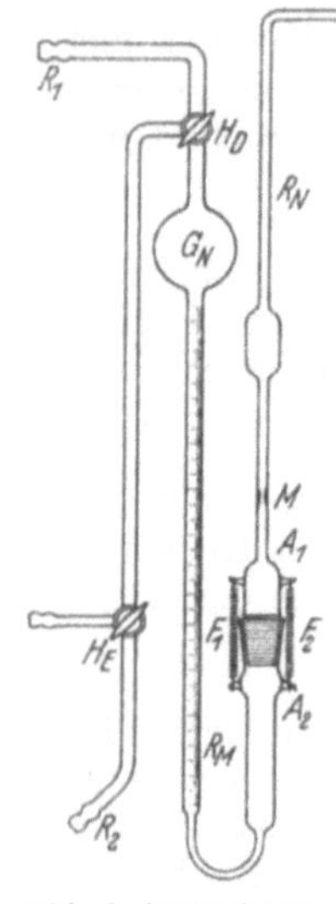

Das Meßrohr sowie die Capillare mit der Nullpunktsmarke sind oberhalb zu Vorlagegefäßen für die Meßflüssigkeit erweitert. An die Vorlage über dem Meßrohr ist ein zweckmäßig gebogenes Glasrohr mit zwei T-Hähnen angeschlossen, deren Öffnungen die Anschlüsse zum Ansaugen und Hochdrücken der Meßflüssigkeit ergeben.

Zunächst wird die Meßflüssigkeit bei geschlossenem und mit zwei Federn gesichertem Probenaufnahmegefäß bis zu dem darüberliegend angebrachten Nullpunktsstrich hochgedrückt, der Stand des Meniscus am Meßrohr abgelesen (1. Ablesung), entspannt und dann die Meßflüssigkeit soweit in die Vorlage über dem Meßrohr gesaugt, daß das Probeaufnahmegefäß leer ist. Die Spannfedern am Normalschliff werden entfernt, der obere Teil des Probenaufnahmegefäßes abgehoben, das Probestück eingelegt, das Gefäß geschlossen und durch die Spannfedern wieder gesichert.

Abb. 1. Apparat von Heininger und Jayme.

Hierauf läßt man die Meßflüssigkeit wieder in das Probeaufnahmegefäß langsam zurückfließen, drückt bis zur Nullpunktsmarke hoch und notiert den Stand des Meniscus im Meßrohr (2. Ablesung). Die Differenz der Stellung der Menisken (1. und 2. Ablesung) ergibt das Volumen des Probekörpers in Kubikzentimeter.

Bei der Bestimmung des Volumens von Holzproben unter Verwendung von Quecksilber als Meßflüssigkeit ergibt der statische Druck des Quecksilbers über dem Probekörper ein Optimum für die Umschließung der Probe, ohne daß Quecksilber in die Holzporen bei Verwendung eines Holzes, wie Kiefer, eindringt. Der Fehler liegt innerhalb des Meßfehlerbereiches von $\pm 1^0/_{00}$.

3. Bestimmung des Wassergehaltes (V, 534). Hier gelten die gelegentlich der Bestimmung des Wassergehaltes von Zellstoffen (s. S. 118 Abschnitt III, Nr. 1) gemachten Ausführungen mit Ausnahme der Methode des Zentrifugierens.

4. Aschebestimmung (V, 534). Die Aschebestimmung wird wie üblich am besten in einem Platin- bzw. Quarztiegel ausgeführt. Es ist besonders bei vergleichenden Bestimmungen notwendig, die Veraschungstemperatur konstant zu halten. Temperaturen zwischen 700 und 800° C haben sich bewährt. Etwa 5 g des Materials gelangen zur Veraschung.

Sollen in der Asche Kieselsäure und anderes bestimmt werden, so wird die Asche nach der Wägung mit Salpetersäure (5 cm³) abgeraucht, in 5 cm³ Wasser und 15 cm³ Salzsäure aufgenommen, nochmals zur Trockne gebracht und dann in 15 cm³ konzentrierter Salzsäure in der Wärme aufgelöst. Die mit 50 cm³ Wasser verdünnte Lösung wird durch ein quantitatives Filter filtriert, dieses gut ausgewaschen, verascht und die Kieselsäure bestimmt. Im Filtrat können z. B. Ca, Mg, Fe usw. nach den üblichen Methoden bestimmt werden.

5. Bestimmung der durch organische Lösungsmittel entfernbaren Extraktstoffe (V, 535). Je nach Art enthält das Ausgangsmaterial Beimengungen, deren Bestimmung von größter Bedeutung ist. Es sei daran erinnert, daß z. B. der hohe Harzgehalt des Kiefernkernholzes dessen Aufschluß nach dem Calciumbisulfitverfahren erschwert, und daß das im Esparto anwesende Wachs bei dessen Entstaubung zum Teil in den Staub geht und dieser deshalb nutzbringend auf Wachs aufgearbeitet werden kann.

Die Extraktstoffe gehören hauptsächlich dem Typ der Harz- und Fettsäuren, Glyceride und Wachse an. Infolge der Heterogenität dieser Stoffe ist es verständlich, daß durch verschiedene Lösungsmittel mengenmäßig verschiedene Anteile erfaßt werden. Es ist deshalb unbedingt notwendig, das benutzte Lösungsmittel anzugeben.

Zur näheren Identifizierung dieser Stoffe sind zwei Wege gangbar: Man kann entweder mit einem Universallösungsmittel bzw. -lösungsmittelgemisch einen Gesamtextrakt herstellen und diesen dann analytisch in seine Bestandteile trennen. Der andere Weg besteht darin, daß mit verschiedenen Lösungsmitteln extrahiert wird und die jeweils erfaßten Mengen miteinander verglichen werden. Als hauptsächlich benutzte Lösungsmittel kommen in Frage: Äther, Alkohol, Benzol, Methylalkohol und Benzolalkohol bzw. Benzol-Methylalkoholgemische, die meist im Volumenverhältnis 1:1 angewandt werden.

Die Extraktion selbst geschieht in einem Soxhlet-Apparat, dessen Hebergefäß einen Nutzinhalt von etwa 250 cm³ haben soll bzw. einem Soxhlet-Apparat in der von P. Radermacher beschriebenen Ausführung oder in der von A. Noll (1) beschriebenen Apparatur.

2 g des zerkleinerten und gesiebten Holzes werden für 6—8 Stunden mit dem Lösungsmittel extrahiert, wobei die Extraktionsflüssigkeit im lebhaften Sieden zu halten ist. Als Wärmequellen kommen infolge der Feuergefährlichkeit der benutzten Extraktionsmittel nur Wasserbäder oder Heizplatten in Frage. Nach 6—8stündiger Extraktion wird das überschüssige Lösungsmittel aus dem Extraktionskölbchen etwa bis zur Hälfte abdestilliert. Es hat sich als notwendig erwiesen, daß der Extrakt filtriert wird, da in den meisten Fällen kleine Stoffteilchen bei der Extraktion mitgerissen werden. Nach der Filtration, wobei das Filter mit frischem Lösungsmittel nachgewaschen wird, kann man auf zweierlei Art verfahren:

Man destilliert die größere Menge des Lösungsmittels ab und gibt dann das verbleibende Konzentrat unter Nachspülen in ein kleines, gewogenes Becherglas von etwa 50 cm³ Inhalt. Der Inhalt wird auf dem Wasserbad zum Trocknen gebracht und der Rückstand im Trockenschrank bei 100° C zur Gewichtskonstanz getrocknet. Man kann aber auch so vorgehen, daß man ein tariertes, nicht zu schweres Kölbchen benutzt, aus diesem nach der Filtration das Lösungsmittel abdestilliert und in dem betreffenden Kölbchen den Extrakt trocknet und wägt.

Die Extraktmenge wird in Prozent vom Gewicht des absolut trockenen Holzes angegeben. Die Feuchtigkeitsbestimmung wird an einer anderen Probe gesondert ausgeführt.

6. Furfurolausbeute (V, 535). Das wie üblich vorbereitete und extrahierte Holzmehl wird nach einer der für Zellstoff angegebenen Methoden untersucht (s. S. 128, Abschnitt III, Nr. 3).

7. Löslichkeit in wäßrigen Lösungen. Zur Vervollständigung der Analysen ist vorgeschlagen worden, die Löslichkeit pflanzlicher Rohstoffe in kaltem oder heißem Wasser sowie 1%iger Natronlauge zu bestimmen.

a) **In kaltem Wasser** (T.A.P.P.I.-Methode Nr. T 1 m — 34). 2 g lufttrockenes, extrahiertes Holzpulver, dessen Feuchtigkeitsgehalt vorher bestimmt worden ist, werden in ein 400 cm³ fassendes Becherglas gebracht und mit 300 cm³ destilliertem Wasser versetzt. Die Mischung bleibt unter häufigem Umrühren 48 Stunden lang stehen, dann wird das Material auf einen tarierten Glasfiltertiegel gebracht, mit kaltem Wasser ausgewaschen und bis zur Gewichtskonstanz, die meist nach etwa 4 Stunden erreicht ist, bei 105° C getrocknet. Der Tiegel wird in ein Wägeglas gebracht, im Exsiccator über konzentrierter Schwefelsäure abgekühlt und gewogen.

b) **In heißem Wasser** (T.A.P.P.I.-Methode Nr. T 1 m — 34). 2 g des vorbereiteten Materials werden mit 100 cm³ destilliertem Wasser in einem 200 cm³ fassenden Erlenmeyerkolben am Rückfluß in einem siedenden Wasserbad, dessen Wasserniveau konstant gehalten wird und sich gerade über der Lösung in der Flasche befindet, erhitzt. Nach 3 Stunden wird in den Filter- und Wägetiegel überführt, mit heißem Wasser nachgewaschen, bei 105° C getrocknet usw.

c) **In 1%iger Natronlauge** (T.A.P.P.I.-Methode T 4 m — 36). Es wird angenommen, daß der Abbau des Holzes, wie er z. B. bei Pilzbefall eintritt, mit Hilfe dieser Methode gemessen werden kann. Die nach ihr erhaltenen absoluten Werte können nicht in eindeutiger Weise mit der aus dem betreffenden Holz erzielbaren Ausbeute in Beziehung gebracht werden, jedoch glaubt man, daß bei vergleichenden Holzuntersuchungen die Methode wertvolle Dienste leistet. Auch zur Prüfung von Zellstoff kann sie herangezogen werden.

Von dem wie üblich vorbereiteten Holzmehl werden zwei Proben, entsprechend 2 g absolut trocken gedachter Substanz, ausgewogen. Zu jeder Probe, die sich in einem 200 cm³ fassenden hohen Becherglas befindet, werden 100 cm³ 1%iger Natronlauge zugegeben. Nach gutem Durchrühren werden die Bechergläser mit Uhrgläsern bedeckt und genau 1 Stunde lang in einem Wasserbad belassen, das beständig am Sieden gehalten wird; nach 10, 15 und 25 Minuten, also 3mal, wird umgerührt. Der Inhalt wird durch je einem tarierten Glasfiltertiegel filtriert, zuerst mit heißem Wasser, dann mit 50 cm³ 10%iger Essigsäure und endlich mit heißem destilliertem Wasser gewaschen. Tiegel und Inhalt werden zur Gewichtskonstanz bei 105° C getrocknet, in einem Exsiccator gekühlt und in einem Wägeglas gewogen.

8. Bestimmung des Ligningehaltes (V, 536). a) Nach Halse. Eine Probe von 1 g zerkleinerter, extrahierter, lufttrockener Substanz (Trockengewichtsbestimmung an einer Parallelprobe) wird in einer 250-cm³-Glasflasche (weiter Hals, Glasstöpsel) mit 50 cm³ konzentrierter Salzsäure und 5 cm³ konzentrierter Schwefelsäure versetzt, im Laufe der ersten Stunden mehrere Male stark geschüttelt und bis zum nächsten Tage stehen gelassen. Der Inhalt wird hierauf in einem Becherglas mit Wasser verdünnt, auf ein Volumen von 500 cm³ gebracht und dann zum Sieden erhitzt. Nach mehreren Minuten Kochzeit läßt man das Lignin absitzen, dekantiert die überstehende klare Flüssigkeit ab und filtriert den Bodensatz auf einem porösen Tiegel, wäscht gut aus und trocknet den Tiegel bei 100°. Der Rückstand (Lignin) wird als Prozentsatz von der absolut trockenen Einwaage angegeben.

Für genaue Untersuchungen erscheint das unter b) angegebene Veraschen des Lignins angezeigt.

b) Mit konzentrierter Schwefelsäure in Anlehnung an Klason, König u. a. Das zu untersuchende Material wird mit Alkohol oder Alkohol-Benzolgemisch im Soxhlet-Apparat mehrere Stunden extrahiert, danach mit Alkohol, später mit heißem Wasser nachgewaschen, getrocknet und bei einer Einwaage von 1—2 g mit 50 cm³ 72%iger Schwefelsäure übergossen. Das gut durchgerührte Gemisch bleibt 48 Stunden stehen, wird dann mit etwa $^1/_2$ l Wasser verdünnt und zum Sieden erhitzt; dieses wird, um die Filtrierbarkeit des Rückstandes zu gewährleisten, unter Umständen bis auf 2 Stunden ausgedehnt. Nach der Aufkochung läßt man erkalten und absitzen, dekantiert die über dem Niederschlag stehende Flüssigkeit durch einen Goochtiegel und wäscht den Niederschlag im Glase gründlich mit kochendem Wasser aus, ehe man ihn zum Schluß auf das Filter bringt. Dann wird bis zur Säurefreiheit des Filtrates gewaschen, bei 105° C getrocknet, gewogen, hierauf geglüht, so daß das Lignin verascht, und wieder gewogen. Der Unterschied der Wägungen gibt die Menge des aschefreien Lignins an.

c) Nach Fredenhagen und Cadenbach. Man bringt 5 g absolut trockenes Holz in ein Platinkölbchen, in welchem man gleichzeitig unter Kühlung 40 g wasserfreie Fluorwasserstoffsäure kondensiert (nach Fredenhagen und Cadenbach gewinnt man die Säure, indem man einen scharf getrockneten Luftstrom über eine KHF_2-Schmelze in eine Silberretorte schickt). Nach beendigter Kondensation bleibt das Kölbchen während $^1/_4$ Stunde bei Zimmertemperatur stehen. Der flüssige Anteil wird hierauf vorsichtig dekantiert. Um die Vollständigkeit der Extraktion zu sichern, wird der Kolbeninhalt nochmals mit 40 g Fluorwasserstoffsäure behandelt. Nach dem zweiten Dekantieren des flüssigen Anteils wäscht man den Ligninrückstand und wiegt ihn nach dem Trocknen.

d) Schwalbe (1) (V, 537) empfiehlt eine Arbeitsweise in Anlehnung an die Vorschrift von G. Ritter, R. M. Seborg und R. L. Mitchell, die mit Fasermaterial (2 g) auszuführen ist, das mit Benzol-Alkohol und anschließend 3 Stunden lang mit heißem Wasser extrahiert worden ist.

e) **Bemerkungen.** Bei manchen Pflanzenmaterialien, wie Buchenholz oder Stroh, ist ein deutlicher Einfluß der Temperatur während der Säurebehandlung auf die Menge des Rückstandes festgestellt worden (Hilpert und Hellwaage). Bei niedriger Temperatur gehen größere Anteile der Ligninsubstanz in Lösung.

Die sog. „indirekten" Ligninbestimmungen auf Grund etwa des Methoxylgehaltes sind abzulehnen, da nach neueren Forschungen in vielen Pflanzen ein beträchtlicher Teil des Methoxyls auch an Polysaccharide gebunden ist.

9. Bestimmung des Mannans. Mit der Methode von Schorger (1), die auf der Hydrolyse des Mannans mit 5%iger Salzsäure zu Mannose beruht, erhält man nach Hägglund und Bratt unzureichende Werte, da nur ein Teil des Mannans erfaßt wird. Zufriedenstellende Ergebnisse liefert dagegen das von ihnen vorgeschlagene Verfahren der Totalhydrolyse:

5 g lufttrockenes Material werden in einem Becherglas mit 45 cm³ 72%iger Schwefelsäure versetzt und bei Zimmertemperatur für 4 Stunden in einem gut evakuierten Exsiccator gestellt. Das Gemisch wird darauf mit 95 cm³ Wasser verdünnt und weitere 6 Stunden bei gleicher Temperatur stehen gelassen, schließlich in einem 2-l-Kolben mit 1500 cm³ Wasser verdünnt und 6 Stunden unter Rückfluß gekocht. In einer aliquoten Menge kann der Gesamtzucker bestimmt werden, nachdem das bei der Hydrolyse zurückbleibende Lignin abfiltriert worden ist.

Zur Bestimmung der Mannose neutralisiert man das Hydrolysat in der Hitze mit Bariumcarbonat, das als Brei nach und nach zugesetzt wird. Dann wird Lignin und Bariumsulfat abfiltriert und ein Teil der Gesamtlösung (z. B. 1000 cm³) auf etwa 75 cm³ eingedampft. Die Lösung muß schwach sauer gegen Lackmus reagieren, darf aber Kongopapier nicht blau färben. Gegebenenfalls wird sie mit Essigsäure schwach angesäuert. Dann filtriert man die Lösung.

Eine Ausfällung der Mannose ist nur dann quantitativ, wenn die Konzentration dieses Zuckers in wäßriger Lösung nicht unter 1% liegt. Die Verfasser schlagen deshalb vor, daß man, um diese Mindestkonzentration zu erreichen, der Lösung eine zusätzliche Menge Mannose hinzufügen soll, welche natürlich beim Endwert in Abzug gebracht werden muß.

Die Mannosebestimmung wird wie folgt durchgeführt: Das Filtrat versetzt man zunächst mit etwas Natriumacetat, um gegebenenfalls vorhandene Spuren von Mineralsäuren zu beseitigen, darauf mit etwa 0,5 g reiner Mannose (auf 1 mg genau eingewogen) und schließlich mit einer der Gesamtmenge des in Lösung vorhandenen Zuckers entsprechenden Menge von Phenylhydrazin, die vorher in 1,6facher Menge 25%iger Essigsäure gelöst worden ist (Molverhältnis Phenylhydrazin : Zucker = 4:1). Die Gesamtmenge der Lösung wird dann mit destilliertem Wasser auf 100 cm³ aufgefüllt und 15—20 Stunden bei Zimmertemperatur stehen gelassen. Darauf wird das ausgefallene Hydrazon durch ein Jenaer Glasfilter Nr. 3 abfiltriert, 3mal mit 5 cm³

Eiswasser, 2mal mit je 5 cm³ kaltem absolutem Alkohol und dann 2mal mit je 5 cm³ Äther gewaschen, schließlich bei 95° während 4 Stunden oder, wenn genügend Zeit vorhanden, über Phosphorpentoxyd getrocknet.

10. Bestimmung der Galaktose. A. W. Schorger (2) empfiehlt folgende Methode zur Galaktanbestimmung: 10 g Holzpulver werden mit Alkohol-Benzol extrahiert und in einem Rückflußkühler mit 150 cm³ 3%iger Salpetersäure versetzt. Der Kolben wird 2 Stunden lang auf dem Wasserbad erhitzt, das Gemisch darauf filtriert und mit 250 cm³ kochendem Wasser gewaschen. Das Filtrat wird auf 100 cm³ eingeengt, gekühlt und filtriert. Das Filtrat wird nochmals auf 10 cm³ konzentriert, darauf mit 50 cm³ 25%iger Salpetersäure in ein Becherglas gespült. Der Inhalt des Becherglases wird auf einem Wasserbad von 85—87° auf 20 cm³ konzentriert. Wenn sich nach 24 Stunden keine Schleimsäure abgeschieden hat, wird die Flüssigkeit bei gelindem Erwärmen weiter auf 5—10 cm³ konzentriert und 2—3 Tage stehen gelassen. Es wird dann genügend Wasser zugegeben, um Oxalsäure, die auskristallisiert sein könnte, zu lösen. Nach 2—3 Tagen wird der Rückstand durch einen Goochtiegel filtriert, getrocknet und gewogen. Die Schleimsäure stellt ein weißes kristallines Pulver dar und schmilzt bei 212—215° C.

Gewicht der Schleimsäure · 1,12 = Galaktan.

11. Bestimmung der Pektinsubstanzen. a) Colorimetrische Bestimmung nach v. Fellenberg. Die Methode beruht auf der Oxydation des Anteils an Methylalkohol im Pektin und einer Farbbildung des dabei entstehenden Formaldehyds mit fuchsinschwefliger Säure in stark schwefelsaurer Lösung. Hierzu wird der Methylalkohol zunächst durch Verseifung mit NaOH freigemacht, nach Ansäuern der Lösung abdestilliert, im Destillat nach eventueller Anreicherung oxydiert und colorimetrisch bestimmt. Diese Methode empfiehlt sich besonders bei Anwesenheit von Lignin im Präparat, dessen Methylenoxydgruppen unter diesen Bedingungen nur sehr schwer abgespalten werden.

b) Bestimmung der Galakturonsäure. Da die Galakturonsäure den Hauptbestandteil des Pektins bildet, so ist ihre quantitative Bestimmung für die nähere Charakterisierung der Pektine geeignet.

Das Präparat wird bei der Anwendung der Methode von Tollens und Lefèvre bei 78° über P_2O_5 im Vakuum 5—6 Stunden getrocknet, dann mit 12%iger Salzsäure zersetzt nach der Gleichung

$$C_6H_{10}O_7 = C_5H_4O_2 + 3\,H_2O + CO_2.$$

Die Ausführung der Methode und die dazu verwandte Apparatur (Abb. 2) (Hersteller: Firma Greiner und Friedrichs in Stützerbach-Thür.) haben im einzelnen Kosmahly und Schwemer beschrieben. Sie verwenden einen Zersetzungskolben von 200—300 cm³ Inhalt, welcher durch Glasschliff mit einem senkrechten Schlangenkühler verbunden ist. An diesen sind hintereinandergeschaltet: eine Waschflasche mit 40 cm³ destilliertem Wasser, ein $CaCl_2$-Röhrchen, dessen Inhalt mit CO_2 gesättigt, jedoch vom Überschuß durch Einleiten von Luft befreit worden ist, ferner ein Kaliapparat mit 10 cm³ 50%iger KOH, ein $CaCl_2$-Turm, eine Saugflasche und eine Wasserstrahlpumpe.

7*

Im Zersetzungskolben wird das Material, welches etwa 0,5—1,0 g Pektin enthält, mit 100 cm³ 12%iger Salzsäure übergossen und die Kohlensäure durch einen langsam durchgesaugten Luftstrom (2 bis 3 Blasen in der Sekunde), der durch eine vorgeschaltete Waschflasche mit 50%iger Lauge CO_2-frei gemacht worden ist, übergetrieben. Man erhitzt den Kolbeninhalt, dem einige Siedesteinchen beigegeben worden sind, im Metallbad auf 135—140° C und beläßt ihn bei dieser Temperatur mindestens 8 Stunden lang.

Die Menge der durch Wägung oder Titration bestimmten Kohlensäure ergibt, mit dem Faktor 4,4 multipliziert, den Anteil der ursprünglich in der Pektinsubstanz vorhandenen Galakturonsäure.

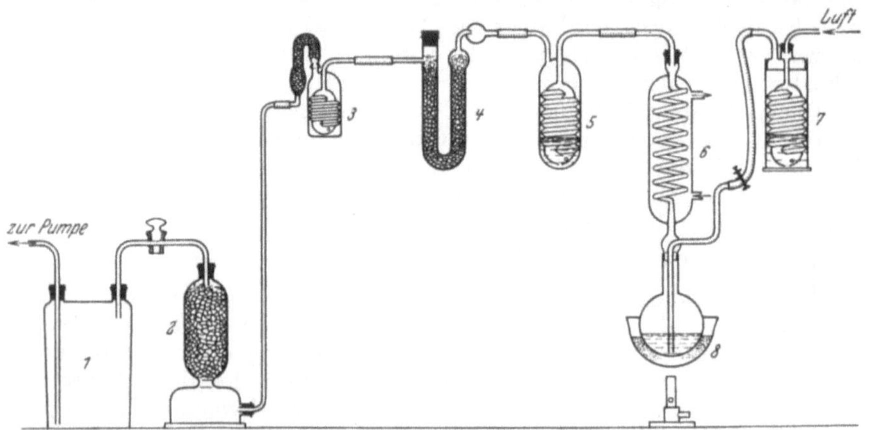

Abb. 2. Apparatur von Kosmahly und Schwemer.

12. Bestimmung der Acetylgruppen. Das Prinzip der Acetylgruppenbestimmung nach Freudenberg beruht auf einer Hydrolyse der z. B. mit Zuckern oder Gerbstoffen veresterten Essigsäure und auf einer Umesterung in alkoholischer Lösung zu Äthylessigester, der leicht bestimmt werden kann. Da die von Perkin empfohlene Verwendung von Schwefelsäure zur Hydrolyse leicht zu teilweiser Zersetzung der Substanz führen kann, verwendet Freudenberg Paratoluolsulfosäure.

Zur Acetylbestimmung dient die Vorrichtung Abb. 3. Der Kolben „a" hat 100, der Kolben „b" 150 cm³ Inhalt. Das absteigende Ansatzrohr des oberen Kolbens (nach einer späteren Angabe verlängert, um die Kolben weiter auseinander zu rücken) und das aufsteigende des unteren muß mindestens 5 mm lichte Weite haben. Der obere Kolben wird mit 0,3—0,4 g Substanz, 30 cm³ absolutem Alkohol, 5 g p-Toluolsulfosäure und einigen Siedesteinchen beschickt. Der untere enthält 10 cm³ absoluten Alkohol und wird mit Eis gekühlt. Zunächst wird der im Destillationshals des oberen Kolbens angebrachte kleine Kühler in Betrieb gesetzt und der obere Kolben eine gewisse Zeit in heißes Wasser gestellt. Dann wird der Kühler entleert und der Kolbeninhalt abdestilliert. Sobald dies geschehen ist, wird von dem in einem Tropftrichter befindlichen Alkohol (40 cm³) ein Teil zugegeben und abdestilliert. Zugabe und

Destillation werden noch einmal wiederholt. Dabei sind folgende Zeiten einzuhalten:

1. 10 Minuten kochen; Kühler in Betrieb; Bad 100° (bei N-Acetyl 45 Minuten); Badtemperatur beträgt für alle folgenden Operationen bei O-Acetyl 95°, bei N-Acetyl 100° C. 2. 15 Minuten abdestillieren bei entleertem Kühler, danach 20 cm³ Alkohol zufließen lassen und 3. 10 Minuten kochen am Rückflußkühler (bei N-Acetyl 30 Minuten). 4. 10 Minuten abdestillieren, bei entleertem Kühler. 5. 15 Minuten lang 20 cm³ Alkohol zutropfen lassen und gleichzeitig abdestillieren bei entleertem Kühler. 6. 10 Minuten weiter abdestillieren bei leerem Kühler.

Die für O-Acetyl angegebenen Bedingungen müssen nur bei zuckerhaltigen Stoffen streng eingehalten werden. Bei O-Acetylbestimmungen an Substanzen, die nicht der Zuckergruppe angehören, dürfen die Zeiten den für N-Acetyl angegebenen angenähert werden.

Sobald die Destillation beendet ist, werden durch das aufgerichtete Ansatzrohr des unteren Kolbens 30 cm³ ¹/₅ n-Natriumhydroxydlösung zugegeben. (Zur Einstellung der Lauge wird eine Probe von etwa ¹/₅ Normalität mit einem Volumteil Wasser und zwei Volumteilen Alkohol verdünnt und mit ¹/₅ n-Schwefelsäure in Gegenwart von Phenolphthalein titriert.) Während die Temperatur des oberen Kölbchens auf 80° gehalten wird, ersetzt man das kalte Bad des unteren Kolbens durch ein heißes und hält es 10 Minuten lang im Sieden. Nach Entfernung dieses Bades und Erkalten des unteren Kolbens

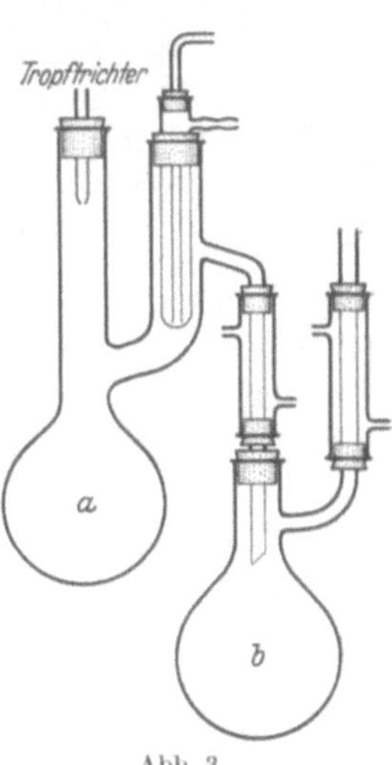

Abb. 3.
Acetylgruppenbestimmung
nach Freudenberg.

wird dieser abgenommen, sein Inhalt mit 30 cm³ H₂O versetzt und im Kolben in Gegenwart von Phenolphthalein mit ¹/₅ n-Schwefelsäure titriert.

13. Bestimmung der Methoxyl- und Äthoxylgruppen (V, 537). a) Nach Zeisel und Stritar. Nach der Methode von Zeisel liefert ein Äthoxyl genau so viel Jodsilber wie ein Methoxyl, weswegen das Verhältnis beider Alkoxylgruppen zueinander bekannt sein muß.

Ausführung der Bestimmung: Die Substanz, 0,2—0,3 g, wird in das Zersetzungskölbchen mit 10 cm³ Jodwasserstoffsäure vom spezifischen Gewicht 1,7 (Fa. Merck, Darmstadt und Fa. Kahlbaum, Berlin) und einigen Siedesteinchen in einem Glycerinbad langsam bis zum Sieden der Säure erhitzt. Ein langsam durch das seitliche Einleitungsrohr des Zersetzungskölbchens eintretender Kohlensäurestrom, der vor der Apparatur eine Waschflasche passiert, führt die gebildeten Jodmethyldämpfe durch den Waschapparat, in welchem sich eine Aufschwemmung von ¹/₄—¹/₂ g rotem Phosphor in Wasser zur Absorption des bei der Destillation mitgerissenen Jodwasserstoffs befindet. Hieran angeschlossen sind die mit 50 bzw. 25 cm³ alkoholischer Silbernitratlösung (20 g Silbernitrat in 50 cm³ Wasser gemischt mit 450 cm³ Alkohol) beschickten beiden Vorlagen.

10—15 Minuten nach Beginn des Siedens der Jodwasserstoffsäure zeigt sich in der ersten Vorlage die erste Trübung, die nun schnell in einen reichlichen, weißen Niederschlag der Doppelverbindung $AgJ \cdot 2\,AgNO_3$ übergeht. Das Ende der Reaktion, das in der Regel nach $1—1^1/_2$ Stunden erreicht ist, erkennt man an der plötzlichen Klärung der über dem nun kristallin gewordenen Niederschlag befindlichen Flüssigkeit. Die zweite Vorlage bleibt fast immer klar; trübt sie sich auch nach Zusatz des mehrfachen Volumens Wasser nach mehreren Minuten nicht, so bleibt sie weiter unberücksichtigt.

Der Inhalt des Kölbchens wird jetzt in einem Becherglas auf 500 cm³ verdünnt. Dann säuert man mit 5—10 Tropfen verdünnter Salpetersäure an und läßt $^1/_2$—1 Stunde auf dem kochenden Wasserbad stehen, wobei das Doppelsalz in gut filtrierbares Jodsilber verwandelt wird, welches gewogen werden kann. Es entsprechen: 100 Gewichtsteile $AgJ = 13{,}20$ Gewichtsteile CH_3O oder $19{,}21$ Gewichtsteile C_2H_3O.

b) **Nach Vieböck und Schwappach.** Erwärmt man $—OCH_3$-haltige Substanzen mit Jodwasserstoffsäure, so bildet sich Jodmethyl CH_3J. Mit Jodmethyl reagiert überschüssiges Brom zunächst unter Bildung einer Additionsverbindung, eines Jodidbromids, das unbeständig ist und in Methylbromid und Bromjod zerfällt:

$$CH_3J + Br_2 = CH_3JBr_2 = CH_3Br + JBr.$$

Das Bromjod wird von dem überschüssig vorhandenen Brom in Jodsäure und Bromwasserstoff verwandelt:

$$JBr + 2\,Br_2 + 3\,H_2O = HJO_3 + 5\,HBr.$$

Aus der Jodsäure wird durch Einwirkung von KJ elementares Jod frei, das titriert wird:

$$HJO_3 + 5\,HJ = 3\,J_2 + 3\,H_2O.$$

Auf $1\,CH_3J$ oder auf $1\,—OCH_3$ werden also 6 J frei, so daß der Verbrauch von $1\,cm^3\ ^1/_{10}$ n-Thiosulfat 0,51706 mg Methoxyl entspricht.

Analysengang: Die verwandte Apparatur [s. Ber. **63**, 2820 (1930)] (Abb. 4) ähnelt im Prinzip der von Stritar angegebenen. Das Siedekölbchen füllt man mit 5 cm³ Jodwasserstoffsäure und setzt etwa 0,2 g roten Phosphor zu. Den Wäscher beschickt man mit 5 cm³ einer dichten Aufschwemmung von rotem Phosphor in Wasser.

10 cm³ gepufferter Eisessig (20 g K-Acetat in 200 cm³ Eisessig) werden mit 6—7 Tropfen Brom versetzt und nach gleichmäßiger Verteilung des Broms in die Vorlage gebracht. Durch leichtes Schwenken bringt man dann etwa $^1/_3$ der Flüssigkeit in die zweite Vorlage.

Im offenen Gefäß löst man 1—2 g Na-Acetat in 20—25 cm³ Wasser auf und setzt etwa 1 cm³ Ameisensäure zu.

Die zu untersuchende Substanz wird in einem $1^1/_2—2^1/_2$ cm langen, an einem Ende zugeschmolzenen Glasröhrchen gewogen, und zwar etwa 50—60 mg. Das Glasröhrchen läßt man in das Kölbchen B gleiten, so daß die Jodwasserstoffsäure zu der Substanz eindringen kann. Danach wird das Kölbchen an die übrige Apparatur mittels der Federn angeschlossen.

Jetzt taucht man das Siedekölbchen in das Glycerinbad, indem man dieses von unten an das Kölbchen heranbringt, so daß die Oberfläche der HJ-Säure etwas unter der Oberfläche des Glycerins liegt. Man schützt noch die Vorlage von unten und von der Seite gegen die Wärme des Bunsenbrenners mittels Asbestplatten.

Ehe man den Brenner anzündet, muß man Kohlensäure langsam einleiten, d. h. mit etwa 30 Blasen pro Minute.

Jetzt beginnt man mit kleiner Flamme das Bad zu erwärmen. Die Temperatur darf 30 Minuten lang 60—70° nicht übersteigen. Danach wird die Temperatur stetig gesteigert, und zwar innerhalb von 20 Minuten bis auf 135—140° C. Diese Siedetemperatur der Jodwasserstoffsäure wird 10 Minuten lang beibehalten. Man entfernt dann die Flamme, setzt aber das Einleiten von Kohlensäure noch etwa 10 Minuten lang fort. Den Inhalt der Vorlage spült man mit Wasser in einen 250-cm³-Erlenmeyerkolben über, in dem man zuvor 2 g Na-Acetat in wenig Wasser gelöst hat. Man achte darauf, daß kein festes Salz an den Wandungen haftet, weil dieses zu Bromatbildungen führen könnte. Nachdem man die Vorlage mehrmals mit Wasser ausgespült hat, so daß das Volumen

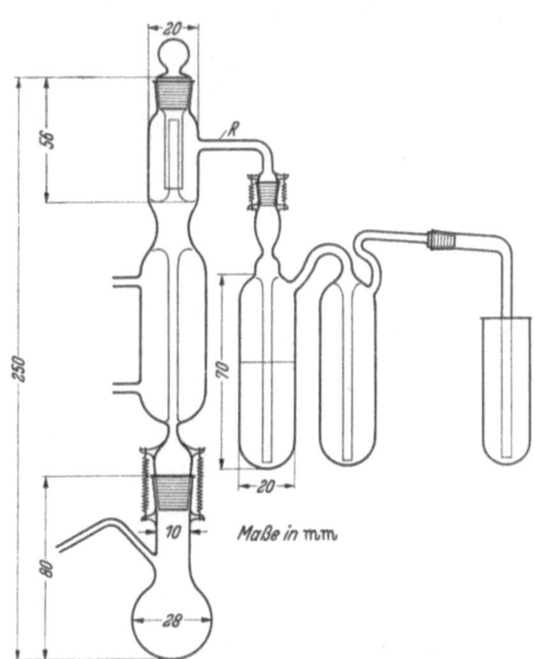

Abb. 4. Apparatur von Vieböck und Schwappach. (*R* eine schräg aufsteigende, längere Röhre hat sich hier besser bewährt.)

der Lösung zwischen 100 und 150 cm³ beträgt, läßt man an der Gefäßwandung einige Tropfen (bis 0,5 cm³) Ameisensäure einlaufen und schwenkt um. Bei richtiger Ausführung ist die Bromfarbe bereits nach wenigen Sekunden verschwunden; andernfalls wäre dies ein Zeichen eines Mangels an Natriumacetat. Durch starkes Schütteln bringt man nun auch im Gasraum befindliches Brom zur Absorption. Nun spült man die Gefäßwand ab und prüft etwa 1 Minute nach dem Verschwinden der Bromfarbe durch Zusatz eines Tropfens Methylrot auf Bestehenbleiben der roten Färbung. Wird Methylrot nicht entfärbt, so ist alles überschüssige Brom zerstört. Entfärbt sich aber das Methylrot, so wird noch 1 Tropfen Ameisensäure zugesetzt, geschüttelt und 2—3 Minuten gewartet. Bei erneutem Zusatz von Methylrot bleibt dann gewöhnlich die Farbe bestehen.

Zu der durch das Methylrot schwach rosa gefärbten Lösung gibt man etwa 1 g festes Jodkalium hinzu, löst es darin auf, und titriert nach

Ansäuern mit verdünnter Schwefelsäure (etwa 5 Tropfen) das ausgeschiedene Jod mit $^1/_{10}$ n-Thiosulfatlösung.

1 cm³ 0,1 n-Thiosulfatlösung entspricht 0,51706 mg —OCH_3.

Bemerkung. Man braucht den Inhalt des Siedekölbchens nicht jedesmal zu erneuern. Bis vier Bestimmungen können nacheinander vorgenommen werden.

Die beschriebene Methode eignet sich ebenso gut zur Bestimmung von Äthoxylgruppen. Es entspricht dann 1 cm³ 0,1 n-Thiosulfatlösung 0,75067 mg OC_2H_5.

14. Cellulosebestimmung (V, 536). a) Mit Hilfe von Chlor. Die Methode von Cross und Bevan, welche von zahlreichen Autoren verbessert worden ist, beruht im wesentlichen darauf, daß das Lignin der Rohfaserstoffe durch die Einwirkung von feuchtem Chlorgas in Chlorlignin übergeführt wird, das durch Lösungsmittel wie Alkalien und neutrale Sulfitlösung herausgelöst werden kann.

Einen wichtigen Teil der Apparatur (Abb. 5) bildet ein kühlbares Gefäß, in dem die Chlorierung stattfindet. Man benutzt zweckmäßig ein auf einer Saugflasche befestigtes Glasfilter, das mit einem Kühlmantel mit Eiswasser umgeben ist. Dieses Filter ist durch einen Gummistopfen oder besser durch einen Glasdeckel mit Schliff, der durch Federn festgehalten wird, verschlossen. Der Deckel ist durchbohrt und mit einem rechtwinklig gebogenen Rohr versehen, welches zum Chlorgasentwickler führt. Zum Zählen der Gasblasen ist eine Waschflasche vorgeschaltet.

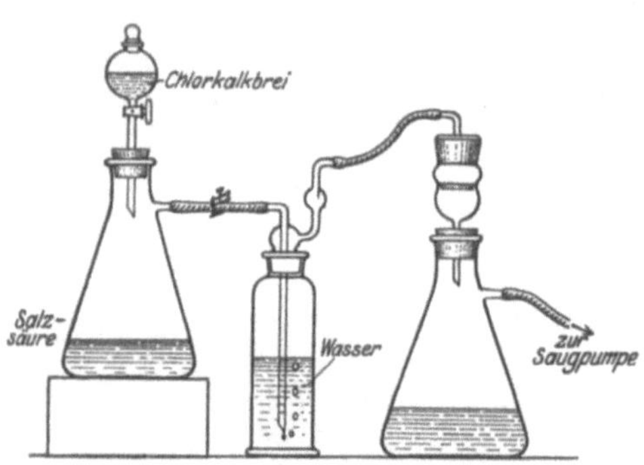

Abb. 5. Chlorierung nach Cross und Bevan.
(Der Übersichtlichkeit halber ist der Kühlmantel in der Zeichnung weggelassen.)

Das Untersuchungsmaterial wird gut zerkleinert und 0,8—1,0 g zunächst im Soxhlet-Apparat einer 3—4stündigen Extraktion mit Alkohol oder Alkohol-Benzolgemisch unterworfen. Das vom Lösungsmittel noch feuchte Material wird darauf in ein feinporiges Glasfilter übergeführt, mit heißem Wasser übergossen und soweit abgesaugt, daß das stark gefeuchtete Fasermaterial im Filter zurückbleibt. Das Filter wird nun in das Kühlgefäß eingesetzt und mit diesem wieder auf der Saugflasche befestigt. Hierauf wird das Filter verschlossen und der Chlorgasapparat in Gang gebracht.

Die erste Chlorierung soll etwa 3—4 Minuten dauern, wobei man einen langsamen Chlorstrom von 1—2 Blasen je Sekunde anwendet. Darauf wird der Zufluß von Chlorgas abgestellt, der Verschluß des Filters entfernt, zunächst mit einer 1%igen Lösung von schwefliger Säure gewaschen und dann das Filter mit heißer 3%iger Natriumsulfitlösung angefüllt. Man läßt die Lösung einige Minuten einwirken, worauf man absaugt, mehrfach mit Natriumsulfitlösung digeriert und wieder absaugt, bis die ablaufende Flüssigkeit farblos bleibt. Ist der letzte Rest von

Natriumsulfitlösung durch Waschen mit heißem Wasser ausgespült, so saugt man Luft durch den Tiegelinhalt, bis der geeignete Feuchtigkeitsgehalt wieder hergestellt ist.

Es folgt eine zweite Chlorierung, wobei man den Chlorstrom wieder 3—4 Minuten einwirken läßt, um dann das Material aufs neue mit schwefligsaurem Wasser und Natriumsulfitlösung zu waschen. Diese Behandlungen werden solange fortgesetzt, bis das Material seine orangegelbe Farbe verloren hat und nur noch zart rosa gefärbt erscheint. Bei Holz genügen hierfür im allgemeinen 3—4 Chlorierungen.

Legt man Wert auf eine völlig weiße Faser, so kann man auch mit 0,1%iger Permanganatlösung nachbleichen. Durch Behandlung mit einer Lösung von schwefliger Säure entfernt man den gebildeten Braunstein. Es folgt ein gründliches Waschen mit Wasser, hierauf ein mehrstündiges Trocknen und Wägen.

Eine ähnliche Methode empfiehlt die T.A.P.P.I. unter T 201 m.

Von Bedeutung für den Ausfall der Chlorierung ist die Einwirkung des Lichtes. Man soll keinesfalls im direkten Sonnenlicht arbeiten (Ritter). Die Einhaltung einer richtigen Kühlungstemperatur (Mahood) ist ebenso wie die Beachtung des Zeitfaktors (Ritter und Fleck) entscheidend für den richtigen Verlauf des Prozesses.

Nach Heuser und Haug ist für die Cellulosebestimmung im Stroh der Ersatz des Natriumsulfits durch Natronlauge nötig (Heuser und Haug). Johnsen und Hovey entfernen die pentosanhaltigen Bestandteile vor der Chlorierung größtenteils durch Behandlung mit Glycerin-Eisessig.

Es sei darauf hingewiesen, daß diese Methode lediglich eine Rohcellulose liefert. Zur Bestimmung des Reincellulosegehaltes muß der Rückstand noch von Cellulosebegleitern wie Mannan, Pentosan und dgl., befreit werden, was mehr oder weniger quantitativ z. B. durch Behandlung mit Mercerisierlauge (s. Alphacellulosebestimmung in Zellstoff) geschehen kann.

Über andere Modifikationen der Methode siehe Schwalbe-Sieber, 3. Aufl., S. 110f.

b) Bestimmung der Skelettsubstanz mittels Chlordioxyd. E. Schmidt hat für die schonende Entfernung des Lignins aus der Rohfaser die Anwendung von Chlordioxyd vorgeschlagen. Man erhält dabei den gesamten ligninfreien Faseranteil, den E. Schmidt als Skelettsubstanz bezeichnet.

Die Methode wird wie folgt ausgeführt: In einem Rundkolben werden 240 g Kaliumchlorat und 200 g kristallisierte Oxalsäure mit einer gekühlten Lösung von 120 cm³ konzentrierter Schwefelsäure in 400 cm³ Wasser übergossen und unter Ausschluß des direkten Tageslichtes auf 60° C erhitzt. Das entstehende Chlordioxyd wird durch zwei Waschflaschen geschickt und in einer braunen Flasche in Wasser aufgefangen. Nach 5 Stunden erhält man eine etwa 2%ige Lösung von Chlordioxyd.

Als Beispiel sei der Aufschluß von Holz (Buche, Fichte, Kiefer) beschrieben: 100 g Holzmehl, welche extrahiert, gewaschen, durch Mahlen zerkleinert und nochmals extrahiert worden sind, werden in einer braunen Flasche mit 2—3 l 0,27%iger Chlordioxydlösung übergossen. Der Glasstopfen wird wegen des entstehenden Überdruckes mit einer Ligatur befestigt und die Flasche bei Zimmertemperatur in diffusem Tageslicht, zweckmäßig auf die Seite gelegt, aufbewahrt.

Nach 24 Stunden wird das schwach rötliche Holzmehl abgenutscht, mit Wasser gewaschen und mit etwa 2 l Wasser angerührt, um das eingeschlossene Chlordioxyd herauszulösen (Prüfung mit Jodkalium und Stärke), dann wird es in $1^1/_2$ l einer 2%igen Natriumsulfitlösung eingetragen, nach $1^1/_2$stündigem Erwärmen und Umrühren auf dem Wasserbad abgesaugt, mit heißem Wasser nachgewaschen, in einer Porzellanschale mit heißem Wasser angerührt, nochmals 1 Stunde erwärmt und gewaschen. Die Chlordioxyd-Natriumsulfitbehandlungen sind in gleicher Weise so oft zu wiederholen, bis kein Chlordioxyd mehr verbraucht wird. (Nähere Angaben über die Bestimmung des Chlordioxydgehaltes der Lösung siehe Originalbericht.) Nach 7—8 Einwirkungen ist der Aufschluß beendet.

Eine weitere für Buchenholz anwendbare Modifikation wird wie folgt durchgeführt:

75 g des gesiebten Holzes werden in einer braunen Pulverflasche mit etwa 20 l einer 0,25%igen wäßrigen Chlordioxydlösung übergossen. Nach 1stündiger Einwirkung unter Rühren werden 375 cm³ einer 30%igen wäßrigen Pyridinlösung (112,5 g Pyridin enthaltend) durch einen Tropftrichter langsam zugegeben. Nach 18tägiger Dauer wird an 2 g entnommenem, gewaschenem Material der Chlordioxydverbrauch festgestellt. Sobald der Aufschluß vollkommen beendet ist, wird die Skelettsubstanz mit Wasser gewaschen, mit mehr Wasser gerührt, gewaschen, getrocknet, gemahlen, gesiebt.

c) Bestimmung der Holocellulose im Holz nach v. Beckum und Ritter. Holocellulose stellt den Gesamtpolysaccharidanteil des Holzes dar und entspricht also der Skelettsubstanz von E. Schmidt. Der Zeitaufwand zur Bestimmung liegt aber weit unter dem von E. Schmidt vorgesehenen.

Zu Mehl zerkleinertes Holz (Siebgröße 60—80) wird mit Alkohol, Alkohol-Benzol und heißem Wasser extrahiert. Das so behandelte Material wird bis zu etwa 6% Feuchtigkeit getrocknet und davon eine lufttrockene Menge von etwa 2 g, deren Feuchtigkeitsgehalt an einer Parallelprobe bestimmt wurde, in einem tarierten Sintertiegel gewogen. Man feuchtet das Material mit kaltem Wasser an und entfernt den Überschuß an Feuchtigkeit durch Absaugen. Auf den Sintertiegel wird ein kopfstehendes Trichtergefäß luftdicht aufgesetzt und durch dieses Chlor in langsamem Zuge zwecks Chlorierung des Tiegelinhaltes hindurchgeleitet.

Nach 3 Minuten Chlorierung entfernt man den umgestülpten Trichter, rührt das Holzmehl gut durch und chloriert wieder 2 Minuten. Nun gibt man destilliertes Wasser (10° C) zu, um den Überschuß an Chlor und Chlorwasserstoff zu lösen, und entfernt es durch Absaugen. Dann unterbricht man die Verbindung mit der Saugpumpe, gibt heißes Alkohol-Monoäthanolamin (95%igen Alkohol, der 3 Vol.-% Monoäthanolamin enthält), zu, um das Holzmehl gerade zu bedecken, und rührt gut durch. Die Harthölzer färben sich in diesem Stadium tief rot, die Weichhölzer braun. Man läßt die Mischung 2 Minuten stehen und entfernt dann das Lösungsmittel durch Absaugen. Die Behandlung mit dem Lösungsmittel und das Absaugen wird mehrmals wiederholt, dann entfernt man den verbleibenden Rest des Lösungsmittels durch Wasser (10° C), bis die ablaufende Flüssigkeit nicht mehr gefärbt ist.

Man wiederholt die Chlorierung und Extraktion, bis der Rückstand nicht mehr durch Zugabe von Lösungsmittel gefärbt wird. Dann entfernt man das Alkohol-Monoäthanolamin durch Waschen mit kaltem destilliertem Wasser, bis der Rückstand neutral gegen Lackmus reagiert. Man wäscht dann mit Alkohol und schließlich mit Äther, um die Trocknung zu erleichtern. Die Holocellulose wird zunächst an der Luft getrocknet, um den Äther zu entfernen, dann bis zur Gewichtskonstanz bei 103° C.

d) **Bestimmung der resistenten Reincellulose im Rotbuchenholz nach Jayme und Schorning.** Diese Methode erfaßt die im Rotbuchenholz enthaltene Reincellulose, die sich den üblichen Aufschlußmethoden gegenüber als resistent erweist; sie geht von der Darstellung von Rohcellulosesubstanz mit Hilfe eines Aufschlusses mit verdünnter Salpetersäure aus, der sich dann nach einer milden Bleiche die Herauspräparierung der Reincellulose durch Behandlung der Rohcellulose mit Natronlauge von Mercerisierstärke anschließt.

Etwas über 5,0 g lufttrockenes Buchenholzmehl, erhalten durch Zerreiben und Sieben von im Exsiccator getrockneten Buchenholzbohrspänen, entsprechend 5,0 g absolut trockener Holzsubstanz, werden mit 125 cm³ 3,5 Gew.-%iger Salpetersäure, die mit 0,45 mg Natriumnitrit versetzt ist, 1½ Stunden lang bei 80° C behandelt. Darauf wird die sorgfältig gewaschene Probe 1 Stunde lang mit einer Lösung von 2,5 g Natriumhydroxyd und 2,5 g Natriumsulfit in 125 cm³ Wasser auf 50° C erwärmt und dann gewaschen.

Für die darauf folgende Bleiche muß zunächst der betreffende Bezugswert (z. B. 46,4% der absolut trockenen Holzmehleinwaage) bestimmt werden. Die Bleiche wird 1½ Stunden bei 35° C mit 5% aktivem Chlor in der Form von Hypochlorit, bezogen auf die absolut trockene Einwaage (d. h. 5% von 2,32 = 0,116 g Cl) durchgeführt. — Anschließend hieran wird das Material auf dem Filter mit 50 cm³ einer Lösung nachbehandelt, die 0,5% SO_2, bezogen auf den Rückstand nach Aufschluß und Alkalibehandlung, enthält.

Nach dem Waschen mit destilliertem Wasser wird mit Alkohol entwässert und gut trocken gesaugt. Zu der erhaltenen Masse gibt man 16 cm³ 17,5 Gew.-%iger Natronlauge von 20° C und zerdrückt die Masse vorsichtig mit einem angeflachten Glasstab genau 3 Minuten lang. Dann werden weitere 16 cm³ derselben Natronlauge zugegeben, 1 Minute lang gut durchgemischt und ³/₄ Stunden lang in einem Wasserbad bei 20° C belassen. Dann wird in einem Glasfilter abgesaugt und der Stoffkuchen mit 263 cm³ 8%iger Natronlauge von 20° C übergossen und wiederum abgesaugt. Darauf wird zunächst mit Wasser, dann mit 100 cm³ 10 Vol.-%iger Essigsäure behandelt, mit 2 l Wasser bis zur Entfernung der Essigsäure nachgewaschen, das Wasser mit Alkohol verdrängt und anschließend getrocknet.

Aus dem Reincellulosegehalt des verwandten Holzes läßt sich die theoretisch zu erwartende Ausbeute an Zellstoffen verschiedenen Reincellulosegehaltes berechnen. Zum Beispiel muß ein Zellstoff mit 90% Reincellulose aus einem Holz mit 36% Reincellulosegehalt in einer theoretischen Ausbeute von 40%, auf das Holz gerechnet, erhältlich sein.

II. Betriebskontrolle in der Zellstoffabrikation
(V, 538).

Die bis jetzt zur Zellstoffabrikation herangezogenen Verfahren sind — abgesehen von Modifikationen, deren Bedeutung noch nicht feststeht — folgende:

1. Das Sulfitverfahren — Verwendung von Calciumbisulfitlauge (Magnesium-, Ammoniumbisulfit).

2. Das Natron- bzw. Sulfatverfahren, bei dem die Aufschlußflüssigkeit aus einer Lösung von Natriumhydroxyd und Natriumcarbonat bzw. Natriumhydroxyd, Natriumcarbonat und Natriumsulfid besteht.

3. Das Chlorgas- oder Pomilioverfahren, das hauptsächlich für Gräser zur Anwendung gelangt.

4. Das Salpetersäureverfahren, das bis jetzt technisch nur für Buchenholz angewandt wird.

5. Das Monosulfitverfahren, bei dem eine alkalisch gepufferte Monosulfitlösung benutzt wird.

Da die beiden erstgenannten Verfahren die ältesten sind, über die wir verfügen, ist die Betriebskontrolle für diese Verfahren im Schrifttum genau behandelt, während über die anderen Verfahren nur sehr spärliche Angaben vorliegen. Wir müssen uns deshalb auf diese beiden ersten Verfahren beschränken.

A. Sulfitzellstoff; Kocherei (V, 540).

Im deutschen Sprachgebrauch hat sich für die zum Aufschluß verwandte Lösung, die vorzugsweise aus Calciumbisulfit und freier schwefliger Säure besteht, immer noch der Ausdruck „Kochlauge" erhalten, wohingegen im englischen Schrifttum die betreffende Lösung richtig mit „Kochsäure" bezeichnet wird.

Was die als Calciumbisulfit gebundene schweflige Säure anbelangt, so hat die Sulfitzellstoffabrikation in allen Ländern es bis jetzt vorgezogen, die an Basen gebundene schweflige Säure so anzugeben, als ob sie als neutrales Sulfit gebunden wäre; z. B. sind in der Kochlauge 1,05% CaO enthalten, so binden diese tatsächlich in der Form von Calciumbisulfit 2,40% SO_2, wohingegen es üblich ist, in diesem Falle mit 1,20% sog. „gebundener SO_2" zu rechnen.

Man unterscheidet Frischlauge, das ist die zum Kochen verwendete Lauge und Ablauge, die nach dem Kochen anfällt. Da in vielen Fällen gewisse Mengen von Ablauge in der Frischlauge enthalten sind, ist davon abgesehen worden, streng zwischen Frisch- und Ablauge zu trennen, und im folgenden sind deshalb die für Frisch- bzw. Ab- bzw. gemischte Laugen üblichen Untersuchungsmethoden angegeben.

1. Bestimmung der reduzierenden Substanzen (Gesamtzucker)[1].
100 cm³ Ablauge werden in einen 200-cm³-Meßkolben mit NaOH bis zur schwach sauren Reaktion abgestumpft und zur Marke mit Wasser aufgefüllt. Dann werden je 50 cm³ Fehlingscher Lösung I und II gemischt, von dieser Mischung 25 cm³ in eine Porzellanschale gebracht und zum Sieden erhitzt. Jetzt läßt man aus einer Bürette die 1:1 verdünnte Ablauge langsam zufließen (die Flüssigkeit muß dabei im Sieden erhalten werden). 1 Tropfen dieser Lösung darf bei der Tupfreaktion mit einer durch Essigsäure angesäuerten Ferrocyankaliumlösung auf Filtrierpapier an der Berührungsstelle keine Rotfärbung mehr geben.

Die Fehlingsche Lösung stellt man sich folgendermaßen her:

Lösung I : 60 g reinstes Kupfersulfat im Liter.

Lösung II: 200 g reinstes Seignettesalz (Kaliumnatriumtartrat) + 200 g Natriumhydroxyd im Liter).

Zur Einstellung der Fehlingschen Lösung verwendet man chemisch reinen, wasserfreien Traubenzucker.

Beispiel. Der Wirkungswert der angewandten 25 cm³ Fehlingscher Mischlösung sei 0,110 g Traubenzucker. Bei der Titration einer Ablauge seien verbraucht 10,5 cm³ Ablauge 1:1 verdünnt, entsprechend 5,25 cm³ Originalablauge. Daraus ergibt sich folgende Berechnung: $5,25 : 0,110 = 100 : x$; $x = 2,1\%$ reduzierende Substanz.

2. Bestimmung der Alkoholausbeute (vergärbarer Zucker)[1]. 3 l Ablauge werden zum Sieden erhitzt und mit gepulvertem Calciumcarbonat bis auf 1 Säuregrad (1 cm³ $^{1}/_{1}$ n-NaOH auf 100 cm³ Ablauge) neutralisiert. Das Carbonat wird portionsweise in die heiße Ablauge unter Rühren eingestreut und zeitweilig kleine Proben zur Titration entnommen, bis die gewünschte Neutralität erreicht ist. Die Lösung wird darauf filtriert und mit 50 g frischer Preßhefe bei 36° C während 72 Stunden zur Gärung gestellt. Die Hefe wird dabei zunächst mit einem Teil der Ablauge zu einem gleichmäßigen Brei vermischt, der dann mit der übrigen Ablauge wieder vereinigt wird. Schließlich werden noch 2 g Diammonphosphat (Hefenährsalz) in wenig Ablauge gelöst zugefügt. Auf die Gärflasche wird ein loser Wattebausch aufgesetzt.

Nach Ablauf der 72 Stunden wird 1 l des Gärgutes abgemessen, mit etwas starker Natronlauge alkalisch gemacht und dann aus einer (wegen des Schäumens) geräumigen Kupferblase 250 cm³ abdestilliert. Es ist darauf zu achten, daß das Destillat absolut neutral ist (Lackmus). Im anderen Falle ist das Destillat nochmals mit der gleichen Menge Wasser zu verdünnen und hiervon sind wieder 250 cm³ abzudestillieren.

In dem Destillat wird mittels der Mohrschen Waage das spezifische Gewicht und an Hand dessen aus der amtlichen Alkoholermittlungsordnung der Alkoholgehalt pro Liter Ablauge nach Gewicht bzw. Volumen ermittelt. Es empfiehlt sich, stets zwei Destillationen von je 1 l Gärgut auszuführen. Aus dem ermittelten Alkoholgehalt kann man den Gehalt an vergärbarem Zucker berechnen.

---

[1] Vgl. F.A.K.-Blatt 14 des Vereins der Zellstoff- und Papier-Chemiker und -Ingenieure.

Zweckmäßig errechnet man sich dann das Verhältnis von vergärbarem Zucker zum Gesamtzucker (reduzierende Substanzen) und bezeichnet den gefundenen Wert als Vergärungskoeffizienten der Ablauge.

3. Bestimmung der sog. organischen Säure[1]. Dieselbe wird konventionell aus der Differenz zwischen Säuregrad und Jodzahl ermittelt und als Essigsäure berechnet.

Beispiel. Säuregrad 7,6 = 76 cm³ $^1/_{10}$ n-NaOH pro 100 cm³ Ablauge, Jodzahl 15,0 = 15 cm³ $^1/_{10}$ n-Jod pro 100 cm³ Ablauge. Differenz: 61 cm³ $^1/_{10}$ n-NaOH.

Da 1 cm³ $^1/_{10}$ n-NaOH 0,006 g Essigsäure entspricht, so ergibt sich (auf 100 cm³ Ablauge berechnet) für 61 cm³ $^1/_{10}$ n-NaOH die Beziehung $0,006 \cdot 61 = 0,37$ g bzw. Prozent organische Säure.

4. Bestimmung des Kalkgehaltes[1]. 10 cm³ Ablauge werden mit Essigsäure angesäuert und das Calcium in der Kochhitze mit Ammoniumoxalat gefällt, der Niederschlag abfiltriert, mit heißem Wasser gut ausgewaschen und samt Filter mit verdünnter heißer Schwefelsäure behandelt, wobei das Oxalat in Lösung geht. Die Oxalsäure wird sodann mit $^1/_{10}$ n-Permanganat titriert. Es entspricht 1 cm³ $^1/_{10}$ n-Permanganat 0,0063 g Oxalsäure bzw. 0,0028 g CaO.

Ebenso läßt sich die Kalkbestimmung in ammoniakalischer Lösung mit Ammoniumoxalat auf die übliche Weise ausführen (vgl. Winkler, Lit.-Verz.).

5. Bestimmung der Magnesia[1]. Die Bestimmung des Gehaltes an Magnesia ist besonders für Laugen aus Dolomit von Interesse. Das essigsaure Filtrat der Kalkbestimmung wird zunächst mit Ammoniak alkalisiert und das Magnesium als Magnesiumammoniumphosphat ausgefällt und als Pyrophosphat gewogen. Das Gewicht mit 3,62 multipliziert (bei ursprünglicher Anwendung von 10 cm³ Ablauge) gibt den Gehalt der Ablauge an Magnesiumoxyd in Prozenten an.

6. Bestimmung der organisch gebundenen schwefligen Säure[2]. Nach Klason bestimmt man in einer Probe die gesamtschweflige Säure auf üblichem jodometrischem Wege, entfärbt die Lösung mit 1 Tropfen Thiosulfatlösung und macht dann die Flüssigkeit mit Hilfe einer 10%igen Kalilauge stark alkalisch, um die schweflige Säure aus ihren Aldehyd- oder Ätherverbindungen freizumachen. Man läßt 20 Minuten in der Kälte stehen, säuert dann an und titriert wiederum mit Jod, wobei man zweckmäßigerweise eine $^1/_{100}$ n-Jodlösung verwendet. Der bei der zweiten Titration erhaltene Jodverbrauch gibt die Menge schwefliger Säure an, welche organisch gebunden ist.

7. Kalkprobe nach Mitscherlich[3] (V, 541). Zu dem im Hauptwerk enthaltenen Angaben wäre das Folgende nachzutragen. Die nach den einzelnen Stunden der Kochung ausgeführten Proben verwahrt man bis zum Abschluß der Kochung in einem Gestell, wodurch man mit einem Blick den Verlauf des Kochprozesses erkennen kann. Während die anfangs erhaltenen Fällungen rein weiß sind, weisen die vom späteren

---

[1] Vgl. F.A.K.-Blatt 14 des Vereins der Zellstoff- und Papier-Chemiker und -Ingenieure.

[2] Vgl. Schwalbe-Sieber: Betriebskontrolle, 3. Aufl., S. 236. 1931.

[3] Vgl. Schwalbe-Sieber: Betriebskontrolle, 3. Aufl., S. 234. 1931.

Verlauf der Kochung genommenen Proben gelbliche Tönung auf. Aus der Änderung der Farbe, wie auch aus der Art, wie der Niederschlag entsteht und sich absetzt, können auf Grund von Erfahrungen Rückschlüsse auf den Stand der Kochung gezogen werden.

8. Bestimmung der gesamtschwefligen Säure[1]. Diese Untersuchung wird wie üblich ausgeführt durch Titration der aufs 10—25fache verdünnten Lösung mit Stärke und Jodlösung bis zur Blaufärbung.

Kobe und Burke verwenden zur Bestimmung der Gesamt-SO_2 an Stelle der Jodlösung eine weniger kostspielige und haltbarere $1/_{10}$ n-Calciumhypochloritlösung. Diese wird hergestellt durch Auflösung von 8 g käuflichem $Ca(OCl)_2$ in 200—300 cm^3 Wasser. Die Lösung wird filtriert, auf 1 l aufgefüllt und in einer braunen Flasche aufbewahrt.

Bei der eigentlichen Analyse gibt man eine Probe von 2 cm^3 der zu untersuchenden Lauge in einen mit 50 cm^3 Wasser beschickten Kolben, fügt weiter 2 cm^3 einer 10%igen Jodid-Stärkelösung und 10 cm^3 6 n-Schwefelsäure hinzu und titriert mit der auf genau $1/_{10}$ n-Normalität eingestellten $Ca(ClO)_2$-Lösung bis zur Blaufärbung.

9. Bestimmung der freien schwefligen Säure[1]. a) Nach Winkler und Oeman. 10 cm^3 der verdünnten Lauge werden zu 100 cm^3 im Titrierbecher befindlichen Wasser gegeben, einige Tropfen Thymolphthalein zugesetzt, und die ursprünglich farblose Lösung unter langsamem Umschwenken mit $1/_{10}$ n-Alkali bis zur reinblauen Farbe titriert wird. 1 cm^3 = 0,0032 g SO_2.

b) Nach Höhn und Sieber. In der mit Jod zur Bestimmung der Gesamt-SO_2 titrierten Laugenprobe wird die blaue Stärkefarbe durch 1 Tropfen verdünnter Thiosulfatlösung beseitigt. Einige Tropfen Methylrotlösung werden zugesetzt, worauf die jetzt rotgefärbte Flüssigkeit mit $1/_{10}$ n-Alkali bis zur deutlich gelben Farbe titriert wird. Werden hierzu b' cm^3 Meßlösung benötigt, so ist die Menge der freien Säure in der angewandten Probe: $(b' - a) \cdot 0,0032$ g SO_2, wobei a die Menge der zur Titration der Gesamt-SO_2 benötigten Kubikzentimeter Jodlösung bedeutet.

c) Nach Sander-Dieckmann. Man benutzt, wie eben unter b) beschrieben, die Probe, in welcher bereits die Bestimmung der Gesamtsäure mit Jodlösung erfolgte. Sie wird in gleicher Weise entfärbt, worauf 5 cm^3 einer 3%igen Lösung von Kaliumjodat zugesetzt werden. Da die Reaktion mit dem Jodat sich nach folgenden Gleichungen abspielt, gilt für die Berechnung das gleiche wie unter b). Werden vom Thiosulfat b' cm^3 verbraucht, so ist die Menge der freien schwefligen Säure: $(b' - a) \cdot 0,0032$.

$$3\,H_2SO_3 + 3\,J_2 + 3\,H_2O = 3\,H_2SO_4 + 6\,HJ$$

$$3\,H_2SO_4 + 6\,HJ + 2\,KJO_3 + 10\,KJ = 3\,K_2SO_4 + 6\,KJ + 6\,J_2 + 6\,H_2O$$

$$6\,J_2 + 12\,Na_2S_2O_3 = 12\,NaJ + 6\,Na_2S_4O_6$$

10. Bestimmung der gebundenen schwefligen Säure. Die an Basen wie CaO, MgO gebundene schweflige Säure wird durch Abzug der nach der vorhergehenden Methode bestimmten freien schwefligen Säure von

---

[1] Vgl. Schwalbe-Sieber: Betriebskontrolle, 3. Aufl., S. 217. 1931.

der gesamtschwefligen Säure gefunden, wobei dann angenommen ist, daß sie als Monosulfit gebunden ist, d. h. ein CaO einem SO_2 entspricht.

11. Bestimmung des SO_4-Ions[1]. In jenen Laugen, welche aus der ersten Hälfte der Kochung stammen, läßt sich das SO_4-Ion in gleicher Weise bestimmen wie in den Frischlaugen. Mit dem weiteren Fortschreiten der Kochung treten jedoch Schwierigkeiten auf: Der Niederschlag, welcher mit Bariumchlorid erhalten wird, enthält zumeist organische Substanzen, welche seiner weiteren Aufarbeitung sehr hinderlich sein können.

Das Arbeiten in großer Verdünnung — 25 cm³ Kochlauge in 250 bis 300 cm³ Wasser — während des Austreibens der schwefligen Säure im Kohlensäurestrom durch Kochen mit Salzsäure sowie beim späteren Fällen mit Chlorbarium erleichtert die Fällung oft wesentlich. Erwähnt sei auch, daß man durch Sättigen mit Kochsalz aus der Kochlauge organische Bestandteile ausfällen kann und dann eine Lauge erhält, in welcher die SO_4-Bestimmung weniger schwierig auszuführen ist.

Bei Bestimmung des SO_4-Ions in den Frischlaugen[2] gibt man in einen 300 cm³ fassenden Erlenmeyerkolben etwa 100 cm³ Wasser und 5 cm³ konzentrierte Salzsäure und bedeckt ihn mit einem durchlochten Uhrglas. Durch dessen Öffnung führt man ein rechtwinklig gebogenes Glasrohr, dessen einer Schenkel bis über den Spiegel der Flüssigkeit im Kolben reicht und dessen anderer Schenkel mit einem Kohlensäureentwicklungsapparat in Verbindung gesetzt wird. Während man den Kolben zum Sieden erhitzt, leitet man dauernd einen schwachen Kohlensäurestrom in ihn hinein. In die siedende Flüssigkeit läßt man die Laugenprobe (25 oder 50 cm³) einlaufen und vertreibt durch weiteres Kochen und bei ständigem Durchleiten von Kohlensäure die vorhandene schweflige Säure vollständig.

Ist dies beendet, so filtriert man den Kolbeninhalt und bestimmt im Filtrat in bekannter Weise die Schwefelsäure.

Soll auch das als festes Calciumsulfat vorhandene SO_4-Ion mitbestimmt werden, so geschieht dies durch Kochen mit Ammoncarbonat usw.

$$1 \text{ g } BaSO_4 = 0{,}3430 \text{ g } SO_3 = 0{,}5833 \text{ g } CaSO_4 = 0{,}2403 \text{ g } CaO.$$

Die Bestimmung des SO_4-Ions ohne Benutzung der Kohlensäureatmosphäre gibt stets zu hohe Werte.

12. Schwefeldioxydgehalt im Röstgas. Die Bestimmung wird nach Reich (s. II/1, 527)[3] durchgeführt.

13. Schwefel-Dioxyd und -Trioxyd im Röstgas. Es wird die Bestimmung nach Frank und Schmidt (s. II/1, 537) empfohlen.

B. Natron- und Sulfatverfahren.

1. Bestimmung von Natriumhydroxyd, Natriumcarbonat und Natriumsulfid in den Laugen. Die Bestimmungen werden nach dem im

[1] Vgl. Schwalbe-Sieber: Betriebskontrolle, 3. Aufl., S. 236. 1931.
[2] Vgl. Schwalbe-Sieber: Betriebskontrolle, 3. Aufl., S. 221. 1931.
[3] Vgl. Schwalbe-Sieber: Betriebskontrolle, 3. Aufl., S. 198, 525. 1931.

Hauptwerk (V, 538—540) angegebenen grundlegenden Verfahren durchgeführt[1].

2. Untersuchung der Schwarzlauge nach Heath. a) NaOH und Na_2CO_3. Die Titration der Schwarzlauge wird durch die Anwesenheit dunkel gefärbter Substanzen sehr erschwert. Es wird daher eine Destillation der Lauge nach Zugabe von Ammonchloridlösung vorgeschlagen. Dieses Salz reagiert mit den in der Lauge vorhandenen sauren und alkalischen Bestandteilen derart, daß die vorliegende Kohlensäure durch die aus dem Ammonsalz entstehende Salzsäure übergetrieben wird, während gleichzeitig Ammoniak in die Vorlagen übergeht, die man dann mühelos titrieren kann.

Die Destillation wird folgendermaßen ausgeführt: Ein 300-cm³-Kochkolben wird durch ein U-förmig gebogenes 110 cm langes und 10 mm weites Glasrohr, das als Luftkühler wirken soll und zur Vermeidung des Übersteigens von Schlamm und des Zurücksteigens von Lauge beiderseits eine kugelförmige Erweiterung hat, mit einem 200 cm³ fassenden Erlenmeyer verbunden, der als Alkalivorlage dient. Dieser ist durch einen Liebigkühler gasdicht mit der Säurevorlage, ebenfalls einem 200 cm³ fassenden Erlenmeyer, verbunden. Die Apparatur ist so anzuordnen, daß auch die Alkalivorlage zum Sieden erhitzt werden kann.

5 cm³ Schwarzlauge werden gewogen, in den Kochkolben gespült und mit 5 cm³ einer 3%igen H_2O_2-Lösung versetzt. Nach einigen Minuten wird langsam zum Sieden erhitzt und der H_2O_2-Überschuß zum Schluß durch kräftiges Kochen restlos zerstört. Diese oxydierende Vorbehandlung der Lauge ist notwendig, um das Sulfid zu Sulfat zu oxydieren.

Die erkaltete Lauge wird nun mit CO_2-freiem Wasser auf 100 cm³ verdünnt und 30 cm³ einer 10%igen Chlorammoniumlösung hinzugegeben. Das Luftkühlrohr wird aufgesetzt und die Verbindung mit der Alkalivorlage (50 cm³ $^1/_{10}$ n-NaOH) und von dieser über einen Wasserkühler nach der Säurevorlage (50 cm³ $^1/_{10}$ n-HCl) hergestellt. Dann wird langsam und vorsichtig erhitzt — die Lauge schäumt beim Kochen stark — und die Destillation solange fortgesetzt, bis 50 cm³ Destillat in die Säurevorlage übergegangen sind, wozu die Alkalivorlage gegen Ende der Bestimmung zum Sieden zu bringen ist.

Die Reaktion verläuft nach folgender Formel:

$$x\,NaOH + y\,Na_2CO_3 + (x + 2\,y)NH_4Cl = (x + 2\,y)NH_3 + y\,CO_2 + (x + 2\,y)NaCl + (x + y)H_2O.$$

Die vorgelegte Säure wird mit $^1/_{10}$ n-NaOH bis zum Methylorangeumschlag titriert $= a$.

Die vorgelegte Natronlauge wird mit $^1/_{10}$ n-HCl gegen Phenolphthalein titriert $= b$.

Der Wert von $50 - a$ entspricht dann dem durch Carbonat und Hydroxyd in der Probe nach obenstehender Gleichung in Freiheit gesetzten Ammoniak und der Wert von $2(50 - b)$ dem Carbonat, das sich aus der übergetriebenen Kohlensäure gebildet hat. Das Hydroxyd

---

[1] Vgl. Manufacture of Pulp and Paper, Vol. III, § 5, p. 198. New York a. London 1937.

berechnet sich dann aus der Differenz von der aus a berechneten Carbonat-
und Hydroxydmenge und der aus b berechneten Carbonatmenge, also

$$(50 - a) - 2\,(50 - b) = 2\,b - a - 50.$$

Das Hydroxyd kann noch genauer bestimmt werden, wenn das Carbonat
mittels neutraler Bariumchloridlösung auf die übliche Art ausgefällt
wird.

b) **Bestimmung von Na_2S.** 5 cm³ Schwarzlauge werden gewogen
und in einem 250-cm³-Destillierkolben mit 50 cm³ Wasser unter Zugabe
von 25 cm³ einer 10%igen Chlorammoniumlösung verdünnt. Der Kolben
wird über einen Liebigkühler mit einer mit Jod beschickten Vorlage
verbunden (50 cm³ $^1/_{10}$ n-Jodlösung, die 15 cm³ Eisessig im Liter enthält). Nach anfänglich langsamem Erwärmen werden etwa 50 cm³
überdestilliert. Die Jodlösung wird mit $^1/_{10}$ n-$Na_2S_2O_3$ rücktitriert,
wobei 1 cm³ Jodlösung: 0,0039 g Na_2S entspricht.

c) **Bestimmung des Gesamtalkalis.** 5 cm³ Schwarzlauge werden
in einem Nickeltiegel gewogen, auf dem Wasserbad zur Trockne eingedampft, der Rückstand verascht und zunächst über dem Bunsenbrenner, zum Schluß auf dem Gebläse bis zum Schmelzen geglüht.
Nach dem Erkalten wird der Rückstand in Wasser gelöst, quantitativ
filtriert und das Filtrat mit $^1/_{10}$ n-HCl gegen Methylorange titriert. Man
findet so das gesamte Alkali mit für technische Zwecke hinreichender
Genauigkeit.

d) **Bestimmung des organisch gebundenen Alkalis.** Wird
von dem Gesamtalkali, ausgedrückt als Na_2O, das als NaOH, Na_2CO_3
und Na_2S ermittelte Alkali, ebenfalls als Na_2O ausgedrückt, in Abzug
gebracht, so erhält man das an organische Säuren gebundene Alkali.

C. Bleicherei (V, 551).

In der Betriebskontrolle der Bleichereien nehmen die Bestimmungsmethoden für den Aufschlußgrad einen großen Raum ein; diese sind in
Teil III ausgiebig behandelt. Die anderen Methoden beziehen sich hauptsächlich auf die Untersuchung der zum Bleichen verwandten Reagenzien
vor, während und nach Beendigung des Bleichvorganges.

I. Allgemeine Methoden zur Untersuchung von Chlorbleichlaugen[1].

1. Wirksames Chlor (II/1, 803). Zur vollständigen Untersuchung
des Bleichbades bedient man sich zweckmäßig des folgendes Ganges:
Man entnimmt die Proben dem Bleichholländer mittels einer Pipette,
vor deren Spitze man ein in die Form eines kleinen Säckchens zurecht-
gebogenes Stück eines Papiermaschinensiebes hält, und füllt sie in
kleine, gut verschlossene Flaschen ab. Es darf nur klare, d. h. faserfreie
Flüssigkeit titriert werden. Enthält die Flüssigkeit noch wirksames
Chlor, so muß dieses sowie das p_H sofort bestimmt werden. Die übrigen
Bestimmungen können auch nach mehrstündigem Stehen vorgenommen
werden.

---

[1] Vgl. auch Opfermann-Hochberger: Die Bleiche des Zellstoffs, Bd. III,
Teil II. 1936.

Das aktive Chlor bestimmt man, wenn es auf Genauigkeit ankommt, nach Penot mittels Arsenitlösung in einer abgemessenen Probe
der Bleichlauge, die mit Wasser auf das 10fache Volumen verdünnt
und wovon soviel genommen wird, als 1 oder 2 cm³ der ursprünglichen
Bleichlauge entspricht.

Eine kostspieligere, aber weniger umständliche, und für die laufende
Betriebskontrolle meist angewandte Methode ist die jodometrische
Bestimmung des aktiven Chlors nach Bunsen.

2. Bestimmung des Chloridchlors. a) Nach Lunge. Siehe Hauptwerk II/1, 817.

b) Nach Votocek-Rys. Dieser Methode liegen folgende Reaktionen zugrunde: Wird eine salpetersaure Lösung, die Chlorionen ent-
hält, mit Quecksilbernitrat $Hg(NO_3)_2$ und Nitroprussidnatrium als
Indicator titriert, so bildet sich zunächst nicht dissoziiertes, aber lös-
liches Quecksilberchlorid, solange noch Chlorionen vorhanden sind.
Sind diese verbraucht, so reagiert der erste überschüssige Tropfen des
dissoziierten Quecksilbernitrats mit dem Nitroprussidnatrium unter
Bildung eines Niederschlags von unlöslichem Nitroprussid-Quecksilber.
Das Auftreten einer feinen milchigen Trübung zeigt den Endpunkt der
Titration an.

Die Untersuchung wird wie folgt durchgeführt: Nachdem man das
wirksame Chlor in einer Probe mit Wasserstoffperoxyd zerstört hat,
säuert man mit Salpetersäure an und titriert unter fortwährendem Umschwenken nach Zusatz einer genügenden Menge Nitroprussidnatriums
mit $^1/_{10}$ n-Quecksilbernitrat bis zum Auftreten einer bleibenden Trübung,
die man durch Betrachten gegen einen dunklen Hintergrund leicht
erkennen kann. Die Differenz zwischen dieser Titration und der des
wirksamen Chlors ergibt den Gehalt an Chloridchlor.

3. Bestimmung des organisch gebundenen Chlors nach Rys. Man
macht die unverdünnte Probe mit chlorfreier starker Natronlauge stark
alkalisch, setzt einige Tropfen Perhydrol zu und kocht in einem hohen,
schlanken Titrierbecher 10—15 Minuten lang, setzt ein zweites Mal
vorsichtig Perhydrol zu und kocht wiederum 10—15 Minuten. Dadurch
werden die organischen Stoffe vollständig oxydiert und das organisch
gebundene Chlor in Chlorion übergeführt.

Man kühlt ab, verdünnt auf etwa 200 cm³ und säuert mit Salpetersäure an. Die so erhaltene Lösung muß vollständig klar sein, andernfalls muß mit längerer Kochzeit und größerer Menge Perhydrol gearbeitet
werden. Die klare salpetersaure Lösung wird, wie oben angegeben,
mit Quecksilbernitrat und Nitroprussidnatrium bis zur bleibenden
milchigen Trübung titriert.

Man findet auf diese Weise die Summe von wirksamem Chlor, Chloridchlor und organisch gebundenem Chlor. Der Gehalt der einzelnen Bestandteile ergibt sich ohne weiteres aus den Differenzen der verschiedenen Titrationen.

4. p_H-Bestimmung in Bleichbädern mittels der Glaselektrode. Die
Verwendung von Farbstoffindicatoren bei der p_H-Bestimmung in Bleich-
bädern ist nicht zu empfehlen, da diese Methoden wegen der oxydierenden
Wirkung des aktiven Chlors auf die Farbstoffe versagen. Will man

trotzdem p_H-Messungen auf diese Weise durchführen, so geschieht dieses am besten mit Hilfe des Universalindicators nach Merck nach vorheriger Zerstörung des wirksamen Chlors mit genau auf $p_H = 7$ eingestellter Wasserstoffperoxydlösung. Trotzdem läßt sich auf diese Art und Weise das p_H für die meisten Zwecke nicht mit hinreichender Genauigkeit ermitteln.

Die oben genannten Nachteile der Bestimmung sind dagegen nicht vorhanden beim Arbeiten mit einer Glaselektrode[1].

Hierüber siehe Erg.-Bd. I, 57.

5. Bestimmung der gelösten organischen Substanz. Das mit Erfolg angewandte Verfahren ist dem für die Bestimmung des Reduktionsvermögens von Trink- und Brauchwasser mit alkalischer Permanganatlösung angegebenen nachgebildet (II/1, 256).

5 cm³ der faserfreien Flüssigkeit, die kein Hypochloritchlor enthalten darf, werden in einem Kochkolben von 300 cm³ Inhalt mit 5 cm³ $^1/_1$ n-NaOH alkalisch gemacht, mit 25 cm³ $^1/_{10}$ n-Permanganatlösung versetzt und mit destilliertem Wasser auf genau 100 cm³ gebracht. Der Kolben wird zum Sieden erhitzt und vom ersten Aufkochen an gerechnet, genau 10 Minuten im ruhigen Kochen erhalten. Nachdem der Kolben von der Flamme entfernt worden ist, wird mit Schwefelsäure unter Umschwenken kräftig angesäuert und sofort 25 cm³ $^1/_{10}$ n-Oxalsäure hinzugefügt. Nach Verlauf einiger Minuten, nachdem die Flüssigkeit vollständig farblos geworden ist, wird heiß mit $^1/_{10}$ n-Permanganat bis eben zur bleibenden Rotfärbung titriert.

Der Gehalt der Lösung wird zweckmäßig in Milligramm $KMnO_4$, welche die Volumeinheit verbraucht, angegeben. Die erhaltenen Werte sind am genauesten, wenn 7—10 cm³ Permanganatlösung zur Rücktitration verbraucht werden. Der Sauerstoffverlust beim Kochen ist durch einen Blindversuch ein für allemal zu ermitteln.

Wenn, wie in einem Blindversuch ermittelt wird, noch wirksames Chlor in der Lösung vorhanden ist, so muß dieses durch tropfenweises Hinzufügen einer verdünnten Wasserstoffperoxydlösung zerstört werden (Prüfung mit Jodkaliumstärkepapier).

II. Prüfung des Zellstoffs (vgl. Opfermann-Hochberger).

Farbmessung. Die Farbmessung von gebleichten Zellstoffen dient zwei Zwecken: Einmal hat sie den „Bleichgrad" des feuchten Stoffes im Bleichholländer bei Beendigung der Bleiche zu bestimmen, also zu ermitteln, ob die vorgeschriebene Farbe erreicht ist, und andererseits hat sie festzustellen, ob der gewaschene, getrocknete, versandfertige Stoff die Richtfarbe aufweist, die für die betreffende Qualität vorgeschrieben ist.

Für die Feststellung der Farbe des Holländerinhalts bedient man sich der direkten subjektiven Vergleichung einer mit der Hand ausgepreßten Probe feuchten Zellstoffs gegen eine in einer Standardbleiche

---

[1] Zuerst vorgeschlagen für die Bleicherei von F. H. Yorston: Research Notes, For. Prod. Lab. Canad., Montreal **31**, 374 (1931). Vgl. auch K. Schwabe: Wochenbl. f. Papierfabr. **1936**, Sondernummer, S. 24.

hergestellten Probe, die man nach Wenzl (1) durch Zusatz von etwas Formalin stabilisieren und längere Zeit aufbewahren kann.

Zur Kontrolle der Farbe des trockenen Zellstoffes stehen grundsätzlich drei Wege offen: Erstens die direkte subjektive Farbvergleichung mit dem unbewaffneten Auge gegen Farbstandards, zweitens die subjektive photometrische Weißgehaltsbestimmung, drittens die objektive photoelektrische Methode, die lichtelektrische Zellen, sog. Photozellen, als Meßinstrumente verwendet.

Da die Muster des trockenen gebleichten Zellstoffs unter dem Einfluß von Licht, Luft und Wärme mehr oder weniger rasch in der Farbe zurückgehen, hat man in Amerika (Wolf) versucht, haltbare und jederzeit reproduzierbare Farbenstandards herzustellen. Man verwandte hierzu eine Serie von kreisrunden Platten aus Gips, Magnesiumcarbonat, Bariumsulfat usw., die man mit Kaliumbichromat oder anderen Farbstoffen gemischt hatte, um eine abgestufte Tönung zu erzielen. Diese Platten, in deren Mitte ein Stück des zu vergleichenden Zellstoffs konzentrisch befestigt ist, werden in lebhafte Rotation versetzt, um die durch die Rauhigkeit der Oberfläche bedingten Lichteffekte, welche eine Beurteilung der Färbung beeinflussen, nach Möglichkeit auszuschalten. Es wird nun unter festgelegter Art und Stärke der Beleuchtung geschätzt, welcher der Farbscheiben das Muster im Farbton am nächsten kommt.

Farbtönungen von ähnlicher Nuancierung kann man auch erzielen durch Rotation von weißen Pappscheiben, auf denen gefärbte Papierstreifen von verschiedenem Zentrierwinkel aufgeklebt sind (Ch. K. Landes). Diese Methode hat gegenüber der oben beschriebenen den Vorzug, daß man sich die Farbmischungen leichter herstellen kann, da die Bereitung der Platten wegen der teilweisen Entmischung des Breies beim Gießen mit Schwierigkeiten verbunden ist.

Die Rotation der Zellstoffscheiben verwischt wohl die Unebenheiten der Oberfläche, hebt aber die Schattenwirkung der Einzelfasern nicht auf; auch läßt sie den Glanz, der je nach der Herkunft des Musters, dem Preßgrad, dem verwandten Filz und der Führung des Trockenprozesses auf der Maschine sehr verschieden sein kann, selbstverständlich unbeeinflußt. Wesentlich mehr Sicherheit bei der Beurteilung der Färbung der Zellstoffe wird bei der photometrischen Weißgehaltsmessung gewährleistet, deren praktische und theoretische Grundlagen in den Arbeiten von H. Wenzl dargestellt worden sind.

Der bekannteste Apparat zur subjektiven Weißgehaltsphotometrie ist das Stufenphotometer der Firma Zeiß, das durch besondere Einrichtungen den Empfindungsstufen des Auges möglichst angepaßt ist. Ein Spezialzusatzgerät (Kugelreflektometer) beseitigt die Oberflächeneinflüsse so gut wie vollkommen, so daß eine vergrößerte Meßgenauigkeit erzielt wird. Für Weißgehaltsbestimmungen an Papieren leistet das Halbschattenphotometer von Ostwald in der Modifikation von P. Wolski (Janke und Kunkel, Köln a. Rh.) gleiche Dienste. Ferner sei das Eastman-Colorimeter (W. Brecht), das Heß-Ives-Tintphotometer (O. Kress und G. C. McNaughton) und das Lovibond-Tintometer (R. W. Sindall und W. N. Bacon), denen ebenfalls die subjektive Methode zugrunde liegt, erwähnt.

Die objektive Methode endlich, bei welcher photoelektrische Zellen Verwendung finden, ist von der Leistungsfähigkeit und Veranlagung des Beobachters vollkommen unabhängig. Ihre Meßwerte müssen daher unbeschränkt reproduzierbar sein. Hierbei kann auch bei manchen Konstruktionen die störende Diskrepanz zwischen dem physiologischen Eindruck und den Ergebnissen der Messung dadurch einigermaßen überbrückt werden, daß das ganze Spektralgebiet durchgeprüft und eine Kurve aufgezeichnet wird, die mit der entsprechenden Kurve eines „Normalweiß" verglichen werden kann.

Instrumente dieser Art, welche gegenwärtig Verwendung finden, sind z. B. das Photocolorimeter „T.C.B." von Maillard Dantzer (Pinte), das Colorscope von Sheldon-Snyder, das Spektralphotometer der American Photoelectric Corp. (Wenzl), der Razek-Mulder Color Analyzer (J. Burgess) sowie das Leukometer der Firma Zeiß, gebaut nach den Angaben des Papierforschungsinstitutes zu Oslo. Hierher gehört auch der lichtelektrische Reflexionsmesser der Firma B. Lange.

III. Untersuchung der Zellstoffe.

A. Ungebleichte Zellstoffe.

1. Bestimmung des Wassergehaltes (V, 545). Bei Bestimmung des Wassergehaltes darf man nicht bei zu hoher Temperatur arbeiten, da leicht chemische Veränderungen der Substanz eintreten können. Mit Ausnahme der Bestimmung des Aschen- und unter besonderen Umständen des Ligningehaltes darf eine einmal scharf getrocknete Substanz zu keinen anderen Analysen mehr verwandt werden. Man nimmt für diese lufttrockene Proben. Die Trocknung wird im allgemeinen bei einer Temperatur von 100—105° C vorgenommen und bis zur Gewichtskonstanz ausgedehnt.

Eine Beschleunigung der Trockenbestimmung erreicht man durch Anwendung eines Vakuumtrockenapparates, etwa nach Art der Kempfschen Trockenpistole, indem die Trocknung über Phosphorpentoxyd bei der Kochtemperatur des Wassers und in Luftleere vorgenommen wird.

Eine Beschleunigung erfährt nach Obermiller die Trocknung auch durch Anwendung getrockneter Luft, die durch das gut zu trocknende Material hindurchgesaugt wird. Dieser Autor hat Wägegläschen konstruiert, die das Durchsaugen von Luft während der Trocknung gestatten.

Eine Wasserbestimmung des Materials durch Destillation mit Toluol und anderen wasserabstoßenden Flüssigkeiten hat den großen Vorteil der raschen Durchführbarkeit und vermeidet die Fehlerquelle einer Veränderung des Materials während einer langwierigen Trocknung. Das im Stoff enthaltene Wasser wird bei dieser Methode von der über 100° siedenden Flüssigkeit mitgerissen, sondert sich nach der Destillation von ihr wieder ab und wird in einer kalibrierten Capillare gemessen. Eine Destillationsapparatur aus Metall wurde von Schwalbe (2) für größere Mengen (200—500 g) empfohlen. Bei gleichmäßigerem Material lassen sich auch Glasgefäße für kleinere Mengen (20—50 g) (Friedrichs) verwenden, wobei unbrennbare Flüssigkeiten wie Tetrachloräthan (Draz), Acetylentetrachlorid (v. d. Wert), Tetrachloräthylen (Bailey) als Destillationsmittel empfohlen werden.

Wenn der Stoff in Suspension bzw. breiförmiger Konsistenz vorliegt, so kann zur schnellen Bestimmung des Trockenstoffgehaltes die von A. Noll (2) beschriebene Methode der Stoffdichtebestimmung mit Hilfe einer Zentrifuge dienen. Diese Methode kann allerdings nur bei nichtgemahlenen Stoffen angewendet werden, da bei gemahlenen Stoffen andere Voraussetzungen gelten. Außerdem haftet dieser Bestimmung auch bei ungemahlenen Stoffen eine gewisse Unsicherheit an, da das Wasserbindevermögen bei diesen Zellstoffen ebenfalls schwanken kann.

Ehe die eigentliche Bestimmung durchgeführt wird, muß die Zentrifuge geeicht werden, um auf diese Weise den jeweils für die örtlichen Verhältnisse konstanten Trockengehaltsfaktor zu ermitteln. Unter Zugrundelegung dieses Faktors ergibt sich dann die Stoffdichte eines unbekannten Musters nach der Beziehung:

$$\text{Stoffdichte} = \frac{\text{Schleudergewicht mal Faktor}}{\text{angewandte Stoffmasse (Volumen oder Gewicht)}}$$

Es gilt dabei die Regel, daß man um so mehr Stoffbrei in Arbeit nimmt, je verdünnter dieser ist. Bei dünnen Stoffmassen mißt man z. B. 1—2 l genau ab. Nachdem die Stoffsuspension gleichmäßig in die Trommel eingetragen ist, fixiert man die Zeit mit der Stoppuhr, läßt die Zentrifuge laufen und schaltet nach genau 3 Minuten den Strom ab. Der Stoffkuchen wird darauf herausgenommen und gewogen.

In der Technik hat sich bei laufenden Untersuchungen der Zellstoffe eine Schnelltrockenbestimmungsmethode bewährt, die annähernd richtige Werte ergibt und besonders dann am Platze ist, wenn aus feuchten Proben eine bestimmte Menge für eine Analyse ausgewogen werden soll. Die gewogene Probe wird in eine auf das Ende eines Föhns aufsteckbare Drahthülse gebracht und dann, mit Hilfe von durchgeblasener warmer Luft getrocknet, in einen Exsiccator gebracht und gewogen. Meistens wird dabei innerhalb von etwa 20 Minuten der Wassergehalt bis auf etwa 0,5—1,0% entfernt.

Eine Beschleunigung der Trocknungsgeschwindigkeit läßt sich auch mit Hilfe der sog. Umlufttrockner erzielen, bei denen die zur Trocknung verwandte Luft in Zirkulation gehalten wird.

2. Asche (V, 545). Hier gelten die in Abschnitt I, Methode Nr. 4 gemachten Ausführungen.

3. Aufschlußgrad; Charakterisierung ungebleichter Zellstoffe nach Härte und Bleichfähigkeit (V, 545). Diese Methoden zählen zu den wichtigsten im Gebiet der ungebleichten Zellstoffe, und es ist deshalb nicht erstaunlich, daß eine große Reihe der verschiedensten, mehr oder weniger schnell arbeitenden Methoden zur Verfügung stehen. Die Bestimmung des Aufschlußgrades ist von größter Bedeutung für die Qualität und für die Typisierung der Zellstoffe.

Bei Papierzellstoffen ist z. B. die Festigkeit und bei Kunstseidezellstoffen die Viscosität vom Aufschlußgrad mit abhängig.

Aber nicht nur zur Kontrolle des Kochprozesses selbst wird die Bestimmung des Aufschlußgrades verwandt, sondern auch zu gleicher Zeit zur Kontrolle der Bleiche. Die Werte für den Aufschlußgrad können nämlich auf Grund neuester Untersuchungen mit annähernder Genauigkeit in Chlorbedarfszahlen umgerechnet werden, die unmittelbar im Betrieb angewandt werden können.

Es ist deshalb besonders wichtig, daß die betreffenden Methoden möglichst schnell arbeiten, und so lassen sich die Bestrebungen verstehen, die Bestimmungen des Aufschlußgrades so weitgehend als möglich abzukürzen. Im folgenden ist eine Auswahl aus diesem großen Gebiet gegeben, wobei Wert darauf gelegt wurde, aus jeder Gruppe von Methoden die am häufigsten verwendeten auszuwählen.

Auf Grund der von der F.A.K. durchgeführten Untersuchungen sind die für die Stoffcharakterisierung allgemeinen Richtlinien festgelegt worden[1].

1. Der Härtebegriff (alle Stoffe von „sehr hart" bis „sehr weich") und ebenso die Begriffe der Bleichfähigkeit sind durch den Aufschlußgrad des Stoffes und damit durch dessen Ligningehalt bedingt, sind also chemische Kriterien.

2. Härtebezeichnungen kommen daher nur für ungebleichte Stoffe in Betracht.

3. Der Grad der Härte ungebleichter Sulfitzellstoffe ist skalenmäßig bestimmt durch den Aufschlußgrad bzw. Ligningehalt, die aus einer festgelegten Tabelle entnommen werden können[1].

Bei der Bestimmung der Härte von Sulfit- und von Natronzellstoffen hat sich ein grundsätzlicher Unterschied ergeben:

Die für die Sulfitzellstoffe gültige Beziehung zwischen Aufschluß- und Härtegrad ist nicht ohne weiteres auf Natronzellstoffe übertragbar. Bei letzteren ist für die wirkliche Härte nur der Ligningehalt maßgebend, da bei den üblichen Aufschlußgradbestimmungen ein Teil von Nicht-Ligninsubstanzen mitreagiert und so eine höhere Härte vortäuscht. Vgl. hierzu F.A.K.-Blatt Nr. 2[2].

a) Methode nach Johnsen-Noll. 5 g des absolut trockenen Stoffes (oder beispielsweise 5,55 g eines Stoffes mit 10% Feuchtigkeit) werden mit 160 (bzw. 159,5) cm³ heißem Wasser in einem Aufschluß-apparat (z. B. Blitzmischer) gut aufgeschlagen und quantitativ mit 40 cm³ Wasser in ein Becherglas übergeführt. Zur gleichmäßigen Quellung bleibt der Stoffbrei 30 Minuten im Wasserbad bei 25° bedeckt stehen und wird sodann mit genau 50 cm³ $^1/_1$ n-Kaliumpermanganat-lösung von 20° versetzt. Man läßt das Reaktionsgemisch genau 60 Minuten bei 25° unter zeitweiligem Umrühren mit einem Glasstabe stehen. Hierauf wird der Stoff abgenutscht und 10 cm³ des Filtrates werden in einen mit 20 cm³ $^1/_{10}$ n-Oxalsäure und etwa 50 cm³ mit etwas Schwefelsäure versetzten heißem Wasser beschickten Erlenmeyerkolben gegeben. Die vom Stoff verbrauchte Permanganatmenge wird durch

---

[1] Merkblatt Nr. 1 der F.A.K. des Vereins der Zellstoff- und Papier-Chemiker und -Ingenieure. Sonderdruck aus Papierfabr. **32**, 109 (1934).

[2] Merkblatt Nr. 2 der F.A.K. des Vereins der Zellstoff- und Papier-Chemiker und -Ingenieure. Sonderdruck aus Papierfabr. **32**, 157 (1934).

Titration mit $^1/_{10}$ n-Permanganat bestimmt und man erhält den Permanganatverbrauch pro 1 g Trockenstoff in Kubikzentimeter $^1/_{10}$-Lösung durch Multiplikation der Anzahl zurücktitrierter Kubikzentimeter $^1/_{10}$ n-Permanganat mit 5.

b) Die Ausführung der Permanganatmethode von Björkman siehe V, 547.

c) Chlorverbrauchszahl nach Sieber. Siehe V, 546.

d) Zur Bestimmung des Chlorverbrauchs bei der Anwendung gasförmigen Chlors konstruierte Roe einen Apparat, womit die Aufnahme des Chlors durch feuchten Zellstoff volumetrisch verfolgt werden kann. Aus der Chlorverbrauchszahl, die hierbei in kurzer Zeit erhältlich ist, läßt sich der Bleichchlorverbrauch nach einer Beziehung, die am besten empirisch im eigenen Betrieb bestimmt wird, ableiten. Eine Ausführung der Roeschen Methode ist von D. Johansson eingehend beschrieben worden.

e) In Anlehnung an die Methode von Roe hat Küng (1) eine Bestimmungsmethode des Härtegrades ausgearbeitet, wobei die zu vielen Fehlern Anlaß gebende Verwendung von Chlorgas durch den Gebrauch von Chlorwasser von vorgeschriebener Stärke ($^1/_5$ n) ersetzt wird. Die Chlorierung des Zellstoffes wird nach 15 Minuten durch Zugabe von Jodkalium unterbrochen, wobei das unverbrauchte Chlor mit Thiosulfat zurücktitriert werden kann.

f) Am sichersten wird der Härtegrad durch eine direkte Bestimmung des Ligningehaltes festgelegt. Als Einheitsmethode für die Bestimmung von Lignin in Zellstoffen wurde auf Vorschlag F.A.K. die von A. Noll (3) und Mitarbeitern beschriebene Methode gewählt[1]. Sie gibt für ungebleichten und für gebleichten Zellstoff je eine besondere Vorschrift, was bedingt ist durch den geringeren Ligningehalt des gebleichten Stoffes gegenüber dem ungebleichten und durch den hiermit zusammenhängenden verschieden großen Einfluß des Harzgehaltes auf die Ligninbestimmung.

α) *Arbeitsweise bei ungebleichtem Zellstoff.* Es werden zwei Parallelversuche angesetzt, von welchen der eine zur quantitativen Ermittlung des Ligningehaltes bestimmt ist, während der zweite Ansatz zur Prüfung auf die Vollständigkeit der Verzuckerung dient. Dementsprechend werden von dem geraspelten Zellstoff 2mal je 1 g jeweils in einem kleinen Becherglässchen von 100 cm³ Inhalt abgewogen und mittels eines Glasstabes mit stampferartig verbreitertem Fuß etwas zusammengedrückt, wobei Substanzverlust sorgfältig zu vermeiden ist. Die auf diese Weise in dem Becherglas etwas komprimierten Stoffpulverkuchen werden nun durch gleichmäßiges Übergießen mit je 5 cm³ reinem Dimethylanilin befeuchtet und sodann nach 3—4 Minuten mit je 25 cm³ 78%iger Schwefelsäure übergossen. Die Verzuckerung der Cellulose beginnt momentan und ist nach mehrfachem Umrühren der Masse mit dem Glasstab in der Regel in etwa 10 Minuten beendet. Nach Verlauf der angegebenen Zeit prüft man die Vollständigkeit der Verzuckerung in dem Parallelansatz mittels der „Dextrinprobe". Sie besteht darin,

---

[1] F.A.K.-Merkblatt Nr. 3. Sonderdruck aus Papierfabr. **32**, 169 (1934).

daß man etwa $^1/_2$ cm³ der Lösung in einem Reagensglas mit wenig Wasser verdünnt, gegebenenfalls filtriert und hierauf etwa die 20fache Menge Alkohol zugibt. Tritt nach gutem Umschütteln eine weißliche Trübung der Flüssigkeit auf, so war die Verzuckerung noch nicht vollständig. Die Schwefelsäurebehandlung muß bis zur vollkommenen Verzuckerung des Zellstoffes fortgesetzt werden, also so lange, bis die Lösung keine Dextrinreaktion mehr ergibt.

Ist kein Dextrin mehr nachweisbar, so gießt man die Reaktionsmasse des Hauptansatzes in ein 500 cm³ fassendes Becherglas, verdünnt mit 200 cm³ heißem Wasser und kocht 3 Minuten auf, wobei sich das Lignin in braunflockiger Form abscheidet. Man läßt etwa 1 Stunde auf dem Wasserbad absitzen und filtriert dann durch ein einfaches, vorher getrocknetes und in einem Wägegläschen gewogenes Papierfilter (Schleicher und Schüll Nr. 589. Weißband 12,5 cm Durchmesser).

Der Niederschlag wird auf dem Filter mit heißem Wasser bis zur Säurefreiheit des Filterrandes sowie des Filtrats ausgewaschen. Sodann wird das Filter mit dem Lignin bei 100° C getrocknet und möglichst rasch nach dem Erkalten gewogen. Zur festgestellten Gewichtsdifferenz sind als Ausgleich für den erlittenen Auswaschverlust des Filters jeweils noch 0,003 g zu addieren. Dieser Befund ergibt Lignin plus Asche. Das getrocknete Filter wird sodann verascht und der Aschengehalt in Rechnung gesetzt.

β) Arbeitsweise bei gebleichtem Zellstoff. Von dem getrockneten Stoffpulver werden für die beiden Parallelversuche je 3 g in jeweils ein kleines Bechergläschen eingewogen, mit einem abgeflachten Glasstab etwas zusammengedrückt, sodann mit 8 cm³ reinem Dimethylanilin bei Zimmertemperatur durchgefeuchtet und hierauf mit 35 cm³ 78%iger Schwefelsäure übergossen. Dabei erwärmt sich das Gemisch, und unter Umrühren tritt Lösung bzw. Verzuckerung des Zellstoffes ein. Ist der Hauptteil nach einigen Minuten gelöst, so wird das Becherglas in Wasser von 50° C eingestellt und bei dieser Temperatur etwa $^3/_4$ Stunden belassen. Die Prüfung auf vollständige Verzuckerung an Hand der Dextrinprobe erfolgt in dem Parallelansatz in der für ungebleichte Zellstoffe oben angegebenen Weise.

Ist kein Dextrin mehr nachweisbar, so wird zwecks Entfernung des Harzes mit 300 cm³ Alkohol (etwa 85 Gew.-%) verdünnt und auf dem Wasserbad zwecks klarer Abscheidung der braunen Ligninflocken einige Zeit erwärmt. Da sich die Flocken nicht bei allen Stoffen gleich schnell abscheiden, ist unter Umständen die Erwärmung auf dem Wasserbad auf längere Zeit (eventuell 2—3 Stunden) auszudehnen. Man läßt absitzen und filtriert durch einen gewogenen Filtertiegel. Während des Filtrierens ist es zweckmäßig, die Flüssigkeit warm zu halten und den Filtertiegel nicht leerlaufen zu lassen. Der Niederschlag wird im Tiegel zunächst mit heißem Alkohol und sodann mit heißem Wasser gründlich ausgewaschen. Der Tiegel mit dem Niederschlag (Lignin plus Asche) wird darauf wie oben unter a) beschrieben, getrocknet, gewogen und der Aschengehalt des Lignins festgestellt.

g) Die colorimetrische Bestimmung des Ligningehaltes im Zellstoff nach Klemm siehe V, 545.

4. Bestimmung des Alkoholextraktes und die Zerlegung von Harz-extrakten in Unverseifbares, Fettsäuren und Harzsäuren (vgl. auch Abschnitt I, Methode Nr. 5). Durch 96%igen Alkohol wird aus dem Zellstoff neben dem „freien Harz" auch das als Kalk- bzw. Magnesiaseife von Harz- und Fettsäuren gebundene herausgelöst. Im Merkblatt Nr. 6 der Faserstoffanalysenkommission des Vereins der Zellstoff- und Papier-Chemiker und -Ingenieure wird deshalb die Anwendung dieses Lösungsmittels für die Extraktion der Bestandteile des „Gesamtharzes" vorgeschlagen[1].

a) Eine Bestimmung des „Gesamtharzes" wird folgendermaßen durchgeführt: 100 g des in Haferflockengröße geraspelten lufttrockenen Zellstoffs werden in einem Extraktionsapparat 6 Stunden mit 96%igem Alkohol extrahiert. Die Trockengehaltsbestimmung des Stoffes erfolgt gesondert. Die alkoholische Extraktlösung wird durch ein Filter gegossen und das Filter mit frischem Lösungsmittel nachgewaschen. Die Extraktlösung wird dann vorsichtig auf dem Wasserbad etwas eingeengt, sodann in ein gewogenes Bechergläschen übergeführt, hierin bis zur Sirupkonsistenz abgedampft und dann im Trockenschrank 2 Stunden bei 100° C getrocknet.

Ist eine Bestimmung der Seifen erwünscht, so verascht man den Extrakt; man setzt die Asche als CaO in Rechnung, legt für das Gemisch der Säuren ein mittleres Molekulargewicht von 300 zugrunde und kann so den als Seife vorhandenen Anteil des Extraktes berechnen.

b) Zerlegung von Zellstoffextrakten in Unverseifbares, Harz- und Fettsäuren. Durch eine Extraktion des Zellstoffes mittels Dichlormethan (Kontrolle der Reinheit dieses Stoffes vgl. F.A.K.-Blatt Nr. 5) erhält man den Gesamtgehalt an Harz- und Fettbestandteilen, das sog. „freie Harz", welches aus einem Gemisch teils verseifbarer, teils unverseifbarer Bestandteile besteht mit Ausnahme der als Kalk- bzw. Magnesiaseifen gebundenen Harz- und Fettsäuren. Letztere aber werden, wie oben erwähnt, nur bei der Alkoholextraktion erfaßt. Im Analysenbericht muß daher stets genau angegeben werden, auf welchen Extrakt sich die weitere Zerlegung bezieht.

α) *Bestimmung des Unverseifbaren* (nach Marcusson). Etwa 2 g des bei 100° C getrockneten Zellstoffharzauszuges werden mit alkoholischer Kalilauge durch 1stündiges Kochen am Rückflußkühler verseift und gegen Phenolphthalein mit Essigsäure neutralisiert. Unter lebhaftem Umrühren fällt man dann bei 70° C mit verdünnter $CaCl_2$-Lösung die Harz- und Fettsäuren als Kalksalze aus. Hierauf setzt man die 5fache Menge Wasser zu und läßt erkalten. Die sich flockig ausscheidenden, das Unverseifbare einschließenden Kalkseifen werden abgesaugt, ausgewaschen, bei 90° C getrocknet und nach Vermengen mit etwas Sand mit Dichlormethan 4 Stunden extrahiert. Von der Extraktlösung wird zunächst die Hauptmenge des Lösungsmittels abgedampft, der Rest auf dem Wasserbad bis zur Sirupkonsistenz eingeengt, schließlich bei höchstens 70° C getrocknet und dann gewogen. Der Befund wird konventionell als „Unverseifbares" angegeben.

---

[1] Sonderdruck aus Papierfabr. **32**, 481 (1934).

β) *Trennung der Harzsäuren von den Fettsäuren* (nach Wolff-Scholze). Die Fettsäuren werden durch Behandlung mit Methanol und Schwefelsäure in die Methylester übergeführt, während Harzsäuren infolge sterischer Hinderung praktisch unverestert bleiben. Für den vorliegenden Zweck genügt die titrimetrische Bestimmung, welche wie folgt ausgeführt wird: 2 g des bei 100° C getrockneten Zellstoffextraktes (Alkohol oder Dichlormethan) werden in 20 cm³ reinem Methanol gelöst, dann mit 10 cm³ einer Mischung von 1 Volumen konzentrierter Schwefelsäure und 4 Volumen Methanol versetzt und 2 Minuten am Rückflußkühler gekocht. Nach Zusatz der 5fachen Menge 10%iger Kochsalzlösung wird mit Äther ausgeschüttelt und die abgelassene wäßrige Schicht noch 2mal mit Äther ausgeschüttelt. Die vereinigten ätherischen Auszüge werden mit verdünnter Kochsalzlösung mineralsäurefrei gewaschen und nach Zusatz von etwas Alkohol mit $^1/_2$ n-alkoholischer Kalilauge titriert. Unter Annahme einer mittleren Säurezahl der Harzsäuren von 160 und einer Korrektur für unverestert bleibende Fettsäuren von 1,5% der ursprünglich vorhandenen berechnet sich der annähernde Harzsäuregehalt nach der Formel $a \cdot \dfrac{17{,}76}{m} - 1{,}5$.

Dabei bezeichnet a die zum Neutralisieren benötigte Anzahl Kubikzentimeter $^1/_2$ n-alkoholischer Kalilauge, m die angewandte Menge des Zellstoffharzextraktes. Ist auf diese Weise der Befund an Harzsäuren festgestellt, so ist, falls man ursprünglich einen Dichlormethanzellstoffextrakt in Arbeit genommen hatte, die Menge der Fettsäuren = 100 — (Unverseifbares + Harzsäuren). Bei einem Alkoholzellstoffextrakt ist die Menge der Fettsäuren = 100 — (Unverseifbares + Harzsäuren + Asche).

5. Sonstiges. Für weitere Bestimmungen, z. B. Holzgummi, Pentosan, Pektin, Quellgrad usw. siehe entweder Abschnitt I oder folgenden Abschnitt III B für gebleichte Zellstoffe. Besondere Beachtung verdient die Modifikation der sog. Alphacellulosebestimmung für ungebleichte Zellstoffe.

B. Gebleichte Zellstoffe.

1. Alphacellulosebestimmungen (V, 549). Bei der Alphacellulosebestimmung soll derjenige Anteil eines Zellstoffes bestimmt werden, der unter Konventionsbedingungen in etwa 17,5 Gew.-%iger Natronlauge unlöslich bleibt. Abgesehen von dem Wert dieser Kennziffer als Charakteristikum eines Zellstoffes besitzt sie unmittelbar Bedeutung für die Viscosekunstseide und -zellwolleindustrie, da ein Zellstoff mit höherem Alphacellulosegehalt in den meisten Fällen eine höhere Ausbeute an Kunstseide und Zellwolle ergeben wird.

Es sind von den verschiedensten Seiten eine ganze Reihe von Modifikationen vorgeschlagen worden, von denen hiermit zwei wiedergegeben seien. Des weiteren kann noch die Betacellulose bestimmt werden, die den Anteil der bei der Alphacellulosebestimmung in Lösung gehenden Substanzen darstellt, die durch Essigsäure ausfällbar ist; der Rest wird als Gammacellulose bezeichnet.

Methode der F.A.K., Merkblatt Nr. 7. 3,5 g lufttrockener, geraspelter Zellstoff, dessen Feuchtigkeitsgehalt in einer besonderen

Probe bestimmt wurde, werden in einem 100 cm³ fassenden Duranglasbecher mit 50 cm³ 17,5 Gew.-%iger Natronlauge, deren Temperatur genau auf 20° C eingestellt ist, übergossen und mit einem abgeflachten Glasstab gleichmäßig und vorsichtig durchgemischt (Zeitdauer etwa 1 Minute). Das Gemisch wird sodann mit einem Uhrglas bedeckt und ³/₄ Stunden bei 20° C stehen gelassen. Danach wird der Stoffbrei nach nochmaligem Durchmischen auf einem mit einer Porzellansiebplatte versehenen genormten Trichter (Alphatrichter) (Bezugsquelle Gebr. Buddeberg, Laborbedarf, Mannheim A 3) gebracht und die Lauge schwach abgesaugt. Das Filtrat wird zwecks Vermeidung von Faserverlusten nochmals auf den Trichter gegeben. Nach dem Andrücken des Stoffkuchens wird mit 400 cm³ Natronlauge von 8 Gew.-% und 20° C nachbehandelt. Ist die Lauge vollständig durchgelaufen, dann wird der Stoffkuchen noch 2mal mit je 10 cm³ Wasser übergossen.

Das Absaugen ist so einzustellen, daß vom Beginn derselben die Durchlaufszeit der Lauge genau 5 Minuten beträgt.

Das faserfreie Filtrat wird auf 500 cm³ aufgefüllt und kann zur Bestimmung des Gesamtalkalilöslichen bzw. der Beta- und Gammacellulose dienen. Nach dem Waschen des Faserkuchens mit 1¹/₂ l destilliertem Wasser werden 100 cm³ 10 Vol.-%ige Essigsäure zu der Fasermasse gegeben, durchgesaugt und dann mit 2 l destilliertem Wasser vollkommen neutral gewaschen, wobei darauf zu achten ist, daß der Stoffkuchen während des Absaugens immer mit Flüssigkeit bedeckt bleibt. Schließlich gibt man 25 cm³ 96 Vol.-%igen Alkohol auf den zum Schluß der Wäsche gut abgepreßten Kuchen, saugt erst schwach an, läßt 5 Minuten ohne Saugen stehen und saugt dann trocken. Der Faserfilz wird in einem Wägeglas bei 100—103° C bis zur Konstanz getrocknet und nach dem Erkalten in einem mit Chlorcalcium beschickten Exsiccator gewogen.

Bestimmung des Gesamtalkalilöslichen. 50 cm³ vom Filtrat von der Alphacellulosebestimmung werden in einem Erlenmeyer von 150 cm³ Inhalt mit 6 cm³ Kaliumbichromatlösung (hergestellt durch Auflösen von 90 g reinstem $K_2Cr_2O_7$ im Liter) und 250 cm³ Schwefelsäure (1,84) versetzt. Das sich selbst erwärmende Gemisch wird nun 3¹/₂ Minuten zum Sieden erhitzt. Darauf läßt man ¹/₂ Stunde erkalten. Der Kolbeninhalt wird unter Nachspülen mit 50 cm³ Wasser in eine Porzellanschale gebracht und das unverbrauchte Kaliumbichromat mit Ferroammonsulfat zurücktitriert. 4 Mol. Bichromat (4 × 294,5) entsprechen 1 Mol. Cellulose (162,1), also 1 g Bichromat entspricht $\frac{162,1}{1177} = $ 0,1375 g Cellulose.

Bestimmung der Beta- und Gammacellulose. Weitere 50 cm³ des Filtrats von der Alphacellulosebestimmung werden mit Essigsäure schwach angesäuert, wodurch die Betacellulose in feinverteiltem Zustand ausfällt. Das Ganze wird zwecks besserer Koagulation des Niederschlags ¹/₂ Stunde auf dem Wasserbad erwärmt, dann durch ein gewogenes und getrocknetes Papierfilter filtriert, 5—6mal ausgewaschen, getrocknet und gewogen.

Man kann auch die Betacellulose indirekt dadurch bestimmen, daß man im Filtrat nach der Ausfällung der Betacellulose die Gammacellulose mit Bichromat, wie oben für die Bestimmung des Gesamtalkalilöslichen beschrieben, bestimmt und den Wert der Gammacellulose von dem des Gesamtalkalilöslichen abzieht. Wird die Betacellulose direkt bestimmt, so berechnet sich die Gammacellulose durch die Differenz von 100 — (Alphacellulose + Betacellulose).

T.A.P.P.I.-Methode vom 15. September 1936. *Vorbereitung der Probe.* Der lufttrockene Zellstoff wird geraspelt und in einem luftdicht verschlossenen, mit einem Glasstopfen versehenen Gefäß zum Ausgleich des Feuchtigkeitsgehaltes aufgehoben.

Lösung. Die 17,5 Gew.-%ige Natriumhydroxydlösung wird wie folgt bereitet: Man löst festes Natriumhydroxyd im gleichen Gewicht Wasser auf. Die Lösung bleibt stehen, bis Natriumcarbonat und andere Verunreinigungen sich abgesetzt haben. Die überstehende klare Flüssigkeit wird dekantiert, mit kohlensäurefreiem Wasser bis zu einer Dichte von 1,197 bei 15° C verdünnt und soll genau 17,5 ± 0,1 g NaOH pro 100 g Lösung enthalten.

2mal etwa 3 g des Zellstoffes werden in Wägegläsern ausgewogen und wie folgt behandelt: Die Proben werden in einem 250 cm³ fassenden Becherglas mit 35 cm³ der Natronlaugelösung versetzt und das ganze 5 Minuten lang stehen gelassen. Dann wird 10 Minuten lang mit einem kurzen, am Ende abgeplatteten Glasstab gerührt und gequetscht und während dieser Operation 40 cm³ Lauge von 20° C nacheinander in Portionen von je 10 cm³ zugegeben. Der mit einem Uhrglas bedeckte Becher bleibt weitere 30 Minuten in einem Wasserbad von 20° C stehen. Dann werden 75 cm³ destilliertes Wasser von 20° C unter Rühren zugegeben. Dann wird sofort in einen 75-cm³-Goochtiegel abfiltriert, wobei die Cellulose selbst als Filter wirkt. Das Filtrat wird 1, 2 und 3mal, wenn notwendig, zurückgegeben. Der Niederschlag auf dem Goochtiegel wird mit genau 750 cm³ destilliertem Wasser von 20° C gewaschen. Dann werden 40 cm³ 10%iger Essigsäure zugegeben (20° C) und 5 Minuten lang im Tiegel gelassen, bevor sie abgesaugt werden. Die säurefrei gewaschene und trocken gesaugte Masse wird dann von dem Goochtiegel in ein flaches Wägeglas übergeführt, bei 105° C zu konstantem Gewicht getrocknet und dann wie üblich gewogen.

An einem der beiden Alphacelluloserückstände wird die Asche bestimmt, die dann bei der Alphacellulosebestimmung mit zu berücksichtigen ist.

Modifikation für ungebleichten Zellstoff. Im Falle von ungebleichten Zellstoffen muß die Alphacellulosezahl nicht nur auf Asche, sondern auch auf Ligningehalt korrigiert werden. In diesem Falle werden deshalb nicht 2 × 3, sondern 3 × 3 g für die Alphacellulosebestimmung ausgewogen und einer der drei getrockneten Rückstände in demselben Wägeglas, in dem er gewogen wurde, mit 5 cm³ Wasser versetzt und über Nacht bei Zimmertemperatur stehen gelassen. Dann wird die Masse in ein Becherglas gebracht, mit 45 cm³ Schwefelsäure (spez. Gew. 1,695 oder 76,76 Gew.-%) bei 15° C behandelt und bei 25° C 16 Stunden lang stehen gelassen. Die Mischung wird in eine

2 l fassende Erlenmeyerflasche gebracht, mit 1570 cm³ Wasser verdünnt, das Gefäß mit einem Uhrglas bedeckt und 2 Stunden lang gekocht. Durch Zugabe von kochendem Wasser hält man das Volumen konstant. Der Rückstand (Lignin) wird durch einen tarierten Goochtiegel oder Glasfiltertiegel filtriert, getrocknet und gewogen und die betreffende Menge vom Alphacellulosewert in Abzug gebracht.

2. Kupferzahl (V, 548). Für die Bestimmung der Kupferzahl wurde von der F.A.K.[1] die Methode von Schwalbe-Hägglund[2] als Einheitsmethode gewählt. Die Kupferzahl gibt an, welche Mengen von Kupfer in der Form von Kupferoxydul von 100 g Faser, trocken gekocht, abgeschieden werden. Für die Ausführung gilt nachstehende Arbeitsvorschrift:

Die für die Bestimmung erforderliche Fehling-Lösung wird durch Mischen gleicher Teile (je 20 cm³ für eine Bestimmung) der beiden Lösungen I und II hergestellt, von welcher Lösung I 60 g reinstes Kupfersulfat und Lösung II 200 g Seignettesalz und 100 g Natriumhydroxyd im Liter enthält. 40 cm³ dieser Fehling-Lösung werden in einem 150 cm³ fassenden Jenaer Becherglas zum Sieden erhitzt. Hierauf wird 1 g zerkleinerten, lufttrockenen Zellstoffs, dessen Feuchtigkeit in einer Sonderprobe ermittel wird, in die siedende Probe eingetragen und genau (Stoppuhr!) 3 Minuten auf einer Temperatur von 100 bis 101° C gehalten. Nach Ablauf der Kochdauer wird der mit Kupferoxydul beladene Faserbrei sofort auf einer mit Filter Nr. 597 (Schleicher und Schüll) versehenen Porzellannutsche von 8 cm Durchmesser sorgfältig vom Filtrat getrennt und mit je ³/₄ l destilliertem Wasser, zuerst heiß und dann kalt, gewaschen. Der gut abgesaugte Faserfilz wird mit dem Filter vorsichtig zusammengerollt, in das vorher quantitativ nachgespülte Kochgefäß zurückgegeben und mit 25 cm³ einer kalten Lösung von Ferrisulfatschwefelsäure (50 g Ferrisulfat und 200 g [= 108,7 cm³] Schwefelsäure spez. Gew. 1,84 im Liter) übergossen. Die Ferrisulfatlösung ist vorher durch Zugabe einiger Tropfen ¹/₁₀ n-KMnO₄-Lösung auf eventuell vorhandenes Ferrosulfat zu prüfen und soviel KMnO₄-Lösung zuzufügen, bis gerade der Farbumschlag in rosa eintritt. Erst dann ist die Ferrisulfatlösung gebrauchsfertig. Die schwefelsaure Ferrisulfatlösung muß bis zur völligen Lösung des Kupferoxyduls auf den Faserbrei einwirken, wobei Umsetzung nach folgender Gleichung eintritt:

$$\text{Cu}_2\text{O} + \text{Fe}_2(\text{SO}_4)_3 + \text{H}_2\text{SO}_4 = 2\,\text{CuSO}_4 + 2\,\text{FeSO}_4 + \text{H}_2\text{O}.$$

Sind gleichzeitig mehrere Bestimmungen auszuführen, so arbeitet man zunächst alle vorliegenden Stoffproben bis zu diesem Stadium auf; die Dauer der Behandlung des Zellstoffes mit der Ferrisulfatlösung ist ohne Einfluß auf das Ergebnis der Titration.

Das Kupferoxydul ist völlig gelöst, wenn der Stoffbrei beim Umrühren frei von rot bis schwarzblau angefärbten Partikeln ist. Der Stoffbrei wird jetzt nochmals auf einem Filter (Nr. 597) abgesaugt, mit weiteren 25 cm³ Ferrisulfatlösung übergossen und mit etwa ¹/₂ l kaltem

---

[1] Merkblatt Nr. 8, Sonderdruck aus Papierfabr. **33**, 1 (1935).
[2] Vgl. Cellulosechemie **11**, 1—4 (1930). — Vgl. Schwalbe-Sieber: Chemische Betriebskontrolle, 3. Aufl., S. 396. 1931.

destilliertem Wasser nachgewaschen. Das hellgrün gefärbte Filtrat wird dann mit $^1/_{10}$ n-KMnO$_4$-Lösung bis zum Auftreten der Rosafärbung titriert, wobei 1 cm³ $^1/_{10}$ n-KMnO$_4$ = 0,00636 g Cu, das von 1 g lufttrockenem Zellstoff abgeschieden wird, entspricht. Das Ergebnis wird umgerechnet auf 100 g absolut trockenen Zellstoff.

3. Bestimmung der Furfurolausbeute (Pentosanbestimmung). a) Tollens-Zahl. Gemäß Beschluß des Arbeitsausschusses der F.A.K. vom 27. Mai 1937[1] soll an Stelle des Pentosangehaltes die „Tollens-Zahl" angegeben werden, worunter der gefundene Furfurolwert (also ohne Umrechnung) zu verstehen ist. Die auf Vorschläge von Pervier und Gortner, Powell und Whittacker, Kullgren und Tyden zurückgehende titrimetrische Bromid-Bromatmethode wird folgendermaßen durchgeführt:

Eine auf Haferflockengröße zerraspelte, lufttrockene Probe, welche 5 g Trockenstoff entspricht, wird in einem 300 cm³ fassenden Destillierkolben mit 100 cm³ 13%iger HCl und 20 g Kochsalz versetzt. Der Kolben ist mit einem Tropftrichter und einem absteigenden Kühler verbunden. Die Destillationszeit beträgt bei einer Destilliergeschwindigkeit von 25 cm³ in 10 Minuten im ganzen 120 Minuten, wobei jedesmal nach dem Überdestillieren von 25 cm³ Flüssigkeit erneut 25 cm³ Säure zugegeben werden. Die Destillate werden mit 13%iger Salzsäure auf 500 cm³ aufgefüllt. Von der Gesamtlösung werden 100 cm³ entnommen und mit 200 cm³ 5,95 Gew.-%iger Natronlauge unter Abkühlen versetzt. Zu der noch schwach sauer reagierenden Flüssigkeit werden 10 cm³ einer Ammoniummolybdatlösung (25 g im Liter) als Katalysator zugegeben, ferner 25 cm³ Bromid-Bromatlösung (1,392 g KBrO$_3$ und 10 g KBr im Liter). Vom Auftreten einer Gelbfärbung an gerechnet, läßt man das Reaktionsgemisch 4 Minuten lang stehen, worauf noch 1 g festes gepulvertes Jodkalium zugesetzt wird. Daraus bleibt die Lösung 5—10 Minuten stehen und wird mit $^1/_{20}$ n-Thiosulfatlösung titriert. Die Oxydation des Furfurols zu Brenzschleimsäure verläuft nach der Gleichung

$$3\ C_5H_4O_2 + KBrO_3 + 5\ KBr + 6\ HCl = 3\ C_5H_4O_3 + 6\ KCl + 6\ HBr.$$

1 Atom Jod entspricht $^1/_2$ Mol. Furfurol oder 1 cm³ $^1/_5$ n-Bromatlösung = 0,0024 g Furfurol.

b) **Krüger-Tollens-Kröbersche Phloroglucinmethode.** Die Destillation wird in ähnlicher Weise durchgeführt wie bei der Bestimmung der „Tollens-Zahl". Nur empfehlen die Verfasser die Anwendung von 12%iger Salzsäure, die in Portionen von 30 cm³ in 10 Minuten überdestilliert werden soll. Am Schluß der Destillation darf 1 Tropfen Destillat mit Anilinacetatpapier keine Rötung mehr hervorrufen.

Kullgren und Tydén empfehlen ein nochmaliges Umdestillieren der Furfurollösung, um das Oxymethylfurfurol, welches sich aus Hexosen gebildet hat, zu zersetzen. Der Wert, welcher für den Anteil des Pentosans erhalten wird, muß dann um 3,1% erhöht werden als Kompensation für das während der Destillation zersetzte Furfurols.

---

[1] Merkblatt Nr. 9 der F.A.K. des Vereins der Zellstoff- und Papier-Chemiker und -Ingenieure.

Die Gesamtmenge des Destillats wird mit 12%iger Salzsäure auf 400 cm³ aufgefüllt und mit einem Überschuß an reinem, in 12%iger Salzsäure gelösten Phloroglucin versetzt. Am nächsten Tage wird der Niederschlag auf einem Goochtiegel gesammelt, bis zur Neutralität gewaschen und bei 100° getrocknet. Mit Hilfe der Kröberschen Tabelle läßt sich der Gehalt an Pentosanen berechnen nach der Formel

$$\text{Pentosane} = (\text{Furfurol} - 0{,}0104) \cdot 1{,}88.$$

Furfurol wird aus der erhaltenen Menge Phloroglucid durch Division mit einem Faktor errechnet, der bei Phloroglucidmengen zwischen 0,20 und 0,60 g zwischen 1,82 und 1,93 schwankt.

c) **Fällung des Furfurols mit Thiobarbitursäure (Dox und Plaisance).** Das nach der Methode Krüger-Tollens erhaltene Furfuroldestillat wird mit in 12%iger Salzsäure gelöster Thiobarbitursäure im Überschuß versetzt. Das Reaktionsgemisch bleibt bei Zimmertemperatur über Nacht stehen, dann dekantiert man die überstehende Flüssigkeit durch einen Goochtiegel ab und spült den gelben Niederschlag mit 12%iger Salzsäure über. Das Gewicht des Niederschlags (Furfurolmalonylthioharnstoff), der bei 100° C getrocknet wurde, ergibt, mit dem Faktor 0,4324 multipliziert, das Gewicht des Furfurols.

Obgleich Thiobarbitursäure spezifischer auf Furfurol ansprechen soll als Phloroglucin, empfehlen Kullgren und Tydén vor der Fällung die oben erwähnte Umdestillation vorzunehmen.

4. Holzgummizahl (V, 549). Diese Methode wird gern an Stelle der etwas schwierigeren Pentosanbestimmung (s. vorhergehende Methode) ausgeführt, obgleich zwischen beiden Werten keine klare Beziehung besteht.

Von der F.A.K. wurde die Methode von H. Bubeck als Einheitsmethode[1] zur Bestimmung von Holzgummi in Zellstoffen gewählt. Eine Bestimmung wird hiernach folgendermaßen durchgeführt:

10 g des lufttrockenen, geraspelten Zellstoffes, dessen Trockengehalt in einer Parallelprobe ermittelt wird, werden in einer Pulverflasche mit 200 cm³ 5 Vol.-%iger Natronlauge von genau 20° C übergossen. Darauf wird die verschlossene Flasche unter öfterem Durchschütteln des Inhaltes 2 Stunden in ein Wasserbad von genau 20° C gestellt. Anschließend wird auf einer passenden Porzellannutsche ohne Benutzung eines Papierfilters abfiltriert. Durch Zurückgießen des ersten Durchlaufs erzielt man ein faserfreies Filtrat. Die Fasermasse wird lediglich scharf abgesaugt und dabei mit einem Glasstopfen abgepreßt, jedoch nicht weiter ausgewaschen. Im Filtrat wird dann der „Holzgummi" durch Titration mit Bichromat in folgender Weise bestimmt: 25 cm³ des alkalischen holzgummihaltigen Filtrates werden in einem 250-cm³-Meßkolben pipettiert; dann werden aus einer Bürette 20 cm³ 1,5 n-Bichromatlösung und hierauf vorsichtig 35 cm³ Schwefelsäure (spez. Gew. 1,84) zugesetzt. Unter mehrmaligem Umschütteln bleibt die Flüssigkeit 5 Minuten stehen; sodann wird abgekühlt und der Kolben bis zur Marke aufgefüllt. Vom Kolbeninhalt werden 50 cm³ in einem Erlenmeyerkolben pipettiert, 10 cm³ 5%ige Jodkaliumlösung, die kein

---

[1] Merkblatt Nr. 9 der F.A.K., Sonderdruck aus Papierfabr. **33**, 225 (1935).

freies Jod enthalten darf und also farblos sein muß, zugesetzt und das
abgeschiedene Jod mit $^1/_{10}$ n-Thiosulfatlösung titriert. — Zur Berechnung
des Holzgummigehaltes sei bemerkt, daß, wie an anderer Stelle[1] erwähnt,
1 cm³ $^1/_{10}$ n-Bichromatlösung 0,000675 g Alkalilöslichem entspricht.

5. Bestimmung der Quellungskriterien (V, 550). Das Quellvermögen
von Zellstoffen in Pappenform ist von unmittelbarer Bedeutung für die
Verwendung von Zellstoffen für die Viscosekunstseide- und Zellwolle-
industrie, da bei diesen technischen Verfahren der Zellstoff primär in
die sog. Alkalicellulose übergeführt werden muß, was durch Quellung
in etwa 17,5 Gew.-%iger Natronlauge geschieht. Aus dem Quellvermögen von Zellstoffen in Wasser lassen sich Schlüsse bezüglich ihres
Verhaltens bei der technischen Mahlung, d. h. bezüglich der dabei eintretenden Hydratation ziehen, obgleich hier die wechselseitigen Beziehungen noch nicht ganz klar liegen. Die bisher hauptsächlich angewandten Methoden zur Bestimmung der Quellungskriterien von cellu-
losehaltigen Materialien haben Jayme und Steinmann in einer zu-
sammenfassenden Darstellung wiedergegeben.

Die F.A.K. hat im Merkblatt Nr. 10 einen Vorschlag zur Bestimmung der Quellungskriterien gemacht und empfiehlt dabei, die Saughöhe, die lineare Ausdehnung, die Quellmittelaufnahme und die Bogen-
dichte zu bestimmen. Eingehende Untersuchungen (Jayme und Steinmann) haben ergeben, daß für die Viscosekunstseide- und Zellwolle-
industrie ein weiterer Wert von ausschlaggebender Bedeutung ist, nämlich das sog. Dickenquellvolumen, worunter das Volumen von 1 g Zellstoff in Pappenform und in gequollenem Zustand unter Vernachlässi-
gung der eintretenden Schrumpfung verstanden wird. Dieser Wert
gestattet es, unmittelbar auf die Kapazität einer Tauchpresse für einen
gegebenen Zellstoff, dessen Dickenquellvolumen bekannt ist, zu schließen.
In einer Tauchpresse kann nur soviel Zellstoff verarbeitet werden, als es
sein Dickenquellvolumen erlaubt, d. h. es muß dem Zellstoff ein dementsprechend freier Raum zum Quellen zur Verfügung stehen. Der Begriff der linearen Ausdehnung ist von geringerer Bedeutung, da festgestellt worden ist, daß aus demselben Zellstoff sich Pappen von verschiedener Dichte aber gleichem Quadratmetergewicht herstellen lassen,
die dann in 17,5%iger Natronlauge das gleiche Dickenquellvolumen
aufweisen, dagegen eine verschiedene lineare Ausdehnung.

Die Messung wird mit Hilfe der im F.A.K.-Merkblatt Nr. 10 angegebenen Apparatur ausgeführt (Modifikation Jayme-Steinmann).

Von dem bei 65% relativer Luftfeuchtigkeit und 20° C konditionierten Zellstoff in Pappenform (4 Blätter 20 × 16 cm) werden 20 Scheiben von 30 mm äußerem Durchmesser und einer Lochung im Mittelpunkt von 8 mm Durchmesser ausgestanzt. Die 20 Scheiben werden
gemeinsam auf 3 Stellen hinter dem Komma ausgewogen. Aus dem
beim Ausstanzen der Scheiben entstehenden Zellstoffabfall wird der
Trockengehalt des Zellstoffes bestimmt. Ein die Quellflüssigkeit und
einen auf einer Nickelscheibe montierten Nickelstab enthaltender Zylinder
wird in ein 1000-cm³-Becherglas, das mit Wasser von 20° C gefüllt ist,

---

[1] Merkblatt Nr. 9 der F.A.K., Sonderdruck aus Papierfabr. **32**, 521 (1934).

eingesetzt. Zur Verwendung gelangen 100 cm³ 17,69 Gew.-%iger Natronlauge bei ebenfalls genau 20° C. Die 20 Zellstoffscheibchen werden nacheinander auf den Nickelstab aufgesteckt, und so in die Quellflüssigkeit gebracht, wobei mit der Zugabe der folgenden Scheibe immer so lange gewartet wird, bis die vorhergehende Scheibe vollständig von Lauge durchdrungen ist. Nachdem die letzte Scheibe durchtränkt ist, wird die gelochte Nickelscheibe aufgelegt. Nach 4 Minuten wird der Belastungszylinder von einem Gewicht von 300 g aufgesetzt und dann nach einer weiteren Minute die Höhe der gequollenen Scheibe von außen 4mal am Umfang gemessen, nachdem der Zylinder aus dem Wasser herausgenommen wurde. Danach wird der Belastungszylinder abgenommen, die Scheiben nochmals kurz untergetaucht, worauf man sie senkrecht hängend 1 Minute abtropfen läßt. Hierauf wird die Nickelscheibe abgenommen, die gequollenen Scheiben in ein Becherglas abgestreift und rasch gewogen.

Berechnung.

$$\text{Quadratmetergewicht} = \frac{10\,000 \cdot \text{Gew. d. 4 Blätter abs. tr.}}{4 \cdot 320} \quad (\text{g abs. tr.}).$$

$$\text{Lineare Ausdehnung} = \frac{b-a}{a} \cdot 100 \; (\%).$$

$b = $ Höhe der Scheiben nach der Quellung in Millimeter
$a = \;$ „ „ „ vor „ „ „
$\quad = $ Anzahl der Scheiben · gemessene Zellstoffdicke (Millimeter).

$$\text{Quellmittelaufnahme} = \frac{d-c}{c} \cdot 100 \; (\%).$$

$d = $ Gewicht der Scheiben nach der Quellung in Gramm
$c = \;$ „ „ „ vor „ „ „ „ atr.

$$\text{Dickenquellvolumen} =$$
$$\frac{10\,000 \cdot b}{\text{Scheibenanzahl} \cdot 10 \cdot \text{Quadratmetergewicht abs. tr.}} \quad (\text{cm}^3/\text{g}).$$

$$\text{Blattdichte} = \frac{\text{Quadratmetergewicht (abs. tr.)}}{10\,000 \cdot \text{Dicke (Zentimeter)}} \quad (\text{g/cm}^3).$$

6. Bestimmung der Lösungsviscosität von Zellstoffen[1]. Hier muß zunächst unterschieden werden zwischen der sog. „Eigenviscosität" von Zellstoffen, für die die Viscositätserhöhung eines geeigneten Lösungsmittels nach Auflösen von unverändertem Zellstoff in demselben ein Maßstab ist (z. B. Cellulose in Cuoxam) und der Viscosität, die ein in bestimmter Weise vorbehandelter Zellstoff einem Lösungsmittel verleiht (z. B. Zellstoff in technischer Viscose). Zwischen beiden besteht keine klar ausgeprägte Beziehung, und es ist möglich, daß der Zellstoff mit der relativ höheren Eigenviscosität eine relativ niedrigere „Spinnviscosität" zeigt. Dies hängt ab von der Art des Koch- und Bleichprozesses und der dadurch gegebenen Resistenz des Zellstoffes gegenüber einer abbauenden Vorbehandlung. Während die Eigenviscosität ein besonderes Kriterium des Zellstoffes darstellt, das für viele Verwendungszwecke von größter Bedeutung ist, bleibt die Messung der Spinnviscosität von ausschlaggebender Wichtigkeit in allen den Fällen, in denen

---

[1] Siehe S. 264, Abschnitt „Kunstfasern".

9*

aus dem betreffenden Zellstoff eine Viscoselösung auf dem üblichen Wege über eine vorgereifte Alkalicellulose hergestellt werden soll. Zur Messung der Viscosität in Kupferoxydammoniaklösung verfügen wir über eine Reihe der verschiedensten Vorschriften, bei denen mit größerer oder geringerer Sorgfalt vorgegangen wird.

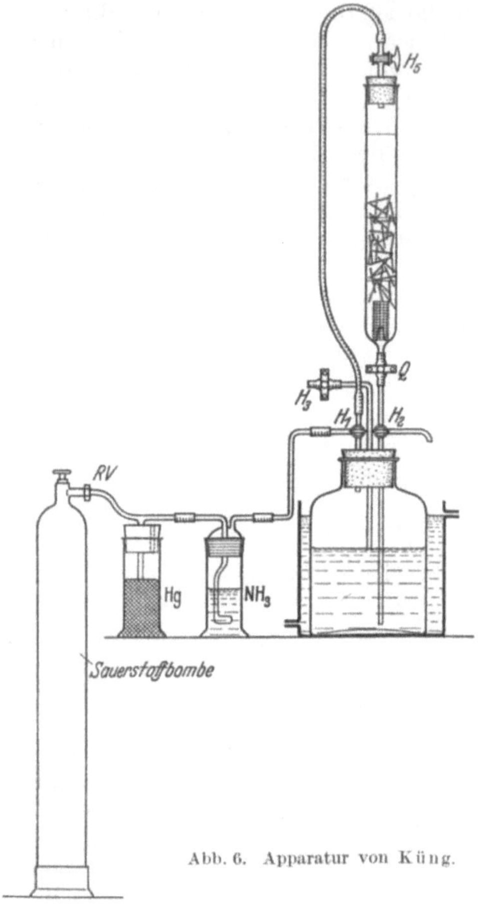

a) Bestimmung der Eigenviscosität. Festzustehen scheint, daß es nicht empfehlenswert ist, die Kupferoxydammoniaklösung durch Behandeln von Kupferspänen in Ammoniak und Luft herzustellen. Es bleibt außerdem zweifelhaft, ob der oft vorgeschlagene Zusatz von Glucose berechtigt ist, und es ist einwandfrei erwiesen, daß keinerlei Spuren von Sauerstoff anwesend sein dürfen, sei es in dem vorhandenen Lösungsmittel, sei es im Zellstoff. Es muß deshalb nicht nur im Stickstoffstrom gearbeitet werden, sondern es ist sogar noch zu empfehlen, den Zellstoff mehrmals zu evakuieren und nach jeder Evakuation mit von Sauerstoff befreitem Stickstoff zu sättigen. Eine Methode, die diese Forderungen zum Teil erfüllt, stellt die von Küng (2) vorgeschlagene Modifikation der T.A.P.P.I.-Methode dar.

Herstellung der Kupferamminlösung. Elektrolytkupferdraht wird in einem Rohr mit Ammoniaklösung, die etwas mehr als 200 g Ammoniak im Liter enthält, zusammengebracht und

Abb. 6. Apparatur von Küng.

aus einer Sauerstoffflasche ein Strom von Sauerstoff durchgeperlt (Abb. 6). Das Kupfer geht mit tiefblauer Farbe in Lösung, und man erhält nach einigen Stunden ein Reagens, das auf 15 g Kupfer und 200 g Ammoniak im Liter eingestellt wird. Außerdem werden noch 2 g Rohrzucker als Stabilisator zugegeben. Die gebrauchsfertige Lösung wird in einer braunen Flasche aufbewahrt und in ein Wasserbad gestellt, das durch Leitungswasser auf 10—15° C gehalten werden kann.

Vorbereitung des Stoffes. Nach der amerikanischen Vorschrift wird trockener Stoff geraspelt. Vom nassen Stoff werden erst Blätter hergestellt und dann der Stoff geraspelt. Küng (2) zieht es vor, den Zellstoff in Seidenpapier von etwa 20 g/m² umzuformen.

Lösung des Zellstoffes. Vom Zellstoff, dessen Feuchtigkeitsgehalt separat bestimmt wird, wird soviel abgewogen, als zur Herstellung einer 1%igen Zellstofflösung (bezogen auf absolut trockenen Zellstoff) nötig ist. Er wird dann in das mit Rührer versehene Viscosimeter eingegeben, die Luft durch Stickstoff verdrängt (s. Apparatur zit. S. 370). Dann wird die Kupferoxydammoniaklösung durch Stickstoffdruck langsam in das Viscosimeter gefüllt.

Das Viscosimeterrohr besteht aus einem starkwandigen Glasrohr von 10 mm lichter Weite und 27 cm Länge. Es ist unten verengt und besitzt am Ende eine starkwandige Capillare von 25 mm Länge und 0,5—0,9 mm lichter Weite. Oben trägt es einen Gummistopfen, durch den ein enges Glasrohr mit Hahn geht. Das allseitig verschlossene Rohr wird auf einer rotierenden Scheibe befestigt, welche je Minute etwa vier Umdrehungen macht. Ein in dem Viscosimeter befindlicher Rührkeil aus Monelmetall, Reinnickel oder säurefestem Stahl, der keilförmig zugespitzt und eingeschnitten ist, fällt dabei von einem Ende zum anderen und bewirkt so eine rasche Auflösung.

Die Lösezeit beträgt 30 Minuten für gebleichte Zellstoffe, 60 oder mehr Minuten für ungebleichte Zellstoffe. Nach eingetretener Lösung entfernt man das Rohr vom Haspel, stellt es in ein Wasserbad von 20° C, dann wird die am unteren Ende befindliche Capillare in eine sich in einem Wasserthermostat befindende beschwerte Flasche gesteckt und dann mit der Stoppuhr die Ausflußzeit in Sekunden zwischen zwei Marken bestimmt. Die Viscosität soll in absoluten Maßeinheiten, nämlich in Centipoisen erfolgen.

Zur Berechnung der Viscosität muß von jeder Viscosimeterröhre die Instrumentkonstante bestimmt werden. Diese wird aus der Formel (1) abgeleitet

$$V = \frac{d}{C}\left(t - \frac{k}{t}\right), \qquad (1)$$

wobei

V = Viscosität in Centipoisen (Cp) ⎫
d = Dichte bei 20° ⎬ der Hilfsflüssigkeit,
t = Ausflußzeit in Sekunden ⎭
C = Instrumentkonstante,
k = Gewichtskonstante (Gravity Constant)

bedeutet.

V, d und t sind experimentell bestimmt worden. Da weiterhin t im Vergleich zu k sehr groß ist, so kann in Formel (1) der Bruch k/t vernachlässigt werden, wodurch die Formel (1) vereinfacht wird.

$$V = \frac{d}{C}\cdot t \quad (1\,\mathrm{a}) \quad \text{oder nach } C \text{ ausgerechnet,} \quad C = \frac{d}{V}\cdot t. \qquad (2)$$

Für die Zwecke der Betriebskontrolle soll die Formel (1a) genügen, wo größere Genauigkeit erforderlich ist, soll die ungekürzte Formel (1) benützt werden. Es muß daher noch k berechnet werden. Das geschieht dadurch, daß man in die Formel (1) die Werte für Wasser und die soeben ermittelte Konstante C einsetzt und dann nach k ausrechnet.

$$\text{Für Wasser gilt} \begin{cases} d = 1 \\ t = \text{bestimmt worden (Wasserwert)} \\ V = 1{,}009 \text{ (abgerundet 1)} \end{cases}$$

$$1 = \frac{1}{C}\left(t - \frac{k}{t}\right); \quad C = t - \frac{k}{t} \quad \text{oder} \quad C = \frac{t^2 - k}{t}$$

und somit $Ct = t^2 - k$ oder $k = t^2 - Ct$. $\hspace{2cm}$ (3)

Die gefundenen Werte werden sodann tabellarisch zusammengestellt.

Eine Anwendung der Staudingerschen Methode zur Bestimmung des Polymerisationsgrades wird eingehend von Lottermoser und Wultsch beschrieben.

Die Kupferoxydammoniaklösung für die Viscositätsbestimmung soll im Liter 13 g Kupfer und 200 g Ammoniak enthalten. Man löst in vier Erlenmeyerkolben von 5 l Inhalt je 135 g Kupfersulfat p. a. in ungefähr 3 l siedenden Wassers. Durch Zugabe von 100 cm³ 13,5%igem Ammoniak zur Lösung fällt man das basische Salz. Die Ausfällung ist eine vollständige, wenn die überstehende Flüssigkeit gerade eine Spur blau ist. Man läßt den Niederschlag absitzen, gießt die überstehende Flüssigkeit ab und fügt wieder unter Umschütteln neues Wasser hinzu. Dies wird so oft wiederholt, bis die überstehende Flüssigkeit völlig SO_4-frei ist. Das Auswaschen kann täglich 3—4mal vorgenommen werden. Die SO_4-Freiheit des Waschwassers ist dann spätestens in 8 Tagen erreicht. Hierauf wird der gesamte Niederschlag in eine braune 12-l-Flasche mit eingeschliffenem Stopfen gespült, in 2 kg NH_3 als stark konzentrierte NH_3-Lösung (etwa 26%ig) gelöst und auf 10 l gebracht. Das Ammoniak wird durch Titration mit $^1/_1$ n-Salzsäure, mit Methylorange als Indicator, bestimmt und die Lösung genau auf 200 g NH_3 je Liter eingestellt. Die Bestimmung des Ammoniakgehaltes wird folgendermaßen vorgenommen: 5 cm³ Lösung werden in 65 cm³ $^1/_1$ n-Salzsäure gegeben und der Überschuß an Salzsäure mit $^1/_1$ n-Natronlauge gegen Methylorange zurücktitriert. Der Kupfergehalt wird entweder elektrolytisch oder durch Jodtitration ermittelt und auf 13 g/l eingestellt. Ist die Lösung fertiggestellt, so gibt man zur besseren Haltbarmachung 1 g Traubenzucker auf den Liter Lösung hinzu. Die Lösung ist vor Licht und vor allen Dingen vor Luftsauerstoff zu schützen. Die ebenfalls aus braunem Glas bestehende Vorratsflasche an der Apparatur wird mittels Stickstoffdruck aus der 12-l-Flasche mit Lösung gefüllt.

Vorbereitung des Zellstoffes zur Viscositätsbestimmung. Liegt der Zellstoff in Blattform vor, so wird mit destilliertem Wasser aufgeschlagen, bis der Faserverband gelöst ist. Auf einer Glasfritte G 3 wird ein lockerer Stoffkuchen hergestellt. Dieser wird fein gezupft und bei 38° C 8 bis 10 Stunden oder im Hochvakuum bei Zimmertemperatur bis zur Gewichtskonstanz getrocknet. Der lufttrockene Stoff wird bei 65% Luftfeuchtigkeit im Klimaraum 8 Stunden ausgelegt und der Trockengehalt bestimmt. Es wird nur soviel Cellulose eingewogen, daß die spezifische Viscosität den Wert von 0,2 nicht übersteigt. Das entspricht je nach der Viscosität des Zellstoffes einer Menge von 0,08—0,3 g Zellstoff/500 cm³ Cuoxam.

Beschreibung der Apparatur (Abb. 7). Wie bei der Betriebsmethode muß auch hier die Viscositätsmessung unter völligem Ausschluß von Luft in reiner Stickstoffatmosphäre durchgeführt werden. Der Stickstoff wird durch drei Wulffsche Flaschen hindurchgeleitet, die mit Chromchlorürlösung gefüllt sind. Das Chromchlorür eignet sich besser zur Entfernung der letzten Reste von Sauerstoff, als die bisher bekannten Reagenzien. Den Wulffschen Flaschen ist eine Waschflasche mit konzentrierter Schwefelsäure nachgeschaltet. Der so gewaschene und

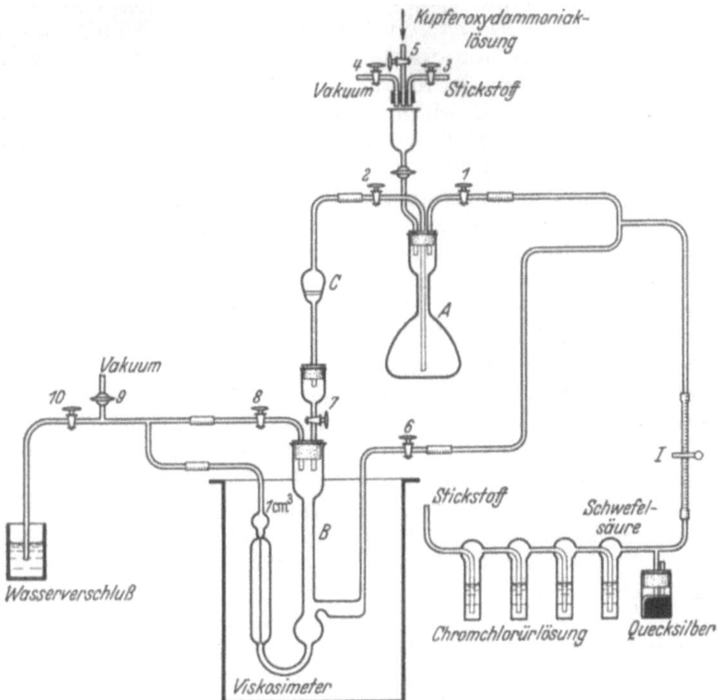

Abb. 7. Apparatur zur Viscositätsbestimmung nach Staudinger.

getrocknete Gasstrom wird über eine mit Quecksilber gefüllte Sicherheitsflasche in die Apparatur geleitet. Das Lösegefäß A ist ein 500-cm³-Meßkolben aus braunem Glas, aus dem unter Stickstoffdruck die Lösung über ein Glasfrittefilter C in das eigentliche Viscosimeter B eingedrückt wird. Das Viscosimeter ist so gebaut, daß die Auslaufzeit von 1 cm³ Lösung gemessen wird und die Capillare des Viscosimeters ist so beschaffen, daß 1 cm³ Wasser etwa 100—130 Sekunden Auslaufzeit benötigt. Das Viscosimeter steht in einem Becherglas, das mit Wasser gefüllt ist und dessen Temperatur auf $^1/_{10}$ ° C genau bei 20° C gehalten wird. Das Wasser wird mittels Druckluft umgerührt und durch Zuschütten von heißem Wasser bzw. Eiswasser auf 20° C reguliert. Während der Messung muß der Stickstoffdruck innerhalb des Viscosimeters gleich sein. Deshalb sind die beiden in Frage kommenden Zuleitungen mit-

einander verbunden und gegen die Luft durch einen Wasserverschluß
abgeschlossen.

Füllen des Meßkolbens. Die abgewogene Zellstoffmenge wird quantitativ in den Meßkolben eingebracht, der Gummistopfen D dicht aufgesetzt, der lange Glasschenkel mit dem Hahn *2* über die Marke hoch-
gezogen und der Hahn des Tropftrichters geöffnet, während die Hähne
1 und *2* geschlossen werden. Nach Aufsetzen des Stopfens F mit den
drei Leitungen auf den Tropftrichter E wird durch abwechselndes Öffnen
nnd Schließen der Hähne *3* und *4* der Meßkolben evakuiert und mit
Stickstoff gefüllt. Das abwechselnde Evakuieren und Füllen mit Stickstoff muß so oft wiederholt werden, bis die letzten Reste des Sauer-
stoffes entfernt sind. Dies ist der Fall nach 15maligem Evakuieren und
Füllen. Zuletzt wird durch Hahn *3* Stickstoffdruck auf den Kolben A
gegeben. Hahn *2* wird geöffnet und durch Hahn *5* fließt die Kupferoxydammoniaklösung von 20° C ein. Nach Füllung bis zur Marke wird
der Kolben in den Thermostaten von 20° C gestellt und 15—24 Stunden
bis zur vollständigen Lösung stehen gelassen. Öfteres vorsichtiges
Schütteln des Kolbens während der Lösezeit ist notwendig. Ist der
Zellstoff gelöst, so wird der Kolben an das Viscosimeter angeschlossen.

Füllung des Viscosimeters. Nach Öffnen des Reduzierventils an der
Stickstoffbombe wird Quetschhahn *1* geöffnet und Stickstoff durch die
Apparatur geleitet. Hierbei sind die Hähne *1, 2* und *9* geschlossen und
6, 7, 8 und *10* geöffnet. Nach $^1/_2$ stündigem Durchleiten werden Quetschhahn *1* und Hahn *10* geschlossen und Hahn *9*, der die Verbindung mit
der Vakuumpumpe herstellt, geöffnet. Ist die Apparatur evakuiert, so
wird Hahn *9* geschlossen und Quetschhahn *1* vorsichtig geöffnet. Dies
wird 15mal wiederholt, so daß die Apparatur absolut sauerstofffrei
wird. Nach Schließen des Hahnes *6* werden die Hähne *1* und *2* geöffnet
und mittels Stickstoffdruck die Lösung durch das Filter in das Viscosimeter gedrückt.

Messung der Viscosität. Ist das Viscosimeter gefüllt, so werden die
Hähne *7* und *8* geschlossen und durch Stickstoffdruck nach Öffnen des
Hahnes *6* die Lösung bis über die obere Marke hochgedrückt. Die Lösung
darf abgelesen werden, wenn ihre Temperatur genau 20° C beträgt.
Durch Öffnen des Hahnes *8* wird Druckausgleich in den beiden Schenkeln
des Viscosimeters geschaffen, wodurch die Lösung abläuft. Gemessen
wird die Zeit, welche die Lösung von 1 cm³ für den Ablauf zwischen
den Marken benötigt. Es wird sowohl die Auslaufzeit der Kupferoxydammoniaklösung als auch die der Celluloselösung gemessen.

Die relative Viscosität erhält man durch einfache Division der Ausflußzeit des reinen Lösungsmittels und der Celluloselösung.

Berechnung.

$$(n_r - 1) : c = K_m \cdot P \text{ bzw. } M,$$

$n_r - 1$ = spezifische Viscosität,

c = Konzentration der Lösung in Grundmolaritäten,

K_m = eine für jede polymerhomologe Reihe charakteristische Konstante,

M = Molekulargewicht,

$$P = \frac{\text{Molekulargewicht}}{162},$$

P = Polymerisationsgrad der Cellulose.

b) **Xanthogenatviscosität** (nach Merkblatt Nr. 11 der F.A.K.).
Ausführung der Bestimmung. Von dem in Haferflockengröße geraspelten lufttrockenen Zellstoff werden 5 g in einem Duran-Glasbecher mit 25 cm³ 17,5 Vol.-%iger Natronlauge von genau 20° C versetzt, gut durchgemischt und 1 Stunde bei 20° C stehen gelassen. Die Masse wird dann zunächst auf einer Nutsche schwach abgesaugt und der erste Anteil der Lauge nochmals auf den Stoffkuchen gegeben. Dann wird nochmals abgesaugt und auf der Nutsche abgepreßt, so daß etwa zwischen 11,5 und 12,5 cm³ Preßlauge anfallen. Das Absaugen erfolgt während genau 10 Minuten. Der Preßkuchen wird dann mit einem Nickelspatel gut zerkleinert, in eine weithalsige Sulfidierflasche mit Ätherschliff, Hohlstopfen und Ventil von 250 cm³ Inhalt gegeben und bleibt in der geschlossenen Flasche 22 Stunden bei genau 30° C im Brutschrank stehen. Dann läßt man 5 Minuten bei Zimmertemperatur stehen und setzt zwecks Sulfidierung 3,6 cm³ (= 4,6 g) Schwefelkohlenstoff zu und behandelt die Alkalicellulose damit 4³/₄ Stunden unter öfterem Schütteln bei 15° C. Dann wird der überschüssige Schwefelkohlenstoff durch Absaugen entfernt. Die sulfidierte Masse wird mit 17,5 Vol.-%iger Natronlauge versetzt, und zwar mit 2 cm³ mehr als vorher abgepreßt wurden. Dann wird noch Wasser bis zu einem Gesamtvolumen von etwa 120 cm³ zugegeben, die Flasche geschlossen und bei 20—22° C bis zur vollständigen Auflösung der Masse geschüttelt (2 Stunden). Die gelöste Viscose spült man quantitativ mit kaltem Wasser in einem 500-cm³-Meßkolben, füllt bei 15° C zur Marke auf und bestimmt sofort bei genau 15° C die Viscosität in der so erhaltenen 1%igen Lösung (bezogen auf lufttrockenen Zellstoff) mit dem Ostschen Viscosimeter.

Die gemessene Viscosität wird in Relativzahlen ausgedrückt, wobei man den Wasserwert des Viscosimeters = 1 setzt.

Berechnung. Auslaufzeit der Viscose in Sekunden bei 15° C dividiert durch Auslaufzeit des Wassers in Sekunden bei 15° C = X-Viscosität. Der Wasserwert des Viscosimeters soll etwa 27—30 Sekunden betragen.

Da es sich um eine Konventionsmethode handelt, sind alle Einzelheiten der Vorschriften genauestens zu beobachten. Sämtliche benötigten Gerätschaften wie Spezialnutsche, Sulfidierflasche und Viscosimeter nebst Zubehör sind in vorschriftsmäßiger Ausführung von der Firma Gebr. Buddeberg, Mannheim A 3 beziehbar.

IV. Betriebskontrolle in der Papierfabrikation
(V, 552).

Bei der Herstellung von Papier werden eine Anzahl von Hilfsstoffen gebraucht, für deren Untersuchung zum Teil spezielle Methoden ausgearbeitet worden sind (s. hauptsächlich Schwalbe-Sieber: Die chemische Betriebskontrolle in der Zellstoff- und Papierindustrie, 3. Aufl. 1931). Die Untersuchung vieler benutzter Stoffe ist jedoch andernorts beschrieben, z. B. Aluminiumsulfat (s. III, 22), Füllstoffe (s. Erg.-Bd. II, 401, 406, 468), Farbstoffe (s. Erg.-Bd. II, 408 und Erg.-Bd. III, Kapitel „Organische Farbstoffe"), Abwasser (s. Erg.-Bd. II, 253).

1. Harz. a) Wassergehaltsbestimmung (s. V, 552).

b) Bestimmung des Unverseifbaren im Harz. Die Bestimmung des Unverseifbaren im Harz beruht darauf, daß diese Fraktion des Harzes zum Unterschied von Harzseife in Äther zur Lösung gebracht werden kann. Die Bestimmung wird wie folgt ausgeführt:

Man löst 10 g Harz in einem Kolben der eine alkoholische Natronlauge (5 g Natronlauge in wenig Wasser gelöst und 50 cm³ Alkohol zugefügt) enthält, auf. Man verseift etwa $^1/_2$ Stunde im siedenden Wasserbad unter Rückfluß, destilliert dann den Alkohol ab und fügt zur verbleibenden Harzseife 50 cm³ heißes Wasser, wodurch diese in Lösung gebracht wird. Den Inhalt des Kolbens spült man dann quantitativ in einen Scheidetrichter, fügt nach dem Abkühlen etwa 50 cm³ Äther hinzu und schüttelt kräftig durch, wobei man den Trichter zur Verhütung des Entstehens schwer trennbarer Emulsionen vorzugsweise kreisförmig bewegt.

Zur vollständigen Scheidung von Äther und Wasser läßt man den Trichter längere Zeit stehen und zieht dann die wäßrige Lösung quantitativ ab. Der verbleibende Äther wird einige Male mit Wasser ausgewaschen, dann quantitativ in ein gewogenes Kölbchen übergeführt und auf dem Sicherheitswasserbad abdestilliert. Der erhaltene Rückstand, das Unverseifbare, wird im Kölbchen bei 100—110° bis zur annähernden Gewichtskonstanz getrocknet.

c) Bestimmung der Säure- und Verseifungszahl. Zur Bestimmung der Säurezahl wägt man 1—2 g des feingepulverten Harzes ab und löst es in neutralem Alkohol unter schwachem Erwärmen auf. Die erhaltene, noch warme Lösung titriert man dann mit $^1/_{10}$ n-Alkalilauge gegen Phenolphthalein (bei dunklen Harzen verwendet man Alkaliblau 4 B in 1% alkoholischer Lösung als Indicator). Da 1 cm³ der $^1/_{10}$ n-Lauge 0,004 g NaOH enthält, so erhält man die gesuchte Verseifungs- (Säure-) Zahl (S.Z.) aus der verbrauchten Anzahl Kubikzentimeter und dem Gewicht der angewandten Harzmenge in Gramm p aus der Gleichung: $S.Z. = 0{,}004 \cdot 100 \cdot n/p$.

Wird an Stelle der Lauge Sodalösung verwendet, so erfolgt die Berechnung nach der Gleichung: $S.Z. = 0{,}0053 \cdot 100 \cdot n/p$.

An Stelle der oben beschriebenen kann man auch noch eine andere Methode zur Untersuchung des Harzes anwenden. Zur Bestimmung der eigentlichen „Verseifungszahl" erhitzt man eine Harzprobe mit überschüssigem $^1/_{10}$ n-Alkali auf dem Wasserbad 1 Stunde lang und titriert darauf mit $^1/_{10}$ n-Säure zurück.

Da in diesem Falle das Alkali auch mit den schwerer neutralisierbaren Estern der Harzsäuren reagiert, so ergibt sich ein größerer Verbrauch an Alkali. Dieser wird auf 100 g umgerechnet, um die Verseifungszahl des Harzes zu gewinnen. Es ist zweckmäßig, auch diese Bestimmung durchzuführen, um ein genaues Bild von dem Verhalten des Harzes beim Verseifen im großen zu erhalten.

d) Bestimmung des in Petroläther unlöslichen Teiles eines Harzes. Die Bestimmung der durch Oxydation an der Oberfläche veränderten Anteile des Harzes erscheint notwendig im Hinblick auf die von Schwalbe und Küderling gemachten Erfahrungen, wonach durch diese Veränderung des Harzes seine Verwendungsmöglichkeit stark verringert werden kann. Eine derartige Bestimmung wird folgendermaßen durchgeführt:

Man wägt in einem etwa 250 cm³ fassenden Becherglas 10 g des zerkleinerten Harzes genau ab und übergießt diese Menge mit 200 cm³ Petroläther vom Siedepunkt von etwa 70° C. Mittels eines Glasstabes verrührt man das Harz gut und läßt während einer Dauer von 2 Stunden den Petroläther seine lösende Wirkung ausüben. Darauf dekantiert man vorsichtig, übergießt den Rückstand nochmals mit Petroläther, den man noch $^1/_4$ Stunde nach dem Umrühren einwirken läßt, trennt dann die Flüssigkeit vom Rückstand und trocknet diesen bei 98—100° bis zur Gewichtskonstanz.

2. Harzleim. a) **Trockengehaltsbestimmung nach Dreher.** Man gibt in eine kleine trockene Porzellanschale etwa 10 g gereinigten, getrockneten Seesand sowie ein kleines, für späteres Umrühren bestimmtes Glasstäbchen und trocknet alles nochmals etwa 1 Stunde, worauf man die Schale samt Inhalt genau auswägt. Alsdann fügt man etwa 1 g des zu untersuchenden Harzleimes zu und wägt wieder. Die Schale erwärmt man dann auf einem Wasserbad, fügt etwa 5 cm³ 96%igen Alkohol hinzu und verrührt die Masse so lange, bis sie gleichmäßig pulverig geworden ist. Dann wird im Trockenschrank bis zur Gewichtskonstanz getrocknet.

b) **Bestimmung des Unverseifbaren (s. V, 552).**

c) **Bestimmung des Gesamtharzgehaltes (s. V, 553).** Von dieser Harzprobe bestimmt man dann zweckmäßig die Verseifungszahl nach der im Abschnitt „Harz" angegebenen Vorschrift.

d) **Bestimmung des Freiharzgehaltes nach Dreher (s. V, 553).**

e) **Bestimmung des Gesamtalkaligehaltes.** In einem Porzellantiegel erwärmt man eine Probe von 2—3 g allmählich, bis alles Wasser verdampft, dann steigert man die Temperatur und glüht so lange, bis der Tiegelinhalt weiß ist. Den Tiegelrückstand — Natriumcarbonat — löst man in heißem Wasser und titriert mit $^1/_{10}$ n-Säure gegen Methylorange. 1 cm³ Säure entspricht 0,0053 g Na_2CO_3 oder 0,0031 g Na_2O.

f) **Bestimmung von ungebundenem Alkali.** Dieses als Mono- wie auch als Bicarbonat, nicht von Harzsäuren, gebundene Alkali bestimmt man nach der Vorschrift von Griffin folgendermaßen:

10 g Leim werden in 200 cm³ säurefreiem absoluten Alkohol gelöst. Die erhaltene Lösung bleibt am besten über Nacht stehen. Zufolge seiner Schwerlöslichkeit scheidet sich das Carbonat am Boden des Gefäßes ab. Man filtriert und wäscht mit absolutem Alkohol nach. Den verbleibenden Salzrückstand löst man in wenig warmem Wasser und titriert ihn mit $^1/_{10}$ n-Salzsäure gegen Methylorange. Der Wassergehalt des Harzleimes darf den angewandten Alkohol nicht mehr als bis auf 95 Vol.-% verdünnen. 200 cm³ von 95%igem Alkohol lösen in 16 Stunden 0,0075 g Na_2CO_3, weswegen die mit den oben angegebenen Substanzmengen erhaltenen Werte um 0,07% erhöht werden müssen.

g) **Maßanalytische Bestimmung des Harzgehaltes im Harzleim.** Nach E. Heuser verfährt man zur titrimetrischen Harzgehaltsbestimmung derart, daß man eine Harzleimprobe zunächst in Wasser auflöst, dann das Harz im Schütteltrichter mit verdünnter Schwefelsäure ausfällt und es mit Äther ausschüttelt. Die ätherische Lösung wird abgetrennt, reichlich mit neutralem Alkohol versetzt und mit $^1/_{10}$ n-Alkali titriert. Wenn man die Säurezahl des Harzes nicht kennt, so legt man als solche die Zahl 12 zugrunde. 1 cm³ $^1/_{10}$ n-NaOH entspricht dann 0,0333 g Harz. Zu beachten ist hierbei, daß man die ätherische Lösung bis zur neutralen Reaktion mit destilliertem Wasser auswaschen muß.

3. Harzmilch[1]. a) Bestimmung des Gesamtharzgehaltes. Nach der Vorschrift von Sieber gibt man 50 bzw. 100 cm³ Leimmilch in einen etwa 200 cm³ fassenden Schütteltrichter, fügt einige Kubikzentimeter verdünnte Schwefelsäure und etwas Äther hinzu. Die Mischung schüttelt man gut durch, bis alles Harz vom Äther aufgenommen ist, wäscht diesen 2—3mal mit Wasser, gibt etwa das gleiche Volumen Alkohol zu und läßt die gemischte Alkoholätherlösung in eine Titrierschale ab. Man titriert dann mit $^1/_{10}$ n-Alkali und Phenolphthalein. Da man die Verseifungszahl kennt bzw. leicht bestimmen kann, ist man in der Lage festzustellen, ob die Milch die geforderte Konzentration hat.

1 cm³ $^1/_{10}$ n-NaOH entspricht 0,4/S.Z. g Harz.

Die stalagmometrische Bestimmungsmethode des Gesamtharzgehaltes nach Lorenz beruht darauf, daß durch die Gegenwart von Natriumresinat im Wasser dessen Oberflächenspannung herabgesetzt wird. Der zur Ermittlung der Oberflächenspannung der Harzmilch verwendete Apparat besteht aus einem Tropfenzähler, mit dessen Hilfe man eine bestimmte Flüssigkeitsmenge tropfenförmig abfließen lassen kann. Je nach dem Verdünnungsgrad der Harzmilch bilden sich größere oder kleinere Tropfen oder mit anderen Worten: die Tropfenzahl eines bestimmten Volumens stellt einen kleineren oder größeren Wert dar. Mit Hilfe von Tabellen, welche man sich auf Grund von Versuchen aufstellt, kann man aus der beobachteten Tropfenzahl rasch feststellen, wie stark gegebenenfalls die Milch noch weiter zu verdünnen ist oder wieviel konzentrierte Leimmilch zuzugeben ist, um die geforderte Konzentration zu erhalten.

b) Bestimmung des Freiharzgehaltes. Nach der Vorschrift von Codwise werden 50 cm³ einer Harzmilch, deren Gehalt nicht über 5% beträgt, mit 200 cm³ Wasser verdünnt. Die erhaltene Lösung wird möglichst bei Siedehitze mit $^1/_{10}$ n-Alkali gegen Thymolphthalein titriert. Diese Titration darf höchstens in 1%iger Lösung ausgeführt werden. Zur Herstellung des Indicators werden 0,5 g des Farbstoffes in 100 cm³ 50%igem Alkohol gelöst.

Literatur.

Bacon, W. N.: Siehe Sindal u. Bacon. — Bailey, A. J.: Ind. and Engin. Chem., Anal. Ed. **29**, 568 (1937). — Becker: Siehe König u. Becker. — Beckum, William G. van and George J. Ritter: Paper Trade Journ. **104**, 49 (1937). — Bevan, E. J.: Siehe Cross and Bevan. — Björkman: Pappers- och Träv. Tidskr. Finland **45**, Nr. 2 (1927). — Bratt, L. C.: Siehe Hägglund u. Bratt. —

---

[1] Vgl. Schwalbe-Sieber: Betriebskontrolle, 3. Aufl., S. 456. 1931.

Brecher, C.: Siehe Vieböck u. Brecher. — Brecht, W.: Papierfabr. 24, Festh., 72 (1926). — Bubeck, H.: Papierfabr. 25, 617 (1927). — Bunsen: Liebigs Ann. 86, 265 (1853). — Burgess, J.: Paper Trade Journ. 91, 69 (1930). — Burke: Siehe Kobe and Burke.

Cadenbach, G.: Siehe Fredenhagen u. Cadenbach. — Codwise, P. W.: Paper Trade Journ. 76, Nr. 2 (1923). — Cross and Bevan: Vgl. Schwalbe-Sieber, Betriebskontrolle, S. 106. 1931.

Dorée, Charles: The Methods of cellulose chemistry, 1933. — Dox, A. W. and G. P. Plaisance: Journ. Amer. Chem. Soc. 38, 2156 (1916). — Draz: Papierind. 9, 1148 (1927). — Dreher, E.: Vgl. Schwalbe-Sieber, Betriebskontrolle, 3. Aufl., S. 447. 1931.

Fellenberg, Th. v.: Mitt. Lebensmittelunters. Schweiz. Gesundheitsamt 5, 172, 225 (1914); 6, 1 (1915). — Biochem. Ztschr. 85, 45, 118 (1918). — Fleck, L. C.: Siehe Ritter u. Fleck. — Frank u. Schmidt: Papierfabr. 23, 229 (1925). — Fredenhagen u. Cadenbach: Angew. Chem. 46, 7, 115 (1933). — Ztschr. f. anorg. allg. Ch. 178, 289 (1929). — Freudenberg: Liebigs Ann. 433, 230 (1923); 494, 68 (1932). — Angew. Chem. 38, 280 (1925). — Friedrichs, F.: Chem.-Ztg. 53, 267 (1929).

Gortner, R. A.: Siehe Pervier u. Gortner.

Hägglund, E.: Cellulosechemie 11, 1 (1930). — Hägglund u. Bratt: Papierfabr. 34, 100—103 (1936). — Hägglund u. Proffe: Svensk Kem. Tidskr. 45, 117 (1933). — Halse: Papier-Journ. 10, 121 (1926). Ref. Papierfabr. 24, 631 (1926). — Haug, A.: Siehe Heuser u. Haug. — Heath, M. A.: Paper Trade Journ. 96, 33 (1933). — Heininger u. Jayme: Bisher unveröffentl. — Hellwaage, H.: Siehe Hilpert u. Hellwaage. — Heuser u. Haug: Ztschr. f. angew. Ch. 31, 99, 103 (1918). — Heuser: Papier-Ztg. 1916, 78. — Hilpert u. Hellwaage: Ber. Dtsch. Chem. Ges. 68, 380 (1935). — Hölder: Siehe Noll u. Hölder. — Hovey: Siehe Johnson u. Hovey.

Jayme, Georg: Siehe Heininger u. Jayme. — Jayme u. Schorning: Papierfabr. 36, H. 24/25, 235 (1938). — Jayme u. Steinmann: Papierfabr. 35, H. 36/37/38, 337, 361 (1937). — Johansson, D.: Svensk Papp. Tidn. 33, 278 (1930). — Johnsen and Hovey: Pulp and Paper Mag. Can. 16, 85 (1918). — Johnson u. Noll: Papierfabr. 31, 581 (1933).

Klason, P.: Vgl. Schwalbe-Sieber, Betriebskontrolle, 3. Aufl., S. 236. 1931. — Klemm, P.: Papierindustriekalender 1931, S. 116. — Kobe and Burke: Pulp and Paper Mag. Can. 39, 344 (April 1938). — König u. Becker: Diss. München 1918. — Chem.-Ztg. 96, 461 (1910). — Kollmann, F.: Technologie des Holzes, 1936. — Kosmahly u. Schwemer: In G. Klein: Handbuch der Pflanzenanalyse, Bd. 3, Teil 2, S. 121. 1932. — Kress and MacNaughton: Ind. and Engin. Chem. 8, 711 (1916). Zit. in Technik und Praxis der Papierfabrik., Bd. III/2, S. 398. — Kröber, E.: Journ. f. Landw. 48, 357 (1900). — Krüger u. Tollens: Ztschr. f. angew. Chem. 9, 43 (1896). — Küderling: Siehe Schwalbe u. Küderling. — Kullgren u. Tydén: Ing. Vetensk. Akad. Handlingar 94, 3 (1929). Ref. Cellulosechem. 11, 15 (1930). — Küng, A.: (1) Papierfabr. 33, 60 (1935). — (2) Papierfabr. 35, 369 (1937). — (2) Kunstseide u. Zellwolle 19, 86 (1937).

Landes, Ch. K.: Paper Trade Journ. 87, 48 (1928). — Lefèvre: Siehe Tollens u. Lefèvre. — Lindall, R. W. and W. N. Bacon: The Testing of wood pulp. London 1912. — Lorenz, R.: Papierfabr. 21, 243 (1923). — Lottermoser u. Wultsch: Kolloid-Ztschr. 83, 180 (1938). — Lunge: Vgl. Opfermann-Hochberger: Die Bleiche des Zellstoffes, Teil 2, S. 373. 1936.

McNaughton, G. C.: Siehe Kress u. Naughton. — Mahood, S. A.: Ind. and Engin. Chem. 12, 873—875 (1920). — Marcusson, J.: Die Untersuchung der Öle und Fette, S. 72. 1927. — Merkblätter der Faserstoff-Analysenkommission des Vereins der Zellstoff- und Papierchemiker und -ingenieure. Im Text FAK-Blätter genannt. — Mitscherlich, A.: Vgl. Schwalbe-Sieber, Betriebskontrolle, 3. Aufl., S. 234. 1931.

Neumann, Fr.: Ber. d. Dtsch. Chem. Ges. 70, 734 (1937) (Vieböck u. Schwappach). — Noll, A.: Siehe Johnson u. Noll. — Noll, A.: (1) Chem.-Ztg. 42, 260 (1918) (Extraktionsapp.). — (2) Papierfabr. 26, 664 (1928) (Stoffdichte Zentrifuge). Vgl. auch FAK-Bl. 4; Sonderdruck aus Papierfabr. 32, 313 (1934). —

(3) Papierfabr. **29**, 485 (1931); **30**, 613 (1932). — Noll, A. u. Hölder: Papierfabr. (Ligninbest.) **29**, 485 (1931); (Ligninbest.) **30**, 613 (1932).

Obermiller: Ztschr. f. angew. Ch. **36**, 429 (1923). — Oeman, E.: Siehe Winkler u. Oeman. — Opfermann-Hochberger: Die Bleiche des Zellstoffs, Teil 2. 1936. — Ost: Siehe König u. Becker.

Penot: Journ. f. prakt. Ch. A.F. **54**, 59 (1851). — Pervier and Gortner: Ind. and Engin. Chem. **15**, 1167, 1255 (1923). — Pinte: Pulp and Paper Mag. Can. **26**, 171 (1928). — Plaisance, G. P.: Siehe Dox u. Plaisance. — Powell and Whittacker: Journ. Soc. Chem. Ind. **43**, 35 (1924). — Proffe: Siehe Hägglund u. Proffe.

Radermacher, P.: Chem.-Ztg. **26**, 1177 (1902). — Reich: Siehe Schwalbe-Sieber, Betriebskontrolle, 3. Aufl., S. 198, 525. 1931. — Ritter u. Fleck: Cellulosechemie **5**, 79 (1924). — Ritter, G. J.: Siehe Beckum u. Ritter. — Cellulosechemie **11**, 202 (1930). — Roe, R. B.: Journ. Ind. and Engin. Chem. **16**, 808 (1924). — Rys: Papierfabr. **24**, 529 (1926).

Schmidt: Siehe Frank u. Schmidt. — Schmidt u. Mitarb.: Ber. Dtsch. Chem. Ges. **70**, 2345 (1937). — Scholze: Siehe Wolff-Scholze. — Schorger, A. W.: (1) Journ. Ind. and Engin. Chem. **12**, 476 (1920). — (2) Chemistry of cellulose and Wood, S. 538. 1936. — Schorning, P.: Siehe Jayme u. Schorning. — Schwalbe, C. G.: Siehe G. Ritter, R. M. Seborg u. R. L. Mitchell. — (1) Zellstoff u. Papier **12**, 376 (1932). — (2) Papierfabr. **6**, 551 (1908). — Schwalbe-Hägglund: Vgl. Cellulosechemie **11**, 1 (1930). — Vgl. Schwalbe-Sieber, Betriebskontrolle, 3. Aufl., S. 396. 1931. — Schwalbe u. Küderling: Wbl. f. Papierfabr. **42**, 4197 (1911). — Schwalbe-Sieber: Die chemische Betriebskontrolle in der Zellstoff- und Papierindustrie, 3. Aufl. 1931. — Schwappach, A.: Siehe Vieböck u. Schwappach. — Schwemer, E.: Siehe Kosmahly u. Schwemer. — Sheldon, H. H.: Paper Trade Journ. **91**, 70 (1930). — Sindall and Bacon: The Testing of Wood Pulp. London 1912. — Steinmann, R.: Siehe Jayme u. Steinmann. — Stritar, M. J.: Ztschr. f. anal. Ch. **42**, 579 (1903).

T.A.P.P.I.: Standards der Technical Association of the Pulp and Paper Industry. U.S.A., New York. Im Text als TAPPI-Methoden gekennzeichnet. — Tollens, B. Siehe Krüger u. Tollens. — Tollens u. Lefèvre: Ber. Dtsch. Chem. Ges. **40**, 4513 (1907). — Tydén, H.: Siehe Kullgren u. Tydén.

Vieböck u. Brecher: Ber. Dtsch. Chem. Ges. **63**, 3207 (1930). — Vieböck u. Schwappach: Ber. Dtsch. Chem. Ges. **63**, 2818 (1930). — Votocek: Chem.-Ztg. **42**, 257 (1918). [Rys. Papierfabr. **24**, 529 (1926).]

Wenzl, H.: (1) Jahresber. Zellcheming. **1929**, 14. — (2) Wbl. f. Papierfabr. **56**, 36, 1122 (1925). — (2) Papierfabr. **24**, 409 (1926); **27**, 569 (1929). — (2) Technik und Chemie des Zellstoff und Papiers, Bd. 28, S. 1. 1931. — (2) Jahresber. Zellcheming. **1930**, 108. — Wert, v. d.: Chem.-Ztg. **52**, 23 (1928). — Whittacker, H.: Siehe Powell and Whittacker. — Wilkening: Siehe König u. Becker. — Winkler u. Oeman: Vgl. Schwalbe-Sieber, Betriebskontrolle, 3. Aufl., S. 217. 1931. — Winkler, L. W.: Angew. Chem. **31**, 187 (1918). — Wolf, R. B.: Paper **19**, 11 (1916). — Wolff-Scholze: Chem.-Ztg. **38**, 369, 382, 430 (1914). — Wultsch, F.: Siehe Lottermoser u. Wultsch.

Zeisel, S.: Monatshefte f. Chemie **6**, 989 (1885).

Papier.

Von

Prof. Dr.-Ing. R. Korn und **Dipl.-Ing. F. Burgstaller,**
Staatliches Materialprüfungsamt Berlin-Dahlem.

Einleitung (V, 555).

Die nachfolgenden Ergänzungen enthalten die seit dem Erscheinen des Hauptwerkes eingetretenen Fortschritte und Neuerungen. Erweitert wurde insbesondere der I. Teil durch Aufnahme der Untersuchungsmethoden zur Feststellung der Art der Imprägniermittel, der II. Teil durch eine wesentliche Ergänzung der physikalischen und mechanischen Prüfverfahren.

Für eine eingehende Unterrichtung über das gesamte Gebiet der Papierprüfung wird auf Herzberg: Papierprüfung, 7. Aufl. Berlin 1932, und A. Herzog: Mikrochemische Papieruntersuchung, Berlin 1935, verwiesen.

I. Zusammensetzung des Papiers.

A. Anorganische Bestandteile.

1. Aschengehalt (V, 555). Weitgehende Verwendung, besonders in der Praxis, findet eine von Scheufelen in Vorschlag gebrachte und von der Firma L. Schopper, Leipzig gebaute elektrische Veraschungsvorrichtung (Abb. 1). Zum Versuch wird 1 g Papier zusammengerollt und in die mit einem Platinblech ausgelegte Öffnung des Heizkörpers geschoben. Nach Einschaltung des Stromes kommt das Platinblech in kurzer Zeit zum Glühen, das Papier entflammt und verascht bald.

Während für Aschengehaltsbestimmungen von Papier im allgemeinen Proben von

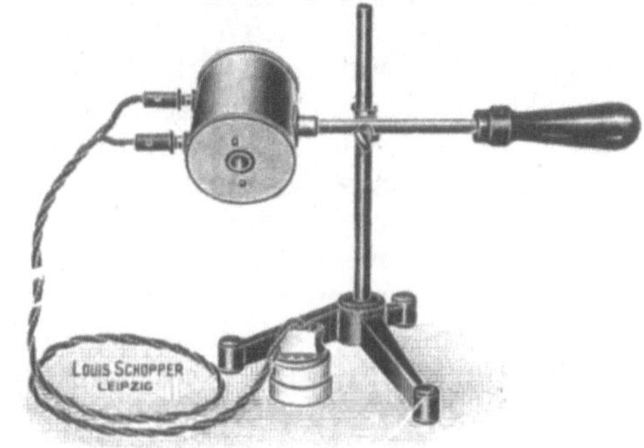

Abb. 1. Elektrische Veraschungsvorrichtung.

1 g genügen, erfordert die Prüfung von Filtrierpapieren für analytische Zwecke weit größere Probemengen und entsprechend größere Veraschungsgefäße. Zweckmäßig wird wie folgt verfahren: Mindestens 30 g des Papiers werden zerstückelt und in einer Platinschale im Muffelofen bei etwa 600° verascht. Darauf wird die Asche in einem kleinen Porzellantiegel (Gewicht 2—3 g) gebracht. Um sie quantitativ überführen zu können und ihr Volumen zu verringern, wird sie zuvor in der Platinschale mit Wasser angefeuchtet. Dann wird auf dem Wasserbad

abgedampft und über einem Bunsenbrenner erneut geglüht. Nach Abkühlung des Tiegels im Exsiccator wird das Gewicht der Asche bestimmt[1] und in Prozenten, bezogen auf die Einwaage, angegeben. Bei Rundfiltern dividiert man das Aschengewicht durch die Anzahl der veraschten Filter und erhält somit die Aschenmenge eines Filters.

2. Freie Säure (V, 560). Die verschiedenen colorimetrischen und potentiometrischen Verfahren, die gegenwärtig in der Papierprüfung zur Bestimmung des p_H-Wertes in der Papierprüfung verwendet werden, sind von Berndt beschrieben und beurteilt worden. Hauptsächlich für die Betriebskontrolle, aber auch für die Prüfung des fertigen Papiers am wäßrigen Auszug empfiehlt Schwabe die Verwendung der Glaselektrode, die bei der Untersuchung von Koch- und Ablaugen geeigneter ist als die SO_2-empfindliche Antimonelektrode. Bei der Kontrolle des Bleichprozesses kommt nur die gegen Cl_2 genügend beständige Glaselektrode in Betracht.

Die amerikanische Standardmethode zur Ermittlung des p_H-Wertes ist in Paper Trade J. 102, Nr. 8, 69 (1936) beschrieben.

3. Metallschädliche Bestandteile (V, 561). Zu ihrem Nachweis ist auf folgendes hinzuweisen. Beim Angriff von Metallen durch Papier handelt es sich hauptsächlich um zwei verschiedene Erscheinungen, und zwar einerseits um Bildung von Sauerstoffverbindungen, anderseits von Schwefelverbindungen. Erstere kommen hauptsächlich für Eisen- und Stahlwaren (Rostbildung) und für Aluminium (Bildung von Aluminiumoxyd) in Betracht, letztere für Gegenstände aus Silber, Kupfer und Kupferlegierungen.

Sauerstoffverbindungen können unter Mitwirkung des Sauerstoffs der Luft bei Vorhandensein von Chlor, von Salzen, insbesondere von Chloriden und von Säuren entstehen. An schädlichen Schwefelverbindungen sind Sulfide und Sulfite zu nennen (herrührend von Zellstoff, Antichlor, Farbstoff); mitunter kommt auch freier Schwefel vor.

Zur Prüfung auf freies Chlor werden Stücke des Papiers durch destilliertes Wasser gezogen, darauf abwechselnd mit Kaliumjodidstärkepapier übereinander geschichtet und mit einer Glasplatte beschwert. Bei Anwesenheit von freiem Chlor entstehen auf dem Stärkepapier blaue Streifen oder Flecke.

Chloride werden durch Ausziehen des Papiers mit stark verdünnter Salpetersäure und Fällung mit Silbernitratlösung nachgewiesen.

Für die Beurteilung des Säuregrades ist der p_H-Wert maßgebend; er soll bei Papieren zum Einschlagen von Metallen möglichst nicht unter 5 liegen.

Um auf Schwefel und Sulfide zusammen zu prüfen, wird das Papier mit 1%iger Natronlauge ausgezogen, der Auszug in ein Becherglas gebracht, angesäuert, das Glas mit nassem Bleipapier bedeckt und gelinde erwärmt. Bei Vorhandensein von Sulfiden oder Schwefel färbt sich das Bleipapier gelbbraun bis braunschwarz.

Freier Schwefel allein wird nach Klemm (1) durch Ausziehen mit Chloroform und Abdampfen des Auszuges nachgewiesen. Der Rückstand

---

[1] Über eine neue Präzisions-Aschen-Schnellwaage der Firma A. Dresdner, Merseburg, berichtet Krätschmar.

enthält dann den Schwefel neben anderen ebenfalls in Chloroform löslichen Körpern in Form charakteristischer Kriställchen.

Die Prüfung auf Anwesenheit von Sulfiten läßt sich mit einem auf folgende Weise hergestellten Reagenspapier durchführen: 1—2 g Stärke werden durch Kochen in 50—100 cm³ Wasser gelöst, die Aufkochung wird mit einer wäßrigen Lösung von jodsaurem Kalium versetzt. Mit dieser Mischung wird Filtrierpapier getränkt und darauf getrocknet. Stücke des zu prüfenden Papiers werden nun nach Eintauchen in 1%ige Salzsäure abwechselnd mit dem Reagenspapier übereinander geschichtet und beschwert. Bei Vorhandensein von Sulfiten wird schweflige Säure frei, die das Jodat reduziert, wobei Jod entsteht, das Blaufärbung des Reagenspapiers erzeugt. Da Sulfide die gleiche Reaktion geben würden, ist auf diese, wie oben beschrieben, gesondert zu prüfen.

B. Organische Bestandteile.

1. Mikroskopische Feststellung der im Papier enthaltenen Faserarten (V, 563). Die in der Papiermikroskopie als Einbettungsmittel allgemein benutzte Chlorzinkjodlösung (V, 564) hat den Vorteil, die drei Fasergruppen — Hadernfasern, Zellstoff, verholzte Fasern — durch verschiedene Färbung zu trennen. Die Färbung, insbesondere die gelbe der verholzten Fasern, ist jedoch sehr wenig beständig. Dies wird bei der Schätzung des Holzschliffgehaltes von Papieren sehr störend empfunden. Klemm (2) empfiehlt deshalb eine Behandlung des Präparates mit Anilinsulfat, bevor die Einbettung in Chlorzinkjod erfolgt. Eine weit beständigere Anfärbung bringt jedoch die Methode nach Schulze (1) unter Verwendung der substantiven Farbstoffe Brillantkongoblau 2 RW und Baumwollbraun N. Man verfährt dabei folgendermaßen:

Je 1 g der genannten Farbstoffe wird unter Erwärmung auf dem Wasserbade in 70 cm³ destilliertem Wasser gelöst. Die beiden Farbstofflösungen werden getrennt aufbewahrt und erst bei Bedarf mit einer 6%igen Lösung von kristallisiertem Natriumsulfat im Verhältnis 1:1:1 gemischt. Ein Klümpchen des in der üblichen Weise gewonnenen Papierbreies (vgl. V, 563) wird in einem Reagensglas mit 6—8 cm³ des Farbstoffgemisches bedeckt und etwa 30 Sekunden über einem Bunsenbrenner gekocht. Darauf wird das Fasermaterial auf einem Sieb von mindestens 900 Maschen pro Quadratzentimeter von der Farbstofflösung getrennt, wieder in das Reagensglas zurückgebracht, mit Wasser durchschüttelt und erneut abgesiebt.

Eine kleine Probe des so behandelten Papierbreies wird nun auf einem Objektträger in 2 Tropfen Wasser gleichmäßig verteilt, das Wasser mit hartem Fließpapier abgesaugt und das Präparat bei etwa 60° getrocknet. Danach wird 1 Tropfen Canadabalsam aufgebracht und ein Deckglas gelinde angedrückt. Bei der Betrachtung im Mikroskop erscheinen Zellstoffasern leuchtend blau bis blauviolett, Holzschliff und sonstige verholzte Fasern kastanienbraun.

2. Verholzungsgrad der Zellstoffe (V, 570). Die verschiedenen in Vorschlag gebrachten Verfahren des Verholzungs- oder Aufschlußgrades von Zellstoffen auf mikro- und makroskopischem Wege sind von Schulze (2)

auf breiter Grundlage nachgeprüft worden unter Heranziehung der
weiter unten beschriebenen Lofton-Merrit-Methode und der Bright-
Methode (S. 147).

Für eine Beurteilung des Aufschlußgrades von in Papier enthaltenen
Zellstoffen kommt nur die mikroskopische Untersuchung in Betracht, weil
man es hierbei meistens mit Faserstoffgemischen zu tun hat. Schulze
hat bei seinen Untersuchungen festgestellt, daß Sulfitzellstoffe nur durch
Anfärbung nach Lofton-Merrit in richtiger Weise differenziert werden,
wie aus der Zusammenstellung einer größeren Reihe von Zellstoffen verschiedenen Aufschlußgrades hervorgeht. Die Differenzierung beruht
darauf, daß die Anfärbung um so schwächer, die bei Behandlung mit
basischen Farbstoffen auftretende „Augenbildung" (vgl. V, 573) jedoch
um so auffälliger ist, je weitergehend der Zellstoff aufgeschlossen ist.
Bei Natronzellstoffen war jedoch keine der zur Anwendung gekommenen
Verfahren vollkommen befriedigend.

3. **Unterscheidung von Sulfit- und Natronzellstoffen** (V, 571). Bei
Gemischen von ungebleichtem Sulfit- und Natronzellstoff in Papier hat
sich zur mikroskopischen Schätzung der Anteile das von Lofton und
Merrit entwickelte Färbeverfahren bewährt:

Der in gewöhnlicher Weise vorbereitete Faserbrei (vgl. V, 563) wird
auf dem Objektträger in einer Mischung von Fuchsin- und Malachitgrünlösung etwa 2 Minuten lang gut durchrührt. Die wäßrige Fuchsinlösung wird in einer Konzentration von 1 : 100, die Malachitgrünlösung
in einer solchen von 2 : 100 hergestellt. Beide Lösungen werden im Verhältnis 2 Vol. Fuchsin auf 1 Vol. Malachitgrün vermischt. Der gefärbte
Brei wird durch Absaugen mit Löschpapier von der überschüssigen
Farbstofflösung befreit, 10—30 Sekunden mit 3—4 Tropfen verdünnter
Salzsäure (1 cm³ konzentrierte Salzsäure auf 1 l Wasser) behandelt und
schließlich mit Wasser ausgewaschen. Im Mikroskop erscheinen dann
Sulfitzellstoffasern purpurrot, Fasern des Natronzellstoffes blau mit
schwächerem oder stärkerem Rotstich.

Im Materialprüfungsamt Berlin-Dahlem wird das Verfahren in
einer von Wisbar abgeänderten Form angewendet, bei der das Färben
unter Verwendung der gleichen Farbstoffmischung, jedoch unter Verdünnung und gleichzeitigem Zusatz von Salzsäure im Reagensglas ausgeführt wird: 4,4 cm³ der 1%igen Fuchsinlösung und 2,2 cm³ der 2%igen
Malachitgrünlösung werden mit 20 cm³ einer 0,5%igen Salzsäure versetzt und mit Wasser auf 100 cm³ aufgefüllt. Ein Klümpchen des Papierbreies wird 1—2 Minuten in 5—10 cm³ dieses Gemisches gekocht, auf
einem Sieb abgeschieden, ausgewaschen und darauf zum Mikroskopieren
benutzt. Die Färbung des Sulfitzellstoffes ist nach dieser Behandlung
rotviolett, die des Natronstoffes grünlichblau.

Holzschliff zeigt nach beiden Verfahren die gleiche Färbung wie
Natronzellstoff. Ist Holzschliff in dem zu untersuchenden Papier vorhanden, so schätzt man diesen gesondert in Präparaten, die mit Chlorzinkjod oder nach Schulze (vgl. S. 145) anzufärben sind.

Da sich nach Lofton-Merrit die Zellstoffe um so weniger intensiv
anfärben, je stärker sie aufgeschlossen sind, d. h. je geringer ihr Gehalt
an Ligninresten ist, werden gebleichte, praktisch ligninfreie Stoffe über-

haupt nicht angefärbt. Aus diesem Grunde ist nach der genannten Methode die Unterscheidung von Sulfit- und Natronzellstoffen nicht möglich, wenn sich diese in gebleichtem Zustand im Papier befinden. Noss und Sadler haben versucht, diese Trennung nach Anfärbung des Faserbreies mit Rhodamin 6 GD extra mit Hilfe des Fluorescenzmikroskopes herbeizuführen. Es fluorescieren dann gebleichter Sulfitzellstoff leuchtend hellgelb, gebleichter Natronzellstoff orangerot. Ungebleichter Sulfitzellstoff soll rotbraun mit einem Stich ins Violette, ungebleichter Natronzellstoff dunkelrotbraun fluorescieren.

Im Materialprüfungsamt ist das Verfahren von Schulze und Goethel nachgeprüft worden. Eine Unterscheidung zwischen gebleichten Sulfit- und gebleichten Natronzellstoffen in Papier ist auf diesem Wege wohl möglich, eine mengenmäßige Schätzung der Anteile ist jedoch sehr erschwert durch das Auftreten von Übergangsfarben und unmöglich, wenn in einem Gemisch neben gebleichten auch ungebleichte Stoffe enthalten sind.

Bei gebleichten Zellstoffen im Papier ist deshalb in den meisten Fällen nur die Entscheidung möglich, ob es sich hierbei um Natronzellstoff, Sulfitzellstoff oder um ein Gemisch von beiden handelt. Zur Unterstützung dieser Feststellung dienen die im Hauptwerk (V, 573) aufgeführten morphologischen Merkmale.

3a. Unterscheidung von gebleichtem und ungebleichtem Zellstoff. Wie aus den obigen Ausführungen hervorgeht, kann zur Unterscheidung von gebleichten und ungebleichten Zellstoffen im Papier die Lofton-Merrit-Methode herangezogen werden, da sich hierbei nur ungebleichte Zellstoffe anfärben, gebleichte also farblos bleiben. Die Schätzung der Mengenanteile von gefärbten und ungefärbten Fasern im Gemisch führt jedoch durch das bedeutend stärkere Hervortreten der gefärbten Fasern erfahrungsgemäß zu erheblichen Fehlschlüssen. Dies wird vermieden bei Anwendung der Bright-Methode. Die hierzu erforderlichen Lösungen sind folgende:

Lösung A: 2,7 g Ferrichlorid ($FeCl_3 \cdot 6 H_2O$) auf 100 cm³ destilliertes Wasser.

Lösung B: 3,29 g Ferricyankalium ($K_3Fe[CN]_6$) auf 100 cm³ destilliertes Wasser.

Lösung C: 3 g eines substantiven, nicht mit Natriumcarbonat behandelten Farbstoffes (Dupont Purpurine 4 B) auf 500 cm³ destilliertes Wasser.

Im Materialprüfungsamt wird Benzopurpurin 4 B extra, sodafrei verwendet.

Alle Lösungen sollen kalt angesetzt, die Lösungen A und B filtriert und in Flaschen mit Glasstopfen bei einer 20° nicht übersteigenden Temperatur aufbewahrt werden. Lösung C ist vor Gebrauch frisch herzustellen. Ferner sind noch 2 Färbeküvetten erforderlich, in die die Objektträger an Klammern befestigt eingehängt werden können.

Bei dem Anfärben geht man folgendermaßen vor: Eine kleine Menge des Faserbreies wird in 2 Tropfen Wasser auf dem Objektträger gut zerfasert und bei etwa 60° getrocknet, so daß die Fasern am Objektträger haften. Danach werden je 10 cm³ von A und B in der einen

Küvette gemischt, in die andere 10 cm³ der Lösung C gegeben und die Küvetten auf ein Wasserbad von 20° gesetzt. Der Objektträger mit den angetrockneten Fasern wird durch Eintauchen in destilliertes Wasser angefeuchtet und in die Küvette mit der Mischung A und B eingehängt, wo er 20 Minuten verbleibt.

Darauf wird durch sechsmaliges Eintauchen des Objektträgers in destilliertes Wasser gewaschen, das Wasser erneuert und nochmals gewaschen. Nach erfolgter Trocknung wird der gesamte Prozeß unter Verwendung der Lösung C wiederholt.

Gebleichte Zellstoffe sind dann rot, ungebleichte blau gefärbt.

Kantrowitz und Simmons haben das Verfahren als Schnellmethode folgendermaßen abgeändert: Lösung A und B sind dieselben wie bei der Originalmethode. Lösung C: 0,5 g Benzopurpurin 4 B werden in 100 cm³ 50%igem Äthylalkohol erwärmt bis der Farbstoff völlig gelöst ist.

Der Faserbrei wird auf den Objektträger genommen und die Flüssigkeit abgesaugt. Darauf werden 2—3 Tropfen der Lösung A aufgebracht und hinterher die gleiche Anzahl von B. Die Fasern werden umgerührt; nach einer Minute wird die Flüssigkeit abgesaugt. Dann werden 2 bis 3 Tropfen von Lösung C aufgebracht. Hierin bleiben die Fasern etwa 2 Minuten und werden dann nach Absaugen der Lösung zweimal mit destilliertem Wasser gewaschen.

Die Anfärbung der Fasern ist die gleiche wie oben beschrieben. Sie beruht darauf, daß die in den ungebleichten Zellstoffen enthaltenen Ligninreste das Ferriferricyanid zu Berlinerblau reduzieren, während die gebleichten ligninfreien Fasern zunächst ungefärbt bleiben und erst bei der Nachbehandlung mit dem substantiven Farbstoff die unterschiedliche Färbung annehmen.

Wenn auch die Originalmethode etwas umständlicher ist, als die Schnellmethode, so ist sie um so zuverlässiger.

Zu bemerken ist noch, daß stark aufgeschlossene ungebleichte Sulfitzellstoffe ihrem geringen Ligningehalt entsprechend schwach blau gefärbt erscheinen oder auch Übergangsfarben zu Rot hin zeigen. Hierbei können Zweifel auftauchen, ob es sich tatsächlich um ungebleichte oder um halbgebleichte Fasern handelt. Für diesen Fall gibt die Lofton-Merrit-Methode Aufschluß, bei der nur ungebleichte Sulfitzellstofffasern die auf S. 146 erwähnte „Augenbildung" zeigen.

Ist in dem zu prüfenden Papier Holzschliff enthalten, so muß er nach den hierfür üblichen Verfahren (s. S. 145) getrennt geschätzt werden, da er nach der Bright-Methode dieselbe Färbung annimmt wie ungebleichter Zellstoff.

Zum Nachweis von Holzschliff, ungebleichtem und gebleichtem Zellstoff nebeneinander in einem Präparat gibt Noll (1) folgende Lösung an. Zu einer Mischung von 25 cm³ Methylglykol, 25 cm³ Glycerin 31° Bé, 25 cm³ einer 4%igen wäßrigen Anilinsulfatlösung werden 0,1 Gewichtsteile Methylenblau unter Erwärmung und Umschütteln aufgelöst. Kochen ist zu vermeiden. Nach dem Erkalten wird die Lösung filtriert.

Mit dieser Lösung behandelt färben sich dann: Holzschliff gelb bis gelbbraun, ungebleichter Zellstoff blau; gebleichter Zellstoff bleibt ungefärbt.

Da bei diesem Verfahren die eine Faserart ungefärbt bleibt, bestehen hinsichtlich Schätzung der Mengenanteile die gleichen Bedenken, wie bei der Lofton-Merrit-Methode, wenn sie zur Unterscheidung von gebleichten und ungebleichten Zellstoffen benützt wird (vgl. S. 146).

4. Art der Leimung (V, 574). Während der Nachweis tierischer Leimung schlechthin im allgemeinen keine Schwierigkeiten bereitet, ist dies in hohem Maße der Fall, wenn zu entscheiden ist, ob es sich dabei um Casein, Glutin (Tierleim) oder um ein Gemisch beider Leimarten handelt. Schulze und Rieger haben die hierfür vorgeschlagenen Farbreaktionen nachgeprüft und dabei die Erfahrung gemacht, daß diese bei der Prüfung von Papierauszügen entweder zu wenig empfindlich sind, bei gefärbten Auszügen leicht verdeckt werden oder beiden Leimarten gemeinsam sind. Es hat sich daher als zweckmäßig erwiesen, die Trennung beider Leimarten gleich beim Ausziehen vorzunehmen, wozu von Schulze und Rieger folgendes Verfahren angegeben wird:

5 g des zerkleinerten Papiers werden mit etwa 40 cm³ einer 0,5%igen Essigsäure während 24 Stunden kalt ausgezogen. Hierbei geht im wesentlichen nur Tierleim in Lösung. Bei manchen gestrichenen, stark alkalisch reagierenden Papieren muß mit stärkerer, etwa 1%iger Essigsäure extrahiert werden, damit der Auszug sauer reagiert. Nach dem Abfiltrieren und Nachwaschen wird erneut 24 Stunden mit kalter 1%iger Boraxlösung ausgezogen, wobei Casein in Lösung geht. Durch diese milde Behandlung wird erreicht, daß möglichst wenig störende Bestandteile mit ausgezogen werden, wenn auch die Filtrate der Auszüge unabhängig vom Holzschliffgehalt des Papiers mehr oder weniger gefärbt sind. Ist Stärke zugegen, so muß diese in bekannter Weise mit Jodjodkaliumlösung unter Zusatz von Chlorammoniumsalz ausgefällt werden.

Der saure und der alkalische Auszug werden dann nach Schmidt teils mit einer salpetersauren Ammonmolybdatlösung[1], teils mit Salpetersäure allein versetzt; erstere gibt bei Gegenwart sowohl von Casein als auch von Glutin einen Niederschlag, letztere nur bei Anwesenheit von Casein.

5. Art der Imprägnierung. a) Allgemeines. Papiere und Pappen sowie andere aus Papierstoff geformte Gegenstände werden für bestimmte Zwecke in mannigfacher Weise mit Imprägniermitteln versehen. Beabsichtigt wird hierbei die Erzielung besonderer Eigenschaften, wie z. B.:

Dichtigkeit gegen Wasser, Fette und Öle, organische Lösungsmittel, Wasserdampf, Luft und Gase;

Widerstandsfähigkeit gegen chemische Einwirkungen; Wetterbeständigkeit;

Besondere mechanische Eigenschaften (z. B. Dehnbarkeit, Steifigkeit);

Besondere elektrotechnische Eigenschaften (hohe Durchschlagfestigkeit, geringer Verlustwinkel usw.);

Hohe Lichtdurchlässigkeit oder Lichtdichtigkeit;

Flammsicherheit;

Besondere Druckeigenschaften;

Besondere ästhetische Wirkungen.

---

[1] Schulze und Rieger benutzen folgende Lösung: 5 g Ammonmolybdat werden in 100 cm³ H_2O kalt gelöst und 35 cm³ HNO_3 (Dichte 1,2) hinzugegeben.

Als Imprägniermittel kommen hauptsächlich zur Verwendung:

Natürliche Harze und Wachse; Fette und Öle; Seifen; Kunstharze und Kunstwachse;

Naturkautschuk und synthetische Kautschuke; Chlorkautschuk; Vulkanisate;

Mineralöle und Teeröle; Teere, Asphalt und Peche; Paraffin; Ceresin; Cellulosederivate;

Stärke und Dextrin; Pflanzengummi; Pflanzenschleime; Tierleim und Gelatine; Casein; Albumine.

Als Weichhaltungsmittel: Glycerin, Glykol; Trikresylphosphat; Äthanolämine; Traubenzucker; anorganische Salze;

Als Zusätze in Verbindung mit den genannten Mitteln:

Emulgier-, Stabilisier- und Dispergiermittel;

Gerb- und Härtungsmittel.

Die Imprägnierung erfolgt durch:

Zusatz im Holländer („Stoffimprägnierung"),

Tränkung des fertigen Papiers,

Oberflächenpräparierung des Papiers (Lackieren, Gummieren; Aufbringen eines „Striches"),

wobei die Imprägniermittel in festem oder flüssigem Zustand (Schmelzen), oder in Form von Lösungen, Emulsionen oder Dispersionen zur Anwendung kommen.

b) Vorprüfung. Wegen der großen Zahl an Imprägniermitteln und ihrer Verschiedenartigkeit in stofflicher Hinsicht, sowie der Anwendung von komplizierten Mischungen und der zunehmenden Benutzung von analytisch noch nicht genügend gekennzeichneten synthetischen Stoffen ist häufig die Erkennung der Art und die Bestimmung der Menge der Imprägnierung auf einfache Weise nicht möglich.

Da die systematische Untersuchung langwierig ist, sollte stets versucht werden durch Vorprüfung die Anwesenheit von Stoffen oder Stoffgruppen festzustellen, die wegen ihres Lösungsverhaltens oder ihres mengenmäßig hervortretenden Anteils bei der planmäßigen Prüfung besonders zu berücksichtigen sind. Andererseits kann die systematische Untersuchung unter Umständen wesentlich vereinfacht werden, wenn bestimmte Stoffe oder Stoffgruppen nicht zugegen sind.

Nachstehend sind einige Richtlinien für die Durchführung der Vorprüfung angegeben.

1. Äußerliche Merkmale. *Farbe und Geruch:* Teere, Peche, Asphalt; Phenolgeruch bei nicht ausgehärteten Phenol-Formaldehyd-Kondensationsprodukten; gelegentlich Formaldehydgeruch bei Harnstoff-Formaldehyd-Harzen; ferner charakteristischer Geruch bei Verwendung von Mohnöl, Firnis, Tierleim.

Oberflächenbeschaffenheit: Samtartiger Griff bei Papieren mit hohem Kautschukgehalt.

Transparenz: Mineralische und fette Öle.

2. Fluorescenz im filtrierten Licht der Analysen-Quarzlampe [vgl. IV, 419, Erg.-Bd. I, S. 213; ferner H. Sommer: Leipz. Monatsschr. f. Textilind. 1928, Nr. 10 u. 11; G. Bandel: Angew. Chem. 51, Nr. 34, 570 (1938)]:

gelblichweiß . . . . Pflanzenöle; gelegentlich auch Mineralöle; Wollfett
gelblich . . . . Fette und Öle
gelbbraun . . . . Nitrocellulose
hellrosa bis rötlichgrau . . . Paraffin
leuchtend weißblau . . . . . Tierleim; Polyvinylchlorid
bläulichweiß . . . . Mineralöle; Harnstoff-Formaldehyd-Harze
bläulich . . . . Methyl-, Äthyl- und Benzyl-Cellulose
leuchtend bläulichviolett . . Kolophonium und seine künstlichen Ester; Phenol-
                                    Formaldehydharze; Polystyrol
dunkelviolett . . . . Cumaronharz

Das Verhalten unter der Quarzlampe ist jedoch nicht immer eindeutig, da das Auftreten der Luminescenzfarben von der Schichtdicke
und von der Vorgeschichte der Imprägniermittel abhängig ist.

Wenn Gemische vorliegen, ist es zweckmäßig, das Versuchsmaterial
mit spezifischen Lösungsmitteln für die vermuteten Imprägniermittel
zu behandeln und die Fluorescenz der Lösung und des Eindampfrückstandes zu beurteilen.

Zu berücksichtigen ist ferner die Eigenfluorescenz der Faserstoffe:

Ungebleichter Sulfitzellstoff . . leuchtend violett
Holzschliff . . . . violettstichiges stumpfes Braun
ungebleichter Natronzellstoff . . braun bis graubraun
gebleichter Zellstoff . . . . . . ⎫
Baumwolle . . . . ⎬ schwach gelblichweiß (nicht charakteristisch)
Leinen . . . . ⎭

3. Chemisches Verhalten. α) Etwa 10 g des gut zerkleinerten
Versuchsmaterials werden mit möglichst wenig 1%iger Natronlauge
10 Minuten gekocht[1]; der Auszug wird filtriert und mit verdünnter
Schwefelsäure angesäuert. Der hierbei entstehende Niederschlag kann
enthalten:

Harzsäuren (von Leimungsharz stammend) und Fettsäuren (aus
Seifen), Casein und Eiweiß (nicht quantitativ), außerdem geringe
Mengen an alkalilöslichen Kohlehydraten (Hemicellulosen) aus dem
Fasermaterial.

Der angesäuerte Auszug wird ausgeäthert, der Verdunstungsrückstand
der ätherischen Lösung auf Kolophonium und Fettsäuren geprüft
(s. Tabelle 1 und 2). Die wäßrige Lösung wird filtriert; der Niederschlag
wird auf Anwesenheit von Proteinen untersucht (s. Tabellen 3 und 4).

---

[1] Eine unter Umständen hierbei zu beobachtende Gelbfärbung der Lauge kann
auf Oxycellulosegehalt des Fasermaterials zurückzuführen sein.

Braunfärbung der Lauge und Auftreten eines charakteristischen Geruches
deutet auf Zusatz von Lederabfällen (Kunstleder; Schuhpappen). Der Nachweis erfolgt auf mikroskopischem Wege durch Vergleich von Fasermaterial, das
mechanisch durch Abschaben erhalten wird, vor und nach erschöpfender Extraktion
mit kochender 2%iger Natronlauge; Leder wird durch Chlorzinkjodlösung gelb
bis braun gefärbt und zeigt faserige Struktur.

Die quantitative Bestimmung des Lederanteiles erfolgt im allgemeinen
auf Grund des Gewichtes der Probe vor und nach Extraktion mit kochender
2%iger Natronlauge unter Berücksichtigung des Absoluttrockengehaltes vor und
nach der alkalischen Behandlung. Die zahlenmäßigen Ergebnisse sind nur Annäherungswerte, weil auch das pflanzliche Fasermaterial je nach Faserart und
Vorbehandlung teilweise alkalilöslich ist. Aus diesem Grunde ist die Anwendung
von alkoholischer etwa 6%iger Kalilauge vorteilhafter. Zu berücksichtigen ist
ferner die Anwesenheit löslicher Imprägniermittel.

Tabelle 1.

Die nach *a)* vorbereitete Probe wird 3mal mit Alkohol (70%ig) ausgezogen (Rückfluß); dem Lösungsmittel werden zur Zersetzung der Harzseifen auf je 100 cm³ 10 Tropfen Eisessig zugesetzt:

Der alkoholische Auszug kann enthalten:	Kolophonium (als Leimungsharz zugesetzt) Akaroidharz[1] Sulfonierte Fette und Öle (z. B. Türkischrotöl) Ricinusöl (zum Teil emulgiert[2]) Glycerin, Glykol Äthanolamine Traubenzucker u. ä.	Der Auszug wird heiß filtriert; nach Zusatz von konzentrierter Salzsäure wird der Alkohol durch Kochen entfernt, der Auszug wird nach dem Erkalten mit Äther ausgeschüttelt[3]:

Der Rückstand wird nach 2 weiter geprüft.

Der ätherische Extrakt enthält:
Harzsäuren,
Fettsäuren (aus sulfonierten Ölen)
Ricinusöl.
Der Eindampfrückstand wird mit Alkohol aufgenommen und zur Abtrennung des Ricinusöls mit Petroläther ausgeschüttelt:

Im Eindampfrückstand der alkoholischen Lösung wird Ricinusöl durch Überführung in Sebacinsäure nachgewiesen (Holde: Untersuchung der Kohlenwasserstofföle und Fette, 6. Aufl., S. 734; s. a. IV, 494).

Die Petrolätherlösung wird eingedampft; der Rückstand wird nach Wolff und Scholze zur Trennung der Harzsäuren von den Fettsäuren benutzt (IV, 571); eine kleine Probe des Rückstandes wird nach Liebermann-Storch (IV, 478 und V, 577) auf Kolophonium geprüft

Die wäßrige Lösung wird eingeengt, in mehrere Teile geteilt und für den Nachweis der Weichhaltungsmittel benutzt:

1. Der bei 105° getrocknete Rückstand ist bei Gegenwart von Glycerin oder Glykol dickflüssig und erstarrt auch nicht beim Erkalten; wird der Rückstand mit Kaliumbisulfat erhitzt, entwickeln sich Dämpfe, die ammoniakalische Silberlösung reduzieren: Acetaldehyd aus Glykol und Acrolein aus Glycerin (Acrolein ist am stechenden Geruch zu erkennen und mikrochemisch nach Behrens mit Paraphenylhydrazin nachzuweisen). Unterscheidung zwischen Glycerin und Glykol auf refraktrometrischem Wege (IV, 595). Quantitative Glycerinbestimmung siehe S. 157.

2. Äthanolamine (Mono-, Di- und Tri-) geben auf Zusatz von Natronlauge und Kupfersulfat eine hitzebeständige Blaufärbung [Zaparnik: Chem. Analyst **21**, Nr. 2 (1932)];

3. Traubenzucker reduziert aus Fehlingscher Lösung beim Erhitzen rotes Kupferoxydul;

4. Rohrzucker reduziert Fehlingsche Lösung nach vorausgehender Inversion mit verdünnter Schwefelsäure (10 Minuten kochen!).

[1] Akaroidharz besteht hauptsächlich aus Erythroresinotannol („rotes Harz") oder Xanthoresinotannol („gelbes Harz"); außerdem sind in kleinen Mengen freie Parakumarsäure und Zimtsäure enthalten (Wiesner: Die Rohstoffe des Pflanzenreiches, 4. Aufl., Bd. 1, S. 1029). Die Akaroidharze geben in alkoholischer Lösung auf Zusatz von Eisenchlorid (alkoholisch gelöst) eine tiefbraune Färbung.

[2] und [3] Wenn der Auszug Ricinusöl in emulgierter Form enthält, wird er vor der Filtration abgekühlt und mit Äther bis zur vollständigen Auflösung des Öles versetzt.

Die Anwesenheit von Essigsäure im Auszug deutet auf Celluloseacetat (Geruch beim Kochen der schwefelsauren Lösung).

β) Eine kleine Probe des zurückbleibenden Fasermaterials wird im
Reagensglas mit heißem Wasser kräftig geschüttelt. Wenn diese sich
hierbei leicht in Einzelfasern zerteilen läßt und bei mikroskopischer
Betrachtung nach Anfärbung mit Chlorzinkjodlösung (vgl. V, 563) frei
von faserfremden Stoffen erscheint, kann geschlossen werden, daß
wesentliche Mengen an gehärtetem Tierleim, Fetten, Wachsen, Natur-
und Kunstharzen, festen und flüssigen Kohlenwasserstoffen, Kautschuk
u. ä. nicht zugegen sind. Die systematische Untersuchung beschränkt
sich in diesem Falle auf die Feststellung der in verdünntem Alkohol,
kaltem und heißem Wasser und verdünnten Alkalien löslichen Anteile[1].

γ) Die Hauptmenge des alkalisch behandelten Fasermaterials wird
nach gründlichem Auswaschen und Trocknen mit Äther ausgezogen.
Der Rückstand der ätherischen Lösung wird mit 2 n-alkoholischer Kalilauge verseift; das Reaktionsgemisch wird in Wasser eingegossen; entsteht eine klare Lösung, so sind nur voll verseifbare Stoffe zugegen; ist
die Lösung getrübt, können auch Wachse, Paraffin, Ceresin, ätherlösliche
Kunstharze (z. B. Polyvinylacetat) zugegen sein. Gibt die wäßrige
Lösung nach dem Ausäthern und Ansäuern beim Erhitzen eine Fällung
oder ölige Ausscheidung, so liegen außerdem Harze und Fette vor. Die
systematische Prüfung ist nach Tabelle 2 vorzunehmen.

δ) Ein Teil des Extraktionsrückstandes wird, wie unter β) beschrieben,
mikroskopisch auf Anwesenheit von Imprägniermitteln geprüft. Gegebenenfalls ist durch Anwendung weiterer Extraktionsmittel die Behandlung fortzusetzen. In Betracht kommen z. B.:

Aceton	Cumaron, Natur- und Kunstharze, Cellulose- derivate, lösliche Anteile von Teeren.
Chloroform	Kautschuk, Chlorkautschuk.
Pyridin	Braun- und Steinkohlenteerpech
Chlorierte Kohlenwasserstoffe .	Kunstharze.
Anisol ⎱	Vulkanisate (teilweise löslich); lösliche Anteile
Kresol ⎰	der synthetischen Kautschuke.

ε) Wenn die Lösungsversuche nicht zum Ziel führen, können vorliegen:
Vulkanisate; synthetische Kautschuke und kautschukähnliche syn-
thetische Hochpolymere;
Gehärtete Kunstharze (z. B. Hartpapiere mit „Bakelite"-Imprä-
gnierung).
Der Nachweis muß hier durch Feststellung der Anwesenheit von
Schwefel und Chlor erfolgen (s. IV, 303).

c) Systematische Untersuchung[2]. α) *Vorbereitung des Probematerials.* Papiere und Kartons werden in Stücke von etwa 5 mm²

---

[1] Echtpergamentpapier läßt sich durch Kochen mit verdünnter Natronlauge und darauffolgendem Schütteln mit Wasser nicht in Einzelfasern auflösen
(vgl. V, 563 und 586). Ebenso verhält sich Vulkanfiber, das durch Behandlung
mit Chlorzink als Pergamentierungsmittel hergestellt wird. Die Feststellung, ob
pergamentiertes Fasermaterial vorliegt, erfolgt durch Nachweis von Amyloid
als dem wesentlichen Merkmal der Pergamentierung [B. Schulze (3); E. Bohm].
Spuren von Chlorzink deuten auf Vulkanfiber.

[2] Vgl. A. Herzog (1).

Der Rückstand wird nach dem Trocknen mit Petroläther[1] unter Rückfluß
ausgezogen: Paraffin, Ceresin; (Kunstwachse und synthe-

Der Auszug wird zur Trockne verdampft und mit alkoholischer Kalilauge unter
bare und die Wachsalkohole nach Hönig und Spitz (s. IV, 458) oder bei Gegen-

Aus der Seifenlösung werden die Harz- und Fettsäuren mit verdünnter Schwefelsäure abgeschieden und mit Petroläther (oder Äthyläther) ausgeschüttelt (s. IV, 460); der Rückstand der ätherischen Lösung wird nach Wolff und Scholze (IV, 571) zur Trennung von Harz- und Fettsäuren methyliert. Trennung und Identifizierung der Fettsäuren nach den üblichen Methoden (IV, 461ff.). Bei geringen Mengen an Probematerial muß versucht werden, die Anwesenheit der Fett- und Ölsäuren mikrochemisch nachzuweisen: 1 Tropfen der konzentrierten Seifenlösung wird auf dem Objektträger mit 1 Tropfen Calciumacetatlösung (20%ig) zusammengebracht: die entstehende Kalkseife erscheint unter dem Mikroskop als häutiger Niederschlag von kernig spröder Beschaffenheit. Ab und zu sind flachzylindrische, in der Querrichtung zerfallende Stücke sichtbar. Der Niederschlag ist in der Aufsicht bläulich, in der Durchsicht bräunlich. Vgl. A. Herzog (s. S. 143); dortselbst noch die Verseifungsreaktion von H. Molisch, die Ölsäurereaktion nach Nestler und die Acroleinreaktion nach Behrens.	Der unverseifbare Anteil des Petrolätherextraktes kann enthalten: Sterine und Wachsalkohole der natürlichen Fette und Wachse, Paraffin und Ceresin, Mineralöle und Teeröle, sowie die unverseifbaren Bestandteile der synthetischen Wachse[4]. Die Identifizierung erfolgt nach IV, 473ff. und 986ff.

[1] Bei Anwesenheit von oxydierten Harzen und Fetten wird an Stelle von
Petroläther Äthyläther verwendet.

[2] Mit Ausnahme von Ricinusöl; dieses wird jedoch bei der vorausgehenden
Extraktion mit Alkohol entfernt.

[3] Lediglich Montanwachs und chinesisches Wachs gehen hierbei schwer in
Lösung; letzteres wird für Imprägnierungszwecke kaum verwendet, ersteres wird
gesondert bestimmt (s. V, 581).

[4] Über die Verwendung von synthetischen Wachsen für Papierimprägnierungen
und Appretierung siehe F. Ohl: Klepzigs Textil-Ztschr. 1937, Nr. 49 u. 50; ferner
Papier-Ztg. 1937, Nr. 78; 1938, Nr. 40 u. 69. Nach F. Ohl werden hochmolekulare
Kohlenwasserstoffe, Chlor-Naphthaline, hochmolekulare Alkohole, Säuren (z. B.
Montansäuren) und deren Ester mit Glycerin oder Glykol u. ä. m. als Austausch-
stoffe für Naturwachse und deren Kompositionen in den Handel gebracht. Über
die Eigenschaften, sowie die chemischen und physikalischen Konstanten der „I.G.-
Wachse" siehe besondere Druckschrift „I.G. 1418d" der I. G. Farbenindustrie A.G.

zerschnitten; vorteilhaft ist hierfür die vom „Unterausschuß für Faser-
stoffanalysen des Vereins der Zellstoff- und Papier-Chemiker
und -Ingenieure" für die Zerkleinerung von Zellstoffproben genormte
„Flockenraspel"[1], insbesondere bei Materialien, die stark quellende

[1] Merkblatt Nr. 4 des genannten Unterausschusses.

belle 2.

---

extrahiert, wobei **Harze**, **Fette**[2] und **Wachse**[3] in Lösung gehen; ferner werden tische **Wachse**, soweit sie löslich sind); **Mineralöl**; **Teeröle**.

Rückfluß verseift (1 Stunde); aus dem Reaktionsgemisch werden das Unverseif-wart von erheblichen Wachsmengen nach **Donath** (s. IV, 459) abgetrennt:

Im Rückstand können unter anderem noch folgende Imprägniermittel zugegen sein:
a) schwer lösliche **Naturharze**;
b) **Kunstharze** und **synthetische Harze**; **Chlorkautschuk**;
c) **Celluloseabkömmlinge**;
d) **Braun-** und **Steinkohlenteere** und **Peche**;
e) **oxydierte Fette** (**Firnisse**); **Casein** (s. Tabelle 4);
f) **natürlicher** und **synthetischer Kautschuk**; **Vulkanisate**;
g) **Stärke-** und **Stärkeabbauprodukte**; **Tierleim**; **Eiweiß**; **Pflanzengummi**; **Pflanzenschleime** (s. Tabelle 3).

Zu a): z. B. **Kopale, Elemi, Sandarak, Schellack**; die Trennung und Identifizierung erfolgt auf Grund des Lösungsverhaltens und der physikalischen und chemischen Kennzahlen (vgl. IV, 532 und A. **Herzog**, s. S. 143).

Zu b): z. B. **künstliche Ester** der **Naturharze**; **Phenol-** und **Harnstoff-Formaldehydharze**; **Cumaronharz**; **Polyvinylester**; **Polyakrylsäure** und deren **Ester**; **Polystyrol**; **Mischpolymerisate**.

Das Probematerial wird mit geeigneten Lösungsmitteln extrahiert; der Nachweis erfolgt an den Eindampfrückständen auf Grund des Verhaltens bei der trockenen Destillation, des Gehaltes an Stickstoff, Schwefel, Phosphor und Chlor, der Verseifungszahl und von Spezialreaktionen [vgl. IV, 296; V, 820ff.; ferner L. **Metz**: Kunststoffe **27**, 267, Nr. 10 (1937). — W. **Esch**: Kunststoffe **28**, 226 Nr. 9 (1938). — G. **Bandel**: Ztschr. f. angew. Ch. **51**, 570, Nr. 34 (1938). — **Scheiber-Sendig**: Die künstlichen Harze u. a.].

Zu c): Für die Imprägnierung „im Stoff" werden in geringem Umfang **Viscose** (V, 581) und in neuerer Zeit **Nitro-** und **Acetylcellulose** in Form von Emulsionen verwendet. Der Nachweis des Nitrates erfolgt in bekannter Weise mit Diphenylamin-Schwefelsäure am Eindampfrückstand des Aceton- oder Äther-Alkohol (1:1)-Rückstandes. Zur Prüfung auf Acetylcellulose wird das mit 70%igem Alkohol und Petroläther vorbehandelte Papier zur Verseifung des Acetates mit n-Natronlauge bei 50—60° ausgezogen; im Eindampfrückstand wird die Essigsäure nach D. **Krüger** und E. **Tschirsch** mit Jod-Lanthannitrat oder Uranylformiat nachgewiesen. Zur Trennung von alkalilöslichen Bestandteilen kann an Stelle von Natronlauge Chloroform für die Extraktion verwendet werden; die Verseifung erfolgt in diesem Falle am Verdunstungsrückstand des Chloroformauszuges (V, 654).

Über den Nachweis von Methylcellulose: R. **Braukmeyer** u. Fr. **Bühl** Melliand Textilberichte **19**, 518, Nr. 6 (1938).

Zu d): Die Anwesenheit von **Natur-** und **Erdölasphalt** (Bitumina), **Kohlen-** und **Holzteeren**, sowie von **Kohlenteer-**, **Holzteer-** und **Fettpechen** ist im allgemeinen schon an der Farbe und dem charakteristischen Geruch dieser Stoffe zu erkennen. Der Nachweis erfolgt auf Grund des Lösungsverhaltens, des Gehaltes an Schwefel und an kohleartigen, benzolunlöslichen Anteilen, des Verhaltens beim Sulfonieren, der Diazoreaktion und Antrachinonprobe (IV, 371 u. 941) usw. (s. IV, 361, 371f., 391, 393, 560f., 936f. u. 963).

Zu f): Siehe S. 158.

Imprägniermittel enthalten. Dicke Pappen müssen vor der Zerteilung in dünne Lagen gespalten werden.

β) Die Untersuchung erfolgt je nach dem Ergebnis der Vorprüfung durch aufeinanderfolgende Behandlung des Versuchsmaterials mit:
verdünntem Alkohol (Tabelle 1),

Tabelle 3.

<table>
<tr>
<td colspan="6">Das Probematerial wird von Aceton befreit und dreimal mit kaltem Wasser extrahiert, die wäßrigen Auszüge werden vereinigt, filtriert und eingeengt:</td>
</tr>
<tr>
<td rowspan="4">Wäßriger Auszug: Dextrin
Nachweis durch Zusatz von verdünnter Jod-Jodkaliumlösung: dunkelrote Färbung, beim Erhitzen verschwindend, beim Erkalten wiederkehrend (vgl. V, 985).</td>
<td colspan="4">Der Rückstand wird dreimal mit kochendem Wasser extrahiert (je ½ Stunde); die wäßrigen Lösungen werden vereinigt, filtriert und eingeengt; der Auszug kann unter anderem enthalten: Stärke; Pflanzengummi, Pflanzenschleime; Tierleim; Eialbumin; Blutalbumin; Pflanzeneiweiß. Der Auszug wird in zwei Teile geteilt:</td>
<td rowspan="4">Der Rückstand wird nach 4 weiter behandelt.</td>
</tr>
<tr>
<td rowspan="3">Ein kleiner Teil wird mit verdünnter Jod-Jodkaliumlösung auf Anwesenheit von Stärke geprüft: blauer Niederschlag oder Blaufärbung, die beim Erhitzen verschwindet, beim Erkalten wiederkehrt (vgl. V, 984). (Pflanzengummi und -schleime verursachen manchmal ebenfalls schwache Blaufärbungen; vgl. V, 1000)</td>
<td colspan="3">Wenn Stärke zugegen ist, wird der zweite größere Teil des Auszuges mit einem möglichst geringen Überschuß an verdünnter Jod-Jodkaliumlösung unter Zusatz von etwas festem Ammoniumchlorid versetzt und über Nacht stehengelassen. Danach wird von der ausgeschiedenen Jod-Stärke filtriert, 15 Minuten gekocht und nach dem Erkalten in das 10fache Volumen Alkohol (96%ig) eingegossen und 24 Stunden absitzen gelassen, filtriert, mit Alkohol nachgewaschen und in heißem Wasser gelöst; die wäßrige Lösung wird in zwei Teile geteilt:</td>
</tr>
<tr>
<td colspan="2">Der eine Teil wird zur Ausfällung der Pflanzengummi und Pflanzenschleime mit basischem Bleiacetat (Bleiessig) versetzt. Der entstandene Niederschlag wird filtriert und am Filter mit 50%iger Essigsäure 1 Stunde digeriert; die Lösung wird vom Niederschlag getrennt:</td>
<td rowspan="2">Der zweite Teil der Lösung wird für den Nachweis von Tierleim und Eiweiß (Eialbumin, Blutalbumin und Pflanzeneiweiß) benutzt.
Gemeinsame Reaktionen:
Tanninlösung gibt Fällungen von wechselnder Beständigkeit gegen Salzsäure; Millons Reagens (vgl. V, 1000) fällt in der Hitze einen ziegelroten, flockigen Niederschlag; Fehlingsche Lösung bewirkt in der Wärme violette Färbung (Biuret-Reaktion); Phosphor-Molybdänsäure gibt eine weiße Fällung.
Unterscheidungsreaktionen:
Die Tanninfällung ist in Salzsäure teilweise löslich; beim Erwärmen ballt sich der Niederschlag zu zähen, an der Gefäßwand haftenden bräunlichen Flocken: Tierleim.
Auf Zusatz von konzentrierter Natronlauge und basischem Bleiacetat fällt ein weißer Niederschlag, der sich beim Kochen nicht verändert: Tierleim; wenn der Niederschlag sich durch Abscheidung von Schwefelblei schwarz färbt: Eiweiß.
Verdünnte Salpetersäure gibt eine weiße flockige Fällung; beim Erwärmen färben sich die Flocken gelb: Eiweiß.
Folgende Reagenzien wirken auf Eiweiß fällend:
verdünnte Essigsäure
Kaliumferrocyanid
Quecksilbernitrat
Natriumchlorid und Magnesiumsulfat (beim Schütteln).
Unterscheidung zwischen Ei- und Blutalbumin: ersteres wird beim Schütteln der wäßrigen Lösung mit Äther gefällt.
Zur Trennung von Tierleim und Eiweiß wird die wäßrige Lösung mit verdünnter Essigsäure gekocht oder mit einer Salzlösung geschüttelt. Der entstandene Niederschlag wird filtriert; mit dem Filtrat werden folgende Tierleimreaktionen ausgeführt:
Quecksilberchlorid und Natronlauge geben eine gelbe Fällung, die sich allmählich über grün nach schwarz verfärbt (Abscheidung von metallischem Quecksilber); Schmidts Reagens [Ammoniummolybdat und verdünnte Salpetersäure; E. Schmidt: Chem.-Ztg. 34, 839 (1910)] gibt eine weiße Fällung.</td>
</tr>
<tr>
<td>Die Lösung wird mit basischem Bleiacetat und Natronlauge versetzt, bis der zunächst entstandene $PbSO_4$-Niederschlag wieder gelöst ist und dann kräftig geschüttelt; wenn sich nach einiger Zeit weiße Flocken ausscheiden und an der Oberfläche sammeln, ist Gummi arabicum zugegen.
Spezielle Reaktionen (auszuführen mit der wäßrigen Lösung des Alkoholniederschlages; s. oben!): Eisenchlorid in wäßriger neutraler Lösung fällt Gummi arabicum quantitativ aus; Fehlingsche Lösung und Natronlauge geben einen weißen flockigen Niederschlag; Guajacollösung und einige Tropfen Wasserstoffperoxyd geben mit konzentrierter Gummilösung Gelb- oder Rotfärbung, Orzinlösung und Salzsäure geben beim Kochen violette Färbung unter Abscheidung eines indigoblauen Niederschlages.</td>
<td>Der Niederschlag enthält die Pflanzenschleime sowie Tragantgummi. Er wird in heißem Wasser gelöst, die Lösung wird vom ausgeschiedenen Bleiniederschlag filtriert: a) ein Teil wird mit einer 5%igen Tanninlösung versetzt:
<table>
<tr><td rowspan="2">es entsteht eine Trübung: Isländisches Moos</td><td colspan="2">keine Trübung; es wird verdünnte Salzsäure zugesetzt:</td></tr>
<tr><td>Trübung: Agar-Agar</td><td>keine Trübung: Tragant</td></tr>
</table>
b) Der andere Teil wird mit Barytwasser versetzt: bei Anwesenheit von Pflanzenschleimen entsteht ein weißer Niederschlag, der sich bei Gegenwart von Tragant in der Hitze gelb färbt und beim Erkalten wieder entfärbt.</td>
</tr>
</table>

Tabelle 4.

Das Versuchsmaterial wird etwa 24 Stunden mit einer 1%igen Boraxlösung in der Kälte behandelt, wobei Casein in Lösung geht; der schwach alkalische Auszug (Reaktion prüfen!) wird filtriert, eingeengt und für den Nachweis von Casein verwendet; der Extraktionsrückstand wird auf Anwesenheit von Firnis geprüft.

Ein Teil des Auszuges wird mit verdünnter Salpetersäure gekocht; Casein scheidet sich in Form von Flocken aus, die sich beim Erhitzen gelb färben. Im zweiten Teil des Auszuges wird die Anwesenheit von Casein durch die Millonsche Reaktion usw. bestätigt. Spezifisch ist die Reaktion nach Adamkiewicz: Violettfärbung nach Zusatz eines Gemisches von 1 Vol. konzentrierter Schwefelsäure und 2 Vol. Eisessig. (Vgl. B. Schulze u. E. Rieger: Über den getrennten Nachweis von Tierleim und Glycerin.)	Der Rückstand wird mit 10%iger Sodalösung oder alkoholischer Kalilauge $^1/_2$ Stunde gekocht, wobei Firnisse mit rotbrauner Farbe in Lösung gehen. Nach Verdünnen mit heißem Wasser und Auskochen des Alkohols wird mit verdünnter Schwefelsäure gefällt. Die weitere Untersuchung erfolgt nach IV, 539.

Petroläther (oder Äthyläther), sowie anderen organischen Lösungsmitteln (Tabelle 2),

kaltem und heißem Wasser (Tabelle 3),

verdünnten Alkalien (Tabelle 4).

Quantitative Bestimmung von Glycerin (zu Tabelle 1).

1. Etwa 50—100 g des Fasermaterials wird wiederholt mit heißem Wasser extrahiert. Die vereinigten Auszüge werden filtriert, auf etwa 20 cm³ eingeengt und nach dem Erkalten mit dem 10fachen Volumen Alkohol (96%ig) gefällt. Der entstehende Niederschlag (Dextrin, Stärke, Tierleim, Eiweiß, Pflanzengummi und -schleime) wird zentrifugiert oder 24 Stunden absitzen gelassen, anschließend filtriert und mit Alkohol gewaschen. Wenn Traubenzucker zugegen ist, wird die auf 50 cm³ eingeengte alkoholische Lösung mit dem gleichen Volumen Äther versetzt, wobei der Traubenzucker ausfällt. Nach einigen Stunden wird filtriert und zur Trockne verdampft; der Eindampfrückstand wird mit etwa 100 cm³ Wasser aufgenommen, zur Abscheidung der Fettsäuren (aus Seifen) mit Salzsäure versetzt, filtriert und auf 250 cm³ aufgefüllt. Die Bestimmung des Glycerins kann hierauf nach der Bichromatmethode (IV, 456) oder Acetinmethode (IV, 584) erfolgen.

2. Von F. Schütz wird die folgende colorimetrische Bestimmung angegeben, die auch bei Gegenwart von oxydierbaren Stoffen anwendbar ist: Zur Ausführung der Bestimmung behandelt man z. B. 1 g Echtpergamentpapier, dessen Glyceringehalt zwischen 1—5% schwankt, 3mal nacheinander mit etwa 30 cm³ destilliertem Wasser und füllt die vereinigten Extrakte auf 100 cm³ auf. Zum Nachweis genügen 2 cm³ dieser Lösung, also 0,2—1,0 mg Glycerin, die man in einem Reagensglas mit 4 cm³ einer 0,1%igen Lösung von Anthron in konzentrierter Schwefelsäure versetzt. Beim Vermischen der beiden Lösungen erhitzt sich die Flüssigkeit bereits beträchtlich, zeigt aber noch keine nennenswerte Färbung. Beim weiteren Erhitzen auf Temperaturen von 100—120°

erscheint jedoch bald eine rötlichgelbe Färbung, die bei 170—175° dunkler wird und ihre größte Intensität erlangt. Zugleich tritt eine äußerst charakteristisch intensiv rötlichgelbe Fluorescenzfarbe auf, deren Stärke und Schönheit besonders bei weiterer Verdünnung mit konzentrierter Schwefelsäure hervortritt. Die im auffallenden Licht klar erkennbare Fluorescenz ist für den eindeutigen Nachweis von Glycerin entscheidend, während der Grad der Rotfärbung im durchfallenden Licht von der vorhandenen Glycerinmenge abhängt und sich daher zum colorimetrischen Vergleich mit in gleicher Weise behandelten Lösungen bekannten Glyceringehaltes sehr gut eignet. Bei Abwesenheit von Glycerin entsteht beim Erhitzen des Gemisches in den angegebenen Mengenverhältnissen eine nur schwach gelbliche Färbung, die bei gleichzeitiger Anwesenheit größerer Mengen der eingangs erwähnten Begleitstoffe meistens etwas dunkler ausfällt, niemals aber die intensive Fluorescenz zeigt, die für Glycerin[1] spezifisch ist.

Die Empfindlichkeitsgrenze liegt bei Verdünnungen von $1:500000$ in Wasser, entsprechend $^1/_{500}$ mg pro Kubikzentimeter oder $0,000002$ g.

Diese hochempfindliche Farbreaktion beruht auf der Bildung von Benzanthron, das die oben beschriebenen Farberscheinungen in Schwefelsäurelösung noch in den allergrößten Verdünnungen besitzt und sich sehr leicht durch Kondensation von Acrolein $CH_2 = CH — CHO$ mit Anthron bzw. Anthranol in heißer wasserhaltiger Schwefelsäure bildet.

Nachweis von Kautschuk und Vulkanisaten (zu Tabelle 2, f). [S. a. V, 582 und 471ff. sowie F. Burgstaller (1).] Zur Prüfung auf **Kautschuk** wird das Papier mit Chloroform extrahiert. Nach Verflüchtigung des Lösungsmittels hinterbleibt bei Anwesenheit von Kautschuk ein zäher und klebriger Rückstand, der beim Verbrennen einen charakteristischen Geruch entwickelt. Der Nachweis erfolgt ferner durch Bildung des Tetrabromids aus der Lösung in Chloroform auf Zusatz einer Lösung von Brom in Chloroform und Fällung mit Benzin oder Alkohol[2].

Zur Trennung aus einem Gemisch von Imprägniermitteln wird das Papier erst mit Aceton ausgezogen und dann mit Chloroform erschöpfend extrahiert. Von den hierbei noch mit in Lösung gehenden Stoffen, z. B. oxydierten Fetten und Ölen oder Teerölen, wird der Kautschuk durch Behandlung des Eindampfrückstandes mit alkoholischer Kalilauge oder mit zweckentsprechend gewählten Lösungsmitteln getrennt. Zur Unterscheidung von niedermolekularen und deshalb noch in Chloroform löslichen synthetischen Polymerisaten des Vinylchlorids muß der Eindampfrückstand nach Trocknung im Vakuum auf Chlor geprüft werden; Polyvinylchlorid enthält etwa 58% Chlor (vgl. V, 823).

Kautschukvulkanisate im Papier werden durch Extraktion mit Anisol und Nachweis von Schwefel im eingedampften Rückstand festgestellt.

---

[1] Ferner für Acrolein, sowie diejenigen einfachen Derivate des Glycerins, die durch Erhitzen mit wasserhaltiger Schwefelsäure leicht in Glycerin bzw. Acrolein übergehen, z. B. Triacetin oder Epichlorhydrin.

[2] Die synthetischen „Buna"-Kautschuke geben dieselbe Bromreaktion wie natürlicher Kautschuk.

Bei hohem Gehalt an Kautschuk oder Vulkanisaten (z. B. Kunstleder) wird die Untersuchung zweckmäßig nach IV, 494ff. vorgenommen.

Über den Nachweis von **synthetischem Kautschuk** siehe V, 451 (direkter Nachweis durch Ozonabbau) und **Burgstaller** (s. S. 158) (Unterscheidung auf Grund des Lösungsverhaltens).

Papiere mit gehärteten Tierleim-, Eiweiß- und Caseinimprägnierungen (zu Tabelle 3). Mit **Formaldehyd** gegerbter Tierleim, gegerbtes Eiweiß und Casein sind vor der Extraktion zur Spaltung der schwer löslichen Anlagerungsverbindungen mit stark verdünnter Mineral- oder Essigsäure zu behandeln; dies geschieht am besten in der Kälte, nur in schwierigen Fällen (bei Anwesenheit von großen Mengen an Imprägniermittel) ist z. B. $^{1}/_{2}$stündiges Erhitzen mit verdünnter Mineralsäure (5%ige Phosphorsäure) erforderlich.

Nachweis von Formaldehyd. Das Versuchsmaterial wird längere Zeit (etwa 24 Stunden) mit 5%iger Phosphorsäure bei Zimmertemperatur digeriert und anschließend einer Destillation unterworfen; der Nachweis des Aldehydes erfolgt im Destillat mittels fuchsinschwefliger Säure (**Schiffsches Reagens**; vgl. V, 1000) oder einer konzentriert schwefelsauren Carbazollösung (blauer Niederschlag oder Blaufärbung nach Zusatz von 1—2 cm³ des Destillates zu 10 cm³ der Reagenslösung)[1].

Papiere mit Oberflächenbehandlung. Wenn gummierte oder gestrichene Papiere vorliegen, kann in besonderen Fällen eine getrennte Prüfung auf Art des verwendeten Klebstoffes oder Striches und auf Art der „im Stoff" vorhandenen Imprägniermittel erfolgen, wenn der Klebstoff in kaltem Wasser löslich ist oder das Bindemittel des Striches hauptsächlich aus Casein besteht.

Hierzu wird das Papier auf eine schräg gestellte Glasplatte gelegt und in ersterem Falle mit Wasser, in letzterem mit verdünntem Ammoniak unter Verwendung eines weichen Pinsels abgebürstet. Die auf diese Weise erhaltene wäßrige Klebstofflösung wird nach Tabelle 3 geprüft. Die ammoniakalische Lösung, die durch Füllstoffe und andere unlösliche Anteile des Striches getrübt ist, wird eingedampft; der Rückstand wird auf Anwesenheit von Casein, Wachs, anorganischen Füllstoffen und Pigmenten untersucht. Wenn das Casein durch Formaldehyd gehärtet ist, wird der Strich vor dem Abbürsten mittels eines Wattebausches mit verdünnter Salzsäure befeuchtet; die Einwirkung der Säure soll 3 bis 4 Stunden betragen.

Erkennung von Farbstoffen in gefärbten oder bedruckten Papieren. Der Nachweis erfolgt in gleicher Weise wie bei der Untersuchung von gefärbten Textilien durch Anwendung von Gruppen- und Einzelreaktionen (P. **Heermann**: Färberei- und textilchemische Untersuchungen, VI. Aufl., S. 301ff. Berlin 1935). Im allgemeinen wird man sich auf die Feststellung der Gruppenzugehörigkeit (s. V, 1328ff.) der Farbstoffe beschränken müssen, weil wegen der großen Anzahl der in Betracht kommenden Farbstoffe mit ähnlichem Verhalten auch innerhalb der einzelnen Gruppen und der meist geringen für die Untersuchung zur Verfügung stehenden Materialmenge eine genaue

---

[1] **Rath**, H.: Klepzigs Textil-Zeitschrift **40**, 292 Nr. 19 (1937).

Identifizierung schwierig ist, insbesondere wenn Farbstoffgemische vorliegen (Näheres bei M. Grundy).

Über den Nachweis von Tannin in gefärbten und gedruckten Papieren siehe F. Burgstaller (2).

II. Physikalische und mechanische Prüfung des Papiers.

A. Allgemeine Versuchsbedingungen.

1. Luftfeuchtigkeit und Temperatur. Die Eigenschaft von Papier, sich der Feuchtigkeit der umgebenden Luft anzupassen, d. h. aus feuchter Luft Wasser aufzunehmen und umgekehrt an trockenere Luft Feuchtigkeit abzugeben, ist mit einer Änderung der mechanischen und physikalischen Eigenschaften verbunden, wie an zwei Beispielen gezeigt werden soll. Aus Abb. 2 geht hervor, daß die Reißlänge (S. 175) mit zunehmender Luftfeuchtigkeit abnimmt, während die Dehnung zunimmt. Der Falzwiderstand (S. 177) wächst im allgemeinen in erheblichem Maße mit der Zunahme der Luftfeuchtigkeit; sehr weich und locker gearbeitete Papiere, wie

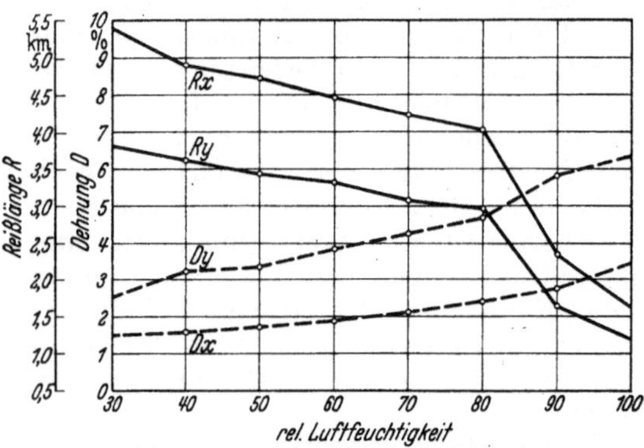

Abb. 2. Einfluß der Luftfeuchtigkeit auf die Zugfestigkeit.
R Reißlänge, *D* Dehnung, *x* Maschinenrichtung, *y* Querrichtung.

Lösch- und Filtrierpapiere zeigen jedoch einen entgegengesetzten Verlauf der Kurve (Abb. 3). Vergleichbare Werte sind deshalb nur zu erzielen, wenn alle physikalischen und mechanischen Prüfungen bei einer bestimmten Luftfeuchtigkeit ausgeführt werden, nachdem die Proben so lange bei der gleichen Luftfeuchtigkeit ausgelegen haben, bis Gleichgewichtszustand zwischen dem Feuchtigkeitsgehalt der Luft und der Proben eingetreten ist. Hierzu sind bei Papieren mindestens 12 Stunden, bei dichten Pappen 24 Stunden erforderlich[1]. Als normale Luftfeuchtigkeit, die bei allen Papierprüfungen einzuhalten ist, ist eine relative Luftfeuchtigkeit von 65% festgesetzt worden.

Als zweiter Umweltfaktor kommt die Temperatur in Betracht, die einerseits den Feuchtigkeitsgehalt der Luft und damit den Wassergehalt des Papiers, andererseits, jedoch nur in bestimmten Fällen, die Beschaffenheit des Papiers direkt beeinflußt. Wenn auch der erstgenannte Einfluß bei der mechanischen Prüfung, mit Ausnahme der auf Biegeverhalten innerhalb Zimmertemperaturgrenzen, also etwa zwischen 18° und 23°, nur gering ist, so ist mitunter die genaue Einhaltung der mit

---

[1] Vgl. DIN/DVM 3411 und 3412.

20° genormten Versuchstemperatur erforderlich, so z. B. bei der Prüfung von Werkstoffen, bei denen Papier oder Pappe als Träger eines temperaturempfindlichen Imprägniermittels dient. Abb. 4 zeigt den Einfluß der Temperatur bei der Festigkeitsprüfung von Dachpappen.

Eine zusammenfassende Darstellung aller bisherigen Erfahrungen über die Abhängigkeit der Eigenschaften vom Feuchtigkeitsgehalt des Papiers und von der Temperatur gibt Korn (1). Einrichtungen zur Regelung der Klimatisierung des Prüfraumes sind von Herzberg (1) beschrieben.

2. Probeentnahme und -abmessungen. Die Fasern von Maschinenpapier besitzen nicht, wie erwünscht, eine vollkommene Regellosigkeit in der gegenseitigen Orientierung, sondern sind infolge der Strömung des Stoffbreies beim Auflauf auf das Sieb vorzugsweise parallel zum Maschinenlauf gelagert. Da ferner die

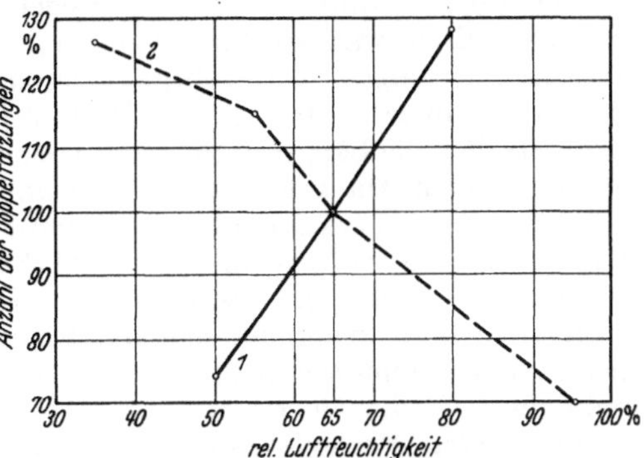

Abb. 3. Einfluß der Luftfeuchtigkeit auf den Falzwiderstand. *1* Mittelwerte von 9 geprüften Papieren, *2* Filtrierpapier (100 g/m²), Anzahl der Doppelfalzungen bei 65% relativer Luftfeuchtigkeit = 100.

Papierbahn beim Lauf über die Trockenzylinder der Maschine einer Zugspannung in der Längsrichtung unterworfen ist und die Fasern quer zu ihrer Längsrichtung die größte Quellfähigkeit besitzen, in dieser Richtung also auch die größere Entquellung und Schrumpfung stattfindet, erhält das Papier bei der Herstellung unterschiedliche Festigkeitseigenschaften in den verschiedenen Richtungen. Infolgedessen ergeben sich verschiedene Werte bei Prüfung des gleichen Papiers in verschiedenen Richtungen. So ist z. B. fast ausnahmslos

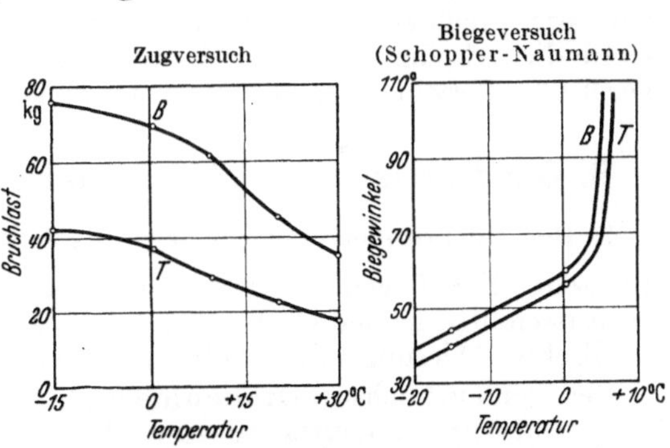

Abb. 4. Einfluß der Versuchstemperatur bei der Prüfung von Dachpappen.
B Bitumenpappe (625er), *T* Teerpappe (625er).

die Zugfestigkeit in der Maschinenrichtung größer, die Dehnung hingegen geringer als in der Querrichtung.

Schließlich bestehen auch meistens Unterschiede in der Faserlagerung und im Füllstoffgehalt zwischen Unter- und Oberseite des Papiers.

Aus den genannten Gründen sind Proben in Streifenform stets aus Längs- und Querrichtung zu entnehmen, Proben, bei denen die Prüfung von der Fläche aus erfolgt, getrennt nach Ober- und Unterseite zu prüfen. Die aus den einzelnen Richtungen bzw. von den einzelnen Seiten des

Papiers gefundenen Werte sind zu mitteln; aus den beiden Mittelwerten ist das Gesamtmittel zu bilden.

Die Papierbogen sind im allgemeinen parallel und senkrecht zum Maschinenlauf geschnitten. Zur Ermittlung der Längs- und Querrichtung verfährt man dann am einfachsten nach Nickel wie folgt: Zwei Streifen von gleichen Abmessungen aus den beiden Hauptrichtungen werden durch Aufeinanderlegen zur Deckung gebracht und an einem Ende waagerecht zusammengefaßt, so daß das andere Ende frei herunterhängt. Dann liegen sie entweder aufeinander oder sie klaffen auseinander; im ersteren Falle zeigt der untere, im zweiten der obere Streifen die Längsrichtung an. Liegen Proben vor, die nicht parallel zu den beiden Hauptrichtungen geschnitten sind, so führt folgender Weg zum Ziele: Man schneidet aus dem Papier ein kreisförmiges Stück von ungefähr 10 cm Durchmesser und läßt es wenige Sekunden auf Wasser schwimmen; nimmt man es dann heraus und legt es vorsichtig auf die flache Hand, so krümmen sich die Ränder nach oben. Der nicht gekrümmte Durchmesser liegt in der Längsrichtung, die Richtung senkrecht dazu ist die Querrichtung.

Bei beiden Methoden sind die hierbei auftretenden Erscheinungen auf die verschiedene Lagerung der Fasern in den beiden Richtungen zurückzuführen.

Von wesentlichem Einfluß auf die Versuchsergebnisse sind ferner die **Abmessungen der Proben**; sie sind deshalb für die einzelnen Prüfungen festgelegt.

3. Versuchsgeschwindigkeit. Die Einhaltung einer bestimmten Versuchsgeschwindigkeit ist vor allem bei den mechanischen Prüfungen erforderlich, da die erhaltenen Werte auch hiervon abhängig sind. [Vgl. Korn (2): Bericht über die beim DVM genormten Prüfverfahren.]

B. Quadratmetergewicht — Dicke — Raumgewicht[1].

1. Das Quadratmetergewicht wird nach der Formel $\dfrac{\text{Gewicht}}{\text{Fläche}}$ [g/m²] ermittelt. Für Bogengrößen im Dinformat A 3 (297×420 mm) sowie für Ausschnitte in der Größe von 1 dm² werden Waagen benutzt, die die direkte Ablesung des Quadratmetergewichtes gestatten[2].

Der gebräuchlichste **Dickenmesser** für Papier ist der von der Firma Schopper, Leipzig gebaute, dessen Wirkungsweise aus Abb. 5 hervorgeht.

Durch einen Druck auf den Daumenhebel H wird mit dem Gestänge G der obere Taster P angehoben, wobei gleichzeitig der Zeiger Z aus seiner Nullstellung nach rechts bewegt wird. Nach Auflegen der Probe Pa auf den mit dem Gestell fest verbundenen unteren Meßtaster P_1 wird der obere Taster dem Papier auf 0,2—0,3 mm genähert und dann durch Loslassen des Daumenhebels schnell aufgesetzt. Der Zeiger gibt auf der Skala die Dicke der Probe mit einer Genauigkeit von 0,01 mm an, mit

---

[1] Genormt: DIN/DVM 3411.

[2] Siehe Herzberg: Papierprüfung, 7. Aufl., S. 21; Wbl. Papierfabr. **32**, 60 (1932); **10**, 111 (1933); Zellstoff u. Papier **4**, 146 (1935).

Hilfe des am Zeiger angebrachten Nonius kann man noch $^1/_{1000}$ mm ablesen. Der spezifische Tasterdruck[1] beträgt 1 kg/cm², die Fläche des Meßtasters 2 cm².

Nach DIN/DVM 3411 sollen bei Prüfung eines Papiers mindestens 20 Messungen, möglichst an verschiedenen Bogen, ausgeführt und die erhaltenen Werte gemittelt werden. Die Messungen sind grund-
sätzlich am einzelnen Blatt vorzunehmen. Nur bei dünnen Papieren, deren Blattdicke unter
0,03 mm liegt, ist eine Lage von
so viel Blättern zu verwenden,
daß eine Gesamtdicke von mindestens 0,03 mm erreicht wird.
Die Werte sind dann durch die
Zahl der Blätter zu teilen.

Mikroskopische Methoden zur
Bestimmung der Dicke am Querschnitt des Papiers sind beschrieben von Günther: Dissertation
Dresden 1930 und von Herzog (2).

2. Das Raumgewicht — das
Verhältnis des Gewichtes zur
Dicke der Probe — gibt darüber
Aufschluß, ob ein Papier stark
auftragend oder dicht gearbeitet
ist. Es wird errechnet nach der
Formel:

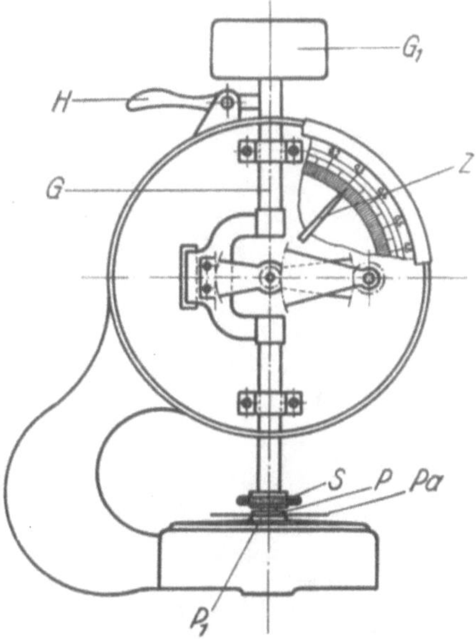

Abb. 5. Schoppers Dickenmesser.

$$\text{Raumgewicht} = \frac{\text{Quadratmetergewicht in g}}{\text{Dicke in mm} \cdot 1000} \ [\text{kg/dm}^3].$$

Sehr dichte Papiere, wie z. B. Pergaminpapiere, erreichen ein Raumgewicht von etwa 1,35 kg/dm³, bei besonders locker gearbeiteten Löschpapieren geht es bis auf etwa 0,33 kg/dm³ zurück.

C. Durchlässigkeit für Luft, Wasserdampf, Wasser, Fett.

1. Luftdurchlässigkeit[2] (V, 587). Für die Prüfung sehr stark luft-
durchlässiger Papiere reicht der im Hauptwerk (V, 588) abgebildete
Apparat nicht aus, um einen Unterdruck von 10 cm Wassersäule bei
einer Versuchsdauer von 1 Minute einhalten zu können. Bisher wurde
in solchen Fällen mit einem geringeren Unterdruck gearbeitet und die
im Meßzylinder aufgefangene Wassermenge auf das einem Unterdruck
von 10 cm Wassersäule entsprechende Volumen umgerechnet.

Neuere Untersuchungen des Materialprüfungsamtes haben
jedoch ergeben, daß die im allgemeinen mit genügender Genauigkeit
geltende Proportionalität zwischen Durchlaß einerseits und Druckgefälle

---

[1] Über den Einfluß des spezifischen Meßdruckes bei der Dickenmessung von Fasermaterialien siehe H. Sommer.
[2] Genormt: DIN/DVM 3413.

und Versuchsdauer anderseits nicht für alle Fälle zutrifft. Um auch Papiere von großer Durchlässigkeit unter den gleichen Versuchsbedingungen prüfen zu können wie die weniger durchlässigen, hat die Firma Schopper einen Apparat von entsprechend größeren Dimensionen gebaut (Abb. 6).

In Amerika wird für die Bestimmung der Luftdurchlässigkeit vielfach das Gurley-Densometer[1] benutzt. Der Apparat besteht aus einem zylindrischen Gefäß, das bis zu einer bestimmten Marke mit Wasser gefüllt wird und einem an beiden Enden offenen, mit einer eingravierten Teilung versehenen Metallzylinder von etwas geringerem Durchmesser. Das eine Ende dieses Zylinders wird mittels einer Einspannvorrichtung mit dem zu prüfenden Papier abgedichtet und mit dem offenen Ende bis zu einer Nullinie in das Wassergefäß eingetaucht. Die Zeit, die der Zylinder braucht, um von der Linie 0 bis zur Linie 100 zu sinken, entspricht der Zeit, in der 100 cm³ Luft durch die Poren der zu untersuchenden Probe gehen; sie ist maßgebend für den Luftdurchlaß des Papieres.

Das Verfahren hat den Nachteil, daß der Druck, unter dem die Luft durch das Papier entweicht, während des Versuches ständig abnimmt, in der Zeit also eine immer kleinere Luftmenge durchgedrückt wird. Ferner ist die durch das Papier entweichende Luft sehr feucht

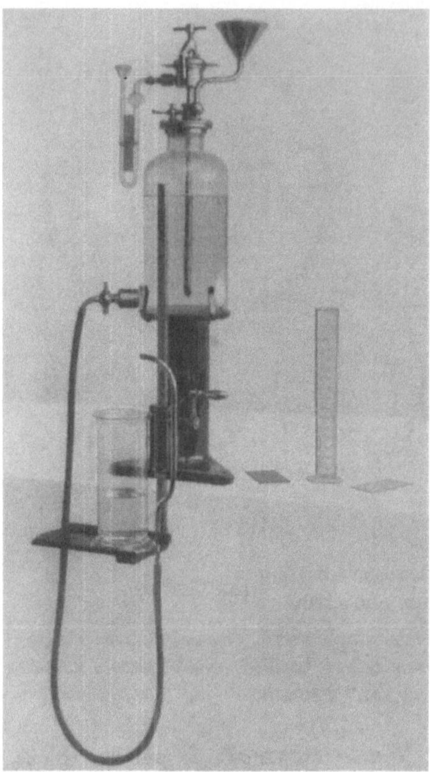

Abb. 6. Luftdurchlässigkeitsprüfer nach Schopper.

und kann eine Verengung der Poren des Papieres durch Quellung der Fasern während des Versuches herbeiführen.

Trotz dieser Mängel wird die Methode ihrer Einfachheit halber viel im Ausland benutzt. Einen angenäherten Vergleich zwischen den mit dem Schopperschen Apparat und den mit dem Densometer erhaltenen Werten ermöglicht die von Hall aufgestellte Kurve (Abb. 7).

2. Wasserdampfdurchlässigkeit[2]. Einschlagpapiere für Waren, die keine Feuchtigkeit abgeben sollen, wie Tabak, Brot usw., oder für solche,

---

[1] Siehe Carson.
[2] Genormt: DIN/DVM 3413.

die keine Feuchtigkeit aufnehmen sollen, wie Keks, Zwieback u. dgl., müssen möglichst undurchlässig für Wasserdampf sein.

Bei der Bestimmung dieser Eigenschaft geht man im allgemeinen so vor, daß man auf die eine Seite der Probe Luft einwirken läßt, die dauernd feucht gehalten wird (Verdampfungsraum) und auf die andere Seite Luft, die dauernd trocken gehalten wird (Absorptionsraum). Die Probe nimmt infolgedessen von der einen Seite Wasserdampf auf und gibt ihn auf der anderen an die trockenere Luft wieder ab. Als Maß für die Durchlässigkeit gilt der durch Wägung festzustellende Verlust an Wasser im Verdampfungsraum. Die Versuchsergebnisse sind abhängig vom Luftfeuchtigkeitsgefälle, von der Temperatur und von der Geschwindigkeit des Luftstromes im Absorptionsraum.

W. Staedel[1] hat die Gesetzmäßigkeit dieser Einflüsse untersucht und eine Einrichtung[2] geschaffen, die das Konstanthalten der Versuchsbedingungen selbsttätig besorgt (Abb. 8).

Die 200 cm² große Probe wird auf eine aus Elektronguß bestehende flache Schale P gespannt, in der ein mit Wasser stark angefeuchteter Filz liegt. Unter dem Papier sättigt sich dann die Luft schnell mit Wasserdampf bis zu 100% relativer Feuchtigkeit. Die Schalen P werden dann übereinander in das Gerät gebracht, dessen Lüfter L Luft mit 3 m/s Geschwindigkeit über das Papier bläst. Danach streicht die Luft über vier große Glasschalen S mit angefeuchtetem Ammoniumnitrat, wodurch sich die relative Feuchtigkeit der Luft auf 65% einstellt. In einem hinter den Schalen angeordneten Rücklaufkanal R wird sie dann wieder zum Lüfter geführt und beginnt den Kreislauf von neuem. Das Konstanthalten der Temperatur auf 20° geschieht durch einen das ganze Gerät umgebenden Wassermantel W, dessen Wasser mittels einer Umlaufpumpe U ständig durch einen selbsttätig regelnden Kühl- und Heizbehälter K und H umgepumpt wird. Die Steuerung der Temperaturregelung geschieht durch ein Kontaktthermometer T. Die Feuchtigkeit kann mit einem Psychrometer überprüft werden. Die Schalen werden vor Beginn und nach Beendigung des Versuches gewogen; der Gewichtsverlust entspricht der durch das Papier hindurchgegangenen Wasserdampfmenge.

Bei der Versuchsausführung ist noch folgendes zu beachten: Die Anfangswägung der mit den Proben bespannten Schalen darf erst erfolgen, nachdem Gleichgewichtszustand zwischen dem Wassergehalt

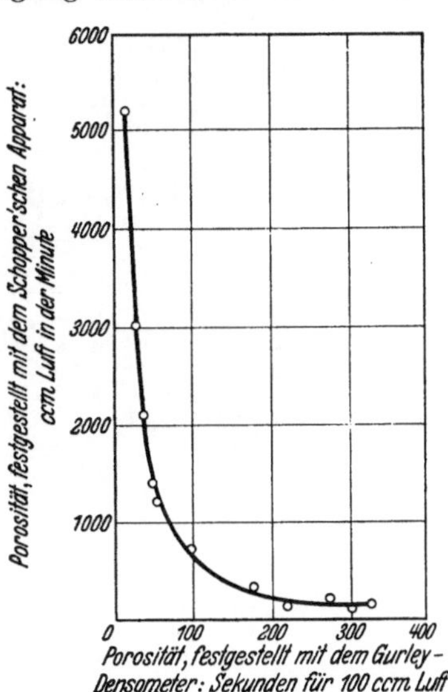

Abb. 7. Kurve von Hall für den Vergleich der mit dem Schopperschen Apparat und mit dem Gurley-Densometer erhaltenen Werte.

---

[1] Papierfabrikant H. 41, 535 u. H. 42, 545 (1933); Wbl. Papierfabr. Nr. 12 (1935).
[2] Hersteller des Gerätes ist die Firma Dr. Otto Strecker, Darmstadt.

der Probe und der Luftfeuchtigkeit auf der Innen- und Außenseite eingetreten ist. Hierzu sind $^1/_2$—2 Stunden je nach Dicke der Proben erforderlich. Die darauf einsetzende Versuchsdauer beträgt bei verhältnismäßig dampfdichtem Material etwa 4 Stunden, bei weniger dichten Papieren genügen 2 Stunden.

Unter den Faktoren, die die Ergebnisse des Versuches beeinflussen, steht an erster Stelle die Temperatur, da sich mit ihr der Dampfdruck

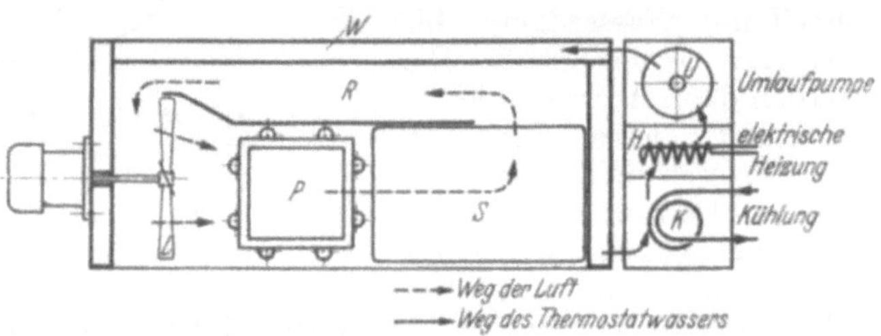

Abb. 8. Dampfdurchlässigkeitsprüfer nach Staedel (aus „Wochenbl. f. Papierfabr."). *L* Lüfter für Luftumwälzung, *P* Prüfblatt auf der mit Wasser gefüllten Einspannschale, *W* Wassermantel zur Gleichhaltung der Temperatur, *S* Glasschale mit angefeuchtetem Salz zur Luftfeuchtigkeitseinstellung, *R* Rücklaufkanal für die Luft, *K* Kühlung des Thermostatwassers, *T* Quecksilberkontaktthermometer zur selbsttätigen Temperaturgleichhaltung, *U* Umlaufpumpe für das Thermostatwasser, *H* Heizung des Thermostatwassers, *Ps* Psychrometer zur Luftfeuchtigkeitskontrolle.

im Verdunstungsraum sehr schnell ändert, und zwar können nach Untersuchungen von Staedel Unterschiede von 0,2° schon merkliche Unterschiede im Ergebnis verursachen. Da das Konstanthalten der Temperatur mit einer Genauigkeit von 0,1° nicht möglich ist, soll das Ergebnis auf die Bezugstemperatur umgerechnet werden. Zu diesem Zweck muß die Temperatur während des Versuches beobachtet und die mittlere Versuchstemperatur auf 0,1° genau ermittelt werden. Die Wasserdampfdurchlässigkeit (*D*) wird dann nach folgender Formel errechnet:

$$D = \frac{(g_1 - g_2) \cdot 100 \cdot 20}{F \cdot h \cdot t} \frac{\text{g}}{\text{dm}^2} \text{h} .$$

Hierin bedeuten:

g_1 = Gewicht in g der mit der Probe bespannten Schale bei der ersten Wägung.
g_2 = Gewicht in g der mit der Probe bespannten Schale bei der letzten Wägung.
F = Einspannfläche in cm².
h = Versuchsdauer in Stunden zwischen erster und letzter Wägung.
t = mittlere Versuchstemperatur auf 0,1° genau.

Die Werte für die Wasserdampfdurchlässigkeit einiger Papiere sind in der Tabelle 5 zusammengestellt:

Tabelle 5.

Prüfmaterial	Quadratmeter-gewicht g/m²	Dampfdurchgang g/dm²/h
Zigarettenpapier.	15,5	0,58
Pergamentersatzpapier	70	0,41
Pergaminpapier	40	0,42
Pergamentpapier	118	0,35
Kunstdruckpapier, gestrichen	129	0,32
Gewachste Pergaminpapiere	70	0,05 u. weniger
Nach verschiedenen Spezialverfahren wasserdampfdicht gemachte Papiere	—	0,10—0,0000
Cellulosefolie, normal	60	0,56
Cellulosefolie, wetterfest	60	0,004

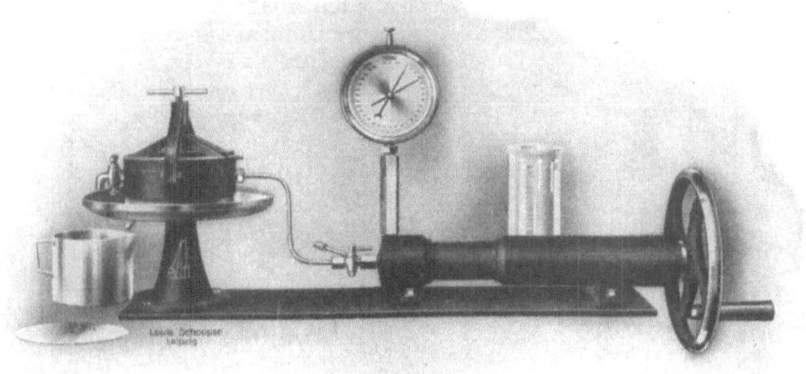

Abb. 9. Schoppers Wasserdruckprüfer.

3. Wasserdichtigkeit (V, 588). Ein von der Firma Schopper gebauter Apparat zur Prüfung, bis zu welchem Druck ein Papier wasserdicht ist, gibt die Abb. 9 wieder. Die Versuchseinrichtung besteht aus einer Einspannvorrichtung mit einer freien Prüffläche von 100 cm², einer Handschraubenpumpe, die durch eine Rohrleitung mit der Einspannvorrichtung in Verbindung steht und einem Manometer.

Zum Versuch wird die Probe, nachdem die Handpumpe und das Einspanngefäß mit Wasser gefüllt sind, auf den Wasserspiegel im Einspanngefäß gelegt und festgespannt. Der Spannring ist so durchbrochen, daß die Probenoberfläche gut beobachtet werden kann. Durch langsames Drehen am Handrad der Schraubenpumpe wird nun der Druck gleichmäßig gesteigert. Wenn der erste Wassertropfen auf der Probenoberfläche erscheint, wird das Handrad stillgesetzt und der erreichte Höchstdruck, der durch einen Schleppzeiger am Manometer angezeigt wird, abgelesen.

Zur Ermittlung der bei einem bestimmten Druck in der Zeiteinheit durch die Probe durchgegangenen Wassermenge dient folgender Apparat (Abb. 10): Nachdem die Probe bei E eingespannt ist, wird der Druck, unter dem das Papier geprüft werden soll, durch Heben bzw. Senken des als Mariottesche Flasche ausgebildeten Wassergefäßes G eingestellt. Das in einer bestimmten Zeit durch die Probe gedrungene Wasser wird aufgefangen und gemessen.

Der Schwimmversuch (V, 589) ist von Noll und Preiß durch Schaffung eines neuen Prüfgerätes und Auswahl eines empfindlichen Trockenindicators verbessert worden.

Das als Schwimmkammer eingerichtete Gerät[1] besteht aus einem Trichter aus Aluminium, in dessen Unterteil ein ausgestanztes Prüfblatt von 60 mm Durchmesser mittels Spannring und Überwurfmutter wasserdicht einspannbar ist (Abb. 11). Als Indicator wird eine gut verriebene Mischung von Fluorescein[2] mit calcinierter Soda (1:1000) benutzt. Dies schwach gelbliche Pulver erscheint im trockenen Zustand unter der Quarzlampe schwarz, während es bei Wasseraufnahme intensiv hellgelb fluoresciert infolge Bildung von Fluorescein-Natrium.

Der Versuch wird wie folgt ausgeführt: Die Probe wird in die Schwimmkammer eingespannt und auf der Innenseite mit dem Trockenindicator mit Hilfe eines Haarpinsels leicht bestrichen. Sodann wird die Schwimmkammer in eine unter der Quarzlampe stehende mit destilliertem Wasser von 20° C gefüllte Glaswanne eingesetzt[3] und gleichzeitig die Stoppuhr ausgelöst. Der Wasserdurchtritt ist erfolgt.

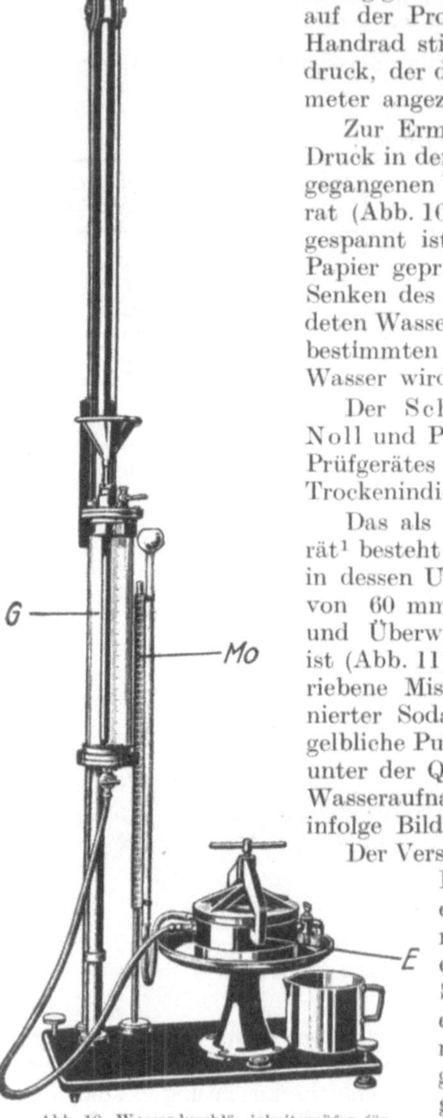

Abb. 10. Wasserdurchlässigkeitsprüfer für Papier und Gewebe. (Schopper.)

[1] Zu beziehen von der Zellstoffabrik Waldhof, Werk Mannheim.

[2] Zu beziehen unter der Bezeichnung Fluorescein D.Ap.V. von E. Merck, Darmstadt, sowie Schering Kahlbaum A.G., Berlin N 65.

[3] Das Einsetzen der Schwimmkammer in das Wasser soll unter leichter Schräghaltung erfolgen, damit unter der Papierfläche keine Luftblase zurückbleiben kann.

wenn die ersten hellgelben Pünktchen aus der dunklen Umgebung aufleuchten. Im gleichen Augenblick ist die Uhr zu stoppen. Als Maßstab für den Grad der Wasserdichte bzw. -durchlässigkeit der Probe gilt die Zeit zwischen Einsetzen der Schwimmkammer und dem Wasserdurchtritt. Sowohl von der Sieb als auch von der Oberseite des Papiers sind mindestens drei Messungen auszuführen. Die Ergebnisse werden gemittelt, außerdem ist das Gesamtmittel anzugeben.

4. Fettdichtigkeit (V, 583). Da die Ausführung der Blasenprobe über einer Flamme eine gewisse Übung voraussetzt, um dabei Versengen oder Verbrennen des Papiers zu verhüten, haben Noll und

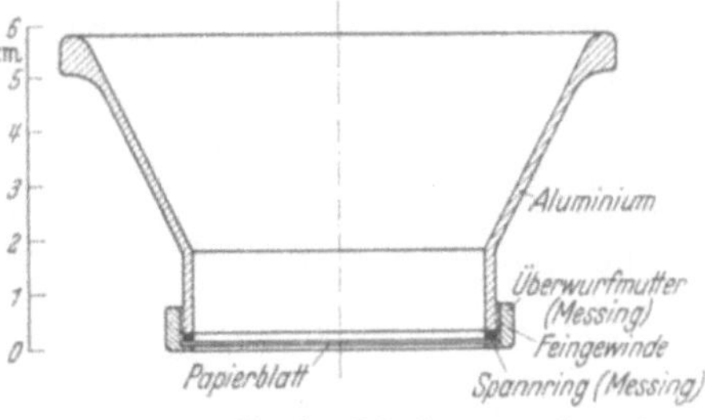

Abb. 11. Gerät für den Schwimmversuch nach Noll und Preiß. (Aus „Der Papier-Fabrikant".)

Nagel (1) untersucht, welche Temperatur für die Blasenbildung bei fettdichten Papieren erforderlich ist. Es hat sich dabei ergeben, daß die Blasenbildung nicht auf die Anwendung einer Flamme beschränkt ist,

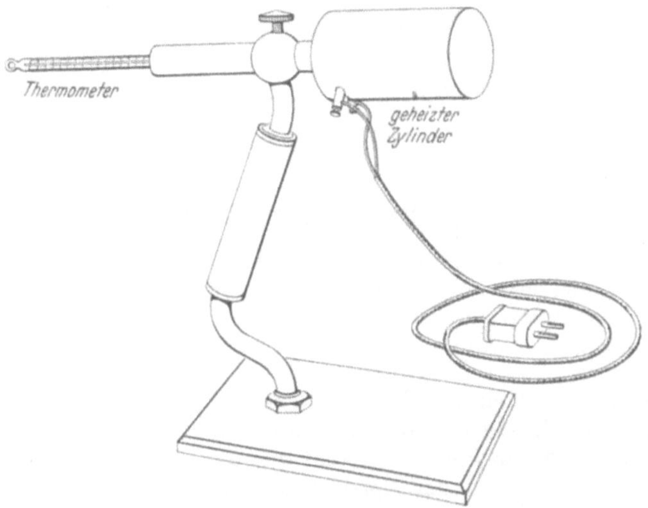

Abb. 12. Apparat für die Blasenprobe nach Noll und Nagel. (Aus „Der Papier-Fabrikant".)

sondern auf jeder beliebigen erhitzten Fläche im Temperaturbereich von etwa 250—300° eintritt. Auf Grund der bei diesen Untersuchungen gemachten Erfahrungen haben die genannten Autoren das in Abb. 12 veranschaulichte Gerät konstruiert. Der Apparat besteht im wesentlichen aus einem elektrisch heizbaren Metallzylinder mit einer in das Innere des Heizkörpers hineinragenden Hülse zur Aufnahme eines Thermometers. Die Heizvorrichtung ist so bemessen, daß eine Temperatur von 300° nicht überschritten wird.

Zur Ausführung des Versuches nimmt man einen Streifen des zu prüfenden Papiers zwischen Daumen und Zeigefinger beider Hände und hält das Papier einen Augenblick unter schwacher Spannung auf den erhitzten Zylinder. Bei fettdichten Papieren tritt dann an der erhitzten Stelle Blasenbildung ein, die Größe der Blasen ist nach Feststellung der Autoren unter sonst gleichen Bedingungen vom Wassergehalt des Papiers abhängig.

Für die Fettprobe haben Noll und Nagel (2) ebenfalls neue Vorschläge gemacht, die sich vor allem darauf gründen, zwecks besserer Reproduzierbarkeit des Versuches an Stelle von Schmalz einen chemisch einheitlich definierten Stoff zu verwenden. Nach ihren Untersuchungen

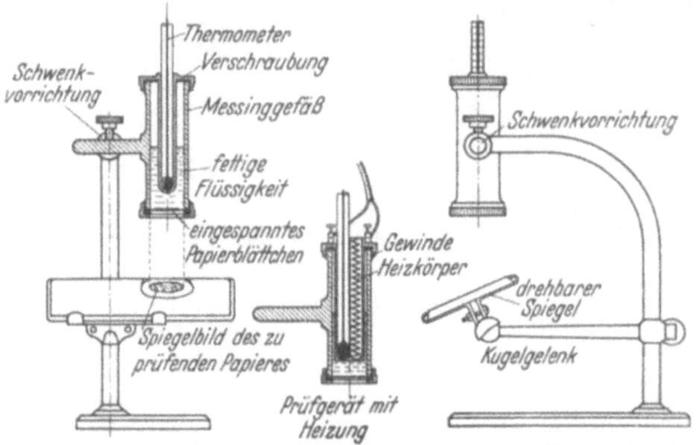

Abb. 13. Fettdichtigkeitsprüfer nach Noll und Nagel. (Aus „Der Papier-Fabrikant".)

hat sich hierfür Phthalsäurediäthylester[1], eine wasserhelle, bei etwa 300° siedende, neutrale Flüssigkeit von ölartigem Charakter als geeignet erwiesen. Die Versuchseinrichtung zeigt Abb. 13.

Das eine Ende des um eine Achse schwenkbaren Messingzylinders trägt die Einspannvorrichtung für die Probe, die einen Durchmesser von 30 mm besitzt, das andere Ende ist durch eine mit einer Thermometerhülse versehenen Überwurfmutter verschlossen. Unter dem Zylinder befindet sich ein durch ein Kugelgelenk verstellbarer Spiegel. Beim Versuch werden in den mit der Einspannvorrichtung nach oben gestellten Zylinder 25 cm Phthalsäurediäthylester gebracht und die Probe eingespannt. Darauf wird der Apparat um 180° geschwenkt und mit Hilfe des Spiegels beobachtet, ob und wann Durchdringen der Flüssigkeit erfolgt. Wenn nach Verlauf einer Stunde kein Durchschwitzen in Form feiner Tröpfchen erkennbar ist, gilt das Papier als praktisch fettdicht.

Zur Kontrolle der Versuchstemperatur, die 20° betragen soll, wird ein Thermometer in die hierfür vorgesehene Hülse eingesetzt. Für Fälle, bei denen eine Fettdichtigkeit bei höherer Temperatur in Betracht kommt, ist ein neben der Thermometerhülse angebrachter und auswechselbarer Heizkörper bestimmt. Der Apparat kann von der Zellstoffabrik Waldhof, Werk Mannheim bezogen werden.

---

[1] Bezugsquellen: E. Merck, Darmstadt; Schering-Kahlbaum A.G., Berlin N 65; Schimmel & Co. A.G., Miltitz-Leipzig.

D. Saugfähigkeit.

Für die Beurteilung der Saugfähigkeit von Löschpapieren ist die Saughöhe und vor allem die Benetzbarkeit der Oberfläche maßgebend.

Die Saughöhe wird mit dem Löschpapierprüfer nach Klemm (3) bestimmt (Abb. 14). Der senkrecht verschiebbare Querbalken trägt 4 Maßstäbe mit Millimetereinteilung und daneben 4 Klemmen zum Einspannen der 15 mm breiten und etwa 250 mm langen Versuchsstreifen.

Abb. 14. Löschpapierprüfer nach Klemm.

Auf dem unteren Teil des Gestelles befindet sich eine Schale, in die so viel Wasser gegossen wird, daß die Maßstäbe beim tiefsten Stand des Querbalkens die Oberfläche eben berühren. Die Versuchsstreifen werden bei hochgehobenen Querbalken so eingespannt, daß ihre untere Kante die Maßstäbe 5—10 mm überragen. Sodann wird der Querbalken heruntergelassen, wobei die Streifen mit ihrem unteren Ende ins Wasser tauchen. Maßgebend ist die Saughöhe, die nach 10 Minuten erreicht wird. Es werden je 5 Streifen aus Längs- und Querrichtung geprüft; die erhaltenen Werte werden gemittelt.

Die Bestimmung der Saugfähigkeit von der Fläche aus erfolgt mit Daléns Löschpapierprüfer[1] (Abb. 15) in folgender Weise: In die Führungsrinne K wird ein Schreibpapierstreifen eingelegt, auf den man

---

[1] Dalén: Prüfung des Löschpapiers von der Oberfläche aus. Mitteilungen des Staatlichen Materialprüfungsamtes Berlin-Dahlem 1922. S. 238.

aus der Bürette i einen Tintentropfen bringt. Darauf wird ein Streifen
des zu prüfenden Löschpapiers von oben her so aufgelegt, daß beide
Streifen zwischen dem von einem Elektromotor mit gleichmäßiger
Geschwindigkeit angetriebenen Walzenpaar c_1 und c_2 geführt werden.
Hierbei wird der auf dem Schreibpapier befindliche Tintentropfen je
nach der Saugfähigkeit des Löschpapiers zu mehr oder weniger langen

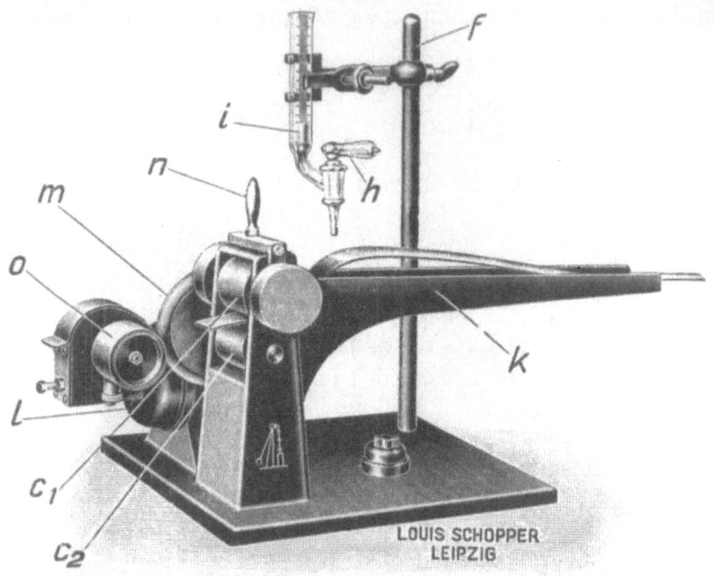

Abb. 15. Dalén s Löschpapierprüfer.

Streifen ausgewalzt. Gute Löschpapiere geben kurze, schlechte lange
„Ablöschstreifen", die unter Ausschluß des Klecksdurchmessers gemessen werden.

Auf Grund von praktischen Löschversuchen, die im „Materialprüfungsamt" im Vergleich mit der Bestimmung der Saughöhe und
der Benetzbarkeit der Fläche
an einer größeren Anzahl Löschpapieren ausgeführt wurden,
hat sich erwiesen, daß die Ermittlung der Saugfähigkeit von
der Fläche aus eine gute Gebrauchswertprüfung für Löschpapiere darstellt, während dies
für die Saughöhenbestimmung
nicht für alle Fälle gilt, wie aus
der Tabelle 6 hervorgeht.

Tabelle 6.

Gruppe	Anzahl der Papiere	Länge der Ablöschstreifen mm	Saughöhe mm
I	10	3— 7	85—129
II	13	9— 41	42—166
III	9	48—135	26—66
IV	6	131—257	23—46

Gruppe I enthält die Papiere, die bei den praktischen Löschversuchen
auch bei sehr schnellem Ablöschen die Tinte nicht ausquetschen; die
Papiere der Gruppe II verursachten ein schwaches, die der Gruppe III
ein deutliches und bei der Gruppe IV ein starkes Ausquetschen der Tinte.

Bei Isolierpapieren kommt die Aufnahmefähigkeit für Öl in Betracht. Man verwendet hierbei zur Prüfung teils Ricinusöl, teils Transformatorenöl. Die Saughöhe für Transformatorenöl wird gewöhnlich bei Zimmertemperatur, die für Ricinusöl bei 100° ermittelt. Im letzteren Falle wird ein mit Ricinusöl gefülltes Gefäß in ein Ölbad gehängt und das Bad auf 100° erhitzt. Als Halter für die Papierstreifen benutzt man zweckmäßig den Oberteil des oben beschriebenen Klemmschen Löschpapierprüfers, der an ein Stativ befestigt wird.

E. Leimfestigkeit (V, 582).

Für die Beurteilung des Leimungsgrades von Schreibpapieren hat sich, trotz vieler anderer Vorschläge, die Federstrichmethode nach Herzberg bisher am besten bewährt, da sie von der praktischen Beanspruchung des Papiers beim Schreiben ausgeht und somit eine Gebrauchswertprüfung darstellt. Der Versuch wird wie folgt ausgeführt: Mit mehreren Handelstinten[1] verschiedener Zusammensetzung zieht man unter Verwendung einer Ziehfeder Striche von verschiedener Breite und achtet auf möglichst gleichmäßige Ausführung. Zunächst wird die Feder für die gewünschte Strichbreite eingestellt, dann wird Tinte bis zu einer gewissen Marke eingefüllt und schließlich die Feder an einem Lineal entlang geführt, soweit es angeht, stets mit gleicher Geschwindigkeit, gleichem Druck und in derselben Neigung zum Papierblatt. Vor jedem neuen Strich wird die Feder wieder gefüllt. Die Striche werden untereinandergezogen, Kreuzungen sind zu vermeiden. Die Strichbreite wird, etwa von $^1/_4$ mm anfangend, von Versuch zu Versuch um $^1/_4$ mm gesteigert, bis die Tinte durchschlägt. Nach dem Eintrocknen der Tinte am besten erst am nachfolgenden Tag, da mitunter mit Nachwirkungen der Tinte zu rechnen ist, wird beobachtet, bei welcher Strichbreite die Tinte ausläuft oder durchschlägt. Das Urteil lautet dann: „Leimfest für Strichbreiten bis zu ... mm".

Gewöhnliche Schreibpapiere, wie Kanzlei- und Konzeptpapiere, können als genügend geleimt, also kurzweg als „leimfest" angesprochen werden, wenn $^3/_4$ mm breite Striche weder auslaufen noch durchschlagen.

Dem Verfahren haften noch gewisse Mängel an. Einmal ist man abhängig von der Beschaffenheit der Tinte, für deren gleichmäßige Zusammensetzung nicht immer Gewähr besteht, ferner lassen sich subjektive Einflüsse bei der Art und Weise des Auftragens der Tinte nicht vollkommen ausschalten. Eine ideale Vorrichtung für das Ziehen der Striche müßte das Einhalten folgender Bedingungen gewährleisten: gleiche Geschwindigkeit beim Ziehen mit der Feder, gleiche Neigung der Feder zum Blatt, gleiche Tintenmenge für die Längeneinheit und gleicher Druck der Feder.

Ein von Noll (2) konstruiertes Gerät besteht aus einem kleinen Fahrgestell mit einer durch eine Buchse verbundenen Ziehfeder; letztere bildet mit der Papieroberfläche einen Winkel von 45°. Das Fahrgestell

---

[1] Im Staatlichen Materialprüfungsamt Berlin-Dahlem werden folgende 4 Tintensorten benutzt: Alizarintinte und Eisengallustinte von Leonhardi-Dresden, Normaltinte von Beyer-Chemnitz und Pelikantinte 4001 von Wagner-Hannover.

hat zur Bedienung des Gerätes eine Handhabe, die so angeordnet ist,
daß die Feder mit stets gleichmäßigem Druck über das Papier gleiten
kann. Wenn dieses Gerät zunächst auch nur zwei der oben genannten
Forderungen erfüllt, nämlich das Einhalten eines bestimmten Winkels
und eines bestimmten Druckes, mit dem die Feder über das Papier
gezogen wird, so ist damit ein Weg gewiesen, das Verfahren zu vervoll-
kommnen.

Ferner schlägt Noll zur Vereinheitlichung der Methode vor, statt
Eisengallustinte eine Farbstofftinte folgender Zusammensetzung zu
verwenden:

10 g Trypanblau med.
10 g Glycerin 31 Bé
1 g Phenol krist.
____
1 l dest. Wasser

Die Vorschrift für die Herstellung der Tinte ist folgende: Die Kristalle
des Farbstoffes werden fein gepulvert und das abgewogene Quantum

Abb. 16. Schoppers Leimungsgradprüfer nach Klemm.

unter Zugabe des Glycerins mit heißem Wasser übergossen (etwa 300 cm³)
und unter Umrühren in Lösung gebracht. Kochen ist zu vermeiden.
Sodann läßt man abkühlen, gibt das in einer entsprechenden Menge
Wasser gelöste Phenol hinzu, filtriert und füllt schließlich mit dem Rest
des Wassers zum Liter auf. Die Tinte soll unbegrenzt haltbar sein und
auch nach jahrelangem Stehen keinerlei Bodensatz bilden.

Die Festlegung einer Normalprüftinte hat viel für sich; mit Rücksicht
auf die „Grundsätze für amtliche Tintenprüfung", in der bei Schriften
auf Normalpapier die Verwendungsklasse 1—3 ausschließlich Eisengallustinten zu verwenden sind, wird man jedoch auf diese Tinten bei
der Prüfung nicht völlig verzichten können.

Während Schreibpapiere voll geleimt, d. h. „tintenfest" sein müssen,
Löschpapiere u. dgl. gar nicht geleimt sind, besitzen viele Papiere eine
ihrem Verwendungszweck entsprechende Teilleimung, sie sind $^3/_4$-.
$^1/_2$- oder $^1/_4$-geleimt. Bestimmte durch ein Prüfverfahren gekennzeichnete
Grenzwerte dieser Leimungsgradstufen gibt es bisher nicht. Klemm (4)
versucht diese Aufgabe mit Hilfe folgender Erscheinung zu lösen. Wenn
auf Papier, dessen Saugfähigkeit durch Leimung nur zum Teil aufgehoben ist, ein Tropfen Wasser gebracht wird, so bildet sich um die

Berührungsstelle herum ein Saughof von annähernd elliptischer Form, der um so schneller wächst, je saugfähiger das Papier ist. Die Größe dieses Saughofes nach bestimmter Versuchsdauer gilt dann als Maßstab für den Grad der Leimung. Für diese Bestimmung benutzt Klemm folgende Einrichtung. In der Mitte einer mit Wasser oder einer anderen Flüssigkeit gefüllten Schale (Abb. 16) ist ein von saugfähigem Stoff umgebener Zapfen von gleicher Höhe wie der Schalenrand angeordnet. Nach Auflegen der Papierprobe auf die Schale entsteht nun der Saughof, dessen Achsenlängen nach 10 Minuten mit Bleistift auf dem Papier markiert und gemessen werden.

F. Festigkeitseigenschaften.

1. Zugversuch[1]. Wenn auch Papier beim Gebrauch oder bei der Verarbeitung nur in einzelnen Fällen maßgeblich auf Zug beansprucht wird, wie z. B. Rotationsdruckpapier, so ist doch der Zugversuch in der Papierprüfung nicht zu entbehren, da er wesentlich zur Kennzeichnung eines Papiers hinsichtlich seiner mechanischen Eigenschaften beiträgt.

Für den Versuch werden Zugfestigkeitsprüfer benutzt, die auf dem Grundsatz der Neigungswaage beruhen (Abb. 17). Sie müssen für die gleichzeitige Messung der Bruchlast und Bruchdehnung eingerichtet sein. Die Proben sollen im allgemeinen 15 mm breit sein und eine freie Einspannlänge von 180 mm zu-

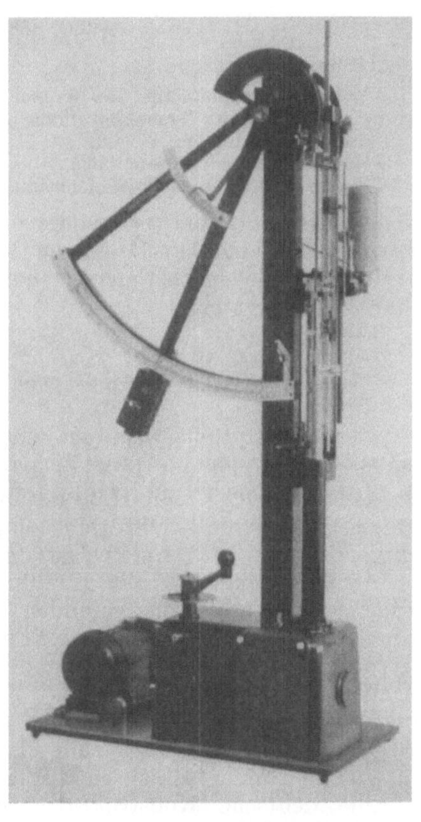

Abb. 17. Schoppers Festigkeitsprüfer.

lassen. Bei Pappen, die beim Schneiden keine scharfen Ränder geben (Dachpappen u. dgl.) sind 50 mm breite Streifen zu verwenden. Zu prüfen sind mindestens je 5 Streifen aus Längs- und Querrichtung. Die Zeit vom Beginn der Belastung bis zum Zerreißen der Probe soll 20 ± 5 Sekunden betragen.

Bestimmt wird die Bruchlast in Kilogramm, die Bruchdehnung in Prozent bezogen auf die Einspannlänge der Proben und die Reißlänge in Kilometer.

Reißlänge ist diejenige Länge eines Papierstreifens von beliebiger (aber gleichbleibender) Breite und Dicke, bei der er, an einem Ende

---

[1] Genormt: DIN/DVM 3412.

aufgehängt gedacht, infolge seines Eigengewichtes am Aufhängepunkt abreißen würde. Da sie unabhängig ist von der Breite und Dicke der Probe, stellt sie ein Maß für die Güte des Fasermaterials dar; sie ist eingeführt worden, weil die Umrechnung der Bruchlast auf den Querschnitt bei Papier zu umständlich und ungenau sein würde. Berechnet wird die Reißlänge nach folgenden Formeln:

$$R = \frac{l}{g} \cdot p \ (\text{km}) \quad \text{oder} \quad R = \frac{p}{G \cdot b} \ (\text{km}).$$

Hierbei bedeuten:

l = freie Einspannlänge des Versuchsstreifens in m,
g = Gewicht des Versuchsstreifens innerhalb der Einspannlänge in m,
p = Bruchlast in kg,
G = Quadratmetergewicht in g,
b = Breite des Versuchsstreifens in m.

Je nach Art der verwendeten Rohstoffe und ihrer Verarbeitung bewegt sich die mittlere Reißlänge (Mittel aus Längs- und Querrichtung) bei den verschiedenen Papiersorten zwischen weniger als 1 km und etwa 7 km, sie beträgt bei:

Löschpapieren . . . . etwa 0,3—1 km,
Zeitungsdruckpapieren . . . . etwa   2 km,
Schreib- einschließlich Dokumentenpapieren . . . . . etwa 3—6 km,
Spinnpapieren . . . . etwa 6—7 km.

Der höchste Reißlängenwert wurde bisher bei einem handgeschöpften japanischen Papier mit 10,8 km gefunden.

2. Berstversuch[1]. Mit Hilfe des Berstversuches wird der Widerstand gemessen, den ein kreisförmig eingespanntes Papierblatt einer einseitigen steigenden Druckbelastung bis zum Bersten entgegensetzt.

Diese Prüfung hat mit Einführung des amerikanischen Mullenprüfers weite Verbreitung gefunden. Bei diesem Gerät wird ein Stempel gegen eine Glycerinfüllung gepreßt und der Druck sowohl auf die den Glycerinbehälter oben abschließende Gummimembran mit dem darüber liegenden fest eingespannten Papier als auch auf ein Manometer übertragen. Die Gummimembran wird nach außen gepreßt und bringt das kreisförmige Versuchsstück zum Platzen; der dazu erforderliche Druck wird in kg/cm² oder in englischen Pfunden auf dem Quadratzoll abgelesen.

Eine deutsche Konstruktion, die der amerikanischen gegenüber verschiedene Vorteile aufweist, ist der Schopper-Dalén-Berstdruckprüfer (Abb. 18). Er arbeitet mit Druckluft, wodurch eine stoßfreie Feinregelung der Belastungsgeschwindigkeit ermöglicht wird. Infolge der kräftigen Bauart der Einspannvorrichtung wird das beim Mullen-Prüfer bisweilen beobachtete Gleiten des Papiers verhindert. Ferner gestattet er die Verwendung verschiedener Prüfflächen und außerdem ist die Messung der Wölb- oder Kuppenhöhe mittels einer besonderen Vorrichtung, die jetzt auch beim Mullen-Prüfer angewendet wird, möglich.

Die Tragsäule a (Abb. 18) dient zugleich als Luftbehälter und kann mittels einer Handpumpe b mit Luft bis zu 10 atü gefüllt werden. Die Luft wird durch das Ventil c unter die Gummimembran

---

[1] Genormt: DIN/DVM 3412.

geleitet. Nach dem Zerbersten der Probe wird der benötigte Druck an dem mit Schleppzeiger versehenen Manometer d, die Flächendehnung am Wölbhöhenmesser e abgelesen.

Für die Bestimmung des Berstdruckes von besonders festen Erzeugnissen, wie Hartpappen, Preßspan u. dgl. dient ein Gerät, das für Drücke bis zu 30 kg/cm² anwendbar ist. Von dem vorbeschriebenen Apparat unterscheidet es sich durch den Wegfall der Vorratssäule — die erforderliche Druckluft wird aus Flaschen entnommen —, durch eine kräftigere Ausführung der Aufspannplatte und durch Einschaltung eines Schneckentriebes in die Einspannvorrichtung. Nach DIN/DVM 3412 sollen im allgemeinen Papiere mit 10 cm², Pappen mit 100 cm² Prüffläche geprüft werden. Ergibt sich bei 100 cm² Prüffläche ein Berstdruck unter 1 kg/cm², so ist mit 10 cm² Prüffläche zu prüfen. An Einzelversuchen sind mindestens 5 von jeder Seite des Papiers auszuführen. Die Zeit vom Beginn der Belastung bis zum Bersten der Probe soll 20 $\pm$ 5 Sekunden betragen. Anzugeben ist der aus den Einzelergebnissen gebildete Mittelwert in kg/cm² und die Größe der beim Versuch benutzten Prüffläche.

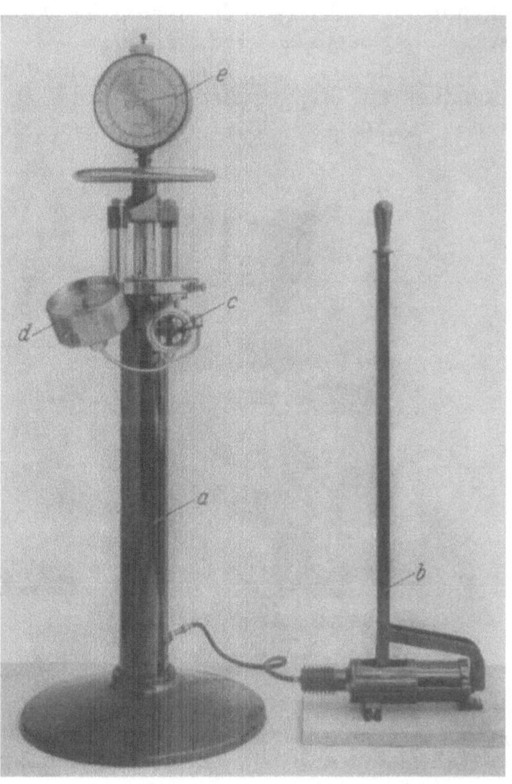

Abb. 18. Berstdruckprüfer Schopper-Dalén.

3. Falzversuch[1]. Da die weitaus meisten Papiere bei ihrer Verwendung auf Biegen, Falzen oder Knittern beansprucht werden, kommt der Falzversuch einer Gebrauchswertprüfung sehr nahe. Bei diesem Versuch wird die Anzahl der Doppelfalzungen ermittelt, die ein Papierstreifen beim Falzen unter bestimmten Bedingungen bis zum Bruch aushält. Das hierzu benutzte Gerät, der Schoppersche Falzer, ist in Abb. 19 wiedergegeben. Die Wirkungsweise des Apparates ist folgende:

Ein 15 mm breiter Streifen wird zwischen 2 Klemmen eingespannt, wobei seine Mitte in den Schlitz eines senkrecht zum Streifen angeordneten

---

[1] Genormt: DIN/DVM 3412.

Schieberbleches zu liegen kommt. Das Schieberblech ist mit einer Kurbelstange verbunden und wird während des Versuches zwischen 2 Paaren leicht drehbarer Rollen hin- und herbewegt. Auf diese Weise wird der Versuchsstreifen, dem mittels Federn eine bestimmte Spannung erteilt wird, bei bestimmtem Biegeradius und Biegewinkel an der gleichen Stelle so oft hin- und hergefalzt, bis er bricht. An einem selbsttätig ausschaltenden Zähler kann die Anzahl der Doppelfalzungen, die der Streifen ausgehalten hat, abgelesen werden.

Papier bis 0,25 mm Dicke wird auf dem üblichen Papierfalzer bei 1 kg Zugkraft, Papier über 0,25—1 mm Dicke auf einem kräftiger gebauten Kartonfalzer bei 1,3 kg Zugkraft geprüft. Dünne Papiere, die

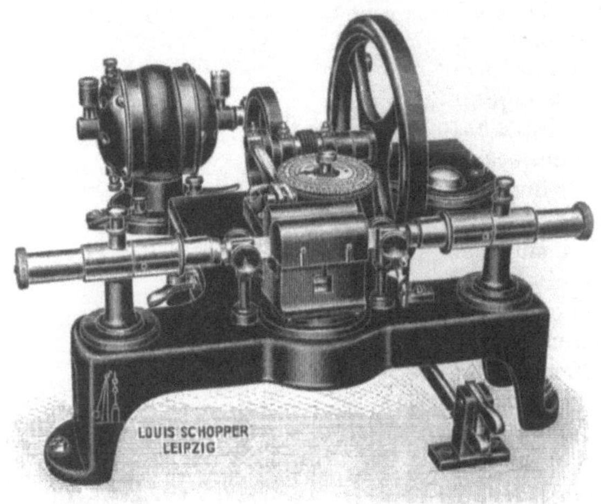

Abb. 19. Schoppers Falzer.

eine Zugkraft von 1 kg nicht aushalten, sind auf dem Seidenpapierfalzer bei 0,5 kg Zugkraft zu prüfen.

Die freie Einspannlänge der Versuchsstreifen beträgt beim Papierfalzer und beim Seidenpapierfalzer 90 mm, beim Kartonfalzer 130 mm. Zu falzen sind mindestens je 10 Streifen aus Längs- und Querrichtung bei einer Versuchsgeschwindigkeit von 100—120 Doppelfalzungen in der Minute. Anzugeben sind die aus den Einzelergebnissen gebildeten Mittelwerte in Längs- und Querrichtung sowie das Gesamtmittel.

Da die Ergebnisse des Falzversuches von der Feuchtigkeit und Temperatur besonders stark beeinflußt werden, ist auf genaue Einhaltung der Klimatisierung der Proben (vgl. S. 160) zu achten.

Die Differenzierung der Papiere durch den Falzversuch ist sehr groß. Zeitungspapiere z. B. halten nur etwa 5, Sack- und gute Packpapiere 3000—4000 Doppelfalzungen aus, an Manilakarton wurden 10 000 und mehr Doppelfalzungen beobachtet.

4. Dauerbiegeversuch. Bei der Konstruktion des Schopperschen Dauerbiegeprüfers sind verschiedene grundsätzliche Mängel des Falzers behoben worden. Die Empfindlichkeit der wirksamen Teile ist erheblich

vermindert und die Federspannung durch eine veränderliche Gewichtsbelastung ersetzt worden. Dadurch wird ermöglicht, die Probe während
des Biegeversuches mit einer der Zugfestigkeit des Papiers entsprechenden Teillast gespannt zu halten. Ein weiterer Vorteil des Apparates ist
seine allgemeine Anwendbarkeit zur Prüfung von Papier, Karton, Folien
u. dgl.[1].

Der Bau des Apparates geht aus Abb. 20 hervor. An der Vorderseite
des Gehäuses befindet sich eine Kreisscheibe, die durch das Triebwerk

Abb. 20. Schoppers Dauerbiegeprüfer.

in eine hin- und hergehende Bewegung versetzt wird. Auf der Scheibe
ist die Biegeklemme angeordnet; sie besteht aus 2 Backen, die mit Hilfe
einer zur Hälfte rechts-, zur anderen Hälfte linksgängigen Schraube
symmetrisch zueinander bewegt werden können, so daß die Mittelebene
des eingespannten Streifens mit der Drehachse der Scheibe zusammenfällt. Für die Prüfung von Papier werden Backen benutzt, deren Kanten-
abrundung einen Krümmungsradius von 0,01 mm hat; der Ausschlag-
winkel der Biegeklemme beträgt nach beiden Seiten 90°, insgesamt
also 180°. Die Belastungsvorrichtung, die die untere Einspannklemme
trägt, stellt eine Art Balkenwaage dar, wodurch Pendeln des Probe-

---

[1] Korn (3): Untersuchungen mit dem neuen Schopperschen Dauerbiegeprüfer
im Vergleich mit dem „Papierfalzer". Papierfabr. 1937, Heft 5, S. 33.

streifens vermieden wird. Das Gewicht der unteren Klemme wird durch ein Gegengewicht ausgeglichen, so daß die Belastung des Streifens lediglich durch die aufgelegten Scheibengewichte erfolgt und innerhalb weiter Grenzen veränderlich ist.

Die Streifenbreite beträgt wie beim Falzversuch 15 mm; die Versuchsgeschwindigkeit ist so bemessen, daß 110 Hin- und Herbiegungen in

Abb. 21. Pappenbiegeprüfer Naumann-Schopper.

der Minute erfolgen. Die Anzahl der Biegungen, die der Versuchsstreifen aushält, werden an einem Zählwerk abgelesen.

Als Kennzeichnung der Dauerbiegefestigkeit schlägt Schopper die „Biegereißlänge" vor; darunter ist diejenige Reißlänge (Teilreißlänge) zu verstehen, die der Zugbelastung entspricht, bei welcher der Versuchsstreifen 10 Doppelfalzungen aushält.

Zur Beurteilung des Biegeverhaltens stärkerer Pappen dient der Naumann-Schoppersche Pappenbiegeprüfer (Abb. 21). Mit diesem Gerät ermittelt man denjenigen Biegewinkel, um den eine Pappe scharf gebogen werden kann, bis die äußere Schicht bricht, und die hierzu nötige Biegekraft P in Kilogramm (Näheres Herzberg: Papierprüfung 7. Aufl., S. 76).

5. Durchreißfestigkeit. Hierunter ist der Widerstand zu verstehen, den eine mit einem Einriß versehene Probe dem Weiterreißen entgegengesetzt. Zur Bestimmung dieses Widerstandes ist in Amerika der Elmendorf-Prüfer entstanden.

Das als Segment einer Kreisscheibe ausgebildete Pendel A (Abb. 22), trägt die Einspannklemme N, eine zweite feststehende Klemme befindet sich am Gestell B. Um die zu prüfenden Muster einzuklemmen, wird das Pendel in seiner Anfangsstellung nach links so weit gehoben, daß es von der Feder H gehalten wird, hierbei werden die Schlitze der beiden Einspannklemmen in eine Ebene gebracht. Der Zeiger K, den das Segment durch Reibung mitnimmt, wird so eingestellt, daß er senkrecht steht und bei E anliegt.

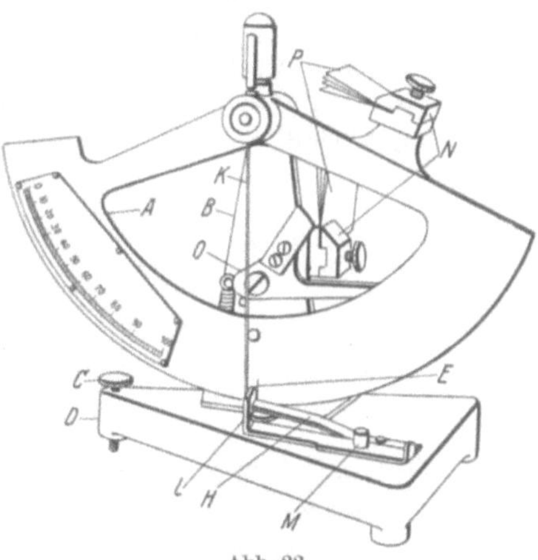

Abb. 22.
Elmendorf-Prüfer der Firma Poller, Leipzig.

Die eingespannten Papierproben werden durch Druck auf einen Hebel angeschnitten. Durch Niederdrücken der Feder H wird das Pendel gelöst und durch Mitnahme der an ihm befestigten Klemme die Probe zerrissen, der Zeiger wird jedoch durch E zurückgehalten. Erst wenn das Pendel wieder zurückschwingt, nimmt es den Zeiger mit. Da ein Teil der Pendelenergie durch das Zerreißen der Probe verbraucht wird, steigt der Zeiger um so weniger hoch, je größer die Arbeit des Einreißens war. Durch eine geeignete Einteilung auf dem Segment, welche die Reibungsverluste berücksichtigt, kann der Einreißwert abgelesen werden. Es sollen gleichzeitig so viele Blätter gerissen werden, daß die Ablesung auf der Skala

Abb. 23. Durchreißprüfer nach Brecht und Imset.

nicht weniger als 20 und nicht mehr als 40 beträgt. Der Einreißwert wird in Gramm je Papierblatt umgerechnet, indem die Ablesung mit

16 multipliziert und durch die Anzahl der gleichzeitig geprüften Blätter dividiert wird.

Ein weiteres Gerät[1] für die Durchreißprüfung ist von Brecht und Imset konstruiert worden (Abb. 23). Die Prüfung wird hierbei nicht durch einen Messereinschnitt vorbereitet, sondern durch einen Einriß, der unter den gleichen Bedingungen erfolgt, unter denen die eigentliche Prüfung verläuft. Das Einreißen und das Durchreißen der zwischen Greiforgane eingelegten Papierstreifen besorgt ein Schieber; das Pendelgewicht ist auswechselbar, um die Prüfung sowohl schwacher als auch fester Papiere stets mit derselben Anzahl Prüfblätter vornehmen zu können.

6. Widerstand gegen Schlagbeanspruchung. Diese Prüfung kommt bei Papieren in Frage, die besonders gegen Schlag und Stoß beansprucht werden. Hierfür hat die Firma Schopper ein Pendelschlagwerk gebaut (Abb. 24), dessen Pendel beim Durchschwingen seiner Gleichgewichtslage einen quergespannten, 15 mm breiten Streifen des zu untersuchenden Papiers durchschlägt. Das Pendel hat ein Arbeitsvermögen von 5 bzw. 10 cmkg. Die von der Probe aufgenommene, d. h. die zum Durchschlagen der Probe verbrauchte Schlagarbeit, ergibt sich wie üblich aus dem Unterschied des Arbeitsvermögens des Pendels vor und nach dem Schlag.

7. Elastizität. Die Zugelastizität wird nach Hartig auf einem mit selbsttätigen Schaulinienzeichner versehenen Zugfestigkeitsprüfer in der Weise bestimmt, daß die Versuchsstreifen im Laufe des Versuchs und vor Erreichung der Bruchgrenze wiederholt langsam entlastet und ebenso wieder angespannt werden. Aus dem dabei entstehenden Diagramm kann für jede Belastungsstufe die zugehörige elastische, bleibende und Gesamtdehnung ermittelt werden. Als Größe der Elastizität gilt das Verhältnis der Summe aller elastischen Dehnungen zur Summe aller Gesamtdehnungen.

Auf einfacherem Wege kann das elastische Verhalten von Papier auf einem von der Firma Schopper in Anlehunng an den Elastizitätsprüfer für Gummi nach A. Schob gebauten Apparat (Abb. 25) beurteilt werden. Dieses Gerät besteht aus einem Pendel mit einem Stoßgewicht

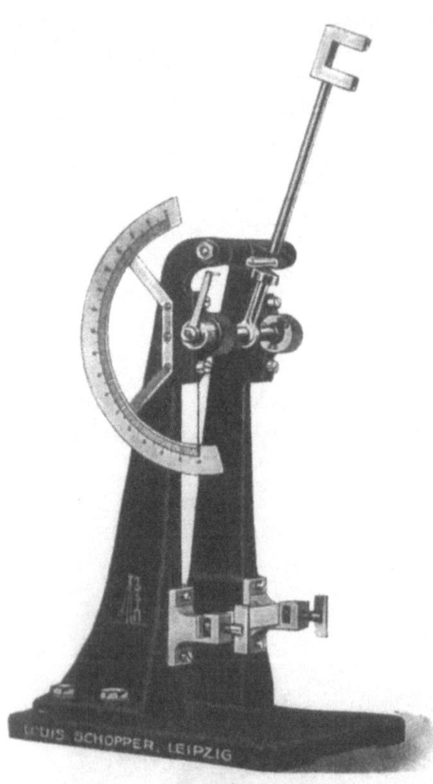

Abb. 24. Schoppers Pendelschlagwerk.

---

[1] Herstellerfirma: L. Schopper, Leipzig.

und einem als Klemmhalter ausgebildeten Amboßkörper. Die größte
Fallhöhe des Pendels ist zu 25 cm gewählt, die größte Fallarbeit zu
1 cmkg. Um mit verschiedenen Fallarbeiten des Pendels arbeiten zu
können, kann die Arretierklinge in 10 verschiedenen Fallhöhen von
$^1/_{10}$ zu $^1/_{10}$ der größten Fallhöhe steigend an einem Kreisbogen befestigt
werden. Zwischen den Klemmen wird die Probe eingespannt. Wird das
Pendel gelöst, so prallt es nach dem Auftreffen auf die Probe zurück.
Die Rückprallhöhe wird mittels eines Schleppzeigers an einer Skala

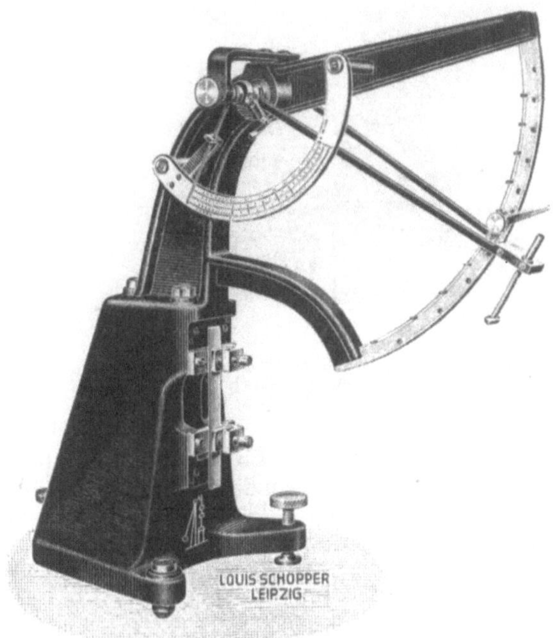

Abb. 25. Schoppers Elastizitätsprüfer.

in Prozent der Höchstfallhöhe angezeigt. Diese Anzeige ergibt unmittelbar das Verhältnis der zurückgewonnenen Fallarbeit zur aufgewandten,
also den „elastischen Wirkungsgrad η".

G. Festigkeitsprüfung von Zellstoffen.

Zellstoffe kommen meist in Form von Pappen in den Handel, bei deren
Herstellung es sich lediglich um die Entwässerung der Stoffbahn handelt
und die deshalb hinsichtlich ihres Gefüges dem Zufall unterworfen sind.
Einwandfreie Festigkeitsprüfungen lassen sich deshalb an Zellstoff-
pappen unmittelbar nicht vornehmen, es ist vielmehr erforderlich, aus
dem Stoff zunächst Papierblätter von gleichmäßiger Beschaffenheit
herzustellen und diese der Prüfung zu unterziehen.

Die Festigkeitseigenschaften des Blattes sind jedoch nicht nur von der
Eigenfestigkeit der Faser abhängig, sondern in erheblichem Maße auch
vom Gefüge des Blattes, das seinerseits bedingt ist vom Grad der

Mahlung, den Quellungseigenschaften und der Neigung des Stoffes zur Bildung von Faserschleim beim Mahlen sowie von den weiteren Bedingungen,
unter denen das Blatt hergestellt worden ist. Aus diesen Gründen ist
für die Beurteilung eines Zellstoffes die Kenntnis der Festigkeitseigenschaften bei verschiedenen Mahlstufen erforderlich. Vergleichbare Werte

Abb. 26. Jokromühle mit abgenommener Schutzhaube. *a* Führungstopf, leer, *b* Führungstopf mit
Mahleinheit und Spannbügel, *c* Königswelle, *d* Drehscheibe, *e* Planetengetriebe, *f* Antriebswelle.
(Aus Merkblatt 105 des Vereins der Zellstoff- u. Papier-Chemiker u. -Ingenieure.)

können jedoch nur bei genauester Einhaltung vereinbarter Arbeitsbedingungen erhalten werden, insbesondere in bezug auf das zu verwendende Mahlgerät und die Einrichtung für die Blattherstellung.

Die deutsche Einheitsmethode ist in den Merkblättern 101—113 des
Vereins der Zellstoff- und Papier-Chemiker und -Ingenieure

Abb. 27. Jokro-Mahleinheit, bestehend aus Mahlbüchse *a*, Mahlkörper *b* und Mahlbüchsendecke *lc*.
(Aus Merkblatt 105 des Vereins der Zellstoff- u. Papier-Chemiker u. -Ingenieure.)

niedergelegt. Als Mahlgerät dient die von Jonas und Kroß konstruierte
Jokromühle[1], deren Aufbau in Abb. 26 wiedergegeben ist. Auf der
Drehscheibe *d* sind symmetrisch zur Königswelle *c* 6 Führungstöpfe *a*
zur Aufnahme der Mahleinheiten, bestehend aus Mahlbüchse, Mahlkörper und Deckel (Abb. 27), angeordnet. Mit Hilfe eines Planetengetriebes *e* wird beim Gang der Maschine neben der Bewegung um die

---

[1] Hergestellt von der Firma: P. J. Wolff & Söhne G.m.b.H., Düren.

Hauptachse eine Eigendrehung der Büchsen erzielt. In den Büchsen, deren Innenwand mit einer Rändelung versehen ist, befinden sich frei beweglich die Mahlkörper, die am Umfang 2 mm breite Messerkanten besitzen. Infolge der Drehung der Scheibe und der Eigendrehung der Büchsen läuft der Mahlkörper auf der Innenwand der Büchsen ab und mahlt den eingetragenen Stoff. Durch Ändern der Drehzahl ist die

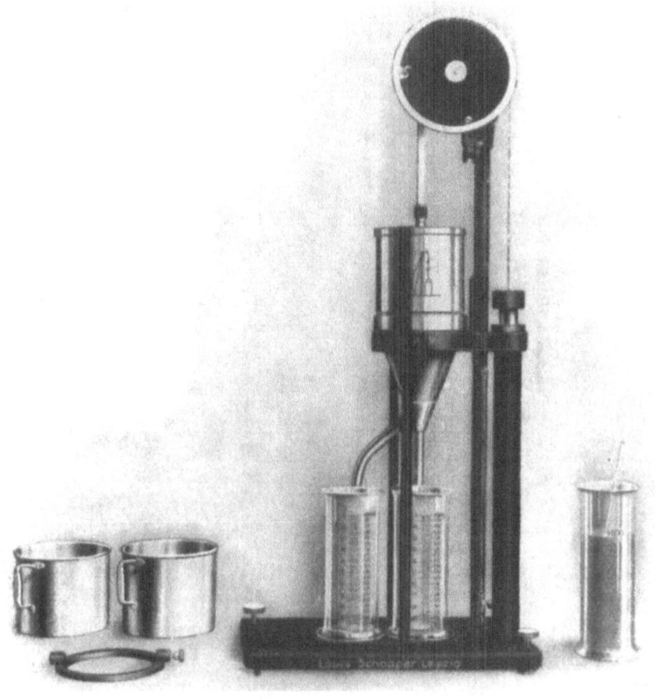

Abb. 28. Schoppers Mahlungsgradprüfer mit Hubvorrichtung.

Einstellung eines beliebigen Mahldruckes möglich. Die Einheitsmethode schreibt eine Drehzahl von 150 Min. vor. Jede Büchse faßt 16 g absolut trocken gedachten Stoffes bei 6% Stoffdichte. Die Mahlung erfolgt in Stufen dadurch, daß die verschiedenen Büchsen nach bestimmten Zeiten aus der Maschine entfernt und durch Leerbüchsen ersetzt werden.

Der Stoff einer jeden Mahlstufe wird mit einer bestimmten Menge Wasser verdünnt und in einem genormten mit einem Propeller versehenen Aufschlaggerät egalisiert. Nach nochmaliger Verdünnung wird der Stoff mit Hilfe eines Verteilungsgerätes für die Herstellung von 5 Blättern im Gewicht von 75 g/m² und für 2 Mahlgradbestimmungen geteilt. Letztere werden mit dem Mahlgradprüfer nach Schopper-Riegler (Abb. 28) ausgeführt.

Die Prüfmethode beruht darauf, daß ein auf einem Sieb aufge-
brachter Stoffbrei das Wasser um so langsamer abgibt, je „schmieriger‘‘
der Stoff ist, d. h. je längere Zeit er gemahlen worden ist; sie wird wie
folgt ausgeführt:

Eine Probemenge von 2 g absolut trocken gedachten Stoffes, in
1000 cm³ Wasser von 20° fein verteilt, wird auf ein Filtersieb von bestimmter Maschenweite und Fläche gegossen. Die durch das Sieb geflossene
Wassermenge wird in einem Trichter aufgefangen, der mit einer kleinen
und einer großen Ausflußöffnung versehen ist. Der Durchmesser der

Abb. 29. Blattbildner und Trockner „Rapid-Köthen“.

kleinen Öffnung und die Lage der Öffnungen zueinander sind so gewählt, daß das Wasser des zu prüfenden Papierbreies, solange es mit
einer größeren Geschwindigkeit als $^1/_4$ l in der Minute durch das Sieb
läuft, vorzugsweise durch die große Öffnung abfließt, aber sobald die
Geschwindigkeit geringer wird, nur durch die kleine. In dieser Weise
schafft der Apparat selbsttätig eine zwar willkürliche, aber für die verschiedenen Zustände der Fasern charakteristische Trennung des schnell
und langsam abfließenden Wassers, das in unterstellten Meßzylindern
aufgefangen wird. Die Ablesung des Ergebnisses erfolgt an dem Gefäß,
in welchem sich das schnell abgeflossene Wasser befindet; es enthält
eine Teilung, die den Mahlgrad angibt.

Die Blattbildung erfolgt auf dem nach Possanner von Ehrenthal
und Unger von der Firma Schopper, Leipzig gebauten Blattbildungs-
und Trocknungsapparat „Rapid-Köthen“.

Der Blattbildner a (Abb. 29) besteht aus einer mit Gradeinteilung
versehenen Füllkammer, auf deren Siebboden die eigentliche Blattbildung stattfindet und der darunter befindlichen Saugkammer.

Beide Kammern stehen mit einer Pumpe in Verbindung, die als Wasser-, Druckluft- und Vakuumpumpe benutzt werden kann. Bei Betätigung des Gerätes wird zunächst Wasser in die Füllkammer gedrückt, das dicht über dem Sieb strahlenförmig nach der Mitte der Kammer einströmt. In den entstehenden Wasserwirbel wird von oben eine abgemessene Menge des Stoffbreies hinzugegeben und der Wasserzulauf nach Erreichung eines bestimmten Verdünnungsgrades abgestellt. An Stelle des Wassers wird nun Luft in das Faserstoff-Wassergemisch gepreßt. Die aufsteigenden Luftblasen bewirken ein starkes Durcheinanderwirbeln der Fasern unter Vermeidung von Strömungen parallel zur Siebebene, so daß sich die Fasern bei der Entwässerung in keiner bevorzugten Richtung auf dem Sieb ablagern.

Nach Unterbrechung der Luftzufuhr wird das Wasser durch das Sieb hindurch in die Saugkammer überführt, welche vor dem Beginn der Entwässerung mit Luft gefüllt gehalten wird. Bei geschlossenem Saugraum kann das Wasser infolge der Oberflächenspannung nicht durch die Siebmaschen treten. Zum Einleiten der Entwässerung wird die Luft aus der Saugkammer durch die Luftpumpe entfernt, wodurch in gleichem Maße das Wasser der Stoffsuspension in diese einströmt. Mit fortschreitender Entwässerung erfährt das Wasser beim Durchtreten durch den sich bildenden Faserfilz einen immer größer werdenden Widerstand, wodurch der Unterdruck in der Saugkammer zunimmt. Dieser wird durch ein Regulierventil nach oben begrenzt. Das gesamte abgesaugte Wasser verbleibt bis zur beendigten Blattbildung in der Saugkammer. Das nasse Blatt wird auf einen Karton abgegautscht und mit diesem in den Trockner *b* gebracht, wo es beim Schließen des Apparates mit einer an der Unterseite des Deckels befindlichen Gummimembran bedeckt wird.

Die Pressung erfolgt nun in der Weise, daß unterhalb der Auflage des Blattes ein Unterdruck erzeugt wird und dadurch auf das Papierblatt ein dem Unterdruck entsprechender Druck ausgeübt wird. Über die Membran durch eine kleine Pumpe geleitetes heißes Wasser bewirkt gleichzeitig die Trocknung des Papierblattes, dessen Restwasser infolge des herrschenden Unterdruckes besonders schnell verdampft.

Das Papierblatt ist in wenigen Minuten trocken und kann als fertiges Musterblatt vom Karton abgenommen werden.

Nach mindestens 12stündiger Klimatisierung bei einer relativen Luftfeuchtigkeit von 65% und einer Temperatur von 20° werden die aus dem Stoff der verschiedenen Mahlstufen hergestellten Blätter auf Zug- und Durchreißfestigkeit, ferner auf Berstdruck und Falzwiderstand geprüft.

Die Darstellung der Festigkeitsergebnisse erfolgt in einem Schaubild durch Festigkeits- und Mahlgradkurven unter Auftragung der Werte als Funktion der Mahldauer. Die 0-Punkte der Kurven bilden die Festigkeitswerte von Blättern, die aus ungemahlenem, lediglich in dem oben erwähnten Aufschlaggerät behandelten Stoff hergestellt wurden.

Durch den Verlauf dieser Kurven ist der geprüfte Zellstoff hinsichtlich seiner Festigkeitseigenschaften gekennzeichnet.

Abb. 30 zeigt die Kurven, die die Prüfung eines gebleichten Sulfitzellstoffes ergab. Während mit steigender Mahldauer die Durchreißfestigkeit abnimmt, zeigen die übrigen Festigkeitskurven einen Anstieg
bis zu einem Maximum, um dann wieder abzufallen. Für die Beurteilung eines Zellstoffes sind vor allem die maximalen Festigkeits-
werte von Bedeutung, ferner kommt es darauf an, bei welcher Mahldauer bzw. bei welchem Mahlgrad diese erreicht werden.

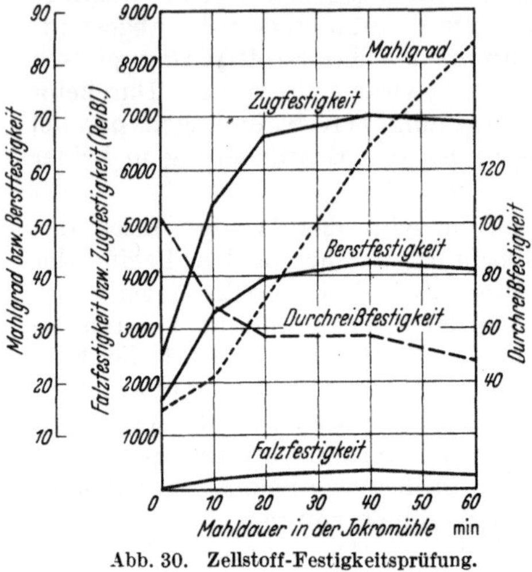

Abb. 30. Zellstoff-Festigkeitsprüfung.

H. Härte.

Die Bestimmung der Zusammendrückbarkeit und Härte kommt insbesondere bei Prüfung von Hartpappen, wie Kofferhart-
pappen, Preßspan, Vulkanfiber u. dgl. in Betracht; sie erfolgt mit der Schopperschen Druck-
presse[1].

Bei der Ermittlung der Zu-
sammendrückbarkeit wird ein Druckstempel von 1 cm² Fläche mit einer Druckkraft von 250 kg gegen die auf eine feste Unterlage gelegte Probe gedrückt und die Zusammendrückung nach einer
Belastungszeit von 1 Minute auf $^1/_{100}$ mm genau gemessen.

Für Härteprüfungen sind Kugeln von 2,5, 5 und 10 mm Durchmesser
als Druckkörper vorgesehen, die je nach der Probendicke mit einer
Belastung von 15,625 kg, 50 kg, 62,5 kg oder 187,5 kg in die Probe eingedrückt werden[2]. Auch bei diesem Versuch soll die Belastungszeit
1 Minute betragen. Als Vergleichswert gilt die Eindrucktiefe, die der
Härte umgekehrt proportional ist.

Für die Härteprüfung von Papier ist die Kugeldruckpresse nicht ohne
weiteres zu verwenden, da infolge seiner relativ geringen Dicke bei der
Messung die Härte der Unterlage mit erfaßt wird. Annähernde Ver-
gleichsergebnisse sind bei Papieren gleicher Dicke zu erhalten, wenn
man der Prüfung einzelne Lagen einer gleichen Anzahl von Blättern
zugrunde legt.

J. Steife.

Für die Bestimmung der Steife von Papier sind verschiedene Verfahren in Vorschlag gebracht worden, von denen nur einige genannt
werden sollen.

Die älteren Verfahren beruhen darauf, daß ein Streifen von bestimmter
Länge waagerecht eingespannt und die Durchbiegung des freien Streifen-

---

[1] Herzberg: Papierprüfung, 7. Aufl., S. 78.
[2] Die Belastungsstufen sind den Normen für die Bestimmungen der Härte
von Metallen DIN 1605 entnommen.

endes gemessen wird. Nach diesem Prinzip arbeitet der Schoppersche Steifigkeitsprüfer nach Schacht (Abb. 31). Er besteht aus einer senkrecht angeordneten halbkreisförmigen Skala, einer Einspannklemme und einem Stativ.

Abb. 31. Steifeprüfer nach Schacht.

Die Skala ist in Polarkoordinaten geteilt, und zwar die Winkel von 10 zu 10° und die Radien zwischen 30 und 180 mm von 10 zu 10 mm.

Die Einspannklemme ist so angeordnet, daß die Vorderkante der Spannbacken mit dem Koordinatenanfangspunkt zusammenfällt.

Der Versuch wird in der Weise ausgeführt, daß ein 15 mm breiter Streifen des zu untersuchenden Papiers in die Einspannklemme eingespannt wird, wobei dieser auf einem waagerecht angeordneten Lineal aufliegt. Die freie Länge des aus der Klemme herausragenden Streifenendes kann zwischen 30 und 180 mm gewählt werden. Das Einstellen der Streifenlänge ermöglicht die Ringteilung der Skala. Nach dem Einspannen der Probe wird das Lineal langsam nach unten geschwenkt, bis der Streifen frei durchhängt. Die Größe des Durchhanges wird an dem Gradnetz abgelesen und ist ein Maß für die Steife.

Auf der Messung der Knickfestigkeit beruht das Verfahren, das dem Ewald-Steifeprüfer der Askania-Werke (Abb. 32) zugrunde liegt.

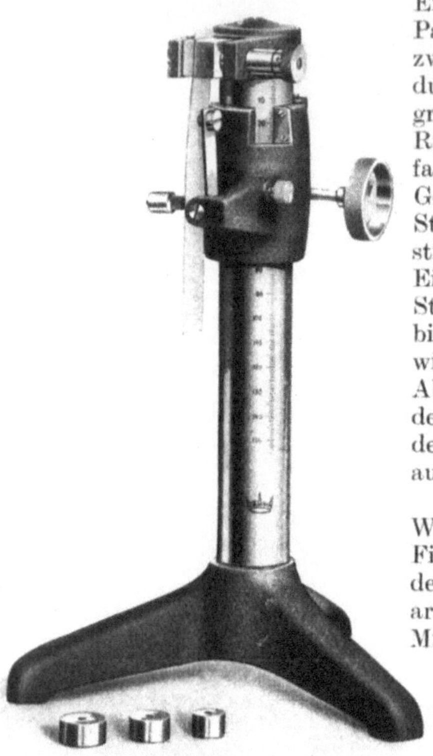

Abb. 32. Ewald-Steifeprüfer der Askania-Werke.

Ein 2 cm breiter, bis zu 15 cm langer Papierstreifen wird an einem Ende zwischen zwei Klemmbacken, die durch Teile von Zylinderflächen begrenzt werden, so in senkrechter Richtung festgeklemmt, daß er ebenfalls zylindrisch durchgebogen wird. Gegen die Innenseite des gewölbten Streifens drückt ein Hebel mit bestimmter Belastung, der, von der Einspannstelle beginnend, entlang des Streifens nach unten geführt wird, bis dieser durchknickt. Die Steife wird nach der Knicklänge, d. h. dem Abstand zwischen der Einspann- und der Knickstelle, beurteilt; sie ist an der Skala mit Hilfe eines Nonius bis auf Zehntelmillimeter genau ablesbar.

Ein neueres von Cornely und Wiesdorf konstruiertes, von der Firma Ferd. Schoeller, Köln-Lindenthal, gebautes Gerät (Abb. 33) arbeitet nach folgendem Prinzip: Mittels einer Gewichtswaage wird die Kraft gemessen, die nötig ist, um einen Streifen von bestimmter Breite und gemessener Länge um einen meßbaren Winkel zu biegen. Ein Streifen von 15 mm Breite des zu prüfenden Papiers oder Kartons (1) wird in den an der Mittelachse befindlichen Streifenhalter (2) so eingelegt, daß die auf den Reiterarmen (3) sitzenden zwei Reiter (4) wechselseitig an den Streifen anliegen. Die beiden Reiter sind auf den Reiterarmen verschiebbar angeordnet. Die Reiterarme besitzen von der in der Mitte befindlichen Einspannklemme aus nach beiden Seiten gehende Skalen von 0—125 mm, so daß die gesamte Einspannlänge bei doppelseitiger Anlage von 0—250 mm variiert werden kann. Läßt man nur einen Reiter anliegen, so kann die Messung auch einseitig vorgenommen werden. Die Reiterarme mit den beiden Reitern werden durch die Kurbel (5) gedreht, wobei der Probestreifen die Bewegung der Reiterarme auf die Einspannklemme und damit auf die Mittelachse überträgt.

die mit dem Streifenhalter unabhängig von den Reiterarmen gelagert ist. Die Drehung der Mittelachse wird weiter auf den Gewichtszeiger (*6*) übertragen, der vor der Gewichtsskala (*7*) spielt. Die auf den Probestreifen an der Einspannklemme der Mittelachse ausgeübte Kraft wird an der Waage in Gramm abgelesen, der Durchbiegungswinkel an der mit dem einen Ende der Reiterarme starr verbundenen Winkelskala (*8*).

Abb. 33. Steifeprüfer nach Cornely und Wiesdorf. (Aus „Der Papierfabrikant".)

Die verschiedenen zur Messung der Steife von Papier verwendeten Verfahren sind von Brecht und Blikstadt einer kritischen Betrachtung unterzogen worden.

K. Besondere Prüfverfahren für Druckpapiere.

1. Glätte. Die Oberflächenbeschaffenheit spielt bei Druckpapieren eine wesentliche Rolle, da von ihr die Güte des Druckes in hohem Maße beeinflußt wird. Der Glätteprüfer nach Bekk[1] (Abb. 34) beruht auf dem Prinzip, daß die Abdichtung zwischen einem Papierblatt und einer mit bestimmten Druck angepreßten starren polierten Oberfläche um so vollkommener ist, je glatter die Papieroberfläche ist.

Die Meßanordnung ist folgende: Das Prüfstück a (Abb. 35) wird auf den gläsernen, in der Mitte durchbohrten Stempel b gelegt, unter Zwischenlage einer weichen Gummiplatte c mit dem Druckteller d beschwert und das Ganze mit einem herunterklappbaren Hebel (Abb. 34) belastet. Die Auflagefläche des Stempels beträgt 10 cm², der Querschnitt seiner Bohrung 1 cm², der Hebeldruck 10 kg, der durch Belastung des Hebelarmes mit Gewichten auf z. B. 100 kg erhöht werden kann. Die Stempelbohrung steht über einen Dreiwegehahn mit einem luftleeren Behälter in Verbindung, an dem ein Quecksilbersteigrohr angeschlossen ist. Bei

---

[1] Herstellerfirma: R. Fuess, Berlin-Steglitz.

Herstellung der Verbindung zwischen Luftbehälter und Stempel strömt zwischen der zu prüfenden Papieroberfläche und dem Stempel die Außenluft um so schneller in das sonst vollkommen luftdichte System ein, je rauher die Papieroberfläche ist. Als normale Glättezahl wird die Zeit des Eindringens von 10 cm³ Außenluft bei einem mittleren Unterdruck von 0,5 kg/cm² ermittelt, entsprechend dem Absinken der Quecksilbersäule zwischen zwei an der Skala angemerkten Punkten.

Um die Meßdauer bei sehr glatten Papiersorten abzukürzen, wird durch Umlegen eines Hahnes ein kleinerer Luftbehälter eingeschaltet, der so bemessen ist, daß das 10fache Meßergebnis der normalen Glättezahl entspricht.

Durch Verwendung eines besonderen Aufsatzes an Stelle von Druckteller und Gummiplatte, der durch Schraubendruck gegen die Stempelfläche gepreßt

Abb. 34. Glätte- und Porositätsprüfer nach Bekk.

wird, läßt sich das Gerät auch zum Messen der Luftdurchlässigkeit des Papiers verwenden. Dabei wird die Durchtrittszeit von 100 cm³ Luft durch 1 cm² Papier bei einem mittleren Unterdruck von 0,5 kg/cm² ermittelt.

2. Rupffestigkeit. Wenn im Druckvorgang beim Abheben der an das Papier angepreßten Druckform infolge der Viscosität der Druckfarbe Teilchen aus der Papieroberfläche abgerissen werden, so bezeichnet man dies mit „Rupfen". Die Rupffestigkeit (Einreißfestigkeit der Papieroberfläche) ist nach Bekk durch die Kraft definiert, die erforderlich ist, um einen Papierstreifen, der auf eine Unterlage festgeklebt ist, unter einem bestimmten Angriffswinkel zur Abtrennung zu bringen.

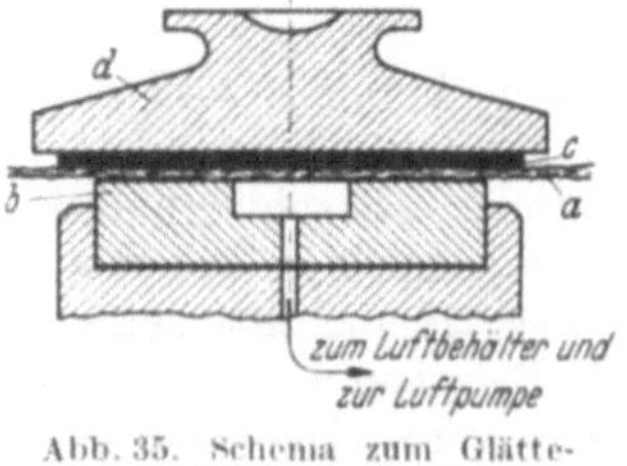

Abb. 35. Schema zum Glätteprüfer nach Bekk.

Das zur Bestimmung dieser Kraft konstruierte Gerät[1] besitzt folgende Meßanordnung: Ein 2,5 cm breiter, flacher Messingstab a (Abb. 36)

Abb. 36. Rupffestigkeitsprüfer nach Bekk.

wird mit geschmolzenem Schellack auf 2 cm breite Prüfstreifen b aufgeklebt. Das freie Ende des Prüfstreifens wird sodann mittels einer Klemme c am Mantel einer drehbaren Trommel d, der Messingstab selbst in einer um die Achse dieser Trommel schwenkbaren Haltevorrichtung festgeklemmt, derart, daß die Verlängerung des Stabes a mit dem gespannten Prüfstreifen b einen Winkel bildet, der beliebig einstellbar ist. Die Trommel d trägt ein Pendelgewicht e, das beim Abwärtsschwenken des Stabes nach rechts bewegt wird und den auf den Prüfstreifen wirkenden Zug so lange vermehrt, bis der Prüfstreifen sich an der Klebekante vom Stab trennt. Ein

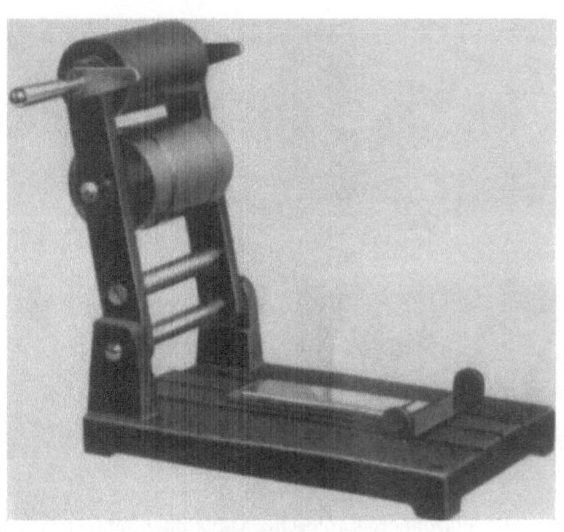

Abb. 37. Kratzprüfer nach Bekk.

Schleppzeiger gibt an der Skala unmittelbar die zum Einreißen erforderliche Belastung an. Als „Rupffestigkeit" des Papiers wird zweckmäßig die auf 1 cm Streifenbreite berechnete und bei einem wirksamen Winkel von 36° ermittelte Einreißbelastung bezeichnet.

---

[1] Herstellerfirma: R. Fuess, Berlin-Steglitz.

3. Prüfung der Papieroberfläche auf sandige Bestandteile. Die Kenntnis des Gehalts der Papieroberfläche an sandigen Bestandteilen ist insbesondere für die Bewertung von Tiefdruckpapieren von Wichtigkeit, da der polierte Tiefdruckzylinder beim Verdrucken kratzender Papiere starkem Verschleiß ausgesetzt ist, was sich im Druckerzeugnis in Form durchgehender Linien und allgemeinen „Tonens" bemerkbar macht. Bekk beurteilt den Gehalt des Papiers an sandigen Bestandteilen nach dem Kratzbild, das entsteht, wenn ein Streifen des zu prüfenden Papiers unter feststehenden Bedingungen an einer Glasoberfläche entlang gezogen wird. Die für diese Untersuchung dienende Vorrichtung[1] besitzt, wie Abb. 37 zeigt, einen aufklappbaren Hebel, der eine polierte Stahlwalze trägt. In waagerechter Lage übt diese einen Druck von 2,6 kg auf die Unterlage aus. Als solche dient eine Stahlplatte, die zur Aufnahme von Objektträgern aus Glas (Breite 2,6 cm) eingerichtet und um ihre zur Walzenachse senkrechte Mittellinie kippbar gelagert ist, wodurch eine gleichmäßige Verteilung des

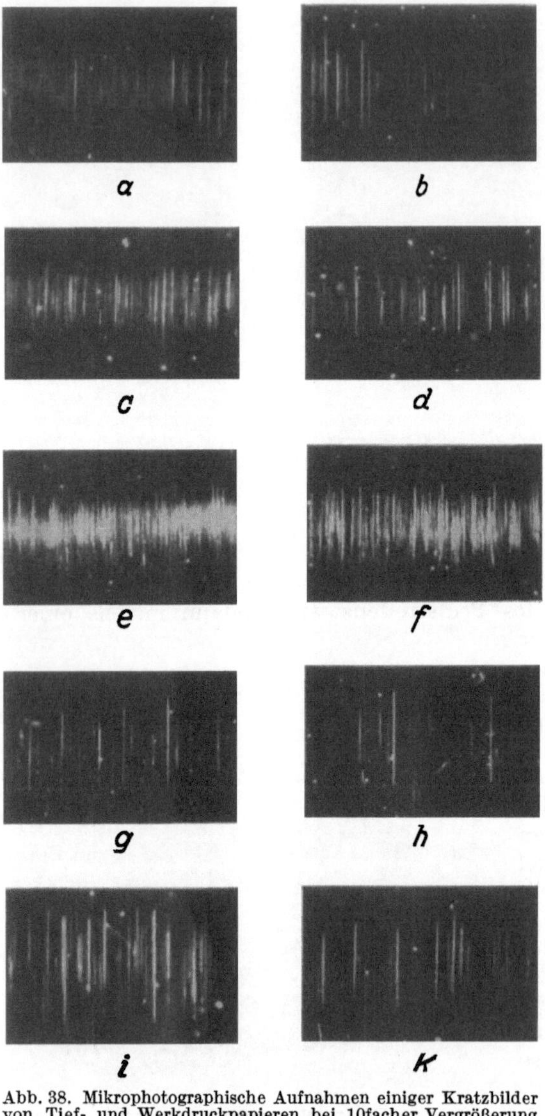

Abb. 38. Mikrophotographische Aufnahmen einiger Kratzbilder von Tief- und Werkdruckpapieren bei 10facher Vergrößerung (Maßstab der Wiedergabe etwa 1:1,25). (Aus „Zellstoff u. Papier".)

Druckes erreicht wird. Zwischen Glasplatte (Objektträger) und Stahlwalze werden Streifen des zu prüfenden Papiers auf einer Strecke von 10 cm durchgezogen, wobei demnach der Druck 1 kg je Zentimeter

---

[1] Herstellerfirma: R. Fuess, Berlin-Steglitz.

Streifenbreite beträgt. Der Objektträger wird sodann zum Auswerten der Kratzbilder im Mikroskop mit einem Strahlenbündel durchleuchtet, das unter 45° von unten einfällt.

In Abb. 38 sind von Bekk hergestellte mikrophotographische Aufnahmen (10fache Vergrößerung) einiger Kratzbilder wiedergegeben, die einer Prüflänge von je 10 cm entsprechen. a und b sind die beiderseitigen Kratzbilder eines einwandfreien Tiefdruckpapiers; c und d, sowie e und f beziehen sich dagegen auf Papiere, die bereits bei Auflagen unter 6000 bzw. 3000 Drucken merklichen Angriff auf die polierten Teile des Tiefdruckzylinders aufwiesen. Die Bilder g und h gehören dagegen zu einem einwandfreiem, i und k zu einem bei höherer Auflage (über 100000) die Schrifttypen deutlich schädigenden Werkdruckpapier.

4. Flächenveränderungsvermögen. Die Eigenschaft von Papier, in feuchter Luft sich zu dehnen, in trockner Luft zu schrumpfen, wirkt sich bei manchen Druckpapieren, z. B. bei solchen für Mehrfarbendruck ungünstig aus, da ein großes Flächenveränderungsvermögen des Papiers sog. Paßdifferenzen hervorruft. Die Ursache der Dimensionsänderungen ist in der Quellfähigkeit der Fasern begründet. Diese Quellfähigkeit kann durch die Wahl der Rohstoffe, durch Art der Mahlung und Leimung und besonders durch die Arbeit auf der Papiermaschine reduziert, jedoch niemals ganz aufgehoben werden.

Das Dehnen und Schrumpfen von Papier unter dem Einfluß wechselnder Luftfeuchtigkeit wird im Staatl. Materialprüfungsamt Berlin-Dahlem nach folgendem Verfahren festgestellt:

Auf drei Abschnitten des zu prüfenden Papiers, die mehrere Tage bei 65% Luftfeuchtigkeit ausgelegen haben, werden in der Längs- und Querrichtung rund 200 mm voneinder entfernte Marken angebracht und der Abstand auf 0,1 mm genau gemessen. Darauf werden die Bogen wiederum mehrere Tage bei etwa 35%, 90% und zur Feststellung, ob sie ihren ursprünglichen Zustand wieder voll erreichen, auch nochmals bei 65% Luftfeuchtigkeit ausgelegt. Nach jedem Ausliegen erfolgt Messung der Markenabstände. Aus den Meßwerten der 3 Blätter werden dann die Mittel gebildet. Die Messung wird mit dem Abbe-Zeißschen Komparator ausgeführt.

Vorschriften, Normen, Dienstanweisungen (V, 592).

Abgeändert sind:

6. Verordnung über Papier zu Frachtbriefen 1926 vgl. Reichsministerialblatt Nr. 42, 22. 10. 37.

8. Vorschriften des deutschen Eisenbahn-Verkehrsverbandes (RBD Hannover) für Pappen zur Herstellung von Kästen 1931 vgl. Bestimmungen über Einheitsverpackungen 1936.

15. Vorschriften für Quittungskartenkarton 1921 vgl. Amtliche Nachrichten für Reichsversicherung 1934, Nr. 2 und 1938 Nr. 15.

Ungültig sind:

20. Normen für Rohdachpappe 1913.

Hinzugekommen sind:

22. DIN/DVM 2117 Rohdachpappe,

23. DIN/DVM 2118 Rohdachpappe, Wollfilzpappe, Prüfverfahren,

24. DIN/DVM 2119 Wollfilzpappe,

25. DIN/DVM 2128 Bitumendachpappen mit beiderseitigen Bitumendeckschicht,

26. DIN/DVM 2129 nackte Bitumenpappen,

27. DIN/DVM 2130 Prüfung von Asphaltbitumenpappen (teerfrei),
28. DIN/DVM 3411 Prüfung von Papier: Quadratmetergewicht-Dicke-Raum-
gewicht,
29. DIN/DVM 3412 Prüfung von Papier: Zugversuch-Berstversuch-Falz-
versuch,
30. DIN/DVM 3413 Prüfung von Papier: Luftdurchlässigkeit -Wasserdampf-
durchlässigkeit,
31. RAL Nr. 470 A Bezeichnungsvorschriften für Papiersorten,
32. RAL Nr. 477 A Lieferbedingungen für RAL-Postpackpapier „Postpack“,
33. RAL Nr. 478 B (im Entwurf) Bezeichnungsvorschriften, Lieferbedingungen
und Prüfverfahren für Preßspan,
34. RAL Nr. 478 C Bezeichnungsvorschriften, Lieferbedingungen und Prüfverfahren für Schuhpappen.
35. RAL Nr. 475 B (im Entwurf) Lieferbedingungen und Prüfverfahren für
Papiertapeten.

Literatur.

Bandel, G.: Angew. Chem. **51**, 570 (1938). — Beck, J.: Illustrationsdruck
und Papierqualität. Berlin 1933. — Berndt, K.: Zellstoff u. Papier **15**, 487 (1935);
16, 15 (1936). — Bohm, E.: Ztschr. f. Unters. Lebensmittel **76**, 362 (1938). —
Braukmeyer, R. u. Fr. Bühl: Mell. Textilber. **19**, 518 (1938). — Brecht, W.
u. Blickstadt: Papierfabr. **36**, 532 (1938). — Brecht, W. u. Imset: Wbl. f.
Papierfabr. **64**, 848 (1933). — Brigth: Paper Testing Methods, p. 20. New York
1928. — Burgstaller, F.: (1) Papierfabr. **35**, 46, 52 (1937). — (2) Wbl. f. Papierfabr. **68**, 298 (1937).

Carson: Zellstoff u. Papier **10**, 193 (1930).

Dalén, G.: Mittl. staatl. Materialprüfungsamt Berlin-Dahlem **1922**, 238. —
Dankwortt, P. W.: Luminiscens-Analyse, 3. Aufl. Leipzig 1934.

Esch, W.: Kunststoffe **28**, 226 (1938).

Grundy, M.: Paper Makers Journ. **85**, 102 (1933). — Günther, O. F.: Diss.
Dresden 1930.

Hall: Papierprüfung, herausgeg. von Herzberg, 7. Aufl., S. 120. Berlin 1932. —
Hartig: Papier-Ztg. **7**, 598 (1882). — Heermann, P.: Färberei- und textilchemische
Untersuchungen, 6. Aufl. Berlin 1935. — Herzberg, W.: Papierprüfung, herausgeg. von Herzberg, 7. Aufl. Berlin 1932. — (1) S. 1. — (2) S. 87. — Herzog, A.:
(1) Mikrochemische Papieruntersuchung, S. 46. Berlin 1935. — (2) Kunstseide
10, 383 (1928). — Holde, D.: Untersuchung der Kohlenwasserstofföle und Fette,
7. Aufl. Berlin 1933.

I.G. Farbenindustrie A.G.: Druckschrift „I.G. 1418d“.

Kantrowitz and Simmons: Paper Trade Journ. **98**, 46 (1934). — Klemm, P.:
(1) Wbl. f. Papierfabr. **40**, 1675 (1909). — (2) Papierfabr. **33**, 366 (1935). — (3) Handbuch der Papierkunde, 3. Aufl., S. 312. Leipzig 1923. — (4) Wbl. f. Papierfabr.
67, 816 (1936). — Korn, R.: (1) Wbl. f. Papierfabr. **70**, 6, 33 (1936). — (2) Papierfabr. **36**, 21, 29 (1938). — (3) Papierfabr. **35**, 33 (1937). — Krätschmar: Wbl.
f. Papierfabr. **63**, 207 (1932).

Lofton and Merrit: Paper Makers Month. Journ. **51**, Nr. 2 (1921).

Metz, L.: Kunststoffe **27**, 267 (1937).

Nickel: Papierprüfung, herausgeg. von Herzberg, 7. Aufl., S. 26. — Noll, A.:
(1) Papierfabr. **36**, 133 (1938). — (2) Papierfabr. **36**, 351 (1938). — Noll u. Nagel:
(1) Papierfabr. **32**, 289 (1934). — (2) Papierfabr. **32**, 277 (1934). — Noll u. Preiß:
Papierfabr. **35**, 213 (1937). — Noß u. Sadler: Papierfabr. **31**, 413 (1933).

Rath, H.: Klepzigs Textil-Ztschr. **40**, 292 (1937).

Scheiber-Sändig: Die künstlichen Harze. Stuttgart 1929. — Schmidt, E.:
Chem.-Ztg. **34**, 839 (1910). — Schopper, A.: Wbl. f. Papierfabr. **68**, 97 (1937). —
Schütz, F.: Papierfabr. **36**, 55 (1938). — Schulze, B.: (1) Papierfabr. **30**, 65
(1932). — (2) Papierfabr. **35**, 25, 37 (1937). — (3) Papierfabr. **33**, 165 (1935). —
Schulze u. Goethel: Wbl. f. Papierfabr. **65**, 111 (1934). — Schulze u. Rieger:
Papierfabr. **32**, 245 (1934). — Schwabe, K.: Wbl. f. Papierfabr. **67**, 24 (1936). —
Sommer, H.: Mell. Textilber. **17**, 787 (1936). — Staedel, W.: Papierfabr. **31**,
535, 545 (1933).

Wisbar: Mitt. staatl. Materialprüfungsamt Berlin-Dahlem **1922**, Heft 6.

Zaparnik: Chemist. Analyst **21**, Nr. 2 (1932).

Mechanisch-technologische Prüfung von Gespinstfasern und Textilien.

Von

Prof. Dr.-Ing. **H. Sommer** und Dr. **H. Mendrzyk,**

Staatliches Materialprüfungsamt Berlin-Dahlem, Abteilung Faserstoffe.

I. Einleitung (V, 594).

Bei der Behandlung vieler textilchemischer Fragen (vgl. a. V, 983 bis 1005 und 1214—1443) kann auf die Mitanwendung mechanisch-technologischer Prüfverfahren nicht verzichtet werden. Für die Auswahl dieser Prüfverfahren maßgebend ist der Zweck, zu welchem die Prüfung durchgeführt wird. Eine einfache Gütebeurteilung (vgl. E. Seidl), wie sie die Grundlage von Lieferungskontrollen nach bestimmten Lieferbedingungen bildet, kann zur Prüfung einzelne Eigenschaften heranziehen, die nur mittelbar in einer systematischen Beziehung zu den für die praktische Bewährung tatsächlich in Frage kommenden Eigenschaften stehen. Dagegen muß sich der Nachweis eines bestimmten Gebrauchswertes [H. Sommer (9)], wie er häufig bei Entwicklungsarbeiten durchzuführen ist, auf solche Gruppen von Einzelprüfungen stützen, die die praktische Beanspruchung im Gebrauch möglichst getreu nachahmen. Die für die Aufklärung von Schadensfällen erforderlichen Untersuchungen lassen sich im allgemeinen im voraus nicht festlegen.

Bei der Durchführung von Textilprüfungen muß man sich darüber klar werden, daß verhältnismäßig große Fehlermöglichkeiten bestehen. Diese Fehler können entweder

1. im Material selbst,
2. im Beobachter oder
3. in den Versuchsbedingungen des Prüfverfahrens begründet sein.

Die durch das Material bedingten Abweichungen der Versuchsergebnisse können, da sie Folgeerscheinungen der veränderlichen Wachstumsoder Herstellungsbedingungen sind, durch den Prüfenden selbst nicht beeinflußt werden. Sie lassen sich daher auch als Streuungsmaß für die Gütebeurteilung heranziehen. Die durch den Beobachter verursachten Fehler können z. B. entstehen: bei der Versuchsausführung durch unbeabsichtigte Beeinflussung des Probenzustandes, beim Ablesen der Werte durch Nichtbeachtung der Parallaxe oder durch einseitiges Abrunden und unsachgemäße Auswertung der Versuchsergebnisse (willkürliches Auslassen herausfallender Werte, Einbeziehung von Fehlergebnissen usw.). Auch die Prüfverfahren können mit apparativen und methodischen Fehlern behaftet sein, die jedoch durch Apparateichung und eindeutige Festlegung der Versuchsbedingungen [H. Sommer (8)] auf ein Mindestmaß herabgedrückt werden können. Eine solche Festlegung von Prüfbedingungen ist die erste Voraussetzung für die Wiederholbarkeit, Eindeutigkeit und Vergleichbarkeit von Prüfergebnissen zu jeder Zeit und an jedem Ort.

Eine Sammlung solcher Normvorschriften für die wichtigsten mechanisch-technologischen Textilprüfverfahren liegt in den Normblättern DIN DVM 3801 vor. Für Sonderzwecke bestehen Prüfvorschriften in den Lieferbedingungen der Behörden, des Reichsausschusses für Lieferbedingungen (RAL), des Bureau international pour la standardisation des fibres artificielles (Bisfa) usw., sie lehnen sich im wesentlichen an die Normen des DIN DVM 3801 an. Die nachfolgende Beschreibung der Prüfverfahren (vgl. P. Heermann und A. Herzog) stützt sich daher in der Hauptsache auf diese Vorschriftensammlung.

II. Prüfvorschriften.

A. Prüfraum und Probenvorbereitung.

Für die Wiederholbarkeit der Ergebnisse ist von ausschlaggebender Bedeutung die Einhaltung eines Normalzustandes des Probematerials durch entsprechende Probenvorbereitung und bestimmte Beschaffenheit des Prüfraumes. Mit Rücksicht auf die Hygroskopizität der Spinnstoffe und dem dadurch bedingten Einfluß auf Gewicht, Festigkeitseigenschaften und Formänderungsvermögen, müssen die Prüfungen unter konstanten Raumluftverhältnissen durchgeführt werden.

Abb. 1 zeigt die bekannte gesetzmäßige Beziehung des Feuchtigkeitsgehalts der Spinnstoffe zur relativen Luftfeuchtigkeit. Da die Größe der Feuchtigkeitsaufnahme nicht nur bei verschiedenen Spinnstoffen, sondern auch bei der gleichen Faserart in Abhängigkeit von Herkunft und Zustand (wie z. B. Anwesenheit von Fremdstoffen, Einfluß von Veredlungsarbeiten) verschieden ist, muß prüfungstechnisch auf die Festsetzung eines bestimmten Feuchtigkeitsgehaltes verzichtet und als Norm jener natürliche Feuchtigkeitsgehalt angesehen werden, der sich bei bestimmter relativer Luftfeuchtigkeit einstellt. Aus Zweckmäßigkeitsgründen ist als Norm eine relative Luftfeuchtigkeit von 65% (± 1) bei 20° C (± 2) Raumtemperatur gewählt worden.

Allerdings erfüllt diese schon seit Jahrzehnten für die amtliche Textilprüfung geltende Norm ihren Zweck nur, wenn dem Fasergut

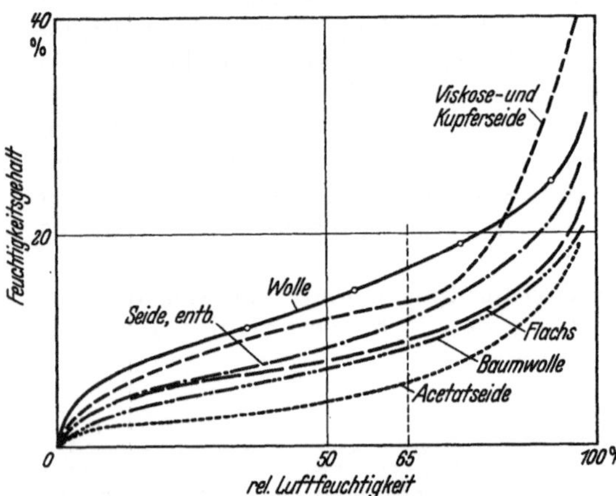

Abb. 1. Einfluß der Luftfeuchtigkeit auf den Feuchtigkeitsgehalt verschiedener Spinnstoffe.

genügend Zeit zur Herstellung des Gleichgewichtszustandes zwischen Faserfeuchtigkeit und Normalluftfeuchtigkeit gelassen wird. Die **Geschwindigkeit der Feuchtigkeitsaufnahme und -abgabe** durch das Fasergut ist von dem für eine gute Durchlüftung maßgebenden Auflockerungsgrad, der Probengröße, der Luftbewegung und vom Intervall des eingetretenen Luftfeuchtigkeitswechsels abhängig. Der Endzustand stellt sich bei Überfeuchtigkeit viel langsamer ein als von der trockneren Seite, so daß noch nach Tagen ein merklicher Feuchtigkeitsunterschied gegenüber dem Normalwert besteht (Abb. 2). Dieser Unterschied zwischen der vom feuchteren und vom trockneren Zustand aus erreichten Anpassung an die Normalluftfeuchtigkeit (Quellungshysterese) bedingt, daß zur Sicherung der Wiederholbarkeit die Angleichung stets vom trockneren Zustand aus erfolgt, gegebenenfalls nach einer leichten Vortrocknung (1 Stunde bei 50°).

Die Proben sind, um eine möglichst schnelle und gleichmäßige Anpassung herbeizuführen, in gut aufgelockertem Zustand mindestens 24 Stunden, bei Schwergeweben 72 Stunden bei der Normalluftfeuchtigkeit auszulegen. Loses Fasergut wird dabei zweckmäßig in einem weitmaschigen Gazebeutel oder in

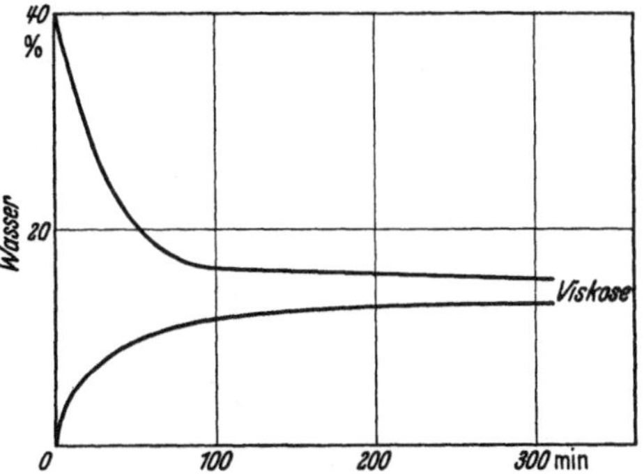

Abb. 2. Geschwindigkeit der Wasserabgabe von 100 auf 65% und der Wasseraufnahme von 0 auf 65% relativer Luftfeuchtigkeit.

einem Drahtkorb, Garn grundsätzlich stets in Strangform und Gewebe in einfacher Lage aufgehängt. Hierbei soll der Abstand von den Wänden mindestens 1 m betragen. Zur Vermeidung von Änderungen in der Drehungszahl ist beim Abhaspeln von Garnkörpern das Garn in der gleichen Weise wie bei der Verarbeitung abzuziehen, d. h. Cops, keglige Kreuzspulen u. ä., über Kopf, zylindrische Kreuzspulen und Scheibenspulen senkrecht zur Achse.

Die Herstellung und Aufrechterhaltung der vorgeschriebenen relativen Luftfeuchtigkeit und Raumtemperatur ist nur mittels einer **Klimaanlage** mit der geforderten Toleranz zu erreichen. Da jedoch der genauen Einhaltung der Raumtemperatur eine geringere Bedeutung zukommt und man im Bereich von 15—25° annähernd die gleichen Ergebnisse erzielt — gleiche relative Luftfeuchtigkeit vorausgesetzt —, so genügt für die meisten Fälle eine einfache Befeuchtungsanlage. Eine behelfsmäßige Regelung der Luftfeuchtigkeit kann auch bei zu trockner Luft durch Verdampfen von Wasser und durch Aushängen von feuchten Tüchern, bei zu feuchter Luft durch Heizung erfolgen. Da der Dauerbetrieb von Klima- und Befeuchtungsanlagen verhältnismäßig kostspielig ist, genügt die Aufrechterhaltung der Normalfeuchtigkeit während der eigentlichen Arbeitszeit. Dagegen kann das Ausliegen der Proben über Nacht in einem Hygrostaten (Klimaschrank) erfolgen, bei dem die relative Luftfeuchtigkeit durch feuchtes NH_4NO_3 oder $CaCl_2$-Lösung von einer Dichte von 1,28 und die Temperatur durch Isolierung konstant gehalten werden (vgl. J. Obermiller).

B. Trockengehaltsbestimmung (Konditionierung).

1. An kleinen Proben. Die Bestimmung des Trockengewichtes von kleinen Proben (bei losem Fasergut nicht über 5 g, bei Garnen und Geweben nicht über 10—15 g) erfolgt im Wägegläschen durch Trocknen

Abb. 3. Siemens-Konditionieranlage mit 2teiligem Vortrockner und zwei Haupttrocknern.
(Aufn. Siemens.)

bei 105—110°. Die Trocknung kann durch Luftbewegung oder Absaugen der feuchten Luft beschleunigt werden und ist als beendet anzusehen, wenn die Probe innerhalb von 30 Minuten nicht mehr als 0,05% an Gewicht verliert. Im allgemeinen ist die Trocknung normalfeuchten und nicht zu dicht gepackten Textilmaterials in etwa 2 Stunden beendet. Nach dem Herausnehmen aus dem Trockenschrank wird das Wägeglas offen in einem Exsiccator abgekühlt und dann verschlossen zur Wägung gebracht.

2. Bei größeren Proben. Die Feuchtigkeitsgehaltsbestimmung an größeren Proben wird nach genau festgelegten „Konditioniervorschriften" zur Bestimmung des Handelsgewichtes als amtliche Prüfung in den „Konditionieranstalten" laufend durchgeführt. Diese Vorschriften waren bisher für die einzelnen Spinnstoffe sehr unterschiedlich; der Versuch einer möglichst weitgehenden Vereinheitlichung ist in dem Normblattentwurf DIN DVM 3821 gemacht worden. Im folgenden können nur kurz die für alle Spinnstoffe gemeinsam geltenden Grundsätze der Konditionierung angegeben werden.

Die nach den jeweils geltenden Sondervorschriften gezogenen Proben werden zur Vermeidung von Gewichtsänderungen in luftdicht schließenden Behältern aufbewahrt und gewogen. Die Trocknung der etwa 200—400 g schweren Proben erfolgt in Konditionierapparaten bei einer Temperatur von 105—110° (bei Naturseide 140°), indem der vorgewärmte Luftstrom mit einer Geschwindigkeit von 2,5 cm³/min durch das in einen Drahtkorb locker eingelegte Prüfgut durchgeleitet wird (Abb. 3). Die Wägung erfolgt bei abgestelltem Luftstrom, wobei das Fasergut in dem an einer Waage befestigten Korb verbleibt, in Abständen von 10 Minuten, bis der Gewichtsverlust zwischen zwei Wägungen weniger als 0,05 % beträgt. Wird die Probe zur Beschleunigung des Fertigtrocknens einer Vortrocknung unterworfen, so darf die Temperatur im Vortrockner 90° nicht überschreiten. Im allgemeinen ist die Trocknung in $^1/_2$—$^3/_4$ Stunde beendet.

Aus dem Trockengewicht a berechnet sich das Handelsgewicht b, das auch für die Bestimmung der konditionierten Garnnummer (s. S. 216) maßgebend ist, mit Hilfe des handelsüblichen Zuschlages c zu

$$b = \frac{a\,(100 + c)}{100}.$$

Der zwischen den Erzeuger- und Verarbeiterverbänden vereinbarte handelsübliche Feuchtigkeitszuschlag entspricht etwa dem für die Verarbeitung des betreffenden Spinnstoffes günstigsten Feuchtigkeitsgehalt und steht daher in keiner allgemein gültigen Beziehung zu dem bei der für die Prüfung vorgeschriebenen relativen Luftfeuchtigkeit enthaltenen Wasser (Tabelle 1).

Im allgemeinen erfolgt die Konditionierung im Anlieferungszustand; bei stark geölten Streichgarnen, ölgeschlichteten Kunstseiden u. ä. muß vor der Trockengehaltsbestimmung eine Entölung bzw. Entschlichtung vorgenommen werden.

3. Die Entfernung der Öle und Schlichten erfolgt durch Extraktion mit organischen Lösungsmitteln oder durch eine Waschbehandlung (Entölung und Entschlichtung nach den Bisfa-Vorschriften 1938, S. 33, Ziffer 301, bzw. RAL 380 B 4).

a) Für Viscose- und Kupferkunstseide eignen sich die folgenden Verfahren als Laboratoriumsmethoden für die Feststellung des Titers und des Verkaufsgewichtes:

α) Zur Entfernung stärkehaltiger Schlichten: Man bereitet ein Bad von 2 g/l einer konzentrierten, stärkelösenden Substanz (z. B. Diastafor oder Viveral) und läßt die Probe zunächst 12 Stunden einweichen, wobei das Flottenverhältnis 1:40 und die Anfangstemperatur 50° beträgt.

β) Zur Entfernung aller übrigen Schlichten: Man bereitet ein Bad aus 5 g/l Marseiller Seife und 3 g/l Natriumperborat. In dieses Bad geht man bei einem Flottenverhältnis von 1:40 bei einer Temperatur von 40° mit der Probe ein, zieht 15 Minuten um und läßt die Probe, die vollständig vom Bad bedeckt sein muß, darin 12 Stunden unter freiwilliger Erkaltung des Bades erweichen. Sodann behandelt man in demselben Bade 2 Stunden bei 95° unter dauerndem Umziehen.

Anschließend wird sowohl im Falle a) als auch im Falle b) wie folgt verfahren:

Es wird 2mal in frischen Marseiller Seifenbädern von je 5 g/l destillierten Wassers je 30 Minuten bei 85° unter dauerndem Umziehen behandelt. Danach zieht man 2mal je 15 Minuten lang in destilliertem Wasser von 95° um und spült schließlich in kaltem destilliertem Wasser nach.

Tabelle 1.

Spinnstoff	Zustand (Aufmachung)	Handelsüblicher Feuchtigkeitszuschlag %	Feuchtigkeitsgehalt bei 65% rel. Luftf. %
Wolle	Kammgarn, Kammzug, Abrisse und Wickel	18,25	
	nicht ganz rein gewaschene Wolle	18	
	Streichgarne, Waschwolle, Reißwolle, carbonisierte und gewaschene Kämmlinge	17	15,5
	Kämmlinge trocken (Schlumberger)	16	
	Kämmlinge in Öl (Lister u. Noble)	14	
	Reißwollgarne	14	
Baumwolle	roh und alle Garne	8,5	7,5
Flachs, Hanf, Ramie	alle Verarbeitungsstufen	12	10
Jute	desgl.	13,75	12,5
Sisal u. a. Hartfasern	desgl.	12	10
Kupfer- und Viscose-Kunstseide	Garne	11	13,5
Seide	alle Verarbeitungsstufen	11	11
Acetatkunstseide	unbehandelt	6	6,5
	entölt und entschlichtet	9	
Kupfer- und Viscose-Zellwolle	Kammgarnspinnverfahren	14,25	
	Baumwollspinnverfahren	11	14
Acetatzellwolle	Kammgarnspinnverfahren	9 (10)	
	Baumwollspinnverfahren	6	6,5
Mischgarne: Wolle/Zellwolle	70 Wolle 30 Zellwolle (Kupfer- und Viscose-)	17,75	15
	50 Wolle 50 Zellwolle	16,75	14,5
	25 „ 75 „	15,5	
	70 Wolle 30 Acetatzellwolle		13
	50 „ 50 „		11
	25 „ 75 „		9
Baumwolle/Zellwolle (Kupfer- und Viscose-)	16 Zellwolle 84 Baumwolle	8	8,5
	30/33 „ 70/67 „	9,5	9,5
	50/55 „ 50/45 „	10	11
	70/75 „ 30/25 „	10,5	12,5

b) **Acetatkunstseide** wird nach folgenden Vorschriften entölt:

α) Mit Neutralseife. Um die zu prüfenden Stränge zu entölen, sind sie in folgenden Bädern zu behandeln:

1. Bad: während 15 Minuten in einer 0,5%igen Lösung von Neutralseife in destilliertem Wasser von 50°.

2. Bad: während 15 Minuten in destilliertem Wasser von 50°.

3. Bad: während 15 Minuten in einer 0,1%igen Lösung von Neutralseife in destilliertem Wasser von 50°.

4., 5. und 6. Bad: während 5 Minuten in destilliertem Wasser von 50°.

Anschließend ist das Wasser mit einer Laboratoriumszentrifuge aus Porzellan zu entfernen, und die Stränge sind in einem Trockenraum bei 105° mit Luftzirkulation zu trocknen.

β) Durch die Extraktionsmethode mit Äthyläther. Man legt einen Strang von 30—35 g in einen Soxhlet-Extraktionsapparat von 200 cm³ Fassungsvermögen, gemessen bis zum oberen Rand des Hebers.

Dieser Soxhlet-Apparat befindet sich über einem Glaskolben von 300 cm³ Fassungsvermögen, welcher 250 cm³ Äthyläther vom spezifischen Gewicht 0,72 enthält. Über dem Soxhlet-Apparat befindet sich ein durch fließendes Wasser gekühlter Kondensator (Kühler). Der Soxhlet-Apparat ist mit dem unteren Gefäß und mit dem Kondensator durch Glasschliffe verbunden. Man bringt den Äther während etwa 12 Stunden in schwaches Sieden und leitet ihn in dieser Zeit 12mal durch den Extraktor.

Der so behandelte Strang wird frei aufgehängt, bis der Äther verdunstet ist, und anschließend während etwa 30 Minuten in einem Trockenraum bei einer Temperatur von 105° mit Luftzirkulation getrocknet.

C. Bestimmung der Abmessungen.

1. Längenmessungen. a) Längenmessungen an Fasern. Zur Kennzeichnung der Faserlänge von sog. „stapligen" Spinnstoffen, worunter vor allem Baumwolle und Wolle zu verstehen sind, dient handelsüblich die „Stapellänge". Diese ist nicht etwa die mittlere Faserlänge des betreffenden Fasergutes, sondern nach Handelsgebrauch der Durchschnitt der längsten Fasern [vgl. W. Frenzel (1)].

Für die Beurteilung des technischen Spinnwertes ist jedoch die Kenntnis der mittleren Faser-

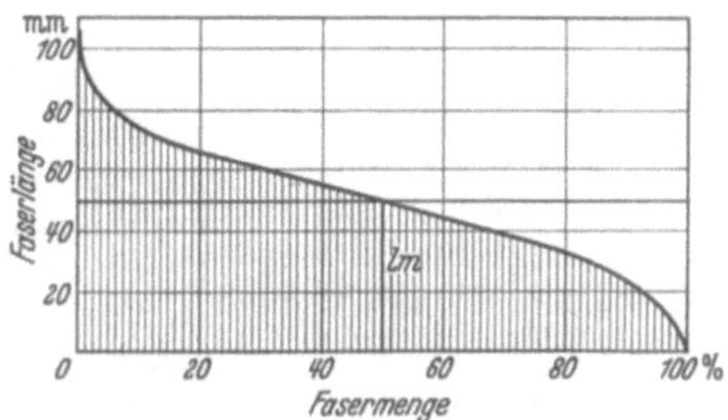

Abb. 4. Stapelschaulinie.

länge und der Faserlängenverteilung wichtiger. Zur anschaulichen Darstellung der Faserlängenverteilung dienen Faserlängenschaulinien, und zwar

1. das Stapelschaubild und 2. die Häufigkeitslinie.

Ursprünglich entstand das Stapelschaubild durch Nebeneinanderlegen der ihrer Länge nach geordneten Fasern; später wurden die Faserlängen in Klassen eingeteilt und die auf jede Längenklasse fallende Fasermenge dem Gewicht oder der Faserzahl nach zur Aufstellung der Stapelschaulinie verwendet (Abb. 4). Da das Auszählen der auf jede Längenklasse fallenden Fasern sehr zeitraubend ist, wird üblicherweise die Faserzahl durch die Häufigkeit $h = g/l$ ersetzt, wobei g das Gewicht der auf die Faserlängenklasse l entfallenden Fasermenge bedeutet. Die Aufzeichnung der Schaulinie erfolgt in der Weise, daß über den auf der Abszisse aneinandergereihten Häufigkeitswerten h die unteren Grenzwerte der Längenklassen als Ordinate aufgetragen werden (Faserzahlschaulinie). An Stelle der Häufigkeitswerte können auch die Gewichtsanteile, ausgedrückt in Prozent des Gesamtfasergewichtes, abgetragen werden (Fasergewichtsschaulinie). Im allgemeinen ist der größeren Einfachheit in der Darstellung und der besseren Anwendbarkeit in der

Praxis halber die Fasergewichtsschaulinie vorzuziehen. In allen Fällen muß bei der Zeichnung der Schaulinie die kürzeste zu berücksichtigende Faserlänge gleich der Längenklassenabstufung sein, die nach den Normvorschriften wie folgt geregelt ist (Tabelle 2).

Tabelle 2.

Faserart	Mittlere Faserlänge mm	Längen-abstufung mm	Probenmenge mindestens g
kurze Fasern	bis 40	2— 4	0,1
mittellange Fasern	40—100	4—10	0,5
lange Fasern	über 100	10 oder ein Mehrfaches von 10	1

Die neben der größten Faserlänge für die Beurteilung wichtige mittlere Faserlänge l_m berechnet sich aus der durch Planimetrieren bestimmten Kurvenfläche F (Abb. 4) und der Länge der Grundlinie b zu

$$l_m = \frac{F}{b}.$$

Die Gleichmäßigkeit in der Faserlänge einer Faserprobe mit der Gesamtfaserzahl z wird durch die Streuung nach der Formel

$$s = \pm \sqrt{\frac{\Sigma h \, (l - l_m{}^2)}{z}}$$

ausgedrückt. Zum Vergleich verschiedener Faserlängenschaubilder kann die Streuungsverhältniszahl v, d. i. die Streuung s in Prozent der mittleren Faserlänge dienen.

Für einen raschen und augenfälligen Vergleich der Längenstreuung mehrerer Fasermuster kann durch Auftragen der Gewichts- bzw. Häufigkeitsprozente über dem Längenklassenmittel die Häufigkeitslinie (Abb. 5) gezeichnet werden. Auch hier muß scharf zwischen der Faserzahl-Häufigkeitslinie und der Fasergewichts-Häufigkeitslinie unterschieden werden.

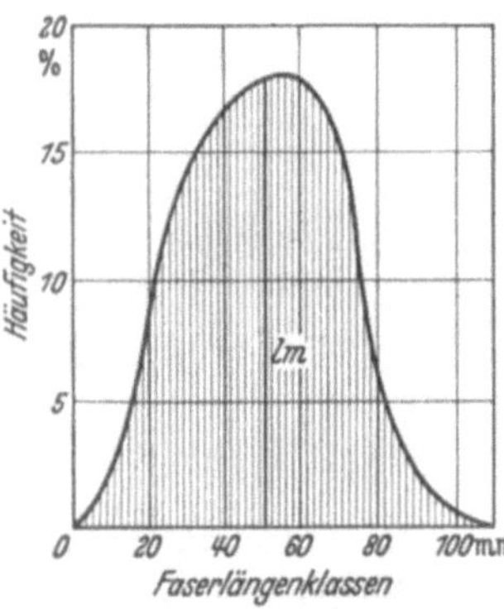

Abb. 5. Häufigkeitsschaulinie.

Stapelsortierverfahren nach Johannsen-Zweigle (O. Johannsen und E. Schmidt). Die aus allen Teilen des Musters entnommenen Fasern müssen in aufgelockertem Zustand Gelegenheit haben, ihre ursprüngliche Form wieder anzunehmen. Bei der Entnahme von Fasern aus Garnen und Geweben ist auf eine gute Auflösung und darauf zu achten, daß Schnittenden nicht verwendet werden.

Die so vorbereitete Faserprobe wird mit dem Stapelsortierapparat der Länge nach geordnet. Dieser besteht aus zwei Nadelfeldern, die aus hintereinander angeordneten Kämmen gebildet werden. Die Abstände der Kämme voneinander und die anzuwendenden Mindestprobenmengen sind oben angegeben (Tabelle 2).

Die Sortierapparate werden als Wollsortierapparate mit zwei getrennten Nadelfeldern (Kammabstand 10 mm) und Baumwollsortierapparate (Abb. 6) mit kombiniertem Doppelnadelfeld und teilweise mechanisierter Umlegung (Kammabstand 2 mm) geliefert.

Das vorsichtig von Hand parallelisierte und angenähert auf eine Grundlinie vorgeordnete Faserbüschel wird mit Hilfe einer Gabel in das erste Kammfeld gedrückt. Mit einer besonders gebauten Zange werden die an der einen Seite des Nadelfeldes vorstehenden Fasern unmittelbar an ihren Enden erfaßt, aus dem Nadelfeld herausgezogen und auf das zweite Nadelfeld so übertragen, daß die von der Zange erfaßten Faserenden unmittelbar vor dem ersten Kamm abgelegt werden. Sind alle aus dem ersten Nadelfeld herausragenden Fasern herausgezogen, so wird der erste Kamm entfernt; die dann freiwerdenden Fasern werden in gleicher Weise übertragen usw. Das Umlegen der Faserbärte kann, falls die Ordnung noch nicht vollkommen ist, auch mehrmals erfolgen.

Abb. 6. Stapelsortierapparat für Baumwolle nach Johannsen-Zweigle. (Aufn. M.P.A.)

Sind auf diese Weise sämtliche Fasern auf der Grundlinie des zweiten Nadelfeldes geordnet, so werden, von den längsten Fasern angefangen, in gleicher Weise die einzelnen Faserlängengruppen entnommen und ihr Gewicht auf 0,1 mg genau bestimmt. Aus den für die einzelnen Längenklassen ermittelten Gewichten können, wie oben angegeben, die Faserzahl- und Fasergewichtsschaulinie sowie die Häufigkeitslinien aufgestellt werden.

Ohne Wägung und Rechnung kann durch Ablegen der sortierten Fasern auf einer Samtplatte ein Stapelschaubild hergestellt werden; dies erfordert jedoch besondere Sorgfalt, da die Fasern in stets gleicher Dichte abgelegt werden müssen.

Stapelsortierverfahren nach Schlumberger. Dieses Verfahren beruht auf dem gleichen Prinzip wie das vorher beschriebene. Der dazu benötigte Apparat ist weitgehend mechanisiert und ist nur für die Sortierung von Wollkammzügen bestimmt (E. Franz und H. Mendrzyk).

Einzelmeßverfahren. Beim Vorliegen nur geringer Fasermengen und bei nicht elementarisierten Bastfasern können die Einzelfasern vorsichtig mit der Pinzette an einem Ende erfaßt und durch Auflegen auf eine Glasplatte mit darunter angebrachtem Maßstab einzeln gemessen werden.

Zur Glattstreckung können die Fasern durch einen Öltropfen oder über eine Samtunterlage gezogen werden. Die Auswertung der Meßergebnisse erfolgt in der gleichen Weise wie oben.

Faserbartverfahren nach Ernst Müller. Zur Bestimmung der mittleren Faserlänge im Gespinstquerschnitt [E. Müller (1)] dient das Müllersche Faserbartverfahren, das nur für Gespinste anwendbar ist. Eine ausreichende Länge des Gespinstes, dessen metrische Feinheitsnummer N_m (S. 214) bestimmt wurde, wird in z (mindestens 10) gleich lange Stücke geteilt, von denen jedes etwas länger als die größte vorkommende Faserlänge ist. Jedes Garnstück wird an einem Ende in einer gut fassenden Einspannvorrichtung eingeklemmt und aus ihm unter Aufdrehen des Garnes vorsichtig alle nicht eingespannten Fasern

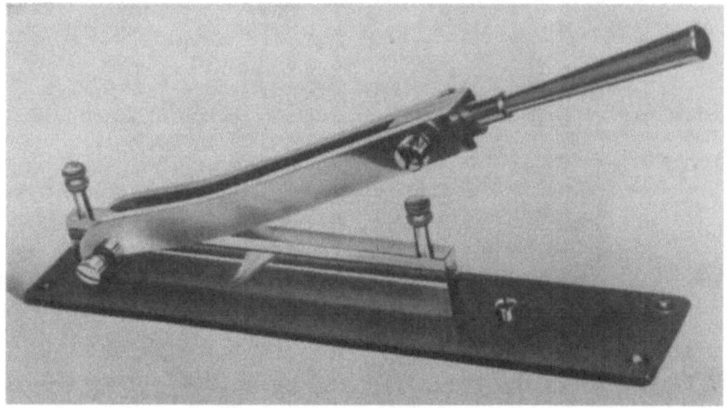

Abb. 7. Stapelschneider. (Aufn. Schopper.)

entfernt. Aus dem Gesamtgewicht g (mg) der an der Einspannstelle scharf abgeschnittenen Faserbärte berechnet sich die mittlere Faserlänge im Gespinstquerschnitt l_q nach der Formel

$$l_q = \frac{2\,N_m\,g}{z}\ \text{(mm)}.$$

Dieser Wert steht in keinem berechenbaren Verhältnis zur wirklichen mittleren Faserlänge. Für viele Fälle liefert jedoch das Verfahren schnell brauchbare Vergleichszahlen [H. Sommer (4)].

Stapelmeßverfahren nach F. W. Kuhn. Dieses Verfahren beruht auf ähnlichen Grundlagen wie das Müllersche Faserbartverfahren, ist jedoch für die Prüfung von losem Material, auch aus Gespinsten, bestimmt. Die durch häufiges Auseinanderziehen und Übereinanderlegen gut geordnete Faserprobe wird zunächst im ganzen gewogen [G (mg)]. Aus dem Mittelstück wird mit einem Stapelschneider (Abb. 7) ein Stück von genau bestimmter Länge (für Baumwolle zweckmäßig etwa 8 mm, für Mittel- und Langfasern länger, jedoch nicht über 20 mm) herausgeschnitten, dessen Gewicht g (mg) ebenfalls festgestellt wird. Die nach der Formel

$$l_m = \frac{G \cdot l}{g}\ \text{(mm)}$$

berechnete mittlere Faserlänge bezieht sich auf die gestreckte Faser und liegt daher etwas über dem aus der Gewichtsstapelschaulinie berechneten Faserlängenmittel.

b) **Längenmessungen an Gespinsten.** Die an Gespinsten auszuführenden Längenmessungen dienen entweder der Feststellung des Längenmaßes bestimmter Fertigungseinheiten, der sog. Lauflänge, oder in Verbindung mit einer Gewichtsbestimmung der Ermittlung der Feinheitsnummer (S. 215). Die Reproduzierbarkeit der Meßergebnisse erfordert die Einhaltung einer bestimmten Spannung beim Messen. Diese Spannung entspricht im allgemeinen dem angenäherten 100-m-Gewicht des Garnes (Tabelle 3).

Nähzwirne werden mit ihrem 2000-m-Gewicht und verarbeitet gewesene Garne und Zwirne mit dem 3fachen 100-m-Gewicht vorbelastet.

Tabelle 3.

Gewicht von 100 m Garn in g	Nummer metrisch	Spann-gewicht g
bis 1,5	über 65	1
1,6— 2,5	65—40	2
2,6— 5,9	40—17	5
6,0—12	17— 8	10
13 —20	8— 5	15
21 —30	5— 3	20
31 —40	3— 2,5	30 usw.

Größere Garnlängen über 10 m werden unter Überwachung der Spannung mit einem Spannungsfühler mit einem Präzisionshaspel

Abb. 8. Präzisionsgarnweife. (Aufn. Schopper.)

(Abb. 8) gemessen. Die Haspelgeschwindigkeit beträgt 100—120 m/min, die Abmeßgenauigkeit 1 cm. Die gebräuchlichen Präzisionshaspel haben einen Haspelumfang von 1 m und sind mit einem Fadenführer ausgestattet, der die Fäden automatisch nebeneinanderlegt.

Die Messung von Garnlängen unter 10 m erfolgt von Hand, wobei die erforderliche Spannung durch direkte Gewichtsbelastung angebracht wird. Die Abmeßgenauigkeit beträgt 1 mm, ebenso wie bei der Messung kurzer Längen (bis etwa 30 cm), die lediglich mit der Hand leicht gerade gestreckt werden.

c) **Längenmessung an Geweben.** Die Messung der Gewebelänge ist stets im spannungslosen Zustand auszuführen. Bei ganzen Stücken, die im aufgerollten Zustand zur Messung vorgelegt werden, ist für einen Ausgleich von Spannungen durch Ruhen im ausgebreiteten spannungslosen Zustand zu sorgen.

Ganze Stücke werden entweder mit einer von der PTR geeichten spannungslos arbeitenden Meßmaschine (vgl. Eichordnung, amtliche Ausgabe 1930 und Instruktion I, 2. Teil vom 27. August 1934, B 28—32) oder durch faltenfreies Hinwegziehen des Gewebes über eine mindestens 3 m lange, mit Meßmarken versehene Tafel gemessen. Beim Handmeßverfahren ist gegebenenfalls der Stoff mit der Hand leicht glattzustreichen.

Kleinere Stücke werden für die Längenmessung glatt auf dem Tisch ausgelegt und mit einem Millimetermaßstab an mehreren Stellen gemessen. Die Anzahl der Messungen und die Meßgenauigkeit sind in Tabelle 4 zusammengestellt.

Tabelle 4.

Länge des Abschnitts in m	Anzahl der Messungen mindestens	Meßgenauigkeit cm
bis 1	3	0,1
über 1—10	2	1,0
über 10	2	10,0

2. Breitenmessungen. a) **Faserbreitenmessungen.** Breitenmessungen an Fasern werden im allgemeinen nur zur Beurteilung des Quellvermögens, z. B. bei der Prüfung von Imprägnierungen, ausgeführt (Breitenquellung). Sie erfolgen auf mikroskopischem Wege mit Hilfe eines Okularmikrometers. Die Vergrößerung wird zweckmäßig so gewählt, daß die Faserbreite mindestens vier Teilstriche des Okularmikrometers beträgt. Hierbei ist auf genaue Scharfeinstellung der Ränder zu achten. Für die Messung der Fasern im ungequollenen Zustand wird als Einbettungsmittel Cedernholzöl empfohlen. Wegen der verhältnismäßig großen Streuung ist die Zahl der Einzelmessungen nicht unter 100 zu wählen (vgl. auch Faserdickenmessungen S. 209).

b) **Garnbreitenmessungen.** Messungen der Breite werden an Garnen und Zwirnen mit dem Mikroskop analog der Fadenbreitenmessung meist zur Bestimmung der Porosität oder der Gleichmäßigkeit ausgeführt (vgl. S. 217 und 256).

c) **Gewebebreitenmessungen.** Zur Messung der Gewebebreite (bei Geweben mit Leisten einschließlich derselben[1]) wird das Gewebe auf glatter Unterlage in der Meßrichtung leicht mit der Hand glattgestrichen. Bei größeren Gewebelängen sind für je 2 m eine Messung,

---

[1] Im Tuchhandel wird die Gewebebreite ohne Leisten angegeben.

bei kurzen Längen mindestens drei Messungen notwendig. Der Mittelwert der gefundenen Breiten wird bei Messungen unter 20 cm in ganzen Millimetern, bei größeren Breiten mit einer Genauigkeit von 0,5% angegeben.

3. Dickenmessungen. a) **Faserdickenmessungen.** Bei Fasern mit nahezu rundem Querschnitt wird die Messung der Dicke, d. h. des Durchmessers mikroskopisch analog der Faserbreitenmessung (vgl. S. 208) vorgenommen. Von Bedeutung ist diese Messung hauptsächlich

Abb. 9. Lanameter für Wollfeinheitsmessungen. (Aufn. Doehner.)
a Lanameter, *b* Häufigkeits-Registrierapparat, *c* Kugelzähler, *d* Diagramm-Rechenmaschine.

für die Bestimmung der Wollfeinheit. Die Haare werden in Cedernholzöl eingebettet und bei 500facher Vergrößerung in der Mikroprojektion gemessen. Geeignete Meßvorrichtungen werden als sog. „Lanameter" von den Firmen **Reichert** und **Zeiß** geliefert (Abb. 9) [E. **Franz** (2), H. **Doehner**].

Zur genauen **Bestimmung der Wollfeinheit** werden von dem zu untersuchenden Muster, sofern es sich um lose Wolle oder Kammzug handelt, an mindestens vier Stellen kleinere Büschel so entnommen, daß lange und kurze Fasern im Verhältnis ihres tatsächlichen Vorkommens erfaßt werden und aus ihrer Mitte kleine Abschnitte von etwa 2 mm Länge herausgeschnitten und in einem Wägeglas gesammelt werden. Bei Garnen wird durch Herausschneiden etwa 2 mm langer Stücke an mehreren Stellen in gleicher Weise verfahren. Die Faserabschnitte werden mit etwas Cedernholzöl verrührt und davon je 1 Tropfen auf einem Objektträger zur Messung gebracht.

Bei Merinoqualitäten (bis zu $25\,\mu$ mittlerer Faserdicke) werden mindestens 2×200 Haare, bei Cheviots 2×300 Haare gemessen. Sind die Abweichungen der beiden Messungen größer als $1\,\mu$ bei Merinos und $1,5\,\mu$ bei Cheviots, so sind weitere 200 bzw. 300 Haare zu untersuchen. Das Ergebnis der Messungen wird in Form einer Häufigkeitskurve (vgl. S. 257) mit $2\,\mu$ Klassenbreite wiedergegeben und als mittlerer Durchmesser berechnet. Außerdem kann die Streuung (vgl. S. 256) berechnet werden. Als Maßstab für das Vorkommen grober Fasern wird die Summe der prozentualen Häufigkeiten aller um mehr als drei Feinheitsklassen vom Mittelwert abweichenden Fasern angegeben [E. **Franz** (1)].

Die Klassierung der Wollfeinheit ist international noch nicht endgültig geregelt. Für die in Deutschland gebräuchliche Bewertung der Wollfeinheit können die Angaben in Tabelle 5 zugrunde gelegt werden.

b) **Garndickenmessungen.** Vgl. Garnquerschnittsmessungen.

c) **Dickenmessungen an Geweben.** Infolge der Zusammendrückbarkeit (S. 243) ergeben Dickenmessungen an textilen Flächengebilden wiederholbare Ergebnisse nur bei Einhaltung eines bestimmten spezifischen Meßdruckes und gleicher Meßfläche.

Ein geeignetes Dickenmeßgerät ist der Schoppersche Gewebedickenmesser (Abb. 10), bei dem die Belastung mit auflegbaren Gewichten durch langsames Herablassen des Tasters erfolgt. Bei allen normalen Geweben wird die Dicke unter einem Meßdruck von 50 g/cm² mit einer kreisförmigen Druckfläche von 10 cm² Flächeninhalt gemessen. Bei flauschigen und samtartigen Geweben beträgt der Meßdruck 5 g/cm² und die Größe der kreisförmigen Druckfläche 25 cm². Es sind mindestens 10 Messungen an verschiedenen Stellen mit einer Ablesegenauigkeit von 0,01 mm auszuführen.

Tabelle 5.

Wollart	Qualitätsbezeichnung	Mittlere Haardicke μ	Mittlere metrische[1] Feinheitsnummer
Feine Merino	4 A	16	3660
	3 A	17,5	3140
	2 A	19	2720
Merino . . .	A	20	2360
	AB	22	2030
Crossbred .	B	23,5	1750
	C I—C II	25—27,5	1500—1300
	D I—D II	29—32	1120— 970
	E	über 34	unter 840

4. Querschnittsmessungen. a) **Faserquerschnittsmessungen.** Querschnittsmessungen an Fasern können entweder optisch durch mikroskopische Vergrößerung von Schnitten oder auf mechanischem Wege nach einem Tastverfahren an Faserbündeln ausgeführt werden.

α) *Korkmethode* [A. Herzog, E. Viviani (1)]. Durch einen kleinen Korkstopfen bester Qualität wird mit Hilfe einer feinen Häkelnadel in Längsrichtung ein Loch gebohrt und ein fester Zwirnsfaden als Schlaufe mit der Nadel aus dem Kork zurückgezogen. Das zu untersuchende Faserbündel wird in die Schlinge eingelegt und mit Hilfe des Zwirnsfadens in den Kork hineingezogen. Mit einem scharfen Rasiermesser werden quer zur Faserrichtung dünne Scheiben (etwa 0,3 mm dick) freihändig abgeschnitten und auf einem Objektträger in Glycerin oder Paraffinöl eingebettet.

β) *Metallplättchenverfahren* (W. v. Bergen). Ein Metallplättchen in der Größe und Dicke eines Objektträgers wird mit einer oder mehreren Bohrungen von etwa 0,5 mm Durchmesser versehen. Durch eines dieser Löcher wird ebenfalls mit Hilfe einer Fadenschlinge das Faserbündel gezogen und mit einem scharfen Rasiermesser an beiden Seiten des Metallplättchens abgeschnitten. Um einen besseren Zusammenhalt der

---

[1] Vgl. S. 214.

Querschnitte zu erzielen, kann das Faserbündel kurz vor dem Durchziehen mit Kollodium getränkt werden.

γ) *Mikrotomdünnschnittverfahren.* Für genauere Messungen und zur Herstellung von Mikrophotographien ist es erforderlich, die Fasern in Paraffin einzubetten und mit dem Mikrotom Dünnschnitte (P. Heermann und A. Herzog) von 10 μ Dicke anzufertigen. Da für Mikroaufnahmen eine Herauslösung des Paraffins nötig ist, wobei die Schnitte häufig in Unordnung geraten, empfiehlt sich eine Behandlung des Faserbündels mit Kollodiumlösung vor dem Einbetten.

Zur Beobachtung der Querschnittsformen genügt im allgemeinen eine mikroskopische Vergrößerung von 200—300fach. Auch für Aufnahmen, die zur Bestimmung der Querschnittsfläche dienen sollen, genügt diese Vergrößerung, wenn das Negativ später etwa auf 1000 bis 2000fach nachvergrößert wird. Zum Nachzeichnen der Querschnitte, etwa auf der Mattscheibe der mikrophotographischen Kamera oder in der Mikroprojektion, sind Vergrößerungen von mindestens 1000 bis 1500fach anzuwenden.

Durch planimetrische Ausmessung von mindestens 100 Querschnitten kann die Größe der Feinheitsschwankungen ermittelt werden. Die Auswertung erfolgt durch Auftragen der Flächengrößen in Form einer Häufigkeitslinie und Berechnung der Streuung der Einzelwerte vom Mittelwert (nach S. 257).

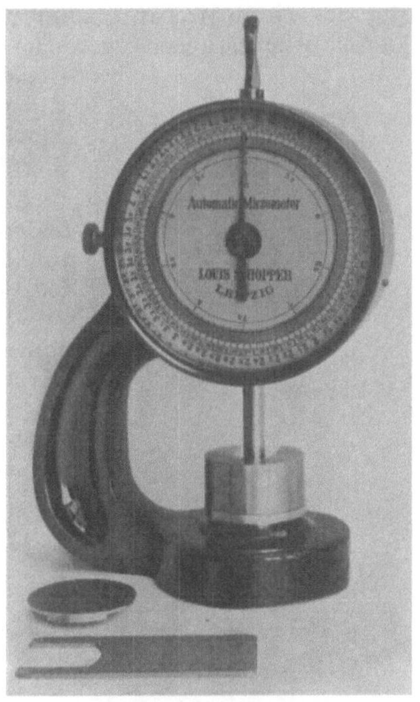

Abb. 10. Gewebe-Dickenmesser.
(Aufn. Schopper.)

Als Näherungswert der Faserfeinheit (beim Vorliegen zu geringer Materialmengen, die eine Bestimmung nach dem Normverfahren S. 214 unmöglich machen) läßt sich aus der wirklichen Querschnittsfläche in μ^2 und einem von der Faserart abhängigen Faktor (P. Heermann und A. Herzog) die metrische Feinheitsnummer N_m berechnen:

$$N_m = \frac{\text{Faktor}}{\text{wirkliche Querschnittsfläche in } \mu^2}.$$

Zur vereinfachten Feinheitsschätzung von Wollen ist von K. Küsebauch die Messung eines Bündelquerschnitts von 100 Haaren mit dem Rapidlanometer

Tabelle 6.

Faserart	Faktor
Schafwolle	757575
Acetatseide- und -Zellwolle	751880
Naturseide	729927
Pflanzenfasern	666667
Kupfer- und Viscoseseide und -Zellwolle	657895

14*

(Bauart Schopper) vorgeschlagen worden. Die Messung erfolgt zwischen zwei rechteckigen, zu einem quadratischen Ausschnitt zusammentretenden Klemmbacken mit einem Meßdruck von 100 g (Abb. 11).

b) Garnquerschnittsmessungen. Für die Messungen von Garnquerschnitten kommt ein Meßinstrument nach dem Prinzip des Rapidlanometers [entweder dieses, der Stapelmesser von E. Müller (1) oder der Garndickenmesser nach A. Wickardt] in Frage. Garnquerschnittsmessungen werden hauptsächlich zur Bestimmung der Gleichmäßigkeit ausgeführt, die auch am laufenden Faden mit selbstregistrierenden Apparaten bestimmt werden kann (vgl. S. 259).

5. Bestimmung der Maßänderung. Maßänderungen von praktischer Bedeutung treten beim Waschen und Bügeln (Krumpfen) auf.

a) Bügelprobe. Die genaue Bestimmung der Maßänderung beim Bügeln (Krumpfen) erfolgt mit dem Spuhrschen Bügelprobenapparat (Abb. 12) getrennt für Kett- und Schußrichtung unter folgenden Versuchsbedingungen:

1. Größe der Bügelfläche 60 × 20 cm.

2. Feuchtigkeitsgehalt des doppelt aufgelegten baumwollenen Bügellappens (Stoffgewicht 130—150 g/m²) etwa 400 g Wasser je Quadratmeter Stoff.

3. Temperatur der Heizplatte 220°.

4. Bügeldruck 42 g/cm².

5. Bügeldauer 15 Sekunden.

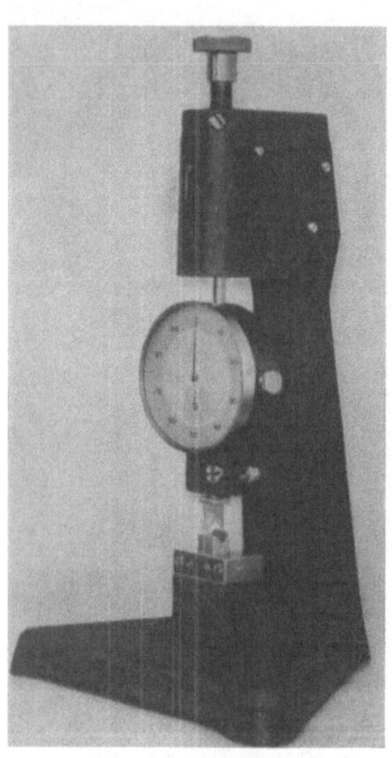

Abb. 11. Rapid-Lanometer.
(Aufn. Schopper.)

Die selbsttätige Regulierung der Bügeltemperatur sowie die Vermeidung jeglicher Zerrung beim Bügeln gewährleistet gleichmäßige Versuchsergebnisse.

Aus den mittleren Abmessungen der Probenlänge vor und nach dem Versuch, jeweils nach längerem Ausliegen der Proben bei 65% relativer Luftfeuchtigkeit ermittelt, wird die Maßänderung in Prozent, bezogen auf das ursprüngliche Maß, berechnet. Es sind mindestens zwei Einzelversuche auszuführen.

Zur angenäherten Bestimmung der Maßänderung beim Krumpfen kann die Handbügelprobe angewandt werden. Der Stoff wird mit einer angezeichneten Prüflänge von 1 m (sowohl in Kett- als auch in Schußrichtung) auf einer Bügelunterlage unter Zwischenlegen eines feuchten Baumwollappens, der die ganze Prüflänge bedecken muß, durch Aufsetzen von 1 oder 2 Schneidereisen trockengebügelt. Die Bügeleisen sind ohne Gleiten auf dem Stoff lediglich durch Abheben zu versetzen, bis die ganze Meßlänge abgedämpft ist. Die Temperatur des Bügeleisens soll etwa 200° betragen. Nach dem Auskühlen des auf glatter Holzunterlage ausgelegten Stoffes wird der Eingang in Prozent der Meßlänge bestimmt.

b) **Einlaufen beim Waschen.** Für die Prüfung des Einlaufens beim Waschen ist eine genormte Prüfvorschrift noch nicht vorhanden. Das im Staatlichen Materialprüfungsamt Berlin-Dahlem übliche Verfahren, das als Prüfnorm vorgeschlagen ist, sieht folgende Prüfvorschrift vor:

Probeentnahme. Von dem zu prüfenden Gewebe ist eine Probe zu entnehmen, die mindestens $1/_2$ m vom Stückende und etwa 10 cm von den Webleisten entfernt ist und nicht unter 55 cm in Länge und Breite mißt.

Vorbereitung der Probe. Die Probe wird auf einer glatten Unterlage faltenfrei und ohne Streckung aufgelegt. Mit unverwaschbarer Tinte werden auf der Probe Markierungen mit einem Abstand von 50 cm (auf 1 mm genau) angebracht, und zwar je drei Strecken in der Richtung der Kette und des Schusses. Die markierten Strecken sollen mindestens 2 cm von den Kanten der Probe entfernt sein und in Abständen von etwa 25 cm voneinander liegen.

Behandeln der Probe. 1. Die Probe wiegen und mit der 20fachen Menge weichen Wassers (z. B. destilliertes, permutiertes oder Kondenswasser), das im Liter 2 g Soda und 3 g Seife enthält und 40° mißt, übergießen.

2. Waschflüssigkeit und Probe in etwa 20 Minuten auf Kochtemperatur erhitzen.

3. 10 Minuten auf dieser Temperatur lassen und dabei langsam rühren.

Abb. 12. Bügelprobenapparat nach S p u h r. (Aufn. M.P.A.) *a* Heizplatte, *b* Temperaturregler. *c* Thermometer, *d* Abheb- und Aufsetzvorrichtung für die Heizplatte, *e* Bügeltisch mit Filzauflage.

4. 10 Minuten abkühlen lassen, dann Waschflüssigkeit weggießen.

5. Probe in lauwarmem destilliertem Wasser (30°) spülen, 3maliger Wasserwechsel, Gesamtdauer 5 Minuten.

6. Probe mit der Hand vorsichtig ausdrücken (nicht wringen) und zum Trocknen aufhängen, ohne zu strecken.

7. Probe mit Spritzdüse gleichmäßig befeuchten, dann 5 Minuten liegen lassen.

8. Probe auf einer Bügelunterlage durch Aufsetzen eines mäßig heißen Bügeleisens (nicht unter 100°) im Gewichte von 6—7 kg trocken bügeln. Das Bügeleisen ist ohne Gleiten auf dem Muster, lediglich durch Abheben zu versetzen.

9. 5 Minuten auskühlen lassen.

Auswertung. Die behandelte Probe wird auf einer glatten Unterlage faltenfrei und ohne Streckung aufgelegt. Die markierten Strecken werden auf 1 mm genau nachgemessen. Die Maßänderung in Kette und Schuß wird als arithmetisches Mittel der drei Strecken in Prozenten, bezogen auf den Zustand der Probe vor der Behandlung, berechnet.

Bei einer einmaligen Waschbehandlung tritt erfahrungsgemäß noch nicht der Endzustand des Einlaufens ein. Es empfiehlt sich daher, auch die Maßänderung nach einer zweiten und gegebenenfalls auch einer fünften Wäsche zu bestimmen.

D. Gewichtsbestimmungen.

1. Feinheits- und Nummerbestimmungen. Als Feinheitsmaß der
Fasern und Gespinste sind Dicke und Querschnitt ungeeignete Kenn-
ziffern, weil ihre Bestimmung langwierig und infolge der großen Streuung der Einzelwerte verhältnismäßig ungenau ist. Es ist daher üblich,
die Feinheit durch das Verhältnis von Länge zu Gewicht auszudrücken.
Man unterscheidet die Längennumerierung, die angibt, wieviel
Längeneinheiten auf die Gewichtseinheit kommen, und die Gewichts-
numerierung, d. h. die Anzahl Gewichtseinheiten, welche auf eine
bestimmte Garnlänge gehen. Je nach den verwendeten Maß- und Gewichtseinheiten erhält man verschiedene Nummernsysteme.

Das wichtigste Längennumerierungssystem ist das metrische. Die
metrische Feinheitsnummer N_m berechnet sich nach

$$N_m = \frac{l}{g}$$

aus

$$l = \text{Länge in Meter,}$$
$$g = \text{Gewicht in Gramm.}$$

Daneben ist vor allem das englische Numerierungssystem sehr verbreitet.

Das Gewichtsnumerierungssystem hat nur Bedeutung für die sog.
Titrierung der Seiden und Kunstseiden. Der legale Titer gibt das
Gewicht von 450 m in Deniers (Gewichtseinheit von 0,05 g) an, d. i.
das in Gramm ausgedrückte Gewicht von 9000 m.

a) **Bestimmung der Faserfeinheit.** Die Faserfeinheit wird
grundsätzlich durch die metrische Feinheitsnummer gemessen. Nur für
Kunstseideneinzelfasern sowie Seideneinzelfasern und Zellwollen ist
außerdem die Angabe in Deniers gebräuchlich. Die Umrechnung von
metrischer Feinheitsnummer N_m in Titer T und umgekehrt erfolgt nach
dem Ansatz

$$N_m = \frac{9000}{T}; \quad T = \frac{9000}{N_m}.$$

Zur Durchführung der Prüfung wird, außer bei den praktisch endlosen
Fasern von Seide und Kunstseide, aus einem parallel geordneten Faserbündel, das unter leichter Geradestreckung an beiden Enden eingespannt
ist, mit einem Stapelschneider (s. Abb. 7) eine bestimmte Länge herausgeschnitten, die sich nach der Stapellänge richtet. Aus der Zahl der
Fasern z, dem Gewicht g und der Schnittlänge l wird die metrische
Nummer nach

$$N_m = \frac{z \cdot l}{g}$$

berechnet. Bei Seide und Kunstseide genügt die Bestimmung der metri-
schen Garnnummer und die Auszählung der Einzelfasern im Querschnitt, woraus sich die Faserfeinheitsnummer durch Multiplikation der
Garnfeinheitsnummer mit der Faserzahl berechnet.

Der Prüfung sind die in Tabelle 7 angegebenen Mindestlängen
($=$ Faserzahl $\times$ Schnittlänge) zugrunde zu legen.

Es sind mindestens drei Parallelbestimmungen auszuführen; wird hierbei die in der letzten Spalte angegebene Abweichung überschritten, so sind zwei weitere Bestimmungen auszuführen und das Mittel aus allen zu nehmen.

Die metrische Feinheitsnummer der Wolle kann wegen der durch die Kräuselung bedingten Ungenauigkeit der Längenmessung nach dem obigen Verfahren nicht bestimmt werden. Ihre Berechnung erfolgt daher aus der gemessenen mittleren Faserdicke d in μ (vgl. S. 209) nach dem Ansatz

Tabelle 7.

Faserart	Mindest-länge m	Zulässige Abweichung zwischen den Messungen
Baumwolle	10	$\pm 5\%$
Zellwolle	5	$\pm 5\%$
Kunstseideeinzelfaser .	5	$\pm 3\%$
Bastfasern	10	$\pm 5\%$

$$N_m = \frac{972}{d^2} \cdot 10^3 \ (\text{m/g}) \ .$$

Bei Kunstseiden und Zellwollen kann die angenäherte Feinheitsnummer (vgl. S. 211) bzw. der Titer auch aus der wirklichen Querschnittsfläche F der Einzelfaser in μ^2 ($1 \ \mu^2 = 0,000001 \ \text{mm}^2$) berechnet werden:

$$T = 0,009 \cdot F \cdot s \cdot c; \quad N_m = \frac{100\,000}{F \cdot s \cdot c},$$

wobei s das spezifische Gewicht und c ein Korrektionsfaktor ($= 0,93$) bedeuten.

b) Bestimmung der Garnfeinheitsnummer. Im allgemeinen wird die Garnnummer ohne weitere Vorbehandlung, jedoch nach dem vorschriftsmäßigen Auslegen bei 65% relativer Luftfeuchtigkeit bestimmt. Nach der Konventionsmethode sind folgende Bedingungen einzuhalten:

Tabelle 8.

Probematerial	Gesamte Meßlänge	Wäge-genauigkeit	Anzahl der Versuche
Garn im Strang oder auf Spulen	je Strang oder Spule 100—500 m je nach Feinheit	$^{1}/_{10}\%$	mindestens zwei, die Proben müssen an verschiedenen Stellen entnommen werden
Garnstücke (aus Geweben)	10 m	$^{1}/_{10}\%$, aber höchstens 0,1 mg	

Die Bestrebungen, die metrische Feinheitsnummer an erster Stelle anzugeben, setzen sich immer mehr durch. Sie kann als die künftige internationale Norm angesehen werden. Für die Umrechnung in die heute noch zum Teil üblichen anderen Numerierungssysteme können die in Tabelle 9 angegebenen Umrechnungszahlen verwendet werden.

Soll die Garnnummer für den entölten oder entschlichteten Zustand ermittelt werden, so wird der Öl- oder Schlichtegehalt an einer gesonderten Probe festgestellt und die vorher bestimmte Nummer mit dem erhaltenen Wert korrigiert. Die Nummer des entschlichteten bzw. entölten Garnes ergibt sich dann aus der konditionierten bzw. nach der Konventionsmethode bestimmten Garnnummer durch Multiplikation mit dem Faktor $\dfrac{100}{100-x}$. Hierin bedeutet x den Öl- bzw. Schlichtegehalt in Prozent des Garngewichtes bei 65% relativer Luftfeuchtigkeit.

Tabelle 9.

Numerierungssystem	Umrechnungszahl[1]
Englische Baumwollgarn-Nr. . .	$0{,}5905 \cdot N_m$
Englische Bastfasergarn-Nr. . .	$1{,}6535 \cdot N_m$
Englische Wollgarn-Nr.	$0{,}8858 \cdot N_m$
Französische Nr. (Baumwolle und Wolle).	$0{,}5 \quad \cdot N_m$
Titer (Deniers für Seide und Kunstseide)	$9000 : N_m$
Lauflänge für Hartfasergarne .	$1000 : N_m$

Bei der Bestimmung der konditionierten Garnnummer werden je Kiste oder Ballen 10 Stränge oder Spulen, die an beliebigen Stellen zu entnehmen sind, abgeweift. An diesen Mustern wird die Länge l und durch Trocknen bei 105—110° das Trockengewicht g ermittelt. Unter Berücksichtigung des handelsüblichen Feuchtigkeitszuschlages c (S. 201) wird die konditionierte metrische Garnnummer zu

$$N_m = \frac{l \cdot 100}{g \cdot (100 + c)} \ (\text{m/g})$$

berechnet.

Die Nummer von Zwirnen wird in gleicher Weise bestimmt. Aus der Zwirnnummer N_z wird die Nummer der einfachen Garne N_g unter Berücksichtigung der Anzahl der Einzelfäden z und der Einzwirnung E (S. 220) nach

$$N_g = N_z \cdot z \cdot E$$

berechnet.

Über die Bestimmung der Nummernschwankungen vgl. den Abschnitt „Gleichmäßigkeit" auf S. 258.

2. Bestimmung des Stoffgewichtes. Zum Vergleich von Stoffgewichten dient das Quadratmetergewicht, das wie folgt berechnet wird:

$$G_q = \frac{G \cdot 10000}{l \cdot b} \ (\text{g/m}^2),$$

wobei

$$G_q = \text{Quadratmetergewicht,}$$
$$G = \text{Gewicht der Probe in Gramm,}$$
$$l = \text{Länge der Probe in Zentimeter,}$$
$$b = \text{Breite der Probe in Zentimeter}$$

ist.

Für die Prüfung sind möglichst Abschnitte über die ganze Breite, gegebenenfalls mit Leisten zu verwenden. Die Mindestgröße der Stücke soll 0,25 m² betragen. Beim Ergebnis ist anzugeben, ob das Quadratmetergewicht ohne oder mit Leisten bestimmt worden ist. Die Genauigkeit der Gewichtsbestimmung ist auf 0,2% festgelegt.

---

[1] Normblatt DIN TEX 910.

Das Gewicht eines laufenden Meters kann entweder aus dem Quadratmetergewicht und der vollen Gewebebreite B (in Meter, einschließlich Leisten) nach der Formel

$$G_m = G_g \cdot B$$

oder aus dem Gewicht des ganzen Stückes, geteilt durch die Stücklänge, bestimmt werden.

3. Bestimmung der Dichte und des Raumgewichtes. Unter der Dichte ist das Grammgewicht eines Kubikzentimeters der Fasersubstanz zu verstehen. Da sich diese Zahl mit der Temperatur und insbesondere mit dem durch den Feuchtigkeitsgehalt bedingten Quellungsgrad ändert, ist zur eindeutigen Kennzeichnung auch die Angabe des Materialzustandes erforderlich. Im Gegensatz dazu stellt das Raumgewicht eines Textilmaterials dasjenige Grammgewicht eines Kubikzentimeters dar, bei welchem im Rauminhalt auch die Hohlräume mit einbezogen sind. Für die Bestimmung dieses Rauminhaltes ist demnach alles das zu beachten, was bei der Bestimmung der Abmessungen gesagt wurde, damit das Ergebnis nicht durch die Zusammendrückbarkeit und Dehnbarkeit der Textilien verfälscht wird.

Die Bestimmung der Dichte einer Fasersubstanz erfolgt am zweckmäßigsten nach dem Pyknometerverfahren in Toluol. Sie kann entweder im vollkommen trocknen oder im lufttrocknen Zustand vorgenommen werden. Bei einer Einwaage von etwa 3 g wird ein Pyknometergefäß von 50 cm³ Inhalt verwendet. Es ist darauf zu achten, daß sowohl bei der Bestimmung der Dichte der Flüssigkeit als auch des Fasergutes sorgfältig im Vakuum entlüftet wird, wozu mindestens 1 Stunde erforderlich ist. Bezeichnet

a das Gewicht der zu prüfenden Substanz,
b die Dichte der Flüssigkeit,
c das Gewicht von Pyknometer + Versuchsflüssigkeit,
d das Gewicht von Pyknometer + Versuchsflüssigkeit + zu prüfende Substanz,

so berechnet sich die Dichte der Substanz zu

$$\gamma = \frac{a \cdot b}{a + c - d}.$$

Aus dem Raumgewicht eines Textilkörpers γ_R und der Dichte seiner Fasersubstanz γ berechnet sich das Porenvolumen V_p in Prozent des Raumgewichtes zu

$$V_p = \frac{\gamma - \gamma_R}{\gamma} \cdot 100 \; (\%).$$

Die Bestimmung des Porenvolumens ist für die Beurteilung des Wärmehaltungsvermögens und der Luftdurchlässigkeit in solchen Fällen von Bedeutung, wenn sich diese Eigenschaften nicht direkt bestimmen lassen.

E. Makroskopische Struktur.

1. Kräuselung. Die Kräuselungszahl gibt an, wieviel Kräuselungsbogen oder -windungen sich auf 1 cm Faserlänge befinden. Ihre Bestimmung erfolgt an der ungestreckten Faser durch Ausmessen und Auszählen, nötigenfalls bei schwacher Vergrößerung. Das Verhältnis

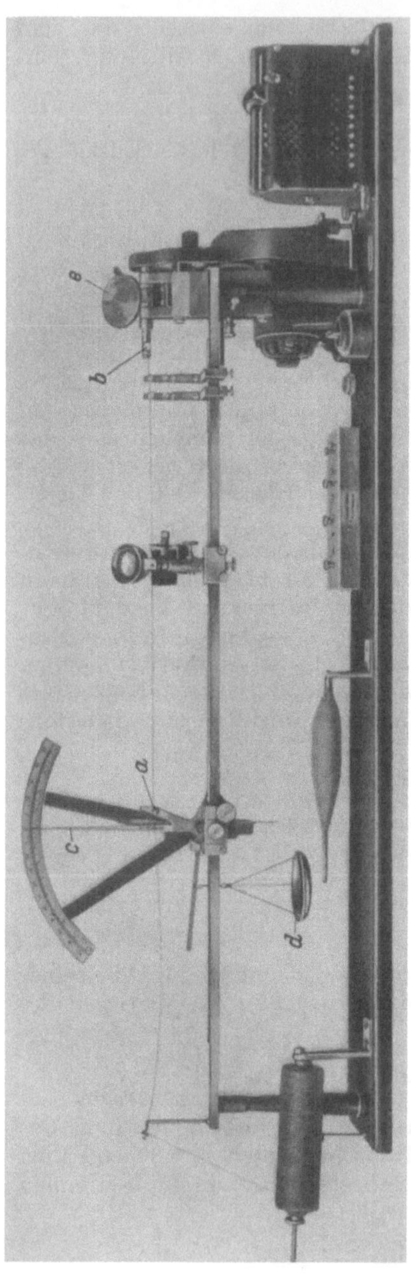

Abb. 13. Garndrehungszähler. (Aufn. Guido Hahn.) *a* feststehende Einspannklemme, *b* drehbare Einspannklemme, *c* Spannungsfühler, *d* Vorlast, *e* Zählwerk.

der gestreckten Länge einer Faser zum Abstand ihrer Enden im geradegelegten, aber nicht gestreckten Zustand gibt den **Kräuselungs- grad** an.

2. Garn- und Zwirn- drehung. Die Drehung von Garnen und Zwirnen wird an unmittelbar aneinander anschließenden Fadenteilen am Anfang und am Ende des Stranges durch Aufdrehen bis zur parallelen Faser- bzw. Garnlage geprüft.

Zur Bestimmung dient der Drallapparat oder Garn- drehungszähler (Abb. 13), bei dem das Garn bzw. der Zwirn zwischen zwei Klemmen unter Einhaltung der vorgeschrie- benen Vorspannung (S. 207) eingespannt wird. Die eine der beiden Klemmen ist dreh- bar und mit einem Zählwerk verbunden, an dem die An- zahl der Umdrehungen bis zur Erreichung der Parallel- lage abgelesen werden kann. Die feststehende Klemme ist mit einer Vorrichtung zur Messung der beim Aufdrehen eintretenden Verlängerung versehen. In solchen Fällen, in denen die Auflösung bis zur parallelen Faserlage Schwierigkeiten macht (z. B. bei Streichgarn, kurzfase- rigem Baumwollgarn), kann das **Spannungsfühlerver- fahren** verwendet werden [W. Frenzel (2, 3)]. Diesem Verfahren liegt die Über- legung zugrunde, daß ein auf- gedrehtes Garn beim Weiter- drehen in der Aufdrehrich- tung nach vorübergehender

Verlängerung die Anfangsspannung wieder erreicht, bei welcher die gleiche Drehzahl in entgegengesetztem Sinne aufgebracht worden ist.

Die zu ermittelnde Drehungszahl entspricht dann der Hälfte der aufgewendeten Gesamtdrehungszahl.

Beim Einspannen dürfen, um Aufdrehen zu vermeiden, die zu prüfenden Fadenlängen nicht vom Strang abgetrennt werden, lediglich die schon geprüften kurzen Fadenstücke sind abzuschneiden. Die ersten 1—2 m vom Stranganfang und Strangende sind nicht zur Prüfung zu benutzen. Bei Zwirnen oder Kunstseidengarnen aus Spulkörpern ist der Faden ohne vorherige Überführung in Strangform so abzuziehen, daß keine Änderung in der Drehung eintritt (nicht über Kopf). Zur einwandfreien Ermittlung der Drehung soll die freie Einspannlänge der Faserlänge möglichst angepaßt sein.

Tabelle 10.

Faserstoff	Einspann- länge mm
Bastfasergespinste, roh	100
Leinengarn, gebleicht	25
Baumwolle	25
Wolle, Streichgarn	25
Wolle, normal gedreht aus langen Wollen	100
Wolle, Kammgarn normal gedreht aus kürzeren Wollen	50
Seide	1000
Schappeseide	100
Kunstseide	500
Zellwolle (je nach Stapellänge)	25—100
Zwirne (aus allen Faserarten)	500

Nach DIN DVM. 3801 Blatt 3, D 1 gelten die in Tabelle 10 wiedergegebenen Richtlinien.

Bei der Bestimmung der Zwirndrehung wird wie folgt verfahren: Zunächst wird die Drehung des Nachzwirnes bestimmt (Einspannlänge 500 mm). Nach dem Aufdrehen werden alle vorgedrehten Fäden bis auf einen zwischen den Klemmen abgeschnitten und dieser auf seine Vorzwirndrehung geprüft, nachdem er mit dem zugehörigen Spanngewicht bei 500 mm Einspannlänge nachgespannt worden ist. Bei der Prüfung des einfachen Garnes von Zwirnen wird unter entsprechender Veränderung der Einspannlänge in gleicher Weise verfahren.

Die Zahl der Einzelbestimmungen richtet sich nach der Einspannlänge, und zwar beträgt sie mindestens:

bei 25 mm Einspannlänge je 20
„   50 mm   „   „ 15
„ 100 mm   „   „ 10   vom Anfang und Ende
„ 500 mm   „   „ 10   des Stranges.
„ Zwirnen   „   „ 10

Der Drehsinn wird nach DIN TEX 900 angegeben (Abb. 14), die Streuung nach Abschnitt L 1 S. 256 berechnet.

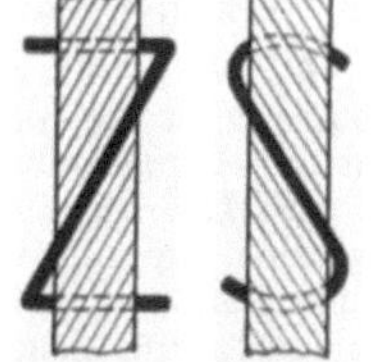

Abb. 14. Bezeichnung des Drehungssinns nach DIN TEX 900.

Gleichzeitig mit der Drehungsprüfung erfolgt die Bestimmung der beim Aufdrehen des Garnes oder Zwirnes auftretenden Maßänderung. Aus der Fadenlänge l_1 vor dem Aufdrehen (= freie Einspannlänge) und der Fadenlänge l_0 nach dem Aufdrehen (freie Einspannlänge + Längenänderung Δl) berechnet sich die **Längenänderung** Δl beim Zwirnen zu

$$\Delta l = \frac{l_1 - l_0}{l_0} \cdot 100 \ (\%).$$

Eine Verkürzung wird hierbei durch ein negatives Vorzeichen, eine beim Nachzwirnen mögliche Verlängerung durch ein positives Vorzeichen ausgedrückt. Das Verhältnis der Fadenlängen vor und nach dem Aufdrehen

$$E = \frac{l_0}{l_1}$$

wird als Einzwirnung E bezeichnet.

3. Technischer Aufbau von textilen Flächengebilden. a) Arten textiler Flächengebilde und Gewebebindungen. Textile Flächengebilde können entweder aus Fasern oder aus Garnen gefertigt werden. Unmittelbar aus Fasern hergestellte Flächengebilde sind Filze;

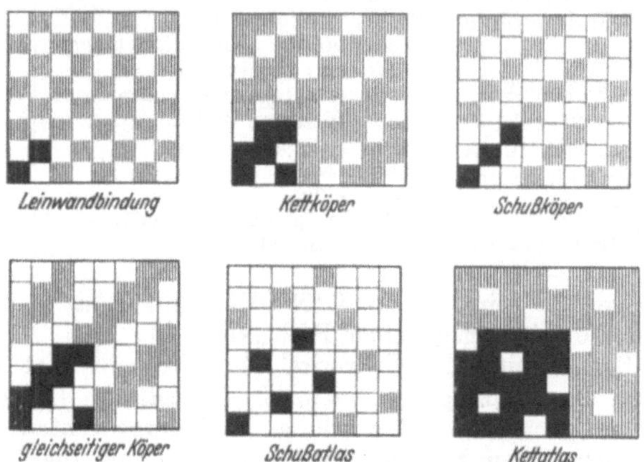

Abb. 15. Die drei Grundbindungen.

sie lassen sich nur aus den tierischen Wollen und Haaren herstellen. Pflanzliche Rohstoffe können hierbei eingefilzt werden.

Die aus Garnen gefertigten Flächengebilde unterscheiden sich nach der Art der Fadenverkreuzung:

Gewebe — aus zwei rechtwinklig sich kreuzenden Fadensystemen; in der Längsrichtung ist die Kette gespannt, in der Breitenrichtung läuft der Schuß und bildet an den Umkehrstellen am Geweberand die Leiste.

Wirkwaren — aus einem oder einer großen Zahl paralleler Fäden eines Fadensystems, die sich untereinander doppel-s-förmig zu sehr elastischen Maschen verschlingen. Nebeneinandergereihte Maschen bilden eine Maschenreihe, übereinandergelagerte ein Maschenstäbchen.

Flechtwaren — entstehen, wenn die Fäden eines Fadensystems in diagonaler Richtung fortschreitend nebeneinander verschränkt werden (Flach- und Rundflechtmaschinen). Durchbrochene Geflechte sind Spitzengeflechte; beim Klöppeln tritt noch eine Verzwirnung dazu.

Gardinen- und Spitzengewebe (Tüll), Erzeugnisse sog. Bobinetstühle; Kettfäden werden von Schußfäden umschlungen, die ähnlich wie bei den Geflechten von einem Rand schräg zum anderen wandern.

Netze — werden durch Knüpfen (Verknoten) von Hand (1 Faden) oder mit Maschinen (1 oder 2 Fadensysteme) hergestellt.

Spitzen — können von Hand (Nadel-, Klöppel-, Häkel-, gestrickte und gestickte Spitzen) oder mit Maschinen gefertigt sein (geklöppelte, Bobinet- und Luftspitzen, letztere sind mit Wolle oder Seide auf Baumwollgrund gestickt, der nach dem Sticken durch Säure weggeätzt wird).

Die wichtigsten textilen Flächengebilde sind die Gewebe. Die Verkreuzungen von Kett- und Schußfäden leiten sich von drei Grundbindungen ab (Abb. 15).

1. Leinwand-, Tuch- oder Taftbindung, 2bindig, d. h. die Bindungswiederholung (Rapport) umfaßt zwei Kett- und zwei Schußfäden.

2. Köper- oder Diagonalbindung; 3- und mehrbindig, mit geschlossenen, schräg verlaufenden Streifen (Köpergrad). Je nach dem Überwiegen der Kett- oder Schußfäden auf der rechten Warenseite, unterscheidet man Kett- und Schußköper. Bei gleichen Anteilen an Kett- und Schußfäden handelt es sich um gleichseitigen Köper.

3. Atlas- oder Satinbindung, eine Köperbindung, bei welcher die Bindepunkte nicht aneinanderstoßen, sondern nach bestimmter Regel

Abb. 16. Leitz-Fadenzähler-Lupe mit 5 cm Meßlänge. (Aufn. M.P.A.)

verstreut liegen. Sie ist besonders geeignet, entweder die Kett- oder Schußfäden mehr auf die Vorderseite zu bringen (Kett- oder Schußatlas) und dadurch Glanz zu erzeugen. Am häufigsten wird 5- und 8bindiger Atlas angewandt.

Von den Grundbindungen leiten sich unzählige Abarten und Phantasiebindungen ab, die infolge ihrer Vielzahl hier nicht im einzelnen aufgeführt werden können (E. Gräbner).

b) Bestimmung der Fadendichte. Neben der Bindung ist für die Festigkeit des Gefüges eines Stoffes seine Fadendichte maßgebend. Die Fadendichte gibt die Anzahl Fäden auf 100 mm an. Sie wird durch Auszählen bestimmt, wobei die Meßlänge bei Dichten

<pre>
        bis zu 10 Fäden/cm . . . . 100 mm
        über 10—50 Fäden/cm . . . . . . 50 mm
        über 50 Fäden/cm . . . . 20 mm
</pre>

beträgt. Zur Erleichterung des Auszählens bei mittleren und feinfädigen Geweben werden zweckmäßig Meßlupen verwendet, bei denen die Lupe über dem auf den Stoff gelegten 50 mm langen Maßstab mit einer Mikrometerschraube bewegt wird (Abb. 16).

Dies Verfahren ist nur bei glatten Stoffen mit einfachen Bindungen anwendbar. Dasselbe gilt auch für das auf der Lichtinterferenz beruhende Verfahren der Lunometrie (P. Luhn), das besonders zur schnellen

Bestimmung von Ungleichmäßigkeiten in der Fadendichte geeignet ist. Bei dichten Geweben mit schwierigen Bindungen, Doppelgeweben usw. ist es vorteilhafter, entweder nach dem Entfernen der Randfäden die vorstehenden Fadenenden zu zählen oder ein genau gemessenes, fadengerade geschnittenes Gewebestück völlig in seine Kett- und Schußfäden zu zerlegen und ihre Zahl zu bestimmen. Bei gewalkten und gerauhten Stoffen, bei denen die Bindung schwer erkennbar ist, wird durch vorsichtiges Absengen der Oberflächenfasern die Bindung freigelegt und dadurch die Messung, gegebenenfalls mit kürzeren Meßlängen, möglich gemacht. Es sind in Kette und Schuß mindestens je drei Messungen auszuführen, wobei die Kettfadendichte mindestens 50 mm von der Webekante entfernt und im übrigen alle Messungen möglichst gleichmäßig über Länge und Breite des Stückes verteilt vorzunehmen sind.

Durch die Fadenverkreuzung tritt eine Verkürzung der Fäden gegenüber ihrer ursprünglichen Länge ein. Das Verhältnis der ursprünglichen Garnlänge L_0 zu seiner scheinbaren Länge im Gewebe L_1 ist der **Einarbeitungsgrad** $E = \dfrac{L_0}{L_1}$. Seine Bestimmung erfolgt in der Weise, daß dem genau abgemessenen Gewebestück von nicht unter 20 cm Länge mindestens 10 Fäden entnommen und nach leichter Streckung gemessen werden. Die **Einarbeitung** oder **Einwebung** e berechnet sich nach

$$e = \frac{L_0 - L_1}{L} \cdot 100 \ (\%).$$

c) **Bestimmung der Gewebezusammensetzung durch mechanische Trennung.** Zur Bestimmung der Gewebezusammensetzung durch mechanische Trennung wird das mindestens 100 cm² große, fadengerade geschnittene Gewebestück gewogen und sorgfältig in Einzelfäden zerlegt. Bei gemusterten Stoffen muß das Gewebestück volle Musterungsrapporte enthalten, damit sämtliche vorkommenden Fadensorten im richtigen Verhältnis zueinander erfaßt werden. Die so getrennten Anteile der Fadenrichtungen oder Garnarten werden nach Ausliegen bei 65% relativer Luftfeuchtigkeit gewogen und in Prozent des Gesamtgewichtes angegeben. Bei gewalkten Tuchen ist die Trennung in Einzelfäden schwierig, oft unmöglich. Man hilft sich dann so, daß man aus der Kett- und Schußrichtung Streifen von etwa 5 cm Breite und 20 cm Länge reißt, von diesen jeweils in der Längsrichtung die Randfäden abnimmt und die überstehenden Fadenenden der Querrichtung abschneidet. Auf diese Weise läßt sich aus den beiden Streifen jeweils die Kett- bzw. Schußrichtung des Gewebes gewinnen und zur Wägung bringen. Hierbei ist eine Kontrolle durch Berechnung der jeweils anderen Geweberichtung als Differenz der aus dem Gewicht der Gewebestreifen und der herausgelösten Fäden berechneten Prozente zu 100 möglich.

F. Bestimmung der Festigkeitseigenschaften.

1. Messung der Zugfestigkeit und Dehnung an Fasern, Garnen und Geweben. a) Begriffsbestimmungen. Die Bestimmungsgrößen, die im allgemeinen der Bewertung der Zugfestigkeit zugrunde gelegt werden, sind die **Bruchlast** und die ihr zugeordnete **Bruchdehnung**.

Da der Vergleich der Bruchlasten zweier Textilien nur dann möglich ist, wenn die Querschnitte der Prüfkörper genau gleich groß sind, die Bestimmung der wahren Querschnittsfläche jedoch infolge des verschiedenen und inhomogenen Aufbaus praktisch nicht durchführbar ist, bedient man sich der sog. Reißlänge als Vergleichsmaß für die Güte. Die Reißlänge ist jene gedachte Länge des Probekörpers, dessen Eigengewicht der Bruchlast gleich ist, d. h. ein Prüfkörper dieser Länge würde an der Aufhängestelle unter der Last seines eigenen Gewichts abreißen. Sie wird berechnet

a) **bei Fasern und Garnen** nach der Formel

$$R_1 = \frac{p \cdot N_m}{1000} \ \text{(km)},$$

$p =$ mittlere Bruchlast in Gramm,
$N_m =$ metrische Feinheitsnummer der geprüften Faser- bzw. Garnstücke.

b) **bei Geweben** nach

$$R_2 = \frac{p \cdot 1000}{G_q \cdot b} \ \text{(km)},$$

$p =$ mittlere Bruchlast in Kilogramm,
$G_q =$ Gewicht in Gramm/Quadratmeter,
$b =$ Streifenbreite in Millimeter.

Zum Vergleich der Gewebe-Reißlänge R_2 mit der Garn-Reißlänge R_1 kann die auf die tragenden Fäden bezogene Reißlänge R_3, wenn der Einarbeitungsgrad E (vgl. S. 222) und der Anteil des tragenden Garnes a (in Prozent) (vgl. S. 222) bekannt sind, nach der folgenden Formel berechnet werden:

$$R_3 = \frac{100 \cdot E}{a} \ \text{(km)}.$$

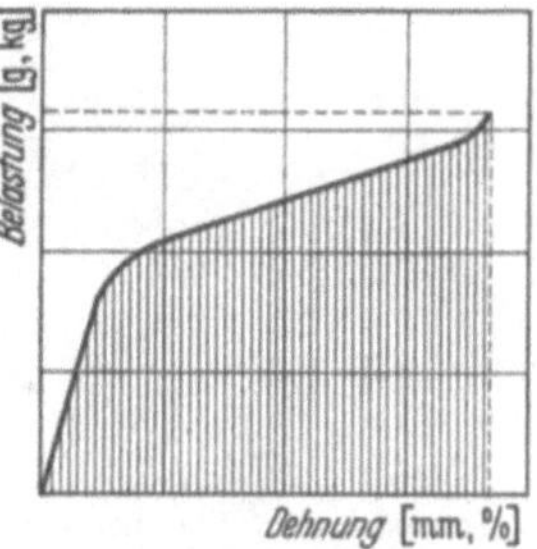

Abb. 17. Kraft-Dehnungslinie.

Das Verhältnis von reduzierter Gewebe-Reißlänge zur Garn-Reißlänge wird als **Verarbeitungs-Güteverhältnis**

$$\tau = \frac{R_3}{R_1}$$

bezeichnet.

Auch die Berechnung der **spezifischen Festigkeit** σ, d. h. der auf die Einheit der wahren Querschnittsfläche bezogenen Zugspannung ist möglich, wenn die Reißlänge R ermittelt und die Dichte des Spinnstoffes γ (vgl. S. 217) bekannt ist. Sie ist

$$\sigma = R \cdot \gamma \ \text{(kg/mm}^2\text{)}.$$

In besonderen Fällen, wo die Beurteilung nach Bruchlast und Bruchdehnung nicht ausreicht, weil die praktische Beanspruchung sich im Bereich geringerer Spannungen bewegt, kann die Aufzeichnung der **Kraft-Dehnungsschaulinie** wertvolle Aufschlüsse liefern. Sie entsteht durch Auftragen der Belastungen als Ordinaten über den zugehörigen Dehnungswerten (Abb. 17). Außer dem allgemeinen Verlauf der Kraft-Dehnungsschaulinie kann zur Beurteilung der **Völligkeitswert** η der Schaulinienfläche herangezogen werden, der das Verhältnis der durch Planimetrieren ermittelten Schaulinienfläche zum umschriebenen Rechteck darstellt, und die mit seiner Hilfe berechnete Zerreißarbeit.

Die Zerreißarbeit A, die das Arbeitsaufnahmevermögen des Prüfkörpers wiedergibt, ergibt sich aus der mittleren Bruchlast P und der Bruchdehnung δ zu

$$A = \eta \cdot P \cdot \delta \, .$$

Bei Fasern und Garnen wird P und δ in Gramm und Millimeter, bei Geweben in Kilogramm und Meter angegeben, so daß im ersten Fall die Zerreißarbeit A in cm/g, im zweiten Fall in m/kg gemessen wird.

Abb. 18. Faserfestigkeitsprüfer „Deforopt". (Aufn. Keyl.)
a Mariottesche Flasche, b Grobeinstellung des Belastungswasserzulaufs, c Feineinstellung des Belastungswasserzulaufs, d Belastungsgefäß mit elektromagnetisch gesteuertem Be- und Entlastungsventil, e Kreisbalken der Waage, f optische Dehnungsablesung, g abnehmbare Faserklemme mit Feststellvorrichtung, h feststehende Faserklemme, i Tauchgefäß für Naßfestigkeitsprüfung.

Für den Vergleich verschiedener Probekörper untereinander müssen die Zahlen, da die unmittelbare Beziehung auf die Querschnittseinheit nicht möglich ist, auf die Gewichtseinheit und gleiche Probenlänge bezogen werden. Dazu dient der Arbeitsmodul A_0, der nach

$$A_0 = \frac{\eta \cdot R \cdot \delta (\%)}{100} (\text{m kg/g})$$

berechnet wird.

b) Zugfestigkeits-Prüfgeräte. Das Prinzip der Zugfestigkeitsprüfung besteht darin, daß auf den zwischen zwei Klemmen eingespannten Probekörper eine steigende Belastung zur Einwirkung gebracht wird. An Stelle der ehemals gebräuchlichen Federbelastung wird in Deutschland fast ausschließlich die Gewichtsbelastung verwendet. Je nachdem, wie die Übertragung der Belastung auf den Probekörper erfolgt, unterscheidet man zwei Apparattypen:

1. mit konstanter Belastungsgeschwindigkeit,

2. mit von der Verformbarkeit des Probekörpers abhängiger Belastungsgeschwindigkeit.

Zu der ersten Gruppe gehören alle Zugfestigkeits-Prüfgeräte, die mit einer feststehenden und einer beweglichen Klemme arbeiten. Die gebräuchlichsten Apparate dieses Typs sind für Einzelfasern: der Deforden- bzw. Deforoptapparat[1] (Abb. 18), der Festigkeitsprüfer nach Dr. Leis und für Garne: der Deforgarn[1].

---

[1] Gebaut von der Fa. Hugo Keyl, Dresden.

Der Deforden- und Deforgarnapparat stellen gleicharmige Waagen dar, an deren einem Hebelarm die bewegliche Einspannklemme befestigt ist, und deren anderer Hebelarm ein Gefäß trägt, das durch einen regulierbaren Zulauf mit Wasser gefüllt werden kann. Der Wasserzulauf wird während des Versuches konstant gehalten und im Augenblick des Bruches des Probekörpers unterbrochen. Die Bruchlast kann entweder durch Messung der Ausflußzeit, durch Wägung oder durch Volumenbestimmung der Wassermenge ermittelt werden. Bei den neueren Apparaten ist das Gefäß mit einem elektromagnetisch gesteuerten Ventil versehen, das eine rasche Entleerung des Wassergefäßes gestattet. Die Messung der Dehnung geschieht mit Hilfe eines am Waagebalken angebrachten Zeigers, dessen Ausschlag auf einem berußten Plättchen (Deforden) bzw. auf einem entsprechend der Belastungsgeschwindigkeit senkrecht bewegten Diagrammpapier (Deforgarn) als Kraft-Dehnungschaulinie aufgezeichnet oder mit Hilfe einer Projektionsvorrichtung in vergrößertem Maßstab abgelesen wird (Deforopt).

Zur zweiten Gruppe (V, 727) gehören alle auf dem Prinzip der Pendelwaage (Neigungswaage) beruhenden Geräte. Die bekanntesten dieser Art für alle Meßbereiche sind die Festigkeitsprüfapparate von Louis Schopper, Leipzig; ähnliche Geräte werden auch von Guido Hahn, Grüna, Max Kohl, Chemnitz und anderen Firmen gebaut. Das Arbeitsprinzip dieses Apparattyps ist folgendes: Der Probekörper wird zwischen zwei beweglichen Klemmen eingespannt, von denen die obere am kurzen Hebelarm der Pendelwaage befestigt ist, während die untere Klemme durch einen elektrischen, hydraulischen oder Schwerkraftantrieb abwärts bewegt wird. Die wirksame Kraft wird durch den Ausschlag des Gewichtshebels gemessen, während die Dehnung als Differenz der während der Belastung zurückgelegten Wege beider Klemmen bestimmt wird. Die Feststellung der Bruchlast erfolgt bei älteren Apparaten durch direkte Ablesung der Stellung des durch Sperrklinken arretierten Gewichthebels an einer Skala. Bei den neueren Apparaten betätigt der Gewichtshebel einen Schleppzeiger, so daß die Fehler durch die Einflüsse der Sperrklinkenreibung wegfallen. Diese Apparate werden für die verschiedensten Meßbereiche gebaut:

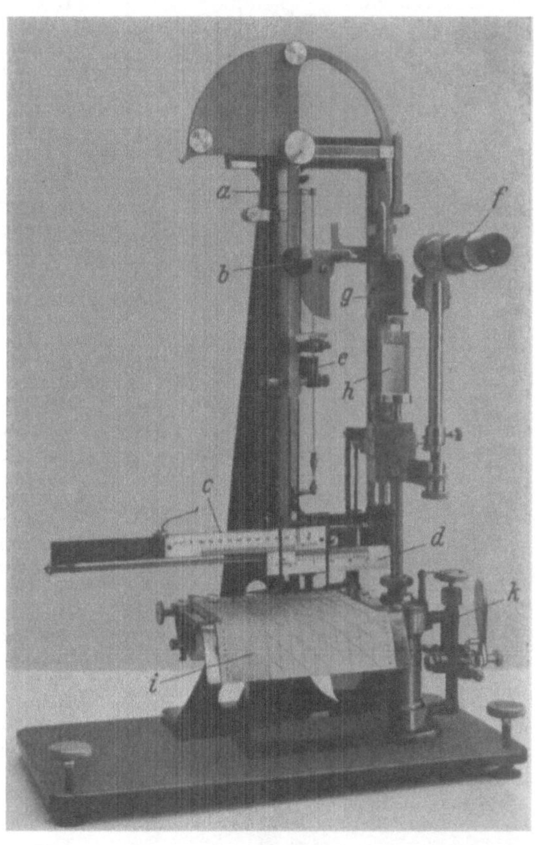

Abb. 19. Feinfaser-Festigkeitsprüfer Bauart Schopper.
(Aufn. Schopper.)
a Krafthebel, *b* Aufsteckgewicht zur Meßbereichänderung, *c* Kraftskala, *d* Dehnungsskala, *e* elektromagnetische Auslösevorrichtung des Dehnungsmessers, *f* Meßmikroskop für optische Dehnungsbestimmung (Meßgenauigkeit 0,05 mm), *g* abnehmbare Einspannvorrichtung, *h* Tauchgefäß für Naßfestigkeitsprüfung, senkrecht verschiebbar und seitlich ausschwenkbar, *i* selbsttätiger Schaulinienzeichner, *k* Wasserantrieb mit Geschwindigkeitsregler.

als Feinfaser-Festigkeitsprüfer für Belastungen von 0—1 g, mit entsprechenden Aufsteckgewichten bis 2, 5, 10, 20, 50 und 100 g (Abb. 19);

als Garnfestigkeitsprüfer für Belastungen bis zu 100, 250 und 500 g, 1, 5, 10 und 50 kg (Abb. 20);

als Gewebefestigkeitsprüfer für Belastungen bis zu 25, 50, 100, 250 und 500 kg (Abb. 21);

für Schwergewebe, Gurte, Treibriemen und Seile für Belastungen bis zu 0,5, 1, 2,5, 5 t usw.

Die Apparate sind so gebaut, daß mit Hilfe von Aufsteckgewichten 2—3 verschiedene Meßbereiche eingestellt werden können. Der Antrieb ist in allen Fällen in weiten Grenzen regelbar. Die Apparate sind mit einem selbsttätigen Schaulinienzeichner ausgestattet.

Die Dehnungsablesung erfolgt in den meisten Fällen an einem Lineal, das an der unteren Klemme befestigt ist, mit Hilfe eines Nonius, der mit der oberen Klemme verbunden ist. Zur Erleichterung einer genauen Dehnungsablesung, die wegen des Weiterwanderns der Dehnungsskala im Augenblick des Bruchs erfolgen muß und daher eine große Übung erfordert, ist die Dehnungsmeßvorrichtung mit einer automatischen Auskuppelung versehen, die bei den Garnfestigkeitsprüfern elektromagnetisch betätigt wird (Vollprechtsche Dehnungsauslösung). Beim Feinfaserfestigkeitsprüfer besteht die Möglichkeit der Dehnungsablesung mit einem Meßmikroskop, da bei kurzen Einspannlängen die anderen Meßverfahren versagen.

c) Versuchsbedingungen. Die Ergebnisse der Zugfestigkeitsprüfung hängen in starkem Maße von den Versuchsbedingungen ab. Es ist daher erforderlich, um wiederholbare und vergleichbare Ergebnisse zu erhalten, die im Normblatt DIN DVM 3801 vorgeschriebenen Versuchsbedingungen genau einzuhalten. Der Inhalt dieser Vorschriften ist im wesentlichen folgender:

Abb. 20. Garnfestigkeitsprüfer. (Aufn. Schopper.) *a* obere Einspannklemme, *b* untere Einspannklemme, *c* Krafthebel, *d* Kraftskala, *e* Dehnungsskala, *f* Schaulinienzeichner, *g* Vollprechtsche Dehnungsauslösung, *h* Geschwindigkeitsregler.

Die erste Voraussetzung für vergleichbare Ergebnisse ist die richtige Aufstellung und richtige Anzeige des Prüfgerätes. Die Apparate müssen daher mit Hilfe der daran angebrachten Nivellierungsgeräte lotrecht aufgestellt und in dem Zustand und in der Art, wie die Geräte im Versuch angewandt werden (mit oder ohne Sperrklinken, mit oder ohne Schaulinienzeichner), für die verschiedenen Meßbereiche geeicht werden. Die amtliche Nachprüfung auf richtige Anzeige[1], die im all-

gemeinen nur für amtliche Prüfungen erforderlich ist, kann in allen anderen Fällen durch eine einfache Nachprüfung ersetzt werden. Hierzu wird der gesamte Meßbereich in mehrere Stufen eingeteilt und die diesen Stufen entsprechenden Gewichte nacheinander an der oberen Klemme so befestigt, daß sie auf der unteren Klemme ruhen. Durch Senken der unteren Klemme mit einer Geschwindigkeit von 10 cm/min wird der Gewichtshebel bis zum Gleichgewicht gehoben und die festgestellten Abweichungen zwischen Ablesung und angehängtem Gewicht in einer Fehlertabelle oder graphischen Darstellung vereinigt. Eine Nachprüfung auf richtige Anzeige ist je nach Häufigkeit der Benutzung von Zeit zu Zeit vorzunehmen.

Für die Auswertung der selbsttätig aufgezeichneten Kraft-Dehnungsschaulinie ist die Bestimmung des Schaulinien - Maßstabes erforderlich. Hierfür werden — einmal durch Bewegen des Lasthebels, zum anderen durch Bewegen der unteren Einspannklemme bis zum Endpunkt des Meßbereiches — verschiedene Stufen des

Abb. 21. Gewebefestigkeitsprüfer. (Aufn. Schopper.)
a Einspannklemmen, *b* Krafthebel, *c* Kraftskala,
d Dehnungsskala, *e* Schaulinienzeichner,
f Geschwindigkeitsregler.

Last- und Dehnungsbereichs eingestellt und auf dem Schaulinienpapier vermerkt. Die auf der Schaulinie auf $^1/_{10}$ mm genau ausgemessenen Strecken stellen in ihrem Verhältnis zu den entsprechenden, eingestellten Last- bzw. Dehnungswerten die gesuchten Maßstäbe (Umrechnungsfaktoren) dar. Um eine genügende Ablesegenauigkeit sicher-

---

[1] Solche Nachprüfungen werden vom Staatlichen Materialprüfungsamt Berlin-Dahlem, Abt. Meßwesen, ausgeführt.

zustellen, ist der Meßbereich der Apparate jeweils so zu wählen, daß die mittlere Bruchlast nicht in das erste Fünftel des Lastbereichs fällt.

Die Richtlinien für die Entnahme und Vorbereitung der Proben sind für Fasern, Garne und Gewebe etwas verschieden. Bei Einzelfasern sind die zu prüfenden Fasern möglichst entsprechend der Häufigkeit ihres Vorkommens den verschiedenen Längen- und Feinheitsklassen zu entnehmen. Vor der Prüfung ist die Feinheitsnummer der Fasern nach S. 214 zu bestimmen. Nach Möglichkeit sind hierbei nur die auf Festigkeit zu prüfenden Fasern der Nummerbestimmung zugrunde zu legen. Bei Wolle sind auf Grund einer mikroskopischen Vorauslese die Fasern der jeweiligen mittleren Feinheitsklasse zu verwenden. Bei Garnen und Zwirnen sind die Probefäden fortlaufend vom Anfang und Ende des Stranges zu entnehmen, für die Beurteilung einer größeren Garnpartie ist die Prüfung von mindestens 10 Strängen erforderlich. Die Prüfstreifen für Gewebeprüfung sind in der Kettrichtung gleichmäßig über die ganze Stoffbreite in mindestens 10 cm Abstand von der Webekante, die Streifen in der Schußrichtung möglichst über die ganze Länge des Stoffmusters verteilt zu entnehmen. Vor der Prüfung sind die etwas breiter zugeschnittenen Streifen durch Auszupfen der Längsfäden auf beiden Seiten auf die vorgeschriebene Prüfbreite zu bringen.

Der Einfluß der Probenabmessungen macht sich besonders bei der Einspannlänge bemerkbar, und zwar nimmt mit zunehmender Einspannlänge die Festigkeit ab. In den Prüfnormen sind folgende Einspannlängen festgelegt:

> für Einzelfasern: 10 mm, für nicht elementarisierte Bastfasern und Ramie 50 mm,
> für Garne und Zwirne: 500 mm, bei Hartfasern 1000 mm[1],
> für Gewebe: 300 mm, für Gurte in voller Breite 500 mm.

Die Streifenabmessungen für Gewebefestigkeitsprüfung sind folgende:

Tabelle 11.

	Vorbereitung der Streifen durch	Entnommene		Prüfbreite
		Breite mm	Länge mm	mm
Gewalkte Gewebe . . .	Reißen	92—93	500	90
Alle übrigen Gewebe . .	Schneiden	60	500	50

Die 90 mm breiten Streifen werden der Länge nach auf halbe Breite zusammengelegt, so daß die Längskanten des Streifens in der Mitte zusammenstoßen, und so „geschlaucht" gerissen.

Beim Einspannen ist darauf zu achten, daß nicht eine Verletzung der Probekörper durch schadhafte Klemmen oder zu starkes Zusammenpressen zur Ursache von Klemmenbrüchen wird. Durch Einlagen von Filtrierpapier, Stoffscheiben, Schmirgelpapier, Gummi und dgl. kann bei schwächerer Pressung ein Rutschen und das Eintreten von Klemmenbrüchen verhindert werden. Bei der Einzelfaserprüfung mit dem Defordenapparat ist vielfach noch die Rähmchenmethode üblich, bei

---

[1] Auf besonderen Wunsch auch 600 mm.

der die Einzelfasern auf ausgestanzte Papierrähmchen von 1 cm lichter Weite mit Wachs oder Cellonlack aufgeklebt werden. Nach dem Einspannen werden die Seiten des Rähmchens durchgeschnitten und dadurch die Faser für den Zerreißversuch freigegeben. Bei den neueren Einzelfaser-Festigkeitsprüfern sind die Klemmen so ausgebildet, daß die Verwendung von Rähmchen und Einlagen im allgemeinen nicht erforderlich ist. Beim Einspannen der Gewebestreifen ist vor allem darauf zu achten, daß der Streifen fadengerade an der oberen Klemme abschneidet und mit gleichmäßiger Spannung über die Streifenbreite eingespannt wird.

Zur Erzielung wiederholbarer Dehnungswerte ist die Einhaltung einer bestimmten Anfangsspannung notwendig, die bei Garnen und Zwirnen dem ungefähren 100-m-Gewicht und bei Geweben dem 10-m-Gewicht des Probestreifens entspricht. Bei der Zellwoll-Einzelfaserprüfung werden zweckmäßig folgende Vorspanngewichte verwendet:

bis 0,9	den	25 mg	5—8	den	500 mg
1—1,9	den	50 mg	8	den	500 mg
2—2,9	den	100 mg	16	den	1000 mg
3—5	den	200 mg	24	den	1500 mg.

Bei anderen Einzelfasern ist eine bestimmte Vorspannung nicht vorgeschrieben. Die Fasern sind zur leichten Streckung zu bringen, ohne sie jedoch zu dehnen.

Einen wesentlichen Einfluß auf die Ergebnisse der Zugfestigkeitsprüfung übt auch die Zerreißgeschwindigkeit aus [H. Böhringer (1, 2)]. Die allgemeine Erfahrung zeigt, daß mit zunehmender Zerreißgeschwindigkeit die Festigkeitswerte steigen. Da von den möglichen Maßen für die Zerreißgeschwindigkeit:

konstante Belastungszunahme,
„ Dehnungszunahme,
„ Geschwindigkeit der ziehenden Klemme

nur die beiden ersteren exakte Größen darstellen, die aber nicht bei allen Apparattypen verwirklicht werden können, andererseits die Klemmengeschwindigkeit infolge der Abhängigkeit von den Dehnungseigenschaften des Probekörpers, der Apparatkonstruktion und der Wahl des Meßbereiches überhaupt kein definiertes Maß darstellt, kommt als für alle Apparattypen zu gleichen Ergebnissen führendes Geschwindigkeitsmaß nur eine einheitliche Zerreißdauer in Betracht. In den Prüfnormen ist die mittlere Zerreißdauer

für Einzelfasern und Garne . . auf etwa 20 Sekunden,
für Gewebe . . . . auf etwa 60 Sekunden,
für Gurte . . . . auf etwa 120 Sekunden

festgelegt worden. Die Prüfapparate sind mit Hilfe von einigen Vorversuchen auf eine solche Prüfgeschwindigkeit einzustellen, daß durchschnittlich die angegebene mittlere Zerreißdauer erreicht wird. Für die hauptsächlich verwendeten Festigkeitsprüfer von Schopper erfolgt die Einstellung der Prüfgeschwindigkeit am einfachsten in der Weise, daß an einigen Vorversuchen die ungefähre Festigkeit und Dehnung bestimmt wird. Zu dem Betrage der Dehnung wird der dem Lasthebelausschlag entsprechende Weg der oberen Klemme hinzugerechnet und die Geschwindigkeit der unteren Klemme so eingestellt, daß die so berechnete Gesamtwegstrecke in etwa 20 bzw. 60 Sekunden zurückgelegt wird.

Die Zahl der auszuführenden Festigkeitsprüfungen richtet sich grundsätzlich nach der Ungleichmäßigkeit des Materials. Bei Einzelfasern sind mindestens 30 Versuche auszuführen. Die Anzahl der Versuche bei der Garnprüfung richtet sich außer nach der Ungleichmäßigkeit des Garnes nach der erforderlichen Genauigkeit des Mittelwertes, wofür nebenstehende Richtlinien (Tabelle 12) gelten.

Bei der Gewebeprüfung werden je 5 Streifen in Kette und Schuß geprüft.

Tabelle 12.

Durchschnittliche Abweichung der Reihe ± %	Mindestzahl der Versuche bei einer Genauigkeit[1] von		
	±1%	±1,5%	±2%
bis 5	20	10	10
über 5 bis 8	50	20	15
über 8 bis 10	75	30	20
über 10 bis 12	100	50	30
über 12 bis 16	200	75	50
über 16 bis 20	300	100	75
über 20	500	150	100

Für die Auswertung ist noch folgendes zu beachten: Klemmenbrüche werden von der Bewertung ausgeschlossen. Die Ablesegenauigkeit beträgt:

Tabelle 13.

	Bruchlast	Bruchdehnung
Bei der Einzelfaserprüfung	0,5% des Skalenendwertes oder 1% der Bruchlast	0,1 mm
Bei der Garn- und Gewebeprüfung	0,2% des Skalenendwertes	1,0 mm

Die Bruchlast wird unter Berücksichtigung des Gerätefehlers als arithmetisches Mittel, sowie mit ihrem höchsten und niedrigsten Wert auf 1% genau angegeben. Die Bruchdehnung wird in Prozent der Einspannlänge berechnet und auf eine Stelle nach dem Komma bestimmt. Die Reißlänge ist in Kilometer anzugeben und wird auf drei benannte Ziffern aufgerundet.

Für die Berechnung der Ungleichmäßigkeit der Festigkeit wird auf S. 256 verwiesen.

Der Einfluß der Feuchtigkeit auf die Festigkeit der Faserstoffe ist beträchtlich. Schon bei geringen Änderungen der relativen Luftfeuchtigkeit im Prüfraum ergeben sich merkliche Differenzen gegenüber den bei der vorgeschriebenen Feuchtigkeit von 65% gemessenen, und zwar liegen für niedrigere relative Luftfeuchtigkeiten als 65% die Festigkeitswerte für Kunstseide, Zellwolle und Wolle höher, für Baumwolle und Bastfasern niedriger. Für weniger genaue Bestimmungen kann in solchen Fällen, wo die vorgeschriebene Normalluftfeuchtigkeit nicht eingehalten werden kann, im Bereich etwa zwischen 40 und 75% relativer Luft-

---

[1] Wahrscheinlicher Fehler des Mittelwertes.

feuchtigkeit (φ) eine Umrechnung der gefundenen Festigkeit (R) auf die Festigkeit bei 65% relativer Luftfeuchtigkeit (R_n) nach folgender Formel erfolgen:

$$R_n = R \cdot \left[1 + \frac{a}{100} \cdot (65 - \varphi) \right].$$

Die für die einzelnen Faserstoffe geltenden Faktoren a (prozentuale Festigkeitsänderung für 1% Luftfeuchtigkeitsdifferenz) sind für

Baumwolle	+0,40	Seide	—0,48
Flachs und Hanf	+0,52	Kunstseide ⎰ Viscose-, Kupfer- . .	—0,80
Jute	+0,24	Zellwolle ⎱ Acetat-	—0,56
Wolle	—0,40		

Für die Praxis ist in vielen Fällen die Naßfestigkeit von besonderer Bedeutung. Ihre Feststellung erfolgt unter gleichen Bedingungen wie die der Festigkeit in lufttrocknem Zustand, jedoch nach vorherigem Netzen durch Untertauchen des Fasergutes in destilliertem Wasser, gegebenenfalls in einer Lösung von 1 g/l Nekal BX trocken. Auch während des Versuches muß das Prüfgut dauernd benetzt bleiben. Einzelfasern werden trocken eingespannt, durch Hochschieben eines am Gerät angebrachten Tauchgefäßes benetzt und unter Wasser gerissen. Die Netzdauer beträgt bei Zellwollen normalerweise 20 Sekunden, bei anderen Fasern etwa 5 Minuten; Garne und Gewebe werden vor dem Einspannen 15 Minuten lang genetzt. Die „relative Naßfestigkeit" wird in Prozent der Trockenfestigkeit angegeben.

Eine kurze Übersicht über die für die Normprüfung vorgeschriebenen Versuchsbedingungen ist nochmals in der Tabelle 14 zusammengestellt:

Tabelle 14.

Versuchsbedingungen für	Fasern	Garne	Gewebe
Freie Einspannlänge[1] mm	10 (Bastfasern 50)	500	300
Streifenbreite . . . . mm	—	—	50 + 5 mm freie Fadenenden an jeder Streifenseite (Tuche 90[1])
Vorspannung	100-m-Gewicht [2]		10-m-Gewicht des Streifens
Zerreißgeschwindigkeit . .	20 Sek.	20 Sek.	60 Sek. Zerreißdauer
Ablesegenauigkeit: Bruchlast . . . . Bruchdehnung . . . mm	0,5% 0,1	0,2% des Skalenendwertes 1	
Anzahl der Versuche . .	mind. 30[3]	10—100 je nach Gleichmäßigkeit bei ±2% Genauigkeit[3]	je 5 in Kette und Schuß

Einzelheiten sind nachzulesen [1] S. 228, [2] S. 207, 229, [3] S. 230.

2. Bestimmung der Berstfestigkeit. Die beim Zugversuch an Streifen einwirkende einachsige Zugbeanspruchung führt häufig in Abhängigkeit vom webtechnischen Aufbau zu einer ungleichmäßigen Spannungsverteilung über die Streifenbreite, so daß zwar am gleichen Stoff immer vergleichbare Werte erhalten werden, die jedoch nicht der wahren Zugfestigkeit bei der praktischen Beanspruchung bei anderen Abmessungen entsprechen. Da außerdem die im Gebrauch auftretenden Beanspruchungen meistens nicht nur in der einen, sondern gleichzeitig auch in der anderen Fadenrichtung sich auswirken, ist für die Prüfung die zweiachsige Beanspruchung des Berstversuches vorzuziehen, der überdies den Vorteil der raschen Ausführung ohne besondere Probenvorbereitung besitzt. Für Gewirke ist die Berstfestigkeitsprüfung die einzig mögliche Art der Festigkeitsprüfung, da der Streifenzugversuch hier völlig versagt.

Als Prüfmethoden auf der Grundlage zweiachsiger Beanspruchung sind vorgeschlagen worden:

1. Die amerikanische „Grabmethode" (Zugversuch an einer in beiden Fadenrichtungen eingespannten Probe).

2. Das Durchstoßverfahren, bei dem auf die allseitig eingespannte Probe ein als Kugel oder Ellipsoid ausgebildeter Stößel (H. Weinges), ein 2 cm breiter Stempel (S. v. Kapff) oder eine 2 mm breite Schneide (Schubertsches Punktierverfahren [F. Schubert] für die lokale Festigkeitsprüfung) zur Einwirkung gelangt.

Abb. 22. Berstdruckprüfer nach Schopper-Dalén. (Aufn. M.P.A.)
a Aufspannplatte, b Spannglocke mit Fenster, c Spannvorrichtung, d Wölbhöhenmesser, e Druckmesser, f Steuer- und Druckminderventil für Druckluft.

3. Die eigentliche Berstdruckprüfung mit dem aus dem Martensschen Zerplatzapparat (A. Martens) entwickelten Berstdruckprüfer nach Schopper-Dalén.

Von diesen Verfahren wird gegenwärtig in Deutschland praktisch nur das letzte angewendet, da es die am besten reproduzierbaren Werte liefert und die angenäherte Berechnung der wahren Spannungsverhältnisse im geprüften Stoff gestattet.

Die Prüfung mit dem Berstdruckprüfer nach Schopper-Dalén (Abb. 22) wird in der Weise vorgenommen, daß der Stoff ohne weitere Vorbereitungen auf der Aufspannplatte mittels einer Spannglocke und der dazugehörigen Spannvorrichtung festgeklemmt wird. Der Stoff liegt dabei auf einer Gummimembran auf, die durch Preßluft bis zum Bersten des Stoffes aufgewölbt wird. Der Berstdruck wird an einem

Manometer mit Schleppzeiger und die Wölbhöhe der Kugelkalotte am Wölbhöhenmesser abgelesen.

Die Größe der kreisförmigen freien Prüffläche beträgt nach der Normvorschrift im allgemeinen 100 cm²; in Verbindung mit der Scheuerfestigkeitsprüfung (S. 247) ist jedoch eine Prüffläche von 50 cm² anzuwenden. Durch leichtes Glattstrecken des Gewebes auf der Einspannfläche ohne Überdehnung wird die erforderliche Vorspannung erzielt. Wie beim Zugversuche übt die Geschwindigkeit des Prüfvorganges auch beim Berstversuch einen merklichen Einfluß aus. Als Norm der mittleren Berstdauer sind 20 Sekunden festgelegt worden, die bei einem Vorversuch mit Hilfe der Regulierung am Lufteinlaßventil eingestellt werden kann. Das zur Messung verwendete Manometer, das mindestens jedes Jahr nachzuprüfen ist, wird so gewählt, daß der mittlere Berstdruck nicht in den Anfang oder das Ende des Meßbereiches fällt. Die Ablesegenauigkeit beträgt für den Berstdruck etwa 0,3 % des Skalenendwertes, für die Wölbhöhe 0,1 mm. Es sind mindestens 5 Versuche durchzuführen und daraus das arithmetische Mittel unter Berücksichtigung des Manometerfehlers zu berechnen, wobei gleichzeitig der Membranfehler abzuziehen ist, d. i. derjenige Druck, der die Membran ohne Gewebe auf die gleiche Wölbhöhe bringt. Der Mittelwert des Berstdrucks ist auf zwei Stellen nach dem Komma, die Wölbhöhe auf 0,1 mm genau anzugeben.

Aus dem Berstdruck p, der in kg/cm² angegeben wird, kann die Berstfestigkeit K, d. h. die auf die Maßeinheit am gespannten Gewebe bezogene Zugspannung unter der meist erfüllten Annahme, daß sich der Probekörper in Form einer Kugelkalotte aufwölbt, nach

$$K = p\,\frac{r^2 + h^2}{4\,h}\ \text{(kg/cm)}$$

berechnet werden. Hierbei bedeuten

r den Radius der Prüffläche und
h die Wölbhöhe, beide gemessen in cm.

Aus Gründen der Vergleichbarkeit im allgemeinen und mit Zugfestigkeitswerten im besonderen ist es zweckmäßig, die K-Werte nicht auf den gedehnten, sondern auf den ungedehnten Stoff zu beziehen. Diese Stoffestigkeit K_0 kann, wenn die Stoffdehnung δ (%) bekannt ist, leicht berechnet werden:

$$K_0 = K \cdot \frac{100 + \delta}{100}\ \text{(kg/cm)}\,.$$

Die Bestimmung der Stoffdehnung δ ist aus der Wölbhöhe h und dem Radius r der Prüffläche ebenfalls möglich, rechnerisch jedoch nach dem Ansatz

$$\delta = \left(\frac{\alpha}{\sin\alpha} - 1\right) \cdot 100\,,$$

wobei sich α aus

$$\frac{h}{r} = \operatorname{tg}\frac{\alpha}{2}$$

ergibt, sehr langwierig.

Die Berstreißlänge R_b kann bei bekanntem Quadratmetergewicht Q (in Gramm) nach dem Ansatz

$$R_b = \frac{K_0 \cdot 100}{Q} \ \text{(km)}$$

berechnet werden. Zur Erleichterung der angegebenen Rechenoperationen bedient man sich zweckmäßig des AWF-Sonderrechenstabes SR 733, „Berstversuch" (H. Sommer und Schwerdt).

Abb. 23. Dauerbiegefestigkeitsprüfer für Einzelfasern „Flexotex". (Aufn. Henning.)
a Einspannklemme, b Spanngewicht, c Registriertrommel.

3. Dauerbiegefestigkeit. Einzelfasern und Spinnstofferzeugnisse weisen infolge ihrer verhältnismäßig großen Biegsamkeit eine hohe Biegefestigkeit auf. Beim einmaligen Biegen bis zu 180° tritt kein Bruch ein, wenn nicht durch außergewöhnliche Schädigung, ein besonderes Ausrüstungsverfahren oder dgl. eine große Sprödigkeit vorliegt. Erst bei wiederholter Biegebeanspruchung erfolgt der Bruch, wobei die als Bewertungsmaß dienende Zahl der Doppelbiegungen bis zum Bruch von der Faserart, ihrem strukturellen Aufbau, der Größe und Form des Querschnitts, bei Garnen von der Drehung, bei Geweben vom webtechnischen Aufbau usw. abhängt. Dabei sind die zur Festigkeitsabnahme und schließlich zum Bruch führenden bei der Biegung auftretenden Spannungsunterschiede im Querschnitt des Prüfkörpers um so größer, je größer

Abb. 24. Dauerbiegeprüfer. (Aufn. Schopper.)
a obere Einspannklemme, nach beiden Seiten um 90° drehbar.
b untere Einspannklemme mit c Belastungsgewicht, d selbsttätige Abstellvorrichtung, e Zählwerk.

der Biegewinkel und eine gleichzeitig einwirkende Zugbeanspruchung und je kleiner der Biegeradius ist.

Beim Dauerbiegefestigkeitsprüfer für Einzelfasern nach E. Franz und H. J. Henning (2) (Abb. 23) werden gleichzeitig 10 Fasern unter einer zwischen 0,5 und 10 g variierbaren Zugbelastung mit einer

Geschwindigkeit von 200 Knickungen in der Minute hin- und hergebogen. Der Biegewinkel ist zwischen $2 \times 20°$ und $2 \times 120°$ verstellbar. Der eingetretene Bruch wird mit Hilfe des herabfallenden Anhängegewichtes auf einem Registrierpapier verzeichnet. Da bei dieser Prüfung erfahrungsgemäß die Werte eine große Streuung (um mehrere 100%) aufweisen, empfiehlt sich die Auswertung durch Aufstellung von Häufigkeitskurven in halblogarithmischer Darstellung und Berechnung des geometrischen Mittels aus den Logarithmen der einzelnen Dauerbiegezahlen.

Nach dem gleichen Prinzip arbeitet der **Schoppersche Dauerbiegeprüfer für Garne und Gewebe** (A. Schopper) (Abb. 24).

Dieses Gerät besitzt nur eine Einspannklemme, die so für verschieden dicke Prüfkörper einstellbar ist, daß die Biegeachse mit der Mittellinie des eingespannten Querschnitts zusammenfällt. Die Klemmbacken besitzen schneidenförmig ausgebildete Biegekanten mit einer Abrundung von $r = 0{,}05$ mm und gestatten die Einspannung von Streifen bis zu 30 mm Breite. Der Biegewinkel beträgt $2 \times 90°$, die Zahl der Hin- und Herbiegungen 120 min. Die Prüfung wird normalerweise so durchgeführt, daß die Wechselbiegebeanspruchung bei einer Belastung gleich 10% der Zugfestigkeit erfolgt. Die Belastungsvorrichtung, die mit Zusatzgewichten bis zu 15 kg eingestellt werden kann, setzt beim Bruch das Zählwerk still, so daß eine besondere Aufsicht nicht erforderlich ist.

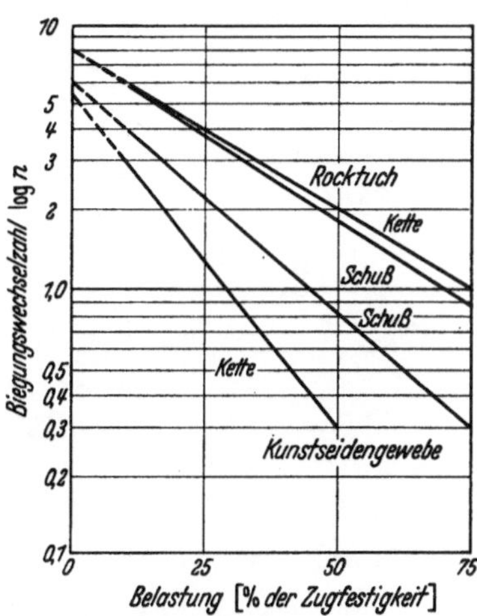

Abb. 25. Abhängigkeit der Biegewechselzahl von der Belastung nach Schopper.

Außer der „Dauerbiegezahl für 10% der Zugfestigkeit" können die Dauerbiegezahlen für verschiedene Zwischenstufen der Zugfestigkeit ermittelt werden. Trägt man die ermittelten Dauerbiegezahlen logarithmisch auf der Ordinate über den zugehörigen Dauerlasten in Prozent der Zugfestigkeit auf der Abszisse auf (Abb. 25), so ergeben sich angenäherte Gerade, deren Schnittpunkt mit der Ordinate die „ideale Dauerbiegezahl" darstellt, die zum Hin- und Herbiegen des ungespannten Stoffes bis zum Bruch notwendig wäre. Die Neigung der Geraden ist ein Maß für die Dauerfestigkeit.

In gewisser Beziehung zur Dauerbiegezahl steht die **Knotenfestigkeit** (W. Frenzel und H. Bach) eines Garnes, die mit dem gewöhnlichen Zugfestigkeitsprüfer an einmal zum Knoten verschlungenen Garnstücken ermittelt werden kann.

Eine Wechselbiegebeanspruchung findet auch bei der Prüfung der Lackschicht von Kunstleder auf Sprödigkeit statt. Die Prüfung kann mit dem Dauerbiegeprüfer ausgeführt werden oder auch mit einem umgebauten **Schopperschen Doppelfalzer** (Abb. 26). Bei diesem wird der 15 mm breite Streifen unter einer Spannung von 1300 g bei einseitiger Biegung um 60° mittels einer abgerundeten Schneide (Krümmungsradius 0,4 mm) bis zum Auftreten der ersten Risse beansprucht.

Die Prüfbedingungen für die Prüfverfahren dieses Abschnittes sind zur Zeit noch nicht genormt.

4. Torsionsfestigkeit. Die Torsionsfestigkeit von Einzelfasern kann mit einem Einzelfaserzugfestigkeitsprüfer bestimmt werden, dessen untere Klemme mit einer Kurbel in Umdrehung versetzt wird, bis der über die tordierte Faser auf den Krafthebel übertragene Zug den Bruch herbeigeführt hat (E. Husung).

Abb. 26. Falzer für die Kunstlederprüfung. (Aufn. M.P.A.)
a Einspannvorrichtung, b Schneide, c Biegerollen, d Zählwerk.

Das Maß der Torsionsfestigkeit von Garnen (S. Marschik) ist die bis zum Bruch erforderliche zusätzliche Drehung n_t je Längeneinheit, die zusammen mit der bereits vorhandenen Spinndrehung n_0 die Bruchdrehung n ergibt:

$$n = n_0 + n_t.$$

Die Spinndrehung n_0 wird mit einem Garndrehungszähler (S. 218) aus den Drehzahlen n_t und n_r beim Vorwärts- und Rückwärtsdrehen des Garnes bis zum Bruch ermittelt:

$$n_r = n_0 + n = 2\,n_0 + n_t$$
$$n_0 = \frac{1}{2}\,(n_r - n_t).$$

Außer der Spinndrehung spielen Faserfestigkeit, Faserlänge, Garndrehung, Garnnummer und freie Einspannlänge eine Rolle. Die Einspannlänge muß grundsätzlich länger als die größte Faserlänge gewählt werden.

5. Haftfestigkeit. Eine wichtige Eigenschaft solcher textiltechnischer Erzeugnisse aus mehreren Gewebelagen, die durch ein Bindemittel miteinander verbunden sind (z. B. Gummitransportbänder, Balatariemen, Verdeckstoffe u. ä.), ist die Haftfestigkeit der einzelnen Gewebelagen, auch der Deckschicht aneinander. Ihre Bestimmung erfolgt mit einem Gewebefestigkeitsprüfer mit Schaulinienzeichner an 50 mm breit und 20 cm lang zugeschnittenen Gewebestreifen, die auf etwa 5 cm Länge mechanisch in die einzelnen Gewebelagen getrennt werden. In der in Abb. 27 angedeuteten Weise werden nacheinander die Gewebelagen des Streifens bei ausgehobenem Sperrklinken mit einer Geschwindigkeit der ziehenden Klemme von 10 cm/min. auf einer Prüfstrecke von 15 cm voneinander getrennt. Die mittlere Haftfestigkeit wird planimetrisch aus dem mittleren Teil des Schaulinienbildes auf einer Trennstrecke von 10 cm bestimmt und in Kilogramm auf 1 cm Streifenbreite umgerechnet. Die Zahl der Versuche ist mindestens 2 (DIN DVM 3801, Blatt 4 L).

6. Einreißfestigkeit und Widerstandsfähigkeit gegen Weiterreißen. Im praktischen Gebrauch von Textilien können nicht nur Beanspruchungen in der Längsrichtung auftreten, wie beim Zugversuch, sondern auch Kräfte, die senkrecht zur Richtung der tragenden Fäden angreifen. Erfolgt eine solche Querbeanspruchung örtlich begrenzt, aber gleichmäßig und gleichzeitig an sämtlichen Längsfäden eines Streifens, so handelt es sich um eine reine Scherwirkung. Die Scherfestigkeitsprüfung kann mit dem Buskop-Apparat, einem Zusatzgerät zum Schopper-Gewebefestigkeitsprüfer, ausgeführt werden, ist jedoch wenig gebräuchlich (S. A. v. Hoytema).

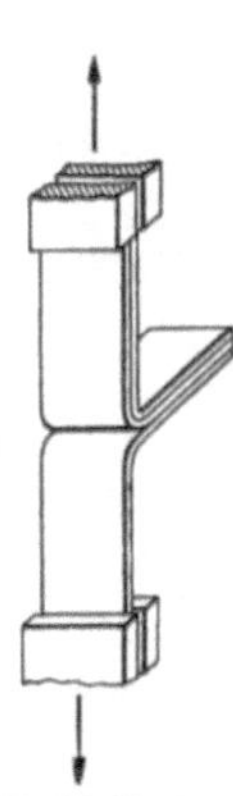

Abb. 27. Probeneinspannung zur Prüfung auf Haftfestigkeit.

Eine andere Art der Querbeanspruchung von Geweben ist das Einreißen bzw. das Weiterreißen. Da der Widerstand gegen das erste Einreißen an der Stelle des Kräfteangriffs verhältnismäßig groß, der Widerstand gegen Weiterreißen infolge der eingetretenen ungleichmäßigeren Spannungsverteilung an der Rißstelle bedeutend geringer ist, müssen Einreißfestigkeit und Widerstandsfähigkeit gegen Weiterreißen getrennt ermittelt werden.

Die Prüfung der Einreißfestigkeit erfolgt auf einem Zugfestigkeitsprüfer mit Hilfe von besonderen Einspannklemmen (MPA-Hilfsgerät, Abb. 28). Für leichtere Stoffe genügt im allgemeinen ein Meßbereich von 5—10 kg (Garnfestigkeitsprüfer). Für die Richtungsbezeichnung der Einreißfestigkeit ist die Rißrichtung maßgebend. Aus dem zu prüfenden Stoff wird ein rechteckiger Abschnitt von 30×25 mm Größe fadengerade herausgeschnitten und so in den Spalt der beiden Klemmen a_1 und a_2 eingeschoben, daß seine längere Seite an der Klemmenachse anliegt und die Seiten der beiden Klemmen sich berühren. Durch Darüberschieben der Spannbügel c_1 bzw. c_2 über die Klemmen und Anziehen der Klemmenschrauben wird der Probenabschnitt in dieser Lage festgehalten. Die an den Klemmen angebrachten Klemmenhalter b_1 und b_2 werden sodann in die obere bzw. untere Einspannklemme des Zugfestigkeitsprüfgerätes eingespannt und hierauf die untere Klemme wie beim Zugversuch langsam abwärts bewegt. Die Geschwindigkeit der ziehenden Klemme ist so einzustellen, daß der Streifen in etwa 20 Sekunden auf eine Länge von etwa 20 mm eingerissen wird.

Zur Bestimmung der **Widerstandsfähigkeit gegen Weiterreißen** (K. Schraivogel) sind verschiedene Prüfverfahren möglich, zum Beispiel die Berstfestigkeitsprüfung an Proben mit einfachen oder Kreuzschlitzen oder die auf der Messung von Zugkräften beruhenden Verfahren wie Streifen- und Zungenprobe. Bei der **Streifenweiterreißprobe** wird der 50 mm breite Streifen auf eine Länge von 50 mm eingeschnitten, an den beiden so entstandenen halbbreiten Enden eingespannt und auseinandergezogen. Bei der **Zungenprobe** wird aus dem auf einen Rahmen gespannten oder durch Gewichtsbelastung quer beanspruchten Stoff entweder eine fadengerade Zunge von 50 mm Breite und 50 mm Länge (Längsversuch) oder eine Dreieckzunge (Diagonalversuch) herausgerissen. Die mittlere Weiterreißfestigkeit wird aus der fortlaufenden Aufzeichnung des Diagrammschreibers planimetrisch ermittelt.

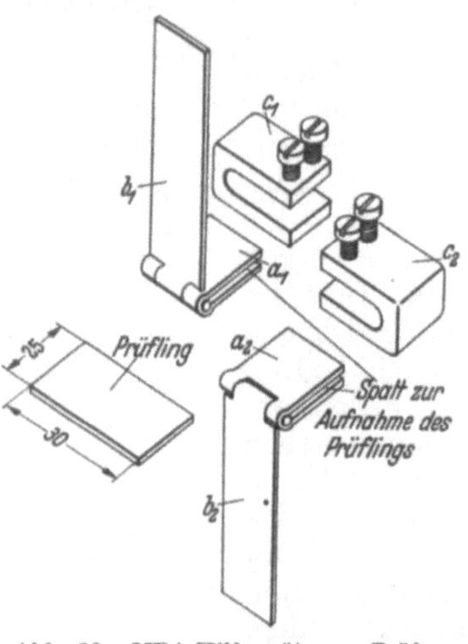

Abb. 28. MPA-Hilfsgerät zur Prüfung der Widerstandsfähigkeit gegen Einreißen.

Die **Ausreißfestigkeit**, wie sie z. B. nach RAL 069 B für die Prüfung von Austauschwerkstoffen für Sattler- und Täschnerleder usw. in Frage kommt, wird in folgender Weise ermittelt. An der Schmalseite eines 20 mm breiten Streifens wird im Abstand von 5 mm vom Rand ein Ausreißloch von 1 mm Breite angebracht. Der Streifen wird mit der nicht gelochten Seite in eine Klemme eines Zugfestigkeitsprüfers eingespannt und mit einem in der anderen Klemme befestigten Dorn von 1 mm Dicke am Ausreißloch mit einer solchen Geschwindigkeit belastet, daß die Dauer des Einzelversuches etwa 1 Minute beträgt. Die Ausreißfestigkeit P_A wird in kg/mm Dicke angegeben und berechnet sich aus der erhaltenen Gesamtbelastung P und der Dicke der untersuchten Probe d nach

$$P_A = \frac{P}{d} \ (\text{kg/mm}) .$$

G. Bestimmung der Formänderungseigenschaften.

Die mit jeder mechanischen Beanspruchung verbundene Formänderung ist zum Teil bleibend, zum Teil vorübergehend. Der Anteil der bleibenden an der gesamten Formänderung hängt dabei von der Höhe der Beanspruchung und von der Dauer der Einwirkung ab. Die Auswirkung der elastischen Kräfte bei der Entlastung erfolgt nicht momentan, sondern verläuft nach Maßgabe der inneren Reibung anfangs schneller und dann langsamer, wobei die sog. elastische Nachwirkung durch eine Herabsetzung der inneren Reibung, z. B. durch Erhöhung des Feuchtigkeitsgehaltes, abgekürzt werden kann. Zur Beurteilung des elastischen Verhaltens wird entweder das Verhältnis der elastischen zur gesamten Formänderungsgröße oder das Verhältnis der elastischen zur gesamten Formänderungsarbeit herangezogen.

1. Zugelastizität. Zur Bestimmung der Zugelastizität werden die gleichen Prüfgeräte wie beim Zugversuch verwendet. Die elastische Dehnung wird als Unterschied zwischen Gesamtdehnung beim Belasten und der bleibenden Dehnung nach dem völligen Entlasten und Wiederbelasten auf die sog. Nullast bei verschiedenen Belastungsstufen ermittelt. Hat das Gerät Sperrklinken für den Belastungshebel, so sind sie auszurücken. Der Belastungs- und Entlastungsvorgang wird dabei durch selbsttätige Schaulinienschreiber oder durch gleichzeitiges Ablesen von Kraft und Dehnung und Auftragen im Koordinatensystem aufgezeichnet. Die Versuchsbedingungen sind aus Tabelle 15 zu ersehen.

Tabelle 15.

Versuchsbedingungen für	Fasern	Garne	Gewebe
Einspannlänge	kurze 10 mm lange 50 mm	500 mm	300 mm
Probenbreite	—	—	50 mm[1], Tuche 90 mm (geschlaucht)
Vorspannung	leichte Streckung[2] ohne Überdehnung	100-m- Gewicht	10-m-Gewicht des Probestreifens
Nullast	1% der Bruchlast	gleich Vorspannung	
1. Belastungsstufe 2. ,, 3. ,, 4. ,, 5. ,, 6. ,, 7. ,,	20% der Bruchlast 30% ,, ,, 40% ,, ,, 50% ,, ,, 60% ,, ,, 70% ,, ,, 80% ,, ,,	5% der Bruchlast 10% ,, ,, 20% ,, ,, 30% ,, ,, 40% ,, ,, 60% ,, ,, 80% ,, ,, (Zwischenstufen 50, 70% können eingelegt werden)	
Belastungsgeschwindigkeit	Erreichen der Bruchlast in 20 Sekunden	Erreichen der Bruchlast in 60 Sekunden	
Dauer der Lasteinwirkung in jeder Stufe	20 Sekunden	1 Minute	
Ruhezeit nach der Entlastung	1 Minute		
Zahl der Wiederholungen bei der gleichen Laststufe	keine	Garne keine, Zwirne und Gewebe bis zur Erreichung gleichbleibender Werte	
Zahl der Versuche	mindestens 5		mindestens 3

[1] Vgl. S. 228.

[2] Vgl. S. 229, bei gekräuselten Fasern und solchen mit sehr geringer Bruchlast ist die Nullast gleich der Vorspannung zu nehmen.

Im vereinfachten Verfahren kann die ungefähre Größe der durchschnittlichen elastischen Dehnung für den Gesamtbelastungsbereich auch durch nur einen Versuch bei $^2/_3$ der Bruchlast bestimmt werden. Bei Zwirnen und Geweben sind dabei die Belastung und Entlastung bis zur Erreichung gleichbleibender Werte zu wiederholen.

Für die Auswertung sind sämtliche Dehnungswerte in Prozent der Einspannlänge zu berechnen. Der Elastizitätsgrad ist das Verhältnis der elastischen Dehnung zur Gesamtdehnung der jeweiligen Belastungsstufe. Durch Auftragen der elastischen Dehnungen als Ordinaten über den Endpunkten der zugehörigen Gesamtdehnungen als Abszissen wird die Elastizitätsschaulinie erhalten (Abb. 29). Der Schnittpunkt der

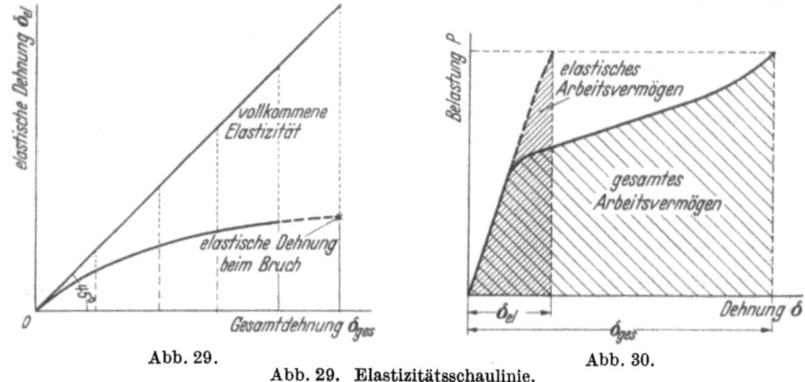

Abb. 29.   Abb. 30.

Abb. 29. Elastizitätsschaulinie.

Abb. 30. Darstellung des gesamten und elastischen Arbeitsvermögens.
Fläche des elastischen Arbeitsvermögens,   Fläche des gesamten Arbeitsvermögens.

verlängerten Kurve mit der Ordinate der Bruchdehnung gibt die elastische Dehnung beim Bruch an. Das Verhältnis der Schaulinienfläche der Elastizitätskurve zur Fläche der vollkommenen elastischen Dehnung stellt den durchschnittlichen Elastizitätsgrad für den gesamten Belastungsbereich dar.

Eine für viele Fälle zweckmäßigere Form der Auswertung ist die Bestimmung der elastischen Arbeit beim Belastungsvorgang A_{el}, die entsprechend der Zerreißarbeit A (vgl. S. 224) aus einer Schaulinie ermittelt wird, in der die Belastungsstufen den zugehörigen elastischen Dehnungen bis zum Bruch zugeordnet sind. Das Verhältnis der elastischen Arbeit zur Zerreißarbeit stellt den Wirkungsgrad des elastischen Arbeitsvermögens dar, der auch direkt durch Planimetrieren der Schaulinienflächen der elastischen und Gesamtarbeit ermittelt werden kann (Abb. 30).

2. Widerstandsfähigkeit gegen Ausbeulen. Für diese Bestimmung wird der Berstdruckprüfer (vgl. S. 232) verwendet. Die Ausführung erfolgt in ähnlicher Weise wie beim Zugelastizitätsversuch, d. h. durch abwechselndes Be- und Entlasten. Bei verschiedenen Drücken werden die zugehörigen Wölbhöhen ermittelt und mit Hilfe der auf S. 233 angegebenen Formeln die entsprechenden Stoffestigkeiten und Stoffdehnungen berechnet.

Bei der Bestimmung der Nullast und der Belastungsstufen ist der Membranfehler (S. 233) ganz besonders zu berücksichtigen.

Im **abgekürzten Verfahren** erfolgt lediglich einmalige Be- und Entlastung bei $^2/_3$ des Berstdrucks.

3. Biegeelastizität. Da Textilien im allgemeinen eine große Biegsamkeit aufweisen, also zur Hervorrufung einer Formänderung durch Biegung schon sehr kleine Kräfte ausreichen, ist die Messung der Biegsamkeit und der Biegeelastizität von Textilien mit großen Schwierigkeiten verbunden.

Bei Einzelfasern und Garnen kann das sog. **Biegegewicht**, bezogen auf 1 cm Länge, als Maß für die Biegsamkeit dienen (A. Basler).

Die Bestimmung der **Kräuselungsbeständigkeit** erfolgt bei einzelnen Spinnfasern durch Be- und Entlasten mit einer Torsionswaage oder mit einem Einzelfaserfestigkeitsprüfer mit Schaulinienzeichner. Am einfachsten erfolgt die Prüfung mit einer Torsionswaage [vgl. H. Lohmann und P. Braun, H. Böhringer (4), H. J. Henning (2)], indem die an ein kleines, durchlochtes Pappstückchen geklebte Faser an den Waagebalken der Torsionswaage gehängt und die Waage auf den Nullpunkt reguliert wird (Abb. 31). Das zweite Faserende wird in eine durch Mikrometerschraube verstellbare Klemme eingespannt. Nach Einstellung einer

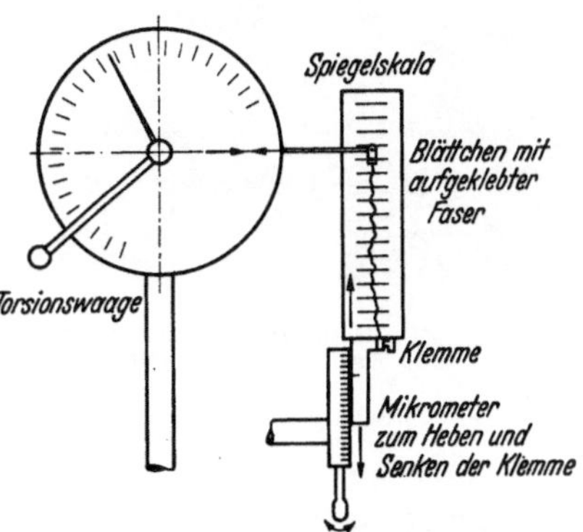

Abb. 31. Schematische Darstellung der Versuchsanordnung für die Kräuselungsmessung.

bestimmten Belastung wird die untere Klemme so lange abwärts bewegt, bis die Waage auf Null einspielt, und die zugehörige Verlängerung mit dem Nonius abgelesen. Nach Entlasten und Wiederbelasten auf die Nullast erfolgt die Bestimmung der verbliebenen Restkräuselung.

Zur Durchführung der Messung an Zellwollfasern werden zweckmäßig folgende Versuchsbedingungen eingehalten:

Meßbereich: 0—500 mg, für stärkere Fasern 1—2 g,
Einspannlänge: möglichst groß, etwa 50 mm,
Anfangsspannung, Nullast: 5 mg,
Belastungsstufen: 25, 50, 100, 200, 400 mg,
Dauer der Be- und Entlastungsruhepausen: 1 Minute.

Zur Beurteilung der Kräuselungsbeständigkeit werden folgende Werte berechnet:

Anfangskräuselung: $A = \dfrac{b-a}{d}$

Restkräuselung: $R = \dfrac{b-c}{d}$

Erholungsfähigkeit: $E = \dfrac{A-R}{A}$

a = Anfangslänge (gekräuselt),
b = Länge bei Belastung,
c = Länge nach Entlastung,
d = Länge bei völliger Streckung.

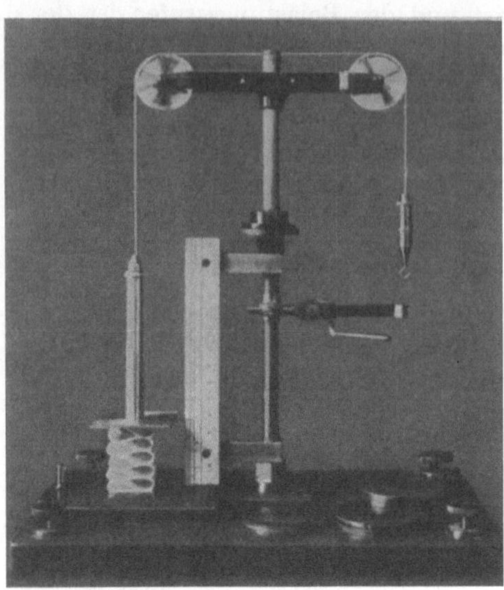

Abb. 32. **MPA-Gerät zur Prüfung der Biegeelastizität und Knitterfestigkeit von Geweben.**

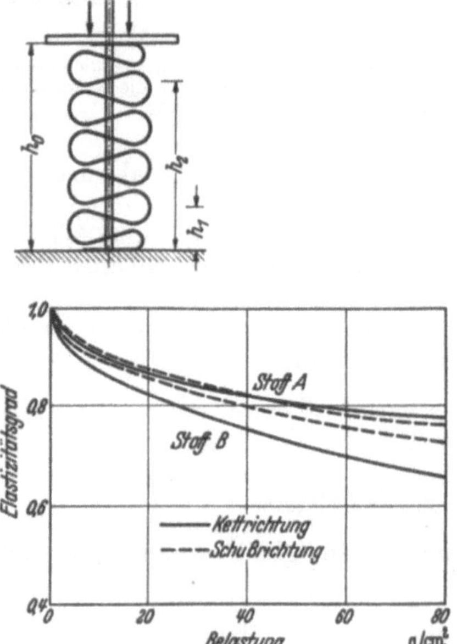

Abb. 33. **Auswertung der Prüfung auf Widerstandsfähigkeit gegen Knittern.**
Versuchsanordnung: h_0 Höhe der Nullast, h_1 Höhe nach Belastung, h_2 Höhe nach Entlastung, h_0-h_1 gesamte Zusammendrückung, h_0-h_2 bleibende Zusammendrückung, h_2-h_1 elastische Zusammendrückung.

Die Bestimmung der Biegsamkeit und Biegeelastizität von Geweben kann zur Beurteilung der **Knitterfestigkeit** herangezogen werden. Grundsätzlich handelt es sich dabei darum, sowohl in Kett- als auch Schußrichtung die zum Zusammenbiegen auf bestimmte Biegewinkel erforderliche Kraft zu messen oder diejenige bleibende und elastische Zusammenbiegung zu bestimmen, die sich bei bestimmten Belastungen ergibt. Ein Gerät, bei dem diese Prüfung am einmal gefalteten Stoff ausgeführt wird, ist das in Amerika gebräuchliche · Flexometer (H. F. Schiefer). Im Staatlichen Materialprüfungsamt Berlin-Dahlem wird ein Gerät verwendet (Abb. 32), bei dem der in bestimmten Abständen gelochte Stoffstreifen in mehrfach gefaltetem Zustand auf einem Dorn einer wiederholten Be- und Entlastung bei verschiedenen Belastungsstufen ausgesetzt wird (Abb. 33). Die Auftragung des Elastizitätsgrades, d. h. des Verhältnisses der elastischen zur gesamten Zusammendrückung, in Abhängigkeit von den Laststufen erleichtert den Vergleich mehrerer Stoffe.

Einer mehr empirischen Beurteilung der Knitterfestigkeit dient der in Abb. 34 dargestellte Knitterfestigkeitsprüfer nach Repenning. Der zu prüfende Stoff wird über einen Stempel gelegt und mit einer unter bestimmter Spannung stehenden Schnur um den Stempel gewickelt.

Nach längerer Einwirkung werden die auf diese Weise entstandenen Knitter im Stoff nach dem Augenschein beurteilt. Durch Wiederholung dieser Beurteilung nach 24stündigem Ausliegen bei 65% relativer Luftfeuchtigkeit wird festgestellt, inwieweit ein „Aushängen" der Knitter eingetreten ist.

4. Torsionselastizität. Das torsionselastische Verhalten von Fasern, Gespinsten und Geweben ist ein Mittel zur Beurteilung ihrer Schmiegsamkeit. Von praktischer Bedeutung ist nur die Bestimmung der Schmiegsamkeit von Geweben. Sie kann in verhältnismäßig einfacher Weise mit dem Torsionspendel (Abb. 35) aus der Schwingungsdauer eines um 90° tordierten Stoffstreifens bis zum Ausschwingen des Schwingungskörpers auf 3° bestimmt werden. Bei der neuen Ausführung des

Abb. 34. Knitterfestigkeitsprüfer nach Repenning. (Aufn. M.P.A.)

Apparates kann die Einspannlänge des 15 mm breiten Streifens zwischen 50 und 10 cm eingestellt werden; das Gewicht des Schwingungskörpers beträgt normalerweise 50 g, das Gewicht selbst sowie sein Drehmoment ist einstellbar. Aus der Zahl der beobachteten Schwingungen (n) und der Gesamtschwingungsdauer T in Sekunden wird die Schwingungsdauer t nach

$$t = \frac{T}{n} \text{ (sek)}$$

berechnet. Die Schmiegsamkeit kann auch durch den Torsionsmodul G gekennzeichnet werden, der in Anlehnung an die für Metallbänder rechteckiger Form geltende Formel nach

$$G = \frac{0{,}225\,(a^2 + b^2)\,l}{t^2\,\pi^2\,a^3\,b^3} \text{ (kg/mm}^2\text{)},$$

l = Streifenlänge,
a = halbe Streifendicke,
b = halbe Streifenbreite,
t = Dauer der Einzelschwingung

berechnet werden kann.

5. Zusammendrückbarkeit. Zusammendrückbarkeit und Weichheit werden durch die Formänderung bei Druckbeanspruchung gemessen;

16*

sie dienen der Bewertung der Füllfähigkeit und des druckelastischen Verhaltens von Polstermaterial und bilden einen wichtigen Bestandteil des „Griffes" von Textilien.

Zur Beurteilung des druckelastischen Verhaltens von Polstermaterial dient der Roßhaar-Elastizitätsprüfer nach G. Herzog (Abb. 36). Aus der Vereinigung der Werte:

$d =$ Füllhöhe von 25 g Material in einem zylindrischen Gefäß von 100 cm² Prüffläche bei 200 g Belastung

$e =$ Materialhöhe bei 1200 g Belastung

$f =$ Materialhöhe bei 200 g Belastung

berechnet sich eine Wertziffer [H. Sommer (7)]

$$w = \frac{1}{10} f (d - e) (f - e),$$

in der die Füllfähigkeit f, die Weichheit $(d-e)$ und die im druckelastischen Anteil zum Ausdruck kommende Sprungkraft $(f-e)$ vertreten sind.

Die Bestimmung der Bauschigkeit oder Volumenelastizität mit dem „Pendultex" nach H. J. Henning (1) beruht auf der Messung der Kompressionsarbeit, die bei der Zusammendrückung eines Faserbausches auf einen bestimmten Bruchteil seines Anfangsvolumens aufgewendet wird.

Die Messung der Weichheit von Garnen und Geweben ist auf Grund der zwischen spezifischem Meßdruck und Zusammendrückung bestehenden gesetzmäßigen Beziehung möglich. Die Quer-

Abb. 35. Torsionspendel. (Aufn. Schopper.) *a* Schwingungskörper, *b* obere Einspannvorrichtung, *c* Gradskala, *d* Feststellvorrichtung.

schnittsflächendifferenz (in mm Dicke bei textilen Flächenerzeugnissen) für das Intervall der 10fachen Meßdruckänderung ist die absolute Maßzahl der Weichheit, ihr relativer Wert in Prozent die Maßzahl der Zusammendrückbarkeit [H. Sommer (7)].

Zur Messung kann der Schoppersche „Automatik"-Dickenmesser mit auflegbaren Gewichten und einer freien Meßfläche von 10 cm² benutzt werden, wobei es nur notwendig ist, innerhalb des Bereichs von

5—300 g/cm² Meßdruck, Dickenmessungen bei einem beliebigen Meßdruck und seinem 10fachen Wert auszuführen und die Dickendifferenz zu ermitteln.

H. Gebrauchswertprüfung.

Unter den Begriff der Gebrauchswertprüfung fallen nicht nur für den Gebrauch unmittelbar wichtige Einzelprüfverfahren, wie z. B. die Bestimmung des Wärmeschutzes, sondern auch alle Prüfverfahren, die durch eine Kombination von verschiedenen gleichzeitigen oder nacheinander erfolgenden Beanspruchungen diejenigen im Gebrauch zusammenwirkenden Eigenschaften zu erfassen suchen, die für die Dauerhaftigkeit nach dem jeweiligen Verwendungszweck wichtig sind.

Beispiele für derartige kombinierte Gebrauchswertprüfungen sind in Tabelle 16, S. 246 angeführt.

1. Bestimmung der Widerstandsfähigkeit gegen Scheuerbeanspruchung. Für die Beurteilung der Tragfähigkeit von Stoffen reicht die übliche Zug- oder Berstfestigkeitsprüfung allein nicht aus, weil für die Abnutzung das Verhalten gegen Scheuerbeanspruchung von größerer Bedeutung ist. Da praktische Tragversuche einer zu starken subjektiven Beeinflussung ausgesetzt sind und nur im Massenversuch eine

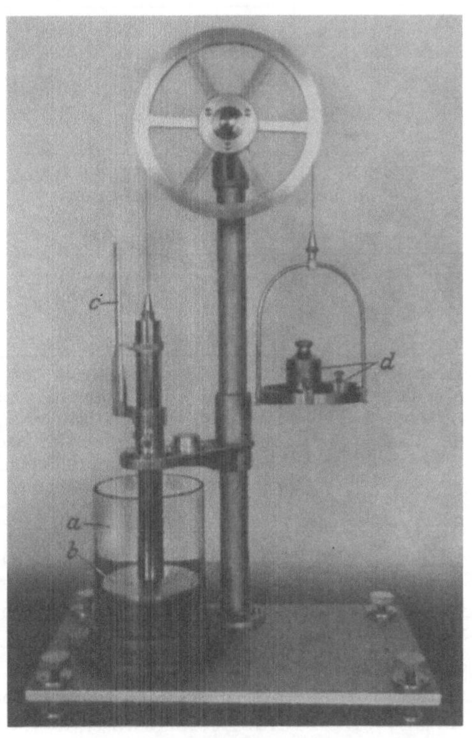

Abb. 36. Roßhaarprüfer nach G. Herzog.
(Aufn. M.P.A.)
a Glasgefäß (Bodenfläche 100 cm²), *b* Stempel,
c Höhenzeiger und Maßstab, *d* Belastungsgewichte.

zutreffende Beurteilung ermöglichen, muß der zusammengesetzte Vorgang der Scheuerung bei einem objektiven Prüfverfahren die wichtigsten Teilbeanspruchungen — Druck, Biegung, Reibung — in definierter Weise enthalten. Dabei können die Dauer der Beanspruchung, die Art der Scheuerung (Rund- und Längsscheuerung) und das Scheuermittel (Stoff, Stahlscheibe, Schmirgelpapier) wesentlich das Ergebnis beeinflussen. Zur Beurteilung solcher Scheuerversuche dienen: die durch die Scheuerung eingetretene Veränderung des Aussehens der Stoffoberfläche, sei es hinsichtlich der Färbung oder des Sichtbarwerdens der Bindung oder des auch gewichtsmäßig feststellbaren Faserverlustes, sowie die Abnahme der Festigkeit.

Tabelle 16.

Stoffart	Geprüfte Eigenschaft	Dem Gebrauch entsprechende Beanspruchung
Oberbekleidungs-stoffe	Zug- und Berstfestigkeit, Maß-änderung, Gewichtsverlust, Wasserabweisung, Wärme-haltung, Knitterfestigkeit	Scheuern, Bewettern, chemisch Reinigen, leichte Wäsche
Wäschestoffe	Zug- und Berstfestigkeit Maßänderung, Gewichts-verlust	Dauerwäsche (10, 25 und 50 Wäschen, Maschinen- oder Hauswäsche). In Sonderfällen, z. B. bei Drillichzeug: Bewet-tern mit zwischengeschalteter Wäsche. Scheuern
Zeltbahnen Wagenplanen Segeltuche Verdeckstoffe	Zugfestigkeit Maßänderung Gewichtsverlust Wasserdichtigkeit	Bewetterung Tropenprüfung Fäulnisversuch Kniffen
Treibriemen Gurte Förderbänder	Zugfestigkeit Haftfestigkeit	Ermüdungsprüfung (Dauerver-suche auf der Riemenprüfan-lage). Alterung, für Balatarie-men auch Wärmebeständigkeit
Kunstleder Wachstuche u. ä.	Zugfestigkeit Einreiß-, Weiterreiß- und Ausreißfestigkeit, Dauerbiege-festigkeit (Rissigkeit der Lack-schicht), Kleben und Brüchig-werden der Lackschicht	Bewetterung Künstliche Alterung (1-, 2-, even-tuell 4wöchige Lagerung bei 70°) Kälte: 1 Stunde bei —15° Wärme: 1 Stunde bei +50° bzw. 100°

Zur Durchführung der Prüfung sind grundsätzlich verschiedene Gerättypen entwickelt worden: die Längsscheuergeräte und die Rundscheuergeräte. Zu den ersteren gehören der Müllersche Scheuerapparat [E. Müller (3, 4, 5), H. Vollprecht] und das Flach-scheuergerät nach H. Repenning. Als Normverfahren ist die Rund-scheuerprüfung auf dem Schopperschen Abnutzungsprüfer eingeführt (Abb. 37). Die Prüfung erfolgt an runden Stoffscheiben von 110 mm Durch-messer, die mit einem Locheisen aus verschiedenen Stellen des Stoffes ausgestanzt und auf 1 mg genau gewogen werden. Zur Erzeugung einer gleichmäßigen Spannung wird die mit einer freien Prüffläche von 50 cm² in der Einspannvorrichtung befestigte Stoffscheibe durch Hereindrehen des Mittelteils bis zu einer bestimmten Wölbhöhe aufgewölbt, die für Stoffe mit geringer Dehnung 5 mm, und für Stoffe mit größerer Dehnung 6 mm beträgt. Die Einspannvorrichtung wird auf den Antriebsteil gesetzt und vollführt während des Gangs des Gerätes eine Taumel-bewegung derart, daß jeder Teil der eingespannten Stoffprobe mit der darüber befindlichen Scheuerfläche in Berührung kommt. Das Gerät ist dabei so einzustellen, daß die Prüffläche beim Scheuern an allen Stellen gleichmäßig beansprucht wird. Die Scheuerfläche ist mit Schmirgelpapier Nr. 1 von besonders gleichmäßiger Beschaffenheit be-spannt und wird während des Scheuerns mit einer Belastung von 1 kg gegen die Probe gedrückt. Die Prüfung ist nach 500 Scheuerumdrehungen beendet, wobei nach je 100 Umdrehungen die Drehrichtung gewechselt und der beim Scheuern entstehende Staub mit einer weichen Bürste abgebürstet wird. Auch während des Scheuerns entstehender Staub kann durch Abblasen mit einem Gebläse entfernt werden.

Die abgescheuerte Stoffprobe wird nach Entfernung des Faserstaubes kräftig ausgebürstet und ausgeklopft und nach ausreichendem Ausliegen bei 65% relativer Luftfeuchtigkeit wieder gewogen. Der durch das Scheuern eingetretene Gewichtsverlust wird als Mittel von wenigstens 5 Einzelwerten in mg/100 cm² gescheuerte Fläche angegeben.

Der durch das Scheuern verursachte Festigkeitsverlust wird durch die Berstdruckprüfung (S. 232) der ungescheuerten und gescheuerten Proben bestimmt und in Prozent der ursprünglichen Berstfestigkeit angegeben. Die Größe der Prüffläche beim Berstdruckversuch beträgt in diesem Falle 50 cm².

2. Widerstandsfähigkeit gegen Witterungseinflüsse. Die Bedeutung, die der Mitwirkung von Witterungseinflüssen beim natürlichen Verschleiß solcher

Abb. 37. Rundscheuergerät, Bauart Schopper. (Aufn. M.P.A.) *a* Aufspannkopf, *b* Umdrehungszähler, *c* Drehrichtungsumschalter, *d* auswechselbarer Reibkörper, *e* Belastungsgewicht.

Stoffe zukommt, die im praktischen Gebrauch viel dem Sonnenlicht und dem Wetter ausgesetzt sind, wird meistens unterschätzt. Alle Faserstoffe erleiden durch Witterungseinflüsse eine Veränderung ihrer mechanischen Eigenschaften, die auf den photochemischen Abbau der Fasersubstanz zurückzuführen ist [H. Sommer (2, 3)]. Die Bewetterung kann prüftechnisch dazu benutzt werden, um schwache, auf anderem Wege schwer erkennbare Vorschädigungen so zu entwickeln, daß sie der Messung zugänglich werden. Andererseits dient der Bewetterungsversuch zum Nachweis der Wirksamkeit von Ausrüstungsverfahren, die sich insbesondere die Verbesserung der Tragfähigkeit und in Sonderfällen den Licht- und Wetterschutz zum Ziele setzen.

Bei Bemessung der Probengröße ist davon auszugehen, welche Prüfungen im Anschluß an die Bewetterungsversuche durchzuführen sind. Im allgemeinen werden für jede Bewetterungsstufe Proben von etwa 35 × 60 cm je in Kett- und Schußrichtung für die wichtigsten

Untersuchungen ausreichen. Die Abschnitte werden zunächst mit einer dauerhaften Kennzeichnung versehen und dann im Freien auf einem Lattengestell befestigt. Bei der Aufstellung ist zu beachten, daß der

Abb. 38. Bewetterungsanlage auf dem Dach des Staatlichen Materialprüfungsamtes Berlin-Dahlem. (Aufn. M.P.A.)

Ort von Staub und Rauchgasen frei ist und die Proben während des Tagesverlaufs nicht beschattet werden. Das Bewetterungsgestell wird, um die günstigste Ausnutzung des wirksamen Lichtes zu erzielen, genau nach Süden gerichtet und die Probenebene unter 45° gegen die Waagerechte geneigt (Abb. 38).

Um die Beurteilung der durch die Witterungseinflüsse eintretenden Veränderungen sicherer zu gestalten, ist es zweckmäßig, die **Bewetterungsdauer** in mehrere Stufen zu unterteilen, die tunlichst eine geometrische Reihe bilden. Da für Bewetterungsversuche wegen der ungenügenden Lichtwirkung im Winter-

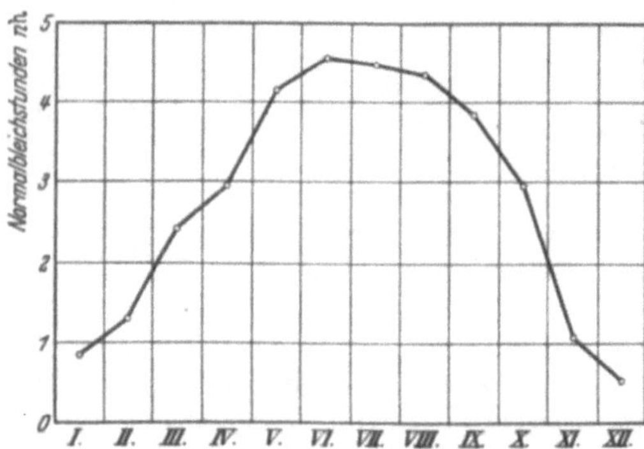

Abb. 39. Tagesdurchschnitt der wirksamen Lichtmenge im Jahresverlauf (Mittel der Jahre 1929—1938).

halbjahr nur die Zeit von März bis Mitte Oktober in Frage kommt, wird die Abstufung in den meisten Fällen entweder mit $^1/_2$, 1, 2 und 4 Monaten oder bei vorauszusehender geringer Lichtempfindlichkeit mit $^1/_2$, 3 und 6 Monaten zu wählen sein.

Die Vergleichbarkeit der zu verschiedenen Zeiten durchgeführten Bewetterungsversuche macht es notwendig, bei der Auswertung die beim Bewettern **wirksame Lichtmenge** zu berücksichtigen. Von den möglichen aktinometrischen Verfahren, die für den vorliegenden Zweck in der Hauptsache auf der Messung der Ausbleichgeschwindigkeit einer Färbung oder eines Farbaufstriches [P. Krais; H. Sommer (5, 6)] oder auf einer photoelektrischen Registrierung (H. Sommer und Fr. C. Jacoby) beruhen, ist das einfachste und gebräuchlichste die Bestimmung der Normalbleichstunden mit dem Kraisschen Viktoriablaupapier. Die als Normalbleichstunde [H. Sommer (5, 6)] bezeichnete Maßeinheit der wirksamen Lichtmenge entspricht der 1stündigen Wirkung der Juni-Mittagssonne bei völlig wolkenlosem Himmel und klarer Luft und bei senkrechtem Lichteinfall, bezogen auf Berlin-Dahlem. Bei den Bewetterungsversuchen wird das Viktoriablaupapier, das vor Regen durch eine Abdeckung mit U.-V.-durchlässigem Glas zu schützen ist, gemeinsam mit den Proben ausgelegt und nach dem meist täglich

Abb. 40. Tropenhaus. (Aufn. M.P.A.)

notwendigen Wechsel mit Hilfe des geeichten Normalbleichstundenmaßstabes sofort ausgewertet[1]. Die erfahrungsgemäß für den Tagesdurchschnitt jedes Monats in Berlin-Dahlem geltende Zahl der Normalbleichstunden geht aus der Abb. 39 hervor. Sie kann als erster Anhalt für die Einteilung der Bewetterungsstufen dienen.

Die Ergebnisse der im Anlieferungszustand und nach jeder Bewetterungsstufe durchgeführten Prüfungen werden zweckmäßig graphisch in Abhängigkeit von der wirksamen Lichtmenge ausgewertet, um die Vergleichbarkeit mit früheren Versuchsreihen zu ermöglichen. Je nach dem besonderen Zweck der Untersuchung wird es sich dabei um die Feststellung der Maßänderung, des Gewichts- und Festigkeitsverlustes, der Veränderung der äußeren Beschaffenheit, der Widerstandsfähigkeit gegen Scheuerbeanspruchung u. dgl. handeln. Da die photochemische Wirkung abhängig ist von der Reaktionsbeschleunigung durch erhöhte Temperatur und Feuchtigkeit, empfiehlt es sich, beim Vergleich der zu verschiedenen Zeiten ermittelten Ergebnisse auch Aufzeichnungen über die allgemeine Wetterlage, Lufttemperatur und Luftfeuchtigkeit

---

[1] Das in Normalbleichstunden geeichte Viktoriablaupapier mit dem zugehörigen Maßstab kann in kleinen Mengen vom Staatlichen Materialprüfungsamt Berlin-Dahlem bezogen werden.

sowie Niederschlagsmengen mit heranzuziehen, um die Ursachen eines etwa abweichenden Verhaltens zu erklären.

Zur Untersuchung der für die Tropen bestimmten Stoffe, tropensicherer Imprägnierungen u. dgl. ist es außerdem erforderlich, daß die Belichtung in einem entsprechend klimatisierten Raum vorgenommen wird. Eine solche Einrichtung besitzt z. B. das Staatliche Materialprüfungsamt Berlin-Dahlem mit seinem „Tropenhaus" (Abb. 40)

Abb. 41. MPA-Gerät und Versuchsanordnung zur Bestimmung des Wärmehaltungsvermögens.
(Aufn. M.P.A.)
a Versuchskörper (bekleidet), *b* Rührwerk, *c* Wasserzuleitung mit Druckausgleich,
d Tischfächer zur Prüfung bei bewegter Luft, *e* Windstärkemesser, *f* Thermometer.

in dem die hinter U.-V.-durchlässigem Glas belichteten Proben einer Luftfeuchtigkeit von 70% bei etwa 40—45° ausgesetzt werden können.

3. Bestimmung des Wärmehaltungsvermögens. Für die Bestimmung des Wärmehaltungsvermögens gibt es eine Reihe von Prüfverfahren, die sich in zwei grundsätzlich verschiedene Gruppen einteilen lassen. Auf der Grundlage der Konstanthaltung der dafür erforderlichen Energie beruhen die Verfahren von E. Mönch, A. Zart u. a. Die andere Gruppe von Prüfverfahren gründen sich auf die erstmalig von Müller angewandte Abkühlungsmethode, bei der die Abkühlungsgeschwindigkeit eines auf Körpertemperatur gebrachten bekleideten Gefäßes gemessen wird. Als Maßzahl wird die prozentuale Differenz des Wärmeverlustes je Zeit- und Flächeneinheit des mit dem zu prüfenden Stoff bekleideten Körpers im Vergleich zum unbekleideten Körper verwendet.

Durch Vornahme der Prüfung einmal bei ruhender Luft und ferner bei Luftbewegung wird auch der Einfluß der Porengröße auf das Wärmehaltungsvermögen erfaßt.

Für die noch nicht genormte Prüfung wird im Staatlichen Materialprüfungsamt Berlin-Dahlem die in der Abb. 41 wiedergegebene, nach dem Abkühlungsverfahren arbeitende Versuchsanordnung verwendet. Der mit Wasser gefüllte, zylindrische Heizkörper ist an beiden Enden gegen Wärmeverlust gut isoliert und so ausgebildet, daß die freie Oberfläche völlig mit dem spannungslos angenähten Stoff bedeckt wird. Ein Rührwerk sorgt für gleichmäßigen Temperaturausgleich im Inneren. Die Zeit der Abkühlung des Körpers von 40 auf 36° wird bei Einhaltung einer Zimmertemperatur von etwa 20° und einer relativen Luftfeuchtigkeit von 65% beobachtet, wobei die Temperatur der Außenluft auf 0,2° konstant gehalten wird und störende Luftströmungen durch Aufstellung in einem Windkanal ausgeschaltet werden. Bei den Versuchen in bewegter Luft muß der Luftstrom den gesamten Prüfkörper gleichmäßig treffen und mit einem Anemometer auf bestimmte Luftgeschwindigkeiten eingestellt sein (normalerweise 1 und 2 m/sek).

Als Maß des Wärmehaltungsvermögens dient die prozentuale Differenz des stündlichen Wärmeverlustes des bekleideten und unbekleideten Versuchskörpers, bezogen auf den Wärmeverlust des unbekleideten Körpers. Der Wärmeverlust wird dabei als Wärmedurchgangszahl K nach dem Ansatz

$$K = \frac{2\,Q}{F \cdot z \cdot (t_1' + t_1'' - t_2' - t_2'')}\ (\text{Kcal/m}^2\,\text{h}\,°\text{C}),$$

worin a) für den unbekleideten Körper

$$Q = (c_1\,G_1 + c_1\,G_2)\,(t_1' - t_1'')\ (\text{Kcal})$$

b) für den bekleideten Körper

$$Q = (c_1\,G_1 + c_2\,G_2 + c_3\,G_3)\,(t_1' - t_1'')\ (\text{Kcal})$$

ist. Hierbei bedeuten:

Q = übergehende Wärmemenge in Wärmeeinheiten,
F = Größe der Oberfläche des Versuchskörpers in cm²,
z = Zeitdauer in Stunden,
t_1' = Anfangstemperatur ⎫
t_1'' = Endtemperatur ⎬ des Wassers im Zylinder,
t_2' = Anfangstemperatur ⎫
t_2'' = Endtemperatur ⎬ der Luft im Versuchsraum,
G_1 = Gewicht des Versuchskörpermetalls ⎫
G_2 =   „   der Wasserfüllung ⎬ in kg,
G_3 =   „   der Gewebeprobe ⎭
c_1 = spezifische Wärme des Versuchskörpermetalls,
c_2 =   „   „   „ Wassers (1,011),
c_3 =   „   „   „ Faserstoffs (Wolle 0,325, Baumwolle 0,319, Kunstseide 0,324).

Da das Wärmehaltungsvermögen im wesentlichen von der im Stoff eingeschlossenen Luftmenge abhängt, kann in vielen Fällen zur angenäherten Beurteilung des Wärmeschutzes die Bestimmung dieser Luftmenge aus Stoffdicke × Porenvolumen (vgl. S. 217) dienen.

I. Bestimmung der Wasserdichtigkeit und der wasserabweisenden Eigenschaften.

Die Textilien, die als Schutz gegen die Einwirkung von Wasser Verwendung finden sollen, können nach ihrer Zweckbestimmung in zwei Gruppen geteilt werden. Die eine Gruppe umfaßt solche Gewebe, die nicht nur gegen auftropfendes, sondern auch gegen sich in großen Mengen ansammelndes Wasser undurchlässig sein sollen, wie Segeltuche, Zeltbahnen, Verdeckstoffe u. ä. Diese Gewebe müssen **wasserdicht** sein, d. h. ihre Gewebeporen müssen durch Fremdstoffe (Imprägnierung) oder die bei der Einwirkung von Wasser eintretende Quellung geschlossen werden. Die andere Gruppe wird in der Hauptsache von Oberbekleidungsstoffen gebildet, die mit Rücksicht auf den aus hygienischen Gründen erforderlichen Luftwechsel weitgehend porös und luftdurchlässig sein müssen, die also lediglich **wasserabweisende Eigenschaften** besitzen sollen.

Abb. 42. Muldenversuch. (Aufn. M.P.A.)

Die für die Prüfung dieser beiden grundsätzlich verschiedenen Eigenschaften wichtigsten Prüfverfahren[1] sind (H. Sommer, H. Mendrzyk und A. Klingelhöfer)

a) für die „Wasserdicht“-Prüfung der Muldenversuch und der Wasserdruckversuch;

b) für die „Wasserabweisend“-Prüfung der Tauchversuch und der Beregnungsversuch.

1. „Wasserdicht“prüfung. a) Muldenversuch. Stoffabschnitte von 50×50 cm Größe werden so in einem Holzrahmen aufgehängt (Abb. 42), daß eine Mulde von 35×35 cm Öffnung entsteht. Die Mulde wird vorsichtig mit destilliertem Wasser von Zimmertemperatur gefüllt, bis eine Wasserhöhe von 10 cm, gemessen am tiefsten Punkt der Mulde, entsteht. Die meisten Abnahmevorschriften sehen vor, daß nach einer Einwirkungsdauer von 24 Stunden kein Durchtropfen von Wasser eingetreten sein darf. Durchschwitzen von Wasser wird nicht als Undichtigkeit gerechnet.

Der Muldenversuch gestattet lediglich die Feststellung, ob das Gewebe bei den gewählten Versuchsbedingungen dicht oder undicht ist, nicht aber eine Bewertung verschieden dichter Stoffe im Vergleich zueinander.

---

[1] Norm zur Zeit in Vorbereitung.

b) **Wasserdruckversuch.** Für die vergleichende Bewertung der Wasserdichtigkeit durch eine Zahl ist der Wasserdruckversuch geeignet. Hierbei wird die in einer runden Einspannvorrichtung mit 100 cm² freier Prüffläche eingespannte Gewebeprobe einem gleichmäßig gesteigerten Wasserdruck (10 cm Wassersäule/min) ausgesetzt, bis die ersten 3—4 Tropfen durch den Stoff gedrungen sind (Abb. 43). Die in diesem Augenblick abgelesene Wasserdruckhöhe gilt als Maßzahl der Wasserdichtigkeit. Die am Rande der Prüffläche und infolge offensichtlicher Webfehler hindurchtretenden Wassertropfen sollen bei der Bewertung unberücksichtigt bleiben. Wegen der geringen Prüffläche sind zur Mittelwertbildung mindestens 3, bei größerer Streuung 5—10 Versuche durchzuführen.

Um die Widerstandsfähigkeit der Imprägnierung gegen die im Gebrauch auftretenden mechanischen Beanspruchungen zu ermitteln, kann der Versuch mit geknifften Proben wiederholt werden. Das Kniffen wird in der Weise vorgenommen, daß die zugeschnittene Probe in Längs- und Querrichtung an je 3 Stellen nach beiden Seiten gefaltet und die Falten unter mäßigem Druck mehrmals festgestrichen werden (Abb. 44).

2. „Wasserabweisend" - Prüfung. a) **Tauchversuch.** Beim Tauchversuch erfolgt die Bewertung nach der bei bestimmter Tauchbehandlung aufgenommenen Wassermenge. Er wird fast ausschließlich nur für die Prüfung der Imprägnierwirkung an Garnen und Gewirken verwendet. Für die Durchführung kommt folgendes Verfahren in Frage.

Die 5×15 cm großen Proben (bzw. etwa 3 g schwere Garnsträngchen) werden unter Spannung mit je zwei Anhängegewichten von zusammen $^{1}/_{25}$ des Quadratmetergewichtes (bzw. des Hundertmetergewichtes des Garnes) nacheinander 10, 20, 30, 30 und 30 Sekunden in destilliertes Wasser von Zimmertemperatur getaucht. Um anhaltende Luftblasen zu entfernen, werden die Proben bei jeder Tauchbehandlung

Abb. 43. Versuchsanordnung für den Wasserdruckversuch. (Aufn. M.P.A.)
a Einspannvorrichtungen, *b* heb- und senkbares Wassergefäß zur Steigerung des Wasserdrucks, *c* Hebevorrichtung.

3mal kurz aus dem Wasser gehoben und wieder eingesenkt. Nach jeder Tauchbehandlung wird das anhaftende Wasser durch 3maliges Herabfallenlassen eines mit einer 10 cm langen Schnur an der Aufhängevorrichtung der Proben befestigten 50 g-Gewichts abgespritzt und die Proben gewogen. Die Wasseraufnahmen werden in Prozent der bei 65% relativer Luftfeuchtigkeit vorgenommenen Einwaage berechnet.

b) Beregnungsversuch. Die wichtigste Prüfung für porös-wasserabweisend imprägnierte Stoffe ist der Beregnungsversuch. Im Prinzip handelt es sich dabei darum, die Benetzung und Wasseraufnahme des Stoffes zeitlich zu verfolgen, und zwar unter vergleichbaren Bedingungen der Tropfengröße, Tropfendichte, Tropfenfallhöhe und Tropfgeschwindigkeit bei bestimmtem Auftreffwinkel.

Von den verschiedenen Beregnungsverfahren, bei denen zum Teil versucht wurde, die Wasseraufnahme durch eine Scheuerung des Gewebes von der Rückseite zu erhöhen [vgl. O. Mecheels; H. Bundesmann; E. Franz und H. J. Henning (3)], wird im folgenden nur das Verfahren des Staatlichen Materialprüfungsamtes Berlin-Dahlem näher beschrieben, das besonders gut reproduzierbare Werte aufweist.

Abb. 44. Gekniffte Probe für den Wasserdruckversuch. (Aufn. M.P.A.)

Die in einer Größe von 34 × 44 cm zugeschnittene und gewogene Gewebeprobe wird spannungslos auf einem unter 45° zur Waagerechten geneigten Rahmen befestigt und aus einer Tropfbrause beregnet. Die Versuchsbedingungen sind dabei folgende:

Prüffläche . . . . 1064 cm² = 28 × 38 cm,
Zahl der Tropfstellen . . . . 356/1000 cm² Prüffläche,
Tropfengröße . . . . 0,07 cm³,
Tropfgeschwindigkeit . . . . 60 Tropfen/min je Tropfstelle,
Tropfenfallhöhe . . . . 2 m,
Auftreffwinkel . . . . 45°.

Nach jeder Beregnung wird die Probe an einer Schmalseite für 3 Minuten zum Abtropfen aufgehängt und die dann noch anhängenden Tropfen mit einem Filtrierpapier vorsichtig abgetupft. Die Wasseraufnahme wird auf die beregnete Fläche (28 × 38 cm = 1064 cm²) berechnet.

Die Menge des nach 30 Minuten langem Beregnen aufgenommenen Wassers ist gleichzeitig ein Maßstab für die Trockendauer des Gewebes. Soll die Trockendauer direkt bestimmt werden, so muß zur Erzielung vergleichbarer Ergebnisse bei der Trocknung eine relative Luftfeuchtigkeit von 65%, eine Raumtemperatur von 20° eingehalten und eine merkliche Luftbewegung vermieden werden.

K. Bestimmung der Durchlässigkeit für Gase.

1. Luftdurchlässigkeit. Der Luftdurchlässigkeitsprüfer von Schopper (Abb. 45) besteht aus einem Fliehkraftlüfter, welcher die Luft durch das zu untersuchende, in einer Einspannvorrichtung befestigte Gewebe hindurchsaugt. Ein Zuschneiden von Proben ist hierbei nicht erforderlich, da die Einspannvorrichtung so ausgebildet ist, daß auch größere Muster unzerschnitten geprüft werden können. Der mit einem Feinstellventil einregulierte Unterdruck wird an einem Manometer mit einem Meßbereich bis zu 20 mm Wassersäulenhöhe abgelesen. Die

Abb. 45. Luftdurchlässigkeitsprüfer. (Aufn. Schopper.)
a Einspannvorrichtung, *b* Feinregulierung für den Saugdruck, *c* Schrägrohrmanometer, *d* Gasmesser, *e* Lüfter.

durch das Gewebe durchgesaugte Luft wird mit einer Experimentiergasuhr gemessen. Bei der Prüfung sind nach dem Normblatt DIN DVM 3801 folgende Versuchsbedingungen einzuhalten:

Einspannung: leichtes Glattstreichen des Gewebes ohne Überdehnung,
Größe der Prüffläche: 20 cm²,
Unterdruck: gleichbleibend eingestellt auf 20 ± 0,1 mm WS,
Prüfdauer: 5 Minuten,
Ablesegenauigkeit: 0,1 Liter,
Anzahl der Versuche: mindestens 5.

Die so ermittelte Luftdurchlässigkeitszahl entspricht der Luftmenge in Liter, die bei 20 mm WS Unterdruck durch 100 cm² Stofffläche in 1 Minute hindurchgeht.

In bestimmten Fällen kann die Prüfung auf Luftdurchlässigkeit bei einem anderen Unterdruck als 20 mm WS notwendig werden. Zu Vergleichszwecken kann eine Umrechnung erfolgen unter Zugrundelegung der Proportionalität zwischen Unterdruck und durchgegangener Luftmenge, die allerdings nur für geringe Drücke angenähert zutrifft.

Als indirektes Prüfverfahren hat die Bestimmung der Luftdurchlässigkeit Bedeutung für die Beurteilung der sog. Daunendichtigkeit von Inlettstoffen. Von „daunendichten" Stoffen kann im allgemeinen bei einer Luftdurchlässigkeit unter 10 l/min und 100 cm² bei 10 mm WS Unterdruck gesprochen werden.

Die Bestimmung der Luftdurchlässigkeit hat eine besondere Bedeutung für solche Stoffe, die wasserabweisend imprägniert sind und eine gewisse Luftdurchgängigkeit möglichst auch im nassen Zustand besitzen sollen. Die Prüfung kann in diesem Falle außer im lufttrocknen Zustand auch nach einer Beregnung und gegebenenfalls während der Trocknung in gewissen Zeitabständen erfolgen.

2. Gasdurchlässigkeit. Die Durchlässigkeit von besonders präparierten Stoffen für Gase, im wesentlichen für Wasserstoff, wird nur selten, z. B. bei Ballonstoffen durchgeführt. Von den möglichen Prüfverfahren auf volumetrischer, chemischer oder physikalisch-optischer Grundlage ist in der Textilprüfung das erstere das gebräuchlichste. Bei dem dafür hauptsächlich verwendeten Wurtzel-Apparat bildet die Probe den Abschluß eines mit Wasserstoff gefüllten und unter einem Druck von 25 mm WS stehenden Raumes, der mit einer quecksilbergefüllten Glasröhre verbunden ist. Tritt durch Diffusion ein Volumenverlust und damit verbundener Druckabfall ein, so wird durch ein Relais die Quecksilbersäule so lange gehoben, bis der ursprüngliche Druck wieder erreicht ist. Eine mit der Quecksilbersäule verbundene Schreibvorrichtung zeichnet den eingetretenen Gasverlust in Abhängigkeit von der Zeit auf. Die Gasdurchlässigkeit wird in Liter je Quadratmeter in 24 Stunden angegeben.

L. Bestimmung der Gleichmäßigkeit.

Der Begriff der Gleichmäßigkeit läßt sich nur in Verbindung mit einer anderen, die Güte des Halb- oder Fertigerzeugnisses bestimmenden Eigenschaft definieren. Die Gleichmäßigkeit kann sich somit auf die Streuungen beziehen, die Festigkeits- und Dehnungswerte, Garndrehung, Garnnummer, Garndicke usw. aufweisen. Dabei handelt es sich entweder um eine rechnerisch-statistische Auswertung einer größeren Zahlenreihe von Versuchsergebnissen oder um optische und mechanische Prüfungen am laufenden Faden.

1. Berechnung der Streuung von Versuchsergebnissen. Als Streuungsmaß (= Maßzahl der Ungleichmäßigkeit) wird die durchschnittliche Abweichung U des Einzelwertes vom Mittelwert [H. Sommer (1)] oder in Sonderfällen (bei Versuchsreihen kleineren Umfanges oder bei klassenweiser Zusammenfassung der Ergebnisse von großen Versuchsreihen) die mittlere quadratische Streuung S berechnet.

Bei idealer Verteilung der Einzelwerte um den Mittelwert (Gaussisches Fehlergesetz) gilt die Beziehung $S = 1{,}25\,U$. Die Berechnung der Streuungsmaße erfolgt nach folgenden Formeln:

Durchschnittliche Abweichung des Einzelwertes vom Mittelwert:

$$U = \pm \frac{2n}{z} \cdot (\text{Gesamtmittel} - \text{Untermittel}),$$

z = Gesamtzahl der Versuche,
n = Zahl der unter dem Mittel liegenden Werte,
Untermittel = Mittelwert aller unter dem Gesamtmittel liegenden Werte.

Mittlere quadratische Abweichung. a) Allgemeine Formel

$$S = \pm \sqrt{\frac{\Sigma \Delta^2}{z}}.$$

b) Bei klassenweiser Zusammenfassung:

$$S = \pm \sqrt{\frac{\Sigma h_k^2 \cdot \Delta_k^2}{z}}.$$

Δ = Differenz zwischen Mittelwert und Einzelwert,
Δ_k = Differenz zwischen Gesamtmittelwert und Klassenmittelwert,
h_k = Prozentuale Häufigkeit der in die Klasse k fallenden Werte,
z = Gesamtzahl der Versuche.

Die Streuung ist zweckmäßig in Prozent des Mittelwertes zu berechnen.

Es empfiehlt sich, jeweils den wahrscheinlichen Fehler f des Mittelwertes anzugeben. Die Berechnung erfolgt nach der Formel

$$f = \pm\, 0{,}6745 \frac{S}{\sqrt{z}}$$

oder

$$f = \pm \frac{0{,}843\, U}{\sqrt{z}}.$$

Auch der wahrscheinliche Fehler ist zweckmäßig in Prozent des Mittelwertes umzurechnen.

Zur Berechnung einigermaßen zuverlässiger Streuungswerte muß die Zahl der Versuche genügend groß sein. Ein Anhalt für den Umfang der Zahlenreihe ergibt sich aus der Tabelle auf S. 230. Im allgemeinen sollte bei Ungleichmäßigkeitsbestimmungen die Zahl der Einzelwerte 30 nicht unterschreiten.

Für den anschaulichen Vergleich verschiedener Versuchsreihen kann auch die Auftragung der Versuchswerte in Form einer Häufigkeitskurve erfolgen. Die Aufstellung dieser Häufigkeitskurve erfolgt in der Weise, daß die Gesamtheit der Meßergebnisse in Klassen unterteilt wird, deren Breite und Lage sich nach Meßbereich, Zweck der Untersuchung und Zahl der Versuche richtet. Im allgemeinen empfiehlt es sich, mit einer Klassenbreite von 5% des Mittelwertes so einzuteilen, daß das Klassenmittel jeweils die durch fünf teilbare Zahl ist. Über dem Klassenmittel als Abszisse wird die Zahl der auf jede Gruppe entfallenden Werte in Prozent der Gesamtzahl als Ordinate aufgetragen, und die Punkte durch einen Linienzug miteinander zur Häufigkeitskurve verbunden.

Für die Beurteilung der Gleichmäßigkeit in der Festigkeit von Garnen können folgende Zahlen als Richtlinien gelten:

Tabelle 17.

Beurteilung	Durchschnittliche Abweichung (%)			
	Baumwolle	Bastfasern	Seide	Kunstseide
sehr gleichmäßig .	bis 5	bis 12	bis 5	bis 3
gleichmäßig	5— 8	12—16	5— 8	3— 6
wenig gleichmäßig .	8—12	16—20	8—12	6—10
ungleichmäßig. . .	über 12	über 20	über 12	über 10

2. Gleichmäßigkeitsbestimmungen von Garnen nach dem Wägeverfahren. Durch Wägen einer größeren Anzahl gleich langer und fortlaufend entnommener Garnstücke sowie Berechnen der durchschnittlichen Abweichung und Zeichnen der Häufigkeitskurve kann die Gleichmäßigkeit des Garnes, und zwar in bezug auf die Nummernschwankungen auf größere oder kleinere Längen ermittelt werden. Für die Bestimmung an größeren Längen werden 10—20 Garnstücke von je 100 m Länge gewogen. Zur Beurteilung der auf kurzen Längen auftretenden Schwankungen der Faserverteilung im Garn wird das Wägeverfahren mit Längen von 10 m, 1 m und 0,1 m ausgeführt, wobei die Zahl der Einzelwerte jeweils mindestens 100 beträgt. Die Berechnung der Gleichmäßigkeit erfolgt nach den oben angegebenen Formeln.

Da zur Bestimmung der durchschnittlichen Abweichung nur die Kenntnis des Mittelwertes, des Untermittels, der Gesamtzahl der Versuche und die Zahl der Untermittelwerte notwendig ist, kann ein Kurzprüfverfahren [H. Sommer (1)] angewendet werden, das die Feststellung der Einzelgewichte überflüssig macht. Die vom Garn unter gleicher Spannung und unter Vermeidung von Schneidefehlern fortlaufend abgeschnittenen gleich langen Garnstücke werden mehrere Stunden bei gleichbleibender Luftfeuchtigkeit ausgelegt und zusammen genau gewogen. Das aus dem Gesamtgewicht G und der Gesamtzahl der Garnstücke z errechnete Mittelgewicht g_m wird auf einer empfindlichen Waage eingestellt; sämtliche Garnstücke werden nun nacheinander mit der Pinzette auf die Waagschale gelegt und darauf geprüft, ob sie leichter oder schwerer als dieses Mittelgewicht sind und entsprechend sortiert. Eine vollständige Wägung findet also nicht statt. An beiden Gruppen werden die Gewichte G_0 und G_n, die zugehörige Anzahl der Garnstücke m bzw. n bestimmt und daraus Ober- und Untermittel g_0 bzw. g_n berechnet:

$$\text{Obermittel} = g_0 = \frac{G_0}{m},$$

$$\text{Untermittel} = g_u = \frac{G_u}{n}.$$

Durchschnittliche Abweichung:

$$U = \pm \frac{2n\,(g_m - g_u)}{z \cdot g_m} \cdot 100 \ (\%)$$

$$= \pm \frac{2m\,(g_0 - g_m)}{z \cdot g_m} \cdot 100 \ (\%).$$

Üblicherweise wird die durchschnittliche Abweichung U aus den Untermittelwerten berechnet, doch empfiehlt sich außerdem die Kontrollberechnung aus den Obermittelwerten.

In ähnlicher Weise ist es möglich, sich Aufschluß über die Häufigkeit der einzelnen Abweichungen zu verschaffen. Dazu stellt man auf der Waage nacheinander Gewichte ein, die fortlaufend um einen bestimmten prozentualen Betrag, z. B. 5% des Mittelwertes, voneinander abweichen, und sortiert die jeweils schwereren bzw. leichteren Garnstücke aus. Mit Hilfe der so für jede Gewichtsklasse g ermittelten Häufigkeitszahlen h kann die Häufigkeitskurve gezeichnet und die durchschnittliche Abweichung U berechnet werden.

$$U = \pm \frac{\Sigma\,[(g-100)\cdot h]}{z}\ (\%).$$

3. Bestimmung der Gleichmäßigkeit auf optischem Wege. Die einfachste und gebräuchlichste Art der Beurteilung der Garngleichmäßigkeit wird durch das sog. **Auftafeln** vorgenommen. Das Garn wird bei diesem Verfahren unter gleicher

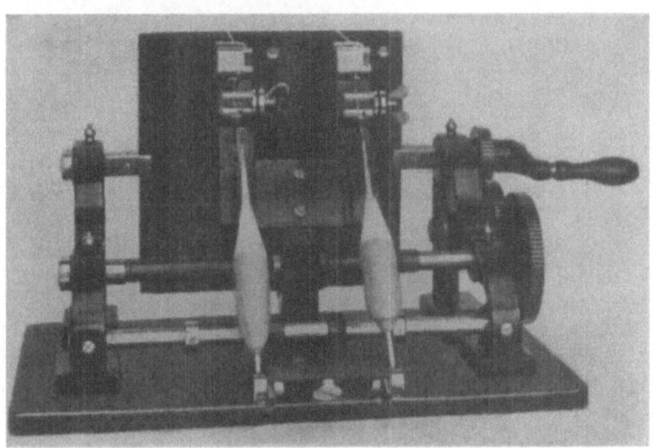

Abb. 46. Gleichmäßigkeitsprüfer. (Aufn. Schopper.)

Spannung in gleichen Abständen automatisch auf eine kontrastfarbige Tafel oder Trommel gewickelt (Abb. 46). Die Ungleichmäßigkeit wird nach dem Aussehen, nach dem Vorkommen dünner, schnittiger und dicker Stellen, Noppen, Knoten u. dgl. im Vergleich zu einem anderen Garn durch subjektive Schätzung beurteilt.

Eine zahlenmäßige Beurteilung der Dickenschwankungen durch **optische Messungen** kann durch Registrierung der Schwankungen des Photostromes einer photoelektrischen Zelle erfolgen, auf die das Schattenbild des vorbeilaufenden Garnes fällt [E. Franz und H. J. Henning (1)].

4. Bestimmung der Gleichmäßigkeit des Garnquerschnittes auf mechanischem Wege. Die selbstregistrierende Messung der Querschnittsschwankungen eines Garnes kann, wie dies beim „Gleifometer" (A. Herzog und P. A. Koch) geschieht (Abb. 47), durch zwei je nach der Dicke des Meßgutes umschaltbare Führungssektoren erfolgen, die auf ihrem Umfang eine von Null bis zu einem Höchstwert kontinuierlich größer werdende halbkreisförmige Nut aufweisen (Abb. 48). Der Faden wird zwischen den Sektoren ohne merkliche Pressung hindurchgeführt und nimmt diese so lange mit, bis der Querschnitt des Fadens die Nut ausfüllt. Die Querschnittsgrößen werden durch die von den Sektoren betätigte Registriervorrichtung fortlaufend auf einem Diagrammpapier aufgezeichnet. Durch Ausplanimetrieren kann sowohl der mittlere

Querschnitt als auch die durchschnittliche Abweichung nach oben und unten bestimmt werden.

Auf einfachere Weise kann auch aus einer Reihe von Querschnittsmessungen, die mit dem Müllerschen Stapelmesser oder dem Rapid-

Abb. 47. Garndicken-Gleichmäßigkeitsprüfer „Gleifometer". (Aufn. Berthold.)
a Meßsektoren, b Schaulinienzeichner.

lanometer (s. S. 212) in gleichen Abständen nacheinander durchgeführt werden, die Gleichmäßigkeit im Garnquerschnitt berechnet werden.

Eine mechanisch-elektrische, besonders für geringe Querschnittsschwankungen geeignete Meßmethode gibt E. Viviani an.

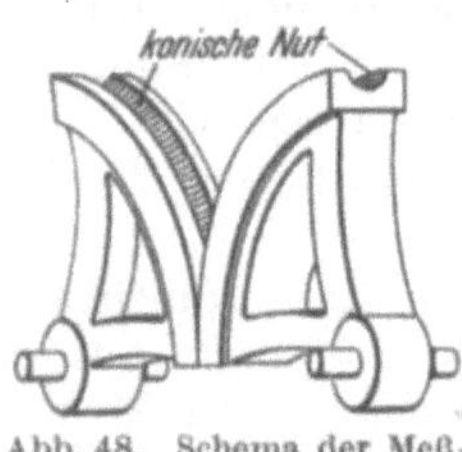

Abb. 48. Schema der Meßsektoren des Gleifometers. (Aufn. Berthold.)

5. Bestimmung der Gleichmäßigkeit in Festigkeit und Dehnung am laufenden Faden (Verarbeitungswert). Die den Verarbeitungswert am laufenden Faden durch Messung der Schwankungen in den Festigkeitseigenschaften bestimmenden Prüfapparate können auf zwei verschiedenen Meßprinzipien beruhen:

1. Messung der Dehnungsschwankungen, die bei gleichbleibender Belastung den vom Garnquerschnitt abhängigen Spannungsschwankungen entsprechen (Garnprüfmaschine Kontinuo von H. Dietz; Garnprüfmaschine Dr. Frenzel-Hahn, Type I).

2. Messung der Belastungsschwankungen bei gleichbleibend eingestellter Dehnung [Universal-Garnprüfmaschine Dr. Frenzel-Hahn, Type II/III, Abb. 49; vgl. W. Frenzel (4, 5)].

Da das Garn bei der Verarbeitung meist einer mit gleichbleibender Dehnung verbundenen Beanspruchung ausgesetzt ist, hat das zweite

Meßprinzip größere Bedeutung. Das zu untersuchende Garn wird vom Cops oder von der Spule mit einer bestimmten Anfangsspannung, die mit einer Spannungsmeßuhr eingestellt wird, einer Einzugswalze zugeführt, welche die durchgelaufene Fadenlänge mißt. Von hier läuft das Garn über die mit einer Pendelwaage und damit gekoppelter Registriervorrichtung verbundene Prüfrolle, um dann von der mit einstell-

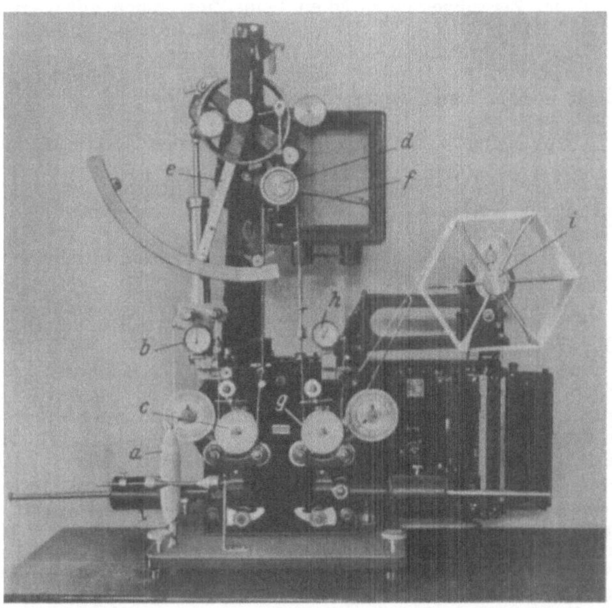

Abb. 49. Universal-Garnprüfmaschine nach **Frenzel-Hahn**. (Aufn. M.P.A.)

a Garnkörper, *b* Spannungsmesser *I* (Anfangsspannung), *c* Meßtrommel *I* (Garnlänge vor der Belastung). *d* Spannrolle, verbunden mit *e* Krafthebel und *f* Schaulinienzeichner, *g* Meßtrommel *II*, mit einstellbarer Voreilung gegen *I* (Garnlänge unter Last, *II—I* Gesamtdehnung), *h* Spannungsmesser *II* (Endspannung = Anfangsspannung). *i* Haspel mit Meßtrommel *III* (Garnlänge nach dem Entlasten; *II—III* elastische Dehnung).

barer Voreilung laufenden Abzugswalze erfaßt zu werden. Nach Entspannung auf den durch eine zweite Meßuhr kontrollierten Anfangswert wird das Garn auf einem Haspel aufgeweift und wiederum seine Länge gemessen.

Die Messung wird bei verschieden eingestellten Dehnungen ausgeführt. Für jede Gesamtdehnung kann die bleibende Dehnung aus der Differenz der aufgeweiften Länge und der Anfangslänge sowie die sich aus den Belastungsschwankungen ergebende Ungleichmäßigkeit und die auf 1000 m Garnlänge entfallende Zahl der Fadenbrüche bestimmt werden. Bei wiederholtem Durchlauf derselben Garnlänge läßt sich auch ein Urteil über die Ermüdung des Garnes geben.

Literatur.

Basler, A.: Die mechanischen Eigenschaften der menschlichen Kopfhaare. Pflügers Arch. **208**, H. 56 (1925). — Bergen, W. v.: Neues Schnellverfahren zur Herstellung von dünnen Faserquerschnitten. Mell. Textilber. **18**, 1 (1937). — Berl-Lunge, 8. Aufl., Bd. 5. 1934; S. 594—716: A. Herzog, Prüfung der Gespinstfasern; S. 983—1005: E. Ristenpart, Appreturmittel; S. 1214—1443: H. E. Fierz-David u. A. Monsch, Organische Farbstoffe. — Böhringer, H.: (1) Der Einfluß der Zerreißgeschwindigkeit beim Zugversuch mit Textilien. Mell. Textilber. **12**, 373, 441 (1931). — (2) Kunstseide **1932**, 381. — (3) Kunstseide **1933**, 23, 57, 216, 250. — (4) Prüfungsmethoden der Zellwolle. Ztschr. f. ges. Textilind. **1938**, 24. — Bundesmann, H.: Eine neue Apparatur zur Gebrauchswertprüfung wasserabstoßend imprägnierter Textilien. Mell. Textilber. **16**, 35, 128, 211, 331, 663, 792 (1935).

Dietz, H.: Ungleichmäßigkeit und spitze Stellen der Gespinste. Mell. Textilber. **13**, 242 (1932). — (2) Mell. Textilber. **18**, 288, 348, 419 (1937). — Doehner, H.: (1) Ein neuer Zähl- und Registrierapparat. Mell. Textilber. **10**, 781 (1929). — (2) Die Bedeutung der Wollfeinheitsmessung für die Wollerzeugung. Mell. Textilber. **18**, 133 (1937).

Franz, E.: (1) Die Normung der Wollfeinheitsmessung durch die internationale Wollvereinigung. Mell. Textilber. **17**, 625 (1936). — (2) Das Zeiß-Lanameter für Wollfeinheitsmessungen. Mell. Textilber. **18**, 557 (1937). — Franz, E. u. H. J. Henning: (1) Über die Messung der Gleichmäßigkeit von Kammgarnen und Vorgarnen mit Photozelle. Mell. Textilber. **16**, 710, 761 (1935). — (2) Knickbruchfestigkeitsprüfung von Einzelfasern. Mell. Textilber. **17**, 121 (1936). — (3) Über einen neuartigen Beregnungsprüfer. Mell. Textilber. **17**, 926 (1936). — Franz, E. u. H. Mendrzyk: Die Bestimmung der Feinheit, Länge und Kräuselung der Kammwollen. Mell. Textilber. **15**, 194, 242, 280 (1934). — Frenzel, W.: (1) Stapellänge, mittlere Faserlänge und Stapeldiagramm. Lpz. Monatsschr. f. Textilind. **37**, 3, 23, 44 (1922). — (2) Ein verbesserter Drehungszähler. Mell. Textilber. **15**, 5 (1934). — (3) Der selbstschreibende Drehungszähler. Mell. Textilber. **18**, 209 (1937). — (4) Vergleichende Untersuchungen über den Verarbeitungswert von Garnen am laufenden Faden. Lpz. Monatsschr. f. Textilind. **1935**, Fachheft II, 46. — (5) Mell. Textilber. **19**, 233 (1938). — Frenzel, W. u. H. Bach: Knotenprüfung. Mell. Textilber. **19**, 413 (1938).

Gräbner, E.: Die Weberei. Leipzig: Max Jänicke 1935.

Heermann, P. u. A. Herzog: Mikroskopische und mechanisch-technische Textiluntersuchungen, 3. Aufl., S. 75, 84, 232. Berlin: Julius Springer 1931. — Henning, H. J.: (1) Über die Messung der Bauschelastizität von Textilien. Mell. Textilber. **15**, 537 (1934). — (2) Kräuselungsmessungen an Zellwollen. Mell. Textilber. **19**, 229 (1938). — Herzog, A.: Schnellverfahren zur Herstellung von Faserquerschnitten. Kunstseide **1930**, 92. — Herzog, A. u. P. A. Koch: Fehler in Textilien, S. 8. Verlag Melliand 1938. — Herzog, G.: Das Polsterroßhaar und seine Prüfung. Berlin: Julius Springer 1916. — Herzog, R. O.: Technologie der Textilfasern, Bd. II, Teil 3: Wirkerei und Strickerei. Berlin: Julius Springer 1927. — Hoytema, S. A. v.: Ermittlung der Scherfestigkeit von Geweben. Lpz. Monatsschr. f. Textilind. **37**, 188 (1922). — Husung, E.: Festigkeits- und Dehnungsmessungen an tordierten Fasern. Monatshefte f. Seide u. Kunstseide **42**, 215, 273 (1937).

Johannsen, O. u. E. Schmidt: (1) Untersuchungen mit Stapelziehvorrichtungen. Mitt. Forsch.-Inst. Reuttl., Mai **1928**. — (2) Lpz. Monatsschr. f. Textilind. **43**, 453 (1928).

Kapff, S. v.: Über den Einfluß chemischer und physikalischer Einwirkungen auf die Wolle und Prüfung der Tuche auf Tragfähigkeit. Mell. Textilber. **4**, 181 (1923); Lpz. Monatsschr. f. Textilind. **39**, 290 (1924). — Krais, P.: Vorschlag zu einer maßstäblichen Bemessung der Lichtwirkung auf Farbstoffe nach „Bleichstunden". Ztschr. f. angew. Ch. **24**, 1302 (1911). — Kuhn, F. W.: Stapelstandards und Stapellängen. Mitt. Forsch.-Inst. Reuttl., Mai **1928**. — Küsebauch, K.: Neue Methode zur Wollfeinheitsmessung. Mell. Textilber. **12**, 21, 97 (1931).

Lohmann, H. u. P. Braun: Kräuselung und Kräuselungsbeständigkeit von Zellwolle. Mell. Textilber. **18**, 280 (1937). — Luhn, P.: Das Lunometer. Mell. Textilber. **10**, 705 (1929); Mell. Textilber. **11**, 273 (1930).

Marschik, S.: Die Torsion der Garne und Zwirne. Lpz. Monatsschr. f. Textil-ind. **25**, 273 (1910). — Martens, A.: Sitzungsber. Kgl. Preuß. Akad. Wiss. Berlin **6** (1911). — Mecheels, O.: Über die wasserabstoßende Imprägnierung von Geweben. Mell. Textilber. **15**, 20 (1934). — Mönch, E.: Experimentelle Bestimmung des Wärmeschutzes von Kleiderstoffen. Mell. Textilber. **16**, 23 (1935). — Müller, E.: (1) Die Bestimmung der mittleren Faserlänge. Ztschr. VDI **1894**, 997. (2) Lpz. Monatsschr. f. Textilind. **9**, 52 (1894). — (3) Scheuerapparat zur Gewebeprüfung. Textile Forschung **1922**, 95. — (4) Über die Eichung des Müllerschen Stapelmessers. Lpz. Monatsschr. f. Textilind. **38**, 151 (1923). — (5) Lpz. Monatsschr. f. Textilind. **41**, 124 (1926).

Normblatt DIN DVM 3801: Prüfung von Fasern, Gespinsten und Geweben (mechanisch-technologische Verfahren). — Normblatt DIN DVM 3821: Konditioniervorschriften. Beide zu beziehen durch den Beuth-Verlag, Berlin SW 19, Dresdener Str. 97.

Obermiller, J.: Die technisch durchführbare Einstellung eines beliebigen Luftfeuchtigkeitsgrades. Ztschr. angew. Ch. **37**, 904 (1924).

Schiefer, H. F.: The Flexometer. Bur. of Stand. **10**, Nr. 5 (Mai 1933); vgl. auch Mell. Textilber. **20**, 46 (1939). — Schopper, A.: Dauerprüfung von Textilien. Mell. Textilber. **17**, 844 (1936). — Schraivogel, K.: Prüfung von Flugzeug-Bespannstoffen. DVL-Jahrbuch **5**, 33 (1932). — Schubert, F.: (1) Lokale Festigkeitsprüfung von Geweben und Gewirken. Lpz. Monatsschr. f. Textilind. **43**, 321 (1928). — (2) Lpz. Monatsschr. f. Textilind. **45**, 307 (1930). — (3) Mell. Textilber. **12**, 100, 177 (1931). — Seidl, E.: Gütegrundsätze. Mell. Textilber. **17**, 393 (1936). — Sommer, H.: (1) Über die Ungleichmäßigkeit bei Garnen. Lpz. Monatsschr. f. Textilind. **39**, 37, 72 (1924). — (2) Die Wirkung atmosphärischer Einflüsse auf Faserstoffe. Lpz. Monatsschr. f. Textilind. **42**, 35, 96, 158, 206 (1927). — (3) Mitt. Dtsch. Materialprüfungs-Anst. **1929**, Sonderheft VI, 30. — (4) Die Bestimmung der mittleren Faserlänge und des Stapeldiagramms langfaseriger Gespinste. Mell. Textilber. **10**, 448, 701, 786, 864, 943 (1929). — (5) Beiträge zur Lichtechtheitsprüfung von Färbungen. Lpz. Monatsschr. f. Textilind. **46**, 25, 64, 99, 134, 177, 215, 250, 287 (1931). — (6) Neue Wege der Lichtechtheitsprüfung von Färbungen. Mitt. Dtsch. Materialprüfungs-Anst. **1934**, Sonderheft XXIV, 11. — (7) Zusammendrückbarkeit und Weichheit von Textilien. Mell. Textilber. **17**, 630, 712, 786 (1936). — (8) Grundlagen der Normung der Textilprüfung. Mell. Textilber. **18**, 206, 284, 350 (1937). — (9) Textilprüfung auf neuen Wegen. Rdsch. techn. Arbeit **1936**, Nr. 40. — Sommer, H. u. Fr. C. Jacoby: Lichtmengenmessung bei der Prüfung auf Lichtechtheit. Mell. Textilber. **13**, 204 (1932). — Sommer, H., H. Mendrzyk u. A. Klingelhöfer: Beitrag zur Normung der Prüfung von Textilien auf Wasserdichtigkeit und wasserabweisende Eigenschaften. Wiss. Abh. Dtsch. Materialprüfungs-Anst. **1939**, 1. Folge, H. 4. — Sommer, H. u. Schwerdt: Ein Sonderrechenstab für die Auswertung der Berstdruckprüfung. AWF-Mitt. **1938**, H. 1, 18. — Staedel, W.: Gerät zur Prüfung der Luftfeuchtigkeitsdichte von Papieren, Geweben, Folien und anderen Werkstoffen. Lpz. Monatsschr. f. Textil-ind. **50**, 146, 168 (1935).

Viviani, E.: (1) Schnellmethode zur Herstellung von Faserquerschnitten. Kunstseide **1929**, 111. — (2) Titerregelmäßigkeiten von Gespinsten, ihre Bestimmung und Bedeutung. Kunstseide **1931**, 281, 321. — Vollprecht, H.: Untersuchungen mittels des E. Müllerschen Scheuerapparates und seine Anwendungsweise und Verwendungsfähigkeit. Lpz. Monatsschr. f. Textilind. **41**, 38 (1926).

Weinges, H.: Vergleichende Untersuchungen über Reiß- und Berstfestigkeit von Geweben. Lpz. Monatsschr. f. Textilind. **49**, 290 (1934). — Wickardt, A.: Über die Bestimmung der Garnnummer. Mell. Textilber. **1**, 253 (1920).

Zart, A.: Über die Prüfung des Wärmeschutzes von Zellwollgeweben. Monatshefte f. Seide u. Kunstseide **43**, 324 (1938).

Kunstfasern (V, 717).

Von

Prof. Dr. **W. Weltzien** und Dr. **Karin Windeck-Schulze,**
Textilforschungsanstalt Krefeld.

Die einleitenden Ausführungen im Hauptwerk über „Kunstseide"
sind vor allen Dingen dahin zu ergänzen, daß sich neben der „Kunstseide" im Laufe der letzten Jahre eine neue Faserart „die Zellwolle"
entwickelt hat. Für beide soll im folgenden der Sammelbegriff „Kunstfasern" gelten. Der Kunstseide als Faden (bestehend aus zahlreichen,
feinen Einzelfasern) von praktisch unendlicher Länge ist die Zellwolle
mit begrenzter, kleinerer oder größerer Faserlänge gegenüberzustellen.

Die für den chemischen Teil der Kunstseidenfabrikation gemachten
Angaben besitzen auch für die Zellwollherstellung im allgemeinen Gültigkeit. Unterschiede im Fabrikationsprozeß setzen erst beim Ausspinnen
der Spinnlösungen und bei der Nachbehandlung ein. Bei der Zellwollherstellung werden die langgesponnenen Kunstfasern, die in Form
eines dicken Faserkabels mit vielen Zehntausenden von Einzelfasern
vorliegen, durch das Schneiden in „Zellwolle", in ein kurzfaseriges Spinn-
gut übergeführt, das auf verschiedene Weise nachbehandelt, getrocknet
und zu loser Flocke geöffnet wird. Die Reihenfolge der letztgenannten
Arbeitsgänge wird häufig auch dahin abgeändert, daß die Nachbehandlung schon vor dem Schneiden erfolgt.

Die Kunstfaser „Zellwolle" kann je nach dem Herstellungsverfahren eine Viscosezellwolle, Kupferzellwolle oder Acetatzellwolle, also Regeneratcellulose oder ein Celluloseester sein. Nach dem
Nitratverfahren wird bis jetzt keine Zellwolle hergestellt.

Die bei der Kunstseide bekannten Unterschiede in den Eigenschaften
der einzelnen Faserarten wiederholen sich also auch bei der Zellwolle.
Darüber hinaus ist man bemüht, der Zellwolle, die nicht nur ein selb-
ständig zu verwertendes Fasermaterial darstellt, sondern auch im Gemisch mit Wolle oder Baumwolle auf mechanischem Wege zu einem
verarbeitungsfähigen Garn versponnen werden soll, je nach dem Verwendungszweck ein woll- oder baumwollähnliches Gepräge zu geben.
Dies geschieht zunächst durch die Wahl geeigneter Stapellängen und
Titer: Für die Baumwollspinnerei bestimmte Zellwollen werden auf
eine Länge von 30—40 mm geschnitten und erhalten einen Einzeltiter
von 1,2—2,5 den. Die entsprechenden Daten der Zellwollsorten für die
Wollspinnerei sind 100 mm und mehr und 2,5—5,0 den. Im übrigen
dienen Spezialbehandlungen zur möglichsten Angleichung der Zellwollen an die Naturfasern. Näheres hierüber ist der noch wenig umfangreichen einschlägigen Literatur (G. H. Bodenbender; P.-A. Koch)
zu entnehmen, in der auch die heute im Handel befindlichen Zellwollsorten genannt und näher beschrieben sind.

Ergänzend seien auch die übrigen kurzstapeligen Kunstfasern aus
anderen Rohstoffen als Cellulose erwähnt, die in den letzten Jahren

entstanden sind. An erster Stelle ist die in Italien entwickelte Caseinkunstfaser „Lanital" zu nennen, die als Proteinabkömmling wollähnliche Eigenschaften aufweist. Auch in Deutschland wird heute laufend Caseinkunstfaser, allerdings in kleinen Mengen, hergestellt. Auf ähnlicher Grundlage beruhen auch die „animalisierten" Cellulosefasern, die durch Zusatz stickstoffhaltiger Stoffe, wie z. B. Casein zur Viscosespinnlösung erhalten werden.

Der Vollständigkeit halber sei außerdem auf die aus Kunstpolymerisaten, z. B. Polyvinylabkömmlingen hergestellten Kunstfasern (PC-Fasern), auf die Glasfasern als rein anorganische Fasern und auf die aus Fleisch gewonnenen Fasern „Carnofil" hingewiesen.

Die Übereinstimmung der chemischen Herstellungsverfahren für Viscose-, Kupfer- und Acetatkunstseide einerseits und Viscose-, Kupfer- und Acetatzellwolle andererseits verlangt auch für beide Kunstfasern die gleichen chemisch-technischen Untersuchungsmethoden. Die im folgenden wiedergegebenen Analysenvorschriften gelten also sowohl für Kunstseide als auch für Zellwolle bzw. deren gemeinsame Ausgangsstoffe und Zwischenprodukte.

I. Allgemeine Untersuchungsmethoden.

Die Untersuchungen der Rohstoffe, Zellstoffe und Baumwolle sind an anderen Stellen dieses Werkes eingehend beschrieben (s. S. 91, 197). Ergänzend werden die folgenden angeführt:

1. Chlorzahl (s. a. S. 121). Methode von Roe-Küng. 2,0 g trocken gedachter Zellstoff werden in 100 cm³ Wasser aufgeschlossen und mit 50 cm³ $^1/_5$ n-Chlorwasser (7,100 g/l Chlor) versetzt. Nach 15 Minuten wird die Chlorierung durch Zugabe von 15 cm³ Jodkaliumlösung (166 g/l KJ) unterbrochen. Das unverbrauchte Jod wird mit $^1/_5$ n-Natriumthiosulfat und Stärke als Indicator titriert. Das zur Chlorierung verbrauchte Chlor $x - y = z$ Kubikzentimeter $^1/_5$ n-Natriumthiosulfat. Die Chlorzahl, welche die von 1000 g trockenem Zellstoff aufgenommene Chlormenge angibt,

$$\text{Chlorzahl} = \frac{0{,}0071 \cdot z \cdot 1000}{2} = 3{,}55 \cdot z,$$

in ganzen Einheiten angegeben, wird als Roe-Küng-Einheit bezeichnet.

2. Zur Charakterisierung des Aufschlußgrades von Sulfitzellstoffen führt W. Nippe die „Aminzahl" ein, die auf Grund einer stöchiometrischen Umsetzung der mit der Faser verbundenen Lignosulfonsäuren und organischen Aminen erhalten wird und die Benzidinaufnahme je 10 g Zellstoff in Kubikzentimetern $^1/_{10}$ n-Lösung bedeutet. Der Überschuß kann leicht quantitativ auf Grund der Benzidin-Schwefelsäurereaktion bestimmt werden.

Die zu verwendende Benzidinlösung soll $^1/_{20}$ n an Benzidin und $^1/_{50}$ n an freier Salzsäure sein und in einer Menge von 100 cm³ auf 10 g Zellstoff angewandt werden. Unter Berücksichtigung des Wassergehaltes des Stoffes verdünnt man auf 225 cm³, läßt das Reagens eine bestimmte Zeit einwirken (30 Minuten bei trockenen, mindestens 5 Minuten bei feuchten Zellstoffen), preßt den Stoff auf der Nutsche ab und bestimmt in 75 cm³ Filtrat das überschüssige Benzidin. Zu diesem Zweck gibt man 15 cm³ 20%ige Natriumsulfatlösung hinzu und zentrifugiert das ausfallende Benzidinsulfat ab. Damit es sich besser niederschlägt, versetzt man die Benzidinhydrochloridlösung mit 5 g BaCl₂ je Liter Reagenslösung. Der Niederschlag wird nicht ausgewaschen, der dadurch entstehende Fehler liegt innerhalb der Fehlergrenzen der Titration. Wenn keine Zentrifuge zur Verfügung steht, kann man auch das Benzidinsulfat durch ein gehärtetes Filter abfiltrieren und die Salzsäure, die in dem jetzt voluminöseren Niederschlag haftet, mit 10 cm³ einer 5%igen Natriumsulfatlösung verdrängen. Das abzentrifugierte oder abfiltrierte Benzidinsulfat wird mit $^1/_{10}$ n-NaOH unter Zusatz von Phenolphthalein titriert. Die Fehlergrenze beträgt $\pm$ 0,15 cm³ auf 10 g Zellstoff. Nähere Angaben über die Einstellung der Lösungen usw. bringt W. Nippe in seiner zweiten Abhandlung.

Einige Aminzahlen von verschiedenen Zellstoffsorten gibt die Tabelle 1.

Tabelle 1.

Härtestufe	Aminzahl
weich	4 — 5,3
normal weich . .	6,5— 8,8
normal hart . . .	10,8—13
hart	14,4—17,4

3. Eine eingehende Nachprüfung verschiedener **Methoden zur Wertbestimmung von Baumwollinters, die einer technischen Nitrierung oder Acetylierung unterworfen werden sollen,** wurde von L. Brissaud (teilweise unter Mitarbeit von M. Landon) durchgeführt. Auf Grund der Untersuchungsbefunde werden von diesem etwas abgeänderte Analysenvorschriften für die Bestimmung von Silberzahl, Jodzahl, Kupferzahl und Methylenblauzahl sowie des Gehaltes an α-, β- und γ-Cellulose und der alkalilöslichen Anteile des Celluloserohstoffes herausgegeben.

Von der „British Engineering Standard Association" (B.E.S.A.) werden nach K. Roos folgende Anforderungen an das für Acetylierungszwecke bestimmte Celluloserohmaterial gestellt:

1. Die Baumwollcellulose muß rein, ungefärbt und frei von Fremdsubstanzen sein. Sie soll in Gestalt von Fasern vorliegen.

2. 2 g Cellulose sollen beim Trocknen bei 105° C bis zur Gewichtskonstanz nicht mehr als 8% an Gewicht verlieren.

3. Das Material soll auf Lackmus neutral reagieren.

4. Es darf nicht mehr als 0,5% in Äther lösliche Anteile enthalten.

5. Es darf nicht mehr als 0,5% in Wasser lösliche Anteile enthalten.

6. Beim Eintauchen von 5 g Fasern in 100 ccm einer 0,01 normalen Jodlösung darf keine Stärke gefunden werden.

7. Der Aschegehalt darf 0,5% nicht übersteigen.

8. Beim Kochen mit 3%iger Natronlauge (Flotte 1:100) darf der Gewichtsverlust nicht mehr als 4% betragen.

An gleicher Stelle gibt K. Roos eine Zusammenstellung der Anforderungen, welche an die in der Acetatkunstfaserindustrie zur Verwendung gelangenden Chemikalien zu stellen sind. Seine Angaben betreffen unter anderem Essigsäure, Essigsäureanhydrid und Schwefelsäure, dann Aceton, Methyl- und Äthylalkohol, Benzol und Benzylalkohol.

Angegeben werden z. B. der geforderte Reinheitsgrad, das spezifische Gewicht, der Siedepunkt, die Reaktion und in dem einen oder anderen Falle auch Reinheitsprüfungen der genannten Stoffe.

4. Viscositätsmessungen. Für die Charakterisierung nicht nur der Ausgangscellulosen der verschiedensten Art, sondern auch der Fertigprodukte selbst oder zur Verfolgung technologischer Prozesse z. B. von Bleichvorgängen oder von Celluloseschädigungen wird in ausgedehntestem Maße von der Viscositätsmessung Gebrauch gemacht. Ihre Anwendung auf Zellstoffe wird S. 131 beschrieben. Hier sollen jene Angaben durch Wiedergabe weiterer Vorschriften ergänzt werden. Zur Viscositätsmessung wird hauptsächlich die Lösung der Cellulose in Kupferoxydammoniak angewandt.

Trotzdem die leichte Oxydierbarkeit der Cellulose in Kupferoxydammoniaklösung das Arbeiten in einem inerten, absolut sauerstofffreien Gase notwendig macht, ist hiervon bei den für technische Zwecke ausgearbeiteten Untersuchungsmethoden meistens verzichtet worden. Die beschriebenen Methoden gewinnen an Einfachheit und Schnelligkeit; sie versuchen außerdem vielfach den Fehler durch apparative Kunstgriffe auf ein Mindestmaß herabzudrücken.

Für wissenschaftliche Untersuchungen muß jedoch die Anwendung einer Methode, bei der sowohl die Herstellung der Kupferoxydammoniakcelluloselösung als auch deren Viscositätsmessung unter vollkommenem Luftausschluß erfolgt, gefordert werden.

a) **Methode von K. Fabel (1).** Diese ist in Anlehnung an die Methode von Ost[1] (V, 734) herausgebracht:

α) *Herstellung der Kupferoxydammoniaklösung.* 65 g kristallisiertes Kupfersulfat werden in siedend wäßriger Lösung bis zum Neutralpunkt mit konzentriertem Ammoniak versetzt. Den entstandenen grünen Niederschlag von basischem Kupfersulfat läßt man absitzen, gießt die darüberstehende, fast farblose Lösung ab und dekantiert 3mal mit heißem Wasser. Dann bringt man den Niederschlag in ein lichtundurchlässiges Gefäß, übergießt ihn mit kaltem Wasser und fügt eine kalte Lösung von etwa 10 g NaOH in wenig Wasser hinzu, durch deren Einwirkung das basische Kupfersulfat in blaues Kupferhydroxyd übergeht. Nachdem man Niederschlag und Lösung unter wiederholtem Schütteln 2 Stunden lang hat aufeinander einwirken lassen, saugt man das Kupferhydroxyd auf einer Nutsche ab und wäscht es sulfatfrei und neutral. Es ist hierbei wieder möglichst vor Tageslicht zu schützen. Dann saugt man scharf ab und bringt die sulfatfreie, blaue Masse in eine braune Enghalsflasche von $1—1^{1}/_{4}$ l Inhalt, fügt $1000—1050$ cm³ eisgekühltes konzentriertes Ammoniak (spez. Gew. $= 0,900 = 255$ g NH_3/l, chemisch rein) sowie 2 g Glucose hinzu und spannt die Flasche gut verschlossen über Nacht in eine Schüttelmaschine. Die noch über der Flüssigkeit befindliche Luft vertreibt man vorher durch kurzes Einblasen von Stickstoff.

Am nächsten Tage filtriert man die Lösung zur Trennung von geringen ungelöst gebliebenen Bestandteilen durch eine Glasfilternutsche,

---

[1] Siehe auch S. 134 die Methode von Lottermoser und Wultsch.

mißt ihr Volumen und bringt sie in die braune Flasche zurück. Das restliche Luftvolumen wird wieder durch Stickstoff verdrängt und die Flasche jetzt mit einem doppelt durchbohrten Gummistopfen verschlossen, durch den ein Stickstoffzuleitungsrohr mit Dreiwegehahn und ein bis auf den Boden reichendes Glasrohr zur Entnahme der Lösung führen. Jedes Abmessen von Lösung erfolgt durch Eindrücken in eine an das Abfüllrohr angeschlossene Pipette mittels Stickstoff.

Man bestimmt nach bekannten Verfahren den Kupfer- und den Ammoniakgehalt und stellt durch den erforderlichen Zusatz von Ammoniak und Wasser die Konzentration der Lösung auf 12 g Kupfer und 200 g Ammoniak im Liter ein.

β) *Vorbereitung der Cellulose.* Baumwollinters werden fein zerzupft, Zellstoffe möglichst fein geraspelt (s. F.A.K. Merkblatt 4).

γ) *Viscositätsmessung.* Von der Cellulose werden 0,50 g (bzw. eine dem Wassergehalte entsprechende größere Menge) in eine 100 cm³ fassende Enghalsflasche mit Glasstopfen eingewogen und mit 50 cm³ der Kupferoxydammoniaklösung versetzt. Die Flasche wird verschlossen und in die Schüttelmaschine gesetzt. Bei niedrigviscosen Linters ist nach 5 Minuten Schütteln bereits Lösung erfolgt, höherviscose Linters brauchen 5—10 Minuten, geraspelte Zellstoffe bis zu 15 Minuten. Eine längere Schütteldauer ist möglichst zu vermeiden.

Sowie keinerlei Fäserchen und Klümpchen mehr wahrnehmbar sind, bringt man die Celluloselösung in ein Capillarviscosimeter nach Ost-Ostwald, das sich in einem auf 20° C eingestellten Glasthermostaten befindet. Die ermittelte Durchlaufzeit, dividiert durch den mit 0,8 multiplizierten Wasserwert des betreffenden Viscosimeters, ergibt die Viscosität der untersuchten Cellulose in Grad Ost. Diese Umrechnung ist deshalb erforderlich, weil die nach der Schnellmethode ermittelten relativen Viscositäten etwa 80% der nach der klassischen Ost-Methode erhaltenen Werte sind.

Das Verfahren von Fabel hat sich im Gebiet der mittleren und niedrigen Viscositäten gut bewährt, ohne daß die Herstellung der Celluloselösung und ihre Viscositätsmessung unter Luftausschluß erfolgt, was mit der geringen Arbeitsdauer, die höchstens 1 Stunde beträgt, erklärt wird.

b) **Methode von F. Schütz** bzw. **F. Schütz, W. Klauditz** und **P. Winterfeld.** Der lufttrockene, geraspelte Zellstoff wird in einem etwa 40 cm³ fassenden, besonders konstruierten Lösegefäß (Hersteller: Dr. Geißler Nachf., Bonn), das aus einem einseitig geschlossenen Glasröhrchen mit Glashahn und Pyknometerverschluß besteht, unter Lichtabschluß in eine 1%ige Lösung übergeführt. Als Lösungsmittel dient eine Kupferoxydammoniaklösung mit einem Kupfergehalt von 8 g im Liter und einem Ammoniakgehalt von 15%.

Zur Beschleunigung des Lösevorganges wird der Löseapparat mit 2—3 Stahlkugeln (Durchmesser etwa 10 mm) versehen und in Drehung versetzt. Nach einer Lösezeit von 10—15 Minuten wird die relative Viscosität der Cellulose-Kupferoxydammoniaklösung in einem Capillarviscosimeter nach Ost-Ostwald bei 20° C gemessen. Die Auslaufszeit des Viscosimeters soll für Wasser bei 20° etwa 30 Sekunden betragen.

Um die Cellulose-Kupferoxydammoniaklösung auch während der Viscositätsmessung vor photochemischen Einflüssen zu schützen, soll das Thermostatenwasser zur Lichtabsorption rot angefärbt werden. An Stelle des Ost-Ostwaldschen Capillarviscosimeters läßt sich auch das Höpplersche Kugelfallviscosimeter (Hersteller: Gebr. Haake, Medingen bei Dresden) in einer dem speziellen Zwecke angepaßten Form zur Viscositätsmessung verwenden, das die Angabe der Viscositäten in absolutem Maße gestattet. Sowohl die Herstellung der Cellulose-Kupferoxydammoniaklösung als auch die Viscositätsmessung selbst erfolgen in dem Fallrohr des Höppler-Viscosimeters, das hierfür zunächst auf einer rotierenden Scheibe befestigt und dann nach eingetretener Lösung der Cellulose mit einem Neigungswinkel von 80° in einen Metallwinkel eingesetzt wird. Als Fallrohre sollen genau dimensionierte KPG-Rohre, als Kugeln Kugellagerkugeln aus nichtrostendem Stahl, als unterer Verschluß des Fallrohres ein zylindrischer Gummistopfen, als oberer ein solcher aus Hartgummi oder ein Verschluß aus nichtrostendem Stahl Anwendung finden. Als Eichflüssigkeit zur Bestimmung der Kugelfaktoren, deren Kenntnis außer der Fallzeit und dem spezifischen Gewicht der Lösung und der Kugel zur Berechnung der absoluten Viscositäten erforderlich ist, wurde reiner Phthalsäurediäthylester verwandt.

Die relative Viscosität, wie sie für 1%ige Lösungen einiger Zellstoffe und Celluloseprodukte von F. Schütz, W. Klauditz und P. Winterfeld nach der Capillarmethode gefunden wurde, ist der Tabelle 2 zu entnehmen.

Die Genauigkeit der Capillarmethode wird mit ±2%, die Gesamtausführungsdauer für gebleichte Zellstoffe mit 30—35 Minuten angegeben.

Tabelle 2.

Stoffe	Relative Viscosität
Ungebleichte Zellstoffe	40—250
Gebleichte Zellstoffe	13— 28
Hochviscose, gebleichte Zellstoffe . .	30—120
Kunstseidenzellstoffe	18— 25
Gebleichte Linters	40—100
Viscosekunstseide	3— 5

Auch G. Hostomský hat gute Erfahrungen mit dem Höppler-Viscosimeter (s. oben) bei der Viscositätsmessung von Zellstofflösungen gemacht. Er empfiehlt die Anwendung des Industriemodells dieses Viscosimeters mit exzentrischem Kugelfall, verzichtet also im Gegensatz zu den vorgenannten Verfassern auf eine Sonderkonstruktion, gleichzeitig aber auch auf die Herstellung der Lösung in dem Fallrohr des Viscosimeters; dadurch wird ein Umfüllen der Lösung vor der eigentlichen Viscositätsmessung erforderlich.

An dieser Stelle sei auch auf ein anderes neueres Instrument zur exakten Messung der absoluten kinematischen und dynamischen Viscosität hingewiesen, nämlich das Capillarviscosimeter von L. Ubbelohde mit hängendem Niveau, das von Schott & Gen., Jena, zu beziehen ist.

c) T.A.P.P.I.-Methode siehe S. 132.

d) **Methode von D. A. Clibbens und A. H. Little.** Diese Forscher haben in Ausarbeitung eines bereits früher beschriebenen Viscosimeters (D. A. Clibbens und A. Geake) nunmehr die sog. X-Type als **Standardcapillarviscosimeter der British Cotton Industry Research Association** herausgebracht. Ihr Aussehen zeigt Abb. 1. Der wesentliche Bestandteil dieses Capillarviscosimeters ist eine Glasröhre A, welche nicht nur zur Viscositätsmessung, sondern auch zur Lösung der Cellulose dient. An der Röhre sind vier Marken angebracht, von denen die oberste Marke G die Stellung des als Verschluß dienenden Gummistopfens festlegt, während B und D dasjenige Volumen abgrenzen, dessen Ausflußzeit ermittelt wird. Die dazwischenliegende Marke C ist so angebracht, daß die Ausflußzeiten für normal strömende Flüssigkeiten zwischen B und C und C und D die gleichen sind; sie soll die Erkennung von Fehlern erleichtern. Die Glasröhre A endet in eine kurze Capillare E, aus der die Cellulose-Kupferoxydammoniaklösung bei der Viscositätsmessung ausströmt. Während des Lösens dienen unten ein Schlauchstück mit Quetschhahn und oben ein Gummistopfen mit Capillare, Schlauchstück und Quetschhahn als Verschluß. Zur Viscositätsmessung wird das Viscosimeter in einen Glasmantel und mit diesem in einen Thermostaten von 20° C gebracht. Die Maße des Viscosimeters sind die folgenden:

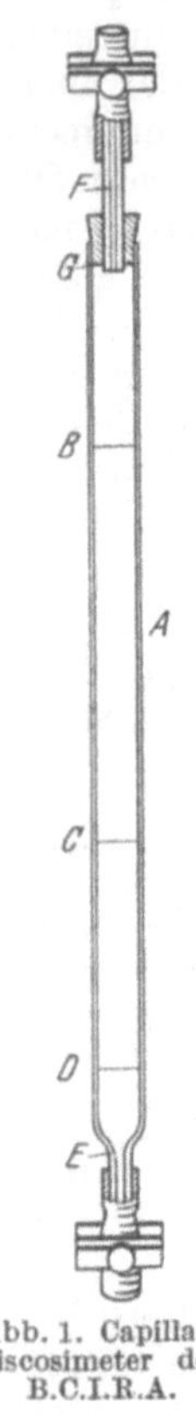

Abb. 1. Capillarviscosimeter der B.C.I.R.A.

Innerer Durchmesser der Capillaren E . . .	0,088	$\pm$ 0,001 cm
Äußerer Durchmesser der Capillaren E . . .	0,6	$\pm$ 0,2 cm
Länge der Capillaren E	2,5	$\pm$ 0,05 cm
Innerer Durchmesser der Glasröhre A . . .	1,0	$\pm$ 0,025 cm
Wandstärke der Glasröhre A	0,1	bis 0,15 cm
Abstand der Marke B vom unteren Ende der Capillaren E	24,2	$\pm$ 0,05 cm
Abstand der Marke C vom unteren Ende der Capillaren E	12,2	$\pm$ 0,05 cm
Abstand der Marke D vom unteren Ende der Capillaren E	6,2	$\pm$ 0,05 cm
Abstand der Marke G vom oberen Ende der Glasröhre A		etwa 0,4 cm
Gesamtlänge des Viscosimeters (ohne Verschlüsse)	30,0	$\pm$ 0,2 cm
Länge des trichterförmigen Übergangsstückes von der Glasröhre A zur Capillaren E . .		etwa 1,0 cm

Zur Beschleunigung des Lösevorganges werden 0,7 ccm Quecksilber in das Viscosimeter gegeben, die bei Beginn der Viscositätsmessung zuerst ausfließen und so die Messung selbst nicht stören können.

Für die Eichung des Viscosimeters, d. h. für die Bestimmung der Viscosimeterkonstanten C gilt das auf S. 133 Gesagte. Man mißt also bei 20° C die Ausflußzeit t einer Flüssigkeit von bekannter Fluidität F und Dichte d und berechnet dann nach der vereinfachten Formel

$$C = d \cdot F \cdot t,$$

die den Korrekturfaktor für die kinetische Energie vernachlässigt, den Näherungswert für die Viscosimeterkonstante C. Als geeignete Eichflüssigkeit wurde von Clibbens und Little reiner Phenyläthylalkohol befunden, für welchen die folgenden Daten angegeben werden:

	Sp	d bei 20° C	F bei 20° C
Phenyläthylalkohol:	219,3—219,8°	1,019	7,01

Neben der Ermittlung der Viscosimeterkonstanten ist die Bestimmung des Viscosimeterinhalts unter Berücksichtigung der gegenwärtigen Quecksilbermenge notwendig, um die notwendige Einwaage an Cellulose für die Herstellung einer 0,5%igen Lösung (bezogen auf absolut trockene Cellulose) feststellen zu können.

Über die Zusammensetzung der Kupferoxydammoniaklösung machen Clibbens und Little folgende Angaben: Sie soll

$$15 \pm 0,1 \text{ g Kupfer, } 200 \pm 5 \text{ g Ammoniak}$$

und weniger als 0,5 g salpetrige Säure im Liter enthalten. Ihre Dichte beträgt bei 20° C 0,94, ihre Fluidität 72 c.g.s.-Einheiten bei 20° C.

Die Herstellung der Kupferoxydammoniak- bzw. der Kupferoxydammoniak-Celluloselösungen, ihre Viscositätsmessung und die Berechnung der Fluiditätsgröße aus der oben angegebenen Formel geschehen in der früher angedeuteten Weise (vgl. S. 132 und 134).

Für den Fall, daß außerordentlich geringe Fasermengen vorliegen, und es sich nur um Vergleichswerte handelt, beschreiben Clibbens und Little das Kugelfallviscosimeter der British Cotton Industry Research Association, bei dem nur 0,01 g Faser benötigt werden, um eine 0,5%ige Celluloselösung zu erhalten. Sein Aussehen zeigt Abb. 2. Es besteht aus einer 180 mm langen Glasröhre aus Jenaer KPG-Rohr, deren innerer Durchmesser 3,60 ± 0,01 mm beträgt und die — ebenso wie das Capillarviscosimeter — als Lösegefäß und als Viscosimeter dient. Als Verschluß dienen beiderseits Glasstopfen A und B, von denen der obere eine als Überlauf dienende, feine capillare Öffnung besitzt. In 15,90 und 165 mm Abstand von A sind drei Zeitmarken angebracht. Als Rührer dient ein zylindrischer Körper aus Silber (C), 10 × 1,5 mm groß.

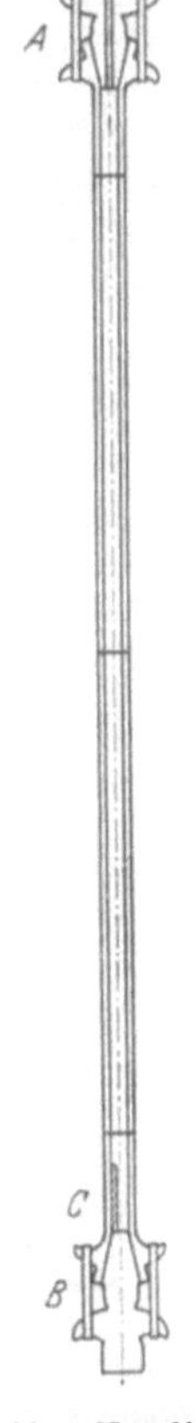

Abb. 2. Kugelfallviscosimeter der B.C.I.R.A.

Zur Viscositätsmessung wird in die Cellulose-Kupferoxydammoniaklösung eine Stahlkugel von $^1/_{32}$ Zoll Durchmesser eingegeben, deren Fallzeit bestimmt wird, während das Viscosimeter mit einem Winkel von 20° gegen die Horizontale geneigt ist, so daß die Kugel an der inneren Oberfläche der Röhre entlang rollt. Zur Fixierung dieser Stellung wird von Clibbens und Little ebenfalls eine passende Vorrichtung beschrieben.

Zur Eichung des B.C.J.R.A.-Kugelfallviscosimeters müssen sein Rauminhalt und die Fallzeit der Kugel in einer Flüssigkeit von bekannter Fluidität und Dichte, z. B. Phenyläthylalkohol bestimmt werden. Zur

Berechnung der Kugelkonstanten sowie weiterhin der Fluidität der Cellulose-Kupferoxydammoniaklösungen dient die empirisch ermittelte Formel

$$F = \frac{K_0}{t\,(D - d)},$$

in der

    F die Fluidität der Lösung (für Phenyläthylalkohol = 7,01 bei 20° C),
    t die Fallzeit der Kugel,
    D das spezifische Gewicht der Kugel = 7,6,
    d das spezifische Gewicht der Lösung (für Phenyläthylalkohol = 1,019 bei 20° C) und
    K_0 die Kugelkonstante bedeuten.

Die Fluiditätswerte F von Celluloselösungen in Kupferoxydammoniak, wie sie sich auf
Grund von Viscositätsmessungen in einem Capillar-

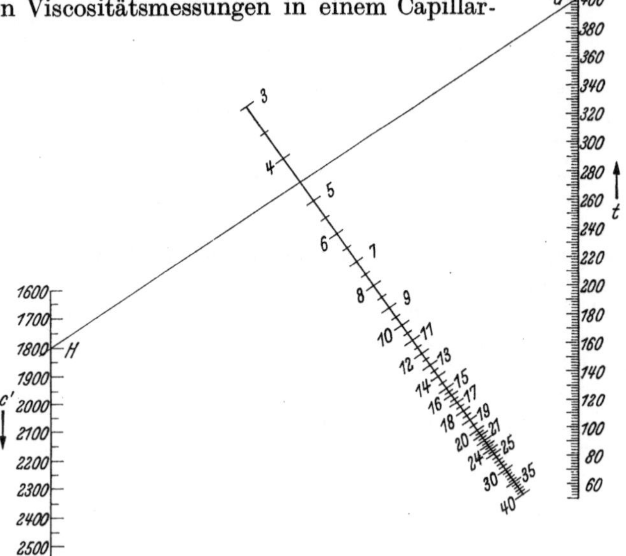

Abb. 3. Nomogramm zur Ermittlung der Fluidität von Celluloselösungen in Kupferoxydammoniak
nach J. R. Womersley.

viscosimeter aus den gemessenen Auslaufszeiten t und der Apparatekonstanten C' ergeben, können auch unter Umgehung jeder Berechnung einem Nomogramme entnommen werden. Dieses wurde von
J. R. Womersley am Shirley Institute ausgearbeitet und sei in
Abb. 3 wiedergegeben, soweit es sich auf die nomographische Darstellung der vereinfachten Gleichung

$$F = \frac{C'}{t}$$

(s. S. 270) bezieht, welche den Korrektionsfaktor für die kinetische
Energie der Lösung nicht berücksichtigt, aber für die Auswertung von
Messungen in technischen Betrieben vollkommen ausreicht.

    Die eingezeichnete Linie HG, die die beiden seitlichen vertikalen
Skalen miteinander verbindet, gibt ein Beispiel für den Gebrauch dieses
Nomogrammes.

II. Viscoseseide (V, 739).

1. Viscose. Zur Bestimmung der in der Viscose enthaltenen schwefelhaltigen Nebenprodukte sowie des Xanthogenat-schwefels hat W. H. Fock das folgende Verfahren ausgearbeitet: In verdünnten Viscoselösungen werden zunächst die schwefelhaltigen Nebenprodukte durch Essigsäure zersetzt. Ein gleichzeitiger Zusatz von Calciumcarbonat sorgt dafür, daß bei dieser Reaktion das Cellulose-xanthogenat noch nicht angegriffen wird. Die Zersetzung des Xanthogenates erfolgt erst in der zweiten Reaktionsstufe mit Hilfe von Salzsäure. Die bei den Säureeinwirkungen sich bildenden flüchtigen Gase, Schwefelwasserstoff und Schwefelkohlenstoff, werden mit Stickstoff ausgetrieben und in Cadmiumacetat (zur Absorption des Schwefel-wasserstoffs) und alkoholische Natronlauge (zur Absorption des Schwefel-kohlenstoffs) eingeleitet. Die absorbierten Mengen an H_2S bzw. CS_2 werden quantitativ durch jodometrische Titration ermittelt.

Über die Ausführung derartiger Analysen unterrichten die nachstehenden Angaben: 15 g Viscose werden auf 500 cm³ verdünnt. Von diesen werden 100 cm³ in einem Rundkolben, der ein Gaseinleitungs- und ein Gasableitungsrohr enthält, mit 1 g $CaCO_3$ versetzt. Als Vorlage dienen zwei Waschflaschen mit 3%iger Cadmiumacetatlösung und weitere zwei Waschflaschen mit alkoholischer Natronlauge (50 g NaOH in möglichst wenig Wasser gelöst und auf 1 l mit 95%igem Alkohol verdünnt). Nach $^1/_2$stündigem Durchleiten von reinem Stickstoff, womit eine Entfernung von freiem Schwefelkohlenstoff bezweckt wird, soll im Rundkolben ein schwacher Unterdruck hergestellt und dann nach Einsaugen von 8 cm³ einer 5%igen Essigsäure 45 Minuten lang abermals Stickstoff durchgeleitet werden. Nachdem die Absorptionsflüssig-keiten sowohl nach dem erstmaligen Durchleiten von N_2 als auch nach der Zersetzung der schwefelhaltigen Nebenprodukte erneuert sind, erfolgt die Zersetzung des reinen Cellulosexanthogenates durch Zusatz von 7 cm³ einer 30%igen Salzsäure. Zur quantitativen Vertreibung des Schwefelkohlenstoffs soll der Stickstoffstrom jetzt zunächst $^1/_2$ Stunde bei gewöhnlicher Temperatur und dann noch $^1/_4$ Stunde bei 70—80° durch die Lösung hindurchgeschickt werden. Die quantitative Bestimmung von H_2S und CS_2 in den Absorptionsflüssigkeiten erfolgt nach den üblichen jodometrischen Titrationsverfahren.

Die beschriebene Methode gestattet nach Fock nicht nur die für den Viscosebetrieb wichtige Kontrolle der Viscosezusammensetzung, sondern ist auch zur Verfolgung der Reifevorgänge geeignet.

Die gravimetrische Bestimmung des Cellulosexanthogenat-schwefels kann nach D'Ans und Jäger in folgender Ausführungs-form geschehen: Die alkalische Lösung eines Viscosefilmes (über dessen Herstellung s. S. 276) wird mit 40 cm³ Natriumhypobromitlösung versetzt und 1 Stunde warm stehen gelassen. Verschwindet die gelbe Farbe des Hypobromites, so muß noch mehr zugesetzt werden. Man verdünnt dann mit 250 cm³ Wasser, säuert die Lösung mit konzentrierter Salzsäure an, erhitzt zum Sieden, wobei das ausgeschiedene

Brom verdampft, fällt mit siedender $BaCl_2$-Lösung, filtriert, verascht und wägt das $BaSO_4$. Der prozentuale Xanthogenat-Schwefelgehalt ergibt sich aus:

$$\% \text{ Xanthogenatschwefel} = \frac{g \; BaSO_4 \cdot 0,1373 \cdot 100}{\text{Einwaage an Viscose}}.$$

An Stelle der früher vorgeschlagenen Oxydationsmittel[1] wird also nach dieser Vorschrift eine Natriumhypobromitlösung verwandt: 250 g Natriumhydroxyd werden in 700 cm³ Wasser gelöst und unter Schütteln und Kühlen mit 250 g Brom (80 cm³) versetzt. Die Lösung wird durch Glaswolle filtriert, auf 1000 cm³ aufgefüllt und in einer braunen Flasche vor Licht geschützt kühl aufbewahrt.

Für die gravimetrische Bestimmung des Gesamtschwefelgehaltes von Viscoselösungen gelten dieselben Arbeitsbedingungen, wie sie von D'Ans und Jäger für die Ermittlung des Cellulosexanthogenatschwefels gegeben worden sind (s. oben).

Außerdem wird von diesen Autoren an gleicher Stelle noch ein maßanalytisches Verfahren zur Bestimmung des Gesamtschwefelgehaltes von Viscosen mitgeteilt, mit dem man jedoch Schwefelgehalte finden soll, die etwa um 0,1% höher liegen als diejenigen, welche mit der gravimetrischen Methode erhalten werden. Der Wortlaut der diesbezüglichen Arbeitsvorschrift ist der folgende:

50 cm³ der Viscoselösung (50 g : 500 cm³) werden mit 150 cm³ Wasser verdünnt, mit 20 cm³ 1 n-H_2SO_4 versetzt und zum Sieden erhitzt. Nach dem Abkühlen wird der Überschuß an Säure mit 1 n-NaOH und Methylorange als Indicator zurücktitriert (a cm³ NaOH).

Weitere 50 cm³ werden mit 5 cm³ 1 n-NaOH und 5 cm³ 30%igem H_2O_2 (säure- und sulfatfrei) versetzt und 5—10 Minuten über einer kleinen Flamme erhitzt. Dann wird mit 200 cm³ Wasser verdünnt, mit 15 cm³ 1 n-H_2SO_4 zum Sieden erhitzt und nach dem Erkalten der Überschuß an Säure mit 1 n-Natronlauge (b cm³) zurücktitriert.

$$\% \; S = \frac{[(20-a)+b-(15-5)] \cdot {}^1\!/_2 \cdot 32 \cdot 100}{1000 \cdot g \cdot \text{Viscose}}$$

$$= (10-a+b) \cdot \frac{1,6}{g \cdot \text{Viscose}}.$$

Eine quantitative Methode zur Bestimmung von Na_2S und Na_2CS_3 in der Viscose ist durch R. S. Neumann, W. A. Kargin und E. A. Fokina ausgearbeitet worden. Bei der potentiometrischen Titration der Viscose mit $^1\!/_{10}$ n-$AgNO_3$ unter Anwendung der Silberelektrode ergibt sich infolge der verschiedenen Löslichkeit der entstehenden Silbersalze eine charakteristische Titrationskurve (Abb. 4), aus der der quantitative Gehalt der Viscose an Sulfid, Trithiocarbonat und Carbonat errechnet werden kann, so daß beispielsweise die Veränderung des Sulfidgehaltes der Viscose während der Reife auf diesem physikalisch-chemischen Wege verfolgt werden kann.

Das beschriebene Verfahren ermöglicht zum ersten Male die gesonderte quantitative Bestimmung von Na_2S und Na_2CS_3 in der Viscose.

---

[1] Siehe Hauptwerk V, 741.

Verschiedene Verfahren zur Bestimmung des Reifegrades von Viscose haben H. Fink, R. Stahn und A. Matthes kritisiert und ein neues Verfahren ausgearbeitet.

Von diesen Forschern wird die neutralisierte Viscose zur Bestimmung ihres Xanthogenierungsgrades durch Umsetzung mit Diäthylchloracetamid in eine gut filtrierbare, unlösliche und unhydrolysierbare Verbindung von der Zusammensetzung $Cell \cdot O \cdot CS \cdot S \cdot CH_2 \cdot CO \cdot N(C_2H_5)_2$ übergeführt, deren Analyse durch Kjeldahl-Bestimmung erfolgt. Jedes Atom N entspricht einer in der ursprünglichen Viscose vorhanden gewesenen Cellulosedithiocarbonatgruppe. Auf den Cellulosegehalt der Viscose umgerechnet ergibt sich daraus der Veresterungsgrad der Cellulose.

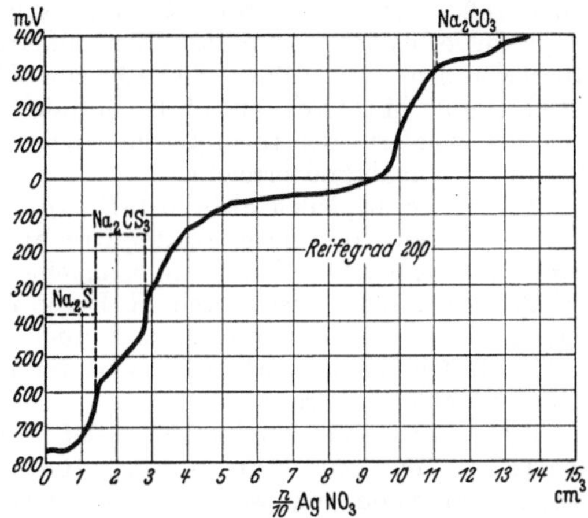

Abb. 4. Titrationskurve einer Viscoselösung mit ¹/₁₀ n-Silbernitrat unter Verwendung einer Silberelektrode nach R. S. Neumann, W. A. Kargin und E. A. Fokina.

Da ein stöchiometrisch zusammengesetztes Cellulosexanthogenat nicht existiert, wird als Maßzahl für den Veresterungsgrad einer Cellulose, also für die Reife der Viscose im chemischen Sinne, der sog. γ-Wert in Vorschlag gebracht. Dieser gibt an, wieviel Mole CS_2 an 100 Mole $C_6H_{10}O_5$ als Dithiocarbonatgruppen esterartig gebunden sind.

Die Vorschrift für die Ausführung dieser Reifebestimmung lautet: 100 g Viscose werden mit 300—500 cm³ Wasser verdünnt, unter kräftigem Rühren mit ¹/₂ n-Essigsäure neutralisiert (Indicator Phenolphthalein) und mit 20—25 cm³ Diäthylchloracetamid (s. unten) versetzt. Nach der Ausflockung wird der Niederschlag, der keine gelatinösen Klumpen enthalten darf, noch eine Zeitlang gerührt, dann quantitativ abfiltriert, mehrere Male mit Wasser aufgeschlämmt und nachgewaschen. Die Gesamtmenge kann — ohne vorher getrocknet zu werden — der Stickstoffbestimmung nach Kjeldahl unterworfen werden. Der γ-Wert ergibt sich aus:

$$\gamma = \frac{16\,208 \cdot c}{10\,000\,E - 189{,}14\,c}$$

(c = cm³ ¹/₁₀ n-HCl; E = Einwaage).

Eine Schnellmethode läßt sich analog unter Anwendung von nur 10 g Viscose durchführen.

Herstellung des Diäthylchloracetamids: 1 Mol Chloracetylchlorid wird in 280 cm³ reinem, gut getrocknetem Äther gelöst. Zu dieser Lösung laufen in einer geschlossenen, mit Rückflußkühler versehenen Apparatur genau 2 Mol über Alkalihydroxyd destilliertes Diäthylamin unter Eiskühlung und kräftigem Rühren aus einem Tropftrichter so

18*

langsam zu, daß die Temperatur 20° nicht übersteigt. Nach beendeter Reaktion wird vom ausgeschiedenen Diäthylaminchlorhydrat abfiltriert. Letzteres wird gründlich mit Äther nachgewaschen. Die vereinigten Filtrate, die sorgfältig vor Feuchtigkeit zu schützen sind, werden nach dem Abdestillieren des Äthers 2—3mal im Vakuum destilliert. Schwach gelb gefärbte ölige Flüssigkeit. Kp_{11}: 113°.

Es ist zu beachten, daß die Dämpfe des Diäthylchloracetamids, besonders in ätherischer Lösung, äußerst heftig reizend auf Haut und Schleimhäute wirken.

Der Verfahren ist nach Fink für niedere und höchste Xanthogenierungsstufen sehr gut brauchbar und soll außerdem hinsichtlich der Reproduzierbarkeit der Werte allen anderen Methoden dieser Art weit überlegen sein. An γ-Werten wurde von Fink und seinen Mitarbeitern Stahn und Matthes an höchstsulfidierten Viscosen im Höchstfalle $\gamma = 171$ erhalten, der theoretische Höchstwert von 300 wird demnach also nicht annähernd erreicht.

Auf eine prinzipielle Fehlerquelle der bekannten Jodtitrationsmethoden zur Bestimmung des Reifegrades von Viscosen (V, 742) wird von H. Fink aufmerksam gemacht. Es ist dies der Thiosulfatgehalt der Viscose, der durch H. Fink im Ultrafiltrat von Viscosen nachgewiesen werden konnte, und auch in Lösungen von Schwefelkohlenstoff in Lauge vorkommt, und der naturgemäß bei der Jodtitration zu Fehlern führen muß.

Eine umfassende Nachprüfung der chemischen Verfahren zur Reifebestimmung von Viscoselösungen ist von D'Ans und Jäger vorgenommen worden. Bei Abänderung der ursprünglichen Verfahren sind zahlreiche Fehlerquellen eingeschleppt worden, so daß keineswegs von methodischen Verbesserungen die Rede sein kann. Die Kritik von D'Ans und Jäger bezieht sich einerseits auf die Methode der direkten Isolierung des Cellulosexanthogenates in Filmform mit nachfolgender Lösung und Jodtitration, wie sie durch Cross und Bevan gegeben und von Eggert bzw. Berl und Dillenius abgeändert worden ist (V, 744) und andererseits auf die verschiedenen Modifikationen der von Jentgen ausgearbeiteten, vereinfachten Jodtitrationsmethode, bei der die Viscoselösung — ohne vorherige Abscheidung des Xanthogenates — mit Jod titriert wird. Autoren dieser letztgenannten modifizierten, jodometrischen Verfahren sind z. B. Faust, Graumann und Fischer sowie Berl und Dillenius (V, 744).

Auf Grund ihrer Befunde kommen nun D'Ans und Jäger in Bestätigung eigener Angaben aus dem Jahre 1926 zu folgenden Arbeitsvorschriften für die jodometrischen Reifebestimmungen von Viscoselösungen nach Cross und Bevan bzw. Jentgen.

a) Die Filmmethode. 2—3 g Viscose werden auf eine Glasplatte (9 × 12 cm) gegossen. Man bedeckt mit einer zweiten, gleichen Platte, drückt vorsichtig an und schiebt dann die beiden Platten langsam auseinander. Man erhält so zwei Viscosefilme, die gleichmäßig und lückenlos sein müssen. Man bringt dann die Platten während 15 Minuten in essigsäurefreie, gesättigte Kochsalzlösung von 12—15°, löst darauf die Filme sorgfältig von der Glasplatte und wäscht sie 4—5mal mit reiner gesättigter Kochsalzlösung. Die Filme dürfen zum Schluß dieser Behandlung die gelbe Farbe der Verunreinigungen der Viscose nicht mehr aufweisen.

Die fertig ausgewaschenen Filme werden in 20 cm³ 9—10%iger kalter Natronlauge gelöst. Anschließend wird mit 500 cm³ Wasser von 10—15° verdünnt und unter Kühlung und Rühren mit etwa 96%iger Essigsäure neutralisiert (Indicator 2 Tropfen Phenolphthalein). Nach Zusatz von weiteren 1—2 cm³ Essigsäure und 2—3 cm³ Stärkelösung wird mit 0,1 n-Jodlösung tropfenweise bis zur bleibenden Blaufärbung titriert.

Der prozentuale Xanthogenat-Alkaligehalt wird berechnet nach:

$$\% \text{ gebundenes NaOH} = \frac{0{,}4001 \cdot \text{Anzahl cm}^3 \text{ verbrauchte } ^1/_{10}\text{ n-Jodlösung}}{\text{Einwaage an Viscose}}.$$

Der Cellulosegehalt der Viscosen wird wie üblich bestimmt (V, 741).

b) Die Flaschenmethode. 50 g Viscose werden in destilliertem kalten Wasser gelöst und auf 500 cm³ verdünnt. Zur Titration wird ein Apparat benutzt, der ein Titrieren, ohne daß H_2S-Verluste eintreten, ermöglicht. Zwei 3fach tubulierte Woulfsche Flaschen von je 2 l Inhalt werden mit je zwei 25-cm³-Büretten versehen. Der mittlere Tubus wird durch ein Knierohr mit Hahn an eine Wasserstrahlpumpe angeschlossen. Man verwendet eine der so hergerichteten Flaschen für die Bestimmung des Gesamtschwefels in essigsaurer Lösung, eine zweite für die Bestimmung des Schwefels der Verunreinigungen in mineralsaurer Lösung.

Die Woulfschen Flaschen werden mit 1500 cm³ kaltem Wasser beschickt, dann je 25 cm³ der verdünnten Viscoselösung und 7—8 cm³ 0,4%ige Stärkelösung zufließen gelassen. Man schüttelt gut durch und evakuiert schwach. Dann läßt man aus der Bürette

in A. soviel Kubikzentimeter 1 n-Essigsäure zufließen, daß die Lösung 0,02—0,05% freie Essigsäure enthält. (Hierzu werden in einem Blindversuch 1500 cm³ Wasser + 25 cm³ Viscoselösung mit 1 n-Mineralsäure und Methylorange auf rot titriert. An 1 n-Essigsäure nimmt man dann die so gefundene Zahl + 5—12 cm³.) Man schüttelt gut durch, läßt 10—15 Minuten stehen und titriert dann aus der zweiten Bürette tropfenweise mit 0,1 n-Jodlösung bis zur beständigen Blaufärbung. Beim Titrieren ist gutes Schütteln erforderlich, um alles H_2S aus dem Gasraum zu erfassen.

In B. läßt man nach dem Evakuieren aus der Bürette 25—50 cm³ 1 n-Schwefelsäure oder Salzsäure zufließen. Man achte, daß die Cellulose restlos flockig ausgefällt wird. Man verfährt sonst wie unter A.

Der prozentuale Xanthogenat-Alkaligehalt wird auf Grund des Mehrverbrauchs a an Kubikzentimetern $^1/_{10}$ n-Jodlösung in der mit Essigsäure zersetzten Viscoselösung berechnet:

$$\% \text{ gebundenes NaOH} = \frac{0{,}4001 \cdot a \text{ (Mehrverbrauch an cm}^3 \; ^1/_{10}\text{ n-Jodlösung)}}{\text{Einwaage an Viscose}}.$$

Über die Bestimmung des Cellulosegehaltes der Viscosen vgl. oben.

2. Fällbäder. Eine schnell auszuführende Analysenmethode, die die Bestimmung von Schwefelsäure, Ammoniumsulfat und einem weiteren Sulfat in Fällbädern auf titrimetrischem Wege gestattet, wird von K. Fabel (2) gegeben.

Den Schwefelsäuregehalt ermittelt man durch Neutralisation mit n-Natronlauge (Indicator: Methylorange), das Ammoniumsulfat durch Versetzen der so erhaltenen Lösung mit neutralem Formaldehyd und Titration der frei gewordenen Schwefelsäure unter Verwendung von Phenolphthalein. Anschließend bestimmt man den Gesamtsulfatgehalt nach einer Methode von Freund: 10 cm³ des Fällbades werden in einem Meßkolben auf 100 cm³ verdünnt. Von dieser Lösung pipettiert man so viel ab, daß die zu untersuchende Menge etwa 0,2—0,4 g Sulfat enthält, verdünnt in einem 200-cm³-Becherglas auf etwa 100 cm³, versetzt mit 5 cm³ 50%iger Essigsäure und 12—15 Tropfen einer 1%igen alkoholischen Lösung von alizarinsulfosaurem Natrium als Indicator und erhitzt bis zum beginnenden Sieden. Dann titriert man die heiße Flüssigkeit mit $^1/_5$ n-Bariumacetatlösung bis zum Umschlag von gelbgrün in braunrot.

Gegen Ende der Titration färbt sich die Probe leicht rötlich; doch gilt als Umschlagspunkt der Augenblick, wo unter Bildung von alizarinsulfosaurem Barium die Farbe der ganzen Lösung mit einem Male deutlich braunrot wird. Da 1 cm³ $^1/_5$ n-Bariumacetatlösung 0,0096 g Sulfation entspricht, verbraucht man etwa 20—40 cm³ Lösung. Der Gehalt des untersuchten Fällbades an z. B. Natriumsulfat läßt sich nun aus den für Schwefelsäure und Ammoniumsulfat gefundenen Zahlen durch Umrechnung und Subtraktion vom Gesamtsulfatgehalt berechnen.

3. Über die Analyse von Entschwefelungsbädern sowie den Nachweis und die quantitative Bestimmung von Schwefel in Viscosekunstfasern hat R. Sellier eine umfangreiche Zusammenstellung geliefert. In dieser werden die einfachsten und schnellsten Methoden zur Analyse von Entschwefelungsbädern (Na_2S bzw. Na_2SO_3) sowie die technisch so sehr wichtigen Prüfungen auf den Schwefelgehalt entschwefelter Viscosekunstfasern ausführlich und kritisch dargelegt.

Eine andere Beschreibung der Analyse von Entschwefelungsbädern stammt von P. Thivet. Seine Ausführungen beziehen sich auf die Ermittlung von Sulfiden, Sulfiten, Hyposulfiten und Sulfaten in Entschwefelungsbädern und ferner auch auf den Nachweis von freiem Schwefel in Viscosekunstfasern. Letzterer beruht auf der Bildung von Thiocyanat, wenn die Faser schwefelhaltig ist und mit Äthylalkohol und KCN gekocht wird. Bei Zugabe eines Ferrisalzes entsteht dann in salpetersaurer Lösung rotes Eisenrhodanid.

III. Acetatseide.

Die Analyse der Spinnlösungen von Acetatkunstfasern wird von einem ungenannten Verfasser[1] in folgender Weise beschrieben:

Die Konzentrationsbestimmung entspricht im wesentlichen früheren Angaben (V, 770). Das Gewicht der auf eine Petrischale auszugießenden acetonischen Acetylcelluloselösung soll etwa 10 g betragen, als Trocknungstemperatur für den Film wird 110°, als Trocknungsdauer

---

[1] Silk and Rayon 11, 548 (1937).

2 Stunden angegeben. Eine Bestimmung des Acetylgehaltes des getrockneten Filmes wird nicht vorgeschrieben, sondern lediglich die Ermittlung des Trockengewichtes.

Die Ausführung von Viscositätsmessungen soll bei 30—35° erfolgen, da dies auch die Temperatur der Spinnlösungen beim Spinnen ist. Als Methode wird die Kugelfallmethode angeraten unter Anwendung eines Fallrohres von 14 Zoll Länge und 3 Zoll Weite mit 3 Marken im Abstande von 2, 7 und 12 Zoll vom Rande. Für Spinnlösungen mit normalem Acetylcellulosegehalt, also normaler Viscosität, soll der Durchmesser der Kugeln, die aus Stahl sein können, 5/16 Zoll betragen.

Für die Bestimmung des Wassergehaltes von acetonischen Acetylcelluloselösungen wird das folgende Verfahren beschrieben, das auf der Abnahme der Löslichkeit von Nitrobenzol in Aceton bei steigendem Wassergehalt beruht:

Zunächst wird zwecks Aufstellung einer Eichkurve eine Stammlösung aus 10—15% trockener Acetylcellulose und Aceton mit bekanntem Wassergehalte hergestellt. Durch Wasserzusatz werden dann hieraus verschiedene Verdünnungen angefertigt, deren Gehalt an Wasser zwischen 4 und 12% liegen soll. Von diesen werden je 50 cm³ in ein Becherglas von 200 cm³ Inhalt gegeben und aus einer Bürette unter lebhaftem Rühren Nitrobenzol zulaufen gelassen, bis die Lösung anfängt milchig zu werden. Auf Grund des Verbrauchs an Nitrobenzol läßt sich dann für die Acetylcelluloselösungen mit verschiedenem Wassergehalt eine Eichkurve zeichnen, aus der weiter bei der entsprechenden Untersuchung einer Spinnlösung deren Wassergehalt entnommen werden kann.

IV. Kunstfasern.

1. Schädigungen. Der Nachweis chemischer Schädigung an Kunstfasern aus regenerierter Cellulose, also Viscose- und Kupferkunstfasern ist im allgemeinen gleichbedeutend mit dem Nachweis von Oxy- oder Hydrocellulose, der meist auf dem Reduktionsvermögen dieser häufig bei Oxydationsprozessen oder bei Säureeinwirkung entstehenden Celluloseabbauprodukte beruht. Die wichtigsten und zuverlässigsten Nachweisverfahren von Oxycellulose bzw. die Unterscheidungsreaktionen von Oxy- und Hydrocellulose, die speziell auch bei der Prüfung von Kunstfaser- und nicht nur von Baumwollschädigungen erfolgversprechend sind, gibt die nachstehende Zusammenstellung[1].

Es sei jedoch betont, daß selbst bei Versagen aller chemischen Nachweisreaktionen nicht unbedingt auf die Abwesenheit von Oxy- und Hydrocellulose geschlossen werden darf. Da

---

[1] Vergleiche hierzu auch W. Weltzien: Prüfung der Schädigungen an Kunstseiden im Verlaufe der Ausrüstung. Internat. Association for Testing Materials, Internat. Congress London, 1937. Gruppe C, S. 5 (1937), dann auch die umfassende und bis auf den derzeitigen Stand durchgeführte Zusammenstellung von M. Peter in dem Buche von A. Herzog und P.-A. Koch: Fehler in Textilien, ihre Erkennung und Untersuchung. Heidelberg: Verlag Melliand Textilberichte 1938 und ferner das betreffende Kapitel bei P. Heermann: Färberei- und textilchemische Untersuchungen, 6. Aufl., S. 347. Berlin: Julius Springer 1935.

nämlich diese Oxydationsprodukte der Cellulose oft in Alkali leicht löslich sind oder aber beim Erwärmen in alkalischer Lösung ihr Reduktionsvermögen verlieren, ist das Ausbleiben der Oxy- bzw. Hydrocellulosereaktionen nicht als Beweis für deren Abwesenheit anzusehen.

An erster Stelle ist die Methode von H. Sommer und H. Markert zu nennen, die auf der zuerst von K. Götze festgestellten Reduktion einer ammoniakalischen Silbernitratlösung durch die Celluloseabbauprodukte beruht. Eine 10%ige Silbernitratlösung wird vorsichtig mit Ammoniak versetzt, bis sich der zuerst entstandene Niederschlag eben wieder gelöst hat. Mit dieser Lösung wird die Untersuchungsprobe einige Minuten bei 80° C vor Licht geschützt behandelt, dann mit destilliertem Wasser gespült und mit verdünntem Ammoniak nachgewaschen. Oxy- und Hydrocellulose geben sich je nach dem Schädigungsgrade durch Gelb- bis Braunfärbung zu erkennen. Eine Unterscheidung zwischen beiden ermöglicht diese Reaktion nicht.

Ähnliche Ergebnisse werden mit der Berlinerblaumethode von W. F. A. Ermen erzielt, wenn es gilt, oxydative Schädigungen von Kunstfasern nachzuweisen. Diese ist ebenfalls eine Reduktionsmethode, indem Ferrisalz an den oxydierten Stellen der Kunstfasern zu Ferrosalz reduziert und dort Berlinerblau gebildet wird. Zur Ausführung der Reaktion (es wird die von Ermen selbst verbesserte Methode angegeben) wird das zu prüfende Fasergut 5 Minuten im kochenden Wasserbade mit einer Reagensflüssigkeit behandelt, die sich aus Ferriammonsulfat, Kaliumferricyanid und Essigsäure zusammensetzt (2 cm³ einer 14%igen Lösung von Ferriammonsulfat und 1 cm³ einer 7%igen Lösung von Kaliumferricyanid sollen nach Zusatz von 8 cm³ Eisessig mit Wasser auf 100 cm³ aufgefüllt werden). Darauf soll die Faser sorgfältig mit kaltem Wasser ausgewaschen und anschließend 5 Minuten im kochenden Wasserbade mit 30%iger Essigsäure nachbehandelt und abermals ausgewaschen werden. Zum Schluß sind die Proben einige Sekunden in 10%iger Ferrosulfatlösung, die mit Schwefelsäure angesäuert ist, zu kochen. Letzteres muß geschehen, um die zunächst entstehenden grünblauen Färbungen in möglichst reine Blaufärbungen zu verwandeln. Da Hydrocellulose ungefärbt bleibt, gestattet diese Methode gleichzeitig die Unterscheidung von Oxy- und Hydrocellulose, d. h. bei Ausbleiben der Oxycellulosereaktion kann auf Hydrocellulose geschlossen werden, wenn sonstige Anzeichen für eine Faserschädigung vorliegen.

Auch Neßlers Reagens hat sich für den Oxycellulosenachweis als brauchbar erwiesen. Diese von H. Ditz aufgefundene Farbreaktion zwischen Oxycellulose und Neßlers Reagens erfordert bei niedrigen Schädigungsgraden eine gewisse Reaktionsdauer, bis die graugelbe Färbung der Oxycellulose oder die gelborange Färbung der Hydrocellulose auftritt. Um die Färbungen in reines Gelb zu verwandeln, soll eine Nachbehandlung mit verdünnter Essigsäure erfolgen (H. Sommer und H. Markert).

Eine spezifische Reaktion für Oxycellulose ist auch die Zinn-Goldreaktion von R. Haller (1), die jedoch nicht wie die vorstehenden Reaktionen auf dem Reduktionsvermögen der Celluloseabbauprodukte, sondern, wie Haller (2) angibt, auf deren salzbildenden Eigenschaften beruhen soll.

In diesem Falle wird die nasse Untersuchungsprobe 1 Stunde in eine kalte, 1%ige Lösung von reinem, kristallisierten Stannochlorid, die man mit 1—2 Tropfen Eisessig schwach angesäuert hat, eingelegt. Dann wäscht man gründlich mit destilliertem Wasser aus und bringt die Probe nun in eine verdünnte Lösung von Goldchlorid, die nur 2 bis 3 Tropfen einer konzentrierten Lösung dieses Goldsalzes in 100 cm³ Wasser zu enthalten braucht.

Oxycellulosehaltige Stellen geben sich durch die Bildung des „Cassiusschen Goldpurpurs" zu erkennen. Für den Hydrocellulosenachweis gilt das oben Gesagte.

Auch die Blei-Cochenillereaktion von R. Haller und Lorenz, die nach Haller (2) auf ähnlichen chemischen Vorgängen beruht wie die Zinn-Goldreaktion (s. oben), ist für Oxycellulose charakteristisch. Bei dieser Reaktion wird die zu prüfende Faser mit 1%iger Bleiacetatlösung etwa 1 Stunde lang imprägniert und das nach überaus gründlichem Auswaschen (vorgeschrieben werden 4 Bäder kaltes destilliertes Wasser von je 10 Minuten Dauer oder 2 Bäder 80° heißes destilliertes Wasser von je 5 Minuten Dauer) durch Oxycellulose zurückgehaltene Blei mit Hilfe von Cochenille, einem sehr empfindlichen Indicator auf Blei, sichtbar gemacht. Diese Cochenilleausfärbung soll in einer 50° warmen, 0,05%igen Aufschlämmung von Cochenille während 5 Minuten erfolgen. Die Tiefe der entstehenden Purpurfärbung gibt in etwa über den Grad der Schädigung Auskunft.

Eine quantitative Bestimmung des Oxycellulosegehaltes einer Kunstfaser geschieht am zweckmäßigsten durch die Bestimmung der Kupferzahl, für die viele Methoden ausgearbeitet wurden[1]. Es sei jedoch daran erinnert, daß in allen den Fällen, wo die Oxycellulosebildung bei alkalischer Reaktion stattgefunden hat, mit einem Inlösunggehen der Oxydationsprodukte oder aber dem Verluste ihres Reduktionsvermögens gerechnet werden muß. Ist hierdurch schon eine gewisse Unsicherheit der qualitativen Nachweismethoden bedingt, so wird die Möglichkeit einer quantitativen Oxycellulosebestimmung überhaupt hinfällig. Aus diesem Grunde erübrigt sich auch die Mitteilung der in Frage kommenden quantitativen analytischen Methoden dieser Art.

Erwähnt sei außerdem, daß bei Oxydationsprozessen in alkalischer Lösung die Kunstfaserschädigung nicht lediglich in der Bildung von teilweise alkalilöslicher Oxycellulose zu bestehen braucht, daß sie vielmehr sehr häufig lediglich eine Zunahme der alkalilöslichen Bestandteile der regenerierten Cellulosen ist, die aber keineswegs mit Oxycellulose identisch sind. Insbesondere Natronlaugen von etwa 10% können besonders bei niedrigen Temperaturen ein starkes Lösevermögen auf oxydierte Kunstfasern ausüben.

Inwieweit die Viscositätsmessung von Kupferoxydammoniak-Celluloselösungen zur Beurteilung des Schädigungsgrades herangezogen werden kann, geht aus den folgenden Ausführungen hervor.

---

[1] Siehe Hauptwerk V, 733, 739 und besonders auch die Zusammenstellung der Methoden von M. Peter bei A. Herzog und P.-A. Koch.

Zum Nachweis chemischer Schädigung von Baumwollen und Kunstseiden will z. B. das „Fabrics Research Committee" die Viscositäts- bzw. Fluiditätsbestimmung von Cellulose-Kupferoxydammoniaklösungen, in der Arbeitsweise, wie sie von der „British Cotton Industry Research Association" (B.C.I.R.A.) angegeben ist, eingeführt wissen (vgl. hierzu S. 270). Untersuchungen hierüber liegen von F. H. Guernsey und L. T. Howells vor. Um zu Zahlenwerten zu gelangen, die proportional dem Schädigungsgrade einer Cellulose ansteigen, soll an Stelle der absoluten Viscosität ihr reziproker Wert, die Fluidität angegeben werden. Als Maßeinheit für die chemische Schädigung wird der Wert $\frac{1}{\text{Poise}}$ festgesetzt und als „Chemical Tendering Unit" (C.T.U.) bezeichnet.

Auf Grund der Fluiditätsbestimmung von 0,5%igen Cellulose-Kupferoxydammoniaklösungen bei 20° C wurde von dem „Fabrics Research Committee" folgende Klassifizierung vorgenommen:

Tabelle 3.

Klasse Nr.	Chemical Tendering Units	Fasergut
I	1— 5	Schonend gewaschene oder gewaschene und gebleichte Baumwollen
II	5—10	Normal gewaschene und gebleichte Baumwollen
III	10—20	Chemisch geschädigte Baumwollen mit verminderter Reißfestigkeit
IV	20—30	Stark überbleichte Baumwollen mit stark verminderter Reißfestigkeit
V	30—40	Erheblich chemisch geschädigte Baumwollen und manche Kunstseiden
VI	40 und mehr	Sehr stark chemisch geschädigte Baumwollen sowie Kunstseiden und überbleichte Kunstseiden

Die Ausführung der Fluiditäts- bzw. Viscositätsbestimmung der Cellulose-Kupferoxydammoniaklösungen soll in Anlehnung an D. A. Clibbens und A. H. Little erfolgen (s. S. 270).

Auch die Anwesenheit schädlicher Chemikalien auf ausgerüsteter Baumwolle, d. h. von Substanzen, welche möglicherweise die Lagerbeständigkeit beeinträchtigen, läßt sich nach D. A. Clibbens und A. H. Little zuverlässig auf Grund von Fluiditätsbestimmungen feststellen, eine Methode, die fraglos auch mit Erfolg auf die Kunstfaseruntersuchung übertragen werden kann. Über ihre Ausführung vergleiche die Angaben auf S. 271.

Ein geeignetes Mittel zum Nachweis derartiger Stoffe soll die sogenannte „Standard-Erhitzungsprobe" abgeben, die darin besteht, daß eine Probe des Untersuchungsmaterials unerhitzt der Fluiditätsmessung in Kupferoxydammoniaklösung unterworfen wird, während eine zweite Probe desselben Materials 18 Stunden in einem geschlossenen Behälter auf 110° erhitzt und dann erst zur Fluiditätsmessung verwandt wird.

Die Fluidität von ungeschädigter Baumwolle z. B. nimmt durch diese
Heißbehandlung, die einem langdauernden Lagern bei gewöhnlicher
Temperatur gleichkommt, um höchstens 1—2 c.g.s.-Einheiten zu. Ein
stärkerer Anstieg beweist zum mindesten die Möglichkeit einer Faserschädigung im Verlaufe der Zeit durch die gegenwärtigen Chemikalien,
die z. B. Säuren und säureabspaltende Salze oder auch bestimmte Neutralsalze sein können.

Der Nachweis chemischer Schädigung an Acetatkunstfasern
gestaltet sich verhältnismäßig einfach, da hier die Faserschädigung einer
vollkommenen oder teilweisen Verseifung dieses Celluloseesters entspricht.

Zum qualitativen Nachweis ver-
seifter Acetatkunstfaser hat sich die
von Karin Schulze angegebene Jod-
Jodkaliumfärbemethode ausgezeichnet bewährt. Einzelheiten über die Ausführung siehe S. 298. Unverseifte Acetatkunstfaser erscheint nach dem Auswaschen
gelb, während verseifte Acetatkunstfaser,
die ja Regeneratcellulose ist, blauschwarz
gefärbt wird.

Auch quantitativ läßt sich die Trennung der verseiften von unver-
seifter Acetatkunstfaser ohne sonder-
liche Schwierigkeit vollziehen, da letztere
in Aceton löslich und daher im Soxhlet
durch acetonische Extraktion quantitativ
in Lösung gebracht werden kann. Die
absolut trockene Einwaage vermindert
um das Gewicht des erschöpfend extrahierten, absolut trockenen Faserrück-
standes entspricht dem Gehalt der Faserprobe an unverseiftem Ester.

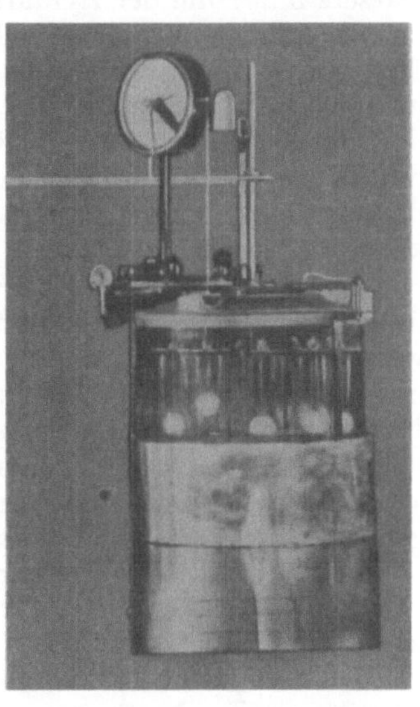

Abb. 5. Apparat zur Messung der
Wasseraufnahme von Kunstfasern
aus feuchter Luft nach W. Weltzien.

2. Quellung. An neuen wichtigen
Untersuchungsmethoden zur Charakteri-
sierung der Wasseraufnahmefähigkeit bzw. des Quellungsvermögens von
Kunstfasern seien die folgenden wiedergegeben. Zur Messung der
Wasseraufnahme von Kunstfasern aus feuchter Luft wurde
von W. Weltzien eine sehr praktische Apparatur ersonnen, mit der
in verhältnismäßig kurzer Zeit zahlreiche und zuverlässige Versuchsergebnisse erzielt werden können. (Eine diesbezügliche Veröffentlichung
liegt noch nicht vor.)

Hierbei (s. Abb. 5) wird in ähnlicher Weise wie bei einer bereits früher
beschriebenen Anordnung[1] in zehn fest verschlossenen Zylindern durch
Schwefelsäure-Wassergemische eine bestimmte relative Luftfeuchtigkeit
hergestellt. Als Zylinderdeckel dienen jedoch bei der neuen Apparatur
Metallplatten, die in ihrer Mitte einen konisch eingesetzten, gut schließenden Aluminiumstopfen besitzen. Durch Einfetten der Metallplatten

---

[1] Weltzien, W.: Monatshefte f. Seide u. Kunstseide **39**, 238 (1934); Mitt.
Textilforschungsanstalt Krefeld e. V. **10**, 27 (1934).

sowie des Auflagerandes der Glaszylinder wird jeder Luftzutritt vermieden. An der Innenseite der Aluminiumstopfen wird ein aus feinem Aluminiumdraht gebogener Behälter aufgehängt, der zur Aufnahme der Kunstfasern dient und diese nur ganz lose zusammenhält. Die Fasern (etwa 1 g) sollen sich in der Mitte des Luftraumes in ziemlich großem Abstande von der Schwefelsäureoberfläche befinden. Zur Aufrechterhaltung der Temperaturkonstanz befinden sich sämtliche Zylinder in einem mit Kontaktthermometer und Tauchsieder versehenen, rundem Wasserkessel. Sie sind dort auf einer drehbaren Scheibe angeordnet, die in ganz langsame Umdrehung versetzt wird, so daß das Rühren des Thermostatenwassers mit Hilfe der Zylinder selbst geschieht. Der Deckel des Wasserkessels enthält an einer Stelle eine aufschiebbare Klappe von Zylinderdurchmesser und außerdem eine verstellbare Vorrichtung zum Aufnehmen einer doppelarmigen hochempfindlichen Torsionswaage (z. B. die der Firma Hartmann & Braun, Frankfurt a. M.). Durch Auflegen des Taragewichtes an dem einen Arm des Waagebalkens und Anhängen des Aluminiumstopfens mit der Untersuchungsprobe an dem anderen kann die Gewichtsänderung der Faser in regelmäßigen Abständen bis zur Einstellung des Gleichgewichtes messend verfolgt werden, ohne daß dabei die Faser aus der Feuchtigkeitsatmosphäre entfernt wird. Normalerweise dauert dies etwa eine Woche. Die Faser wird dann über P_2O_5 im Vakuum bei 70° C absolut getrocknet und die Wasseraufnahme von 100 g absolut trockner Faser berechnet.

Durch Wahl verschiedener relativer Luftfeuchtigkeiten, verschiedener Temperaturen sowie der verschiedensten Fasersorten, die zudem, ausgehend vom trockenen oder nassen Zustande, entweder Wasser aufnehmen oder Wasser abgeben, ist mit der beschriebenen Anordnung auf verhältnismäßig einfache Weise ein eingehendes Studium dieser Quellungsvorgänge möglich.

Wenn es nicht darauf ankommt, die absolute Wasseraufnahme von Textilfasern zu bestimmen, sondern die vergleichsweise Prüfung der Wasseraufnahmefähigkeit verschiedener Materialien genügt, so können auch drei von E. Adam und P. Krais angegebene, einfache und schnell zum Ziele führende Verfahren angewandt werden. Sie beruhen alle auf dem gleichen Prinzip.

Nach Verfahren I werden 0,5 g der lufttrockenen Faser bei Zimmertemperatur mit Wasser genetzt, mit der Hand ausgedrückt und in ein kleines Blechgefäß mit einem gelochten Boden gebracht. Dieses wird an einer 1 m langen Schnur befestigt und 50mal abgeschleudert, wobei 2 Umdrehungen in 1 Sekunde gemacht werden sollen. 2—5 Parallelversuche genügen.

Nach Verfahren II werden 0,5 g der lufttrockenen Faser $^1/_2$ Stunde mit Wasser genetzt und dann ohne Ausdrücken so in ein halbkugelförmiges Sieb gebracht, daß die Oberfläche der Faserprobe etwa 5×5 cm² beträgt. Das Sieb wird an einer $^3/_4$ m langen Schnur befestigt, und 300mal mit einer Geschwindigkeit von 2 Umdrehungen je Sekunde ausgeschleudert.

Nach Verfahren III wird zum Ausschleudern eine kleine Handzentrifuge mit 2 Probegläsern von 15 cm³ Inhalt benutzt. An der Grenze der Verengung der Gläschen soll sich ein kleines Sieb befinden, um die Faserprobe von dem abgeschleuderten Wasser zu trennen. Es kommen 0,5 g lufttrockene Faser zur Anwendung, die 1 Stunde mit Wasser genetzt, leicht mit der Hand ausgedrückt und dann in das Zentrifugenröhrchen eingebracht werden. Dann wird 25 Sekunden mit einer Geschwindigkeit von 2 Kurbelumdrehungen je Sekunde zentrifugiert. Wenn eine Kurbelumdrehung 8 Umläufen der Zentrifugenröhrchen entspricht, so sind dies insgesamt 400 Schleuderumdrehungen.

Bei allen drei Verfahren wird die nach dem Abschleudern verbliebene Gewichtszunahme in Prozent der lufttrockenen Einwaage festgestellt. Sie ist ein Maß für die Wasseraufnahmefähigkeit der untersuchten Fasern.

Selbstverständlich stellen die erhaltenen Zahlen nur dann Vergleichswerte dar, wenn sie unter den gleichen Versuchsbedingungen gewonnen wurden.

Wesentlich ist auch nach W. Weltzien und Mitarbeitern die **Messung der Längsquellung an Kunstseiden und Zellwollen.** Es ist dies eine Methode, die schon vor vielen Jahren ausgearbeitet worden ist[1], die aber in ihrer neuesten Ausführungsform auch hier wiedergegeben werden soll, da sich immer wieder gezeigt hat, daß diese in der Faserrichtung verlaufende Quellung eine sehr charakteristische Größe darstellt. So wurde von W. Weltzien und J. Buchkremer (1) gezeigt, daß die Längsquellung in einem ganz bestimmten Verhältnis zur Trockendehnung der Fasern steht, und beispielsweise für Viscosekunstseiden das Verhältnis der Dehnung bei 1,2 g/den. Belastung zur

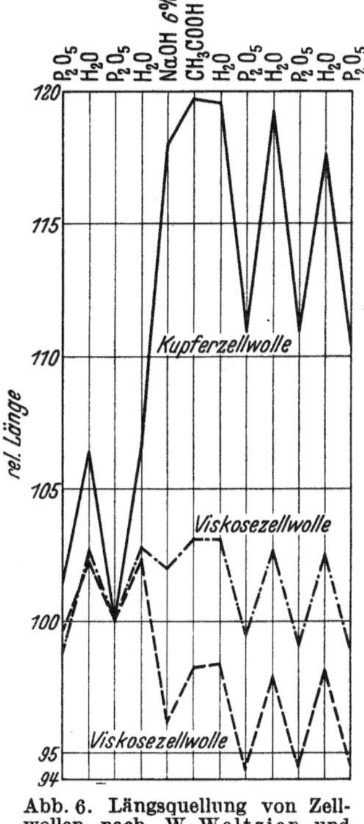

Abb. 6. Längsquellung von Zellwollen nach W. Weltzien und C. Faust.

Längung in Wasser fast immer zwischen 3 und 4 liegt, während es für Kupferkunstseiden etwa 2 beträgt, also arteigen ist. Da somit ein Zusammenhang zwischen den Quellungseigenschaften und den mechanischen Eigenschaften einer Faser vorliegt, ist die Quellungsanalyse in gleicher Weise für Ausrüster und Verarbeiter aufschlußreich. Sie vermag z. B. Faserschädigungen infolge mechanischer Überbeanspruchung und Spannungsunterschiede der im Gewebe verarbeiteten Materialien nachzuweisen, sie ist ferner für die Unterscheidung der Kunstfasern von großem Interesse (Abb. 6), und sie ermöglicht es — auf Einzelfasern angewandt — etwa auftretende Schwankungen in den Herstellungsbedingungen laufend zu kontrollieren.

Die Versuchsanordnung zur Messung der Längsquellung von Kunstseiden ergibt sich aus folgendem (s. Abb. 7): Ein senkrecht

---

[1] Mitt. Textilforschungsanstalt Krefeld e.V. 1, 1 (1925).

befestigtes Glasrohr (c), Länge 735 mm, Außendurchmesser 60 mm, ist beiderseits mit durchbohrten Gummistopfen verschlossen. Oben führt durch die Mitte des Gummistopfens ein Glasvorstoß (k) von 40 mm Durchmesser, der etwa 60 mm in das Glasrohr hineinragt. Der Vorstoß umschließt ein Glasrohr (d) von 15 mm Durchmesser, in dem sich eine etwa 550 mm lange Skala aus Millimeterpapier befindet, die auf einem 12 mm dicken eingeschobenen Glasrohr aufgeklebt ist. Jeweils sechs Kunstseidenfäden (e) werden durch Gummiringe an dem Vorstoß in Höhe des Nullpunktes der Skala befestigt. Den bifilar (als Schlinge) in einer Länge von etwa 500 mm aufgehängten Faden beschwert man mit einem haarnadelförmigen Nirostadraht von etwa 0,4 g Gewicht (f), der in die untere Schlinge des Fadens gehängt wird. Dieses Gewicht ist so gering, daß auch im nassen Zustand eine zusätzliche Verlängerung des Fadens nicht eintritt. Am unteren Ende des die Millimeterskala tragenden Glasrohres befindet sich eine Scheibe (t) mit sechs radial angebrachten breiten Schlitzen. In diese Schlitze werden die haarnadelförmigen Spanngewichte (f) eingeführt. Man verhindert dadurch, daß bei den Quellungsvorgängen der Faden eine zusätzliche Drehung erhält. Das untere Ende des weiten Glasrohres ist durch einen durchbohrten

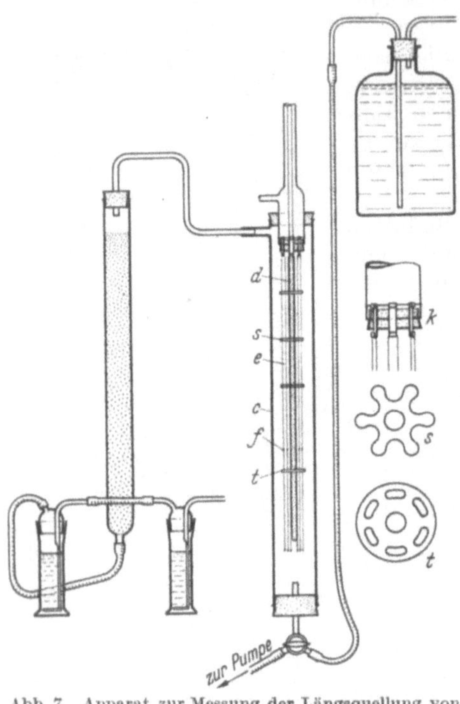

Abb. 7. Apparat zur Messung der Längsquellung von Kunstseiden und des Kreppeinsprungs von Kreppgarnen aus Zellwolle nach W. Weltzien und J. Buchkremer.

Gummistopfen verschlossen, durch den ein Glasrohr eines Dreiwegehahnes führt. [Für die Versuche mit Kreppfäden (s. unten) sind außerdem noch mehrere Scheiben (s) erforderlich, um ein gegenseitiges Berühren der Fasern zu vermeiden.]

Durch entsprechende Stellung des Dreiwegehahnes ist es möglich, das Rohr mit den Quellungsmitteln und Auswaschflüssigkeiten zu füllen oder aber über P_2O_5 absolut getrocknete Luft hindurchzuleiten. Als Quellungsmittel sollen bei der Quellungsanalyse außer Wasser vor allem auch 6- und 20%ige Natronlauge zur Anwendung gelangen, da die Quellungsvorgänge in Laugen ebenfalls von großem Interesse sind. Die hohe Laugenkonzentration von 20 Vol.-%, bei welcher ein deutlicher Temperatureinfluß auf die Längsquellung besteht, soll insbesondere zur Klärung von Mercerisierfragen herangezogen werden. Nach der Laugenbehandlung wird mit 1%iger Essigsäure abgesäuert.

Die nach jeder Behandlung ermittelte Fadenlänge wird an der Millimeterskala abgelesen. Die Ergebnisse werden in der Weise graphisch dargestellt, wie Abb. 6 auf S. 285 zeigt, aus der auch die Reihenfolge der Behandlungen zu ersehen ist. Die nach der ersten Wasserbehandlung der Kunstfaser sich ergebende Trockenlänge wird als Ausgangslänge und Bezugsgröße gewählt.

Dieselbe Apparatur kann nach W. Weltzien und J. Buchkremer (2) in nur geringer Abänderung (s. oben) auch zur Messung des Einspringvermögens von Kreppgarn aus Zellwolle dienen. Zum Einspringenlassen der Kreppgarne wird eine 2 Vol.-%ige Natronlauge, zum Absäuern verdünnte Essigsäure vorgeschrieben. Die Methode soll eine gute Kontrollmöglichkeit für Zellwoll-Kreppgarne abgeben und besonders beim Auftreten von Fehlererscheinungen sehr nützlich sein.

Die Versuchsanordnung zur Messung der Längsquellung von Zellwollen (Abb. 8) entspricht im Prinzip dem Quellungsapparate für Kunstseiden. Mehrere Abbildungen dieser Apparatur enthält die Abhandlung von W. Weltzien und J. Buchkremer (2).

Zur Längenmessung muß bei Zellwollen wegen der äußerst kleinen Längenänderungen ein Präzisionsmeßinstrument benutzt werden, z. B. das große Meßmikroskop der Firma R. Fueß, Berlin-Steglitz, das noch die Schätzung von 0,002 mm erlaubt.

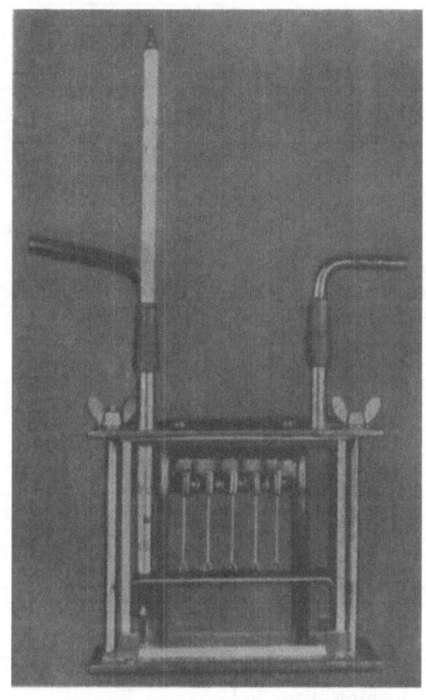

Abb. 8. Versuchsanordnung zur Messung der Längsquellung von Zellwollen nach W. Weltzien und J. Buchkremer.

Neuere Ergebnisse von Quellungsmessungen an Zellwollen liegen von W. Weltzien und C. Faust vor.

V. Fasergemische.

Da mit zunehmender Steigerung der Zellwollerzeugung und damit auch der Herstellung von Mischgespinsten deren Analyse in gleichem Maße an Bedeutung gewonnen hat, soll sich das folgende Kapitel mit der qualitativen und quantitativen Analyse von Mischgespinsten beschäftigen.

1. Qualitative Proben. Zur qualitativen Analyse von Fasergemischen ist die Anwendung eindeutiger und charakteristischer Reaktionen erforderlich, wie sie z. B. von G. Ziersch und K. Schmitz in dem von A. Herzog und P.-A. Koch herausgegebenen Buche „Fehler

(Fortsetzung S. 292)

Tabelle 4. Qualitative Verfahren zur Faseranalyse —

Nr.	Prüfungsverfahren	Pflanzliche Naturfasern				Tierische Naturfasern				
		Baumwolle				Wolle		Naturseide		
								edle Seide		
		roh	gebleicht	mercerisiert	mercerisiert gebleicht	roh	gechlort	roh	entbastet	Tussahseide
1	Brennprobe	verbrennen rasch unter Geruch nach verbranntem Papier; wenig grauweiße Asche in der ursprünglichen Struktur glimmt nach	glimmen nicht nach			verbrennen langsam und zeigen eine zusammengeschmolzene kohlige, aufgeblähte Masse, die später zu weißer Asche verbrennt; Faserstruktur in der Asche nicht mehr erkennbar (außer bei erschwerter Seide, die nachglüht). Geruch nach verbrannten Haaren				
2	Trockene Destillation	verkohlen und entwickeln saure Dämpfe, die feuchtes blaues Lackmuspapier röten				Entwicklung von alkalischen Dämpfen, die angefeuchtetes rotes Lackmuspapier bläuen				
3	Schwefelsäure, konz. (Säureprobe)	schnell gelöst				nicht gelöst		gelöst		
4	Natronlauge, kochend (Laugenprobe)	keine Lösung — nur schwache Quellung				gelöst				zerfällt langsam zu einem Brei
5	Kupferoxydammoniak (Kuoxam)	schnell gelöst				Quellung (nicht gelöst)	zum Teil gelöst	Fibroin langsam gelöst Sericin bleibt ungelöst		
6	Diphenylamin + Schwefelsäure									
7	Eisessig bzw. Aceton									
8	Jodazid					Reaktion positiv				
9	Millons Reagens					rotbraune Färbung				
10	Salpetersäure, verd. heiß	ungefärbt				gelb angefärbt (Xanthoproteinreaktion)				
11	Nickeloxydammoniak	Quellung				nicht gelöst		gelöst		nicht gelöst
12	Alkal. Kupferglycerin	Quellung				nicht gelöst		kalt gelöst		heiß gelöst
13	Dreapersches Reagens					dunkelbraun bis schwarz		gelb bei Pikrinsäure rot bei Fuchsin		
14	Alkal. Silberlösung					schwarzbraune Färbung		unverändert		
15	Alkal. Bleilösung					schwarzbraune Färbung		unverändert		

Zusammenstellung von G. Ziersch und K. Schmitz (zit. S. 287).

<table>
<thead>
<tr>
<th colspan="9">Künstliche Fasern aus</th>
<th rowspan="6">Nr.</th>
</tr>
<tr>
<th colspan="8">Cellulose (Kunstseiden- und Zellwollarten)</th>
<th>Eiweißstoffen</th>
</tr>
<tr>
<th colspan="5">Viscoseverfahren</th>
<th rowspan="3">Kupferoxyd-ammoniak-verfahren</th>
<th rowspan="3">Nitrat-cellulose-verfahren</th>
<th rowspan="3">Acetyl-cellulose-verfahren</th>
<th rowspan="3">Casein-verfahren</th>
</tr>
<tr>
<th rowspan="2">Normale Fertigung</th>
<th colspan="4">Spezialfertigungen</th>
</tr>
<tr>
<th>aus ungereifter Viscose</th>
<th>ZW nach Lanusaverfahren</th>
<th>kunstharzhaltige ZW</th>
<th>animalisierte ZW</th>
</tr>
<tr>
<th>Viscose-KS und -ZW</th>
<th>Agfa Travis Vistra HB</th>
<th>Lanusa Schwarza Telusa</th>
<th>Artilana</th>
<th>Cisalfa</th>
<th>Kupfer-kunstseide; Kuoxam-Zellwolle</th>
<th>Nitrat-kunstseide</th>
<th>Acetat-KS und -ZW</th>
<th>Lanital</th>
</tr>
</thead>
<tbody>
<tr>
<td colspan="3">verbrennen wie pflanzliche Fasern</td>
<td>verbrennt sehr schnell (celluloidartig)</td>
<td colspan="3">verbrennen wie pflanzliche Fasern</td>
<td>schmilzt unter Entwicklung saurer Dämpfe; harte kugelige, kohlige Asche als Rückstand</td>
<td>verbrennt ähnlich wie Wolle; Faserstruktur bleibt erhalten</td>
<td>1</td>
</tr>
<tr>
<td colspan="8">wie pflanzliche Fasern</td>
<td>wie tierische Naturfasern</td>
<td>2</td>
</tr>
<tr>
<td colspan="2">gelöst (mit Dauer der Einwirkung rötlich-bräunlich bis dunkelrotbraun gefärbt</td>
<td>schnell gelöst unter roter Anfärbung der Faser und Säure</td>
<td>schnell gelöst unter milchiger Trübung</td>
<td>gelöst (mit Dauer der Einwirkung gelblich bis rötlich-braun,</td>
<td>gelöst</td>
<td></td>
<td>gelöst (gelbliche Anfärbung)</td>
<td>nicht gelöst</td>
<td>3</td>
</tr>
<tr>
<td colspan="7">starke Quellung</td>
<td>Verseifung</td>
<td>zum Teil gelöst</td>
<td>4</td>
</tr>
<tr>
<td colspan="7">gelöst</td>
<td>nicht gelöst</td>
<td>starke Quellung</td>
<td>5</td>
</tr>
<tr>
<td colspan="6">schwache Braunfärbung und Auflösung</td>
<td>Blaufärbung und Auflösung</td>
<td>Gelbbraunfärbung und Auflösung</td>
<td>unverändert</td>
<td>6</td>
</tr>
<tr>
<td colspan="7">unverändert (keine Auflösung)</td>
<td>gelöst (völlig verseifte Acetatfasern nicht gelöst)</td>
<td>unverändert</td>
<td>7</td>
</tr>
<tr>
<td colspan="5">Reaktion positiv</td>
<td>Reaktion negativ</td>
<td></td>
<td></td>
<td>Reaktion positiv</td>
<td>8</td>
</tr>
<tr>
<td colspan="4">unverändert</td>
<td>rosa</td>
<td colspan="3">unverändert</td>
<td>rotbraun</td>
<td>9</td>
</tr>
<tr>
<td colspan="8">ungefärbt</td>
<td>gelb</td>
<td>10</td>
</tr>
<tr>
<td colspan="9">Quellung</td>
<td>11</td>
</tr>
<tr>
<td colspan="9">Quellung</td>
<td>12</td>
</tr>
<tr>
<td colspan="8"></td>
<td>gelb bzw. rot bis bräunlich</td>
<td>13</td>
</tr>
<tr>
<td colspan="5">unentschwefelt: braun; entschwefelt: unverändert</td>
<td colspan="2">hellgrau</td>
<td>unverändert</td>
<td>hellbraun</td>
<td>14</td>
</tr>
<tr>
<td colspan="5">unentschwefelt: braun; entschwefelt: unverändert</td>
<td colspan="2">hellgrau</td>
<td>unverändert</td>
<td>hellbraun</td>
<td>15</td>
</tr>
</tbody>
</table>

Tabelle 4

Nr.	Prüfungsverfahren	Pflanzliche Naturfasern				Tierische Naturfasern				
		Baumwolle				Wolle		Naturseide		
								edle Seide		Tussahseide
		roh	gebleicht	mercerisiert	mercerisiert gebleicht	roh	gechlort	roh	entbastet	
16	Nitroprussidnatrium					rotviolett		unverändert		
17	Rutheniumrot	nicht angefärbt				nicht angefärbt	kräftig rot			
18	Chlorzinkjod	rotviolett	dunkelrotviolett			gelb	dunkelgelb	gelb		
19	Jodjodkalium	blau bis blauschwarz				schwach gelblich bis farblos				
20	Jodschwefelsäure	blau				gelb				
21	Methylenblau	schwach blau				blau	sattblau	sattblau	blau	sattblau
22	Alkoholische Fuchsinlösung	ganz schwach rot				rot	sattes Rot			
23	Malachitgrün-Oxaminrot	rotviolett (schmutzig)				grün	schmutzig dunkelgrün	blauschwarz	dunkelgrün	
24	Anfärbung nach Savereux	rot bis violett				dunkelblau				
25	Pikrocarmin S	rosa bis orange				gelb	gelb-oliv	rostbraun	gelb	gelb-orange
26	Neocarmin W	hellblau (schmutzig)	sattblau			gelb	dunkelbraun	olivgrün bis schwarz	altgold	grün
27	Neocarmin B	rot bis rotviolett				nicht angefärbt	rot	schmutzig rosa	rosa	ganz schwach rosa
28	Zartsche Lösung	violett				kaum angefärbt	rot	schmutzig rosa	rosa	schwach rotviolett
29	I.G.-Rezept I	braun		dunkelbraun		carmin	dunkelgrau	dunkelrot	rot	rotviolett
30	I.G.-Rezept II	hellgraublau	hellblau (rötlich)	hellgraublau	hellblau	schwach rosa	carmin	dunkelrot	carmin	rot (schmutzig)

(Fortsetzung).

Künstliche Fasern aus

Cellulose (Kunstseiden- und Zellwollarten) · Eiweißstoffen

Viscoseverfahren — Spezialfertigungen

Normale Fertigung	aus ungereifter Viscose	ZW nach Lanusaverfahren	kunstharzhaltige ZW	animalisierte ZW	Kupferoxyd-ammoniakverfahren	Nitratcellulose-verfahren	Acetylcellulose-verfahren	Casein-verfahren	Nr.
Viscose-KS und -ZW	Agfa Travis Vistra HB	Lanusa Schwarza Telusa	Artilana	Cisalfa	Kupferkunstseide; Kuoxam-Zellwolle	Nitratkunstseide	Acetat-KS und -ZW	Lanital	
								keine Reaktion	16
									17
rotviolett							gelb, zerfließend	gelblich	18
schwarz							gelb	gelblich bis farblos	19
dunkelblau					hellblau	violett	gelb		20
schwach blau	blau	ganz schwach blau	kräftig blau	blau	ganz schwach blau				21
rot	sattes Rot	schwach rot	rot		schwach rot	rot		sattes Rot	22
violett	grün-blau oder violett	Lanusa: rot; Schwarza: dunkelrot-violett; Telusa: dunkelviolett	grün	schmutzig grün-blau	schmutzig rot	schmutzig violett	schwach hellgrün	schmutzig grün	23
rotviolett		dunkelrot	violett	rot-violett	dunkelrot	blau-violett	orange	dunkel-blau	24
rosa	rot-orange	Lanusa: bläulichrot; Schwarza: rotviolett; Telusa: rostbraun	gelborange	rötlich-orange	rotorange	rosa	gelb	gelb-orange	25
rot-violett	blaß-violett	Lanusa: blau; Schwarza: blau; Telusa: violett	bräunlich	rot-violett	tiefes reines Blau	rot-violett	grünlich-gelb	gelb	26
rot	rot (bläulich)	blauviolett	rotviolett		blauviolett	rot	nicht angefärbt	rosa	27
rot (bläulich)	rot	blauviolett	rosa		blauviolett	schwach rot-violett	nicht angefärbt	rosa	28
dunkelgrau							gelblich-orange	schmutzig violett	29
blaß-violett	rot-violett	Lanusa: rötlichblau; Schwarza: grünlich-blau; Telusa: rötlichblau	carmin	blaß-violett	blau (grünlich)	blaß-violett	gelblich-orange	rot	30

in Textilien, ihre Erkennung und Untersuchung" zusammengestellt worden sind. Die dort auf S. 330 und 331 veröffentlichte Tabelle 71 „Qualitative Verfahren zur Faseranalyse" soll im Auszug (Tabelle 4) wiedergegeben werden, soweit sie sich auf die im folgenden Abschnitt, der die quantitative Analyse von Mischgespinsten behandelt, vorkommenden Natur- und Kunstfasern bezieht.

Über die Ausführung der in Tabelle 4 aufgeführten Reaktionen sowie die Herstellung der angegebenen Reagenzien machen G. Ziersch und K. Schmitz bzw. P. Heermann in seinem Buche „Färberei- und textilchemische Untersuchungen" die folgenden Angaben:

1. Brennprobe. Die Faserprobe wird an einer Flamme entzündet und der Verbrennungsvorgang sowie der Verbrennungsrückstand beobachtet.

2. Trockene Destillation. Man erhitzt die Faser vorsichtig in einem trockenen Reagensglase und hält an den oberen Rand feuchtes rotes oder blaues Lackmuspapier. — Wolle und Caseinkunstfasern entwickeln außer alkalischen Dämpfen noch Schwefelwasserstoff, der Bleiacetatpapier bräunt bzw. schwärzt.

3. Schwefelsäure, konzentrierte (Säureprobe). Die Faserprobe wird mit konzentrierter Schwefelsäure behandelt.

4. Natronlauge, kochend (Laugenprobe). Die Faserprobe wird mit kochender 5%iger Natronlauge behandelt.

5. Kupferoxydammoniak (Kuoxam). An Stelle der von den oben genannten Verfassern mitgeteilten Verfahren zur Herstellung von Schweitzers Reagens erscheint es am einfachsten und zweckmäßigsten die Lösung aus käuflichem Cuprihydroxyd und 25%igem Ammoniak herzustellen. Auf diese Weise lassen sich leicht Lösungen mit einem Kupfergehalt bis zu 1% erhalten. Kleine Mengen von schwarzem Kupferoxyd, die sich leicht unter der Einwirkung des konzentrierten Ammoniaks ausscheiden, werden durch einen Glassintertiegel, z. B. durch die Glasnutsche 3G4 der Firma Schott & Gen., Jena, abfiltriert.

Die Kupferoxydammoniaklösungen müssen dunkel und kühl aufbewahrt und häufig erneuert werden. Bei allen Quellungsversuchen soll die Kupferkonzentration der Kuoxam-Lösung bekannt sein, da diese von maßgeblichem Einfluß auf den Verlauf dieser Vorgänge ist.

6. Diphenylamin + Schwefelsäure. Die Lösung wird in üblicher Weise durch Eingeben von einem Körnchen Diphenylamin in 1 ccm konzentrierte Schwefelsäure bereitet.

7. Eisessig bzw. Aceton. Es gelangen die handelsüblichen Produkte der Lösungsmittel zur Anwendung.

8. Jodazid. Das Verfahren wurde von A. Herzog und H. Rückert ausgearbeitet. 5 g der zu prüfenden Fasern werden mit 10—15 cm³ schwefelfreiem Schwefelkohlenstoff (vor seiner Verwendung mit Quecksilber kräftig zu schütteln und dann zu destillieren — Vorsicht, sehr feuergefährlich!) in einem gut schließenden Stöpselglas ausgezogen. 6—8 cm³ des Auszuges werden nun in einem kleinen Schüttelzylinder mit 1 Tropfen Quecksilber kräftig geschüttelt. Bei Gegenwart von freiem Schwefel überzieht sich der Quecksilbertropfen mit einem schmutzig braunen, zum Teil irisierenden Häutchen von Quecksilbersulfid. Bringt man ihn auf ein Uhrglas und setzt nach dem Verdampfen des Schwefelkohlenstoffes einige Tropfen Jodazid (2 g Natriumazid in 100 cm³ $1/10$ n-Jodlösung gelöst) hinzu, so umgibt sich das Quecksilber mit einem Kranz von zahlreichen groben Gasblasen (Stickstoff). Es wird empfohlen, die Fasern nur mit der Pinzette anzufassen, da die Reaktion stärker ausfällt, wenn die Fasern mit der Hand berührt werden, was zu Trugschlüssen führen kann.

9. Millons Reagens. Die Faserprobe wird mit folgender Lösung erwärmt: 1 cm³ Quecksilber wird in 9 cm³ 94%iger Salpetersäure gelöst und mit 10 cm³ Wasser verdünnt. Da das Reagens leicht zersetzlich ist, muß es stets frisch bereitet werden.

10. Salpetersäure, verdünnt, heiß.

11. Nickeloxydammoniak. Man löst 5 g kristallisiertes Nickelsulfat in 100 cm³ Wasser, fällt mit wenig Ammoniak, filtriert das gebildete Nickelhydroxyd, wäscht aus und löst den noch feuchten Niederschlag in 50 cm³ 12,5%igem Ammoniak.

12. Alkalisches Kupferglycerin nach Silbermann und v. Truchot. 10 g Kupfersulfat werden in 100 cm³ Wasser gelöst und 5 g konzentriertes Glycerin zugesetzt. Man versetzt hierauf langsam und unter ständigem Rühren mit so viel konzentrierter Natronlauge (bzw. Kalilauge), bis der ursprünglich auftretende Niederschlag eben wieder gelöst wird. Die Lösung zersetzt sich in der Hitze und muß kalt zubereitet und in der Kälte angewandt werden.

13. Dreapersches Reagens. Die unter (15) angegebene alkalische Bleilösung kocht man auf, versetzt nach dem Abkühlen auf 60° C mit 0,3 g Fuchsin, in 5 cm³ Alkohol gelöst, und füllt auf 100 cm³ mit Wasser auf. Mit dieser Lösung wird die ungefärbte Faserprobe zunächst 2 Minuten bis nahe zum Sieden erhitzt und dann nach Zusatz von etwas verdünnter Ameisen- oder Essigsäure noch kurze Zeit bei 70° C behandelt. An Stelle von Fuchsin können auch 2 g Pikrinsäure genommen werden. Der Säurezusatz kommt dann in Fortfall.

14. Alkalische Silberlösung nach Rhodes. Die Faserprobe wird mit einer Lösung folgender Zusammensetzung erwärmt: Man löst 1 g Silbernitrat in 10 cm³ Wasser und setzt eine Lösung von 4 g Natriumthiosulfat in 100 cm³ Wasser zu, bis sich der anfangs gebildete Niederschlag wieder gelöst hat. Dann gibt man noch 4 g Ätznatron in 100 cm³ Wasser gelöst hinzu, kocht auf, filtriert und hebt das Filtrat verschlossen im Dunkeln auf.

15. Alkalische Bleilösung. Die Faserprobe wird unter Erwärmen mit folgender Lösung behandelt: Man löst 2 g Bleiacetat in 50 cm³ Wasser und versetzt mit einer Lösung von 2 g Ätznatron in 30 cm³ Wasser.

16. Nitroprussidnatrium. Etwas Nitroprussidnatrium wird in wenig Wasser gelöst und mit einigen Tropfen schwefelfreier Alkalilauge, in der die zu prüfende Faser vorher gelöst wurde, versetzt.

17. Rutheniumrot. 0,01 g Rutheniumrot (Ruthenium-Ammoniumoxydchlorid, $Ru_2(OH)_2Cl_4(NH_3)_7 \cdot 3 H_2O$) werden in 10 cm³ Wasser gelöst. Die Faserprobe wird in die wäßrige neutrale Lösung eingelegt.

18. Chlorzinkjod nach W. Herzberg. Es werden zwei Lösungen hergestellt: Lösung 1 enthält 20 g Chlorzink in 10 cm³ Wasser, Lösung 2 2,1 g Jodkalium und 0,1 g Jod in 5 cm³ Wasser. Man vermischt beide

Lösungen, läßt absitzen, filtriert, gibt noch ein Blättchen Jod hinzu und bewahrt vor Licht geschützt auf.

19. Jodjodkalium nach Hübner. 20 g Jod werden in 100 cm³ kalt-gesättigter Jodkaliumlösung (etwa 150 g Kaliumjodid in 100 cm³ de-stilliertem Wasser) gelöst. Die Faserproben werden kurze Zeit in diese Lösung eingelegt und anschließend kalt gespült.

20. Jodschwefelsäure. Zur Herstellung des Jodschwefelsäurereagens sind wiederum zwei Lösungen erforderlich. Lösung 1 enthält 1 g Kalium-jodid und einen Überschuß an Jod in 100 cm³ Wasser. Diese Lösung ist wenig beständig. Lösung 2 erhält man in der Weise, daß man 2 Vo-lumina reinsten Glycerins und 1 Volumen destilliertes Wasser unter Ab-kühlung mit 3 Volumina konzentrierter Schwefelsäure versetzt. Die Faser wird auf einem Objektträger zuerst mit Lösung 1 und nach einiger Zeit, nachdem der Überschuß derselben vorsichtig mit Fließpapier ent-fernt wurde, mit 1—2 Tropfen von Lösung 2 betupft.

21. Methylenblau. Die Fasern werden 20 Minuten in kalter oder einige Minuten in 60—100° C heißer, 0,1%iger wäßriger Methylenblaulösung ge-färbt und dann solange mit heißem Wasser ausgewaschen, bis die Faser keinen Farbstoff mehr abgibt.

22. Alkoholische Fuchsinlösung. Die Faserprobe wird in einer Lösung von 0,01 g Fuchsin in 30 cm³ Alkohol und 30 cm³ Wasser 1 Stunde lang kalt gefärbt und anschließend kräftig gespült.

23. Malachitgrün-Oxaminrot. Die Faserprobe wird zuerst 15—20 Se-kunden in einer kochenden, neutralen 0,1%igen Lösung von Malachit-grün gefärbt, dann kurz mit warmem Wasser gespült, anschließend 15—20 Sekunden in eine kochende 0,1%ige Lösung von Oxaminrot ein-getaucht und abermals in warmem Wasser gespült.

24. Anfärbung nach M. Savereux. Man löst 0,5 g einer Farbstoff-mischung aus 25 g Xylenblau AE doppelt konzentriert, 5 g Eosin 39537, 5 g Direktscharlach 4 BS und 5 g Orangeacetat R fest in 250 cm³ Wasser und erhitzt zum Sieden. In diese Lösung wird die Faserprobe 30 Se-kunden eingelegt und gespült.

25. Pikrocarmin S nach W. Wagner (1) (Hersteller: Dr. G. Grübler & Co., Leipzig). Die Faserprobe wird 3—5 Minuten in die Pikrocar-minlösung eingelegt und dann kräftig gespült.

26. Neocarmin W nach W. Wagner (2) (Hersteller: F. Sager und Dr. Goßler, G.m.b.H., Heidelberg). Die Faserprobe wird in Alkohol oder Brennspiritus genetzt, ausgewaschen, sodann 3—5 Minuten mit der Neocarminlösung behandelt, kräftig gespült und noch kurz durch eine ganz schwache Ammoniaklösung gezogen.

27. Neocarmin B (Hersteller: F. Sager und Dr. Goßler, G.m.b.H., Heidelberg). Die Faserprobe wird 2 Minuten mit dem Reagens behandelt und dann gut gespült.

28. Zartsche Lösung. Es werden 0,2%ige Lösungen von Siriuslicht-blau B und Eosin extra hergestellt und im Verhältnis 1:1 gemischt. Die Faserprobe wird bei Zimmertemperatur in dieser Mischung aus-gefärbt, gespült und an der Luft oder bei 60° C getrocknet.

29. I. G.-Rezept I. Man färbt die Faserprobe während 30 Minuten bei Wasserbadtemperatur im Flottenverhältnis 1:20 mit einer Lösung,

die 10% Diaminfeldgrau KG, 0,4% Rhodamin B extra und 5% Seife
enthält. Anschließend wird gespült und getrocknet.

30. I. G.-Rezept II. Man löst 2 g Diaminreinblau FF, 1 g Rhodamin B
extra und 0,2 g Bismarckbraun FR extra in 1000 cm³ Wasser. Hierzu
setzt man 3 cm³ Natronlauge von 38° Bé. Mit dieser Farbstoffmischung
wird die Faserprobe 3 Minuten in der Kälte behandelt, 5 Minuten bei
50—60° C gespült und dann getrocknet.

2. Probenahme. Vor Darlegung der quantitativen Trennungs-
methoden von Mischgespinsten seien einige Angaben über die
Probeentnahme und die Vorbehandlung des Untersuchungsmaterials
vorausgeschickt.

Für die Entnahme der Proben macht Karin Schulze folgende
Vorschriften: Liegt das Mischgespinst als Garn vor, so sollen in Abständen
von 20 m je 20 cm entnommen werden. Liegt es dagegen in einem Gewebe vor, so soll der das Mischgespinst darstellende Kett- oder Schuß-
faden in Abständen von 2—5 cm aus dem Gewebe ausgezogen werden.
Auf diese Weise erhält man im allgemeinen einen guten Musterdurch-
schnitt.

3. Quantitative Untersuchung. Die Befreiung des Probegutes
von sämtlichen Fremdstoffen wird folgendermaßen durchgeführt:

Für die Entfernung von Schlichten, Appretur- und Avivage-
mitteln von Mischgespinsten, die einer quantitativen Analyse
unterzogen werden sollen, schreiben R. T. Mease und D. A. Jessup
folgendes Behandlungsverfahren vor:

Zunächst soll das Mischgespinst 2 Stunden bei 105—110° C getrocknet,
gewogen und weiter bis zur Gewichtskonstanz getrocknet werden. Darauf wird es 2 Stunden mit Tetrachlorkohlenstoff, der ein geeignetes
organisches Lösungsmittel für die Mehrzahl der Präparationsbestandteile
bildet, im Soxhlet extrahiert. Ein nennenswerter Gewichtsverlust des
Fasergutes wird hierdurch nicht herbeigeführt. Nach dieser Extraktion
wird das Gespinst an der Luft getrocknet, mit warmem, destillierten
Wasser gewaschen und bei Anwesenheit von Stärke- oder Eiweißkörpern
mit einem amylolytischen oder proteolytischen Enzym behandelt. Dessen
Konzentration soll 0,5% betragen, die Behandlungstemperatur die für
das verwandte Emzym optimale sein. Nach ausreichend langer Einwirkung wird das Gespinst 12mal mit heißem, destillierten Wasser ausgewaschen und wiederum bis zur Gewichtskonstanz getrocknet. Auf
diese Weise erhält man das Gewicht des von allen Fremdbestandteilen
befreiten, reinen und trockenen Mischgespinstes, dessen prozentuale
Zusammensetzung nunmehr bestimmt werden kann, falls dasselbe in
ungefärbtem Zustande vorliegt. Andernfalls muß vor der letzten Faser-
trocknung noch ein Entfärbungsverfahren eingeschaltet werden, dessen
Ausführungsform durch Faser- und Farbstoffart bedingt ist.

Für die quantitative Zerlegung eines zellwollhaltigen Mischgespinstes ist eine Reihe von Verfahren in Vorschlag gebracht worden.
Zunächst sollen die Kombinationen: Kupfer- oder Viscosezellwolle
einerseits mit Naturseide (Schappe), Wolle oder Baumwolle andererseits
besprochen werden, anschließend die Mischungen beliebiger Textilfasern mit Acetatzellwolle und schließlich die Mischgespinste aus Casein-

kunstfaser (Lanital) mit Wolle, Baumwolle und Kupfer- oder Viscosezellwolle. Für jede dieser Kombinationen soll mindestens eine erprobte Analysenmethode mitgeteilt werden. Im übrigen sei auf die Zusammenstellung bei P. Heermann, „Färberei und textilchemische Untersuchungen" (S. 264), sowie auf die später erwähnten einschlägigen Abhandlungen verwiesen.

a) Naturseide (Schappe) und Kupfer- oder Viscosezellwolle: Als Reagens zum Lösen der Naturseide dient Kupfer-Glycerin-Natronlösung, die nach P. Heermann auf folgende Weise hergestellt wird: Man löst 10 g Kupfersulfat in 100 cm³ Wasser und setzt 5 g konzentriertes Glycerin hinzu. Darauf versetzt man langsam und unter ständigem Rühren mit so viel konzentrierter Natronlauge, bis der ursprünglich auftretende Niederschlag eben wieder gelöst ist. Hierfür verbraucht man etwa 28 cm³ 5 n-Natronlauge. Die Lösung wird kalt bereitet und auch in der Kälte angewandt. Sie vermag entbastete Seide in etwa 5 Minuten, Rohseide in etwa 10—15 Minuten quantitativ zu lösen, wenn das Mischgespinst in genügend zerkleinertem Zustande vorliegt, und der Lösevorgang durch kräftiges Schütteln begünstigt wird. Die ungelöst bleibende Zellwolle wird auf ein feines Kupfersieb abfiltriert, ausgewaschen und absolut getrocknet. Der Gewichtsverlust, den die Zellwolle bei diesem Verfahren erleidet, beträgt nach O. Viertel (1) höchstens 1%.

Über die Trennung von Mischgespinsten aus Naturseide und Kupferoder Viscosezellwolle auf mechanischem Wege siehe S. 298.

b) Wolle und Kupfer- oder Viscosezellwolle. Eine quantitative Trennung von Wolle und Zellwollen aus regenerierter Cellulose (Kupfer- oder Viscosezellwollen) ist nach dem sog. Carbonisierverfahren mit Aluminiumchlorid möglich, dessen Ausführung von O. Viertel (2) wie folgt beschrieben wird:

Die kleingeschnittene Probe des Mischgespinstes wird im Becherglas mit einer Lösung, die 90 g $AlCl_3 + 6 H_2O$ im Liter destillierten Wasser enthält, 10 Minuten gekocht. Alsdann nimmt man die Probe aus der Lösung heraus, drückt sie gut von der anhaftenden Flüssigkeit ab und erhitzt sie 2—3 Stunden im Trockenschrank bei 105—110° C, bis die Zellwolle vollkommen morsch geworden ist. Die noch heiße Probe rollt man zwischen den Händen über einem weißen Papier, so daß die Zellwolle als feiner Staub herausfällt. Der Staub wird nochmals durch ein feines Sieb gegeben, um kleine, mitherausgefallene Wollhaarstückchen zurückzugewinnen. Die gesamte Wolle wird darauf kurze Zeit mit heißem destillierten Wasser von etwa 70° behandelt, durch ein möglichst feines Kupfersieb gegeben, mit 10%iger Salzsäure nachbehandelt und anschließend reichlich mit heißem Wasser bis zur Chlorfreiheit gespült. Der getrocknete Rückstand ergibt quantitativ den Wollgehalt des untersuchten Mischgespinstes.

Über die Trennung derartiger Mischgespinste auf mechanischem Wege siehe S. 298.

c) Baumwolle und Kupfer- oder Viscosezellwolle. Als chemisches Trennungsverfahren für Mischgespinste aus Baumwolle und Kupfer- bzw. Viscosezellwolle wurde vor Jahren das Calciumrhodanid-Verfahren von P. Krais und H. Markert eingeführt. Späterhin erfuhr dieses zunächst durch P. McGregor und C. F. M. Fryd, dann weiterhin durch R. T. Mease und D. A. Jessup und neuerdings durch O. Viertel (2) einige Abänderungen, die sich im wesentlichen auf den Säuregrad der Calciumrhodanidlösung, ihre Konzentration, ihre Temperatur und die Behandlungsdauer des Fasergemisches beziehen.

O. Viertel (2) gibt folgende Arbeitsvorschrift: Man löst 100 g technisches Calciumrhodanid in so viel destilliertem Wasser, daß 100 cm³ Lösung erhalten werden und filtriert sie durch ein Faltenfilter. Die Lösung soll einen p_H-Wert von etwa 5,0 haben, den man leicht durch Zugabe von etwas Essigsäure einstellen kann. Die Dichte der Lösung soll möglichst genau 1,36 betragen. Man bringt die Lösung in ein Becherglas von 250 cm³ Inhalt und erwärmt sie in einem Wasserbad von 70°. Das zu untersuchende Mischgespinst wird in kleine Stücke von 1—2 cm Länge geschnitten. Die zerkleinerte Probe, etwa 1 g, wird in die auf 70° vorgewärmte Calciumrhodanidlösung gebracht und das Ganze durch sehr langsames Rühren, etwa 30—60 Umdrehungen pro Minute, vorsichtig bewegt. Nach 1stündiger Behandlung im Wasserbade bei 70° wird der Inhalt heiß durch ein Kupfersieb gegossen. Das Kupfersieb soll möglichst fein sein (etwa 2500 Maschen/cm²) und vollkommen trocken. Am besten wird es kurz vorher mit einem Bunsenbrenner ausgeglüht, so daß es noch warm zum Filtrieren Verwendung findet. Der Rückstand im Sieb wird mit einem Pistill von dem noch anhaftenden Lösungsmittel gut und vorsichtig abgedrückt, nochmals mit 50 cm³ frischer, 70° heißer Rhodancalciumlösung kurz behandelt und wiederum vorsichtig ausgedrückt. Dann wird zuerst mit kochend heißem Wasser und allmählich mit kaltem Wasser reichlich gespült. (An Stelle eines Kupfersiebes hat sich auch die Verwendung eines Glassintertiegels 55 G 2 der Firma Schott & Gen., Jena, gut bewährt.) Der Rückstand wird vom Sieb genommen, gut ausgedrückt, anschließend bis zur Gewichtskonstanz getrocknet und zurückgewogen. Zu dem gefundenen Baumwollgewicht wird je nach Art, Beschaffenheit und Vorbehandlung ein Korrekturzuschlag in Anrechnung gebracht. Er beträgt nach vorliegenden Erfahrungen für Rohbaumwolle guter Qualitäten, wie ägyptische und amerikanische Baumwolle 3%, für Exotenbaumwolle je nach Qualität 4—5% und gut abgekochte, gebleichte und mercerisierte Baumwolle im unbeschädigten Zustand im Durchschnitt 2%.

Eine weitere Abänderung des Calciumrhodanidverfahrens wird von H. Rath in Vorschlag gebracht. Dieser empfiehlt auf Grund einer eingehenden Nachprüfung der Methode zur Steigerung der Löslichkeit der Zellwolle einen geringen Zusatz von Calciumchlorid zur Calciumrhodanidlösung, der 5 g im Liter betragen und z. B. immer dann angewandt werden soll, wenn es sich darum handelt, besonders schwer lösliche Zellwollen quantitativ in Lösung zu bringen.

Auf eine wichtige Fehlerquelle der Calciumrhodanidmethode macht K. Langer aufmerksam. Bei Anwendung der Originalmethode von P. Krais und H. Markert zur Bestimmung des Fasermischungsverhältnisses beobachtete er, daß man zu vollkommen irreführenden Ergebnissen gelangt, wenn das Mischgespinst außer Baumwolle und Zellwolle noch Oxy- oder Hydrocellulose enthält. Eine gewisse

Einschränkung dieses Fehlers wurde dadurch erreicht, daß die Auflösung der Zellwolle ohne Rühren vorgenommen wurde. Hieraus wird gefolgert, daß die geschädigte Baumwolle nicht etwa in Calciumrhodanid gelöst, sondern nur mechanisch so fein zerteilt wird, daß sie zusammen mit der Lösung durch das Kupfersieb hindurchgeht. Bei stark oxy- oder hydrocellulosehaltigem Material muß allerdings auch bei Weglassung des Rührwerkes mit einem gewissen Substanzverlust gerechnet werden.

Die der chemischen Calciumrhodanidmethode anhaftende Unsicherheit, die vor allem in der geringen und meist nicht genau bekannten Löslichkeit der vorliegenden Baumwollsorte liegt, kann durch Anwendung des mechanischen Fasertrennungsverfahrens vermieden werden. Dieses Verfahren wurde von Karin Schulze näher ausgearbeitet, die zur besseren Kenntlichmachung der beiden Faserarten die Zellwollen schwarz gefärbt wissen will und zu diesem Zwecke eine wäßrige Jod-Jodkaliumlösung mit 20 g Jod in 100 cm³ kaltgesättigter Kaliumjodid-lösung (etwa 150 g Kaliumjodid in 100 cm³ destilliertem Wasser gelöst) heranzieht. Durch diese bleibt nämlich im Gegensatz zu den regenerierten Cellulosen, den Kupfer- und Viscosezellwollen, bei Wahl geeigneter Färbe- und Auswaschbedingungen sowohl nicht mercerisierte als auch mercerisierte Baumwolle ungefärbt.

Die genaue Vorschrift für die Ausführung der Jodfärbung und der mechanischen Faseranalyse lautet: Die zur Faseranalyse entnommenen Proben des Mischgespinstes werden nach Art eines Strängchens zusammengebunden, 1 Minute lang — ohne vorheriges Netzen — in 150 cm³ der Jod-Jodkaliumlösung (s. oben) bei 20° C umgezogen, abgequetscht und dann in zwei Bädern (bei Gegenwart von mercerisierter Baumwolle in vier Bädern) von 400 cm³ destilliertem Wasser bei 20° C je 1 Minute lang ausgewaschen. In dem ersten bzw. ersten bis dritten Auswaschbad soll das Mischgespinst nur wenig, in dem zweiten bzw. vierten Auswaschbad dagegen stärker bewegt werden.

Nach dem Abquetschen, Aushängen und Trocknen bei Zimmertemperatur kann das Mischgespinst, sobald die Baumwolle sich vollkommen entfärbt hat, auf mechanischem Wege analysiert werden. Dieser Zustand ist bei roher und gebleichter Baumwolle bereits kurze Zeit nach dem Trocknen erreicht. Bei mercerisierter Baumwolle dauert es jedoch mehrere Stunden, bis diese ihre anfängliche, blauschwarze Färbung wieder praktisch vollständig verloren hat.

Die mechanische Trennung der Faseranteile des Mischgespinstes wird dann auf folgende Weise vorgenommen: Von den jodbehandelten Garnenden werden je 5 cm aufgelöst. Zu diesem Zwecke wird das eine Fadenende zwischen Daumen und Zeigefinger, die, damit keine unmittelbare Berührung der Faser stattfindet, mit Gummifingern versehen sind, gefaßt und das andere Fadenende in die Einzelfasern zerlegt. Das Ausziehen der vorstehenden Faserenden erfolgt mit einer gut fassenden Pinzette möglichst bei Beleuchtung mit einer Tageslichtlampe und kann zur besseren und leichteren Erkennung der Faserfarbe unter einer schwach vergrößernden Lupe ausgeführt werden. Zur Kontrolle ist es zweckmäßig, die ausgezogene Einzelfaser vor dem Ablegen über einen schwarzen und über einen weißen Untergrund zu halten. Die herausgezogenen

Einzelfasern werden getrennt in Wägegläsern gesammelt. Nachdem darauf beide Faseranteile in 65% relativer Luftfeuchtigkeit ausgeglichen sind, werden die Fasern zur Wägung gebracht.

Die zur Wägung gelangenden Fasermengen sind sehr klein. Sie betragen nur etwa 0,10—1,00 mg und erfordern, um eine hinreichende Genauigkeit zu erzielen, eine höchst empfindliche Waage. Sehr geeignet für diesen Zweck ist die Torsionswaage der Firma Hartmann & Braun A.G., Frankfurt a. M. mit zwei Meßbereichen von 0—5 und 5—10 mg, bei der eine Meßgenauigkeit auf $\pm$ 0,5 Skalenteil ($\rightarrow$ 0,005 mg) garantiert wird.

Die Faserzusammensetzung soll an etwa sechs Proben ermittelt werden. Die Fehlergrenze des Verfahrens wird mit 1—2%, die Ausführungsdauer, wenn auf die beschriebene Weise sechs Fäden aufgelöst werden, mit 5 Stunden angegeben.

Unter Anwendung der jeweils geeigneten Färbemittel läßt sich das beschriebene mechanische Trennungsverfahren selbstverständlich auch auf andere Faserzusammensetzungen anwenden. Z. B. empfiehlt Karin Schulze für Mischgespinste aus Wolle und Kupfer- oder Viscosezellwolle und aus Baumwolle und Acetatzellwolle den substantiven Farbstoff Direktschwarz VT (Typ 8000), im ersten Falle unter Zusatz von Katanol WL zur Reservierung der Wolle, und für Mischgespinste aus Wolle und Acetatzellwolle den die Zellwollfaser ungefärbt lassenden Säurefarbstoff Naphthylaminschwarz A (Typ 8000), der wohl auch für zellwollhaltige Naturseidengespinste (s. S. 296) als färberisches Hilfsmittel in Frage kommt. (Hersteller der beiden Farbstoffe ist die I. G. Farbenindustrie A.G., Frankfurt a. Main.)

d) Mischungen beliebiger Textilfasern mit Acetatzellwolle. Diese Mischgespinste sind infolge der quantitativen Löslichkeit der Acetatzellwolle in Aceton verhältnismäßig leicht zu analysieren. Es genügt das acetatzellwollhaltige, absolut trockene und gewogene Mischgespinst erschöpfend im Soxhlet mit Aceton zu extrahieren und an dem abermals absolut getrockneten Material die Gewichtsabnahme, die dem Gehalt des Mischgespinstes an Acetatzellwolle entspricht, zu bestimmen (vgl. hierzu z. B. P. Heermann). Voraussetzung für die Ausführbarkeit der Methode ist natürlich, daß die Acetatzellwolle im unverseiften Zustande vorliegt.

e) Wolle und Caseinkunstfaser (Lanital). Fußend auf Angaben, die in „Fils et Tissus" (Nr. 3, S. 210, 1936) veröffentlicht wurden, gab E. Da Schio folgendes Verfahren: Das Mischgespinst aus Lanital- und Wollfasern wird in kleine Abschnitte von 2—3 cm Länge zerschnitten. Ungefähr 2 g werden in einen Becher von 200—300 cm³ Inhalt gegeben und mit 100 cm³ einer 20 Vol.-%igen Natronlauge (23° Bé) bei 30° C ($\pm$ 1°) 3 Stunden lang behandelt. Alle 10—15 Minuten wird lebhaft gerührt. Der Wassergehalt der Fasern wird an einer gleichzeitig entnommenen Probe ermittelt. Nach 3 Stunden schüttet man die Lösung (Wolle) durch ein feines Drahtnetz. Der Faserrückstand (Lanital) wird mit fließendem Wasser gewaschen, dann in den Becher zurückgegeben und dort mit verdünnter Essigsäure nachbehandelt. Anschließend wird nochmals auf dem Siebe mit fließendem Wasser gewaschen und darauf bei 105° C bis zur Gewichtskonstanz getrocknet. Die Gewichtsdifferenz, die dem Wollgehalt der Fasermischung entspricht, wird auf die vollkommen trockene Faser bezogen.

Als Korrektionsglied für den Gewichtsverlust der Lanitalfasern bei der Alkalibehandlung wird ein Faktor von 12% (bezogen auf das Gewicht der bei 100° getrockneten, alkalibehandelten Lanitalfaser) eingeführt.

f) Baumwolle und Caseinkunstfaser. Da sich die Lanitalkunstfaser ebenso wie die Wolle als sehr widerstandsfähig gegen Schwefelsäure von 58° Bé, durch welche die Pflanzenfasern in Lösung gebracht werden, erweist, soll hauptsächlich diese Methode zur Trennung derartiger Fasergemische herangezogen werden. Der Gewichtsverlust der Lanitalfaser beträgt nach 2stündiger Schwefelsäurebehandlung · bei Zimmertemperatur 1—5%.

g) Kupfer- oder Viscosezellwolle und Caseinkunstfaser. Zur Trennung derartiger Mischgespinste kann entweder die unter f) auf S. 300 beschriebene Schwefelsäuremethode oder aber das Calciumrhodanidverfahren von P. Krais und H. Markert (s. S. 296) Anwendung finden. Der Gewichtsverlust der Lanitalfasern beträgt bei der Calciumrhodanidbehandlung etwa 4—5%.

Die unter f) und g) gemachten Angaben stammen ebenfalls von E. Da Schio.

Literatur.

Adam, E. u. P. Krais: Monatschr. f. Textilind. **52**, 85 (1937). — D'Ans u. Jäger: Cellulosechemie **16**, 22 (1935).

Bodenbender, G. H.: „Zellwolle, Kunstspinnfasern, ihre Herstellung, Verarbeitung, Verwendung und Wirtschaft", 2. Aufl. Berlin-Steglitz: Chemischtechn. Verlag Dr. Bodenbender 1937. — Brissaud, L. (teilweise unter Mitarbeit von M. Landon): Rusta **10**, 441, 501, 567, 631, 695, 761 (1935); **11**, 75, 139, 269 (1936).

Clibbens, D. A. and A. Geake: Journ. Text. Inst. **19**, 77 (1928). — Clibbens, D. A. and A. H. Little: Journ. Text. Inst. **27**, 285 (1936).

Ditz, H.: Chem.-Ztg. **31**, 833, 844, 857 (1907).

Ermen, W. F. A.: Journ. Soc. Dyers Col. **51**, 127 (1935).

Fabel, K.: (1) Kunstseide **18**, 5 (1936). — (2) Kunstseide **17**, 42 (1935). — Fink, H.: Ztschr. f. angew. Ch. **47**, 602 (1934). — Fink, H., R. Stahn u. A. Matthes: Ztschr. f. angew. Ch. **47**, 602 (1934). — Fock, W. H.: Kunstseide **17**, 117 (1935).

Götze, K.: Mitt. Textilforschungsanstalt Krefeld e.V. **1**, 27 (1925). — McGregor, P. and C. F. M. Fryd: Journ. Text. Inst. **24**, 103 (1933). — Guernsey, F. H. and L. T. Howells: Amer. Dyest. Rep. **26**, 62 (1937).

Haller, R.: (1) Mell. Textilber. **12**, 257, 517 (1931); **18**, 403 (1937). — (2) Mell. Textilber. **14**, 444 (1933). — Haller, R. u. Lorenz: Mell. Textilber. **14**, 449 (1933); **18**, 403 (1937). — Heermann, P.: Färberei- und textilchemische Untersuchungen, 6. Aufl. Berlin: Julius Springer 1935. — Herzog, A. u. P.-A. Koch: Fehler in Textilien, ihre Erkennung und Untersuchung. Heidelberg: Verlag Mell. Textilber. 1938. — Herzog, A. u. H. Rückert: Mell. Textilber. **18**, 485 (1937). — Hostomský, G.: International Association for Testing Materials. Internat. Congr. London 1937, Gruppe C, p. 22.

I.G.-Rezept I und II, Textilfaser-Prüfmethoden, Musterkarte S. 5471 der I.G. Farbenindustrie A.G., Frankfurt a. Main.

Koch, P.-A.: Kunstseiden und Zellwollen, ihre Herstellung, Eigenschaften und Prüfung, 2. Aufl. München: Franz Eder 1938. — Krais, P. u. H. Markert: Monatschr. f. Textilind. **46**, 169 (1931).

Langer, K.: Monatshefte f. Seide u. Kunstseide **41**, 284 (1936).

Mease, R. T. and D. A. Jessup: Amer. Dyest. Rep. **24**, 613 (1935). — Research Paper RP 821. Part of Journ. of Res. of the Nat. Bur. of Stand., Vol. 15, Nr 2, Aug. 1935.

Neumann, R. S., W. A. Kargin u. E. A. Fokina: Cellulosechemie **17**, 16 (1936). — Nippe, W.: Papierfabr. **34**, 509 (1936); **35**, 60, 65 (1937).

Rath, H.: Ztschr. f. Textilind. **40**, 617 (1937). — Rhodes: Journ. Text. Inst. **17**, 75 (1926). — Roe-Küng: Papierfabr. **33**, 60 (1935). — Roos, K.: Rayon and Mell. text. Monthly **15**, 4 (1934).

Savereux, M.: Ztschr. f. Textilind. **36**, 246 (1933). — Da Schio, E.: Matières Colorantes **41**, 170 (1937). — Schütz, F.: Papierfabr. **34**, 508 (1936). — Schütz, F., W. Klauditz u. P. Winterfeld: Papierfabr. **35**, 117 (1937). — Schulze, K.: Monatshefte f. Seide u. Kunstseide **42**, 52, 173 (1937). — Mitt. Textilforschungsanstalt Krefeld e.V. **13**, 1, 9 (1937). — Sellier, R.: Rusta **9**, 567, 717, 801 (1934); **10**, 11, 77 (1935). — Sommer, H. u. H. Markert: Monatschr. f. Textilind. **46**, 174 (1931).

Thivet, P.: Rusta **10**, 569 (1935).

Ubbelohde, L.: Zur Viscosimetrie. Mit einem Anhang: Internationale Tabellen für Viscosimeter, 2. Aufl. Leipzig: S. Hirzel 1936.

Viertel, O.: (1) Monatschr. f. Textilind. **51**, 41 (1936). — (2) Kunstseide u. Zellwolle **19**, 202 (1937).

Wagner, W.: (1) Mell. Textilber. **8**, 246, 367 (1927). — (2) Mell. Textilber. **13**, 764 (1931); **14**, 29, 80 (1932). — Weltzien, W. u. J. Buchkremer: (1) Monatshefte f. Seide u. Kunstseide **40**, 183, 259 (1935). — Mitt. Textilforschungsanstalt Krefeld e. V. **11**, 15 (1935). — (2) Monatshefte f. Seide u. Kunstseide **41**, 109, 226 (1936). — Mitt. Textilforschungsanstalt Krefeld e.V. **12**, 16, 29 (1936). — Weltzien, W. u. C. Faust: Monatshefte f. Seide u. Kunstseide **42**, 481 (1937). — Mitt. Textilforschungsanstalt Krefeld e.V. **13**, 39 (1937). — Womersley, J. R.: Journ. Text. Inst. **26**, 165 (1935).

Zart: Kunstseide **14**, 150 (1932).

Appreturmittel.

Von

Professor Dr. **E. Ristenpart**, Chemnitz.

I. Kennzeichnung.

A. Klebe- und Steifungsmittel (V, 983).

Aufgeschlossene, wasserlösliche Stärken von stets gleichbleibender Zähflüssigkeit sind die Amylosen der I. G. Farbenindustrie A.G. (1); sie werden mit kaltem Wasser angerührt und auf 90—100° erhitzt; bei 60° Verkleisterung, später glasklare Lösung.

Stärkehaltige Schlichtemittel der I. G. (2) sind Ortoxin A (für Acetat-) und K (für sonstige Kunstseide).

Im weißen Dextrin (V, 985) wird das Wasserunlösliche durch zeitweises Umschütteln von 5 g mit 250 cm³ Wasser, nach 3 Stunden durch einen gewogenen Goochtiegel filtern, waschen erst mit Wasser, dann mit Alkohol, trocknen und wiegen des Tiegels bestimmt.

Die Mehle (V, 986) werden amtlich nach ihrer Asche beurteilt. Daneben spielt aber die Farbe eine Rolle, indem abnehmende Aschenzahl zunehmendem Weißgehalt entspricht. Nach E. Witte läßt sich auch die Feinheit (Körnung) eines Mehles durch Mischung mit Kohlenstaub und Messung des Weißgehaltes der Mischfarbe bestimmen (s. a. M. Witte).

Arabisches Gummi (V, 987) enthält im Gegensatz zu Tragantgummi Oxydase und wird in diesem nach dem D.A.B. 6 als Verfälschung durch die Oxydasereaktion (Blaufärbung mit Benzidinlösung und Wasserstoffperoxyd) erkannt. Die Oxydase stirbt bei über 125°; der Nachweis gelingt daher nicht mehr in so heiß gebügelten Waren.

Die neuen Celluloseabkömmlinge (V, 989) der I. G. Farbenindustrie A.G. und von Kalle haben den Vorteil sich in Wasser glatt zu lösen und nicht zu schimmeln. Hierin gehören: Kolloresin DK (besonders für Druck mit Küpenfarbstoffen) der I. G. (3), eine Methylcellulose; Zellappret trocken der I. G. (4), ebenfalls eine Celluloseäther; ferner Appretan SF (für schiebefeste Appretur), WL (leicht wasserlöslich, gut füllend), N und die Emulsionen Z, EM und EMW (für waschechte Appretur) der I. G. (5) und Tylose TWA (zum Schlichten von Wollketten), MGC (Mischgarn) und KZ (Kunstseide) von Kalle.

Synthetische, hochmolekulare Kunstseideschlichten sind die Vinarole A und BO konz. der I. G. (6), weiße leicht lösliche Pulver, lagerechter Ersatz für Leinölschlichte.

Über Leim und Gelatine (V, 989) siehe auch V, 894.

B. Weichmachungsmittel (V, 990).

Siehe auch IV, 409, 984, 596, 543, 564, 582.

Zum Weichmachen von Gespinsten dienen die Soromin-Marken der I. G. (7): A, weiße, wasserlösliche Paste, schwach sauer, von Kalk- und Magnesiumsalzen und basischen Farbstoffen ausgeflockt; N Pulver, Zusatz zu Farbbädern (außer basischen); SG, für Seidengriff, hellbraune, neutrale Paste; WF, zugleich füllend; DM, bei Dullitmattierung; BS, gelbliche Paste, in der Nachavivage, zugleich weichmachend, glättend und füllend. Neue Brillant-Avirol-Marken der Böhme Fettchemie Ges. sind AD, für weichen vollen Griff, und T 149, besonders für spinnmatte und Kupferzellwolle; für Mischware aus Zellwolle + Wolle dienen Gardinol CA (im Färbebad) und Estamit 302 (in der Nachavivage).

Die synthetischen I. G.-Wachse werden von der I. G. Farbenindustrie durch Oxydation hochmolekularer aliphatischer Kohlenwasserstoffe bei 160° erhalten (D.R.P. 405850). Siehe auch R. Strauß.

Tributylphosphat wird von der I. G. Farbenindustrie A.G. als lichtbeständiges Weichmachungsmittel für Cellulosenitrat und -acetat empfohlen, ferner Triphenyl- und Tri-o-kresyl-phosphat für Cellulosenitratlacke. Siehe III, 917.

C. Glänzmittel (V, 991).

Abwaschbare Glanzappreturen lassen sich mit Appretan GI und GII der I. G. (8) auf Geweben erzielen; es sind konzentrierte, dünnflüssige, lackmussaure Kunststoffemulsionen.

Hier müssen heute die Entglänzungs- (Mattierungs-) Mittel angeschlossen werden, hauptsächlich für Kunstseide: Bariumsulfat (beim

Färben auf der Faser niedergeschlagen) und Titandioxyd (in der Spinnmasse eingelagert). Titandioxyd wird durch Bisulfatschmelze der Asche, Ausziehen mit verdünnter Schwefelsäure und Hinzufügen 1 Tropfens Wasserstoffperoxyd nachgewiesen (Gelbfärbung).

Nachmattiert wird auch mit Dullit W und D der I. G. (9) unter Abscheidung von Tonerde, ferner mit Diazo-Radium-Mattine, sogar für schwarze Kunstseide (ohne grauen Belag), und mit Radium-Mattine T 53, substantiv auf die Kunstseide aufziehend, der Böhme Fettchemie Ges.; im Klotzverfahren werden für Zellwolle 30—100, für Mischware 5—10 g Foulard-Mattine T 190 im Liter verwandt; ferner mit Seidol und Soietine von Louis Blumer u. a.

D. Mittel zum Wasserdichtmachen (V, 992).

Zum Luft- und Wasserdichtmachen von Geweben, insbesondere Zeltbahnen, dienen heute die synthetischen I. G.-Wachse der I. G. (10).

Zum Porös-Wasserdichtmachen dienen feine und beständige Emulsionen z. B. von Paraffin im Ramasit K konz. (für Kunstseide), WD konz., KW konz., KG konz. (für Griff) der I. G. (11); ferner die waschbeständigen, aber in Benzin oder Kohlenstofftetrachlorid anzuwendenden Persistol LA und LB der I. G. (12) und die in wäßriger Lösung und stets gemeinsam anzuwendenden Persistolsalz A und Persistolgrund A der I. G. (13).

II. Untersuchung.

A. Ablösung der Appreturmittel von den Geweben (V, 995).

Die Extraktion mit Petroläther (V, 996) ist besonders vorteilhaft, wenn die Gegenwart von Ricinusöl vermutet wird, das darin unlöslich ist, und auf diese Weise von den übrigen Bestandteilen getrennt werden kann, die in Petroläther löslich sind. Es wird dann nachträglich mit Äther oder Alkohol für sich ausgezogen.

Wird mit Alkohol ausgezogen, so gehen außer Ricinusöl noch Seife, Glycerin, Türkischrotöl sowie die Chloride des Calciums, Magnesiums und Zinks in Lösung. Das Ausziehen am Soxhlet ist aber durch den höheren Siedepunkt des Alkohols erschwert.

Soll mit Äthyläther ausgezogen werden, so ist dieser vorher nach den Angaben in III, 899 auf Wasserstoffperoxyd bzw. Äthylperoxyd zu prüfen. Da sich Ätherperoxyd auch bei der Destillation und beim Verdunsten des Äthers bilden und zum Zerknallen des Rückstandes führen kann, ist es ratsamer Äthyläther gar nicht zu verwenden.

B. Allgemeiner Gang der Appreturmittelanalyse.

1. Anorganische Appreturmittel (V, 998). Sämtliche Füllmittel und Farbstoffe für gummierte Gewebe müssen frei von Kupfer und Mangan sein, da diese katalytisch den Kautschuk schnell altern lassen und zermürben. Das vulkanisierte Gewebe darf nicht mehr als 0,005 (in Amerika 0,003) % Cu enthalten.

Kupferbestimmung nach **Kehren** (1). 5—10 g des Gewebes werden nach **Kjeldahl** mit 20 cm³ Schwefelsäure und 10 cm³ Salpetersäure (spez. Gew. 1,4) aufgeschlossen. Die colorimetrische Bestimmung mittels Ammoniak ergibt zu niedrige Werte, weil das mit dem Ammoniak ausgefällte Eisenhydroxyd Kupferhydroxyd mit niederreißt. Deshalb wird das Kupfer mittels Natriumdiäthyldithiocarbaminat $(C_2H_5)_2N \cdot CSSNa$ nach **Thomas Callan** und **J. A. Russell Henderson** durch die Braunfärbung nachgewiesen bei Gegenwart von weniger als 1 mg Cu im Liter. Noch 0,01 mg Cu in 100 cm³ lassen sich nachweisen. Damit Eisen nicht stört, setzt man auf 50 cm³ 2 g Citronensäure zu (Komplexsalzbildung) und macht deutlich ammoniakalisch. Kurz vor dem Colorimetrieren setzt man 10 cm³ einer 0,1%igen wäßrigen Lösung von Natriumdiäthyldithiokarbaminat hinzu. **Kehren** fand so in nachstehenden Gespinsten die folgenden Prozente Cu:

Rohnessel	0,0018
Baumwollstrang ungebleicht	0,00047
Vistra-Rohware	0,0004
Hellveiles Baumwollgewebe	0,00947
Bedrucktes Mischgewebe aus kotonisiertem Flachs und Zellwolle	0,00145

Siehe auch I, 145.

F. Kirchhof schließt das Gewebe mit Salpetersäure auf und bestimmt das Kupfer jodometrisch.

Hellmut Fischer empfiehlt den colorimetrischen Nachweis des Kupfers mit **Dithizon** (Diphenylthiocarbazon) $S = C\begin{cases} N=N \cdot C_6H_5 \\ NH \cdot NH \cdot C_6H_5 \end{cases}$ [s. a. **Kehren** (2)].

Manganbestimmung nach **Kehren** (3). 10—25 g des Gewebes werden in einer Porzellanschale verascht, mit 10 cm³ Salpetersäure (spez. Gew. 1,4) aufgeschlossen, zur Trockne gedampft, mit 20 cm³ Wasser aufgenommen, mit Silbernitrat Chloride abgeschieden und . gefiltert; mit einigen Tropfen Phosphorsäure $+$ 1 g Ammonpersulfat erwärmen; die auftretende Veilfärbung colorimetrisch an $^1/_{100}$ n-$KMnO_4$ gemessen.

0,015 mg Mn lassen sich noch nachweisen. **Kehren** fand

	Asche	Mn
Rohnessel	1,03%	0,00049%
Braunes Baumwollgewebe	1,59%	0,00143%
Kammgarngewebe, rohweiß, gewaschen .	0,56%	0,00037%

Alle untersuchten Rohgewebe erwiesen sich als manganhaltig.

Über den Nachweis kleiner Mengen Mangan mittels Benzidinacetat nach **F. Feigl** siehe I, 151.

2. Organische Appreturmittel. α) *Einzelreagenzien* (V, 1000). **R. 13** (fuchsinschweflige Säure) ist besonders wichtig geworden wegen der zunehmenden Verwendung von **Formaldehyd** zum Haltbarmachen von Appretur- und Schlichtemassen, die aber infolge der zerstörenden Wirkung seiner Dünste auf gewisse Färbungen verheerend wirken kann (**E. Ristenpart**). Vor dem Nachweis empfiehlt es sich, die Versuchsflüssigkeit zu destillieren und das Destillat zu prüfen (s. a. III, 805).

β) *Nachweis der Sterine* (V, 1001, s. a. IV, 473). Dort auch die quantitative Bestimmung durch Überführung in die von Windaus entdeckten Digitonide. Der Befund von Sterinen spricht gegen die Verwendung von gehärteten Ölen, deren Nachweis dadurch sehr erschwert ist, daß heute auch der letzte Rest des Nickelkatalysators spurlos entfernt ist (s. IV, 519).

γ) *Nitroprussidnatrium + Piperidin*, durch Acrolein (aus Glycerin) gebläut (IV, 455).

Hier schließen sich an die Farbreaktionen einzelner Öle (IV, 481). Die dort angegebene Prüfung auf Ricinusöl wird heute als Sebacinsäurereaktion bezeichnet. 5 cm³ Öl werden mit einem erbsengroßen Stückchen Kaliumhydroxyd in einer Nickelschale langsam erhitzt und durchgeschmolzen. Aus der wäßrigen Lösung der Schmelze werden mit Magnesiumchloridlösung die Fettsäuren gefällt und im Filtrat mit verdünnter Salzsäure Sebacinsäure, Octan-1,8-dicarbonsäure, $HOOC \cdot (CH_2)_8 \cdot COOH$ als bei 133° schmelzende federartige Kristalle abgeschieden.

Leinöl u. a. werden zufolge ihres Gehaltes an Linolensäure durch die Hexabromidzahl (IV, 453), Tran u. a. zufolge des Gehaltes an Klupanodonsäure durch die Deka-(früher Okto-)bromidzahl (IV, 468 und 481) ermittelt.

Literatur.

Callan, Thomas u. J. A. Russell Henderson: Ztschr. f. anal. Ch. 81, 138; 97, 47.

Durst, G.: Lösliche Stärken und ihre Bewertung. Mell. Textilber. 1933, 236.

Fischer, Hellmuth: Ztschr. f. angew. Ch. 1929, 1025; 1933, 442; 1934, 90, 685.

I.G. Farbenindustrie, Rundschreiben (1) 311, (2) 1231 u. 211, (3) 384, (4) 300, (5) 1228/9, 1383/4, 1626/7, 1745/6, 1747/8, 1749/50, (6) 305, 737, (7) 484/5. 824—827, 841/2, 1110, 1153, 1160, 1602, (8) 1764/5, (9) 957, 1603, (10) 1487, (11) 757, 858, 1159, 1606, (12) 1641, (13) 1721.

Kalle & Co., Rundschreiben 27, 29, 31, 40, 43. — Kehren: (1) Mell. Textilber. 1937, 313. — (2) Mell. Textilber. 1932, 533; 1936, 578; 1937, 229. — (3) Mell. Textilber. 1936, 727. — Kirchhof, F.: Chem.-Ztg. 1932, 296. — Krizkowsky, F.: Untersuchungsmethoden der Stärke und ihrer Derivate. Mell. Textilber. 1928, 594.

Ristenpart, E.: Über Gasechtheit von Färbungen. Mell. Textilber. 1921, 213; 1922, 27, 397.

Steinhoff, G.: Beurteilung von Handelsstärke und ihren Veredlungsprodukten. Mell. Textilber. 1934, 565. — Strauß, R.: Ztschr. f. angew. Ch. 1933, 521.

Witte, E.: Körperfarbenmessung mit dem Leukometer als Hilfsmittel der Stoffprüfung. Chem. Fabrik 1935, 285. — Die Weißmessung von Getreidemehlen. Die Mühle 1934, Heft 5.—— Witte, M.: Oberflächenkennzahl feiner Staube. Glückauf 1934, 923.

Leime und Gelatine.

Von

Professor Dr. E. Sauer, Stuttgart.

Einteilung (V, 894).

Die große Gruppe der Klebstoffe wird meist unterteilt in Leime und Kitte. Eine scharfe Unterscheidung dieser beiden Sondergruppen ist nicht möglich, da zur Kennzeichnung vielfach rein äußerliche Merkmale herangezogen werden. Leime werden meist in flüssiger Form als Bindemittel in dünner Schicht aufgetragen; unter Kitten versteht man vielfach plastische Massen, die zur Verbindung und auch als Füllmittel dienen. Für die Herstellung der Kitte bestehen außerordentlich zahlreiche Vorschriften, eine fabrikmäßige Gewinnung findet jedoch nur in seltenen Fällen statt, so daß eine Güteprüfung nicht in Betracht kommt. Die nachstehenden Ausführungen beziehen sich nur auf die Leime.

Leime sind vorwiegend gekennzeichnet als hochmolekulare Stoffe, die kolloide Lösungen zu bilden vermögen; beim Erhärten durch Verflüchtigung des Lösungsmittels oder durch Abbinden lassen sie einen Trockenkörper von hoher Eigenfestigkeit in dünner Schicht zurück, der die zu verbindenden Körper mit großer Haftfestigkeit zusammenhält.

I. Tierische Leime.

A. Übersicht.

B. Glutinleime: Hautleim, Lederleim, Knochenleim, Mischleim, Hasenleim, Hausenblase, Fischleim, Glutinspezialleime, Gelatine.

C. Caseinleime.

D. Albuminleime.

II. Pflanzliche Leime.

A. Stärkekleister.

B. Stärkeleime.

C. Dextrinleime.

D. Pflanzengummileime.

E. Pflanzeneiweißleime.

III. Synthetische Leime.

A. Kunstharzleime.

B. Celluloseesterleime.

Vom Reichsausschuß für Lieferbedingungen (RAL) sind folgende Normblätter erschienen: Lieferbedingungen und Prüfverfahren[1], für Haut-, Leder-, Knochen- und Mischleim Nr. 093 A3, für pulverförmige Caseinkaltleime Nr. 093 C, für vegetabilische Leime, Klebstoffe und Bindemittel Nr. 280 A.

---

[1] Vertrieb: Beuth-Vertrieb G. m. b. H., Berlin SW 68, je 0,30 RM.

I. Tierische Leime.

A. Übersicht.

1a. Glutinleime. Die Glutinleime werden durch Umwandlung des Kollagens der tierischen Haut und der Knochen in Glutin gewonnen.

Hautleim und die reinste Form desselben, Gelatine, wird aus dem durch „Äschern" mit Kalkmilch vorbereiteten Leimleder durch Auslaugen mit heißem Wasser gewonnen. Die zunächst erhaltene dünne Leimbrühe wird im Vakuum eingedampft, gebleicht, in Kasten zur Erstarrung gebracht, in Tafeln geschnitten und getrocknet.

Lederleim wird aus Chromlederabfällen (Chromfalzspänen) hergestellt, wobei durch Säure- und Alkalieinwirkung zunächst eine Entgerbung des Rohstoffes erfolgt.

Knochenleim gewinnt man aus mit Benzin entfetteten Knochen durch Behandlung mit heißem Wasser in Autoklaven. Die Weiterverarbeitung der Leimbrühe erfolgt wie bei Hautleim.

Mischleim stellt eine Mischung von Hautleim und Knochenleim dar, nach den RAL-Vorschriften muß der Gehalt an Hautleim mindestens 30% betragen.

Hasenleim wird aus dem in den Hasenhaarschneidereien anfallenden Hasen- oder Kaninnudeln, welche feingeschnittene Fellstreifen darstellen, gewonnen. Nach einer Vorbehandlung erfolgt die Verarbeitung wie bei Hautleim.

Hausenblase ist die innere Auskleidung der Schwimmblase verschiedener russischer Störarten, die eine weißlich gelbe, durchscheinende Farbe hat und in warmem Wasser einen hochwertigen Klebstoff liefert, der z. B. zur Herstellung von Heftpflaster dient.

Fischleime. Sie werden aus Fischabfällen durch Auskochen mit Wasser und Eindampfen der Brühe auf etwa 50% hergestellt. Fischleime gelatinieren nicht und bleiben im Gegensatz zu Haut- und Knochenleim auch **ohne** besondere Zusätze bei Zimmertemperatur flüssig.

1b. Glutinspezialleime. Durch Zusätze von Chemikalien lassen sich den Glutinleimen besondere Eigenschaften erteilen, die für bestimmte Sonderzwecke recht wertvoll sind.

Glutinkaltleime sind aus Hautleim oder Knochenleim durch Behandeln mit Chemikalien hergestellte Klebstoffe, die die Fähigkeit, beim Abkühlen zu einer Gallerte zu erstarren, verloren haben. Die gebräuchlichsten Zusätze sind Calciumchlorid, Magnesiumchlorid, Rhodanide, Calciumsaccharat, Essigsäure u. a. Am besten bewährt hat sich α-naphthalinsulfosaures Natron.

Heißbindende Glutinleime haben neuerdings größere Bedeutung erlangt, da sie für die Fournier- und Sperrholzleimung einen wesentlichen Fortschritt darstellen. Sie bestehen aus zwei Anteilen, dem eigentlichen Leim und dem Härtungsmittel (Formaldehydpräparat), die erst kurz vor Gebrauch gemischt werden. Beim Heißpressen erfolgt in wenigen Minuten schon in der Hitze ein Abbinden durch Abspalten von Formaldehyd, so daß die Platten noch heiß aus der Presse entnommen werden können. Die Leimung zeigt eine erhebliche Wasserbeständigkeit. Bekannt sind die Marken Ormydleim, Camanaleim u. a.

Schnellbindende Glutinleime werden neuerdings von einigen Leimfabriken unter dem Namen „Schnellbinder" in den Handel gebracht. Sie liegen meist in Pulverform vor. Das Gemisch enthält einen größeren Anteil von Streckmitteln wie Kreide, Gips usw., daneben solche Chemikalien, die eine Verflüssigung der Gallerte bewirken, allerdings nur in so geringen Mengen, daß nur der Schmelzpunkt der Gallerte etwas herabgesetzt wird. Es sind die gleichen Stoffe, wie sie oben bei Glutinkaltleimen aufgeführt sind.

Die Form des „Tafelleims" ist für Hersteller und Verbraucher mit mancherlei Nachteilen verbunden. Aus diesem Grund wird Leim in gemahlenem Zustand in den Handel gebracht, oder die Gallerte wird schon bei der Fabrikation zerkleinert und in diesem Zustand getrocknet. Ein eigenartiges Produkt ist der sog. Brockenleim, der durch Zerkleinerung von Leimgallerte im Fleischwolf und Trocknen im Luftstrom gewonnen wird. Er wird gelegentlich auch als „Kristalleim" bezeichnet, während mit dem gleichen Namen auch grobkörnig gemahlene Leime gleichmäßiger Korngröße belegt werden.

Handelsformen des Glutinleims sind:

1. Tafelleim als „Dickschnitt", „Mittelschnitt", „Dünnschnitt".

2. Körnerleim, Pulverleim, hergestellt durch Mahlen von Leimtafeln.

3. „Kleinstückleim" in verschiedenen Arten als Perlenleim, Plättchenleim, Würfelleim, Kristalleim oder Brockenleim.

4. Flockenleim, hergestellt durch Trocknen der Leimbrühe in Schaumform auf der Trockenwalze von Ruf.

5. „Flakes", dünne Leimtafeln in unregelmäßigen Stücken, sie sind meist amerikanischen Ursprungs und entstehen bei Gebrauch von Auflegmaschinen.

6. Leimgallerte.

B. Prüfung der Glutinleime.

Eine Feststellung der Klebkraft von Leimen auf rein chemischem Weg ist nicht möglich, die physikalischen Prüfungsmethoden stehen daher im Vordergrund. Einige einfache Prüfverfahren sind der Gruppe der chemisch-analytischen beigefügt, obwohl sie eigentlich diesen nicht zugehören.

1. Physikalische Prüfungsmethoden. a) Äußere Form, Farbe und Geruch. Scharfe, hohe Kanten der Leimtafeln lassen auf gute Qualität schließen. Erwünscht ist eine reine gelbbraune oder hellbraune Farbe, Trübung stört nicht. Dunkelbraune Farbe mit einem Stich ins Grau oder Graugrün wird als Mangel betrachtet. Glasiges, klar durchsichtiges Aussehen ist nicht als Zeichen besonders guter Qualität zu werten. Bei Kleinstückleim sind die Unterschiede von Farbe und Trübung weniger gut zu erkennen.

Große Festigkeit der Leimtafeln und muschliger Bruch sind Zeichen einer guten Qualität. Kleine Luftblasen im Innern der Tafeln sind nicht zu beanstanden. Sind diese Blasen über 2—3 mm groß, so sind sie das

Anzeichen beginnender Zersetzung beim Trocknen. Vielfach ist aber auch ein solcher Leim noch gut verwendbar.

Normaler Hautleim und Knochenleim besitzt jeder einen charakteristischen Geruch, der bei einiger Übung leicht unterschieden werden kann. Knochenleim riecht etwas unangenehm „sauer", Hautleim hat meist nur einen schwachen Geruch. Der Geruch ist deutlich nach Anhauchen der Tafeln feststellbar, besser noch an der warmen Leimlösung. Besonders tritt der saure Charakter des Knochenleims beim Einsaugen der Lösung in eine Pipette als Geschmack auf der Zunge (SO_2) zutage. Zweckmäßig sind Vergleichsproben mit bekannten Leimsorten.

Abb. 1. Verleimung parallel, schräg und senkrecht zur Faser.

b) **Zerreißfestigkeit.** Für die praktische Prüfung der Klebkraft, vom Praktiker meist als „Bindekraft" bezeichnet, sind Zerreißproben mit geleimten Holzkörpern durchzuführen. Für diesen Zweck sind zahlreiche Verfahren ausgearbeitet worden. Die Streuung der Einzelwerte ist in allen Fällen noch recht erheblich. Für die Versuchskörper dienen vorwiegend Buche, Kiefer, Ahorn u. a.

Die Verleimung erfolgt parallel zur Faser (1), schräg zur Faser (2) oder senkrecht zur Faser (3) (s. Abb. 1).

Für hochwertige Leime kommt nur die Leimung senkrecht zur Faser, eventuell noch schräg zur Faser in Betracht, da die Leimfuge meist eine höhere Festigkeit besitzt, als das Holz parallel zur Faser.

Am besten geeignet sind die Verfahren von Rudeloff, von E. Sauer und E. Willach (1) und das Verfahren der Deutschen Versuchsanstalt für Luftfahrt[1].

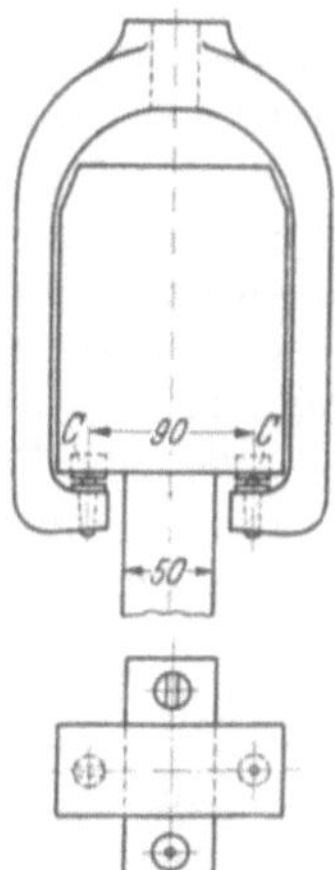

Abb. 2. Einspannung der Prüfkörper nach Rudeloff.

α) *Verfahren von Rudeloff.* Dieses ist seit längeren Jahren im Materialprüfungsamt Berlin-Dahlem in Gebrauch. Es werden Probekörper aus Rotbuche von der Größe $185 \times 125 \times 50$ mm verwendet und mit den Hirnflächen kreuzweise verleimt, so daß eine Leimfläche 50×50 mm $= 25$ cm^2 entsteht (s. Abb. 2). Die zu verleimenden Flächen werden mit dem Hobel bearbeitet und gleichmäßig abgezahnt. Nach Gebrauch werden die Hölzer jeweils um 5 mm abgekürzt und erneut benutzt.

Die geleimten Hölzer werden während des Trocknens durch einarmige Hebel mit Gewichten belastet. Es ist darauf zu achten, daß die Belastung genau im Mittelpunkt der Flächen und senkrecht zu diesen erfolgt, was durch Einsetzen von zentrierten Stahlspitzen erreicht wird. Zweckmäßig ist ein Druck von 5 kg/cm^2. Geringe Änderungen des Druckes sind ohne Einfluß. Dagegen sind extrem hohe oder niedere Drucke nachteilig.

---

[1] R.A.L.-Vorschr. Nr. 093 C, S. 15.

Beim Einspannen der Proben in die Zerreißmaschine wird besonders
darauf Rücksicht genommen, daß die Zugkräfte gleichmäßig über die
ganze Leimfläche verteilt und genau senkrecht zu dieser gerichtet sind.
Dies wird dadurch erreicht, daß die Zugkräfte in der Ebene der Leimfläche angreifen. Zu diesem Zweck werden zu beiden Seiten der Leimfläche in die überragenden Teile der Prüfhölzer Stahlzylinder mit Vertiefungen so weit eingelassen, daß die letzteren genau in der Ebene der
Leimfläche liegen. In diese Vertiefungen legen sich dann die Spitzen
der Spannbügel ein, welche die mit der Zerreißmaschine ausgeübten
Zugkräfte auf die Probe übertragen (Abb. 2).

Die Leimlösung wird in 30,35 und 40%iger Sollösung im Wasserbad
auf 70° C, die Probehölzer in einem Wärmeschrank mit Luftzirkulation
auf 40° C eine halbe Stunde vorgewärmt. Bei der Herstellung der Leimlösung ist der Eigenwassergehalt des Leims zu berücksichtigen. Der
Leim wird auf die Holzkörper mit einem Flachpinsel aufgetragen und
die Körper unter Vermeidung von Luftblasen in der Leimfuge so auf-
einandergesetzt, daß die Pfannen für die Einspannklauen symmetrisch
zur Mitte der Leimfläche liegen. Dies läßt sich leicht erreichen, wenn
auf den Breitseiten der Körper Marken angerissen werden, zwischen
denen die Schmalseite des Gegenkörpers liegen muß. Nach dem Ver-
leimen sind die Probekörper 24 Stunden in einem Raum mit konstanter
Temperatur und relativer Luftfeuchtigkeit von maximal 65% in einer
Hebelbelastungsvorrichtung mit etwa 5 kg/cm² zu belasten.

Nach 24 Stunden wird der Zerreißversuch mit Hilfe der Einspann-
klaue, deren Spannbolzen kugelig gelagert sind, in einer Zerreißmaschine
mit etwa 3000 kg Höchstkraft ausgeführt. Die Kraft wird bei konstanter
Geschwindigkeit der angetriebenen Klemme bis zum Bruch gesteigert.
Die Streuung der Versuchsergebnisse beträgt selbst bei peinlichster Sorgfalt bis ± 10%.

Die für eine Anzahl Hautleime und Knochenleime erzielten Werte
der Fugenfestigkeit nach Rudeloff finden sich in Tabelle 1:

Tabelle 1. Fugenfestigkeit von Hautleimen und Knochenleimen.

Leim	Viscosität Engler-Grade $17^3/_4\%$, 40°	Fugenfestigkeit		Gallertfestigkeit nach Greiner bei	
		kg/cm² 35%	kg/cm² 40%	Belastung	15%, 12°
Hautleim X_1	2,6	75,0	87,1		
„ X_2	3,1	81,5	86,4		
„ X_5	5,6	97,6	108,4		
„ X_6	4,8	95,8	102,7		
„ X_8	5,4	79,1	89,2		
„ X_{10} . . .	11,6	99,8	—		
Knochenleim K_1 . .	4,96 [1]	90,5	100,7	50	60
„ K_2 . .	3,30	74,6	82,8	50	149
„ K_4 . .	2,78	85,6	90,8	50	143
„ K_5 . .	2,5	62,5	69,4	50	79

[1] Bei $17^3/_4\%$ und 30°.

β) *Verfahren von E. Sauer und E. Willach* (1). Die sehr kleinen Prüfkörper $(70 \times 10 \times 10$ mm) aus ungedämpfter Rotbuche müssen mit besonderer Präzision hergestellt werden.

Die Prüfhölzer werden mit einer feinen Gehrungssäge genau in der Mitte geteilt, so daß eine mäßig rauhe Schnittfläche von 1 cm² entsteht, die nicht weiter bearbeitet wird. Beide Hälften jedes Holzes werden durch Zahlen bezeichnet.

Die Versuche werden zweckmäßig bei drei Leimkonzentrationen, und zwar 35, 40 und 45% durchgeführt. Die Konzentration wird auf luft-trockene Leimsubstanz berechnet. Es werden beispielsweise 7, 8 und 9 g des zerkleinerten Leims in 13, 12 und 11 cm³ Wasser in kleinen Kolben aufquellen lassen, im Wasserbad bei etwa 70° geschmolzen und mit einem kleinen Pinsel mehrfach auf die Hirnholzflächen aufgestrichen. Die Hölzer werden sogleich aufeinandergepreßt, so daß die zerschnittenen Fasern wieder ihre ursprüngliche Lage zueinander einnehmen. Auf diese Weise wird bei ge-ringen Unebenheiten der Schnittfläche ein Ausgleich er-zielt. Weiterhin können Spannungen durch Schwinden des Holzes nicht auftreten, da bei beiden Hälften der Prüf-körper die Richtungen gleicher Schwindung zur Deckung gebracht sind.

Die einzelnen Proben werden in kleine Federdruck-pressen (Abb. 3) zwischen die beiden Dorne D_1 und D_2 eingespannt, sie haben zur genauen Zentrierung vorher schon an den Endflächen je eine kleine Bohrung er-halten. Der Druck wird durch eine auf bestimmte Be-lastungen geeichte Feder mit Hilfe einer Stellschraube auf 5 kg/cm² eingestellt. Für jede Leimkonzentration sind mindestens 5, besser 10 Einzelversuche anzustellen.

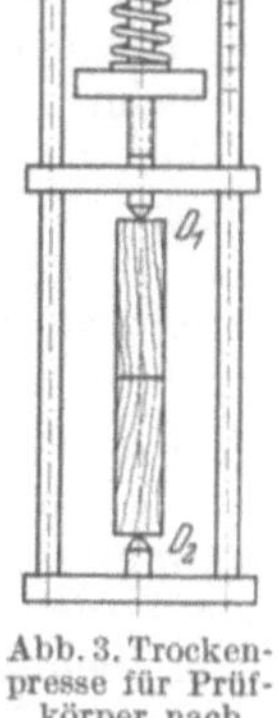

Abb. 3. Trocken-presse für Prüf-körper nach E. Sauer.

Nach frühestens 12 Stunden werden die Prüfkörper vom Druck entlastet und in einen Raum mit konstanter Luftfeuchtigkeit bis zur erreichten Gewichtskonstanz gelagert. Als dampfdruckkonstanter Raum eignet sich ein größerer Exsiccator, der mit einer gesättigten Lösung von Calciumnitrat beschickt ist, wobei noch eine reichliche Menge des festen Salzes als Bodenkörper vorhanden sein muß. Die Prüfhölzer werden auf ein Kupferdrahtnetz ohne sich gegenseitig zu berühren über der Salzlösung gelagert. Über der Cal-ciumnitratlösung stellt sich nach Obermiller und Görtz ein Sätti-gungsgrad der Luft von 55% ein, der für den vorliegenden Zweck am besten geeignet ist. Gewichtskonstanz der Hölzer ist etwa in 6 Tagen erreicht. (Hölzer von größerem Durchmesser benötigen zum Ausgleich der Feuchtigkeit mehrere Monate.)

Nach 6 Tagen werden die Prüfkörper der Zerreißprobe unterworfen. Für diese wird eine einfache Apparatur in Form eines Waagbalkens, der im Verhältnis 1 : 10 geteilt ist, benutzt. Die Belastung geschieht durch Schrotzulauf in einen am langen Ende des Waagbalkens angehängten Becher. Der Angriff der Zugkräfte am Prüfkörper erfolgt durch eine Einspannvorrichtung, die eine selbsttätige Einstellung des Holzes in

der Zugrichtung bewirkt. Tabelle 2 enthält die Zahlen für die Fugenfestigkeit einiger Haut- und Knochenleime sowie die zugehörigen Vis-
cositätszahlen:

Tabelle 2. Fugenfestigkeit von Hautleimen und Knochenleimen.
(Nach E. Sauer und E. Willach.)

Leimart	Viscos. bei 40° E.-G.	Fugenfestigkeit		Leimart	Viscos. bei 30° E.-G.	Fugenfestigkeit	
		bei 35% kg/cm²	bei 40% kg/cm²			bei 35% kg/cm²	bei 40% kg/cm²
Hautleim 1	4,34	158	170	Knochenleim 1	2,32	138	146
„ 3	7,60	195	189	„ 2	2,68	143	164
„ 4	9,58	170	180	„ 3	3,22	156	184
„ 6	12,92	182	183	„ 6	4,36	124	150

Die Zerreißfestigkeiten erreichen sowohl für Hautleim als auch für
Knochenleim sehr hohe Werte. Die Zahlen sind erheblich höher als die
unter α) nach Rudeloff. Die Höchstwerte der Fugenfestigkeit liegen
bei Knochenleim in der Regel bei höheren Konzentrationen als bei
Hautleim. Bei sehr hochviscosen Hautleimen ist die Höchstfestigkeit
bei 35% schon erreicht, sie steigt dann nicht weiter an oder geht sogar
zurück.

γ) Verfahren der Deutschen Versuchsanstalt für Luftfahrt. Es werden
Zerreißproben mit geschäfteten Kiefernholzstäben vorgenommen. Das
Verfahren ist vor allem für die Prüfung von Kaltleimen bestimmt, es
eignet sich jedoch auch für die Glutinleime. Beschreibung siehe S. 329.

c) **Viscosität** (V, 897, s. a. Erg.-Bd. II, 459, 528). Die direkte
Bestimmung der Klebkraft von Glutinleimen durch Zerreißversuche ist
umständlich und zeitraubend. Von jeher werden daher indirekte Verfahren benutzt, wie die Messung der Viscosität, der Gallertfestigkeit
(Elastizität) und des Schmelzpunktes der Gallerte. In Deutschland
und in europäischen Ländern ist hauptsächlich die Viscositätsmessung
in Gebrauch, in U.S.A. die Messung der Gallertfestigkeit.

Die Zähflüssigkeit tritt bei hydrophilen Kolloiden wie Leim und
Gelatine ausgesprochen zutage. Sie hängt zusammen mit der Größe
und der Wasserbindung der Glutinaggregate. Längeres Erwärmen der
Leimlösungen auf Temperaturen über 70° setzt die Zähigkeit herab,
Hand in Hand damit geht ein Rückgang der Qualität.

Die Viscositätsbestimmung bei Leimen wurde zuerst von J. Fels
benutzt. Im Weltkrieg erfolgte diese Bewertung erstmals allgemein; die
Viscosität wurde im Engler-Viscosimeter bei einer Konzentration
von $17^3/_4$% gemessen, und zwar für Hautleim bei 40°, für Knochenleim
bei 30° C. Die Wertabstufung wurde nur nach zwei Qualitätsgruppen
durchgeführt.

Die Viscositätsmessung nach dieser Vorschrift ist trotz ihrer Unzu-
länglichkeit [E. Sauer und E. Willach (2)] in nur wenig veränderter
Form auch heute noch im Gebrauch.

Ausführung der Viscositätsmessung. Gemäß der Vorschrift des RAL
ist die Viscositätsmessung mit einer $17^3/_4$%igen Leimlösung, deren

Konzentration mit dem Leimareometer nach Suhr einzustellen ist, im Engler-Viscosimeter, für Hautleim bei einer Temperatur von 40° und für Knochenleim bei einer Temperatur von 30° durchzuführen. Mischleime sollen sowohl bei 30° als auch bei 40° gemessen werden.

100 g Leim läßt man in 400 cm³ Wasser bei Zimmertemperatur gründlich quellen. Bei Untersuchung von Tafelleim ist eine Durchschnittsprobe der grob zerkleinerten Tafeln zu verwenden. Keineswegs darf das zur Quellung benutzte Wasser abgegossen werden, da sonst die Konzentrationsbestimmung einen falschen Wert ergibt. Während bei Leimpulver, Leimperlen usw. die Quellung in wenigen Stunden beendet ist, erfordert diese bei dicken Leimtafeln 2—3 Tage, es empfiehlt sich in diesem Fall, die Temperatur von 12—15° nicht zu überschreiten, um eine vorzeitige Zersetzung zu verhüten.

Die vollkommen gequollene Leimprobe bringt man in ein Wasserbad von etwa 70°, wobei unter gelegentlichem Umrühren die Auflösung schnell erfolgt. Wenn die Temperatur der Lösung 65° erreicht hat, beläßt man die Lösung bei dieser Temperatur noch 15 Minuten im Wasserbad und filtriert dann durch Glaswolle in einen vorgewärmten Maßzylinder von 500 cm³. Die von verschiedenen Herstellern gelieferten Leimareometer nach Suhr weichen bis zu 2% voneinander ab. Man benutzte das Präzisionsareometer von Dr. Goebel[1], welches eine Ablesung von $^1/_{10}$% gestattet. Man stelle das Areometer zweckmäßigerweise vor Gebrauch in heißes Wasser von annähernd der Temperatur der Leimlösung und bringe es erst dann in diese. Der herausragende Teil des Areometers muß völlig trocken und frei von Leimlösung bleiben. Beim Ablesen ist der obere Rand des Meniscus maßgebend. Die Leimspindel nach Suhr zeigt bei 75° die Leimprozente richtig an, hat die Lösung eine andere Temperatur, so erfolgt eine Umrechnung mit Hilfe des oben am Areometer angebrachten Korrekturthermometers. Der Gehalt der Leimlösung wird anfangs annähernd 20% betragen. Man verdünnt nach und nach durch Zusatz von heißem Wasser, bis die Konzentration von $17^3/_4$% erreicht ist. Zum Durchmischen der Lösung gießt man diese jeweils in das anfänglich benützte Glas zurück, wobei Schaumbildung möglichst zu vermeiden ist. 250 cm³ der Lösung gibt man in einen $^1/_2$-l-Erlenmeyerkolben und schließt mit einem Korkstopfen, durch den ein geeichtes Thermometer in die Leimlösung eingeführt ist. Der Kolben wird in einem Thermostaten genau 1 Stunde lang auf Meßtemperatur, also 30° bzw. 40° gehalten.

Es ist unbedingt erforderlich, die angegebenen Temperaturen und Zeiten einzuhalten. Bei jeder Temperaturänderung ist eine gewisse Zeit erforderlich, bis sich die der neuen Temperatur entsprechende Viscosität eingestellt hat. Dies gilt besonders für die Messung bei 30°. Man bestimme im Engler-Viscosimeter (IV, S. 619) die Auslaufzeit für Wasser bei 20°, diese soll 50—52″ betragen. Vor jedem Gebrauch reinige man die Capillare sorgfältig mit heißem Wasser unter Zuhilfenahme einer Gänsefeder. Man fülle das Wasserbad des Viscosimeters mit Wasser von Meßtemperatur, es empfiehlt sich jedoch, die Außentemperatur etwa

---

[1] Bezugsquelle: Dr. Goebel, Siegen i. W.

$^1/_2{}°$ höher einzustellen. Dann bringt man die Leimlösung im Kolben genau auf $30^1/_4{}°$ bzw. $40^1/_4{}°$ und gieße sie in den Meßbehälter, sie wird dann gerade die vorgeschriebene Temperatur haben; bei Verwendung von 250 cm³ erreicht die Flüssigkeit eben die Spitzenmarken. Man messe die Auslaufzeit von 200 cm³.

Die Viscosität des Leims in Engler - Graden wird erhalten, wenn man die Auslaufzeit der Leimlösung t_l durch diejenige des Wassers t_w dividiert.

$$\text{Viscosität } \eta_\varepsilon = \frac{t_l}{t_w} \text{ Engler - Grade}.$$

Bei Verwendung einer $17^3/_4$%igen Leimlösung für die Viscositätsmessung ist davon ausgegangen, daß die Suhrsche Leimspindel einen Prozentgehalt an Leim, welcher den handelsüblichen Gehalt an Fremdstoffen aufweist, anzeigt. Auf reine Leimsubstanz bezogen soll dies einer Leimlösung von 15% Gehalt an Leimsubstanz entsprechen. Bei Ausführung sehr genauer Messungen ist nach Vorschrift des RAL im Trockenleim der Asche- und Wassergehalt zu bestimmen und unter Berücksichtigung dieser Anteile durch Abwägen einer entsprechenden Leimmenge die 15%ige Lösung für die Messung herzustellen.

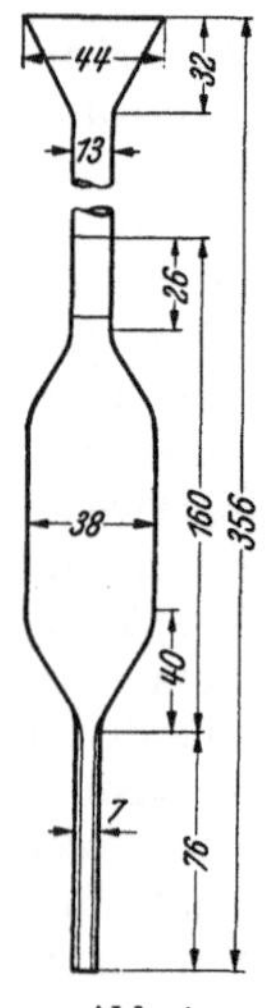

Abb. 4.
Bloom-Pipette.

Neben dem Englerschen Viscosimeter werden auch die Viscosimeter nach Vogel-Ossag und nach Höppler benutzt. Das Vogel-Ossag-Viscosimeter besitzt eine geeichte Glascapillare und einen Flüssigkeitsbehälter von etwa 15 cm³ Inhalt; man kann daher Messungen mit sehr kleinen Substanzmengen in erheblich kürzerer Zeit als mit dem Engler-Viscosimeter ausführen. Das Höppler-Viscosimeter arbeitet nach dem Kugelfallprinzip und ist im Gebrauch ebenfalls sehr einfach und zuverlässig. Beide Instrumente ergeben die Viscosität in absolutem Maß, also in Poisen bzw. Centipoisen; diese Zahlen können mit Hilfe beigegebener Tabellen ohne weiteres in Engler - Grade umgerechnet werden. Wichtig ist noch das in U.S.A. als Standardinstrument benutzte Viscosimeter nach Bloom (Bloom-Pipette). Diese besteht aus einer mit einem Wasserbad aus Glas und elektrischer Heizung umgebenen Glaspipette, die oben in einen Trichter ausläuft und deren Maße aus der Abb. 4 zu ersehen sind. Zur Viscositätsbestimmung werden 15,00 g ($\pm$ 0,03 g) des handelsüblichen Leims abgewogen und in 105 g ($\pm$ 0,25 g) destilliertem Wasser von etwa 15° unter Umrühren mit einem Metallstab vermischt und bei 10—15° eingequollen. Nach dem Einquellen werden die Muster, um ein Springen des auch später für die Gallertmessungen benutzten Standardglases, in dem der Leim eingequollen wird, zu vermeiden, einige Minuten in ein Wasserbad von etwa 30° gestellt und dann in das Schmelzbad, das die Temperatur von 70° nicht überschreiten soll, gebracht. In diesem Bad wird der Leim so lange belassen, bis dieser die Temperatur von genau 62° angenommen hat. Die Schmelzzeit soll 15 Minuten nicht überschreiten. Dann wird das untere Pipettenende verschlossen und die warme

Leimlösung durch den Trichter in die Pipette eingefüllt, nachdem sie gründlich durchgerührt wurde. Das die Pipette umgebende Wasserbad ist vorher auf 60° ($\pm$ 0,2°) gebracht worden. Nachdem das in die Pipette eingesteckte Thermometer eine Temperatur von 60° der Leimlösung anzeigt, wird es herausgezogen und die Durchlaufszeit von 100 cm³, d. h. die Auslaufszeit der Leimlösung zwischen zwei Marken mit der Stoppuhr bestimmt. Die Leimlösung wird in dem unter der Capillare aufgestellten Standardglas aufgefangen.

Die Pipette wird mit Flüssigkeiten von bekannter kinematischer Viscosität geeicht; diese Viscositäten können aus der dem Apparat beigegebenen Tabelle direkt aus den Ausflußzeiten abgelesen werden. Die so hergestellten 12,5%igen Leimlösungen, bei 60° gemessen, zeigen eine Zähflüssigkeit von 30—165 Millipoisen.

Eine Güteeinstufung auf Grund der Viscosität wurde vom RAL nicht aufgestellt, dagegen wurde eine solche von H. Stadlinger, wie nachstehend, angegeben. Es hat sich dabei gezeigt, daß die Einführung der Viscositätskontrolle in der Leimindustrie in der Nachkriegszeit ein dauerndes Ansteigen der Viscosität bei den Glutinleimen, also eine Verbesserung der Fabrikate zur Folge hatte. Die dem gegenwärtigen Stand entsprechenden Werte sind unter II. den Zahlen von Stadlinger beigefügt (Tabelle 3):

Tabelle 3.

Gruppe	Qualität	Viscositätsgrenze	
		I. Stadlinger	II. gegenwärtiger Stand
Hautleim	Sonderqualität	7,0—10,0	über 8,0
	sehr gute Qualität	5,0— 7,0	6,0—8,0
Viscosität bei 40°	gute Qualität	4,0— 5,0	4,0—6,0
	mäßig gute Qualität	3,5— 4,0	3,0—4,0
	geringe Qualität	3,0— 3,5	unter 3,0
Knochenleim	Sonderqualität	über 2,8	über 3,5
	sehr gute Qualität	2,5— 2,8	3,0—3,5
Viscosität bei 30°	gute Qualität	2,2— 2,5	2,5—3,0
	mäßig gute Qualität	—	2,2—2,5
	geringe Qualität	unter 2,2	unter 2,2

d) **Gallertfestigkeit** (V, 899). Hochwertiger Glutinleim bildet schon bei 1% Trockengehalt Lösungen, die beim Erkalten zu einer Gallerte erstarren. Je höher die Festigkeit der Gallerte ist, um so besser ist im allgemeinen die Qualität des Leims. Die quantitative Bestimmung der Gallertfestigkeit ist ein wichtiges Hilfsmittel zur Bewertung der Glutinleime. Dies gilt besonders für diejenigen Verwendungszwecke, bei welchen es auf Gallertbildung ankommt, also vor allem für Gelatine.

Ein genormtes Verfahren zur Bestimmung der Gallertfestigkeit ist in Deutschland nicht in Gebrauch. Die meisten dieser Verfahren gründen sich darauf, daß ein flacher oder halbkugeliger Stempel durch Belastung in die Gallerte eingedrückt wird, wobei die Tiefe des Eindrucks bei konstanter Belastung gemessen wird. Oder es wird die Belastung festgestellt, die zur Erreichung einer bestimmten Tiefe des Eindrucks erforderlich ist.

Vom RAL wird das „Glutinometer" von Greiner empfohlen (V, 899). Nach den „Lieferbedingungen" werden mit dem Greiner-Apparat beistehende Zahlen ermittelt (Tabelle 4).

Tabelle 4.

Belastung g	Hautleim Greiner-Grade	Knochenleim Greiner-Grade
50	160—190	120—175
100	140—180	95—160
200	115—160	50—140

Eine ähnliche Konstruktion weist das Elastometer von Goebel auf, das ein stoßfreies Auflegen der Gewichte gestattet. Es besitzt einen flachen Stempel von 10 mm Durchmesser; auch hier wird die Tiefe des Eindrucks durch Zahnräder auf einen Zeiger übertragen.

Die wichtigste Methode zur Bestimmung der Gallertfestigkeit ist die der National Association of Glue Manufacturers (U.S.A.) (F. L. De Beukelaer, J. R. Powell und E. F. Bahlmann). Die amerikanische Standardmethode der Leimprüfung umfaßt die Bestimmung der Viscosität und Gallertfestigkeit, wobei die Apparate nach Bloom benutzt werden.

Allgemein gültige Beziehungen zwischen Viscosität und Gallertfestigkeit sind nicht festzustellen, doch besitzen Leime mit höherer Viscosität meist auch die höhere Gallertfestigkeit. Es besteht jedoch bei Leimen gleicher Herstellungsart anscheinend ein bestimmtes Verhältnis zwischen Gallertfestigkeit und Viscosität. Dieses ist z. B. bei Knochenleimen ein anderes als bei Hautleimen. Auch zeigen die amerikanischen Hautleime vielfach ein anderes Verhältnis als die deutschen. Jedenfalls wird vom amerikanischen Verbraucher besonderer Wert auf die Feststellung der Gallertfestigkeit des Leims gelegt.

In Deutschland begnügt man sich im allgemeinen mit der Messung der Viscosität des Leims, die Bestimmung der Gallertfestigkeit wird meist nur dann herangezogen, wenn es sich um Export von Leim für amerikanische Abnehmer handelt. Der amerikanischen Standardmethode kommt daher besondere Bedeutung zu und es wäre zu empfehlen, wenn diese zum allgemeinen Gebrauch, soweit es die Gallertfestigkeit betrifft, auch in Deutschland angenommen würde.

Die Messung erfolgt mit dem Gelometer von Bloom (V, 900). Für die Messung wird die zur Viscositätsmessung in der Bloom-Pipette (s. S. 314) verwendete Leimlösung (100 cm³ von 12,5%) eingefüllt und 16—18 Stunden bei 10,0° gekühlt. Die Temperatur muß auf 0,1° genau eingehalten werden, was nur mit einem zuverlässigen Kühlthermostaten durchführbar ist.

Der Schrotzulauf bei der Belastung soll ziemlich rasch erfolgen und etwa 40 g/sec betragen.

Zur Messung der Gallertfestigkeit, sowohl durch Belastung mit konstantem Gewicht als auch nach der amerikanischen Standardmethode dient der Apparat von E. Sauer (1).

Stempel und Belastungsschale sind bei diesem an einem Waagbalken aufgehängt, wodurch gegenüber der Zahnradübertragung des Greiner-Apparats eine hohe Empfindlichkeit erzielt wird (Abb. 5). Der flache Stempel besitzt wie beim Bloom-Gelometer einen Durchmesser von 12,7 mm. Der Schrotzulauf wird durch einen Schieberverschluß mit Drahtauslöser von Hand betätigt und unterbrochen, wenn der Zeiger an der Skala den Stempeleindruck von 4,0 mm anzeigt.

Die Meßergebnisse stimmen mit denen des Bloom-Gelometers überein. Die so ermittelten Zahlen können auch zur Berechnung des Elastizitätsmoduls dienen, wenn an Stelle der empirischen Bloom-Grade eine wissenschaftliche Maßeinheit benutzt werden soll.

e) Schmelzpunkt der Gallerte (V, 901). Von einem·Schmelzpunkt der Leimgallerte im physikalischen Sinn wie bei kristallisierten Substanzen kann an sich nicht gesprochen werden. Jedoch läßt sich unter geeigneten Versuchsbedingungen die Temperatur, bei welcher eine feste Leimgallerte in den flüssigen Zustand übergeht, bis auf etwa $^2/_{10}{}^\circ$ genau bestimmen. Die Übereinstimmung setzt voraus, daß immer genau die gleiche Arbeitsvorschrift eingehalten wird. Neben der Viscositäts- und Gallertfestigkeit besitzt der Schmelzpunkt heute nur eine untergeordnete Bedeutung. Auch hier besteht weder für Deutschland noch anderwärts ein verbindliches Verfahren.

Am bekanntesten ist das Fusiometer von Cambon und der Apparat von Kissling (V, 902).

Bei ersterem läßt man die zu untersuchende Leimlösung in einem kleinen etwas konischen Metallbecher erstarren, hängt dann diesen an einem in die Gallerte

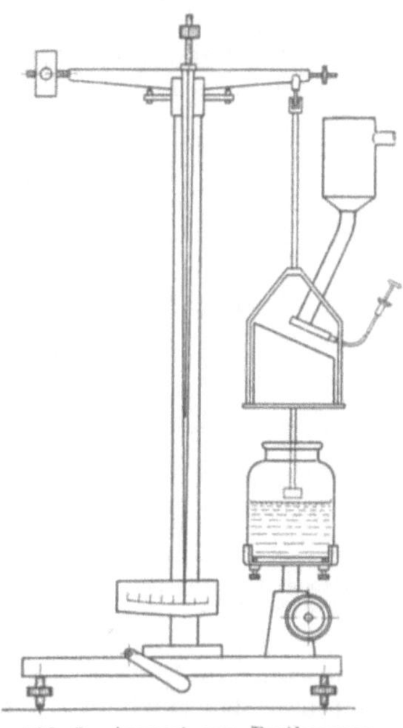

Abb. 5. Apparat zur Bestimmung der Gallertfestigkeit nach E. Sauer.

eingeschmolzenen Holzstäbchen in ein Becherglas mit Wasser und erwärmt das letztere langsam. Bei Erreichung der Schmelztemperatur gleitet der Metallbecher von der Gallerte ab.

Nach E. Sauer (2) kann man die Schmelztemperatur der Gallerte mit größerer Zuverlässigkeit nach der in der organischen Chemie üblichen Schmelzpunktmethode ermitteln. Man läßt 10 g Leim mit 20 cm³ Wasser in einem Kölbchen quellen, erwärmt 10 Minuten auf 65° und füllt die Lösung in dünnwandige gläserne Schmelzpunktröhrchen von etwa 3—4 mm lichter Weite ein (Abb. 6); hierzu bedient man sich einer dünnausgezogenen Glasröhre oder Capillarpipette. In jedes der Schmelzpunktröhrchen führt man ein Drahtstäbchen von etwa 1 mm Dicke ein und läßt dann die Gallerte bei einer Temperatur von 12° 1 Stunde stehen. Man zieht nun die Drahtstäbchen aus der Gallerte heraus, ohne die Röhrchen mit der Hand zu berühren, wobei ein scharf begrenzter Luftkanal in der Gallerte entsteht und befestigt in bekannter Weise mit einem kleinen Gummiring die Röhrchen an einem Thermometer. Dieses wird in einem Becherglas mit Wasser erwärmt (2° in der Minute), bei Erreichung der Schmelztemperatur trennt sich der Luftkanal plötzlich in einige Luftblasen (Abb. 6, c). Dieser Temperaturgrad kann bei langsamem Erwärmen bis auf 0,2° genau festgestellt werden.

Dieses Verfahren kann besonders dann sehr gute Dienste leisten, wenn nur äußerst geringe Mengen des Leims zur Verfügung stehen. Während zur Viscositätsbestimmung nach Engler 50 g, im Vogel-Ossag-Viscosimeter mindestens 3 g Leim erforderlich sind, kann man eine Schmelzpunktbestimmung nötigenfalls noch mit wenigen Milligramm der Leimsubstanz ausführen. Allerdings besteht keine direkte Beziehung zwischen Schmelzpunkt und Viscosität. Immerhin werden Leimsorten von höherem Schmelzpunkt auch für gewöhnlich eine höhere Viscosität aufweisen.

f) **Quellversuch** (V, 897). Früher spielte die Quellfähigkeit eine wichtige Rolle bei der Beurteilung der Güte des Leims, heute mißt man ihr geringere Bedeutung bei. Die Annahme, daß etwa derjenige Leim als der beste zu betrachten sei, dessen Tafeln bei der Quellung innerhalb einer bestimmten Zeit die größte Wassermenge aufnehmen, ist unbedingt verfehlt. Die Quellungsgeschwindigkeit steht in direkter Beziehung zur Diffusionsgeschwindigkeit, die letztere geht aber mit zunehmender Dicke der Leimtafeln stark zurück. Außerdem sind natürlich im Leim enthaltene Elektrolyte, sowie der p_H-Wert stark von Einfluß. Vergleichende Versuche geben nur dann ein einwandfreies Bild, wenn man die einzelnen Leimsorten in pulverisierter Form bei gleicher Korngröße untersucht und das Quellungsvolumen der Pulver bestimmt. Man sieht den pulverisierten Leim auf 1 mm Korngröße ab, dann spannt man einen graduierten Zylinder von 250 cm³ mit Stopfen in einen rotierenden Schüttelapparat (für Phosphorsäurebestimmung), füllt Wasser und 10 g des Leimpulvers ein und setzt die Schüttelvorrichtung sehr langsam in Umdrehung. Nach bestimmten Zeitabständen — 2, 5, 10, 20, 30 Minuten usw. — hält man den Zylinder in senkrechter Lage an und läßt die gequollene Masse 1 oder 2 Minuten absitzen. Bei der angegebenen Korngröße ist die Hauptmenge des Wassers schon nach 30 Minuten aufgenommen. Nach einer bestimmten Zeit ist das Quellungsmaximum erreicht, bei 12—15° wird dies nach $^3/_4$—2 Stunden der Fall sein. In Abb. 7 sind die Quellungskurven für einige Haut- und Knochenleime wiedergegeben, die Wasseraufnahme erfolgt sehr regelmäßig, die Kurven haben die Form von Hyperbeln.

Die aufgenommene Wassermenge ist für:

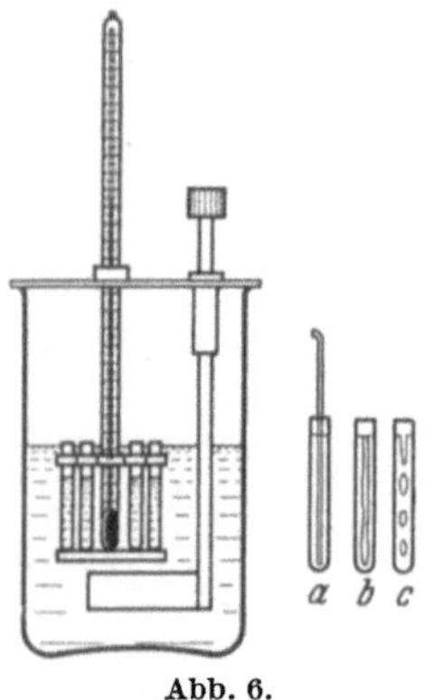

Abb. 6.
Schmelzpunktbestimmung
nach E. Sauer.

Leimsorte	L_3	L_5	L_8	K_2	K_5	K_7
Aufgenommene Wassermenge %	1070	1370	1330	960	1240	1130

wobei allerdings die Messung des Volumens nur eine annähernde ist.

Wird von Verbrauchern die Prüfung auf Quellfähigkeit gefordert, so legt man die abgewogene Leimtafel in fließendes Wasser von 12—13° C, während 48 Stunden zum Quellen, läßt sie kurz abtropfen, entfernt das anhaftende Wasser mit Filtrierpapier und wägt wieder. Angegeben werden die Wasseraufnahme in Prozent des Anfangsgewichts, die Quelldauer und die Wassertemperatur. Die Wasseraufnahme beträgt etwa 150—300%. Ehe man die Tafel aus dem Wasser entnimmt, prüft man durch Fingerdruck, ob die Gallerte sehr weich oder mehr fest und elastisch ist. Vor allem ist zu prüfen, ob die Kanten bei leichtem Andrücken abbröckeln oder elastisch sind, dies gibt bei einiger Übung immerhin einen gewissen Anhalt hinsichtlich der Güte des Leims. Allerdings handelt es sich dabei eher um die Feststellung der Gallertfestigkeit als die der Quellfähigkeit. Der Befund ist beim Quellversuch zu vermerken.

g) **Ausgiebigkeit.** Die „Qualität" des Leims umfaßt nicht nur die Klebkraft, sondern auch die Ausgiebigkeit. Tatsächlich bringen die indirekten Prüfmethoden, wie die Messung der Viscosität, der Gallertfestigkeit, des Schmelzpunktes hauptsächlich die Ausgiebigkeit zum Ausdruck. Dies gilt auch bis zu einem

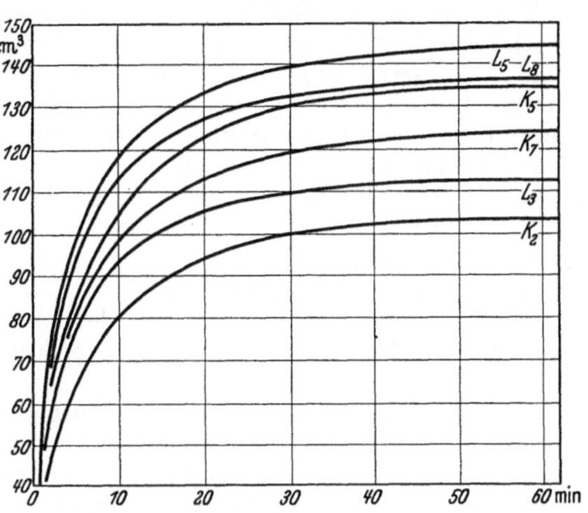

Abb. 7. Quellungskurven von Leimpulvern.

gewissen Grad für die Zerreißprobe. Es ist nämlich innerhalb gewisser Grenzen möglich, mit einem geringwertigen Leim von hoher Konzentration die gleiche Zerreißfestigkeit zu erzielen, wie mit einem hochwertigen Leim bei geringerer Konzentration. Wenn diese Konzentration im einen Fall 50%, im anderen Fall 30% beträgt, so wird also mit 50 kg des geringwertigen Leims der gleiche Klebeffekt erzielt wie mit 30 kg des hochwertigen, der letztere würde also eine größere Ausgiebigkeit besitzen, und es wäre damit also ein Maß für die Ausgiebigkeit gegeben.

Praktisch ist es jedoch bisher nicht gelungen, ein zuverlässiges Verfahren zur Ermittlung der Ausgiebigkeit zu finden. Im Betrieb ermittelt man, wieviel Quadratmeter Holzfläche mit 1 kg des Leims angeleimt werden können. Doch ist ein solches Verfahren etwas willkürlich, da natürlich von der Art des Auftragens, von der Konzentration der Leimbrühe und der Beschaffenheit der Holzfläche die je 1 m² aufgetragene Menge des Leims stark abhängig ist.

Man rechnet, daß mit 1 kg Glutinleim 6—12 m² Furnierfläche einseitig beleimt werden können. Bei den heißabbindenden Glutinleimen wird eine Ausgiebigkeit bis 1:20 erreicht.

2. Chemisch-analytische Methoden. a) Wasserbestimmung (V, 903).
Eine genaue Ermittlung des Wassergehaltes besonders bei Tafelleim ist
mit beträchtlichen Schwierigkeiten verknüpft, da die vollständige
Wasserabgabe nur bei einer weitgehenden Zerkleinerung erfolgt und da
eben bei dieser Zerkleinerung selbst schon ein Verlust wesentlicher
Wassermengen zu erwarten ist. Außerdem ist zu beachten, daß der Wassergehalt auf den Querschnitt einer Leimtafel recht verschieden verteilt ist,
so daß nur bei Entnahme einer einwandfreien Durchschnittsprobe
brauchbare Werte erhalten werden. Besonders bei Dickschnitt-Tafel-
leim ist es kaum möglich, eine fein zerkleinerte Durchschnittsprobe zu
erhalten, da die dicken Tafeln im Innern zum Teil hornartig zäh sind.

Zur Bestimmung des Wassergehaltes trocknet man den Leim in pul-
verisiertem Zustand oder in Form der Lösung.

α) *Pulvertrocknung.* Diese kann bei dünnen Leimtafeln und bei
Pulver- und Flockenleim angewandt werden. Die Leimtafeln werden an
mehreren Stellen quer durchgesägt, die feinen Sägspäne auf einem Blatt
Papier aufgefangen und schnell in ein kleines Wägegläschen eingefüllt.
Etwa 2 g des Leimpulvers werden in ein breites Wägeglas gebracht und
bei 105—110° bis zur Gewichtskonstanz getrocknet, wozu mindestens
12 Stunden erforderlich sind.

Die gelegentlich vertretene Meinung, daß bei Überschreitung der angegebenen Temperatur ein weiterer Gewichtsverlust eintritt, trifft nicht
zu, selbst bei 150° tritt nur eine geringe Zersetzung ein (E. Sauer und
H. Dillenius).

β) *Trocknung der Leimlösung (Soltrocknung).* Dieses umständlichere
Verfahren muß bei dicken Tafeln, Perlen-, Plättchen-, Würfelleim usw.
benutzt werden, d. h. bei denjenigen Handelsformen des Leims, die ein
Pulverisieren ohne Wasserverlust nicht zulassen. Die Leimtafeln werden
in grobe Stücke zerschlagen und etwa 50 g davon in einen Weithalsrund-
kolben von 200 cm³ eingebracht, bei Kleinstückleim genügt die Hälfte
dieser Menge. Der Kolben, bedeckt mit einem Uhrglas, wird vor und nach
Einfüllen des Leims genau gewogen. Der Leim wird mit der doppelten
Wassermenge übergossen und vollständig quellen lassen, was bei Dickschnitt 2—3 Tage dauert. Man schmilzt den Leim bei 70—80° im Wasserbad, es ist sorgfältigst darauf zu achten, daß besonders die dicken Stücke
sich restlos lösen, dann wird der Kolben mehrere Stunden gekühlt, bis
sich eine feste Gallerte gebildet hat. Man trocknet den Kolben gut ab,
entfernt etwa im Innern vorhandene Wassertropfen mit Filtrierpapier
und wägt ihn abermals genau. Nun entnimmt man von der Leimgallerte
mit einem scharfen Messer je 2—3 g und gibt sie in die Trockengefäße.
Als solche benutzt man flache Aluminiumdosen mit Deckel, da die
trocknende Leimschicht an Glas äußerst fest haftet. Es ist wesentlich,
daß der Boden des Trockengefäßes eben ist, da eine vollständige Entwässerung nur bei einer Leimschicht von weniger als 0,1 mm Dicke erreicht wird (nach E. Sauer und H. Dillenius). Nach Entnahme aus
dem Trockenschrank werden die Gefäße sofort geschlossen und in einen
Exsiccator mit Schwefelsäure oder mit Phosphorpentoxyd eingestellt,
da der getrocknete Leim sehr hygroskopisch ist und aus Chlorcalcium
Wasser anzieht.

Der Wassergehalt der Dünnschnittafelleime schwankt zwischen 10—16%, bei Dickschnitt ist er 1—2% höher. Kleinstück- und Pulverleim enthält meist etwas weniger Wasser. Hautleime weisen meist einen höheren Wassergehalt auf als Knochenleime, da Knochenleim infolge des höheren Gehalts an Abbauprodukten bei gleichem Trocknungsgrad noch zäh und biegsam sein würde.

b) **Aschebestimmung** (V, 904). Man erhitzt 2—3 g des Leims auf mäßige Rotglut in einem nicht zu kleinen Platin- oder Porzellantiegel; Glühen vor dem Gebläse ist zu vermeiden, da der Rückstand besonders bei Knochenleim Alkalisalze enthält. Die Asche des Hautleims ergibt meist eine graue poröse Masse, die des Knochenleims schmilzt zusammen und schließt dabei unveraschte Anteile ein.

Man erwärmt zunächst den Tiegelinhalt mit einer ganz kleinen Flamme, bis der Leim unter starkem Aufblähen völlig verkohlt ist, läßt abkühlen und pulverisiert die poröse Masse sorgfältig mit einem abgerundeten Glasstab. Dann erhitzt man, wenn es sich um Hautleim handelt, mit dem Bunsenbrenner bis zur völligen Veraschung. Bei Knochenleim glüht man den Rückstand nur bis zum beginnenden Schmelzen, zieht diesen mit heißem Wasser aus, um die geschmolzenen Alkalisalze zu entfernen und filtriert die erhaltene Lösung ab. Das Filter wird im Tiegel samt dem Rückstand verascht, die Lösung alsdann im Tiegel eingedampft und der Gesamtrückstand schwach geglüht.

Der Aschegehalt beträgt meist $1^1/_2$—$2^1/_2$%, er ist bei Knochenleimen etwas höher als bei Hautleimen. Stark getrübte Leime enthalten mineralische Streckmittel, die den Aschegehalt mitunter erheblich vermehren. Über die Zusammensetzung der Asche geben die Analysen S. 325 Aufschluß.

c) **Unlösliche Fremdstoffe.** Diese können anorganischer oder organischer Natur sein. Man löst 10 g Leim in Wasser und füllt die Lösung in einem Schüttelzylinder mit heißem Wasser auf 1 l auf. Dann läßt man 24 Stunden absitzen, dekantiert und sammelt den Rückstand auf einem Filtertiegel, trocknet und wägt. Durch Veraschen erhält man den anorganischen Anteil des Rückstandes.

d) **Säure- und Alkaligehalt.** α) *Gesamtsäure.* Freie Säure in Form von schwefliger Säure und Schwefelsäure findet sich meist nur im Knochenleim. Man stellt mit ausgekochtem destilliertem Wasser eine 1%ige Lösung des Leims her und titriert je 100 cm³ = 1 g mit $^1/_{10}$ n-Natronlauge unter Zusatz von 1 cm³ Phenolphthaleinlösung (1%) als Indicator auf eben beginnende Rosafärbung, wobei man zur besseren Erkennung des Farbumschlages eine Vergleichsprobe derselben Leimlösung benutzt.

β) *Freies Alkali.* Dieses tritt bei Hautleimen in geringer Konzentration in Form von Calciumhydroxyd auf, es wird in entsprechender Weise mit $^1/_{10}$ n-Salzsäure bestimmt.

γ) *Freie Schweflige Säure.* Je 20 cm³ der 10%igen Leimlösung werden mit $^1/_{10}$ n-Jodlösung und Stärke direkt titriert. Das Verfahren gibt zuverlässige Ergebnisse, eine Einwirkung der Jodlösung auf die Leimsubstanz findet nicht statt. Wenn nach beendeter Titration nach längerer Zeit wieder Entfärbung eintritt, so ist dieser Farbumschlag nicht zu berücksichtigen.

Im Knochenleim ist meist der Gehalt an Gesamtsäure größer als der an schwefliger Säure, da von der während der Fabrikation zugefügten schwefligen Säure ein Teil in Schwefelsäure übergeht. Eine Ermittlung von gebundener schwefliger Säure (Sulfite) kommt daher für gewöhnlich nicht in Betracht. Ausnahmsweise kann jedoch die direkte Bestimmung der schwefligen Säure mit Jodlösung undurchführbar sein, wenn der Leim sonstige Stoffe enthält, die Jod entfärben. In diesem Fall muß die schweflige Säure abdestilliert werden.

δ) *Bestimmung der freien und gebundenen schwefligen Säure durch Destillation* (V, 904). Man gibt 25 cm³ einer 10%igen Leimlösung in einen mit Gaszu- und -ableitungsrohr versehenen Erlenmeyerkolben, verdünnt noch mit Wasser und fügt 5 cm³ 2 n-Phosphorsäure zu. Dann leitet man einen Strom von Kohlendioxyd durch die Flüssigkeit, der Gasstrom wird mit Permanganat und Schwefelsäure gewaschen. Das Gasentbindungsrohr wird unter Zwischenschaltung eines Kühlers mit einer Volhardschen Ente verbunden und letztere mit $^1/_{10}$ n-Jodlösung beschickt. Durch Erhitzen des Kolbens wird etwa die Hälfte seines Inhalts in die Vorlage abdestilliert, das Destillat in ein Becherglas übergeführt, durch Erhitzen das überschüssige Jod vertrieben und die entstandene Schwefelsäure mit Bariumchlorid gefällt.

Knochenleime enthalten meist 0,7—1,5% Gesamtsäure, in einzelnen Fällen auch mehr. Etwa $^3/_4$ davon besteht gewöhnlich aus Schwefeldioxyd.

e) p_H-Wert (V, 904). Der p_H-Wert wird am besten mit Indicatoren bestimmt, da eine elektrometrische Bestimmung durchaus keine zuverlässigeren Ergebnisse liefert. Die Sättigung der Elektrode mit Wasserstoff bereitet bei Gegenwart von Leimlösung Schwierigkeiten.

Bewährt haben sich die einfarbigen Indicatoren nach Michaelis:

α-Dinitrophenol . . . . . . $p_H = 2,8$—4,4,
γ-Dinitrophenol . . . . . . $p_H = 4,0$—5,4,
p-Nitrophenol . . . . $p_H = 5,4$—7,0,
m-Nitrophenol . . . . $p_H = 6,8$—8,4,

die innerhalb der angegebenen p_H-Werte eine verschieden abgestufte Gelbfärbung zeigen. In der Regel wird man mit den beiden letzten auskommen. Man stelle eine 1%ige Leimlösung mit ausgekochtem destilliertem Wasser her, prüft mit Phenolphthalein, ob der Leim alkalisch oder sauer ist, setzt nach der gegebenen Vorschrift die Indicatorlösung zu und vergleicht mit der beigegebenen Dauerfarbreihe. Man findet den p_H-Wert mit einer Genauigkeit von 0,1 Einheiten.

Sehr brauchbar ist auch der Komparator von Hellige, der statt der Farblösungen als Vergleichsmaßstab gefärbte Gläser benutzt.

Die meist sauer reagierenden Knochenleime haben p_H-Werte von 4,5—6,5; die neutralen oder schwach alkalischen Hautleime 6,8—8,0. Während man bei der Untersuchung von Hautleimen sich mit einer Angabe des p_H-Wertes begnügen kann, empfiehlt sich bei Knochenleimen auch die direkte Titration des Säuregehalts.

f) **Fettgehalt.** Der Fettgehalt kann durch Extraktion mit Äther bestimmt werden, doch gelangen dabei meist geringe Mengen von Nichtfettstoffen in den Ätherextrakt. Zuverlässiger ist daher das Ausschüttelverfahren nach **Fahrion.**

1. Methode nach E. Goebel. Man löst 20 g Leim in der doppelten Menge Wasser in einer Porzellanschale auf, setzt konzentrierte Salzsäure zu und erhitzt bis zum Sieden. Dann vermischt man mit ausgeglühtem Seesand, trocknet den Inhalt der Schale bei 110°, pulvert in einem Mörser das Leim-Sandgemisch, füllt es in eine Extraktionshülse und extrahiert diese im Soxhletapparat.

2. Methode nach Fahrion. Die Leimsubstanz wird zunächst mit alkoholischer Natronlauge abgebaut. 10 g des zerkleinerten Leims werden in einer Porzellanschale mit 10—20 cm³ Wasser vollständig aufquellen lassen, auf dem Wasserbad verflüssigt und 50 cm³ 8%ige alkoholische Natronlauge zugegeben. Man erwärmt mehrere Stunden bei bedeckter Schale auf dem Wasserbad, dampft schließlich Alkohol und Wasser völlig weg und erhitzt den zähflüssigen Rückstand 2 Stunden im Trockenschrank auf 110°. Die Trockenmasse wird in heißem Wasser gelöst, mit Salzsäure stark angesäuert und nach Erkalten im Scheidetrichter mit einer reichlichen Menge von Äther ausgeschüttelt. Man läßt die ätherische Lösung nach einmaligem Auswaschen mit Wasser durch ein kleines Filter in einen gewogenen Erlenmeyerkolben ablaufen, spült mit Äther nach und ermittelt nach Abdestillieren des Äthers und Trocknen bei 105° das Gewicht des Rückstandes. Der Fettgehalt beträgt bei Hautleimen meist 0,1—0,5%, bei Knochenleimen 0,4—0,8%. Schaumfreie Leime erhalten absichtlich einen Fettzusatz, dieser kann bis zu 2% erreichen.

g) **Stickstoffgehalt** (V, 905). Die wasserfreie Leimsubstanz enthält 18% Stickstoff. Als Methode zur Gütebestimmung kommt die Feststellung des Stickstoffgehaltes kaum in Betracht. Sie leistet jedoch wertvolle Dienste, wenn der Leimgehalt in Gemischen ermittelt werden soll, die eine sonstige Trennung nicht zulassen. Die Bestimmung erfolgt in bekannter Weise nach **Kjeldahl.**

h) **Schaumbildung.** Starke Schaumentwicklung ist meist ein Zeichen mangelhafter Qualität, verursacht durch Anwesenheit von Abbauprodukten oder durch beginnende Zersetzung. Für manche Verwendungszwecke wird ausdrücklich ein möglichst schaumarmer Leim verlangt. Sog. schaumfreie Leime enthalten einen Zusatz von Fett oder Schaumverhütungsmitteln.

Folgende einfache Schaumprüfung ergibt brauchbare Werte. Man stellt eine 10%ige Leimlösung her, füllt 50 cm³ davon in einen Schüttelzylinder von 100 cm³ Inhalt und 30 mm äußerem Durchmesser und bringt die Temperatur in einem hohen Wasserbad auf 40°. Man schüttelt den Zylinder gleichmäßig und nicht zu schnell genau 1 Minute lang auf und ab und stellt ihn dann wieder in das Wasserbad. Nach 1, 3 und 5 Minuten wird die Schaumhöhe in Kubikzentimeter abgelesen. Ein Schaumvolumen von 40 cm³ nach 3 Minuten sollte nicht überschritten werden.

i) **Beständigkeit gegen Zersetzung.** Die Beständigkeit gegenüber bakterieller Zersetzung ist bei den einzelnen Leimen eine recht verschiedene. Es zeigt sich dabei kaum ein Unterschied zwischen Hautleim und Knochenleim, obwohl letzterer meist nicht unwesentliche Mengen von schwefliger Säure enthält.

Zur Prüfung füllt man mehrere Bechergläser zu etwa $^1/_4$ ihrer Höhe mit einer 40%igen Lösung des zu untersuchenden Leims, bedeckt mit Uhrgläsern und bringt die Bechergläser in einen Raum, der dauernd auf einer Temperatur von 37° gehalten wird (Brutschrank oder Thermostat). Je von 12 zu 12 Stunden wird geprüft, ob sich Geruch und Aussehen des Leims geändert haben. Bei beginnender Fäulnis macht sich eine Trübung der Flüssigkeit und unangenehmer Geruch bemerkbar. Es ist dafür zu sorgen, daß der Leim an der Oberfläche nicht antrocknet, auch darf sich kein Kondenswasser an der Innenwand des Glases bilden. Guter Leim soll mindestens 3 Tage bei dieser Behandlung unverändert bleiben.

k) **Trockenfähigkeit.** Mangelnde Trockenfähigkeit wird nur bei ausgesprochen minderwertigen Leimsorten vorkommen. Sie wird natürlich auch durch größere Mengen zugesetzter hygroskopischer Stoffe beeinflußt. Man kann die Trockenfähigkeit behelfsmäßig aber mit hinreichender Zuverlässigkeit durch vergleichende Versuche beurteilen. Man gibt 10 cm³ einer 30%igen Leimlösung auf ein Uhrglas von 10 cm Durchmesser und auf zwei gleiche Uhrgläser eine Leimlösung je einer Sorte von bekannt guter und bekannt minderwertiger Trockenfähigkeit. Die Gläser dürfen vor dem Erstarren der Leimlösung nicht bewegt werden und müssen an einem gegen Luftzug geschützten Platz nebeneinander aufgestellt werden. Man vergleicht das Fortschreiten des Trockenrings und kann sich bei einiger Übung ein Bild von der Trockenfähigkeit des Leims machen.

l) **Unterscheidung von Hautleim, Knochenleim und Lederleim.** Wenn die Frage der Unterscheidung von Haut- und Knochenleim aufgeworfen wird, so geschieht dies wohl meist deshalb, weil im allgemeinen Hautleim von besserer Qualität ist als Knochenleim. Dieser Unterschied rührt jedoch nicht von einer chemischen Verschiedenheit beider Glutinarten her, sondern nur von dem Herstellungsverfahren. Dementsprechend gestalten sich auch die Unterscheidungsmerkmale.

1. Reaktion. Knochenleim ist meist sauer infolge des Zusatzes von schwefliger Säure, qualitativ kann die Reaktion mit empfindlichem blauen Lackmuspapier in Lösung oder durch Auflegen des mit Wasser angefeuchteten Lackmuspapiers auf die Leimtafel festgestellt werden. Hautleim ist neutral oder sehr schwach alkalisch (Phenolphthalein) infolge der Äscherung mit Kalk. Der p_H-Wert bei Hautleim ist 6,8—8,0, bei Knochenleim 4,5—6,5 (s. auch unter 4. Säuregehalt).

2. Geruch. Dieser ist ein recht gutes Kennzeichen (s. S. 309).

3. Viscosität. Hautleim zeigt meist eine Viscosität von 3—7 EnglerGraden bei 17³/₄% und 40°, Knochenleim bei 30° 2,0—3,5 EnglerGrade.

4. Gelatinierfähigkeit. Die bessere Gelatinierfähigkeit des Hautleims läßt sich nach E. Sauer (3) qualitativ nachweisen. Man versetzt 10 cm³ einer 10%igen Leimlösung bei 30° mit 2 cm³ einer 5%igen Alaunlösung, dabei bilden Hautleime sofort oder innerhalb von 1—2 Minuten eine Gallerte, bei Knochenleim ist keine Änderung bemerklich.

5. Asche. Hautleim liefert meist eine graue, pulverige Asche, bei Knochenleim schmilzt die Asche zusammen (s. a. S. 321).

Auch die Zusammensetzung der Asche zeigt Unterschiede, wie aus den Analysen nach Tabelle 5 ersichtlich ist [E. Sauer (4)]:

Tabelle 5.

	Hautleime		Knochenleime	
	L_3	L_8	K_1	K_8
Gesamtasche .	2,92 %	2,75 %	3,58 %	4,31 %
Fe_2O_3	0,086	0,073	0,528	0,064
Al_2O_3	0,063	0,022	Spuren	0,080
CaO	**1,110**	**1,330**	**0,217**	**0,038**
Na_2O	Spuren	Spuren	1,041	nicht bestimmt
SO_3	0,294	0,326	0,453	0,302
P_2O_5	Spuren	Spuren	**0,0425**	**0,0784**

Bei Hautleimen überwiegt ein Gehalt an Calciumoxyd, während bei Knochenleim Phosphorsäure und Alkalien stärker hervortreten.

Bei Lederleim (aus entgerbten Chromlederabfällen) ist die Kennzeichnung schwierig; je nach Art der Entgerbung ist die Qualität sehr verschieden. Die meisten Merkmale sind denen des Hautleims ähnlich. Die Asche enthält jedoch wechselnde Mengen von Chrom. Dieser läßt sich am besten nach der Diphenylcarbazidmethode in der von Gerngroß angegebenen Weise bestimmen. Zur Ausführung schmilzt man die Asche aus 10—20 g Leim mit der 3—4fachen Menge eines äquimolekularen Gemisches von Kalium- und Natriumcarbonat zusammen. Die erkaltete Schmelze wird in Wasser suspendiert und vorsichtig in chemisch reiner Schwefelsäure gelöst, derart, daß nach Verjagung von Kohlendioxyd eine deutliche Acidität gegen Lackmuspapier auftritt. Technische Schwefelsäure kann Chrom vortäuschen, es empfiehlt sich, einen Blindversuch mit ihr zu machen, da die Empfindlichkeit der Reaktion 1 : 72 000 000 ist. Man füllt die saure Lösung auf ein bestimmtes Volumen — bei 20 g veraschtem Leim z. B. 50 cm³ — auf, um bei Entnahme aliquoter Teile der Lösung noch quantitative Bestimmungen colorimetrisch durchführen zu können.

Die qualitative Prüfung erfolgt dadurch, daß man einige Kubikzentimeter der Lösung mit dem Diphenylcarbazid versetzt, das durch Auflösung von 0,2 g Diphenylcarbazid in 10 cm³ Eisessig und Auffüllung mit 95 %igem Alkohol auf 100 cm³ hergestellt wird. Der positive Ausfall der Chromreaktion äußert sich durch eine rotviolette Färbung. Für die quantitative Bestimmung vergleicht man die Farbtiefe mit einem Kaliumbichromatstandard, der mit der gleichen Menge des Reagenses versetzt wird. Bei negativem Ausfall der Reaktion kann mit völliger Sicherheit das Nichtvorhandensein von Chrom angenommen werden. Es ist darauf zu achten, daß der positive Ausfall der Reaktion an die Anwesenheit von Chromat in saurer Lösung gebunden ist.

3. Untersuchung von Glutinspezialleimen. Solche werden meist in
Pulverform in den Handel gebracht, gewöhnlich mit einem erheblichen
Gehalt anorganischer Streckmittel, so daß das äußere Bild den Casein-
trockenleimen ähnlich ist; doch können sie von diesen schon durch den
Geruch unterschieden werden, auch ist die gelbliche Farbe des Leim-
pulvers sichtbar.

Der Gang der Untersuchung wird sehr erleichtert dadurch, daß gewöhnlich eine Trennung des anorganischen Anteils vom Leimpulver auf
mechanischem Wege mit Hilfe von Chloroform möglich ist; Leimpulver
schwimmt auf Chloroform, während die anorganischen Zusätze zu Boden
sinken. Man verfährt dabei wie bei Caseinleim (S. 329). Der anorganische
Anteil wird mit den üblichen Hilfsmitteln der Analyse näher untersucht. Man prüfe auch auf andere organische Stoffe, wie Stärke, Mehl,
Dextrin, Holzmehl usw. und versäume nicht, das Mikroskop zu Hilfe
zu nehmen.

4. Gelatine (V, 905). Gelatine ist die reinste Form des Glutins. Die
Herstellung schließt sich eng an die der Glutinleime an. Als Rohstoffe
dienen ebenfalls Hautabfälle und Knochen von ausgesuchter Qualität.
Bei Verwendung von Knochen wird diesen durch Behandlung mit Salz-
säure, seltener schwefliger Säure das Calciumphosphat entzogen und der
Knochenknorpel, das „Ossein" wie Hautabfälle weiter verarbeitet.

Handelsformen sind Dünnblattgelatine, Dickblattgelatine
und Gelatinepulver. Letzteres wird durch Mahlen der Blattgelatine
gewonnen. Dem Verwendungszweck entsprechend unterscheidet man
Emulsionsgelatine oder photographische Gelatine, Speisegelatine,
technische Gelatine oder Gelatineleim.

a) Emulsionsgelatine (s. a. Erg.-Bd. I, 391). Sie dient zur Herstellung photographischer Platten, Filme und Papiere und wird unter
sorgfältigster Überwachung ihrer physikalischen und chemischen Eigenschaften hergestellt. Die Gelatine bildet nicht nur den Träger für die
Silberhalogenide, vielmehr ist auch ihr Einfluß auf die photographischen
Eigenschaften der Schicht ein sehr weitgehender.

Da die Prüfung der Photogelatine sowohl vom Hersteller als auch
vom Verbraucher auf Grund langjähriger Erfahrungen mit Spezial-
methoden selbst durchgeführt wird, so erübrigt es sich, an dieser Stelle
auf die Untersuchungsverfahren näher einzugehen[1].

Weitaus die beste Auskunft gibt die photographische Prüfung in
Form des Emulsionsexperiments. Exakt hergestellte Versuchsemul-
sionen, die auf Glas oder Papier aufgetragen werden, sowie die sich anschließende sensitometrische Prüfung zeitigen Ergebnisse, welche, richtig
ausgewertet, mit großer Sicherheit auf den photographischen Charakter
des betreffenden Gelatinesudes Schlüsse ziehen lassen.

b) Speisegelatine. Die Untersuchung der Speisegelatine fällt in
das Gebiet der Nahrungsmittelchemie (Böhme-Juckenack-Tillmans).
In einzelnen Fällen wird jedoch die Frage zu entscheiden sein, ob ein
Präparat als technische Gelatine oder Speisegelatine zu betrachten ist.

---

[1] Siehe E. Kinkel in Liesegang: Kolloidchemische Technologie, 2. Aufl.,
S. 411. Dresden 1903.

Für die Beurteilung auf Grund des Lebensmittelgesetzes kann in Übereinstimmung mit der Industrie die Forderung vertreten werden, daß Speisegelatine nicht mehr als 2% Asche und kein Arsen enthalten darf. Eine künstliche Färbung und Bleichung mit schwefliger Säure ist zulässig, weil Gelatine nicht Fleisch im Sinne des Fleischbeschaugesetzes ist. Als zulässiger Höchstgehalt von schwefliger Säure wird nach Serger und Hempel 0,015% SO_2 angenommen, das amerikanische Nahrungsmittelgesetz läßt 0,02% SO_2 zu, während der vom Reichsgesundheitsamt herausgegebene Entwurf einer Verordnung über Konservierungsmittel die Zulassung von 0,125% SO_2 vorsieht.

Die Gelatine soll gute Gelatinierfähigkeit besitzen, d. h. eine Lösung 1:100 soll bei Zimmertemperatur noch eine Gallerte ergeben. Sie soll frei von unangenehmem Geruch, besonders von Leimgeruch, sein.

c) Technische Gelatine. Die geringeren Sorten der Gelatine, die beim Versieden aus den letzten Abzügen hergestellt werden, oder bei Hautleim als erster Abzug entnommen werden, bezeichnet man als technische Gelatine. Sie wird meist in Form von Dickblattgelatine hergestellt. Sie dient verschiedenen Verwendungszwecken, z. B. für Walzenmassen. Die Prüfung richtet sich nach dem Gebrauchszweck, angewandt werden die gleichen Methoden wie bei den Glutinleimen.

Die in der Literatur gelegentlich anzutreffende Bemerkung, daß Gelatine keine Klebkraft besitze, ist nicht zutreffend. Es ist nur notwendig, die zu verleimenden Körper genügend vorzuwärmen, um ein vorzeitiges Erstarren der Gelatinelösung zu verhüten, auch soll die Konzentration der Lösung wenigstens 30% betragen.

C. Caseinleime.

1. Einleitung. Lieferbedingungen und Prüfverfahren des RAL für Milchsäurecasein Nr. 093 B[1], für pulverförmige Caseinkaltleime Nr. 093 C[1].

Casein ist in Wasser nicht löslich, zur Herstellung von Kaltleimen muß es mit einem Alkali angerührt werden; schon von alters her ist die Verwendung von Quark mit gelöschtem Kalk als Klebstoff bekannt.

Man unterscheidet zwei verschiedene Formen der Caseinanwendung für Leime und Bindemittel:

a) Caseinfarbenbindemittel (flüssig). Sie werden meist in flüssiger Form in den Handel gebracht. Sie zeichnen sich vor Glutin- und Pflanzenleimen durch bessere Bindung der Farbe mit dem Untergrund (Wischfestigkeit) und Erzielung schönerer Farbtöne aus. Als alkalisches Lösungsmittel dient Borax, seltener Ammoniak. Der Nachteil der flüssigen Caseinbindemittel ist, daß sie bei längerer Lagerung zur Zersetzung und zum Abbau neigen.

b) Caseinkaltleime (pulverförmig). Größere Sperrholzfabriken stellen ihren Caseinleim meist selbst her. Das Casein wird über Nacht mit der 3—4fachen Wassermenge angequollen und dann mit einer bestimmten Menge von Kalkhydrat angerührt. Der Leim muß täglich frisch hergestellt werden. Die maschinell beleimten Platten werden bei 80—90° C und etwa 10 kg/cm² Druck 10 Minuten lang gepreßt. Der

---

[1] Bezugsquelle siehe Fußnote 1, S. 306.

Leim kann nur heiß gepreßt werden. Die Leimung ist wasserbeständig, nachteilig für die Verarbeitung ist der hohe Wassergehalt.

Die eigentlichen Caseinkaltleime sind pulverförmige Gemische, die alle notwendigen Zusätze enthalten. Außer Kalthydrat werden Soda und Neutralsalze, in größerem Umfang auch Natriumfluorid verwendet. Alkalicarbonate geben mit Kalkhydrat in wäßriger Lösung freies Alkali, welches besonders klebkräftige Leime liefert, die bei verhältnismäßig geringem Wasserzusatz streichfähig sind und ohne Erwärmen gepreßt werden können. Die Leime werden nach der vom Hersteller gegebenen Vorschrift mit Wasser angerührt und sollen in etwa $^1/_2$ Stunde gebrauchsfähig sein. Nach der Giftverordnung sollte ein Gehalt von Natriumfluorid auf der Verpackung gekennzeichnet werden, doch wird dies meist unterlassen (E. Tschirsch).

2. Untersuchung der Caseinkaltleime. a) Caseingehalt. 10 g Kaltleim werden in einem Meßzylinder von 100 cm³ mit 70 cm³ Chloroform sorgfältig mit einem Glasstab verrührt. Unter Rühren wird weiter Chloroform bis etwa 2 cm vom oberen Rande hinzugegeben und der Glasstab herausgezogen, wobei die ihm anhaftenden Substanzteilchen vorsichtig in den Meßzylinder gespült werden. Der Meßzylinder wird mit Chloroform bis nahezu zum Rande aufgefüllt und an einem kühlen Ort, mit einem Uhrglas bedeckt, über Nacht stehengelassen. Das an die Oberfläche gestiegene Casein wird mittels eines Löffels oder Spatels auf ein tariertes Filter gebracht, mit Chloroform gewaschen und samt dem vorher gewogenen Filter im Trockenschrank bei 98° bis zur Gewichtskonstanz getrocknet und schnell gewogen. Das gefundene Gewicht ergibt, multipliziert mit 10, den Gehalt des Kaltleims an wasserfreiem Casein in Prozent, multipliziert mit 11, annähernd den Gehalt des Kaltleims an handelsüblichem Casein in Prozent. Von der Prozentzahl sind gegebenenfalls Abschläge gemäß b) zu machen.

b) Mineralische Bestandteile im Casein. Da das abgetrennte Casein zuweilen noch dem Casein nicht zugehörige mineralische Bestandteile enthält, müssen 3 g desselben in einem Porzellantiegel über dem Bunsenbrenner vorsichtig verascht und die Asche bei starker Rotglut vor dem Gebläse erhitzt werden, bis Gewichtskonstanz eintritt. Gegebenenfalls empfiehlt es sich, bei schwer verbrennbarer Kohle in bekannter Weise die Kohle mit Wasser zu extrahieren und gesondert zu veraschen. Liegt die in Prozent ausgedrückte Aschezahl über 3,5 % (dem durchschnittlichen Aschegehalt des Säurecaseins), so wird der überschießende Prozentsatz vom Caseingehalt abgezogen und dem anorganischen Mineralstoffgehalt zugeschlagen.

c) Anorganische Bestandteile. Der Bodensatz aus dem Meßzylinder nach a) enthält die anorganischen Bestandteile. Er wird auf einem tarierten Filter abfiltriert, mit Chloroform gewaschen und bei 100° im Trockenschrank getrocknet und gewogen. Das gefundene Gewicht ergibt, multipliziert mit 10, den Gehalt des Kaltleims an anorganischen Bestandteilen in Prozent. Zu der gefundenen Prozentzahl sind gegebenenfalls Zuschläge gemäß b) zu machen.

d) Eiweißgehalt. Um eventuell organische Beimengungen im Casein festzustellen, wird es unter Berücksichtigung des ermittelten Aschegehalts in bekannter Weise nach Kjeldahl auf Eiweißgehalt geprüft. Die gefundenen Prozente Stickstoff, multipliziert mit dem Caseinfaktor 6,39, ergeben den Prozentgehalt an Eiweiß in asche-, wasser-, fettfreiem Casein.

e) Bestimmung der Bindefestigkeit an geschäfteten Zugproben[1]. 50 g gut durchmischtes Leimpulver werden mit der vom Lieferer vorgeschriebenen Menge Wasser zu einer gleichmäßigen Masse verrührt. Der angerührte Leim wird nach der vom Lieferer vorgeschriebenen Zeit zur Verleimung verwendet. Aus Kiefer-Kernholz-Stäben von 3 cm Breite und 1 cm Höhe werden nach Abb. 8 für jeden der folgenden Versuche 5, gegebenenfalls also insgesamt 15 Probestäbe mit einem Schäftungsverhältnis von 1:4 hergestellt. Hierbei ist darauf zu achten, daß die Holzfasern parallel zur Stabachse verlaufen. Die Spitzen der Schäftung werden, wie in Abb. 8 gezeichnet, fortgenommen. Der Kaltleim wird unter Vermeidung von Luftblasen auf die zu verleimenden Flächen aufgestrichen. Je zwei Probestäbe werden an den Leimflächen so aufeinandergepreßt, daß die Schäftungen sich decken und 12 Stunden in einer Einspannvorrichtung, in der sich die Leimflächen nicht ver-

schieben können, unter normalem Zwingendruck gehalten. An den Enden der Probestäbe werden zwei Holzplättchen aufgeleimt, die so stark sind, wie der Versatz der beiden Probe-

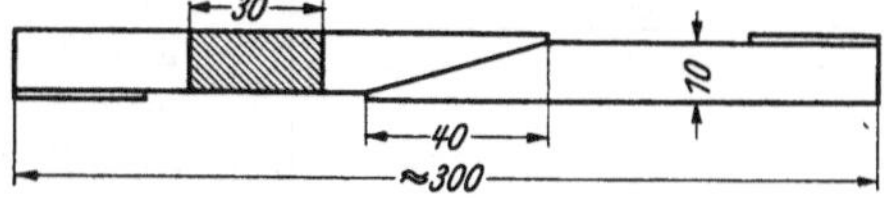

Abb. 8. Prüfstab für geschäftete Zugproben.

stäbe an der Leimfuge, der durch die Fortnahme der Spitzen an der Schäftung entsteht. Dann werden die Proben 6 Tage in einem Raum von etwa 65% relativer Luftfeuchtigkeit und etwa 20° C Temperatur gelagert, ehe sie zu den Zerreißversuchen verwendet werden. Fünf der so hergestellten Proben werden zerrissen.

Die Bindefestigkeit errechnet sich als Mittelwert aus den Ergebnissen der fünf Prüfungen in kg/cm², sie muß mindestens 55 kg/cm² betragen. Unterschreitungen des Mindestwertes um 10% sind zulässig, wenn der Bruch hauptsächlich durch Herausreißen des Frühholzes aus den Holzflächen erfolgt ist und die Prüfung der Wasserbeständigkeit ausreichende Werte ergibt. Werden noch geringere Werte gefunden, so ist die ganze Prüfung an Proben mit höherem Spätholzgehalt zu wiederholen.

Fünf der wie oben hergestellten Proben werden 24 Stunden unter destilliertem oder Leitungswasser von etwa 20° aufbewahrt und nach der Entnahme sofort zerrissen. Die Bindefestigkeit der Verleimung in nassem Zustand muß mindestens 20 kg/cm² sein.

Fünf der wie oben hergestellten Proben werden 24 Stunden unter destilliertem oder Leitungswasser von etwa 20° aufbewahrt, dann entnommen und 48 Stunden bei 20° und etwa 65% relativer Luftfeuchtigkeit gelagert und zerrissen. Die Bindefestigkeit der Verleimung nach der Wässerung und Trocknung muß mindestens 50 kg/cm² oder 90% der Trockenbindefestigkeit sein.

---

[1] Das Verfahren wurde durch den RAL von der D. Versuchsanstalt für Luftfahrt übernommen.

f) Bestimmung der Scherfestigkeit des Caseinleims an Sperrholz[1]. Die Bereitung der Leimlösung erfolgt wie unter e).

Drei Birkenholz-Furnierblätter von mindestens 0,5 bis höchstens 1 mm Stärke und 30 cm Seitenlänge werden kreuzweise, d. h. derart verleimt, daß die Holzfaserrichtung der Mittellage senkrecht zur Holzfaserrichtung der beiden Außenlagen läuft. Der angerührte Leim wird mit einem Pinsel gleichmäßig auf beide Seiten der Mittellage und auf je eine Seite der beiden Außenblätter aufgetragen. Die zu verleimenden Flächen werden aufeinandergelegt, 5 Minuten zum Einziehen des Leims liegengelassen und dann möglichst in einer Sperrholzpresse mit 12—15 kg/cm² zusammengepreßt. Nach einer Stunde wird das Sperrholz der Presse entnommen, weitere 24 Stunden unter normalem Zwingendruck belassen und dann anschließend 6 Tage bei etwa 20° und 65% relativer Luftfeuchtigkeit gelagert. Dann wird die Sperrholzplatte durch Zerschneiden senkrecht zur Faserrichtung der Außenblätter in drei je 100 mm breite Streifen getrennt. Aus je einem dieser Streifen werden die Proben für die Prüfung in je 25 mm Breite nach Abb. 9 hergestellt. In der Mitte

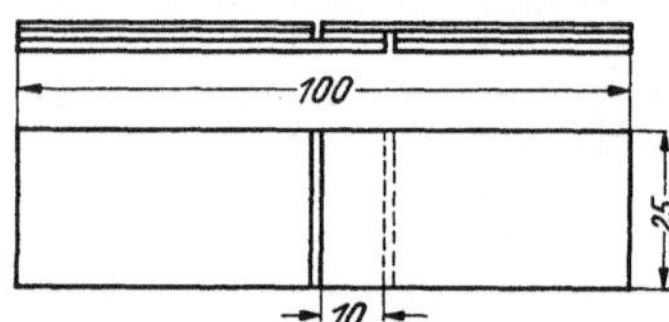

Abb. 9. Prüfstab zur Bestimmung der Scherfestigkeit.

jedes Zerreißstabes werden in einem Abstand von 10 mm in Ermangelung anderer Vorrichtungen eventuell mit einer kleinen Säge auf beiden Seiten des Sperrholzes Einschnitte von 1 mm Breite, welche je zwei Holzlagen durchtrennen, eingefräst. Es verbleibt somit eine Leimfläche von 1 cm Länge und 2,5 cm Breite.

Scherfestigkeit in trockenem Zustand. 10 der so hergestellten Probestäbe werden zerrissen. Prüfungen, bei welchen der Stab nicht in der Fuge, sondern im Holz reißt, sind ungültig. Die Scherfestigkeit errechnet sich als Mittelwert aus mindestens fünf gültigen Werten in kg/cm². Die Scherfestigkeit der Verleimung in trockenem Zustand muß mindestens 20 kg/cm² sein.

Scherfestigkeit in nassem Zustand. Zehn der wie oben hergestellten Probestäbe werden an den Einspannenden ganz kurze Zeit in geschmolzenes Paraffin getaucht und 48 Stunden unter destilliertem oder Leitungswasser gelagert. Die gewässerten Proben werden mit Filtrierpapier gut abgetrocknet, vom Paraffin befreit und sofort zerrissen. Prüfungen, bei welchen der Stab nicht in der Fuge, sondern im Holz reißt, sind ungültig. Die Scherfestigkeit errechnet sich als Mittelwert aus mindestens fünf gültigen Werten in kg/cm², sie muß in nassem Zustand mindestens 7,5 kg/cm² sein.

D. Albuminleime.

Als Rohstoff für die Gewinnung des Albumins dient das Blut der Schlachttiere. Man läßt das frische Blut in flachen Gefäßen gerinnen; der gallertartige Blutkuchen, dessen feste Substanz aus Fibrin und Hämoglobin besteht, wird mit Messern zerkleinert und in Abtropfsiebe gebracht,

---

[1] Siehe Fußnote 1, S. 329.

wobei das Blutserum abfließt. Es liefert das Serumalbumin. Der in den Abtropfschüsseln verbleibende Anteil wird nochmals mit Wasser behandelt, aus dem Gemisch wird der Rest des Serums durch Pressen gewonnen. Durch Eindampfen und vorsichtiges Trocknen wird daraus das Schwarzalbumin gewonnen, dessen Qualität geringer ist als die des Serum- oder Hellalbumins. Für die Herstellung von Leimen wird nur Schwarzalbumin verwendet, es kommt teils in Pulverform, teils in „Lamellen" in den Handel.

Blutalbumin von guter technischer Reinheit gerinnt bei 68—70° und wird hierbei unlöslich. Es besitzt eine höhere Wasserbeständigkeit als Casein und gehärtete Glutinleime, da es nach dem Gerinnen auch die Eigenschaft der Quellfähigkeit vollständig verloren hat. Hierauf beruhen seine von keinem anderen tierischen Klebstoff erreichten Eigenschaften.

Das Blutalbumin dient als Klebstoff vorwiegend zur Sperrholzverleimung. Die Leimung erfolgt immer unter Zusatz von Kalthydrat oder anderer Alkalien. Es wird bei 80—90° und bei 10—14 kg/cm² gepreßt. Die Ausgiebigkeit des Albuminleims ist sehr gut.

a) **Wasserlöslichkeit.** Von einem guten Durchschnittsmuster des Blutalbumins, das in der Reibschale fein gepulvert wurde, werden etwa 2,5 g genau abgewogen. Man verbringt diese in ein 250-cm³-Maßkölbchen, übergießt mit 200 cm³ Wasser von 20—30° und läßt bei dieser Temperatur 15 Stunden — am besten über Nacht stehen, wobei das Ganze zeitweise durch kreisende Bewegung der Flüssigkeit vorsichtig unter Vermeidung von Schaumbildung umgeschüttelt wird. Nach dieser Zeit wird mit Wasser zur Marke aufgefüllt, gut gemischt und weitere 2 Stunden beiseite gestellt. Inzwischen hat man ein quantitatives Filter bei 95—100° bis zur Gewichtskonstanz getrocknet und nach dem Erkalten im Wägegläschen gewogen.

Nach dem Dekantieren des klaren Teiles der Albuminlösung gibt man den Rest des Kölbcheninhaltes auf das Filter und spült mit Wasser unter vorsichtiger Anwendung der Saugpumpe so lange nach, bis alle auf dem Filter noch vorhandenen löslichen Anteile ausgewaschen sind. Filter und Rückstand werden zuletzt im Wassertrockenschrank bei 95—100° bis zur Gewichtskonstanz getrocknet. Hochwertiges Blutalbumin soll bis zu 95% wasserlöslich sein.

b) **Wassergehalt.** Er wird bei 105° bestimmt und soll etwa 10—13% betragen.

c) **Scherfestigkeit.** Die Prüfung der Scherfestigkeit erfolgt in gleicher Weise wie bei den Caseinleimen (S. 330). Man rührt Albumin mit Wasser von 30° im Verhältnis 1 : 2 an, gießt nach 2 Stunden vom ungelösten Rückstand durch ein feines Sieb ab, fügt zur Albuminlösung 3% Kalkhydrat (berechnet auf trockenes Albumin) in Form von Kalkmilch zu und verwendet das Gemisch zum Beleimen der Furniere. Das Pressen erfolgt bei 85—90° bei einer Dauer von 10 Minuten.

Falls vom Hersteller des Albuminpräparates eine besondere Vorschrift bezüglich Wasser- und Kalkzusatz gegeben wird, so ist diese einzuhalten.

Nach Stadlinger[1] werden für Blutalbumine Scherfestigkeiten von 22—27 kg/cm² im trockenen Zustand und 9—17 kg/cm² im nassen Zustand erreicht.

Unberechtigterweise werden Produkte von Blutmehl im Handel gelegentlich als Blutalbumin bezeichnet. Der Unterschied ist durch die Löslichkeit leicht festzustellen.

II. Pflanzliche Leime.

Die Bezeichnung der Pflanzenleime nach dem RAL-Normblatt Nr. 280 A weicht von der nachstehenden etwas ab; die RAL-Benennung ist in Klammer beigefügt. Die eigentlichen „vegetabilischen Leime" Ziff. 1—3 bilden eine zusammengehörige Gruppe, da in allen Fällen das Ausgangsmaterial Stärke ist. Man unterscheidet dabei noch:

1. Stärkekleister (Kleister);
2. Stärkeleime (Pflanzenleime) a) Industrieleime, b) Malerleime;
3. Dextrinleime (Kaltleime).

A. Stärkekleister.

Im einfachsten Fall wird seit alters die Verkleisterung der Stärke durch Erhitzen einer verdünnten Aufschlemmung von Stärke in Wasser herbeigeführt. Kaltverkleisterte Produkte werden ähnlich wie die unter 2. beschriebenen Stärkeleime hergestellt und sind von diesen nicht scharf unterschieden. Die Kleister sind lagerbeständige Verquellungsprodukte von Kohlehydraten, die zum Unterschied von Pflanzenleimen pastenartige Massen bilden. Sie finden Verwendung als Buchbinderkleister, Tapetenkleister und „Bodenkleber" (für Papiertüten). Sie sind weiß getrübt, gelegentlich auch mit leichtem Gelbstich. Neuerdings haben die als „Quellstärke" bezeichneten Produkte besondere Bedeutung erhalten, sie kommen trocken in Pulverform in den Handel und geben beim Einrühren in Wasser sofort einen gebrauchsfertigen Kleister. Die Quellstärken werden hergestellt durch Behandeln von Stärke mit Salzen oder durch Wärmeeinwirkung bei Gegenwart von wenig Wasser.

B. Stärkeleime.

Sie sind durch chemischen oder thermischen Aufschluß oder durch Abbau von Kohlehydraten insbesondere von Stärke gewonnene Leime. Sie werden durch Eintragen von Natronlauge in eine stark verdünnte wäßrige Aufschlemmung von Kartoffelstärke hergestellt, wobei sofort eine Verkleisterung in der Kälte erfolgt. Die sehr zähe Masse wird so lange gerührt, bis sie streichfertig ist, dann zur annähernden Neutralisierung eine entsprechende Menge Säure, meist Salpetersäure und schließlich ein Konservierungsmittel, z. B. Formaldehyd, Grotan, Raschit, Preventol usw. zugefügt.

Bei Malerleim wird noch eine reichliche Menge von Harzseife als Zusatz gegeben, die dem Leim sehr wertvolle Eigenschaften als Farb-

<hr>

[1] H. Stadlinger, in „Gerngroß-Goebel, S. 467.

bindemittel erteilt. Die bekannte Marke „Sichelleim" ist nach diesem Typ hergestellt. Die Stärkeleime haben den tierischen Leim als Farbbindemittel weitgehend verdrängt.

a) **Industrieleime** sind glasig durchscheinend oder weiß getrübt, seltener mit leichtem Gelbstich. Sie sind zähflüssig, d. h. sie müssen vom eingetauchten Holzspachtel nach dem Herausziehen langsam fadenförmig abfließen.

b) **Malerleime** sind weiß getrübt mit leichten Gelbstich, es sind geschmeidige Massen, die ohne Bildung von Fäden vom Holzspachtel in Form von weichen Klumpen abfallen und mit Wasser leicht klumpenfrei zu verrühren sind.

C. Dextrinkaltleime.

Diese Leime sind dickflüssige Auflösungen von gelbem Dextrin; die große Wasserlöslichkeit des Dextrins bedingt einen sehr geringen Wassergehalt dieser Leime und infolgedessen ein schnelles Trocknen der Klebnaht. Dextrinleime eignen sich auf Grund dieser Eigenschaften sehr gut zu Gummierungen und haben das Gummi arabicum fast vollständig verdrängt. Boraxhaltige Dextrinleime sind dickflüssiger, zeigen schwach alkalische Reaktion und wirken als „Schnellbinder".

Die Dextrinleime sind goldgelb bis braun, also dunkler gefärbt als die anderen pflanzlichen Leime und zeigen den charakteristischen Dextringeruch.

Wie die Kleister in Form der Quellstärke können auch Stärke- und Dextrinleime in wasserfreiem Zustand hergestellt werden und kommen dann als „Trockenleime" in den Handel.

Untersuchung. a) **Titration.** 25 g Klebstoff sind mit 25 cm³ destilliertem Wasser (kohlensäurefrei) gleichmäßig in einer Porzellanschale zu verrühren und allmählich mit weiteren 50 cm³ Wasser auf 100 g zu verdünnen. Zu der Lösung sind etwa 10 Tropfen Phenolphthaleinlösung zuzusetzen. Bleibt die Lösung farblos, so wird mit $^1/_{10}$ n-Natronlauge auf Rosafärbung titriert; färbt sich die Lösung rosa oder rot, so ist mit $^1/_{10}$ n-Salzlösung bis zur Entfärbung zu titrieren.

Dextrine sind wegen ihrer Eigenfärbung mit Normal-Lackmuspapier durch Tüpfeln zu titrieren.

Die Säurezahl des Leimes ist die Anzahl Kubikzentimeter $^1/_{10}$ n-Natronlauge, die — auf 100 g unverdünnten Klebstoff bezogen — bis zum Umschlag nach Rosa zugesetzt werden müssen. Die Alkalizahl des Leimes ist die Anzahl Kubikzentimeter $^1/_{10}$ n-Salzsäure, die — auf 100 g unverdünnten Klebstoff bezogen — bis zum Umschlag auf farblos verbraucht werden.

b) **Wassergehalt.** Ein gewisser Wassergehalt in den vegetabilischen Leimen ist ein notwendiger und für die Beschaffenheit der Ware wesentlicher Bestandteil. Die Werteigenschaft der vegetabilischen Leime ist vorwiegend physikalischer und vor allem kolloidchemischer Natur. Daher können für den Gehalt an Bindesubstanz bzw. für den Wassergehalt lediglich Grenzzahlen festgesetzt werden, innerhalb derer die Leime zu liefern sind. Zur Bestimmung des Wassergehaltes werden

5—10 g, je nach Sorte, in einer flachen Glasschale genau abgewogen und bei 110° bis zum konstanten Gewicht getrocknet (Tabelle 6).

Tabelle 6.
Grenzzahlen für den Wassergehalt.

Leimart	Wassergehalt %
1. Stärkeleime	
a) Industrieleime	75—85
b) Malerleime	75—85
2. Kaltleime	
a) Alkalische Kaltleime .	40—55
b) Neutrale Kaltleime . .	30—40
3. Kleister	
a) Buchbinderkleister . .	75—85
b) Bodenkleber	70—85
c) Tapetenkleister	75—85

c) **Zähflüssigkeit** (Viscosität). Obwohl diese Eigenschaft von grundlegender Bedeutung ist, so ist es bei der verwickelten Beschaffenheit der vegetabilischen Leime nicht möglich, eine allgemein gültige Anordnung für die Bestimmung der Viscosität aufzustellen, die zu vergleichbaren Zahlen führt.

d) **Gummierungen** und **Klebstreifen** müssen leichte Wasseraufnahme und schnellstes Haftvermögen zeigen. Klebstreifen werden gewöhnlich mit einem Gemisch von tierischem Leim und Dextrin beleimt. Auch werden andere Zusätze benutzt, deren Zusammensetzung von den Herstellern geheimgehalten wird. In einzelnen Fällen fehlt Dextrin vollständig.

Zur Untersuchung läßt man ein Muster in kaltem Wasser quellen, streift den gallertartigen Leim mit einem Spatel vom Papier ab und prüft mit Jodlösung auf Dextrin (Braunfärbung), eventuell ist in der getrockneten Masse durch Kjeldahl-Bestimmung der Stickstoffgehalt und damit die Menge des tierischen Leims zu ermitteln. Das zur Quellung benutzte Wasser wird filtriert und eingedampft und der Rückstand auf sonstige Zusätze, Zucker, Glycerin, Salze usw. geprüft. Man bestimmt auch den Leimauftrag je 1 m² durch Wägen eines bis zur Gewichtskonstanz getrockneten Papiermusters vor und nach Entfernen der Leimschicht. Die gefundene wasserfreie Leimmenge, vermehrt um 15%, ergibt annähernd den Leimauftrag berechnet auf **lufttrockenen** Klebstoff.

D. Pflanzengummi-Klebstoffe.

Hierher gehören vor allem Gummi arabicum, Traganth und einige Pflanzenschleime, wie Agar und Carraghen.

1. Gummi arabicum stellt das Calcium-, Magnesium- und Kaliumsalz der Arabinsäure dar. Es besitzt bei niederer Temperatur starke Quellbarkeit, bei Zimmertemperatur geht es allerdings in kolloide Lösung über.

Das Gummi arabicum ist ein Produkt tropischer Akazienarten; beim Anschneiden der Bäume tritt der Saft aus und trocknet zu tropfenartigen oder kugeligen glasigen Massen.

Die Verwendung zum Gummieren von Briefumschlägen und Briefmarken ist stark zurückgegangen, man benutzt als Ersatz hochwertiges, hellfarbiges Dextrin („Körnergummi“).

Die Wertprüfung erstreckt sich auf die Feststellung der Farbe und Klarheit. Wichtig ist die Bestimmung des wasserlöslichen Anteils. Die verschiedenen Handelssorten unterscheiden sich wesentlich durch ihren Gehalt an nichtlöslicher, d. h. nur quellbarer Substanz. Man filtriert die bei 15° nicht in Lösung gegangenen Bestandteile ab und stellt ihre prozentuale Gewichtsmenge fest. Auch die Viscosität ist ein brauchbarer Wertmaßstab, sie wird wie bei Glutinleimen bestimmt, doch besteht hierfür keine Normung.

Die Acidität wird durch Titration einer verdünnten Lösung von 1 g Gummi in Wasser mit $^1/_{20}$ n-Natronlauge und Phenolphthalein ermittelt. Ein besonderes Verfahren zur Bestimmung der Klebfähigkeit wird nicht angewandt. Man bestreicht Papierstreifen mit der dickflüssigen Gummilösung und stellt die Geschwindigkeit der Abbindung und die Haftfestigkeit fest. Die ohne Druck getrocknete Klebnaht soll größere Festigkeit als das Papier besitzen.

2. Traganth bildet unregelmäßige oder kugelige Stücke von trübweißer oder gelblicher Farbe. Er gehört zur Gruppe der Pflanzenschleime und wird von verschiedenen Arten von Astragalussträuchern in Griechenland und Kleinasien gewonnen. Traganth quillt in Wasser bloß auf und bildet keinen eigentlichen Klebstoff. Feinpulverisiert mit Füllstoffen gemischt ergibt er stark erhärtende Kittmassen.

E. Pflanzeneiweißleime.

1. Weizenkleber wird durch Fermentation bei etwa 50° in den eigentlichen äußerst zähen und elastischen Klebstoff übergeführt(„Wienerpapp“) der in der Schuhindustrie Anwendung findet, neuerdings aber durch Celluloseester- und Kautschukklebstoffe ersetzt wird.

2. Sojamehlleime dienen in Amerika vielfach zur Sperrholzherstellung. Die von der Ölgewinnung verbleibenden Preßrückstände werden gemahlen; sie enthalten etwa 7% Öl, 45% Protein, 30% Kohlehydrate, 6% Asche und 12% Wasser. Das Sojamehl wird mit der 3—4fachen Menge Wasser und mit verschiedenen Alkalien, wie Kalkhydrat, Natronlauge, Wasserglas und sonstigen Zusätzen versetzt, teilweise auch in der Wärme aufgeschlossen und kalt oder heiß verpreßt. Zahlreiche Verfahren sind durch amerikanische Patente geschützt.

Eine Prüfung der Klebkraft und Wasserbeständigkeit kann wie bei Caseinkaltleimen durch Furnierverleimung (Scherfestigkeit) erfolgen.

III. Synthetische Leime.

A. Kunstharzleime.

Die Kunstharze haben in neuester Zeit auch auf dem Gebiet der Leimtechnik außerordentliche Bedeutung erlangt. Es handelt sich vorwiegend um Phenol-Formaldehyd- und Harnstoff-Formaldehyd-Kondensationsprodukte.

1. Phenol-Formaldehyd-Produkte sind in erster Linie die Bakelite. Nach Baekeland unterscheidet man Bakelit A, B und C, wobei die

Harze der A-Form teils flüssig, teils fest, jedoch in organischen Flüssigkeiten löslich sind. Sie gehen bei thermischer Behandlung, besonders unter Einwirkung von Kondensationsbeschleunigern in die C-Form über; die C-Harze sind unschmelzbar und in allen Lösungsmitteln unlöslich.

Der wichtigste Bakelitklebstoff ist der Tego-Leimfilm der Th. Goldschmidt A.G., Essen. Das Verfahren der Filmverleimung besteht darin, daß der Klebstoff in Form einer dünnen Trockenschicht hergestellt wird. Zur Verleimung wird die Filmbahn zwischen die Holzplatten oder Furniere gebracht und ohne besonderen Wasserzusatz heiß verpreßt.

Der Tegofilm besteht aus einer dünnen, 0,1 mm starken Papierbahn, die mit Kresol-Formaldehyd und einem Bindemittel getränkt ist. Die Pressung erfolgt bei einer Temperatur von etwa 135° bei 10 kg/cm² und einer Dauer von 10 Minuten. Bei dieser Behandlung wird eine völlige Bakelitisierung des löslichen Vorprodukts erreicht. Die Verleimung ist durchaus wasser- und schimmelfest.

Das Tegofilmverfahren ist an den Gebrauch der Heißpresse gebunden, doch sind solche in modernen Großbetrieben allgemein vorhanden. Ein großer Vorzug ist die schnelle Arbeitsweise und die Verleimung ohne Wasserzusatz, so daß ein Trocknen nicht erforderlich ist.

2. Harnstoff-Formaldehyd-Produkte. Die Kondensation dieser Gemische führt zunächst zu zähflüssigen gummiartigen Vorprodukten, die als Klebstoffe benutzt werden. Das Handelsprodukt „Kauritleim“ besteht aus zwei Anteilen, dem eigentlichen Klebstoff und dem „Härter“, der eine wäßrige Lösung darstellt. Kurz vor Gebrauch werden beide Anteile gemischt, diese Mischung ist für die Dauer eines Arbeitstages gebrauchsfähig. Der Kauritleim kann kalt oder heiß verarbeitet werden. In letzterem Fall erfolgt die Pressung bei 80—90° mit einem Druck von etwa 10 kg/cm² während einer Dauer von 10 Minuten. Störend ist beim Kauritleim die beschränkte Lagerfähigkeit. Von großem Vorteil ist die wasser- und schimmelfeste Verleimung, die sehr kurze Abbindezeit und die nicht allzu hohe Temperatur (gegenüber Tegofilm) beim Pressen bei einer ausgezeichneten Festigkeit der Leimverbindung. Als Streckmittel wird Roggenmehl benutzt; die Leimung ist dann nicht mehr wasserbeständig.

Die Kunstharzleime, besonders der Kauritleim, haben in kurzer Zeit starken Eingang gefunden, vor allem in der Sperrholzindustrie und Furnierleimung. Sie sind vielfach an die Stelle der Glutin- und Caseinleime getreten. Kauritleim in Form des „Klemmleims“ (H. Klemm) wird mit gutem Erfolg im Holzflugzeugbau verwendet.

Die Prüfung erstreckt sich auf Probeleimungen und Wasserbeständigkeit nach den Normen für Caseinleime (s. S. 329), wobei sowohl die Scherfestigkeit als auch die Bindefestigkeit an geschäfteten Probestäben ermittelt wird.

3. Celluloseesterleime. Hauptsächlich werden Auflösungen von Celluloid, Nitrocellulose und Acetylcellulose gebraucht.

a) Celluloidklebmittel. Abfälle von Cellulloid geben in organischen Lösungsmitteln hochviscose Flüssigkeiten, deren Anwendung als wasserfeste Klebstoffe schon längere Zeit bekannt ist. Sie erhärten durch

Verdunsten des Lösungsmittels, ein chemischer Vorgang findet nicht statt. Die Klebstoffe sind für zahlreiche Werkstoffe geeignet.

Besondere Bedeutung hat die Leimung von Leder erlangt; in der Schuhindustrie wird der Celluloidklebstoff der Atlas-Ago Chemische Fabrik A.G. zur Herstellung geklebter Schuhwaren in größtem Umfang verwendet.

b) Nitrocellulose. Eine Gruppe als „Cohesan" bezeichneter Klebstoffe wird von der I. G. Farbenindustrie A.G. in den Handel gebracht, die durch Auflösen von Nitrocellulose in Gemischen organischer Lösungsmittel hergestellt werden. Diese Bindemittel liefern eine Verleimung, die einerseits gegen Wasser, andererseits gegen Benzin und Öl hervorragend beständig ist. Cohesan S, SS, AZ wird in der Schuhindustrie verwendet, Cohesan TR dient zur Leimung von Treibriemen.

c) Acetylcellulose. Aus bestimmten Celluloseacetaten lassen sich mit Hilfe organischer Lösungsmittel viscose Flüssigkeiten herstellen, die ebenfalls den Charakter wasserbeständiger Klebstoffe besitzen. Bekannt sind vor allem die Cellonkleblacke der Cellonwerke, die einer vielseitigen Anwendung fähig sind. Auch wasserfeste Holzverbindung von guter Festigkeit ist mit ihrer Hilfe herstellbar.

Literatur.

Böhme-Juckenack-Tillmans: Handbuch der Lebensmittelchemie, Bd. III, S. 918. Berlin 1936. — Beukelaer, F. L. de, J. R. Powell and E. F. Bahlmann: Journ. Ind. and Engin. Chem. 16, 311 (1924).

Cambon, V.: La Fabrication des Colles et Gelatines, p. 52. Paris 1923.

Fahrion, W.: Chem.-Ztg. 23, 452 (1899). — Fels, J.: Chem.-Ztg. 21, 56, 70 (1897).

Gerngroß, O.: Chem.-Ztg. 53, 573 (1929). — Gerngroß, O. u. E. Goebel: Chemie und Technologie der Leim- und Gelatinefabrikation, S. 394. Dresden 1933. — Goebel, E.: Kunstdünger und Leim 28, 441 (1931).

Kissling, R.: Chem.-Ztg. 25, 264 (1901). — Klemm, H.: Neue Leimuntersuchungen. München u. Berlin 1938.

Michaelis, L.: Praktikum der physikalischen Chemie, 3. Aufl., S. 55. Berlin 1926.

Obermiller u. Görtz: Ztschr. f. physik. Ch. 109, 145 (1924).

Rudeloff, M.: Mitt. d. Materialprüfungsamtes Berlin-Dahlem 1918, Heft 1 u. 2; 1919, Heft 1 u. 2.

Sauer, E.: (1) Chem. Fabrik 6, 293 (1933). — (2) Kunstdünger u. Leim 20, 106 (1923). — (3) Kunstdünger u. Leim 22, 4 (1926). — (4) Kunstdünger u. Leim 22, 1601 (1926). — Sauer, E. u. H. Dillenius: Chem. Fabrik 42, 552 (1929). — Sauer, E. u. E. Willach: (1) Kolloid-Ztschr. 84, 205 (1938). — (2) Kolloid-Ztschr. 75, 95 (1936). — Serger u. Hempel: Konserven-technisches Taschenbuch. Braunschweig 1932. — Stadlinger, H.: Die Leimfibel, S. 26. Berlin 1927.

Tschirsch, E.: Chem.-Ztg. 63, 61 (1939).

Gerbstoffe und Leder.

Von

Professor Dr. **A. Küntzel**, Darmstadt.

1. Analyse frischer und gebrauchter Äscher. p_H-*Bestimmung in kalkhältigen Äschern* (V, 1452). Das Löslichkeitsprodukt $S = [Ca^{++}] \cdot [OH^-]^2$ bleibt nach W. R. Atkin, L. Goldmann und F. C. Thompson unabhängig von dem Gehalt des Äschers an Sulfiden und anderen Äscheralkalien konstant. Aus der Konzentration der Calciumionen und dem in einem größeren Konzentrationsbereich konstanten Wert von S läßt sich der p_H- bzw. p_{OH}-Wert des Äschers berechnen. Bei 25° C ist

$$p_H = 11{,}65 + {}^1/_2\, p_{Ca} \qquad \text{bzw.} \qquad p_{OH} = 2{,}25 - {}^1/_2\, p_{Ca}\,.$$

Das Calcium wird in 50 cm³ des filtrierten Äschers als Oxalat gefällt und mit $^1/_{10}$ n-$KMnO_4$ titriert.

$$1 \text{ cm}^3\ {}^1/_{10}\ \text{n-}KMnO_4 = 0{,}0020 \text{ g Ca.}$$

Eine direkte p_H-Bestimmung ist in Sulfidäschern mit Indicatoren oder mit der Wasserstoffelektrode unmöglich; auch die Glaselektrode liefert unzuverlässige Werte.

2. Entkälkungsmittel (V, 1453). a) Bestimmung von Natriumbisulfit (Metabisulfit) nach V. J. Mlejnek). Etwa 10 g des pulverisierten Salzes werden in 50 cm³ gesättigter Kochsalzlösung, der vorher 50 cm³ $^1/_1$ n-NaOH zugesetzt worden waren, gelöst und das überschüssige $NaHSO_3$ mit $^1/_1$ n-NaOH gegen Phenolphthalein titriert, bis die blaßrote Farbe bestehen bleibt. Gegen Ende der Titration gibt man noch etwas Indicator zu.

$$(\text{cm}^3\ {}^1/_1\ \text{n-NaOH} + 50) \cdot 0{,}09506 = \text{g } Na_2S_2O_5\,.$$

b) Bestimmung von Ammoniumsalzen. Etwa 10 g des Salzes werden mit destilliertem Wasser zu 1 l gelöst. 25 cm³ dieser Lösung werden mit 20 cm³ vorher neutralisiertem, 20%igem Formaldehyd versetzt und die Lösung mit $^1/_5$ n-NaOH gegen Phenolphthalein titriert.

Durch den Formaldehydzusatz wird das Ammoniak in Hexamethylentetramin übergeführt und die an Ammoniak gebundene Säure in Freiheit gesetzt.

$$1 \text{ cm}^3\ {}^1/_5\ \text{n-NaOH} = 10{,}7 \text{ mg } NH_4Cl = 13{,}2 \text{ mg } (NH_4)_2SO_4\,.$$

3. Beizmittel (V, 1455). a) Ammonsalzgehalt in Beizpräparaten. Die Gesamtbestimmung der an NH_3 gebundenen Säuren erfolgt durch Formoltitration (s. 2b). Falls das Beizpräparat ausschließlich Ammonsulfat oder Ammonchlorid enthält (qualitative Prüfung des wäßrigen Auszuges), ist die bei der Formoltitration verbrauchte Alkalimenge auf $(NH_4)_2SO_4$ bzw. NH_4Cl umzurechnen.

Enthält das Beizpräparat beide Ammonsalze, so wird außerdem eine Cl′-Titration vorgenommen:

$$1 \text{ cm}^3\ {}^1/_{10}\ \text{n-}AgNO_3 = 3{,}55 \text{ mg Cl} = 5{,}35 \text{ mg } NH_4Cl\,.$$

b) **Herstellen eines wäßrigen Auszuges eines Beizpräparates.** Die Fermentwertbestimmung eines Beizpräparates nach der Methode von Fuld-Groß (V, 1456) setzt voraus, daß von dem Präparat ein wäßriger Auszug hergestellt wird, der die fermentativ wirksamen Bestandteile vollständig enthält. Es hat sich herausgestellt, daß die Angabe einer Digerierung von 5 g mit lauwarmem Wasser zu unbestimmt ist. Sie wird daher nach einem Vorschlag von K. Vlček durch folgende ersetzt:

Man wiegt eine bestimmte Menge (z. B. 2,5 g) des Musters in einem Wägegläschen von etwa 70 cm³ Inhalt ab, übergießt sie mit etwa 10 cm³ einer $^1/_{10}$ n-Kochsalzlösung und läßt sie etwa 10 Minuten in Ruhe sich benetzen und durchtränken. Dann werden noch etwa 30 cm³ der Kochsalzlösung zugegeben. Nach Ablauf von weiteren 10 Minuten wird der Inhalt des Wägegläschens in einen einfachen Extraktionsapparat (s. Abb. 1) bei geschlossenem Hahn A abgegossen. Die Filterwatte im Extraktor ist zweckmäßig mit einigen Glaskügelchen belastet. Durch Öffnen des Hahnes A wird der erste Teil des Auszugs in den untergestellten Meßkolben abgezogen. Nun wird der Hahn A geschlossen und mit weiteren 50 cm³ der Kochsalzlösung der Rest des Holzmehls vom Wägegläschen in den Extraktor gefüllt. Der Extraktor wird durch einen Stopfen mit Zuflußröhrchen geschlossen. Das Zuflußröhrchen reicht gerade unter die Oberfläche der Extraktionsflüssigkeit im Extraktor, ist mit einem Hahn B versehen und verbindet das Reservoir der Kochsalzlösung mit dem Extraktor. Bei geöffnetem Hahn B wird dann der Hahn A so eingestellt, daß der untergestellte Meßkolben in etwa 45 Minuten bis zur Marke aufgefüllt wird.

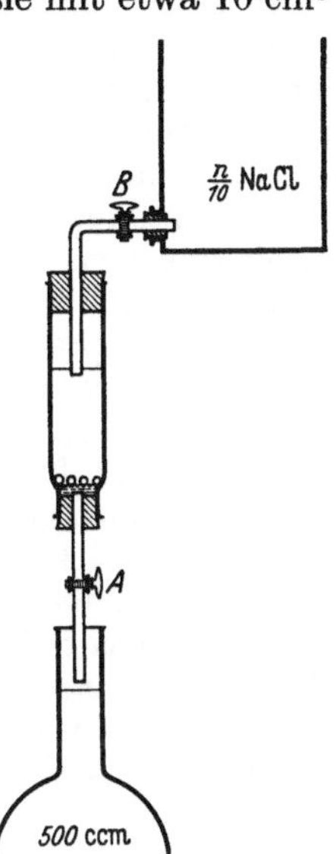

Abb. 1. Extraktionsapparat zum Auslaugen von Lederbeizen. (Nach K. Vlček.)

c) **Bestimmung der fermentativen Wirksamkeit einer Beize nach Löhlein-Volhard (V, 1457).** Der Vorschrift wird die folgende verbesserte Fassung gegeben:

Erforderliche Lösungen. 1. 5%ige alkalische Caseinlösung: 50 g Casein (Casein Hammarsten von Merck) werden in einem großen Erlenmeyerkolben mit etwa 250 cm³ Wasser, die man nach und nach zugibt, zu einem homogenen Brei sorgfältig verrührt, mit 50 cm³ $^1/_1$ n-NaOH unter langsamer Erwärmung auf dem Wasserbad völlig gelöst und auf 1 l aufgefüllt. Die so hergestellte Lösung hat einen p_H-Wert von etwa 8,2. Nach Zusatz einiger Tropfen Toluol hält sich die Caseinlösung längere Zeit. 2. $^1/_5$ n-HCl. 3. 15%ige Natriumsulfatlösung. 4. $^1/_{10}$ n-NaOH. 5. 1%ige a-Naphtholphthaleinlösung in verdünntem Alkohol.

Ausführung. In eine 100-cm³-Pulverflasche wird die erforderliche Menge an Beizpräparat[1] eingewogen, 10 cm³ Wasser hinzugegeben und

---

[1] Für Unterlederbeizen benötigt man etwa 0,4 g, für Oberlederbeizen etwa 0,2 g, für Glacélederbeizen 0,12 g und für Chevrauxlederbeizen 0,08 g. Ist das

etwa 15 Minuten unter öfterem Umschütteln im Wasserthermostaten bei 37° C angewärmt. Dann gibt man 20 cm³ Caseinlösung (= 1 g Casein) hinzu und läßt die Verdauung genau 1 Stunde vor sich gehen; man unterbricht sie durch Zugabe von 10 cm³ $^1/_5$ n-HCl. Dann fällt man durch Zugabe von 10 cm³ Natriumsulfatlösung das unverdaut gebliebene Casein aus und filtriert ab. In 10 cm³ des Filtrates wird die Salzsäure nach Zugabe von 1 Tropfen a-Naphtholphthaleinlösung aus einer Mikrobürette zurücktitriert. Da die Caseinabbauprodukte stark puffernd wirken, ist der Umschlag nicht leicht zu erkennen. Als Umschlagspunkt ist die erste hellgrüne Verfärbung der vorher farblosen Lösung zu wählen.

Vom Titrationsergebnis ist das eines Blindversuches abzuziehen, der sich vom Hauptversuch nur dadurch unterscheidet, daß die Verdauungszeit wegfällt und daß der Versuch ohne Anwärmung vorgenommen werden kann.

Berechnung. Eine Differenz von 1 cm³ $^1/_{10}$ n-NaOH entspricht einem Caseinabbau von etwa 30%, d. h. 0,30 g Casein sind durch die Fermentwirkung unfällbar geworden. Man berechnet, wieviel Gramm Casein 1 g des Beizpräparates unter den festgelegten Versuchsbedingungen verdaut. Diese Zahl ist der Testwert.

Beispiel. 0,2 g Einwaage führen zu einem Alkaliverbrauch von 1,15 cm³ $^1/_{10}$ n-NaOH entsprechend 0,30·1,15 g Casein. 1 g Beizpräparat verdaut demnach unter den Bedingungen der Löhlein-Volhard-Methode 0,3·1,15·5 = 1,725 g Casein.

Die Einwaage an Beizpräparat ist so zu wählen, daß mindestens 15% und höchstens 60% des vorhandenen Caseins verdaut werden, d. h. der Titrationsverbrauch soll nicht weniger als 0,5 cm³ und nicht mehr als 2 cm³ $^1/_{10}$ n-NaOH betragen. Ist mehr als 60% des Caseins abgebaut worden, so besteht zwischen Fermentstärke und Titrationsergebnis nicht mehr direkte Proportionalität. Man kann natürlich die Analyse mit einem Vielfachen der angegebenen Ansatzmenge ausführen, wodurch Fehler infolge ungleichmäßiger Verteilung von Ammonsalz und Sägemehl im Beizpräparat vermieden werden. Ist das Beizpräparat sichtbar ungenügend durchmischt, so ist es zweckmäßig, von einer größeren Einwaage einen wäßrigen Auszug herzustellen und einen Anteil davon für die Analyse zu verwenden.

4. Untersuchung pflanzlicher Gerbstoffe (V, 1460). a) Formaldehydprobe. Quantitative Abtrennung von Quebracho aus Pyrogallolgerbstoffen (nach F. Pothier). 100 cm³ der klar filtrierten Gerbstofflösung werden mit 10 cm³ konzentrierter Salzsäure und 20 cm³ 40%igem Formaldehyd 30 Minuten am Rückflußkühler gekocht. Der Niederschlag wird auf einem Jenaer Glasfilter Nr. 2 oder 3 abfiltriert, mit 250 cm³ kochendem Wasser, dann mit 50 cm³ 2%iger Sodalösung, hierauf mit 100 cm³ $^1/_{10}$ n-HCl und schließlich mit 250 cm³ heißem Wasser gewaschen und bei 60° C (Einhalten dieser Temperatur ist wichtig) gewichtskonstant getrocknet.

Beizpräparat in seinem Enzymgehalt völlig unbekannt, so empfiehlt es sich, mehrere Parallelversuche mit verschiedenen Einwaagen des Präparates anzusetzen. Für Beizpräparate, welche Bakterienenzyme enthalten (z. B. das französische Beizmittel Batinase) ist die Methode nicht anwendbar.

Das Verhältnis von Quebrachogerbstoff zum Formaldehydniederschlag beträgt bei Quebracho sulfitiert 0,86.

b) **Quarzlampenprobe (V, 1465). Chromatographische Adsorptionsanalyse von Gerbstoffgemischen (nach W. Graßmann und O. Lang).** Die Fluorescenz gewisser Gerbstoffe im ultravioletten Licht der Quarzlampe läßt sich besonders vorteilhaft bei der chromatographischen Adsorptionsanalyse verwenden (Erg.-Bd. I, 179, 213).

Ein Glas- oder Quarzröhrchen von etwa 16 cm Länge und 0,75 cm lichter Weite wird auf einer Saugflasche zunächst mit etwas Watte und darauf mit trocknem Aluminiumoxyd (oder einem anderen Adsorptionsmittel) gleichmäßig in 10—15 Portionen unter jedesmaligem Feststampfen mit einem abgeplattetem Glasstab beschickt. Von dem zu untersuchenden Gerbextrakt (20—30% Trockensubstanz) werden 3 cm³ mit 6 cm³ Methanol versetzt und filtriert oder zentrifugiert. Das Aluminiumoxyd wird unter starkem Saugen mit 2 cm³ Methanol befeuchtet und nochmals stark zusammengepreßt, dann läßt man — ohne Saugen — 2 cm³ der zu untersuchenden Lösung allmählich in das Aluminiumoxyd einziehen und gibt anschließend 3—4 cm³ Essigester (oder Methanol-Essigester 1:3) auf, die man ebenfalls völlig einsickern läßt. Dann wird das Rohr unter der Ultralampe betrachtet.

Da die einzelnen Bestandteile der pflanzlichen Gerbstoffauszüge durch das Adsorptionsmittel verschieden stark adsorbiert werden, so treten sie in dem Adsorptionsrohr hintereinander auf. Unter der Ultralampe sieht man mehr oder minder scharf gegeneinander abgegrenzte Schichten verschiedener Fluorescenz, die zur Identifizierung der Gerbstoffe und Gerbstoffgemische dienen.

c) **Phthalsäureanhydridprobe (V, 1466).** Die von **Jablonski** und **Einbeck** angegebene Methode zur Erkennung von Quebracho in

Tabelle 1.

Bezeichnung	Fluorescenz	Firma
Tanigan U	hellblau	I. G. Farbenindustrie A.G.
Tanigan V 1	schwach hellblau	desgl.
Tanigan US	schwach hellviolett	,,
Tanigan FC	stark violett	,,
Tanigan extra D	schwach blau	,,
Tanigan extra A	hellviolett	,,
Tanigan supra DLN	schwach violett	,,
Irgatan F	violett	J. R. Geigy A.G.
Irgatan AW	violett	desgl.
Irgatan ED	blauviolett	,,
Irgatan LV	schwach blau	,,
Irgatan $_3$B	blau	,,
Tannesco	himmelblau	,,
Sellatan	sehr schwach blau	,,
Tanigan DX	nicht fluorescierend	I. G. Farbenindustrie A.G.
Tanigan extra B	nicht fluorescierend	desgl.
Tanigan supra LL	nicht fluorescierend	,,
Tanigan H	nicht fluorescierend	,,
Irgatan FL	nicht fluorescierend	J. R. Geigy A.G.
Irgatan PN	nicht fluorescierend	desgl.

Extraktgemischen zeigt auch bei Anwesenheit von Tizra-, Urunday-
und Mimosarindengerbstoff positiven Ausfall.

5. Nachweis künstlicher Gerbstoffe (V, 1470). Fluorescenzprobe.
Die V, 1471 angegebenen Tabellen sind durch Tabelle 1, S. 341 zu
ersetzen.

6. Quantitative Gerbstoffanalyse. International-offizielle Methode
(V, 1479). a) Schüttelverfahren. Die im Hauptwerk im Wortlaut
abgedruckte Analysenvorschrift ist auf Grund von Beschlüssen der
internationalen Gerbereichemikerverbände in den Jahren 1933, 1935
und 1937 in einigen Punkten geändert worden.

Zu § 4. Die Abdampfschalen dürfen auch aus nicht rostendem Stahl
(V 2 A-Stahl, Chromargan usw.) bestehen.

Zu § 12. Außer der Vorschrift für unchromiertes Hautpulver ist nunmehr auch eine für fertig chromiertes aufgenommen:

Es soll mit Chromchlorid schwach chromiertes Hautpulver[1] zur
Verwendung gelangen. Das Hautpulver muß nach Prüfung in drei
verschiedenen Laboratorien an mindestens vier verschiedenen Gerbextrakten, von denen einer ein Celluloseextrakt sein muß, vom I.V.L.I.C.
gutgeheißen sein.

Zu § 14. Der letzte Abschnitt fällt weg; dafür heißt es: Ein Erhitzen
der Gerbmaterialien vor der Auslaugung ist nicht gestattet.

Zu § 18. Der zweite Abschnitt: „Das Gerbmittel ...... bewirkt"
ist zu ersetzen durch:

Die Auslaugung erfolgt derart, daß das auszulaugende Gerbmaterial
mit dem Wasser unmittelbar nach Beginn der Auslaugung auf 50° C
erwärmt und bei einer Temperatur von etwa 50—70° C zur Hälfte ausgelaugt wird. Dann wird die Temperatur des Wasserbades bis zur Siedetemperatur gesteigert und die restliche Auslaugung bei dieser Temperatur bewirkt. Die Auslaugung hat mit gleichförmiger Geschwindigkeit
derart zu erfolgen, daß die erforderlichen 2 l in 4 Stunden gewonnen
werden.

Zu § 26. Die Vorschriften zu a) fallen fort, ferner aus dem Text des
Abschnittes b) die auf die Rieß-Methode bezüglichen Sätze (S. 1488
Zeile 30/31 und 38/39).

Am Schluß des Abschnittes b) heißt es:

Andere Arbeitsweisen außer der Filtration durch die Filterkerze sind
nicht zugelassen.

Zu § 27. Es fallen die Abschnitte über den Apparat von Keigue-
loukis und über die Zentrifugiermethode von Kubelka fort. Der
Darmstädter Apparat[2] hat eine etwas veränderte Ausführungsform
erhalten (Abb. 2a und b).

Zu § 28. Außer der Entgerbung der Analysenlösung mit nicht chro-
miertem Hautpulver, das unmittelbar vor der Nichtgerbstoffbestimmung
entsprechend § 27 chromiert wurde, kann auch nach der Arbeitsweise
von Baldracco gearbeitet werden:

---

[1] Fertig chromiertes Hautpulver kann von der Deutschen Versuchsanstalt
für Lederindustrie, Freiberg i. Sachsen, bezogen werden.
[2] Zu beziehen durch Schott & Gen., Jena.

Der Apparat wird in die untere Metallhülse eingesetzt und diese vermittels der Spiralfedern befestigt. Dann bringt man die abgewogene Menge (6,5 g) des lufttrockenen, fertig chromierten Hautpulvers in den Apparat, setzt 75 cm³ der zu entgerbenden Gerbstofflösung zu, verschließt mit der anderen Metallkapsel und rotiert 20 Minuten. Hierauf entfernt man die beiden Metallkapseln, setzt den Apparat auf die Nutsche und saugt die entgerbte Lösung ab, wobei man das Hautpulver mit dem abgeplatteten Ende eines Glasstabes zusammendrückt. Dann bringt man den Apparat wieder in die untere Metallhülse, gibt weitere 75 cm³ der Gerbstofflösung zu dem Hautpulver, zerdrückt dieses mit einem Glasstab, schließt und rotiert genau 15 Minuten.
Hierauf wird die Lösung abgesaugt, durch ein Papierfilter, eventuell unter Zuhilfenahme von etwas Kaolin, filtriert und das klare Filtrat zur Bestimmung der Nichtgerbstoffe verwendet.

Abb. 2a und b. Darmstädter Apparat zur Bestimmung der Nichtgerbstoffe in Gerbbrühen. a Aufgesetzt auf Saugflasche nach Entfernen des unteren Deckels, b beiderseits geschlossen. (Schott & Gen., Jena.)

b) **Filterverfahren** (V, 1495). § 15, 2. Abschnitt ist 1937 wie folgt abgeändert worden:

Die zerkleinerten festen Gerbmittel sind in einem Koch-Auslauger auszulaugen; hierzu sind solche Mengen zu verwenden, daß 1000 cm³ einer Lösung von erforderlicher Analysenstärke (s. § 14) erhalten werden.

Die Auslaugung erfolgt derart, daß das auszulaugende Gerbmaterial mit dem Wasser unmittelbar nach Beginn der Auslaugung auf 50° C erwärmt und bei einer Temperatur von etwa 50 bis 70° C zur Hälfte ausgelaugt wird. Dann wird die Temperatur des Wasserbades bis zur Siedetemperatur gesteigert und die restliche Auslaugung bei dieser Temperatur bewirkt. Die Auslaugung hat mit gleichförmiger Geschwindigkeit derart zu erfolgen, daß die erforderlichen 1000 cm³ in 4 Stunden gewonnen werden. Bei ausgelaugten Gerbmitteln wird die Auslaugung von Anfang an bei 100° C durchgeführt. Während des Auslaugens muß der Kochapparat häufig umgeschüttelt werden. Bei schwer auslaugbaren Hölzern, Rinden und Blättern wie Quebracho- und Kastanienholz, Eichenrinde, Sumach usw. wird die Auslaugung auf 6 Stunden ausgedehnt. Nach Auslaugung auf 1 l darf in der weiteren Extraktionsflüssigkeit mit Gelatine-Kochsalzlösung oder mit Eisenchlorid-Natriumacetatlösung keine Gerbstoffreaktion mehr erhalten werden, andernfalls ist eine neue Auslaugung anzusetzen. Keinesfalls darf über 1000 cm³ ausgelaugt werden.

7. Kolloidchemische und gerbtechnische Prüfungsmethoden (V, 1506). a) Bestimmung des Gerbwertes pflanzlicher Gerbextrakte (nach Appelius). Eine 5 g Trockensubstanz entsprechende Menge Hautpulver wird mit 125 cm³ der 6% Gerbstoff enthaltenden Lösung derart gegerbt, daß man das Hautpulver mit 125 cm³ Wasser und, in ¹/₂stündigen Abständen, mit je 25 cm³ der 6%igen Gerbstofflösung versetzt und schüttelt. Nach der letzten Gerbstoffzugabe wird 1 Stunde geschüttelt. Danach wird das Hautpulver abgetrennt, ausgewaschen, getrocknet und die Gerbstoffaufnahme aus der Gewichtszunahme ermittelt.

b) **Messung der Affinität von Gerbstoffen zur Hautsubstanz** (nach W. Graßmann und R. Bender). Je 150 cm³ der etwa 3 g gerbende Stoffe pro Liter enthaltenden Lösung werden mit wechselnden Mengen Hautpulver (1, 2, 4, 6, 9, 15 g) $^1/_2$ Stunde geschüttelt und abzentrifugiert. In einem Teil der Restlösung wird der Trockenrückstand, in einem anderen Teil die in Lösung gegangene Hautpulvermenge durch Stickstoffbestimmung nach Kjeldahl bestimmt und von dem Trockenrückstand in Abzug gebracht. Die so ermittelte Gerbstoffaufnahme durch das Hautpulver wird gegen die angewandte Hautpulvermenge graphisch aufgetragen.

Die erhaltenen Adsorptionskurven geben ein anschauliches Bild von den Affinitätsverhältnissen der Gerbstoffe.

Eine Substanz mit ausgesprochen hoher Affinität ist das Tannin, während Catechin nur verhältnismäßig geringe Affinität aufweist. Die meisten Gerbstoffe lassen sich zwischen diese beiden Extreme einreihen. Die Adsorptionskurven von Ligninextrakten haben einen etwas abweichenden Verlauf.

c) **Bestimmung des Kupfergehaltes von Gerbextrakten** (offizielle Methode des I.S.L.T.C.). 5 g des Extraktes werden im Ofen bei 100° C getrocknet und bei mäßiger Temperatur verascht, um ein Verdampfen von Kupferchlorid zu vermeiden. Bei Anwesenheit merklicher Mengen von Chloriden muß der trockene Extrakt vor der Veraschung mit verdünnter Schwefelsäure angefeuchtet werden. Die Asche wird dann mit möglichst wenig konzentrierter Schwefelsäure vollständig durchfeuchtet und zur Entfernung der Chloride erhitzt, bis weiße Nebel auftreten. Nach dem Abkühlen gibt man 10 cm³ 2 n-Schwefelsäure in den Tiegel, löst die Asche unter Erwärmen, spült in ein Becherglas und verdünnt auf etwa 100 cm³. Diese Lösung wird nun über Nacht elektrolysiert.

8. Bestimmung des mittleren Basizitätsgrades (B.G.) der gelösten Chromsalze (V, 1523). a) **Freie Säure in basischen Chrombrühen.** Nach E. R. Theiss und E. J. Serfass titriert man eine etwa 0,1% Cr enthaltende Lösung konduktometrisch bis zum 1. Knickpunkt. Der Alkaliverbrauch entspricht der freien Säure in der Lösung.

b) **Untersuchung von Abstumpfungsmitteln (Chrombrühen) und Neutralisierungsmitteln (Chromleder).** α) *Natriumcarbonat* (nach V. J. Mlejnek). 1. Gesamtalkali: Etwa 5 g der Probe werden in einem 500-cm³-Becherglas in 50 cm³ Wasser gelöst und nach Bedecken mit einem Uhrglas mit 100 cm³ $^1/_1$ n-H_2SO_4 vorsichtig versetzt. Man vertreibt nun die Kohlensäure durch Kochen, läßt abkühlen und titriert den Säureüberschuß mit $^1/_1$ n-NaOH gegen Methylorange zurück. 1 cm³ $^1/_1$ n-$H_2SO_4 = 0{,}0310$ g Na_2O.

2. Natriumbicarbonat: Etwa 5 g der Probe werden in einem 500-cm³-Becherglas in 50 cm³ Wasser gelöst und die Lösung mit $^1/_1$ n-Natronlauge titriert, bis 1 Tropfen derselben mit einer 10%igen Silbernitratlösung auf einer Tüpfelplatte sofort eine Dunkelfärbung gibt. 1 cm³ $^1/_1$ n-NaOH $= 0{,}0840$ g $NaHCO_3$.

3. Natriumcarbonat:

$$(\text{cm}^3 \; {}^1/_1 \; \text{n-H}_2\text{SO}_4 - \text{cm}^3 \; {}^1/_1 \; \text{n-NaOH}) \cdot 0{,}0530 = \text{g Na}_2\text{CO}_3$$
$$\cdot \, 0{,}1431 = \text{g Na}_2\text{CO}_3 \cdot 10 \text{ H}_2\text{O}.$$

β) *Natriumbicarbonat.* Eine Einwaage von etwa 10 g wird in einem Maßkolben zu 1 l gelöst. 25 cm³ dieser Lösung werden mit ${}^1/_{10}$ n-HCl gegen Methylorange titriert ($= a$ cm³). Weitere 25 cm³ der Lösung werden mit 50 cm³ ${}^1/_{10}$ n-NaOH und 5 cm³ neutraler 2 n-Bariumchloridlösung versetzt und mit ${}^1/_{10}$ n-HCl gegen Phenolphthalein titriert ($= b$ cm³). Bicarbonat: $(50 - b) \cdot 0{,}0084 = \text{g NaHCO}_3$, Carbonat: $(a + b - 50) \cdot 0{,}0053 = \text{g Na}_2\text{CO}_3$.

γ) *Borax.* Eine Einwaage von etwa 15 g wird in einem Maßkolben zu 500 cm³ gelöst. 50 cm³ dieser Lösung werden mit ${}^1/_2$ n-Salz- oder Schwefelsäure gegen Methylorange titriert. 1 cm³ ${}^1/_{10}$ n-Säure $= 0{,}09536$ g $\text{Na}_2\text{B}_4\text{O}_7 \cdot 10 \text{ H}_2\text{O}$.

Anschließend wird die Lösung am Rückflußkühler zur Vertreibung der Kohlensäure gekocht, und hierauf die Borsäure mit ${}^1/_2$ n-NaOH gegen Phenolphthalein titriert. 1 cm³ ${}^1/_2$ n-NaOH $= 0{,}0310$ g $\text{H}_3\text{BO}_3 = 0{,}1010$ g $\text{Na}_2\text{B}_4\text{O}_7 = 0{,}1911$ g $\text{Na}_2\text{B}_4\text{O}_7 \cdot 10 \text{ H}_2\text{O}$.

c) **Basizitätsbestimmungen von Aluminiumsalzlösungen.** Al wird in Gegenwart von Ammonchlorid mit Ammoniak gefällt und als Al_2O_3 bestimmt.

Die durch OH besetzten Äquivalente des Al werden nach der Methode von Feigl und Krauß folgendermaßen bestimmt: Die Aluminiumsalzlösung wird mit 3 g Natriumoxalat und, nachdem dieses gelöst ist, mit einer gemessenen Menge ${}^1/_{10}$ n-HCl versetzt, deren Überschuß mittels der Jodid-Jodatmethode zurücktitriert wird.

Die Basizität wird zweckmäßig wie bei den Chromverbindungen in Prozenten ausgedrückt.

d) **Formaldehydbestimmung (nach Romijn).** Etwa 25 cm³ Formaldehyd werden genau gewogen und in einen 500-cm³-Meßkolben übergespült. Man füllt zur Marke auf und bringt je nach dem Gehalt an Formaldehyd eine abgemessene Probe in eine Schüttelflasche mit eingeschliffenem Stopfen. Man versetzt mit 30 cm³ etwa ${}^1/_1$ n-NaOH und schnell mit so viel ${}^1/_5$ n-Jodlösung, bis die Flüssigkeit dunkelgelb gefärbt erscheint. Die Jodlösung läßt man aus einer Bürette unter häufigem Umschütteln zulaufen. Man verschließt dann die Flasche, schüttelt ${}^1/_2$ Minute gut durch, säuert mit ${}^1/_1$ n-Schwefelsäure an und titriert nach kurzem Stehen den Jodüberschuß mit ${}^1/_{10}$ n-Thiosulfatlösung zurück. 1 cm³ ${}^1/_{10}$ n-Thiosulfat $= 0{,}0015$ g HCHO.

9. Wollfett und Mineralöl in Dégras und Moellon (V, 1535) (Methode von W. Rieß). Da die Hydroxylzahl des Unverseifbaren der Wollfette ziemlich konstant etwa 150 beträgt, kann man den Gehalt eines Dégras oder Moellon an Wollfettunverseifbarem mit ziemlicher Genauigkeit berechnen, indem man den gefundenen Gehalt an Unverseifbarem mit dessen Hydroxylzahl multipliziert und durch 150 dividiert. Zieht man das so berechnete Wollfettunverseifbare von dem Gesamtunverseifbaren ab, so erhält man angenähert den Mineralölgehalt des Dégras.

Die Gehalte an Unverseifbarem der technischen Wollfette liegen in der Regel nahe bei etwa 42%, so daß man den Wollfettgehalt des Dégras angenähert aus dem wie oben ermittelten Gehalt an Wollfettunverseifbarem durch Multiplizieren mit 2,38 errechnen kann.

Die Methode setzt voraus, daß in dem zur Herstellung des Dégras verwendeten Tran keine größeren Mengen von Unverseifbarem enthalten sind, was auch im allgemeinen der Fall ist. Als Mittel kann man einen Gehalt von etwa 1,4% Unverseifbarem in dem Tran annehmen.

Ausführung. Etwa 3,5—4,5 g des Dégras (bei niedrigem Gehalt an Unverseifbarem entsprechend mehr) werden mit 30 cm³ Alkohol und etwa 2 g festem KOH am Rückflußkühler etwa 2 Stunden verseift. Hierauf wird der Alkohol abdestilliert, der Rückstand in Wasser gelöst und in einem Scheidetrichter mit etwa 75 cm³ Äther unter Zusatz von etwas Alkohol gründlich ausgeschüttelt. Die Ätherschicht wird nach Ablassen der Seifenlösung 2mal mit wenig Wasser unter leichtem Schütteln gewaschen und die Waschlösung mit der Seifenlösung vereinigt. Diese wird noch 3mal ausgeäthert und die vereinigten Ätherauszüge mit Wasser bis zur neutralen Reaktion ausgewaschen. Nach Abdestillieren des Äthers wird der Rückstand 3mal mit je 15 cm³ absolutem Alkohol versetzt, der jedesmal auf dem Wasserbad verjagt wird, und anschließend 1—1½ Stunde bei 100° C getrocknet.

Das so isolierte Unverseifbare wird in einem Acetylierungskolben mit der 2,5—3fachen Menge Essigsäureanhydrid am Rückflußkühler auf dem Sandbad 2—3 Stunden erhitzt. Hierauf wird der Kolbeninhalt mit 60—80 cm³ 50%iger Essigsäure und etwa 90 cm³ Petroläther in einen Scheidetrichter übergespült und die Petrolätherlösung etwa 8mal mit je 20 cm³ 50%iger Essigsäure ausgeschüttelt. Die vereinigten Waschwässer werden nochmals mit etwa 40—50 cm³ Petroläther extrahiert und anschließend wie oben mit Essigsäure gründlich ausgewaschen. Die vereinigten Petrolätherauszüge werden 4mal mit Wasser ausgeschüttelt, wobei man dem letzten Waschwasser 1—3 Tropfen ½ n-NaOH und ein Stückchen Lackmuspapier zugibt, das sich nach einigem Umschütteln schwach blau färben muß. Die Petrolätherlösung wird mit entwässertem Natriumsulfat getrocknet, der Petroläther abdestilliert und der Rückstand ½—¾ Stunde bei 80—90° C getrocknet.

Die Bestimmung der Verseifungszahl des acetylierten Produktes erfolgt mit etwa 0,8—2 g Einwaage, die mit 25 cm³ Benzolalkohol (2:1) und 30 cm³ ½ n-alkoholischer KOH in einem Kolben aus Neutralglas mit eingeschliffenem Rückflußkühler 1 Stunde erhitzt wird. Nach dem Erkalten wird sofort mit ½ n-HCl gegen Phenolphthalein oder Alkaliblau 6B zurücktitriert. In gleicher Weise wird ein Blindversuch ausgeführt und die Differenz beider Titrationen in die Verseifungszahl umgerechnet.

10. Analyse pflanzlich gegerbter Leder (V, 1562). a) **Probeentnahme.** Aus einem Teil der abzunehmenden Gesamtpartie, der in den einzelnen Lieferbedingungen zwischen 3 und 5% der Gesamtpartie schwankt, werden Proben an den in der Abb. 3 gekennzeichneten Stellen entnommen. Die Größe der Probestücke beträgt 2 × 8 cm, wenn lediglich eine chemische Untersuchung vorgenommen werden soll. Sind auch physikalische Prüfungen durchzuführen, wie dies insbesondere bei Unterleder der Fall ist, so müssen die Proben entsprechend größer ausgeschnitten werden.

Bei kleineren Fellen, bei denen die Erhaltung einer größeren Fläche im Hinblick auf den jeweiligen Verwendungszweck erforderlich ist (Felle für Bekleidungszwecke, Tornisterkalbfelle usw.) werden Probestücke in Größe von 2×8 cm in 5 cm seitlichem Abstand von der Rückenlinie und 3 cm Abstand von der Schwanzwurzelgrenzlinie entnommen.

Für die Probeentnahme bei Treibriemenledern ist in den R.A.L.-Bedingungen vorgeschrieben, daß für die Untersuchung 5% der Kernstücke der Partie je ein 20 mm breiter Streifen, der vom Hals zum Schild parallel der Rückenlinie ungefähr durch die Hüfte verläuft, zu entnehmen ist.

b) Nachweis von Glycerin in pflanzlich gegerbtem Leder (nach N. Jambor und Z. Demény). Das Leder wird mit Wasser ausgelaugt, die Lösung mit Bleiacetat entgerbt und zur Trockne verdampft. Der Rückstand wird mit der 4—5fachen Menge Kaliumbisulfat innigst gemischt und in ein Proberöhrchen übergeführt, auf das mittels

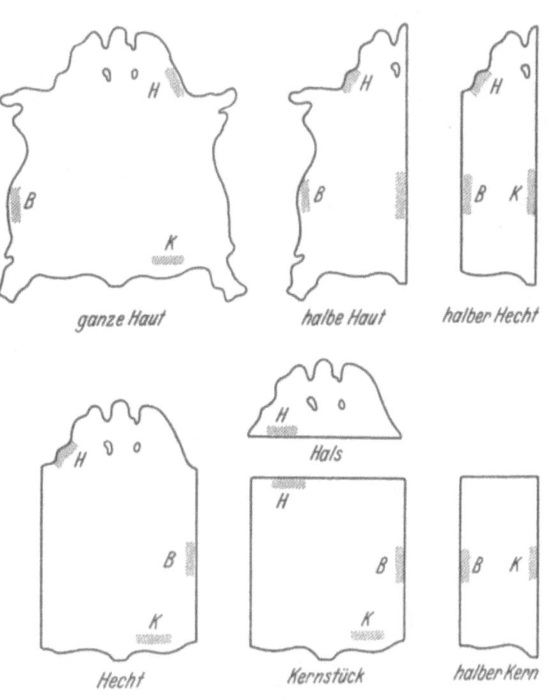

Abb. 3. Probeentnahme zur Lederanalyse.

eines Korkstopfens ein rechtwinklig gebogenes Glasrohr aufgesetzt wird. Inzwischen bereitet man sich eine klare konzentrierte Lösung von p-Nitrophenylhydrazin und bringt 1 Tropfen dieser Lösung auf einen Objektträger. Dann erhitzt man das Proberöhrchen, wobei sich zunächst essigsaure Dämpfe und später Acrolein bildet. Die Acroleindämpfe werden mit dem Tropfen auf dem Objektträger in Berührung gebracht, wobei sich orangefarbige Kriställchen von charakteristischer Nadelform bilden (Mikroskop).

c) Bestimmung der freien Säure in pflanzlich gegerbtem Leder (V, 1567). α) *Bestimmung des Beschädigungsgrades* (nach V. Kubelka und E. Weinberger). Hat ein Leder durch Säure Schädigungen erlitten, so befindet sich im wäßrigen Auszug nicht nur auswaschbarer Gerbstoff, sondern auch mehr oder weniger von der Ledersubstanz.

Die Hydrolysenprodukte des Leders sind allerdings nicht immer vollständig auslaugbar, weshalb eine energischere Auslaugung als mit Wasser allein am Platze ist.

Das Ledermuster wird erst in der üblichen Weise mit Wasser und anschließend noch einmal mit 1%iger Sodalösung in der Kälte extrahiert. Durch Stickstoffbestimmung und Umrechnen auf Hautsubstanz (Faktor 5,62) wird die Summe der soda- und wasserlöslichen Hautsubstanz in Prozenten des Leders ermittelt. Bei gesundem, säurefreiem Leder beträgt dieser Wert $\leq 0,8\%$.

β) *Widerstand gegen Säureschädigung durch SO_2 in der Luft* (Peroxydtest nach R. F. Innes). Pflanzlich gegerbte Leder nehmen SO_2 aus Luft auf, dieses wird allmählich im Leder zu Schwefelsäure oxydiert. Die Widerstandsfähigkeit eines Leders gegen diese Art von Säureschädigung hängt unter anderem von dem Pufferungsvermögen der Gerbstoffe und Nichtgerbstoffe bzw. von dem Gehalt an zusätzlichen Pufferungsmitteln (z. B. $CaCO_3$) ab. Durch folgende Kurzprüfung läßt sich ein Bild von der Säurewiderstandsfähigkeit eines Leders gewinnen.

Ein Lederstück von etwa 4×4 cm und 2—5 g Gewicht wird auf einer Glasplatte ausgebreitet, mit 5%iger H_2SO_4 (1 cm³ pro 1 g Leder) behandelt und bei gewöhnlicher Temperatur getrocknet. In gleicher Weise wird das angesäuerte Leder mit einer 3%igen Wasserstoffperoxydlösung behandelt (etwa 0,6—1 cm³ pro 1 g Leder; das Leder muß vollständig durchfeuchtet werden). Trockendauer: 24 Stunden. Die Peroxydzugabe wird noch 5mal wiederholt.

Die entscheidende Beobachtung erfolgt nach 7 Tagen vom Beginn der Behandlung an gerechnet.

Widerstandsfähige Leder bleiben vollständig unangegriffen. Angegriffene Leder brechen beim Knicken und sind an den Ecken schwarz und verleimt. Besonders schlechte Leder weisen Löcher auf, die durch die Peroxydbehandlung eingefressen worden sind.

γ) *Oxalsäure im Leder* (nach K. Klanfer und A. Luft). Auf das zu prüfende Lederstück wird eine kleine Menge von Diphenylamin (etwa 0,02 g) aufgebraucht und mit einem dicken Glasstab angepreßt. Mit einem Brenner wird von oben mit ganz kleiner Flamme zum Schmelzen gebracht und etwa 1 Minute vorsichtig im Schmelzen erhalten. Dann werden 2—3 Tropfen Alkohol aufgeträufelt und das Lederstück an einem möglichst hellen Ort liegen gelassen. Bei Anwesenheit größerer Oxalsäuremengen tritt nach etwa 1—2 Stunden eine Blaufärbung (Anilinblau) auf, bei ganz kleinen Oxalsäuremengen erst nach 10 Stunden. Die Reaktion wird durch Licht beschleunigt.

11. Analyse von Chromledern (V, 1570). a) Barium und Blei in Chromleder (nach N. Jambor und Z. Demény). α) *Barium.* Eine kleine Probe des Leders wird verascht und die Asche im Platintiegel mit einem Gemisch von Natrium- und Kaliumcarbonat aufgeschlossen. Der Schmelzkuchen wird in Wasser aufgenommen, filtriert und der Rückstand gründlich ausgewaschen und in HCl gelöst. Beim Zusatz von Kieselfluorwasserstoffsäure scheiden sich farblose, durchscheinende Kristalle von Bariumsilicofluorid in Stäbchen mit schiefer Endfläche ab, die manchmal gekreuzt sind (Mikroskop).

β) *Blei.* Eine kleine Probe des Leders wird mit Essigsäure im Reagensglas über Nacht stehen gelassen und hierauf im Wasserbad solange erwärmt, bis die Lederfasern vollständig zerstört sind. Dann wird Ammoniak bis zur deutlichen Lösung zugefügt und mit Essigsäure schwach angesäuert. Hierauf wird filtriert, das Filtrat eingeengt und 1 Tropfen auf einem Objektträger mit Kupferacetatlösung und einem Stückchen festen Kaliumnitrits versetzt: bei Anwesenheit von Blei scheiden sich nach kurzer Zeit schwarze hexagonale Würfel von Kalium-Kupfer-Bleinitrit $K_2CuPb(NO_2)_6$ ab, die grünlichgelb durchscheinend im Mikroskop leicht zu erkennen sind.

b) **Pflanzliche Gerbstoffe, lösliche Salze und Zucker.** Das entfettete Leder wird durch Erhitzen auf 100—105° vom Extraktionsmittel befreit, hierauf mit kaltem Wasser übergossen, über Nacht stehen gelassen und am anderen Tag im Procterschen Extraktor mit siedendem Wasser extrahiert. In aliquoten Teilen des Auszuges werden Zucker, lösliche Salze und pflanzliche Gerbstoffe bestimmt.

12. Physikalische Prüfung pflanzlich gegerbter Leder.

a) **Wasseraufnahmevermögen** (V, 1578).
α) *Freies Wasser* (nach R. S. Edwards). Man versteht unter „freiem Wasser" diejenige Wassermenge, welche beim Auftrocknen eines vollständig durchweichten

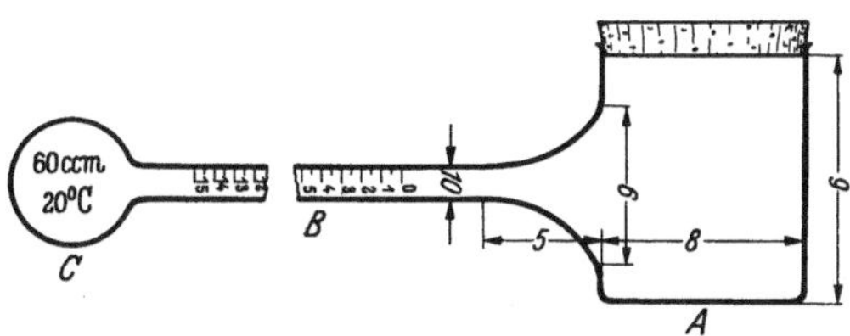

Abb. 4. Apparat zur Bestimmung der Wasseraufnahme von Leder. (Nach V. Kubelka und V. Němec.)

Lederstückes abgegeben wird. Ein quadratisches Lederstück von der Kantenlänge 7,6 cm wird bei 20° C und 75% relativer Luftfeuchtigkeit konditioniert und gewogen (I.); dann wird es mit der 10fachen Menge destillierten Wassers übergossen, nach 24 Stunden abgewischt und wieder gewogen (II.), dann bei 50° C 6 Stunden lang getrocknet, wieder bei 20° C und 75% relativer Feuchtigkeit konditioniert und erneut gewogen (III.). Die Gewichtsdifferenz (II.—III.) gibt, ausgedrückt in Prozent des Gewichts I., das „freie Wasser" an.

β) *Volumetrische Bestimmung der Wasseraufnahme* (nach V. Kubelka und V. Němec). Eine Lederscheibe von 7 cm Durchmesser wird ausgestanzt, auf 0,1 g genau gewogen und in den Teil A eingelegt, nachdem der Apparat[1] (Abb. 4) in vertikaler Stellung (Rundkölbchen nach unten) mit destilliertem Wasser bis zum 0-Strich der Skala gefüllt worden war. Gefäß A wird mit einem Gummistopfen verschlossen und das Wasser durch Neigen des Apparates in Gefäß A überführt, so daß die Lederscheibe völlig benetzt wird und untergetaucht bleibt. Nach 30 Minuten bzw. 24 Stunden wird der Apparat in vertikale Stellung gebracht und nach 10 Minuten die Wasserhöhe im kalibrierten Kolbenhals abgelesen. Durch einen Eichversuch bestimmt man zuvor die an den Gefäßwänden zurückbleibende Wassermenge, die bei der eigentlichen Messung mit berücksichtigt wird. Sie beträgt, eine genügende Reinigung des

---

[1] Zu beziehen durch die Firma C. Meißner, Freiberg i. S.

Apparates vorausgesetzt, nicht mehr als 0,1 cm³. Die Reinigung des Apparates erfolgt mit Chromsäure-Schwefelsäure und mit alkoholischer Natronlauge.

Bei dieser Methode wird die besondere Bestimmung des Auswaschverlustes vermieden.

γ) *Bestimmung der Saugfähigkeit des Lederanschnittes* (nach M. Bergmann und A. Miekeley). Die Messung wird in einem Quellungsmeßapparat (Abb. 5) vorgenommen[1].

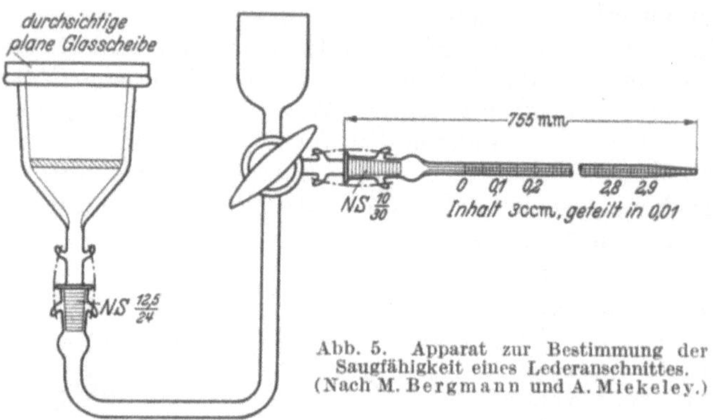

Abb. 5. Apparat zur Bestimmung der Saugfähigkeit eines Lederanschnittes. (Nach M. Bergmann und A. Miekeley.)

Man schneidet genau 1 cm breite und etwa 6 cm lange Lederstreifen und ebnet eine Längsschnittfläche durch Abreiben auf Schmirgelpapier, damit die Anschnittfläche, durch welche die Wasseransaugung erfolgen soll, überall der feuchten Glasfilterplatte dicht anliegt.

Von dem Augenblick an, in welchem man den Lederstreifen auf die Glasplatte des genau horizontal gestellten und mit destilliertem Wasser gefüllten Apparates legt (Lufteinschlüsse unter der Filterplatte sind zu vermeiden), verfolgt man das Zurückweichen des Meniscus in der horizontalen Meßpipette (z. B. in Abständen von 15 Minuten über einen Zeitraum von 2 Stunden). Die erhaltenen Werte, ausgedrückt in Milligramm H_2O/cm^2, trägt man gegen die Zeit in ein Kurvenblatt ein.

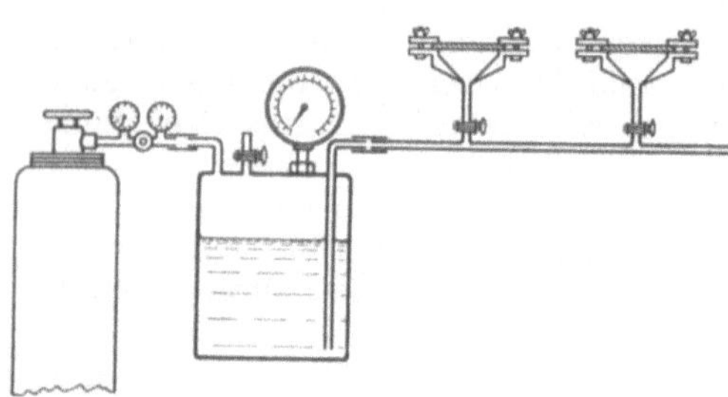

Abb. 6. Apparat zur Bestimmung der Wasserdurchlässigkeit von Leder. (Nach F. Stather und H. Herfeld.)

b) **Wasserdurchlässigkeit von Leder** (V, 1578) (nach F. Stather und H. Herfeld). Die Wirkungsweise des Apparates[2] geht aus der Abb. 6 hervor.

---

[1] Zu beziehen durch Schott & Gen., Jena.
[2] Zu beziehen durch die Firma C. Meißner, Freiberg i. S.

Durch Öffnen des Ventils der Kohlensäurebombe wird Wasser mit ständig zunehmendem Druck (Zunahme von 0,2 kg/cm² in der Minute, Maximum 5 Atm.) auf die Lederprobe zur Einwirkung gebracht. Der Wasserdruck, bei dem ein Durchschlagen von Feuchtigkeit eintritt, wird am Manometer abgelesen. Dieser Druck in Kilogramm/Quadratzentimeter, dividiert durch die Lederdicke in Millimetern, ist das Wasserdurchlässigkeitsquotient.

Sohl- und Vacheleder von guter Wasserfestigkeit geben einen Quotienten von mindestens 0,6.

Literatur.

Appelius: Ledertechn. Rdsch. 1911, 377. — Atkin, W. R., L. Goldmann and F. C. Thompson: Journ. internat. Soc. Leather Trades Chem. 17, 568 (1933).

Bergmann, M. u. A. Miekeley: Collegium 1934, 117.

Edwards, R. S.: Collegium 1937, 179.

Feigl u. Krauss: Ber. Dtsch. Chem. Ges. 58, 398 (1925).

Graßmann, W. u. R. Bender: Collegium 1935, 521. — Graßmann, W. u. O. Lang: Collegium 1935, 114, 401.

Innes, R. F.: Journ. internat. Soc. Leather Trades Chem. 17, 725 (1933).

Jambor, N. u. Z. Demény: Collegium 1936, 74.

Klanfer, K. u. A. Luft: Mikrochim. Acta I/2, 142. — Kubelka, V. u. V. Němec: Collegium 1937, 179. — Kubelka, V. u. E. Weinberger: (1) Collegium 1933, 104. — (2) Collegium 1935, 289.

Mlejnek, V. J.: Journ. Amer. Leather Chem. Assoc. 26, 249 (1931).

Offizielle Methode der Int. Soc. Leather Trades Chemists: Journ. internat. Soc. Leather Trades Chem. 15, 99 (1931).

Pothier, F.: Journ. internat. Soc. Leather Trades Chem. 20, 278 (1936).

Riess, W.: Collegium 1936, 343.

Stather, F. u. H. Herfeld: Collegium 1935, 13.

Theiss, E. R. and E. J. Serfass: Journ. Amer. Leather Chem. Assoc. 29, 543 (1934).

Vlček, K.: Collegium 1937, 466.

Kautschuk und Gummiwaren.

Von

Dr. S. Reissinger, Leverkusen a. Rh.

Allgemeines über Kautschuk (V, 439).

Die Entwicklung der Gummiindustrie hat in den letzten Jahrzehnten einen starken Aufschwung erlebt. Mit der Einführung der Vulkanisationsbeschleuniger und der Alterungsschutzmittel ist es gelungen, Gummiwaren von wesentlich besseren Eigenschaften und vor allem längerer Lagerfähigkeit und Lebensdauer herzustellen. Durch die geeignete Auswahl dieser Produkte, Hand in Hand mit einer dem Verwendungszweck der Fabrikate angepaßten Mischungszusammensetzung, ist es möglich, die von den Verbrauchern an die Gummiwaren gestellten Ansprüche weitgehend zu befriedigen. Die Entwicklung der Technik brachte es jedoch mit sich, daß an bestimmte Gummiwaren heute noch wesentlich höhere Anforderungen gestellt werden, die, bedingt durch die chemischen und physikalischen Eigenschaften des Ausgangsmaterials (des Rohkautschuks), nicht mehr erfüllt werden können.

Der wissenschaftlichen Forschung ist es schon Anfang dieses Jahrhunderts gelungen, synthetische Kautschuke aufzubauen. Der erste technisch verwertbare synthetische Kautschuk war der sog. „Methylkautschuk" (aus Dimethylbutadien), der in Deutschland während der Kriegsjahre 1914—1918 in größerem Maßstabe hergestellt wurde. Dieser Methylkautschuk wird nicht mehr erzeugt, nachdem die weiteren Arbeiten zu technisch wesentlich wertvolleren Produkten führten, die heute als deutscher synthetischer Kautschuk „Buna" im Handel sind (Butadien-1,3-Polymerisate).

Auch in den Vereinigten Staaten von Nordamerika wird ein synthetischer Kautschuk „Neopren" (aus 2-Chlorbutadien) hergestellt. Die russischen synthetischen Kautschukarten „SK-B"- und „SK-A"-Kautschuk und der polnische „Ker" sind, wie der deutsche Buna, aus Butadien-1,3 hergestellt, wogegen der russische „Sowpren" auf Basis 2-Chlorbutadien aufgebaut ist.

Außer diesen synthetischen Kautschuksorten sind sog. „Thioplaste" auf dem Markt. Diese Produkte sind unter den Namen „Thiokol" und „Perduren" bekannt und stellen Polyäthylen-Polysulfidkondensate dar. Sie sind ebenso wie Kautschuk vulkanisierbar, aber nicht als Nachbildungen des Naturkautschuks anzusprechen, sondern an sich und in ihren Eigenschaften neuartige Materialien.

Das Ausgangsprodukt für die Herstellung von synthetischem Kautschuk ist Butadien-1,3, das je nach Rohstoffbasis aus Acetylen, aus Alkohol oder aus Petroleum bzw. aus Krackprodukten des Petroleums gewonnen wird. Je nach Art der Polymerisation werden aus Butadien verschiedenartige Produkte erhalten.

Die Polymerisation mit Alkalimetall führt zu dem deutschen „Zahlenbuna" (Buna 85 und Buna 115), ebenso sind die russischen SK-A- und SK-B-Kautschuke und der polnische „Ker" Natrium-Butadienpolymerisate. Diese Polymerisate haben jedoch keine größere technische Bedeutung erlangt.

Die „Buchstaben"-Bunasorten (Buna S, Buna SS, Perbunan, Perbunan extra) sind Emulsionspolymerisate, und zwar sog. Mischpolymerisate (Butadien + Olefine). So ist Perbunan (früher als Buna N bezeichnet) ein Mischpolymerisat des Butadiens mit Acrylsäurenitril[1], Buna S dagegen ein Mischpolymerisat des Butadiens mit Styrol[2].

Auf die Einzelheiten der Herstellung des synthetischen Kautschuks einzugehen, ist hier nicht am Platz. Es muß auf die einschlägige Literatur verwiesen werden (E. Konrad). Die Entwicklung, die der synthetische Kautschuk in den letzten Jahren genommen hat, beweist, daß es sich um mehr als um ein „Ersatz"-Produkt für Naturkautschuk handelt. Es sind die in verschiedener Beziehung überlegenen Eigenschaften der synthetischen Kautschuksorten, die es ermöglichen, diese neuen Werkstoffe vor allem dort einzusetzen, wo das Naturprodukt den Anforderungen der Technik nicht mehr entspricht (A. Koch). Als besondere Merkmale des synthetischen Kautschuks sind zu erwähnen: erhöhte Alterungsbeständigkeit, wesentlich größere Hitzebeständigkeit, geringerer Abrieb und — speziell für Perbunan — bedeutend bessere Quellbeständigkeit gegen aliphatische Kohlenwasserstoffe, Fette und Öle. Auch das amerikanische Neopren ist ein synthetischer Kautschuk mit hoher Beständigkeit gegen quellende Agenzien.

Eine Sonderstellung nehmen die Thiokole und die Perdurene ein, die Fabrikate mit besonders hoher Quellbeständigkeit, jedoch ziemlich geringen mechanischen Festigkeiten ergeben, so daß ihre Verwendbarkeit begrenzt ist. Hervorzuheben ist vor allem ihre relativ gute Beständigkeit gegen aromatische Kohlenwasserstoffe (G. Spielberger).

Die Verarbeitung des synthetischen Kautschuks und die Herstellung von Gummiartikeln aus diesen Mischungen erfolgt im Prinzip in gleicher Weise wie bei Naturkautschuk.

Ein weiteres Rohprodukt hat in den letzten Jahren in der verarbeitenden Industrie wesentlich an Bedeutung gewonnen: der Kautschukmilchsaft, der Latex. Nachdem es gelungen ist, den Latex gegen bakterielle und mechanische Einflüsse genügend zu stabilisieren und vor allem zu konzentrieren, hat die industrielle Verarbeitung von Latex größere Ausmaße angenommen, wenn sich auch nicht alle Hoffnungen erfüllt haben, die ursprünglich von verschiedenen Seiten in den Latex gesetzt wurden. Die Verwendungsmöglichkeiten von Kautschukmilch sind naturgemäß begrenzt.

In den letzten Jahren sind auch Latices der synthetischen Kautschuke in den Handel gekommen. Sowohl bei Buna S wie bei Perbunan erfolgt die Polymerisation in Emulsion, so daß das Polymerisat nach Abschluß der Polymerisation als Latex vorliegt [O. Bächle (1)].

Auch das amerikanische Neopren ist in Latexform im Handel und von den Thioplasten Perduren SP und Thiokol als wäßrige Suspension.

---

[1] DRP. 659172.　　[2] DRP. 570980.

I. Die Untersuchung der Rohstoffe.

A. Die Prüfmethoden der Rohkautschuke.

1. Der Naturkautschuk (V, 443). Eine wichtige Voraussetzung für alle Untersuchungen ist die sachgemäße Probenahme. Vor der Probenahme ist die äußere und innere Beschaffenheit festzustellen: Farbe, Geruch, Verunreinigungen u. dgl. An der Oberfläche befindliche Verunreinigungen werden vor der Probenahme sorgfältig entfernt, soweit einwandfrei feststeht, daß diese nicht aus dem Material selbst stammen. Sofern es nicht für die Durchführung der Prüfung erforderlich ist (z. B. Bestimmung des Waschverlustes), werden die Proben nicht auf der Walze verarbeitet oder in Zerkleinerungsmühlen gemahlen, sondern mit einer Schere oder einer scherenartig wirkenden Vorrichtung zerkleinert. Die Verarbeitung auf der Walze kann infolge von Depolymerisation und Oxydation zu fehlerhaften Prüfergebnissen führen. Das zur Prüfung gelangende Material soll zu Würfeln von nicht mehr als 2 mm Kantenlänge zerschnitten werden.

a) **Feuchtigkeit.** Neben der Xylolmethode hat sich auch das Trocknen der zerkleinerten Proben im Vakuumexsiccator über konzentrierter Schwefelsäure bewährt. 2 g des eventuell gewaschenen lufttrockenen Kautschuks werden soweit wie möglich mit der Schere zerkleinert und auf einem Uhrglas in einem evakuierten Exsiccator über konzentrierter Schwefelsäure bis zur Gewichtskonstanz getrocknet. Der Gewichtsverlust entspricht dem Feuchtigkeitsgehalt. Der Exsiccator ist vor Tageslicht geschützt aufzustellen.

b) **Wasserlösliche Bestandteile.** Bei der Bestimmung des Waschverlustes werden neben den mechanischen Verunreinigungen gleichzeitig auch der Feuchtigkeitsgehalt und teilweise auch die wasserlöslichen Bestandteile erfaßt. Es ist vielfach jedoch auch von Interesse, den Gehalt an wasserlöslichen Anteilen direkt zu bestimmen. Hierzu werden 10 g des feinst zerkleinerten Kautschuks mit der 5fachen Menge destilliertem Wasser mehrfach ausgekocht. Nach dem Filtrieren werden die vereinigten Lösungen in einer gewogenen Porzellanschale eingedampft und der Rückstand bei höchstens 100° zur Gewichtskonstanz getrocknet. Die Abdampfrückstände können zur qualitativen Ermittlung der wasserlöslichen Stoffe benutzt werden.

Nach P. Dekker (1) wird die Probe zur Bestimmung der wasserlöslichen Bestandteile mit Xylol und Eisessig erwärmt und dann mit Eisessig und Wasser ausgekocht. Hierbei werden wesentlich höhere Werte erhalten als beim Auskochen mit Wasser. Bei dieser Arbeitsweise dürften jedoch auch andere als die nur wasserlöslichen Anteile erfaßt werden.

c) **Bestimmung der in Aceton löslichen Bestandteile (V, 446).** Die Ausführung der Bestimmung erfolgt im Extraktionsapparat. Der bisher fast allgemein übliche Zuntzsche Apparat (V.D.E.) wurde in den Abmessungen etwas geändert. Das neue Gerät besteht aus einem weithalsigen Erlenmeyerkolben 300 DIN DENOG 12 und einem Kühler mit Hebergefäß. Für diese beiden Teile ist ein Normblatt (DIN DVM 3555) in Vorbereitung (vgl. S. 381). Als Extraktionsmittel wird Aceton purissimum D.A.B. 6 verwendet. Das Aceton soll frisch über wasserfreiem Natriumcarbonat destilliert sein. Nur die zwischen 56 und 57° übergehende Fraktion wird für die Untersuchung verwendet. Das vor Licht und Feuchtigkeit geschützt aufzubewahrende Aceton soll nicht älter als 14 Tage sein. Für die Vorbereitung der Kautschukprobe ist zu empfehlen, diese mit einer Schere möglichst fein zu zerschneiden und nicht auf einer Walze zu einem dünnen Fell auszuziehen (s. oben). Die Temperatur, bei welcher der Kolben mit Rückstand im Trockenschrank getrocknet wird, soll 75° nicht überschreiten. Zur qualitativen Untersuchung des Rückstandes wird dieser mit warmem neutralen Alkohol aufgenommen und mit 0,1 n-alkoholischer Kalilauge titriert. Als Indicator dient Phenolphthalein. Der Verbrauch an Kaliumhydroxyd in Milligramm wird auf 100 g Kautschuk umgerechnet und als „Säurezahl" bezeichnet. Der Stickstoffgehalt des Acetonextraktes wird nach der Mikro-Kjeldahl-Methode nach Bang-Gerngroß und Schaefer bestimmt.

d) Viscositätsbestimmung (V, 448). Die Bestimmung der Viscosität von Kautschuklösungen ergibt ebenfalls wertvolle Anhaltspunkte zur Beurteilung der Qualität des Rohmaterials. Für diese Prüfungen hat sich das in den letzten Jahren entwickelte Höppler-Viscosimeter bestens bewährt. Das Gerät hat einen sehr hohen Meßbereich und gestattet die Messung von Flüssigkeiten mit 0,5 bis über 100000 Centipoise bei einer Meßdauer von 50—300 Sekunden. Die Angabe der Viscositäten erfolgt im absoluten Maßsystem (Poise). Die Apparatur zeigt hohe Meßgenauigkeit und gestattet die Durchführung zahlreicher Bestimmungen ohne nachzufüllen. Die Messungen benötigen sehr kurze Zeit und können bei beliebigen Temperaturen erfolgen. Die geringe benötigte Flüssigkeitsmenge (35 cm³) und die leichte Reinigungsmöglichkeit sind weitere Vorteile dieses Apparates. Bei flüchtigen Lösungsmitteln wird Verdunstung und Hautbildung an der Oberfläche vermieden, ebenso sind die Einflüsse der Oberflächenspannung ausgeschaltet (F. Höppler; H. Brückner).

Zur Erzielung von Vergleichswerten ist auf die einheitliche Vorbehandlung der Proben bei der Herstellung der Lösungen besondere Sorgfalt zu verwenden. Auf den Einfluß von Licht und Luftsauerstoff (Viscositätserniedrigung) ist Rücksicht zu nehmen. Es ist empfehlenswert, die Lösungen durch eine Glasfritte zu filtrieren, da Quellkörper und Verunreinigungen die Genauigkeit der Messungen beeinflussen.

e) Versuchsverarbeitung (Vulkanisation und Verhalten der Vulkanisate, V, 450). Neben der allgemeinen, rein äußerlichen Beurteilung des Rohkautschuks und den verschiedenen analytischen Prüfungen ist für die Gütebestimmung des Materials sein Verhalten bei der Verarbeitung und der Vulkanisation besonders wichtig. Das Verhalten bei der Mastikation und die Plastizitätseigenschaften beim Verarbeiten auf der Walze ergeben ein gutes Bild über die Qualität des Rohkautschuks.

Bei der Durchführung der Versuche ist besonderer Wert auf gleichmäßigste Versuchsbedingungen zu legen: Rohkautschukmenge, Walzengröße, Friktion, Walzenspalt, Walzentemperatur, Mastikationszeit. Nur bei Einhaltung gleicher Versuchsbedingungen werden vergleichbare Prüfwerte erhalten.

Die Plastizität des Rohkautschuks spielt in der Verarbeitung eine wichtige Rolle. Der Naturkautschuk wird durch das Mastizieren auf der Walze in einen „plastischen“ Zustand übergeführt, der ausschlaggebend ist für die weitere Verarbeitbarkeit der Mischungen. Unter einem plastischen Material versteht man ein solches Material, das durch Einwirkung einer äußeren Kraft eine bleibende Formänderung erleidet. Bei Kautschuk jedoch tritt nach Aufhebung der äußeren Kraft ein teilweiser Rückgang der Formänderung ein („Erholung“). Außer dem „plastischen Anteil“ muß auch der „elastische Anteil“ des Materials gemessen werden. Zur Prüfung gibt es eine Reihe verschiedener Apparate, die in der Hauptsache in 2 Gruppen eingeteilt werden können: die Plattendruckgeräte und die Ausflußgeräte. Zur allgemeinen Orientierung können auch Härtemesser und Viscosimeter herangezogen werden. Zu den Plattendruckgeräten zählen unter anderen die Plastometer von Williams (1) und Goodrich (E. Karrer, J. M. Davies und E. O. Dieterich), das Continental-Deformations-Meßgerät (Defo-Apparat) (Th. Baader) und das Schnellplastometer von Hoekstra. Zu den Ausflußgeräten gehören der Marzetti-Apparat und der abgeänderte Marzetti-Apparat nach J. Behre. Eine besondere Art eines Platteninstrumentes ist das Pendelplastometer von J. Williams (2), bei dem die Proben auf eine bestimmte Dicke zusammengepreßt werden und die Erholung der Proben gemessen wird. Die Dämpfung des Pendels ist ein Maß für die aufgewandte Energie. Eine weitere Type eines Plastometers wird von M. Mooney vorgeschlagen. Hierbei wird der Scherwiderstand einer Scheibe gemessen, die sich in der zusammengepreßten Kautschukprobe dreht.

Nachstehend sei das Prinzip einiger dieser Apparate kurz erläutert:

Das Plastometer von J. Williams besteht aus zwei planparallelen Metallplatten, von denen die obere beweglich angeordnet ist. Das Plastometer wird in einem Thermostaten bei 80 bzw. 100° aufgestellt. Die zu untersuchende Kautschukprobe wird als Kugel oder Zylinder von etwa 2 cm³ Rauminhalt zwischen die Platten gebracht und die obere Platte so belastet, daß die Gesamtbelastung 5 kg beträgt. Mittels einer Meßuhr wird das Absinken der Höhe des Prüfkörpers zu verschiedenen Zeiten gemessen (z. B. nach 5, 10, 15—30 Minuten) und die gemessenen Millimeter nach der Zeit in Kurven aufgetragen: $K = Y \cdot X^n$. Dabei ist Y die Dicke in Millimetern, X die Zeit in Minuten und n eine Konstante. Der elastische Anteil wird nicht gemessen.

Da bei diesem Apparat der Druck auf die Flächeneinheit während der Versuchsdauer infolge der Oberflächenvergrößerung der Probe stetig abnimmt, wurde bei dem von A. van Rossem und H. van der Meyden und von O. de Vries benutzten, nach dem gleichen Prinzip arbeitenden Apparat auf der Grundplatte eine Erhöhung angebracht, auf die der zu untersuchende Kautschuk gelegt wird. Auf diese Weise ist die Oberfläche des Kautschuks, welche gedrückt wird, und somit auch der Druck pro cm² konstant. Außer der Dickenabnahme während des Zusammenpressens bestimmt van Rossem auch die nach der

Entlastung erfolgende Dickenzunahme der Probe („Erholung", elastischer Anteil).

Goodrich-Plastometer. Hierfür werden kleine Zylinder von 1 cm² Kreisfläche und 1,13 cm Höhe aus der zu untersuchenden Probe mittels einer besonderen Apparatur ausgebohrt. Die Prüfstücke werden zwischen 2 Platten von gleichem Durchmesser wie die Prüfkörper während 30 Sekunden mit einer bestimmten Gewichtsbelastung zusammengepreßt. Dabei wird die Abnahme der Dicke gemessen. Dann wird entlastet und nach weiteren 30 Sekunden die infolge des elastischen Anteils erfolgende Dickenzunahme bestimmt. Die „Weichheit" der Probe wird zahlenmäßig durch die Dickenänderung ausgedrückt:

$$S = f(t, F) \cdot \frac{h_0 - h_1}{\left(\dfrac{h_0 + h_1}{2}\right)} = K \cdot \frac{h_0 - h_1}{h_0 + h_1}.$$

Hierbei ist F die Belastung, h_0 die ursprüngliche Höhe der Probe, h_1 die Höhe nach der Belastung nach 30 Sekunden und $(h_0 - h_1)$ die gesamte Deformation in der Zeit t. $\frac{h_0 + h_1}{2}$ ist als Mittelwert der Höhe während der Deformation angenommen. Für relative Werte kann die Konstante K vernachlässigt und somit $S = \frac{h_0 - h_1}{h_0 + h_1}$ gesetzt werden. Die relative bleibende Verformung („retentivity" = „Zurückhaltungsfähigkeit"[1]) ist das Verhältnis der bleibenden Verformung nach der Entlastung zur gesamten Höhenabnahme unter Belastung:

$R = \frac{h_0 - h_2}{h_0 - h_1}$, wobei h_2 die Höhe der Probe nach 30 Sekunden nach der Entlastung ist.

Die „Plastizität" ist dann:

$$P = S \cdot R = \frac{h_0 - h_2}{h_0 + h_1}.$$

Das **Continental-Deformations-Meßgerät** (Hersteller: Dreyer, Rosenkranz & Droop, Hannover) zeigt im Aufbau und der Probenherstellung gewisse Ähnlichkeit mit dem **Goodrich**-Plastometer. Die Prüfkörper werden in gleicher Weise aus der zu untersuchenden Probe ausgebohrt und auf die entsprechende Höhe geschnitten: Zylinder von 10 mm Höhe und 10 mm Durchmesser. Der Preßplattendurchmesser beträgt ebenfalls 10 mm. Der prinzipielle Unterschied der beiden Apparate besteht darin, daß beim **Goodrich**-Plastometer der Prüfkörper mit einer bestimmten Belastung zusammengepreßt und die Dicke nach 30 Sekunden gemessen wird, wogegen beim „Defo"-Apparat die Kraft (Belastung) ermittelt wird, die erforderlich ist, um den Prüfkörper bei einer Meßtemperatur von 80° in 30 Sekunden von 10 mm auf 4 mm zusammenzupressen. Nach Th. **Baader** wird dieses Gewicht (Verformungs-) Härte (Defo-Härte) genannt. Die nach der Entlastung nach 30 Sekunden gemessene Rücklaufhöhe wird mit (Verformungs-) Elastizität (Defo-Elastizität) und die verbleibende Höhendifferenz mit (Verformungs-) Plastizität (Defo-Plastizität) bezeichnet. So bedeutet z. B. eine Angabe 2700/3,52, daß 2700 g erforderlich waren,

---

[1] Ztschr. f. techn. Physik **11**, 331 (1930).

um den Prüfkörper unter den Versuchsbedingungen (30 Sekunden, 80°) von 10 mm auf 4 mm zusammenzupressen (Defo-Härte). Die Höhe des Prüfstückes 30 Sekunden nach der Entlastung betrug 7,52 mm, die Defo-Elastizität (Rücklaufhöhe) demnach 3,52, die Defo-Plastizität also 2,48.

Diese von Th. Baader gewählte Bezeichnung der Defo-Elastizität ist der von H. Hagen (1) gemachten Angabe vorzuziehen, bei welcher die Höhe des Prüfkörpers nach der Entlastung — in Prozent auf die ursprüngliche Höhe (10 mm) bezogen — als „elastischer Anteil" bezeichnet wird.

Die zweite Gruppe der Plastometer stellen die Ausflußapparate dar.

Der Marzetti-Apparat besteht aus einem Stahlzylinder mit etwa 50 cm³ Inhalt, dessen unterer Teil kegelförmig ausgebildet ist und in einer Düse von 20 mm Länge bei 3 mm Durchmesser endigt. Die Kautschukprobe wird in den Zylinder eingelegt, der Zylinder geschlossen und die Probe mittels einer Spindel zusammengepreßt. Der Apparat wird dann in ein Glycerinbad gesetzt und auf Versuchstemperatur angewärmt. Das Ausspritzen der Probe erfolgt — nach Lösen der Spindel — mit Preßluft von 10—30 atü je nach Härte des zu untersuchenden Materials. Mittels eines unterhalb der Düse angebrachten Messers wird der ausgespritzte Strang in entsprechenden Zeitabständen (15 Minuten) eingeschnitten. Die ausgepreßte Menge ist dem Quadrat des Druckes proportional. Als Kriterium für die Plastizität wird die Plastizitätszahl $= \sqrt{mg}$ bei dem angewandten Druck und der Versuchstemperatur angegeben.

Der von J. Behre entwickelte Apparat arbeitet nach dem gleichen Prinzip. Die Apparatur wurde vereinfacht (kürzere Düse, elektrische Heizung), so daß sie als Schnellplastometer geeignet ist.

Über „vergleichende Plastizitätsmessungen an Kautschuk und Kautschukmischungen mit verschiedenen Plastometern" vgl. H. Hagen (1).

Außerdem sind Vulkanisationsversuche zweckmäßig, die über die Vulkanisationseigenschaften des Kautschuks Aufschluß geben. Auf gleiche Lagerbedingungen (Zeit und Temperatur) der Mischungen vor der Vulkanisation und zwischen der Vulkanisation und der mechanischen Prüfung ist zu achten.

Eine Alterungsprüfung der Vulkanisate in der Wärme (Heißluftalterung nach Geer) und in der Sauerstoffbombe (nach Bierer und Davis) gibt Aufschluß über die Alterungseigenschaften der verschiedenen Proben.

Zur Vulkanisationsprüfung können beschleunigerfreie wie beschleunigerhaltige Mischungen verwendet werden.

	1.	100,0 Gwtl.		Kautschuk
		10,0	,,	Schwefel
oder	2.	100,0 Gwtl.		Kautschuk
		10,0	,,	Zinkoxyd
		2,0—3,0	,,	Schwefel
		0,5—1,0	,,	Beschleuniger.

Die Mischungen werden in 6 mm starken Platten in der Presse vulkanisiert. Der Zugversuch ist nach dem Verfahren von Schopper-

Dalén auszuführen und soll nicht früher als 3 Tage nach dem Vulkanisieren bei einer Raum- und Probentemperatur von $20 \pm 2°$ mit einer gleichbleibenden Dehngeschwindigkeit von 400—500% der Meßlänge je Minute erfolgen (DIN DVM 3504). Außerdem sind Härte und Elastizität der Vulkanisate zu ermitteln.

Die Beurteilung der Vulkanisationseigenschaften einer Kautschukmischung ist nur an Hand von verschieden lang geheizten Prüfkörpern möglich: 10, 20, 30 usw. Minuten bei einer dem gewählten Beschleuniger angepaßten Vulkanisationstemperatur (z. B. 2,0 atü = 132,9° oder 3,0 atü = 142,9°).

Ein Urteil über die Vulkanisationsgeschwindigkeit verschiedener Kautschukproben kann durch Beobachtung des Vulkanisationseinsatzes bei niedrigeren Temperaturen (70—100°) gewonnen werden. Da sich Normen für die Vulkanisationsgeschwindigkeit nicht aufstellen lassen, empfiehlt es sich, bei den Vulkanisationsprüfungen jeweils eine Mischung mit einer bekannten Kautschukprobe zum Vergleich heranzuziehen.

Stehen nur geringe Mengen des zu prüfenden Kautschuks zur Verfügung, so kann durch Vulkanisation schmaler Streifen in geschmolzenem Schwefel ein Überblick über die Vulkanisationseigenschaften der Proben gewonnen werden[1].

Da verschiedentlich die Rohkautschukprüfung in technischen Mischungen durchgeführt wird, muß darauf hingewiesen werden, daß die übrigen Zusatzstoffe einer entsprechenden Kontrolle unterzogen werden müssen, da die einzelnen Lieferungen der Füllstoffe nicht immer völlig übereinstimmen. Es ist daher empfehlenswert, einen größeren Posten der zu verwendenden Zusätze ausschließlich für derartige Prüfungen bereitzustellen.

2. Kautschuk-Latex (V, 452). In den letzten Jahren hat die Verarbeitung von Kautschukmilch in den verschiedenen Industriezweigen stark zugenommen. Der Latex selbst wie sein Verhalten bei der Verarbeitung waren deshalb Gegenstand eingehender Untersuchungen.

In der nachstehenden Tabelle sind die wichtigsten Prüfungen aufgeführt, die über die Eigenschaften des Latex Aufschluß geben:

a) Farbe, Geruch, spezifisches Gewicht,
b) Trockengehalt,
c) Kautschukgehalt,
d) Asche,
e) Konservierungsmittel, Alkaligehalt,
f) Gehalt an koagulierten Anteilen und mechanischen Verunreinigungen,
g) Stabilitätsprüfung,
h) Viscositätsprüfung,
i) Oberflächenspannung,
k) Wasserstoffionenkonzentration,
l) wasserlösliche Anteile,
m) acetonlösliche Anteile,
n) Stickstoffbestimmung,
o) verseifbare Anteile.

Probenahme. Der Latex hat die Eigenschaft bei längerem Lagern aufzurahmen. Es erfolgt eine allmähliche Anreicherung an Kautschuksubstanz in den oberen Schichten. Außerdem setzen sich mechanische Verunreinigungen u. dgl. am Boden der Gefäße ab. Es ist also zur Erzielung einer guten Durchschnittsprobe unbedingt erforderlich, den Latex intensiv durchzurühren. Es genügt nicht, die zu prüfenden Fässer

---

[1] Gummi-Ztg. 48, 32 (1934).

einige Zeit rollen zu lassen, weil dadurch keine genügende Homogenisierung erfolgt. Die Probenahme erfolgt nach guter Durchmischung des Latex zweckmäßig mittels eines Stechhebers oder einer ähnlichen Vorrichtung.

a) **Farbe, Geruch, Dichte des Latex.** Die Farbe des Latex und der Latexkonzentrate schwankt von weiß nach grau bis gelblich. Gelbliche Farben weisen gewisse Konzentrate auf (z. B. Revertex) und außerdem Latices einzelner Klonen, insbesondere Latex junger Bäume. Die Graufärbung des Latex ist hauptsächlich bedingt durch einen Gehalt an Eisensulfid. Die Bestimmung der Farbe erfolgt z. B. mit dem Lovibond-Tintometer oder an Hand einer Farbskala (W. S. Davey und Coker, E. A. Murphy). Neben der Farbe des Rohmaterials ist auch ein Vergleich der Farbe der getrockneten Filme zu empfehlen.

Der **Geruch** des Latex läßt rasch die Art des Konservierungsmittels (meistens Ammoniak) erkennen, aber die Geruchsprüfung ist vor allem wichtig, um Fäulnis und Zersetzungserscheinungen im Latex festzustellen.

Die **Dichte** wird nach den üblichen Methoden bestimmt: Aräometer, Mohr-Westphalsche Waage, Pyknometer. Die Dichte gibt einen Anhaltspunkt für den Kautschukgehalt des Latex. Mit steigendem Kautschukgehalt erniedrigt sich das spezifische Gewicht.

b) **Der Trockengehalt des Latex.** Man trocknet eine Probe von etwa 10 g Latex auf einem flachen Schälchen im Trockenschrank bei 70° zur Gewichtskonstanz. Der Film muß dabei vollkommen klar sein und darf keine durch Feuchtigkeit bedingten weißlichen Trübungen zeigen.

Nach P. Scholz und K. Klotz werden etwa 2 g Latex auf einer flachen Nickelschale vorsichtig über einer gelinden Heizquelle erwärmt, bis alle weißen und opaken Stellen verschwunden sind. Der trockene Film wird zusammengerollt und gewogen. Die Versuchsdauer beträgt 6—10 Minuten. Die Differenz der Einzelversuche beträgt nicht mehr als 0,2% ($\pm$ 0,1% im Mittelwert).

c) **Kautschukgehalt.** Da der Verdampfungsrückstand von Latex neben der Kautschuksubstanz auch die Kautschukharze und Serumbestandteile enthält, wird der Kautschukgehalt des Latex gesondert bestimmt, und zwar im allgemeinen durch Koagulation mit Eisessig, Essigsäure oder Ameisensäure. Die Bestimmung erfolgt teils mit unverdünntem, teils mit verdünntem Latex. Das Koagulat wird auf der Waschwalze säurefrei gewaschen, bei 70° getrocknet und gewogen. R. J. Noble (1) gibt unter anderem folgende Methode an: 25 g Latex werden mit 25 cm³ Wasser verdünnt und mit 0,5%iger Essigsäure koaguliert. Es wird so viel Essigsäure zugesetzt, bis der Latex saure Reaktion (p_H = 4,6) zeigt (Indicator Methylrot). Die Probe wird dann 30 Minuten auf dem Wasserbad zur klaren Abtrennung des Serums erhitzt. Das Koagulat wird durch Abpressen von Serum befreit und mehrmals zwischen eng gestellten Walzen gewaschen. Nach dem Trocknen bei 70° wird gewogen.

P. Scholz und K. Klotz empfehlen Koagulation mit 10%iger H_2SO_4 und Auswaschen des Koagulats ohne jede Pressung in fließendem, etwa 50° warmem Wasser. Bei dieser Methode ist eine Waschwalze nicht erforderlich. Je nachdem, ob man eine abgewogene Menge Latex durch Zusatz von Schwefelsäure koaguliert oder ob man eine in einer Pipette abgemessene Probe Latex verwendet, erhält man den Kautschukgehalt in Gewichtsprozenten (Cw) oder in Volumenprozenten (Cv).

Die gleichen Autoren schlagen zur Vereinfachung und Verkürzung der Untersuchungsdauer vor, folgendermaßen zu arbeiten: 10 g bzw. 10 cm³ Latex werden auf das 2—3fache verdünnt, mit 10%iger Essigsäure versetzt und die Lösung in der Petri-Schale auf dem Wasserbad erhitzt, bis die Koagulation vollständig ist; das schwammig weiche Koagel wird z. B. auf einem Emaildeckel ausgewaschen und von Hand möglichst breit und zu gleichmäßiger Dicke gepreßt, $^1/_4$—$^1/_2$ Stunde in siedendem Wasser gekocht und nach grober Abpressung zwischen Tüchern auf dem als Deckel über das Wasserbad gesetzten Emaildeckel getrocknet mit eventuell kurzer Ofennachtrocknung.

Němec und Žuravlev empfehlen Alkohol als Koagulationsmittel.

d) Asche. Die getrockneten Proben der Bestimmung des Trockengehaltes und des Kautschukgehaltes werden zur Bestimmung der Aschenmenge und der Aschenzusammensetzung verwendet.

e) Konservierungsmittel und Alkaligehalt. Zur Bestimmung des Ammoniakgehaltes (bei Abwesenheit von fixem Alkali und Seife) werden nach O. Bächle (2) 20 g Latex mit 20 g destilliertem Wasser verdünnt und mit 3—4 Tropfen Methylrotlösung (0,2%ig) versetzt. Außerdem fügt man 10 cm³ einer neutral gestellten 10%igen Nekal-BX-Lösung hinzu, um bei der nachfolgenden Titration mit n-H_2SO_4 Koagulation und damit Einschlüsse im Koagulat zu vermeiden. 1 cm³ n-H_2SO_4 entspricht 0,017 g NH_3. Wird ohne Nekal-BX-Zusatz gearbeitet, so muß die Latexprobe wesentlich stärker verdünnt (10:300) und mit 0,1 n-H_2SO_4 titriert werden.

Bei Anwesenheit von kaust. Alkali oder Seife empfiehlt R. J. Noble (2) folgende Arbeitsweise: 20 g Latex werden mit 100—150 cm³ destilliertem Wasser verdünnt und mit einem kleinen Stückchen granuliertem Zink und einem Überschuß von NaOH versetzt. Der Kolben wird erhitzt, etwa 100 cm³ der Flüssigkeit werden abdestilliert und in 50 cm³ 0,5 n-HCl aufgefangen unter Zusatz von 2—3 Tropfen Methylrotlösung als Indicator. Die verbrauchte Menge HCl wird mit 0,5 n-NaOH zurücktitriert und entspricht der überdestillierten Menge Ammoniak.

Formaldehyd wird im Serum der Milch durch eine der bekannten Reaktionen festgestellt.

Das Gesamtalkali (Ammoniak, freies und gebundenes kaust. Alkali) wird nach Noble (2) durch Titration einer 1:10 verdünnten Latexprobe mit 0,1 n-Säure bestimmt und als NaOH bzw. KOH oder in „Kubikzentimeter 0,1 n-Säure pro Gramm Latex" angegeben. Bei Abzug der entsprechenden Werte der Ammoniaktitration erhält man das gesamte freie und gebundene Alkali.

Die Bestimmung des gebundenen Alkalis oder der Seifen erfolgt nach R. J. Noble (2) durch mehrstündiges Auskochen einer getrockneten Probe (der Trockengehaltsbestimmung) mit Wasser. Der wäßrige Extrakt wird im Scheidetrichter angesäuert und mit Chloroform ausgeschüttelt. Die Aufarbeitung des wäßrigen Extraktes entspricht praktisch der Bestimmung der verseifbaren Anteile im Kautschuk (s. dort), ebenso wie die im Hauptwerk V, 453 angegebene Methode mit 0,5 n-alkoholischer KOH. Der Rückstand des Chloroform- bzw. Ätherextraktes besteht in erster Linie aus Ölsäure und Stearinsäure. Zur Umrechnung der erhaltenen Fettsäuremengen gibt Noble folgende Faktoren an:

Umrechnungsfaktor für Ölsäure in Kaliumoleat . . . . $= 1,349$
,,   ,,   ,,   ,, gebundenes KOH . . $= 0,1986$
,,   ,,   ,,   ,, cm³ 0,1 n-Säure . . . $= 35,41$

Das freie Alkali wird durch die Differenz aus Gesamtalkali — (Ammoniak + gebundenes Alkali) bestimmt.

f) **Koagulierte Anteile des Latex und mechanische Verunreinigungen** werden durch Sieben einer abgemessenen, mit ammoniakalischem Wasser verdünnten Probe durch ein feines Sieb abgetrennt und das Sieb mit ammoniakalischem Wasser ausgewaschen. Der Rückstand wird getrocknet, gewogen und in Gramm/Liter angegeben. Einen geeigneten Apparat geben W. S. Davey und F. J. Coker an.

Diese Verunreinigungen können auch durch Zentrifugieren einer gewogenen Probe ermittelt werden. Die sedimentierten Bestandteile werden nach Abgießen des Latex mehrfach ausgewaschen und erneut zentrifugiert, dann filtriert, getrocknet und gewogen.

g) **Bestimmung der Stabilität des Latex.** Über eine einfache Stabilitätsprüfung berichtet O. Bächle (3). R. J. Noble (3) schlägt zur Bestimmung der Stabilität die Verwendung eines hochtourigen Rührwerkes vor mit 10000—15000 Touren/Min. Bei Zugabe von 7% Zinkoxyd sinkt die Stabilität auf die Hälfte. E. A. Murphy gibt neue Methoden zur Stabilitätsprüfung an: MRT-Test und ZOT-Test.

MRT-Test. Ein von einem Planetenwerk angetriebener Gummirührer reibt mit konstantem Druck auf einer Glasunterlage eine Latexprobe von 1 cm³ bis zur Koagulation. Wenn auch der MRT-Test in Gegenwart von Sensibilisatoren (Zinkoxyd) ausgeführt werden kann, so empfiehlt sich doch die Durchführung eines Rührversuches mit reduzierter Tourenzahl (Zincoxide stirring-Test), weil die nach beiden Verfahren gewonnenen Werte sich gegenseitig ergänzen.

ZOT-Test. Eine schärfere Unterscheidung zwischen einzelnen Latexproben als der MRT-Test in Gegenwart von Zinkoxyd und der „Zincoxide-stirring-Test" läßt eine Viscositätsmessung von Latex-Zinkoxydmischungen, die 24 Stunden bei 20° gelagert haben, zu. Der Latex mit 0,6% Ammoniak wird mit 38%igem Formaldehyd auf einen Gehalt von 0,05% Ammoniak eingestellt; dann wird 5% Zinkoxyd als 50%ige Dispersion zugegeben. Nach Ablauf von 24 Stunden wird die Viscosität bestimmt (ZOT-Test). Die Viscositätsbestimmung erfolgt nach D. F. Twiss mittels des abgeänderten Redwoodschen Viscosimeters.

Nach H. F. Jordan haben Stabilitätsmessungen an Latex und Latex-Zinkoxydmischungen ergeben, daß ein Maximum der Stabilität dann erreicht wird, wenn der p_H-Wert etwa 10,7—11,0 beträgt. Bei

der Zugabe von KOH zu Latex erhält man eine S-förmige p_H-Titrations-
kurve, deren obere Biegung ungefähr beim Wert $p_H = 11,0$ liegt. Die
Menge KOH in Gramm bezogen auf 100 g Latextrockensubstanz, die
notwendig ist, um diesen p_H-Wert einzustellen, wird die „KOH-Zahl"
genannt.

h) Viscositätsbestimmung. Zur Messung der Viscosität kommen
im Prinzip drei verschiedene Methoden und damit Arten von Meßgeräten
zur Anwendung:

Ausfluß-, Durchfluß- oder Capillarviscosimeter,

Kugelfallviscosimeter,

Rotationsviscosimeter [R. J. Noble (4); O. Bächle (4); H. F.
Jordan, Brass und Roe].

Beim Höppler-Viscosimeter ist gewissermaßen die Capillarmethode mit der Kugelfallmethode kombiniert (vgl. S. 355). Dieses
Viscosimeter hat sich infolge seines weiten Meßbereiches und seiner
verschiedenen Vorzüge zur Bestimmung der Viscosität von Latex ausgezeichnet bewährt.

i) Oberflächenspannung. Die Messung der Oberflächenspannung
erfolgt meistens nach der „Ringmethode" [R. J. Noble (5); H. V.
Hughes] mittels des Apparates von Du Nouy oder ähnlichen
Apparaten. Sehr gut geeignet ist auch die „Bügelmethode" nach
v. Dallwitz-Wegener (P. Lenard, R. v. Dallwitz-Wegener und
E. Zachmann). Die Torsionswaage von Hartmann und Braun,
Frankfurt a. M. läßt sich durch einfache Hilfsmittel zur Bestimmung
der Oberflächenspannung nach der Bügelmethode ergänzen.

k) Bestimmung des p_H-Wertes. Die Bestimmung der Wasserstoffionenkonzentration im Latex [H. F. Jordan, Brass und Roe;
M. Décribéré; R. J. Noble (6)] erfolgt nach den üblichen Methoden
auf elektrometrischem Weg unter Verwendung einer Glaselektrode[1].
Antimonelektroden sind für Messungen des p_H-Wertes von Latex nicht
geeignet. Die Bestimmung des p_H-Wertes kann außerdem mittels
eines Foliencolorimeters (P. Wulff) erfolgen. Hierbei ist wegen der
leichten Flüchtigkeit des Ammoniaks rasches Arbeiten empfehlenswert.

Die chemischen Untersuchungen:

l) Wasserlösliche Anteile,

m) Acetonlösliche Anteile,

n) Stickstoffgehalt,

o) Verseifbare Bestandteile,

ferner die Bestimmungen von Kupfer und Mangan werden an den Ver-
dampfungsrückständen der Trockengehaltsbestimmungen nach den im
Teil II angegebenen analytischen Methoden durchgeführt.

Zur Bestimmung der wasserlöslichen Bestandteile kann auch die
Dialysenmethode verwendet werden. Sie hat jedoch den Nachteil der
sehr langen Dauer.

3. Synthetischer Kautschuk und Thioplaste. Für die Untersuchung
von synthetischem Kautschuk und der Thioplaste sind generell die
gleichen Methoden gültig wie für Naturkautschuk und daher sinngemäß

---

[1] Ind. Rubber World **86**, Nr. 1, 47 (1932).

zu übertragen. Über die chemische Prüfung der synthetischen Kautschuke liegen im einzelnen noch keine Literaturangaben vor. Die Durchführung der Bestimmung des Acetonextraktes ist bei Perbunan zwecklos, da nicht vulkanisierter Perbunan weitgehend in Aceton löslich ist (P. Nowak und H. Hofmeier). Die Beurteilung erfolgt daher in erster Linie durch Prüfung des Verhaltens bei der Verarbeitung.

Die synthetischen Kautschuke Buna S und Perbunan zeigen keinen typischen Mastikationseffekt bei der Verarbeitung auf der Walze. Dies gilt insbesondere für Buna S. Die Plastizierung von Buna S erfolgt zur Zeit hauptsächlich durch thermische Erweichung [H. Hagen (2)]. Die Überwachung der Plastizität des erweichten Rohmaterials und der Mischungen ist deshalb von großer Wichtigkeit.

B. Die für die Gummiwarenindustrie außer Kautschuk in Betracht kommenden Rohstoffe.

1. Allgemeines. Nach dem Vorschlag der Deutschen Kautschuk-Gesellschaft[1] wird unter der Bezeichnung „der Kautschuk" das Rohmaterial verstanden, wie es in den Gummiwarenfabriken zur Verarbeitung gelangt, unter „der Gummi" dagegen der fertige vulkanisierte Artikel. Mit „das Gummi" bezeichnet man die Pflanzengummiarten wie Gummi arabicum, Kirschgummi usw., die völlig andere chemische Zusammensetzung und Eigenschaften haben als Kautschuk.

2. Mineralische Füllstoffe (V, 454). Die mineralischen Füllstoffe sollen feinst gemahlen, frei von Gritt, Verunreinigungen und Feuchtigkeit sein. Wie für alle Zusätze zu Kautschukmischungen ist Freiheit von Kupfer, Mangan und wasserlöslichen Eisensalzen zu fordern. Da die Füllstoffe je nach ihrer Herkunft und Aufbereitung die Vulkanisation und die Eigenschaften der Vulkanisate verschieden beeinflussen können, ist es wichtig, die Füllstoffe und die einzelnen Lieferungen derselben in Kautschukmischungen zu prüfen und die physikalischen Werte der Vulkanisate zu ermitteln.

3. Vulkanisationsbeschleuniger (V, 456). Zur Identifizierung der Beschleuniger gelangen die üblichen Untersuchungs- und Analysenmethoden zur Anwendung. Über die chemische Prüfung verschiedener Beschleuniger berichtet J. G. Robinson.

Außer den rein chemischen Untersuchungsmethoden können zur Prüfung auch die Farbreaktionen herangezogen werden, die verschiedene Beschleuniger mit ölsaurem Kupfer oder leinölsaurem bzw. ölsaurem Kobalt ergeben (L. v. Wistinghausen; K. Shimada; Je. Slepuschkina). Vergleiche hierzu auch die Angaben über die Ermittlung der Beschleuniger im Acetonextrakt von Gummi (S. 382).

Die chemische Prüfung kann jedoch nur wenig Anhaltspunkte über die Wirkung der Beschleuniger bei der Vulkanisation ergeben. Zur Ermittlung der Wirksamkeit ist die Durchführung einer Vulkanisationsprüfung unerläßlich.

4. Alterungsschutzmittel (V, 455). Die Identifizierung der Alterungsschutzmittel erfolgt ebenso wie die der Beschleuniger nach den üblichen

---

[1] Gummi-Ztg. **50**, 1227 (1936).

chemischen Untersuchungsmethoden. Einige Alterungsschutzmittel sind außerdem durch Farbreaktionen bzw. durch Fluorescenz zu erkennen. Für Phenylnaphthylamin eignet sich der Nachweis durch die hellblaue Fluorescenz in Alkohol-Äther 1 : 1 im U.V.-Licht (Kohlenbogenlampe + Nickeloxydglas). Aldolalphanaphthylamin gibt unter gleichen Bedingungen eine hellere Fluorescenz.

5. Faktis (V, 456). Da der weiße Faktis (Chlorschwefelfaktis) bei der Warmvulkanisation in den meisten Mischungen durch HCl-Abspaltung eine starke Verzögerung der Vulkanisation bewirkt und der braune Faktis wegen der dunklen Eigenfarbe für helle Vulkanisate nicht geeignet ist, wurden in den letzten Jahren helle Faktissorten auf den Markt gebracht, die auch für Warmvulkanisation Verwendung finden können. Es handelt sich hierbei entweder um speziell aufbereitete Chlorschwefelfaktisse oder um unter besonderen Bedingungen geschwefelte Faktisse. Außerdem sind Faktisse in dispergierter Form im Handel, die für Latexmischungen geeignet sind.

In einer Abhandlung: „The Testing of Substitute" gibt J. H. Carrington Richtlinien zur Prüfung von Faktis. Die äußere Beschaffenheit (Aussehen, Farbe, Geruch), das spezifische Gewicht und der Aschegehalt sind festzustellen. Zur Prüfung auf Säure wird 1 g Faktis mit kaltem destillierten Wasser ausgeschüttelt und der wäßrige Extrakt mit einem Universalindicator geprüft. Bei braunem Faktis soll der Wasserextrakt neutral sein, bei weißem Faktis mehr oder weniger alkalisch. Bei Anwesenheit freier Säure wird der Wasserextrakt mit 0,1 n-NaOH titriert.

Zur Bestimmung der mineralischen Bestandteile wird eine Probe in kochendem Nitrobenzol gelöst und die Lösung nach Verdünnen mit Aceton filtriert. Der Filterrückstand wird ausgewaschen, getrocknet und gewogen.

Die verseifbaren und nicht verseifbaren Anteile werden durch Behandeln mit 2 n-alkoholischer Kalilauge ermittelt. Die Aufarbeitung des Aufschlusses erfolgt nach den bei der Prüfung von Gummi üblichen Richtlinien.

Ferner werden die Bestimmungen der in Aceton und Chloroform löslichen Anteile durchgeführt. Im Acetonextrakt wird der „freie" Schwefel bestimmt, und zwar durch Überführen in Thiosulfat und Titration mit 0,1 n-Jodlösung.

Außerdem ist eine Gesamtschwefelbestimmung durchzuführen. Die Prüfung in einer Kautschukmischung wird empfohlen.

Der Chlorgehalt des Faktis kann qualitativ durch die Grünfärbung der entleuchteten Bunsenflamme mittels eines Kupferdrahtes nachgewiesen werden (J. W. Genth).

6. Regenerierter Kautschuk (V, 461). Die Einteilung der Regenerate kann nach deren Ausgangsmaterialien oder Aufbereitungsmethoden erfolgen [F. Kirchhof (1)]. Im ersten Fall unterscheidet man zwischen Regenerat aus gewebefreiem und gewebehaltigem Altgummimaterial, wobei diese beiden Gruppen noch nach Art der Abfälle unterteilt werden. Nach der Aufbereitungsmethode unterscheidet man folgende Regenerate:

a) Alkaliregenerate,
b) Säureregenerate,
c) nach kombinierten Verfahren hergestellte Regenerate,
d) Heißdampfregenerate,
e) Lösungsregenerate,
f) Plastikate oder Präparate (durch Erhitzen der mit Weichmachern versetzten gemahlenen Gummiabfälle hergestellt).

Die Regenerate sollen fein abgezogen sein, frei von Knoten (= nicht aufgeschlossener Gummi), sowie frei von mechanischen Verunreinigungen wie Holz, Eisen usw.

Die chemische Untersuchung der Regenerate erfolgt analog der Prüfung von Gummi [vgl. auch W. E. Strafford; H. F. Palmer und G. W. Miller; F. Kirchhof (2)].

H. F. Palmer führt für Regenerate folgende chemischen und physikalischen Prüfungen an:

a) **Chemische Prüfungen an unvulkanisiertem Regenerat.** Acetonextrakt, Chloroformextrakt, Extrakt mit alkoholischer Kalilauge, Gesamtschwefel und freier Schwefel, Ruß, Cellulose, Alkali- oder Säuregehalt, Feuchtigkeit, Asche, Aschenanalyse, besondere Prüfungen (auf Mangan, Blei[1]).

b) **Physikalische Prüfungen.** 1. An unvulkanisiertem Regenerat: Äußere Beschaffenheit (Farbe, Geruch, Nerv, Weichheit), Knotenfreiheit, Verhalten beim Walzen, Verhalten beim Spritzen, Plastizität und Erholung, Füllstoffaufnahme.

2. An nur mit Schwefel vulkanisiertem Regenerat: Dichte, Zerreißfestigkeit und Dehnung, bleibende Dehnung, Kerbzähigkeit, Vulkanisationsbedingungen.

3. An Regeneratmischungen besonderer Zusammensetzung: Prüfung der mechanischen Eigenschaften der Vulkanisate wie bei Gummi, Prüfung der unvulkanisierten Mischung nach b) 1.

Zur Bestimmung der Cellulose in Regeneraten empfehlen E. Cheraskova und E. Paramonowa die Methode der Sulfolyse nach Kiesel und Semiganowsky und die Methode mit Schweizer Reagens (vgl. auch V, 491).

Zur Vulkanisationsprüfung der Regenerate werden in Europa Mischungen verwendet, die Schwefel, Zinkoxyd und Beschleuniger enthalten, wogegen in Amerika dem Regenerat nur Schwefel zugemischt wird. Dieser Prüfung wird heute kein allzu großer Wert mehr beigelegt, da die erhaltenen Festigkeits- und Dehnungswerte keine Rückschlüsse auf den Einfluß des Regenerates auf die Vulkanisation von Kautschuk-Regeneratmischungen und die mechanischen Eigenschaften dieser Vulkanisate zulassen. Eine Prüfung der Regenerate in Kautschukmischungen ist vorzuziehen. Dabei ist zu berücksichtigen, daß die Höhe der Festigkeitswerte der Vulkanisate von der Wahl des Beschleunigers abhängig ist und die bei einem Vergleich mehrerer Regenerate erhaltene Reihenfolge sich bei einem Wechsel in dem Beschleuniger ändern kann [F. Kirchhof (3)]. Um jeweils maximale Werte zu erzielen, ist in den

---

[1] Außerdem ist auch auf Kupfer zu prüfen (Anmerk. d. Verf.).

technischen Mischungen auf die Auswahl der geeignetsten Beschleuniger zu achten.

7. Textilstoffe. (V, 468). Die Anwesenheit von selbst sehr kleinen Mengen Kupfer und Mangan in gummierten Stoffen kann zu einer raschen Zerstörung der Gummierungen führen. Über die zulässigen Mengen an Kupfer und Mangan liegen noch keine allgemein anerkannten Grenzwerte fest. Die Vereinigung deutscher Lohngummierungsfabriken „Logufa" sieht nur solche Stoffe als für die Gummierung geeignet an, die höchstens 0,002% Kupfer + Mangan auf bis 300 g/m² schweres Gewebe bei höchstens 1% petrolätherlöslichen Teilen enthalten.

Zur quantitativen Erfassung der vorhandenen kleinen Kupfer- und Manganmengen ist die Art des Aufschlusses des zu prüfenden Materials von Wichtigkeit. Beim Veraschen und Glühen und dem nachfolgenden Aufschluß mit Schwefelsäure-Salpetersäure oder durch die Soda-Pottascheschmelze bleibt häufig ein beträchtlicher Teil der Asche unaufgeschlossen.

Zur Zerstörung der organischen Substanz schlägt W. Hiltner den nassen Aufschluß vor, da die Asche dabei nicht geglüht wird und somit die Gefahr des Zusammensinterns nicht besteht[1]. Der Aufschluß wird wie folgt[2] durchgeführt:

10 g (notfalls genügen auch 5 g) der Stoffprobe werden in einem Schliffrundkolben mit langem Hals (500 cm³, Jena) mit 20 cm³ konzentrierter Schwefelsäure übergossen. Dann wird das Aufsatzrohr, das seitlich einen Tropftrichter trägt, aufgesetzt, der Kolben zunächst vorsichtig, dann stärker erhitzt und aus dem Tropftrichter Salpetersäure (D 1,4) so lange in kleinen Anteilen zugegeben, als sie noch verbraucht wird. Ist der Aufschluß so weit erfolgt, daß keine organische Substanz mehr sichtbar ist, so dampft man zur Trockne ein, läßt abkühlen, gibt nochmals 10 cm³ konzentrierte Schwefelsäure hinzu, erhitzt wiederum unter Zusatz kleiner Mengen Salpetersäure und dampft nochmals fast bis zur Trockne ein. Der Rückstand im Kolben, der jetzt rein weiß aussehen soll, wird mit heißem Wasser versetzt, einige Zeit warm stehengelassen und dann filtriert. Ausgewaschen wird mit heißem Wasser. Das Filtrat enthält jetzt sämtliches Kupfer und Mangan.

Für die quantitative Bestimmung des Kupfers und Mangans empfiehlt W. Hiltner folgende Arbeitsweisen:

a) Bestimmung des Kupfers. α) *Elektrolytische Bestimmung.* Für die elektrolytische Bestimmung des Kupfers soll das Filtrat etwa 20—25 cm³ betragen. Es wird durch Auskochen von den Stickoxyden befreit und dabei gleichzeitig auf dieses Volumen eingeengt. Da das Filtrat bei Gegenwart größerer Mengen Füllstoffe im Gewebe oder im Farbstoff häufig noch so sauer ist, daß die Elektrolyse nicht quantitativ verläuft, wird es vor der Elektrolyse mit konzentriertem Ammoniak neutralisiert und dann mit 10 Tropfen 25%iger Schwefelsäure versetzt. Diese Lösung wird in das Elektrolysiergefäß übergespült und dann bei 2 Volt Spannung unter Kochen der Flüssigkeit und unter

---

[1] Gummi-Ztg. **51**, 120 (1937).

[2] Ztschr. f. anal. Ch. **110**, 248 (1937).

Verwendung von Mikroelektroden 15 Minuten lang elektrolysiert. Dann läßt man noch 15 Minuten unter Strom stehen, wäscht darauf die Kathode unter Strom zunächst mit verdünnter Schwefelsäure (20 cm³ destilliertes Wasser + 4 bis 5 Tropfen 25%ige Schwefelsäure) und dann ohne Strom mit Alkohol und Äther, trocknet vorsichtig über der nichtleuchtenden Flamme des Bunsenbrenners und wägt.

Soll bei geringen, nicht mehr genau wägbaren Mengen oder bei Gegenwart von Hg, Ag, Pd, Pt oder Au das auf der Elektrode niedergeschlagene Kupfer mit größerer Genauigkeit ermittelt werden, so löst man das Kupfer von der Elektrode mit heißer verdünnter Salpetersäure herunter und führt die Bestimmung colorimetrisch nach β) 1 durch.

β) *Colorimetrische Bestimmung.* 1. Mit diäthyldithiocarbaminsaurem Natrium. Für diese Bestimmung soll die Flüssigkeit nicht mehr als etwa 50 cm³ betragen. Man löst in dieser Flüssigkeitsmenge 2 g Citronensäure auf, macht dann mit Ammoniak deutlich alkalisch und versetzt mit 10 cm³ einer 0,1%igen Lösung von diäthyldithiocarbaminsaurem Natrium in Wasser. Dann schüttelt man so oft mit je 2 cm³ Tetrachlorkohlenstoff aus, wie dieser noch gelb gefärbt wird, und colorimetriert gegen eine Standardlösung, die etwa die gleiche Konzentration hat, da die Intensität der Färbung und die Konzentrationen bei großer Differenz nicht mehr vollständig proportional gehen. Ist die vorhandene Kupfermenge größer als etwa 50 γ, so füllt man zweckmäßig auf und führt die Bestimmung in einem aliquoten Teil durch.

2. Nach G. Spacu. Nach der Elektrolyse wird das Kupfer von der Elektrode mit heißer verdünnter Salpetersäure heruntergelöst und die Lösung in einem Bechergläschen von 50 cm³ Inhalt auf dem Sandbad zur Trockne eingedampft. Danach werden die an den Wänden des Bechergläschens haftenden Anteile mit wenig Wasser abgespült und nach Zusatz von 2 Tropfen Ammoniak nochmals zur Trockne gedampft. Das Eindampfen auf dem Wasserbad wird nach Zusatz von 2 Tropfen konzentrierter Salzsäure wiederholt und der Rückstand dann mittels 2—3 Tropfen Ammoniumnitratlösung (filtrierte Lösung von 120 g NH_4NO_3 in 100 cm³ Wasser) gelöst. Dann wird mit 2 Tropfen 10%iger Ammoniumrhodanidlösung und 3 Tropfen Pyridin versetzt und der gebildete Niederschlag durch Schütteln in möglichst wenig Chloroform aufgenommen, in ein Reagensgläschen, das bei 2 cm³ eine Marke trägt, übergossen und noch mehrmals mit wenig Chloroform nachgespült, so daß die 2-cm³-Marke nicht überschritten wird. Dann wird mit reinem Chloroform zur Marke aufgefüllt, geschüttelt und mit entsprechend hergestellten Vergleichslösungen von bekanntem Gehalt, die sich im Dunkeln mindestens 3 Monate lang unverändert aufbewahren lassen (nur das etwa verdunstete Chloroform ist jeweils wieder bis zur Marke zu ergänzen), verglichen. Mengen bis zu 100—150 γ Cu lassen sich so gut vergleichen; größere Mengen stellt man zweckmäßigerweise auf ein bekanntes Volumen ein und nimmt einen aliquoten Teil zum Vergleich.

Bei Kupfermengen von über 1000 γ benötigt man zum Lösen des Trockenrückstandes entsprechend mehr Ammoniumnitratlösung und etwas Wasser (2—3 Tropfen) und auch Ammoniumrhodanid und Pyridin. Jetzt läßt sich das Chloroform nicht mehr ohne weiteres abgießen, sondern die Ausschüttelung mit Chloroform und seine Abtrennung muß dann in einer Schüttelpipette erfolgen. Die Chloroformauszüge werden vereinigt, zu einem bestimmten Volumen aufgefüllt und aliquote Teile colorimetriert.

b) **Bestimmung des Mangans.** Für die colorimetrische Bestimmung des Mangans soll das Filtrat des Aufschlusses etwa 50 cm³ betragen. Man versetzt es mit 2 cm³ Ammoniumpersulfatlösung (200 g/1000 cm³) und 2 cm³ 5%iger Silbernitratlösung, erhitzt und läßt einige Minuten kochen. Dann läßt man die Lösung auf etwa 80—90° abkühlen, versetzt nochmals mit 2 cm³ Ammoniumpersulfatlösung und erhitzt etwa bis zum beginnenden Sieden. Die auftretende Permanganatfarbe wird mit einer Lösung von bekanntem Gehalt verglichen. Für die Vergleichslösung werden 45,5 cm³ 0,1 n-Kaliumpermanganatlösung auf 1000 cm³ aufgefüllt; 1 cm³ = 0,05 mg Mn.

Ist die zu untersuchende Lösung zu intensiv gefärbt, so füllt man sie mit warmem Wasser auf ein bekanntes Volumen auf und verwendet zum Vergleich einen aliquoten Teil.

Enthält die Probe Eisen, so führt man den Vergleich unter Zusatz von 1—5 cm³ konzentrierter Phosphorsäure aus.

Bei Vorhandensein von Chrom wird das Filtrat des Aufschlusses erwärmt, deutlich ammoniakalisch gemacht, mit 5 cm³ Perhydrol (bei geringem Chromgehalt genügt auch weniger) versetzt und $^1/_2$ Stunde auf dem Wasserbad warm stehengelassen. Hierbei scheiden sich Ferrihydroxyd und Mangansuperoxyd aus. Sollte kein Niederschlag ausfallen, so setzt man noch eine geringe Menge Ferrichlorid zu, was aber nur in Ausnahmefällen notwendig ist, da die Proben zumeist genügend Eisen enthalten. Der Niederschlag wird filtriert und mit warmem Wasser chlorfrei gewaschen. Dann wird er mit heißer Salpetersäure (D 1,2) vom Filter gelöst, das Filter mit heißem Wasser ausgewaschen, das Mangan im Filtrat nach Zusatz von Phosphorsäure mit Silbernitrat-Persulfat in Permanganat übergeführt und als solches wie oben colorimetrisch bestimmt.

Bei den vorstehend angegebenen Arbeitsmethoden des nassen Aufschlusses wird nach W. H. Hiltner sowohl bei nicht gummierten wie bei gummierten Geweben die Gesamtmenge an Kupfer und Mangan gefunden, wogegen sich bei den bisher üblichen Arbeitsweisen durch Veraschen und Schmelzen häufig ein Teil infolge Sinterns oder Einschluß der Bestimmung entzieht.

Auf die Veröffentlichungen von P. Dekker (2) und von A. Ruthing sei hingewiesen.

c) **Wasserlösliche Eisensalze** gelten außer Kupfer und Mangan auch als Kautschukgifte. Ihre Bestimmung erfolgt nach einem der bekannten Verfahren. Gegebenenfalls wird zur qualitativen Prüfung der Stoff mit Salzsäure benetzt und die eventuelle Färbung mit Rhodankalium oder Ferro- oder Ferricyankalium beobachtet.

Um den zerstörenden Einfluß dieser Schwermetallsalze auf die Gummierungen weitgehend zu verringern, werden den Kautschukmischungen Alterungsschutzmittel zugesetzt. Es ist aber trotzdem bei der Ausrüstung der Stoffe jegliche Berührung mit kupferhaltigen Apparaturen (Trockentrommel, Färbebottich usw.) zu vermeiden; für die Färbungen der Gewebe sind kupfer- und manganfreie Farbstoffe zu verwenden. Um diese Kautschukgifte aus den Geweben zu entfernen, wird empfohlen, die Stoffe mit geeigneten Präparaten zu behandeln, z. B. Trilon B (I. G. Farbenindustrie Aktiengesellschaft, Frankfurt a. M.). Durch $\frac{1}{2}$stündiges Behandeln des Textilgutes mit einer 2—4 g Trilon B im Liter enthaltenden Flotte bei Kochtemperatur können die Schwermetallsalze restlos entfernt werden.

8. Zusammenfassung. Die Überwachung der Rohmaterialien auf ihre Reinheit und Gleichmäßigkeit durch analytische Prüfungen ist eine notwendige Maßnahme bei der Herstellung von Gummiwaren. Es muß jedoch betont werden, daß die chemische Analyse der Rohstoffe keinerlei Anhaltspunkte gibt über deren Verhalten bei der Verarbeitung und der Vulkanisation der Kautschukmischungen, auch nicht über ihren Einfluß auf die Eigenschaften der Vulkanisate. Ob ein Produkt als Zusatz zu Kautschukmischungen geeignet ist, sei es als Füllstoff, sei es als Beschleuniger, Alterungsschutzmittel, Farbstoff, Weichmacher oder dgl., kann nur durch einen Versuch in einer entsprechend zusammengesetzten Kautschukmischung und durch Prüfung der daraus hergestellten Vulkanisate festgestellt werden. So wertvoll die analytischen Untersuchungen für die Identifizierung der einzelnen Rohstoffe und zur Prüfung ihrer Reinheit usw. sind, ausschlaggebend für deren Verwendbarkeit sind der praktische Versuch durch Herstellung von Mischungen und die Prüfung der Eigenschaften der Vulkanisate.

II. Die analytischen Methoden der Untersuchung von Gummiwaren und ihre Ausführung im einzelnen.

A. Allgemeines (V, 471).

Die Analyse von Vulkanisaten ist vielerorts eingehend studiert worden. Es ist bisher jedoch nicht gelungen, aus der chemischen Analyse von Gummiwaren deren Zusammensetzung einwandfrei zu ermitteln. Ist dies an sich schon durch die Schwankungen des Rohmaterials und der Vielzahl der möglichen Mischungszusätze praktisch unmöglich, so wird heutzutage die Analyse und deren Interpretation noch schwieriger durch die gesteigerte Verwendung von synthetischen Kautschuksorten, die teils allein, teils in Mischung mit Naturkautschuk verarbeitet werden. Dazu kommt weiterhin, daß auch eine Reihe von Kunststoffen den Kautschukmischungen zugesetzt wird.

Die Analysenergebnisse können ferner dadurch getrübt werden, daß die Prüfstücke durch Alterung und im Gebrauch sich in ihrer Zusammensetzung geändert haben (Oxydation, Alterung, Quellung usw.). Die Analyse von Gummiwaren kann daher nur deren ungefähre Mischungszusammensetzung ergeben.

Vom Deutschen Verband für die Materialprüfungen der Technik (DVM) sind für die chemische Prüfung von Gummi verschiedene DIN-Blätter ausgearbeitet worden, weitere befinden sich in

Vorbereitung. In den folgenden Abschnitten werden neben anderen Vorschriften auch die bereits veröffentlichten Normblätter auszugsweise angeführt[1]. Für die Einzelheiten der Ausführung der verschiedenen Prüfungen muß jedoch auf die betreffenden Normblätter verwiesen werden.

Vor der Beschreibung der Untersuchungsmethoden erscheint es zweckmäßig, eine Übersicht über die durchzuführenden Prüfungen zu geben.

a) Vor der Probenahme ist die Art und Beschaffenheit des zu untersuchenden Materials und dessen Dichte festzustellen.

b) Als Feuchtigkeit wird der Gewichtsverlust der Probe beim Lagern über konzentrierter Schwefelsäure im evakuierten Exsiccator bezeichnet.

c) Durch die Stickstoffbestimmung wird ein Gehalt der Probe an Eiweißstoffen, Leim, Gelatine, Casein und an Beschleunigern und Alterungsschutzmitteln ermittelt. Für die letztgenannten Produkte wird die Bestimmung im Acetonextrakt durchgeführt.

d) Wasserextrakt. Beim Kochen der Probe mit destilliertem Wasser werden Leim, Gelatine, Zucker, Stärke, Glycerin, Alkalien und verschiedene organische Beschleuniger ganz oder teilweise gelöst.

e) Aschebestimmung. Durch Veraschung werden die beim Glühen nicht flüchtigen Bestandteile ermittelt. Da einige Mineralbestandteile (z. B. Zinnober) beim Glühen entweichen, andererseits Carbonate und Sulfide teilweise in Oxyde umgewandelt werden, kann der Aschegehalt keinen genauen Aufschluß über die Menge an anorganischen Zusätzen geben.

f) Chlorbestimmung. Der Nachweis von Chlor deutet in den meisten Fällen auf Anwesenheit von Chlorschwefelfaktis oder bzw. und Chlorschwefelvulkanisation hin. Es ist dies jedoch nur bedingt der Fall, da auch helle Faktissorten im Handel sind, die Chlorreaktion zeigen, sich aber ohne Schwierigkeiten in Mischungen für Warmvulkanisation verarbeiten lassen. Ob weißer Faktis vorliegt, kann durch mikroskopische Prüfung festgestellt werden.

g) Schwefelbestimmungen. Die Bestimmung des Gesamtschwefels erfaßt die Menge des in der zu untersuchenden Probe vorhandenen Schwefels. Als „wahrer freier Schwefel" wird der bei der Vulkanisation nicht gebundene elementare Schwefel bezeichnet. Seine Bestimmung erfolgt im Acetonextrakt.

Gebundener Schwefel kann im Gummi in folgender Form vorliegen:

1. als sog. „Vulkanisationsschwefel" an Kautschuk gebunden,
2. als Bestandteil von Vulkanisationsbeschleunigern u. dgl.,
3. in organischen Füllstoffen (Faktis usw.),
4. in anorganischen Füllstoffen, wie Sulfiden und Sulfaten.

h) Acetonextrakt. Durch Aceton werden aus Gummi die Kautschukharze herausgelöst, ferner die meisten Weichmacher, wie Mineralöl,

---

[1] Wiedergegeben mit Genehmigung des Deutschen Normenausschusses. Verbindlich ist die jeweils neueste Ausgabe des Normblattes im Normformat A 4, das beim Beuth-Vertrieb G. m. b. H., Berlin SW 68, erhältlich ist.

Paraffinöl, Wachse, Paraffin, Ceresin, Harze, Harzöl, Wollfett, organische Beschleuniger und Alterungsschutzmittel sowie deren Zersetzungsprodukte, freier und auch schwach gebundener Schwefel, besonders bei Anwesenheit von Faktis, Naphthalin, Ester u. dgl.

Teilweise werden durch Aceton depolymerisierter Kautschuk, Teere, fette Öle, Faktis und Bitumen gelöst. Ein Acetonextrakt von rund 2,5% (auf Kautschuksubstanz berechnet) entspricht den in Plantagenkautschuk enthaltenen Mengen an in Aceton löslichen Bestandteilen.

i) **Chloroformextrakt.** Aus dem bereits mit Aceton behandelten Gummi werden durch Chloroform bituminöse Stoffe, depolymerisierter, unvulkanisierter und schwach vulkanisierter Kautschuk extrahiert. Ein Gehalt an in Chloroform löslichen Anteilen von etwa 4% (auf den Kautschukgehalt bezogen) ist als normal anzusprechen.

k) **Alkoholischer Laugenextrakt.** Die mit Aceton und Chloroform extrahierte Probe wird mit halbnormaler alkoholischer Kalilauge ausgekocht. Hierbei gehen die verseifbaren Stoffe in Lösung, die von Aceton und Chloroform nicht gelöst wurden. Es sind dies Anteile von oxydiertem Kautschuk, oxydierten Ölen und Faktissen, Kunststoffen und Stickstoff enthaltenden Produkten, wie Casein, Eiweiß, Wolle usw. Diese Prüfung dient hauptsächlich zur Feststellung der ungefähren Menge an vorhandenem Faktis und zur Bestimmung der Oxydationsprodukte von Kautschuk (A. van Rossem und P. Dekker).

l) **Bestimmung der in Xylol unlöslichen Bestandteile.** Durch den Aufschluß der mit Aceton und Chloroform extrahierten Gummiprobe mit Xylol im Autoklaven werden die nicht in Xylol löslichen Zusatzstoffe ermittelt. Es sind dies die gesamten mineralischen Bestandteile, Ruß, Cellulose und Faserstoffe.

m) **Besondere Füllstoffprüfungen.** Neben der qualitativen und falls erforderlich quantitativen Untersuchung der Asche sind für verschiedene Zusatzstoffe spezielle Prüfungen ausgearbeitet worden, so z. B. für Ruß, Leim, Cellulose, Zinnober, Goldschwefel.

Neben der Gesamtbestimmung des Aceton-, Chloroformextraktes usw. ist auch deren qualitative und teilweise quantitative Untersuchung wichtig.

B. Die Ausführung der einzelnen Arbeiten.

1. Herstellung eines Durchschnittsmusters (Probenahme) (V, 472). Zunächst muß die äußere und innere Beschaffenheit der zu untersuchenden Probe festgestellt werden: Art und Form des Prüfkörpers, Vulkanisationsart, Beschaffenheit des Gummis (Farbe, Geruch, Ausblühungen, Porosität u. dgl.), Gewebe- oder Drahteinlagen bzw. Umklöppelungen, Lackschichten, Aufbau aus einer oder mehreren verschiedenartigen Mischungen usw. Draht- und Gewebeeinlagen, Lackierungen, Zierstreifen usw. werden vorsichtig mechanisch entfernt. Ein Ablösen mit Lösungsmitteln ist unzulässig, weil dadurch auch andere Stoffe von der Oberfläche des Gummis gelöst oder extrahiert werden können. Anhaftendes Pudermaterial wird durch Abklopfen oder leichtes Abwischen beseitigt. Ausblühungen von Schwefel, Paraffin, Ölen, Wachsen usw. sind nicht zu entfernen, wenn einwandfrei feststeht, daß sie aus den Gummimischungen stammen. Ist durch eine Vorprüfung (eventuell mikroskopisch) festgestellt, daß der Gummiartikel aus verschiedenen Mischungen zusammengesetzt ist, so werden diese mechanisch getrennt und jede Mischung für sich untersucht. Ist eine Trennung der einzelnen Mischungen nicht möglich, so ist eine weitere Untersuchung in der Regel zwecklos, ausgenommen hiervon ist die Analyse von Aderisolationen.

Nach DIN DVM 3551 (Prüfung von Gummi, Chemische Prüfung, Probenahme) Abs. 5 und 6 wird die Vorbereitung der Proben zur Analyse wie folgt vorgenommen:

Abs. 5. „Die Probe ist aus dem vorbereiteten Gummi so zu entnehmen, daß sie einen guten Durchschnitt des Gummis darstellt.

„Weichgummiproben sind mit der Schere oder einer scherenartig wirkenden Vorrichtung zu Würfeln von nicht mehr als 2 mm Kantenlänge zu zerschneiden.

„Gummihaltige Platten (It-Platten u. dgl.) sind so weit zu zerkleinern, daß sie durch ein Prüfsiebgewebe 1,5 DIN 1171 restlos abgesiebt werden können.

„Hartgummi wird mit einer groben Feile geraspelt, bis er restlos durch ein Prüfsiebgewebe 0,75 DIN 1171 hindurchgeht. Das Pulver ist durch einen Magneten von Eisenteilen zu befreien.

Abs. 6. „Proben von gummiertem Gewebe müssen in Stücke von nicht mehr als 1,5 mm² geschnitten und gut gemischt werden. Alle Analysenergebnisse sind auf den gewebefreien Gummi zu beziehen. Berechnung siehe DIN DVM ...., in Vorbereitung). Bei mehrlagigen Geweben mit zwischen den Lagen befindlichen Gummischichten sind die einzelnen Gewebelagen mechanisch zu trennen; jede Lage ist für sich zu behandeln. Lassen sich die Schichten nicht trennen, so ist eine Analyse zwecklos, falls die mikroskopische Prüfung eine unterschiedliche Zusammensetzung der einzelnen Schichten ergibt.“

2. Das Trocknen der Durchschnittsprobe (V, 472). Zur Bestimmung des Feuchtigkeitsgehaltes wird nach DIN DVM 3554 von der nach DIN DVM 3551 entnommenen und zerkleinerten Probe die etwa 1 cm³ entsprechende Gewichtsmenge auf einem Uhrglas im evakuierten Exsiccator (10—15 mm QS) über konzentrierter Schwefelsäure bis zur Gewichtskonstanz getrocknet. Bei der Berechnung der Analysenergebnisse ist der Feuchtigkeitsgehalt des Gummis zu berücksichtigen, wenn dieser höher als 0,5% liegt.

3. Bestimmung des Gesamtstickstoffs (V, 447, 473). Der Stickstoffgehalt wird nach der Kjeldahl- oder Mikro-Kjeldahl-Methode bestimmt.

4. Bestimmung der wasserlöslichen Anteile (V, 473). Nach DIN DVM 3556 Abs. 5 wird die Prüfung folgendermaßen ausgeführt:

„Eine etwa 5 cm³ der zu untersuchenden Probe entsprechende Gewichtsmenge ist 3mal je 10 Minuten lang mit je 50 cm³ destilliertem Wasser auszukochen.“

„Die vereinigten wäßrigen Auszüge sind gegebenenfalls heiß zu filtrieren. Das Filter ist mit destilliertem Wasser auszuwaschen. Das gesamte Filtrat ist in einer gewogenen Abdampfschale zur Trockne einzudampfen und bei höchstens 100° bis zur Gewichtskonstanz zu trocknen.“

5. Aschebestimmung und qualitative Analyse der mineralischen Bestandteile (V, 474). Ausführung der Prüfung nach DIN DVM 3568:

„Die Probe ist in einem angemessen großen Porzellantiegel einzuwägen; ihre Menge soll so bemessen werden, daß nicht weniger als 0,05 g und nicht mehr als 0,5 g Veraschungsrückstand verbleiben.

„Der Porzellantiegel mit der Probe ist zunächst auf einer Asbestplatte oder einem Asbestdrahtnetz so lange vorsichtig zu erhitzen, bis alle Zersetzungsprodukte des vulkanisierten Kautschuks und andere organische Bestandteile der Gummimischung ohne Entzündung verflüchtigt sind. Hierauf ist der Tiegel mit Inhalt auf dem Gebläse oder im elektrischen Ofen bis zur Gewichtskonstanz zu glühen.“

Da beim Glühen eine teilweise Veränderung der Mineralien erfolgt, empfehlen T. R. Dawson und B. D. Porritt, die Temperatur nicht über 600° C zu erhöhen und das Material vor der Veraschung mit Aceton zu extrahieren. Auch die Vorschriften der American Society for Testing Materials (A.S.T.M. Designation: D 297—38) sehen die Extrahierung der Proben mit Aceton vor und eine allmähliche Temperatursteigerung bei der Veraschung bis 550° C im elektrischen Muffelofen.

Für die qualitative und quantitative Untersuchung der anorganischen Bestandteile ist es zweckmäßig, an Stelle der Veraschung das Material nach der Methode von J. Rothe aufzuschließen, weil durch den nassen Aufschluß das die Weiterverarbeitung störende Sintern der Asche und Verluste von flüchtigen Bestandteilen vermieden werden. Der Aufschluß wird nach den „Richtlinien für die Prüfung von Kautschukwaren“ DVM 1925 Nr. 76 wie folgt durchgeführt.

Zur Analyse wird so viel Gummimaterial, als etwa 1 g Asche entspricht, in einem Jenaer Rundkolben von 300 cm³ mit 10, höchstens 20 cm³ Salpetersäure (Dichte 1,48) und 2 cm³ konzentrierter Schwefelsäure auf je 1 g der Probe auf dem Sandbade 1 Stunde lang nur so hoch erhitzt, daß eine stetige lebhafte Entwicklung von Stickstoffdioxyd vor sich geht. Nach dieser Zeit wird auf dem Sandbade stärker erhitzt, bis die Salpetersäure vollständig verdampft ist und Schwefelsäuredämpfe zu entweichen beginnen. Hierauf wird das Erhitzen unter lebhafter Bewegung des Kolbens über freier Flamme fortgesetzt, bis die Schwefelsäure stark siedet. Man läßt erkalten und fügt zu der zurückgebliebenen Schwefelsäure, die in der Regel dunkelbraun bis schwarz gefärbt ist, weitere 5—10 cm³ Salpetersäure (d = 1,48) und erhitzt noch $^1/_4$—$^1/_2$ Stunde auf dem Sandbade bei ganz schwachem Sieden, bis die Flüssigkeit wieder hell geworden ist. Nunmehr wird von neuem über freier Flamme weiter erhitzt, wobei sich die Schwefelsäure nicht mehr dunkel färben darf. Ist dies doch noch der Fall, so muß nochmals Salpetersäure zugefügt und das Verfahren wiederholt werden. Nach dem Abrauchen der Hauptmenge der Schwefelsäure und Abkühlen wird der Rückstand mit Wasser aufgenommen und einige Zeit zum Sieden erhitzt, um die letzten Reste von Stickoxyden zu entfernen, die von der Schwefelsäure hartnäckig zurückgehalten werden.

Die weitere Untersuchung erfolgt nach den üblichen qualitativen und quantitativen Methoden. Carbonate, Sulfide und Sulfate werden bei dem Aufschluß nach J. Rothe nicht erfaßt. Carbonate und Sulfide können qualitativ an der Gummiprobe mit Salzsäure nachgewiesen werden (CO_2 durch einen Niederschlag in Kalkwasser, H_2S durch Schwärzung von Bleiacetatpapier). Auf Sulfat wird nach Schmelzen der Asche mit Soda durch Ausfällen mit Bariumchlorid geprüft. Für ihre quantitative Bestimmung wird der Rückstand des Xylolaufschlusses verwendet.

6. Bestimmung des Chlors (V, 479). Nach den „Richtlinien für die Prüfung von Kautschukwaren" DVM, 1925, Nr. 76, wird die Substanz mit chlorfreiem Soda-Salpetergemisch (5:3) geschmolzen. Die Schmelze wird mit Wasser aufgenommen, die Lösung filtriert und das Filter mit heißem Wasser ausgewaschen. Die Lösung wird dann mit Salpetersäure angesäuert, aufgekocht, mit 0,1 n-Silbernitratlösung versetzt und nochmals zum Sieden erhitzt. Der Überschuß des Silbernitrats wird mit 0,1 n-Rhodanammoniumlösung zurücktitriert. Als Indicator wird Ferriammonsulfat verwendet. 1 cm³ 0,1 n-$AgNO_3$-Lösung = 0,0035 g Cl.

Nach R. P. Dinsmore, R. H. Seeds und H. E. Rutledge (C. C. Davis und J. T. Blake) kann das Chlor auch nach Carius bestimmt werden, wobei etwa 0,3 g der zu untersuchenden Probe, 5 cm³ rauchende Salpetersäure und 1 g Silbernitrat verwendet werden. Da die meisten Gummiwaren Substanzen enthalten, die nicht in Salpetersäure löslich sind, behandelt man die Mischung von Silberchlorid und ungelöstem Material in einem Platintiegel mit Schwefelsäure und metallischem Zink und filtriert nach völliger Zersetzung des Silberchlorids. In der Lösung wird das Chlor durch Ausfällen oder Titrieren mit Silbernitrat bestimmt. Bei Anwesenheit von weißem Faktis wird zur Bestimmung des bei der Chlorschwefelvulkanisation an Kautschuk gebundenen Chlors die Probe erst mit alkoholischer Kalilauge behandelt und das Chlor im Rückstand ermittelt.

Der Nachweis von Chlor weist noch nicht eindeutig auf weißen Faktis oder Chlorschwefelvulkanisation hin, da auch helle Faktissorten für Warmvulkanisation im Handel sind, die Chlorreaktion zeigen, aber die Vulkanisation nicht beeinflussen. Weißer Faktis wird wegen der starken Verzögerung der Vulkanisation nur für ganz wenige warm vulkanisierte Artikel verarbeitet, in erster Linie für Radiergummi.

7. Bestimmung der Carbonate (V, 481). Zur Vorprüfung auf die Anwesenheit von Carbonaten empfiehlt die amerikanische Vorschrift A.S.T.M. Designation D 297—38, einen Abschnitt des Musters in mit Brom gesättigter Salzsäure (Dichte 1,19) zu prüfen. Bei auftretender Gasentwicklung enthält die Probe Carbonate.

Die quantitative Bestimmung des CO_2-Gehaltes kann mit der Ermittlung des anorganisch gebundenen Schwefels vereinigt werden. Die Prüfung wird an dem beim Xylolaufschluß ungelösten Material durchgeführt (s. unter „Schwefelbestimmung" e) S. 379).

Nach K. MEMMLER (1) wird die Gummiprobe zur Bestimmung der an mineralische Füllstoffe gebundenen Kohlensäure in einem Kolben mit Salzsäure und einem Zusatz von Quecksilberchlorid in der Hitze zersetzt, wobei durch den Kolben ein kohlensäurefreier Luftstrom geleitet wird. Die entweichende Kohlensäure wird in einem Chlorcalciumrohr getrocknet und im Kaliapparat oder Natronkalkrohr aufgefangen und so zur Wägung gebracht.

Pearson erhitzt die Gummiprobe mit Eisessig. Der Kolben ist mit einem kurzen Rückflußkühler versehen, an den 2 U-Rohre und ein Natronkalkrohr angeschlossen sind. Durch die Apparatur wird während der Bestimmung ein kohlensäurefreier Luftstrom geleitet. Das erste U-Rohr ist mit festem Bleiacetat beschickt, von dem zweiten U-Rohr enthält der eine Schenkel Natriumacetat, der andere Chlorcalcium. Die Kohlensäure wird im Natronkalkrohr aufgefangen und gewogen.

8. Schwefelbestimmung (V, 475). a) **Gesamtschwefel.** Das Normblatt DIN DVM 3561 (in Vorbereitung) sieht für den Aufschluß der Gummiprobe die Methode von J. Rothe mit Magnesiumoxyd und Brom-Salpetersäure vor.

Der kohle- und nitratfreie Kolbenrückstand wird entsprechend der Zusammensetzung der Gummimischung nach dem Normblattentwurf Abs. 5—7 wie folgt weiterverarbeitet:

(5) War die Gummimischung frei von säurelöslichen Silicaten und Antimonverbindungen, so wird der Kolbeninhalt mit 5 cm³ konzentrierter Salzsäure aufgenommen und die Lösung mit Wasser verdünnt. Etwa vorhandene ungelöste Stoffe werden abfiltriert und gründlich ausgewaschen (über die Weiterbehandlung dieses „Unlöslichen" siehe Abschnitt 7). Das Filtrat — bei schwefelreichen Gummimischungen nur ein abgemessener Teil desselben — wird sodann auf etwa 100 cm³ gebracht, zum Sieden erhitzt und mit heißer 0,1 n-Bariumchloridlösung versetzt. Das sich hierbei abscheidende Bariumsulfat wird — frühestens nach 4 Stunden — abfiltriert, ausgewaschen, geglüht und gewogen. Bei Schwefelbestimmungen sollen ganz allgemein nicht mehr als 0,5 g Bariumsulfat zur Auswaage gebracht werden.

(6) Bei Gummimischungen, die säurelösliche Silicate und Antimonverbindungen enthalten, wird der Rückstand des Aufschlusses mit Brom-Salpetersäure im Jenaer Rundkolben mit Salpetersäure aufgenommen. Nach Verdünnen der Lösung mit Wasser werden die ungelösten Stoffe abfiltriert und mit Salpetersäure enthaltendem Wasser gründlich ausgewaschen (über die Weiterbehandlung dieses „Unlöslichen" siehe weiter unten). Das Filtrat wird sodann am vorteilhaftesten wieder im Jenaer Rundkolben über freiem Bunsenbrenner unter dauerndem Umschwenken zur Trockne verdampft und der Rückstand im Kolben durch Glühen über einem Einbrenner, später über einem Dreibrenner, von Nitraten befreit. Der nitratfreie Rückstand wird mit 5 cm³ konzentrierter Salzsäure aufgenommen, die Lösung mit Wasser in eine Porzellanschale überführt und zur Trockne verdampft. Der Schaleninhalt wird zum Unlöslichmachen etwa vorhandener Kieselsäure 2 Stunden im Trockenschrank auf 135° erhitzt. Nach Aufnehmen des Rückstandes mit 5 cm³ konzentrierter Salzsäure, Verdünnen und Überführen mit Wasser in ein Becherglas, wird die Lösung (etwa 100 cm³) — oder ein abgemessener Teil derselben — zum Sieden erhitzt und mit heißer 0,1 n-Bariumchlorid-

lösung versetzt. Das sich hierbei abscheidende Bariumsulfat wird frühestens nach 4 Stunden abfiltriert, ausgewaschen, geglüht und gewogen.

(7) Das „Unlösliche" vom Aufschluß der Gummimischung mit Brom-Salpetersäure (s. Abschnitt 5) wird im Nickeltiegel durch Schmelzen mit etwa der 10—12fachen Menge Kalium-Natriumcarbonat aufgeschlossen. Die erkaltete Schmelze wird mit heißem Wasser aufgenommen und die alkalische Lösung filtriert. Nach gutem Auswaschen des Ungelösten auf dem Filter wird das Filtrat mit Salpetersäure angesäuert und in einer Porzellanschale zur Trockne verdampft. Der Schaleninhalt wird dann durch Erhitzen auf einer Asbestplatte von Nitraten befreit und nach dem Erkalten mit konzentrierter Salzsäure durchfeuchtet. Nun wird nochmals zur Trockne eingedampft und die Porzellanschale nebst Inhalt 2 Stunden im Trockenschrank auf 135° erhitzt. Der erkaltete Schaleninhalt wird mit 5 cm³ konzentrierter Salzsäure aufgenommen und mit Wasser in ein Becherglas überführt. Zu der zum Sieden erhitzten Lösung wird dann heiße 0,1 n-Bariumchloridlösung zugefügt; das abgeschiedene Bariumsulfat wird frühestens nach 4 Stunden abfiltriert, ausgewaschen, geglüht und gewogen.

Nach den amerikanischen Vorschriften A.S.T.M.-Designation D 297-38 werden zur Bestimmung des Gesamtschwefels folgende Methoden angegeben.

α) 0,5 g Gummi werden in einem Porzellantiegel mit 15 cm³ Brom-Salpetersäure (hergestellt durch Zugabe von einem Überschuß Brom zu konzentrierter HNO_3; Dichte 1,42) versetzt, mit einem Uhrglas bedeckt 1 Stunde stehengelassen und dann 1 Stunde auf dem Dampfbad erwärmt. Nach Abspülen des Uhrglases mit wenig destilliertem Wasser wird der Inhalt des Tiegels zur Trockne eingedampft. Man fügt 3 cm³ Salpetersäure (d = 1,42) zu, erwärmt kurz auf dem Dampfbad und läßt erkalten. Dann gibt man vorsichtig 5 g Natriumcarbonat in kleinen Portionen zu, wobei man das Uhrglas nur soweit als erforderlich abhebt und darauf achtet, daß das Natriumcarbonat an den Tiegelwandungen entlanggleitet. Das Uhrglas wird mit 2—3 cm³ Wasser abgespült und die Masse mit einem Glasstab durchgerührt. Nach kurzem Digerieren wird die Mischung an den Tiegelwandungen ausgestrichen, zur Trockne eingedampft und über schwacher Flamme geschmolzen.

Unter entsprechenden Vorsichtsmaßnahmen wird die organische Substanz im schräg gestellten Tiegel auf dem Tondreieck verbrannt und zum Schluß etwas stärker erhitzt. Nach dem Abkühlen digeriert man in einem 400 cm³-Becherglas mit etwa 125 cm³ Wasser 2 Stunden auf dem Dampfbad und filtriert die Lösung in ein mit 5 cm³ Salzsäure (d = 1,19) beschicktes, bedecktes Becherglas und wäscht den Rückstand mit heißem Wasser aus. Der Rückstand kann qualitativ auf Barium geprüft werden. Zu der Lösung fügt man weitere 2 cm³ HCl (d = 1,19), so daß die etwa 300 cm³ betragende Flüssigkeit deutlich gegen Kongorot sauer reagiert. Nun fügt man 10 cm³ gesättigte wäßrige Pikrinsäurelösung zu, um die Kristallbildung des Bariumsulfatniederschlags zu unterstützen, und bestimmt den Schwefel in der üblichen Weise durch Fällen mit Bariumchlorid.

β) Die zweite Methode erfaßt den gesamten Schwefel mit Ausnahme des bereits in der Mischung als Bariumsulfat (Schwerspat) vorliegenden Schwefels und desjenigen, der bei Anwesenheit von Bariumsalzen in Bariumsulfat übergeführt wird.

Zum Aufschluß der Gummiprobe werden 0,5 g in einem 500 cm³-Erlenmeyerzersetzungskolben (aus Quarzglas) mit 10 cm³ Zinkoxyd-Salpetersäurelösung (hergestellt aus 200 g Zinkoxyd und 1000 cm³ HNO_3, d = 1,42) befeuchtet und über Nacht stehengelassen. Man gibt 15 cm³ rauchende Salpetersäure zu und schüttelt gut um, damit eine Entflammung infolge zu heftiger Oxydation vermieden wird (eventuell Abkühlen unter Wasser). Nach völliger Zerstörung des Gummis werden 5 cm³ gesättigter wäßriger Bromlösung zugegeben und die Masse zur Sirupkonsistenz eingedampft. Wenn noch organische Substanz vorhanden ist, werden einige Kubikzentimeter rauchende HNO_3 zugegeben und wie vorstehend abgedampft. Nach dem Erkalten setzt man einige Kristalle Kaliumchlorat zu, verdampft auf dem Drahtnetz zur Trockne und erhitzt schließlich stärker zur Zerstörung der Nitrate. Der erkaltete Rückstand wird mit 50 cm³ verdünnter Salzsäure (1:6) unter Erhitzen gelöst, die Lösung von ausgeschiedenem Bariumsulfat abfiltriert und auf 300 cm³ verdünnt. Nach Zusatz von 10 cm³ gesättigter Pikrinsäurelösung wird mit Bariumchlorid gefällt.

Der Zusatz von Pikrinsäure vor der Fällung mit Bariumchlorid wird auch von C. H. Lindsly empfohlen, da dies keine Beeinträchtigung der Analysenwerte, aber eine wesentliche Abkürzung des Verfahrens ergibt.

b) Freier Schwefel (V, 483). Die Bestimmung des „freien" Schwefels erfolgt meistens im Acetonextrakt.

Nach dem Normblattentwurf DIN DVM 3561 wird zur Oxydation des Schwefels der gesamte nach DIN DVM 3557 erhaltene Acetonextrakt mit 1 g Magnesiumoxyd und 20 cm³ Brom-Salpetersäure behandelt. Der Kolbeninhalt wird zur Trockne verdampft und 3mal mit konzentrierter Salzsäure abgeraucht. Der Rückstand wird mit konzentrierter HCl aufgenommen und mit heißem Wasser in ein Becherglas übergespült. Dann wird mit Bariumchlorid gefällt, abfiltriert, ausgewaschen, geglüht und gewogen.

Bei Anwesenheit größerer Mengen schwefelhaltiger organischer Verbindungen im Acetonextrakt ist es möglich, daß ein Teil des Schwefels infolge Bildung von Sulfonsäuren durch Bariumchlorid nicht gefällt wird. In solchen Fällen wird der Inhalt des Kolbens mit Brom-Salpetersäure und Magnesiumoxyd oxydiert und nach dem Kochen auf dem Sandbad mit Salpetersäure in einen Langhalsrundkolben aus Jenaer Glas 250 DIN DENOG 4 übergeführt. Die weitere Verarbeitung erfolgt nach den Vorschriften der Gesamtschwefelbestimmung.

Nach den amerikanischen Vorschriften A.S.T.M. Designation D 297-38 erfolgt die Oxydation des Acetonextraktes durch Erwärmen mit Bromwasser. Die Ausfällung des Bariumsulfates wird unter Zusatz einer gesättigten Pikrinsäurelösung durchgeführt. Hierbei wird nach T. R. Dawson und B. D. Porrit (2) hauptsächlich der elementare Schwefel erfaßt. Für die Bestimmung der gesamten Schwefelmenge im Acetonextrakt empfehlen sie die Oxydation mit konzentrierter Salpetersäure und Zugabe von Kaliumchlorat.

Die Bestimmung des „wahren freien Schwefels" erfolgt nach Kelly nach der im Hauptwerk V, 483 angegebenen Methode mit einer kalt gesättigten Lösung von Schwefel in 75%igem Alkohol.

A. F. Hardman und H. E. Barbehenn empfehlen den elementaren Schwefel während der Acetonextraktion an metallisches Kupfer zu binden. C. Davis und L. J. Foucar führen den Schwefel durch Kochen des Acetontraktes mit Alkohol und Cyankalium in Rhodankalium über und titrieren mit Silbernitratlösung. Diese Methode wurde von Syukusaburô Minatoya, Itirô Aoe und Idumi Nagai weiter ausgearbeitet und verbessert. E. W. Oldham, L. M. Baker und M. W. Craytor arbeiten nach dem etwas abgeänderten Verfahren von V. Bolotnikov und V. Gurova, wobei eine Gummiprobe mit 5%iger wäßriger Natriumsulfitlösung gekocht wird, um den elementaren Schwefel in Natriumthiosulfat überzuführen, das dann mit 0,1 n-Jodlösung titriert wird.

c) Bestimmung des Schwefels im Chloroformextrakt (Entwurf DIN DVM 3561). Der nach DIN DVM 3558 erhaltene Chloroformextrakt wird in Chloroform gelöst und in einen Langhalsrundkolben aus Jenaer Glas 250 DIN DENOG 4 gebracht. Das Chloroform wird abgedampft und der Rückstand nach den Methoden der Gesamtschwefelbestimmung aufgearbeitet.

d) Bestimmung des Schwefels im alkoholischen Kalilaugenextrakt (Entwurf DIN DVM 3561). Der nach DIN DVM 3559 erhaltene Extrakt wird in Äther gelöst und in einen Langhalsrundkolben 250 DIN DENOG 4 überführt. Nach dem Verdunsten des Äthers erfolgt die Schwefelbestimmung wie für den Gesamtschwefel angegeben.

e) Zur Bestimmung des anorganisch-gebundenen Schwefels (V, 480) (Entwurf DIN DVM 3561) wird der nach DIN DVM 3560 erhaltene Rückstand des Xylolaufschlusses durch zutropfende Salzsäure bei etwa Siedetemperatur zersetzt, wodurch der Sulfidschwefel als Schwefelwasserstoff und die Kohlensäure frei werden. Durch einen von Kohlensäure befreiten Luftstrom werden beide Gase durch einen vorgelegten, mit Kupfersulfat und Schwefelsäure beschickten Kolben gedrückt, wobei der gesamte Schwefelwasserstoff an das Kupfer unter Bildung von Kupfersulfid angelagert wird. Anschließend wird der Luftstrom getrocknet und die Kohlensäure in einem Rohr mit Kaliumhydroxyd aufgefangen und gewogen.

In der im Zersetzungskolben verbleibenden Lösung werden nach Filtrieren und Auswaschen die Sulfationen bestimmt.

Nach den Vorschriften des Bureau of Standards (A.S.T.M.-Designation 297-38) wird die Asche mit Brom-Salpetersäure behandelt und mit Natriumcarbonat geschmolzen. Die weitere Verarbeitung ist die gleiche wie bei der Gesamtschwefelbestimmung. In dem ungelösten Anteil wird der Bariumgehalt bestimmt und daraus die Menge des vorhandenen Bariumsulfats berechnet. Bei eventueller Anwesenheit von Bariumcarbonat ist dieses nach der in den Vorschriften angegebenen Methode zu bestimmen.

f) **Der an Kautschuk gebundene Schwefel** („Vulkanisationsschwefel") wird indirekt ermittelt. Von dem „Gesamtschwefel" wird die Summe folgender Schwefelbestimmungen abgezogen:

1. Schwefel im Acetonextrakt.
2. Schwefel im Chloroformextrakt.
3. Schwefel im alkoholischen Laugenextrakt.
4. Anorganisch gebundener Schwefel.

T. R. Dawson und B. D. Porrit (1) bestimmen den Schwefelgehalt an einer Probe, die vorher mit Aceton, Chloroform und alkoholischer Kalilauge extrahiert wurde, und ziehen von dem gefundenen Wert die Menge des anorganisch gebundenen Schwefels ab.

Die vielfach verwendete Methode des Aufschlusses der Gummiprobe mit Überchlorsäure oder Kaliumperchlorat gibt an sich sehr gute Resultate in verhältnismäßig kurzer Zeit. Bei dieser Arbeitsweise können jedoch sehr heftige Explosionen auftreten. Aus diesem Grunde wurde dieses Verfahren nicht in die DIN-Vorschriften aufgenommen.

Über die verschiedenen sehr zahlreichen Methoden der Schwefelbestimmungen in Gummimischungen geben R. N. Johnson und T. H. Messenger einen kritischen Überblick unter Anführung der Literaturstellen.

9. Bestimmung von Selen. Für die Bestimmung von Selen im Gummi geben E. Cheraskova und L. Veisbrute folgende Methoden an:

a) Nach E. N. Korsunskaya. 2 g der Probe werden in einem 250 cm³-Erlenmeyerkolben mit Rückflußkühler mit konzentrierter HNO_3 (Dichte 1,4) in kleinen Portionen versetzt und sorgsam erhitzt. Nach dem Erkalten wird mit 150—200 cm³ Wasser verdünnt, der Niederschlag abfiltriert und mehrmals mit heißem Wasser ausgewaschen. Das Filtrat wird mit verdünntem Ammoniak neutralisiert und mit HCl schwach sauer eingestellt. Nach Aufsetzen eines Rückflußkühlers werden 75—100 cm³ einer gesättigten wäßrigen Lösung von Hydrazinsulfat zugegeben. Ein kleiner Überschuß ist zur vollständigen Fällung des Selens erforderlich. Die Lösung mit dem ausgefällten Selen wird zur Überführung des Selens in die schwarze Modifikation sorgfältig erhitzt und nach Stehen über Nacht durch ein Glasfilter filtriert. Der Rückstand wird mit Wasser chlor- und sulfatfrei gewaschen, dann mit Alkohol und Äther nachgespült, bei 75—80° getrocknet und nach dem Erkalten gewogen.

b) Nach A. A. Barkovsky und A. A. Babalova. Nach dem Zersetzen der Gummiprobe mit Salpetersäure wird in einer Porzellanschale fast zur Trockne verdampft. Der Rückstand wird mit 100 cm³ heißem Wasser aufgenommen und nach dem Erkalten in einen 500 cm³-Erlenmeyerkolben filtriert. Man versetzt die Lösung mit 250 cm³ Salzsäure (Dichte 1,19) und gibt kristallisiertes Natriumsulfit in kleinen Anteilen bis zur Rotfärbung zu. Die Lösung wird auf 40—50° am Rückflußkühler erwärmt und der Niederschlag nach Stehen über Nacht abfiltriert, mit heißem Wasser ausgewaschen, getrocknet und gewogen.

c) Zur Bestimmung des „freien Selens" werden 1 g der Gummiprobe in einem Erlenmeyerkolben mit 200 cm³ 10%iger wäßriger Natriumsulfitlösung 30 Stunden am Rückflußkühler gekocht. Das Auskochen wird mit frischer Natriumsulfitlösung wiederholt. Die erkaltete Lösung wird filtriert und die Gummiprobe mit heißem Wasser ausgewaschen. Nach Zugabe von 75 cm³ Formalin wird die Lösung am Rückflußkühler 1 Stunde gekocht. Das ausgeschiedene Selen wird durch ein Glasfilter abfiltriert und mit Wasser ausgewaschen (im Filtrat kann der freie Schwefel bestimmt werden). Das Selen wird auf dem Glasfilter erst mit Salzsäure behandelt und dann mit Wasser chlorfrei gewaschen, mit Alkohol und Äther nachgespült, getrocknet und gewogen.

K. Memmler (2) gibt zur Bestimmung des Selens folgende Methode von E. H. Shaw und E. E. Reid an:

0,5—1,0 g der zu untersuchenden Probe werden im Tiegel mit 0,5 g Rohrzucker, 0,2 g Kaliumnitrat und 14 g Natriumperoxyd gemischt, mit einer dünnen Lage Natriumperoxyd überschichtet und dann in üblicher Weise geschmolzen. Die erkaltete Schmelze wird in Wasser gelöst, die Lösung filtriert und zur Zerstörung von vorhandenem Wasserstoffperoxyd zum Sieden erhitzt. Nach dem Erkalten wird mit Salzsäure angesäuert und mit Wasser verdünnt. Das nun als Selensäure vorliegende Selen wird wie folgt abgeschieden: Man gibt zu der Lösung konzentrierte Salzsäure, bedeckt mit einem Uhrglas und erhitzt zum Sieden. In die heiße, aber nicht kochende Flüssigkeit leitet man Schwefeldioxyd ein, bis sich der gebildete Niederschlag zusammengeballt hat und die überstehende Lösung klar geworden ist. Nach Abspülen des Uhrglases verdünnt man mit Wasser und filtriert durch einen Goochtiegel. An den Glaswandungen etwa haftendes Selen wird mit Alkohol in den Goochtiegel gespült. Der Filterrückstand wird erst mit Alkohol und dann mehrmals mit Wasser ausgewaschen und anschließend bei 110—120° bis zur Gewichtskonstanz getrocknet.

Statt mit Schwefeldioxyd kann das Selen auch mit Jodkalium abgeschieden werden. Dabei setzt man zu der Lösung 50 cm³ konzentrierte Salzsäure und 3 g Kaliumjodid. Man läßt dann etwa 2 Stunden schwach kochen, bis das Jod entfernt ist, und ersetzt die Verdampfungsverluste durch destilliertes Wasser. Heftiges Kochen der Lösung ist zu vermeiden. Das abgeschiedene Selen wird durch einen Goochtiegel filtriert, mit Alkohol und Wasser gewaschen und bei 110—120° bis zur Gewichtskonstanz getrocknet.

10. Die Extraktion der Muster mit Lösungsmitteln (V, 481).
a) **Extraktionsgerät.** Das Normalextraktionsgerät besteht nach DIN DVM 3555 (in Vorbereitung) aus einem weithalsigen Erlenmeyerkolben 300 DIN DENOG 12, einem Hebergefäß aus Glas, einem Kühler aus außen verzinntem Kupferrohr und einem verzinnten Kupferdeckel. Die Masse für das Hebergefäß und den Kühler sind aus dem Normblatt zu entnehmen.

b) **Extraktion mit Aceton.** Zur Bestimmung der acetonlöslichen Bestandteile ist nach DIN DVM 3557 die nach DIN DVM 3551 vorbereitete und zerkleinerte Probe zu verwenden und mit frisch über wasserfreiem Natriumcarbonat destilliertem Aceton (Siedegrenzen 56 bis 57°) 16 Stunden lang möglichst ununterbrochen zu extrahieren. Muß unterbrochen werden, so ist bei jeder Unterbrechung das Hebergefäß zu entleeren. In das Hebergefäß, in dessen Boden zum losen

Abschluß des Ablaufrohres ein Wattebausch gebracht wird, ist eine Gewichtsmenge, die etwa 3 cm³ der zu untersuchenden Probe entspricht, einzubringen und mit einem Wattebausch zu bedecken. Das Hebergefäß wird dann am Kühler befestigt und beides in den getrockneten, gewogenen und mit 90 cm³ Aceton beschickten Kolben eingeführt. Der Kolben wird so erhitzt, daß das Hebergefäß sich alle 3,5—4,5 Minuten entleert. Nach Beendigung der Extraktion ist das Aceton abzudestillieren und der Kolben mit Rückstand bis zur Gewichtskonstanz bei 75° im Trockenschrank zu trocknen.

α) Der Destillationsrückstand kann im gleichen Kolben zur Bestimmung des acetonlöslichen, sog. freien Schwefels nach DIN DVM 3561 (s. S. 378) verwendet werden.

β) Weitere Destillationsrückstände dienen zur Bestimmung von Konstanten wie Säurezahl, Verseifungszahl usw., sowie ganz allgemein zur qualitativen Ermittlung der Bestandteile.

γ) Ein anderer Destillationsrückstand kann zur Trennung und Bestimmung der verseifbaren und unverseifbaren Stoffe nach DIN DVM 3565 und 3566 (in Vorbereitung) benutzt werden. Der unverseifbare Anteil der acetonlöslichen Stoffe kann bestehen aus: unverseifbaren acetonlöslichen Begleitstoffen des Kautschuks, Mineralölen, Paraffinkohlenwasserstoffen, Teer- und Asphaltbestandteilen und Wachsalkoholen. Der verseifbare Anteil der acetonlöslichen Stoffe kann Fettsäuren, Harzsäuren und Ölsäuren enthalten. Die zur Normung vorgesehene Methode der Trennung und Bestimmung der verseifbaren und unverseifbaren Stoffe entspricht der im Hauptband V, 483 angegebenen Arbeitsweise.

δ) Zur Ermittlung der Beschleuniger und Alterungsschutzmittel im Acetonextrakt muß man berücksichtigen, daß diese Substanzen meist nur in geringer Menge und teilweise nur in Form von Zersetzungsprodukten vorliegen. Eine Isolierung der einzelnen Produkte und die Bestimmung ihrer Konstanten (Schmelzpunkt usw.) wird nur in den wenigsten Fällen möglich sein. Die Stickstoffbestimmung des Acetonextraktes gibt nur einen Anhaltspunkt darüber, ob stickstoffhaltige Substanzen in größerer Menge vorhanden sind. Zur Identifizierung einiger Produkte können die von F. Twiss und G. Martin und von L. v. Wistinghausen angegebenen Methoden angewandt werden. In erster Linie wird man sich jedoch genötigt sehen, aus Farbreaktionen, wie sie von L. v. Wistinghausen, K. Shimada oder von Je. Slepuschkina vorgeschlagen wurden, auf die Art der vorhandenen Beschleuniger zu schließen. Eine einwandfreie Identifizierung ist sehr schwierig und erfordert große Erfahrung, da die verschiedenen Substanzen mit ölsaurem oder leinölsaurem Kupfer bzw. Kobalt teilweise ähnliche Farbreaktionen geben und der Farbton durch andere lösliche Substanzen gestört werden kann. Durch geeignete Auswahl des Lösungsmittels (Benzol, Chloroform, Alkohol + Chloroform, Alkohol + Aceton oder Chloroform + Aceton) muß von Fall zu Fall versucht werden, möglichst farblose Extrakte zu erhalten. Es ist zweckmäßig, entsprechende Vergleichsprüfungen mit den reinen Beschleunigern oder mit Gummiproben bekannter Zusammensetzung durchzuführen.

Zur allgemeinen Orientierung über die Zusammensetzung des Acetonextraktes gibt die Beschaffenheit des Extraktes vor und nach dem Verdunsten des Acetons gute Hinweise: Farbe, Fluorescenz, Konsistenz und Geruch [R. P. Dinsmore, R. H. Seeds und H. E. Rutledge (2)].

Farbe. Wenn die Farbe der Acetonlösung nur schwach strohgelb ist, können freie Fettsäuren, vegetabilische Öle, Harze und Wachse gelöst sein; dagegen sind Harzöl, Mineralöl, Steinkohlenteer, Terpentin (Kienöl) und Pech, die eine stärkere Färbung ergeben, nicht vorhanden.

Flourescenz. Wenn die Acetonlösung Fluorescenz zeigt, können Harzöl, Mineralöl, Steinkohlenteer oder Steinkohlenteerpech vorhanden sein. Außerdem geben verschiedene Alterungsschutzmittel fluorescierende Lösungen in Aceton. Harzöl zeigt bläuliche, Mineralöl mehr grünliche Fluorescenz. Die Unterschiede sind jedoch nicht immer ganz scharf. Am getrockneten Acetonextrakt kann Harzöl an dem charakteristischen Geruch und der Liebermann-Storchschen Reaktion erkannt werden. Bei Abwesenheit von Harzöl deutet die Fluorescenz auf Mineralöl, das als solches zugesetzt sein oder aus Hartasphalt stammen kann. Hartasphalt erkennt man an der Farbe des Chloroformextraktes. Die Menge an Harzöl oder Mineralöl wird bei der Bestimmung der unverseifbaren Bestandteile im Acetonextrakt ermittelt. Die unverseifbaren Anteile können ganz oder zum Teil auch aus mineralölhaltigem Faktis stammen; über die Anwesenheit von Faktis gibt der alkoholische Laugenextrakt Aufschluß. Zeigt der Acetonextrakt nur geringe Fluorescenz und ergibt die Bestimmung der unverseifbaren Anteile die Anwesenheit von dünnem Mineralöl, so kann auf das Vorhandensein von Paraffinöl geschlossen werden.

Konsistenz. Dunkle Farbe des Acetonextraktes deutet auf Mineralöl, Teer oder Pech. Nach dem Verdunsten des Acetons bleibt eine hochviscose Flüssigkeit zurück.

Ist die Farbe nicht dunkler als strohgelb, kann der getrocknete Extrakt hochviscos, spröde oder wachsartig sein. Bei Anwesenheit von Ölsäure, vegetabilischen Ölen oder Paraffinöl ist der Rückstand hochviscos. Dann ist die Bestimmung der freien Fettsäuren und der verseifbaren Bestandteile durchzuführen. Sind vegetabilische Öle zugegen, kann auf Baumwollsamenöl oder Maisöl (Maisölfaktis) geschlossen werden. Unverseifbare Anteile deuten auf Paraffinöl.

Kolophonium, Cumaronharz, Pontianacharz ergeben eine spröde Konsistenz des Acetonextraktes. Harze können durch die Liebermann-Storchsche Reaktion nachgewiesen werden. Im Gegensatz zu dem weitgehend verseifbaren Kolophonium sind Cumaronharz und Pontianacharz im wesentlichen nicht verseifbar. Cumaronharz wird an der Rotfärbung mit Brom erkannt. Zu 1 cm³ einer 5%igen Lösung des Harzes in Chloroform setzt man 1 cm³ Eisessig und 3 cm³ Chloroform, schüttelt durch und gibt 1 cm³ einer 10%igen Lösung von Brom in Chloroform zu. Rotfärbung zeigt die Anwesenheit von Cumaronharz an.

Hat der getrocknete Acetonextrakt wachsartige Konsistenz, können Ceresin, Paraffin, Stearinsäure und Palmöl (Palmfett) vorhanden sein. Ceresin und Paraffin werden bei den unverseifbaren Bestandteilen ermittelt. Werden nur Fettsäuren festgestellt, handelt es sich um Stearin-

säure. Ergibt die Analyse einen Fettsäuregehalt bis zu 50% und ist
der Rest verseifbar, ist die Anwesenheit von Palmfett wahrscheinlich.
Palmfett hat etwas weichere Konsistenz als Stearinsäure und einen
charakteristischen Geruch.

Bienenwachs, das verschiedentlich auch in Hartgummimischungen
verwendet wird, unterscheidet sich von den anderen genannten Wachsen
dadurch, daß es verseifbar ist.

Geruch. Auch aus dem Geruch des getrockneten Acetonextraktes
können weitgehende Schlüsse auf dessen Zusammensetzung gezogen
werden, da verschiedene der möglichen Substanzen einen charakteristischen Geruch zeigen: Harze, Harzöl, Fichtenteer, Steinkohlenteer,
Asphalt und Palmfett. Zeigt die Acetonlösung dunkle Farbe und deutet
der Geruch nach dem Verdunsten des Acetons auf Abwesenheit von
Fichtenholzteer und Steinkohlenteer, so wird der getrocknete Extrakt
auf Stearinpech geprüft, dadurch, daß man den Extrakt mit einer kleinen
Menge Kaliumbisulfat über freier Flamme erhitzt. Die Anwesenheit
von Stearinpech wird durch den charakteristischen Geruch nach Acrolein erkannt.

c) **Extraktion mit Chloroform** (V, 485). Nach DIN DVM 3558
wird die nach DIN DVM 3557 mit Aceton extrahierte, nicht getrocknete
Probe 4 Stunden mit Chloroform extrahiert. Das Chloroform soll frisch
über wasserfreiem Natriumcarbonat destilliert sein und nur die zwischen
60 und 62° übergehende Fraktion verwendet werden. Das Destillat
soll — vor Licht und Feuchtigkeit geschützt aufbewahrt — nicht älter
als 14 Tage sein. Die Extraktion erfolgt mit 90 cm³ Chloroform in dem
Normalextraktionsgerät (nach DIN DVM 3555, in Vorbereitung). Nach
dem Abdestillieren des Chloroforms wird der Kolben mit Inhalt bei
75° bis zur Gewichtskonstanz getrocknet.

Die mit Aceton und Chloroform extrahierte Probe kann unmittelbar
für die Xylolextraktion nach DIN DVM 3560 benutzt werden. Eine
weitere Probe wird zur Entfernung des Chloroforms bei 75° getrocknet
und dient zur Bestimmung der in halbnormaler methylalkoholischer
Kalilauge löslichen Bestandteile nach DIN DVM 3559.

11. Extraktion mit 0,5 n-alkoholischer Kalilauge (V, 486). Das Normblatt DIN DVM 3559 schreibt zur Extraktion 0,5 n-methyl-alko-
holische Kalilauge vor, da die Gefahr der Verharzung geringer ist als
bei Äthylalkohol. Die mit Aceton und Chloroform extrahierte Probe
wird bei 75° getrocknet, im Extraktionskolben mit 50 cm³ Benzol versetzt und 1 Stunde in siedendem Benzol gequollen. Man läßt dann
mindestens 12 Stunden bei Zimmertemperatur stehen, gibt zu der
erwärmten Quellung 50 cm³ heiße 0,5 n-methylalkoholische Kalilauge
und erhitzt das Ganze 6 Stunden lang zum Sieden. Die Lösung wird
durch Filtrieren vom Gummi getrennt und der Gummi im Porzellanmörser unter Reiben und Kneten mit heißem Methylalkohol und dann
mit heißem Wasser sorgfältig ausgewaschen. Das Filtrat wird mit den
Waschwässern vereinigt und fast zur Trockne eingedampft. Der Rückstand wird mit Wasser aufgenommen, nach dem Ansäuern mit verdünnter Salzsäure quantitativ in einen Scheidetrichter überführt und

so lange mit Äther ausgeschüttelt, bis dieser farblos bleibt. Die vereinigten Ätherauszüge werden nach gründlichem Waschen mit Wasser eingedampft und der Rückstand bei etwa 100° bis zur Gewichtskonstanz getrocknet. Im Extrakt können der darin enthaltene Schwefel und Stickstoff bestimmt werden, ferner nach A. van Rossem und P. Dekker die Oxydationsprodukte des Kautschuks.

12. Direkte Bestimmung der anorganischen und organischen Füllstoffe, mit Ausnahme der in Aceton und Chloroform löslichen Bestandteile (V, 488). a) Bestimmung der xylolunlöslichen Bestandteile (DIN DVM 3560). Durch diese Bestimmung werden die im Gummi enthaltenen mineralischen und organischen, in Xylol nicht löslichen Zusatzstoffe erfaßt. Zur Prüfung wird die mit Aceton und Chloroform (DIN DVM 3557 und 3558) extrahierte und bei 75° getrocknete Probe verwendet.

Das Prüfgerät besteht aus:

1. einem Autoklaven von etwa 180 mm Innendurchmesser und etwa 20 mm Innenhöhe. Die Beheizung muß eine Innentemperatur von 270° ermöglichen. Der Autoklav muß für mindestens 20 kg/cm² Betriebsdruck zugelassen sein,

2. einem Metalleinsatz zur Aufnahme der Aufschlußröhrchen,

3. den Aufschlußröhrchen aus Thüringer Glas mit eingeschliffenem Stopfen von 23 mm Innendurchmesser, 130 mm Länge und 2—2,5 mm Wandstärke. Das am Rande etwas nach außen gewölbte Schliffende der Röhrchen ist mit einem kleinen Ausguß versehen.

4. einer Zentrifuge zum Schleudern der Aufschlußröhrchen (3000 Umdrehungen pro Minute).

Als Extraktionsmittel wird Xylol D.A.B. 6 verwendet (Fraktion 137—141°).

Zur Prüfung wird die etwa 1 g der ursprünglichen Probe entsprechende Menge des mit Aceton und Chloroform extrahierten Gummis in das Aufschlußröhrchen gebracht. Das Röhrchen wird bis etwa 0,5 cm unter dem Schliff mit Xylol gefüllt und mit dem Glasstopfen verschlossen, der mit Bindedraht gesichert wird. Die in den Metalleinsatz gestellten Aufschlußröhrchen werden in den Autoklaven gebracht, der mit Xylol soweit gefüllt wird, daß es mit dem Xylol in den Röhrchen gleich hoch steht. Der verschlossene Autoklav wird in etwa $^1/_2$ Stunde auf 260—270° (entsprechend einem Druck von 15—20 kg/cm²) erhitzt und bei dieser Temperatur 4 Stunden lang gehalten. Nach dem Abkühlen werden die Röhrchen dem Autoklaven entnommen und 15 Minuten zentrifugiert. Das klare Xylol wird soweit wie möglich abgegossen. Der Rückstand wird einmal mit frischem Xylol durch Rühren gewaschen und erneut zentrifugiert. Nach Dekantieren des Xylols wird der Rückstand noch 2—3mal in der gleichen Weise mit Benzol und dann 3mal mit Äther gewaschen. Die Röhrchen sind zunächst bei 40°, dann bis zur Gewichtskonstanz bei 100° zu trocknen.

Der Rückstand kann zur Bestimmung des Sulfid- und Sulfatschwefels und der Kohlensäure benutzt werden (vgl. 8. Schwefelbestimmungen, S. 379, Entwurf DIN DVM 3561), außerdem allgemein zur qualitativen und quantitativen Untersuchung.

b) **Methode nach P. Goldberg.** Diese Methode gibt in vielen Fällen ebenfalls sehr gute Resultate:

1 g des mit Aceton extrahierten und bei 50—60° getrockneten Materials wird in einem tarierten Porzellanschiffchen abgewogen, das Schiffchen in ein an beiden Enden offenes etwa 50 cm langes Glasrohr gebracht. In das eine Ende des Rohres, das mit einem Stickstoffbehälter verbunden ist, wird getrockneter Stickstoff eingeleitet. Sobald die Luft aus der Röhre vollständig verdrängt ist, wird das Schiffchen im Rohr mit kleiner Flamme erhitzt. Der Kautschuk schmilzt, zersetzt sich und destilliert gewissermaßen ab. Die hierbei entstehenden Dämpfe werden am anderen Rohrende mit einer Wasserstrahlluftpumpe abgesaugt. Nach dem Erkalten wird das Schiffchen gewogen.

Die Durchführung des Versuches dauert etwa 20 Minuten. Dieses Verfahren ist dann nicht ohne weiteres anwendbar, wenn die Mischungen leicht Kohlensäure abgebende Carbonate wie $MgCO_3$ oder leicht zersetzliche Sulfide wie Goldschwefel und Zinnober enthalten. Im ersteren Falle leitet man die Destillationsgase — nach dem Trocknen — durch einen Kaliapparat und bestimmt hier die entwickelte Kohlensäure. Goldschwefel und Zinnober werden heute kaum mehr als Farbstoffe verwendet.

13. Besondere Bestimmungsmethoden. a) **Bestimmung von Ruß.** In den „Richtlinien für die Prüfung von Kautschukwaren, DVM 1925, Nr. 76" ist folgende Methode angegeben, die sich an die Methode von A. H. Smith und S. W. Epstein anlehnt:

Eine Probe von 0,5 g wird 8 Stunden mit einer Mischung von 1 Raumteil Aceton mit 2 Raumteilen Chloroform im Extraktionsapparat extrahiert. Dann bringt man die Probe in ein 250-cm³-Becherglas und erwärmt zur Entfernung des Chloroforms auf dem Dampfbade. Die abgekühlte Probe wird mit einigen Kubikzentimetern kalter Salpetersäure versetzt und kurze Zeit stehen gelassen. Dann fügt man 50 cm³ heiße konzentrierte Salpetersäure zu und erhitzt auf dem Dampfbade, bis keine Gasentwicklung mehr stattfindet, jedoch mindestens 1 Stunde lang. Die heiße Flüssigkeit wird durch einen Goochtiegel filtriert, wobei darauf zu achten ist, daß das Rückstand möglichst im Becherglas verbleibt. Der Goochtiegel wird mit heißer konzentrierter Salpetersäure ausgewaschen. Nach Entleeren der Filtrierflasche wird mit Aceton und einer Mischung aus gleichen Raumteilen Aceton und Chloroform nachgewaschen, bis das Filtrat farblos ist. Das im Becherglas befindliche Material wird 30 Minuten auf dem Dampfbade mit 30—40 cm³ 35%iger Natronlauge ausgezogen. Die Alkalibehandlung kann unterbleiben, wenn keine Silicate vorhanden sind. Man verdünnt nun mit 60 cm³ heißem destillierten Wasser und filtriert durch den Goochtiegel, wäscht gut mit heißer 15%iger Natronlauge aus. Auf eventuelle Anwesenheit von Blei prüft man, indem man etwas warme, mit einem Überschuß von Ammoniak versetzte Ammonacetatlösung durch den Goochtiegel in eine Lösung von Natriumchromat fließen läßt. Entsteht ein gelber Niederschlag von Bleichromat, so muß der Rückstand so lange mit Ammonacetatlösung ausgewaschen werden, bis sich die Natriumchromatlösung nicht mehr trübt. Dann wird der Rückstand einige Male mit heißer konzentrierter Salzsäure und endlich mit warmer 5%iger HCl gewaschen. Der Tiegel wird vom Trichter entfernt und $1^1/_2$ Stunden bei 110° getrocknet, abgekühlt und gewogen. Nach Verbrennen der Kohle bei dunkler Rotglut wird zurückgewogen. Die Gewichtsdifferenz stellt annähernd 105% der ursprünglich anwesenden Menge an freiem Kohlenstoff (Ruß) dar.

$$\frac{\text{Gewichtsabnahme des Tiegels}}{1,05 \cdot \text{Gewicht der Probe}} \cdot 100 = \% \text{ freier Kohlenstoff (Ruß).}$$

T. R. Dawson und B. D. Porrit (3) setzen nach dem Aufschluß mit Salpetersäure etwas Kieselgur zu und filtrieren durch einen Goochtiegel, dessen Asbestschicht mit etwas Kieselgur bedeckt ist, um das Filtrieren und Auswaschen zu erleichtern.

E. W. Oldham und J. G. Harrison jr. verzichten bei der Rußbestimmung auf die vorhergehende Extraktion mit Aceton und Chloroform und empfehlen, nach dem Auswaschen mit Salpetersäure erst mit einem Gemisch gleicher Teile Aceton + Eisessig + Chloroform und dann mit Aceton + Chloroform auszuwaschen. Bei Anwesenheit von Kaolin wird empfohlen, eine entsprechende Korrektur des Glühverlustes durchzuführen, da Kaolin einen Glühverlust von etwa 14% ergibt.

P. Zilchert schlägt zur raschen Orientierung über den Rußgehalt einer Gummiprobe folgende Arbeitsweise vor, die jedoch keinen Anspruch auf größte Genauigkeit erhebt.

0,7—0,8 g der zu untersuchenden Probe werden 2mal mit je 100 cm³ Aceton und anschließend mit Chloroform je 1 Stunde ausgekocht. Nach dem Abgießen des Chloroforms wird die Probe bei 70° getrocknet und nach Erkalten mit 1—2 cm³ Salpetersäure (1:1 verdünnt) versetzt. Man läßt $^1/_2$ Stunde stehen, fügt 25 cm³ Salpetersäure (d = 1,39—1,40) zu und erwärmt unter Umrühren auf dem kochenden Wasserbad. Dann gibt man weitere 75 cm³ Salpetersäure in 2—3 Teilen unter Umrühren zu, digeriert 1 Stunde auf dem Wasserbad und läßt erkalten. Man filtriert durch ein bei 105° getrocknetes und gewogenes gehärtetes Filter (11 cm, Schleicher & Schüll), ohne den Rückstand im Glas aufzurühren, und wäscht sofort 2—3mal mit heißem Wasser nach. Der Rückstand im Becherglas wird nochmals mit 100 cm³ Salpetersäure 1 Stunde auf dem Wasserbad digeriert und mit heißem Wasser nachbehandelt. Man bringt dann den Rückstand auf das Filter und wäscht bis zum Verschwinden der sauren Reaktion mit Wasser aus. Das Filter mit dem Rückstand wird dann 3 Stunden bei 105—110° getrocknet, in einem Wägegläschen gewogen und dann in einem Porzellantiegel verascht. Der Glühverlust entspricht unter Berücksichtigung des Aschegehaltes des Filters der vorhandenen Menge Ruß.

Nach einer weiteren Literaturangabe[1] wird das zerkleinerte, mit Aceton extrahierte Material bei mindestens 200° in Paraffinum liquidum in einem gewogenen Aufschlußröhrchen gelöst. Nach dem Erkalten füllt man mit Benzol auf, zentrifugiert, wäscht noch einige Male mit Benzol und dann mit Äther nach und zentrifugiert jeweils, trocknet und wägt. Der Rückstand, der den Ruß und sämtliche Mineralien

---

[1] Gummi-Ztg. **50**, 178 (1936).

enthält, wird mit warmer verdünnter Salzsäure behandelt, durch ein gewogenes aschefreies Filter filtriert, ausgewaschen, getrocknet und gewogen. Danach wird im Porzellantiegel verascht. Die Gewichtsdifferenz vor und nach der Veraschung ergibt die in der Probe vorhandene Rußmenge.

An Stelle des Auflösens der Kautschuksubstanz in Paraffinöl kann diese auch nach der Methode von P. Goldberg durch Erhitzen im Stickstoffstrom entfernt werden. Die Aufarbeitung des Rückstandes erfolgt wie vorstehend.

Enthält das Material Graphit, so wird nach den „Richtlinien für die Prüfung von Kautschukwaren, DVM (1925), Nr. 76", eine Probe 4 Stunden mit 0,5 n-alkoholischer Kalilauge ausgekocht. Nach dem Filtrieren wird das Filter mit Rückstand in einer Porzellanschale 4mal mit Salpetersäure (d = 1,52) abgeraucht. Der getrocknete Rückstand wird mit etwa der 10fachen Menge Bleioxyd gemischt, in einen hessischen Tontiegel übergeführt, mit Bleioxyd überschichtet und im bedeckten Tiegel so lange auf dem Gebläse erhitzt, bis keine Gasentwicklung mehr stattfindet. Nach dem Erkalten wird der Tiegel zerschlagen und der auf dem Boden befindliche Bleiregulus gewogen.

$$\frac{\text{Gewicht des Bleiregulus}}{34{,}5 \cdot \text{Gewicht der Probe}} \cdot 100 = \text{freier Kohlenstoff (Graphit und Ruß) in \%.}$$

b) **Ermittlung des Kautschukgehaltes.** Zur Feststellung der Menge an Kautschuksubstanz bedient man sich in der Regel der Differenzmethode, die eine angenäherte Bestimmung gestattet. In den amerikanischen Vorschriften A.S.T.M.-Designation 297—38 ist zur Bestimmung des Kautschukkohlenwasserstoffs die Methode des Joint Rubber Insulation Committee angegeben, die aber nur dann anwendbar ist, wenn die Mischungen frei von Bitumen, Cellulose, Ruß, Zinnober u. a. in Salzsäure unlöslichen, beim Veraschen aber flüchtigen oder sich stark verändernden anorganischen Füllstoffen sind.

Außer dieser Methode führte K. Memmler (3) einige andere Arbeitsweisen zur direkten Bestimmung der Kautschuksubstanz in Vulkanisaten an.

Anhang zu den analytischen Arbeiten (V, 500).

A. Allgemeines und Einzelheiten zur Analyse.

1. Die Dichte (spezifisches Gewicht, Wichte) von Kautschuk und Gummiwaren. Nach dem Normblatt-Entwurf DIN DVM 3550 soll das Gewicht der Probe zur Bestimmung der Dichte nicht unter 2 g liegen. Die Bestimmung erfolgt nach der Auftriebsmethode, wobei zur Wägung Analysen- und Schnellwaagen, sowie die Mohrsche Waage geeignet sind, sofern die Genauigkeit ± 1 mg beträgt. Beträgt das Gewicht der Probe in Luft m, unter Wasser p, so ist der Auftrieb $w = m - p$ und die Dichte $\gamma = m/w$. Zur Prüfung wird destilliertes Wasser verwendet, dessen Temperatur $20 \pm 2°$ betragen soll. Die Berechnung soll auf 3 Stellen hinter dem Komma, die Angabe mit 2 Stellen hinter dem Komma erfolgen.

Bei **Moos**- und **Schwammgummi** ist zwischen Rohdichte und Reindichte zu unterscheiden, je nachdem, ob bei der Bestimmung des Volumens die Poren berücksichtigt werden oder nicht. Zur Bestimmung der **Reindichte** ist die Probe so zu zerkleinern, daß sie durch das Prüfsiebgewebe 2,0 DIN 1171 hindurchgeht, aber auf dem Prüfsiebgewebe 0,75 DIN 1171 als Rückstand verbleibt. Die Bestimmung erfolgt am besten nach der Schwebemethode z. B. in Alkohol, Chlorzinklösung usw. Dabei wird diejenige Flüssigkeitsdichte ermittelt, bei welcher die Gummiteilchen gerade zum Schweben kommen. Diese ist dann gleich der Reindichte des zu untersuchenden Schwamm- oder Moosgummis.

Zur Bestimmung der **Rohdichte** sind aus dem zu prüfenden Material würfelförmige Proben von mindestens 10 cm³ zu entnehmen, die Dimensionen auszumessen und das Gewicht festzustellen.

2. Mikroskopische Prüfungen. Eine wertvolle Ergänzung der Analysenergebnisse kann die mikroskopische Untersuchung ergeben. Sie empfiehlt sich als Vorprüfung vor der Probenahme zur Analyse, insbesondere bei Gummiwaren mit Gewebeeinlagen oder zusammengesetztem Aufbau, ferner zur Ergänzung der qualitativen Füllstoffanalyse, insbesondere zur Feststellung des Verteilungsgrades und der Konfektionsart.

Kautschuk selbst ist normalerweise durchsichtig und bleibt im mikroskopischen Bild im durchfallendem Licht praktisch unsichtbar.

Die mikroskopische Prüfung erfolgt sowohl im auffallenden Licht wie im durchfallenden Licht. Für die Auflichtuntersuchung wird die Probe mit einem weichen Haarpinsel von Staub gereinigt, um eine einwandfreie Abbildung von eventuell vorhandenen Pudermaterialien oder Ausblühungen zu erhalten. Die Prüfung erfolgt zunächst trocken, hiernach feucht nach Aufgabe eines geeigneten Einbettungsmittels (Paraffinöl, Glycerin, Zedernholzöl) unter Deckglasverschluß (um auf den Brechungsindex der Ausblühung schließen zu können).

Zur Herstellung entsprechender frischer Querschnitt- oder Schlitzflächen ist bei unvulkanisiertem wie bei vulkanisiertem Gummi eine Schere geeignet. Die Untersuchung im durchfallenden Licht kann eine Orientierung über die Art und zum Teil auch über die ungefähre Menge der vorhandenen Füllstoffe geben. Die mikroskopischen Untersuchungen erfordern eine außerordentliche Übung und Erfahrung. Auf die ausführlichen Angaben von H. Pohle im Handbuch der Kautschukwissenschaft von K. Memmler sei hingewiesen.

B. Die Prüfung von Gummiwaren auf ihre Gebrauchsfähigkeit
(V, 502).

1. Alterungsverhalten von Gummiwaren (V, 503). Die künstlichen Alterungsprüfungen von Gummiwaren geben keine absoluten, sondern nur relative Werte. Sie sind wichtig für die Bestimmung der voraussichtlichen Lagerfähigkeit der Vulkanisate, aber auch für die Festlegung der Vulkanisationsbedingungen. Die durch Versuche ermittelten günstigsten Vulkanisationszeiten und -temperaturen müssen durch

Alterungsprüfungen bestätigt werden. Hierbei ist es erforderlich, die Auswahl der Alterungsmethoden nach dem Verwendungszweck des Gummiartikels zu treffen. Man unterscheidet in erster Linie Alterungen in Heißluft, in der Sauerstoffbombe, in der Luft- oder Stickstoffbombe, in Dampf und in Quellungsmitteln bei höheren Temperaturen. Diesen

Abb. 1. Wärmealterung nach Geer.

Untersuchungen schließen sich zweckmäßig Prüfungen bei Raumtemperatur und Bewetterungsversuche an. Vielfach werden die Alterungsprüfungen auch mit Erfolg mit den mechanisch-technologischen Untersuchungen kombiniert. Es muß jedoch darauf hingewiesen werden, daß entscheidend für die Beurteilung eines Artikels jeweils nur der praktische Versuch sein kann.

a) Wärmealterung (Luftofen). Die bekannteste Methode ist die Alterung im Wärmeschrank nach Geer. Nach DIN DVM 3508 werden die Proben in der Regel 7 Tage lang oder ein ganzzahliges Vielfaches von 7 Tagen in einem Wärmeschrank gelagert, dessen Temperatur an allen Stellen auf $70 + 1°$ zu halten ist (Abb. 1). Die Wärmequelle ist so anzuordnen, daß sie nicht durch strahlende Wärme oder Abgase auf die Proben einwirken kann. Die Luft im Ofen ist durch eine geeignete Vorrichtung dauernd umzuwälzen; wird dazu ein Antriebsmotor verwendet, so darf er sich nicht im Ofen befinden. Zur Erhaltung des normalen Sauerstoffgehaltes sind einige kleine Öffnungen anzubringen, durch die ein langsamer Luftwechsel möglich ist.

Je nach den an die Gummiartikel gestellten Anforderungen wird die Wärmealterung auch bei höheren Temperaturen (z. B. 100°, 130°, 150°) durchgeführt. Die Alterungszeiten sind dabei naturgemäß entsprechend zu verkürzen.

Verschiedentlich wird die Wärmealterung auch — in Anlehnung an die Sauerstoff-Bombenalterung nach Bierer und Davis — in einer Stahlbombe bei 127—150° bei 5—6 atü Luftdruck durchgeführt. An Stelle von Luft wird hin und wieder auch Stickstoff verwendet. Diese Methode ist besonders geeignet zur raschen Prüfung von Vulkanisaten, von denen Beständigkeit gegen höhere Temperaturen (Heißluft) gefordert wird.

b) Sauerstoffalterung (V, 504, Sauerstoffbombe nach Bierer und Davis). Wird durch die Prüfung im Luftofen in erster Linie der Wärmeeinfluß erfaßt, so überwiegt in der Sauerstoffbombe der Sauerstoffeinfluß.

Abb. 2. Sauerstoffalterung nach Bierer und Davis.

Die Proben werden — nach DIN DVM 3508 — in der Regel 48 Stunden lang oder ein ganzzahliges Vielfaches von 48 Stunden in einer gegen Sauerstoffeinwirkung widerstandsfähigen Stahlbombe, die mit Sauerstoff (nicht Elektrolytsauerstoff) von $20 \pm 0{,}5$ atü gefüllt ist, gelagert. Die Bombe wird in einen Thermostaten (z. B. Wasserbad mit Rührvorrichtung) gestellt und dessen Temperatur auf $60 \pm 1°$ gehalten (Abb. 2 und 3). Wegen der Explosionsgefahr ist die Bombe mit einem Sicherheitsventil mit großem Durchgang auszurüsten, das bei 35 atü abbläst und sorgfältig auf Betriebssicherheit zu überwachen ist.

In einen Alterungsraum sollten nur so viele Proben gleichzeitig gebracht werden, daß sie höchstens $^1/_{10}$ des freien Raumes besetzen. Die Proben müssen frei im Alterungsraum hängen, ohne mit der Wandung oder untereinander in Berührung zu kommen.

Nicht zu alternde Vergleichsproben sind höchstens 24 Stunden vor oder nach Ansetzen des Alterungsversuches zu prüfen. Die gealterten Proben sollen nicht früher als 16 und nicht später als 24 Stunden nach Beendigung der künstlichen Alterung geprüft werden.

c) Dampfalterung. In gleicher Weise wie die Alterung in Heißluft interessiert für viele Artikel auch deren Beständigkeit gegen Dampf von höheren Temperaturen. Die Prüfung wird in freiem Dampf in einem Vulkanisationskessel je nach den gestellten Bedingungen bei 4—15 atü durchgeführt.

d) Bewetterungsprüfung. Die Proben werden ohne oder mit bestimmter Spannung im Freien den Witterungseinflüssen ausgesetzt

Abb. 3. Sauerstoffalterung nach **Bierer** und **Davis**.

und nach Ablauf bestimmter Zeiten geprüft. Die Bewetterungsversuche werden teils ohne, teils mit direkter Sonnenbestrahlung durchgeführt. Die Beobachtung der Muster erstreckt sich auf das Auftreten von Rissen, Sprüngen, Verhärtung, Auswitterung, Verfärbungen usw. Es ist empfehlenswert, die Prüfung mit einem Vergleichsmuster mit bekannten Eigenschaften durchzuführen.

e) Alterung durch ultraviolettes Licht der Analysenquarzlampe (V, 505). Die Alterungsprüfung durch ultraviolettes Licht der Analysenquarzlampe ist fast vollständig verlassen worden, da die Prüfergebnisse keinerlei Übereinstimmung mit der natürlichen Alterung zeigten.

f) Prüfung auf Beständigkeit gegen Ozon. Für verschiedene Fabrikate wird Beständigkeit der Vulkanisate gegen Ozon gefordert. Diese Artikel werden unter Spannung in einem ozonhaltigen Luftstrom geprüft und beobachtet, nach welcher Zeit und in welcher Stärke die ersten Risse auftreten. Die Prüfung gummiisolierter Leitungen erfolgt im Schrotkugelbad, in dem die um einen Dorn vom 5fachen Leiterdurchmesser gebogenen Leitungen 96 Stunden lang 15 kV Wechselspannung unter starker Ozonentwicklung aushalten sollen (E. Bormann). Eine weitere Apparatur beschreibt H. Roelig.

2. Prüfung auf Kältebeständigkeit. Der Einfluß von niedrigen Temperaturen wirkt sich auf Gummiwaren im allgemeinen in der Weise aus, daß die Artikel mehr oder weniger verhärten und an Elastizität verlieren. Die Prüfstücke werden in Kühlschränken gelagert, die so gebaut sind, daß in den Kühlschränken selbst die Weichheits- und Elastizitätsmessungen vorgenommen werden können. Die Lagerzeit der Prüfkörper in dem Kühlschrank richtet sich nach ihrer Dicke, um eine einwandfreie Durchkühlung zu gewährleisten. Da die Veränderungen der Gummiartikel in der Kälte von der Dauer der Einwirkung abhängig sind, ist es empfehlenswert, die Lagerungen wenigstens über 24—72 Stunden dauern zu lassen und in gewissen Zeitabständen die Prüfungen vorzunehmen. Wenn sich die Proben wieder auf Raumtemperatur erwärmt haben, zeigen sie praktisch die gleichen mechanischen Eigenschaften wie vor der Kälteprüfung. Der Einfluß der Kälte wirkt sich also nicht in einer Verminderung der mechanischen und physikalischen Eigenschaften aus, wie dies bei den Alterungsprüfungen in der Hitze der Fall ist.

Literatur.

American Society for Testing Materials (A.S.T.M.) 1938 Supplement to Book of A.S.T.M. Standards.

Baader, Th.: Kautschuk 14, 223 (1938). — Bächle, O.: (1) Kautschuk 13, 174 (1937). — (2) Unveröffentlicht. — (3) Kautschuk 11, 219 (1935). — (4) Kautschuk 12, 210, 232 (1936). — Bang-Gerngroß u. Schaefer: Ztschr. f. angew. Ch. 36, 391 (1923). — Barkovsky, A. A. and A. A. Babalova: Journ. Plant Laboratory USSR. 4, 306 (1934), vgl. Cheraskova u. Veisbrute. — Behre, J.: Kautschuk 8, 2, 167 (1932); 15, 112 (1939). — Bierer, J. M. and C. C. Davis: Ind. and Engin. Chem. 16, 711 (1924). — Bolotnikov, V. u. V. Gurova: Journ. Rubber Ind. USSR. 10, 61 (1933). — Rubber Chem. a. Techn. 8, 87 (1935). — Bormann, E.: Elektrotechn. Ztschr. 59, 960 (1938). — Brückner, H.: Ztschr. f. anal. Ch. 95, 342 (1933).

Carrington, I. H.: I.R.I. Trans. 11, 302 (1935). — Cheraskova, E. u. E. Paramonowa: J.R.I. (M) 10, 432 (1936). Ref. Kautschuk 13, 144 (1937). — Cheraskova, E. and L. Veisbrute: Ind. and Engin. Chem., Anal. Ed. 7, 407 (1935).

Davey, W. S. u. Coker: I.R.I. Trans. 13, 368 (1937). — Davis, C. and L. J. Foucar: Journ. Soc. Chem. Ind. 31, 100 (1912). — Dawson, T. R. and B. D. Porrit: Rubber Physical a. Chemical Properties 1935, (1) 535, (2) 532, (3) 535. — Décribéré, M.: Rev. gén. Caoutch. 129, 23 (1937). — Dekker, P.: (1) Kautschuk 13, 34 (1937). — (2) Kautschuk 14, 80 (1938). — Dinsmore, R. P., R. H. Seeds and H. E. Rutledge and C. C. Davis and T. Blake: Chemistry a. Technology Rubber 1937, (1) 868, (2) 856.

Geer: Ind. Rubber World 55, 127 (1916). — Genth, J. W.: Gummi-Ztg. 47, 1268 (1933). — Goldberg, P.: Chem.-Ztg. 37, 85 (1913).

Hagen, H.: (1) Kautschuk 15, 88 (1939). — (2) Kautschuk 14, 203 (1938). — Hardmann, A. F. and H. E. Barbehenn: Ind. and Engin. Chem., Anal. Ed. 7, 103 (1935). — Hiltner, W.: Ztschr. f. anal. Ch. 110, 241 (1937). — Hoekstra, J.: Proc. Rubber Techn. Confer. London 1938, 63. Ref. Gummi-Ztg. 53, 35 (1939). — Höppler, F.: Chem.-Ztg. 57, 62 (1933). — Hughes, H. V.: I.R.I. Trans. 8, 473 (1933).

Johnson, R. N. and T. H. Messenger: R.A.B.R.M. Journ. 2, 31 (1933). — Jordan, H. F.: Proc. Rubber Techn. Confer. London 1938, 51. — Jordan, H. F., Brass and Roe: Ind. and Engin. Chem., Anal. Ed. 9, 182 (1937).

Karrer, E., J. M. Davies and E. O. Dieterich: Ind. and Engin. Chem., Anal. Ed. 2, 96 (1930). — Kelly, W. J.: Journ. Ind. and Engin. Chem. 12, 875 (1920). — Kiesel, A. u. N. Semiganowsky: Ber. Dtsch. Chem. Ges. 60, 333 (1927). — Kirchhof, F.: (1) Kautschuk 13, 169, 189 (1937). — (2) Kautschuk 11, 115 (1935). — (3) Kautschuk 13, 193 (1937). — Koch. A.: Ztschr. Ver. Dtsch. Ing. 80, 963 (1936). — Konrad, E. u. R. Houwink: Chemie und Technologie der Kunststoffe, S. 463. 1939. — Korsunskaya, E. N.: Siehe Cheraskova u. Veisbrute.

Lenard, P., R. v. Dallwitz-Wegener u. E. Zachmann: Ann. der Physik, IV. F. 74, 381 (1924). — Lindsly, C. H.: Ind. and Engin. Chem., Anal. Ed. 8, 176 (1936).

Marzetti: Giorn. Chim. Ind. appl. 5, 342 (1932). — Memmler, K.: Handbuch der Kautschukwissenschaft (1) S. 422, (2) S. 421, (3) S. 433. 1930. — Mooney, M.: Ind. and Engin. Chem., Anal. Ed. 6, 147 (1934). — Rubber Chem. Techn. 7, 564 (1934). — Murphy, E. A.: Proc. Rubber Techn. Confer. London 1938, 72.

Němec, V. u. Žuravlev: Chemický Obzor 7, 33, 36 (1932). Ref. Chem. Zentralblatt 1932 I, 2778. — Noble, R. J.: Latex in Industry, (1) p. 174, (2) p. 176, (3) p. 181, (4) p. 40, (5) p. 182, (6) p. 178. 1936. — Nowak, P. u. H. Hofmeier: Kautschuk 14, 193 (1938).

Oldham, E. W., L. M. Baker and M. W. Craytor: Ind. and Engin. Chem., Anal. Ed. 8, 41 (1936). — Oldham, E. W. and J. G. Harrison jr.: Ind. and Engin. Chem., Anal. Ed. 9, 278 (1937).

Palmer, H. F.: Ind. and Engin. Chem., Anal. Ed. 6, 56 (1934). — Palmer, H. F. and G. W. Miller: Ind. and Engin. Chem., Anal. Ed. 3, 45 (1931). — Pearson: Analyst 45, 405 (1920), vgl. K. Memmler (1). — Pohle, H. u. K. Memmler: Handbuch der Kautschukwissenschaft, S. 712—747. 1930.

Robinson, I. G.: I.R.I. Trans. 14, 49 (1938). — Roelig, H.: Kautschuk 13, 158 (1937). — Rossem, A. van u. P. Dekker: Kautschuk 5, 13 (1929); 15, 43 (1939). — Rossem, A. van u. H. van der Meyden: Kautschuk 3, 369 (1927). — Ruthing, A.: Kautschuk 14, 210 (1938).

Scholz, P. u. K. Klotz: Kautschuk 7, 66 (1931). — Shaw, E. H. and E. E. Reid: Journ. Amer. Chem. Soc. 49, 2330 (1927), vgl. Memmler (2). — Shimada, K.: (1) Journ. Soc. Chem. Ind. Japan 36, 82 B (1933). — (2) Rubber Chem. a. Techn. 1933, 507. — Slepuschkina, Je.: Kautschuk i Resina (russ.) 1937, Nr. 3, 48. Ref. Chem. Zentralblatt 1937 II, 2601. — Smith, A. H. and S. W. Epstein: Ind. and Engin. Chem. 11, 33 (1919). — Spacu, G.: Ztschr. f. anal. Ch. 64, 330 (1924). — Spielberger, G.: Kautschuk 13, 137 (1937). — Strafford, W. E.: I.R.I. Trans. 5, 340 (1930). — Syukusaburô Minatoya, Itirô Aoe u. Idumi Nagai: Ind. and Engin. Chem., Anal. Ed. 7, 414 (1935).

Twiss, D. F.: I.R.I. Trans. 6, 421 (1931). — Twiss, F. u. G. Martin: Gummi-Ztg. 35, 1151 (1921).

Vries, O. de: Arch. v. d. Rubbercultuur 9, 223 (1925).

Williams, I.: (1) Ind. and Engin. Chem. 16, 362 (1924). — (2) Ind. and Engin. Chem., Anal. Ed. 8, 304 (1936). — Wistinghausen, L. v.: Kautschuk 5, 57, 75 (1929). — Wulff, P.: Kolloid-Ztschr. 40, 341 (1926).

Zilchert, P.: Gummi-Ztg. 50, 778 (1936).

Mechanisch-technologische Prüfung von Gummi.

Von

Dr. S. Reissinger, Leverkusen a. Rh.

Einleitung.

Mit der zunehmenden Verwendung von Gummi in allen möglichen Industriezweigen stiegen auch die Anforderungen, die an die Gummiwaren gestellt wurden. Dies bedingte, daß man die Prüfmethoden vielseitiger gestaltete und möglichst den praktischen Bedingungen anzupassen versuchte. Es ist nicht möglich in diesem Rahmen auf sämtliche Prüfmethoden und -apparate einzugehen, da es sich in vielen Fällen um reine Spezialprüfungen handelt. Es sollen daher nur die wichtigsten allgemein üblichen Untersuchungen erläutert werden. Der „Deutsche Verband für die Materialprüfungen der Technik" DVM hat bereits einige DIN-Blätter zur mechanischen Prüfung von Gummi ausgearbeitet, weitere DIN-Blätter sind in Vorbereitung. Auf die bereits erschienenen DIN-Blätter wird in den folgenden Abschnitten Bezug genommen[1].

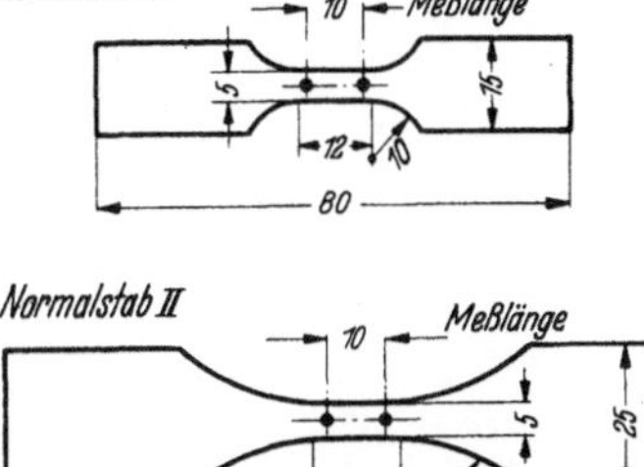

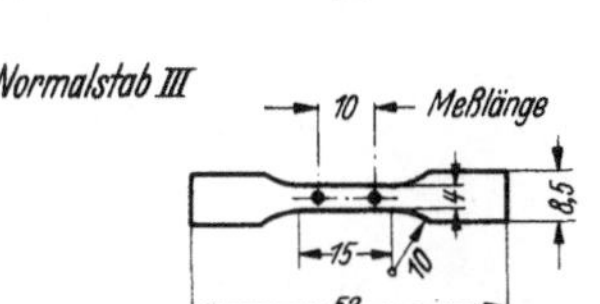

Abb. 1. Prüfstäbe für Zerreißversuche.

I. Weichgummi (V, 518).

1. Zugversuche (V, 518). Zur Ermittlung der Zugfestigkeit und der Bruchdehnung von Weichgummi können nach DIN DVM 3504 Ringe und Stäbe verwendet werden. Die Maße der Ringe entsprechen den im Hauptband V, 519 angegebenen Maßen. Für die Stäbe sind die Größen der Abb. 1 vorgeschrieben.

Die Maße für die Köpfe und die Übergangshalbmesser vom prismatischen Teil zu den Köpfen können von den vorgeschriebenen Maßen abweichen, die Symmetrie ist jedoch einzuhalten. Es ist anzustreben, mit Normstab I auszukommen. Die Dicke soll bei allen Stäben möglichst kleiner als 3 mm sein. Der Normstab III mit sehr schmalem Kopf ist zur Prüfung sehr dehnbarer Weichgummisorten in der Regel nicht geeignet, hierfür wird der Normstab II empfohlen. Die Meßlänge ist auf den Stäben durch 2 Marken im Abstande von 10 mm zu kennzeichnen.

---

[1] Wiedergegeben mit Genehmigung des Deutschen Normenausschusses. Verbindlich ist die jeweils neueste Ausgabe des Normblattes im Normformat A 4, das beim Beuth-Vertrieb G. m. b. H., Berlin SW 68, erhältlich ist.

Der Zugversuch soll nicht früher als 3 Tage nach dem Vulkanisieren bei einer Raum- und Probentemperatur von $20° \pm 2°$ und einer gleichbleibenden Dehngeschwindigkeit von 400—500% der Meßlänge je Minute ausgeführt werden. Bei Stäben ist die Dehngeschwindigkeit auf die Meßlänge abzustellen. Die Dehnung wird hierbei mit einem Taster mit abgestumpften Spitzen verfolgt; es wird also nicht die Dehnung nach dem Bruch, sondern die Dehnung im Augenblick des Bruchs festgestellt. Zu prüfen sind mindestens 3 Proben in derselben Weise.

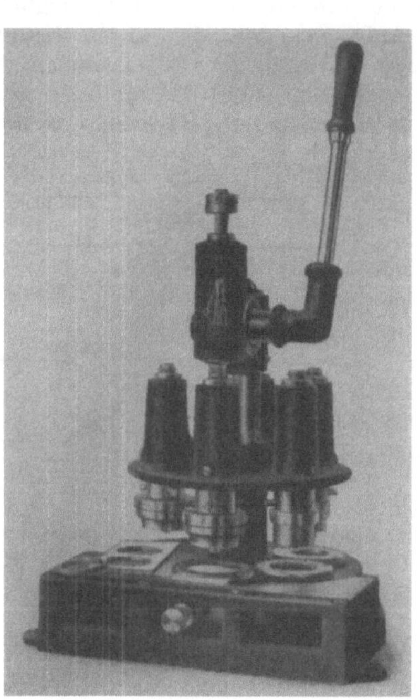

Abb. 2. Revolverstanze (Schopper).

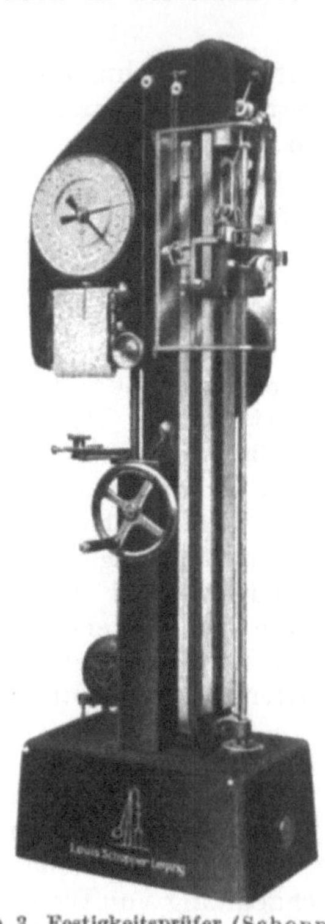

Abb. 3. Festigkeitsprüfer (Schopper).

Die Prüfringe und -stäbe werden durch Stanzen mit entsprechenden Formmessern hergestellt. Für Ringe ist das Ausschneiden mit einem Kreisschneider oder auf der Drehbank zulässig. Das Ausstanzen erfolgt am zweckmäßigsten mit Hilfe der Schopperschen Revolverstanze (Abb. 2), die es gestattet, die verschiedenen Größen der Normringe auszustanzen.

Der Apparat besteht aus einer unteren Drehscheibe mit den Zentrierplatten, dem Revolverkopf mit den Stanzmessern und der Druckvorrichtung mit Handhebel. Beim Stanzen ist darauf zu achten, daß die Messer stets in scharfem, gut geschliffenem Zustand sind, so daß ein einwandfreier glatter Schnitt entsteht. Der Vorteil der Revolverstanze vor der Schlagstanze besteht darin, daß das ständige Auswechseln der Stanzmesser und der dazu gehörigen Zentrierringe fortfällt.

Die Ausführung der Zerreißversuche erfolgt an den „Kautschuk-Festigkeitsprüfern", wie sie von der Firma Louis Schopper, Leipzig[1] (Abb. 3) und der Gesellschaft für Feinmechanik, Mannheim (Abb. 4) hergestellt werden.

Durch auswechselbare Einspannvorrichtungen können sowohl Ring- wie Stabproben an diesen Maschinen geprüft werden.

Die Maschinen sind mit einem selbsttätigen Schaulinienzeichner versehen zur Aufzeichnung des Zug-Dehnungsdiagrammes und der Hysteresiskurven. Der Schaulinienzeichner nimmt während des ganzen Zerreißversuches das Kraft-Dehnungsdiagramm auf, wodurch es ermöglicht wird, die Beziehung zwischen Belastung und Dehnung zu jedem beliebigen Zeitpunkt des Zerreißversuches zu ermitteln („Belastung", „Modulus" = erforderliche Kraft, um das Prüfstück auf eine bestimmte Länge zu dehnen, umgerechnet auf kg/cm^2).

Die Zugfestigkeit wird in kg/cm^2 bezogen auf den ursprünglichen Querschnitt der Probe, die Bruchdehnung in % der ursprünglichen Meßlänge angegeben.

Um die Reibung der Ringe auf den Rollen zu verringern, ist es empfehlenswert, die Ringe direkt vor dem Zerreißversuch in ein geeignetes Schmiermittel (z. B. Seifenwasser) zu tauchen.

In Amerika ist die Prüfung von Stabproben üblich. Die Stabproben ergeben im allgemeinen etwas höhere Zerreißwerte als die Ringproben[2]. Eine Übersicht über die Entwicklung der amerikanischen Zugdehnungsmaschinen gibt D. C. Scott.

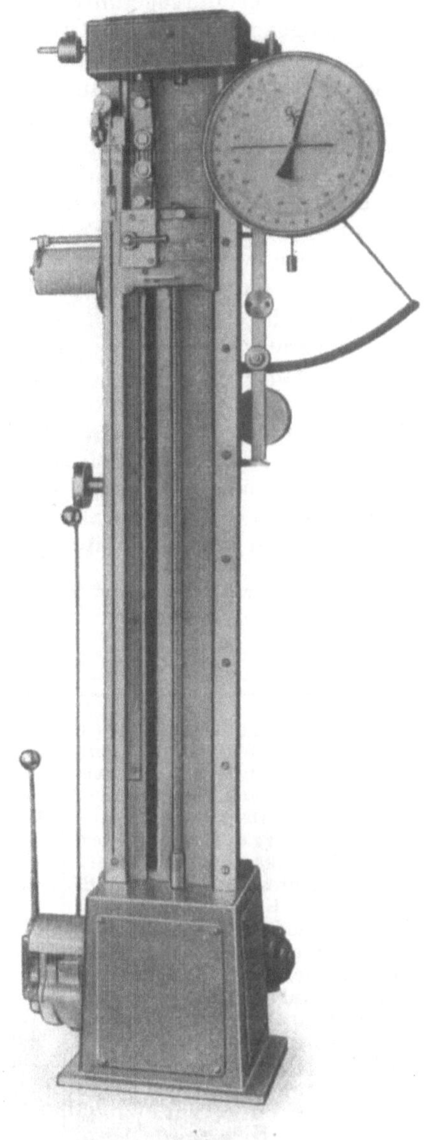

Abb. 4.
Festigkeitsprüfer (Ges. f. Feinmechanik).

Neben den Prüfungen mit geringer Geschwindigkeit schlagen A. van Rossem und H. J. Beverdam sowie G. J. Albertoni Zerreißversuche mit hohen Geschwindigkeiten vor. Die Prüfungen werden mit einem

---

[1] Gummi-Ztg. **53**, 539 (1939).　　[2] Gummikalender **1931**, 327.

Pendelhammer durchgeführt. Wegen der Einzelheiten der Versuchsbedingungen muß auf die Originalarbeiten verwiesen werden.

Da verschiedentlich Gummiartikel bei höheren Temperaturen mechanischen Beanspruchungen ausgesetzt sind, ist es von Interesse die physikalischen Eigenschaften der Vulkanisate unter diesen Verhältnissen zu studieren. Man ist deshalb in den letzten Jahren dazu übergegangen neben den Zerreißprüfungen bei Raumtemperatur auch solche bei höheren Temperaturen (70—100°) durchzuführen. Durch eine einfache Vorrichtung läßt sich an die Festigkeitsprüfer ein Wärmeschrank anbauen. Die Proben werden vor der Prüfung etwa $^{1}/_{2}$ Stunde in dem Wärmeschrank gelagert, damit sie die Prüftemperatur annehmen.

Die nachstehende Tabelle bringt einige Prüfwerte von Gummiwaren, um zu veranschaulichen, in welchen Grenzen sie sich ungefähr bewegen. Die mechanischen Werte von Gummi sind, wie die Tabelle zeigt, sehr verschieden, was unter anderem auf die jeweils stark differierende Zusammensetzung der Vulkanisate, die Art und Herkunft der Füllstoffe und die angewandten Vulkanisationsbedingungen zurückzuführen ist. Bei gealterten Vulkanisaten findet außerdem ein mehr oder weniger starker Abfall der Werte statt. Es lassen sich daher für die mechanischen Eigenschaften von Gummiwaren keine Normen aufstellen.

	Festigkeit kg/cm²	Dehnung %	Shore-Härte °	Rückprallelastizität %	Dichte
Hochwertige Qualitäten mit aktivem Gasruß (Typ: Autoreifenlauffläche, Transportbanddecke, hochwertiger schwarzer Absatz u. a.) . . .	240—280	580—650	60—70	45—55	1,1 1,25
Hochwertige Qualitäten ohne aktiven Gasruß (Typ: Autoschlauch, Fahrradschlauch, Konservenring, Flaschenscheiben, Tauchartikel, Gummifäden u. a.)	180—250	600—800	40—60	55—75	0,98 1,3
Stark gefüllte Qualitäten (Typ: Kabel, Absätze, Sohlen, Spielbälle, Fußbodenbelag, Matten u. a.)	70—120	200—400	60—95	20—45	1,4 2,0
Billige Qualitäten mit Regenerat, Abfällen und Füllstoffen (Typ: Profilschnüre, Kinderwagenreifen, Bremsgummi, Pedalgummi u. a.)	30— 50	50—150	50—90	30—40	1,2 1,8

Die Prüfresultate können weitgehende Schwankungen nach oben wie nach unten aufzeigen. Auch die in vorstehender Tabelle aufgeführten Werte können überschritten oder nicht erreicht werden.

2. Dauerzugprüfung (Streckelastizitätsproben; V, 523). Die Dauerzugprüfung bezweckt die Ermittlung der bleibenden Dehnung. Hierfür werden die Normalringe oder die Stabproben auf eine bestimmte Länge gedehnt und 1 Stunde lang auf dieser Dehnung gehalten. Um den Ring während des Einspannens gleichmäßig zu beanspruchen, wird dabei die untere Spannrolle gedreht. Nach dem Entspannen wird die Längenzunahme z. B. nach 5 Minuten, 1 Stunde und 24 Stunden entweder am Apparat selbst oder nach Aufschneiden der Ringe an einer Meßschiene gemessen. Zum Vergleich läßt sich auch bei den Ringproben die bleibende Dehnung nach dem Zerreißversuch an den Meßschienen ermitteln.

3. Dauerdruckprüfung. Die Widerstandsfähigkeit von Vulkanisaten gegen bleibende Deformationen interessiert besonders bei Verwendung von Gummipuffern für Maschinenfundamente u. dgl.

Abb. 5. Dauerdruckprüfung (Leybold).

Die Dauerdruckprüfung kann bei Raumtemperatur und bei erhöhten wie erniedrigten Temperaturen erfolgen. Die Abb. 5 zeigt das vom **Kautschuk-Zentral-Laboratorium der I. G. Farbenindustrie A. G., Werk Leverkusen,** entwickelte Prüfgerät für Messungen bei Raumtemperatur (Hersteller **Leybold** Nachf., Köln).

Als Proben werden Zylinder von 40 mm Höhe und 40 mm Durchmesser verwendet. Die Kompression erfolgt durch Preßluft von 10 kg/cm². Das Gewicht des Druckstempels ist durch ein Gegengewicht ausgeglichen. Die Prüfstücke werden 5 Tage belastet. Am 6. Tag wird entlastet und nach 1 Minute, 1 Stunde und 24 Stunden die bleibende Verformung, der Kriechweg und der elastische Wirkungsgrad bestimmt. Die Formänderungen des Prüfkörpers werden während des ganzen Versuches graphisch aufgezeichnet.

Der von der **American Society for Testing Materials** (A.S.T.M.-Designation D 395—36 T) entwickelte Apparat besteht aus zwei planparallelen Metallplatten, die mit Federdruck zusammengepreßt werden.

Der Federdruck ist einstellbar bis 400 lbs/sq. inch. Die Proben werden
entweder unter einer konstanten Belastung oder aber auf eine bestimmte
Dicke zusammengepreßt. Die Prüftemperatur beträgt 70°, die Prüfdauer 24 Stunden. Die nach der Entlastung gegenüber der ursprünglichen Dicke verbleibende Höhendifferenz wird als bleibende Verformung
(compression set) bezeichnet. Eine ausführliche Beschreibung der
Apparatur und der Arbeitsweise bringt F. D. Abbott.

Abb. 6. Elastizitätsprüfer (Schob).

4. Elastizitätsprüfung (Rückprallelastizität, V, 524). Zur Ergänzung
der bei Raumtemperatur erhaltenen Elastizitätswerte können die Messungen auch bei höheren oder niedrigeren Temperaturen erfolgen, je
nachdem ob man das elastische Verhalten des zu prüfenden Materials
bei Erwärmung oder nach Abkühlung kennenlernen will. Bei erhöhter
Temperatur tritt im allgemeinen eine mehr oder weniger starke Erhöhung der Elastizität ein, wogegen sie in der Kälte stark sinkt. Die
Elastizitätsabnahme in der Kälte ist prozentual größer als die Zunahme
bei erhöhter Temperatur. Für diese Prüfungen werden die Prüfapparate
in Wärme- bzw. Kälteschränke gebracht, so daß außer der Lagerung
der Proben auch die gesamte Prüfung bei den entsprechenden Temperaturen durchgeführt wird. Die Abb. 6 zeigt einen solchen Elastizitäts-

prüfer (Bauart Schob, vgl. V, 524 Abb. 7) in einem Wärmeschrank zur Bestimmung der Elastizität bei höheren Temperaturen.

Werden die Proben vor dem Versuch mit Talkum eingerieben, so werden etwas niedrigere Elastizitätswerte erhalten, als wenn die Proben ohne Puderung mit Talkum geprüft werden.

Einen neuen Rückprallelastizitätsmesser beschreibt H. H. Bashore. Bei diesem Apparat fällt das Gewicht senkrecht von oben auf den Prüfkörper.

5. Bestimmung der Weichheit (Härteprüfung; V, 527). a) Nach den Vorschriften des Normblattes DIN DVM 3503 besteht das Prüfgerät aus einer senkrecht geführten Stange, die unten eine Fassung mit einer gehärteten polierten Stahlkugel mit 10 mm Durchmesser und oben entsprechende Gewichte trägt. Stange, Kugel und Zusatzgewicht bilden die Vorlast von 50 g; die Prüflast beträgt 1000 g, so daß sich eine Gesamtbelastung von 1050 g ergibt. Die Eindringtiefe der Kugel in die Probe, deren Dicke $6 \pm 0,2$ mm betragen soll, wird in $^1/_{100}$ mm gemessen. Die Ablesung der Eindringtiefe erfolgt nach 10 Sekunden. Die „Weichheitszahl" ist eine unbenannte Zahl, die sich aus dem Unterschied zwischen den Eindringtiefen der Stahlkugel bei verschiedenen Belastungen (Vorlast gegen Gesamtbelastung) ergibt.

Die Prüfung soll nicht früher als 3 Tage nach der Vulkanisation erfolgen. Die Proben sind beiderseitig dünn mit Talkum einzureiben.

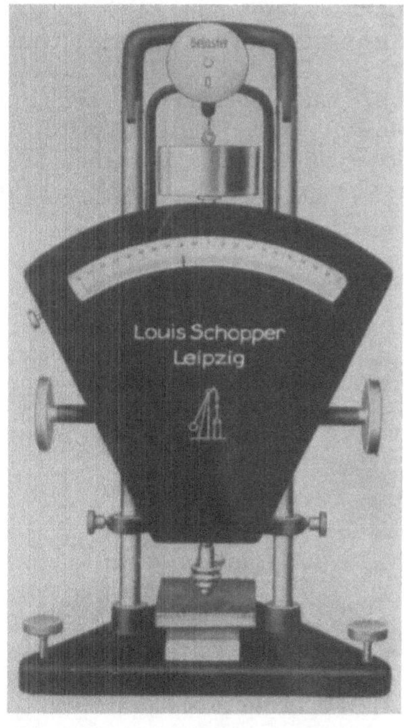

Abb. 7. Weichheitsprüfer von Schopper.

Die Abb. 7 zeigt den Weichheitsprüfer nach DIN DVM 3503 (Hersteller Louis Schopper, Leipzig). Ein entsprechendes Instrument wird auch von der Gesellschaft für Feinmechanik m. b. H., Mannheim, hergestellt.

b) Das „Plastometer" von Pusey und Jones ist auf dem gleichen Prinzip aufgebaut (B. D. Coppage). Eine gehärtete Stahlkugel mit $^1/_4$ bzw. $^1/_8$ Zoll Durchmesser wird mit 1 kg Belastung auf die zu messende Gummiprobe aufgesetzt. Die Eindrucktiefe wird an einer Meßuhr in $^1/_{100}$ mm abgelesen. Für weiche Materialien wird die größere Kugel und eventuell geringere Belastung verwendet, bei harten Prüfstücken nimmt man hauptsächlich die kleinere Kugel. Dieser Härtemesser von Pusey und Jones wird in erster Linie bei Prüfung von Gummiwalzen verwendet.

c) Der Shore-Durometer (Abb. 8) und die entsprechenden Apparate der Gesellschaft für Feinmechanik m. b. H., Mannheim (Abb. 9) und von Louis Schopper, Leipzig, besitzen eine kegelförmig abgestumpfte Nadel, die über kleine Hebel und Federn auf einen Zeiger einwirkt, der die „Härte" auf einer Skala zwischen Null und 100 in Graden anzeigt. Man drückt das Instrument mit der Nadel senkrecht, möglichst mit einer Belastung von 1 kg, gegen die zu prüfende Gummiprobe. Das Gerät kann, wie die Abb. 8 und 9 zeigen, an einem Stativ befestigt werden. Hierbei wird durch Niederdrücken des seitlichen Hebels das Gewicht, das Meßgerät, die Probe

Abb. 8. Shore-Durometer.

Abb. 9. Härtemesser der Ges. f. Feinmechanik m. b. H., Mannheim.

und der Auflagetisch gehoben. Dadurch wird erreicht, daß bei den Versuchen immer mit der gleichen Belastung geprüft wird.

d) Das von der American Society for Testing Materials empfohlene Instrument wurde von C. N. Fletcher, ferner im „Kautschuk"[1] beschrieben. Der Apparat besteht aus einem Druckstempel von 5 lbs, der auf das Prüfstück aufgesetzt wird und dieses vorbelastet. Die Prüfung selbst erfolgt durch eine Kugel von 3 lbs, die durch eine Öffnung in der Mitte des Druckfußes auf den Prüfkörper wirkt. Als A.S.T.M.-Härtezahl gilt die Eindrucktiefe der Kugel in $^1/_{1000}$ Zoll an den Prüfstücken von 12,7 mm Dicke und mindestens 50 mm Breite und Länge mit glatten parallelen Oberflächen nach einer Belastungs-·dauer von 30 Sekunden. Die Eindrucktiefe kann an einem Zifferblatt

---

[1] Kautschuk **9**, 173 (1933).

am Kopf des Instrumentes abgelesen werden. Eine Belastung der Druckkugel ist erst möglich, wenn der Druckstempel belastet ist. Eine entsprechende Aussparung an der Grundplatte gestattet es, die Messungen auch an großen fertigen Gummiartikeln (Reifen, Walzen u. dgl.) durchzuführen. Dabei tritt der Druckstempel durch die Aussparung der Grundplatte hervor.

Analog den Elastizitätsmessungen werden auch die Bestimmungen der Weichheit bei höheren und tieferen Temperaturen durchgeführt.

6. Kerbzähigkeitsprüfung (V, 527). Unter Kerbzähigkeit (Struktur, Einreißwiderstand, Scherfestigkeit, Schlitzfestigkeit) versteht man die Eigenschaft gewisser Vulkanisate, bei Verletzung der Oberfläche nicht weiterzuschlitzen, sondern dem Einreißen einen größeren Widerstand entgegenzusetzen. Die Definition der Kerbzähigkeit ist also bei Weichgummi eine völlig andere als bei den Kunststoffen (vgl. S. 433). Die Kerbzähigkeit ist eine typische Eigenschaft von Vulkanisaten mit aktivem Gasruß (z. B. Laufflächen von Autoreifen). Aber auch Artikel ohne aktiven Gasruß können bei geeigneter Zusammensetzung eine gute Schlitzfestigkeit aufweisen.

Außer der im Hauptwerk V, 527 angegebenen Probenform sind zahlreiche Formen der

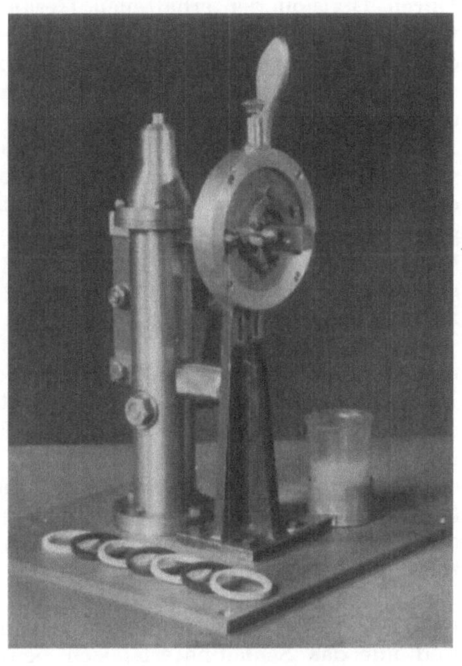

Abb. 10. Schneidegerät zur Kerbzähigkeitsprüfung.

Prüfstücke empfohlen und beschrieben worden (D. J. van Wyk; R. Ecker u. a. m.). Die im Kautschuk-Zentral-Laboratorium der I. G. Farbenindustrie A. G., Werk Leverkusen, entwickelte Methode der Schlitzfestigkeitsprüfung verwendet den Normalring II oder eventuell den nächst kleineren Ring aus der Restklappe. Diese Ringe werden mit Seifenwasser benetzt, einzeln in einen Halter (Abb. 10) mit genauer Führung eingelegt und mit einem Messer, das 5 strahlenförmig angeordnete Rasierklingen trägt, angeschnitten, dann um 180° gedreht und nochmals eingeschnitten.

Die Schnitte sollen bei genauer Einstellung des Messers und des Ringhalters eine Schnittiefe von 1 mm und einen Schnittabstand von 2 mm zeigen. Man legt den Ring mit den nicht angeschnittenen Stellen um 2 Haken, die an einer Zerreißmaschine eingespannt sind. Zwischen diesen Haken wird der Ring zerrissen und der Strukturwert in kg abs./6 mm angegeben. Der Zerreißvorgang kann gleichzeitig mit dem Schaulinienzeichner graphisch aufgenommen werden.

Die von R. Ecker angeführte Prüfung der „Ausreißfestigkeit" wurde von der Fachgruppe Kautschukindustrie in die „Richtlinien zur Prüfung von Sohlenplatten" (1939) aufgenommen. In Proben von 20 mm Breite wird in der Mitte einer Schmalseite im Abstand von 5 mm vom schmalen Rande ein Ausreißloch von 1 mm Durchmesser angebracht. Es wird an einer Zerreißmaschine mittels eines Klaviersaitendrahtes von 1 mm Durchmesser diejenige Belastung ermittelt, die bis zum völligen Ausreißen eines Dornes von 1 mm Dicke erforderlich ist. Durch Division der erhaltenen Gesamtbelastung durch die Dicke der untersuchten Probe und unter Umrechnung auf 1 cm Probendicke wird die Ausreißfestigkeit je Zentimeter Dicke berechnet. Die Ermittlung der Ausreißfestigkeit erfolgt im Anlieferungszustand und an Proben, die der Platte in 2 um 90° versetzten Richtungen entnommen werden.

7. **Abnutzungsprüfung** (Abschleifprobe; V, 526). Für die Abnutzungsversuche werden im allgemeinen Schmirgelpapiere, Schmirgelleinen oder Schleifscheiben aus Carborundum verwendet. Es muß vorausgeschickt werden, daß die Auswahl der Körnung des Schmirgelmaterials und die Gleichmäßigkeit der Körnung und der Bestreuung ausschlaggebend für die Gleichmäßigkeit der Versuchsergebnisse sind. Dazu kommt, daß der Schleifstaub die Oberfläche des Schmirgelleinens zusetzt, was eine Verringerung der Griffigkeit des Schmirgels bedeutet und somit günstigere, also geringere Abnutzungswerte vortäuscht. Deshalb werden bei fast allen Apparaten die Schmirgelbogen während des Versuches durch Aufblasen von Luft vom Schleifstaub gereinigt und nach dem Versuch erneuert. Es kommt jedoch häufig vor, daß die Gummiproben zum „Schmieren" neigen, wobei sich das Schmirgelleinen durch Aufblasen von Luft nicht mehr reinigen läßt. Da hierdurch die Versuchsergebnisse getrübt werden, ist das „Schmieren" der Proben mit den Versuchsdaten anzugeben.

Bei den Abnutzungsprüfmaschinen sind zwei prinzipielle Typen zu unterscheiden. Während bei der einen Art die Prüfstücke fest stehen und nur das Schleifmaterial sich bewegt, wird bei der anderen Type auch das Prüfstück angetrieben, wobei gleichzeitig ein Schlupf zwischen der Probe und dem Schleifkörper erzielt wird.

Von den zahlreichen Apparaten sollen nur die bekanntesten angeführt werden.

a) **Abriebprüfmaschine der Continental Caoutchouc G. m. b. H., Hannover (A.P.-Maschine).** Die Maschine besteht aus einer exzentrisch gelagerten, mit Schmirgelleinen bespannten Walze, auf die die Prüfstücke mit 1 kg Belastung aufgepreßt werden (Abb. 11). Durch die exzentrische Lagerung der Walze wird erreicht, daß die Probe an der Stoßstelle des Schmirgelleinens abgehoben wird und somit nicht auf den gesamten Walzenumfang schleift. Die Tourenzahl der Walze beträgt 50 Umdrehungen pro Minute. Die Prüfdauer beträgt 200 Umdrehungen.

Zur Vorbereitung werden die Prüfstücke, die entweder in besonderen Formen geheizt werden oder aus den Restklappen des Zerreißversuches entnommen werden können und dann auf ein entsprechendes Eisenstück aufgeklebt werden müssen, erst so lange vorgeschliffen, bis eine gleichmäßige Angriffsfläche erreicht ist. Hierauf stellt man das 1. Gewicht fest, dann erfolgt die Abnutzungsprüfung und danach die Ermittlung des 2. Gewichts. Außerdem ist die Dichte des Materials zu bestimmen. Die Abnutzungswerte werden in „mm³-Volumenverlust" angegeben:

$$\frac{\text{Gewicht 1 — Gewicht 2}}{\text{Dichte}} \cdot 1000 = \text{Volumenverlust in mm}^3.$$

Der Abnutzungsversuch kann auch mit verschiedenen Belastungen durchgeführt werden, z. B. 1, 2, 3, 5 und 8 kg. Hierbei wählt man zweckmäßig eine Abnutzungsdauer von 50 bis 100 Umdrehungen. Die Ergebnisse werden in gleicher Weise ausgewertet.

Es ist bei allen Abnutzungsprüfungen — sowohl bei dieser wie auch bei den anderen Maschinen — immer zu empfehlen, eine Probe einer

Abb. 11. Abriebprüfmaschine (A.P.-Maschine) der Continental Cavotcoutch G.m.b.H., Hannover.

„Standardqualität", z. B. einer Laufflächenmischung, mitzuprüfen und die Prüfergebnisse auf den Standardwert = 100 zu beziehen:

$$\text{mm}^3\text{-Volumenverlust in \%} = \frac{\text{Abnutzungswert}}{\text{Standardwert}} \cdot 100.$$

b) Grasselli-Maschine. Die Maschine wird verschiedentlich auch als Williams- oder Dupont-Abnutzungsmaschine bezeichnet (J. Williams). Der Grasselli-Apparat besteht aus einem Motor mit Schnecke, die eine hohle Welle mit einer runden Scheibe antreiben. Auf diese Scheibe wird eine ringförmige Schmirgelleinenscheibe festgeklemmt. In einen Hebelarm werden 2 Probekörper von je 2 × 2 cm Größe eingespannt und mittels eines durch die hohle Welle wirkenden Gewichtes von 3,62 kg an die Schmirgelscheibe herangezogen (Abb. 12).

Die Federwaage und ein einstellbares Hebelgewicht dienen zur Feststellung der Arbeitskraft, die erforderlich war, um am Hebelarm den Gleichgewichtszustand zu halten. Der Schleifstaub wird während des Versuches durch aufgeblasene Luft von den Schmirgelscheiben entfernt. Nach dem Vorschleifen der Proben und nach dem Abnutzungsversuch sind die Gewichte der Prüfstücke festzustellen, ferner ist die Dichte der Proben zu ermitteln. Der Volumenverlust im Verhältnis zur aufgewandten Arbeit ist ein Maß für den Abrieb (= Volumenverlust pro Pferdekraftstunde):

$$\frac{\text{Gewichtsverlust in g} \cdot 60}{\text{Dichte} \cdot \text{Laufzeit in Minuten} \cdot \text{H.P.}}$$

c) **Abriebprüfmaschine (Bauart Louis Schopper).** Diese von E. Schlobach und F. Bussen entwickelte Maschine lehnt sich an die A.P.-Maschine (vgl. S. 404) an. Die Schmirgelwalze ist hierbei jedoch zentrisch gelagert. Durch ein besonderes Kurvensystem wird die Probe jeweils an der Stoßstelle der Schleiffläche für eine kurze Strecke abgehoben. Die Schleiffläche läuft mit 40 Umdrehungen pro Minute. Die Proben haben einen Durchmesser von 16 mm und werden mit einer Belastung von 1 kg auf die Schleifwalze gedrückt. Nach 100 Umdrehungen der Walze ist der Versuch beendet. Während des Versuchs werden die Proben automatisch über die ganze Walzenbreite geführt (4 mm Vorschub pro Umdrehung), so daß die Prüfstücke stets mit frischer Schmirgelfläche in Berührung kommen. Der Abnutzungswert wird als Volumenverlust in mm³ angegeben.

Abb. 12. Grasselli-Abnutzungsmaschine.

d) Bei der **Kelly-Springfield-Abnutzungsmaschine** (Hardman, McKinnon und Jones) werden ebenfalls sowohl das Schleifmaterial wie die Prüfkörper angetrieben. Die Maschine besteht aus einer sich rasch drehenden Schleifscheibe und einem 2. Rad, das sich mit 70 Umdrehungen/Minute gegen das Schleifrad dreht. Am Rand dieses Rades sind die Proben, rechteckige Streifen, auf federnden Stahlplatten tangential so angebracht, daß nur die eine Schmalseite der Proben und der Stahlfedern befestigt ist. Die beiden Räder werden so nahe zusammengebracht, daß die Stahlfedern während des Versuches abgebogen werden. Die Versuchsdauer beträgt gewöhnlich 675 Umdrehungen, wobei etwa 2—3 g der Probe abgenutzt werden. Der Gewichtsverlust wird ermittelt und auf Volumenverlust (Abnutzungswert) umgerechnet.

e) **Abnutzungsapparat der Akron Standard Mold Co.** (vgl. T. R. Dawson und B. D. Porrit, sowie E. Schlobach und F. Bussen). Die ringförmige Probe wird auf einer mit einem Motor gekuppelten Welle befestigt. Eine sich in ihren Lagern leicht drehende Schmirgelscheibe wird mit 5 kg Belastung gegen·die mit 250 Umdrehungen/Minute rotierende Probe gepreßt. Die Schmirgelscheibe wird durch den Prüfkörper angetrieben. Das Prüfstück und die Schleifscheibe stehen in einem Winkel von 15° (bis 40° veränderlich) gegeneinander. Der Gewichtsverlust der Proben wird bestimmt und auf Volumenverlust umgerechnet.

8. Ermüdungsprüfungen. Ein weites Gebiet der mechanischen Prüfungen von Gummi nimmt die Untersuchung der Proben auf Ermüdungserscheinungen ein. Es handelt sich hierbei um Prüfungen, bei denen die Prüfkörper Dauerversuchen unterworfen werden. Streng genommen gehören hierzu auch die Dauerzug-und Dauerdruckversuche. Da es sich hierbei jedoch um statische Versuche handelt, wurden sie getrennt von den dynamischen Ermüdungsprüfungen behandelt.

a) Kettenprüfung. Die Versuchsanordnung und die Form der Prüfstücke ist aus der Abb. 13 zu ersehen. Die Probekörper werden in Formen vulkanisiert, es sind 20 cm lange und 2 cm breite, einseitig profilierte Gummistücke. Die Profilrillen sind verschieden breit und verschieden tief:

je 4 Rillen 4 mm breit u. 4 mm tief
   4 mm „   „ 3 mm „
   6 mm „   „ 4 mm „

Normal werden 7—9 dieser Prüfstücke mittels kurzer eiserner Verbindungsstücke zu einer endlosen Kette zusammengesetzt.

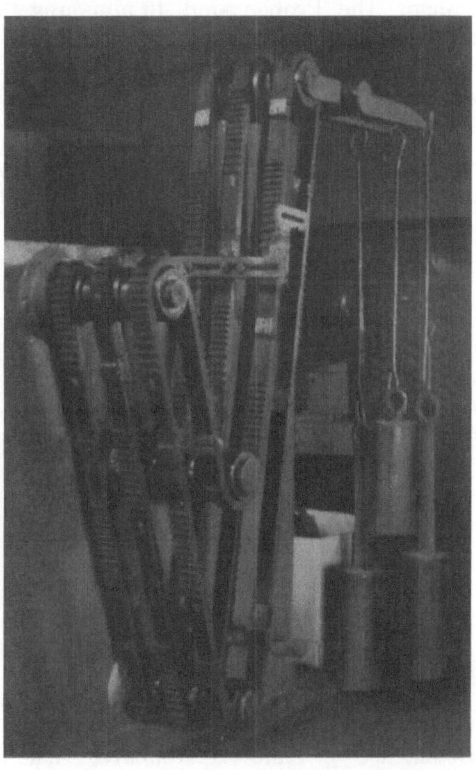

Abb. 13. Kettenermüdungsmaschine.

Die Ermüdungsmaschine selbst entspricht im Prinzip der DuPont-Maschine und besteht aus einem Kasten, an dem an zwei gegenüberliegenden Seitenflächen je 4 in Kugeln gelagerte Rollen montiert sind. Eine dieser Rollen wird durch einen Motor angetrieben. Die der Antriebswelle gegenüberliegende Rolle ruht in einer Gabel mit Hebelarm, der um einen Bolzen drehbar gelagert ist. Dieser Hebel erhält ein bestimmtes Gewicht, um die Kette während des Versuches gleichzeitig einer Zugbeanspruchung zu unterwerfen, wodurch die Kette einen ruhigen Lauf erhält. Während eines Kettendurchlaufes wird das Prüfstück dreimal nach außen und einmal nach innen gebogen. Es erfolgen durchschnittlich 95 Durchläufe der Ketten pro Minute. Im Verlauf der Prüfung treten in den Rillen der Profilstücke Ermüdungserscheinungen in Form von Rissen und Brüchen auf. Das zeitliche Auftreten und die Stärke der Risse (Anzahl und Tiefe) werden nach einer Erfahrungsskala ausgewertet.

Die Ermüdungsprüfung kann auch bei höheren Temperaturen und im Freien unter dem Einfluß der Witterung durchgeführt werden.

b) **Streifenbiegungsmaschine.** Die Maschine besteht aus mehreren Scheiben, die auf einer durch einen Motor angetriebenen Welle sitzen. Jede Scheibe hat 32 Einspannstellen für die in Form geheizten Gummiproben. Die Proben sind 40 mm lang, 30 mm breit und 4,5 mm dick und haben 2 Querrillen, von denen die eine zum Einspannen in die Scheiben dient. In der zweiten Rille erfolgt bei der Prüfung die Durchbiegung der Probe. Vor und hinter jeder Scheibe ist in der Höhe der

Abb. 14. Streifenbiegemaschine.

Mittelachse je eine verstellbare, sich leicht drehende Anschlagrolle angebracht. Der Abstand zwischen Rolle und Scheibe beträgt 7 mm. Das Prüfstück hat bei einer Umdrehung 2 Rollenanschläge, durch die das Prüfstück um 90° gebogen wird (Abb. 14).

Die Scheiben drehen sich 422mal in der Minute, wobei die Proben also 844mal in der Minute bzw. 50640mal in der Stunde gebogen werden.

Die infolge der dauernden Biegebeanspruchung auftretende Rißbildung wird in gewissen Zeitabständen kontrolliert und nach einer Schätzungs- und Erfahrungsskale bewertet.

c) **Exzenterermüdungsmaschine.** Ein Schlitten mit Einspannvorrichtungen wird über eine Kurbelstange durch einen Exzenter in Auf- und Abwärtsbewegung versetzt. Darüber befindet sich eine zweite Einspannklemme, die zur Befestigung der Probekörper dient (Abb. 15). Der Exzenter und der obere Einspannschlitten sind verstellbar, so daß vielerlei Versuchsmöglichkeiten gegeben sind. Die Proben können gedehnt oder gestaucht oder sowohl gedehnt wie gestaucht werden.

Die Geschwindigkeiten auf diesem Apparat sind begrenzt, sie bewegen sich zwischen 200 und 400 Umdrehungen pro Minute. Die Tourenzahl drückt gleichzeitig die Anzahl der Belastungswechsel bzw. Hübe aus. Die Prüfkörper können verschiedene Formen besitzen, z. B. Stabproben, Streifen ohne bzw. mit Rille (s. Abb. 15), es können aber auch Abschnitte von Fertigfabrikaten geprüft werden, wie Abschnitte von Fahrrad-

decken, Autoreifen u. dgl. Das Auftreten und die Stärke der Ermüdungsrisse und der Bruch der Prüfstücke gelten als Maßstab für die Güte und Haltbarkeit der Probe [L.V.Cooper(1), A. A. Somerville]. E. T. Rainier und R. H. Gerke beschreiben außer dieser in Amerika als De-Mattia-Ermüdungsmaschine bekannten Apparatur auch eine Vorrichtung, die es gestattet, die Stärke der aufgetretenen Risse zu messen. Es wird hierbei die Kraft bestimmt, die erforderlich ist, um die Prüfstücke auf einen Winkel von 135° abzubiegen.

d) Ermüdungsmaschine nach Graffe. Bei der von M. L. Graffe beschriebenen Ermüdungsmaschine werden Streifen, die aus den zu prüfenden Gummiartikeln geschnitten werden, an den beiden Schmalseiten so eingespannt, daß die eine Seite auf einem Tisch befestigt (B) ist, wogegen das andere Ende (A) mit einem

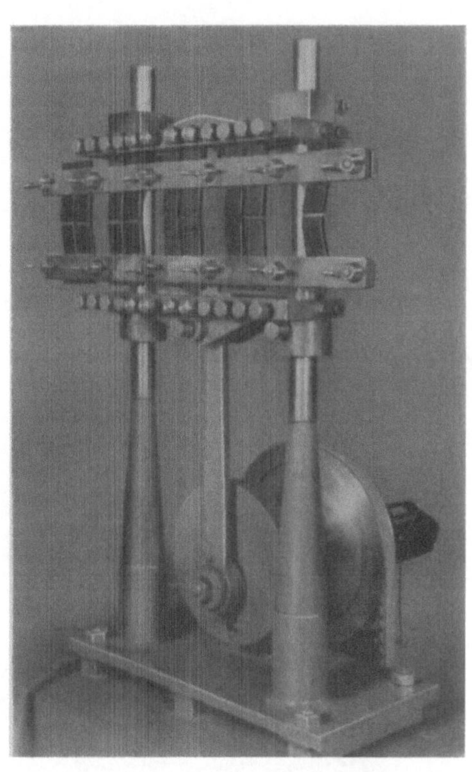

Abb. 15. Exzenterermüdungsmaschine.

beweglichen Hebelarm (F) verbunden ist. Die Probe wird dabei bereits in Ruhestellung um etwa 180° gebogen. Durch einen Exzenter wird der Hebel auf und ab bewegt, wobei die Probe entspannt und gebogen wird. Das Prinzip, das die walkende Beanspruchung der Autoreifen während der Fahrt nachahmen soll, ist aus der Skizze der Apparatur deutlich zu sehen. Die Prüfung kann auch bei erhöhter Temperatur durchgeführt werden. Durch einen Tourenzähler werden die zum Auftreten von Ermüdungsrissen oder bis zum Bruch erforderlichen Biegungen ermittelt. Die Apparatur läuft mit 10000—80000 Touren (Biegungen) pro Stunde.

e) Riemenbiegemaschine. Die Riemenbiegemaschine dient zur Ermüdungsprüfung von gummierten Gewebestreifen, Treibriemenabschnitten, Transportbandeinlagen usw. Die 300 mm langen und 25 mm breiten Prüfstücke werden über eine Rolle von 30 mm Durchmesser gelegt, so daß die beiden Enden nach unten stehen. Die beiden Enden sind über einen Kurbelmechanismus mit dem Antriebsaggregat verbunden. Die Rollen, über die die Gewebestreifen gezogen werden, ruhen in Gabeln mit Lagerstellen, die in einen Hebelarm enden. Auf diesem Hebelarm befindet sich ein verschiebbares Gewicht. Hierdurch wird der Gewebestreifen noch einer zusätzlichen Belastung unterworfen.

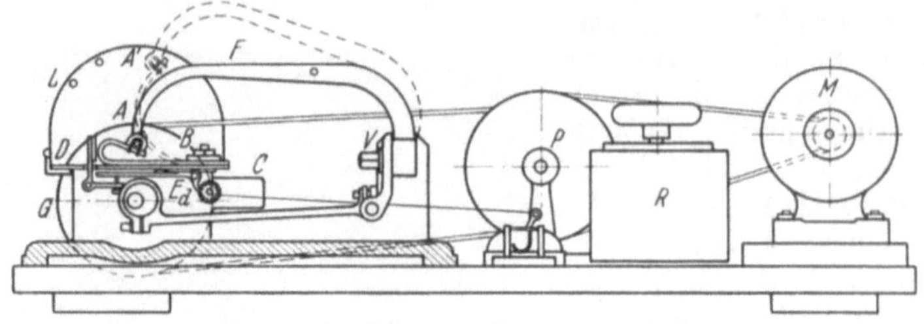

Abb. 16. Ermüdungsmaschine nach Graffe.

Die Maschine arbeitet mit einer Tourenzahl von 160 Umdrehungen (Hübe) pro Minute. Der Hub beträgt etwa 65 mm, so daß der Weg des zu ermüdenden Riemenstückes 130 mm beträgt. Die Belastung kann

Abb. 17. Riemenbiegemaschine.

von 35—60 kg verändert werden je nach Zahl der Gewebeeinlagen des Prüfstückes. Infolge der Ermüdung der Gummischichten tritt allmählich eine Trennung der Einlagen auf. Die hierzu erforderliche Anzahl an Biegungen ist an einem Tourenzähler abzulesen.

Diese auch als Scott-Biegemaschine bezeichnete Apparatur ist von W. L. Sturtevant beschrieben.

f) Zermürbungsprüfung (V, 525). Die für die Versuche auf dem Martens-Apparat erforderlichen Kugelproben werden nur noch selten aus dem Material herausgearbeitet, sondern meistens in Formen vulkanisiert. Neben der Zermürbungszahl (Zahl der Umdrehungen des Apparates bis zur Zermürbung der Kugel) wird in einem besonderen Versuch die in den Kugeln auftretende Temperaturerhöhung gemessen. Die Ermittlung der Erwärmung erfolgt in bestimmten Zeitabständen mittels eines Einstichpyrometers entweder bei gleichbleibender Tourenzahl und steigender Belastung oder bei zunehmender Tourenzahl und konstanter Belastung.

Andere Zermürbungsapparate werden von L. V. Cooper (2), sowie R. S. Havenhill und W. B. MacBride und von E. T. Lessig beschrieben.

L. V. Cooper verwendet als Prüfkörper abgestumpfte rechtwinklige Pyramiden mit einer Grundfläche von $5,40 \times 2,86$ cm, einer Deckfläche von $5,08 \times 2,54$ cm und einer Höhe von $3,81$ cm. Die Proben werden zwischen zwei horizontalen Platten zusammengepreßt, wobei die obere, nicht drehbare Platte belastet wird. Die untere Platte kann so angetrieben werden, daß sie kreisförmige Schwingungen durchführt (800 Schwingungen pro Minute). Die Größe der Schwingungen und der Belastung können entsprechend eingestellt werden. Außerdem wird die untere Platte zu Beginn des Versuches seitlich versetzt, so daß der Prüfkörper die Form einer abgestumpften, schrägen, rechtwinkligen Pyramide einnimmt. Die Veränderung der Proben, die bis zur Zermürbung (Aufplatzen) beansprucht werden können, wird durch Messen der bleibenden Verformung bestimmt.

Die von R. S. Havenhill und W. B. MacBride beschriebene Prüfmaschine ist ähnlich der von L. V. Cooper vorgeschlagenen Apparatur. Als Prüfkörper werden Zylinder von $3,81$ cm Höhe und $3,81$ cm Durchmesser verwendet, die zwischen zwei Platten belastet werden. Die obere Platte wird angetrieben und rotiert. Die untere Platte dreht sich durch die als Kupplung wirkende Probe. Diese Platte ist auf einem Schlitten montiert und kann durch ein belastetes Hebelsystem seitlich verschoben werden. Die Apparatur gestattet es, die horizontalen Kräfte, die zur Erzielung oder Erhaltung einer bestimmten exzentrischen Stellung erforderlich sind, während des Versuches dauernd zu messen. Die Temperatursteigerung im Innern des Prüfkörpers kann nach Anhalten der Apparatur mittels eines Einstichpyrometers gemessen werden.

Das von E. T. Lessig beschriebene Goodrich-Flexometer ist zur Prüfung von Gummiproben und Probekörpern mit Gewebeeinlagen geeignet. Die Prüfung kann bei Raumtemperatur und bei erhöhter Temperatur erfolgen. Durch eingebaute Thermoelemente lassen sich Temperaturänderungen an den Auflageflächen der Prüfkörper ermitteln. Die Apparatur besteht aus einer Balkenwaage, deren beide Hebelarme gleichmäßig belastet werden, um die Trägheit der Waage zu erhöhen und die Eigenschwingungen zu verringern. Durch eine Belastungserhöhung des einen Waagebalkens wird die auf dem anderen Hebelarm befindliche Probe zusammengepreßt. Die Proben (Zylinder von 1 inch Höhe und 0,7 inch Durchmesser) werden dabei zwischen zwei über dem Hebelarm angebrachte Platten gebracht. Die untere Platte ist durch eine Mikrometerschraube in der Höhe gegen den Waagebalken verstellbar. Die obere Platte wird durch einen Exzenter in Schwingungen versetzt

(1800 Touren pro Minute). Die Höhe der Ausschläge ist einstellbar. Zu Beginn des Versuches wird die durch die Belastung erzielte statische Kompression nach Einstellen des Mikrometers direkt an der Mikrometerskala abgelesen. In gewissen Abständen wird während des Versuches diese Messung wiederholt, um die eingetretene Formänderung des Prüfkörpers zu bestimmen.

Infolge seiner hohen Trägheit wird die starke Vibration praktisch nicht auf das Hebelsystem übertragen, trotzdem ist die Apparatur empfindlich genug, um kleine Änderungen der Proben, die durch die bleibende Verformung oder andere Strukturänderungen bedingt sind, auszugleichen. Die bleibende Formänderung wird in Prozenten — bezogen auf die ursprüngliche Höhe — angegeben. Der Versuch kann auch bis zur vollständigen Zermürbung der Prüfstücke ausgedehnt werden.

9. Dämpfungsmessungen. Die Messung der Dämpfung, also des Arbeitsverlustes pro Lastwechsel, hat größere Bedeutung erlangt, seit

Abb. 18. Schwingungsmaschine nach Thum.

Gummi als technischer Baustoff für die Schwingungsisolierung Verwendung findet, z. B. in elastischen Maschinenlagerungen, elastischen Kupplungen u. dgl. Auch die höheren Geschwindigkeiten der Automobile auf der Straße lassen es zweckmäßig erscheinen, diese dynamischen Prüfungen auch auf die Reifen auszudehnen. C. W. Kosten berichtet über das Verhalten von Gummi bei statischer und dynamischer Druckbeanspruchung. Ferner sei auf die Arbeiten von F. L. Yerzley und die sehr ausführlichen Untersuchungen von B. Steinborn und O. Föppl hingewiesen. H. Roelig führt als technische Konstanten der Vulkanisate, die solche Meßeinrichtungen während des Dauerbetriebes ergeben sollen, folgende an:

a) die Dämpfung (der Energieverlust pro Lastwechsel),
b) die Federkonstante (*E*-Modul),
c) das Fließen während des Dauerbetriebes,
d) die Wechselfestigkeit,
e) die dynamische Metallbindung.

Die zur Prüfung verwendete Schwingmaschine nach Thum (Abb. 18) besteht aus einem Schwinger, d. h. einer exzentrischen Masse, die durch einen Motor über eine elastische Welle angetrieben wird. Diese Welle ist in einem Gehäuse gelagert, das durch Lenker getragen wird und in horizontaler Richtung ausschwingen kann. Das Gehäuse stützt sich gegen die zu untersuchende Probe (z. B. einen Zylinder von 40 mm Höhe und 40 mm Durchmesser) ab und überträgt bei rotierendem Schwinger eine nahezu sin-förmige Wechsellast auf die Probe. Es kann je nach Bedarf dabei eine Druck-, Zug- oder Zug-Druckbeanspruchung gewählt werden. Durch eine Stahlfeder wird die Probe gleichzeitig vorgespannt. Durch die Exzentrizität der rotierenden Masse kann die Wechsellast, durch die Vorspannung der Feder die Vorlast und durch die Drehzahl des Motors die Wechsellast und Frequenz der Wechselbeanspruchung geändert werden.

10. Reifenprüfstand. Zur Prüfung der Autoreifen sind verschiedene Apparaturen entwickelt worden. Neben der Abnutzung der Lauffläche interessiert besonders die Beständigkeit des Reifenunterbaues gegen Ermüdung und Zermürbung. Zur Prüfung werden die mit Luftschlauch versehenen auf die Felgen montierten Reifen mit entsprechenden Belastungen gegen ein Schwungrad gepreßt, die auf dem Nocken angebracht sind[1]. Diese Nocken dienen als Nachahmung der beim normalen Fahrversuch infolge der Unebenheiten der Straßen auftretenden Stöße. In der Abb. 19 ist das Prinzip eines solchen Prüfstandes gezeigt.

Abb. 19. Reifenprüfstand.

11. Verschiedene Spezialprüfungen. Über eine Reihe von Spezialprüfungen (Heizschlauch, Treibriemen, Autoreifen usw.) berichtet A. W. Carpenter.

C. L. Hippensteel beschreibt eine Apparatur, die in den Bell Telephone Laboratories entwickelt wurde, um den Scherwiderstand an isolierten Leitern bei Belastung zu messen.

12. Der T-50-Test. Zur raschen Bestimmung des Vulkanisationsgrades von Gummi wurde in Amerika eine Prüfmethode ausgearbeitet: der „T-50-Test" (W. A. Gibbons, R. H. Gerke und H. C. Tingey). Das Prinzip der Prüfung ist folgendes: Die Prüfstücke werden auf etwa $^2/_3$ ihrer Bruchdehnung gedehnt und im gespannten Zustand auf —50° bis —70° abgekühlt. Die Proben werden nun nach guter Durchkühlung entspannt und langsam aufgetaut. Man ermittelt diejenigen Temperaturen, bei welchen die Dehnung der Proben auf die Hälfte zurückgegangen ist. Mit schärferer Vulkanisation fällt der T-50-Wert. Aus dem T-50-Test kann auch auf die Menge an gebundenem Schwefel geschlossen werden. Rohgummi hat einen Wert von +18°. Eine Differenz von 13° entspricht etwa 1% gebundenem Schwefel. Der T-50-Test ist auch gut geeignet, den Einfluß von Füllstoffen, Ruß, Beschleunigern,

---

[1] Ind. Rubb. World **86**, Nr. 5, 39 (1932).

Antiscorchern u. dgl. zu bestimmen (G. S. Haslam und C. A. Klaman; Wm. F. Taley; G. L. Roberts).

Vorstehend wurde eine kurze Beschreibung der wichtigsten Prüfungsmethoden und Prüfapparate für Weichgummiwaren gegeben. Die meisten Prüfungen stellen einen Versuch dar, einen rasch durchführbaren Laboratoriumstest zu erhalten. Es ist bei den verschiedenen Maschinen versucht worden, die natürliche Beanspruchung der Gummiwaren im Gebrauch nachzuahmen. Es muß jedoch darauf hingewiesen werden, daß die auf den Prüfmaschinen erhaltenen Ergebnisse nicht immer mit den Erfahrungen der praktischen Prüfung übereinstimmen. Neben den laboratoriumsmäßigen Untersuchungen müssen deshalb auch immer Versuche unter normalen Anwendungsbedingungen der Gummiartikel durchgeführt werden.

II. Hartgummi (V, 528).

1. Zerreißwerte. Zur Herstellung der Prüfkörper werden Hartgummiplatten von 3 mm Stärke verwendet, aus denen rechteckige Streifen von 20×75 mm herausgesägt werden. Um das eigentliche Prüfstück zu bekommen, werden aus der Mitte der Längsseiten mit einem Schleifstein von bestimmter Breite und bestimmtem Profil 8 mm herausgeschliffen, so daß ein schmaler Steg von 4 mm Breite verbleibt. Das Prüfstück entspricht in der Form ungefähr den Stabproben für die Weichgummiprüfung.

Die Zerreißprüfung erfolgt auf der Hartgummizerreißmaschine von Louis Schopper, Leipzig. Die Maschine hat eine wesentlich langsamere Geschwindigkeit als die Zerreißmaschinen für Weichgummi. Der Vorschub beträgt 100 mm pro Minute. Wegen der zu geringen Bruchdehnung ist die Aufnahme eines Zerreißdiagramms nicht möglich. Die zum Zerreißen aufgewandte Kraft in kg/abs. wird an der Skala abgelesen $+1,5$ kg Klemmenlast. Die erhaltenen Werte werden auf einen Querschnitt von 1 cm² umgerechnet:

$$x \, \mathrm{kg/cm^2} = \frac{\mathrm{kg/abs.} \cdot 100}{\mathrm{Stärke} \cdot \mathrm{Breite}} \, .$$

2. Biegefestigkeit (V, 530). Der Prüfstab von 120 mm Länge, 15 mm Breite und 10 mm Dicke wird in entsprechenden Formen vulkanisiert. Bei nicht einwandfreier Beschaffenheit der Prüfstücke müssen die Flächen nachgeschliffen und poliert werden. Der Querschnitt ist neu zu bestimmen.

Um die Biegefestigkeit von Hartgummi festzustellen, benutzt man die Hartgummiprüfmaschine oder den Biegefestigkeitsprüfer JBP 250 von Louis Schopper, Leipzig. Bei diesem Versuch wird der Prüfstab soweit auf Biegung beansprucht, bis er bricht.

3. Schlagbiegefestigkeit (V, 530). Zur Prüfung werden die gleichen Probekörper verwendet wie für den Biegeversuch (II, 2). Die Durchführung des Versuches erfolgt am Pendelschlagwerk (Erg.-Bd. III, 182). Der Versuch dient zur Bestimmung der Sprödigkeit und der Widerstandsfähigkeit gegen Schlageinwirkung.

Das große Schlagwerk arbeitet mit einer Arbeitsleistung von 150 cmkg, das kleine Schlagwerk mit 10 cmkg bzw. 40 cmkg. Zur Feststellung der spezifischen Schlagarbeit werden die ermittelten Werte wie folgt umgerechnet:

$$\frac{\text{Aufgewendete Arbeit} - \text{Arbeitsleistung}}{\text{Stärke} \cdot \text{Breite}} = \text{spez. Schlagarbeit cmkg/cm}^2 .$$

Zur Bestimmung der statischen und der dynamischen Biegefestigkeit (Schlagbiegefestigkeit) wurde vom Staatlichen Materialprüfungsamt, Berlin-Dahlem, ein Apparat entwickelt, MPA-Prüfgerät „Dynstat", an dem auch kleine Proben geprüft werden können (Hersteller **Louis Schopper**, Leipzig) (s. S. 431).

4. **Kugeldruckhärte** (V, 530). Die Härteprüfung wird mit dem Brinellhärtemesser durchgeführt, die erhaltenen, nach den Angaben im Haupwerk V, 530 umgerechneten Werte werden als Brinellhärte bezeichnet.

5. **Dauerbiegefestigkeit** (Abb. 20). Zur Messung der Dauerbiegefestigkeit werden aus 3 mm starken Platten 20 mm breite und 150 mm lange Streifen herausgesägt. Die Längsseiten werden glatt geschliffen.

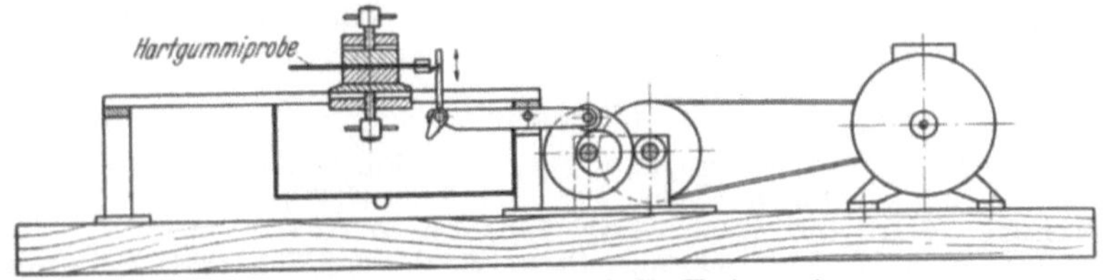

Abb. 20. Dauerbiegeversuch für Hartgummi.

Der Apparat besteht aus folgenden Hauptteilen:

a) der Haltevorrichtung für den Prüfstab mit Skala zum Einstellen der Stärke,

b) dem sich nach rechts verjüngenden konischen Teil (Reibräder) mit Zahnkranz und Auslösehebel für den Zählkranz,

c) dem Motor,

d) einem Heizwiderstand und einer Heizröhre für Prüfungen bei höheren Temperaturen.

Bei dem Versuch wird die Haltevorrichtung an der Skala auf die Probenstärke eingestellt und das Prüfstück gegen den Biegehebel gedrückt, bis ein Widerlager erreicht ist, so daß die Probe genau senkrecht zum Angriffspunkt des Hebels steht. Dann wird die Probe in die Haltevorrichtung eingespannt. Nach Einschalten des Motors löst man die Arretierung aus, wodurch der Zahnkranz von der Leerlaufstellung in die Mitnehmerscheibe gedrückt und in Bewegung gesetzt wird. Zugleich macht ein Zählkranz diese Bewegung mit und hält den Auslösehebel 50 Umdrehungen (Biegungen) fest. Normalerweise dauert dies etwa 14 Sekunden. Der exzentrisch gelagerte konische Teil, der anfangs auf die geringste Biegungsstufe (Nr. 4 = 4° Biegungswinkel) eingestellt ist, dreht sich, wodurch die Rolle des Biegehebels diesen auf- und abwärts bewegt. Das Prüfstück wird dadurch belastet, d. h. nach unten gebogen, und dann wieder entlastet. Nach 50 Biegungen setzt der Auslösehebel die Apparatur still. Der Biegungsgrad wird nun auf den nächst größeren Biegungswinkel (jeweils 2°) eingestellt. Der Vorgang wiederholt sich so oft, bis ein Bruch oder eine Deformation des Prüfstückes erfolgt. Der Biegungswinkel kann bis maximal 28° eingestellt werden. Bei einem Vergleich verschiedener Proben wird die beim Bruch erreichte Biegungsstufe gewertet. Sollte bei 1500 Biegungen auf der höchsten Belastungsstufe kein Bruch erfolgt sein, so wird der Versuch abgebrochen.

6. Polierprobe. Nach dem Vorschleifen mit Schmirgel Nr. 1 oder 2 wird die Probe nacheinander mit Schmirgel Nr. 1, 0/1 und 0 glatt geschliffen. Dann bearbeitet man das Prüfstück mit Poliermasse und Schwabbel und zum Schluß mit Putzpomade und ganz sauberem Schwabbel (oder Filzscheibe) bis auf Hochglanz.

7. Bestimmung der Glutfestigkeit. Zur Prüfung der Glutfestigkeit wird ein Probekörper von 120 mm Länge, 15 mm Breite und 3 mm Dicke mit einem elektrisch beheizten Glühstab bei einer Temperatur von 950° in Berührung gebracht. Nach 3 Minuten bestimmt man den Gewichtsverlust in Milligramm und die Flammenausbreitung in Zentimeter. Das Produkt aus Gewichtsverlust und Flammenausbreitung ergibt den Gütemaßstab für die Glutfestigkeit. Eine entsprechende Prüfapparatur (Glühstabapparat JGA) wird von Louis Schopper, Leipzig, geliefert.

Literatur.

Abbott, F. D.: Ind. and Engin. Chem., Anal. Ed. **2**, 145 (1930). — Albertoni, G. F.: Ind. and Engin. Chem., Anal. Ed. **9**, 30 (1937).

Bashore, H. H.: Ind. Rubb. World **95**, Nr. 6, 37 (1937).

Carpenter, A. W.: Ind. and Engin. Chem., Anal. Ed. **6**, 301 (1934). — Cooper, L. V.: (1) Ind. and Engin. Chem., Anal. Ed. **2**, 391 (1930). — (2) Ind. and Engin. Chem., Anal. Ed. **5**, 350 (1934). — Coppage, B. D.: Ind. Rubb. World **49**, 11 (1913).

Dawson, T. R. and B. D. Porrit: Rubber Physical and Chemical Properties, p. 540. 1935.

Ecker, R.: Kautschuk **14**, 187 (1938).

Fletcher, C. N.: Rubber Age (Lond.) **17**, 113 (1936).

Gibbons, W. A., R. H. Gerke and H. C. Tingey: Ind. and Engin. Chem., Anal. Ed. **5**, 279 (1933). — Graffe, M. L.: Rev. gén. du Caoutch. **15**, 358 (1938).

Hardman, A. F., W. L. MacKinnon and S. M. Jones: Rubber Age (N.Y.) **28**, 463 (1931). — Haslam, G. S. and C. A. Klaman: Ind. and Engin. Chem., Anal. Ed. **9**, 552 (1937). — Havenhill, R. S. and W. B. MacBride: Ind. and Engin. Chem., Anal. Ed. **7**, 60 (1935). — Hippensteel, C. L.: Ind. and Engin. Chem. **18**, 409 (1926). — Ind. Rubb. World **78**, Nr. 6, 55 (1928).

Kosten, C. W.: Kautschuk **15**, 48 (1939). — Proc. Rubber Technology Conference London 1938, p. 59.

Lessig, E. T.: Ind. and Eng. Chem., Anal. Ed. **9**, 582 (1937).

Rainier, E. T. and R. H. Gerke: Ind. and Engin. Chem., Anal. Ed. **7**, 368 (1935). — Roberts, G. L.: Proc. Rubber Technology Conference London 1938, p. 54. — Roelig, H.: Kautschuk **13**, 154 (1937); **15**, 7 (1939). — Rossem, A. van u. H. J. Beverdam: Kautschuk **6**, 224 (1930). — Rubb. Chem. Tech. **4**, 147 (1931).

Schlobach, E. u. F. Bussen: Kautschuk **15**, 27 (1939). — Scott, D. C.: Ind. Rubb. World **97**, 35 (1938). — Somerville, A. A.: I.R.I. Trans. **6**, 141 (1930). — Ind. and Engin. Chem. **28**, 11 (1936). — Steinborn, B. u. O. Föppl: Die Dämpfung als Qualitätsmaß für Gummi. Braunschweig 1937. — Sturtevant, W. L.: Ind. Rubb. World **83**, Nr. 3, 67 (1930).

Tuley, Wm. F.: Ind. Rubb. World **97**, Nr. 1, 39 (1937).

Wijk, D. J. van: Kautschuk **14**, 2, 26 (1938). — Williams, J.: Ind. and Engin. Chem. **19**, 674 (1927).

Yerzley, F. L.: Ind. and Engin. Chem., Anal. Ed. **9**, 392 (1937). Ref. Kautschuk **14**, 92 (1938).

Kunststoffe.

Von

Dr.-Ing. **Wilhelm Esch**, Berlin-Dahlem.

Einleitung (V, 772).

Seit dem Erscheinen des Hauptwerkes hat das Gebiet der Kunststoffe eine schnelle Entwicklung erfahren. Besondere Fortschritte der synthetischen Chemie sind in den letzten Jahren auf dem Gebiete der großtechnischen Herstellung von Polymerisaten und Mischpolymerisaten zu verzeichnen.

Auf dem Gebiet der Kondensationsprodukte ist die Entwicklung mehr in die Tiefe als in die Breite gegangen. Vor allem konnten neue Anwendungsgebiete für diese Kunststoffgruppe erschlossen werden. Der gründlichen Weiterentwicklung der Kunstharzpreßstoffe, die zur Schaffung neuer Typen mit besonders guten mechanischen Eigenschaften geführt hat, ist es unter anderem zuzuschreiben, daß die Kunstharzpreßstoffe über den ursprünglichen Rahmen ihrer Anwendung als elektrische Isolierstoffe hinausgewachsen sind und heute im Maschinen-, Fahrzeug- und Flugzeugbau als wertvolle Baustoffe eine weitgehende Anwendung gefunden haben. Darüber hinaus werden Kunstharzpreßstoffe auch in zunehmendem Umfange zur Herstellung von Gebrauchsgegenständen verschiedenster Art verwendet.

Um die Eignung von Kunststoffen für die vielen neuartigen Anwendungsgebiete beurteilen zu können, war die Weiterentwicklung bereits vorhandener und die Schaffung neuer Prüfverfahren notwendig. Wenn auch auf dem Gebiete der Materialprüfung von Kunststoffen in den letzten Jahren nicht zu unterschätzende Fortschritte gemacht werden konnten, die es im weiteren Umfange als bisher ermöglichen, die Kunststoffe auf ihre zweckbedingte Güte prüfen zu können, so sind doch manche Prüfverfahren noch zu umständlich und erfordern umfangreiche prüftechnische Erfahrungen. Andere Prüfverfahren sind noch nicht so weit durchgebildet, daß bei ihrer Anwendung unter allen Umständen gut reproduzierbare Prüfungsergebnisse erhalten werden können. Besonders große Lücken sind noch auf dem Gebiet der rein chemischen Prüfmethoden für Kunststoffe zu schließen. Daher nehmen auch in dem vorliegenden Abschnitt die rein chemischen Untersuchungsmethoden gegenüber den physikalischen einen verhältnismäßig geringen Raum ein.

Auf eine eingehende Beschreibung der inzwischen entwickelten physikalischen Prüfmethoden konnte schon deshalb nicht verzichtet werden, weil es sich gezeigt hat, daß für die Mehrzahl von Kunststoffanwendungen, abgesehen von einigen Sondergebieten, hauptsächlich die physikalischen Eigenschaften der betreffenden Kunststoffe ausschlaggebend sind.

I. Typisierung und Normung (V, 852).

Die Typisierung der gummifreien Isolierpreßstoffe hat im November 1937 wesentliche Erweiterungen erfahren. Es wurde eine Anzahl neuer Preßstofftypen geschaffen, die in ihren Eigenschaften den zahlreichen neuen Anwendungsgebieten in besonderem Maße gerecht werden. Dies war notwendig, weil das Anwendungsgebiet dieser Stoffe längst über den Rahmen der ursprünglichen Anwendung als elektrische Isolierstoffe hinausgewachsen ist.

Für Beanspruchungen, bei denen neben hoher Wärmefestigkeit eine hohe mechanische Festigkeit erforderlich ist, wurde 1935 der Typ M geschaffen, der Asbestgespinst als Füllstoff enthält. 1937 wurde der Typ 1 in zwei neue Typen unterteilt, die sich in der Kerbzähigkeit wesentlich unterscheiden. Der neue Typ 11 enthält körnigen anorganischen Füllstoff und besitzt eine um die Hälfte geringere Kerbzähigkeit als der Typ 12, der anorganische Fasern (Asbest) als Füllstoff enthält.

Als besonders zähe Baustoffe wurden die neuen Kunstharzpreßstoffe auf der Grundlage von Cellulose als Füllstoff typisiert:

Typ Z 1 enthält Zellstoff in Form von Flocken,
Typ Z 2 in Form von Schnitzeln,
Typ Z 3 in Form von Bahnen.

Dementsprechend liegen die mechanischen Eigenschaften am niedrigsten bei Z 1 und am höchsten bei Z 3.

Bei den Kunststoffen auf der Grundlage von Textilien fand eine entsprechende Unterteilung statt:

Typ T 1 enthält kurze Textilfaser,
Typ T 2 enthält Textilgewebeschnitzel,
Typ T 3 enthält Textilgewebebahnen.

Alle drei Typen sind ausgezeichnet durch hohe Kerbunempfindlichkeit und durch gute, von T 1 nach T 3 steigende, mechanische Eigenschaften. Bei den Typen T 3 und Z 3 ist zu beachten, daß diese Kunststoffe — dem Füllstoff entsprechend — schichtartigen Aufbau besitzen. Sie eignen sich daher nur für solche Preßteile, bei denen beim Preßvorgang der Faserverband, und damit auch der schichtartige Aufbau, weitgehend erhalten bleibt, also vorzugsweise für flache Preßteile. In allen anderen Fällen dürfen die Typzeichen T 3 und Z 3 nicht verwendet werden, da dann die vorgeschriebenen Mindestwerte für die mechanischen Eigenschaften unterschritten werden.

Der neu in die Typisierung aufgenommene Typ 6 stellt einen in seinen Eigenschaften verbesserten Typ 7 dar.

Der Typ N ist in der Typisierung gestrichen worden.

Die Aufnahme der oben erwähnten Typen brachte die Berücksichtigung der Kerbzähigkeit neben der Schlagbiegefestigkeit mit sich (Näheres über die Prüfung auf Kerbzähigkeit s. S. 433).

Die Berücksichtigung der Kerbzähigkeit für die Typisierung hatte sich als notwendig herausgestellt, weil der Einfluß verschiedenartiger

Tabelle 1. Typisierung der gummifreien nicht keramischen Isolierpreßstoffe.

Typ	Zusammensetzung	Mechanische Eigenschaften			Thermische Eigenschaften		Elektrische Eigenschaften	Verarbeitungsart
		Biege-festigkeit mind. kg/cm²	Schlagbiege-festigkeit mind. cmkg/cm²	Kerb-zähigkeit mind. cmkg/cm²	Wärmefestig-keit nach Martens mind. °C	Glut-festigkeit mind. Gütegrad	Oberflächen-widerstand nach 24stündigem Liegen in Wasser mind. Vergleichszahl	
11	Phenolharz mit anorganischem Füllstoff	500	3,5	1,0	150	4	3	Warmpressung
12		500	3,5	2,0			3	
M		700	15,0	15,0			3	
0	Phenolharz mit Holzmehl als Füll-stoff	600	5,0	1,5	100	2	3	Warmpressung
S		700	6,0	1,5	125	3		
T1	Phenolharz mit Textilfaser als Füll-stoff	600	6,0	6,0	125	2	3	Warmpressung
T2		600	12,0	12,0			3	
T3		800	25,0	—			3	
Z1	Phenolharz mit Zellstoff als Füll-stoff	600	5,0	3,5	125	3	3	Warmpressung
Z2		800	8,0	5,5			3	
Z3		1200	15,0	10,0			3	
K	Harnstoffharz mit org. Füllstoff	600	5,0	1,2	100	3	4	Warmpressung
6	Naturharz, natürl. oder künstl. Bitumen mit anorg. Füllstoff	350	3,5	—	65	2	3	Warmpressung
7		250	1,5	—		1		
8	Natürl. oder künstl. Bitumen mit anorganischem Füllstoff	150	1,0	—	45	3	4	Warmpressung
A	Acetylcellulose mit oder ohne Füll-stoff	300	15,0	—	40	1	3	Warmpressung
2	Kunstharz mit Asbest und anderem anorganischem Füllstoff	350	2,0	—	150	4	3	Kaltpressung
3	Kunstharz mit Asbest und anderem anorganischem Füllstoff	200	1,7	—	150	4	3	Kaltpressung
4	Natürl. oder künstl. Bitumen mit Asbest u. anderem anorg. Füllstoff	150	1,2	—	150	4	3	Kaltpressung
Y	Bleiborat mit Glimmer	1000	5,0	—	400	5	4	Warmpressung
X	Zement oder Wasserglas mit Asbest und anderem anorg. Füllstoff	150	1,5	—	250	5	—	Kaltpressung

27*

Tabelle 2. Einige Eigenschaften von Kunstharzpreßstoffen

Zusammensetzung	Be-zeich-nung	Druck-festigkeit mind. kg/cm²	Zugfestig-keit mind. kg/cm²	Härte mind. kg/cm²	Elastizitäts-modul E kg/cm²
Phenolharz mit anorganischem Füllstoff	11	1200	150	1800	60000—150000
	12	1200	250	1500	90000—150000
	M	1200	250	1500	90000—160000
Phenolharz mit Holz-mehl als Füllstoff	S	2000	250	1300	55000— 80000
Phenolharz mit Textilfaser als Füllstoff	T1	1400	250	1300	50000— 90000
	T2	1400	250	1300	70000—100000
	T3	1200	500	1300	40000— 90000
Phenolharz mit Zellstoff als Füllstoff	Z1	1400	250	1300	40000— 80000
	Z2	1000	250	1300	60000—100000
	Z3	1600	800	1300	80000—130000
Harnstoffharz mit organischem Füllstoff	K	1800	250	1500	50000—100000

Füllstoffstrukturen (z. B. körnig, faserig, schnitzelförmig) auf die mechanische Festigkeit durch die bisher in der Typisierung aufgeführten mechanischen Eigenschaften (Biege- und Schlagbiegefestigkeit) nicht oder nur unvollständig zum Ausdruck kam. Insbesondere erfaßte die Schlagbiegefestigkeit nicht ausreichend die Sprödigkeit bzw. Zähigkeit der typisierten Stoffe. Die in der Typisierung neu aufgenommenen Mindestwerte für die Kerbzähigkeit kennzeichnen jetzt in hinreichendem Maße für die einzelnen Typen das Verhalten bei Schlagbeanspruchung auch an Formteilen, die einen verwickelten geometrischen Aufbau haben.

Vergleicht man in der Typisierung von 1937 die Schlagbiegefestigkeiten mit den Kerbzähigkeiten bei den verschiedenen Typen, so findet man, daß nur bei Typen mit langfaserigem Füllstoff die angegebenen Mindestwerte für Schlagbiegefestigkeit und Kerbzähigkeit gleich sind, d. h. diese Stoffe sind gegen Schlag kerbunempfindlich.

Außer diesen beträchtlichen Erweiterungen der Typisierung wurde durch Heraufsetzen der Glutfestigkeit von Typ K und des Oberflächenwiderstandes von Typ 8 der Tatsache Rechnung getragen, daß diese Stoffe in den letzten Jahren ständig höhere Werte aufwiesen, als den bisherigen Angaben in der Typentafel entsprach.

Die in der neuen Fassung der Typentafel erstmalig eingeführte Unterteilung großer Stoffgruppen, z. B. der Gruppe „Phenolharz mit Textilfaser als Füllstoff" in die Typen T 1, T 2, T 3 oder der Gruppe „Phenolharz mit Zellstoff als Füllstoff" in die Typen Z 1, Z 2, Z 3, hat warmgepreßt nach DIN 7701, 2. Ausgabe (1939).

Zulässige Höchsttemperatur bei				Lineare Wärmedehnzahl je °C zwischen 0° und 50°	Wichte kg/dm³
dauernder Wärmebeanspruchung	kurzzeitiger Wärmebeanspruchung und Berücksichtigung der				
	Biegefestigkeit —10%	Schlagbiegefestigkeit —10%	Schrumpfung 0,6%		
°C	°C	°C	°C	$\alpha_t \cdot 10^6$	$\approx$
150	215	215	200	15—30	1,8
100	135	130	130	30—50	1,4
100	100	125	165	15—30	1,4
100	135	115	130	15—30 / 10—30 / 10—30	1,4
65	90	90	80	40—50	1,5

den großen Vorteil, daß, trotz Vermehrung der Typenzahl, die Übersichtlichkeit gewahrt bleibt und der spätere Ausbau der Typisierung erleichtert wird.

Die Tabelle 1 zeigt die Typentafel in dem seit November 1937 gültigen Umfang.

Man hat sich auch bei der neuen Typisierung bewußt nur auf die Angabe der ungefähren Zusammensetzung der Preßstoffe beschränkt, da die Typisierung keine erschöpfende Eigenschaftstafel sein soll. Diese Aufgabe kommt dem Normblatt DIN 7701 „Kunstharzpreßstoffe warm gepreßt" zu, das im Januar 1939 eine zweite, erweiterte Ausgabe erfahren hat. Durch die Typisierung soll vielmehr die Gleichmäßigkeit des betreffenden Werkstoffes innerhalb der gleichen Lieferung und die Übereinstimmung neuer Lieferungen mit früheren Lieferungen sicher gestellt werden. Bei der Festsetzung der Eigenschaftswerte hat man bewußt nicht Mittel- oder Richtwerte, sondern, der Eigenart des Werkstoffes entsprechend, Mindestwerte gewählt, die bei sachgemäßer Herstellung des typgerechten Werkstoffes stets erreicht werden. Durch die Prüfung auf Typisierungseigenschaften ist man in der Lage festzustellen, ob ein Werkstoff den diesbezüglichen Forderungen in ausreichendem Maße entspricht.

Typisierte Kunstharzpreßstoffe und die zu ihrer Herstellung benötigten Preßmassen unterliegen, soweit sie durch das Überwachungszeichen für typisierte Preßmassen und Preßstoffe (Abb. 1) gekennzeichnet sind, der ständigen Kontrolle durch das Staatliche Materialprüfungsamt

Berlin-Dahlem, welches auf Grund von Überwachungsverträgen, die zwischen diesem Amt und der Technischen Vereinigung der Hersteller typisierter Preßmassen und Preßstoffe e. V. bestehen, jederzeit berechtigt ist, sowohl anläßlich unangemeldeter Kontrollbesuche bei den Firmen Proben zu entnehmen oder solche einzufordern. Die Proben werden daraufhin geprüft, ob ihre Werkstoffeigenschaften den in der Typisierung festgelegten Mindestwerten entsprechen.

Die Typisierung hat als eine wesentliche Grundlage die in dem Vorschriftenbuch des Verbandes Deutscher Elektrotechniker (22. Auflage, 1939) unter „Gruppe 3, Isolierstoffe" zusammengestellten Vorschriften und Leitsätze, von denen die wichtigsten genannt seien:

VDE 0302/1924 Vorschriften für die Prüfung elektrischer Isolierstoffe.

VDE 0305/1929 Leitsätze für die Bestimmung elektrischer Eigenschaften von festen Isolierstoffen.

VDE 0308/1929 Leitsätze für die Erzeugung bestimmter Luftfeuchtigkeiten zur Prüfung elektrischer Isolierstoffe.

VDE 0318/II. 38 Leitsätze für Hartpapier und Hartgewebe.

VDE 0320/XII. 36 Leitsätze für nichtkeramische, gummifreie Isolierstoffe.

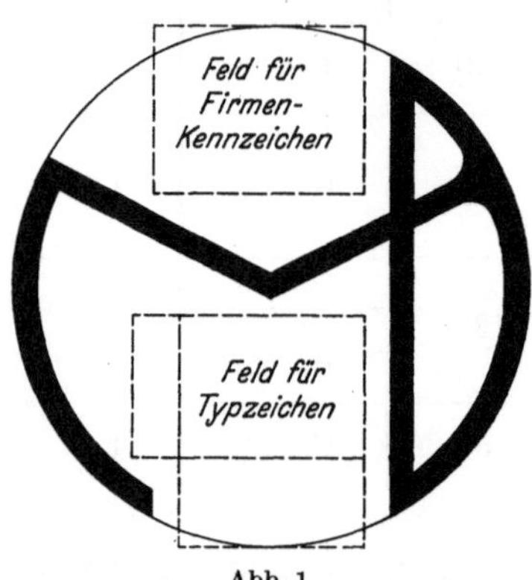

Abb. 1.
Überwachungszeichen MPBD - Zeichen).

Außerdem hat die Typisierung in folgenden Normblättern Eingang gefunden:

DIN 7701 Kunstharzpreßstoffe warm gepreßt,

DIN 7702 Überwachungszeichen für typisierte Preßmassen und Preßstoffe (Abb. 1),

DIN 7703 Lager aus Kunstharzpreßstoff.

Das Normblatt DIN 7701, das Januar 1939 seine zweite Ausgabe erfahren hat, enthält Angaben über Eigenschaften und Prüfverfahren für nichtgeschichtete und geschichtete Kunstharzpreßstoffe. In Tabelle 2 sind die über die Typisierung hinausgehenden Angaben der Eigenschaftswerte für nichtgeschichtete warmgepreßte Kunstharzpreßstoffe zusammengestellt.

II. Physikalische Prüfungen an Preßmassen.

Fließvermögen und Plastizität (V, 833).

1. Bestimmung des Fließvermögens von Kunstharzpreßmassen. Ein für die Bestimmung des Fließvermögens von Kunstharzpreßmassen geeignetes Prüfgerät beschreibt Rupprecht.

Das Gerät Abb. 2, das von der Bakelite-Gesellschaft erprobt ist, arbeitet ähnlich, wie das von Krahl. Die Preßmasse wird in einen engen Kanal eingepreßt, kann aber durch vorhergehendes Verschließen

des Kanals mittels eines arretierbaren Stempels am vorzeitigen Fließen
gehindert werden. Hierbei tritt eine Vorhärtung ein, die bewirkt, daß
das schließlich nach Freigabe des Kanals entstehende Stäbchen wesentlich kürzer als bei dem Verfahren nach Krahl ausfällt. Durch diese
Maßnahme kann auch der Einfluß der Vorhärtung erfaßt werden und
aus der Stäbchenlänge sowie der Vorhärtungszeit ergibt sich für die
betreffende Masse eine Fließkurve, deren Verlauf für Fließ- und Här-
tungseigenschaften bezeichnend ist. Die Härtungszeit ist hierbei die

Abb. 2. Fließprüfgerät zur Ermittlung des Fließvermögens von Preßmassen.

Zeit, nach der der Fließweg Null geworden ist. Bei der Prüfung wird
durch die Vorwärmung der Masse in dem Gerät, die vor der eigentlichen
Messung erfolgt, die Erfassung des Erweichungsvorganges bewußt
vermieden. Zur Erfassung der Schließzeit dient ein besonderes Gerät,
bei dem die Zeit zwischen dem Auftreffen des Oberstempels einer Becher-
form bis zum völligen Schließen der Form gemessen wird. Der Bakelite-
Fließprüfer ist, wie Untersuchungen von Penning und Meyer zeigen,
außer zur Untersuchung von härtbaren Preßmassen auch zur Prüfung
des Fließverhaltens von nichthärtbaren Preß- und Spritzmassen geeignet,
wenn man für diese Massen ohne Vorwärmung und bei bestimmtem
Preßdruck die Preßtemperatur ermittelt, bei der man Fließstäbe von
bestimmter Länge erhält. An Hand einer für die Beziehung zwischen
Fließweg und Temperatur aufgestellten Kurve kann man nach einer

einzigen Fließwegbestimmung bei bestimmter Temperatur die Temperatur ablesen, bei der man den Fließstab von festgelegter Länge erhalten würde. Auf diese Weise ist eine Klassifizierung der Massen nach ihrer Härte in der Wärme möglich.

Gegenüber einem von Mooney beschriebenen Plastometer, das die Viscosität nicht härtbarer Kunststoffe dadurch zu messen gestattet, daß sich eine oberflächenaufgerauhte Metallscheibe in einer bestimmten Menge der plastischen Masse unter Vermeidung eines Schlupfes dreht, hat der Bakelite-Fließprüfer den Vorteil, daß er nicht nur das Fließen des Materials in der Wärme, sondern auch den Reibungswiderstand zwischen fließender Masse und Wandung des Fließkanals

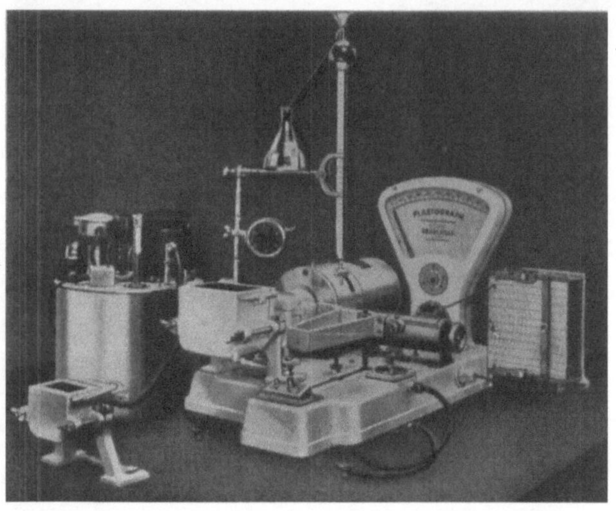

Abb. 3. Versuchsanordnung für die plastographische Messung mit dem Plastographen v. Brabender.

mißt. Da besonders beim Spritzverfahren diese Reibung zwischen Masse und Wandung recht beträchtlich ist, dürfte die Prüfung mit dem Bakelite-Fließprüfer den Verhältnissen der Praxis besser entsprechen.

2. Plastographische Messung des Härtungsvorganges härtbarer Preßstoffe. Der Grad der Vorkondensation von Kunstharzen ist für die Lack- und Kunststoffindustrie von Wichtigkeit, weil er das Fließvermögen und die Härtungsgeschwindigkeit wesentlich beeinflußt. Zu seiner Bestimmung kann nach Speitmann der Plastograph von Brabender mit gutem Erfolg benutzt werden (Abb. 3). Der Plastograph arbeitet in folgender Weise:

In einem heizbaren Gefäß wird das Harz durch ein System kreisender Schaufeln bei einer konstant gehaltenen Temperatur einem Knetprozeß unterworfen. Die Schaufeln sind mit der Welle eines Synchronmotors verbunden, dessen Gehäuse so aufgehängt ist, daß es frei schwingen kann. Jeder beim Kneten auftretende Widerstand erzeugt an dem aufgehängten Gehäuse ein Drehmoment in entgegengesetzter Richtung. Durch ein Hebelsystem wird dieses Drehmoment auf einen Zeiger übertragen und gleichzeitig von einer Registriervorrichtung aufgezeichnet. Die beiden Schaufeln laufen parallel zueinander und drehen sich in entgegengesetzter Richtung. Ihre Rotationsgeschwindigkeiten stehen im Verhältnis 3 zu 2. Die von dem Schaufelsystem zu leistende Arbeit ändert sich auch bei homogenem Versuchsmaterial in einem gewissen Rhythmus, der eine Hin- und Herbewegung des Skalenzeigers bewirkt und durch den Registriermechanismus aufgezeichnet wird. Die Periodizität der Höchst- und Kleinstbelastungen wird auf dem Kurvenpapier der Registriervorrichtung festgestellt. Die Bandbreite der gezeichneten Kurve entspricht der periodisch sich ändernden Arbeitsleistung des Systems, die bei der Überwindung der inneren Reibung der untersuchten Charge aufgewandt wird. Eine mit dem Hebelsystem gekoppelte verstellbare Öldämpfung sorgt für einen ruhigen Verlauf der Kurve. Die Adhäsionskraft zwischen bewegtem Harz und den Seitenwänden der Knetvorrichtung wirkt vermindernd auf die Bandbreite der erhaltenen Kurve.

Die Viscosität wird in Konsistenzgraden gemessen. 1000 Konsistenzgrade entsprechen einem durch den Verformungswiderstand am Knetsystem auftretenden Drehmoment von 1 mkg.

Die plastographische Messung gestattet die zuverlässige Beurteilung des Polymerisationszustandes von Kunstharzen. In Fällen, wo die Eigenschaften des Harzes bekannt sind, können bei der plastographischen Untersuchung von Preßmassen etwa vorhandene Fehler der Füllstoffbeschaffenheit erkannt werden.

Schopper Plastometer nach Houwink. Zur Bestimmung der Härte und Härtungsgeschwindigkeit von Preßmassen hat Houwink ein Plastometer entwickelt, das von der Firma Louis Schopper, Leipzig, gebaut wird. Das Gerät mißt die Höhenänderung eines Harzzylinders von bestimmten Abmessungen (Höhe 5 mm, Durchmesser 10 mm), der zwischen zwei planparallelen Platten bei einer bestimmten Temperatur unter einer bestimmten Last zusammengedrückt wird.

3. Plastizitätsmessung an nichthärtbaren Kunststoffen. Für die Prüfung nichthärtbarer Kunststoffe auf Plastizität hat Noll ein Plastoskop beschrieben, mit dem man gut reproduzierbare Werte erhält. Der zu untersuchende gepulverte Kunststoff wird durch ein Sieb von bestimmter Maschenweite getrieben und unter Anwendung stets gleicher Gewichtsmengen mittels einer besonderen Presse als Pastille in den Nippel des Prüfgerätes gleichmäßig eingepreßt. Beim vorsichtigen Erwärmen des Prüfgerätes tritt bei der Erweichungstemperatur des Kunststoffes die Masse in Gestalt eines wurstförmigen Stranges aus der genormten Öffnung des Nippels in eine gegen den betreffenden Kunststoff indifferente Heizbadflüssigkeit. In diesem Augenblick wird an dem Thermometer des Gerätes die Prüftemperatur abgelesen.

III. Physikalische Prüfungen an Preßstoffen.

1. Herstellung von Normalproben zur Prüfung von Kunstharzpreßstoffen.

Die gegenwärtig für die Prüfung von Kunstharzpreßstoffen in Deutschland gebräuchlichen Normalproben sind in Abb. 4 dargestellt.

Soweit es sich hierbei um nichtgeschichtete Preßstoffe handelt, werden diese Normalproben im Preßverfahren, also nicht durch spangebende Formung hergestellt. Bei geschichteten Preßstoffen hat man jedoch meist die Möglichkeit, aus Halbfabrikaten, wie Platten, Stangen

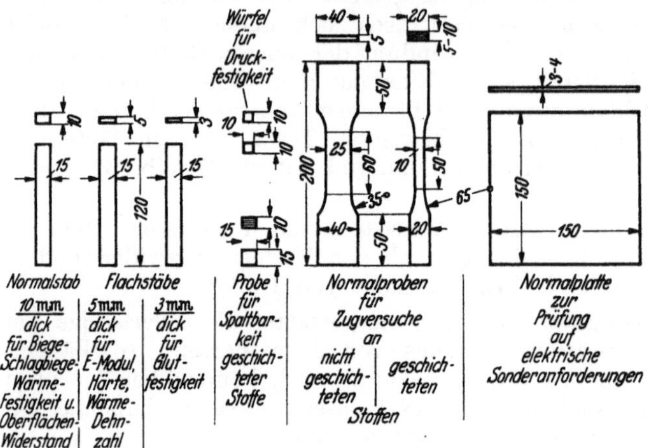

Abb. 4. Normalproben zur Prüfung von Kunstharzpreßstoffen.

oder Rohren die erforderlichen Normalproben durch spangebende Formung herauszuarbeiten.

Die sachgemäße Herstellung der Prüfkörper im Preßverfahren hat eine genaue Kenntnis der beim Preßvorgang sich abspielenden Prozesse zur Voraussetzung. Der Preßvorgang ist nämlich bei Kunstharzpreßstoffen nicht nur ein Mittel zur Formgebung, sondern gleichzeitig eine chemische Umwandlung, die nur dann zu guten Ergebnissen führt, wenn die Umwandlungsbedingungen bekannt sind und beachtet werden. Die notwendigen Bedingungen zur Erzielung einwandfreier Preßstücke sind 1. richtiger Preßdruck, 2. richtige Preßtemperatur und 3. richtige Preßzeit, die je nach der Harz- und Füllstoffart der verwendeten Preßmasse und der Gestalt des herzustellenden Preßlings entsprechend zu wählen sind.

Bei Preßstoffen mit körnigen oder kurzfaserigen Füllstoffen, z. B. Typ 11, 12, 0, S, T 1, Z 1, K wird zur Normalstabherstellung zweckmäßig eine Mehrfachform benutzt, die es gestattet, mehrere Probekörper in einem Arbeitsgang zu pressen. Abb. 5 zeigt eine Kunstharzpresse (a) mit einer aufgespannten 6-fach-Form (Philips-Form) (b), einen Normalstabsatz im Querschnitt (c) und einen abgetrennten Normalstab (d).

Für Preßstoffe mit Harzträgern gröberer Struktur, z. B. Typ M, Typ T 2, Typ Z 2, ist es jedoch empfehlenswert, die Normalstäbe einzeln

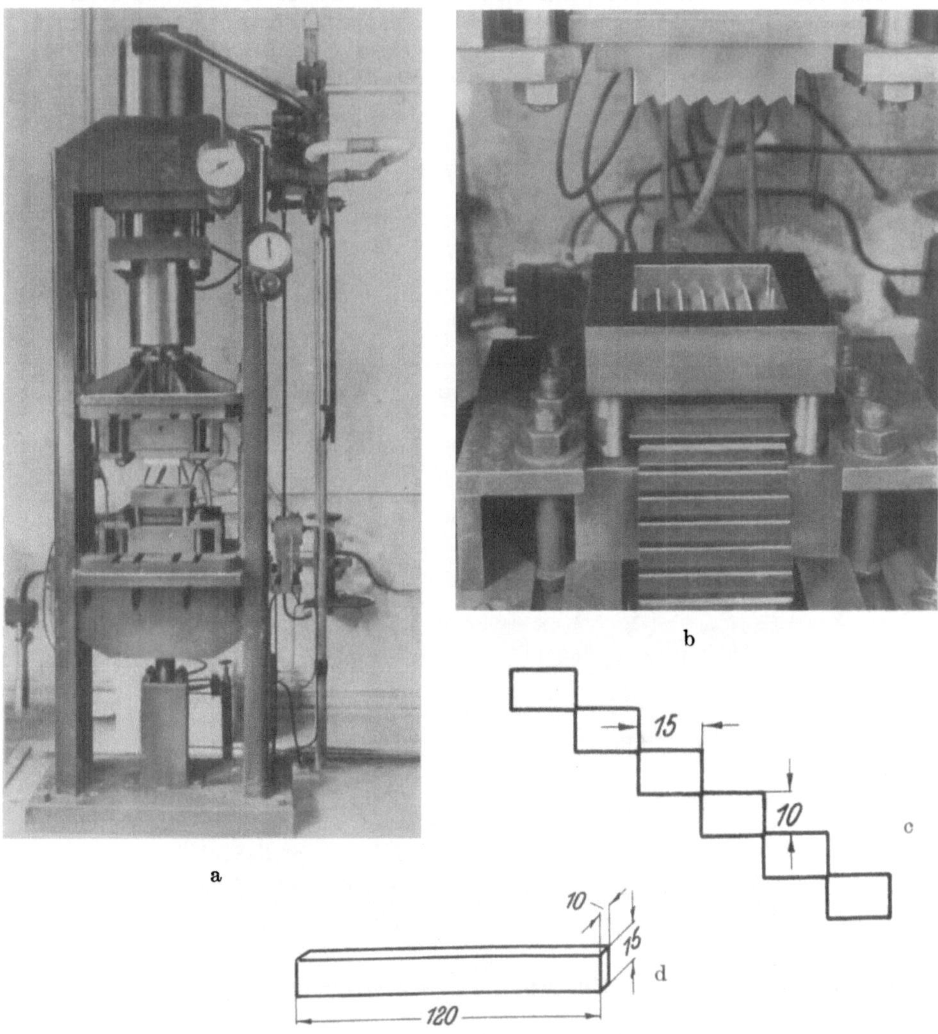

Abb. 5a—d. Herstellung von Normalstäben aus Kunstharzpreßstoff. a Kunstharzpresse mit aufgespanntem Werkzeug. b Aufgespanntes Werkzeug (6-fach-Form, Philipsform). c Normalstabsatz im Querschnitt. d Abgetrennter Normalstab.

zu pressen, da diese Preßstofftypen beim Preßvorgang in der Philips-Form nicht in erforderlichem Maße fließen können und die Harzträger durch die diagonale Anordnung im Werkzeug eine Schichtung erfahren, die den normalen Verhältnissen widerspricht. Bei den Typen T 3 und Z 3 ist das Pressen in der Philips-Form auf keinen Fall statthaft, da hierbei die schichtartigen Harzträger in ihrem Gefüge vollkommen zerstört und somit Normalstäbe erhalten würden, die den Anforderungen der Typisierung keineswegs entsprechen. Für Preßmassen dieser Art dient eine Mehrfachform nach Nitsche, bei der der Preßdruck senkrecht zur 15 mm breiten Fläche der Normalstäbe wirkt. Abb. 6 zeigt eine geeignete Form, mit der man nach Auswechseln der Rippenplatte auch Flachstabsätze bzw. glatte Platten herstellen kann. Die Tatsache,

Abb. 6.
Universalwerkzeug nach Nitsche zur Herstellung von Normalstäben, Flachstäben und Platten.

daß die Normalstäbe, die ja vornehmlich zur Ermittlung der mechanischen Eigenschaften dienen, in einer Dicke von 10 mm hergestellt werden, mag zunächst befremden, da in der Praxis Kunstharzpreßteile meist dünnere Wände besitzen; es ist aber zu beachten, daß die mechanischen Eigenschaften von Kunstharzpreßteilen stark gestaltabhängig sind. Deshalb hat man bewußt bei dem Normalstab Verhältnisse geschaffen, bei denen man entsprechend ungünstige Eigenschaftswerte erhält. Wenn dann die bei der Prüfung am Normalstab erzielten Werte trotzdem den geforderten Mindestwerten genügen, so hat man die Gewähr, daß diese Werte am fertigen Konstruktionsteil in der Praxis überboten werden.

2. Mechanische Prüfungen.

a) **Prüfung auf Schlagbiegefestigkeit und Biegefestigkeit an aus Fertigstücken entnommenen Proben.** Die für die Schlagbiege- und Biegefestigkeit von Kunstharzpreßstoffen eingeführte Probenform des Normalstabes mit den Abmessungen $120 \times 15 \times 10$ mm wurde zu einer Zeit gewählt, als die Mehrzahl der Isolierpreßstoffe wegen ihrer damals noch verhältnismäßig geringen Festigkeiten wesentlich stärkere Wandstärken besaßen, als es heute bei der Mehrzahl der beträchtlich festeren Kunstharzpreßstoffe der Fall ist. Für die heute meist hergestellten Preßteile mit Wandstärken von nur wenigen Millimetern war daher die Schaffung von Prüfverfahren erwünscht, die es gestatten, die Schlagbrege- und Biegefestigkeit auch an dünnwandigen Proben zu ermitteln. Die Ergebnisse am 10 mm dicken Normalstab lassen nämlich nur schwer Rückschlüsse auf die mechanischen Stoffeigenschaften der unter wesentlich anderen Bedingungen hergestellten dünnwandigen Preßteile zu, zumal bei warmgepreßten Kunstharzpreßstoffen die Härtung, durch die ja bekanntlich die Festigkeitseigenschaften wesentlich beeinflußt werden, in starkem Maße von den jeweiligen Preßbedingungen und der Wandstärke des Preßlings abhängig ist. Da überdies die Fließvorgänge bei der Formgebung von Preßteilen ebenfalls einen erheblichen Einfluß auf die mechanische Festigkeit haben, so wurde für deren sichere Beurteilung die Prüfung auf Werkstoffeigenschaften an Ausschnitten von Fertigstücken notwendig.

Ein für diese Prüfungen geeignetes Gerät wurde im **Staatlichen Materialprüfungsamt Berlin-Dahlem** von **Schob, Nitsche** und **Salewski** entwickelt. Das Gerät wird in seiner jetzigen Form von der **Firma Louis Schopper** gebaut und als „Dynstat"-Gerät bezeichnet. Durch diese Bezeichnung soll angedeutet werden, daß mit dem Gerät sowohl dynamische als auch statische Probebeanspruchungen vorgenommen werden können. Der wesentlichste Teil des Gerätes ist ein in seiner Masse durch Zusatzgewichte änderbares Pendel a (vgl. Abb. 8), das bei der dynamischen Probenbeanspruchung (Schlagbiegeversuch) als frei fallendes Pendel zur Bestimmung der Arbeitsaufnahme der Probe p verwendet wird und beim statischen Biegeversuch zur Ermittlung des von der Probe aufgenommenen Biegemomentes dient.

Mit dem Gerät können Proben von 15 mm Länge bis zu 10 mm Breite und bis zu 4 mm Dicke geprüft werden. Derartige Proben, die auch schwach gekrümmt sein dürfen, lassen sich aus fast allen Fertigstücken herausarbeiten.

Abb. 7 zeigt zwei Sonderpreßkörper, die zur Prüfung am **Dynstat**-Gerät entwickelt wurden.

Neben der Prüfung auf Schlagbiege- und Biegefestigkeit können mit dem Gerät durch Messung des Biegewinkels beim Biegeversuch auch bleibende und elastische Formänderungen der Proben ermittelt werden; Voraussetzung hierfür ist jedoch, daß die Härte des betreffenden Stoffes so groß ist, daß die durch die Stellschrauben und die Einspannkanten an den Proben erzeugten Eindrücke ausreichend klein bleiben.

Da die Proben aus Fertigstücken entnommen werden, ist die Streuung der Einzelwerte besonders bei der Schlagbiegefestigkeit erheblich

größer als bei den sonst üblichen Stoffuntersuchungen, da bei Preßstoffen u. a. die Stelle der Probenentnahme, zuweilen auch die Preßrichtung, die Länge des Fließweges, sowie die Art der Gestalt des Preßteiles maßgebenden Einfluß auf die Ergebnisse haben. Andererseits
ist es aber mit dem Dynstat-Gerät möglich, diese Einflüsse planmäßig

Abb. 7a und b. Sonderpreßkörper zur Prüfung am Dynstat-Gerät. a Rippenbecher (nach Schob),
b Dynstat-Tafel (nach Pinten).

zu untersuchen und damit wertvolle Aufschlüsse, z. B. über die Stoff-
festigkeit an allen Stellen der Konstruktion zu erhalten.

Schlagbiegeversuch. Die Kleinheit der Proben macht bei der Prüfung
am Dynstat-Gerät eine grundsätzlich andere Versuchsausführung
notwendig als bei der Normalstabprüfung. Beim Dynstat-Gerät
wird statt der üblichen Beanspruchung (Probe auf 2 Stützen, Schlag
gegen Probenmitte) eine Beanspruchung ähnlich der beim Schlagversuch
nach Izod gewählt, der durch einseitige Probeneinspannung und Schlag
gegen den freien Teil der Probe gekennzeichnet ist.

Beim Schlagversuch wird zunächst die Einspannvorrichtung b auf 7 mm freie Probenlänge eingestellt; die gleichfalls einstellbaren freien Probenlängen von 5 und 9 mm sind lediglich zur Untersuchung des Einflusses der freien Probenlänge auf die Schlagbiegefestigkeit vorgesehen. Das Pendel a mit Zusatzgewicht (wahlweise 10 kgcm oder 20 kgcm Arbeitsinhalt) wird in die Klinke f eingeklinkt und auf 90° Fallhöhe mittels der Kurbel e eingestellt. Die gleichfalls einstellbare

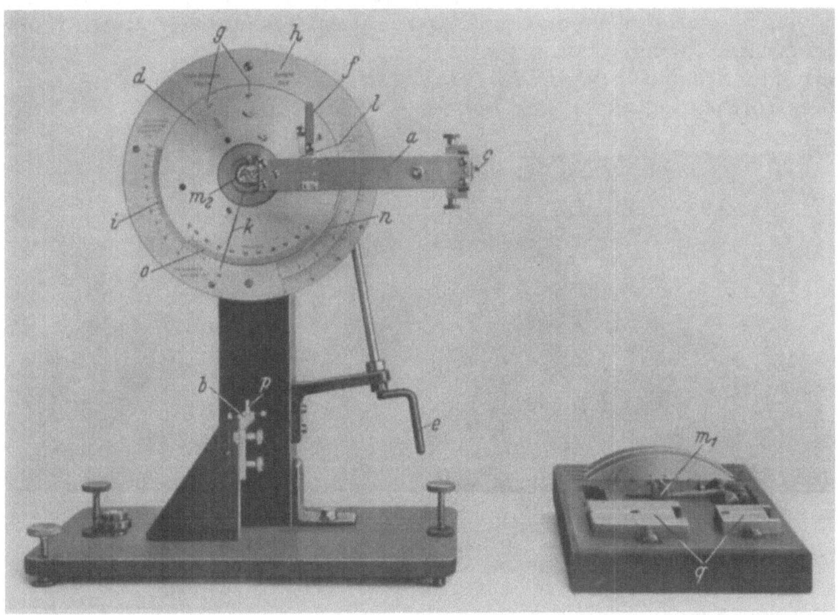

Abb. 8. **Dynstat-Gerät**, eingestellt für den Schlagbiegeversuch. a Pendel, b Einspannvorrichtung für Schlagversuch, c Schlagnase, d drehbare Scheibe, e Kurbel zur Einstellung von d mittels Kurbelwelle, Schnecke und Schneckenrad, f Klinke für Pendel a beim Schlagversuch, g Marken zur Einstellung der Fallwinkel 60° und 90°, h fester Skalenring, i Skala zur Ablesung der von der Probe verbrauchten Schlagarbeit, k Schleppzeiger für Schlagversuch, l Schleppzeiger für Biegeversuch, m_1 Einspannvorrichtung für Biegeversuch, m_2 Einspannvorrichtung für Biegeversuch, n Skalen zur Ablesung des Biegemoments, o Skala zur Ablesung des Biegewinkels, p Probe beim Schlagbiegeversuch, q Zusatzgewicht für Pendel a beim Biegeversuch.

Fallhöhe von 60°, bei der sich bei Verwendung des kleinen Zusatzgewichtes ein Arbeitsinhalt von 5 kgcm und bei Verwendung des großen Gewichtes ein Arbeitsinhalt von 10 kgcm ergibt, ist nur zur Untersuchung des Einflusses der Schlaggeschwindigkeit vorgesehen. Der Schleppzeiger k wird auf den Endpunkt der Teilung i gestellt. Die Schlagprobe p wird in die Einspannvorrichtung b mit Hilfe der Stellschraube so eingesetzt, daß sie leicht nach links geneigt ist und die obere Kante der Einspannung b sowie die Endfläche der Stellschraube berührt (vgl. Abb. 9).

Das Pendel wird ausgeklinkt und fällt nach links, wobei die Schlagnase c die Probe zerschlägt. Die von der Probe verbrauchte Schlagarbeit wird vom Schleppzeiger k in kgcm angezeigt (als Unterschied

zwischen Fall- und Steighöhe des Pendels). Zweckmäßig sind häufige
Leerversuche zur Skalennachprüfung anzustellen.

Biegeversuch. Zur Ausführung des Biegeversuches wird zunächst
das Pendel a in der Nullage mittels einer Vorrichtung festgehalten und
je nach der Festigkeit des zu prüfenden Stoffes ohne oder mit einem
kleinen oder großen Zusatzgewicht q verwendet (entsprechend einem
größten Biegemoment von 5, 9, 8 oder 40 kgcm). Die drehbare Scheibe d
wird mittels der Kurbel e so eingestellt, daß die Nullpunkte der
Skalen n und o übereinander liegen. Der Schleppzeiger l wird auf
den Nullpunkt der Skala n gestellt.
Auf der Scheibe d wird die Einspannvorrichtung m_1 mittels Bolzen

Abb. 9.
Probenanordnung beim Schlagbiegeversuch.

Abb. 10.
Probenanordnung beim Biegeversuch.

befestigt. In die Einspannung m_2 wird die Probe senkrecht eingesetzt (vgl. Abb. 10). Die Stellschrauben werden so eingestellt, daß
sie die Probe gerade berühren. Jede Vorbelastung der Probe durch
Anziehen der Schrauben ist zu vermeiden. Nach Auslösung der Pendel-
festhaltung wird mittels Kurbel e die Scheibe d mitsamt der Einspannung m_1 entgegengesetzt der Uhrzeigerdrehung langsam und
gleichmäßig gedreht. Die Drehung wird durch die Probe über die
Einspannung m_2 auf das Pendel übertragen, das dadurch nach rechts
gehoben wird und damit auf die Probe ein stetig wachsendes Biegemoment ausübt. Die Beanspruchung der Probe entspricht also der
Beanspruchung des Normalstabes beim üblichen Biegeversuch. Das
nach Bruch der Probe fallende Pendel a wird von einem Gummipuffer
aufgefangen. Der Schleppzeiger l bleibt beim Bruch der Probe stehen
und zeigt das Biegemoment beim Bruch in kgcm an. Sofern auch der
Biegewinkel gemessen werden soll, ist im Augenblick des Bruches mit
dem Drehen der Kurbel e aufzuhören, da sonst ein zu großer Bruch-
biegewinkel gemessen wird.

Berechnung, Schlagbiegefestigkeit. Nach den Formeln der Festigkeitslehre, die nur für den Fall des Hookeschen Gesetzes beim statischen Biegeversuch entwickelt und auf den Schlagbiegeversuch übertragen worden sind, ist die zum Bruch der Probe aufzuwendende Schlagarbeit lediglich eine Funktion des Querschnittes der Probe. Diese Voraussetzungen treffen für die Vorgänge beim Schlagbiegeversuch sicherlich nicht zu. Wenn also größere Schwankungen der Querschnittsmaße, insbesondere der Probendicke auftreten, so ist zu erwarten, daß die Berechnung der Schlagarbeit auf die Einheit des Probenquerschnittes doch nicht unabhängig macht von der Querschnittgröße und -form der Probe. Der Einfluß der Probendicke wird weitgehend ausgeschaltet, wenn die in kgcm gemessene verbrauchte Schlagarbeit durch das Widerstandsmoment der Probe dividiert wird, d. h. bei rechteckigem Probenquerschnitt durch $bh^2/6$. Der Faktor $^1/_6$ wird jedoch fortgelassen, weil sich dann Zahlenwerte ergeben, die nahe bei den am Normalstab gefundenen Werten für die Schlagbiegefestigkeit liegen. Zur Berechnung der Schlagbiegefestigkeit ist also die in kgcm gemessene Schlagarbeit A durch bh^2 zu dividieren:

$$\text{Schlagbiegefestigkeit } a = \frac{A}{b\,h^2}\,,$$

wobei b Breite, h Dicke der Probe in cm ist.

Biegefestigkeit. Da die Beanspruchung der Probe der bei der Prüfung am Normalstab auftretenden Beanspruchung entspricht, gilt für die Berechnung

$$\text{Biegefestigkeit } B = \frac{M}{W} = \frac{6\,M}{b\,h^2}\,,$$

wobei M das in kgcm gemessene Biegemoment, b die Breite, h die Dicke der Probe in cm ist.

b) **Prüfung auf Kerbzähigkeit.** Zur Beurteilung des Verhaltens von formfesten organischen Kunststoffen bei Schlagbeanspruchung diente bisher die Prüfung auf Schlagbiegefestigkeit. Diese Prüfung ist in den „Vorschriften für die Prüfung elektrischer Isolierstoffe" VDE 0302/1924 beschrieben (vgl. V, 845). Die Prüfung wurde an glatten Stäben $10 \times 15 \times 120$ mm mittels eines Normalpendelschlagwerkes ausgeführt. Genaue Angaben über Masse und Geschwindigkeit des Schlagpendels sind in den Erläuterungen zu VDE 0302 nicht enthalten; es heißt in ihnen lediglich: „Die Prüfung auf Schlagbiegefestigkeit dient zur Beurteilung der Sprödigkeit von Isolierstoffen, d. h. ihres Verhaltens gegenüber stoßweise auftretenden Beanspruchungen."

Nach den bisher vorliegenden Erfahrungen eignet sich nun, wie Nitsche und Zebrowski nachgewiesen haben, die Schlagbiegeprüfung in ihrer bisherigen Ausführung nicht in allen Fällen zur Beurteilung der Sprödigkeit von Kunststoffen. Bei Verwendung von Preßstoffen, z. B. der Typen M und T 2, die beide eine hohe Schlagbiegefestigkeit aufweisen, erhält man ganz in Übereinstimmung mit diesem Wert Preßteile von großer Stoßfestigkeit. In anderen Fällen hat es sich jedoch wiederholt gezeigt, daß Stoffe mit verhältnismäßig hoher Schlagbiegefestigkeit am Normalstab in der Praxis am Fertigstück versagt haben, und Stoffe mit verhältnismäßig niedriger Schlagbiegefestigkeit sich in der Praxis am Fertigteil als weniger spröde erwiesen haben. Diese Verschiedenheit der Ergebnisse erklärt sich dadurch, daß abgesehen von äußeren Einflüssen beim Schlag (Schlaggeschwindigkeit) vor allem die Gestalt des Prüfkörpers maßgebenden Einfluß auf das Prüfungsergebnis ausübt. Wird ein Körper mit verwickelter Gestalt mechanisch beansprucht, so können an einzelnen Stellen Spannungsspitzen auftreten, die bei wenig formänderungsfähigen „spröden" Werkstoffen an diesen Stellen den Bruch einleiten. Ferner können beim Warmpressen oder -spritzen von Kunststoff-Formteilen mit verwickelter Gestalt nach dem Abkühlen durch ungleichmäßige Schwindung Eigenspannungen auftreten, die oft ohne zusätzliche Beanspruchung die Zerstörung des Werkstückes verursachen können. Diese Einflüsse sind bei der Schlagbiegeprüfung am glatten Normalstab nicht erfaßbar. Nach eingehenden Untersuchungen von Nitsche und Zebrowski an Prüfkörpern mit scharfen Querschnittsübergängen wurde ein Verfahren ausgearbeitet, das eine sichere Beurteilung der Kerbempfindlichkeit von Kunstharzpreßstoffen gestattet. Das Prüfverfahren wurde von der Technischen Kommission der Fachgruppe 7 WEI im Oktober 1937 angenommen und hat im Vorschriftenbuch des VDE, 22. Aufl. 1939 unter 0320 § 11 „Kerbzähigkeit" Aufnahme gefunden. Die Prüfvorschrift lautet wie folgt:

„In den Normalstab nach VDE 0302/1924 wird durch Sägen, Fräsen od. dgl. ein ungefähr 2 mm breiter U-Kerb in der Mitte einer der 15 mm breiten Flächen quer, d. h. senkrecht zur Stabachse, eingearbeitet. Die Kerbtiefe wird so gewählt, daß der Restquerschnitt 1 cm² beträgt, d. h. die Kerbtiefe rd. 3,3 mm ist. Der Kerbgrund soll möglichst keine Abrundungen aufweisen; der höchst zulässige Abrundungsradius muß unter 0,2 mm bleiben. Der Stab wird mittels des 40 cm kg-Normalpendelschlagwerkes bei 20 ± 5° geschlagen, wobei der Kerb der Schlagfinne abgewandt ist. Zu beachten ist hierbei, daß die Kerbmitte genau in der Mittelebene des schlagenden Pendels liegen muß."

Neuerdings wird die Prüfung auf Kerbzähigkeit auch an Stäben ausgeführt, die statt in der Mitte der 15 mm breiten Fläche in der Mitte der 10 mm breiten Fläche gekerbt sind. Um hierbei einen Restquerschnitt von 1 cm² zu erhalten, muß die Kerbtiefe rd. 5,0 mm betragen. Im übrigen erfolgt die Prüfung nach der vorgenannten Vorschrift.

Zweckmäßig benutzt man zum Einarbeiten des Kerbs z. B. zwei Kreissägen (2 mm Breite), von denen die eine zum Vorarbeiten, die andere zum Nacharbeiten dient. Benutzt man nur ein Werkzeug, so ist ein sehr häufiges Nachschärfen notwendig oder der Kerbgrund weist entsprechend der Werkzeugabnutzung Abrundungen auf.

Die Berechnung der Kerbzähigkeit erfolgt unter Zugrundelegung des hinter dem Kerb verbleibenden Restquerschnittes.

Die Kerbzähigkeit ist im Gegensatz zu der Schlagbiegefestigkeit weitgehend unabhängig von Probendicke und Querschnitt. Das Verhältnis

Schlagbiegefestigkeit : Kerbzähigkeit

wird als Kerbeinflußzahl (KZ) bezeichnet. Bei kerbunempfindlichen Stoffen ist KZ = 1. Bei kerbempfindlichen Stoffen dagegen liegt KZ wesentlich über 1 und erreicht z. B. bei Preßharz den Wert 10.

c) Prüfung auf Druckfestigkeit. Die Prüfung auf Druckfestigkeit wird bei nicht geschichteten Kunstharzpreßstoffen nach DIN 7701 an Würfeln von 10 mm Kantenlänge vorgenommen. Der Versuch wird so ausgeführt, daß der Würfel zwischen zwei ebenen Flächen bis zum Bruch auf Druck beansprucht wird. Die Lage des Würfels ist so zu wählen, daß der Druck rechtwinklig zur Preßrichtung erfolgt.

Bei geschichteten plattenförmigen Kunstharzpreßstoffen wird der Versuch nach VDE 0318 § 15a an Würfeln durchgeführt, deren Kanten-

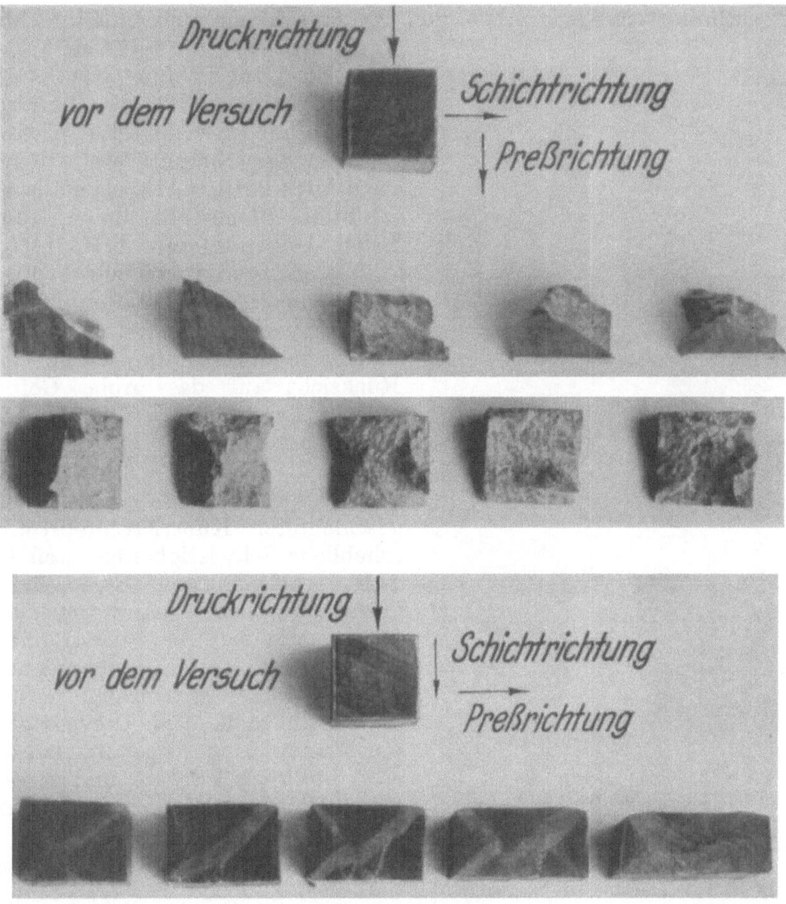

Abb. 11. Prüfung eines Sonderpreßstoffs mit schichtartigem Aufbau auf Druckfestigkeit.

länge mit der jeweiligen Plattendicke übereinstimmt. Die Richtung der Druckbeanspruchung ist parallel zu den Schichten zu wählen. Abb. 11 zeigt den Einfluß verschieden gerichteter Druckbeanspruchung auf das Prüfungsergebnis für einen geschichteten Kunstharzpreßstoff. Wird in Preßrichtung, d. h. senkrecht zur Schichtung gedrückt, so erfolgt ein spröder Bruch; bei Beanspruchung quer zur Preßrichtung tritt eine plastische Verformung ein.

Bei geschichteten stab- und rohrförmigen Körpern haben die Versuchsstücke eine Länge, die gleich der mittleren Querschnittsabmessung bzw. Außendurchmesser (jedoch nicht über 100 mm) ist. Der Querschnitt stimmt mit dem des zu prüfenden Körpers, und die Richtung der Druckbeanspruchung mit der Richtung der Längsachse des Körpers überein (VDE 0318, § 15 b).

d) Prüfung auf Zugfestigkeit. Die Prüfung auf Zugfestigkeit erfolgt bei nicht geschichteten Kunstharzpreßstoffen nach DIN 7701 an geschulterten Flachstäben von 200 mm Länge und einer größten Breite von 40 mm (vgl. Abb. 4 Normalproben zur Prüfung von Kunstharzpreßstoffen). Für die Zugfestigkeitsprüfung geschichteter plattenförmiger Kunstharzpreßstoffe dienen nach VDE 0318, § 14a ebenfalls geschulteter Flachstäbe, deren größte Breite jedoch 20 mm beträgt (vgl. Abb. 4, Normalproben zur Prüfung von Kunstharzpreßstoffen). Der breite Querschnitt für nicht geschichtete Preßstoffe wurde mit Rücksicht auf das grobe Gefüge einiger Typen, z. B. Typ M (Asbestfäden) oder Typ T 2 (Gewebeschnitzel) gewählt. Der Zugversuch bereitet besonders bei nicht geschichteten Kunstharzpreßstoffen erhebliche Schwierigkeiten, weil bei nicht sachgemäßer Einspannung leicht zusätzliche Spannungen eintreten, die sich bei der Sprödigkeit dieser Stoffe sehr störend auswirken. Daher wird in den meisten Fällen an Stelle des Zugversuches die Biegeprüfung vorgenommen, die sich durch Einfachheit und Zuverlässigkeit der Versuchsausführung auszeichnet.

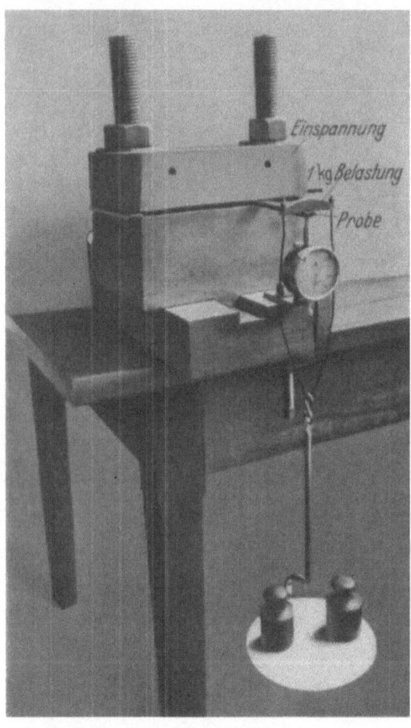

Abb. 12. Bestimmung des E - Moduls von Kunstharzpreßstoffen nach DIN 7701.

Über die Zugfestigkeitsprüfung an Stäben und Rohren ist Näheres in der VDE-Vorschrift 0318, § 14 b und c zu finden.

e) Härteprüfung (V, 841). Die Härteprüfung der Preßstoffe unterscheidet sich von dem bei Metallen üblichen Prüfverfahren. Bei Preßstoffen wird nämlich die Härte unter Last gemessen; deshalb können die erhaltenen Werte mit den für Metalle ermittelten Brinell-Härtezahlen nicht verglichen werden. Die Prüfung erfolgte bisher gemäß VDE 0302/1924 mit einem kugelförmigen Eindruckkörper von 5 mm Durchmesser bei einer Belastung von 50 kg. Die unter dieser Belastung erhaltene Eindrucktiefe wird nach 10 und 60 Sekunden gemessen.

Auf Grund der von Kuntze im Staatlichen Materialprüfungsamt Berlin-Dahlem ausgeführten Arbeiten hat es sich als zweckmäßig erwiesen, bei der Härteprüfung von Kunststoffen an Stelle der Kugel einen Kegel oder eine Pyramide von 136° Spitzenwinkel als Eindruckkörper zu benutzen und die Belastung so zu wählen, daß Eindrucktiefen von mehr als 0,3 mm erzielt werden. Unter diesen Umständen wäre das Prüfverfahren auch für Metalle anwendbar, und man könnte dann die Härtezahlen dieser Werkstoffgruppen vergleichen. Für die Beurteilung des Verhaltens beim Eindruckversuch ist es in Zukunft notwendig, nicht nur die Gesamtverformung, sondern auch die bleibende Verformung sowie den Zeitfaktor zu erfassen.

Die Normung eines geeigneten Verfahrens nach diesen Richtlinien ist in Vorbereitung.

f) Bestimmung des Elastizitätsmoduls. Die Bestimmung des

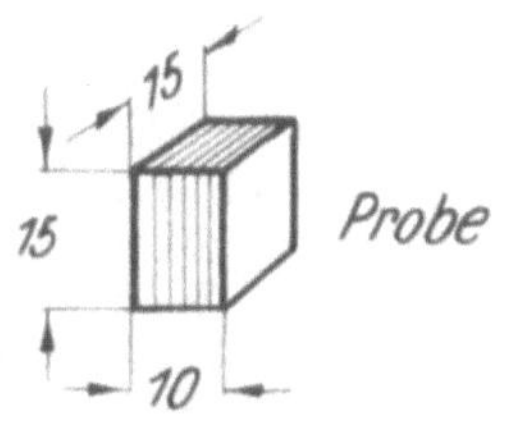

a   b

Abb. 13a und b. Prüfung geschichteter Kunstharzpreßstoffe auf Spaltfestigkeit.
a Probe, b Versuchsausführung.

Elastizitätsmoduls (Verhältnis der Spannung zur Formänderung im elastischen Gebiet), der für die Bewertung der Eignung von Preßstoffen für gewisse Konstruktionen von großer Bedeutung ist, wird nach DIN 7701 durch Biegeversuch an Flachstäben 120 × 15 × 5 mm ermittelt. Die Einspannung der Probe erfolgt einseitig. Die Belastung beträgt 1 kg und die Maßlänge 100 mm (Abb. 12).

g) Prüfung auf Spaltfestigkeit. Die Prüfung auf Spaltfestigkeit ist für die Beurteilung geschichteter Kunstharzpreßstoffe von Wichtigkeit. Die Prüfung wird, wie Abb. 13 zeigt, an Probekörpern von 15 mm Länge, 15 mm Breite, und 10 mm Dicke ausgeführt. Bei dem Versuch wird ein keilförmiger Eindruckkörper mit 60° Schneidenwinkel parallel zur Schichtung in die Probe eingedrückt. Die zum Zerspalten der Probe nötige Last wird in Kilogramm gemessen.

h) Dauerfestigkeitsprüfungen. Die zunehmende Bedeutung, die die Kunstharzpreßstoffe über den ursprünglichen Rahmen ihrer Anwendung als elektrische Isolierstoffe hinaus zur Herstellung tragender Bauteile im Maschinen-, Flugzeug- und Fahrzeugbau erlangt haben, hat die Erforschung ihrer mechanischen Eigenschaften bei lang dauerder ruhender und wechselnder Beanspruchung erforderlich gemacht. Thum und Jacobi berichten über diesbezügliche Versuche und beschreiben brauchbare Prüfeinrichtungen, mit denen eine zuverlässige Messung der Festigkeitseigenschaften bei zügiger und bei wechselnder Zug-, Biege- und Verdrehbeanspruchung durchgeführt werden kann. Die Festigkeit bei wechselnder Zug-, Biege- und Verdrehbeanspruchung wird, wie die Verfasser beobachtet haben, von der Art des Harzträgers und den Herstellungsbedingungen wesentlich beeinflußt.

3. Thermische Prüfungen.

a) Prüfung auf Wärmebeständigkeit. Für Anwendungen von Kunstharzpreßstoffen bei dauernden oder zeitweise höheren Betriebstemperaturen (z. B. bei Lagern aus Preßstoff) ist die Ermittlung der Wärmebeständigkeit notwendig. In der zweiten Ausgabe des Normblattes DIN 7701 vom Januar 1939 sind für die verschiedenen Kunstharzpreßstoffe die zulässigen Höchsttemperaturen für die Wärmebeständigkeit festgelegt worden. Als zulässige Höchsttemperatur bei dauernder Wärmebeanspruchung wird diejenige Temperatur definiert, der ein Preßstoff dauernd ausgesetzt werden kann, ohne — nach Abkühlen auf Raumtemperatur von $20 \pm 5°$ — seine mechanischen Eigenschaften mehr als 10% verschlechtert zu haben. Bei 200stündiger Warmlagerung wird in den meisten Fällen ein Zustand erreicht, der sich bei längerer Lagerung bei gleicher Temperatur nur noch unwesentlich ändert. Deshalb bieten die nach 200stündiger Warmlagerung gefundenen Stoffeigenschaften meist einen ausreichenden Anhalt für das Verhalten des Stoffes bei Dauererwärmung. Bei kurzzeitig auftretenden Wärmebeanspruchungen sind natürlich höhere Temperaturen als bei dauernder Wärmebeanspruchung zulässig. Die im Normblatt angegebenen „zulässigen Höchsttemperaturen bei kurzzeitiger Wärmebeanspruchung" gelten für 200 Stunden Wärmeeinwirkung.

Nach dieser Beanspruchung darf sich die Biege- und Schlagbiegefestigkeit höchstens um 10% vermindert und die Schrumpfung höchstens um 0,6% erhöht haben. Die Abb. 14—16 zeigen die bei 200stündiger Warmlagerung und bei verschiedenen Temperaturstufen von Nitsche und Salewski erhaltenen Eigenschaftswerte für Biegefestigkeit (Abb. 14), Schlagbiegefestigkeit (Abb. 15) und lineare Schrumpfung (Abb. 16) von verschiedenen Preßstoffen. Die in diesen Bildern dargestellten Versuchsergebnisse haben in der zweiten Ausgabe des Normblattes DIN 7701 die im Januar 1939 erschienen ist, ihre Berücksichtigung gefunden und sind bei den Angaben über Höchsttemperaturen bei „kurzzeitiger" (200stündiger) Wärmebeanspruchung ausgewertet worden.

b) Messung der linearen Wärmedehnzahl. Bei der Bestimmung der Wärmedehnung von Kunstharzpreßstoffen ist zu beachten, daß eine zuverlässige Messung dieser Konstante nur an gut ausgehärteten bzw. nachgehärteten Preßteilen möglich ist, da bei nicht genügend ausgehärteten Preßteilen durch die beim erstmaligen Erwärmen eintretende Nachhärtung eine beträchtliche Schrumpfung entsteht. Aus diesem Grunde hat vor der Messung der Wärmedehnung zum Ausgleich der Schrumpfung eine genügend lange Warmlagerung der Probe zu erfolgen. Die Messung der Wärmedehnzahl wird daher gemäß DIN 7701 nach

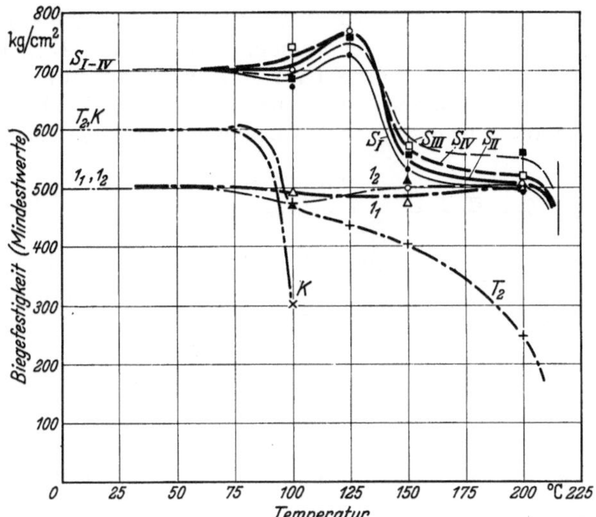

Abb. 14. Mindestwerte der Biegefestigkeit.

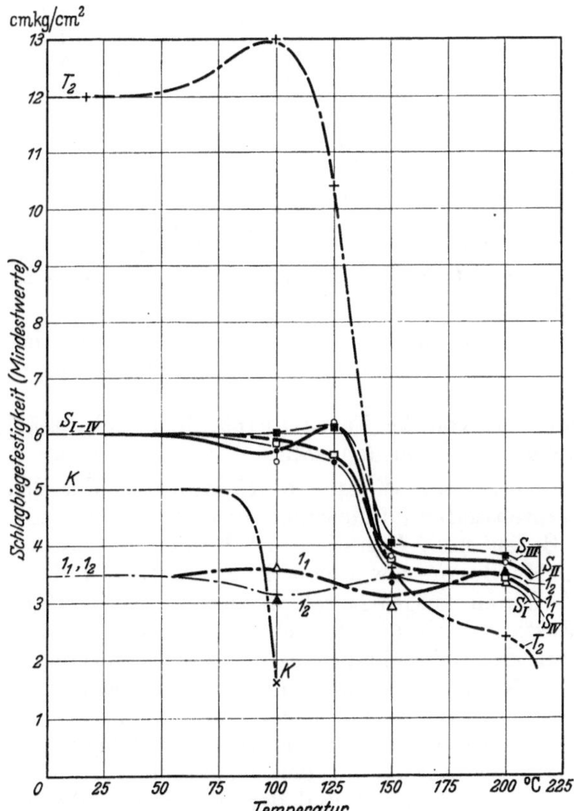

Abb. 15. Mindestwerte der Schlagbiegefestigkeit.

20tägiger Warmlagerung von 80° C an Proben von 120 × 15 × 5 mm
zwischen 0° und 50° C vorgenommen. Gast und Klingelhöffer
haben eine für die Messung brauchbare optische Anordnung beschrieben,
bei der mit zwei Mikroskopen zwei auf einem Normalstab angebrachte
Marken beobachtet werden; der Normalstab befindet sich während

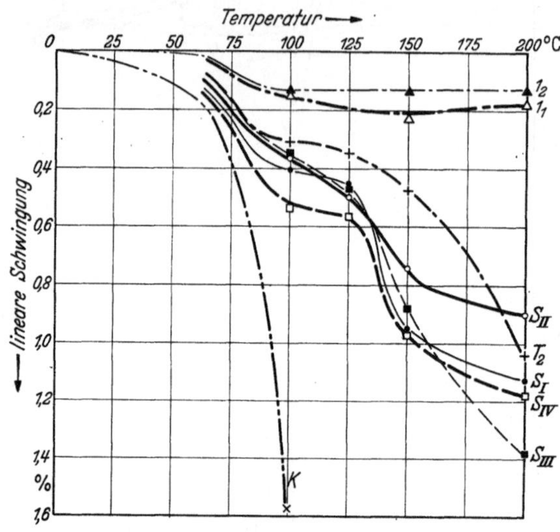

Abb. 16. Lineare Schrumpfung.

Abb. 14—16. Einfluß von je 200 Stunden Warmlagerung bei verschiedenen Temperaturen auf die
Stoffeigenschaften von Kunstharzpreßstoffen. *SI* harzreicher Phenolharzpreßstoff mit organischem
Füllstoff (Holzmehl), *SII* harzarmer Phenolharzpreßstoff mit organischem Füllstoff (Holzmehl),
SIII harzreicher Kresolharzpreßstoff mit organischem Füllstoff (Holzmehl), *SIV* harzarmer Kresolharzpreßstoff mit organischem Füllstoff (Holzmehl), *T*2 Phenolharzpreßstoff mit Baumwollgewebe-
schnitzeln als Füllstoff, 11 Phenolharzpreßstoff mit asbestfreiem, mineralischen Füllstoff, 12 Phenolharzpreßstoff mit Asbest als Füllstoff, *K* aminoplastisches Kunstharz mit organischem Füllstoff.

der Messung in einem elektrisch geheizten Kupferrohr, das zur Beobachtung der Meßstellen mit entsprechenden Beobachtungsfenstern versehen ist (Abb. 17).

Abb. 18 zeigt ein von der Firma Leitz, Jena, gebautes Dilatometer
zur Bestimmung der Wärmedehnzahl.

c) Bestimmung der Wärmeleitfähigkeit. Für den Gebrauch
von Kunstharzpreßstoffen im Maschinenbau ist die Messung der Wärme-
leitzahl von Bedeutung. Für die Ausführung der Messung sind von
Batsch und Meißerer sowie von Erk, Keller und Poltz genau
arbeitende Verfahren ausgearbeitet worden. Diese Verfahren, die im
stationären Zustand messen und recht zuverlässige Ergebnisse liefern,
sind jedoch für die Mehrzahl der in der Praxis vorkommenden Fälle
zu umständlich. Nach Vieweg kommt man auf einfachere Weise wesentlich schneller und trotzdem mit für technische Zwecke ausreichender
Genauigkeit zum Ziel, wenn man die Wärmeleitfähigkeit mittels eines
nicht stationären Verfahrens aus der gemessenen Temperaturleitfähigkeit, dem spezifischen Gewicht und der spezifischen Wärme errechnet.
Die Messung der Temperaturleitfähigkeit erfolgt nach einem von Pyk

und **Stalhane** insbesondere für keramische Stoffe entwickelten Verfahren, das von **Steger** weiter ausgebaut wurde. Da hierbei für Kunststoffplatten von 4—6 mm Stärke Ergebnisse von 45—90^s erhalten werden, ist das Meßverfahren besonders für Reihenuntersuchungen geeignet und liefert unter Einhaltung bestimmter Bedingungen ausreichend genaue Werte. Die Bestimmung der spezifischen Wärme erfolgt im Dampf- oder Kondensationscalorimeter nach **Bunsen**.

d) **Prüfung auf Kältebeständigkeit.** Die Prüfung auf Kältebeständigkeit erstreckt sich auf Kunststoffmassen, die aus bei Raumtemperatur weichen oder durch Weichmacherzusatz weichgemachten Kunststoffen hergestellt sind. Durch die Prüfung wird festgestellt, ob die betreffenden Massen auch bei Temperaturen, die wesentlich unter Raumtemperatur liegen, eine plötzliche Verformung ertragen, ohne eine sichtbare Zerstörung ihres Gefüges zu erleiden. Die Massen dürfen also bei diesen Temperaturen nicht spröde werden.

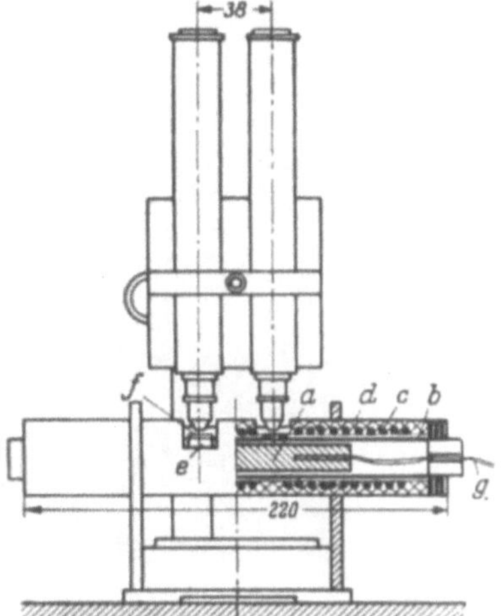

Abb. 17. Ausdehnungsmesser nach **Gast** und **Klingelhöffer**. *a* Prüfstab, *b* Kupferrohr, *c* Heizwicklung, *d* Glaswatte als Wärmeschutz, *e* Beleuchtungsfenster, *f* Beobachtungsfenster, *g* Thermoelement.

Ein geeignetes Prüfgerät, das sich zur Kältebeständigkeitsprüfung von Kunststoff-Folien, Lackfilmen und Kabelummantelungen aus Kunststoffen verwenden läßt, wurde im Kunststoff-Rohstofflaboratorium der I. G. Farbenindustrie A. G., Ludwigshafen, entwickelt. Das Gerät gestattet die gleichzeitige Schlagbeanspruchung von mehreren Probe-

Abb. 18. Dilatometer zur Bestimmung der Wärmedehnzahl.

körpern in der Kälte. Es besteht aus einem allseitig geschlossenen, gut wärmeisolierenden Kasten, durch den ein mit Kohlensäureschnee gekühlter Luftstrom geleitet wird. Zweckmäßig angebrachte Thermometer gestatten sowohl die Temperatur des Luftstromes sowie die Temperatur der auf Ambossen im Inneren des Kastens gelagerten Proben zu messen. Über dem Kasten ist das Gestänge zur Führung der Fallhämmer angeordnet. Sobald die Einstellung der Versuchstemperatur gewährleistet ist, werden die Fallhämmer ausgelöst und zerschlagen die im Inneren des Kastens gelagerten Proben. Die Prüfung gilt als bestanden, wenn die zu Schleifen gebogenen, auf den Ambossen festgeklemmten

a

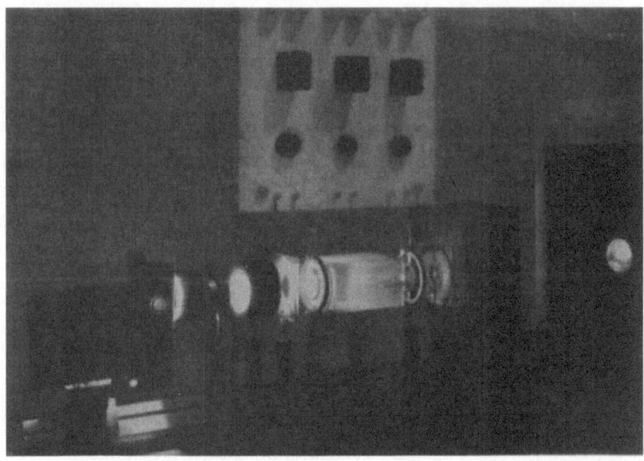

b

Abb. 19a und b. Einrichtung zur polarisationsoptischen Untersuchung von Kunststoffen.
a Versuchsanordnung, b Versuchsdurchführung bei Prüfung eines Kastens aus Mischpolymerisat auf mechanische Spannungen.

Proben die plötzliche Zusammendrückung durch den aus bestimmter Höhe erfolgenden Hammerschlag aushalten, ohne zu zerbrechen. Mit dem Gerät können Kälteschlagprüfungen bis zu Temperaturen von —40° C ausgeführt werden.

4. Optische Prüfverfahren.

a) **Prüfung auf Lichtdurchlässigkeit und Lichtbeständig-keit.** Für durchsichtige Kunststoffe, z. B. bei Mehrschichtgläsern haben

Prüfverfahren für die Bestimmung ihrer optischen Eigenschaften ein besonderes Interesse. Umfangreiche Versuche über Lichtdurchlässigkeit und Lichtbeständigkeit sind von Kline und Axilroad in Modern Plastics (April bis Juni 1938) veröffentlicht worden. Hierbei wurde festgestellt, daß im allgemeinen die bei Kurzprüfungen mit künstlichem Licht erhaltenen Ergebnisse nicht ohne weiteres mit Ergebnissen bei Belichtung im Freien vergleichbar sind. Das einzig zuverlässige Verfahren zur Prüfung der Beständigkeit von Kunststoffen gegen Sonnenlicht ist eine längere Vergleichsprüfung, die am gleichen Prüfort in den Sommermonaten im Freien durchgeführt werden muß. Die in den Vereinigten Staaten genormten Kurzprüfverfahren, von denen das eine

Abb. 20. Röntgenapparatur mit Feinfokusröhre. Die Röhre, die einen Brennfleck von 0,2 mm hat, ist insbesondere zur Herstellung vergrößerter Röntgenaufnahmen und für Durchleuchtungen geeignet.

100stündige Quecksilberdampfbelichtung, das andere Belichtung mit einer Speziallampe (Kombination von Wolframfaden- und Quecksilberdampflicht) vorschreibt, sind daher nur bedingt brauchbar.

b) **Spannungsoptische Prüfungen im polarisierten Licht.** Von den an durchsichtigen Kunststoffen ausführbaren optischen Prüfungen verdient die Durchleuchtung mit polarisiertem Licht erwähnt zu werden. Sie gestattet die Sichtbarmachung innerer mechanischer Spannungen, die bei verwickelter Formgebung von Preßteilen leicht entstehen können und dann oft ohne äußeren Anlaß zum Aufreißen und zur Zerstörung des Preßstückes führen können (Abb. 19). Leider ist dieses Prüfverfahren für die Beurteilung gefüllter und deshalb undurchsichtiger Preßstoffe nicht brauchbar. Es ist daher wünschenswert, daß ein für alle Kunststoffe anwendbares Prüfverfahren zur Ermittlung und Messung etwa vorhandener innerer Spannungen entwickelt wird.

c) **Zerstörungsfreie Werkstoffprüfung mit Röntgenstrahlen.** Bereits aufgetretene Risse und vorhandene Lunker im Inneren von Kunstharzpreßteilen sowie mangelhafte Durchhärtung lassen sich durch zerstörungsfreie Werkstoffprüfung mittels Röntgenstrahlen nach-

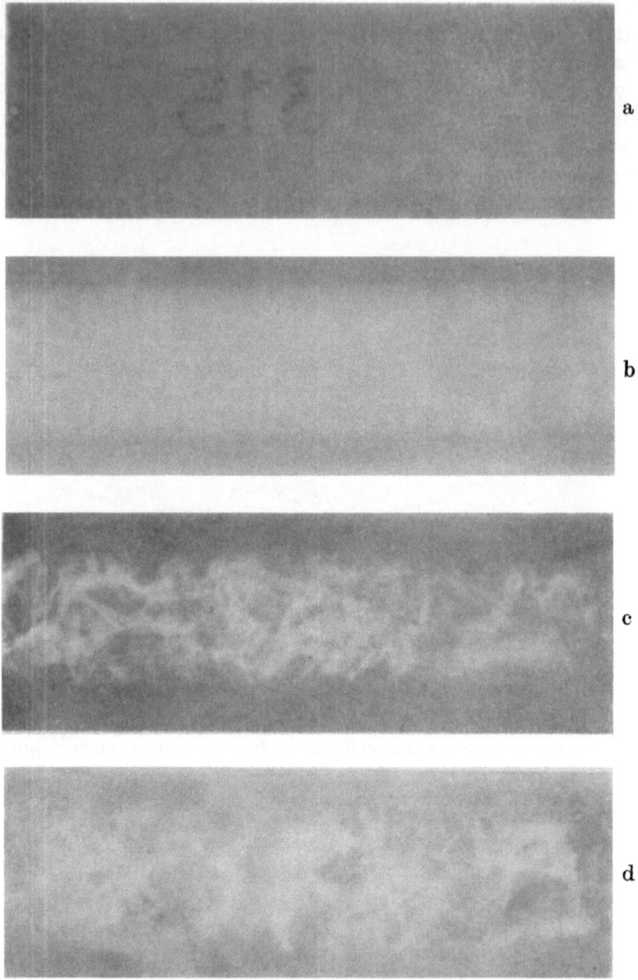

Abb. 21a—d. Röntgendurchleuchtungen von Preßstoffnormalstäben (Typ S).
a normale Pressung, b fehlerhafte Pressung (Kern nicht ausgehärtet), c und d stark fehlerhafte Pressungen (zahlreiche Lunker im Kern).
(Aufnahmen der Reichsröntgenstelle beim Staatlichen Materialprüfungsamt Berlin-Dahlem.)

weisen. Abb. 20 zeigt eine für diese Untersuchungen geeignete Apparatur und Abb. 21 hiermit vorgenommene Durchleuchtungen von Normalstäben.

5. Gefügeuntersuchungen.

Für die Beurteilung der von den Preßbedingungen sowie der Gestalt der Preßform weitgehend abhängigen Verteilung von Harz und

Füllstoff werden Gefügeuntersuchungen ausgeführt. Hierfür hat Weigelt in Anlehnung an die Verfahren der Metall- und Gesteinskunde ein Verfahren zur Herstellung geeigneter mikroskopischer Präparate beschrieben. Für Untersuchungen im durchfallenden Licht kommen Dünnschliffe und für Untersuchungen im auffallenden Licht Anschliffe zur Anwendung. Die Herstellung der Dünnschliffe erfolgt durch stufenweises beiderseitiges Abschleifen pfenniggroßer Preßstoffabschnitte auf immer feinerem Glaspapier und angefeuchtetem Schmirgel. Je nach der Helligkeit des Stoffes sind die Proben bis auf Dicken von 0,04—0,02 mm abzuschleifen. Anschliffe werden auf schnell umlaufenden Filzscheiben unter Zuhilfenahme einer aus Maschinenöl und Schmirgel hergestellten Paste vorgenommen. Um die Füllstoffe gut sichtbar zu machen, müssen die Schliffe angefärbt werden, nachdem die darüber befindliche Harzschicht weggeätzt wurde. Dünnschliffe finden hauptsächlich bei Untersuchungen von Preßstoffen mit körnigen Füllstoffen, Anschliffe bei der Untersuchung von Preßstoffen mit faserförmigen Füllstoffen Anwendung. Je nach der Größe der Füllstoffteilchen werden die Schliffe bei 50—250facher Vergrößerung mikroskopiert.

Durch Gefügeuntersuchungen läßt sich nachweisen, daß die äußere Schicht der Preßhaut aus reinem Harz, die darauffolgende vorwiegend aus gröberen Füllstoffteilchen und die tieferen Schichten aus einem Gemisch von feinen und groben Teilchen aufgebaut ist.

Nach Esch und Nitsche ist bei einigen Kunstharzpreßstoffen auf Phenolharzgrundlage eine Gefügeuntersuchung auch auf chemischem Wege möglich. Durch kurzfristige Behandlung mit geschmolzenem Naphthol gelingt es, das Harz aus der Oberfläche des Probestückes herauszulösen und den Füllstoff freizulegen. Das Verfahren gestattet z. B. bei Preßstoffen der Typen T 3 und Z 3 festzustellen, ob der Faserverband beim Preßvorgang erhalten geblieben ist.

Gottwald und Weitzel beschreiben ein mikroskopisches Prüfverfahren, das in Preßteilen aus Kunstharzpreßstoff Inhomogenitäten zu erkennen gestattet, die durch schlechte Durchmischung, durch Entmischung beim Pressen, durch zu hohes und zu langes Vorwärmen und damit teilweise Härtung des Preßpulvers oder durch Beimischung von gemahlenem, schon gehärtetem Material hervorgerufen werden. Das Verfahren besteht in einer mikroskopischen Untersuchung im Anschluß an eine Kochprüfung (von $^1/_4$ Stunde), die an einem Versuchsstück vorgenommen wird, bei dem durch Anschleifen und Polieren eine ebene Fläche erzeugt wurde. Das abwechselnde Kochen und mikroskopische Beobachten wird bis zum Auftreten von Rissen wiederholt.

IV. Chemische Prüfungen.

1. Qualitative Analyse von Kunststoffen.

Für die qualitative Analyse von Kunststoffen unbekannter Zusammensetzung ist das unterschiedliche Verhalten der härtbaren Kunststoffe und der nichthärtbaren Kunststoffe (fälschlich Thermoplaste genannt) beim trockenen Erhitzen von Bedeutung. Einige kleine Stücke des zu prüfenden Kunststoffes werden in einem Reagensglas im Paraffinbad langsam unter Vermeidung einer Zersetzung längere Zeit trocken erhitzt. Geformte Kunststoffe aus härtbaren Preßmassen werden nach anfänglichem Erweichen oder Schmelzen schließlich hart. Nach dieser Behandlung sind die härtbaren Kunststoffe in den üblichen organischen Lösungsmitteln, wie aliphatischen, aromatischen, gechlorten Kohlenwasserstoffen, Ketonen, Estern usw. unlöslich. Nichthärtbare Kunststoffe erweichen oder schmelzen beim trockenen Erhitzen im Paraffinbad je nach der Art des Kunststoffes bei verschiedener Temperatur, ohne bei dieser Temperatur zu härten. Hat man beim Erhitzen eine thermische Zersetzung, die sich meist durch Verfärbung oder Entwicklung von Dämpfen kundgibt, vermieden, so behalten nichthärtbare Kunststoffe nach dem Erkalten ihre charakteristischen Löslichkeitseigenschaften in organischen Lösungsmitteln.

Wertvolle Hinweise für die weitere Untersuchung sind von Bandel gegeben worden, der einen systematischen Gang der qualitativen Analyse von Kunststoffen beschreibt. Hiernach wird zunächst das Verhalten des Kunststoffes bei der trockenen Destillation beobachtet. Die hierbei entstehenden Zersetzungsprodukte werden näher geprüft. Polystyrol, Polyacrylsäureester, Polymethacrylsäureester und Oppanole liefern hierbei Destillate, die vorwiegend die entsprechenden monomeren Verbindungen (Styrol, Acrylsäureester usw.) enthalten, Harnstoff-Formaldehyd-Kondensationsprodukte und Proteinoplaste entwickeln alkalisch reagierende Schwaden von typischem Geruch als Zersetzungsprodukte. Polyvinylacetat, Cellulose- und andere Ester entwickeln Schwaden, die als Zersetzungsprodukte die betreffenden organischen Säuren enthalten. Nitrocellulose verpufft, Chlorkautschuk und Polymerisate, die Polyvinylchlorid enthalten, spalten bei der Zersetzung mineralsaure Bestandteile (Salzsäure) ab. Phthalsäureester geben beim trockenen Erhitzen ein kristallinisches Sublimat. Alkylpolysulfide spalten Schwefelwasserstoff ab.

Als weitere Vorprüfung des unbekannten Kunststoffes ist nach Bandel eine Untersuchung im filtrierten, ultravioletten Licht einer Analysenquarzlampe vorteilhaft. Sie gestattet bis zu einem gewissen Grade eine Beurteilung des vorliegenden Stoffes, da zahlreiche Kunststoffe bei der Belichtung charakteristische Fluorescenzfarben zeigen (s. Tabelle 3).

Nach erfolgter Vorprüfung wird nach Bandel der zu untersuchende Kunststoff auf die Anwesenheit der Elemente Stickstoff, Schwefel,

Tabelle 3. Fluorescenzfarben einiger Kunststoffe bei ultravioletter Bestrahlung. (Nach Bandel.)

Naturharze und deren Ester		Umwandlungsprodukte anderer Naturstoffe	
Kolophonium		Hydrocellulose	farblos
Kolophonium-Glycerinester	lebhaft hellviolettblau	Alkylcellulose	sehr schwach
		Nitrocellulose	gelbbraun
Kolophoniumphenolaldehydester		Chlorkautschuk	sehr schwach hellblau
K.M.-Harz	graublau		

Tabelle 3 (Fortsetzung).

Kondensationsprodukte		Polymerisationsprodukte	
Phenol-Formaldehydharz (Novolak, Resol, Resit)	intensiv bläulich violett, ähnlich wie Kolophonium, nur stärker	Cumaronharz	intensiv dunkelviolett in der Durchsicht hellbraun
		Polyvinylacetat	hell leuchtend weißblau
		Polyvinylchlorid	matt blaugrün
Cyclohexanonharz	schwach grüngelb	Polystyrol	stark blauviolett, aber schwächer leuchtend als Polyvinylacetat
Harnstoff-Formaldehydharz (Pollopas)	bläulich weiß	Polyacrylsäure	intensiv blau mit rosa
		Polyacrylsäurenitril	intensiv hellgelb
		Polyacrylsäure-Methylester	stumpf weißblau
		Polyvinylalkohol	weiß

Phosphor und Chlor in bekannter Weise geprüft (Kaliumschmelze, Nachweis von Stickstoff im wäßrigen Auszug als Berlinerblau, Schwefel mit Nitroprussidnatrium, Phosphor durch Molybdatreaktion und Chlor mit Silbernitrat). Sind N, S, P und Cl nicht nachweisbar **(Gruppe A)** so wird mit n-alkoholischer oder n-äthylglykolischer Kalilauge durch Kochen am Rückflußkühler verseift und durch Titration die Verseifungszahl bestimmt, die eine weitere Unterteilung der Gruppe A ermöglicht:

Gruppe A:

1. Unverseifbare Stoffe (Verseifungszahl unter 20). Hierher gehören:
   - a) Polymerisate von Kohlenwasserstoffen, z. B. Oppanol, Buna S (unvulkanisiert), Polystyrol.
   - b) Hydroxylverbindungen, z. B. Polyvinylalkohol, Phenol-(Kresol-, Xylenol-)Formaldehydkondensationsprodukte, Cellulose.
   - c) Äther, z. B. Celluloseäther, Polyvinyläther, Cumaronharze.
   - d) Acetale, z. B. Polyvinylacetale, Cyclohexanon-Formaldehydharze.

2. Stoffe mit einer Verseifungszahl bis 200. Hierher gehören:
   - a) Phenolformaldehyd-Kolophoniumester.
   - b) Phenolformaldehyd-Kolophoniumglycerinester.
   - c) Kolophonium-Glycerinester.

3. Stoffe mit einer Verseifungszahl über 200. Hierher gehören:
   - a) Celluloseacetate,
   - b) Polyvinylacetate,
   - c) Polyacrylsäureester,
   - d) Polymethacrylsäureester,
   - e) Phthalsäure-Glycerinester,
   - f) Phthalsäure-Fettsäureglyceride,
   - g) Kolophonium-Maleinsäure-Glycerinester.

Gruppe B umfaßt die Stoffe, die neben Kohlenstoff, Wasserstoff und Sauerstoff nur Stickstoff enthalten. Hierher gehören:

1. Cellulose-Salpetersäureester,
2. Harnstoff-Formaldehyd-Kondensationsprodukte,
3. Polyacrylsäurenitril und dessen Mischpolymerisate mit Butadien,
4. Anilin-Formaldehyd-Kondensationsprodukte,
5. Polyvinylcarbazol.

Gruppe C umfaßt die Stoffe, die neben Kohlenstoff, Wasserstoff und Sauerstoff nur Schwefel enthalten. Hierher gehören:

1. Alkylpolysulfide,
2. Vulkanisate von Kautschuk und Buna S.

Gruppe D umfaßt Stoffe, die außer Kohlenstoff, Wasserstoff und Sauerstoff nur Stickstoff und Schwefel enthalten. Hierher gehören:

1. Thioharnstoff-Formaldehyd-Kondensationsprodukte,
2. Sulfamid-Formaldehyd-Kondensationsprodukte.

Gruppe E umfaßt Stoffe, die außer Kohlenstoff, Wasserstoff und Sauerstoff nur Stickstoff, Schwefel und Phosphor enthalten. Hierher gehören:

Eiweiß-Kondensationsprodukte.

Gruppe F umfaßt Stoffe, die außer Kohlenstoff, Wasserstoff und Sauerstoff nur Chlor enthalten. Hierher gehören:

1. Chlorkautschuk,
2. Polyvinylchlorid und dessen Mischpolymerisate.

Das von Bandel aufgestellte Analysenschema setzt voraus, daß es sich bei dem zur Prüfung vorliegenden Material um einen chemisch einheitlichen Stoff handelt. Stoffgemische, z. B. mit Weichmachern verarbeitete Polymerisate, sind zunächst durch geeignete Vorbehandlung, z. B. Extraktion mit einem geeigneten Lösungsmittel zu trennen. Nach erfolgter Trennung ist dann meist die Eingruppierung des Kunststoffes in das Schema möglich.

Bei der Bestimmung der Verseifungszahl zwecks Unterscheidung der Gruppe A ist zu beachten, daß Stoffe, wie Phenolformaldehyd-Kolophoniumester sich sehr schwer verseifen lassen, so daß bisweilen ein 24stündiges Erhitzen notwendig ist.

Innerhalb der einzelnen Stoffgruppen werden die Stoffe durch spezifische Reaktionen gekennzeichnet, wobei es sich teils um die Erfassung von typischen Abbauprodukten, teils um den Nachweis bestimmter, in dem Kunststoff vorkommender organischer Radikale handelt. Daneben werden auch Farbreaktionen zur Identifizierung herangezogen.

Im folgenden werden die von Bandel zusammengestellten Reaktionen für die Identifizierung der zu den einzelnen Gruppen gehörenden Kunststoffe aufgeführt.

Zu A 1a. Oppanole lassen sich durch Erhitzen zu niedrig siedenden, stärker ungesättigten Verbindungen depolymerisieren.

Buna S wird ebenfalls durch Erhitzen depolymerisiert und liefert, ähnlich wie Naturkautschuk, schwerlösliche Bromadditionsprodukte.

Polystyrol (Trolitul, Ronilla S, Victron, Styroflex) ist bei 310 bis 350° C zu Styrol depolymerisierbar. Das Destillat liefert mit Brom Dibromstyrol (FP. 74° C) und läßt sich mit verdünnter Salpetersäure zu Benzoesäure oxydieren (V, 822).

Zu A 1b. Polyvinylalkohol (Polyviol) (V, 826) ist wasserlöslich. Die angesäuerte wäßrige Lösung gibt mit wäßriger Jodlösung eine Blaufärbung. Polyvinylalkohol kann auch an der Viscositätssteigerung erkannt werden, die bei einer nicht zu verdünnten, wäßrigen Lösung nach dem Versetzen mit Alkali durch eine Spur Borax hervorgerufen wird.

Phenol-(Kresol-, Xylenol-)Formaldehydkondensationsprodukte geben beim Erhitzen mit alkoholischer Kalilauge geringe Mengen Phenole ab, die in der Lösung in bekannter Weise mit diazotiertem 4-Nitranilin oder Echtrotsalz 3 GL nachgewiesen werden können (Bildung von roten Azofarbstoffen).

Cellulose (Cellophan, Transparit, Cuprophan) wird nach der Hydrolyse mit Schwefelsäure an den für Hydrocellulose typischen Reaktionen (Löslichkeit in Kupferoxyd-Ammoniak, Blauschwarzfärbung von Jod-Jodkaliumlösung und Reduktion von Fehlingscher Lösung) erkannt.

Zu A 1c. Celluloseäther (Tylose, Colloresin, Glutolin). Methylcellulose ist wasserlöslich und gibt die Reaktion auf Kohlehydrate nach Mohlisch. Äthylcellulose (AT-Cellulose) ist wasserunlöslich, aber in organischen Lösungsmitteln löslich. In beiden Fällen dient die Alkoxylbestimmung nach Zeisel (V, 798) zur Identifizierung.

Benzylcellulose (Trolit BC, BZ-Cellulose) wird durch Abspaltung des Benzylrestes (V, 799) mit Essigsäureanhydrid und Schwefelsäure in Benzylacetat und Celluloseacetat übergeführt. Durch Verseifung wird der Benzylalkohol abgespalten und kann durch Oxydation zu Benzaldehyd oder Benzoesäure identifiziert werden.

Polyvinyläther (Lutonal, Plastomoll) geben mit Essigsäureanhydrid und konzentrierter Schwefelsäure eine blaue bis grüne Färbung.

Cumaronharze lassen sich durch Erhitzen auf 300° C depolymerisieren zu monomerem Cumaron, das als Dibromid (FP. 88—89° C) und als Pikrat (FP. 102—103° C) identifiziert wird. Bei der Reaktion nach Storch-Morawsky gibt der Acetonauszug von Cumaronharz eine hellrote beständige Färbung.

Zu A 1d. Polyvinylacetale (Mowital, Pioloform) (V, 827) spalten beim Kochen mit 25%iger Schwefelsäure Formaldehyd ab, der in bekannter Weise nachgewiesen wird. Im Destillationsrückstand wird der Polyvinylalkohol identifiziert (vgl. 1b). Die quantitative Bestimmung des Acetales ist durch Oximierung mit Hydroxylaminchlorhydrat in der Wärme möglich. Hierbei wird eine äquivalente Menge Salzsäure frei, die titrimetrisch bestimmt wird.

Cyclohexanon-Formaldehydharze (AW 2-Harze) geben bei der Reaktion nach Storch-Morawsky eine dauernde Violettfärbung.

Zu A 2a. Phenolformaldehyd-Kolophoniumester (Leukopale, Albertol 111 L) sind schwer verseifbar und erfordern daher eine lange Verseifungsdauer (bis zu 24 Stunden). Die Verseifungszahl liegt bei 140—160. Phenol läßt sich in diesen Harzen durch die Kupplungsreaktion mit Diazoniumlösung und Kolophonium durch die Reaktion nach Storch-Morawsky nachweisen.

Zu A 2b. Phenolformaldehyd-Kolophoniumglycerinester (Albertol, Beckazite) spalten bei der Verseifung Glycerin ab, das nach Willstätter-Madinaveita bestimmt wird.

Zu A 2c. Kolophonium-Glycerinester (Harzester) werden durch Bestimmung der Verseifungszahl und des Glycerins sowie durch die Reaktion nach Storch-Morawsky identifiziert. Sie unterscheiden sich von den beiden vorhergenannten Harzen durch den negativen Ausfall der Phenolreaktion.

Zu A 3a. Celluloseacetate (Cellit, Cellon, Trolit W, Spritzstoff Typ A) werden durch den Essigsäure- und Hydrocellulosenachweis (vgl. A 1b unter Cellulose) im Verseifungsprodukt identifiziert. Über die quantitative Bestimmung des Essigsäuregehaltes ist Näheres im Hauptwerk Bd. V, S. 792 zu finden.

Zu A 3b. Polyvinylacetat (Mowilith, Vinnapas, Vinylith A) gibt mit Essigsäureanhydrid und konzentrierter Schwefelsäure Grün- bis Blaufärbung. Bei der Verseifung mit alkoholischer Lauge wird Polyvinylalkohol abgespalten und ausgefällt. Identifizierung: vgl. A 1b. Der Nachweis der Essigsäure erfolgt in der Verseifungslauge in gleicher Weise wie bei Celluloseacetaten. In chlorhaltigen Vinylmischpolymerisaten, die Vinylacetat enthalten, läßt sich das letzte, soweit bisher bekannt ist, nicht nachweisen.

Zu A 3c. Polyacrylsäureester (Acronal, Plexigum, Plextol) läßt sich durch Verseifung mit alkoholisch-wäßriger Kalilauge annähernd quantitativ zerlegen. Die Alkoxylgruppe kann quantitativ nach Zeisel bestimmt werden. Bei der trockenen Destillation tritt Depolymerisation ein, und der monomere Ester destilliert über.

Zu A 3d. Polymethacrylsäureester (Metacral, Plexiglas) läßt sich erst nach erfolgter Depolymerisation (trockene Destillation) verseifen. Die hierbei erhaltene Methacrylsäure läßt sich durch Reduktion mit Natriumamalgam oder Zinkstaub und Schwefelsäure in Isobuttersäure überführen, die am Geruch erkannt wird.

Zu A 3e. Phthalsäure-Glycerinester (Glyptal) geben bei der Verseifung mit alkoholischer Kalilauge Kaliumphthalat, das sich in nadelförmigen Kristallen ausscheidet und durch die Fluoresceinreaktion (Erhitzen mit Resorcin und Schwefelsäure) oder noch besser durch die Thymolphthaleinreaktion (Erhitzen mit Thymol und Schwefelsäure) nach Toeldte (S. 470) identifiziert werden kann.

Zu A 3f. Phthalsäure-Fettsäureglyceride (Alkydale) geben bei der Verseifung neben Kaliumphthalat Fettsäureseifen. Nach dem Ansäuern der abgetrennten Seifenlösung wird die Fettsäure mit Benzol extrahiert und durch Bestimmung ihrer Kennzahlen identifiziert. Die Bestimmung des Glycerins erfolgt nach Willstätter-Madinaveita.

Zu A 3g. Kolophonium-Maleinsäure-Glycerinester (K.M.-Harz) gibt schwache Reaktion nach Storch-Morawsky und unterscheidet sich von gewöhnlichen Fichtenharzsäureestern durch die höhere Säurezahl der freigemachten Harzsäuren.

Zu B1. Cellulose-Salpetersäureester (Nitrocellulose, Celluloid, Zellhorn) geben mit Diphenylamin-Schwefelsäure Blaufärbung (Näheres über die Analyse s. V, 792).

Zu B2. Harnstoff-Formaldehydkondensationsprodukte (Plastopal, Pollopas, Resopal, Kaurit) spalten beim Erhitzen mit 25%iger Schwefelsäure Formaldehyd ab, der mit fuchsinschwefliger Säure nachgewiesen wird. Die Harnstoffkomponente geht hierbei zum größten Teil in Ammonsalz über. Der Harnstoffgehalt läßt sich durch Stickstoffbestimmung nach Kjeldahl feststellen.

Zu B3. Polyacrylsäurenitril ist durch Erhitzen depolymerisierbar. Bei der Depolymerisation bilden sich nebenher geringe Mengen Cyanwasserstoff. Der Acrylnitrilgehalt von Perbunan kann durch Stickstoffbestimmung nach Kjeldahl festgestellt werden, wobei allerdings der Gehalt etwa vorhandener stickstoffhaltiger Vulkanisationsbeschleuniger mit erfaßt wird.

Zu B4. Anilin-Formaldehyd-Kondensationsprodukte (Cibanit) spalten beim Kochen mit 20%iger Schwefelsäure einen Teil des Anilins ab. Das Anilin läßt sich sodann durch Diazotieren und Kuppeln mit sodaalkalischer R-Salzlösung als roter Azofarbstoff nachweisen.

Zu B5. Polyvinylcarbazol (Luvican) gibt im ultravioletten Licht starke weiße Fluorescenz. Der Stickstoffgehalt wird nach Kjeldahl bestimmt.

Zu C1. Alkylpolysulfide (Thiokol) werden durch Geruch und Auftreten von Schwefelwasserstoff bei der trockenen Destillation erkannt.

Zu C2. Vulkanisate von Kautschuk sind in den meisten Lösungsmitteln mit Ausnahme von Chlorkohlenwasserstoffen, Petroleum, Nitrobenzol unlöslich und geben mit Bromchloroform Brom-Additionsprodukte, die in Chloroform unlöslich sind.

Zu D1. Thioharnstoff-Formaldehyd-Kondensationsprodukte geben nach Storfer eine spezifische Reaktion mit Kupfersalzen und Kaliumferricyanid (Näheres siehe S. 456 im Abschnitt „Chemische Analyse von Aminoplasten“).

Zu D2. Sulfamid-Formaldehyd-Kondensationsprodukte sind zu Sulfosäuren verseifbar, die durch übliche Methoden, z. B. Alkalischmelze, nachgewiesen werden können.

Zu E. Eiweiß-Kondensationsprodukte (Galalith, Kunsthorn) sind durch Geruch bei der trockenen Destillation erkennbar und unterscheiden sich von Horn durch den höheren Permanganatverbrauch des Schwefelsäureextraktes.

Zu F1. Chlorkautschuk (Pergut, Tornesit, Dartex, Tegofan, Trotex, Alloprene, Elektrogomme, Irgonit) wird durch den eigenartigen Geruch beim trockenen Erhitzen erkannt. Der Geruch unterscheidet sich deutlich von dem, der beim trockenen Erhitzen von Polyvinylchlorid auftritt.

Zu F2. Polyvinylchlorid (Igelit PCU, Mipolam, Astralon, Igelit PC, Igelit MP, Vinoflex) wird durch den eigenartigen Geruch beim trockenen Erhitzen erkannt, der sich von dem des erhitzten Chlorkautschuks deutlich unterscheidet. In Mischpolymerisaten, die neben Vinylchlorid Acrylsäureester enthalten, läßt sich der Acrylsäureester quantitativ durch Alkoxylbestimmung nachweisen. Dagegen ist über die Möglichkeit, Vinylacetat in chlorhaltigen Vinylmischpolymerisaten nachzuweisen, im Schrifttum nichts bekannt.

2. Chemische Analyse von Preßmassen auf Phenol- bzw. Kresolharzgrundlage.

Bekanntlich wird heute die Mehrzahl der phenoplastischen Preßmassen als Schnellpreßmassen hergestellt, wobei den an und für sich nicht härtbaren Novolaken zur Härtung Formaldehyd abgebende Stoffe, z. B. Hexamethylentetramin, in solchen Mengen zugesetzt werden, daß beim Preßvorgang die Überführung des Harzes in den Resitzustand in wesentlich kürzerer Zeit vonstatten geht als bei den nur langsam härtenden Resolen und ein nicht mehr schmelzbares Endprodukt erhalten wird. Ein weiterer wichtiger Bestandteil der Preßmassen sind neben geringen Mengen Farbstoffen und Gleitmittel die Füllstoffe bzw. Harzträger.

Bei der chemischen Analyse der Preßmassen ist zunächst das als Härtungsbeschleuniger wirkende Hexamethylentetramin zu entfernen. Dies geschieht durch Ausziehen der Preßmasse mit Wasser von 50° C. Im wäßrigen Auszug kann das Hexamethylentetramin durch die Spaltbarkeit in Formaldehyd und Ammoniak identifiziert werden und bei Anwendung einer bestimmten Preßmasseeinwaage in einem aliquoten Teil des Auszuges nach dem Abdampfen quantitativ bestimmt werden. Zur Kontrolle kann noch eine Stickstoffbestimmung nach Kjeldahl mit dem Abdampfrückstand vorgenommen werden.

Die vom Härtungsbeschleuniger befreite Preßmasse wird anschließend bei etwa 70° C getrocknet und dann mit Aceton im Gräfe-Apparat in einer Filtrierpapierhülse erschöpfend extrahiert. (Die Extraktion ist bei einer Einwaage von 20 g meist nach 8 Stunden beendet.) Das extrahierte meist farbstoff- und gleitmittelhaltige Harz wird nach dem Verdampfen des Acetons gewogen und qualitativ weiter untersucht, ob es sich um ein Phenol- oder Kresolharz oder um ein Gemisch von beiden handelt. Die Kennzeichnung des Harzes erfolgt durch Untersuchung der Reaktionsprodukte, die bei seiner trockenen Destillation im Stickstoffstrom (vgl. V, 853) erhalten werden. Die trockene Destillation hat gegenüber anderen Verfahren den Vorteil geringeren Zeitaufwandes. Im Destillat erfolgt der Nachweis und die Identifizierung des Phenols bzw. der Kresole in bekannter Weise, z. B. durch die Eisenchloridreaktion, verschiedene Löslichkeit in Wasser, Kuppelung der alkalisch gemachten Lösung mit Diazoverbindungen zu Azofarbstoffen, Geruch usw. Die Trennung des Phenols von dem Gemisch der Kresole erfolgt durch fraktionierte Destillation.

Der bei der Acetonextraktion in der Filterhülse verbliebene Rückstand enthält die Füllstoffe. Er wird nach Trocknung und Wägung zunächst mikroskopisch geprüft, wobei sich ein etwa vorhandener Gehalt an Faserstoffen zu erkennen gibt. Die Anwesenheit von Holzmehl wird durch die Prüfung auf Lignin mittels Phloroglucin-Salzsäure an einer allmählich auftretenden, bleibenden Rotfärbung erkannt. Diese Prüfung erfolgt zweckmäßig an dem in kochendem Wasser aufgequollenen Füllstoff, von dem eine kleine Menge auf einer Glasplatte unter dem Mikroskop mit einem Tröpfchen des Reagens versetzt wird. Ein aliquoter Teil der Füllstoffe wird zur Ermittlung des Gehaltes an anorganischen Bestandteilen im offenen Tiegel verascht. In der Asche läßt sich Asbest unter dem Mikroskop an der erhalten gebliebenen Faserstruktur erkennen. Bei der Berechnung der vorhandenen Menge anorganischer Füllstoffe ist zu beachten, daß Asbest beim Glühen etwa 12,8% Gewichtsverlust erleidet. Der gefundene Aschegehalt ist bei Anwesenheit von Asbest also entsprechend umzurechnen. Ein anderer Teil der Füllstoffe wird mit Natronkalk etwa 4 Stunden in einem Ölbad auf 250° C erhitzt. Das Reaktionsgemisch wird nach dem Erkalten mit Wasser ausgezogen und der wäßrige Auszug auf Anwesenheit von Phenolen (Kuppelung mit Diazoniumsalzlösung) geprüft. Fällt diese Prüfung positiv aus, so ist zu vermuten, daß der Preßmasse gemahlene Preßstoffabfälle als Füllstoffe zugesetzt sind.

Zur Bestimmung des in der Preßmasse vorhandenen Gleitmittels (Fett, Aluminiumseifen usw.) werden 20 g Preßmasse mit 200 cm³ Benzol übergossen und im verschlossenen Kolben unter wiederholtem Umschütteln etwa 5 Stunden bei Zimmertemperatur ausgezogen. Anschließend wird filtriert, ohne nachzuwaschen. Von dem Filtrat werden 100 cm³ abgedampft und aus dem Gewicht des Rückstandes der Prozentgehalt an Gleitmittel errechnet. Die weitere Untersuchung des erhaltenen Gleitmittels erfolgt nach den Untersuchungsmethoden der Fettchemie.

Die Art des bei der Harzherstellung benutzten Kondensationsmittels läßt sich nach Scheiber und Seebach an den bei der Vakuumdestillation des Harzes erhaltenen Produkten erkennen. Der bei 20—25 mm und 230—250° C übergehende Anteil, der in der Vorlage zu Kristallen erstarrt, wird aus viel heißem Wasser fraktioniert kristallisiert. War das Harz unter Anwendung eines sauren Kondensationsmittels hergestellt worden, so kristallisiert zuerst p,p'-Dioxydiphenylmethan in Form von Blättchen, die bei 160° C schmelzen, und später erst o,p-Dioxydiphenylmethan in Nadeln vom Schmelzpunkt 115—116° C. Bei basisch kondensierten Harzen entstehen nur die Nadeln der o,p-Verbindung.

Die Bestimmung der Ergiebigkeit eines Phenol- bzw. Kresolharzes erfolgt nach einem Verfahren der Dr. Kurt Albert G. m. b. H. durch Ermittlung des Gewichtsverlustes, den die auf einer 6 cm breiten Blechschale ausgebreitete Substanz (3—5 g) bei der Lagerung in einem auf 150° C geheizten Trockenschrank erleidet. Die Wägungen werden in ¹/₂stündigen Abständen bis zur Erreichung der Gewichtskonstanz ausgeführt.

Ammoniakfreie Preßmassen. Für bestimmte Anwendungsgebiete werden Preßmassen benötigt, die als Preßstoff ammoniakfrei sein müssen. Die Preßmassehersteller haben für diesen Zweck Preßmassen entwickelt, die schon als solche ammoniakfrei sind.

Die Prüfung auf Ammoniakfreiheit wird nach einer im Staatlichen Materialprüfungsamt Berlin-Dahlem ausgearbeiteten Methode durchgeführt:

Etwa 3 g Preßmasse werden mit der gleichen Menge Natronkalk in einer Reibschale verrieben und die Mischung in ein Reagensglas DIN 16, Denog 30 eingefüllt. Nach dem Anfeuchten der im Reagensglas befindlichen Mischung mit 1 cm³ destilliertem Wasser wird ein oben und unten offenes Jenaer Glasrohr von 10 mm lichter Weite und 120 mm Länge, das im Inneren zwischen zwei Wattebäuschen einen Streifen rotes „Lackmuspapier zur Analyse" enthält und am unteren Ende einen auf das Reagensglas passenden Gummidichtungsring trägt, auf das Reagensglas aufgesetzt. Das Reagensglas wird dann in einem kochenden Wasserbad, in welchem es zur Hälfte eintaucht, 20 Minuten erwärmt. Während dieser Zeit darf sich das rote Lackmuspapier nicht blau färben.

3. Chemisch-analytische Prüfung von ausgehärteten Phenol- bzw. Kresolharzpreßstoffen.

a) Aushärtungsgrad. Durch den Preßvorgang in der Wärme wird das schmelzbare Harz der Preßmasse weiter kondensiert und polymerisiert. Es verwandelt sich hierbei unter zunehmender Härtung in das nicht mehr schmelzbare Resitharz. Da dieser Härtungsvorgang zeit- und temperaturabhängig ist, können in Preßstoffen, die zu kurze Zeit oder bei zu niedriger Temperatur verpreßt wurden, noch beträchtliche Mengen Harz im Resitolzustand vorhanden sein. Die mangelnde Härtung macht sich bei Preßteilen, die äußerlich sehr wohl einwandfrei erscheinen können, durch das Aussehen der Bruchfläche bemerkbar. Hierbei unterscheidet sich der noch nicht durchgehärtete Kern von der äußeren Zone durch die Farbtönung. Eine mangelhafte Durchhärtung kann außerdem durch die Kochprüfung festgestellt werden.

Zur Ausführung dieser Prüfung wird das Preßteil 15 Minuten in siedendem Wasser gelagert. Nach dieser Behandlung darf ein genügend ausgehärtetes Preßteil keine wesentlichen Veränderungen zeigen. Zahlenmäßig läßt sich der Aushärtungsgrad nach erschöpfender Acetonextraktion des fein zerkleinerten Preßstoffes durch die Bestimmung der Menge des Extraktes feststellen. Gut durchgehärtete Preßteile geben hierbei einen Acetonextrakt von weniger als 2%. Die Prüfung auf Aushärtung kann auch durch Bestimmung des Unterschiedes in der Wärmefestigkeit nach Vicat vor und nach einer 1stündigen Warmlagerung des Preßteiles bei 125° C erfolgen.

b) Prüfung auf Ammoniakfreiheit. Wie bereits bei der chemischen Analyse der Preßmassen erwähnt wurde, werden für manche Anwendungszwecke Preßstoffe benötigt, die unter keinen Umständen Ammoniak abgeben dürfen. Die Prüfung der Preßstoffe auf Ammoniakfreiheit wird nach einem im Staatlichen Materialprüfungsamt Berlin-Dahlem entwickelten Verfahren in folgender Weise ausgeführt:

Ein Jenaer Reagensglas DIN 16 Denog 30 wird zur Hälfte mit Preßstoffstücken gefüllt, deren Korngröße gleich der Siebfraktion zwischen 6-mm- und 8-mm-Rundlochblech nach DIN 1170 ist. Nach dem Hinzufügen von 10 Tropfen destilliertem Wasser wird ein oben und unten offenes Jenaer Glasrohr von 10 mm lichter Weite und 120 mm Länge, das innen zwischen zwei Wattebäuschen einen Streifen rotes „Lackmuspapier zur Analyse" enthält und am unteren Ende einen auf das Reagensglas passenden Gummidichtungsring trägt, auf das Reagensglas aufgesetzt. Das Reagensglas wird dann in einem kochenden Wasserbad, in welchem es zur Hälfte eintaucht, 20 Minuten erwärmt. Während dieser Zeit darf sich das rote Lackmuspapier nicht blau färben.

c) Aschebestimmung. Die Aschebestimmung wird mit zerkleinertem Preßstoff im offenen Porzellantiegel ausgeführt. Sie gibt Aufschluß darüber, ob anorganische Füllstoffe vorhanden sind. Der Aschegehalt einiger Phenolharzpreßstoffe ist aus Tabelle 4 zu ersehen.

Die Kennzeichnung der anorganischen Füllstoffe, deren Anwesenheit sich durch einen beträchtlichen Aschegehalt bemerkbar macht, erfolgt durch mikroskopische und chemische Untersuchung der Asche.

d) Dichte. Die Anwesenheit organischer bzw. anorganischer Füllstoffe läßt sich bei härtbaren Preßstoffen auf Grund des verschiedenen spezifischen Ge-

Tabelle 4.

Preßstoff typ	Füllstoffart und Menge	Gefundene Asche %
11	Gesteinsmehl etwa 65%	60
12	Asbestfaser etwa 70%	59
M	Asbestgespinst etwa 70%	56
S	Holzmehl	2—5
T1, T2, T3	Textilfaser	bis 2
Z1, Z2, Z3	Zellstoff	bis 4

wichtes der verschiedenen Preßstofftypen feststellen. Phenol- bzw. Kresolharzpreßstoffe mit organischen Füllstoffen haben ein spezifisches Gewicht von etwa 1,4 und sinken in einer 40%igen Zinkchloridlösung nicht unter, im Gegensatz zu Preßstoffen mit anorganischem Füllstoff, deren spezifisches Gewicht bei 1,8 liegt.

e) Bestimmung organischer Füllstoffe in gehärteten Phenol- bzw. Kresolharzpreßstoffen. Die qualitative und quantitative Bestimmung organischer Füllstoffe in gehärteten Phenol- bzw. Kresolharzpreßstoffen ist wegen der schlechten Löslichkeit des gehärteten Harzes mit gewissen Schwierigkeiten verbunden. Nach Esch und Nitsche läßt sich jedoch in vielen Fällen eine quantitative Trennung der organischen Füll- und Trägerstoffe vom gehärteten Harz durch einen Aufschluß in geschmolzenem α- oder β-Naphthol ermöglichen, ohne daß hierbei der organische Füll- oder Trägerstoff zerstört wird. Der Aufschluß erfolgt bei geschichteten Kunstharzpreßstoffen an Probeabschnitten von 5 mm Breite und 10 mm Länge und bei Preßstoffen mit körnigem Füllstoff an 1 g feiner Sägespäne in beiden Fällen in einem kleinen Autoklaven bei 180—200° C und dauert etwa 24 Stunden. Nach dem Aufschluß wird der noch flüssige Inhalt des Autoklaven in eine Porzellanschale gegossen und die erstarrte Schmelze mit Aceton in der Wärme gelöst. Der im Autoklaven noch verbliebene Rückstand wird mit warmem Aceton in die Schale nachgespült. Dann wird die Acetonlösung durch einen Glasfiltertiegel abgesaugt und die auf dem Filter gesammelten Füll- bzw. Trägerstoffe mehrmals mit Aceton nachgewaschen. Bei dem Aufschluß von Schichtstoffen hat es sich als zweckmäßig erwiesen, die Probestückchen in einer geräumigen, engmaschigen Drahtgewebehülse in den Autoklav unter das geschmolzene Naphthol zu bringen und nach beendetem Aufschluß die Hülse mit den von Harz befreiten Trägerstoffen aus dem noch flüssigen Naphthol herauszuheben, dann in warmes Aceton zu tauchen und den Inhalt der Hülse mehrmals mit warmem Aceton zu waschen. Man vermeidet auf diese Weise die sonst nötige Auflösung der gesamten Naphtholmenge. Nach dem Trocknen bei 80° C werden die Füll- bzw. Trägerstoffe gewogen und können dann gegebenenfalls in derselben Weise weiter untersucht werden, wie die aus den unverpreßten Massen isolierten Füllstoffe.

4. Chemische Analyse von Aminoplasten.

Die unter dem Namen Pollopas und Resopal in den Handel gebrachten Preßmassen und die daraus hergestellten Preßstoffe, die als Typ K in die Typisierung der gummifreien nichtkeramischen Isolierpreßstoffe aufgenommen sind, enthalten in den meisten Fällen Zellstoff oder feine Textilfaser als Füllstoff. Andere Füllstoffe, wie Holzmehl, finden nur sehr selten Verwendung. Als Harzgrundlage dienen für diese Massen farblose, lichtbeständige Harnstoffharze. Durch Zugabe geeigneter Farbstoffe lassen sich alle gewünschten Farbtönungen erzielen.

Die chemische Analyse der Preßmassen auf Harnstoffharzgrundlage erstreckt sich auf die Untersuchung der Füllstoffe und der Harzart. Das Harz läßt sich größtenteils durch Ausziehen mit Wasser von 50° C von den Füllstoffen abtrennen und kann dann näher untersucht werden. Thioharnstoff, der dem Harz oft als Fließmittel zugesetzt wird, kann nach Storfer in Harnstoffharzen auf Grund seiner Reaktion mit Kupfersalzen erkannt werden. Die zu untersuchende Substanz wird 2—4 Minuten mit Wasser in gelindem Sieden gehalten, mit wenig festem Kupferchlorür oder einem anderen Kupfersalz versetzt und eine weitere Minute gekocht. Das klare Filtrat wird auf mit Kaliumferricyanid getränktes Papier gebracht. Das Auftreten einer blauen bis violetten Färbung zeigt die Anwesenheit von Thioharnstoff an. In manchen Fällen benutzt man zum Ausziehen des Probematerials besser wäßrigen Alkohol oder Aceton-Wassergemische. Ist Thioharnstoff nur in geringen Mengen anwesend, so muß das Harz durch längeres Erhitzen mit starker, wäßrig alkoholischer Kalilauge „aufgeschlossen" werden. Nach dem Aufschluß ist die Lösung sorgfältig zu neutralisieren und wird dann in beschriebener Weise geprüft. Die verhältnismäßig hohe Erfassungsgrenze gestattet die Beurteilung, ob Thioharnstoff als Beimengung oder Verunreinigung vorliegt. Die quantitative Bestimmung des Thioharnstoffgehaltes erfolgt nach Aufschluß der Substanz mit einer Soda-Kaliumchloratschmelze durch Bestimmung des Schwefels als Bariumsulfat. Hierbei entspricht 1 g Bariumsulfat 0,326 g Thioharnstoff. Sind in der Masse schwefelhaltige Füllstoffe enthalten, so ist bei der Analysenberechnung deren Schwefelgehalt zu berücksichtigen. Die quantitative Bestimmung des Stickstoffes nach Kjeldahl gibt Aufschluß über den Harnstoffharzgehalt der Preßmasse. Als Einwaage dient etwa 1 g Preßmassepulver. Zur Berechnung des Harnstoffgehaltes ist der gefundene Stickstoffgehalt, vorausgesetzt, daß kein Thioharnstoff nachgewiesen wurde, mit dem Faktor 2,146 zu multiplizieren.

Die Prüfung der vom Harnstoffharz durch Extraktion befreiten Füllstoffe erfolgt in gleicher Weise wie bei den Phenolharzpreßmassen.

Die chemisch-analytische Prüfung von ausgehärteten Harnstoffharzpreßstoffen erfolgt, der Eigenschaft der Stoffe entsprechend, in ähnlicher Weise wie bei den Phenolharzpreßstoffen.

Die Aushärtung wird auf Grund der Kochprobe oder durch Bestimmung des Unterschiedes in der Wärmefestigkeit nach Vicat vor und nach 1stündiger Lagerung des Preßstoffes bei 100° C beurteilt. Von besonderem Interesse ist bei den Harnstoffharzen die Formaldehydabgabe des Preßstoffes, die colorimetrisch mit fuchsinschwefliger Säure bestimmt werden kann (Näheres hierüber siehe S. 458).

Über die Untersuchung der als Leim unter dem Namen Kauritleim in den Handel gebrachten Harnstoffharze ist Näheres im Abschnitt „Leime", Erg.-Bd. III, S. 336 zu finden.

5. Chemische Prüfung von Eß- und Trinkgeschirr aus Kunstharzpreßstoff.

Im Laufe der letzten Jahre hat die Anwendung von Kunstharzpreßstoff für Gebrauchsgegenstände des täglichen Lebens und vor allem zur Herstellung von Eß- und Trinkgeschirr beträchtlich an Bedeutung und Umfang zugenommen. Für dieses Anwendungsgebiet ist die chemische Prüfung des Werkstoffes besonders wichtig, weil hier auch vor allem die hygienische Einwandfreiheit zu fordern ist. Für die Prüfung und Bewertung von Kunstharzpreßstoffen auf ihre Eignung zur Herstellung von Eß- und Trinkgeschirr sind vom Staatlichen Materialprüfungsamt Berlin-Dahlem im Auftrage des Verbandes der Hersteller von Gebrauchsartikeln aus Kunstharzen im Einvernehmen mit dem Reichsgesundheitsamt Gütevorschriften ausgearbeitet worden. Die Gütevorschriften, die durch geeignete Prüfvorschriften ergänzt sind, erstrecken sich sowohl auf die Preßmassen als auch auf die daraus hergestellten Fertigerzeugnisse. Hiernach dürfen nur solche Preßmassen zur Herstellung von Eß- und Trinkgeschirr benutzt werden, die im verpreßten Zustand bei Berührung mit heißen Flüssigkeiten Geruchs-, Geschmacks- oder Farbstoffe in störendem Maße nicht abgeben.

Als Prüfverfahren zur Beurteilung der Eignung von Preßmassen dienen Kochprüfung und analytische Prüfung.

Die Kochprüfung wird an Normalstäben und an geeigneten Fertigstücken (Bechern, Tassen usw.) ausgeführt. Die Gegenstände werden zu diesem Zweck 30 Minuten in kochendem, destillierten Wasser gelagert. Bei dieser Behandlung dürfen weder die Normalstäbe noch die Fertigstücke Geruchs-, Geschmacks- oder Farbstoffe an das Wasser abgeben. Außerdem dürfen die gekochten Gegenstände keine wesentlichen Veränderungen (Weichwerden, Einbuße des Glanzes, runzlige Oberfläche, Risse usw.) zeigen.

Die analytische Prüfung erstreckt sich auf die Bestimmung von freiem Phenol bzw. Formaldehyd, Eindampfrückstand und Ammoniak. Der zu prüfende Gegenstand wird mit einer Beißzange zu linsengroßen Stückchen zerkleinert. 20 g des zerkleinerten Materials werden in einem Jenaer Becherglas von 200 cm³ Inhalt mit 100 cm³ kochendem, destillierten Wasser übergossen. Das Becherglas wird sofort mit einem Uhrglas zugedeckt und 30 Minuten auf ein Dampfbad gestellt. Nach dem Erkalten wird die überstehende Flüssigkeit in ein anderes Becherglas abgegossen. 10 cm³ der abgegossenen Flüssigkeit werden in einem kleinen Becherglas mit 10 cm³ Millons-Reagens versetzt und zum Sieden erhitzt. Hierbei darf keine stärkere Rot- oder Rosafärbung auftreten, als bei 10 cm³ einer zum Vergleich dienenden Lösung von 0,05 g Phenol in 1000 cm³ Wasser, wobei zum Vergleich Glasgeräte gleicher Abmessungen zu benutzen sind.

Weitere 20 cm³ der abgegossenen, auf Zimmertemperatur abgekühlten Flüssigkeit werden in einem kleinen Glaskölbchen mit 10 cm³ fuchsinschwefliger Säure versetzt. Das Kölbchen wird mit einem Korkstopfen verschlossen. Innerhalb von 10 Minuten darf keine stärkere Violettfärbung auftreten als bei 20 cm³ einer gleichzeitig mit 10 cm³ fuchsinschwefliger Säure versetzten Lösung von 1 cm³ Formalin (40%iger, wäßriger Formaldehydlösung) in 1000 cm³ Wasser, wobei zum Vergleich Glasgeräte gleicher Abmessungen zu benutzen sind. 50 cm³ der abgegossenen Flüssigkeit werden eingedampft. Der Eindampfrückstand muß weniger als 0,008 g betragen.

Zur Prüfung auf Ammoniak werden 5 g linsengroß zerkleinertes Material mit 20 cm³ destilliertem Wasser in einem Erlenmeyerkölbchen von 50 cm³ Inhalt auf etwa 50° C erwärmt. Danach wird das Kölbchen mit einem Korkstopfen verschlossen und 5 Minuten häufiger umgeschüttelt. Die überstehende Flüssigkeit wird abgegossen und 10 cm³ dieser Flüssigkeit werden mit 4 Tropfen Neßlers Reagens versetzt. Die hierbei auftretende Färbung darf nicht dunkler sein, als bei 10 cm³ einer zum Vergleich dienenden wäßrigen Ammoniaklösung, die 0,002 g Ammoniak in 1000 cm³ Wasser enthält. Bei der Vergleichsprüfung sind Glasgeräte gleicher Abmessungen zu benutzen.

Außer der Kochprüfung und der analytischen Prüfung werden zur Beurteilung der Fertigstücke noch Prüfungen auf Formbeständigkeit, Schlagfestigkeit und Verschmutzbarkeit ausgeführt:

Die Wände von Gefäßen müssen so gestaltet sein, daß beim Anheben der mit 90° C heißem Wasser gefüllten Gefäße keine sichtbare, bleibende Verformung auftritt. Die Schlagfestigkeit der Fertigstücke muß so groß sein, daß sie beim freien Fall aus 40 cm Höhe auf Steinfußboden keine Beschädigung erleiden. Zur Prüfung auf Verschmutzbarkeit werden die Gegenstände mit kochend heißer, frischbereiteter, 1%iger wäßriger Lösung von wasserlöslichem Nigrosin gefüllt bzw. in diese Lösung eingelegt, erkalten gelassen und nach 5 Stunden entleert bzw. herausgenommen und mit einem Reinigungsmittel von guter Netzwirkung, jedoch ohne Scheuerwirkung (z. B. heiße wäßrige Lösung von Imi) mittels einer Bürste mit weichen Borsten gereinigt. Die gesamte Behandlung wird einmal nach Verlauf von 24 Stunden wiederholt. Hiernach darf der behandelte Gegenstand, unverletzte Oberfläche vorausgesetzt, keine bleibende Anfärbung zeigen.

6. Neuere nichthärtbare Kunststoffe und ihre Analyse.

a) **Polyacrylsäure- und Polymethacrylsäureester.** Wegen ihrer wertvollen mechanischen und physikalischen Eigenschaften haben die auf Acrylsäure- und Methacrylsäuregrundlage aufgebauten Kunststoffe für zahlreiche Anwendungsgebiete eine große Bedeutung erlangt.

Die hier in Frage kommenden Kunststoffe werden in Deutschland von der Röhm & Haas G. m. b. H., Darmstadt, großtechnisch hergestellt und unter dem Namen „Plexigum" in Stücken, Körnern, Perlen, Pulvern, Filmen, Platten oder auch in Mischungen mit Füllstoffen, sowie in wäßrigen Dispersionen als auch in Lösungen in den Handel gebracht.

Je nach ihren Eigenschaften werden (abgesehen von Sondermischungen) sechs verschiedene Grundsorten (Plexigum A, B, D, M, N und P) unterschieden, die zum Teil auf Acrylsäure-, zum Teil auf Methacrylsäuregrundlage aufgebaut und mit Methylalkohol, Äthylalkohol oder auch höheren Alkoholen verestert sind. Je nach der Art der zur Veresterung benutzten Alkohole unterscheiden sich die Sorten in ihrem Verhalten gegen organische Lösungsmittel. Die Methyl- und Äthylester sind in Benzin und Mineralöl vollkommen unlöslich, aber löslich in Estern, Ketonen sowie aromatischen Kohlenwasserstoffen. Bei den Estern der höheren Alkohole, z. B. Polymethacrylsäurebutylester, ist eine beträchtliche Empfindlichkeit gegen Benzin und Mineralöl zu beobachten, die bei diesen Stoffen als Lösungs- bzw. Quellungsmittel wirken. Je nach der Art der veresterten Säure unterscheiden sich die Polyacryl- und die Polymethacrylsäureester in ihrem Verhalten gegen starke Alkalilaugen. Während nämlich die Acrylsäureester, wenn auch langsam, aber doch fast vollständig verseifbar sind, zeigen die Methacrylsäureester auch in der Wärme eine ausgezeichnete Laugenbeständigkeit. Bei diesen Estern ist eine Verseifung erst dann möglich, wenn sie zur monomeren Verbindung depolymerisiert worden sind. Auch für die mechanischen Eigenschaften der verschiedenen Plexigumsorten sind stark von den Esterkomponenten abhängig. Plexigum M (Plexiglas) ist bei Zimmertemperatur sehr hart und wird erst bei etwa 90° C allmählich weich und biegsam. Plexigum N ist bei Zimmertemperatur hart und erweicht bei etwa 55° C. Plexigum P ist bei Zimmertemperatur noch biegsam und wird bei Temperaturen unter 20° C allmählich hart. Plexigum A ist bei Zimmertemperatur noch ziemlich weich und erstarrt erst bei Temperaturen unter +8° C. Plexigum B ist bei Zimmertemperatur kautschukähnlich klebrig und wird erst bei Temperaturen unter —20° C hart. Plexigum D ist bei Zimmertemperatur noch weicher und klebriger als Plexigum B und wird erst bei Temperaturen von etwa —40° C fest. Plexigum D kann auch in einer bei Zimmertemperatur flüssigen Form hergestellt werden. Die weichen Polymerisate dienen als Zwischenschichten für Mehrschichten-Sicherheitsgläser, die sich durch große Lichtbeständigkeit, beträchtliches Arbeitsaufnahmevermögen und großes Splitterbindungsvermögen vor anderen Mehrschichten-Sicherheitsgläsern auszeichnen.

In Mischungen mit anderen Kunststoffen wie Buna S und Perbunan, dienen die weichen Polymerisate zur Herstellung gut verarbeitbarer und ozonfester Massen für den Kabel- und Leitungsbau. Über die Prüfung und Bewertung solcher Massen haben Nowak und Hofmeier berichtet. Die harten Polymerisate haben als Lackrohstoff Bedeutung erlangt. Die Zähigkeit der einzelnen Plexigumsorten ist weitgehend vom Polymerisationsgrad abhängig und nimmt mit diesem zu.

Plexigum M (Plexiglas) zeichnet sich besonders durch seine glasklare Durchsichtigkeit sowie seine große Licht- und Wetterbeständigkeit aus. Es zeigt keine Alterungserscheinungen und besitzt eine beträchtliche chemische Beständigkeit. In der folgenden Tabelle sind die von Röhm & Haas angegebenen Eigenschaftswerte für zwei Plexiglassorten zusammengestellt.

Tabelle 5.

Eigenschaft	Plexiglas M 222	Plexiglas M 132
Dichte	1,18	1,18
Biegefestigkeit kg/cm²	1400	1200
Schlagbiegefestigkeit cmkg/cm²	20	20
Zugfestigkeit kg/cm²	750	700
Elastizitätsmodul kg/cm²	32000	28000
Kugeldruckhärte VDE 0302		
5/50/10 kg/cm²	2000	1850
5/50/60 kg/cm²	1850	1650
Wärmefestigkeit nach Vicat °C	120	100
„ „ Martens °C . . .	80	62
Wasseraufnahme nach 7 Tagen mg/100 cm²	140	120
Lin. Wärmeausdehnungskoeffizient	$82 \cdot 10^{-6}$	$130 \cdot 10^{-6}$
Glutfestigkeit VDE Gütegrad	1	1
Brechungsexponent n_D^{20}	1,49	—
Lichtdurchlässigkeit %	90—99	—

Plexiglas dient unter anderem zur Flugzeugverglasung. Es läßt sich gut zu zylindrischen und sphärischen Scheiben verarbeiten, ohne seine guten optischen Eigenschaften einzubüßen.

Die Unterscheidung der verschiedenen Plexigumsorten ist auf Grund ihres Verhaltens zu gewissen Lösungsmitteln möglich.

Tabelle 6.

Plexigum D und P sind löslich in Benzin und Terpentinöl		Plexigum A, B, N und M sind unlöslich in Benzin und Terpentinöl		
D ist unlöslich	P ist löslich	A und M ist unlöslich in Äthyläther und Äthylalkohol		B und N ist löslich in Äthyläther und Äthylalkohol
in Adronalacetat, Äthylalkohol und Milchsäureäthylester		A ist unlöslich	M ist löslich	
		in Tetrachlorkohlenstoff		

Der analytische Nachweis der Polyacrylsäureester erfolgt durch die Identifizierung der bei der längeren Verseifung mit starker wäßriger Alkalilauge erhaltenen Spaltprodukte. Bei Polymethacrylsäureester ist die Verseifung erst nach erfolgter Depolymerisation möglich. Die Depolymerisation wird durch trockene Destillation des zerkleinerten Materials durchgeführt und das erhaltene Destillat durch nochmalige Destillation gereinigt. Der hierbei erhaltene monomere Methacrylsäureester hat einen charakteristischen Geruch.

Die bei der Verseifung abgespaltenen Alkohole werden von der Lauge abdestilliert und das Destillat mit einer Kolonne der fraktionierten Destillation unterworfen. In den von 10 zu 10° übergehenden Fraktionen werden die in Frage kommenden Alkohole (Methanol, Äthanol, Propanol usw.) nach bekannten Methoden nachgewiesen.

Aus dem nach der Verseifung des Polyacrylsäureesters in der Lauge zurückbleibenden Polyacrylsäuresalz wird durch Ansäuern die Polyacrylsäure abgeschieden. Sie ist in destilliertem Wasser löslich und kann durch Reduktion mit Zinkstaub und Schwefelsäure in Propionsäure übergeführt werden.

Die nach der Verseifung von Methacrylsäureester beim Ansäuern erhaltene Methacrylsäure läßt sich ausäthern, sie ist in Wasser und Alkohol löslich und.läßt sich in der Wärme polymerisieren. Die polymere Säure bildet eine bei Zimmertemperatur feste weiße Masse, die sich beim Erhitzen ohne zu schmelzen zersetzt. Durch Reduktion mit Natriumamalgam oder mit Zinkstaub und Schwefelsäure läßt sich die Methacrylsäure zu iso-Buttersäure reduzieren, die an ihrem charakteristischen Geruch erkannt wird.

b) **Chlorhaltige Vinylpolymerisate.** In den letzten Jahren hat die Anwendung von chlorhaltigen Vinylpolymerisaten erheblich an Umfang zugenommen.

Die Herstellung dieser technisch wertvollen Polymerisationsprodukte wird in Deutschland von der I. G. Farbenindustrie A. G. in großtechnischem Maßstabe durchgeführt. Die hierbei gewonnenen Stoffe werden unter dem der I. G. geschützten Namen „Igelit" in den Handel gebracht.

Igelit PCU und Igelit PC sind reine Vinylchloridpolymerisate, die sich durch den Chlorgehalt unterscheiden. PCU-Material enthält etwa 54—56% Chlor, PC-Material dagegen etwa 64—66% Chlor. Der höhere Chlorgehalt des Igelit PC wird durch Nachchlorieren des Polymerisates erreicht. Durch die Nachchlorierung wird die Löslichkeit, die bei PCU-Material sehr gering ist, wesentlich verbessert, was für die Verwendung von Igelit PC zur Herstellung von Anstrichstoffen und bei der Herstellung von Folien im Gießverfahren von Bedeutung ist.

Neben den reinen Polyvinylchloridpolymerisaten werden von der I. G. aber auch Mischpolymerisate .hergestellt, bei denen Vinylchlorid mit anderen Komponenten, z. B. Acrylsäureestern, zusammen polymerisiert wird. Diese Mischpolymerisate tragen die Bezeichnung Igelit MP und besitzen einen Chlorgehalt von etwa 45,5—47,5%.

Die Igelite werden zu nichthärtbaren Preß- und Spritzmassen sowie zu Rohren, Stangen und Platten weiterverarbeitet. Für diese Kunststofferzeugnisse, die von der **Dynamit-Actien-Gesellschaft, vorm. Alfred Nobel & Co.** hergestellt werden, sind die Handelsbezeichnungen „Astralon" und „Mipolam" üblich. Ein von der **Deutschen Celluloid-Fabrik,** Eilenburg, verarbeitetes Vinylchloridpolymerisat heißt „Decelith". Ein in Folienform hergestelltes Material, das zur Kabelisolierung benutzt wird, führt die Bezeichnung „Vinifol".

Die Igelite sind bei Raumtemperatur feste Kunststoffe. Aus ihnen können durch Verarbeiten mit Weichmachern aber auch Massen hergestellt werden, die bei Raumtemperatur weichgummiartiges Verhalten zeigen. Derartige Massen dienen zur Herstellung von Dichtungen, Schläuchen, Kabelisolier- und Mantelmassen usw. Sie werden zu diesen Zwecken mit geeigneten Füllstoffen gemischt. Diese Massen sind im Gegensatz zu Kautschukmischungen nicht vulkanisierbar. Sie zeichnen sich durch hohe Ozonfestigkeit und Alterungsbeständigkeit aus.

Auf die allen Vinylchloridpolymerisaten eigentümliche völlige Unempfindlichkeit gegen Wasser und ihre große Säurebeständigkeit ist bereits im Hauptwerk (V, 824) hingewiesen worden. Zur Ergänzung seien noch folgende Eigenschaften der Mischpolymerisate auf Vinylchloridgrundlage genannt:

Dichte	1,34
Biegefestigkeit (nach VDE 0302)	etwa 1000 kg/cm²
Schlagbiegefestigkeit (nach VDE 0302)	etwa 250 cmkg/cm²
Kerbzähigkeit (nach VDE 0302)	3 cmkg/cm²
Druckfestigkeit (nach DIN 7701)	785 kg/cm²
Zugfestigkeit (nach DIN 7701)	bis 600 kg/cm²
Härte (nach VDE 0302)	960 kg/cm²
Elastizitätsmodul (nach DIN 7701)	32000 kg/cm²
Wärmefestigkeit (nach Martens)	58° C
Glutfestigkeit (nach VDE 0305)	Gütegrad 2
Linearer Wärmeausdehnungskoeffizient	$78 \cdot 10^{-6}$
Wärmebeständigkeit	$50 \cdot 10^{-5}$ cal/cm · sec · °C
Brennbarkeit	fast unbrennbar
Oberfl. Widerstand (nach VDE 0302)	$> 3 \cdot 10^6$ MΩ
Widerstand im Innern (nach VDE 0302)	$> 3 \cdot 10^6$ MΩ
Wasseraufnahme nach 7 Tagen	30 mg/100 cm²
Verhalten gegen Alkalien	beständig
,, ,, Säuren	,,
,, ,, Äther	unbeständig
,, ,, Benzin	beständig
,, ,, Benzol	unbeständig
,, ,, Treibstoffgemisch	,,
,, ,, Chlorkohlenwasser außer Tetrachlorkohlenstoff	,,
,, ,, Ester	,,
,, ,, Ketone	,,
,, ,, Mineralöle	beständig
,, ,, Pflanzenöle	,,
,, ,, Terpentinöl	,,

Für die Untersuchung der Igelite und der aus ihnen hergestellten Massen sind folgende Methoden gebräuchlich.

α) Bestimmung der flüchtigen Bestandteile. Die Bestimmung erfolgt durch Feststellung der Gewichtsabnahme von 2 g Substanz bei 3stündigem Erhitzen in einem Trockenschrank, der auf 110° C geheizt ist.

β) Aschebestimmung. Die Asche wird als Sulfatasche bestimmt. 2 g Substanz werden im Porzellantiegel mit konzentrierter Schwefelsäure durchfeuchtet, langsam erhitzt und schließlich geglüht. Nach dem Abkühlen wird mit Salpetersäure abgeraucht, geglüht und gewogen.

γ) Chlorbestimmung. Für den Aufschluß haben sich neben der Methode nach Carius der Aufschluß mit Natriumperoxyd in der Stahlbombe nach Burgess-Parr sowie der Aufschluß nach der verbesserten Methode von Baubigny und Chavanne als geeignet erwiesen. Andere

Aufschlußmethoden, die nicht in vollkommen geschlossener Apparatur durchgeführt werden, liefern bei der quantitativen Bestimmung des Chlors zu niedrige Werte, weil unter Umständen niedrig polymere Anteile unzersetzt entweichen können. Für den Aufschluß nach Baubigny und Chavanne wird das Untersuchungsmaterial, wenn es in Pulverform vorliegt, zu einer Tablette gepreßt in den Aufschlußkolben eingewogen, um ein Hochkriechen der Substanz an den Wänden des Kolbens zu vermeiden. Der Aufschluß erfolgt mit Kaliumbichromat-Schwefelsäure, der eine kleine Menge Quecksilbersulfat zugesetzt wird, bei langsam gesteigerter Temperatur. Das entweichende Halogen wird mit einem langsamen Luftstrom in die Absorptionsvorlage gesaugt und dort von alkalischer Natriumsulfitlösung quantitativ festgehalten. Nach beendigtem Aufschluß wird der Inhalt der Vorlage mit verdünnter Salpetersäure angesäuert, und nach Vertreiben der freiwerdenden schwefligen Säure (erwärmen auf 80° C) kann das Halogen in bekannter Weise bestimmt werden.

δ) *Weichmacherbestimmung.* Bei weichmacherhaltigen Massen erfolgt die Bestimmung des Weichmachers an 5 g des zerkleinerten Materials durch erschöpfende Extraktion mit Äther in einem Extraktionsgefäß nach DIN DVM 3555 (übliches Hebergefäß für Gummianalyse), das in eine geschlossene Apparatur wie die von Gräfe od. dgl. eingesetzt wird.

ε) *Füllstoffbestimmung.* Die Bestimmung erfolgt an 1 g fein zerkleinertem Material, das mit 25 cm³ Lösungsmittel T der I. G. Farbenindustrie (Siedegrenze 64—66° C) in Lösung gebracht wird. Nach dem Abkühlen und Verdünnen mit etwa 50 cm³ Aceton wird 2 Stunden bei mindestens 3000 U/min zentrifugiert und alsdann dekantiert. Die Füllstoffe werden mit Aceton aufgerührt, wieder zentrifugiert und die klare Lösung dekantiert. Diese Behandlung wird 3mal wiederholt. Schließlich werden die Füllstoffe im Zentrifugenglas bei 70° C getrocknet und gewogen.

ζ) *Bestimmung der chemischen Stabilität.* 5 g Material werden in einem 100-cm³-Kolben mit 50 cm³ kochendem destillierten Wasser übergossen und nach Bedecken mit einem Uhrglas 5 Minuten auf dem siedenden Wasserbad erhitzt. Nach dem Abkühlen an der Luft wird filtriert und der p_H-Wert des Filtrates bei 20° C bestimmt. Außerdem werden 10 cm³ des Filtrates mit Silbernitratlösung und Salpetersäure auf Abwesenheit von Chlorionen geprüft.

η) *Bestimmung der thermischen Stabilität (Methode der Siemens-Schuckertwerke).* Ein Reagensglas DIN 16 Denog 30 wird mit 1 g über Phosphorpentoxyd während 24 Stunden getrocknetem Material beschickt und 30 mm tief in ein elektrisch beheiztes Ölbad eingetaucht, das mittels Kontaktthermometer und Rührvorrichtung bei Igelit MP auf 160° ± 0,5° und bei Igelit PCU bzw. Igelit MPSO auf 175° ± 0,5° konstant gehalten wird. An einem kleinen Glasröhrchen, das eine lichte Weite von 5 mm, einen äußeren Durchmesser von etwa 8 mm und eine Höhe von etwa 10 mm hat, wird außen ein haarnadelförmig gebogener Glasstab von etwa 2 mm Durchmesser so angeschmolzen, daß man mit seiner Hilfe das Glasröhrchen in senkrechter Stellung 30 mm tief in die Mitte des Reagensglases einhängen kann. Mit einem kleinen Stückchen Knetgummi zwischen Reagensglasrand und dem Scheitel des

haarnadelförmigen Glasstabes wird das Glasröhrchen zweckmäßig festgelegt. In das Glasröhrchen füllt man, bevor es in das Reagensglas
eingehängt wird, mit einer Pipette eine 0,2-normale Silbernitratlösung
ein. Der aus dem Thermostaten herausragende Teil des Reagensglases
wird bis zur Unterkante des Glasröhrchens mit schwarzem Papier um-
wickelt. Durch eine doppelte Asbestplatte, die das Ölbad vollständig
bedeckt und nur die notwendigen Öffnungen für Thermometer, Reagensglas und Rührer enthält, wird die Silbernitratlösung gegen die Wärme
des Bades abgeschirmt.

Das mit der Silbernitratlösung gefüllte Glasröhrchen wird während
des Versuches durch Hineinblicken von oben betrachtet. Die Zeit vom
Beginn des Versuches bis zum Eintreten einer Trübung der Silbernitratlösung wird gemessen und als Stabilität angegeben.

ϑ) *Bestimmung der Viscosität.* 1 g Substanz wird in 100 cm³ Cyclohexanon (98%ig chemisch rein) gelöst. Die Messung erfolgt in einem
Höppler-Viscosimeter bei 20° C. Die Kugel ist so zu wählen, daß Fallzeiten von etwa 100 Sekunden erreicht werden. Die Viscosität wird in
Centipoisen angegeben.

7. Chemische Beständigkeit von Kunststoffen.

Die zunehmende Anwendung von Kunststoffen auch auf Gebieten,
bei denen neben mechanischen, thermischen und elektrischen Beanspruchungen die Beständigkeit gegen Chemikalien von besonderer Bedeutung
ist, macht die Ausarbeitung geeigneter Prüfverfahren notwendig, die es
gestatten, das Verhalten der verschiedenen Kunststoffe gegen chemische
Beanspruchung zu beurteilen.

a) **Wasserbeständigkeit.** In erster Linie interessiert in diesem
Zusammenhang das Verhalten der Kunststoffe gegen Wasser und wäßrige Lösungen. In einer Arbeit über Wasserbeständigkeit der Kunststoffe gibt Pinten wertvolle Mitteilungen für die prüftechnische Erfassung dieser Eigenschaft. Er weist unter anderem darauf hin, daß
eine zuverlässige Beurteilung eines Kunststoffes betreffend seiner Wasseraufnahme nur dann möglich ist, wenn unter Zugrundelegung einer
bestimmten Probenform eine Zeit-Gewichtskurve bis zur Erreichung
eines konstanten Wertes für die Wasseraufnahme aufgenommen wird.
Kurzversuche geben ähnlich wie bei der Untersuchung von Temperatur-
einflüssen sehr leicht ein schiefes oder gar falsches Bild. Da bei dickwandigen Proben, z. B. Normalstäben, der Sättigungwert erst nach Jahren
erreicht wird, ist es zweckmäßig, zur Abkürzung der Versuchsdauer
für die Prüfung dünnwandige Fertigstücke oder 5-mm-Flachstäbe zu
verwenden. Bei der Auswertung der Prüfungsergebnisse ist zu beachten,
daß die Wasseraufnahme nicht auf das Probengewicht, sondern auf die
Oberfläche zu beziehen ist. Bei erhöhter Temperatur geht die Wasseraufnahme meist wesentlich schneller vor sich, doch ist die Auswirkung
bei den einzelnen Kunststoffen recht verschieden. Auch der Wechsel
zwischen feucht und trocken wirkt nicht selten verschärfend. Besonders
schnell und leicht werden wasserempfindliche Kunststoffe zerstört,
wenn sie, wie es bei Gefäßen der Fall ist, nur einseitig dem Wasser ausgesetzt werden. Die Prüfung der Feuchtigkeitsbeständigkeit durch

Lagerung der Kunststoffproben in feuchtigkeitsgesättigter Luft hat zwar den Vorteil, daß eine Auslaugung wasserlöslicher Bestandteile vermieden wird, sie ist aber erfahrungsgemäß wegen der Möglichkeit der Taupunktsüberschreitung in der Durchführung mit beträchtlichen technischen Schwierigkeiten verknüpft. Für Kunststoffe, die infolge ihrer Herstellungsweise Feuchtigkeit enthalten (z. B. Kunstharzpreßstoffe auf Grundlage von Kondensationsprodukten), findet bisweilen eine Bestimmung des Gewichtsverlustes beim Lagern in trockener Luft Anwendung, da eine Abhängigkeit einiger mechanischer Werkstoffeigenschaften vom Feuchtigkeitsgehalt dieser Stoffe in gewissem Maße vorhanden ist. Pinten teilt die Kunststoffe auf Grund ihres Verhaltens gegen Wasser in 5 Stufen ein. Die erste Stufe umfaßt die wasserlöslichen oder in Wasser unbegrenzten quellbaren Stoffe. Hierhin gehören z. B. Methylcellulose, Polyacrylsäure bzw. Polymethacrylsäure und Polyvinylalkohol. Zur zweiten Stufe zählen wasserempfindliche Stoffe, wie Kunsthorn, Vulkanfiber, Zellglas, Kunstholz und harzarme Hartpapiersorten. Zur dritten Stufe sind mäßig empfindliche Stoffe, wie Spritzstoff Typ A, Cellon, bessere Hartpapiersorten, Hartgewebe und die Preßstofftypen S, 0, T 1, T 2, T 3, Z 1, Z 2, Z 3 zu rechnen. Auf der vierten Stufe stehen schwach empfindliche Stoffe, die im Gegensatz zu den vorgenannten Stoffen im allgemeinen eine dauernde Wassereinwirkung ohne Formzerstörung ertragen, z. B. gut gehärtete reine

Tabelle 7. Genormte Methoden zur Bestimmung der Wasseraufnahme.

Land	Methode	Probengröße	Vorbehandlung	Dauer der Wassereinwirkung	Prüftemperatur
England	E.R.A. Ref. B/S 3 für Preßstoffe und Platten	50 mm Durchmesser, 10 mm Dicke	Lagerung bei 50° C bis zur Gewichtskonstanz	24 Std.	Raumtemperatur
Deutschland	VDE 0324 für Hartpapierplatten (nicht für Preßstoffe)	120 × 15 mm Dicke wie angeliefert	keine	96 Std.	15—25° C
Vereinigte Staaten	ASTM D 48/33 für IsolierPreßstoffe	101,6 mm Durchmesser, 3,18 mm Dicke für warm gepreßte Stoffe; 6,35 mm für kalt gepreßte Stoffe	Für leicht erweichende Stoffe: 24 Std. in einem Exsiccator oder bei 50° C ± 5° in einem Ofen. Für schwer erweichende Stoffe: 24 Std. im Ofen bei 100° C ± 5°	48 Std.	25° ± 2°
	ASTM D 229/37 T für Scheiben und Plattenmaterial	76,2 × 25,4 mm Dicke wie angeliefert	1 Std. bei 105—110° C	2 Std. 24 Std. bis zur Sättigung	25° C ± 2° für die 2-und 24-Std.-Prüfung, 20—30° C nach Sättigung

Phenolharze und Preßstoffe der Typen 11, 12, M sowie Celluloid, Cellulosetriacetat, Polymethacrylsäuremethylester und einige Alkydharze. Der fünften Stufe gehören die nicht empfindlichen Stoffe an, wie Benzylcellulose, Anilinharz sowie die Polymerisate von Styrol, Carbazol, Butadien, Isobutylen und Vinylchlorid.

Eine interessante Gegenüberstellung, die den Unterschied der in Deutschland, England und den Vereinigten Staaten genormten Prüfverfahren zur Bestimmung der Wasseraufnahme von Kunststoffen deutlich hervortreten läßt, wurde von Kline in Form der vorhergehenden Tabelle 7 gegeben.

Die Festlegung von Feuchtigkeits- und Temperaturbedingungen ist für die Kunststoffprüfung sehr wichtig, weil hierdurch die Prüfungsergebnisse, die durch die Änderung dieser Faktoren weitgehend beeinflußt werden können (ähnlich wie dies auch bei der Prüfung anderer organischer Werkstoffe, z. B. Papier, Leder und Textilien der Fall ist), auf eine zuverlässige Grundlage gestellt werden, die erst eine einwandfreie Erforschung der Zusammenhänge der einzelnen Werkstoffeigenschaften ermöglicht. Die britischen und die deutschen Körperschaften für Normung haben diesen Vorteil erkannt. So fordern z. B. die britischen Normen für Isolierpreßstoffe, daß die Proben unmittelbar vor der Prüfung bei 75% relativer Luftfeuchtigkeit und 20° C $\pm$ 5° C gelagert werden. Die British Electrical Research Association hat für die Kunststoffprüfung folgende Versuchsgrundlagen aufgestellt, die den jeweiligen Bedingungen der praktischen Verwendung entsprechen:

Tabelle 8.

Behandlung	Temperatur °C	Zeit/Std.	Relative Feuchtigkeit in %	Feuchtigkeitskontrolle mit
Normal	15— 25	18—24	75	feuchtem Kochsalz
sehr trocken	120—130	18—24	[1]	—
trocken	75—80	18—24	[1]	—
feucht	15— 25	18—24	~95	Wasser
tropisch	tagsüber 45 bis 50 und nachtsüber 15—25	8 Std. lang, 16 Std. lang	tagsüber ~90 nachtsüber gesättigt [2]	Wasser
chemisch [3]	15—25	168 (1 Woche)		

[1] Luft von normaler Temperatur und Feuchtigkeit wird auf die Versuchstemperatur erhitzt.

[2] Der Rauminhalt der Behandlungskammer ist im Vergleich zu ihrer inneren Oberfläche und der Gesamtfläche der Proben so zu wählen, daß während der tiefen Temperaturperiode (nachts) eine Betauung der Proben stattfindet.

[3] Die Art der Behandlung hängt von dem Zweck der Verwendung des Werkstoffes ab:

Bei Beanspruchung durch Regen oder Wasser mit destilliertem Wasser.

Bei Beanspruchung durch Seewasser mit 10%iger Lösung von Kochsalz in destilliertem Wasser.

Bei Beanspruchung durch Säure mit Schwefelsäure D_{15} 1,25.

Bei Beanspruchung durch Alkalien mit 10%iger Natronlauge.

Bei Beanspruchung durch Ozon, Behandlung ist jeweilig festzulegen.

Bei Behandlung durch ultraviolettes Licht, Behandlung ist jeweilig festzulegen.

Bei Beanspruchung im Freien, Behandlung ist jeweilig festzulegen.

b) **Wasserdurchlässigkeit.** Für die Beurteilung von Kunststoffen auf ihre Eignung für Kabelummantelungen ist die Bestimmung der Wasserdurchlässigkeit erforderlich. Jenckel und Woltmann beschreiben eine geeignete Meßanordnung, die die zuverlässige Bestimmung dieser Eigenschaften gestattet. Diese Messung erfolgt an einer Kunststoff-Folie, die als Trennwand zwischen zwei Kammern angeordnet ist, von denen die untere mit Wasser angefüllt ist und die obere von getrockneter und temperierter Luft durchströmt wird. Die von der durchströmenden Luft aufgenommene Feuchtigkeit wird an zwei mit Phosphorpentoxyd gefüllte Wägeröhrchen abgegeben. Der Versuch muß in einem Thermostaten durchgeführt werden, da die Diffusion eine beträchtliche Temperaturabhängigkeit zeigt. Die Strömungsgeschwindigkeit der durch die obere Kammer geleiteten Luft muß so groß sein, daß hier die Wasserdampfkonzentration praktisch gleich Null bleibt. Bei Styroflexfolien haben Jenckel und Woltmann eine beträchtliche Zunahme der Wasserdurchlässigkeit mit steigender Temperatur, sowie eine Abhängigkeit des Diffusionskoeffizienten von der thermischen und mechanischen Vorbehandlung festgestellt.

Nach Schröder wird die Wasserdurchlässigkeit mit gutem Erfolg an Kunststoffschläuchen bestimmt, die außen von Wasser umgeben sind und durch die ein trockener Luftstrom hindurchgesaugt wird. Der Luftstrom gibt die aufgenommene Feuchtigkeit in Absorptionsgefäßen ab, die zwischen Saugpumpe und Kunststoffschlauch eingeschaltet sind.

c) **Beständigkeit gegen sonstige Chemikalien.** Außer der Kenntnis der Wasseraufnahme ist für die zielsichere Anwendung von Kunststoffen auch die Prüfung auf ihr Verhalten gegen sonstige Chemikalien von Bedeutung.

Über die Widerstandsfähigkeit der älteren Kunststoffe gegen chemische Einwirkungen ist Näheres im Hauptwerk (V, 840) mitgeteilt. Über das diesbezügliche Verhalten der neueren nichthärtbarem Kunststoffe hat Kollek eine zusammenfassende Übersicht gegeben. Danach bestehen bei der Einwirkung von chemischen Substanzen auf nichthärtbare Kunststoffe grundsätzlich zwei verschiedene Möglichkeiten der Beeinflussung: eine auf Grund der Löseeigenschaften und eine auf Grund der chemischen Umsetzung mit dem nichthärtbaren Kunststoff. Für diese verschiedenen Wirkungsweisen ist die chemische Konstitution der nichthärtbaren Kunststoffe sowie ihre Molekülgröße von maßgebendem Einfluß.

Lösungsmittel aus der Klasse der Alkohole haben in der Regel kein Lösevermögen für Polystyrol, Oppanol B, die Igelite, Polyacryl- und Polymethacrylsäureester sowie Luvican. Dagegen ist Polyvinylacetat besonders in niederen Alkoholen löslich. Ester und Ketone sowie Estermischlösungsmittel sind für die genannten Stoffe mit Ausnahme von Oppanol und Luvican, die darin entweder unlöslich oder nur quellbar sind, recht gute Lösungsmittel. Benzolkohlenwasserstoffe und Chlorkohlenwasserstoffe lösen die meisten nichthärtbaren Kunststoffe gut mit Ausnahme von Igelit MP und PCU. Gegen Benzinkohlenwasserstoffe und hydroaromatische Kohlenwasserstoffe sind die nichthärtbaren Kunststoffe mit Ausnahme der auf Kohlenwasserstoff aufgebauten beständig.

Gegenüber chemisch reaktiven Stoffen sind die weichmacherfreien nichthärtbaren Kunststoffe im allgemeinen recht widerstandsfähig. Besonders trifft dies für nichthärtbare Kunststoffe auf Kohlenwasserstoff- und Vinylchloridgrundlage zu, die sich durch Beständigkeit gegen Säuren, Alkalien, Oxydations- und Reduktionsmittel auszeichnen. Nur wenige Chemikalien, wie Chlor und Salpetersäure, wirken auf die genannten nichthärtbaren Kunststoffe zerstörend ein. Polystyrol wird jedoch auch von Salpetersäure nicht zerstört und Oppanol B nur bei längerer Einwirkung wenig angegriffen. Igelit PCU wird von Chlor zwar angegriffen; es bildet sich aber hierbei eine Schutzschicht an der Oberfläche, die einen weiteren Angriff verhindert. Nichthärtbare Kunststoffe der Esterklasse sind durch starke Säuren und Alkalien verseifbar; jedoch bestehen hier große graduelle Unterschiede. So nimmt z. B. die Säurebeständigkeit von den Polyvinylacetaten über die Polyacrylsäureester zu den Polymethacrylsäureestern zu. Gegen Oxydations- und Reduktionsmittel sind die Esterpolymerisate nicht in dem Maße beständig wie die Polymerisate auf Kohlenwasserstoff- und Vinylchloridgrundlage.

Einheitliche Prüfvorschriften zur Bestimmung der Beständigkeit von Kunststoffen gegen Chemikalien liegen bis jetzt noch nicht vor. Einen Fortschritt in dieser Richtung bedeuten jedoch diesbezügliche Vorschläge der Britischen Elektrizitätsforschungsgesellschaft und die Deutschen VDE-Vorschriften 0250 und 303. Ferner sind zwei im amerikanischen Schrifttum erschienene Arbeiten in diesem Zusammenhang zu erwähnen: „Properties of Commercial Plastics", Handbook of Chemistry and Physics, 21. Ausgabe. Chemical Rubber Publishing Co., Cleveland (Ohio) 1936; „Plastics Properties Chart", Modern Plastics 15, 120 (Oktober 1937). Eine eingehende Beschreibung der Wirkung von Chemikalien auf geschichtete Phenolharzpreßstoffe stammt von H. E. Riley. Bei dieser Untersuchung wurden Proben von $6{,}3 \times 25{,}4 \times 76{,}2$ mm³ bei Raumtemperatur und bei $60°$ C in Chemikalien gelagert. Die behandelten Proben wurden auf Gewichts-, Dicken- und Aussehensänderungen und auf den Zustand der Schichten und Kanten näher untersucht. Hierbei wurde festgestellt, daß Schichtstoffe auf Leinewandbasis, die verschiedenen Arten und Konzentrationen von Chemikalien ausgesetzt wurden, eine überraschende Gleichmäßigkeit der maximalen Gewichtszunahme zeigten. Das Maximum war bei 50%igem Harzgehalt ebenso groß wie bei reinem Harz. In vielen Fällen war auch die Festigkeit der Schichtstoffe erhalten geblieben, obwohl die Oberfläche angegriffen war. Ferner ist eine Arbeit von Kraemer in diesem Zusammenhang zu beachten. In dieser Arbeit sind interessante Beobachtungen über die Widerstandsfähigkeit geschichteter Kunststoffe gegen Salzwasser, Öl und Benzin-Benzolmischungen veröffentlicht. Festigkeitsprüfungen nach 8monatiger Lagerung in bewegter Kochsalzlösung zeigten bei Werkstoffen auf Papiergrundlage eine Einbuße der Werte von 12%; bei Werkstoffen auf Gewebegrundlage wurden keine Festigkeitsverluste beobachtet. Motorenöl und Benzin-Benzolmischungen waren auf beide Schichtstoffarten ohne festigkeitsmindernden Einfluß. Über die Einwirkung von Flüssigkeiten auf durchsichtige Kunststoffe haben Axilroad und Kline berichtet.

Literatur.

Axilroad and Kline: Journ. Res. nat. Bur. Standards **19**, 367 (1937).

Bandel: Angew. Chem. **51**, 570 (1938). — Batsch u. Meißerer: Ztschr. f. techn. Physik **17**, 283 (1936). — Baubigny u. Chavanne: Chem. Fabrik **11**, 140 (1938).

Erk, Keller u. Poltz: Physikal. Ztschr. **38**, 394 (1937). — Esch u. Nitsche: Kunstharze u. a. plast. Massen **8**, 249 (1938).

Gast u. Klingelhöffer: Kunststoffe **28**, 9 (1938). — Gottwald u. Weitzel: Kunststoffe **29**, 107 (1939).

Houwink: Kunststoffe **28**, 283 (1938).

I. G. Farbenindustrie A. G. Ludwigshafen: Kunststoffe **28**, 171 (1938).

Jenckel u. Woltmann: Kunststoffe **28**, 235 (1938).

Kline: Modern Plastics **15**, Nr. 8, 47; Nr. 9, 46; Nr. 10, 40 (1938). — Kline and Axilroad: Ind. and Engin. Chem. **28**, 1170 (1936) und Modern Plastics, April bis Juni **1938**. — Kollek: Kunstoffe **28**, 231 (1938). — Kraemer: Jahrbuch Dtsch. Versuchsanst. Luftfahrt 1939, Teil VI, S. 69—81. — Kuntze: Kunststoffe **28**, 238 (1938).

Mooney: Ind. and Engin. Chem., Anal. Ed. **6**, 147 (1934).

Nitsche: Ztschr. Ver. Dtsch. Ing. **80**, 755 (1936). — Nitsche u. Salewski: Plast. Massen **6**, 441 (1936); **7**, 6, 37 (1937). — Nitsche u. Zebrowski: Plast. Massen **8**, 33, 65 (1938). — Noll: Papierfabr. **35**, 365 (1937). — Nowak u. Hofmeier: Kautschuk **14**, 193 (1938).

Pennig and Meyer: Symposium on Plastics. Proc. Amer. Soc. Test. Mater. **1938**, 23. — Pinten: Kunststoffe **28**, 233 (1938). — Pyk u. Stalhane: Teknisk Tidskr. **62**, 286 (1932).

Riley: Ind. and Engin. Chem. **28**, 919 (1936). — Rupprecht: Kunststoffe **28**, 173 (1938).

Scheiber u. Seebach: Angew. Chem. **50**, 278 (1937). — Schob, Nitsche u. Salewski: Plast. Massen **5**, 353 (1935); **6**, 1 (1936). — Schröder: Kunststoffe **29**, 44 (1939). — Speitmann: Chem.-Ztg. **61**, 415 (1937). — Steger: Ber. Dtsch. Keram. Ges. **16**, 596 (1935). — Storfer: Mikrochim. Acta **1**, 260 (1937).

Thum u. Jacobi: VDI-Forschungsheft 396. Berlin: VDI-Verlag 1939.

Vieweg: Kunststoffe **27**, 215 (1937).

Weigelt: Kunststoffe **28**, 5 (1938).

Untersuchung der Lacke und Anstrichfarben.

Von

Dr. phil. **W. Toeldte**, Berlin-Dahlem.

Vorbemerkung (V, 907).

Seit der Herausgabe des Hauptwerkes haben sich in der Anstrichtechnik auf manchen Gebieten wichtige Änderungen vollzogen, die naturgemäß auch die Untersuchungs- und Prüfverfahren beeinflußt haben. Diese Änderungen ergaben sich vor allem durch die Notwendigkeit der Einsparung altgewohnter Rohstoffe und das dadurch bedingte Auftreten von Austauschstoffen, wie z. B. der EL-Firnis (Einheitslackfirnis, RAL-Lieferbedingungen Nr. 848 F). Hierzu gesellen sich Einschränkungen im Verbrauch, z. B. von ölhaltigen Bindemitteln auf bisher ungestrichenem Putz, Zement und Mauerwerk („Anordnung 12" der „Reichsstelle für industrielle Fettversorgung").

Durch das Auftauchen neuer Rohstoffe, z. B. Benzylcellulose, Chlorkautschuk, Acrylsäureharze, entstanden neue Lacktypen, mit denen auch einige bisher ungelöste Aufgaben der Anstrichtechnik bewältigt werden konnten (z. B. hochgradig alkalifeste Anstrichstoffe). Die Entwicklung der Technik und die Ausarbeitung geeigneter Untersuchungsverfahren auf diesem Gebiete ist noch keineswegs abgeschlossen. Neue Untersuchungsverfahren sind ferner enthalten in den Lieferbedingungen der Großverbraucher (z. B. Reichsbahn, Reichsarbeitsdienst, Heer, Marine, Luftwaffe).

So verschiedenartig die Anstrichstoffe in ihrer chemischen Zusammensetzung und in ihren Anwendungsgebieten sind, so verschiedenartig sind auch die Untersuchungsverfahren, die in erster Linie auf den Verwendungszweck und die Zusammensetzung abgestimmt sein müssen. Einige Beispiele mögen zur Erläuterung dienen: Von einer Rostschutzfarbe wird höchste Wetterbeständigkeit verlangt, die Lackierung eines Gummiballes muß dagegen in erster Linie den außerordentlich starken Formänderungen des hochelastischen Gummiuntergrundes standhalten. Von einer Autolackierung wird verlangt, daß sie genügend hart und geschmeidig ist, um gegen mechanische Verletzungen durch auftreffende Sandkörner widerstandsfähig zu sein; sie soll auch ihren Farbton und ihren Glanz möglichst lange behalten. Der durch Staub und Wettereinwirkung verlorengegangene Glanz soll durch Überpolieren mit geeigneten Lackpflegemitteln wiederherstellbar sein. Ein Konservendosenlack darf bei der starken mechanischen Beanspruchung durch die Blechbearbeitungsmaschinen nicht rissig werden oder abplatzen; an die eingefüllten Speisen darf er weder einen Beigeschmack noch gesundheitsschädliche Stoffe abgeben.

Die oben geschilderten Umstände bringen es mit sich, daß eine Anzahl von Untersuchungsverfahren nur für gewisse Spezialzwecke anzuwenden sind; hierauf wird in den einzelnen Abschnitten hingewiesen.

Andererseits gibt es aber auch Verfahren, die in der Anstrichtechnik eine allgemeine Bedeutung besitzen. Hierher gehört z. B. die Bestimmung von Viscosität, Streichbarkeit, Härte, Trockenvermögen u. a.

I. Physikalische Untersuchungsverfahren.

A. Konsistenz, Viscosität (V, 907).

Neben den Zwecken der Betriebskontrolle und der Einstellung eines Anstrichstoffes auf eine bestimmte Verarbeitungsweise (Streichen, Spritzen, Tauchen) ermöglichen Konsistenzmessungen auch eine Kontrolle über ein etwaiges Eindicken und Lösungsmittelverluste bei der Lagerung.

Die wissenschaftliche Erforschung der Viscositätsverhältnisse bei Ölfarben hat zu neuen Erkenntnissen über den Ölbedarf von Pigmenten und den optimalen Ölgehalt von Ölfarben geführt; hieraus ergeben sich weiterhin Wege zur Einsparung von fetten Ölen.

1. Auslaufviscosimeter. Seit einer Reihe von Jahren hat sich in der Lackfabrikation zur praktischen Viscositätsmessung ein einfaches Auslaufviscosimeter, der Auslaufbecher oder Fordbecher eingebürgert; der zweite Name rührt daher, weil er zuerst in den Fordwerken zur betriebsmäßigen Kontrolle der Viscosität der Autolacke verwendet wurde. Dieses einfache Gerät besteht aus einem zylindrischen Messinggefäß mit konischem Boden, der in der Mitte mit einer Auslauföffnung versehen ist.

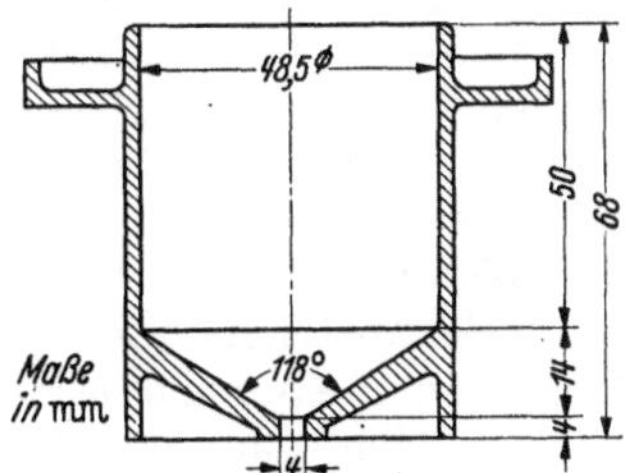

Abb. 1. Auslaufbecher.

Da der Apparat in Deutschland noch nicht genormt ist, sind Auslaufbecher mit verschiedenen Abmessungen im Gebrauch. Die Hauptabmessungen des von der Deutschen Reichsbahn in den „Technischen Lieferbedingungen für Fahrzeuganstriche auf Ölgrundlage" vorgeschriebenen Auslaufbechers sind aus vorstehender Abb. 1 ersichtlich. Dieser hat einen Inhalt von 100 cm³ und eine Ausflußöffnung von 4 mm Durchmesser.

Am oberen Rande befindet sich eine ringförmige Überlaufrinne. Zur Messung wird die Auslauföffnung mit dem Finger verschlossen und das Gefäß mit der zu prüfenden Flüssigkeit so weit gefüllt, bis etwas Flüssigkeit über den Rand in die Überlaufrinne läuft. Der obere Rand des Gefäßes mit dem Flüssigkeitsspiegel dient dann in einfacher Weise zur Einstellung und Kontrolle der richtigen senkrechten Stellung des Apparates. Die Flüssigkeit muß vor dem Einfüllen auf die Meßtemperatur gebracht werden; diese darf naturgemäß nicht zu weit von der Lufttemperatur abweichen, da das Meßgefäß selbst nicht mit einem Wärmeschutz versehen ist.

Die Auslaufzeit vom Freigeben der Auslauföffnung bis zum Abreißen des Flüssigkeitsstrahles dient als Maß für die Viscosität der untersuchten Probe.

Der Auslaufbecher kann für den Gebrauch in einen Stativring eingehängt werden. Er dürfte überall da mit Vorteil zu verwenden sein, wo keine hohen Ansprüche an die Meßgenauigkeit gestellt werden und wo der Hauptwert auf schnelle Messung, leichte Handhabung und Reinigung, geringe Empfindlichkeit und niedrigen Preis gelegt wird. Nach einem neuen Vorschlag von Röhrs soll ein Einheits-Auslaufbecher aus Kunststoff mit einer Stahldüse hergestellt werden.

2. Höppler-Viscosimeter. Ein für exakte Viscositätsmessungen besonders geeignetes neues Instrument ist das Höppler-Viscosimeter (vgl. Erg.-Bd. II, S. 59). Für genaue Messungen verwendet man zur Einstellung der Meßtemperatur zweckmäßig den Ultrathermostat (Hersteller ebenfalls Gebr. Haake, Medingen bei Dresden). Dieser gestattet eine auf 0,01° genaue automatische Konstanthaltung der Meßtemperatur auch unter Raumtemperatur, bei Anwendung einer Kühlvorrichtung, auf beliebig lange Zeit.

Die absolute Viscosität farbloser Lacke, Bindemittel und Lösungsmittel läßt sich mit dem Höppler-Viscosimeter mit großer Genauigkeit messen. Auch bei sehr dunklen und bei pigmenthaltigen Anstrichstoffen läßt sich die Messung meistens ausführen. In diesem Falle kann man den unteren Rand der Kugel nicht erkennen, man beobachtet statt dessen den fast stets sichtbaren Berührungspunkt der Kugel mit der Wandung des Fallrohres.

Viele Anstrichstoffe sind thixotrop und zeigen daher bei aufeinanderfolgenden Messungen abnehmende Viscosität. In solchen Fällen empfiehlt es sich, nach genügend langem Verweilen der Flüssigkeit im Fallrohr (bis zum Eintritt des Ruhezustandes) und Belassen der Kugel in der Anfangslage nur die erste Fallzeit zu bestimmen. Diese ergibt die scheinbare Gelviscosität. Darauf läßt man die Kugel so lange hin- und herfallen, bis die Fallzeiten gleichmäßig werden und ermittelt so die Solviscosität. In solchen Fällen muß bei dem Ergebnis auch angegeben werden, mit welcher Kugel die Messung erfolgte.

3. Turboviscosimeter. Das Turboviscosimeter von Wolff-Hoepke hat schon vor mehreren Jahren Eingang in die Praxis der Lackfabrikation für die Zwecke der Betriebskontrolle gefunden. Außerdem hat es eine bedeutende Rolle bei den Forschungsarbeiten über den „kritischen Ölbedarf" bei Ölfarben gespielt. Es besteht im wesentlichen aus einem S-förmigen Rührer, der sich in der zu messenden Flüssigkeit dreht und der durch einen Schnurlauf mit Gewichtsantrieb bewegt wird.

Die Abb. 2 zeigt die neueste Ausführungsform des Turboviscosimeters [Wolff und Zeidler (1)]. Das Antriebsgewicht besteht aus einem kleinen Blechgefäß (B), in das nach Bedarf Gewichtsstücke eingelegt werden können. Die Schnur ist in der Anfangslage bei gehobenem Gewicht auf die auf der Rührerachse sitzende Rolle (R) aufgewickelt. Beim Auslösen der Feststellschraube sinkt das Gewicht und setzt dabei den Rührer (S) in Tätigkeit. Die zur Erzielung einer Fallgeschwindigkeit des Gewichtes von 10 cm/sec ($=$ 10 Sekunden bei einer Fallstrecke von 1 m) erforderliche Belastung bildet das Maß für die „Turboviscosität". Die Fallstrecke von 1 m ist durch 2 Marken in der Schnur gekennzeichnet. Diese beiden Marken können sowohl optisch wie auch akustisch durch ein Klingelzeichen abgestoppt werden. Das Gefäß (*G*) zur Aufnahme der Flüssigkeit ist mittels eines Stieles in einem Halter befestigt und kann in diesem in die Meßstellung gehoben oder in die Ruhelage herabgelassen werden. Ein Anschlag sorgt dafür, daß das Gefäß in der Meßstellung sich stets in der gleichen Höhe befindet, so daß auch der Abstand des Rührers vom Gefäßboden bei jeder Messung der gleiche bleibt. Im Inneren des Gefäßes sind Kennmarken angebracht, durch die die Höhe der Flüssigkeit festgelegt ist.

Nach Beendigung der Messung wird die Schnur mittels der auf der Rührerachse sitzenden Handkurbel wieder aufgewickelt. Die ganze Appa-
ratur ist auf einem kleinen Brett untergebracht, das an der Wand angehängt wird. Als Meßgefäß kann auch ein doppelwandiges Gefäß mit Ein- und Auslaufstutzen zwecks Konstanthaltung der Temperatur mittels Wasserumlauf verwendet werden.

Das Turboviscosimeter kann mit Vorteil auch für schnell absetzende Anstrichfarben verwendet werden. Mehrere Parallelbestimmungen können ohne Entleerung und Reinigung des Apparates hintereinander ausgeführt werden.

4. Weitere Methoden zur Viscositätsmessung. In der Praxis der Lackfabrikation wird die Viscosität von Firnissen und Klarlacken auch mit sog. Konsistenzröhrchen nach der Luftblasenmethode geprüft. Man verwendet hierzu eine Anzahl genau gleich weiter und gleich langer

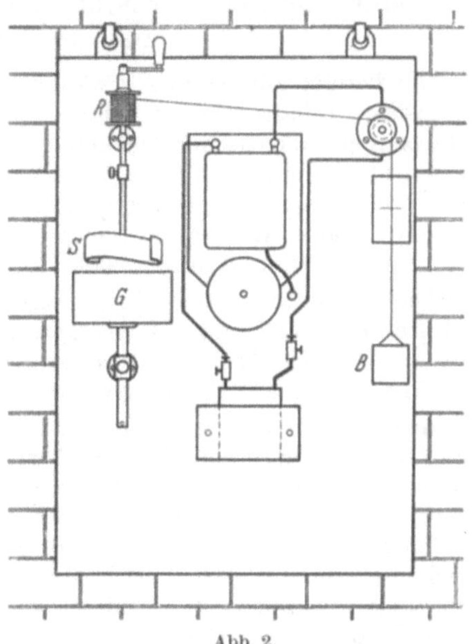

Abb. 2.
Turboviscosimeter nach Wolff und Zeidler (1).

(lichte Weite etwa 8 mm, Länge etwa 13 cm) nicht zu dünnwandiger, einseitig geschlossener Glasröhrchen mit Korkstopfen. Die Röhrchen werden mit der Flüssigkeit soweit gefüllt, daß in jedem Röhrchen noch eine Luftblase zurückbleibt. Die Luftblasen sollen annähernd gleich groß sein. Die Geschwindigkeit, mit der die Luftblase nach dem Umkehren des Röhrchens aufsteigt, bildet das Maß für die Viscosität. Im allgemeinen werden Vergleichsprüfungen, z. B. mit dem „Rückmuster" (zurückbehaltene Probe) eines früheren Lacksudes, angestellt. Oftmals benutzt man einen Satz Konsistenzröhrchen mit Flüssigkeiten von zweckmäßig abgestufter Viscosität, die einfach fortlaufend numeriert sind. Man kann dann durch Vergleichsprüfungen die Viscosität von Lacken u. dgl. in einfachster Weise annähernd ermitteln und bezeichnen.

Ein neues Verfahren zur Prüfung der Konsistenz von Lacken im noch feuchten Anstrichfilm haben Wolff und Zeidler (2) beschrieben.

Eine 3-mm-Stahlkugel rollt auf dem um einen bestimmten Winkel (nicht über 35°) geneigten Anstrich herab. Es wird die Zeit ermittelt, welche die Kugel zum Durchlaufen einer markierten Strecke von 4 cm benötigt. Die Laufzeit ist abhängig von der Filmviscosität. Der Film wird in einheitlicher Schichtdicke auf eine ebene Glasplatte aufgetragen und der Neigungswinkel so eingestellt, daß die Laufzeit nicht wesentlich mehr als 20 Sekunden beträgt. Der Einfluß der Filmdicke ist nicht sehr beträchtlich. Die Methode ermöglicht es, die Viscositätszunahme während der Lösungsmittelverdunstung zu ermitteln.

B. Bedeutung der Viscositätsmessung für Anstrichforschung und -technologie.

Die bereits am Anfang erwähnte wissenschaftliche Erforschung der Viscositätsverhältnisse bei Ölfarben führte zu der Erkenntnis, daß bei Ölfarben ein „kritischer Ölgehalt" festgestellt werden kann, oberhalb bzw. unterhalb dessen eine verhältnismäßig sehr starke Veränderung der Struktur und damit bestimmter Anstricheigenschaften, z. B. Quellbarkeit, Glanz, Haltbarkeit, eintritt [Literaturzusammenstellung über die grundlegenden Arbeiten siehe Zeidler (1)].

Die Bestimmung des „kritischen Ölbedarfs" erfolgt am einfachsten auf graphischem Wege [Wolff und Zeidler (1)]. An dieser Stelle soll nur das Prinzip der Methode angegeben werden; bezüglich der genauen Ausführung sei auf die Originalarbeit verwiesen.

Aus dem zu untersuchenden Pigment und dem Bindemittel (Firnis bzw. Standöl) wird eine Ausgangsfarbe hergestellt, die dicker ist als eine streichfertige Farbe, deren Konsistenz jedoch noch eine Messung im Turboviscosimeter gestattet. Verdünnungsmittel, wie Testbenzin u. dgl. dürfen nicht zugegen sein. Man ermittelt dann mit dem beschriebenen Turboviscosimeter die „Turboviscosität". Die Farbe wird dann stufenweise mit weiterem Bindemittel vermischt und von jeder Mischung ebenfalls die „Turboviscosität" ermittelt. Von den so erhaltenen Werten wird die gleichfalls bestimmte Turboviscosität des reinen Bindemittels abgezogen. Diese reduzierten Viscositäten werden als Ordinaten in ein rechtwinkliges Koordinatensystem eingetragen, während die zugehörigen Abszissen von den entsprechenden Ölgehalten der Mischungen in Gewichtsprozenten gebildet werden. Der Maßstab wird dabei so gewählt, daß 10 Einheiten der Viscosität und 1 Gew.-% Öl gleich lange Strecken auf den Koordinatenachsen bilden. Die für die einzelnen Mischungen erhaltenen Schnittpunkte der Koordinaten werden durch eine Kurve verbunden (s. Abb. 3). Dann schlägt man um den Koordinatenanfangspunkt einen Kreis, so daß er die Viscositätskurve berührt. Der zu diesem Berührungspunkt gehörige Ölgehalt ist der „kritische Ölgehalt". Aus den in der Abb. 3 gegebenen Beispielen erhält man folgende kritische Ölgehalte:

<pre>
Bleimennige . . . . 13,5 Gew.-% Öl
Bleiweiß 23   „   „
Zinkweiß I 27   „   „
Zinkweiß II 42   „   „
</pre>

In Wirklichkeit ist der kritische Ölbedarf, dessen Bedeutung in den oben geschilderten Veränderungen gewisser Anstricheigenschaften liegt, kein scharfer Punkt, sondern man müßte genauer von einem „kritischen Bereich" sprechen.

Es ist an dieser Stelle nicht möglich, alle Beobachtungen und Schluß-folgerungen, die sich aus den Untersuchungen über den kritischen Öl-bedarf ergeben haben, zu erwähnen. Es sollen daher nur einige Bei-spiele herausgegriffen werden, die für die Art der hier vorliegenden Probleme charakteristisch sind.

Die Einsparung von Leinöl erscheint möglich, wenn Ölfarben mit einem Ölgehalt verarbeitet werden, der sich aus dem kritischen Ölgehalt

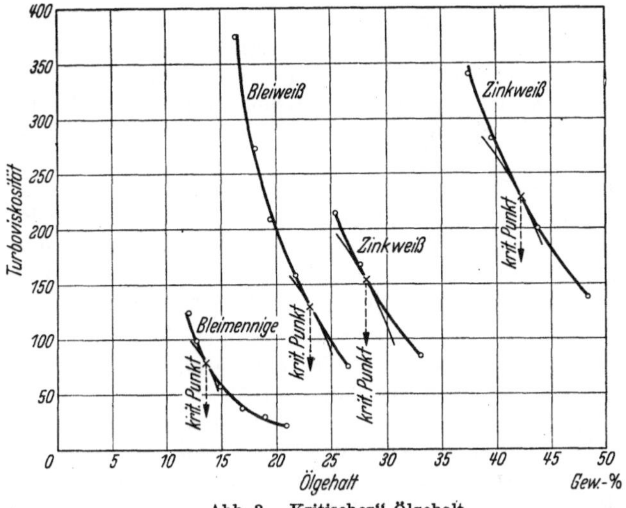

Abb. 3. „Kritischer" Ölgehalt.

ableiten läßt [Zeidler (2)]. In vielen Fällen stellt der kritische Ölgehalt entweder selbst einen optimalen Ölgehalt oder den Beginn oder das Ende eines optimalen Bereiches dar [Wolff (1)].

Im Verlauf der Arbeiten über den kritischen Ölbedarf wurde auch beobachtet, daß Leinöl durch eine bestimmte Wärmebehandlung eine höhere Benetzungsfähigkeit erhält, die ebenfalls die Möglichkeit einer Ölersparnis zuläßt [Zeidler (2)]. In diesem Zusammenhang sei erwähnt, daß Schmid durch eine andersartige Präparation von Leinöl ebenfalls eine beträchtliche Erniedrigung des Ölgehaltes, insbesondere von Zink-weißpasten, erreicht hat.

Auch Standölfarben und Farben, deren Bindemittel aus Standöl-Leinölgemischen bestehen, zeigen einen kritischen Ölgehalt. Bei Standöl-farben ist die kritische Viscosität ausschließlich vom Öl bedingt, während sie bei Leinölfarben vor allem vom Pigment abhängt [Wolff (2)].

Ein zu hoher Ölgehalt ist in vielen Fällen für die Haltbarkeit der Anstriche schädlicher als ein etwas zu niedriger Ölgehalt. Hierbei ist nicht der absolute Ölgehalt, sondern der kritische Ölgehalt zugrunde zu legen[1].

Schließlich sei noch erwähnt, daß auch die spezifische Lösefähigkeit von Lösungsmitteln durch Viscositätsmessungen ermittelt werden kann (Wolff und Hesse). Aus Viscositätsmessungen an Lösungen hochpolymerisierter Öle in verschiedenen Lösungsmitteln lassen sich wiederum Rückschlüsse auf den Polymerisationszustand der untersuchten Öle ziehen (Wolff und Toeldte).

C. Flammpunkt (V, 910).

Bei der Flammpunktsbestimmung im Abel-Pensky-Apparat können bekanntlich erhebliche Fehler entstehen, wenn die Flammpunkte von hochviscosen Flüssigkeiten, wie Lacken und Anstrichfarben ermittelt werden sollen. Es werden dann oftmals zu niedrige Flammpunkte gefunden, weil infolge der schlechten Wärmeleitung durch die Flüssigkeit die Gefäßwandung bereits wärmer ist als die Mitte des Gefäßes, wo sich das Thermometer befindet. Außerdem treten bei Parallelbestimmungen starke Streuungen auf. Der Unterschied wird um so größer, je schlechter die Wärmeleitfähigkeit der Flüssigkeit ist, je mehr man die Flüssigkeit unterhalb des Flammpunktes unterkühlt und je schneller man die zu prüfende Flüssigkeit erhitzt. Der Temperaturunterschied innerhalb der Flüssigkeit muß daher durch Rühren beseitigt werden.

Der Abel-Pensky-Apparat besitzt keine Rührvorrichtung, dagegen ist der in Deutschland für Temperaturen oberhalb 50° übliche Pensky-Martens-Apparat mit einem Rührer versehen. Roßmann und Haug schlagen daher vor, zur Bestimmung des Flammpunktes von Lacken Tiegel und Deckel mit Zünd- und Rührvorrichtung des Pensky-Martens-Apparates in Verbindung mit dem Heizmantel des Abel-Pensky-Apparates zu verwenden, zumal da die Maße der Einsatztiegel der beiden Apparate bis auf Bruchteile von Millimetern übereinstimmen.

Roßmann und Haug haben nachgewiesen, daß man bei der Prüfung von reinen Lösungsmitteln, wie Sangajol, Anon, Toluol, Xylol, Butylacetat und von Lösungsmittelgemischen, die sich im Abel-Pensky-Apparat einwandfrei prüfen lassen, auch nach dem geschilderten neuen Verfahren ausreichend übereinstimmende Werte erhält. Bei Chlorkautschuklacken wurden dagegen mit dem Abel-Pensky-Apparat viel zu niedrige Flammpunkte erhalten, während das neue Verfahren eine einwandfreie Messung bei verhältnismäßig kurzer Versuchsdauer erlaubte. Chlorkautschuklacke von höherer Konzentration ergaben höhere Flammpunkte als die entsprechenden reinen Lösungsmittel, wahrscheinlich deshalb, weil eine konzentrierte Chlorkautschuklösung den Dampfdruck des Lösungsmittels etwas erniedrigt.

---

[1] Weitere Arbeiten über den kritischen Ölgehalt siehe Wolff (3), (4), (5); ferner Wolff und Zeidler (3), (4). Von neueren Veröffentlichungen über Viscositätsmessung und -forschung auf dem Gebiet der Cellulosederivate seien genannt: D. Krüger sowie Tomonari (s. Lit.-Verz.).

Die Lieferbedingungen der Großverbraucher (Wehrmacht, Reichsbahn, Reichsarbeitsdienst) schreiben für viele Anstrichstoffe auf Öl- und Alkydharzbasis vor, daß der Flammpunkt nicht unter 21° liegen darf.

D. Lagerfähigkeit.

Die erste Anforderung, die an einen fertigen Lack oder an eine fertige Anstrichfarbe gestellt wird, ist die, daß das Erzeugnis seine Eigenschaften bei der Lagerung nicht in nachteiliger Weise verändern darf. Nach den technischen Lieferbedingungen der Deutschen Reichsbahn dürfen Öl-farben und Nitrocellulose-Lackfarben innerhalb von 6 Monaten nur einen Bodensatz bilden, der sich durch Umrühren vollständig und schnell wieder einmengen läßt. Für Bleimennige-Ölfarbe gilt diese Be-stimmung nur für 2 Monate. Die Lagerbeständigkeit der Bleimennige-farbe wird dadurch festgestellt, daß eine in eine Blechbüchse von 6 cm Durchmesser gefüllte 100-cm³-Probe auf 80° erwärmt und 8 Stunden lang bei dieser Temperatur gehalten wird. Nach dem Abkühlen auf 20° muß sie sich noch einwandfrei verstreichen lassen. Während des Er-wärmens ist die Büchse luftdicht zu verschließen. Durch diese Prüfung wird also das Absetzen des Pigmentes, das unter natürlichen Bedin-gungen erst nach verhältnismäßig langer Zeit eintritt, in viel kürzerer Zeit herbeigeführt. Im allgemeinen wird man aber, namentlich bei solchen Anstrichstoffen, deren Verhalten noch nicht genau erforscht ist, die Lagerfähigkeit nur durch Beobachtung unter natürlichen Be-dingungen während einer den praktischen Verhältnissen entsprechenden Lagerdauer mit Sicherheit prüfen können.

Eine unerwünschte Eigenschaft mancher Lacke und Anstrichfarben ist ihre Neigung zur Hautbildung beim Lagern. In der Praxis werden daher alle in dieser Hinsicht verdächtigen Anstrichstoffe in angemessenen Zeitabständen auf Hautbildung geprüft. Zur beschleunigten Unter-suchung füllt man zweckmäßig eine Farbenbüchse bis zu etwa $1/4$ ihrer Höhe mit dem zu prüfenden Material und bewahrt sie ruhig stehend und gut verschlossen auf.

E. Feinheit (s. a. Erg.-Bd. II, 408).

Die Pigmente der Anstrichfarben und Lacke müssen eine genügende Kornfeinheit besitzen; die angeriebenen Farben dürfen keine gröberen Teilchen enthalten, und zwar müssen sie um so feiner sein, je höhere Ansprüche an die Gleichmäßigkeit (Glätte) und an den Glanz des fertigen Anstriches bzw. der Lackierung gestellt werden. Man prüft die Fein-heit in einfacher Weise dadurch, daß man die Farbe mit dem zugehörigen Verdünnungsmittel verdünnt und einige Tropfen auf einer schräggestell-ten Glasplatte ablaufen läßt. In dem entstehenden dünnen Film kann man gröbere Teilchen, wie sie bei ungenügender Vermahlung oder bei Verunreinigung der Anstrichfarbe vorkommen, leicht erkennen.

Die technischen Lieferbedingungen der Deutschen Reichsbahn schrei-ben für Fahrzeug-Anstrichstoffe auf Ölgrundlage vor, daß die mit einer beliebigen Menge Dekalin verdünnten hautfreien Anstrichfarben —

abgesehen von Aluminium- und Eisenglimmerfarben — zu mindestens
99,5% (auf den Farbkörper berechnet) durch das DIN-Prüfsieb Nr. 100
mit 10000 Maschen je cm² hindurchgehen müssen. Aluminium und
Eisenglimmer müssen zu mindestens 99,5% durch das DIN-Prüfsieb
Nr. 40 mit 1600 Maschen je cm² gehen. Zur Prüfung wird ein Sieb
benutzt, das aus einem dünnwandigen metallischen Hohlzylinder von
5,5 cm innerem Durchmesser besteht, dessen eine Öffnung von dem
Prüfsieb mit der vorgeschriebenen Maschenzahl abgeschlossen wird.
An der anderen Öffnung sind außen zwei gegenüberliegende Haken
angebracht, die es gestatten, das Sieb in $^1/_3$ der Höhe eines Becherglases
von etwa 7 cm Durchmesser und 15 cm Höhe einzuhängen. In das im
Becherglas hängende Sieb werden 10 g hautfreie Farbe gegossen. Hierauf
wird Dekalin nachgegossen, bis das Becherglas etwa zur Hälfte gefüllt
ist. Durch wiederholtes Auf- und Abbewegen des Siebes in der Flüssigkeit wird die Farbe durch das Sieb gespült, wobei mit einem feinen
Haarpinsel leicht gerieben wird. Der etwa verbleibende Rückstand
wird in einem anderen mit Farbverdünnungsmittel gefüllten Becherglas auf gleiche Weise weiterbehandelt, bis kein Farbkörper mehr durch
das Sieb geht. Verbleibt ein nennenswerter Rückstand auf dem Sieb,
so wird es zur Entfernung etwa darin vorhandener Metallseifen 5 Minuten
in ein Becherglas mit einem kochenden Gemisch von 90 Gewichtsteilen
Benzol und 10 Gewichtsteilen Alkohol getaucht. Um das Verdampfen
dieser Lösungsmittel zu vermeiden, ist hierbei eine Metallkühlschlänge
in das Becherglas über die siedende Flüssigkeit zu hängen. Hierauf
wird die angegebene Behandlung mit Dekalin fortgesetzt, bis kein Farbkörper mehr durch das Sieb geht. Der Siebrückstand wird mit dem
Sieb getrocknet und gewogen.

F. Verarbeitungsfähigkeit.

1. Die Streichbarkeit, Spritzfähigkeit usw. von Lacken und Anstrichfarben zu prüfen, ist in erster Linie Sache des Malers bzw. Lackierers.
Es muß stets auf dem Untergrund geprüft werden, für den das betreffende Material bestimmt ist. Überzugslacke, Schleiflacke und Lackfarben sind auf dem in jedem einzelnen Falle in Frage kommenden
Grundanstrich zu prüfen.

Es sei hier bemerkt, daß viele der in diesen Abschnitten beschriebenen
Prüfmethoden eine primitive, handwerksmäßige Form haben. Solche
„Faustmethoden" spielen aber in der Anstrichtechnik eine überragende
Rolle und jeder, der sich mit der Prüfung von Anstrichstoffen und
Anstrichen befassen will, muß die handwerksmäßige Arbeitsweise kennen
und berücksichtigen. Zahlreiche Prüfmethoden sind ausschließlich aus
der Eigenart des anstrichtechnischen Fachgebiets hervorgegangen und
können nicht in einfache Beziehung zur exakten Wissenschaft gebracht
werden.

Die Streichbarkeit eines Lackes hängt außer von dem Lack und vom
Material des Untergrundes auch von der Größe der zu streichenden
Fläche ab. Es kann z. B. der Fall eintreten, daß ein Lack oder eine
Anstrichfarbe sich wohl auf kleine Flächen, aber nicht auf große Flächen

einwandfrei streichen läßt, etwa aus dem Grunde, weil der Anstrich zu schnell antrocknet und demzufolge beim Ansetzen eines neuen Streifens an einen kurz vorher gestrichenen keine gleichmäßige Fläche erhalten werden kann. Darum darf die zur Feststellung der Streichfähigkeit gestrichene Fläche nicht zu klein sein; bei Anstrichstoffen für größere Flächen ist eine Tafel von 50×25 cm angemessen (RAL Lieferbedingungen Nr. 840 A2, Einfache Prüfung von Farben und Lacken). Auch die Temperatur, bei der die Prüfung auf Streichbarkeit vorgenommen wird, hat Einfluß auf das Ergebnis. Bei niedriger Temperatur sind die Anstrichstoffe schwerer streichbar als bei höherer Temperatur. Bei zu hoher Temperatur können hingegen Lacke und Lackfarben zu rasch antrocknen und daher zu schwer streichbar erscheinen.

Ein wichtiger Umstand ist auch das Verhalten des Anstriches unmittelbar nach dem Auftragen. Von Lacken und Lackfarben wird verlangt, daß sie verlaufen, d. h. daß die Pinselstriche bzw. beim Spritzen die Tröpfchen zu einer gleichmäßigen Schicht mit glatter Oberfläche zusammenfließen. Hierzu ist eine gewisse Beweglichkeit notwendig, die so groß sein muß, daß die Flüssigkeitsteilchen unter der Wirkung der Molekularkräfte fließen. Die Beweglichkeit darf aber andererseits nicht so groß sein, daß die Flüssigkeitsteilchen schon unter der Wirkung der Schwerkraft abwärtsfließen; der Anstrich darf nicht ablaufen. Bei der Einstellung einer Anstrichfarbe auf Streichbarkeit muß also im allgemeinen ein Kompromiß geschlossen werden zwischen möglichst geringem Widerstand beim Verstreichen und gutem Verlaufen einerseits und Verhinderung des Ablaufens andererseits. Die für die Verarbeitungsfähigkeit wichtigste Eigenschaft der Anstrichstoffe ist daher ihre Konsistenz. In der Praxis wird die bei einer bestimmten Anstrichfarbe als richtig ermittelte Konsistenz mit Hilfe von Konsistenzmessungen (z. B. Auslaufbecher) stets gleichgehalten.

Bei der Prüfung auf Spritzfähigkeit dürfen die betreffenden Anstrichstoffe, falls sie verdünnt werden müssen, nur mit den zugehörigen, vorgeschriebenen Verdünnungsmitteln verdünnt werden. Die für einen einwandfreien Spritzauftrag maßgebenden Umstände, wie Spritzapparatur, Spritzdruck, Abstand der Spritzpistole von der zu spritzenden Fläche usw. müssen bei der Prüfung natürlich genau beachtet werden. Sie sind von der verwendeten Apparatur, von der Beschaffenheit des Lackes und der zu lackierenden Fläche abhängig und können daher nicht allgemein angegeben werden. Der fertige Anstrich soll gleichmäßig, nicht narbig sein und nicht ablaufen.

Wenn auch die Verarbeitungsfähigkeit von Anstrichstoffen im wesentlichen durch den praktischen Versuch geprüft werden muß, so ist doch auch auf diesem Gebiete wissenschaftliche Forschungsarbeit geleistet worden. Es war von vornherein klar, daß zwischen Verarbeitungsfähigkeit und Konsistenz ein Zusammenhang bestehen muß; es hat sich jedoch gezeigt, daß dieser Zusammenhang nicht für alle Anstrichstoffe auf eine einfache Formel gebracht werden kann. Dies rührt vor allem daher, daß Lacke und Anstrichfarben keine rein viscos fließenden Stoffe sind, sondern daß man sie als „plastische" Flüssigkeiten auffassen muß, die etwa eine Zwischenstellung zwischen festen Körpern und Flüssigkeiten einnehmen. Plastische Flüssigkeiten sind dadurch gekennzeichnet, daß sie unter der Einwirkung geringer Scherkräfte ihre Form noch beibehalten und erst nach Überschreiten einer bestimmten Kraft (Fließfestigkeit) eine kontinuierliche Deformation erleiden. Wolff (6) hat in einer Arbeit über „viscoses und elastisches Fließen von Anstrichfarben" die plastischen Eigenschaften verschiedener Anstrichstoffe mit dem Turboviscosimeter (vgl. S. 473) untersucht und eine Formel zur Berechnung der Plastizität aus Viscositätsmessungen angegeben. Obgleich beim Turboviscosimeter kein einfacher Strömungsvorgang vorliegt, wurde für rein viscose Flüssigkeiten, z. B. Glycerin, Mineralöl, jeweils eine vom Bewegungszustand unabhängige Viscosität gefunden. Das Produkt von Fallzeit (t) und Fallgewicht (G) war konstant. Bei Anstrichfarben ist jedoch $G \cdot t$ nicht konstant, sondern nimmt mit steigender Fallgeschwindigkeit ab. Der Quotient aus dem bei geringer Fallgeschwindigkeit erhaltenen Produkt und dem bei höherer sich ergebenden ist dabei um so größer, je höher die „Plastizität" der Farbe ist. Es gibt jedoch strenggenommen keine durch eine bestimmte Zahl darstellbare Plastizität oder, anders ausgedrückt, auch die Plastizität ist abhängig vom Bewegungszustand. Der Plastizitätsunterschied bei großer und kleiner Geschwindigkeit kann als Maß dafür gelten, wieweit sich das Fließen eines Stoffes dem viscosen Fließen nähert. Die gesamten Viscositäts- und Plastizitätsverhältnisse eines Anstrichstoffes lassen sich nach Wolff mittels einer empirischen Formel durch 3 Konstanten, die aus 3 Viscositätsmessungen zu gewinnen sind, eindeutig darstellen.

Droste (1) hat Konsistenzmessungen an streichbaren Anstrichfarben angestellt mit dem Ziel, die für die Streichbarkeit maßgebenden physikalischen Eigenschaften zu ermitteln.

Ausgehend von früheren Untersuchungen von Bingham kommt Droste zu dem Ergebnis, daß sich die Konsistenzeigenschaften zahlenmäßig durch zwei Größen, die reziproke Beweglichkeit und die Fließfestigkeit wiedergeben lassen. Für das rein viscose Fließen unter der Scherkraft F zwischen zwei parallelen Flächen vom Abstand r gilt die Beziehung

$$\frac{d\,v}{d\,r} = \varphi\, F,$$

wenn v die Fließgeschwindigkeit ist. Bei den plastischen Flüssigkeiten wird ein gewisser Teil der Scherkraft aufgebraucht, um die Fließfestigkeit des Materials zu überwinden. Wird nun die Scherkraft F größer als die Fließfestigkeit f, so wird die Differenz beider Kräfte verwandt, um plastisches Fließen gemäß der Gleichung

$$\frac{d\,v}{d\,r} = \mu\, (F-f)$$

zu erzeugen, wobei μ der Beweglichkeitskoeffizient entsprechend der Fluidität φ beim viscosen Fließen ist. Die der Scherkraft entgegenwirkende Kraft f kann als direktes Maß der Plastizität angesehen werden. Für die Konsistenzmessungen wurde eine Capillare (Capillarplastometer) verwendet. Für das plastische Fließen durch Capillaren hat Droste

folgende ebenfalls von Bingham stammende Formel mit Anstrichfarben nachgeprüft und für brauchbar befunden:

$$\frac{1}{\mu} = \frac{\pi\, r^3}{4} \cdot \frac{F - f}{V/t} \, .$$

Hierin bedeutet V/t die Fließgeschwindigkeit in cm³/sec, während die
Bedeutung der übrigen Buchstaben die gleiche wie oben ist. $1/\mu$ ist
hier also die reziproke Beweglichkeit, eine Größe, die der Viscosität der
echten Flüssigkeiten entspricht. Droste hat an einer Reihe von Ölfarben mit verschiedenen Weißpigmenten die Abhängigkeit der reziproken Beweglichkeit und der Fließfestigkeit vom Ölgehalt der Farben-
anreibungen festgestellt. Mit steigendem Ölgehalt fallen sowohl die
$1/\mu$ wie die f-Werte. Die reziproke Beweglichkeit ist danach ein Maß
für das Anreiben der Weißfarben auf Streichbarkeit. Die Fließfestigkeits-
werte dagegen gehen mit diesen Werten nicht parallel, trotz praktisch
gleicher Streichbarkeit ist die Plastizität des Zinkweißes etwa doppelt
so groß wie die des Bleiweißes. Für Bleiweiß, Lithopone Rotsiegel,
Titanweiß Standard A und Zinkweiß liegen die reziproken Beweglich-
keiten der streichbaren Ölfarben etwa zwischen 2,0 und 4,5 cm⁻¹ g sec⁻¹.
Bei den Fließfestigkeiten lassen sich nicht in gleicher Weise eng begrenzte,
allgemeingültige Werte festlegen, vielmehr werden die Fließfestigkeiten
von den Eigenschaften des Farbkörpers entscheidend beeinflußt. Für
die Fließfestigkeit fand Droste die Grenzen von 500—1400 Dyn/cm².

An einigen Farben mit ganz extremen Konsistenzeigenschaften
ließen sich diese Eigenschaften zahlenmäßig durch reziproke Beweglichkeit und Fließfestigkeit wiedergeben und ihre Beziehungen zum
praktischen Verhalten beim Streichen feststellen. Eine von diesen war
eine ganz plastische Farbe, die sich zwar sehr leicht verstreichen ließ,
jedoch nicht den geringsten Verlauf zeigte. Entsprechend ergab die
Messung einen extrem hohen f-Wert bei sehr niedrigem $1/\mu$-Wert. Beim
Streichen überwindet der Maler die hohe Fließfestigkeit; infolge des
niedrigen $1/\mu$-Wertes läßt sich die Farbe so leicht auseinanderstreichen,
daß der hohe f-Wert den Maler nicht besonders stört. Durch Zusatz
eines Benetzungsmittels konnten die plastischen Eigenschaften dieser
Farbe fast vollständig beseitigt werden, so daß sie ähnlich wie wäßrige
Aufschlämmungen lief. Eine Lithoponefarbe mit Standölgehalt war naturgemäß zähflüssig und ergab einen hohen $1/\mu$-Wert, ist daher erheblich
schwerer verstreichbar. Bezüglich der übrigen Ergebnisse der Droste-
schen Untersuchungen muß auf die Originalarbeit verwiesen werden.

Ein weiterer Beitrag über die Streichbarkeit und die Bestimmung
des Grades der Streichbarkeit: Wolff (7).

Die Streichbarkeit kann durch Viscositäts- und Plastizitätsmessungen
in der beschriebenen Weise nur insoweit ermittelt werden, als die Ver-
dunstungsgeschwindigkeit etwa vorhandener Lösungsmittel noch keine
Rolle spielt.

Anstrichstoffe, bei denen sich infolge des Vorhandenseins flüchtiger
Lösungsmittel die Viscosität im Anstrich schnell ändert, können bezüg-
lich ihrer Streichbarkeit (oder Spritzbarkeit) verglichen werden durch
Bestimmung der Viscositätserhöhung während einer gewissen Zeit.

Bei vielen Lacken und Anstrichfarben verdunsten schon während des Verstreichens erhebliche Mengen Lösungsmittel, so daß die Konsistenz währenddem ansteigt. Die Zeit, die dem Maler zum gleichmäßigen Verteilen des aufgetragenen Anstrichstoffes („Verschlichten") zur Verfügung steht, kann aus diesem Grunde sehr begrenzt sein. Die Deutsche Reichsbahn schreibt für Rostschutzfarben auf Phthalatharzgrundlage folgendes vor: „Die Farben müssen so langsam antrocknen, daß ein sachgemäßes, handwerkliches Verschlichten während des Streichens möglich ist." Der Grund, warum diese Anforderung gerade bei den Phthalatharzfarben erhoben wird, ist darin zu suchen, daß diese Anstrichstoffe als Bindemittel das besonders zähflüssige Phthalatharz enthalten und daß demzufolge bei zu schneller Verdunstung des Lösungsmittels leicht Verarbeitungsschwierigkeiten auftreten können.

Es hat auch nicht an Bemühungen gefehlt, für die Bestimmung der Streichbarkeit besondere Apparate zu entwickeln. Während der Apparat von Droste (2) nichts anderes als ein Viscosimeter ist, soll mit dem Streichbarkeitsprüfer von Baldwin und Gardner der praktische Streichvorgang möglichst genau nachgeahmt werden (s. Abb. 4).

Der Apparat besteht aus einer kleinen, durch einen Motor angetriebenen zylindrischen Schweinsborstenbürste (A), die auf der Innenwandung einer drehbaren Blechtrommel (B) mit waagerechter Achse rotiert und

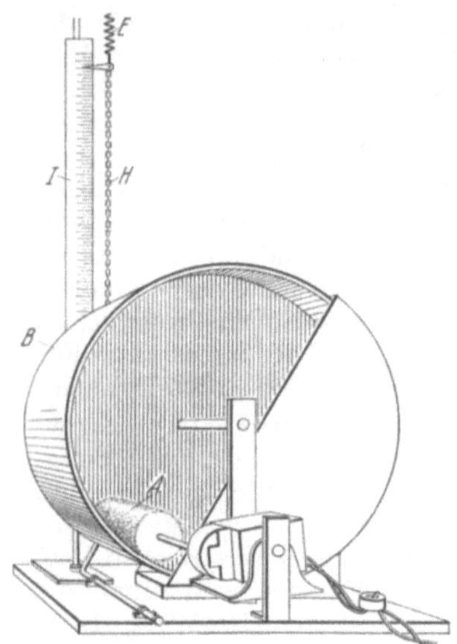
Abb. 4. Streichbarkeitsprüfer.

diese infolge der Reibung in Drehung versetzt. Die Trommel dehnt dabei mittels eines Kettenantriebes (H) eine Stahlfeder (E), die das Bestreben hat, die Trommel wieder zurückzudrehen. Die Trommel wird daher zum Stillstand kommen, wenn die Zugkraft der Stahlfeder und die Reibung zwischen Bürste und Trommelwandung sich gerade das Gleichgewicht halten. Die Dehnung der Feder gibt also ein Maß für die Reibung an der rotierenden Bürste; sie kann an der Skala I abgelesen werden. Dadurch, daß zwischen Bürste und Trommelwandung eine bestimmte Menge (15 cm³) der zu prüfenden Anstrichfarbe gegossen wird, erhält man ein Maß für den Widerstand, den der Pinsel beim Streichen der Farbe erfährt. Bei nicht verdünnter und verdünnter Farbe ergab die Vorrichtung die erwarteten Unterschiede in der Streichfähigkeit. Weiterhin wurden verschiedene Anstrichfarben von recht unterschiedlicher Verstreichbarkeit untersucht. Bei langsam antrocknenden Farben blieben die aufeinanderfolgenden Ablesungen recht konstant, bei schnell trocknenden Farben trat eine Zunahme des Widerstandes ein. Im letzteren Falle kann aus dem Unterschied zwischen zwei

Ablesungen die Geschwindigkeit abgeleitet werden, mit der die Farbe antrocknet und entsprechend schlechter verläuft. Die erhaltenen Werte brauchen nicht alle Eigenschaften wiederzugeben, die mit der Streichbarkeit zusammenhängen.

2. Geruch. Eine für die Praxis wichtige Eigenschaft von Anstrichstoffen, die in wissenschaftlichen Abhandlungen meist keine Beachtung findet, ist der Geruch der Anstrichstoffe. Wenn es hierfür auch keine andere Prüfmethode gibt als eben die Anwendung des Geruchssinnes, so ist ihre Bedeutung für die Verarbeitungsfähigkeit der Anstrichstoffe keineswegs geringer als die Bedeutung anderer Prüfmethoden. Man findet in den technischen Lieferbedingungen der Großverbraucher häufig Anforderungen, die sich auf den Geruch beziehen. So z. B. Wehrmacht, vorläufige technische Lieferbedingungen für den Geschoßanstrich: „Die Verdünnungsmittel dürfen keinen aufdringlichen, unangenehmen Geruch haben"; Deutsche Reichsbahn, vorläufige technische Lieferbedingungen für Kunstharz-Anstrichstoffe der Lokomotiven: „Lösungs- und Verdünnungsmittel dürfen keinen aufdringlichen Geruch besitzen." Die Frage, wann der Geruch eines Anstrichstoffes als „unangenehm" und wann er als noch erträglich zu gelten hat, ist weitgehend individuell und von Fall zu Fall verschieden. Es kommt jedoch in der Praxis oftmals vor, daß ein Lack oder eine Anstrichfarbe vom Verbraucher nur wegen ihres unangenehmen Geruches abgelehnt wird. Eine Anstrichfarbe, deren Geruch in einem Industriebetrieb noch in Kauf genommen wird, kann in anderen Fällen, z. B. im Inneren von Wohnräumen, schon als zu sehr geruchsbelästigend empfunden werden. Hinzu kommt noch, daß alle Lösungsmitteldämpfe auch mehr oder weniger giftig sind, so daß die Anwendbarkeit zahlreicher Anstrichstoffe schon aus diesem Grunde stark beschränkt bleiben muß.

Die Beurteilung der Verarbeitungsfähigkeit von Anstrichstoffen auf Grund der Geruchsprüfung hat — wie die Beurteilung vieler anderer Eigenschaften von Anstrichstoffen — genügende Fachkenntnisse zur Voraussetzung.

G. Ausgiebigkeit.

Für die Beurteilung des Rohstoffaufwandes, z. B. an Leinöl und der Kosten eines Anstriches ist die Ermittlung der Ausgiebigkeit der Anstrichstoffe erforderlich. Die Bestimmung der Ausgiebigkeit kann nur im praktischen Versuch durchgeführt werden, bei Streichfarben z. B. folgendermaßen: Nachdem man den Pinsel durch wiederholtes Sättigen mit der Anstrichfarbe und durch Ausstreichen gut vorbereitet hat, läßt man ihn in der Büchse mit Farbe und wägt beides zusammen ab. Dann nimmt man den Probeanstrich auf einer Fläche von bekannter Größe vor und wägt danach wieder die Büchse mit Farbe und Pinsel. Durch Umrechnung erhält man die Fläche, die mit 1 kg Anstrichfarbe gestrichen werden kann. Da die Ausgiebigkeit stark von der Art des Untergrundes und häufig von der Außentemperatur abhängt, müssen die praktischen Arbeitsbedingungen entsprechend berücksichtigt werden. Bei der Bestimmung der Ausgiebigkeit von Anstrichstoffen, die durch Spritzen, Tauchen oder Aufwalzen aufzutragen sind, ist in entsprechender

Weise sinngemäß zu verfahren. Die Ausgiebigkeit hängt naturgemäß von der Schichtdicke des Anstriches ab, so daß bei mehreren Versuchen, namentlich von verschiedenen Personen, erhebliche Streuungen auftreten. In der Praxis sind aber Abweichungen in der Schichtdicke und damit auch im Farbverbrauch ebenfalls unvermeidlich.

H. Deckkraft.

Pigmentierte Anstrichfarben müssen, sofern sie nicht Lasurfarben sind, die Eigenfarben des Untergrundes verdecken; hierzu sind oftmals mehrere Aufstriche bzw. Spritzgänge erforderlich. Eine einfache Prüfung der Deckkraft, die sich eng an die Praxis anlehnt, besteht darin, daß man sich eine Versuchsplatte mit starken Farbkontrasten, z. B. dunklen Streifen auf weißem Untergrund herstellt und auf diese die zu prüfende Farbe aufstreicht. Indem man sowohl einen einfachen als auch einen zweifachen und dreifachen Probeanstrich nebeneinander macht, erhält man einen in vielen Fällen ausreichenden Maßstab zur Beurteilung der Deckkraft.

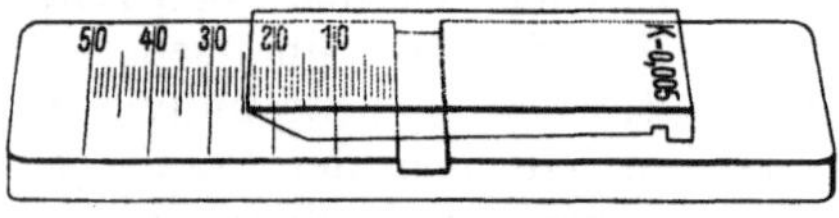

Abb. 5. Kryptometer nach Pfund.

Für genauere Bestimmungen der Deckfähigkeit von Anstrichstoffen in flüssigem Zustande eignet sich das Kryptometer nach Pfund [Gardner (1), Hersteller: Hugo Keyl, Dresden]. Da die Farbe des Untergrundes die Deckkraft beeinflußt, wird bei hellen Farben ein schwarzer, bei dunklen Farben ein weißer Untergrund gewählt. Bei Mischfarben wird die Bestimmung auf beiden Unterlagen ausgeführt. Der Apparat (s. Abb. 5) besteht aus der weißen oder schwarzen mattierten Grundplatte, die mit Millimeterteilung und einer querlaufenden Vertiefung versehen ist, und dem gläsernen Meßkeil. Der Meßkeil ist so ausgebildet, daß ein keilförmiger Raum zwischen beiden Platten entsteht. Der Tangens des Keilwinkels ist auf dem Meßkeil angegeben. Die zu untersuchende Probe wird auf der geteilten Seite der Grundplatte einschließlich der Vertiefung aufgetragen; um ein seitliches Ausfließen der Farbe aus der Vertiefung zu verhindern, verwendet man die mitgelieferte (in der Abbildung nicht eingezeichnete) Sicherheitsklemme. Der Meßkeil wird dann derart aufgesetzt, daß die abgeschrägte Kante auf dem 50-mm-Strich der Teilung liegt, während die angeschliffene Leiste auf dem ungeteilten Feld der Grundplatte ruht. Darauf wird der Meßkeil so weit (in der Abb. 5 nach rechts) verschoben, bis an der Vertiefung eine Trennungslinie sichtbar wird. Die Stellung des Keils wird nun an der Skala abgelesen. Um den Meßfehler, der dadurch bedingt ist, daß das menschliche Auge nur Intensitätsunterschiede von 1—2% wahrnimmt, auszuschließen, wird jetzt der Meßkeil zurückgeschoben, bis die Trennungslinie wieder verschwindet und die Stellung des Keils wiederum abgelesen. Aus beiden Ablesungen wird der Mittelwert „L“ gebildet. Aus dem Mittelwert „L“ und der Konstante „K“ des Meßkeils läßt sich die Schichtdicke, bei der ein vollständiges Verdecken des Untergrundes eintritt, berechnen. Die Fläche D, die von 1 l Farbe gerade vollständig gedeckt wird, ergibt sich aus folgender Formel:

$$D = \frac{1}{K \cdot L} \text{ Quadratmeter.}$$

Die Deutsche Reichsbahn schreibt in den technischen Lieferbedingungen für Kunstharz-Anstrichstoffe der Lokomotiven und für Nitrocelluloselacke der Fahrzeuge ein ähnliches Verfahren zur Deckfähigkeitsmessung vor: Auf eine plangeschliffene Glasplatte (Größe $225 \times 110 \times 10$ mm), deren beide Längskanten Rillen besitzen und deren eine Längskante außerdem eine Zentimeterteilung von 0—15 führt, wird im Abstand von 25 mm von der einen Schmalseite an die angebrachte Markierungslinie ein Blechstreifen von 0,2 mm Dicke gelegt. Die Farbe wird nun in der vorgeschriebenen Verdünnung auf die Glasplatte aufgegossen und eine zweite Glasplatte (Größe $225 \times 65 \times 10$ mm) auf die untere Platte aufgelegt, so daß zwischen beiden Glasplatten ein Farbkeil von 200 mm Länge entsteht. Die beiden Glasplatten werden an den Schmalseiten durch Klammern zusammengehalten und auf ein Blechgestell gelegt, auf dem sie durch 3 Federn und einen in die untere Glasplatte eingelassenen Stift in einer bestimmten Lage festgehalten werden. Die überstehenden Kanten der unteren größeren Glasplatte werden durch einen aufgelegten schwarzen Blechrahmen abgedeckt. Nun bewegt man eine kleine Kontrastscheibe unter den Glasplatten bei 0 beginnend so lange, bis sie durch den Farbkeil nicht mehr sichtbar ist. Die an dieser Stelle auf der Zentimetereinteilung abgelesene Zahl gilt als Maßstab für die Deckfähigkeit.

Ein ganz einfaches Gerät zur Prüfung der Deckkraft von flüssigen Anstrichstoffen beschreibt neuerdings Geiger. Dieses besteht aus einer an einem Stab befestigten Glasplatte, auf der sich ein schwarzer Strich befindet. Die Platte wird in die Flüssigkeit getaucht und nach dem Herausziehen und Ablaufenlassen in der Durchsicht betrachtet. Je weniger der schwarze Strich noch erkennbar ist, um so besser ist die Deckkraft.

Die vorgenannten Methoden zur Messung der Deckkraft flüssiger Anstrichfarben führen zwar in erheblich kürzerer Zeit zum Ziel als der praktische Versuch auf einem Kontrastuntergrund; die Ergebnisse stimmen jedoch mit der wirklichen Deckkraft des fertigen Anstriches nicht immer genau überein, weil das Bindemittel im trockenen Film einen anderen Brechungsindex hat als das Bindemittel (bzw. Bindemittel + Lösungsmittel) im flüssigen Film.

J. Trockenfähigkeit (V, 913).

Die zur Herstellung eines gebrauchsfertigen Anstriches erforderliche Zeit hängt in hohem Maße von der Trockenzeit der Anstrichstoffe ab. Die Lieferbedingungen für Anstrichstoffe aller Art enthalten daher im allgemeinen Vorschriften über die Trockenzeit; z. B. Deutsche Reichsbahn, vorläufige technische Lieferbedingungen für Kunstharz-Anstrichstoffe der Lokomotiven: „Die Grundfarben müssen sich nach längstens 6 Stunden überstreichen oder überspritzen lassen. Die Lackfarben müssen nach längstens 8 Stunden staubtrocken (s. unten) sein", ferner Deutsche Reichsbahn, vorläufige technische Lieferbedingungen für Nitro-Anstrichstoffe der Fahrzeuge: „Nitro-Anstrichstoffe müssen, in dünner Schicht auf Glas aufgetragen, bei 20° in spätestens 1 Stunde staubtrocken sein", ferner Wehrmacht, vorläufige technische Lieferbedingungen für Anstrichstoffe auf Kunstharz-Grundlage: „Die Grundfarbe muß nach 1 Stunde staubtrocken und nach 6 Stunden so weit getrocknet sein, daß sich die Deckfarbe im Streichverfahren auftragen läßt, ohne daß die Grundierung störend aufgelöst wird. Die Deckfarbe muß auf der Grundierung nach 2 Stunden staubtrocken und nach 6 Stunden handtrocken (s. unten) sein."

Wie aus diesen Beispielen bereits ersichtlich ist, gibt es neben der Trockenzeit eines bestimmten Anstrichstoffes auch noch andere Gesichtspunkte, die mit der Trocknung zusammenhängen und in der Praxis zu beachten sind. So kann die Einwirkung eines Deckanstriches auf den Grundanstrich und die Durchtrocknung des Deckanstriches auf dem Grundanstrich nicht immer aus dem Trockenvermögen der einzelnen Materialien abgeleitet werden, sondern es müssen entsprechende Versuchsanstriche ausgeführt werden. In den obengenannten Lieferbedingungen der Wehrmacht gilt der Anstrich als „staubtrocken", wenn bei leichtem Darüberfahren mit dem Finger kein Widerstand mehr erkennbar ist und als „handtrocken", wenn sich bei kurzem, kräftigen Aufdrücken des Handballens nur ein schwacher Abdruck zeigt und der Anstrich nicht klebt.

Bei der in der Praxis üblichen Methode, durch Berühren mit dem Finger festzustellen, ob der Anstrich naß, klebend, staubtrocken oder harttrocken ist, gelangen verschiedene Beobachter oftmals zu sehr abweichenden Ergebnissen. Wie groß diese Abweichungen sein können, zeigen beachtenswerte Versuche, die in Amerika angestellt worden sind (Merz).

Nach den technischen Lieferbedingungen der Reichsbahn für Fahrzeug-Anstrichstoffe auf Ölgrundlage (Ölfarben) gilt ein Anstrich dann als staubtrocken, wenn sich aufgestreuter, trockener, gewaschener Seesand mit einem Haarpinsel leicht und restlos wieder entfernen läßt. Die Korngröße des Seesandes ist so zu wählen, daß der Sand restlos durch ein Sieb mit 400 Maschen je cm² hindurchgeht und auf einem Sieb von 1600 Maschen je cm² zurückbleibt. Der Probeanstrich wird auf Glas aufgetragen.

Ein neuerer selbsttätiger Apparat zur Messung der Trockendauer von Anstrichen ist von W. Husse entworfen worden (Hersteller: Firma Hugo Keyl, Dresden; s. Abb. 6).

Der Apparat besteht aus einer waagerechten Grundplatte, auf der durch Leisten drei parallele Streifen 5 × 80 cm als Fahrbahnen für drei an einem Wagen hängende Walzen abgegrenzt sind. Der Wagen besteht aus einer Achse mit 2 Laufrädern, die auf jeder Seite außerhalb der Fahrbahnen laufen können. Der Antrieb des Wagens erfolgt durch einen Schnurlauf mit Gewicht. (Das Gewicht ist in der Abb. 6 nicht sichtbar.) Ein zweiter Schnurlauf geht vom Wagen nach rückwärts zu einem Uhrwerk mit Stufenscheiben, wodurch die Fahrgeschwindigkeit des Wagens geregelt wird. Die jeweils vom Wagen durchlaufene Strecke kann an einer Skala abgelesen werden. Vor Beginn der Trockendauerprüfung wird der Wagen mit den Walzen in die Ausgangsstellung (in der Abb. 6 links) gebracht und für jeden Anstrich ein passender Papierstreifen (Kassenblockpapier) um die zugehörige Walze gelegt. Von dem Untergrundmaterial, auf dem die Anstrichstoffe geprüft werden sollen, werden Streifen 5 × 80 cm hergestellt, so daß diese in die Fahrbahnen passen. Es können also 3 Anstriche gleichzeitig geprüft werden. Nach dem Aufbringen der Anstriche werden die Streifen in die Fahrbahnen gelegt und der Wagen mit der erforderlichen Geschwindigkeit (1—3 cm je Stunde) in Gang gebracht. Beim Laufen des Wagens nehmen die Walzen, die aus Stahl angefertigt und je 300 g schwer sind, den Papierstreifen mit und drücken ihn während des Darüberfahrens auf den

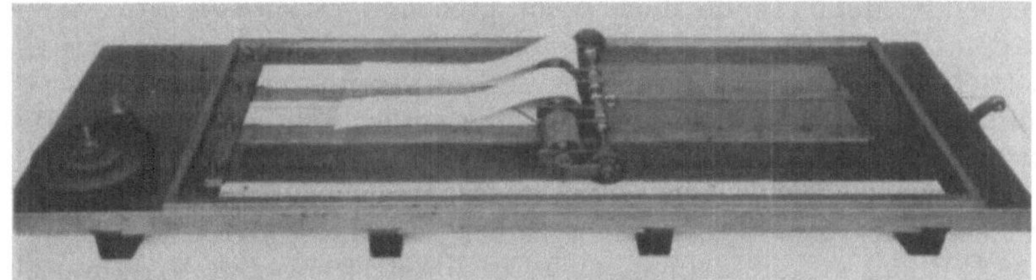

Abb. 6. Trockendauerapparat.

Anstrich. Solange der Anstrich feucht ist, wird der Papierstreifen dadurch festgeklebt, nach der Trocknung des Anstriches jedoch nicht mehr. Die Länge des am Anstrich haftenden Teiles des Papierstreifens gibt ein Maß für die Trockendauer. Der Apparat kann zwecks Einstellung einer bestimmten Luftfeuchtigkeit mittels Salzlösungen in einen mit einer Glasscheibe versehenen Kasten eingebaut werden. Der Apparat kann auch in der Weise abgeändert werden, daß außer der Prüfung mit Papierstreifen mittels eines am Wagen befestigten Trichters Sand auf den Anstrich gestreut wird und die Durchtrocknung durch ein zusätzliches Ritzgerät festgestellt werden kann.

Die Bedeutung des Durchtrocknens eines Anstriches hängt weitgehend vom Verwendungszweck ab, demgemäß muß auch die Prüfung sinngemäß erfolgen. Nach den Lieferbedingungen der Deutschen Reichsbahn wird z. B. die klebsichere Durchtrocknung der Innenanstriche für Personenwagen (Sitzbanklacke) folgendermaßen geprüft: Man setzt das gestrichene Erlenholz oder die gestrichene Eisentafel 48 Stunden nach dem Aufbringen des obersten Anstriches 1 Stunde lang einer Wärme von 50° aus. Nach dem Erwärmen auf 50° legt man auf den Anstrich ein Filter Nr. 597 (Schleicher & Schüll) von 7 cm Durchmesser, bedeckt es mit einer ebenen Metallscheibe von demselben Durchmesser, die auf der Unterseite mit Filz beklebt ist, belastet sie mit 5 kg und setzt die Erwärmung noch 15 Minuten fort. Dann wird das Filter entfernt. Der Anstrich ist klebfrei, wenn keine Filterfasern darauf haften bleiben.

Bei ofentrocknenden Lacken (Einbrennlacke), die in verschiedener Zusammensetzung und für die verschiedenartigsten Verwendungszwecke in der Industrie gebraucht werden, werden vom Hersteller für jeden Lack und für jeden Verwendungszweck die Trockendauer und -temperatur besonders angegeben; bei der Prüfung ist sinngemäß zu verfahren.

K. Härte (V, 918).

Obwohl die verschiedensten Meßverfahren zur Härteprüfung von Anstrichen ausgearbeitet worden sind, ist ihr Wert im wesentlichen auf Forschungsarbeiten beschränkt geblieben. Die Praxis hat die seit jeher geübte Methode mit dem kratzenden Fingernagel noch nicht zugunsten einer physikalischen Meßmethode verlassen. Der Grund dafür ist erstens in dem Umstand zu suchen, daß es eine eindeutige, wissenschaftlich exakte Definition der Anstrichhärte und eine entsprechende Meßmethode noch nicht gibt und zweitens darin, daß die mit dem Fingernagel vom erfahrenen Praktiker festgestellte Härte eines Anstriches unmittelbar gefühlsmäßig wahrgenommen wird. Bei der Prüfung mit dem Fingernagel werden außer der eigentlichen Härte zudem noch die Geschmeidigkeit und die Haftfestigkeit auf dem Untergrund erfaßt, die für die mechanische Widerstandsfähigkeit des Anstriches ebenso große Bedeutung haben wie die Härte. Außerdem ist diese Prüfung an Einfachheit nicht zu übertreffen. Ein Verfahren, das die Härte durch Meßergebnisse zahlenmäßig darstellen will, erscheint in dieser Beleuchtung sogar als ein Umweg.

F. J. Peters kommt bei der Ausarbeitung von Prüfmethoden für die „Technischen Lieferbedingungen" des Oberkommandos des Heeres (Beuth-Verlag, Berlin) zu dem Ergebnis, „daß eine Einteilung der Anstriche in 6 Härtestufen genügt, die man bequem mit dem kratzenden Fingernagel festlegen kann. Es schadet nichts, daß die Nägel der Prüfer nicht alle gleich hart sind, da diese Unterschiede sich nur bei den härtesten Anstrichen auswirken". Als Untergrund dient eine Eisen- oder Glasplatte. Die Härtestufen sind die folgenden:

„0 = sehr hart; nicht abzukratzen, auch nicht von künstlich beschädigten Stellen aus.

1 = gut hart; sehr schwer oder nur in kleinen Stücken abzukratzen oder nur von künstlich beschädigten Stellen ausgehend.

2 = ziemlich hart; schwer und nur bei kräftigem Druck, aber doch ohne abzusetzen einige Zentimeter lang abkratzbar.

3 = mäßig hart; bei mäßigem Druck ohne Mühe abkratzbar.

4 = weich; leicht, ohne Druck abzukratzen. Kantige Gegenstände hinterlassen Eindrücke.

5 = sehr weich; schon beim Schieben mit der Fingerkuppe verformbar. Beim Kratzen mit dem Nagel oft schmierig."

Man kratzt bei der Prüfung möglichst nicht nur die Oberfläche an, sondern einen Streifen des ganzen Anstriches von der Glas- oder Eisenplatte ab. Spröde Anstriche zerfallen beim Kratzen in Pulver oder kleine Stücke; gut haftende Anstriche erscheinen härter als weniger gut haftende. Alle diese Erscheinungen sind einer exakten Messung unzugänglich, dennoch lassen sich aus ihnen bereits in groben Zügen Schlüsse auf die Geschmeidigkeit und Haftfestigkeit ziehen. Die letztgenannten Eigenschaften sind oftmals ausschlaggebend für die Haltbarkeit des Anstriches.

Die Härte eines Anstriches ist veränderlich, sie steigt im allgemeinen mit dem Alter. Bei der Kurzprüfung ist der Unterschied der Härte vor und nach der Wärmealterung zu beachten. Ein starkes Ansteigen der Härte kann auf mangelhafter Durchtrocknung vor der Wärmealterung oder aber auf geringer Haltbarkeit des durchgetrockneten Anstriches beruhen. Welche dieser Möglichkeiten zutrifft, kann aus den Geschmeidigkeitswerten (s. unten) erkannt werden.

Nach Husse spielt bei Asphalt- und Bitumenlacken oft die sog. „falsche Härte" eine Rolle, bei der auf subjektivem Wege, durch Kratzen mit dem Fingernagel, sich nicht entscheiden läßt, ob der Anstrich als hart oder weich zu bezeichnen ist. Die Chemisch-Technische Reichsanstalt verwendet in solchen Fällen einen Apparat, der die Eindringtiefe eines rhombisch geschliffenen Diamanten unter bestimmter Belastung mißt (Härteprüfer von Kempf).

Ein neuerer Apparat zur Härtemessung von Anstrichen ist der „Kratzprüfer" von Roßmann, bei dem eine Stahlkugel unter einem meßbaren Federdruck in den Film eingedrückt und dabei mit der Kugel gekratzt wird.

L. Geschmeidigkeit.

Die Geschmeidigkeit der Anstrichfilme spielt für die Haltbarkeit der Anstriche eine überaus wichtige Rolle, denn von den unter diesen Begriff fallenden mechanischen Eigenschaften hängt es ab, ob der Film den beim Altern auftretenden inneren Spannungen sowie den vom Untergrund ausgehenden Beanspruchungen standhalten kann oder ob er rissig wird. Während bei Ölfarben die Geschmeidigkeit im allgemeinen so groß ist, daß diese infolge ungenügender Geschmeidigkeit nicht versagen können, ist die Geschmeidigkeit von Lacken und Lackfarben für Güte und Haltbarkeit oftmals ausschlaggebend.

Von besonderer Bedeutung ist dabei, daß der Anstrich auch möglichst lange geschmeidig bleibt, also beim natürlichen Altern nicht spröde wird. Die Prüfung der Geschmeidigkeit, vor allem nach künstlicher Alterung, hat daher erhebliche Bedeutung für die voraussichtliche Wetterbeständigkeit eines Anstriches (s. unter „Kurzprüfung").

„Die Geschmeidigkeit ist, so wie sie in der Anstrichtechnik aufgefaßt wird, eine physikalisch völlig unbestimmte Größe und kann als Einzeleigenschaft durch keine Messung erfaßt werden" [Peters (1)]. Die Geschmeidigkeit von Lackfarben wird nach folgenden Prüfverfahren ermittelt, wobei gleichzeitig auch die Haftfestigkeit mitgeprüft wird:

1. **Reißfestigkeit** und **Dehnung** des Films in einer Zerreißmaschine (s. Hauptwerk V, 960).

2. Die **Dorn-Biegeprobe.** Diese besteht darin, daß mit Anstrich versehene Blechstreifen so um einen Dorn (Rundstab) gebogen werden, daß der Anstrich nach außen liegt. Je kleiner der Dorndurchmesser ist, um so stärker ist die Beanspruchung. Durch Anwendung von mehreren Dornen mit verschiedenem Durchmesser erhält man entsprechende

Bewertungsstufen. Man beobachtet, ob und bis zu welchem Dorndurchmesser Rißbildung auftritt. Je geringer die Rißbildung ist, desto geschmeidiger ist der Anstrich; sehr geschmeidige Anstriche reißen auch beim Biegen um den kleinsten Dorn (2 mm) nicht.

Die Abb. 7 zeigt die im Staatlichen Materialprüfungsamt Berlin-Dahlem gebräuchliche Vorrichtung von Husse. Die größeren Dorne von 12—30 mm Durchmesser sind aus einem Stück hergestellt und fest montiert, die kleinen Dorne von 2—10 mm Durchmesser sind auswechselbar und werden nach Bedarf in den Halter gelegt. Das in Abb. 7 sichtbare mehrfach gebogene Blech ist beiderseitig gestrichen und zeigt,

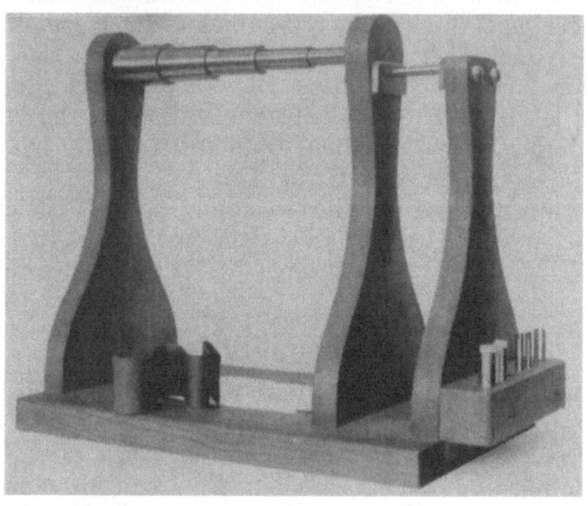

Abb. 7. Dornbiegeapparat nach Husse.

wie unter sparsamer Materialverwendung mehrere Biegungen auf kleiner Fläche ausgeführt werden können.

Peters verwendet für die Dornbiegeprobe Streifen von Messingblech von 0,15 mm Dicke.

3. Tiefung mit dem Erichsen-Apparat (s. Abb. 8). Die Wirkungsweise ist die folgende: Das mit dem zu prüfenden Anstrich versehene Blech wird an der in der Abb. 8 ersichtlichen Stelle durch Drehen des Handrades G mittels der Spindel C gegen das Widerlager B gedrückt und dadurch festgehalten; der Anstrich muß dabei dem Spiegel zugekehrt sein. Durch Lösen der Arretierung bei M wird dann die innere Spindel L von der äußeren Spindel C gelöst. Das Handrad wird nun langsam weitergedreht, wodurch nunmehr nur die innere Spindel L betätigt wird. Die Spindel L trägt am vorderen Ende eine Stahlkugel von 10 mm Durchmesser (a in dem vergrößerten Schnitt rechts oben), die sich bei Vordrehen in das Blech hineindrückt und dieses dabei ausbeult. Da das Blech rings um die Ausbeulung festgeklemmt ist und nicht nachgeben kann, wird es gleichzeitig stark gedehnt. Die Tiefe der Ausbeulung („Tiefung") kann mittels der Teilungen H und D (Schraubenmikrometer) auf $^1/_{100}$ mm genau abgelesen werden. Man beobachtet,

wann der Anstrich zu reißen beginnt und liest den zugehörigen Tiefungs-
wert ab. Bei genügend starker Tiefung beginnt auch das Blech zu reißen.
Um vergleichbare Werte zu erhalten, müssen immer Bleche der gleichen
Art verwendet werden. Da die erste Rißbildung beim Tiefen auch mit
der Lupe nicht immer sichtbar ist, ist die Beobachtung während des
Tiefens unsicher. Nach einer neuen Vorschrift wird daher wie folgt
geprüft: Mit dem Erichsen-Apparat werden die lackierten Bleche an
verschiedenen Stellen getieft, und zwar auf 0,3, 0,6, 1,0 mm usw., dann
wird mittels der Kupfersulfatprobe festgestellt, bei welcher Beanspruchung die Risse bis zum Metall durchgehen. Auf den Anstrich wird

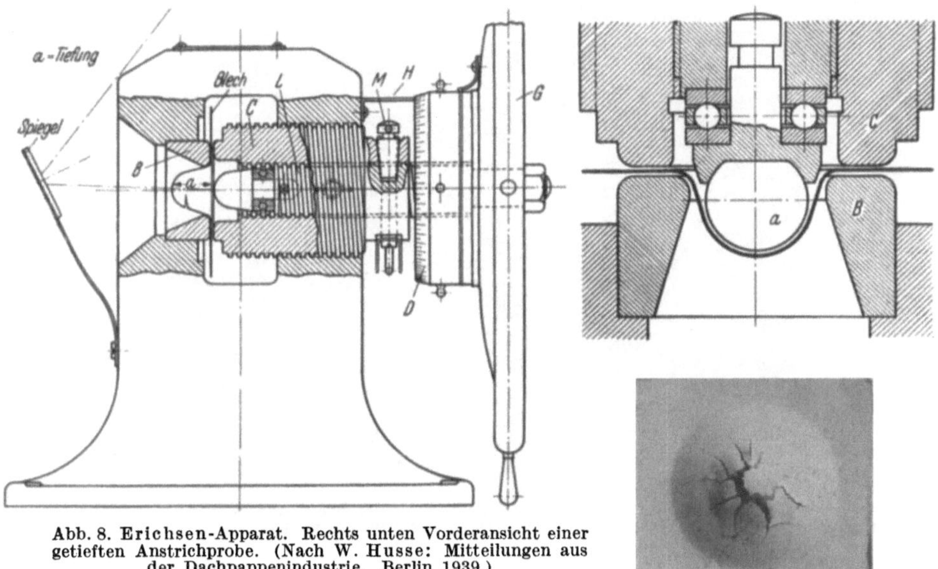

Abb. 8. Erichsen-Apparat. Rechts unten Vorderansicht einer
getieften Anstrichprobe. (Nach W. Husse: Mitteilungen aus
der Dachpappenindustrie. Berlin 1939.)

etwas Kupfersulfatlösung gebracht. Wenn bis zum Eisenblech gehende
Risse vorhanden sind, so dringt die Kupfersulfatlösung in diese ein und
reagiert mit dem Eisen unter Bildung von metallischem Kupfer, das
aus dem Anstrich herauswächst. Bei der Erichsen-Prüfung sind noch
mannigfache Feststellungen, besonders über die Haftfestigkeit, möglich.
Der Anstrichfilm bleibt z. B. als Pulver locker auf der Kuppe oder er
haftet fest in größeren oder kleineren Stücken oder er platzt als ganzes,
rundes Stück ab oder er reißt zonenweise, wobei sich die Einzelstücke
mehr oder weniger an den Kanten wie ein Rosenblatt aufrollen (Peters).

4. Ritzproben mit dem Messer. Diese Prüfung ist in der Praxis
allgemein bekannt. In den Anstrich werden Einschnitte in $1/2$—1 mm
Abstand bis auf das Metall gemacht, die sich rechtwicklig oder im spitzen
Winkel überschneiden. Je nachdem, ob man ein stumpfes oder scharfes
Messer oder eine Rasierklinge benutzt, ist die Beanspruchung größer
oder kleiner. Es wird dann beobachtet, ob einige der kleinen einge-
schnittenen Felder sofort oder beim Reiben mit dem Finger ausbrechen.

Bei dieser Methode wird der Anstrich auch auf Haftfestigkeit beansprucht. Schlecht haftende Anstriche müssen hierbei versagen, auch
wenn die Geschmeidigkeit gut ist.

5. Spanprobe. Von dem auf einer Glasplatte befindlichen Anstrich
wird mit einer Rasierklinge, die federnd in einem Halter befestigt ist,
ein Span herausgeschnitten und dieser auf Geschmeidigkeit geprüft.
Ein für diese Prüfung bestimmter Anstrich muß bei mindestens
50% relativer Luftfeuchtigkeit trocknen und geprüft werden, da er
sonst zu spröde erscheint. Die Ausführung des Schnittes ist verschieden
je nach der Haftfestigkeit. Die Haftfestigkeit erkennt man an dem
Widerstand, den der Anstrich der Rasierklinge entgegensetzt. Peters

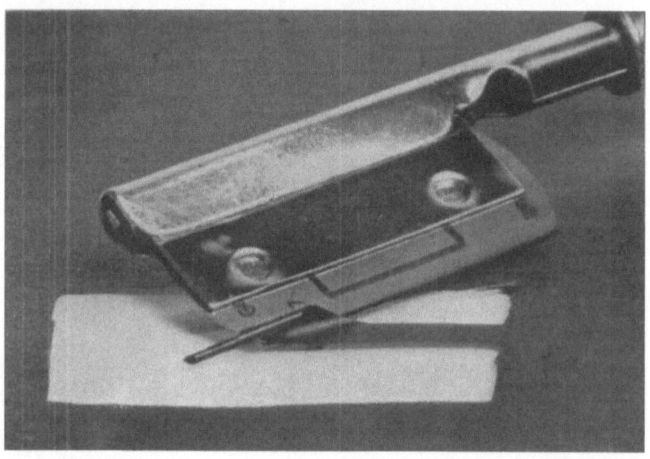

Abb. 9. Schräger Schnitt. Bei guter Haftfestigkeit. Schmaler Span. Die Schnittrichtung bildet
zur Klingenschneide einen Winkel von rund 45°. (Aus Peters: Das Kurzprüfverfahren für Lackfarben.)

unterscheidet hierbei 4 Schnittarten. „Grundsätzlich ist so zu schneiden,
daß ein möglichst guter Filmspan erhalten wird.“

„Als zweckmäßig hat es sich erwiesen, die Glasplatte mit dem Anstrich auf einen Tisch zu legen, sie mit der linken Hand festzuhalten
und mit der rechten Hand in der Richtung zum Körper hin zu schneiden.
Dabei regelt sich ganz von selbst die Schnittart. Je fester der Anstrich
haftet, desto mehr muß man statt der Hobelwirkung die Schneidwirkung
der Klinge zur Geltung bringen. Es dürfen nur neue, ungebrauchte
Klingen verwendet werden; mit derselben Klinge darf höchstens 3mal,
bei harten Anstrichen nur 1mal geschnitten werden. Wenn die Anstriche
mit dem Pinsel hergestellt sind, schneidet man gleichlaufend mit den
Pinselfurchen. Bei jedem Anstrich wird zuerst der „Hobelschnitt“
versucht, bei dem die Klinge senkrecht zur Schnittrichtung gestellt
und flach angesetzt wird. Muß man dabei zuviel Kraft aufwenden, so
daß die Klinge zu brechen droht oder nur ruckartig schneidet, so wird
der „schräge Schnitt“ (Abb. 9) angewendet. Ist die Haftfestigkeit auch
hierfür zu groß, so muß die Klinge noch schräger gehalten werden; man
schneidet dann mit „schiefem Schnitt“. Bei guten Einbrennlacken

können zuweilen auch mit dem schiefen Schnitt keine Späne abgeschnitten werden. In diesem Falle setzt man die Spitze der Klinge im
steilen Winkel an und erhält dann beim Schneiden, falls der Anstrich
genügend geschmeidig ist, ganz schmale Späne, sog. „Ziegenhörner"
(Abb. 10). Jeder gut oder mäßig geschmeidige Anstrich, mag er auch
noch so hart sein und fest haften, liefert beim Schneiden einen Span.

Der Span wird als Lappen oder Rolle erhalten, je nach der Geschmeidigkeit. Hat man eine Rolle geschnitten, so wird sie vorsichtig
entrollt und geglättet. Dann löst man den Span völlig von der Glasplatte, faltet ihn in der Mitte und drückt mit zwei Fingern die Haft-

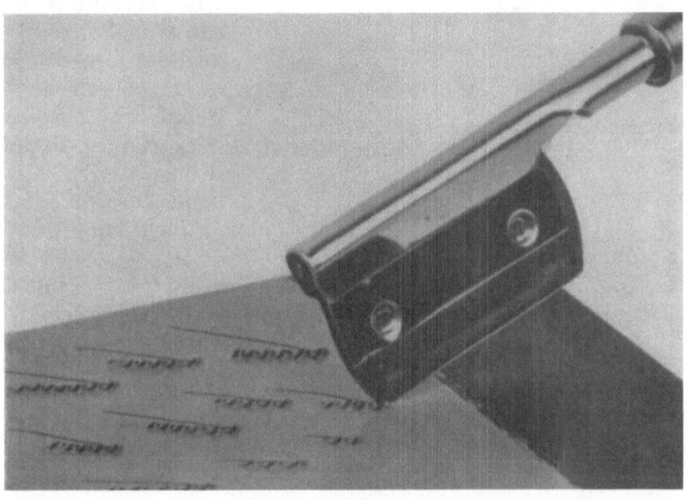

Abb. 10. Ziegenhörner. Mit der Spitze der Rasierklinge bei sehr harten und zugleich sehr haftfesten
Anstrichen geschnitten. Führung der Klinge wie beim schiefen Schnitt, jedoch in steilerer Haltung.
(Nach Peters.)

flächen, also die Flächen, die vorher auf dem Glase hafteten, mit mäßigem
Druck zusammen. Wenn die Spanhälften dabei aneinanderkleben, so
zeigt dieses Verhalten, daß der Anstrich entweder nicht genügend durchgetrocknet war oder aber zuviel Weichmacher enthält (Abb. 11).

Der Span wird dann wieder geglättet und nun zwischen 2 Fingern
zerknittert und zu einer Kugel zusammengeknüllt. Dabei darf man
jedoch keinen nennenswerten Druck anwenden, denn zerquetschen und
zerreiben läßt sich schließlich auch der beste Filmspan. Beim vorsichtigen Entfalten dieser Kugel ist dann der Span entweder unversehrt
oder geknickt oder mehr oder weniger zerfallen (Abb. 12)."

Peters stellt die folgenden 6 Stufen für die Bewertung der Geschmeidigkeit aus den obigen Prüfungen auf:

0 = sehr geschmeidig; weicher lappiger, dehnbarer Film. Keine
Rolle beim Schneiden. Nach dem Falten zur Kugel unbeschädigt und
ohne Knicke.

1 = gut geschmeidig; weicher Filmlappen, keine Rolle beim Schneiden. Nach dem Falten zur Kugel nur Knicke oder ganz vereinzelte Risse.

2 = ziemlich geschmeidig; als Rolle oder Lappen abschneidbar. Rolle muß sich ohne Beschädigung glätten lassen; nach dem Falten zur Kugel Risse und Knicke, jedoch nicht in Stücke zerfallend.

3 = mäßig geschmeidig; glatte, enge Rolle, die beim Zusammendrücken bricht. Muß sich vorsichtig zum Teil noch glätten lassen. Zerfällt beim Falten zur Kugel in eine Anzahl mittelgroßer Stücke.

Abb. 11. Auf der Haftseite klebriger Film. Nicht durchgetrocknet (zu früh geprüft) oder stark weichmacherhaltig. (Nach Peters.)

4 = spröde; beim Schneiden Rollenstücke oder größere abspringende Stücke. Zerfällt völlig beim Zusammenfalten.

5 = sehr spröde; nur in Form von kleinen Filmstücken oder feinem Pulver abschneidbar.

Diese Einteilung soll nur einen Anhalt geben und das Grundsätzliche zeigen; für die endgültige Bewertung spielen die zahlreichen Nebenbeobachtungen (z. B. bezüglich der Trocknung, des Klebens usw.) eine wichtige Rolle. Besonders wichtig für die Bewertung ist, wie bereits am Anfang erwähnt, die Geschmeidigkeit nach künstlicher Wärme-Alterung; hierauf wird noch bei der Kurzprüfung näher eingegangen.

Bei Celluloseesterlacken ist für die Geschmeidigkeit vor allem das Verhalten der Weichmachungsmittel ausschlaggebend (V, 976). Nach den vorläufigen technischen Lieferbedingungen der Deutschen Reichsbahn für Nitroanstrichstoffe werden diese nach Vertreiben der Verdünnungsmittel durch 100stündiges Erwärmen

Abb. 12. Zur Kugel zusammengefaltete Späne. Oben kittartig und ganz zerfallen (Bewertung 4), unten links etwas zerfallen (Bewertung 3), unten rechts geknickt und zerknittert, aber zusammenhängend (Bewertung 1). (Nach Peters.)

auf 65° auf Flüchtigkeit der Weichmachungsmittel geprüft. Das Bindemittel darf dabei höchstens 5% seines Gewichtes verlieren.

Besondere Bedeutung hat die Geschmeidigkeit bei den Stoffbespannungslacken der Flugzeuge, die nach besonderen Richtlinien der Deutschen Versuchsanstalt für Luftfahrt geprüft werden. Der auf einen Holzrahmen gespannte, mit der Lackierung versehene Bespannstoff wird längere Zeit dem Wetter ausgesetzt; auch nach längerer

Bewitterung soll der Lack bei kräftigem Eindrücken eines Fingers nicht reißen.

Stanzlacke und Stanzemaillen, die meist durch Walzen aufgetragen und im Ofen getrocknet werden, müssen neben guter Härte eine besonders hohe Geschmeidigkeit aufweisen, da sie die äußerst starke mechanische Beanspruchung beim Stanzen aushalten müssen, ohne zu reißen oder abzuplatzen. Die Größe der Beanspruchung hängt ganz von der Form der zu stanzenden Teile ab; sie ist an Kanten und Ecken besonders groß. Die Prüfung kann hier, wie in vielen anderen Fällen, die nicht alle erwähnt werden können, nur im praktischen Versuch erfolgen.

M. Haftfestigkeit (V, 924).

Die Haftfestigkeit eines Anstriches auf der Unterlage ist ebenso wie viele andere Filmeigenschaften eine veränderliche Eigenschaft. Die Beurteilung der Haftfestigkeit wird sehr verwickelt durch den Umstand, daß mehrere übereinander befindliche Anstrichschichten durch Wechselwirkung (z. B. Anquellung einer Schicht durch das Lösungsmittel der folgenden Schicht) innere Spannungen in dem Gesamtsystem hervorrufen können, die die Haftfestigkeit oftmals sehr stark herabsetzen. Es kann vorkommen, daß eine an sich auf einem Untergrund gut haftende Grundierung infolge der Einwirkung des Überzugslackes ihre Haftfestigkeit so weit verliert, daß die gesamte Lackierung durch leichtes Kratzen vollständig in großen Stücken vom Untergrund abgezogen werden kann. Derartige Erscheinungen wurden besonders bei Lackierungen auf Leichtmetallen beobachtet, da manche Leichtmetalle einen besonders schlechten Haftgrund für Lackierungen bilden. Auch Schwankungen der Luftfeuchtigkeit können die inneren Spannungen und dadurch die Haftfestigkeit von Anstrichen derart verändern, daß ein und derselbe Anstrich bei hoher Luftfeuchtigkeit schlecht, bei niedriger Luftfeuchtigkeit dagegen gut haftet.

Für die Haftfestigkeit gelten bezüglich der zu prüfenden Anstrichstoffe etwa die gleichen Gesichtspunkte wie für die Geschmeidigkeit: Bei Ölfarben ist die Haftfestigkeit in den meisten Fällen ausreichend und braucht darum auch im allgemeinen nicht geprüft zu werden. Bei den Lacken und Lackfarben dagegen ist die Haftfestigkeit für die Haltbarkeit ebenso wichtig wie die Geschmeidigkeit. Dabei bestehen zweifellos Zusammenhänge zwischen beiden Eigenschaften und auch zwischen diesen und der Anstrichhärte. Bei gleichartigen Anstrichstoffen sinkt im allgemeinen die Geschmeidigkeit mit steigender Härte. Je geringer die Geschmeidigkeit, desto geringer ist oftmals auch die Haftfestigkeit, namentlich dann, wenn innere Spannungen das Haften des Anstriches auf dem Untergrund wesentlich beeinflussen können.

Nach Roßmann ist eine Sichtbarmachung und Abschätzung der inneren Spannungen dadurch zu erreichen, daß man Lackfilme auf dünnen Aluminiumfolien ($1\,\mu$ stark) entstehen läßt; durch die beim Trocknen entstehenden Spannungen wird die Aluminiumfolie je nach der Größe der Spannungen mehr oder weniger stark zusammengebogen.

Peters prüft die Haftfestigkeit von Lackfarben auf Glas und Eisen. Die Haftfestigkeit der Anstriche auf einer sauberen Glasplatte wird stets etwas schlechter sein als auf Eisen. Wenn die Haftfestigkeit auf Glas gut ist, kann man stets auf gutes Haften auf Eisen schließen. Zur Prüfung auf Eisenblech wird nach Peters das Blech über einen 1—2 cm dicken Stab um einen Winkel von etwa 20° gebogen; der Anstrich wird längs des entstandenen Sattels im „schrägen Schnitt" (vgl. Abb. 9) mit der Rasierklinge bis auf das Metall abgeschnitten (Abb. 13).

Abb. 13. Prüfung der Haftfestigkeit auf Metall. Spanschneiden im schrägen Schnitt vom leicht gebogenen Blech. (Nach Peters.)

Die Erscheinungen, die man dabei beobachtet, sind so vielseitig, daß man ein gutes Bild über die Haftfestigkeit gewinnt. Die Stufenbewertung in 6 Gütestufen wird nach Peters wie folgt vorgenommen:

a) beim Hobeln oder Schneiden mit der Rasierklinge von der Glasplatte, b) beim Schneiden mit der Rasierklinge vom gebogenen Metall.

0 = sehr gut haftend

a) nur im schiefen Schnitt bei kräftigem Druck und sicherer Klingenführung in unregelmäßigen Stücken abschneidbar,

b) nur stellenweise einzuschneiden, kein zusammenhängendes Stück abschneidbar, auch nicht bei starkem Druck.

1 = gut haftend

a) im schiefen Schnitt glatt und zügig, aber nur bei kräftigem Druck abzuschneiden,

b) nur unregelmäßige kleine Stücke abschneidbar. Reste des Anstriches bleiben dabei auf dem Metall haften.

2 = ziemlich gut haftend

a) starker Widerstand beim schrägen Schnitt,

b) bei starkem Druck als Spanrolle abschneidbar, auch im Hobelschnitt.

3 = mäßig haftend

a) im schrägen Schnitt leicht, im Hobelschnitt bei mäßigem Druck abschneidbar,

b) bei geringem Druck als Span abschneidbar, auch im Hobelschnitt.

4 = schlecht haftend

a) im Hobelschnitt leicht und ohne Druck abschneidbar. Beim Abziehen eines angeschnittenen Spanes mit der Hand löst sich noch ein weiteres, meist dreieckiges Stück vom Glase ab,

b) leicht, ohne Druck abschneidbar. Beim Einschieben der Rasierklinge an den Schneidrändern zwischen Anstrich und Metall stellenweises Ablösen. Auch vom ungebogenen Metall abschneidbar.

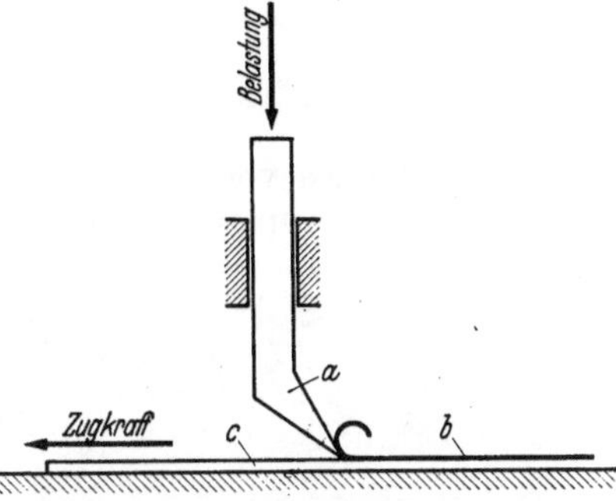

Abb. 14. Prinzip der Haftfestigkeitsprüfung.

5 = nicht haftend

a) beim Schneiden mit der Klinge löst sich der Anstrich um die Angriffsstelle herum vom Glase ab. Von angeschnittenen Stellen aus kann man große Filmfetzen abziehen,

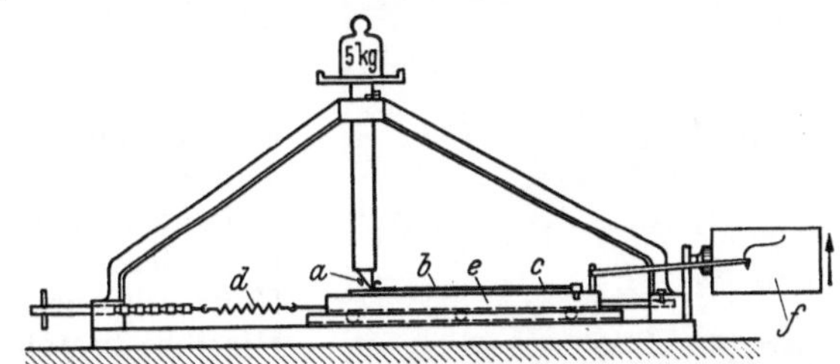

Abb. 15. Abschiebeapparat zur Bestimmung der Haftfestigkeit.

b) von glatter, ungebogener Metallfläche leicht in großen Fetzen abzulösen.

In neuerer Zeit haben Roßmann, Weise und Schubbe Forschungsarbeiten über die Haftfestigkeit ausgeführt und dabei zwei neue Apparate entwickelt: den „Abschiebeapparat" und den „Druckapparat". Beim Abschiebeapparat (s. Abb. 14 und 15) wird mit Hilfe des Messers (a) der Film (b) von der Unterlage (c) abgespant, wobei die auf einem Wagen (e) befindliche Probe gegen das Aschermesser mittels der Federkraft (d) so lange bewegt wird, bis der durch die Haftfestigkeit des Films erzeugte Abspanwiderstand der noch verbleibenden Zugfederspannung auf dem Wagen entspricht, wobei der Weg des Wagens und damit die jeweilige Zugspannung der Feder gegen die Zeit auf der Trommel (f)

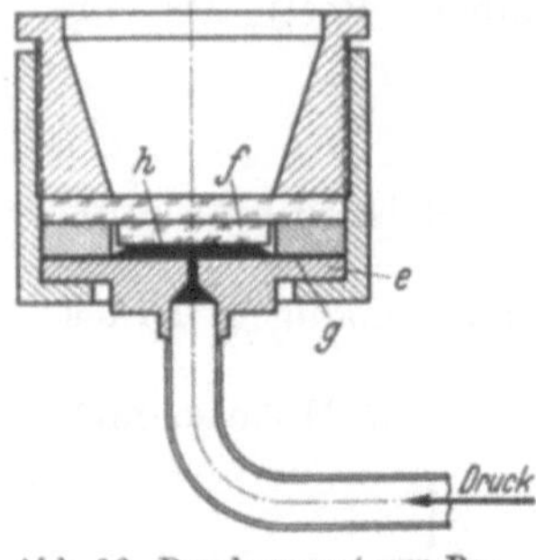

Abb. 16. Druckapparat zur Bestimmung der Haftfestigkeit.

aufgeschrieben wird. Man erhält bei dieser Prüfung eine charakteristische Kurve für die Haftfestigkeit, deren Verlauf außerdem auch ein Bild über die Plastizität der Filme ergibt.

Bei dem Druckapparat von Roßmann (Abb. 16) wird der Film (g) auf einer durchbohrten Metallplatte (e) erzeugt und mittels einer Flüssigkeit (h), z. B. Quecksilber, von seiner Unterlage weggedrückt, wobei eine in geringem Abstand festgehaltene Glasplatte (f) die zu große Dehnung und damit Zerreißung des Filmes verhindert. Die Haftfestigkeit wird hierbei in at Flüssigkeitsdruck, der zur Ablösung des Filmes vom Untergrund notwendig ist, gemessen. Bei Verwendung dieses Apparates wurde z. B. gefunden, daß ein Nitrocellulose-Lackfilm auf Stahl zur Ablösung einen Druck von 28 at benötigte, auf Aluminium dagegen nur 14 at.

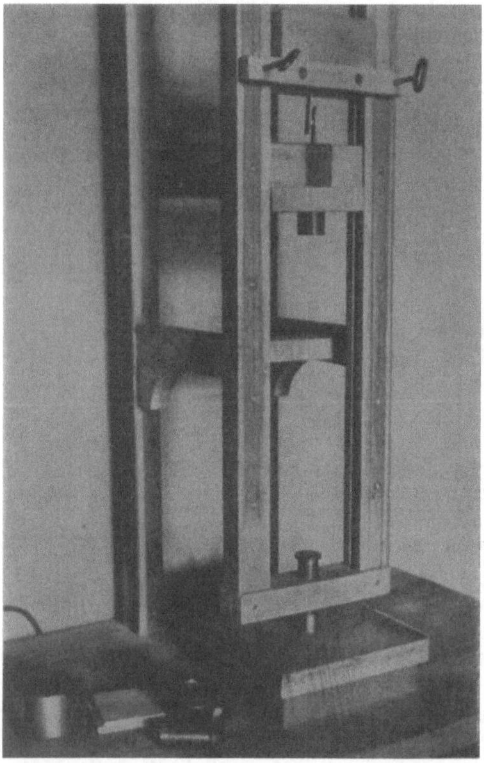

N. Schlagfestigkeit.

Die Schlagfestigkeit spielt eine Rolle bei solchen Anstrichen, die im Gebrauch häufig mechanischen Beanspruchungen, wie Schlag oder Stoß, ausgesetzt sind; das gilt vor allem für Fahrzeuganstriche und für manche Industrielacke. Die Schlagfestigkeit ist abhängig von Geschmeidigkeit und Haftfestigkeit, in weiterer Hinsicht bestehen auch Beziehungen zur Anstrichhärte. Es ist jedoch bisher nicht möglich, etwa die Schlagfestigkeit aus den anderen mechanischen Eigenschaften zu berechnen, schon darum nicht, weil keine der genannten Anstricheigenschaften physikalisch definiert ist.

Für die Prüfung von Anstrichen auf Schlagfestigkeit kann der Stoßprüfer mit Fallhammer von der Dupont & Co [H. A. Gardner (2)] verwendet werden (Abb. 17).

Abb. 17. Stoßprüfer mit Fallhammer. (Nach W. Husse: Mitteilungen aus der Dachpappenindustrie. Berlin 1939.)

Das Blech wird mit dem Anstrich nach unten auf eine ringförmige Stahlunterlage mit 10 mm innerem Durchmesser gelegt, so daß es an der Stelle, wo der Schlag ausgeübt wird, hohl liegt. Man kann den Versuch auch so abändern, daß der Schlag direkt auf die gestrichene Seite ausgeübt wird; in diesem Falle liegt das Blech nicht hohl. Auf das Blech wird dann ein in einer Führung beweglicher eiserner Schlagbolzen gesetzt, der am unteren Ende eine Stahlkugel von 10 mm Durchmesser trägt. Über dem Schlagbolzen befindet sich der 250 g schwere Fallhammer, der in zwei senkrecht stehenden Führungsschienen beweglich angebracht ist. In der Ruhelage (s. Abb. 17) ist der Fallhammer in den federnden Haken eines senkrecht verstellbaren Halters eingehakt.

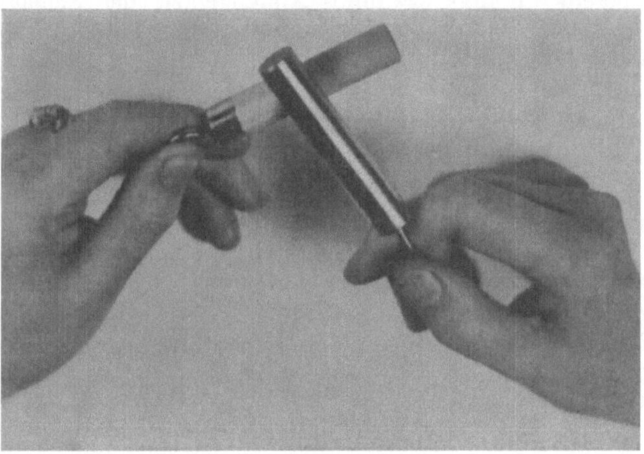

Abb. 18. Prüfung der Schlagfestigkeit. Auf Stahl-Vollkörpern. Richtige Haltung: Beide Körper werden am Haken in der Hand gehalten. (Nach Peters.)

Mittels dieses Halters kann die Fallhöhe bis zur Höchstgrenze von 140 cm beliebig eingestellt werden. Beim Schlagversuch wird der Fallhammer durch Zurückbiegen des oberen Hakens ausgeklinkt und fällt auf den Schlagbolzen, der den Schlag auf das Blech und den Anstrich überträgt. Man prüft im allgemeinen sowohl 48 Stunden nach Aufbringen des Anstriches wie nach einer dem jeweiligen Prüfungszweck entsprechenden Lagerung, z. B. nach Bewitterung oder Wärmealterung. Man kann auch gegebenenfalls die Schlagfestigkeit bei tiefen Temperaturen ermitteln.

Nach Peters werden zur Prüfung der Schlagfestigkeit von Lackfarben kleine zylindrische Stahlvollkörper mit sehr glatter Oberfläche aus genormten Stahl (St C 45.61 DIN 1661) von 60 mm Länge und 12 mm Durchmesser verwendet. Diese sind an einem Ende mit einem Haken versehen, an dem sie in der Hand gehalten werden können. Einer der Körper wird gestrichen oder gespritzt und mit einem anderen gleichen aber ungestrichenen Körper werden dann locker aus dem Handgelenk heraus zunächst leichte, dann immer kräftigere Schläge, stets auf eine andere Stelle, geführt (s. Abb. 18).

Man beobachtet, wie sich der Anstrich bei allmählich bis zu seiner Zerstörung gesteigerter Schlagstärke verhält. Weiche Anstriche, die gut haften, zeigen bald Eindrücke, bei geringer Haftfestigkeit schieben sie sich wulstförmig zur Seite. Harte Filme mit guter Geschmeidigkeit, die gut haften, zeigen überhaupt keine Einwirkung, bei stärksten Schlägen höchstens leichte Glanzstellen. Geschmeidige und harte, aber schlecht haftende Anstriche lösen sich vom Untergrund ab, bleiben aber sonst unversehrt; man sieht nur eine heller gefärbte Beule. Spröde, aber gut haftende Filme bekommen Risse oder werden zermürbt; schlecht haftende spröde Filme platzen schon bei leichtem Schlagen rund um die getroffene Stelle herum ab. Aus diesen Beispielen ersieht man die bereits anfangs erwähnte Abhängigkeit der Schlagfestigkeit von den anderen mechanischen Eigenschaften, nämlich Geschmeidigkeit, Haftfestigkeit und Härte.

O. Sonstige mechanische Prüfungen.

Über die elastischen Eigenschaften (V, 916) von Anstrichfilmen hat neuerdings W. König eine eingehende Untersuchung veröffentlicht.

Über die Beziehungen zwischen Abreibbarkeit (V, 921) und Wetterbeständigkeit siehe H. L. Matthijsen.

Von den Bespannstofflacken für Flugzeuge wird verlangt, daß sie die Reißfestigkeit der mit ihnen getränkten Stoffe um einen bestimmten Betrag erhöhen; in diesem Falle ist also die Reißfestigkeit der lackierten Stoffe zu prüfen.

P. Oberflächenbeschaffenheit, Glanz (V, 922).

Anstriche sollen im allgemeinen eine möglichst glatte Oberfläche haben, da Rauhigkeit eine Vergrößerung der Angriffsfläche, z. B. für Luftsauerstoff, Regen, Staub usw. mit sich bringt. Die Glätte einer Anstrichfläche wird in der Praxis nur durch den Augenschein und Darüberfahren mit dem Finger beurteilt. Rauhigkeit kann ihre Ursache in ungenügender Feinheit (s. S. 477) der betreffenden Anstrichfarbe oder in Fehlern bei der Verarbeitung haben; bei Spritzfarben kann auch eine ungeeignete Zusammensetzung des Lösungsmittelgemisches die Bildung einer rauhen Oberfläche bewirken. Ein zu poröser Untergrund, z. B. ungeeigneter Spachtel, kann „Wegschlagen" des darübergestrichenen Lackes zur Folge haben. Alle diese Möglichkeiten müssen berücksichtigt werden, wenn ein Anstrichstoff daraufhin geprüft werden soll, ob er eine genügend glatte Oberfläche liefert.

Für die Glanzmessung gibt es mehrere Verfahren, mit denen exakte Glanzmessungen möglich sind. Von diesen hat sich jedoch noch keine in der Praxis der Anstrichtechnik allgemein eingebürgert. Dies liegt vor allem daran, daß in den meisten Fällen nur der Glanz von verschiedenen Lacken unmittelbar verglichen werden soll, während die exakte zahlenmäßige Feststellung des Glanzes einer bestimmten Lackfläche im allgemeinen nicht erforderlich ist.

Besonders in dem für die Anstrichtechnik wichtigen Bereich des Hochglanzes (Spiegelglanz) kann das Augenmaß eine bessere Beurteilung ergeben als die üblichen Apparate. So wurden z. B. an einigen hochglänzenden Weißlackierungen mit bloßem Auge sehr erhebliche Glanzunterschiede festgestellt, während Messungen des Verfassers im Pulfrich-Photometer nur geringfügige Unterschiede ergaben. Der Grund hierfür ist der, daß das Auge in diesem Falle den Glanz nach der Bildschärfe der gespiegelten Gegenstände der Umwelt, z. B. Fensterkreuze, beurteilt, was bei der photometrischen Glanzmessung nicht entsprechend zum Ausdruck kommt. [Neuerer Beitrag zur Frage der Glanzmessung siehe Wolff und Zeidler (5).]

Es möge noch erwähnt werden, daß je nach dem Verwendungszweck eines Lackes auch ein bestimmter geringer Glanz oder möglichst geringer Glanz erwünscht sein kann (Seidenglanzlacke, Mattlacke).

Da bei Anstrichen die Schmuckwirkung eine wesentliche Rolle spielt, ist neben dem Glanz und der Haltbarkeit des Glanzes auch die Farbtonbeständigkeit von Bedeutung. Man prüft bei Freilagerversuchen auf Haltbarkeit des Farbtones durch Abdecken eines Teiles des Anstriches und zeitweiliges Vergleichen des abgedeckten Teiles mit der bewitterten Fläche.

Für viele Anstriche verwendet man jetzt genormte Farbtöne, z. B. Farbenkarte für Fahrzeuganstriche RAL Nr. 840 B 2.

Ein in der Praxis zuweilen vorkommender Anstrichfehler ist das „Durchschlagen" und „Ausbluten", das darauf beruht, daß im Untergrund befindliche Farbstoffe oder stark gefärbte Bindemittel (z. B. Bitumen) von aufgebrachten Anstrichen bzw. von deren Lösungsmitteln gelöst werden und den Deckanstrich verfärben oder fleckig machen. In der Praxis muß daher stets geprüft werden, auf welchen Untergrund ein Anstrichstoff gebracht werden kann bzw. welche Anstrichstoffe übereinander gestrichen oder gespritzt werden können.

Q. Wärme- und Kältebeständigkeit.

Eine gewisse Wärme- und Kältebeständigkeit muß naturgemäß jeder Außenanstrich besitzen; bei starker Sonnenbestrahlung können Anstriche Temperaturen bis 80° annehmen (Peters). Für Prüfungszwecke wendet man oftmals die Wärmelagerung von Anstrichen als „künstliche Alterung" (z. B. für nachfolgende mechanische Prüfungen) an, weil die Erhitzung die Oxydation und Polymerisation beschleunigt, die sich dabei rascher, aber in derselben Art vollzieht wie im Wetter. Bei wärmeempfindlichen Anstrichen geht man bei der künstlichen Alterung nur bis 60°, während z. B. die Phthalatharz-Lackfarben bei 105° gealtert werden. Nach der Wärmealterung muß man den Anstrich 24 Stunden bei Zimmertemperatur liegen lassen, damit die inneren Spannungen sich ausgleichen können, bevor man mit mechanischen Prüfungen beginnt.

Bei der Prüfung besonders hitzebeständiger Anstrichstoffe, z. B. Heizkörperfarben, Lokomotivfarben, Aluminiumbronzefarben für Öfen, kann man, um Überbeanspruchungen zu vermeiden, kaum über die Gebrauchstemperatur hinausgehen.

Die Prüfung der Anstriche auf Kältebeständigkeit hat bei allen Anstrichen, die tieferen Temperaturen ausgesetzt sein können, erhebliche praktische Bedeutung, da sich ihr Verhalten bei tieferen Temperaturen kaum aus anderen Eigenschaften herleiten läßt. Eine häufige Ursache für Zerstörungen von Anstrichen bilden oftmalige, plötzliche Temperaturschwankungen um den Nullpunkt, wie sie bei Außenanstrichen in der Praxis, namentlich im Frühjahr vorkommen; wenn der Anstrich durch Quellung Wasser aufgenommen hat oder wenn Wasser in Poren des Anstriches gedrungen ist, so übt dieses Wasser beim Gefrieren eine Sprengwirkung aus. Bei der Kurzprüfung (= künstliche Bewitterung) können diese Vorgänge je nach der Art der Anstriche eine Rolle spielen.

R. Wasserbeständigkeit, Quellung.

Die Beständigkeit gegen Wasser ist eine der wichtigsten Eigenschaften der Anstriche. Mit Ausnahme von Leimfarben, Caseinfarben u. dgl. für Innenanstriche von Wänden und Decken müssen alle Anstriche mehr oder weniger wasserfest sein. Die Prüfung der Anstriche auf Wasserbeständigkeit geschieht durch geeignete Lagerversuche; die Erscheinungen, die dabei auftreten können, sind äußerst mannigfaltig, z. B. Verfärbungen, Weichwerden, Blasenbildung, Ablösen, Korrosion des Metalluntergrundes.

Für manche Zwecke, z. B. im Gange von „Kurzprüfungen", wendet man periodische Lagerversuche an, indem man z. B. die Versuchsanstriche über Nacht in Wasser und am Tage an der Luft hängen läßt. Anstriche, wie z. B. Schiffsbodenfarben, die im Gebrauch mit Seewasser in Berührung kommen, werden in (natürlichem oder künstlichem) Seewasser gelagert. Bei Anstrichen auf Metall muß verhindert werden, daß durch Auftreten von galvanischen Strömen verstärkte Korrosion und damit Überbeanspruchung der Anstriche erfolgt; man hängt daher die Proben so auf, daß sie nicht in leitende Berührung miteinander kommen können und daß sich nicht Proben aus verschiedenen Metallen in demselben Gefäß befinden. Man hängt die Proben meistens so ein, daß sie nicht ganz eintauchen, um auch die besonders starke Wirkung an der Wasserlinie zu beobachten. Die Beständigkeit eines Anstriches gegen Wasser ist um so größer, je geringer die Wasserdurchlässigkeit ist; diese ist durch die im Anstrich vorhandenen oder durch Beanspruchung entstehenden Poren und durch die Quellbarkeit bedingt. Die meisten Anstrichfilme sind mehr oder weniger stark quellbar, insbesondere Ölfarbenfilme. Einen ausführlichen Beitrag zur Frage des Korrosionsschutzes durch Ölfilme unter Berücksichtigung der Quellung hat in neuerer Zeit Scheiber geliefert. Scheiber hat gemeinsam mit Herbig und Mühlberg ein Quellmeßverfahren entwickelt, bei dem als Maß der jeweiligen Filmquellung der elektrische Übergangswiderstand zugrunde gelegt worden ist. Das Verfahren erlaubt auch etwa vorhandene oder selbst bei der Messung entstandene Poren festzustellen. Für bekannte Bindemittelfilme fand Scheiber die von der Theorie erwarteten Quellwiderstandswerte. Die mit den bekannten Rostschutzpigmenten angestellten Quellmessungen lassen weitgehende Schlüsse auf die Wirkungsweise der Rostschutzfarben zu.

Weitere eingehende Forschungen über die Quellung von Anstrichfilmen und die damit zusammenhängenden Fragen über die Struktur der Anstrichfilme sind von Blom angestellt worden. Außer durch Wägungen kann man die Quellung durch dielektrische Messungen verfolgen, da sich die Dielektrizitätskonstante durch Wasseraufnahme ändert. Geringe Quellungsgrade erfaßt man durch Widerstandsmessungen, wenn man dafür sorgt, daß keine Konvektionsströme und keine elektrolytischen Vorgänge ausgelöst werden (elektrostatisches Verfahren).

Auch durch die Auswertung von Zugversuchen an Filmen kann man Einblicke in die Quellungsvorgänge gewinnen, da sich die deformationsmechanischen Eigenschaften der Anstrichfilme bei der Quellung ändern. Blom hat die beim Zugversuch und beim Biegeversuch in Anstrichfilmen auftretenden Spannungen auch mit Hilfe von polarisiertem Licht sichtbar gemacht.

Eine amerikanische Methode zur Bestimmung der Feuchtigkeitsdurchlässigkeit von Anstrichfilmen (H. F. Payne) beruht auf der Wägung des in Form von Wasserdampf durch einen Anstrichfilm hindurch verdunstenden Wassers.

Die Prüfung von Metallanstrichen auf Beständigkeit gegen Seewasser wird oft zweckmäßig in Anlehnung an ein bei Korrosionsprüfungen übliches Verfahren im Seewasser-Sprühgerät vorgenommen. Hierbei wird in einer größeren Kammer, in der die Proben hängen, in gewissen Zeitabständen, z. B. jede Stunde, Seewasser zu feinem Nebel versprüht.

Konservendosenlacke müssen gegen kochendes Wasser beständig sein. Man prüft diese, indem man in einer lackierten Dose Wasser 10 Minuten lang kocht und dieses danach kostet. Das Wasser muß nach dem Kochversuch farb-, geruch- und geschmacklos sein.

S. Beständigkeit gegen Chemikalien.

Dieses Gebiet ist sehr vielseitig. Es gibt in der Praxis zahlreiche Anwendungsgebiete für Anstriche, bei denen Beständigkeit gegen chemische Einwirkungen verschiedener Art erforderlich ist. Es können daher an dieser Stelle nur einige wichtigere Beispiele genannt werden.

Die Alkalibeständigkeit spielt eine große Rolle bei den mehr oder weniger stark alkalischen Bauuntergründen, wie frischer Putz, Mauerwerk, Zement, Beton usw. Während verseifbare Bindemittel wie fette Öle und Phthalatharze nicht auf alkalischen Untergrund gestrichen werden können, haben sich die in den letzten Jahren aufgekommenen Chlorkautschukfarben für diese Zwecke bereits praktisch bewährt. Der chemische Nachweis der Verseifbarkeit genügt zwar, um bei vielen Bindemitteln die Frage nach der Alkalifestigkeit daraus hergestellter Anstriche ohne weiteres zu verneinen. Die Eignungsprüfungen für solche Fälle können jedoch nur in enger Anlehnung an die Praxis vorgenommen werden; dabei sind im allgemeinen längere Freilagerversuche notwendig.

Es gibt auch Fälle, wo auf den Anstrich außer der Einwirkung des alkalischen Untergrundes eine dauernde Wassereinwirkung stattfindet (z. B. Schwimmbecken aus Beton, Hafenanlagen). Anstriche, die in der Praxis erst nach dem Trocknen mit Alkalien in Berührung kommen, müssen auf einen neutralen Untergrund gestrichen werden und vor der Prüfung auf Alkalifestigkeit gut durchgetrocknet sein. Dies gilt übrigens ganz allgemein für alle Prüfungen auf chemische Widerstandsfähigkeit. Anstriche, die in der Praxis gelegentlich mit alkalischen Reinigungsmitteln in Berührung kommen können, werden nach RAL 840 A 2 wie folgt auf **Sodabeständigkeit** geprüft: Auf möglichst glattem mit Sandstrahl oder mit Stahlbürste und darauf mit Schmirgelpapier entrostetem Eisenblech ist ein Anstrich mit dem zu prüfenden Material auszuführen. Nach 48stündigem Trocknen bei etwa 20° ist das Blech ungefähr zur Hälfte in eine 50° warme, 5%ige Sodalösung einzutauchen. Das Blech muß 1 Stunde lang bei 50° ($\pm 2°$) in der Sodalösung bleiben und wird dann 1 Minute lang mit einem kräftigen Wasserstrahl abgespritzt. Der Anstrich darf sich dabei nicht ablösen. Nach dem Trocknen darf der Glanz der eingetauchten Hälfte nicht wesentlich verschieden von dem der nicht eingetauchten Hälfte sein; der Anstrich darf sich auch nicht verfärben und nicht matt werden.

Zur Prüfung auf **Säurebeständigkeit** wird nach RAL Akkumulatoren-Schwefelsäure ($d = 1{,}21$) verwendet, die man 24 Stunden bei Zimmertemperatur einwirken läßt. Die Kanten der Probebleche werden nach dem Trocknen des Anstriches mit Paraffin geschützt. Im übrigen verfährt man ebenso wie bei der Prüfung auf Sodabeständigkeit.

Rostschutzanstriche von Industrieanlagen müssen oftmals gegen saure Industriegase, z. B. nitrose Gase, beständig sein. Chemisch besonders stark beanspruchte Anstriche finden sich auch im Bergbau. Es ist oftmals nicht möglich, eine solche Beanspruchung für Prüfzwecke im Laboratorium nachzuahmen.

Die Beständigkeit von Rostschutzanstrichen gegen Rauchgase wird durch Behandeln mit schwefliger Säure geprüft. Im Staatlichen Materialprüfungsamt Berlin-Dahlem hat sich hierzu folgendes Verfahren bewährt: Die Anstriche werden in einer Kammer aufgehängt, durch die 100 l Luft in der Stunde geleitet werden; die Luft erhält dabei Zusätze von je 0,2 Vol.-% CO_2 und SO_2. Nach 2 Tagen wird der Luftstrom abgestellt und 2 Tage lang ein langsamer Dampfstrom eingeleitet, wodurch die Kammerluft auf etwa 40° erwärmt wird und sich Wassertropfen an den Proben kondensieren, dann folgt wieder der Luftstrom mit den Zusätzen usw. Bei kleinen Versuchen hängt man die Anstrichproben zweckmäßig unter eine Glasglocke, in der sich eine kleine Schale mit wäßriger, schwefliger Säure befindet. Derartige Versuche zur Prüfung von Rostschutzfarben mit schwefliger Säure hat in neuerer Zeit Peters (2) beschrieben. Von Anstrichen für Tankstellen wird Beständigkeit gegen Treibstoffe verlangt; die gleiche Eigenschaft wird von Anstrichstoffen für Motorfahrzeuge und Flugzeugteile gefordert, die mit Treibstoffen in Berührung kommen können. Am stärksten greifen erfahrungsgemäß Benzolgemische (Aral) an. Man prüft sowohl durch bloßes Übergießen des Anstriches mit dem Treibstoff wie durch Lagerversuche. Während der Einwirkung des Treibstoffes beobachtet man, ob sich Blasen bilden oder ob der Anstrich sich ablöst. Nach der Einwirkung wird geprüft, ob der Anstrich weich geworden ist. Dann läßt man den Anstrich trocknen und prüft nach einigen Stunden und am nächsten Tage nochmals die Härte, Geschmeidigkeit usw. Außerdem werden etwaiger Glanzverlust und Verfärbungen festgestellt. In den Lieferbedingungen der Großverbraucher (Heer, Luftwaffe) sind Vorschriften hierüber enthalten.

T. Brennbarkeit, feuerhemmende Wirkung, Feuerschutzfarben.

Anstriche mit brennbaren organischen Bindemitteln können unter ungünstigen Umständen zur Ausbreitung eines Brandes beitragen.

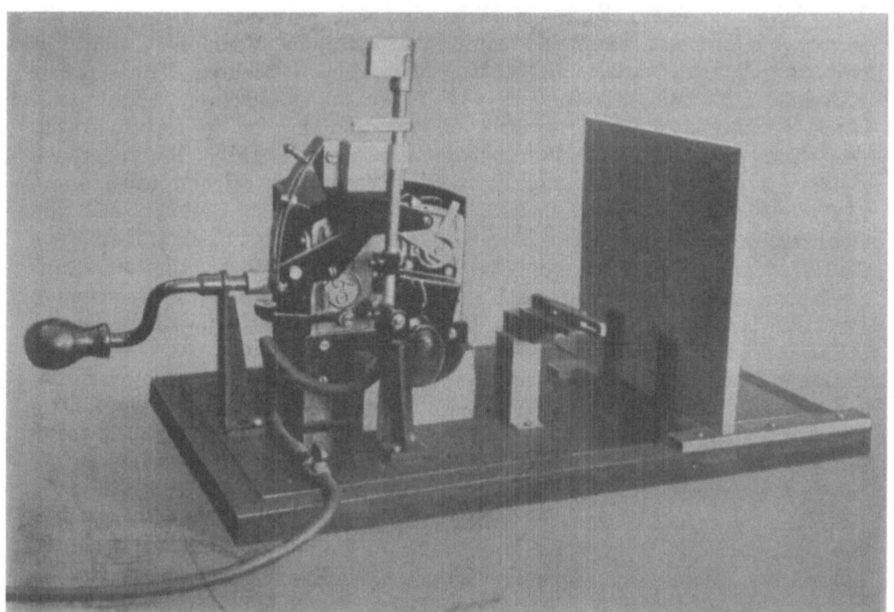

Abb. 19. Apparat nach Motzkus zur Prüfung auf Feuergefährlichkeit.

Als besonders gefährlich in dieser Hinsicht müssen manche Nitrocelluloselacke gelten, weil sie leicht entzündlich sind und daher das Feuer schnell weiterleiten. Die Deutsche Reichsbahn hat daher schon vor mehreren Jahren ein Verfahren zur Prüfung der Feuergefährlichkeit von Anstrichen entwickelt (Schulz). Später hat Motzkus dieses Verfahren verbessert. Der Apparat von Motzkus (s. Abb. 19) besteht aus einem schwenkbaren Gaszuleitungsrohr, an dessen vorderem Ende eine durch ein Windschutzblech geschützte Zündflamme von 10 mm Länge (blauer Kegel) brennt. Der zu prüfende Anstrich wird senkrecht so aufgestellt, daß bei waagerechter Lage des Gaszuleitungsrohres die

Entfernung zwischen Anstrich und Rohröffnung 24 mm beträgt. Zur Prüfung wird das Brennrohr in die waagerechte Lage gebracht, also die Flamme senkrecht gegen den Anstrich gerichtet und die Zeit bis zur Entzündung des Anstriches bestimmt. Das in der Abb. 19 hinter dem Gaszuleitungsrohr sichtbare, für die Prüfung nach Schulz bestimmte Uhrwerk wird für die Prüfung nach Motzkus nicht benötigt.

Die Verfahren von Motzkus und Schulz besagen jedoch nichts über den Einfluß, den ein Anstrich auf einen Brand ausübt, der schon etwas größeren Umfang angenommen hat. Für die Bestimmung der Brandausbreitung innerhalb verschiedener Zeitabschnitte ist das Verfahren von Vila geeignet (Beschreibung s. Motzkus).

Die Feuerschutzanstriche haben neben den allgemeinen Aufgaben eines Anstriches den Zweck, die Brennbarkeit eines brennbaren Untergrundes, insbesondere des Holzes, herabzusetzen. Im Staatlichen Materialprüfungsamt Berlin-Dahlem sind seit geraumer Zeit über die Wirkungsweise von Feuerschutzmitteln zahlreiche Versuche angestellt worden. Die feuerschützende Wirkung von Deckanstrichen, z. B. Wasserglasfarben, beruht größtenteils auf einem mechanischen Schutz der Deckschicht durch Luftabschluß. Dieser Schutz wird weiterhin durch die Wärmeleitfähigkeit der Deckanstriche bestimmt. Beide Eigenschaften verzögern hauptsächlich den Entzündungsvorgang, wirken aber auch hemmend auf den Brennvorgang. Voraussetzung ist jedoch, daß die Schutzschicht beim Brande nicht vorzeitig abplatzt. Nach Schulze und Dohmöhl muß für die Prüfung von geschütztem Holz ein Prüfverfahren gewählt werden, das dem bei Schadenfeuern auftretenden Brandverlauf entspricht und die baulichen Verhältnisse (z. B. im Dachstuhl) bei der Bauart des Versuchsstückes berücksichtigt. Nur unter diesen Voraussetzungen läßt sich der praktische Wert von Feuerschutzmitteln umfassend und einwandfrei beurteilen. Bei diesen Versuchen wurden ferner die Grenzen der Brauchbarkeit der in den letzten Jahren entwickelten Laboratoriumsverfahren zur Prüfung von Feuerschutzmitteln beurteilt.

Nach der zur Zeit gültigen amtlichen Prüfmethode DIN 4102 werden die Versuchsstücke in ganzer Ausdehnung einer Feuerbeanspruchung ausgesetzt, wobei der Temperaturanstieg genau festgelegt ist („Einheitstemperaturkurve"). Als Versuchsstücke dienen Holztafeln von 1×2 m und Kanthölzer von etwa 2 m Länge und 10×10 cm Querschnitt. Bezüglich der Einzelheiten der Versuchsausführung muß auf das DIN-Blatt verwiesen werden. Neuerdings sind Bestrebungen im Gange, eine Laboratoriumsprüfung (Lattenverschlag) als DIN-Verfahren festzulegen.

U. Kurzprüfung (V, 926).

Der Wert der Kurzprüfungen ist noch stark umstritten. Obwohl man bei noch nicht genügend erforschten Anstrichsystemen aus Kurzprüfungen keine sicheren Schlüsse ziehen kann, haben sich in manchen Fällen (z. B. EL-Firnisfarben), wenn genügend lange Beobachtungszeit zur Verfügung steht, die Kurzprüfungen am „Gardner-Rad"

[Gardner (2)] doch als brauchbares Hilfsmittel zur Verfolgung der auch im Wetter auftretenden Erscheinungen bewährt. Dabei darf die Haltbarkeit im Wetter natürlich nicht als eine „Konstante" angesehen werden, man kann auch aus dem Ergebnis einer Kurzprüfung nicht die Haltbarkeitsdauer im Wetter berechnen; in geeigneten Fällen lassen sich jedoch Schlüsse auf die relative Haltbarkeit von Anstrichen in der gleichen Wetterlage ziehen.

Peters sagt sehr treffend, „daß man mit der Prüfung, sei es Kurz- oder Dauerprüfung, nur feststellen kann, ob ein Anstrich gute oder schlechte Aussichten für die Haltbarkeit besitzt"; die wirkliche Haltbarkeit eines Anstriches in der Praxis hängt außer vom Material von vielen anderen Dingen ab, z. B. vom Streichen, vom Umrühren, vom Spritzdruck, von Untergrund, von der Luftfeuchtigkeit usw.". Peters verwendet als „Kurzprüfverfahren" für die Lackfarben keine bis zur beginnenden Zerstörung der Anstriche führende künstliche Bewitterung, sondern mechanische Prüfungen (s. oben Härte, Geschmeidigkeit, Haftfestigkeit usw.) vor und nach künstlicher Wärme-Alterung (Nitrocellulose-Lackfarben und Chlorkautschukfarben 3 Stunden bei 100°, lufttrocknende Kunstharz- und Öllackfarben 3 Stunden bei 105°).

II. Chemische Untersuchungsverfahren.

A. Allgemeines.

Die chemischen Untersuchungsverfahren sagen über die Güte und Eignung eines Anstrichstoffes nur indirekt etwas aus; die Auswertung chemischer Untersuchungsergebnisse im Sinne einer Gütebewertung ist im allgemeinen nur dann möglich, wenn entsprechende praktische Erfahrungen bereits vorliegen. Die Entwicklung der chemischen Analyse der Anstrichstoffe hat mit der stürmischen Entwicklung der synthetischen Chemie und der neuen Lackbindemittel nicht Schritt gehalten; der Umfang der neueren chemischen Verfahren auf diesem Gebiete ist daher verhältnismäßig gering. Es gibt in der Praxis zahlreiche Faustmethoden, mit denen die Einordnung eines Lackes oder einer Farbe in eine bestimmte Klasse (z. B. Nitrocelluloselacke, Chlorkautschuklacke, Ölfarben usw.) leicht und verhältnismäßig sicher gelingt. Der Geruch, die Streichbarkeit, der Trocknungsverlauf, ja selbst der Preis u. a. m. sind äußere Eigenschaften, aus denen der erfahrene Fachmann sich schnell ein Bild über die Art eines unbekannten Anstrichstoffes machen kann. Hingegen ist die genaue chemische Analyse insbesondere von Lackbindemitteln oftmals eine sehr schwierige und nicht immer im gewünschten Umfange lösbare Aufgabe.

B. Rohstoffprüfung.

Neben der Analyse von Lacken usw. spielen chemische Untersuchungsverfahren in der Praxis auch eine Rolle bei der Rohstoffprüfung. Obwohl die Untersuchung der Rohstoffe der Lack- und Farbenindustrie wie Pigmente, Öle und Lösungsmittel in anderen Abschnitten dieses

Werkes behandelt wird, soll in diesem Zusammenhang auf die einschlägigen RAL-Lieferbedingungen und -Prüfmethoden hingewiesen werden:

Bleimennige[1]: RAL Nr. 844 B.
Sulfat-Bleiweiß: RAL Nr. 844 F.
Zinkweiß und Zinkoxyd: RAL Nr. 844 C 2.
Lithopone: RAL Nr. 844 J.
Titanweiß: RAL Nr. 844 H.
Eisenocker: RAL Nr. 844 E.
Lackleinöl (rohes, gebleichtes und raffiniertes): RAL Nr. 848 A.
Leinölfirnis: RAL Nr. 848 B.
Einheitslackfirnis (EL-Firnis): RAL Nr. 848 F.
Terpentinöl: RAL Nr. 848 C.
Testbenzin (Lackbenzin): RAL Nr. 848 E.

C. Analyse der Lacke und Anstrichfarben.

1. Trennung von Pigment und Bindemittel. Die Abtrennung der
Pigmente vom Bindemittel eines Anstrichstoffes geschieht am besten
durch Zentrifugieren nach Verdünnung mit einem geeigneten Verdünnungsmittel. Ölfarben und Öllacke verdünnt man im allgemeinen
mit Äther (Analyse von Celluloseesterlacken s. V, 929). Die weitere
Untersuchung der Pigmente erfolgt nach den Verfahren der anorganischen chemischen Analyse (s. Erg.-Bd. II, S. 408 f.).

Das Bindemittel nimmt das Hauptinteresse bei der Lackanalyse in
Anspruch. Je nach dem Ausfall der Vorprüfungen (s. oben „Faustmethoden") kann man sich bereits in großen Zügen ein Bild über die
vermutliche Zusammensetzung machen, wobei allerdings für die Art
mancher Einzelbestandteile (z. B. Harze, Weichmachungsmittel) noch
ein weiter Spielraum bleibt. Das einzuschlagende Verfahren kann
nicht allgemein angegeben werden; es gibt keinen „Analysengang" für
Anstrichstoffe. Die besonderen Schwierigkeiten der Bindemittelanalyse
erhellen wohl am besten die folgenden Tatsachen: Gesucht werden im
allgemeinen die zur Herstellung des Anstrichstoffes verwendeten Rohstoffe, z. B. Lackleinöl, Kunstharz X, Tranpräparat Y usw. Gefunden
werden dagegen durch die Analyse chemisch verschiedene Stoffgruppen,
z. B. Fettsäuren, unverseifbare Stoffe, die ihrerseits häufig Gemische
von Einzelbestandteilen der Rohstoffe sind. Man erhält also meistens
aus den chemisch abgeschiedenen Stoffen nur Hinweise auf die Rohstoffe, nicht diese selbst. Hierzu kommt noch, daß die ursprünglichen
Rohstoffe durch das Herstellungsverfahren oft weitgehend verändert
sind (z. B. Öllackkochen). Die Trennung des Bindemittels vom Lösungsmittel geschieht durch Eindampfen im Wasserbade. Wenn sich das
Bindemittel (fette Öle) hierbei oxydieren kann, ist es oftmals besser,
das Eindampfen im Vakuum vorzunehmen.

2. Öllackanalyse. Nach Kappelmeier erfolgt die Trennung von
Lackkörper und Lösungsmittel bei der Öllackanalyse am besten durch

---

[1] Darf zur Zeit für Inlandsgebrauch nur gemeinsam mit Verschnittmitteln
verarbeitet werden.

Wasserdampfdestillation. Da diese bei einer unter dem normalen Siedepunkt liegenden Temperatur stattfindet, ist die Möglichkeit teilweiser Zersetzung des Destillates stark eingeschränkt und in den meisten Fällen, die bei der Lackanalyse vorliegen, vollständig ausgeschlossen. Man erzielt somit nicht nur eine genaue Bestimmung des Lösungsmittels, sondern man scheidet hierdurch sowohl den Lackkörper (nichtflüchtiger Anteil) wie das Lösungsmittel für sich in reiner Form ab, so daß diese Bestandteile weiterhin untersucht werden können.

Kappelmeier hat einen selbsttätig arbeitenden Apparat für die Wasserdampfdestillation von Lacken entworfen, dessen Abmessungen (Maße in Millimeter) aus Abb. 20 zu ersehen sind. Der Apparat besteht aus einem Erlenmeyerkolben A aus Pyrex- oder Duranglas (Inhalt etwa 1000 cm³), der mit einem Gummistopfen verschlossen ist, durch den die Röhre B zum Kühler C führt. Die Röhre B wird mit Asbestschnur gegen Wärmeverluste geschützt. Der Kühler steht in Verbindung mit der U-förmigen Röhre D, die mit ihrem anderen Arm neben dem Glashahn F an die Röhre B angeschlossen ist. Bei G ist der Apparat offen. Die rechte Hälfte der Röhre D besitzt eine Kubikzentimeterteilung (insgesamt 25 cm³). In den Kolben A gibt man 200—300 cm³ Wasser und eine abgewogene Menge Lack, die sich nach dem vorher durch eine Verdunstungsprobe annähernd bestimmten Gehalt an flüchtigen Lösungsmitteln richtet. Beim Destillieren sind Siedesteinchen zuzugeben. Das Destillat scheidet sich in der Röhre D in zwei Schichten, von denen die obere in der Regel das Lösungsmittel ist. Das Wasser fließt durch

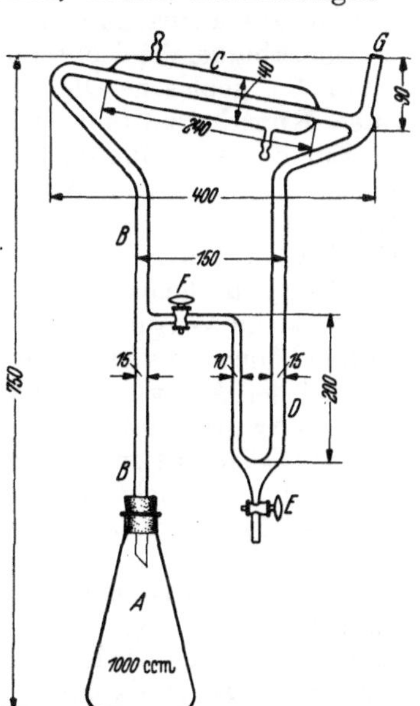

Abb. 20. Apparat zur Wasserdampfdestillation nach Kappelmeier.

F und B in den Kolben A zurück. Verwendet man eine elektrische Heizplatte, so kann man den Apparat stundenlang unbeaufsichtigt laufen lassen. Die Destillation ist in der Regel in $1^{1}/_{2}$—2 Stunden beendet. Man kann den Apparat auch zur Bestimmung von Wasser in Kitten, Spachteln, Emulsionsfarben usw. verwenden, indem man das zu untersuchende Material mit Tetrachlorkohlenstoff destilliert. Bei der Wasserdampfdestillation von Öllacken ändert selbst stundenlanges Kochen der Lacke mit Wasser kaum etwas an der Zusammensetzung normaler Öllackkörper. Lediglich bei Lackkörpern mit größerem Alkydharzgehalt können geringe Mengen Phthalsäure mit überdestillieren. Die dadurch bedingten kleinen Fehler sind praktisch ohne Bedeutung. Nach beendigter Dampfdestillation wird das im Kolben befindliche Wasser von dem Lackkörper abgegossen und dieser zur weiteren Untersuchung unter schwachem Erwärmen in Äther gelöst.

Die Verfahren zur Untersuchung von Öl- und Öllack-Bindemitteln
sind zum Teil aus der Fettanalyse (IV, 499f.) entnommen, bei der die
Ermittlung der Konstanten der fetten Öle (z. B. Brechungsindex, Verseifungszahl, Jodzahl usw.) eine große Rolle spielt. Man muß jedoch
dabei stets beachten, daß die Konstanten der aus einem Lackbindemittel
abgeschiedenen Fettsäuren, Harzsäuren usw. gegenüber den entsprechenden Konstanten der reinen Rohstoffe erheblich verändert sein können.
Jedenfalls erfordert die Auswertung von analytischen Zahlenwerten
große Erfahrung; auch werden oftmals zweckmäßig die physikalischen
Eigenschaften einer Probe, z. B. Trocknungsverlauf, Filmeigenschaften
u. a. m. zur Beurteilung herangezogen.

Öllackbindemittel enthalten im wesentlichen fette Öle, Ölpräparate
(Standöle, geblasene Öle), Harze und Harzpräparate (Kalkharz, Harzester, Kunstharze) und Trockenstoffe.

Ein neues Verfahren zur Trennung von Harz- und Fettsäuren zur
Lackanalyse ist von Wolff und Zeidler (7) ausgearbeitet und von
Kappelmeier (1) nachgeprüft und empfohlen worden. Einen neuen
Nachweis des Holzöls haben Leppert und Majewska angegeben.

Über den chemischen Nachweis der für Lacke verwendeten Kunstharze siehe Wagner (1). Zum Nachweis der Kunstharze in Anstrichstoffen können in vielen Fällen die gleichen Verfahren angewendet werden
wie bei der Analyse der Kunststoffe (s. S. 445f.).

Nachweis von Phenolharzen in Öllacken. Nach Kappelmeier (1) ist das in der früheren Literatur empfohlene Verfahren der
Alkalischmelze nicht geeignet. Kappelmeier empfiehlt nachstehenden
Arbeitsgang: Die Lösung von etwa 2—3 g des zu prüfenden Lackkörpers
in möglichst wenig Benzol wird in einer Porzellanschale mit 20 cm³
alkoholischer n-Kalilauge vermischt. Dann wird auf dem Wasserbad
zum Trocknen eingedampft, nochmals 20 cm³ alkoholische n-Kalilauge
zugegeben und wieder möglichst vollständig eingedampft. Hierauf
wird mit 10 cm³ alkoholischer n-Kalilauge aufgenommen, auf Zimmertemperatur abgekühlt und nötigenfalls filtriert. Dann wird mit 1 bis
2 cm³ Diazoreagens versetzt, das jedesmal vorher durch Lösen von
etwa 0,5 g Echtrotsalz 3 GL in 5 cm³ Wasser und 1 cm³ 4 n-Salzsäure
frisch herzustellen ist. Beim Vermischen der stark alkalischen Seifenlösung mit diesem Reagens tritt bei Anwesenheit von Phenolharzen
intensive Rotfärbung auf.

3. Nachweis und Bestimmung von Phthalsäure. Bei Gegenwart
von Alkydharzen oder phthalsäurehaltigen Weichmachungsmitteln im
Bindemittel spielt der Nachweis und die Bestimmung der Phthalsäure
eine wichtige Rolle. Für den Nachweis der Phthalsäure, auch in kleinen
Mengen und in alten Anstrichfilmen hat sich im Staatlichen Materialprüfungsamt Berlin-Dahlem das folgende Verfahren (des Verfassers)
bewährt: Eine kleine Menge des zu prüfenden Bindemittels (etwa 2 Tropfen flüssiges oder eine entsprechende Menge festes Bindemittel) wird in
einem Reagensglase mit der 3fachen Menge Thymol und 5 Tropfen
konzentrierter Schwefelsäure vermischt. Dann erhitzt man das Gemisch
10 Minuten auf 120—130°, am besten in einem kleinen Ölbad, das man
schon vorher angeheizt hat. Das Gemisch wird nun unter schwachem

Erwärmen in 5—10 cm³ Alkohol von etwa 50 Vol.-% gelöst und mit verdünnter Natronlauge alkalisch gemacht. Bei Anwesenheit von Phthalsäure im Bindemittel färbt sich die Flüssigkeit tiefblau infolge der Bildung von Thymolphthalein. Wenn die alkoholische Lösung zu stark gefärbt erscheint, so entfärbt man sie vorher, indem man mit frisch erhitzter und im Vakuum erkalteter feingepulverter Tierkohle kurz aufkocht und filtriert. Es konnten so in 2 g eines alten, abgeblätterten, pigmenthaltigen Anstrichfilmes noch 0,5 mg Phthalsäure sicher nachgewiesen werden. Das Bindemittel wurde hierbei mit einer Mischung aus 2 Volumteilen Benzol und 1 Volumteil Lösungsmittel E 13 (I. G.) heiß ausgezogen und durch Zentrifugieren vom Pigment getrennt.

Über einen weiteren Nachweis der Phthalsäure mit der verbesserten Fluoresceinprobe siehe Storfer. Zur quantitativen Bestimmung der Phthalsäure hat Kappelmeier (2, 3) ein gutes Verfahren ausgearbeitet, das auch in die RAL-Lieferbedingungen Nr. 848F zur Prüfung von Einheitslackfirnis (EL-Firnis) aufgenommen ist. Das Verfahren beruht auf der Beobachtung, daß beim Verseifen von Phthalsäureestern mit alkoholischer Kalilauge die Phthalsäure als vorzüglich kristallisierendes normales Kaliumsalz von der Zusammensetzung $C_8H_4O_4K_2 \cdot C_2H_5OH$ (also mit „Kristallalkohol") abgeschieden wird. Die genau abgewogene Menge von 0,5—1 g Substanz (Bindemittel) wird in einem Erlenmeyerkolben von 150 cm³ in 5 cm³ Benzol warm gelöst. Von Klarlacken mit flüchtigem Lösungsmittel wird entsprechend mehr abgewogen. Dann wird mit der 2—3fachen Menge der nach der Verseifungszahl erforderlichen Menge ¹/₂ n-alkoholischer Kalilauge verseift. Der zur Herstellung der Kalilauge verwendete Alkohol muß für technische Bestimmungen mindestens 96 Vol.-% Alkohol enthalten. Die Genauigkeit der Methode ist am größten, wenn man absoluten Alkohol verwendet, da selbst kleine Mengen Wasser einen nachteiligen Einfluß ausüben. Man erhitzt langsam in einem Wasserbad, dessen Temperatur anfangs nicht höher als etwa 40° sein soll, bis die Flüssigkeit gleichmäßig siedet. Nach etwa 1—1¹/₂ Stunden ist die Verseifung beendet. Man spritzt das Kühlrohr nach dem Abkühlen mit einer Mischung gleicher Teile Alkohol und Äther aus und filtriert sogleich durch einen Porzellan- oder Glasfiltertiegel. Durch Nachspritzen mit Alkohol-Äther (1:1) bringt man das Kaliumsalz quantitativ auf das Filter. Da das Kaliumsalz sehr stark hygroskopisch ist, muß schnell gearbeitet und das Durchsaugen von Luft durch den Niederschlag möglichst vermieden werden. Man trocknet im Vakuum über Schwefelsäure bis zur Gewichtskonstanz. Die Wägungen müssen aus dem obigen Grunde gleichfalls möglichst schnell ausgeführt werden, oder man wägt den Tiegel in einem geschlossenen Wägegläschen. Dieses Verfahren ist mit geringen Abänderungen auch geeignet zur Bestimmung von Phthalsäure und Fettsäuren in einem Ansatz. Zur Identifizierung des Niederschlages als Phthalsäureverbindung kann in Zweifelsfällen mit Vorteil das oben beschriebene Verfahren mittels Thymol verwendet werden (der Verfasser).

Ruff und Krynicki hatten gegen das obige Verfahren eingewendet, daß sich die Additionsverbindung von Kaliumphthalat und Alkohol zwar vorzüglich als Abscheidungsform, nicht aber als Bestimmungsform der Phthalsäure eigne, und dieser Einwand ist auch in die RAL-Lieferbedingungen Nr. 848F übergegangen. Kappelmeier (1) hat dies jedoch widerlegt und nachgewiesen, daß sich das alkoholhaltige Kaliumphthalat sehr wohl als Bestimmungsform eignet, wenn man wie oben angegeben arbeitet.

4. Analyse der Lösungsmittel. Infolge des Auftretens einer großen Anzahl neuer Lösungsmittel ist die Zerlegung mancher Lösungsmittelgemische, wie sie bei Anstrichstoffen vorkommen können, in ihre Bestandteile und die sichere Kennzeichnung derselben eine recht schwierige Aufgabe. Für lacktechnische Zwecke sind genauere Analysen komplizierter Lösungsmittelgemische verhältnismäßig selten erforderlich, erstens weil die in der Praxis gebräuchlichen Lösungsmittel des Handels zum Teil selbst Gemische sind und zweitens, weil die Lösungsmittel nicht in demselben Ausmaße für die Eigenschaften des Anstriches ausschlaggebend sind wie das Bindemittel und das Pigment. Andererseits können aber aus der Kenntnis des Lösungsmittels eines Anstrichstoffes oftmals Rückschlüsse auf die Bindemittelzusammensetzung gezogen werden. So kann z. B. ein Lackbindemittel keine Stoffe enthalten, die in dem Lösungsmittel des betreffenden Lackes unlöslich sind (ausgenommen bei Emulsionen).

Für die Belange der Gewerbehygiene und zur Klärung von versicherungsrechtlichen Fragen hat die Analyse von Lösungsmittelgemischen erhebliches Interesse. Aus diesem Bedürfnis heraus hat H. Weber (1) einen systematischen Analysengang entwickelt; ferner „Neue Farbreaktionen zur Unterscheidung von Methylenchlorid, Chloroform und Tetrachlorkohlenstoff" [Weber (2)].

D. Mikroskopische Prüfungen.

Zuweilen tritt das Bedürfnis auf, an einem fertigen Anstrich nachträglich festzustellen, wie viele Schichten übereinander aufgetragen und welche Anstrichstoffe für die einzelnen Schichten verwendet worden sind. Voraussetzung für die Möglichkeit einer solchen Prüfung ist, daß nicht eine Schicht durch die andere angelöst wurde und daher eine Durchmischung stattgefunden hat. Bei chemisch trocknenden Anstrichstoffen wie Ölfarben ist diese Voraussetzung im allgemeinen gegeben. Es muß versucht werden, durch vorsichtiges mechanisches Ablösen des Anstriches vom Untergrund möglichst unbeschädigte Filmstücke zu erhalten; diese werden im Querschnitt mikroskopisch untersucht. Filme, die nicht zu spröde sind, kann man mitunter in eine geeignete Einbettungsmasse einschmelzen, dann mit dem Mikrotom Dünnschnitte herstellen und diese im durchfallenden Licht untersuchen. Gelingt dies nicht, so müssen die Filmstücke in einem guten Mikroskop mit Auflichtbeleuchtung geprüft werden.

Bei früheren Untersuchungen über das Gefüge von Anstrichfilmen (Toeldte) bewährte sich als Einbettungsmasse eine Mischung von 3 Teilen Hartparaffin und 1 Teil Kolophonium. Es konnten damit Filmquerschnitte von nur 5 μ Dicke hergestellt werden. In den Filmquerschnitten kann man in manchen Fällen Grenzlinien parallel zur Filmoberfläche erkennen, durch die die Abgrenzung der einzelnen Schichten sichtbar wird. Durch Anwendung geeigneter Quellungsmittel können die Grenzlinien im Filmquerschnitt erheblich besser sichtbar gemacht werden. Setzt man dem Quellungsmittel etwas Farbstoff zu, so kann durch verschieden starke Anfärbung der Einzelschichten die Wirkung noch weiter verbessert werden. Eines der Quellungsmittel war wie folgt zusammengesetzt: 2 Volumteile Benzol und 1 Volumteil Lösungsmittel E 13 mit Methylenblau dunkelblau gefärbt.

Abb. 21 zeigt als Beispiel das Gefüge eines dreischichtigen Mennigefilms im Querschnitt nach dem Anquellen. Der Grundanstrich bestand aus handelsüblicher Mennige mit 13% Öl, der erste Deckanstrich aus hochdisperser Mennige mit 23% Öl, der zweite Deckanstrich aus der gleichen hochdispersen Mennige mit 25% Öl. Nicht nur die Grenzlinien, sondern auch das Gefüge der einzelnen Schichten waren unter dem Mikroskop deutlich sichtbar. Die Grundschicht, in Abb. 21 durch einen Pfeil bezeichnet, ist nach dem Anquellen die dünnste und weist die dichteste Pigmentpackung auf. Die erste Deckschicht ist dicker und in ihr sind die Pigmentschichten etwas weniger dicht gelagert. Die zweite Deck-

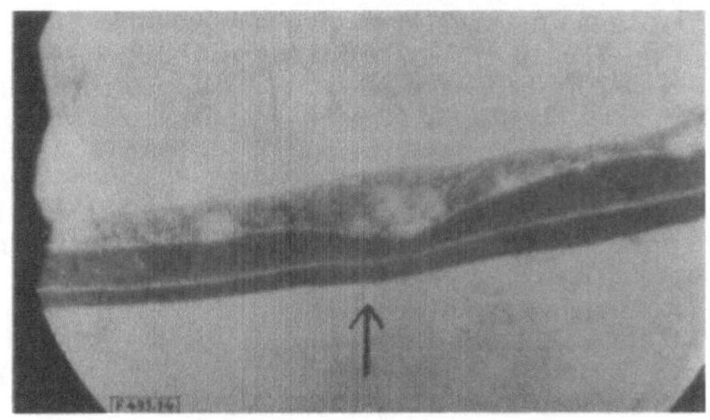

Abb. 21. Dreischichtiger Mennigefilm nach dem Anquellen. Der Pfeil zeigt auf den Grundanstrich.

schicht ist durchschnittlich am dicksten und weist die loseste Pigmentpackung auf. Die Ungleichmäßigkeiten in der Dicke der einzelnen Schichten waren bis zu einem gewissen Grade schon vor dem Anquellen vorhanden, wie die Betrachtung mehrerer Querschnitte ergab; durch das Anquellen werden sie noch verstärkt.

In neuerer Zeit hat Wagner (2) mikroskopische Untersuchungen an Filmquerschnitten über den Aufbau von Emulsionsfarbenfilmen ausgeführt.

Whitehead benutzt zur Herstellung von Filmquerschnitten als Einbettungsmasse eine Mischung von gleichen Teilen Kunstharz AW 2 (I. G.) und I. G.-Wachs 0. Diese Mischung ist praktisch säurefrei und ist nach Whitehead auch zur Einbettung harter und spröder Filme geeignet. Ferner sind in seiner Arbeit mikrochemische Prüfverfahren für den Nachweis der Weißpigmente und einiger Buntpigmente enthalten.

Literatur.

Baldwin u. Gardner: Farben-Ztg. **43**, 1346 (1938). — Blom: Farben-Ztg. **44**, 161—163, 188—190 (1939).

Droste: (1) Farben-Ztg. **37**, 619, 620, 655—657, 694, 695 (1932). — (2) Farben-Ztg. **43**, 784 (1938).

Gardner: (1) Scient. Sect. Circular Nr. 362 (1930). — (2) Untersuchungsmethoden der Lack- und Farbenindustrie, deutsche Übersetzung von B. Scheifele, S. 277. — Geiger: Farben-Ztg. **43**, 256 (1938).

Husse: Mitteilungen aus der Dachpappenindustrie. Berlin: Allgemeiner Industrie-Verlag Knorre & Co. 1939.

Kappelmeier: (1) Farben-Ztg. **42**, 509, 510, 535, 536, 561—563 (1937). — (2) Farben-Ztg. **40**, 1141, 1142 (1935). — (3) Farben-Ztg. **41**, 161 (1936). — Kempf: Härteprüfer. Jahresber. der Chem.-Techn. Reichsanstalt 1931/32, Selbstverlag. — König, W.: Farben-Ztg. **44**, 83, 84, 107, 108, 133—135 (1939). — Krüger, D.: Die Viscositätsbestimmung von Celluloselösungen, ihre technische Ausführung und ihre Bedeutung für die Praxis. Zellstoffaser **32**, 113—120 (1935).

Leppert u. Majewska: Chem. Zentralblatt **1935 I**, 2280.

Matthijsen, H. L.: Farben-Ztg. **43**, 111 (1938). — Merz: Anstrich-Prüfwesen. Farben-Ztg. **43**, 365 (1938). — Motzkus: Chem. Apparatur **24**, Heft 12, 199.

Payne, H. F.: Farben-Ztg. **43**, 277 (1938). — Peters, F. J.: (1) Das Kurzprüfverfahren für Lackfarben bei der Chemisch-Technischen Reichsanstalt. Hannover: Curt R. Vincentz. — (2) Farben-Ztg. **39**, 675—677 (1934).

Roßmann: Neue Methoden zur Prüfung von Anstrichfilmen. Fette u. Seifen **44**, 136—139 (1937). — Roßmann u. Haug: Farbe u. Lack **1937**, Heft 48, 571 bis 573. — Roßmann, Weise u. Schubbe: Farben-Ztg. **43**, 1247—1249, 1272—1274, 1293—1296 (1938). — Ruff u. Krynicki: Farben-Ztg. **41**, 111 (1936).

Scheiber: Fette u. Seifen **45**, 578—582 (1938). — Schmid: Öleinsparung bei Weißfarben. Farben-Ztg. **42**, 35, 36, 57—59 (1937). — Schulz, M.: Farben-Ztg. **39**, 729, 730 (1934). — Schulze u. Dohmöhl: Feuerschutzmittel für Holz und ihre Prüfung. Dtsch. öffentl.-rechtl. Versicherung **71**, 327—332 (1939). — Storfer: Farben-Ztg. **42**, 483 (1937).

Toeldte: Forsch. Ing.-Wes. **5**, 121 (1934). — Tomonari, T.: Über Lösbarkeit und Zähigkeit bei Nitrocellulose. Cellulosechemie **16**, 49—56 (1935).

Wagner: (1) Farben-Ztg. **43**, 131—133, 157, 158 (1938). — (2) Filmuntersuchungen an Lacken und Emulsionen. Farben-Ztg. **44**, 357—359, 387—389, 413—415 (1939). — Weber, H.: (1) Praktische Lösungsmittelanalyse. (Schriftenreihe des Reichsgesundheitsamtes, Heft 3.) Leipzig: Johann Ambrosius Barth 1936. — (2) Chem.-Ztg. **61**, 808 (1937). — Whitehead: Farben-Ztg. **44**, 816 (1939). — Wolff: (1) Ölbedarf und Thixotropie von Leinölfarben. Farben-Ztg. **39**, 194—196 (1934). — (2) Farbenchemiker **4**, 445—447 (1933). — (3) Über die Viscosität von Ölfarben. Kolloid-Ztschr. **65**, 228—231. — (4) Über die Viscositätsverhältnisse von Ölfarben als Kennzeichen der Anstricheigenschaften. Farben-Ztg. **39**, 800—802, 825, 826 (1934). — (5) Die Beziehungen zwischen Ölbedarf und Teilchengröße und Teilchenform. Farben-Ztg. **40**, 375—377, 405, 406 (1935). — (6) Kolloid-Ztschr. **1931**, Heft 1, 81. — (7) Paint Varnish Prod. Manager **16**, 12—22 (1937); Chem. Zentralblatt **1937 I**, 5060. — Wolff u. Hesse: Farbenchemiker **8**, 5—9 (1938). — Wolff u. Toeldte: Farbenchemiker **8**, 47 (1938). — Wolff u. Zeidler: (1) Die Schnellbestimmung des kritischen Ölbedarfs. Farben-Ztg. **40**, 667, 668, 693, 694 (1935). — (2) Paint, Technology **1**, 387, 388 (1936); Chem. Zentralblatt **1937 I**, 4299. — (3) Über die Viscosität von Ölfarben als Ausdruck ihrer Struktur. Kolloid-Ztschr. **74**, 97—103 (1936). — (4) Der Benetzungsvorgang bei Ölfarbenanreibungen als Grundlage des Korrosionsschutzes durch Anstrich. Korrosion u. Metallschutz **13**, 302—307 (1937). — (5) Farben-Ztg. **39**, 385, 386, 410, 411 (1934). — (6) Die Verseifungsgeschwindigkeit als neues Hilfsmittel für die Lackanalyse. Öle, Fette, Wachse **1938**, Heft 5, 1—5; Chem. Zentralblatt **1938 I**, 1320.

Zeidler: (1) Farben-Ztg. **38**, 427—429 (1933). — (2) Die Möglichkeiten der Leinölersparnis insbesondere bei Grundanstrichen. Farben-Ztg. **40**, 429, 430, 452, 453 (1935).

Fette, Wachse und aus diesen erzeugte Produkte.

Von

Prof. Dr. H. P. Kaufmann und Dr. S. Funke, Münster.

I. Ausgewählte Methoden der systematischen Fettanalyse (IV, 409).

Die seit Erscheinen der 8. Auflage des vorliegenden Werkes eingeführten Methoden liegen hauptsächlich in der Richtung einer Verfeinerung des Kennzahlensystems und der Anwendung desselben zur Ermittlung des Prozentgehaltes der Einzelbestandteile der Fette. Hier sind besonders bei der Analyse von Gemischen ungesättigter Fettsäuren Fortschritte erzielt worden. Die Methoden sind zum Teil komplizierter und benutzen das neuzeitliche Rüstzeug der organischen Chemie. Mehr und mehr aber machten sich die Mängel der früher üblichen schematischen Untersuchungsweise bemerkbar. Als Beispiel dafür sei die Prüfung der Oleine genannt, deren Linolsäuregehalt die Grundlage der Feuergefährlichkeit damit gefetteten Fasermaterials vorstellt.

Auch die Industrie der Anstrichmittel benötigt neuzeitlichere Methoden, etwa zur Beurteilung der trocknenden Bestandteile des Leinöls, Holzöls oder Oiticicaöls. Manche bisher rein wissenschaftlich interessierenden Methoden werden zur technischen Analyse herangezogen, wie etwa die Trennung gesättigter Fettsäuren durch fraktionierte Destillation ihrer Methylester (Hilditch) unter Verwendung geeigneter Fraktionierkolonnen.

Nachstehend werden die wichtigeren Methoden in der Reihenfolge des Hauptwerkes gebracht. Leider sind die internationalen Normungsbestrebungen noch nicht zum Abschluß gekommen. Sie werden von der Internationalen Commission zum Studium der Fettstoffe (I. C.) durchgeführt. Die betreffenden Verfahren sind durch die Fußnote „I. C.-Methode" gekennzeichnet.

A. Physikalische Methoden.

1. Farbmessung (IV, 418). Die Farbe technischer Fette und Speisefette ist im allgemeinen nicht charakteristisch, da die farbgebenden Begleitstoffe bei der Vorbehandlung meist entfernt bzw. zerstört werden; sie ist infolgedessen von der Art der Behandlung weitgehend abhängig. Die Bestimmung der Farbe ist jedoch für die Beurteilung verschiedener technischer Produkte erforderlich. Andererseits ist man neuerdings bestrebt, die für die Ernährung wertvollen Farbträger in den Speisefetten zu erhalten [s. hierzu H. P. Kaufmann (1)]. Zur Beurteilung der verschiedenen durch Chlorophyll, Carotin o. a. hervorgerufenen Färbungen ist ein vielseitig verwendbares Instrument erforderlich. Hierzu dient am besten das Pulfrich-Photometer der Firma Zeiß, das sofort absolute Farbwerte ergibt und außerdem die Durchführung quantitativer Bestimmungen ermöglicht (s. I, 907, 913; s. a. Erg.-Bd. I, 376).

33*

2. Die chromatographische Adsorptionsanalyse [L. Zechmeister und L. v. Cholnoky; H. A. Boekenoogen (1); H. Thaler] (s. a. Erg.-Bd. I, 179). Zur Charakterisierung von Handelsölen, sowie zum Nachweis von künstlich zugesetztem Farbstoff ist diese Adsorptionsmethode sehr geeignet. Als Adsorptionsmittel dienen besonders Aluminiumoxyd (standardisiert nach Brockmann, Merck) und Clarit (Bayer A.G. für chemische Fabrikate, Heufeld, Oberbayern), ferner Kieselgel, Calciumcarbonat, Gips (wasserhaltig), Magnesiumoxyd, Puderzucker, Bleicherden wie Frankonit KL, Floridin XXF und Floridin XS, Fullererden u. a. Als Lösungsmittel werden in erster Linie Benzol, Petroläther und Benzin verwandt, doch lassen sich manche Pflanzenöle auch ohne Verdünnung auf die Aluminiumoxydsäule gießen und mit leichtem Benzin nachwaschen. Im allgemeinen liefern Naturöle verwickeltere Säulenbilder, während Öle, die durch die technische Adsorptionsbleiche gegangen sind und den größten Anteil des Pigmentes bereits verloren haben, ein einfacheres Chromatogramm zeigen. Chlorophyll ist als Bestandteil mehrerer Handelsöle anzusprechen, so z. B. von Leinöl, Olivenöl, Rüböl, Senföl, Sojaöl, Baumwollsamenöl, Palmöl, Sonnenblumenöl und Teesaatöl.

Zum Nachweis von zugesetzten Färbemitteln verwendet man als Adsorptionsmittel Aluminiumoxyd oder Clarit, als Lösungs- und Waschmittel Benzol. Die Empfindlichkeit des Nachweises ist recht groß, sie schwankt jedoch nach der Art des Pigmentes. Dimethylgelb oder p-Aminoazobenzol können in einer Menge von 0,01 mg in 10 g Fett noch gut beobachtet werden. Im allgemeinen werden die sauren Farbstoffe auf dem Oxyd, die basischen auf der Bleicherde besser festgehalten. Bei der Naturbutter erhält man zartgetönte, charakteristische Chromatogramme, deren Aussehen auch im Uviollicht sehr kennzeichnend ist. Bereits ein geringer Zusatz von Farbstoff ruft fremde Zonen und ein bunteres und lebhafteres Chromatogramm hervor, so daß die Adsorptionsmethode zum Nachweis derartiger Zusätze geeignet ist, selbst wenn die Butter eine Anfärbung mit Carotinoiden erfahren hat, welche im Milchfett vorkommen.

Die Verschiedenheit der Adsorption von Fettsäuren, Glyceriden und Gemischen derselben hat H. P. Kaufmann zu neuen Verfahren der „Adsorptionstrennung" dieser Stoffe verwertet [Fette u. Seifen **46**, 268 (1939)].

3. Zähigkeit (IV, 427; s. a. Erg.-Bd. II, 57). Die Bestimmung der Zähigkeit wird in der Fettuntersuchung häufiger durchgeführt [Schrader; Boekenoogen (2); H. P. Kaufmann und S. Funke (1)].

An Stelle der bisher gebräuchlichen Engler-Grade geht man mehr und mehr zum absoluten Maßsystem über. Die absolute dynamische Einheit ist das Centipoise, abgekürzt cp. Wasser von 20° C hat die Zähigkeit von 1,0046 cp; man kann daher die Zähigkeit von Wasser bei 20° C zu rund 1 cp annehmen, genau 1 cp hat Wasser bei 20,2°. Daneben ist noch die kinematische Zähigkeit — Einheit Centistok (cSt) — gebräuchlich, die ausgedrückt wird durch den Quotienten der absoluten Zähigkeit und der Dichte.

Von den neueren Viscosimetern verdienen besonders die Viscosimeter von Höppler und von Ubbelohde (1) Erwähnung. Das erstere ist ein Kugelfallviscosimeter mit exzentrischem Kugelfall in Hohlzylindern, das in zwei verschiedenen Ausführungen, einem Industriemodell und einem wissenschaftlichen Modell, in den Handel gebracht wird. Mit dem Industriemodell läßt sich eine Genauigkeit von 1%, mit dem wissenschaftlichen Modell eine solche von 0,15% erreichen (Hersteller: Gebr. Haake, Medingen b. Dresden). Mit dem Capillarviscosimeter von Ubbelohde mit „hängendem Niveau" erhält man ohne Umrechnung direkt die kinematische Viscosität in Centistok. Mit diesem Viscosimeter, das als das einfachste und neueste anzusprechen ist, wird eine Genauigkeit von 0,1% erreicht (Hersteller: Schott & Gen., Jena). Bei beiden Apparaten können beliebig viele Kontrollmessungen hintereinander ausgeführt werden.

Für die Temperaturabhängigkeit der Fette gilt die von Walther angegebene Gleichung:

$$\log\log(v + 0{,}8) = m \cdot (\log T_1 - \log T) + \log\log(v_1 + 0{,}8),$$

in der v und v_1 die kinematischen Viscositäten bei den dazugehörigen absoluten Temperaturen T und T_1 bedeuten. m ist eine für das betreffende Öl charakteristische Konstante.

Die Werte für den Ausdruck $\log\log(v + 0{,}8)$ können den Tabellen von Ubbelohde (2) entnommen werden. Die Benutzung des Viscositätstemperaturblattes nach Ubbelohde (3) gestattet eine schnelle und genügend genaue Bestimmung der Viscosität bei verschiedenen Temperaturen.

Die Zähigkeit der meisten Öle liegt zwischen 40 und 100 cp; sie steigt mit wachsendem Molekulargewicht und sinkt mit zunehmender Jodzahl. Nach Kaufmann und Funke (1) liegen die Viscositätswerte der meist gebrauchten Öle innerhalb folgender Grenzen:

	bei 20°:		bei 50°:
Leinöl	47 —51 cp	Palmkernöl	17,4—18,0 cp
Sojaöl	57 —61 cp		
Rüböl	87,5—90,5 cp	Cocosöl	16,8—17,3 cp
Erdnußöl	74 —78 cp		
Ricinusöl	etwa 1000 cp		

Öle mit Hydroxylgruppen, wie Ricinusöl, oder mit konjugierten Systemen, wie chinesisches Holzöl und Oiticicaöl, zeigen höhere Viscositätswerte als auf Grund ihrer Jodzahlen zu erwarten sein würde. Der Nachweis selbst geringfügiger Polymerisationen kann leicht mit Hilfe der Viscosimetrie geführt werden. Viscositätsmessungen sind ausgezeichnet zur Kontrolle einzelner technischer Vorgänge geeignet, so z. B. des Blasens von Ölen und der Standölkochung.

4. Wasserbestimmung (IV, 503, 512; s. a. Erg.-Bd. II, 28; III, 610). Unter Wassergehalt ist das als Fremdkörper (Verunreinigung, Füllmittel oder dgl.) in Ölen, Fetten usw. vorhandene Wasser zu verstehen. Zur Gehaltsbestimmung oder Reinheitsprüfung ist die Wasserbestimmung erforderlich.

1. Gewichtsverlust bei 100°. Man erwärmt etwa 5 g Fett und 20 g ausgeglühten Quarzsand in einer mit Glasstab tarierten flachen Schale allmählich im Luftbad auf 100°, rührt öfters um und trocknet bis zur Gewichtskonstanz (höchstens 0,1% Gewichtsänderung bei $^1/_4$stündigen Trocknungen). Bei Gegenwart oxydabler Stoffe (Leinöl,

Tran usw.) trocknet man im Stickstoff- oder Kohlensäurestrom oder im Vakuum.

Die Bestimmung ergibt den Gehalt an Wasser und anderen bis 100° flüchtigen Stoffen.

2. **Destillationsverfahren** (Einheitsmethoden, Erg.-Bd. III, 611). In einem Kurzhalsrundkolben von 500 cm³ mit aufgelegtem Rand (möglichst DENOG 5) werden je nach dem vermuteten Wassergehalt 5—100 g Öl oder Fett eingewogen und mit 100 cm³ Xylol gemischt.

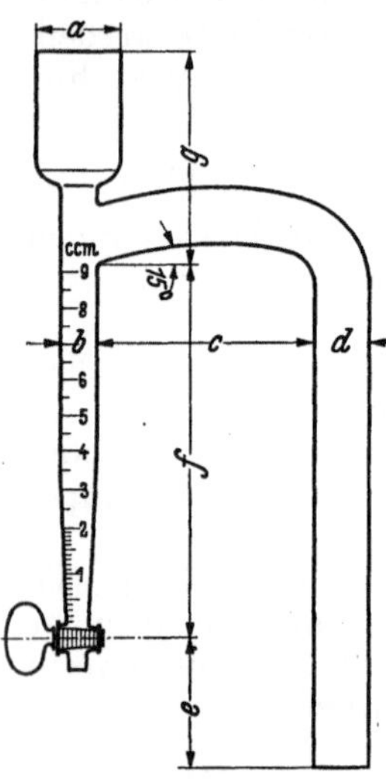

Abb. 1. Apparat zur Wasserbestimmung in Fetten.

$a = 23—25$ mm,
$b = 10—12$ mm,
$c = 65—75$ mm,
$d = 12—38$ mm,
$f = 100—108$ mm,
$g = 50—62$ mm.

Bei größeren Probemengen muß mindestens die doppelte Menge Xylol vorhanden sein. Zur Vermeidung eines Siedeverzuges sind einige trockene Tonscherben in die Mischung zu werfen. Der Rundkolben wird mit einem dichten Stopfen verschlossen, durch den ein Glasrohr geführt ist. Mit dem Glasrohr ist ein in $^1/_{10}$ cm³ graduiertes Meßgefäß fest verbunden (Abb. 1). An letzteres wird durch einen zweiten Stopfen ein Liebig-Kühler (möglichst R 400 DENOG 31) angeschlossen. Dann wird das Öl-Xylolgemisch langsam zum Sieden erhitzt. Schäumt die Mischung beim Aufkochen stark, so wird zur Zerstörung des Schaumes wasserfreies Olein (etwa $^1/_4$ der Einwaage) hinzugesetzt. Die entweichenden Dämpfe werden in dem Liebig-Kühler verflüssigt. Fließt aus dem Liebig-Kühler kein sichtbares Wasser mehr ab (frühestens nach 15 Minuten langem Sieden), so hört man auf zu erhitzen und läßt das Meßgefäß abkühlen. Bleiben Wassertropfen an den Wandungen des Gefäßes oder unteren Kühlerendes haften, so bringt man sie durch kurzes Erwärmen und Abstellen des Kühlwasserstromes zum Abfließen. (Wenn die vom Destillat bespülten Apparateteile durch sorgfältige Reinigung mit Bichromatschwefelsäure völlig entfettet sind, ist ein Haftenbleiben von Wasser- oder Emulsionströpfchen nicht zu befürchten.)

Auswertung. Die vom Xylol scharf getrennte Wassermenge wird abgelesen, sobald das Meßgefäß auf Zimmertemperatur abgekühlt ist. Bei alkoholhaltigen Substanzen läßt sich die Wasserbestimmung nach dieser Destillationsmethode nicht durchführen.

3. **Wasserbestimmung auf chemischem Wege mit Acetylchlorid** [H. P. Kaufmann und S. Funke (2)]. Benützt wird die Hydrolyse von Acetylchlorid zur Wasserbestimmung. Nur Wasser liefert mit Acetylchlorid zwei Äquivalente Säure. Aminogruppen und hydroxylhaltige Stoffe bilden immer ein Äquivalent Säure. Die Reaktion ist also **spezifisch für Wasser**. Die Methode gibt vor allem bei kleinen Mengen Wasser ausgezeichnete Werte.

α) *Ausführung der Bestimmung.* 20—40 g Öl werden in eine gut schließende Schliffflasche auf 0,05 g genau eingewogen und mit 5 cm³ trockenem, über Bariumoxyd destilliertem Pyridin versetzt (Bürette). Dazu gibt man aus einer automatischen „Derona"-Bürette[1] 10 cm³ $^1/_2$ n-Acetylchloridlösung in Tetrachlorkohlenstoff. Die Spitze der Bürette wird zu einer Capillare ausgezogen und taucht etwa 1 mm in das Öl ein. Man verschließt die Flasche, schüttelt den Inhalt kräftig durch und läßt $^1/_4$—$^1/_2$ Stunde stehen. Dann gibt man 5 cm³ frisch destilliertes Anilin hinzu, schüttelt wieder kräftig und titriert nach 10 Minuten nach Zusatz von Phenolphthaleinlösung mit $^1/_5$ n-alkoholischer KOH. Der Säuregehalt des Öles ist gesondert zu bestimmen und vom Verbrauch abzuziehen.

β) Butter und Margarine. 0,2—0,5 g werden in 5 cm³ Pyridin gelöst und wie oben angegeben weiter behandelt. Als Lösungsmittel für Acetylchlorid wird Toluol verwandt.

γ) Blindversuch. 5 cm³ Pyridin werden in einem gleich großen Gefäß und unter gleichen Bedingungen wie beim Hauptversuch mit 10 cm³ $^1/_2$ n-Acetylchloridlösung versetzt. Das Gefäß wird verschlossen und der Inhalt kräftig geschüttelt. Nach 2—5 Minuten gibt man 5 cm³ frisch destilliertes Anilin hinzu, schüttelt und titriert nach 5 Minuten nach Zusatz von Phenolphthaleinlösung mit $^1/_5$ n-alkoholischer KOH.

δ) Berechnung. Die Lauge wird eingestellt gegen Oxalsäure. 1 cm³ $^1/_5$ n-KOH entspricht 3,6032 mg H_2O.

Gegeben: e = Einwaage (in Gramm),
a = verbrauchte cm³ KOH für den Hauptversuch,
b = verbrauchte cm³ KOH für den Blindversuch,
c = Anzahl cm³ KOH, die dem Säuregehalt des Öles entsprechen,
f = Faktor der Kalilauge.

Berechnet: % Wasser $= \dfrac{(a - b - c) \cdot f \cdot 0{,}36032}{e}$.

B. Chemische Methoden.

1. Hydroxylzahl (IV, 442). a) Pyridinmethode[2] (Erg.-Bd. III, 616) [Fette u. Seifen **45**, 235 (1938)]. In einem Stehkolben von 150 cm³ Inhalt, 55 mm Halslänge und 20 mm Halsweite wird eine Probe der Substanz genau abgewogen und mit genau abgemessenen 5 cm³ des Acetylierungsgemisches versetzt. In den Kolbenhals wird ein kleiner Trichter gesetzt, der die Funktion eines Rückflußkühlers versieht. (An Stelle des Stehkolbens kann man auch einen 100-cm³-Erlenmeyerkolben mit eingeschliffenem Steigrohr verwenden.) Der Kolben wird in ein Glycerinbad von 100° gestellt, so daß er 1 cm tief eintaucht. Zur Abschirmung des Kolbenhalses gegen die aus dem Glycerinbad aufsteigende Wärme wird der Kolbenhals mit einer durchbohrten Pappscheibe versehen, die am Halsansatz auf der Rundung des Kolbens ruht. Der Kolben wird 1 Stunde im Glycerinbad belassen. Nach dem Herausnehmen läßt man abkühlen und gibt höchstens 1 cm³ destilliertes Wasser hinzu. (Bei Verwendung eines Kolbens mit Steigrohr wird dieses zweckmäßig durch das Steigrohr gegeben.) Unter Selbsterwärmung setzt die Zersetzung des Essig-

---

[1] Hersteller: Dr. Herm. Rohrbeck Nachf. G.m.b.H., Berlin NW 7.
[2] „Deutsche Pyridin-Methode" der J.C.

säureanhydrids ein. Um sie mit Sicherheit zu Ende zu führen und andere etwa vorhandene Anhydride ebenfalls zu zerstören, stellt man den Kolben nochmals für etwa 10 Minuten in das Glycerinbad. Nach der Zersetzung der Anhydride läßt man wiederum abkühlen und spült die am Trichter und am Kolbenhals (bzw. im Steigrohr) kondensierte Flüssigkeit mit 5 cm³ neutralisiertem Alkohol in den Kolben hinab. Der Kolben wird dann mit $^1/_2$ n-alkoholischem KOH in Gegenwart von Phenolphthalein (bei dunklen Analysenprodukten ist Alkaliblau 6 B zu verwenden) als Indicator titriert. Ein Blindversuch mit derselben Menge Acetylierungsgemisch wird gleichzeitig durchgeführt. Die Differenz beider Titrationen ist das Maß für die zur Acetylierung der eingewogenen Probe verbrauchte Menge. Berechnung

$$OHZ = \frac{28,055 \cdot (a - b)}{e} + SZ \,.$$

α) *Größe der Einwaage.* Um genaue und wiederholbare Ergebnisse zu erhalten, wird die Einwaage und die Menge des Acetylierungsgemisches so bemessen, daß auf 1 Mol. Hydroxyl mindestens 4 Mol. Essigsäureanhydrid zur Einwirkung kommen. Unter diesen Verhältnissen ist die Acetylierung bei der vorgeschriebenen Temperatur im Laufe einer Stunde bei der überwiegenden Mehrheit der Substanzen vollendet. Bei der Titration des Hauptversuches werden mindestens $^7/_8$ der beim Blindversuch verbrauchten Laugenmenge benötigt. Nachfolgend sind die für die üblichen Mengen Acetylierungsgemisch zulässigen Einwaagen für Substanzen von verschiedener OHZ angegeben:

Zu erwartende OHZ	Acetylierungsgemisch in cm³	Einwaage in g	Zu erwartende OHZ	Acetylierungsgemisch in cm³	Einwaage in g
10—100	5	2,000	300—350	10	1,000
100—150	5	1,500	bis 700	15	0,750
150—200	5	1,000	bis 950	15	0,500
200—250	5	0,750	bis 1500	15	0,300
250—300	5	0,600	bis 2000	15	0,200
	oder 10	1,200			

β) *Herstellung des Acetylierungsgemisches.* Es sind nur absolut reine und trockene Reagenzien zu verwenden. Da bei der Bestimmung der OHZ im allgemeinen 5 cm³ des Acetylierungsgemisches verwendet werden, und da es erwünscht ist, bei dem Blindversuch mit 50 cm³ $^1/_2$ n-Lauge auszukommen, wird das Acetylierungsgemisch so hergestellt, daß es in bezug auf Essigsäure etwa 5fach normal ist (2,45 molar in bezug auf Essigsäureanhydrid). Zweckmäßigerweise werden 25 g Essigsäureanhydrid in einem 100-cm³-Meßkolben unter Auffüllen bis zur Marke in Pyridin gelöst. Das Acetylierungsgemisch ist unter allen Vorsichtsmaßregeln aufzubewahren, es ist vor Zutritt von Feuchtigkeit, Kohlensäure und sauren Dämpfen zu schützen. Die am Licht auftretende Verfärbung ist bisher nicht als schädlich empfunden worden. Sie kann durch Aufbewahrung in braungefärbten Flaschen vermieden werden.

Anmerkung. Wird nach dem Zusatz von Wasser zu dem Acetylierungsprodukt (1 cm³ höchstens) das Auftreten einer Trübung beobachtet, so kann diese durch nachträglichen Zusatz von Pyridin beseitigt werden.

b) Acetylchlorid-Methode [H. P. Kaufmann und S. Funke (3)]. Die zu untersuchende Substanz wird in einen 100-cm³-Rundkolben eingewogen. Die Einwaage ist so zu wählen, daß ein mindestens 100%iger Überschuß von Acetylchlorid vorhanden ist. Die Probe wird in 5 cm³ trockenem Pyridin gelöst und mittels der „Derona-Bürette" mit 5 cm³ 1—1,5 molarer Acetylchloridlösung versetzt, wobei die Spitze der Bürette gerade in die Lösung eintaucht. Man hat darauf zu achten, daß von dem Addukt aus Pyridin und Acetylchlorid nichts an der Bürette hängen bleibt. Darauf wird der Kolben mit einem gut schließenden Gummistopfen verschlossen und 5 Minuten im Wasserbade unter ständigem Schütteln auf 65—70° erhitzt. Man kühlt dann unter der Wasserleitung ab, gibt 10 cm³ Wasser hinzu, schüttelt kräftig durch und erhitzt noch 5 Minuten auf dem Drahtnetz mit aufgesetztem Steigrohr zum Sieden. Nach dem Abkühlen wird das Steigrohr mit Wasser gut durchspült und die Mischung nach Zusatz von Phenolphthalein mit $^1/_2$ n-alkoholischer KOH titriert. Die Säurezahl des Öles ist gesondert zu bestimmen. Ein Blindversuch ohne Öl ist in der gleichen Weise durchzuführen. Die Berechnung geschieht wie bei der Pyridinmethode:

$$\text{OH-Zahl} = \frac{(\text{Blindversuch-Hauptversuch}) \cdot 28{,}055}{\text{Einwaage}} + \text{Säurezahl} \,.$$

Diese Methode hat den Vorzug schneller Durchführbarkeit. Sie dauert bei säurefreiem Untersuchungsmaterial 10 Minuten, bei Gegenwart größerer Säuremengen 15—20 Minuten. Die Ergebnisse sind besser als bei der Filtrations- und Destillationsmethode und der doppelten Verseifung. Hydroxylzahlen von Oxysäuren lassen sich bestimmen, wenn die zu untersuchenden Stoffe frei von Estoliden sind.

2. Carbonylzahl (Erg.-Bd. III, 617). Die Carbonylzahl gibt an, wieviel Milligramm CO in 1 g der zu untersuchenden Substanz enthalten sind (vgl. H. P. Kaufmann, S. Funke und F. Y. Liu).

Da sich das Äquivalentgewicht der CO-Gruppe (28) und des Kaliumhydroxyds (56,11) etwa wie 1:2 verhalten, ist dem Fettchemiker eine einfache Beziehung zwischen der Carbonylzahl und den durch Kaliumhydroxyd ausgedrückten Kennzahlen gegeben. Die Carbonylzahl dient z. B. zur Bestimmung der Licansäure:

$$CH_3 - (CH_2)_3 - CH = CH - CH = CH - CH = CH - (CH_2)_4 - CO - (CH_2)_2 - COOH$$

in Oiticicaöl und zur Bestimmung der Ketogruppen in synthetischen Fettsäuren und oxydierten Fetten.

a) Reagenzien. α) *Hydroxylaminchlorhydratlösung.* Man löst 35 g Hydroxylaminchlorhydrat reinst in 160 cm³ Wasser und füllt mit 96%igem Alkohol bis zu 1 l auf.

β) *Pyridin- und Indicatorlösung.* 20 g Pyridin reinst und 0,25 cm³ 4%iger alkoholischer Bromphenolblaulösung werden mit 96%igem Alkohol auf 1 l verdünnt. Falls der zu untersuchende Stoff in kaltem Alkohol schwer löslich ist, verwendet man an seiner Stelle Amylalkohol.

γ) *Die Natriumhydroxyd-Lösung* ist eine halbnormale Lösung von Natriumhydroxyd in 90%igem Methylalkohol. Die Verwendung von Methylalkohol ist hier vorzuziehen, da sich die Lösung bei längerem Stehen nicht so leicht verfärbt.

Das angewandte Hydroxylaminchlorhydrat soll keine freie Säure enthalten. Man prüft es, indem man 10 g kristallisiertes Hydroxyl-aminchlorhydrat in 50 cm³ destilliertem Wasser löst und mit $^1/_2$ n-Natronlauge mit Bromphenolblau als Indicator bis zum neutralen Endpunkt titriert (grün). Dabei sollen nicht mehr als 8 cm³ Lauge verbraucht werden.

b) **Arbeitsvorschrift.** Man gibt 30 cm³ der Hydroxylaminlösung mit Hilfe einer Bürette in einen 250-cm³-Erlenmeyerkolben. Dazu gibt man aus einem Meßkolben 100 cm³ der Pyridinbromphenolblaulösung. Die Mischung soll jetzt grünblau gefärbt sein. Jetzt wird die Probe abgewogen und hinzugegeben. Ihre Menge soll so bemessen sein, daß nach beendeter Reaktion ein 100%iger Überschuß von Hydroxylamin zurückbleibt. Man verbindet den Erlenmeyerkolben mit einem Rückflußkühler und erhitzt auf dem Wasserbade. Die zum Ablauf der Reaktion erforderliche Zeit ist bei den einzelnen Stoffen verschieden und muß bei Beginn einer Versuchsreihe erst bestimmt werden. Bei Benzophenon ist es z. B. erforderlich, 3 Stunden in einer Druckflasche zu erhitzen, während bei Benzaldehyd ein $^1/_2$stündiges Stehen bei Zimmertemperatur genügt. Die erhitzte Probe läßt man von selbst auf Zimmertemperatur abkühlen. Es ist erforderlich, bis zur Titration $1^1/_2$ Stunde zu warten, da die Indicatorfarbe sich reversibel beim Erhitzen und Abkühlen ändert. Zum besseren Farbvergleich macht man am besten bei jeder Bestimmungsreihe einen Blindversuch, der ebenso lange erhitzt werden muß wie der Hauptversuch. Das gebildete Pyridinchlorhydrat wird jetzt mit der methylalkoholischen Lauge titriert, bis die Indicatorfarbe gleich der des Blindversuches ist. Der Kolben soll nur langsam geschüttelt werden, da sonst Salze ausfallen, die den Endpunkt der Titration teilweise unklar machen.

Die Berechnung erfolgt nach der Formel:

$$\text{CO-Zahl} = \frac{\text{cm}^3 \ ^1/_2 \ \text{n-NaOH} \cdot 14}{\text{Einwaage}}.$$

Es ist erforderlich, das volumetrische Verhältnis der Hydroxylamin- und Pyridinlösung konstant zu halten, wenn eine empfindliche grünblaue Farbe beim Blindversuch erhalten werden soll. Da die alkalische Pufferwirkung des Pyridins bei Anwesenheit von Wasser im Reaktionsgemisch zunimmt, wodurch die Indicatorfarbe beeinflußt wird, soll der Wassergehalt nicht mehr als 1 g, höchstens jedoch 5 g betragen. In diesem Fall muß die gleiche Menge Wasser der Blindprobe zugesetzt werden.

Bei Neutralstoffen erhält man mit Hydroxylamin ausgezeichnete Werte. Bei Säuren ist das Verfahren nicht ohne weiteres in der beschriebenen Weise anwendbar. Während Methylorange sich den schwach dissoziierten einbasischen Fettsäuren gegenüber neutral verhält, ist dies unter den gegebenen Bedingungen bei Bromphenolblau nicht der Fall. Da sich die Fettsäuren und die aus den Ketosäuren gebildeten Oxime aus der Flüssigkeit ohne Zusatz von Wasser nicht ausschütteln lassen, ist es erforderlich, bei Fettsäuren und Fettsäuren enthaltendem Untersuchungsmaterial in einem Blindversuch die Alkalität dieser Stoffe gegen Bromphenolblau zu bestimmen.

Zu diesem Zweck löst man 3—5 g der zu untersuchenden Substanz in 100 cm³ alkoholischer Pyridin-Bromphenolblau-Lösung, gibt 30 cm³ 0,5 n-Salzsäure zu und titriert mit 0,5 n-Natronlauge zurück, bis die Farbe des Indicators der Farbe beim Blindversuch der Carbonylbestimmung entspricht. In gleicher Weise macht man einen Blindversuch. Man kann jetzt so vorgehen, daß man den hierbei gefundenen Verbrauch auf Carbonylzahlen umrechnet und die so gefundene Carbonylzahl von der bei der eigentlichen Carbonylbestimmung gefundenen Carbonylzahl abzieht. Das Verfahren ist in dieser Form auch auf synthetische Fettsäuren anwendbar, sofern es sich um helle, leicht lösliche Produkte handelt, deren Gehalt an Unverseifbarem nicht zu groß ist.

3. Flüchtige lösliche und unlösliche Fettsäuren in Speisefetten (Reichert-Meißl-Zahl (Re-Me-Z) und Polenske-Zahl (Po-Z) [1] (IV, 443, 445). *Definition.* Die Kennzahl der löslichen flüchtigen Säuren (vereinheitlichte Re-Me-Z) gibt die Anzahl der zur Neutralisation der aus 1 g Fett nach einer bestimmten Vorschrift in Freiheit gesetzten löslichen flüchtigen Säuren notwendigen Milligramm KOH wieder, die Kennzahl der unlöslichen flüchtigen Säuren (vereinheitlichte Po-Z) die Anzahl der zur Neutralisation der aus 1 g Fett nach der Analysenvorschrift in Freiheit gesetzten unlöslichen flüchtigen Säuren notwendigen Milligramm KOH.

Methode. Man verwendet die Apparatur nach Polenske (vgl. IV, 444). Vorher gibt man in den Kolben: 5 g Fett, 20 g neutralisiertes Glycerin und 2 cm³ 50%ige NaOH. Unter ständigem Umschwenken erwärmt man über kleiner Flamme bis zur vollständigen Verseifung. Nach 5 Minuten ist das Wasser verdampft und die Mischung klar geworden. Man erwärmt noch einen Augenblick, kühlt auf 80° ab und fügt 90 g frisch abgekochtes, ebenfalls auf 80° abgekühltes Wasser zu.

Die Seife löst sich im Wasser. Sodann fügt man 50 cm³ verdünnte Schwefelsäure (50 g auf 1000 cm³) und etwas Bimsstein hinzu. Man befestigt den Kolben sogleich in der Apparatur und erwärmt auf offener Flamme, derart, daß in 20 Minuten 110 cm³ überdestillieren. Nun läßt man stehen, schwenkt um und filtriert durch ein trockenes Filter von 8 cm Durchmesser. Es werden 100 cm³ aufgefangen, die man mit $^1/_{10}$ n-NaOH in Gegenwart von Phenolphthalein titriert (Blindversuch und seine Berücksichtigung bei dem Ergebnis notwendig!).

Ist n das Volumen der verbrauchten Natronlauge, vorteilhaft in Kubikzentimeter ausgedrückt, dann ist die vereinheitlichte Re-Me-Z, wenn p das Gewicht des Fettes ist:

$$\text{Re-Me-Z} = \frac{5,6 \cdot n \cdot 1,1}{p}.$$

---

[1] I.C.-Methode.

Die an den Wänden des Kühlers, der Vorlage und auf dem Filter verbliebenen unlöslichen Säuren werden 3mal mit 15 cm³ 95%igen Alkohol (gut neutralisiert) aufgenommen. Die gesamte Flüssigkeitsmenge wird mit $^1/_{10}$ n-NaOH titriert. Ist n' das Volumen der verbrauchten $^1/_{10}$ n-Lauge, in Kubikzentimeter ausgedrückt, dann ist die vereinheitlichte Po-Z:

$$\text{Po-Z} = \frac{5,6 \cdot n'}{p}.$$

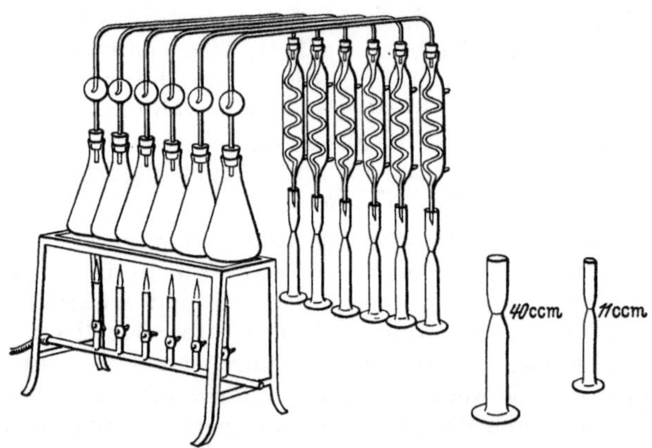

4. Buttersäurezahl (IV, 454) (J. Großfeld). 500—550 mg Fett werden unter Zusatz von etwas Bimssteingrieß in einem 50-cm³-Stehkölbchen, das mit einem etwa 20 cm langen Steigrohr versehen ist, mit 5 cm³ alkoholischer Kalilauge (40 cm³ wäßrige Kalilauge der Dichte 1,5 mit 90%igem Alkohol auf 1 l aufgefüllt) auf der elektrischen Heizplatte zum Sieden erhitzt, und nach Lösung des Fettes noch etwa 5 Minuten in leichtem Sieden gehalten. Dann gibt man 1 cm³ Glycerin der Dichte 1,23 hinzu und kocht nach Entfernung des Steigrohres weiter, bis der Alkohol größtenteils verdampft ist. Diesen Zeitpunkt erkennt man an dem dann eintretenden stärkeren Schäumen. Zur Beseitigung der letzten Alkoholreste bringt man nun die Kölbchen nach kurzem Stehen auf der Tischplatte in einen Wasserdampfheizschrank und beläßt sie dort in liegender Stellung etwa 1 Stunde. Sofort nach dem Herausnehmen aus dem Schrank fügt man 15 cm³ gesättigte Kaliumsulfatlösung (Dichte 1,08) hinzu, läßt auf 20° erkalten, fügt nacheinander unter Umschütteln 0,5 cm³

Abb. 2. Röhrchen nach Beckel für die Halbmikrobuttersäurezahl.

verdünnte Schwefelsäure (1 Volumen konzentrierte Schwefelsäure + 3 Volumen Wasser), 1 cm³ Cocosseifenlösung und etwa 0,1 g gereinigte Kieselgur hinzu. Dann filtriert man durch ein Faltenfilter von 10 cm³ Durchmesser (z. B. Schleicher & Schüll Nr. 588) in das Röhrchen von Beckel (s. Abb. 2), bis das Filtrat die Marke von 12,5 cm³ erreicht hat. Hierbei kann man den Filtrationsrückstand auf dem Filter mit einem kleinen Reagensröhrchen etwas zusammendrücken. Das Filtrat gießt man in ein 100-cm³-Stehkölbchen und spült das Röhrchen mit 5 cm³ Wasser aus, das man ebenfalls in das Stehkölbchen gibt. Nun destilliert man 11 cm³ in die Vorlage (s. Abb. 3), gibt ebenfalls einen Tropfen 1%iger Phenolphthaleinlösung zu und titriert nach Umgießen in ein Becherglas mit 0,01 n-Natronlauge bis zur bleibenden schwachen Rotfärbung. Vom Titrationswert zieht man das Ergebnis eines an Kakaofett ermittelten Kontrollversuches ab und multipliziert die Differenz mit dem zu der Einwaage gehörigen Faktor, den man aus folgender Tabelle entnimmt:

Einwaage mg	Faktor	Einwaage mg	Faktor	Einwaage mg	Faktor
500—501	1,40	518—521	1,35	534—537	1,31
502—505	1,39	522—525	1,34	538—541	1,30
506—509	1,38	526—529	1,33	542—545	1,29
510—513	1,37	530—533	1,32	546—549	1,28
514—517	1,36				

5. Jodzahl (IV, 447). Die Methode nach **Wijs**, die international noch viel benützt wird, ist eine konventionelle Methode. Infolge leichter Substitution ergibt sie häufig höhere Werte als den vorhandenen ungesättigten Fettsäuren entspricht. Daher haben die deutschen „Einheitsmethoden" neben dem Verfahren von **Hanus** die **Bestimmung der Jodzahl auf bromometrischem Wege nach H. P. Kaufmann** (2) eingeführt.

a) **Prinzip.** Brom, gelöst in Methylalkohol, der mit Natriumbromid gesättigt ist, wirkt nicht substituierend. Diese Lösung ist titerbeständig, leicht zu pipettieren, riecht wenig und ergibt genaue Werte. Die Reagenzien sind billig.

b) **Ausführung.** Es sind folgende Einwaagen zu wählen: 0,12 bis 0,1 g bei Fetten mit hoher Jodzahl (120 und mehr: Leinöl, Trane); etwa 0,2 g bei Fetten mit mittlerer Jodzahl (61—120: Mandel-, Sesam-, Oliven-, Arachisöl); 0,5—0,3 g bei Fetten mit kleiner Jodzahl (21—60: Schmalz, Talg, Kakaobutter); 1—0,5 g bei Fetten mit kleinster Jodzahl (bis 20: Palmkern-, Cocosfett).

Die benötigte Bromlösung wird aus Methanol (technisch, über gebranntem Kalk destilliert, oder reine Markenware) und Natriumbromid, das bei 130° getrocknet wurde, hergestellt. In 100 Teilen Methanol werden etwa 12—15 Teile Natriumbromid gelöst. Zur Bereitung der Bromlösung dekantiert man 1 l der Natriumbromidlösung und läßt aus einer kleinen Bürette mit Glasstopfen 5,2 cm³ Brom („zur Analyse") zufließen. Geht der Titer der Bromlösung zurück, zum Beispiel bei der Verwendung nicht völlig reiner Reagenzien, so kann jederzeit wieder Brom hinzugefügt werden.

Die Fette werden in Miniaturbechergläsern abgewogen, mit diesen zusammen in Jodzahlkolben gebracht und in 10 cm³ Chloroform gelöst. Hierzu läßt man 25 cm³ der Bromlösung fließen, wobei ein Teil des

Natriumbromids ausfällt, und 30 Minuten, bei Fetten mit hoher Jodzahl 2 Stunden lang stehen, setzt 15 cm³ 10%ige Kaliumjodidlösung hinzu und titriert mit $^1/_{10}$ n-Thiosulfatlösung zurück.

Ein Blindversuch ist in gleicher Weise anzusetzen. Soll die Jodzahlbestimmung bei Fetten hoher Jodzahl beschleunigt werden, so werden die Reaktionsgefäße in Wasser von 40—50° gesetzt. Dann kann schon nach 30 Minuten Einwirkung zurücktitriert werden.

c) **Berechnung.**

Gegeben: e = Einwaage,
   a = verbrauchte $^1/_{10}$ n-Thiosulfatlösung (für die Blindprobe),
   b = verbrauchte $^1/_{10}$ n-Thiosulfatlösung (für die Hauptprobe).

Berechnet: $JZ = \dfrac{1{,}269 \cdot (a - b)}{e}$.

Über die Durchführung dieses Verfahrens als Mikromethode siehe H. P. Kaufmann und L. Hartweg.

6. Die Bestimmung der Teiljodzahl. Da die üblichen Jodzahlmethoden bei Eläostearinsäure enthaltenden Fetten bzw. Fettsäuregemischen, bei Oiticicaöl usw. versagen, wurde die Bestimmung der „Teiljodzahl" mit einer Lösung von Brom in Tetrachlorkohlenstoff ausgearbeitet, bei der zwei von den drei Doppelbindungen der Eläostearinsäure durch Halogen abgesättigt werden (s. H. P. Kaufmann und Ch. Lutenberg). Die Methode ist für die Holzölanalyse wichtig.

Ausführung. 0,1—0,2 g Öl werden in 10 cm³ reinem Tetrachlorkohlenstoff gelöst. Dazu fügt man 30—40 cm³ einer $^1/_{10}$ n-Bromlösung in Tetrachlorkohlenstoff (Überschuß rund 100%). Diese Lösung ist bei Aufbewahrung in brauner Flasche und Verwendung reiner Reagenzien recht titerbeständig. Das Reaktionsgefäß, am besten eine Pulverflasche von 250 cm³ Inhalt mit gut eingeschliffenem Stopfen, bleibt 4—5 Stunden im Dunkeln bei Zimmertemperatur stehen. Nach dieser Zeit gibt man 25 cm³ 5%iger wäßriger Kaliumjodidlösung in einem Guß hinzu, schließt den Stopfen sofort wieder, schüttelt kräftig um und titriert das ausgeschiedene Jod zurück. Um auch älteren Holzölen Rechnung zu tragen, wird die Aufstellung einer Jodzahlkurve empfohlen. 1—1,5 g Holzöl löst man in einem Meßkolben in 100 cm³ reinem Tetrachlorkohlenstoff, pipettiert je 10 cm³ heraus und verfährt dann wie soeben beschrieben. Etwa 4—6 Versuche mit einer Einwirkungszeit von 3—10 Stunden sind zu empfehlen.

7. Rhodanzahl (IV, 451). a) **Definition.** Die Rhodanzahl gibt an, wieviel Prozent Rhodan, ausgedrückt durch die äquivalente Menge Jod, ein Fett unter den Bedingungen des nachfolgend beschriebenen Verfahrens binden kann. Mit anderen Kennzahlen kombiniert, dient sie zum Nachweis und zur Bestimmung mehrfach-ungesättigter Verbindungen [H. P. Kaufmann (3)].

b) **Reagenzien.** Bleirhodanid (bei Lichtabschluß aufzubewahren, zweckmäßig im braunen Exsiccator), Eisessig 99—100%, Tetrachlorkohlenstoff (bei Hartfetten), Brom „pro analysi", Essigsäureanhydrid für a oder Phosphorpentoxyd für b, Kaliumjodidlösung 10%, $^1/_{10}$ n-Natriumthiosulfatlösung, Stärkelösung 0,5%.

c) **Herstellung der Rhodanlösung.** Als Lösungsmittel dient Eisessig, der bei in Eisessig allein schwerlöslichen Fetten (Hartfetten, Kakaobutter u. dgl.) mit 30% über Phosphorpentoxyd destilliertem Tetrachlorkohlenstoff versetzt wird. Infolge der großen Empfindlichkeit des Rhodans gegen Feuchtigkeit und Verunreinigungen der Lösungsmittel (Gefahr der Hydrolyse oder Polymerisation des Rhodans) müssen die Reagenzien von größter Reinheit sein. Zur völligen Entwässerung kann Essigsäureanhydrid (s. α) oder Phosphorpentoxyd (s. β) angewendet werden.

α) Eisessig (99—100%) wird mit 10% frisch destilliertem Essigsäureanhydrid versetzt. Eine Destillation der Mischung ist unnötig. Zur besseren Löslichkeit für schwerlösliche Fette wird der Eisessig mit 30% reinem über P_2O_5 destilliertem Tetrachlorkohlenstoff versetzt. Die Lösung wird in 200-cm³-Flaschen mit gut eingeschliffenem Glasstopfen gefüllt. Man schüttet in je 200 cm³ 6 g Bleirhodanid (Handwaage) und läßt die Flaschen mindestens 8 Tage bei Lichtabschluß stehen. Wenn Rhodanlösung benötigt wird, läßt man aus einer Bürette 0,6 cm³ Brom in jede Flasche fließen und schüttelt bis zur Entfärbung. Man läßt absetzen und filtriert durch einen bei 100° getrockneten Trichter mit Doppelfilter. Die erhaltene Rhodanlösung soll wasserhell sein.

β) Eisessig (99—100%) wird unter Zusatz von 10% Phosphorpentoxyd destilliert und die Fraktion mit Siedepunkt 118—120° aufgefangen. Um 500 cm³ Rhodanlösung zu gewinnen, versetzt man 250 cm³ des destillierten Eisessigs in einer gut schließenden Schliffflasche mit 15 g Bleirhodanid (Handwaage), das mindestens 8 Tage lang im braunen Exsiccator (bei Lichtabschluß) über Phosphorpentoxyd gestanden hat. Dazu werden 4 g (= 1,3 cm³) Brom („zur Analyse") in 250 cm³ des wasserfreien Eisessigs gelöst, allmählich zugegeben. Bei gutem Schütteln entfärbt sich die Lösung. Man läßt absetzen und filtriert wie bei α).

Es empfiehlt sich, eine kleine Bürette mit aufgeschliffenem Stopfen voll Brom vorrätig zu halten.

d) **Ausführung der Bestimmung.** Zweckmäßig wird die Rhodanlösung aus einer Bürette, die möglichst in $1/_{20}$ cm³ geteilt ist, entnommen. Zur Titerstellung läßt man 20 cm³ Rhodanlösung in einen sorgfältig getrockneten Jodzahlkolben fließen, dazu aus einem weiten Meßzylinder in schnellem Guß etwa 20 cm³ wäßrige 10%ige Kaliumjodidlösung, schwenkt gut um, verdünnt mit etwa gleicher Menge Wasser und titriert das ausgeschiedene Jod mit $1/_{10}$ n-Natriumthiosulfatlösung. Zwei in der beschriebenen Weise mit je 20 cm³ Rhodanlösung beschickte Jodzahlkolben bleiben zum Blindversuch während der Rhodanzahlbestimmung stehen. Der Titer soll nach 24 Stunden unverändert sein. Zur **Analyse der Fette** wägt man in einem Miniaturbecherglas bei Fetten mit hoher Jodzahl etwa 0,1—0,12 g ab, bei Fetten mittlerer Jodzahl 0,2—0,3 g, bei Fetten kleinster Jodzahl 0,5—1,0 g. Die Bechergläschen werden in die Jodzahlkolben gebracht, in die man dann aus einer Bürette je 20 cm³ Rhodanlösung fließen läßt. Bei Fetten hoher Jodzahl (linolensäurehaltigen Ölen) sind 40 cm³ Rhodanlösung erforderlich (oder aber 20 cm³ $1/_5$ normaler Rhondanlösung zu benutzen). Die Lösungen, die nach und nach gelbe Rhodanierungsprodukte der Fette abscheiden, bleiben 24 Stunden im Dunklen stehen. Dann gibt man unter kräftigem Schütteln in einem Guß 10%ige Kaliumjodidlösung dazu, deren Menge ungefähr gleich der angewendeten Rhodanlösung sein soll, verdünnt mit der gleichen Menge Wasser und titriert das ausgeschiedene Jod mit $^1/_{10}$ n-Natriumthiosulfatlösung zurück.

Berechnung. Man stellt die Anzahl der verbrauchten Kubikzentimeter Lösung fest und errechnet die Rhodanzahl, indem man diesen Verbrauch auf Jod bezieht.

Gegeben: e = Einwaage in Gramm,
$\quad\quad\quad a$ = verbrauchte cm³ $^1/_{10}$ n-Thiosulfatlösung für die Blindprobe,
$\quad\quad\quad b$ = verbrauchte cm³ $^1/_{10}$ n-Thiosulfatlösung für den Hauptversuch.

Berechnet: $\mathrm{RhZ} = \dfrac{1{,}269 \cdot (a - b)}{e}$.

8. Dien-Zahl. Die Dien-Zahl gibt an, wieviel Teile Maleinsäureanhydrid, auf die äquivalente Menge Jod berechnet, 100 Teile Fett unter den Bedingungen des nachstehend beschriebenen Verfahrens binden können. Die Dien-Zahl dient zum Nachweis und zur Bestimmung konjugierter Doppelbindungen [H. P. Kaufmann und J. Baltes (1); H. P. Kaufmann, J. Baltes und H. Büter].

Erforderliche Reagenzien: Maleinsäure-anhydrid, 2mal im Vakuum destilliert, Benzol, Toluol oder Xylol puriss., Kaliumjodid, Kaliumjodat puriss., Stärkelösung 0,5%.

Herstellung der Maleinsäure-anhydrid-Lösung: 9,8016 g Maleinsäureanhydrid werden zu 1 l des betreffenden Lösungsmittels gelöst. Die Kontrolle des Gehaltes erfolgt auf jodometrischem Wege. 10 cm³ der Lösung gibt man in eine 250-cm³-Flasche mit eingeschliffenem Stopfen und setzt dazu 15 cm³ einer 4%igen Kaliumjodatlösung, 15 cm³ einer 24%igen Kaliumjodidlösung und 25 cm³ $^1/_{10}$ n-Thiosulfat. Man schüttelt während 2 Stunden öfters um, läßt dann 25 cm³ $^1/_{10}$ n-Jod zufließen und titriert den Überschuß mit $^1/_{10}$ n-Thiosulfat zurück. 1 cm³ $^1/_{10}$ n-Thiosulfatlösung entspricht 4,9008 mg Maleinsäureanhydrid.

a) **Ausführung der Bestimmung.** α) *In Ampullen.* In einem einseitig zugeschmolzenen Röhrchen aus Jenaer Glas von etwa 12 mm Länge und 6,5 mm äußerem Durchmesser werden 0,1—0,15 g Fett — bei Stoffen mit voraussichtlich niedrigerer Dien-Zahl eine entsprechend größere Menge — eingewogen. Darauf bringt man sie in Ampullen aus Jenaer Glas, die einen Inhalt von 20 cm³ haben. Die Länge des Ampullenhalses beträgt etwa 10 cm, sein innerer Durchmesser 8 mm. In die Ampullen gibt man nun aus einer Vollpipette je 10 cm³ Maleinsäure-anhydrid-Lösung und schmilzt zu. Die Gefäße werden dann in einen mit Glycerin gefüllten Thermostaten gebracht und 20 Stunden auf 100° erwärmt.

Nach dem Abkühlen öffnet man und spült den Inhalt der Ampullen mit 20 cm³ Benzol und 20—30 cm³ Wasser in eine Flasche von 250 cm³ Inhalt mit eingeschliffenem Stopfen. Die Bestimmung des nicht verbrauchten Maleinsäure-anhydrids geschieht in gleicher Weise wie beim Blindversuch.

β) Am Rückflußkühler. Die gleiche genau abgewogene Menge Fett wie bei α) wird in einen Rundkolben von 250 cm³ Inhalt mit aufgesetztem Schliff gebracht und mit 10 cm³ einer ¹/₁₀ n-Maleinsäure-anhydrid-Lösung in Toluol versetzt. Als Rückflußkühler dient ein Liebig-Kühler von 40—50 cm Länge mit angesetztem Schliff, den man mit gegen Maleinsäure-anhydrid indifferentem Paraffinöl einfettet.

Der Kühler wird aufgesetzt und die Lösung 15 Stunden zum gelinden Sieden erhitzt. Um das Stoßen zu verhindern, setzt man einige Siedesteinchen zu. Darauf spült man den Kühler, ohne ihn vom Kolben abzunehmen, mit 20 cm³ Toluol und 20 cm³ Wasser aus, nimmt den Kolben ab und titriert, wie unter a) angegeben, das unverbrauchte Maleinsäure-anhydrid.

Die Erhöhung der Maleinsäure-anhydrid-Konzentration erlaubt eine Abkürzung der Reaktionsdauer: Beim Arbeiten mit ³/₅ m-Lösung ist die Reaktion bereits nach 4 Stunden beendet.

Die Methode nach β) ist etwas ungenauer als die nach α). Die Dien-Zahlen werden hier durchweg etwas zu niedrig gefunden, eine Tatsache, die von der Einwirkung des Luftsauerstoffs auf die besonders empfindlichen Dien-Fettsäuren herrühren dürfte.

b) Berechnung. Man stellt die Anzahl der verbrauchten cm³-Lösung fest und errechnet die Dien-Zahl, indem man den Verbrauch auf Jod bezieht.

e = Einwaage in Gramm,
a = verbrauchte cm³ ¹/₁₀ n-Na₂S₂O₃-Lösung für den Blindversuch,
b = verbrauchte cm³ ¹/₁₀ n-Na₂S₂O₃-Lösung für den Hauptversuch.

$$DZ = \frac{1{,}269\,(a-b)}{e}.$$

9. Hydrierjodzahl. Die Hydrierjodzahl gibt an, wieviel Teile Wasserstoff, berechnet auf die äquivalente Menge Jod, von 100 Teilen eines Fettes gebunden werden. Ihre Bestimmung wird vornehmlich durchgeführt bei Anwesenheit von konjugiert-ungesättigten Fettsäuren und bei Ketosäuren, bei denen die Bestimmung der Jodzahl infolge Enolisierung Schwierigkeiten bereitet. Das Prinzip der Methode beruht auf der volumetrischen Messung des bei der Hydrierung verbrauchten Wasserstoffs [H. P. Kaufmann und J. Baltes (2)].

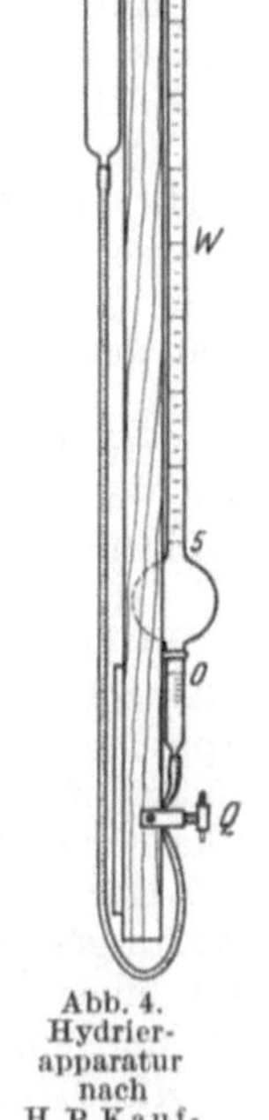

Abb. 4.
Hydrier-
apparatur
nach
H. P. Kauf-
mann und
J. Baltes.

a) Apparatur (Abb. 4) besteht aus dem Hydriergefäß (*H*), der Wasserstoffbürette (*W*) und dem Niveaugefäß (*N*). Das Hydriergefäß hat die Ausmaße 50×25×15 mm und trägt, an einer oberen Querkante angeschmolzen, einen Ansatz, der in einem Normal-Außenschliff (*S*) endigt und mit einem seitlichen Ansatz zur Aufnahme des Röhrchens mit der zu hydrierenden Substanz versehen ist. Auf dem Schliff sitzt die Schliffhaube, die mit Hilfe zweier Capillaren, welche in einem bestimmten Winkel zueinander gebogen sind (s. Abb. 4), über einen Dreiwegehahn (*Dw*) mit der Außenluft, der Vakuumpumpe und der Wasserstoffbürette verbunden werden kann. Letztere hat einen Inhalt von 10 cm³. Sie besteht aus dem unteren, kugelförmigen Teil von 5 cm³ Fassungsvermögen und der eigentlichen Meßbürette, die ebenfalls 5 cm³ faßt und in $^1/_{50}$ cm³ geteilt ist. Mit Hilfe eines Capillarschlauches verbindet man die Bürette mit dem Niveaugefäß, das mit einem aufgelegten Rand versehen ist. Das Aggregat wird mit Hilfe zweier Haken auf einem Schüttelbrett befestigt. Auf der Vorderseite des letzteren sind zur Erleichterung der Ablesung ein Spiegel und eine Klemmschraube (*Q*) angebracht, auf der Rückseite sitzt am oberen Teil eine Halteklemme für das Niveaugefäß, unten ein Bajonettstück, das auf das Gegenstück an der Exzenterstange der Schütteleinrichtung paßt. Die Schüttelvorrichtung ist der bei Warburg-Apparaturen üblichen nachgebildet, trägt aber noch einen nach vorn versetzten Bügel mit Halteklemmen, die zum Einhängen der Niveaugefäße dienen. An dem Abstellbrett ist ein bis zur Höhe des Dreiwegehahnes reichender Halter angebracht, in dem der Druckschlauch für die Wasserstoffzuführung befestigt ist (Hersteller: H. Bellmann, Münster i. W., Frauenstr. 37).

Vor der ersten Verwendung der Hydrierappatur muß ihr Gesamtinhalt bestimmt werden. Zu diesem Zweck schneidet man die Verbindungscapillare in dem der Schliffhaube benachbarten Knick durch und füllt das Hydriergefäß mit aufgesetzter Schliffhaube und den übrigen Teil der Apparatur bis zur 10 cm³-Marke mit Quecksilber. Aus der Menge des Quecksilbers und dem bekannten Fassungsvermögen der Bürette läßt sich der Gesamtinhalt des Aggregates leicht ermitteln. Nun reinigt man die Apparatur mit Chromschwefelsäure und setzt die Schliffhaube im richtigen Winkel wieder an. Als Sperrflüssigkeit dient bei der Messung Quecksilber.

b) Die Reagenzien. Der Wasserstoff kann aus einer Stahlflasche (elektrolytisch hergestellter Wasserstoff) oder aus einem Kippschen Apparat entnommen werden, der mit reinen Reagenzien beschickt und völlig luftfrei gemacht ist. Er wird durch eine Spiralwaschflasche mit alkalischer Plumbitlösung (3—4 g Bleichlorid „zur Analyse" in 100 cm³ 20%iger Kalilauge), ein Rohr mit Calciumchlorid und ein weiteres mit Watte geleitet. Daran schließt sich ein T-Stück, dessen eine Ableitung mit einer Ölpumpe oder gutwirkenden Wasserstrahlpumpe verbunden ist, und ein Zweiwegehahn.

Als Lösungsmittel hat sich Eisessig (Schering-Kahlbaum „zur Analyse") gut bewährt, obwohl er Fette verhältnismäßig schwer löst.

Als Katalysatoren werden ausschließlich die Trägerkatalysatoren der Membranfilter-G.m.b.H., Göttingen benutzt. Hervorragend geeignet ist für diesen Zweck der Katalysator: 5% Palladium auf Bariumsulfat, ferner Platin auf Kieselgel, und zwar besonders die Katalysatoren Nr. 13, 13 b und 17.

c) Ausführung der Bestimmung. Auf den Boden des Hydriergefäßes bringt man mit Hilfe eines Einfülltrichters 10—12 mg eines der oben genannten Katalysatoren und läßt aus einer Meßpipette mit lang ausgezogener Spitze genau 2 cm³ Eisessig zulaufen, ohne daß die Wandungen des Ansatzstückes benetzt werden. In kleine, einseitig zugeschmolzene Glasröhrchen von 8 mm Länge und 2,5 mm Weite wägt man nun das Fett ein, wobei je nach dem vermuteten Sättigungsgrade folgende Mengen zu wählen sind:

$$25\text{—}20 \text{ mg bei Fetten mit einer HJZ von } 250\text{—}300,$$
$$30\text{—}25 \text{ mg „ „ „ „ „ „ } 200\text{—}250,$$
$$40\text{—}30 \text{ mg „ „ „ „ „ „ } 150\text{—}200,$$
$$30\text{—}20 \text{ mg „ „ „ „ „ „ } 100\text{—}150,$$
$$40\text{—}30 \text{ mg „ „ „ „ „ „ unter } 100.$$

Das Röhrchen mit der Substanz läßt man nun in den seitlichen Ansatz gleiten. Damit dies und auch das spätere Herausfallenlassen bei der Hydrierung reibungslos vonstatten geht, muß darauf geachtet werden, daß die Übergänge in diesem Teil des Gefäßes richtig geblasen sind. Sodann fettet man den unteren Teil des Schliffes mit Apiezonfett, Sorte N (E. Leybolds Nachf., Köln) ein, setzt das Gefäß in die Schliffhaube, ohne daß die Substanz in das Lösungsmittel fällt, und befestigt es mit zwei Gummibändchen. Der Dreiwegehahn wird ebenfalls mit Apiezonfett eingefettet, ohne daß dieses in die Bohrungen dringt. Nun füllt man die Bürette und die Verbindungscapillare bis in die durchgehende Bohrung des Hahnes mit Quecksilber, worauf man durch Drehung des Hahnes die Verbindung der Außenluft mit dem Hydriergefäß herstellt. Die Bürette ist jetzt abgeschlossen. Das Niveaugefäß wird in die rückseitige Klammer gehängt. Auf den Ansatz des Hahnes schiebt man den Druckschlauch der Wasserstoffzuleitung und füllt nun das Hydriergefäß durch abwechselndes Evakuieren auf etwa 20 mm Hg und Einströmenlassen von Wasserstoff mit letzterem, durch Drehen des Zweiwegehahnes leicht zu bewerkstelligen. Hin und wieder schüttelt man dabei kräftig mit der Hand, um alle gelöste und adsorbierte Luft zu entfernen. Nach 6—7maliger Wiederholung der beiden Operationen ist das Gefäß praktisch luftfrei. Durch Drehen des Dreiwegehahnes und langsames Senken des Niveaugefäßes füllt man nun die Bürette mit Wasserstoff, bei einer voraussichtlichen Hydrierjodzahl über 150 bis etwa 1 cm unter die 0-Marke, unter 150 1 cm unter die 5 cm³-Marke, wobei für einen Überdruck von etwa 20 mm Hg gesorgt wird. Dann stellt man die Verbindung zwischen Hydriergefäß und Bürette her, quetscht den Capillarschlauch mittels der Klemmschraube ab und entfernt den Druckschlauch. Die Apparatur ist jetzt gegen die Außenluft abgeschlossen. Man bringt sie auf die Schüttelvorrichtung, hängt das Niveaugefäß in eine Halteklammer des Bügels und sättigt durch Schütteln bei 20—30 mm Überdruck das Lösungsmittel und den Katalysator mit Wasserstoff. Dazu braucht man bei den Trägerkatalysatoren meist $^1/_2$ Stunde. Nun stellt man den Meniscus der Sperrflüssigkeit genau auf die 0- bzw. 5 cm³-Marke ein, quetscht den Schlauch wieder ab und stellt Zimmertemperatur und Barometerstand fest. Mit Hilfe des Dreiwegehahnes führt man den Druckausgleich mit der Außenluft herbei und dreht das Hydriergefäß um 180°, wobei das Röhrchen mit dem Fett in das Lösungsmittel fällt. Darauf bringt man das Gefäß in die Ausgangslage zurück. Eine im Wägeröhrchen etwa vorhandene Gasblase wird durch leichtes Klopfen entfernt. Bei einem Überdruck von etwa 30 mm wird durch Einschalten des Motors kräftig geschüttelt (ungefähr eine Hin- und Herbewegung pro

Sekunde) bis kein Wasserstoff mehr aufgenommen wird. Die verbrauchte Menge Wasserstoff läßt sich im Verlauf der nun einsetzenden Hydrierung leicht ablesen. Schroffe Temperaturwechsel sind während dieser Zeit zu vermeiden. Nach Beendigung des Versuches werden Temperatur und Barometerstand wieder ermittelt.

c) Berechnung. Die unter diesen Versuchsbedingungen verbrauchte Menge Wasserstoff wird auf Normalbedingungen reduziert und auf die äquivalente Menge Jod bezogen.

Abkürzungen:

V_A = Volumen des Wasserstoffs zu Beginn der Hydrierung,
V_E = Volumen des Wasserstoffs zu Ende der Hydrierung,
V_{A0} = V_A reduziert auf 0°, 760 mm,
V_{E0} = V_E reduziert auf 0°, 760 mm,
B_A = Barometerstand $\Big\}$ zu Beginn der Hydrierung,
t_A = Temperatur
B_E = Barometerstand $\Big\}$ zu Ende der Hydrierung,
t_E = Temperatur
e = Einwaage.

Rechnung:

$$V_{A0} = \frac{V_A \cdot B_A}{(1 + 0{,}00366 \cdot t_A) \cdot 760},$$

$$V_{E0} = \frac{V_E \cdot B_E}{(1 + 0{,}00366 \cdot t_E) \cdot 760},$$

$$HJZ = \frac{0{,}01132 \cdot (V_{A0} - V_{E0}) \cdot 100}{e}.$$

V_A wird aus dem Gesamtvolumen der Apparatur und der Lösungsmittelmenge ermittelt. V_E ergibt sich aus der Differenz zwischen V_A und den abgelesenen cm³ Wasserstoff. Das Volumen des Wägeröhrchens kann vernachlässigt werden. Bei gleichbleibenden Außenbedingungen kann natürlich die abgelesene Menge Wasserstoff direkt auf Normalbedingungen reduziert und bei der Berechnung der Hydrierjodzahl an Stelle von $V_{A0} - V_{E0}$ eingesetzt werden.

10. Die Auswertung der „enometrischen" Kennzahlen [nach H. P. Kaufmann (4)]. Bei der Auswertung der Analysenergebnisse der Bestimmung von Doppelbindungen („Enometrie") errechnete man bisher aus den Kennzahlen des Fettes den Gehalt an Glyceriden, aus dem Gemisch der vorher isolierten Säuren die Zusammensetzung der letzteren. So sind in den „Deutschen Einheitsmethoden" (Wissenschaftl. Verlagsges. m. b. H., Stuttgart 1930, S. 96—97) auch die Gleichungen für die Errechnung auf beiden Wegen wiedergegeben worden. Diese Handhabung ist aus verschiedenen Gründen nicht immer berechtigt. Einmal entspricht die Zusammensetzung eines Fettes in Prozenten der Glyceride einzelner Säuren nicht den tatsächlichen Verhältnissen, denn einfache Triglyceride liegen in der Regel in Naturprodukten nicht vor; zum mindesten der größere Teil ist in gemischten Glyceriden enthalten. Die Methoden der systematischen Fettanalyse sind noch nicht so weit vervollkommnet, daß man den Anteil der einzelnen reinen und gemischten Glyceride bestimmen kann. Zum anderen ist es bei vielen hochungesättigten Fetten außerordentlich schwierig, selbst unter Anwendung größter Vorsichtsmaßnahmen, die Fettsäuren quantitativ und unverändert zu isolieren. Dies gilt insbesondere für Säuren mit konjugierten Doppelbindungen. Die Berechnung des Gehaltes an Fettsäuren direkt aus den Kennzahlen des Fettes beseitigt die oben angegebenen Unstimmigkeiten und bietet außerdem den Vorteil, daß die dabei benutzten Gleichungen nach ganz geringfügigen Abänderungen auch für Fettsäuregemische benutzt werden können.

Es sei zunächst eine Zusammenstellung der Gleichungen für die in der Praxis am häufigsten vorkommenden Fälle angegeben, wobei folgende Abkürzungen gelten:

Hydrierjodzahl	HJZ	Licansäure	Li
Jodzahl	JZ	Linolensäure	Le
Teil-Jodzahl	TJZ	Linolsäure	L
Rhodanzahl	RhZ	Ölsäure	Ö
Dien-Zahl	DZ	Gesättigte Säuren	G
Carbonylzahl	COZ	Unverseifbares	Uv
Eläostearinsäure	E	Glycerinrest	Gl

Die theoretischen Werte der Kennzahlen sind in den Gleichungen nur bis auf die erste Dezimale angegeben:

	HJZ	TJZ	RhZ	DZ	COZ
Eläostearinsäure	273,7	182,5	91,3	91,3	—
Licansäure	260,6	—	86,9	86,9	95,2
Linolensäure	273,7	—	182,5	—	—
Linolsäure	181,2	—	90,6	—	—
Ölsäure	89,9	—	89,9	—	—

Die Gleichungen für Linolensäure enthaltende Fette sind zum Teil Näherungsformeln, in die folgende Werte eingesetzt werden:

	JZ	RhZ
Ölsäure	90,6	90,6
Linolsäure	$2 \cdot 90,6 = 181,2$	90,6
Linolensäure	$3 \cdot 90,6 = 271,8$	$2 \cdot 90,6 = 181,2$

Die Verwendung derartiger Näherungsformeln ist vorzuziehen, da die exakten Gleichungen umständlich zu handhaben sind und die dafür notwendige Genauigkeit bei den Kennzahlenbestimmungen bei weitem nicht erreicht wird.

I. Fette, die Linolsäure, Ölsäure und gesättigte Säuren enthalten.

Es werden bestimmt:

JZ, RhZ, Uv.

$$L + \ddot{O} + G + Uv + Gl = 100$$

$$\frac{90,6}{100} L + \frac{89,9}{100} \ddot{O} = RhZ$$

$$\frac{181,2}{100} L + \frac{89,9}{100} \ddot{O} = JZ$$

Nach Umformung erhält man:

$$L = 1{,}104 \ (JZ - RhZ)$$

$$\ddot{O} = 1{,}113 \ (2 \ RhZ - JZ)$$

$$G = 100 - Uv - Gl - L - \ddot{O}$$

II. Fette, die Linolensäure, Linolsäure, Ölsäure und gesättigte Säuren enthalten.

Es werden bestimmt:	Nach Umformung erhält man:

JZ, RhZ, G, Uv.

$$Le + L + \ddot{O} + G + Uv + Gl = 100 \qquad Le = 1{,}104\,RhZ - (100 - Uv - Gl - G)$$

$$2\,Le + L + \ddot{O} = \frac{100}{90{,}6}\,RhZ \qquad L = (100 - Uv - Gl - G) - 1{,}104\,(2\,RhZ - JZ)$$

$$3\,Le + 2\,L + \ddot{O} = \frac{100}{90{,}6}\,JZ \qquad \ddot{O} = (100 - Uv - Gl - G) - 1{,}104\,(JZ - RhZ)$$

III. Fette, die Eläostearinsäure, Linolsäure, Ölsäure und gesättigte Säuren enthalten.

a) Es werden bestimmt: b) Es werden bestimmt:

TJZ, RhZ, DZ, Uv.   HJZ, RhZ, DZ, Uv.

$$E + L + \ddot{O} + G + Uv + Gl = 100 \qquad E + L + \ddot{O} + G + Uv + Gl = 100$$

$$\frac{91{,}3}{100}\,E = DZ \qquad\qquad \frac{91{,}3}{100}\,E = DZ$$

$$\frac{91{,}3}{100}\,E + \frac{90{,}6}{100}\,L + \frac{89{,}9}{100}\,\ddot{O} = RhZ \qquad \frac{91{,}3}{100}\,E + \frac{90{,}6}{100}\,L + \frac{89{,}9}{100}\,\ddot{O} = RhZ$$

$$\frac{182{,}5}{100}\,E + \frac{181{,}2}{100}\,L + \frac{89{,}9}{100}\,\ddot{O} = TJZ \qquad \frac{273{,}7}{100}\,E + \frac{181{,}2}{100}\,L + \frac{89{,}9}{100}\,\ddot{O} = HJZ$$

Nach Umformung erhält man: Nach Umformung erhält man:

$$E = 1{,}095 \cdot DZ \qquad\qquad E = 1{,}095 \cdot DZ$$

$$L = 1{,}104\,(TJZ - RhZ - DZ) \qquad L = 1{,}104\,(HJZ - RhZ - 2\,DZ)$$

$$\ddot{O} = 1{,}113\,(2\,RhZ - TJZ) \qquad \ddot{O} = 1{,}113\,(2\,RhZ + DZ - HJZ)$$

$$G = 100 - Uv - Gl - E - L - Z \qquad G = 100 - Uv - Gl - E - L - \ddot{O}$$

IV. Fette, die Licansäure, Linolsäure, Ölsäure und gesättigte Säuren enthalten.

Es werden bestimmt: Nach Umformung erhält man:

HJZ, RhZ, DZ, Uv.

$$Li + L + \ddot{O} + G + Uv + Gl = 100 \qquad Li = 1{,}151 \cdot DZ$$

$$\frac{86{,}9}{100}\,Li = DZ \qquad\qquad L = 1{,}104\,(HJZ - RhZ - 2\,DZ)$$

$$\frac{86{,}9}{100}\,Li + \frac{90{,}6}{100}\,L + \frac{89{,}9}{100}\,\ddot{O} = RhZ \qquad \ddot{O} = 1{,}113\,(2\,RhZ + DZ - HJZ)$$

$$\frac{260{,}6}{100}\,Li + \frac{181{,}2}{100}\,L + \frac{89{,}9}{100}\,\ddot{O} = HJZ \qquad G = 100 - Uv - Gl - Li - L - \ddot{O}$$

Bei Bestimmung der COZ erhält man: $Li = 1{,}051 \cdot COZ$.

V. Fette, die Eläostearinsäure, Linolensäure, Linolsäure, Ölsäure und gesättigte Säuren enthalten.

a) Es werden bestimmt: b) Es werden bestimmt:

TJZ, RhZ, DZ, G, Uv.   HJZ, RhZ, DZ, G, Uv.

$$E + Le + L + \ddot{O} + G + Uv + Gl = 100 \qquad E + Le + L + \ddot{O} + G + Uv + Gl = 100$$

$$E = \frac{100}{91{,}3}\,DZ \qquad\qquad E = \frac{100}{91{,}3}\,DZ$$

$$2\,Le + L + \ddot{O} = \frac{100}{90{,}6}\,(RhZ - DZ) \qquad 2\,Le + L + \ddot{O} = \frac{100}{90{,}6}\,(RhZ - DZ)$$

$$3\,Le + 2\,L + \ddot{O} = \frac{100}{90{,}6}\,(TJZ - 2\,DZ) \qquad 3\,Le + 2\,L + \ddot{O} = \frac{100}{90{,}6}\,(HJZ - 3\,DZ)$$

Nach Umformung erhält man:　　　　Nach Umformung erhält man:

$E = 1{,}095 \cdot DZ$　　　　　　　　　$E = 1{,}095 \cdot DZ$

$$Le = \begin{cases} -(100-E-Uv-Gl-G) \\ +1{,}104\ (RhZ-DZ) \end{cases} \qquad Le = \begin{cases} -(100-E-Uv-Gl-G) \\ +1{,}104\ (RhZ-DZ) \end{cases}$$

$$L = \begin{cases} (100-E-Uv-Gl-G) \\ -1{,}104\ (2\ RhZ-TJZ) \end{cases} \qquad L = \begin{cases} (100-E-Uv-Gl-G) \\ -1{,}104\ (2\ RhZ+DZ-HJZ) \end{cases}$$

$$\ddot{O} = \begin{cases} (100-E-Uv-Gl-G) \\ -1{,}104\ (TJZ-RhZ-DZ) \end{cases} \qquad \ddot{O} = \begin{cases} (100-E-Uv-Gl-G) \\ -1{,}104\ (HJZ-RhZ-2\ DZ) \end{cases}$$

VI. Fette, die Licansäure, Linolensäure, Linolsäure, Ölsäure und gesättigte Säuren enthalten.

Zu bestimmen sind:　　　　　　Nach Umformung erhält man:

HJZ, RhZ, DZ, G, Uv.

$Li+Le+L+\ddot{O}+G+Uv+Gl=100$　　$Li = 1{,}151 \cdot DZ$

$$Li = \frac{100}{86{,}9}\,DZ \qquad\qquad Le = \begin{cases} -(100-Li-Uv-Gl-G) \\ +(1{,}104\ (RhZ-DZ) \end{cases}$$

$$2\,Le+L+\ddot{O} = \frac{100}{90{,}6}\,(RhZ-DZ) \qquad L = \begin{cases} (100\ Li-Uv-Gl-G) \\ -1{,}104\ (2\ RhZ+DZ-HJZ) \end{cases}$$

$$3\,Le+2\,L+\ddot{O} = \frac{100}{90{,}6}\,(HJZ-3\ DZ) \qquad \ddot{O} = \begin{cases} (100\ Li-Uv-Gl-G) \\ -1{,}104\ (HJZ-RhZ-2\ DZ) \end{cases}$$

Bei Bestimmung der COZ erhält man: $Li = 1{,}051 \cdot COZ$.

VII. Fette, die Licansäure, Eläostearinsäure, Linolensäure, Linolsäure, Ölsäure und gesättigte Säuren enthalten.

Zu bestimmen sind:　　　　　　Nach Umformung erhält man:

HJZ, RhZ, DZ, COZ, G, Uv.

$Li+E+Le+L+\ddot{O}+G+Uv+Gl=100$　　$Li = 1{,}051 \cdot COZ$

$$Li = \frac{100}{95{,}2} \cdot COZ \qquad\qquad E = 1{,}095 \cdot DZ-COZ$$

$$\frac{91{,}3}{100} \cdot E + \frac{86{,}9}{100} \cdot Li = DZ \qquad Le = \begin{cases} -(100-Li-E-Uv-Gl-G) \\ +\ 1{,}104\ (RhZ-Dz) \end{cases}$$

$$2\,Le+L+\ddot{O} = \frac{100}{90{,}6}\,(RhZ-DZ) \qquad L = \begin{cases} (100-Li-E-Uv-Gl-G) \\ -1{,}104\ (2\ RhZ+DZ-HJZ) \end{cases}$$

$$3\,Le+2\,L+\ddot{O} = \frac{100}{90{,}6}\,(HJZ-3\ DZ) \qquad \ddot{O} = \begin{cases} (100-Li-E-Uv-Gl-G) \\ -1{,}104\ (HJZ-RhZ-2\ DZ) \end{cases}$$

Die angegebenen Gleichungen gelten nur für die Auswertung der Kennzahlen von Fetten. Sie können aber auch für die Bestimmung der Zusammensetzung von Fettsäuregemischen benutzt werden, wenn die entsprechenden Kennzahlen dieser Gemische eingesetzt werden. Außerdem fallen natürlich in den jeweiligen Gleichungen die Glieder Uv (Unverseifbares) und Gl (Glyceridrest) fort. Weiterhin ist zu beachten, daß die Gleichungen nur auf Fette, welche ausschließlich ungesättigte Fettsäuren der C_{18}-Reihe enthalten, angewandt werden dürfen. Ebenso bringt die Gegenwart größerer Mengen niedriger gesättigter Fettsäuren Ungenauigkeiten mit sich, da diese ja bei der Bestimmung nach Bertram nicht erfaßt werden. Unter Beachtung dieser Einschränkungen kann für den Glycerinrest der Betrag 4,5% eingesetzt werden.

Wie aus den angeführten Gleichungen ersichtlich, können in einigen Fällen verschiedene Kennzahlen der Errechnung zugrunde gelegt werden, so z. B. die Hydrierjodzahl oder die Jodzahl bzw. die Teiljodzahl oder die Hydrierjodzahl. Hier kommt es darauf an, welche Kennzahl am einfachsten oder genauesten ermittelt werden kann. Bei Fetten, die Licansäure enthalten, scheidet die Jodzahl aus, da in Anbetracht der Enolisierung der Ketogruppe keine der bisher bekannten Methoden zu brauchbaren Werten führt.

11. Bestimmung der Oxysäuren (IV, 469) [1]. 5 g Öl werden mit 50 cm^3 $^1/_1$ n-alkoholischer KOH am Rückfluß verseift. Nach dem Abtrennen des Unverseifbaren mit Äther wird die alkoholische Seifenlösung einschließlich der zum Waschen des Unverseifbaren verwendeten alkoholischen Waschwässer von Äther und Alkohol befreit und mit möglichst wenig Wasser in einen 500 cm^3-Scheidetrichter überführt. Darauf werden 51 cm^3 $^1/_1$ n-HCl zugesetzt. Wird beim Schütteln der Lösung Schäumen beobachtet, wird nochmals etwas $^1/_1$ n-HCl zugesetzt.

Zur Abtrennung der Säuren werden 100 cm^3 Petroläther (35—50°) in den Scheidetrichter gegeben und der Scheidetrichter 1 Minute kräftig geschüttelt. Man läßt bis zur vollständigen Klärung, gegebenenfalls über Nacht, stehen.

Die Petrolätherlösung wird durch ein Filter von etwa 90 mm Durchmesser gegeben. Die Oxysäuren haften den Trichterwänden im allgemeinen in Form einer rotbraunen Masse an; sind sie in größerer Menge vorhanden, wird der Petroläther, um eine Verstopfung des Hahnes zu vermeiden, von oben her aus dem Scheidetrichter gegossen. Der Scheidetrichter wird dann 2mal mit je 25 cm^3 Petroläther ausgespült, desgleichen wird das Ablaufrohr, der Stopfen und das Filter mit möglichst wenig Petroläther gewaschen. Auch von außen ist die obere Öffnung des Scheidetrichters und weiter der das Filter haltende Trichter mit Petroläther abzuspülen.

Die in dem Scheidetrichter verbliebenen Oxysäuren werden mit einer gerade ausreichenden Menge möglichst heißen Alkohols aufgenommen, wozu im allgemeinen zur ersten Lösung 50 cm^3 und zum Auswaschen 25 cm^3 genügen. Die warmen Lösungen werden unmittelbar hintereinander auf das Filter gegeben. Stopfen und Ablaufrohr des Scheidetrichters sowie das Filter werden nacheinander mit möglichst wenig warmem Alkohol gewaschen. Die alkoholischen Lösungen werden in einem etwa 400 cm^3 fassenden Becherglas gesammelt.

Bevor die Behandlung des Sauerwassers aufgenommen wird, ist die noch extrahierbare Menge an Oxysäuren zu bestimmen. Insbesondere ist zu prüfen, ob durch Abdestillieren des größten Teiles Alkohol unmittelbar nach der Verseifung diese Behandlung in Wegfall gebracht werden kann.

Erweist sich eine Behandlung als notwendig, wird das Sauerwasser auf einem Sandbad bei 230° auf etwa 250 cm^3 eingeengt, nach dem Erkalten wird die Lösung in einen 1000 cm^3-Scheidetrichter gegeben und die Schale 2mal mit je 50 cm^3 Petroläther gewaschen. Dabei wird

---

[1] J.C.-Methode [Fette u. Seifen **45**, 236 (1938)]. Statt „Oxysäuren" wäre die Bezeichnung „oxydierte Säuren" richtiger.

mit einem Glasstab geschabt, um jede Fettsäurespur aus der Schale zu entfernen. Der Scheidetrichter wird kräftig geschüttelt. Nach $^1/_2$stündigem Stehenlassen wird das Sauerwasser abgelassen und verworfen. Der Petroläther wird durch das bereits benutzte Filter gegeben, der Scheidetrichter mit 25 cm³ Petroläther gespült und die Waschung mit Petroläther, wie oben bereits angegeben, beendet. Die Oxysäuren werden mit warmem Alkohol aufgenommen, und zwar wird die vorher benutzte Schale (unter Benutzung eines Glasstabes) und der Scheidetrichter mit je 25 cm³ warmem Alkohol gewaschen und der Alkohol auf das Filter gegeben; das Filtrat wird zu dem bereits gesammelten Alkohol gegeben. Dies wird mit je 15 cm³ warmem Alkohol wiederholt und die Waschung, wie oben bereits angegeben, beendet.

Die vereinigten alkoholischen Lösungen werden zunächst in dem Becherglas zu einem kleinen Volumen vorsichtig eingedampft, worauf man die konzentrierte Lösung in einen gewogenen Porzellantiegel überführt. Es empfiehlt sich, zum Überführen der letzten Reste aus dem Becherglas und zum Ausspülen statt Alkohol Äther zu verwenden, wodurch das Abdampfen der letzten Reste an Lösungsmittel im Tiegel erleichtert wird. Letzteren bringt man im Trockenschrank bei 100° zur Gewichtskonstanz, wozu im allgemeinen $^1/_2$ Stunde ausreicht.

Die Wägung ergibt ein Gewicht p (= Oxysäuren + Mineralsalze, die in den Oxysäuren enthalten sind). Zur Entfernung der Mineralsalze calciniert man und wägt nach 1stündigem Erkalten im Exsiccator. Ist p_1 das Gewicht der Mineralsalze, so wird das Gewicht der Oxysäuren ermittelt aus $p - p_1$. — Man bezieht auf 100 g des untersuchten Fettes.

Anmerkungen. Bei größeren Mengen von Oxysäuren besteht die Gefahr, daß diese beim Ansäuern der ursprünglichen Seifenlösung normale Fettsäuren einschließen. Liegt dieser Verdacht vor, so müssen die gewonnenen Oxysäuren nochmals verseift werden, wobei man die Seifenlösung wie vorher behandelt.

Das Emporkriechen des Alkohols im Tiegel kann man entweder durch Erwärmung von oben her vermeiden oder durch Aufsetzen eines kleinen umgekehrten Trichters unmittelbar über den Flüssigkeitsspiegel, durch den die alkoholischen Dämpfe abgesaugt werden. Das Emporkriechen im Tiegel wird weiterhin vermieden, wenn die alkoholische Lösung im Becherglas nahezu völlig abgedampft und das Überführen der Oxysäuren in den Tiegel mit Äther vorgenommen wird.

Ist das Sauerwasser durch feine suspendierte Oxysäuren getrübt, so filtriert man es zusammen mit der Petrolätherlösung durch einen Filtertiegel (IG 4) oder durch eine Glasfilternutsche. Ist auf der Filterplatte ein Rückstand zu erkennen, so wird mit wenig Petroläther gewaschen und darauf der Rückstand mit warmem Alkohol gelöst. Die Lösung gibt man zu den übrigen oxysäurehaltigen alkoholischen Lösungen.

Unter Oxysäuren sind nicht Hydroxysäuren zu verstehen, sondern oxydierte Säuren bisher unbekannter Konstitution. Die Methode versagt bei normalen Oxysäuren, z. B. Ricinusöl, da diese teilweise petrolätherlöslich sind.

12. Die Polybromidzahl (IV, 453) (Abkürzung PBrZ) [Fette und Seifen **45**, 232 (1938)][1]. a) **Darstellung der Fettsäuren.** 5 g Öl werden durch $^1/_2$stündiges Kochen auf kleiner Flamme unter Rückfluß mit 25 cm³ alkoholischer n-KOH verseift. Zu Beginn des Erwärmens muß geschüttelt werden, bis die Masse homogen ist, um eine Überhitzung des Öles zu vermeiden. Die Seifenlösung wird mit 50 cm³ Wasser aufgenommen und in einen Scheidetrichter gebracht, indem im ganzen noch 80 cm³ Wasser zu mehrmaligem Auswaschen verwendet werden. Dann fügt man 50 cm³ Äther hinzu und zersetzt die Seife mit einem geringen Überschuß an n-HCl in Gegenwart von Methylorange. Es wird kräftig geschüttelt, damit sich die freien Fettsäuren gut auflösen. Nach dem Abtrennen läßt man das alkoholische Sauerwasser in einen anderen Scheidetrichter fließen und macht einen zweiten Auszug mit 50 cm³ Äther. Die zwei Ätherauszüge werden vereinigt und 3mal mit je 50 cm³ einer wäßrigen 10%igen NaCl-Lösung kräftig geschüttelt. Die ätherische Lösung wird in einen 100 cm³-Meßkolben gebracht und dieser bis zur Marke mit Äther aufgefüllt. Als Trockenmittel fügt man so viel wasserfreies Na-sulfat hinzu, wie eben nötig ist. Man verschließt und schüttelt gut um. — Wird die Bromierung nicht sofort ausgeführt, so empfiehlt es sich, die Luft im Kolbenhals durch CO_2 zu ersetzen, den Kolben zu verschließen und ihn vor Licht geschützt aufzubewahren.

b) **Bromieren.** Man wägt ein Zentrifugenglas von etwa 80 cm³ Inhalt, in das man vorher 0,1 g Polybromide desselben oder eines ähnlichen Öles gebracht hat. Die Polybromide müssen sehr fein verrieben sein. Man gibt genau 20 cm³ der ätherischen Fettsäurelösung in das Glas und rührt, um die Polybromide aufzuschwemmen. Das Glas wird verschlossen, 20 Minuten in schmelzendes Eis gebracht und umgerührt, um die Flüssigkeit mit Polybromiden zu sättigen. Vorher hat man eine Bromlösung in Äther durch Auflösen von 4 cm³ Brom (pro analysi) von 0° C in 100 cm³ trockenem Äther derselben Temperatur hergestellt. Die Zugabe des Broms geschieht in kleinen Mengen entlang der Gefäßwand und unter ständigem Umrühren. Die bei 0° gehaltene Lösung wird in eine geeignete Bürette gefüllt, die sich in schmelzendem Eis befindet. In das Zentrifugenglas gibt man als Rührer ein Thermometer. Wenn die Temperatur zwischen 0 und 1° ist, läßt man die ätherische Bromlösung aus der Bürette zufließen. Die Zugabe muß in kleinen Mengen erfolgen, besonders im Anfang, wobei ununterbrochen mit dem Thermometer gerührt wird. Nach jeder Bromzugabe wird die Bürette wieder in schmelzendes Eis gestellt. Das Bromieren muß langsam erfolgen bis zu etwa 12 cm³ der ätherischen Bromlösung. Die Temperatur darf 1° nicht überschreiten. Der Rest der notwendigen Bromlösung (im ganzen 20 cm³) kann dann schneller zugefügt werden. Die letzten Kubikzentimeter werden zum Abspülen des Thermometers benutzt. Man verschließt das Glas und läßt es 3 Stunden in schmelzendem Eis stehen. Gleichzeitig macht man einen Blindversuch mit einem Glas, das dieselben Polybromide enthält und in das man, nachdem man das Gewicht des Zentrifugenglases einschließlich Polybromiden ermittelt hat, 40 cm³ trockenen Äther gibt.

---

[1] J.C.-Methode.

Das Glas wird 3 Stunden in schmelzendes Eis gestellt und währenddessen häufig umgeschüttelt, damit sich der Äther mit Polybromiden sättigt.

c) **Zentrifugieren und Waschen.** Das Glas mit den zu untersuchenden Fettsäuren wird 1 Minute mit voller Geschwindigkeit zentrifugiert (3000—4000 Umdrehungen). Die klare Flüssigkeit wird abgegossen und das Glas zur Kühlung in Eis gestellt. Ferner hat man auch bei 0° mit gleichartigen Polybromiden gesättigten trockenen Äther hergestellt, indem man bei Zimmertemperatur gesättigten und einen Überschuß an Polybromiden enthaltenden Äther 3 Stunden in schmelzendes Eis stellte. Danach wird der gesättigte Äther durch ein Faltenfilter filtriert und ins Eis zurückgestellt. Man gießt in das Zentrifugenglas 20 cm³ dieses Äthers. Man rührt mit Hilfe des schon einmal benutzten Thermometers und kratzt gleichzeitig die Gefäßwände damit ab, damit die Polybromide vollständig in Suspension bleiben. Wenn die Versuchstemperatur 1—2° beträgt, wird zentrifugiert. In ähnlicher Weise wäscht man ein zweites Mal mit 20 cm³ gesättigtem Äther, ein drittes Mal mit 10 cm³ und ein viertes Mal mit weiteren 10 cm³. Untersucht man Öle, die nur wenig Polybromide bilden, kann man das Volumen der Waschflüssigkeiten auf 10 cm³ und ihre Zahl auf 3 vermindern. Nach Beendigung des Versuchs sammelt man die am Thermometerende hängenden Reste der Polybromide und fügt sie hinzu. In gleicher Weise arbeitet man im Blindversuch, wobei man im Zentrifugieren mit dem Glas, das die Analysensubstanz enthält, abwechselt.

d) **Trocknen und Wägen.** Die beiden Gläser werden nach dem letzten Auswaschen in einen Trockenschrank gebracht, dessen Temperatur allmählich auf 95—100° gesteigert wird. Man läßt sie 30 Minuten bei dieser Temperatur stehen. Dann wird nach dem Erkalten gewogen. Die Gewichtszunahme des Glases mit der Versuchsprobe, vermehrt um den Gewichtsverlust des Glases mit der Blindprobe, ergibt das Gewicht der Polybromide, die man entweder auf Öl oder auf Fettsäuren bezieht. Der Einfachheit halber wird vorgeschlagen, die Polybromidzahl auf Öl zu beziehen.

Wenn man die Filtration bevorzugt, wird in der gleichen Weise gearbeitet. Zweckmäßig wird ein von schmelzendem Eis umgebener Glassintertiegel (IG 3) verwendet. Man filtriert nur bei sehr geringem Vakuum, besonders bei Beginn des Versuches. Nach jedem Filtrieren muß man das Vakuum rechtzeitig abstellen, damit der Polybromidkuchen nicht austrocknet und rissig wird.

C. Bestimmung und Untersuchung der Gruppen von Fettbestandteilen.

1. Bestimmung des Unverseifbaren (IV, 458; s. a. Erg.-Bd. III, 619). Das Unverseifbare umfaßt die natürlichen unverseifbaren Stoffe (Sterine und auch Kohlenwasserstoffe), sowie die bei 100° nicht flüchtigen unverseifbaren organischen Stoffe, wie Mineralöl u. dgl.

a) **Petroläther-Methode**[1] [Spitz-Hönig, abgeänderte Ausführung, Fette u. Seifen **43**, 220 (1936)]. 5 g Fett werden mit 25 cm³

---

[1] J.C.-Methode (Deutscher Vorschlag).

alkoholischer 2 n-Kalilauge (Alkohol 95%ig) 30 Minuten am Rückflußkühler oder am Steigrohr zum Sieden erhitzt. Nun gibt man 25 cm³
Wasser hinzu, schüttelt um und kocht, falls dabei Ausscheidungen auftreten, nochmals auf. Die erkaltete Lösung wird in einen Scheidetrichter
gegossen, der Rest aus dem Kolben mit 2×10 cm³ 50%igem Alkohol
übergespült und die Seifenlösung mit 50 cm³ Petroläther (Siedepunkt
40—60°) durchgeschüttelt. Bei Verwendung eines Spezialpräparates
„Petroläther für die Fettbestimmung" (Schering-Kahlbaum) erübrigt sich ein vorheriges Destillieren des Petroläthers. Das Schütteln
hat, um einen innigen Kontakt der Flüssigkeit herbeizuführen, kräftig
zu erfolgen. Sobald sich die beiden Schichten vollständig getrennt haben,
zieht man die Seifenlösung in einen zweiten Scheidetrichter ab, schüttelt
wiederum mit 50 cm³ Petroläther aus, dekantiert die erhaltene Petrolätherlösung in den ersten Scheidetrichter und nimmt eine dritte Extraktion der Seifenlösung mit wiederum 50 cm³ Petroläther vor.

Ausnahmsweise auftretende Emulsionen werden durch Zusatz kleiner
Mengen Alkohol oder konzentrierter Kalilauge beseitigt.

Die in dem ersten Scheidetrichter vereinigten drei Petrolätherextrakte
wäscht man zur Entfernung mitgerissener Seifenreste 3mal mit je 25 cm³
50%igem Alkohol und wiederholt das Auswaschen, falls die alkoholische
Waschflüssigkeit nach Verdünnung mit der 3fachen Menge Wasser nach
Zusatz von Phenolphthalein noch gerötet wird.

Die Petrolätherlösung überführt man in einen Fettkolben, destilliert
das Lösungsmittel ab und trocknet im Trockenschrank bei 100°, bis sich
der Prozentgehalt bei ¼stündigem Trocknen um höchstens 0,1 ändert.
Wenn nach 3maligem Wiederholen der ¼stündigen Trocknung sich der
Prozentgehalt um mehr als 0,1 ändert, liegt die Vermutung nahe, daß
nicht zu dem Unverseifbaren gehörende Fremdstoffe vorliegen.

b) Äthyläther-Methode [Fette u. Seifen **43**, 221 (1936)]. 5 g Fett
werden mit 25 cm³ alkoholischer 2 n-Kalilauge (Alkohol 95%ig) 30 Minuten am Rückflußkühler oder am Steigrohr zum Sieden erhitzt. Nun
bringt man die Lösung in einen Scheidetrichter, spült den Kolben mit
3mal 25 cm³ Wasser nach und gibt zu der Seifenlösung 50 cm³ Äthyläther, worauf man 1 Minute kräftig schüttelt und bis zur vollkommenen Trennung der Schichten stehen läßt. Sollten sich die Schichten
nicht glatt absetzen, so läßt man einige Kubikzentimeter Alkohol am
Rande des Scheidetrichters herabfließen. Die untere Seifenlösung wird
nun in einen zweiten Scheidetrichter abgelassen, nach Zugabe von
50 cm³ Äthyläther wieder 1 Minute geschüttelt und die Operation ein
drittes Mal wiederholt.

Die vereinigten Ätherextrakte werden gewaschen, indem man Wasser
an den Wandungen des Scheidetrichters entlang spült, ohne dabei zu
schütteln. Man läßt einige Zeit ruhig stehen, zieht das Wasser ab und
wiederholt diese Art des Auswaschens bis das Waschwasser durch Phenolphthalein nicht mehr rosa wird. Nachdem auf diese Weise die Seife
nahezu völlig entfernt ist, fügt man erneut destilliertes Wasser zu und
schüttelt dieses Mal kräftig um, um Spuren von Seifen zu entfernen.
Die Ätherlösung filtriert man in einen gewogenen Kolben, verjagt das

Lösungsmittel und trocknet im Trockenschrank bei 100°, bis sich das Gewicht bei $^1/_4$stündigem Trocknen um höchstens 0,1% ändert.

Sollen die in Petroläther löslichen Anteile abgetrennt werden, so nimmt man das erhaltene Unverseifbare in 50 cm³ Petroläther auf, erhitzt im Wasserbad zum Sieden und läßt den Kolben mehrere Stunden bei Zimmertemperatur stehen. Nun wird in einen gewogenen Kolben filtriert und wie oben weiter verfahren.

Es wird darauf hingewiesen, daß bei der Bestimmung des Unverseifbaren die Äthermethode in allen Fällen richtige Werte gibt, die Petroläthermethode dagegen — und dies ist besonders bei einem hohen Gehalt an Unverseifbarem der Fall — oft einen niedrigeren Gehalt anzeigt. Die Petroläthermethode hat jedoch durch schnelleres Arbeiten, besonders infolge geringer Emulsionsbildung, den Vorteil der einfacheren Ausführung und wird deshalb beibehalten. Der Analytiker muß aber in jedem Falle angeben, welche Methode er verwandt hat.

2. Untersuchung der Sterine [1] (IV, 474). a) **Herstellung der Fettsäuren.** Ungefähr 50 g Fett werden durch Erhitzen auf dem Wasserbad und gelegentlichem Umrühren mit 100 cm³ einer alkoholischen KOH (200 g KOH in 1000 cm³ 70%igem Alkohol) verseift. Nach etwa 15 Minuten ist die Lösung homogen und die Verseifung beendet. Zur Seifenlösung gibt man dann 150 cm³ warmes Wasser und 50 cm³ 25%ige Salzsäure. Zur klaren Abscheidung der Fettsäuren beläßt man die Lösung weitere 15—30 Minuten auf dem Wasserbad und gibt sie dann durch ein großes, zuvor angefeuchtetes Papierfilter. Der wäßrige Anteil läuft relativ schnell durch das Filter, während die Fettsäuren auf dem Filter zurückbleiben. Nach dem Ablaufen des wäßrigen Anteiles durchsticht man das Filter und sammelt die Fettsäuren auf einem großen Faltenfilter, auf dem die Fettsäuren trocken und klar zurückbleiben. (Haben die Fettsäuren einen hohen Schmelzpunkt, ist es zweckmäßig, einen Heißwassertrichter zu verwenden.)

b) **Herstellung der Digitonide.** Die Fettsäuren werden in einem kleinen Becherglas auf etwa 80° erwärmt und mit 20 cm³ einer 1%igen alkoholischen (96%) Digitoninlösung (man rechnet etwa 10 cm³ Lösung auf 20 g Fettsäuren) versetzt und 15—30 Minuten unter gelegentlichem Umrühren mittels eines Glasstabes bei etwa 80° erwärmt. Währenddessen fallen die Digitonide aus. Dann gibt man 20 cm³ warmen Tetrachlorkohlenstoff hinzu, saugt den Niederschlag auf einem kleinen Papierfilter ab und wäscht ihn 2mal mit Äther. (Haben die Fettsäuren einen hohen Schmelzpunkt, ist es zweckmäßig, eine Heißwassernutsche zu verwenden.) Die Digitonide verbleiben in einer dünnen Schicht auf dem Filter, von dem sie leicht entfernt werden können.

c) **Herstellung der Sterinacetate.** Man erhitzt die Digitonide etwa 15 Minuten mit 3 cm³ Essigsäureanhydrid am Rückflußkühler. Die erhaltene Lösung wird dann auf dem Wasserbad zur Trockne eingedampft. Der Rückstand wird mit 10 cm³ warmem, 96%igen Alkohol aufgenommen, die Lösung nach einigen Minuten filtriert und anschließend

---

[1] J.C.-Methode (in Bearbeitung); zur Bestimmung kleiner Mengen von Sterinen verwendet man besser das Unverseifbare.

auf 2—3 cm³ eingeengt. Die gebildeten Kristalle werden abgesaugt und 2mal aus Alkohol umkristallisiert. Nach der dritten Kristallisation und Trocknung bestimmt man den Schmelzpunkt. Ein Schmelzpunkt von 117° oder höher zeigt die Anwesenheit von Phytosterin an. (Der Schmelzpunkt der Cholesterinacetate liegt bei 113—115°, der der Phytosterinacetate bei 126—137°.)

d) **Herstellung der Sterine.** Die Sterinacetate werden mit wenig (etwa 3 cm³) $^1/_2$ n-alkoholischer KOH verseift. Die abgeschiedenen Sterine werden nach dem Verdünnen der Lösung mit Wasser mit Äther aufgenommen. Die ätherische Lösung wird 1—2mal mit wenig Wasser gewaschen, der Äther abgedampft und die so erhaltenen Sterine mit 1 oder 2 cm³ 96%igem Alkohol aufgenommen. Man läßt auf einem Objektträger auskristallisieren und beobachtet mikroskopisch die Kristallformen und ihr Verhalten im polarisierten Licht. Die Phytosterinkristalle sind länglich und länger als breit und die Auslöschungsrichtungen im polarisierten Licht parallel, während die Cholesterinkristalle viel breiter sind und im polarisierten Licht geneigte Auslöschungsrichtungen zeigen.

3. Der Nachweis der Erucasäure (H. P. Kaufmann und H. Fiedler). a) **Prinzip.** Die Fettsäuren werden mit Kaliumpermanganat oxydiert, wobei die Oxydation der Erucasäure bis zur Dioxybehensäure führt, während alle ungesättigten Säuren der C_{18}-Reihe gespalten werden.

b) **Durchführung.** 1—2 g des zu untersuchenden Fettes werden in einem 100-cm³-Rundkolben mit 20 cm³ 2 n-alkoholischer Kalilauge am Rückflußkühler 20 Minuten verseift. Die abgekühlte Seifenlösung wird in eine geräumige Porzellanschale überführt, der Alkohol auf dem Wasserbad verjagt, der Rückstand mit etwa 1000 cm³ destilliertem Wasser in einen 2 l-Kolben überführt und mit 5 cm³ 50%iger wäßriger Kalilauge versetzt. Zu der auf 15—20° abgekühlten, klaren, völlig flüssigen Seifenlösung wird dann so lange 5%ige wäßrige Kaliumpermanganatlösung gegeben, bis die Lösung nach mehrmaligem Umschütteln rotviolett bleibt. Darauf läßt man die Lösung etwa 5 Minuten unter mehrmaligem Umschütteln des Kolbens stehen, säuert das Gemisch mit verdünnter Schwefelsäure an und entfärbt schließlich durch Zusatz einer konzentrierten Natriumbisulfitlösung. Nach kurzem Stehenlassen wird der bei Anwesenheit von Dioxy-behensäure auftretende, stark flockige Niederschlag von der Lösung durch Filtration abgetrennt — wozu man zweckmäßigerweise ein möglichst großes Filter (15 cm Durchmesser) verwendet —, mehrmals mit Wasser gewaschen, und zwar so lange, bis das Waschwasser keinen Abdampfrückstand mehr hinterläßt und schließlich mit 100 cm³ heißem, 96%igem Alkohol aufgenommen. Der Alkohol wird dann bis auf etwa 30 cm³ abdestilliert und der Rückstand zum Auskristallisieren der Dioxy-behensäure in Eis gestellt. Der erhaltene Niederschlag wird mit eisgekühltem, 96%igem Alkohol in einen Glassintertiegel (1 G 3), in dem sich ein kleiner Glasstab zum Rühren befindet, überführt, einmal unter Umrühren mit eisgekühltem, 96%igem Alkohol und 3mal zur Entfernung der ebenfalls abgeschiedenen und im Rückstand enthaltenen gesättigten Fettsäuren mit Petroläther gewaschen und schließlich im Trockenschrank bei 70—80° 1 Stunde getrocknet.

Von dem bei Anwesenheit von Erucasäure erhaltenen Rückstand (Dioxy-behensäure), den man nötigenfalls nochmals aus Alkohol umkristallisiert, bestimmt man zur Kontrolle den Schmelzpunkt und die Säurezahl, letztere zweckmäßig unter Verwendung von $^1/_{10}$ n-alkoholischer Kalilauge. Schmelzpunkt der reinen Dioxy-behensäure: 132—133°, Säurezahl: 151,5.

Es soll noch darauf hingewiesen werden, daß es notwendig ist, die Seifenlösung möglichst restlos vom Alkohol zu befreien, da die Anwesenheit von Alkohol leicht zur Bildung von Emulsionen führt, die ihrerseits die Abscheidung der Dioxy-behensäure stark erschweren. Weiterhin muß beachtet werden, daß die Seifen restlos gelöst sind und die Lösung gut flüssig ist, andernfalls die Oxydation in der angegebenen Zeit nicht vollständig ist bzw. die Oxydation der Ölsäure bei gleichzeitiger Anwesenheit derselben zum Teil bei der Dioxy-stearinsäure stehen bleiben würde.

4. Die Bestimmung der vollgesättigten Glyceride nach der Permanganat-Acetonmethode (nach Hilditch und Mitarbeitern). Eine schwach siedende Lösung von 1 Teil Fett in 10 Teilen Aceton wird mit insgesamt 4 Teilen pulverigen Kaliumpermanganats portionsweise versetzt und nach jedesmaliger Zugabe heftig durchgeschüttelt; nach Zusatz des gesamten Permanganats wird noch einige Zeit gekocht, das Aceton durch Destillation und Erhitzen des Rückstandes auf 90 bis 100° im Vakuum verjagt. Der Rückstand wird mit festem Natriumbisulfit und Wasser vermischt, erwärmt und durch allmähliche Zugabe verdünnter schwefliger Säure unter Schütteln entfärbt; die abgekühlte Lösung wird mit Äther ausgeschüttelt. Die neutralen und sauren Oxydationsprodukte werden, am besten durch wiederholtes Ausschütteln der ätherischen Lösung mit einer 10%igen Kaliumbicarbonatlösung, getrennt; das Bicarbonat nimmt die Nonansäure sowie andere einbasische Säuren, das Triazelain und die Hauptmenge der diazelao-mono-gesättigten Glyceride auf, läßt aber die Monoazelaoglyceride in der Ätherlösung fast restlos zurück. Durch wiederholtes abwechselndes Auswaschen der Ätherlösung mit 10%iger Kaliumcarbonatlösung und Wasser, wobei stärkere Emulsionsbildung zu vermeiden ist, wird die ätherische Flüssigkeit vom Rest der sauren Oxydationsprodukte befreit. Die alkalischen und wäßrigen Waschflüssigkeiten werden ihrerseits mit Äther ausgeschüttelt, um die durch Emulgierung mitgerissenen vollgesättigten Glyceridanteile zurückzugewinnen.

Bei Gegenwart größerer Mengen Monoazelaoglyceride kann ein Teil davon isoliert werden, indem man die mit Bicarbonat ausgewaschene warme ätherische Lösung mit einer kleinen Menge einer heiß gesättigten Natrium- oder Kaliumcarbonatlösung durchschüttelt; nach raschem Abziehen der wäßrigen Schicht läßt man die klare Ätherlösung einige Stunden bei 0° stehen; es scheidet sich ein aus dem kristallinischen Alkalisalz der Monoazelaoglyceride bestehender Niederschlag aus, der, nach Filtration, durch Auswaschen mit kaltem, wasserfreiem Äther gereinigt wird. Aus dem Alkalisalz gewinnt man das freie Monoazelaoglycerid durch Ansäuren und Kristallisation aus Aceton bei 0°. Aus der ätherischen Mutterlauge entfernt man die noch in Lösung verbliebenen Monoazelaoglyceride durch Auswaschen mit Kaliumcarbonat und hierauf mit

Wasser. Die gesamten Ätherextrakte enthalten jetzt die rohen voll gesättigten Glyceride, die nach Verjagen des Lösungsmittels getrocknet werden; sie enthalten immer noch eine kleine Menge von sauren Oxydationsprodukten. Bei einer Jodzahl des Fettes von über 40—50 kann es vorkommen, daß die Oxydation der ungesättigten Glyceride unvollständig war. Zeigen deshalb die vollgesättigten Glyceride eine Jodzahl von über 2, so empfiehlt es sich, das Produkt einer nochmaligen Oxydation zu unterwerfen.

Ist die Ausbeute an rohen, vollgesättigten Glyceriden gering (etwa 5 g), so ermittelt man deren Verunreinigungen durch Bestimmung des Unverseifbaren und der höheren, in siedendem Wasser unlöslichen Fettsäuren. Bei einer größeren Ausbeute an gesättigten Rohglyceriden (20 g und mehr) werden diese durch Auswaschen mit siedendem kaliumcarbonathaltigem Wasser bis zur bleibend alkalischen Reaktion gegen Phenolphthalein weiter gereinigt. Die wäßrige, etwas emulgiertes neutrales Glycerid enthaltende Schicht wird abgehebert und das Neutralfett mit Wasser bis zur neutralen Reaktion des letzteren ausgekocht. Man erhält so 80—90% der vollgesättigten Glyceride mit einer ganz geringen Säurezahl, während man aus dem Ätherextrakt der alkalischen und wäßrigen Waschflüssigkeiten den Rest der vollgesättigten Glyceride gewinnt, welch letztere aber noch eine gewisse Säurezahl zeigen. Aus den mit Äther behandelten wäßrig-alkalischen Waschflüssigkeiten setzt man die sauren Oxydationsprodukte in Freiheit und bestimmt deren Säurezahl; diese dient dann als Korrektur für die sauren Verunreinigungen in dem mit Äther extrahierten Teil der Reaktionsprodukte. Gewöhnlich gelingt es, den Gehalt des ursprünglichen Fettes an vollgesättigten Glyceriden mit einer Genauigkeit von mehr als 1% zu bestimmen.

Beispiel. Die Oxydation von Butterfett ergab 33,6% roher neutraler Produkte; sie wurde an sechs Portionen zu je 100 g Fett vorgenommen.

Nach Kochen der neutralen Rohprodukte mit verdünnter Sodalösung (s. oben) wurden erhalten:

a) 163,8 g vollständig neutrales Fett, Verseifungsäquivalent 229,3 (Säurezahl 0,4);

b) 22,9 mit Äther extrahiertes Fett, Verseifungsäquivalent 234,1 (Säurezahl 6,4);

c) 12,5 g saures Material, Verseifungsäquivalent 167,9 (Säurezahl 211,2).

In der Voraussetzung, daß der saure, in b) noch enthaltene Teil die gleiche Säurezahl hat wie c), errechnet sich für das ursprüngliche Fett folgender Gehalt an vollgesättigten Glyceriden:

$$\frac{33,6}{199,2}\left(163,8 + \frac{22,9 \cdot 204,8}{211.2}\right) = 31,4\% \, .$$

Nach Hilditch und Mitarbeitern zeigen Pflanzenfette eine ausgeprägte Neigung zur gleichmäßigen Verteilung der ungesättigten Säuren, so daß das Vorkommen einsäuriger, ja selbst gemischtsäuriger gesättigter Glyceride in dieser Fettklasse äußerst beschränkt ist. Solange die Menge der gesättigten Säuren keine 60% der Gesamtsäuren ausmacht, bleibt der vollgesättigte Glyceridanteil sehr niedrig. Sind über

60 Mol.-% gesättigte Säuren im Fett enthalten, so produziert das Fett gesättigte Glyceride in einer solchen Menge, daß in den verbleibenden gesättigt-ungesättigten Glyceriden etwa 60 Mol.-% gesättigte Säuren enthalten sind. Die tierischen Fette sind dagegen viel reicher an gesättigten Glyceriden. Der molare Gehalt an gesättigten Glyceriden steigt regelmäßig mit dem Verhältnis gesättigte:ungesättigte Säuren im Gesamtfett. Bei Gegenwart von 30—60 Mol.-% gesättigter Fettsäuren enthält das Fett weitmehr gesättigte Glyceride als ein Samenfett mit gleichem Gehalt an gesättigten und ungesättigten Säuren.

II. Technische Untersuchung von Fetten, Erzeugnissen der Fettindustrie und Wachsen.

A. Rohstoffe und Nebenprodukte der Ölmüllerei.

1. Ölsaaten und Ölfrüchte[1]. a) **Probenahme.** α) *Vorbemerkungen.* Zur Probenahme werden die Ölsaaten und -früchte zweckmäßig in drei Gruppen eingeteilt:

1. Copra, Babassu-, Palm- und Tukumankerne;
2. ungeschälte Erdnüsse;
3. geschälte Erdnüsse, Baumwollsaat, Sonnenblumenkerne, Sojabohnen, Leinsaat, Raps, Rübsen, Sesam, Leindotter, Mohn usw.

β) *Probenahme bei Abnahme der Lieferung (Schiffsproben).* Hier kommt die Probenahme aus offenen Ladungen, Tanks, Silos u. dgl. oder aus Säcken in Frage. Je nach den obengenannten Saatgruppen wird sie folgendermaßen ausgeführt:

Zu α, 1. Von jeder Partie werden für je 100 t 10 Sack als Probe entnommen, die je zur Hälfte von dem Vertreter des Käufers und des Verkäufers ausgewählt werden. Der Gesamtinhalt der Säcke wird zu einem Haufen aufgeschüttet und dieser zunächst durch Umschaufeln gründlich gemischt. Der Haufen wird darauf nach der bekannten Art der Kreuzmethode, wie sie auch bei Erzen, Kohlen usw. üblich ist, quadratisch ausgebreitet und in den Diagonalen geteilt. Zwei gegenüberliegende Viertel werden mit dem zugehörigen Staub verworfen, die übrigbleibenden Viertel wieder gemischt und in der gleichen Weise wie vorher weitergeteilt. Die Vierteilung ist so lange fortzusetzen, bis eine Probe von mindestens 25 kg zurückbleibt, die zu je 5 kg auf gutschließende Blechdosen verteilt wird. Die Dosenverschlüsse und Bezeichnungen sind mit beweiskräftigen Siegeln zu sichern. Der Rest der Proben dient beiden Parteien als Ansichtsmuster.

Zu α, 2. Bei den ungeschälten Erdnüssen werden die Proben nach den internationalen Bestimmungen (Bordeaux Usance) gezogen.

Zu α, 3. Die Proben werden aus Säcken mit Probestechern entnommen. Aus offenen Ladungen, Tanks, Silos u. dgl. werden an verschiedenen Stellen Proben gezogen, die wie bei Gruppe 1 zu behandeln sind.

---

[1] Der J. C. vorgeschlagen vom Kennzahlen-Ausschuß der D. G. F. (Einheitsmethoden).

γ) *Probenahme in der Fabrik.* Beim Löschen der Saaten ist nach den vorhergehenden Vorschriften zu verfahren. Sollen Proben der zur Verarbeitung gehenden Saaten (Betriebs- oder Fabrikationsproben) gezogen werden, so müssen sie so entnommen werden, daß sie einen wirklichen Durchschnitt der verarbeiteten Saat darstellen. Daher muß sich die Probenahme im Betrieb auf eine genügend lange Zeit erstrecken, mindestens auf 8 Stunden.

Zu α, 1. Die Proben werden $^1/_2$ stündlich hinter dem Vorbrecher entnommen, in geschlossenen Blechgefäßen aufbewahrt und nach Schicht- oder Tagesdurchschnitt gut durchgemischt. Auch hier soll die Menge einer Probe mindestens 5 kg betragen.

Zu α, 2 und α, 3. Die Proben werden aus den senkrechten Zuführungsrohren zu den Reinigungsmaschinen oder Schälmaschinen genommen und sonst nach α, 3 behandelt.

δ) *Verpackung der Proben.* Alle Proben sind in gutschließende Blech- (oder auch Glas-) Behälter zu geben. (Bei der früher üblichen Verwendung von Jutebeuteln konnten erhebliche Verluste an Staub und Wasser entstehen.) — Die Art der Verpackung ist in dem Untersuchungsbericht anzugeben.

b) **Vorbereitung zur Analyse** (IV, 495). Von den Saaten oder Früchten sind stets mindestens 2 kg zu zerkleinern oder zu mischen. Bei außergewöhnlich hohem Schmutzgehalt ist der Schmutz vor der Zerkleinerung abzusieben und gesondert zu untersuchen. Bei außergewöhnlich hohem Wassergehalt (vorhanden in feuchten, frischen Saaten, wie Raps und Rübsen, ferner Getreidekeimen sowie Ölfrüchten, die durch feuchte Lagerung, Brühschaden oder Seewasser gelitten haben), wird vor der Zerkleinerung vorgetrocknet.

α) Copra, Babassukerne und geschälte Erdnüsse werden auf einer Raspelmühle [1] geschabt.

β) Palmkerne, Tutumankerne, ungeschälte Erdnüsse, Sojabohnen, Sonnenblumenkerne und ähnliche werden in einer Laboratoriumsmühle mit Zahnscheiben zu ungefähr 2 mm großen Stücken zermahlen. Für Palm- und Tukumankerne empfiehlt sich dabei einer Vorzerkleinerung mit einem kleinen Brecher.

γ) Bei Baumwollsaat, Raps, Rübsen, Leinsaat, Mohn, Hanf, Sesam und ähnlichen erfolgt die Zerkleinerung in einer Scheiben- oder Kaffeemühle. Wenn die maschinelle Zerkleinerung Schwierigkeiten machen sollte, werden etwa 25 g in einer Reibschale vorsichtig angequetscht.

c) **Wasserbestimmung.** Bei den unter b, α) und b, β) genannten Saaten werden sofort nach der Zerkleinerung etwa 5 g in einem verschließbaren Gläschen abgewogen und bei 105° (bei trocknenden Ölen unter CO_2) oder im Vakuum bei 60/70° bis zur Gewichtskonstanz getrocknet. Das Gewicht ist als konstant anzusehen, wenn sich der Prozentgehalt nach nochmaliger $^1/_4$ stündiger Trocknung um höchstens 0,1 ändert. Nach Erkalten im Exsiccator wird gewogen, der Gewichtsverlust ist Wasser.

---

[1] Zu weitgehende Zerkleinerung und Quetschung sind zu vermeiden. Besonders bewährt hat sich eine Raspelmühle des Alexanderwerks mit der Raspelscheibe 9.

Bei außergewöhnlich hohem Wassergehalt wird vor der Zerkleinerung vorgetrocknet, zerkleinert und dann das Restwasser bestimmt.

Bei den unter b, γ) angeführten Saaten werden etwa 25 g in einer Reibschale vorsichtig angequetscht. Von diesem Gut wiegt man 5—10 g in ein verschließbares Wägeglas und trocknet bei 105° bis zur Gewichtskonstanz. Nach Erkalten im Exsiccator wird gewogen, der Gewichtsverlust ist Wasser. — Haben diese Saaten außergewöhnlich hohen Wassergehalt, wie z. B. Raps, so werden 25 g in eine Schale eingewogen und zunächst $^3/_4$ Stunde bei 105° vorgetrocknet. Der hierbei entstehende Wasserverlust wird gewichtsmäßig bestimmt. Diese vorgetrocknete Probe wird entweder in einer Reibschale oder in einem kleinen Riffelstuhl zerkleinert und dann in 5 g das Restwasser bestimmt, wie oben angegeben. Der Gesamtwassergehalt der Probe wird errechnet unter Berücksichtigung des bei der Vortrocknung gefundenen Wasserwertes. Zu Saaten mit außergewöhnlich hohem Wassergehalt sind auch seewasserbeschädigte Partien zu rechnen. Bei deren Untersuchung ist sinngemäß wie bei Raps mit hohem Wassergehalt zu verfahren.

Bei den Saaten, die trocknende Öle enthalten, wie Lein-, Perilla-, Oiticica-, Kiefernsamen u. dgl., erfolgt die Trocknung im Vakuum bei 60—70° oder unter CO_2 bei 105°.

d) **Fettbestimmung** (IV, 496). α) *Erläuterung*. Die Fettbestimmung wird mit Petroläther ausgeführt. Der Extrakt besteht in der Hauptsache aus Fett (Glyceriden und freien Fettsäuren), dem das natürliche Unverseifbare und unwesentliche Mengen anderer petrolätherlöslicher Stoffe (Lipoide u. ä.) beigemengt sind. *Zweck*. Bewertung der Ölsaaten und Ölfrüchte nach dem „Fettgehalt".

β) *Verfahren*. Die Einwaage für die Bestimmung beträgt 5—10 g je nach dem Fettgehalt der Saat. Eingewogen wird in Hülsen, die zur Extraktion mit einem Wattebausch[1] verschlossen werden. Hierbei empfiehlt es sich, zwischen Wattebausch und zu extrahierendem Gut ein Filterscheibchen einzufügen. Rasches Arbeiten von Zerkleinerung bis Extraktion ist wegen der schnellen Zersetzung des Fettes in der zerkleinerten Saat von Wichtigkeit[2].

Copra, Babassu-, Palm- und Tukumankerne werden nach der Zerkleinerung ohne weitere Behandlung extrahiert[3];

Erdnüsse, Sojabohnen, Sonnenblumenkerne und ähnliche werden in der Extraktionshülse in ein Gläschen gestellt und $^3/_4$ Stunde bei 105° vorgetrocknet. Etwa ausgetretenes Fett wird mit einem mit Petroläther getränkten Wattebausch aufgenommen, mit dem die Hülse dann verschlossen wird;

Baumwollsaat, Raps, Rübsen, Leinsaat, Mohn, Hanf, Sesam und ähnliche werden ebenfalls in der Extraktionshülse in ein Gläschen

---

[1] Es ist darauf zu achten, daß die Watte extraktfrei ist; dies ist oft nicht der Fall.

[2] Besonders zu beachten, wenn in den Extrakten die freien Fettsäuren bestimmt werden sollen.

[3] Die Vortrocknung bei Copra, Babassu-, Palm- und Tukumankernen ist an sich schon nicht notwendig, darf aber auch nicht erfolgen, weil mit Verlusten an flüchtigen Fettsäuren zu rechnen ist. Nur bei wasserbeschädigten Mengen dieser Art hat eine Vortrocknung zu erfolgen.

gestellt und $^3/_4$ Stunde bei 105° vorgetrocknet. Hiernach wird die Saat in einer Reibschale mit Seesand[1] angequetscht und das zerkleinerte Gut wieder restlos in die Extraktionshülse zurückgegeben. Mit einem mit Petroläther getränkten Wattebausch werden Reibschale und Reibkeule und bei ausgetretenem Fett auch das zur Vortrocknung benutzte Gläschen nachgewischt, mit dem Bausch wird die Extraktionshülse geschlossen.

Bei Saaten, die trocknende Öle enthalten, ist die Vortrocknung unter CO_2 bei 105° oder im Vakuum bei 60—70° vorzunehmen.

Wasserbeschädigte Mengen aller Ölsaaten und -früchte werden vorgetrocknet entsprechend der Wasserbestimmung in Saaten mit außergewöhnlich hohem Wassergehalt (Raps) und dann weiter wie gewöhnliche Saaten behandelt.

Die Extraktion erfolgt in einem Durchtropfapparat. Benutzt wird Petroläther, der zwischen 45 und 55° siedet, im übrigen folgender Anforderung genügt: 100 cm³ Petroläther werden über 3 g eines wasserfreien, entsäuerten und gedämpften, nichttrocknenden Öles abdestilliert und 2 Stunden bei 105° getrocknet, die Gewichtszunahme darf dabei nicht mehr als 5 mg betragen.

Nach 4stündiger, lebhafter Extraktion wird die Hülse mit dem Rückstand $^1/_4$ Stunde bei 105° getrocknet. Bei trocknenden und halbtrocknenden Ölen geschieht dieses im Vakuum bei 60—70° oder unter CO_2 bei 105°. Dann wird der Extraktionsrückstand in einer Schale mit Seesand verrieben und nochmals 2 Stunden extrahiert. Bei der zweiten Extraktion ist für jede Probe dieselbe Hülse und derselbe Wattebausch zu verwenden, wie bei der ersten Extraktion, da beiden leicht Saatteilchen anhaften.

Aus dem Extrakt wird der Petroläther abgetrieben, der Rückstand bei 105° oder im Vakuum bei 60—70° getrocknet und gewogen (diese Trocknung dauert meist 2—3 Stunden bzw. $^3/_4$ Stunde), bei trocknenden Ölen ist entweder im Vakuum oder unter CO_2 zu trocknen. Das Gewicht des Petrolätherextraktes ist als konstant anzusehen, wenn sich sein Prozentgehalt nach nochmaliger $^1/_4$stündiger Trocknung um höchstens 0,1 ändert.

Verfahren bei feuchten Saaten und Früchten. Bei den Gruppen Abs. bα) wird die Extraktionshülse nach der Einwaage des zerkleinerten Gutes in ein Gläschen gestellt und 1 Stunde bei 105° vorgetrocknet. Etwa ausgetretenes Fett wird mit einem mit Petroläther getränkten Wattebausch aufgenommen, mit dem die Hülse verschlossen wird. Dann wird extrahiert und weiterbehandelt wie bei normalen Saaten.

Bei der Gruppe bβ) werden etwa 25 g in eine Schale eingewogen und 1 Stunde bei 105° vorgetrocknet und zerkleinert. Es wird dann weiter verfahren wie bei gewöhnlichen Saaten, der Fettgehalt errechnet sich unter Berücksichtigung der Vortrocknung.

2. Ölkuchen und Schrote. a) Vorbereitung zur Analyse. Die Proben werden mit einer geeigneten Mühle so weitgehend zerkleinert, daß

---

[1] Der Seesand wird wie folgt vorbereitet: Auskochen mit konzentrierter Salzsäure, säurefrei waschen, trocknen durch Glühen.

die gesamte Menge restlos durch das 1 mm-Sieb geht. Sofort anschließend wird nochmals gründlich durchgemischt und nach der Kreuzmethode (vgl. 1, α, β) geteilt, so daß schließlich die Mischung zweier Viertel gerade für die Einwaage ausreicht. Falls das Einwiegen nicht sofort erfolgen kann, ist die Probe zur Vermeidung von Wasserverlust in einem dicht schließenden Gefäß aufzubewahren.

Bei Kuchen und Schroten, die Schaden gelitten haben und deshalb einen außergewöhnlich hohen Wassergehalt aufweisen, ist die vorgeschriebene Zerkleinerung nur möglich nach einer Vortrocknung, die sinngemäß erfolgt wie unter 1 c beschrieben.

b) **Wasserbestimmung.** Etwa 5 g werden 3 Stunden in einem verschließbaren Wägegläschen bei 105° getrocknet. Nach Erkalten in einem Exsiccator wird gewogen.

c) **Fettbestimmung.** Die Bestimmung wird mit Äthyläther ausgeführt. Vom Material werden etwa 10 g in eine Extraktionshülse eingewogen und $1^1/_2$ Stunden bei 80° vorgetrocknet. Die Hülse wird mit einem Bausch von extraktfreier Watte verschlossen, die Extraktion erfolgt in einem der handelsüblichen Apparate[1]. Nach 4stündiger Extraktion wird der Äthyläther abdestilliert und der Rückstand getrocknet, wie bei Ölsaaten beschrieben[2].

Kuchen und Schrote werden im Gegensatz zu den Ölsaaten mit Äthyläther extrahiert, weil hierbei neben den reinen Ölen auch die ernährungstechnisch wichtigen Lipoide und verwandte Körper erfaßt werden sollen.

d) **Proteinbestimmung nach Kjeldahl** (IV, 498). 1 g der fein vermahlenen Substanz wird in einem Kjeldahl-Kolben eingewogen und hier mit 20 cm³ stickstofffreier konzentrierter Schwefelsäure, 1 g Quecksilber oder Quecksilberoxyd und etwa 20 g Kaliumsulfat versetzt. Diese Mischung schließt man zunächst mit kleiner Flamme auf, zum Schluß erhitzt man mit großer Flamme, bis das Gemisch farblos geworden ist. Nach einer weiteren Kochdauer von 10—20 Minuten läßt man die Lösung erkalten. Darauf setzt man 250 cm³ destilliertes Wasser, 1 g Zinkstaub und ein Gemisch von Lauge, welches aus 80 cm³ Natronlauge ($D = 1,38$) und 20 cm³ gesättigter Kaliumsulfidlösung (40 g Kaliumsulfid in 1000 cm³ Wasser) besteht, zu[3]. Inzwischen hat man in eine Vorlage 75 cm³ $^1/_{10}$ n-Schwefelsäure[4] gebracht, der man als Indicator einige Tropfen Methylorange zugesetzt hat. Jetzt treibt man das freigewordene Ammoniak unter Kochen in die Vorlage über, welches ungefähr einen Zeitraum von 20 Minuten erfordert. Die unverbrauchte Schwefelsäure wird mit $^1/_{10}$ n-Natronlauge zurücktitriert.

Berechnung.
Gegeben: e = Einwaage,
$\quad\quad a$ = vorgelegte Säure,
$\quad\quad b$ = zurücktitrierte Säure,
$\quad a-b = c$ = verbrauchte Lauge.

---

[1] Der Äther muß peroxydfrei sein, sonst Explosionsgefahr.
[2] Durch die Trocknung können extrahierte Lipoide ätherunlöslich werden.
[3] Starkes Schäumen kann durch Zugabe von etwa 0,5 g Paraffin verhindert werden.
[4] Als Vorlage ist auch Salzsäure zulässig, andere Säuren sind nicht zulässig.

Berechnet:

$$\%\,N = \frac{c \cdot 0{,}0014 \cdot 100}{e}$$

$\%\,\text{Protein} = \%\,N \cdot 6{,}25.$

Weiter sei an dieser Stelle auf die neuerdings empfohlene Aufschlußmethode mit Selen nach Wieninger hingewiesen. Diese Methode kann selbstverständlich angewandt werden, doch dürfte es sich in diesem Fall empfehlen, in dem Attest aufzugeben, nach welcher Methode gearbeitet worden ist.

2. Refraktometrische Fettbestimmung (IV, 420) (W. Leithe, W. Leithe und H. Lamel, W. Leithe und E. Müller). Das Prinzip der refraktometrischen Fettbestimmung besteht darin, das Fett der Probe in einer gemessenen Menge eines geeigneten Lösungsmittels aufzunehmen und aus der Veränderung, die das Lösungsmittel hierbei bezüglich seines Lichtbrechungsvermögens erfährt, den Fettgehalt zu berechnen.

Die für diesen Zweck in Frage kommenden Lösungsmittel lassen sich in zwei Gruppen einteilen: In solche, deren Refraktion kleiner ist als die der Fette (unter 1,46—1,48) und die daher durch Fettaufnahme eine Erhöhung des Brechungsvermögens erleiden, und in solche mit höherem Brechungsindex, der durch Fettaufnahme erniedrigt wird.

Als geeigneter Vertreter aus der ersten Gruppe wurde ein schwerflüchtiges Spezialbenzin gewählt, aus der zweiten das stark lichtbrechende α-Bromnaphthalin. Bei Verwendung von Benzin wird das Zeißsche Eintauchrefraktometer benutzt, bei Verwendung von Bromnaphthalin wird mit dem Abbe-Refraktometer gemessen. Da die Methoden untereinander gleichwertig sind, richtet sich die Auswahl des anzuwendenden Verfahrens nach dem jeweils vorhandenem Meßgerät.

a) **Benzinverfahren.** α) *Lösungsmittel.* Benzin für refraktometrische Zwecke nach Leithe (Schering-Kahlbaum) $d_{20} = 0{,}706$, $n_D^{17,5} = 1{,}3967$.

β) *Ausführung der Bestimmung.* Es werden 2 g des Durchschnittsmusters (z. B. Ölsaaten) mit etwa der doppelten Menge Seesand und der halben Menge wasserfreiem Natriumsulfat in einer Porzellanreibschale 3—5 Minuten lang sehr sorgfältig und kräftig verrieben. Man füllt in Zentrifugengläser von etwa 20 cm³ Inhalt über und entfettet die Reibschale durch Nachreiben mit einer kleinen Menge Seesand. Hierauf werden 5 cm³ Spezialbenzin hinzu pipettiert, mit fehlerfreiem Korkstopfen verschlossen und etwa 2 Minuten lang geschüttelt. Man zentrifugiert kurz und gießt die klare Lösung möglichst vollständig in die Refraktometergläschen, die sofort mit Korkstopfen verschlossen und in das zum Eintauchrefraktometer gehörige Temperierbad eingesetzt werden. Hierauf wird die Refraktometeranzeige (R) der Lösung und gleichzeitig bei denselben Meßbedingungen (Temperatur auf 0,1° genau) die des reinen Benzins (Prisma III) gemessen und die Refraktometerdifferenz $(\triangle\,R = R_{\text{Fettlsg.}} - R_{\text{Benzin}})$ gebildet. Dadurch hat man nicht nur subjektive Meßfehler ausgeglichen, sondern man ist auch vom Absolutwert der Meßtemperatur unabhängig. Es hat sich nämlich gezeigt, daß die Refraktometerdifferenz bei verschiedenen Zimmertemperaturen praktisch gleichbleibt, so daß man das Temperierbad der jeweiligen Raumtemperatur anpassen kann. Die schärfsten Ablesungen werden erhalten, wenn das Temperierbad um etwa 1° wärmer ist als die Zimmerluft. Im übrigen ist auf gute Beleuchtung (mattierte Glühlampe) und ausreichende Temperierzeit zu achten. Offenes Stehenlassen der Lösungen und Erwärmen des Prismas beim Abwischen ist zu vermeiden.

Häufig kann die gewogene Probe unmittelbar, d. h. ohne Verreiben in der Reibschale, ausgeschüttelt werden, und zwar, wenn sie schon fein vermahlen vorliegt (Sojamehl, Pulverkakao).

Da bei Meßtemperaturen von über 22° die Refraktometeranzeige des Benzins nicht mehr in die Skala von Prisma III fällt, wird bei höheren Zimmertemperaturen eine leicht herstellbare Mischung aus 4,40 Gew.-T. Spezialbenzin und 1,0 Gew.-T. reinem Cyclohexan verwandt.

γ) *Berechnung.* Zur Ermittlung des Fettgehaltes lassen sich zwei Wege einschlagen: Man kann sich eine empirische Eichkurve herstellen, indem man auf der Abszisse die eingewogenen Gramm Fett und auf der Ordinate die jeweils gefundene Refraktometerdifferenz aufträgt, oder man berechnet den Fettgehalt aus der für das Benzinverfahren gültigen Gramm-Mischungsregel

$$\% \text{ Fett} = \frac{g_{\text{Benzin}}}{g_{\text{Einwaage}}} \cdot \frac{n_{\text{Lsg.}} - n_{\text{Lsgm.}}}{n_{\text{F}} - n_{\text{Lsg.}}} \cdot 100.$$

Das n_{F} dieser Formel ist nicht mit dem Brechungsindex des reinen Öles identisch; es ist dafür der Brechungsindex des Fettes in Benzin einzusetzen, dessen Abhängigkeit von der Konzentration des Fettes in Benzin zu berücksichtigen ist. Die Formel wurde den Tabellen, die für die einzelnen Fette ausgearbeitet wurden, zugrunde gelegt, so daß man sofort durch Bestimmung der Refraktometerdifferenz den Fettgehalt in Prozent ablesen kann. Die Tabellen sind für 2 g Einwaage (bei Kakao und Schokolade 3 g) und 5 cm³ Benzin aufgestellt. 5 cm³ Spezialbenzin für refraktometrische Zwecke (Spezialbenzin I) entsprechen bei 20° Zimmertemperatur = 3,52 g. 5 cm³ Mischung mit Cyclohexan (Spezialbenzin II) bei 20° = 3,58 g. Bei von 20° stark abweichenden Temperaturen sind Korrekturen an der Pipette anzubringen. Besteht bei fettreichen Proben der Verdacht eines stärker als 0,001 von der Norm abweichenden Brechungsindex (Leinsaat unbekannter Herkunft, Copra, Palmkerne), dann empfiehlt es sich, in einer kleinen Presse einige Tropfen Öl auszupressen und den Brechungsindex zu bestimmen und den Wert entsprechend einer Korrekturtabelle zu berichtigen.

b) **Bromnaphthalinverfahren.** α) *Lösungsmittel:* Bromnaphthalin $n_D^{20} = 1,6575 \pm 0,0005$.

β) *Ausführung der Bestimmung.* Die Probe wird so weit zerkleinert, als zur Einwaage eines richtigen Durchschnittsmusters nötig ist. 2 g hiervon werden in einer Porzellanreibschale mit etwa der doppelten Menge Seesand kräftig vermahlen. Hierauf fügt man α-Bromnaphthalin aus einer auf den Ausfluß von genau 3 cm³ dieser Flüssigkeit nachgeeichten Pipette zu, d. h. die Marke ist so anzubringen, daß das Gewicht der bei 20° ausfließenden Menge Bromnaphthalin, dividiert durch die Dichte bei 20°, genau 3 beträgt. Für Temperaturen, die von 20° stark abweichen, ist die Pipette mit entsprechenden Korrekturmarken zu versehen. Dann wird weitere 2 Minuten gut verrieben, an einer kleinen Porzellannutsche abgesaugt (zweckmäßig am sog. Hirschtrichter mit weitporiger Siebplatte von $2^1/_2$ cm Durchmesser; als Filter bewährt sich Schleicher-Schüll Nr. 598). Einige Tropfen der klaren Lösung werden im Abbe-Refraktometer gemessen. Zu Anfang und Ende einer Meßreihe bestimmt man bei gleicher Temperatur auch den Brechungsindex des reinen Lösungsmittels und bildet die Brechungsdifferenz ($\Delta = n_{\text{Lsgm.}} - n_{\text{Lsg.}}$) Diese Brechungsdifferenz ist innerhalb Temperaturen von 15—25° vom Absolutwert der Temperatur unabhängig. Es genügt, das Temperierwasser des Refraktometers auf Raumtemperatur zu bringen und während der Meßreihe konstant ($\pm$ 0,1—0,2°) zu halten.

Berechnung. Zur Auswertung der gefundenen Brechungsdifferenz kann eine empirische Eichkurve oder die Berechnung nach der für Bromnaphthalin gültigen Volumenmischungsregel verwandt werden.

$$\% \text{ Fett} = \frac{V_{\text{Lm.}} \cdot d_{\text{F}}}{g_{\text{Einwaage}}} \cdot \frac{n_{\text{Lm.}} - n_{\text{Lsg.}}}{n_{\text{Lsg.}} - n_{\text{F}}} \cdot 100 .$$

Für n_{F} ist der Brechungsindex von Fett in Bromnaphthalin einzusetzen, der allgemein um 0,0010 höher liegt als die Brechungsindices der reinen Öle. Aus den Tabellen, die nach obiger Formel aufgestellt wurden, ist der Fettgehalt in Prozent sofort aus der Brechungsdifferenz Δ_n ersichtlich, unter der Voraussetzung, daß genau 2 g Einwaage und 3 cm³ Bromnaphthalin von $n_D^{20} = 1,6575 \pm 0,0005$ verwandt worden sind. Hat das zu verwendende Bromnaphthalinpräparat einen von 1,6575 stärker abweichenden Brechungsindex, so ist es nochmals zu destillieren und bei zu niedrigem n die entsprechende Menge Vorlauf, bei zu hohem n der Nachlauf zu entfernen.

3. Die Bestimmung der Rohfaser in ölhaltigen Samen und deren Preßrückständen (IV, 498) (J. Hladik). Vorerst wird 1 g der zu untersuchenden Substanz abgewogen und in einem weiten Reagensglas mit Tetrachlorkohlenstoff gekocht, sodann durch Filtrierpapier filtriert und mit Tetrachlorkohlenstoff gewaschen. Trichter samt Papier mit der Substanz werden bei 100° getrocknet, dann wird der Rückstand vom Papier in einen 100 cm³ fassenden Erlenmeyerkolben gebracht. Weiter wird die nun entfettete Substanz im Sinne der Methode von Bellucci mit 3—4 cm³ Salpetersäure und 30 cm³ konzentrierter Essigsäure unter Rückfluß (mit eingeschliffenem Kühler) auf sehr kleiner Flamme bei öfterem Umschütteln $^1/_2$ Stunde lang gekocht. Man leert hierauf den Kolbeninhalt in ein 500 cm³ fassendes Becherglas, füllt mit Wasser und kocht 10 Minuten lang. Man läßt absetzen, fügt zu dem Zwecke etwas kaltes Wasser zu und stellt das Becherglas in kaltes Wasser. Dann dekantiert man die überstehende, geklärte Flüssigkeit, füllt wieder mit Wasser auf etwa 500 cm³ auf, fügt 5 cm³ konzentrierte Schwefelsäure zu und kocht 10 Minuten lang. Man läßt wieder absetzen wie vorhin, dekantiert, erwärmt den Rest fast bis zum Sieden und filtriert auf der Saugflasche im Sintertiegel. Man wäscht einige Male mit heißem Wasser nach, dann 3mal mit Alkohol und Äther. Man trocknet bei 105° während $^1/_2$ Stunde, läßt abkühlen, wägt, glüht und wägt wieder. Die Differenz ist die aschefreie Rohfaser.

Während des Filtrierens muß man die Rohfaser im Tiegel nötigenfalls mit einem Glasstäbchen aufrühren. Die zu filtrierende Flüssigkeitsmenge ist bei dieser Methode bisweilen sehr gering, wenn man die letzte Flüssigkeitsmenge samt Rohfaser zentrifugiert, mit Wasser einige Male aufschüttelt und wieder zentrifugiert, weiter ebenso mit Alkohol und Äther behandelt und dann im Sintertiegel abfiltriert.

B. Speisefette (IV, 509).

1. Probe nach H. Kreis (K. Täufel, P. Sadler und F. K. Russow, K. Täufel und P. Sadler). a) Prinzip. Der beim oxydativen Verderben der Fette durch Abbau gebildete bzw. präformierte Epihydrinaldehyd wird durch konzentrierte Salzsäure in Freiheit gesetzt und in

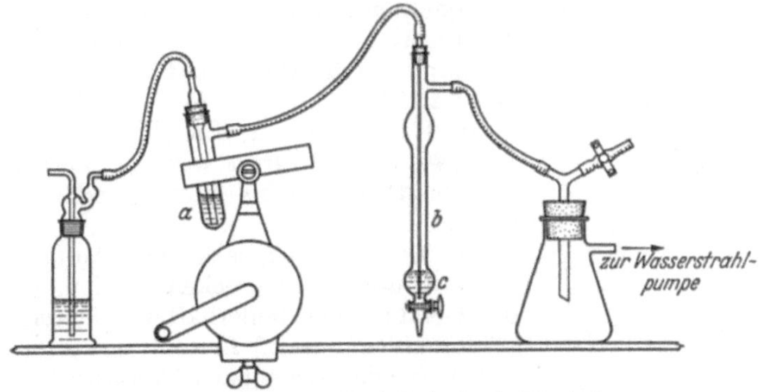

Abb. 5. Apparat zur Kreis-Probe (nach Täufel).

Phloroglucin-Salzsäure übergeleitet (Vermeidung von Störungen der Reaktionsfarbe durch Eigenfarbe der Fette oder sonstige Stoffe). Dabei tritt eine Rotfärbung (Phloroglucidbildung) auf.

b) Arbeitsweise. α) *Genaues Verfahren* (s. Abb. 5). In die Bürette *b* gibt man 1 cm³ einer 1%igen alkoholischen Lösung von Phloroglucin und 1 cm³ konzentrierte Salzsäure; das Gemisch wird unter der Wasserleitung abgekühlt. In das Entwicklungsgefäß *a* bringt man 1 cm³ des Öles oder vorsichtig gerade geschmolzenen Fettes und 1 cm³ Salzsäure.

Nun wird die Apparatur zusammengestellt und mittels der Wasserstrahlpumpe Luft so rasch durchgesogen, daß die Flüssigkeit in der Bürette *b* bis zur oberen Erweiterung aufsteigt. Die Schüttelmaschine wird in kurzen Abständen in Betrieb gesetzt. Beim Festwerden von Fetten erwärmt man durch Eintauchenlassen des Rohres *a* in warmes Wasser auf 40—45°. Nach 30 Minuten ist die Reaktion praktisch beendet.

β) *Einfaches Verfahren* (s. Abb. 6). In das Entwicklungsgefäß *a* gibt man 1 cm³ Öl oder vorsichtig gerade geschmolzenes Fett sowie 1 cm³ konzentrierte Salzsäure. Man setzt sofort mittels Gummistopfens das Auffanggefäß *b* auf, in dem sich in der Erweiterung ein ligninfreier Wattebausch befindet, der mit 3—5 Tropfen einer 1%igen alkoholischen Lösung von Phloroglucin und 3—5 Tropfen konzentrierter Salzsäure getränkt ist. Der Wattebausch soll so groß sein, daß er das Verbindungsrohr zum Entwicklungsgefäß a verschließt.

Man schließt die Apparatur an die Wasserstrahlpumpe an und stellt das Saugen so stark ein, daß das Fett-Säure-Gemisch höchstens bis zur Erweiterung des Entwicklungsgefäßes a hochsteigt. Die Schüttelmaschine wird in kurzen Abständen in Gang gesetzt. Beim Wiederfestwerden von Fetten läßt man das Gefäß a in warmes Wasser (40—45°) eintauchen. Nach 30 Minuten kann der Versuch beendet werden.

c) **Ergebnis.** Die Kreisreaktion ist lediglich eine qualitative Probe, deren Farbstärke abgeschätzt werden kann. Genaue colorimetrische Bestimmungen erscheinen nur in Ausnahmefällen erforderlich. Durch Messen eines bis zum geraden Verschwinden der roten Kreisfarbe zugesetzten Verdünnungsmittels (Alkohol) erhält man eine ausreichend genaue quantitative Vorstellung. Die beiden Übertreibverfahren nach Abb. 5 und 6 sind etwa gleich empfindlich.

d) **Hinweise.** α) Die Fette dürfen nicht über 40—45° erwärmt werden, da sonst Epihydrinaldehyd durch Verdunsten oder Zersetzung zu Verlust geht.

β) Der Wattebausch im Auffanggefäß b (Abb. 6) darf nicht trocken werden, weil dann die Gefahr einer fehlerhaften leichten Rötung (Phloroglucinumsatz) besteht.

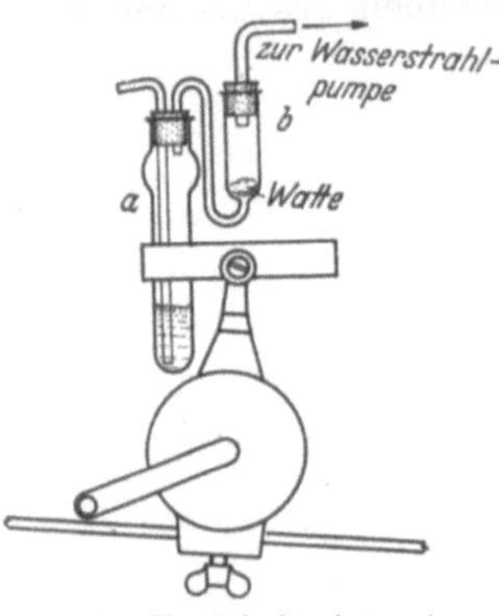

Abb. 6. Vereinfachte Apparatur zur Kreis-Probe (Täufel).

γ) Für das Wattebauschverfahren ist ligninfreies Material erforderlich; eventuell blinde Probe anstellen.

δ) Die Reaktionsflüssigkeit aus Gefäß b nach Abb. 1 kann gegebenenfalls colorimetriert werden.

ε) Mittels Kreisreaktion sind rund 0,1 γ Epihydrinaldehyd nachweisbar.

ζ) Bei sehr empfindlichen Fetten (stark ungesättigt) besteht die Gefahr einer Erzeugung von Epihydrinaldehyd durch den Sauerstoff der Saugluft; man wendet in solchen Fällen zweckmäßig Kohlendioxyd als durchzuleitendes Gas an.

2. Probe nach C. H. Lea (2). a) **Prinzip.** Die während der Autoxydation der Fette entstandenen peroxydischen Verbindungen setzen aus Kaliumjodid die äquivalente Menge Jod in Freiheit. Letzteres wird mit einer Natriumthiosulfatlösung bekannten Gehaltes titrimetrisch ermittelt. Der Verbrauch an Thiosulfat ist ein Maßstab für den Zustand des Fettes.

b) **Arbeitsweise.** Zu 1 g Fett oder Öl in einem weithalsigen Erlenmeyerkolben gibt man fein gepulvertes Kaliumjodid (annähernd 1 g) und genau 20 cm³ (Pipette!) eines Gemisches aus 2 Volumteilen Eisessig und 1 Volumteil Chloroform. Auf dem Wasserbad wird zum Sieden erhitzt, so daß die schweren Chloroformdämpfe das Gefäß sichtbar ausfüllen (Vertreiben des Luftsauerstoffs). Nach dem Abkühlen unter der Wasserleitung (bei genauer Arbeit eventuell unter Einleiten von Kohlendioxyd) setzt man 25 cm³ wäßrige Kaliumjodidlösung (annähernd 1%ig), sowie 2 cm³ Stärkelösung zu und titriert das ausgeschiedene Jod mit $^1/_{500}$ n-Natriumthiosulfatlösung. Eine Blindprobe ohne Fett wird in gleicher Weise durchgeführt.

c) **Ergebnis.** Man gibt am besten in Kubikzentimeter $^1/_{500}$ n-$Na_2S_2O_3$ für 1 g Fett an. Umrechnung auf Sauerstoff ist möglich: 1 cm³ $^1/_{500}$ n-$Na_2S_2O_3$ = 0,016 mg Sauerstoff.

d) **Hinweise.** α) Es ist bei diffusem Lichte zu arbeiten. Unmittelbares Sonnenlicht ist zu meiden.

β) Der Umschlag ist wegen der Eigenfärbung der Fette manchmal schwer zu erkennen. Durch leichtes Neigen des Erlenmeyerkolbens umgeht man die Schwierigkeit, da die wäßrige Phase keine Eigenfärbung hat.

γ) Für praktische Arbeiten genügt eine Abwägung des Fettes (1 g) mit einer Genauigkeit von 10 mg (=1% Fehler).

δ) Bei Beginn der Autoxydation titriert man mit $^1/_{500}$ n-Natriumthiosulfat; bei stärker ranzigen Fetten verwendet man stärkere Lösungen. Die Ergebnisse rechnet man zweckmäßig auf $^1/_{500}$ n-Lösung um.

ε) Arbeiten in Kohlendioxyd-Atmosphäre ist immer zweckmäßig.

ζ) Die Einwaage von 1 g Fett ist größenordnungsmäßig einzuhalten.

η) Bei stark ungesättigten Fetten und bei Gegenwart von Eiweiß (Butter!) treten Störungen auf.

3. Nachweis und Bestimmung der Ketonigkeit [K. Täufel und H. Thaler; H. Schmalfuß, H. Werner und A. Gehrke (1)]. a) **Grundgedanke.** Salicylaldehyd gibt mit (den flüchtigen) Ketonen der Formel $X\text{-}CH_2\text{-}CO\text{-}CH_3$ und starker Säure in der Hitze nicht näher bekannte rotviolette Farbstoffe, die in Choroform löslich sind. Das Anreichern des Ketons vollführt man durch Destillation über Kochsalzlösung. Bei Gegenwart von Methylacetylcarbinol (Butter, Milchmargarine) wird statt mit Kochsalzlösung mit starker Eisenchloridlösung destilliert, wodurch das störende Methylacetylcarbinol in nicht störendes Diacetyl umgewandelt wird. Zur Bestimmung der Ketonigkeit verdünnt man die Probe mit unketonigem Öl und ermittelt diejenige Verdünnung, die gerade noch den Nachweis des Ketons gestattet.

b) **Geräte und Stoffe.** 1 Erlenmeyerkölbchen von 10 cm³ Inhalt mit einfach durchbohrtem, grauem, kochfestem Kautschukstopfen. 1 Winkelrohr von 0,6 cm lichter Weite; Länge des aufsteigenden Schenkels 4,5 cm; Länge des absteigenden Schenkels 15 cm; der absteigende Schenkel ist an seinem freien Ende zu einer Träufelspitze ausgezogen.

c) **Vorversuch.** 1 cm³ Kochsalzlösung wird mit einem Siedesteinchen in das Erlenmeyerkölbchen gebracht. Das Kölbchen wird mit dem Kautschukstopfen verschlossen, in dem der kurze Schenkel des Winkelrohres steckt. Der geneigte Schenkel dient als Kühler. Die Kochsalzlösung wird auf einem Drahtnetz über kleiner Flamme zum Sieden erhitzt. Die ersten 5 Tropfen (je etwa 0,05 cm³) des Destillates werden in 5 Prüfröhrchen aufgefangen, die im Halter stecken. In jedes Röhrchen bringt man 1 Tropfen (etwa 0,01 cm³) Salicylaldehyd und 3 Tropfen (insgesamt etwa 0,15 cm³) der Salzsäure und hängt die Röhrchen für 3 Minuten in das siedende Wasserbad, auf dessen Rand der Halter aufliegt. Dann fügt man 1 Tropfen (etwa 0,02 cm³) Chloroform hinzu und mischt durch Gegenklopfen mit dem Finger, bis sich ein Chloroformtröpfchen auf dem Boden gesammelt hat. Die Chloroformtropfen müssen völlig farblos bleiben (für $^1/_2$ Stunde).

d) **Hauptversuch.** Man gießt den Inhalt des Erlenmeyerkölbchens vom Vorversuch aus und schleudert aus dem Winkelrohr das Wasser weg. Mit demselben Gerät wird der Hauptversuch genau so ausgeführt wie der Vorversuch, nur daß außer der Kochsalzlösung noch 1 cm³ des Fettes in das Gerät eingebracht wird. War das Fett ketonig, so sind die Chloroformtropfen sofort oder spätestens nach 2 Minuten rot bis blaurot, sonst farblos. Grenzgehalt 1 : 500 000; Erfassungsgrenze 0,000 002 g Methylnonylketon.

e) **Gegenversuch.** Blieben die Chloroformtropfen farblos, so gießt man den Inhalt des Erlenmeyerkölbchens aus, bringt 1 cm³ Kochsalzlösung und 1 cm³ des Fettes, dem man 0,00001 g Methylnonylketon zugesetzt hat (Verdünnungsreihe!), hinein und verfährt im übrigen genau wie beim Vorversuch. Die Chloroformtropfen müssen jetzt deutlich rot sein.

f) **Bestimmung des Ketons.** Man verdünnt eine Probe des Fettes fortlaufend mit unketonigem Fett oder Paraffinöl derart, daß man die gleiche Menge unketonigen Fettes zugibt, nach gründlichem Mischen die Hälfte weiter verdünnt usw. Die Verdünnungen werden genau wie beim Nachweis der Ketonigkeit geprüft. Durch den Nachweis lassen sich $2\,\gamma$ Methylnonylketon gerade noch erkennen. Ist also z. B. die achte Verdünnung des zu prüfenden Fettes noch nachweisbar ketonig, die neunte hingegen nicht mehr, so enthält 1 g des Fettes etwa $2^8\,\gamma$ Keton ($= 0{,}256$ mg bezogen auf Methylnonylketon).

4. Bestimmung der Freialdehydigkeit [Th. v. Fellenberg; J. Pritzker und R. Jungkunz; H. Schmalfuß, H. Werner und A. Gehrke (2)]. a) **Grundgedanke.** Fuchsinschweflige Säure wird durch freie Aldehyde blau bis rotviolett gefärbt. Zur annähernden Bestimmung der Aldehyde vergleicht man die unter bestimmten Bedingungen auftretende Farbtiefe mit einer geeichten Vergleichsfarbreihe. (Qualitativer Nachweis der Aldehyde s. IV, 509 ff.)

b) **Bestimmung.** α) *Herstellen der Vergleichsfarbreihe.* Ausgehend von einer Lösung von 0,0100 g Kristallviolett in 100 cm³ Wasser stellt man eine Reihe absteigenden Gehalts an Kristallviolett her, indem man 2 cm³ davon mit Wasser aufs Doppelte verdünnt, hiervon wieder 2 cm³ auf 4 cm³ verdünnt usw. Je 2 cm³ dieser Lösungen versetzt man in Prüfgläsern mit 2 cm³ eines Gemisches gleicher Teile Erdnuß- oder Sojaöl und Petroläther oder Tetrachlorkohlenstoff. Man verschließt die Prüfgläser mit einem Kork und verwahrt sie im Dunklen.

β) *Eichen der Vergleichsreihe.* Ausgehend von einer Lösung von 0,100 g ($= 0{,}124$ cm³) Heptylaldehyd in 4 cm³ Petroläther, stellt man eine Reihe absteigenden Gehalts an Aldehyd her, indem man 1 cm³ davon mit Petroläther aufs Doppelte verdünnt usw. Je 1 cm³ dieser Lösungen versetzt man in Prüfgläsern mit 1 cm³ nicht freialdehydigem Öl, z. B. reinem Sojaöl. Dann bringt man jeweils in eines der Prüfgläser 2 cm³ fuchsinschweflige Säure und schüttelt sofort genau 2 Minuten lang. Binnen der nächsten Minute, während der nicht mehr geschüttelt wird, aber

die Farbtiefe noch zunimmt, sucht man aus der Kristallviolettreihe die
Gemische ähnlicher Farbtiefen heraus und eicht mit Ablauf der Minute
das Passende.

Als Anhalt diene:

2,56% Heptylaldehyd im Öl entsprachen 0,005% Kristallviolett im Wasser,
0,16%   Heptylaldehyd entsprachen 0,0025% Kristallviolett,
0,020%   ,,   ,,   0,00125%   ,,
0,005%   ,,   ,,   0,00063%   ,,
0,0025%   ,,   ,,   0,00031%   ,,
0,0012%   ,,   ,,   0,00016%   ,,

Den letzten Wert betrachtet man zweckmäßig als Grenzwert, weil
man bei noch schwächeren Gehalten nicht mehr sicher entscheiden kann.

γ) *Das Messen.* Man löst 1 cm^3 des Öles in 1 cm^3 Petroläther oder
Tetrachlorkohlenstoff.

Feste Fette verflüssigt man vorsichtig im warmen Wasserbad. 1 cm^3
davon löst man in 1 cm^3 Tetrachlorkohlenstoff und kühlt auf 20°. Dann
schüttelt man wie beim Eichen der Vergleichsreihe mit 2 cm^3 fuchsinschwefliger Säure genau 2 Minuten lang und mißt mit Ablauf der
nächsten Minute an der Vergleichsreihe.

5. Nachweis und Bestimmung von Diacetyl in Margarine, Butter usw.
(H. Schmalfuß und H. Barthmer). a) Grundgedanke. Diacetyl
ist mit Wasserdampf flüchtig; es bildet mit Hydroxylamin Diacetyl-
dioxim, das mit Nickelsalzen rotes Nickeldioximin ergibt.

Methylacetylcarbinol, das in Milch und in Milcherzeugnissen als Vorstufe des Diacetyls vorkommt, bildet in der Wärme mit Luftsauerstoff
Diacetyl und könnte so Diacetyl vortäuschen. Legt man aber die Schwelle
der Empfindlichkeit für den Diacetylnachweis so, daß unter den Versuchsbedingungen die Menge Diacetyl, die aus dem Methylacetylcarbinol
bestenfalls entstehen kann, unterschwellig bleibt, so ist der Nachweis des
Diacetyls eindeutig. Hat man die Erfassungsgrenze für Diacetyl unter
den gegebenen Bedingungen bestimmt, so stellt man mit der kleinsten
Einwaage, die noch den Nachweis des Diacetyls erlaubt, zugleich den
Gehalt der Einwaage an Diacetyl fest. Die Erfassungsgrenze wurde zu
0,000026 $\pm$ 0,000002 g (in 0,65 g Margarine) bestimmt.

b) Geräte und Stoffe. 1 Erlenmeyerkolben von 150 cm^3 Inhalt,
nebst grauem Kautschukstopfen mit Ableitungsrohr von 0,6 cm lichter
Weite, dessen absteigender Schenkel 35 cm lang ist; beide Enden sind
abgeschrägt; 1 Überziehkühler von 20 cm Kühllänge und 1,2 cm lichter
Weite.

c) Blindversuch. Man bringt in ein Prüfrohr (10 cm lang, 1,4 cm
Durchmesser) je 2 Tropfen (insgesamt 0,06 cm^3) Hydroxylamin-hydro-
chlorid- (22,5%ig), Nickelsulfat- (1,25%ig) und Ammoniaklösung (20%ig).
In den Erlenmeyerkolben gibt man drei Siedesteinchen und 10 cm^3 gesättigte Kochsalzlösung. Nachdem der Kolben durch den Stopfen mit
dem Ableitungsrohr nebst Kühler verbunden ist, treibt man auf dem
Drahtnetz bei mäßig großer Flamme 20 Tropfen (insgesamt 0,5 cm^3)
über und fängt sie in dem beschickten Prüfrohr auf. Nun verdampft
man aus dem Prüfrohr über freier Flamme 0,5 cm^3, kühlt dann $^1/_2$ Minute
gründlich unter der Wasserleitung, setzt 1 Tropfen (0,02 cm^3) Essigsäure

(10%ig) zu und schüttelt um. Die Lösung muß jetzt farblos bis schwach grünlich sein.

d) **Hauptversuch.** Der Hauptversuch wird genau so ausgeführt wie der Blindversuch, nur werden nach der Kochsalzlösung noch 50 g der zu prüfenden Margarine, Butter usw. zugesetzt. Ist Diacetyl zugegen, so zeigt die Endlösung einen roten Schimmer. Fehlt Diacetyl, so ist die Endlösung farblos bis schwach grünlich.

e) **Gegenversuch.** Trat im Hauptversuch kein Rot auf, so verknetet man 1 Tropfen (0,05 cm³) einer 2%igen wäßrigen Diacetyllösung mit 50 g der Margarine, Butter oder dgl. und wiederholt mit 1 g davon den Hauptversuch. Jetzt muß in der Endlösung ein Rot auftreten.

f) **Bestimmung des Diacetyls.** Die Erfassungsgrenze des Diacetyls liegt bei $0,000026 \pm 0,000002$ g (in 0,65 g Margarine). Durch Eingabeln bestimmt man die kleinste Gewichtsmenge der Margarine, Butter oder dgl., die gerade noch einen roten Schimmer in der Endlösung erkennen läßt.

$$\% \text{ Diacetyl} = \frac{0,000026 \cdot 100}{\text{Grenzeinwaage}}.$$

C. Gehärtete Fette.

Nachweis gehärteter Fette und Trane (IV, 519). [Amtliche Zollvorschrift; Nr. 39 des Reichsministerialblattes vom 17. 10. 36 (Nr. 31a, zu Nr. 207A und 250).] Die gehärteten fetten Öle und Trane enthalten häufig Nickel, das bei der Fetthärtung als Katalysator verwendet wird. Neuerdings werden jedoch zum Genuß bestimmte gehärtete Erzeugnisse meist so weitgehend gereinigt, daß in ihnen Nickel nur ausnahmsweise nachzuweisen ist. Auch sind Härteverfahren ausgebildet worden, bei denen Nickel überhaupt nicht verwendet wird. Die Feststellung, daß Nickel in einem Erzeugnis nicht vorhanden ist, ist daher kein Beweis dafür, daß eine Härtung nicht stattgefunden hat.

Bei der Härtung erfahren die fetten Öle und Trane gewisse Änderungen ihrer physikalischen und chemischen Kennzahlen, die von der Art und Dauer der Härtung abhängig sind. Ein besonderes Merkmal der gehärteten fetten Öle und Trane ist ihr Gehalt an Isoölsäure, der zu der Dauer der Härtung in gewissen Beziehungen steht. Während ungehärtete fette Öle und Trane fast frei von Isoölsäure sind, enthalten gehärtete fette Öle und Trane meist mehr als 5%, in anderen Fällen mehr als 40% Isoölsäure. Ungehärtete andere tierische Fette als Trane enthalten dagegen in der Regel nicht mehr als 2% Isoölsäure; praktisch kommt die Härtung von anderen tierischen Fetten als Tranen kaum in Frage. Pflanzliche Fette, die gelegentlich gehärtet werden, sind an ihren physikalischen und chemischen Kennzahlen zu erkennen.

Sofern über die Beschaffenheit eines aus fettem Öl oder Tran hergestellten Erzeugnisses nach seinen sonstigen Eigenschaften Zweifel bestehen, ist der Gehalt an Isoölsäure nach dem nachstehend beschriebenen Verfahren zu ermitteln. Das Vorliegen von gehärtetem fetten Öl oder Tran ist in solchen Fällen nur dann als erwiesen anzusehen, wenn die Ware mehr als 2,5% Isoölsäure enthält.

a) **Bestimmung der Isoölsäure.** 1—1,5 g der Probe werden in einem 200-cm³-Erlenmeyerkolben abgewogen und unter Zugabe von etwas grobkörnigem Bimssteinpulver mit 25 cm³ weingeistiger Kalilauge.[1] 15 Minuten lang am Rückflußkühler verseift. Die noch heiße Seifenlösung wird mit 100 cm³ weingeistiger Bleiacetatlösung [2], 5 cm³ Eisessig und 20 cm³ heißem Wasser versetzt und auf dem siedenden Wasserbade am Rückflußkühler bis zur vollständigen Lösung des bei Gegenwart größerer Mengen fester Fettsäuren entstehenden Niederschlages erwärmt. Aus der Lösung scheiden sich beim Erkalten auf Zimmertemperatur die Bleisalze der festen Fettsäuren (einschließlich der der Isoölsäuren) ab. Die Abscheidung ist durch wiederholtes Umschwenken zu fördern.

Am nächsten Tage wird der Niederschlag auf einem Glasfiltertiegel (Schott & Gen. 2 G/3) gesammelt und mit 50 cm³ Branntwein mit einem Weingeistgehalt von 70 Raumteilen in 100 ausgewaschen. Nach gründlichem Absaugen wird der Glasfiltertiegel mit Inhalt umgekehrt in das abgebildete Extraktionsgerät nach Abb. 7 gebracht. Nachdem auf dem Siedboden 5 cm³ Eisessig und in den vorher benutzten Erlenmeyerkolben 100 cm³ weingeistige Bleiacetatlösung [2] gegeben sind, wird unter lebhaftem Sieden am Rückflußkühler bis zur vollständigen Lösung der Bleisalze extrahiert. Um den Wein-

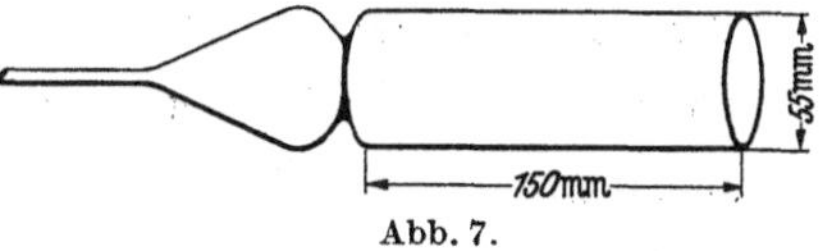

Abb. 7.

geistdämpfen den Durchgang durch den Extraktionsapparat zu ermöglichen, wird in diesen ein dreistrahliger Glasstern eingelegt oder der obere Rand des Glasfiltertiegels an mehreren Stellen ausgeschliffen. Nach beendeter Extraktion werden zu der heißen Lösung 15 cm³ heißes Wasser gegeben. Ein etwa entstehender Niederschlag wird durch nochmaliges Erhitzen am Rückflußkühler gelöst. Aus der Lösung läßt man die Bleisalze wiederum bei Zimmertemperatur bis zum nächsten Tage auskristallisieren und fördert die Abscheidung durch wiederholtes Umschwenken.

Die ausgeschiedenen Bleisalze werden wie oben abgesaugt und mit 50 cm³ Alkohol (70 vol.-%ig) ausgewaschen. Darauf wird der Glasfiltertiegel wiederum umgekehrt in das Extraktionsgerät gebracht. Nachdem auf den Tiegelboden 5 cm³ Eisessig gegeben sind, wird mit 25 cm³ Alkohol von 90 Vol.-% in gleicher Weise wie vorher am Rückflußkühler extrahiert.

Zu der weingeistigen Lösung der Bleisalze werden etwa 75 cm³ Wasser und 100 cm³ Salpetersäure ($D = 1,2$) gegeben. Die Lösung wird im Scheidetrichter 1mal mit 60 cm³ und danach 2mal mit je 30 cm³ Äther ausgeschüttelt. Die vereinigten ätherischen Auszüge werden 3mal mit je 25 cm³ Wasser gewaschen und über wasserfreiem Natriumsulfat getrocknet. Die ätherische Lösung wird nunmehr unter Nachspülen

---

[1] Weingeistige Kalilauge: 40 cm³ wäßrige Kalilauge (500 g KOH : 1000 cm³) werden mit Alkohol, Gehalt 96 Raumteile in 100, auf 1000 cm³ aufgefüllt.

[2] Weingeistige Bleiacetatlösung: 50 g neutrales Bleiacetat werden in 150 cm³ Wasser gelöst, mit 5 cm³ Eisessig versetzt und mit Alkohol (96%ig) auf 1000 cm³ aufgefüllt.

mit Äther in einen gewogenen Jodkolben gebracht und in letzterem zunächst auf einem schwach siedenden, nach dem Verjagen des Äthers auf einem kräftig siedenden Wasserbade unter Einblasen von Luft so lange erhitzt, bis Essigsäuredämpfe nicht mehr wahrnehmbar oder mit angefeuchtetem blauen Lackmuspapier nicht mehr nachweisbar sind. Nach dem Erkalten wird der Jodkolben gewogen und mit 15 cm³ Chloroform und 25 cm³ Jodlösung nach Hanus[1] beschickt. Nach 20 Minuten wird unter Zugabe von 15 cm³ Jodkaliumlösung (10%) und etwas Wasser mit Thiosulfatlösung von bekanntem Wirkungswert in üblicher Weise titriert.

Berechnung. Nach der Gleichung:

$$C_{18}H_{34}O_2 \text{ (Isoölsäure} = 282,3) + 2\,J = C_{18}H_{34}J_2O_2$$

entspricht 1 cm³ $^1/_{10}$ Normaljodlösung 0,01412 g Isoölsäure.

Bezeichnet man die angewandte Probemenge in Grammen mit s, die gewogene Menge der festen Fettsäuren (einschließlich der Isoölsäure) mit a und die Anzahl der verbrauchten auf $^1/_{10}$ Normal umgerechneten Kubikzentimeter Thiosulfatlösung mit b, so beträgt:

der Gehalt der Probe an festen Fettsäuren (einschließlich der Isoölsäure) in Gewichtshundertteilen

$$= \frac{100 \cdot a}{s},$$

die Jodzahl der festen Fettsäuren (einschließlich der Isoölsäure)

$$= \frac{100 \cdot 0,012\,692 \cdot b}{a},$$

der Gehalt der Proben an Isoölsäure in Gewichtshundertteilen

$$= \frac{100 \cdot 0,01412 \cdot b}{s}.$$

Beispiel. Aus $s = 1,060$ g gehärtetem Erdnußöl (Schmelzpunkt $= 31,4°$ C, Erstarrungspunkt $= 25,4°$ C, Jodzahl $= 67,9$) wurden $a = 0,5873$ g feste Fettsäuren (einschließlich der Isoölsäure) abgeschieden und bei der Bestimmung der Jodzahl $b = 20,9$ cm³ $^1/_{10}$ Normalthiosulfatlösung verbraucht. Demnach beträgt der Gehalt des gehärteten Erdnußöls an festen Fettsäuren (einschließlich der Isoölsäure)

$$\frac{100 \cdot 0,5873}{1,060} = 55,4\%.$$

Die Jodzahl der festen Fettsäuren (einschließlich der Isoölsäure) ist

$$\frac{1,269 \cdot 20,9}{0,5873} = 45,2.$$

Der Gehalt des gehärteten Erdnußöls an Isoölsäure ist

$$\frac{1,412 \cdot 20,9}{1,060} = 27,8\%.$$

b) **Bestimmung des Erstarrungspunktes.** Bei Bestimmung des Erstarrungspunktes zur Unterscheidung der gehärteten fetten Öle und Trane der Nr. 207 A von den gehärteten fetten Ölen und Tranen, die als Kerzenstoffe nach Nr. 250 zu behandeln sind, ist nach der in Teil III, 14 enthaltenen Anweisung zu verfahren.

---

[1] Jodlösung nach Hanus: 20 g Jodmonobromid werden in Eisessig zu 1000 cm³ gelöst.

Literatur.

Banks, A. and T. P. Hilditch: Biochemic. Journ. **25**, 1168 (1931). — Boekenoogen, H. A.: (1) Rec. trav. chim. Pays-Bas **56**, 351 (1937); Verfkroniek **10**, 143 (1937). — (2) Fettchem. Umschau **42**, 177 (1935); Chemisch Weekblad **34**, 47 (1937).

Collin, G. and T. P. Hilditch: Journ. Soc. Chem. Ind. **47**, 261 (1928). — Collin, G., T. P. Hilditch and C. H. Lea: Journ. Soc. Chem. Ind. **48**, 46 (1929).

Fellenberg, Th. v.: Mitt. Lebensmittelunters. **15**, 198 (1924).

Großfeld, J.: Ztschr. f. Unters. Lebensmittel **64**, 433 (1932).

Hilditch, T. P. and E. E. Jones: Analyst **54**, 75 (1929). — Hilditch, T. P. and S. A. Saletore: Journ. Soc. Chem. Ind. **52**, 101 (1933). — Hilditch, T. P. and J. J. Sleightholme: Biochemic. Journ. **25**, 507 (1931). — Hladik, J.: Ztschr. f. Unters. Lebensmittel **73**, 140 (1937). — Höppler: Ztschr. f. techn. Physik **14**, 165 (1937).

Kaufmann, H. P.: (1) Fette u. Seifen **44**, 96 (1937). — (2) Studien auf dem Fettgebiet, S. 23. Berlin: Verlag Chemie G. m. b. H. 1935. — (3) Studien auf dem Fettgebiet, S. 73. — (4) Ber. Dtsch. Chem. Ges. **70**, 2545 (1937); Fette u. Seifen **45**, 616 (1938). — Kaufmann, H. P. u. J. Baltes: (1) Fette u. Seifen **43**, 93 (1936). — (2) Ber. Dtsch. Chem. Ges. **70**, 2537 (1937). — Kaufmann, H. P., J. Baltes u. H. Büter: Ber. Dtsch. Chem. Ges. **70**, 903 (1937). — Kaufmann, H. P. u. H. Fiedler: Fette u. Seifen **45**, 465 (1938). — Kaufmann, H. P. u. S. Funke: (1) Fette u. Seifen **45**, 255 (1938). — (2) Fette u. Seifen **44**, 386 (1937). — (3) Ber. Dtsch. Chem. Ges. **70**, 2549 (1937). — Kaufmann, H. P., S. Funke u. F. Y. Liu: Fette u. Seifen **45**, 616 (1938). — Kaufmann, H. P. u. L. Hartweg: Ber. Dtsch. Chem. Ges. **70**, 2554 (1937). — Kaufmann, H. P. u. Ch. Lutenberg: Ber. Dtsch. Chem. Ges. **62**, 392 (1929).

Lea, C. H.: (1) Journ. Soc. Chem. Ind. **48**, 41 (1929). — (2) Proc. Royal. Soc. London **108**, 175 (1931); Journ. Soc. Chem. Ind. **53**, 388 (1934). — Leithe, W.: Angew. Chem. **47**, 734 (1934); Chem.-Ztg. **59**, 325 (1935); Ztschr. f. Unters. Lebensmittel **71**, 33 (1935); Fette u. Seifen **43**, 247 (1936). — Leithe, W. u. H. Lamel: Fette u. Seifen **44**, 140 (1937). — Leithe, W. u. E. Müller: Angew. Chem. **48**, 414 (1935).

Pritzker, J. u. R. Jungkunz: Ztschr. f. Unters. Lebensmittel **52**, 199 (1926).

Schmalfuß, H. u. H. Barthmer: Ber. Dtsch. Chem. Ges. **60**, 1036 (1927). — Schmalfuß, H., H. Werner u. A. Gehrke: (1) Margarine-Industrie **25**, 217, 266 (1932); **26**, 261 (1933). — (2) Margarine-Industrie **28**, 43 (1935); **29**, 4 (1936). — Schrader: Pharm. Ztg. **1934**, 678.

Täufel, K. u. P. Sadler: Ztschr. f. Unters. Lebensmittel **67**, 268 (1934). — Täufel, K., P. Sadler u. F. K. Russow: Angew. Chem. **44**, 873 (1931); Ztschr. f. Unters. Lebensmittel **65**, 540 (1933). — Täufel, K. u. H. Thaler: Chem.-Ztg. **56**, 265 (1932); Ztschr. f. physiol. Ch. **212**, 256 (1932). — Thaler, H.: Fette u. Seifen **44**, 38 (1937); Ztschr. f. Unters. Lebensmittel **75**, 130 (1938).

Ubbelohde: (1) Öl u. Kohle, Erdöl u. Teer **12**, 950 (1936). — (2) Zur Viskosimetrie. Leipzig: Verlag S. Hirzel 1937. — (3) Leipzig: Verlag S. Hirzel.

Zechmeister, L. u. L. v. Cholnoky: Die chromatographische Adsorptionsmethode, 2. Aufl. Wien: Julius Springer 1938.

Lipoide.

Von

Dozent Dr. phil. **Wilhelm Halden,** Graz.

A. Allgemeines.

1. Einleitung. Durch die physiologisch-chemische Forschung der
letzten Jahre ist die Bedeutung der in kleinen und kleinsten Mengen
vorkommenden Wirkstoffe lebender Organismen klar geworden. Man
hat erkannt, daß nur durch geregeltes Zusammenwirken der im Gleichgewicht befindlichen Enzyme und Hormone, Vitamine, Lipoide und
Mineralstoffe ein biologisch richtiger Geschehensablauf gewährleistet ist
und bei Störungen dieses „bioharmonischen" Gleichgewichtes Ausfalls-
erscheinungen verschiedenster Art auftreten.

Daher ist es Aufgabe der analytischen Chemie, insbesondere der
Lebensmittelchemie, die natürlichen Rohstoffe auf ihren Gehalt an lebens-
wichtigen Wirkstoffen zu prüfen, denn gerade diese sind oft das Maß
für die biologische Unversehrtheit des betreffenden Materials. Gewinnung und Bearbeitung, Haltbarmachung und Zubereitung der
Lebensmittel müssen unter höchstmöglicher Schonung der Rohstoffe
und Fertigprodukte erfolgen. Vor allem für die Verarbeitung des
Getreidekornes, des Obstes, der Gemüsearten, sowie der pflanzlichen
und tierischen Öle und Fette, als Träger der für viele Lebensvorgänge
außerordentlich wichtigen Lipoide, ergeben sich neue Richtlinien.

Ebenso gilt für die Analyse auf alle Wirkstoffe die Forderung höchster
Schonung bei der Vorbereitung und Ausführung der Untersuchungsverfahren.

Im vorliegenden Beitrag kann nur eine Auswahl von Richtlinien
für die Untersuchung einiger Lipoide und Lipovitamine („Vitaide")
Aufnahme finden.

2. Zur chemischen Bestimmung von Vitaminen. Während man
früher zum Nachweis und zur quantitativen Bestimmung der Vitamine
auf den langwierigen und kostspieligen Tierversuch angewiesen war,
kann nunmehr eine Reihe von Vitaminen und Provitaminen durch
chemische bzw. physikalisch-chemische Verfahren auch mengenmäßig
erfaßt werden. Allerdings muß bei den chemischen Verfahren zur Bestimmung von Vitaminen immer berücksichtigt werden, daß es sich dabei
nur um chemisch faßbare Vitamineigenschaften handelt, niemals um die
eigentliche biologische Vitaminwirkung, die nur durch den Tierversuch
bestimmbar ist.

3. Definition des Lipoidbegriffes. Lipoide sind biogenetisch zueinander
in naher Beziehung stehende, nicht flüchtige Substanzen des pflanzlichen
oder tierischen Organismus, die wegen ihrer Löslichkeit in Fetten oder
Wachsen, sowie in Fettlösungsmitteln fast immer mit den genannten
Hauptgruppen in Mischung vorkommen oder isoliert werden. Zu den

Tabelle 1. Bestandteile lipoider Stoffgemische.

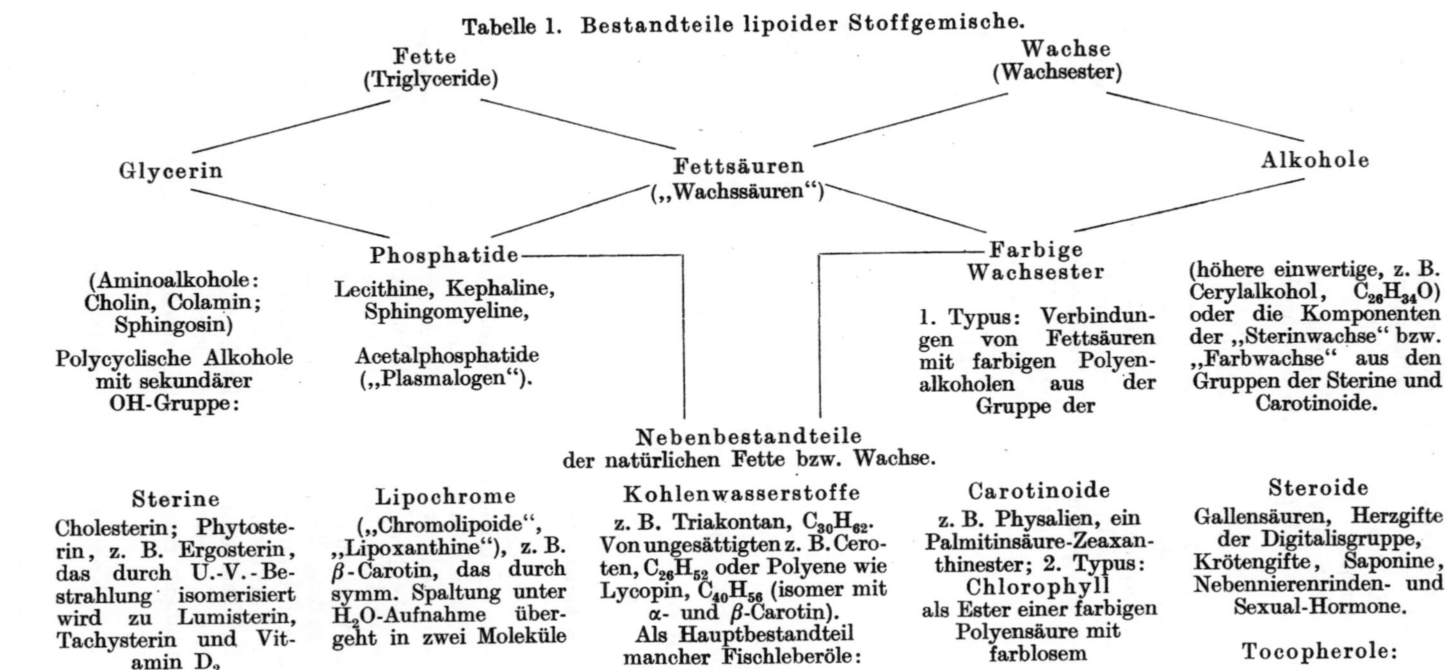

Bestandteilen lipoider Stoffgemische gehören Glyceride, Fette und Öle, Wachsalkohole und -ester, höhere Fettsäuren, Phosphatide, höhere Glycerinäther und Kohlenwasserstoffe, Sterine, Steroide, Lipochrome und fettlösliche Vitamine.

Die Tabelle 1 bringt eine Übersicht, aus der auch die chemischen Zusammenhänge einzelner Lipoidstoffe hervorgehen.

B. Phosphatide[1].

1. Allgemeines. Entscheidend für das besondere Verhalten und die physiologische Wirkung der Phosphatide ist ihre Zusammensetzung aus hydrotropen und lipotropen Gruppen, woraus sich ihre Fähigkeit zur Ausbildung wäßriger und lipoider Systeme ergibt. Dadurch gewinnen die Phosphatide für den gesamten Zellstoffwechsel die größte Bedeutung, denn sie können durch Emulsionsbildung als Vermittler zwischen den beiden Hauptgruppen der Protoplasmabestandteile, der wäßrigen und lipoiden Phase wirken. Hiermit steht auch die wichtige Rolle in Beziehung, die den Phosphatiden für die Regelung der Durchlässigkeit der Zellwände zukommt. Insbesondere sind es Kohlehydrate und Eiweißkörper, die durch adsorptive Bindungen von den Phosphatiden festgehalten und im Bedarfsfalle wieder abgestoßen werden können. Eine einzigartige Zusammensetzung ermöglicht es den Phosphatiden aber auch, den Transport verschiedenster Stoffgruppen, wie z. B. der Fettsäuren im Organismus vorzunehmen.

```
      OH  H

 CH₂ ─── O─CO R

      OH  H

 CH ──── O─CO R'

      OH  H
                              NH₂
 CH₂ ─── O    OH               |
             P            CH₂─CH₂
          O    O─
              H  OH

 Glycerin  Phosphor-   Stickstoff-
             säure        base

 R und R': Reste von Fettsäuren
```

Für praktische Zwecke ist es gleichgültig, ob die verwendeten Phosphatide pflanzlicher oder tierischer Herkunft sind, denn in beiden Arten finden sich dieselben Grundelemente der Zusammensetzung, die in dem oberen Schema klar auseinandergehalten sind.

Man erkennt, daß nicht weniger als vier Esterbindungen, eine saure und eine basische Gruppe, im Phosphatidmolekül die ungewöhnliche Reaktionsfähigkeit und Reaktionsbreite bedingen.

Die Glycerinphosphorsäuren sind die esterartigen Grundstoffe, an denen die Fettsäuren bzw. die Stickstoffbasen wieder esterartig angelagert sind. Hieraus ergibt sich auch die hohe Empfindlichkeit der Phosphatide gegenüber äußeren Einwirkungen, wie Veränderungen des p_H oder des Wassergehaltes, der Temperatur und des kolloiden Zustandes. Dieser wird wesentlich durch Begleitstoffe beeinflußt, mit denen die Phosphatide Adsorptionsverbindungen eingehen („Lipoproteide", „Lecithalbumine" usw.).

---

[1] Bei der Abfassung dieses Kap. leistete Herr Dipl.-Ing. F. Folkmann wertvolle Mitarbeit.

2. Einteilung. Die lipoiden Ester der Phosphorsäure werden in zwei Hauptgruppen eingeteilt: a) **Glycerophosphatide** sind mehrsäurige Triglyceride, in denen ein organisches Acyl durch den Phosphorsäurerest (I) oder den Amino-Alkylphosphorsäurerest (II) vertreten ist. I. Die einfachen Diglyceridphosphorsäuren bezeichnet man als **Phosphatidsäuren.** II. Die Aminoalkoholester der Phosphatidsäuren sind die **Lecithine** (Cholinester) oder **Kephaline** (Colaminester).

b) **Sphingomyeline** sind Ester der Phosphorsäure mit Cholin einerseits und einem Acylsphingosin andererseits. Das Acylsphingosin der Sphingomyeline ist ein Sphingosinderivat, in dem die Aminogruppe mit einer hochmolekularen Fettsäure verbunden ist. Schematisch drückt sich dies folgendermaßen aus:

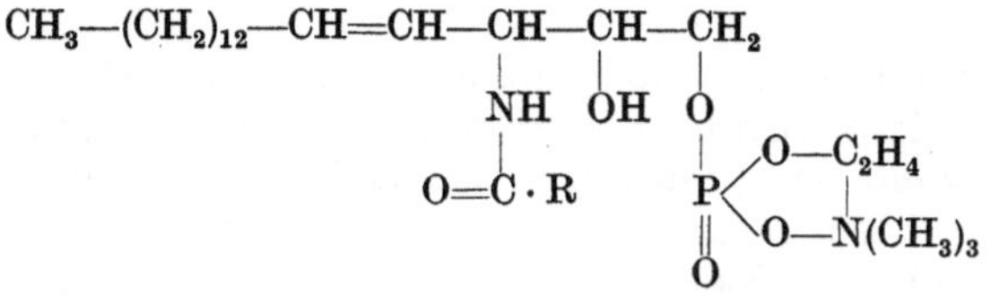

$$CH_3\text{—}(CH_2)_{12}\text{—}CH\text{=}CH\text{—}CH\text{—}CH\text{—}CH_2$$

$$\begin{array}{ccc} NH & OH & O \\ | & & | \\ O\text{=}C\cdot R & & P \end{array}$$

$$P\begin{cases} O\text{—}C_2H_4 \\ O\text{—}N(CH_3)_3 \end{cases}$$

III. **Lysolecithine** und **Lysokephaline** sind Zwischenprodukte bei der Entstehung oder Spaltung von Lecithinen und Kephalinen als Derivate der Monoglyceridphosphorsäure.

Acetalphosphatide. Im Gegensatz zu den bisher beschriebenen Esterphosphatiden enthalten die neu entdeckten (R. Feulgen und Mitarbeiter) Acetalphosphatide („Plasmalogen") keine esterartig gebundenen Fettsäuren, sondern an ihrer Stelle die den Fettsäuren entsprechenden Aldehyde in acetalartiger Bindung.

3. „Anhydro"- und „Hydrat"-Formeln. Die verschiedene Auffassung über die Molekulargewichte von Phosphatiden hängt zum Teil damit zusammen, daß manche Bearbeiter die wasserhaltige Verbindung, andere die wasserfreie Form (Endosalz) der Berechnung zugrunde legen. In der Tabelle 2 sind für die Kephaline beide Formen, für die Cholinphosphatide nur die Anhydroformen und die sich daraus ergebenden Zahlenwerte angegeben.

Tabelle 2. Molekulargewichte und Kennzahlen einiger Phosphatide.
a) Cholinphosphatide (Lecithine und Sphingomyeline).

Name	Mol.-Gewicht Anhydro-form	P	N	Fett-säure in %	Jodzahl
Palmito-oleo-lecithin	759,7	4,08	1,84	70,48	33,4
Palmito-arachidono-lecithin . .	781,7	3,97	1,79	71,72	129,9
Stearo-oleo-lecithin	787,7	3,94	1,77	71,91	32,2
Distearo-lecithin (synthetisch) .	789,7	3,93	1,77	71,96	0
Stearo-arachidono-lecithin . . .	809,7	3,83	1,73	72,68	125,4
Stearo-sphingomyelin	730,7	4,25	3,83	38,83	0
Nervono-sphingomyelin	812,8	3,82	3,45	45,08	0
Lignocero-sphingomyelin . . .	814,8	3,81	3,43	45,18	0

b) Colaminphosphatide (Kephaline).
α) Hydratform.

Name	Mol.-Gewicht	P	N	Fettsäure in %	Jodzahl
Distearo-kephalin	765,6	4,05	1,83	74,2	0
Stearo-linolo-kephalin	761,7	4,07	1,84	74,17	66,6
Stearo-arachidono-kephalin . .	785,7	3,95	1,79	74,94	129,2

β) Anhydroform.

Name	Mol.-Gewicht	P	N	Fettsäure in %	Jodzahl
Distearo-kephalin	747,6	4,15	1,87	76,0	0
Stearo-linolo-kephalin	743,7	4,17	1,88	75,9	68,25
Stearo-arachidono-kephalin . .	767,7	4,04	1,83	76,7	132,24

4. Phosphorbestimmung in Phosphatiden. Das Ursprungsmaterial (Sojabohnen u. dgl.) wird nach einer Vorschrift der Hansamühle A. G. mit Benzol-Alkohol (4:1) in einer Extraktionsvorrichtung erschöpfend behandelt, das Lösungsmittelgemisch abdestilliert und der Rückstand mit Äther extrahiert. Nach dem Abdampfen des Äthers trocknet und wägt man den Rückstand und bestimmt in einem aliquoten Teil den P-Gehalt. Die Veraschung erfolgt mittels konzentrierter Schwefelsäure, der man tropfenweise konzentrierte Salpetersäure oder Perhydrol zufügt, bis sie vollständig ist. Dann wird die Bestimmung des Phosphors nach bekannten Verfahren durchgeführt (z. B. III, 610. — Gravimetrische Mikromethode nach Lorenz-Lieb, I, 1190. — Maßanalytische Mikrobestimmung nach R. Kuhn, vgl. H. Lieb, I, 1191). Nähere Einzelheiten zur Phosphatidbestimmung in Lebensmitteln finden sich im Handbuch der Lebensmittelchemie, Berlin: Julius Springer 1939.

Kombinierte Phosphatidpräparate, wie z. B. Lecitamin, werden im Soxhletapparat mit Äther extrahiert, der Auszug vom Äther befreit und mehrere Male mit Aceton durchgeknetet. Der Ätherrückstand ergibt nach der Trocknung das Phosphatid, der Rückstand des Acetonauszuges enthält die übrigen Lipoide.

5. Richtlinien für die Darstellung. a) Vorbereitung. Produkte, die längere Zeit an der Luft lagen, wie z. B. Heu, verlieren einen Großteil ihres Phosphatidgehaltes. Die Trocknung des Ausgangsmaterials[1] muß daher mit besonderer Sorgfalt erfolgen, am besten mittels Aceton oder Aceton-Äthergemisch, wodurch auch gleichzeitig eine Befreiung von den Fettstoffen möglich ist.

Für die weitere Verarbeitung müssen wasserfreie Lösungsmittel verwendet werden, bei Äther ist besonders darauf zu achten, daß er völlig trocken und frei von Peroxyden ist. Höhere Temperaturen sind zu vermeiden, ebenso Zutritt von Licht (braune Gefäße!) und Luft (Durchleiten von Stickstoff oder Kohlendioxyd). Die Lösungsmittel sind vor der Verwendung mit einem inerten Gas zu sättigen. Das Einengen oder Eindampfen der Extrakte hat bei vermindertem Druck, bei Abwesenheit von Sauerstoff und Temperaturen unter 35° zu geschehen.

---

[1] Als Trockner für empfindliche Stoffe ist der von E. Jantzen und H. Schmalfuß angegebene zu empfehlen: Chem. Fabrik 7, 112 (1934).

b) **Reinigung.** Bei pflanzlichen Produkten, deren Phosphatidfraktionen fast immer mit größeren Mengen von Kohlehydratstoffen verunreinigt sind, ist unter allen Umständen zur Entfernung dieser adsorptiv gebundenen Beimengungen eine Behandlung mit lauwarmem Wasser (dem zur Verhinderung von Emulsionsbildung etwas Kochsalz zugefügt werden kann) vorzunehmen, und zwar in den sirupösen Rückständen der Alkohol- bzw. Ätherextraktion vor der Ausfällung der Rohphosphatide durch Aceton. Die in Äther aufgenommenen, von Kohlehydraten befreiten Phosphatide werden unter Eiskühlung zwecks Ausfällung bzw. Umfällung mit eisgekühltem Aceton behandelt. Um die Fällung der Rohphosphatide vollständig zu gestalten, kann man die Äther-Acetonlösung im Vakuum eindampfen und den Eindampfrückstand in einen Überschuß von Aceton (etwa 100 cm³ auf 4 cm³ Phosphatidsirup) eingießen, in dem eine geringe Menge Calciumchlorid oder Magnesiumchlorid gelöst ist.

c) **Löslichkeitsbeeinflussung.** Bei der Reindarstellung von Phosphatiden durch Fällung mit Aceton ist zu berücksichtigen, daß nur die aus unveränderten frischen Ausgangsmaterialien gewonnenen Rohphosphatidextrakte mit Aceton schwerlösliche Additionsprodukte geben; sämtliche Spaltprodukte der Phosphatide sind dagegen in Aceton leicht löslich. Ferner wird die Löslichkeit weitgehend durch andere Stoffe (z. B. Sterine und Fette) beeinflußt, die in der betreffenden Lösung mit enthalten sind. Cholesterin kann durch öfteres Umfällen und wiederholtes Auskneten mit Aceton entfernt werden. In ätherischen Phosphatidlösungen befinden sich neben Fetten und Lipochromen (Carotinoide, Chlorophyll) die Phosphatide im ursprünglichen, aber auch in chemisch verändertem Zustand.

Aceton nimmt hauptsächlich Phosphatidspaltungsprodukte auf, während Methylacetat einen Großteil des aufgespaltenen, sowie Anteile des unversehrten Phosphatids löst (B. Bleyer und W. Diemair). Zur Abtrennung fetter Begleitstoffe von den Phosphatiden eignet sich am besten Methylalkohol [W. Diemair, B. Bleyer u. M. Ott (1)].

Bei der Reindarstellung von Phosphatiden ist während der ganzen Folge von Teilmaßnahmen auf weitestgehende Schonung des Materials Rücksicht zu nehmen. Bei Nichtbeachtung der außerordentlichen Zersetzlichkeit der Phosphatide gelangen in die einzelnen Fraktionen bei der Aufarbeitung die verschiedensten Abbauprodukte, deren spätere Entfernung kaum mehr gelingt, wodurch sich verunreinigte Endprodukte ergeben, deren Zahlenwerte schwankend und daher für quantitative Bestimmungen und Berechnungen ungeeignet sind. Hierauf beruht auch zum großen Teil die Unsicherheit der bisherigen Phosphatidanalysen.

6. Fettsäuren. Zur Trennung der festen und flüssigen Fettsäuren erfolgt die Aufspaltung des Phosphatides mit 10%iger Salzsäure (250 cm³ für 15 g Phosphatid) (W. Diemair u. B. Bleyer), Filtration der salzsauren Lösung über Asbest und Ausschüttelung mit peroxydfreiem Äther. Dann engt man die ätherische Lösung unter vermindertem Druck im Kohlensäurestrom ein, trocknet über Natriumsulfat und behandelt die erhaltenen Fettsäuren nach der Bleisalzmethode von J. Twitchell

(IV, 462). Das Gemisch der rohen flüssigen Fettsäuren wird durch mehrmalige Vakuumdestillation gereinigt.

Die festen Fettsäuren werden über die Blei- oder Bariumsalze gereinigt, in manchen Fällen hat sich auch die Destillation im Hochvakuum unter Kohlensäure bewährt [W. Diemair, B. Bleyer u. M. Ott (2)]. Zur fraktionierten Destillation von Fettsäuren finden die Vorrichtungen von E. Klenk (1), F. Jantzen und K. Tiedtke, sowie W. Diemair und W. Schmidt Verwendung.

7. Glycerinphosphorsäuren. Zur Beurteilung der Einheitlichkeit von Lecithin- und Kephalinpräparaten kann die quantitative Bestimmung der Glycerinphosphorsäuren dienen. Diese treten in zwei isomeren Formen auf, und zwar als optisch aktive α- und als β-Glycerinphosphorsäure, deren Natriumsalz gut kristallisiert.

Eine analytisch brauchbare Trennung der beiden Isomeren wird über die Bariumsalze vorgenommen: Mit Bariumnitrat liefert die β-Glycerinphosphorsäure ein sehr schwer lösliches, gut kristallisierendes Doppelsalz, zum Unterschied von der α-Modifikation [P. Karrer und Mitarb. (1)]. 100 Teile Wasser von 18° nehmen von der β-Molekularverbindung 2 C 3 H 7 O 6 PBa. 1 Ba (NO 3) 2 nur 0,8 Teile auf. Zur quantitativen Bestimmung verseift man die Lecithinprobe mit wäßrigem Bariumhydroxyd, schlägt das überschüssige Bariumhydroxyd mit Kohlendioxyd nieder und fällt aus dem konzentrierten Filtrat die Bariumsalze der Glycerinphosphorsäure mit Alkohol. Da sich in der wäßrigen Lösung stets ein Gleichgewicht zwischen dem Barium- und dem Cholinsalz der Glycerinphosphorsäure einstellt, muß die Alkoholfällung in Gegenwart von überschüssigem Bariumhydroxyd erfolgen, wodurch das Gleichgewicht zugunsten der Bariumverbindung verschoben wird. In der Praxis wird die Alkoholfällung öfters wiederholt, das Filtrat von der Barytfällung eingeengt und daraus das rohe glycerinphosphorsaure Barium mit Alkohol gefällt. Um aus den alkoholischen Filtraten, die noch viel Glycerinphosphorsäure als Cholinsalz enthalten, das Bariumsalz zu gewinnen, verdampft man zur Trockne und versetzt den Rückstand mit alkoholischer Bariumhydroxydlösung, wobei Bariumglycerophosphat ungelöst bleibt. Das abfiltrierte Salz befreit man von kleinen Mengen anhaftendem Bariumhydroxyd, indem man in die wäßrige Lösung Kohlendioxyd einleitet, das ausgeschiedene Bariumcarbonat filtriert und aus dem Filtrat das Salz wieder mit Alkohol ausfällt.

Fällung der β-Glycerinphosphorsäure als schwerlösliches Bariumdoppelsalz. 1 g Barium-glycerophosphat wird in 10 cm³ Wasser gelöst, mit 0,8 g Bariumnitrat in 10 cm³ Wasser versetzt, nach 12 Stunden der Niederschlag abgesaugt, mit 4 cm³ eiskaltem Wasser, dann mit Alkohol und Äther nachgewaschen, getrocknet und gewogen. Die freie Glycerin-β-phosphorsäure kann aus dem Doppelsalz durch Schwefelsäure abgetrennt und in das einfache, nunmehr einheitliche Bariumsalz zurückgeführt werden.

Unter schonenden Bedingungen erfolgt keine Umlagerung der α-Glycerinphosphorsäure in die isomere β-Modifikation. Tierische Phosphatide sind meist durch ein Überwiegen der β-Form gekennzeichnet[1], während bei pflanzlichen Phosphatiden die α-Verbindung vorherrscht.

8. Stickstoffbasen. Die Phosphatide werden mit 10%iger Salzsäure (250 cm³ für 15 g Phosphatid) aufgespalten und die Stickstoffbasen in der nach der Abscheidung der Fettsäuren anfallenden wäßrigen Lösung bestimmt. Zunächst entfernt man den Äther durch Behandeln auf dem Wasserbad, neutralisiert mit Soda, engt schonend ein und verdünnt je nach Bedarf in einem Meßkolben. Der Gesamtstickstoff wird nach Kjeldahl in 100 cm³ der Lösung ermittelt.

---

[1] Bei der chemischen Hydrolyse des Eigelblecithins erhält man etwa 80% β-Glycerinphosphorsäure.

Cholin bestimmt man nach W. Roman. Das Cholin wird mit Jod als Perjodid gefällt und der Jodüberschuß mit Natriumthiosulfat zurückgemessen. 1 cm³ $^1/_{10}$ N-Thiosulfatlösung = 1,335 mg Cholin. Die nach der Hydrolyse der Phosphatide erhaltene neutralisierte und eingeengte Lösung wird auf 50 cm³ aufgefüllt und in drei Parallelproben zu 2—5 cm³ der Cholingehalt ermittelt. Nach der Vorschrift von F. E. Nottbohm und F. Mayer (1) wird die Fällung des Enneajodids in einem starkwandigen Zentrifugenröhrchen von etwa 30 cm³ Inhalt mit 4 cm³ Jodlösung (16 g Jod und 20 g Kaliumjodid in 100 cm³ Wasser) vorgenommen. Nach dem Jodzusatz zu der eisgekühlten Lösung wird mit einem Glasstab umgerührt und etwa 15 Minuten in Eiswasser stehengelassen. Der kristallinische Niederschlag wird zentrifugiert, die überstehende Flüssigkeit durch den Asbestbelag eines Allihnschen Röhrchens oder einer kleinen Nutsche gegossen und mit Eiswasser in kleinen Anteilen ausgewaschen. Der allenfalls durch Umfällung mit Silberoxyd gereinigte Niederschlag (Enneajodid) wird in Alkohol gelöst, mit Wasser auf etwa 500 cm³ aufgefüllt und mit $^1/_{10}$ n-Thiosulfatlösung titriert.

Colorimetrische Cholinbestimmung mittels der Reineckate (F. J. R. Beattie). Das Verfahren beruht auf der von Kapfhammer und Bischoff[1] angegebenen Fällung von Cholin (Acetylcholin) als Reineckat[2], das in Eiswasser und in absolutem Alkohol unlöslich, in Aceton dagegen mit roter Farbe leicht löslich ist. Nach Beattie wird die Acetonlösung mit einer Standardlösung von Cholin-Reineckat bekannten Gehaltes colorimetriert, wobei sich Cholinmengen von 0,3 mg in 0,003%iger Lösung mit einer Fehlergrenze von ± 3%, bestimmen lassen. Bei der Untersuchung gibt man zu 1 cm³ einer Cholin-Chloridlösung, die 0,2—2 mg Cholinsalz im Kubikzentimeter enthält, 1 cm³ einer frisch bereiteten, gesättigten Lösung von Ammonium-Reineckat. Das schwer lösliche Cholin-Reineckat fällt innerhalb von 10 Minuten quantitativ aus. Nach vollständiger Fällung wird durch einen kleinen Asbestfiltertiegel abgesaugt, mit 2 cm³ Eiswasser und 2mal mit je 2 cm³ absolutem Alkohol gewaschen, bis das Filtrat nicht mehr rot abläuft. Die Saugflasche wird nun ausgeleert und unter den Trichter ein Reagensglas zur Aufnahme der Acetonlösung gestellt. Vor dem Absaugen gießt man 1 cm³ Aceton auf den Niederschlag, der sich rasch auflöst. Hierauf saugt man schnell ab und wäscht mit kleinen Acetonmengen nach. Die Lösung wird quantitativ in einen graduierten Meßzylinder mit 0,05 cm³ Teilung unter Nachspülen mit Aceton übergeführt. Man liest genau ab und vergleicht im Colorimeter mit der Standardlösung, die 0,78 mg Cholin-Reineckat pro Kubikzentimeter Aceton oder Methylrot gleicher Färbung enthält. Der Standard entspricht 0,26 mg Cholinchlorid bzw. 0,42 mg Acetylcholinbromid für 1 cm³. Beträgt die gesamte Cholinmenge nur etwa 0,2—0,3 mg, so wird bei einem Volumen der Acetonlösung von 1—2 cm³ die Bestimmung im Mikrocolorimeter durchgeführt. Die künstliche Rotlösung wird hergestellt durch Auflösen von 0,0134 g Methylrot in 5 cm³ N/5-Natronlauge und Auffüllen auf 500 cm³. Man verwendet 4 cm³ dieser Lösung, versetzt mit 10 cm³ N/100 Schwefelsäure und füllt auf 100 cm³ auf.

Der Nachweis von freiem Cholin erfolgt durch Versetzen der benzolischen Lösung mit einer alkoholisch-ätherischen Lösung von Platinchlorwasserstoffsäure; hierbei fällt Cholin als Doppelsalz aus, während reines Lecithin keine Fällung gibt.

Colamin. Nachweis und Bestimmung werden nach D. D. van Slyke vorgenommen. Ergibt die Prüfung nach diesem Verfahren die Abwesenheit von Colamin, so ist auch kein Kephalin zugegen. Zur Identifizierung

---

[1] Siehe auch C. Bischoff, W. Grab und J. Kapfhammer.

[2] Über Reineckate siehe H. Carlsohn und C. Mahr. Als Reineckate bezeichnet man Salze der sog. Reinecke-Säure = Tetrarhodanatodiamminchromisäure.

von Colamin kann das Goldchloriddoppelsalz dienen (H. Thierfelder
und E. Klenk). Zur Prüfung auf Abwesenheit von Lecithin bestimmt
man in einem aliquoten Teil der Lösung den Stickstoff nach Kjeldahl.
Die nach beiden Verfahren erhaltenen Stickstoffwerte müssen übereinstimmen, wenn kein Lecithin vorhanden ist.

Eine Trennung von Lecithin und Kephalin beruht auf der
verschiedenen Löslichkeit der Cadmiumchloridverbindung (P. A. Levene und J. P. Rolf; E. H. Winterstein und A. Winterstein). Infolge der leichteren Löslichkeit der Kephalinverbindung kann ihre Abtrennung von Lecithin erfolgen.

Liegen reine, säurefreie Präparate vor, so kann eine Unterscheidung
von Lecithin und Kephalin auch durch Titration mit ätherisch-alko-
holischer oder benzolisch-alkoholischer Kalilauge gegen Phenolphthalein
vorgenommen werden, wobei Lecithin als Endosalz neutral reagiert, Kephalin dagegen als einbasische Säure (A. Grün und R. Limpächer).
Eine quantitative Bestimmung von Cholin neben Colamin in Phosphatiden beruht auf der Oxydation mit Kaliumpermanganat in alkalischer
Lösung, wobei Cholin quantitativ in Trimethylamin, das Colamin in
Ammoniak übergeht (W. Lintzel und S. Fomin; W. Lintzel und
G. Monasterio). Die Bestimmung der Basen erfolgt auf Grund ihres
verschiedenen Verhaltens gegenüber Formaldehyd.

9. Auswertung von Analysenergebnissen. Aus der Zusammensetzung
der Phosphatide ergibt sich, daß die Beziehung Phosphor: Stickstoff bei
den natürlichen Phosphatiden durch einfache ganzzahlige Verhältnisse
gekennzeichnet ist. Für die Monoaminophosphatide gilt P: N = 1: 1;
für Diaminophosphatide ist P: N = 1: 2. Abweichungen können aus
verschiedenen Gründen vorkommen, z. B. deutet ein Mehrgehalt an P
auf die Gegenwart von organischen P-Verbindungen, die nicht Lipoide
sind. Mehrgehalt an N deutet auf Verunreinigung durch Eiweiß (oft
aus „Lipoproteiden" stammend). Mindergehalt von „Phosphatid"-
präparaten an den beiden charakteristischen Elementen P und N ist
ein Zeichen von Beimengungen, von denen besonders Fette oder Kohlehydrate durch mangelhafte Reinigung während des Aufarbeitungsvor-
ganges häufig sind.

Bei den eigentlichen Lecithinpräparaten muß die Berechnung des
Phosphatidgehaltes aus den P- oder Cholinwerten zum gleichen Ergebnis führen [F. E. Nottbohm und F. Mayer (1)]. Die Zahlenangaben
betreffend Molekulargewicht, Phosphorgehalt und Umrechnungsfaktor
schwanken innerhalb weiter Grenzen. In der Praxis wird vielfach das
Durchschnittsmolekulargewicht 787 oder 788[1] verwendet, das ungefähr
dem Molekulargewicht eines aus gleichen Teilen Dioleo-, Distearo- und
Dipalmitolecithin zusammengesetzten Phosphatides entspricht. Nun ist
aber die Zusammensetzung der natürlichen Phosphatide eine viel mannig-
faltigere [vgl. oben, sowie Fette u. Seifen 44, 61 (1937)].

Die Umrechnung der analytisch ermittelten P-Werte auf den Phosphatidgehalt sollte nur bei reinen oder zumindest genau gekennzeichneten

---

[1] Das im Handbuch der Öle und Fette von L. Ubbelohde und H. Heller
(2. Aufl., S. 253. 1929) angegebene Mol.-Gew. von 880 ist auf einen Druckfehler
zurückzuführen.

Verbindungen erfolgen, während man sich bei Phosphatidgemischen mit der Angabe der Phosphorwerte begnügen sollte. Zur Bewertung als physiologisch wirksames Agens kommt ja ohnedies nur der organisch gebundene, im Phosphatid eingebaute Phosphor in Betracht.

Benennung. Im Einklang mit der wissenschaftlichen Einteilung des Gesamtgebietes gilt die Bezeichnung Lecithin nur für die Mono-aminophosphatide mit Cholin als basischer Komponente. Für Handelsprodukte wird wohl auch weiterhin der Name „Lecithin" Verwendung finden, wenn auch die Präparate neben dem Cholin-mono-aminophosphatid das entsprechende ätherlösliche Colaminderivat und vielleicht auch noch andere Phosphatide enthalten.

Zur Kennzeichnung des aus Phosphatiden stammenden Phosphors sollte der Ausdruck „Lecithin-Phosphor" bzw. „Lecithin-Phosphorsäure" nur dann gebraucht werden, wenn es sich um reine, eindeutig als Cholin-mono-aminophosphatide erkannte Verbindungen handelt; andernfalls ist nur die Bezeichnung Phosphatid-Phosphor bzw. Phosphatid-Phosphorsäure berechtigt.

10. Acetalphosphatide („Plasmalogen"). Analytisch bisher noch nicht in Betracht gezogen wurden die Acetalphosphatide „Plasmalogen" (s. S. 565), die in der Phosphatidfraktion von Organlipoiden aufgefunden wurden. Da sich Plasmalogen gegenüber Alkalien als sehr widerstandsfähig erwies, konnte es durch Verseifen von den Esterphosphatiden getrennt werden. Hierbei wurde zunächst eine Säure („Plasmalogensäure") erhalten, die auf Kosten des Plasmalogens entsteht und somit ein sekundäres Spaltprodukt des Plasmalogens ist. Ihre Isolierung erfolgte als Lithiumsalz, dessen Anion aus Glycerin, Phosphorsäure und „Plasmal" (einem Gemisch von Aldehyden, die den bekannten höheren Fettsäuren entsprechen) besteht. Das Vorliegen einer Acetalbindung erklärt die Widerstandsfähigkeit des Plasmalogens gegenüber Alkalien, seine Empfindlichkeit gegenüber Säure sowie die leichte Spaltbarkeit durch Schwermetallsalze (Quecksilberchlorid). Das Plasmalogen enthält als esterartig gebundenen Basenanteil Colamin. Der Gehalt natürlicher Phosphatide an Acetalphosphatid unterliegt starken Schwankungen und beträgt bei Muskel- und Gehirnphosphatiden etwa 20—25%, bei Leberphosphatiden etwa 0,1% und bei Eierphosphatiden nur 0,01%.

Über die quantitative Bestimmung des Plasmals (Plasmalogens) in lipoiden Gemischen und Organen s. R. Feulgen und H. Grünberg.

11. Phosphatide in tierischen Produkten. Auf Grund neuer Beobachtungen befinden sich die Phosphatide im tierischen Organismus im dauernden Umbau, woraus sich auch zum Teil die Schwierigkeiten erklären, die einer genauen analytischen Erfassung der Phosphatide entgegenstehen.

a) **Vorbemerkungen über die Extraktion und quantitative Bestimmung.** Verwendet man Alkohol-Äther zur Extraktion, so können auch P-Verbindungen vom Äther aufgenommen werden, die wasserlöslich und keine Phosphatide sind. Andererseits werden die ätherlöslichen Phosphatide, wie Sphingomyelin, nicht mitgelöst. Für tierische Produkte genügt oft die Behandlung mit heißem Alkohol, wobei jedoch die gleichzeitige Extraktion von Nichtlipoid-P-Verbindungen verhindert werden muß.

b) **Phosphatide der Leber.** Zur Vorbereitung für die Untersuchung werden die frischen Lebern zerkleinert, sorgfältig getrocknet und erschöpfend extrahiert. Die Abtrennung eines Großteils des Fettes erfolgt mittels Aceton, dem man etwas Calciumchlorid- oder Magnesiumchloridlösung zusetzt, wodurch auch die sog. acetonlöslichen Phosphatide ausgefällt werden. Das Gemisch der Rohphosphatide enthält nun noch Reste von Neutralfett, Cholesterin, Nichtlipoid-Phosphor sowie stickstoffhaltige Verbindungen, deren Entfernung schwierig ist. Bei der Fällung der Rohphosphatide aus ätherischer Lösung mittels Aceton wirkt außerdem störend, daß Glyceride mit zwei und drei gesättigten Fettsäuren (z. B. Oleopalmitostearin bzw. Palmitodistearine), wie sie in tierischen Fetten häufig vorkommen, in Aceton nur wenig löslich sind, daher mitgefällt werden. Um diese Fehlerquelle zu vermeiden, kann nach dem Vorschlage von T. P. Hilditch und F. B. Shorland eine „Zwischenfraktion" eingeschaltet werden, wonach sich der Analysenvorgang folgendermaßen darstellt:

Herauslösung des Leberfettes (Rindslebern) durch Extraktion mit der 4fachen Menge siedenden Acetons während 15 Minuten, Kaltstellen im Eisschrank über Nacht, Abdekantieren der klaren überstehenden Flüssigkeit vom ungelösten „Phosphatid". 4malige Wiederholung der Extraktion („Glyceridfraktion").

Die harte, von einer kristallinen Schicht bedeckte Masse wird mit kaltem Aceton gewaschen, der kristallinische Anteil gesondert mit Aceton geschüttelt und diese Suspension („Phosphatid-Glyceridgemisch") aufbewahrt. Man wiederholt diesen Vorgang bis zur vollständigen Abtrennung der Kristallmasse vom Phosphatid, wäscht dieses noch 2—3mal wie oben, dekantiert die überstehende Flüssigkeit ab und vereinigt die ungelöst gebliebenen Fraktionen. Aus dem acetonlöslichen Anteil werden die letzten Phosphatidreste durch eine Lösung von wasserfreiem Calciumchlorid in Methylalkohol ausgefällt (W. R. Bloor und R. H. Snider). Den Niederschlag gibt man zu dem „Phosphatid-Glyceridgemisch", wäscht mehrere Male mit der 9fachen Menge eisgekühlten Acetons und erhält so die Leberphosphatide frei von Fetten.

Tabelle 3. **Beispiele für die Zusammensetzung der Fettsäuren von Phosphatiden** [nach E. Klenk (2)].

Organ	Feste Säuren		Flüssige (ungesättigte) Säuren			
	Palmitinsäure %	Stearinsäure %	C_{16} %	C_{18} %	C_{20} %	C_{22} %
Gehirn	8	21	2	40	9	20
Rindsleber	12,5	27	5	27	18	10,5
Rinderherzmuskel	14	21	5	45	14	1

c) **Gehirnphosphatide.** Schwierig ist die einwandfreie Herauslösung der Phosphatide aus der Hirnmasse infolge ihres Reichtums an organischen P-Verbindungen und an ätherunlöslichen Phosphatiden. Ebenso wie beim Muskelgewebe handelt es sich darum, eine Trennung der wasser- und säurelöslichen P-Verbindungen (Kreatin-Phosphorsäure, Adenyl-Pyrophosphorsäure, Hexosemonophosphorsäure (M. Buell,

M. Strauss und E. Andris) von den Phosphatiden und den P-haltigen Nucleoproteiden vorzunehmen. Bei der Behandlung mit 5—10%iger Trichloressigsäure bleiben die letzteren mit den Eiweißstoffen im Rückstand, während die übrigen organischen P-Verbindungen neben anorganischem Phosphat in Lösung gehen. Hierauf beruht die Bestimmung der Phosphatide im Trichloressigsäurerückstand nach B. Norberg und T. Teorell.

Eine brauchbare Vorschrift für die Phosphatidbestimmung im Hirn stammt von G. Fawaz, H. Lieb und M. K. Zacherl. Eine Probe des möglichst frischen, feinst zerriebenen Materials (1—2 g) wird in einer Porzellanschale bis auf 1 mg genau abgewogen, mit kleinen Anteilen von 5%iger Trichloressigsäure und einer gewogenen Menge gereinigten Quarzsandes (1 g) verrieben und quantitativ in ein Zentrifugenglas übergeführt. Hierfür verwendet man etwa 15 cm³ Trichloressigsäure. Nach dem Zentrifugieren wird die Flüssigkeit abgegossen, der Rückstand mit frischer Trichloressigsäure (14 cm³) aufgerührt und wieder scharf zentrifugiert. Zwecks völliger Entfernung des Nichtlipoidphosphors wiederholt man den Vorgang noch 2mal.

Der Niederschlag (mit Sand) wird mittels Alkohol in ein 50-cm³-Meßkölbchen gebracht, aber höchstens auf 40 cm³ aufgefüllt. Dann kocht man etwa 6 Minuten unter dauerndem Schütteln auf dem Wasserbad, füllt mit siedendem Alkohol zur Marke auf, schüttelt vorsichtig, erhitzt nochmals etwa 1 Minute und filtriert heiß durch einen Warmwassertrichter. Eine auf den Trichter gesetzte Schale mit kaltem Wasser verhindert das Verdampfen des Alkohols. Bei kalter Filtration kann es zu einer Trübung des anfangs klaren Filtrates kommen.

Für die P-Bestimmung wird ein aliquoter Teil des zum Sieden erhitzten Filtrates in einer auf gleiche Temperatur erwärmten Pipette abgemessen. Man kann auch das auf Zimmertemperatur abgekühlte Filtrat verwenden, einen Teil der umgeschüttelten, trüben Lösung abmessen und eine Korrektur wegen der Volumänderung einführen. Nach dem Verdampfen des Alkohols wird der Rückstand mit konzentrierter Schwefelsäure und Salpetersäure verascht, worauf der Phosphatidphosphor gravimetrisch oder maßanalytisch bestimmt wird.

d) **Phosphatide in Eiern** (s. a. S. 575). Die Tabelle 4 enthält Zahlenangaben über den Phosphatidgehalt in Hühnereigelb bei frischer bzw. trockener Ware, nebst Durchschnittswerten des Lecithin- bzw. Kephalinanteils [nach F. E. Nottbohm und F. Mayer (2)].

Tabelle 4. Phosphatide im Hühnereigelb.

	Gesamt-phosphatide in %	Lecithin in % (Mittelwert)	Kephalin in % (Mittelwert)
Frischei	8,53—10,9 (9,6)	6,85	2,74
Trockenei	17,8 —22,8 (20)	14,3	5,7

Von F. E. Nottbohm und F. Mayer (1, 2) stammen Untersuchungen über den „Cholinfaktor von Eigelb und die Phosphatidlecithinzahl des Eierlecithins".

e) **Bestimmung der Lecithinphosphorsäure als Strychninmolybdänphosphat** (J. Tillmans, H. Riffart und A. Kühn).

Reagenzien. 1. 1,5%ige Lösung von Strychninnitrat in Wasser. 2. Molybdän-Salpetersäure, bereitet durch Auflösen von 33,33 g Ammonmolybdat mit Wasser auf 100 cm³ und Eingießen dieser Lösung in 300 cm³ einer Salpetersäure, die aus einer Mischung von 200 cm³ Salpetersäure von der Dichte 1,40 und 100 cm³ Wasser besteht. Diese

Lösung ist so lange brauchbar, als kein Molybdat ausfällt. Das Fällungsreagens wird erst vor dem Gebrauch durch Hinzufügen von 5 cm³ Strychninlösung zu 15 cm³ Molybdänsalpetersäure bereitet. 3. „Perhydrol"-Merck. Das Fällungsreagens darf mit dem zu verwendenden Perhydrol keinen Niederschlag geben.

Ausführung. 10 g der feinst gepulverten und gesiebten Durchschnittsprobe[1] werden in einer Extraktionshülse im Trockenschrank 1 Stunde lang bei 105° getrocknet und 3 Stunden mit stark siedendem absolutem Alkohol extrahiert. Nach dem Abdestillieren des Alkohols unter schonenden Bedingungen wird der Rückstand im Extraktionskolben mit 15 cm³ Perhydrol und 5—10 cm³ konzentrierter Schwefelsäure versetzt, der Kolben mit einem abgesprengten Trichter verschlossen und das Gemisch zuerst langsam bis zur beginnenden Braunfärbung erhitzt. Nach kurzem Stehen läßt man tropfenweise Perhydrol zulaufen und prüft, ob sich bei kräftigem Erhitzen der Kolbeninhalt noch bräunt. Ist das nicht mehr der Fall, dann läßt man erkalten und bringt die Lösung durch Verdünnen mit Wasser im Meßkolben auf ein Volum von 100 cm³. 25 cm³ dieser Lösung werden in einem Becherglas unter Zusatz eines Tropfens Methylorange mit Ammoniak neutralisiert, das Volum auf 60 cm³ gebracht und die kalte Lösung (ungefähr 15°) unter Umschütteln mit 20 cm³ des Fällungsreagens versetzt. Der augenblicklich entstehende Niederschlag setzt sich sehr rasch ab und kann nach 15—20 Minuten (öfteres Umschwenken) durch einen gewogenen Porzellanfiltertiegel filtriert werden. Das Überspülen und Auswaschen des Niederschlages erfolgt zunächst mit 25 cm³ eisgekühltem, auf das 5fache mit Wasser verdünntem Fällungsreagens, hierauf noch so lange mit eisgekühltem Wasser, bis das Waschwasser Lackmus nicht mehr rötet. Schließlich wird der Tiegel im Trockenschrank bei etwa 100° bis zur Gewichtskonstanz getrocknet und gewogen.

Zur Ermittlung der Prozente Lecithinphosphorsäure in der trockenen Teigware muß der Wassergehalt berücksichtigt werden, worauf die Berechnung nach folgender Formel erfolgt:

$$\% \ \mathrm{P_2O_5} \ \text{in der Trockenmasse} = \frac{100 \cdot 40 \cdot \text{Auswaage}}{(100 - \% \ \text{Wassergehalt}) \cdot 39}.$$

Dieses Verfahren ist für die gravimetrische Bestimmung besonders geeignet, da sich das Mol.-Gew. des Niederschlages zu dem des Phosphorsäurerestes ($\mathrm{P_2O_5}$) verhält wie 39 : 1.

f) **Colorimetrisches Verfahren mit Molybdänblaulösung.** Zur Herstellung des Reagens [Zinzadze, R.: Ztschr. f. Pflanzenern. A 16, 129 (1930)] verreibt man 3 g reines, gepulvertes Molybdäntrioxyd in einem Porzellanmörser mit etwas reiner konzentrierter Schwefelsäure (d = 1,48). Die sehr feine Aufschwemmung wird mit konzentrierter Schwefelsäure in einen Kjeldahl-Kolben gespült. Für das Anreiben und Überspülen sollen genau 50 cm³ der Schwefelsäure verbraucht werden. Man erhitzt den Kolben unter Umschütteln über freier Flamme, wobei sich das Trioxyd leicht löst. Nach völligem Abkühlen gießt man die Lösung in 50 cm³ Wasser. Zu der noch heißen Lösung gibt man

---

[1] Gleichzeitig wird eine Bestimmung des Wassergehaltes durchgeführt.

0,15 g reines, pulverförmiges Molybdänmetall und erhitzt 1—2 Minuten
zum Sieden, wobei das Trioxyd zu blauem Dioxyd reduziert wird. Nach
10 Minuten wird die blaue Flüssigkeit von den Metallresten durch einen
Glasfiltertiegel G 3 abgesaugt. Die Molybdänlösung nach Zinzadze
wird beim Verdünnen mit Wasser farblos und gibt mit phosphorhaltigen
Verbindungen eine dem P-Gehalt proportionale Blaufärbung. Hierauf
beruht das von C. v. d. Heide und K. Hennig zur Gesamt-P-Bestim-
mung ausgearbeitete Verfahren. Für die Ermittlung des Lipoid-Phos-
phors in Eierteigwaren schlug P. Stadler (1) eine Schnellmethode
vor, bei welcher eine Ausschüttelung mit Tetrachlorkohlenstoff den
dem Phosphatidgehalt entsprechenden P-Anteil colorimetrisch erfaßbar
macht.

Man extrahiert 2 g der feingemahlenen und gesiebten, bis zur Gewichtskonstanz getrockneten Probe (Teigware) mit 20 cm³ absolutem
Alkohol während 2 Stunden, engt den Extrakt etwas ein, filtriert und
bringt in einem Meßzylinder auf 20 cm³. Davon werden 5 cm³ in ein
100-cm³-Meßkölbchen pipettiert, 2 cm³ Molybdänlösung nach Zinzadze
hinzugefügt, umgeschüttelt und mit 70 cm³ kaltem Wasser aufgefüllt.
Den Meßkolben erwärmt man 30 Minuten im Wasserbad auf 55°, kühlt
ab und versetzt die blaue Lösung mit 20 cm³ Tetrachlorkohlenstoff.
Nach dem Durchmischen füllt man mit Wasser bis zur Marke auf, bringt
quantitativ in einen Scheidetrichter, schüttelt 10 Minuten, läßt bis zur
völligen Klärung absitzen und colorimetriert die blaue Tetrachlorkohlenstofflösung gegen einen auf gleiche Weise hergestellten alkoholischen
Auszug von bekanntem Phosphatidgehalt. Nach einer neueren Vorschrift von P. Stadler (2) verwendet man zur Farbwertbestimmung
das Stufenphotometer von Zeiß mit Filter S 66 und Tetrachlorkohlenstoff als Kompensationsflüssigkeit. Bei Anwendung von 2,5 cm³ des
Extraktes ergibt der gefundene Extinktionswert an Hand einer Eichkurve den P_2O_5-Gehalt in 100 g Trockensubstanz. Durch Multiplikation
des Extinkt.-Wertes mit 0,095 wird der Prozentgehalt an P_2O_5 in der
Trockensubstanz errechnet.

g) **Phosphatide in Eierteigwaren.** Verschiedentlich hat man in
mit Eiern zubereiteten Teigwaren eine Abnahme der alkohollöslichen
Phosphorsäure beim Lagern beobachtet. Dieser sog. „Lecithinrückgang“
ist — bei Ausschluß einer hydrolytischen Zersetzung — zum Teil auf eine
Änderung des kolloiden Zustandes infolge Wasserverlust (Entquellung),
andernteils auf adsorptive Bindungen der Phosphatide an die Kohlehydrate oder das Eiweiß der Teigware zurückzuführen.

Nach W. Diemair wird zur Bestimmung des Eigehaltes in Teigwaren
in zweifelhaften Fällen vergleichsweise eine Cholesterinbestimmung vorgenommen.

h) **Phosphatide der Milch.** Eine zusammenfassende Darstellung
über die Gewinnung von Phosphatiden aus Trockenmilch, die Analyse
des gereinigten Phosphatids und seiner Spaltungsprodukte stammt von
W. Diemair, B. Bleyer und M. Ott (1).

12. „Lipoproteide“. Für die Untersuchung der Phosphatide in tierischen und pflanzlichen Produkten ist das Auftreten von Übergangs-
gliedern der Lipoide zu den Eiweißstoffen („Lipoproteine“ oder „Lecith-

albumine") sowie von Anlagerungsverbindungen der Lipoide an Kohle-
hydrate in Betracht zu ziehen. Durch diese Verbindungstypen wird im
lebenden Organismus ein Heranbringen von Eiweiß oder Kohlehydrat
in die Lipoidphase ermöglicht. Die Schwierigkeit der vollständigen
Extraktion von Lipoiden aus den Geweben hängt zum Teil mit der
Bindung dieser Stoffe an Eiweiß oder Kohlehydrat zusammen. So kann
Lecithin aus seiner Verankerung an Proteine nur nach vorangegangener
Spaltung, z. B. durch Alkoholfällung, herausgelöst werden.

Während eine Lecithin-Wasser-Emulsion nach 1stündiger Trocknung
auf siedendem Wasserbad praktisch vollständig alkohollöslich bleibt,
wird ein Gemenge von Lecithin und Stärke nach kurzer Quellung in
Wasser und anschließender Trocknung nahezu alkoholunlöslich. Bei
gleichzeitig anwesendem Fett tritt keine Verminderung der Löslichkeit
ein, da durch das Fett die Bildung adsorptiver Bindungen weitgehend
verzögert wird (W. Diemair, F. Mayr und K. Täufel).

13. Pflanzliche Ausgangsstoffe. Die Herauslösung der Zellinhalts-
stoffe ist bei pflanzlichen Produkten wegen ihrer weitaus stärkeren Zellwände schwieriger und daher lassen sich die für tierische Ausgangsmaterialien geltenden Extraktionsvorschriften nicht allgemein anwenden.

a) Phosphatide der Gerste, des Weizens und des Hafers. Nach
den umfangreichen Untersuchungen von W. Diemair und B. Bleyer
geschieht die Aufarbeitung in folgender Weise:

Größere Mengen des grob gemahlenen Materials werden 1 Tag lang
bei 30—35° vorgetrocknet und dann 2—3 Tage mit einem Gemisch von
Aceton-Äther (4:1) unter ständigem Rühren von Fett befreit, wozu
etwa 7—8 l Lösungsmittel für 5 kg Mehl erforderlich sind. Hierauf wird
scharf abgesaugt, wiederholt mit Aceton nachgewaschen, mehrere
Stunden getrocknet und mit einem Alkohol-Benzolgemisch (1:4) unter
ständigem Rühren 8 Stunden lang extrahiert. An diese Behandlung
schließt sich eine ebensolche zweite an. Versuche mit verschiedenen
Lösungsmitteln ergaben, daß kohlehydratfreie Phosphatide nur unter
den angegebenen Extraktionsbedingungen erhalten werden. Für 1 kg
entfettetes Material sind etwa 4 l Lösungsmittel nötig; durch Behandlung
bei mäßig erhöhter Temperatur (z. B. 35° auf dem Wasserbad unter
Rückfluß) verringert sich die Extraktionsdauer auf 6 Stunden. Die phos-
phatidhaltige Lösung wird dann im Vakuum unter Stickstoff bei 25—30°
eingeengt, das hierbei entstandene Produkt zwecks Entfernung der
Kohlehydrate in viel lauwarmes Wasser eingetragen und die entstandene
Emulsion wiederholt mit Äther ausgeschüttelt. Die mit Natriumsulfat
getrocknete ätherische Lösung filtriert man, dampft den Äther im
Stickstoffstrom ab und nimmt den Rückstand wieder mit trockenem,
peroxydfreiem Äther auf.

b) Ausfällung der Rohphosphatide. Die ätherische Lösung
wird nun unter Eiskühlung mit etwa dem 3—4fachen Volumen eisge-
kühlten Acetons tropfenweise unter Umrühren versetzt, wodurch die
Rohphosphatide meist in Form eines dickflockigen, nahezu farblosen
Niederschlages ausfallen. Diese Fällung soll 2—3mal wiederholt werden.
Bei Gegenwart größerer Mengen fettiger Verunreinigungen fällt das
Rohphosphatid anfangs nicht in farblosen Flocken aus, sondern in Form

eines dicken sämigen Öls. In diesem Falle muß die phophatidhaltige Lösung nochmals schonend im Vakuum eingeengt und hierauf vorsichtig tropfenweise mit eisgekühltem Aceton gefällt werden. Die so erhaltenen Rohphosphatide bilden eine gelbbraun gefärbte Masse von fettartigem Aussehen.

c) **Darstellung der Reinphosphatide.** Das „Rohphosphatid" wird zur Befreiung von fettigen Beimengungen öfters mit Aceton bei etwa 30° auf dem Wasserbad durchgeknetet. Dann löst man in wenig peroxydfreiem Äther, fällt mit eisgekühltem Aceton und wiederholt diese Umfällung 4—5mal. Das so gereinigte Phosphatid wäscht man auf einer Porzellannutsche mehrere Male mit Aceton und trocknet über Phosphorpentoxyd im dunklen Vakuumexsiccator. Bei dieser Behandlung erhält man aus Gerste und Weizen fast farblose, leicht verreibbare Reinphosphatide, die allmählich hellgelbe Farbe annehmen. Phosphatide aus Hafer sind infolge Verunreinigungen durch Chlorophyll olivgrün gefärbt, können aber auch durch mehrmalige Verteilung in lauwarmem Wasser und darauffolgendes Herauslösen mit Äther in fast farblosem Zustand gewonnen werden.

Tabelle 5. Ausbeute an Reinphosphatiden aus Gerste, Weizen, Hafer[1].

Getreideart	Ausgangs-material in kg	Rein-phosphatid in g	Ausbeute in %
Gerste	18	28,0	0,16
Weizen	17	20,5	0,12
Hafer	19	26,6	0,14

Über ein Phosphatid der Mohrrübe siehe B. Bleyer und W. Diemair; über das Phosphatid der Lupine vgl. W. Diemair und K. Weiss.

C. Vitamine und Provitamine A.

1. Allgemeines. Vitamin A kommt als solches nur im menschlichen und tierischen Organismus vor. Seine Vorstufen (Carotine, Kryptoxanthin) werden in der Leber in das eigentliche Vitamin umgewandelt und diese aktivierende Umformung findet z. B. beim β-Carotin unter symmetrischer Aufspaltung des Moleküls und Aufnahme von Wasser statt. Als Fundstätten der Provitamine A sind in pflanzlichen Produkten hauptsächlich die grünen Blätter und manche gelbe oder gelbrot gefärbte Früchte und Wurzeln zu erwähnen, vor allem Karotten, Tomaten, Aprikosen. Bei den grünen Pflanzenteilen ist die gelbrote Farbe des Carotins durch Blattgrün verdeckt. Alle pflanzlichen Öle enthalten wechselnde Mengen von Carotin, wodurch ihre gelbe Färbung zustande kommt. Beim Olivenöl stammt die grünliche Farbe vom Chlorophyll des Fruchtfleisches der Olive.

In tierischen Organen finden sich wechselnde Mengen von Carotin und Vitamin A. Die Gesamtmenge A-wirksamer Stoffe im tierischen

---

[1] Nach W. Diemair, B. Bleyer und W. Schmidt.

Tabelle 6. Vitamin A bzw. Carotin in verschiedenen Nahrungsmitteln (nach L. K. Wolff).

	Carotin in γ für 100 g	Coward-IE	Scheunert-IE	Sherman-Einheiten[1]
Ananas	—	—	—	250
Äpfel	—	—	—	80
Apfelsinen	360	300	50	67
Aprikosen	470	—	—	5400
Bananen	250	80	—	275
Bete (Rote Rübe).	200	50	—	75
Bleichzichorie.	130	—	—	—
Bohnen, Schnitt-	170	—	—	—
Bohnen, Schnitt-, gesalzene	170	—	—	—
Bohnen, Brech-	220	600	—	—
Bohnen, Brech-, gesalzene .	180	—	—	—
Bohnen, braune.	20	—	—	—
Butter (Sommer-).	1650[2]	20000	8500[3]	3500
Butter (Winter-)	650[2]	800	3500	1200
Ei	500	3000	—	1000
Erbsen (grüne)	170	700	2500—4000	1250
Erbsen (Pahl)	430	—	—	—
Erbsen mit Schoten. . . .	430	—	—	—
Erdbeeren	60	—	—	—
Fischrogen	—	—	300—600	—
Fleisch, mageres	—	—	25	75
Karotten (Winter-)	6600	1900	2000—4000	5000
Karotten (Sommer-). . . .	9100	—	—	3000
Kartoffeln	Spur	—	bis 50	40
Käse.	370—750	—	2500—5000[3]	80—3500
Kirschen	300	—	—	20—800
Kohl, Blumen-	10	—	sehr wenig[3]	50
Kohl, Grün-	5500	900?	sehr wenig[3]	2000 (chin. Kohl)
Kohl, Rot-	10	—	—	—
Kohl, Savoyer-	30	—	—	—
Kohl, Weiß-	10	—	sehr wenig[3]	50
Kohlrabi	—	—	sehr wenig[3]	—
Leber (Rinder-)	bis 30000	—	250—7000	—
Leber (Kalbs-)	—	—	—	7300
Mandarinen	360	—	—	—
Milch (Sommer-)	27[2]	700	1300[3]	250
Milch (Winter-).	22[2]	140	350[3]	80
Muscheln	—	—	300—600	—
Pfirsiche (gelb)	—	—	—	1000
Pflaumen, getrocknete . . .	250	—	—	2500
Rosenkohl	650	—	—	300
Rübenstielchen	2060	—	—	—
Salat, Endivie	1160	—	—	—
Salat, Endivie, gesalzene .	1160	—	—	—
Salat, Koch-	2000	—	10000—30000	25000
Salat, Kopf-	1430	—	—	4000
Sellerieknollen	10	—	—	—
Spinat	4390	13000	12000—30000[3]	25000
Tomaten	300	3000	2500	1500
Weizenkeime	—	650	500	—

[1] Sherman-Einheit $= \pm 1{,}4$ IE, also 1 IE $= \pm 0{,}7$ Sherman-Einheit.
[2] $=$ Vitamin A als Carotin.
[3] Nach neueren Arbeiten von A. Scheunert: Forschungsdienst 3, 523 (1937).

Körper ist von der Zufuhr durch die Nahrung abhängig, der Anteil an den beiden Komponenten, nämlich Vitamin bzw. Provitamin, wird von dem Grade der Umwandlung beeinflußt.

2. Einheiten. Im allgemeinen wird die biologische Standardisierung von Vitaminpräparaten dem Tagesbedarf der betreffenden Versuchstiere angepaßt. Die Tagesdosis an Vitamin A liegt für die wachsende Ratte zwischen 0,5 und 1 γ. Als internationale Einheit (IE) für die Vitamin A-Wirkung wird die Wirkung von 0,6 γ an β-Carotin angenommen. Das standardisierte Vitamin A-Präparat „Vogan" ist eine ölige Lösung eines hochaktiven Vitamin A-Konzentrates[1] und enthält auf 1 cm³ 40000 alte biologische = 120000 auf biologischem Wege bestimmte internationale Einheiten.

Tabelle 7. Vitamine und natürliche Provitamine A.

Name	Vorkommen	Formel	Absorptions-Banden	Opt. Akt.	Schmelz-punkt
Vitamin A$_1$ . .	In tierischen Organismen	$C_{20}H_{30}O$	328 mμ*	$\pm$ 0°	7,5—8°
Vitamin A$_2$ . .	Hauptsächlich in Süßwasserfischen	$C_{22}H_{32}O$	346, 284 mμ	$\pm$ 0°	—
α-Carotin . . .	Neben β-Carotin, besonders im roten Palmöl	$C_{40}H_{56}$	in CS$_2$: 511, 478, 446 mμ	[α] Cd= + 380°	187°
β-Carotin . . .	Karotte, Beerenfrüchte, Paprika u. a. chlorophyllführende Pflanzenteile	$C_{40}H_{56}$	in CS$_2$**: 520, 484, 452 mμ. Benzin: 485, 452, 424 mμ	$\pm$ 0°	184°
γ-Carotin . . .	Früchte von Gonocaryum, 0,1% im Handels-Carotin	$C_{40}H_{56}$	in CS$_2$: 533, 496, 463 mμ. Benzin: 495, 462, 431 mμ	$\pm$ 0°	178°
Kryptoxanthin	Physalisarten, Mais, Carica papaya, Paprika	$C_{40}H_{56}O$	in CS$_2$: 520, 484, 452 mμ. Benzin: 485, 452, 424 mμ	$\pm$ 0°	169°

3. Vitamin A. a) Der Nachweis erfolgt mittels der Blaufärbung, die eine Lösung des zu untersuchenden Öles mit einer nach bestimmter Vorschrift hergestellten Antimontrichloridlösung gibt (Reaktion nach Carr und Price). Diese Reaktion ist nicht spezifisch, da außer Vitamin A auch manche Derivate des Jonons [H. Willstädt (1)], Carotinoide (Milas und McAlevy), schließlich geschmolzenes Cholesterin und einige seiner Oxydationsprodukte (Moore und Willimott) mit dem genannten

---

[1] Cocosnußöl oder Baumwollsamenöl sind am geeignetsten. — Vgl. E. M. Hume u. H. Chick: Med. Res. Council, Rep. on Biol. Standards IV.

* Zur Berechnung der Vitamin A-Menge in 1 g Substanz aus der Absorptionsintensität muß der gefundene Absorptionskoeffizient $E^{1\%}_{1\,cm}$ 328 mμ mit dem Faktor 1600 multipliziert werden.

** In Chloroform: $E^{1\%}_{1\,cm}$ bei 463 mμ = 1900.

Reagens Blaufärbungen geben. Noch ungünstiger verhält sich die von
Rosenthal und Erdelyi vorgeschlagene Abänderung der Carr-Price-
Reaktion mittels Brenzcatechin und Guajacol. Durch diese Reagenzien
wird nämlich nicht Vitamin A, sondern Cholesterin erfaßt (M. van
Eekelen). Trotzdem bietet die Antimontrichloridreaktion ein für viele
Zwecke hinreichend genaues Mittel, um bei sorgfältiger Arbeitsweise
Vitamin A auch quantitativ zu bestimmen. Wichtigste Voraussetzung
ist die Entfernung störender Stoffe vor der Messung, insbesondere emp-
fiehlt sich in manchen Fällen die Zerlegung der Vitamin A-Carotinoid-
Gemische mittels der chromatographischen Adsorptionsmethode. Für
die Prüfung selbst kommt das Stufenphotometer von Zeiß-Pulfrich
immer mehr in Verwendung (vgl. M. van Eekelen, A. Emmerie,
H. W. Julius und L. K. Wolff; A. Emmerie, H. W. Julius und
L. K. Wolff); es hat vor dem Lovibond-Tintometer den Vorteil einer
gleichmäßigeren Verteilung der Meßgenauigkeit über einen größeren
Konzentrationsbereich.

b) Vitamin A-Bestimmung mit dem Pulfrich-Photometer.
Von den beiden bei der Antimontrichloridreaktion auftretenden Absorptionsbanden im Bereich von 610—620 mμ und 572—583 mμ ist nur
die Bande bei 610—620 mμ für Vitamin A charakteristisch. Diese Absorption läßt sich im Pulfrich-Photometer in einfacher Weise mit
Hilfe des Filters S 61 bestimmen, dessen Durchlaßgebiet ungefähr dem
Bereich der genannten Absorptionsbande entspricht.

c) Herstellung des Antimontrichlorid-Reagens [1]. Bei der
Bereitung der Antimontrichloridlösung können Spuren von Alkohol
oder Feuchtigkeit im Chloroform nicht nur die Löslichkeit von Antimontrichlorid erheblich beeinflussen, sondern auch die Farbtiefe verändern.
Daher muß eine sorgfältige Reinigung des Chloroforms vorangehen. Das
Chloroform wird 2—3mal gründlich mit dem gleichen Volumen Wasser
durchgeschüttelt und dann über geglühter Pottasche getrocknet. Hierauf
destilliert man das Chloroform und verwirft die ersten 10% des Destillates,
die meist trübe überdestillieren. Während des Trocknens und der Destillation ist das Chloroform vor Licht zu schützen. Das Antimontrichlorid
(reine Handelssorte, zweckmäßig über Schwefelsäure nochmals getrocknet)
wird mit dem reinen, trockenen Chloroform gewaschen, bis die Flüssigkeit
klar abläuft. Aus dem so vorbehandelten Antimontrichlorid bereitet man
eine bei 20° gesättigte Chloroformlösung, die einen Gehalt von etwa
21—23% Antimontrichlorid aufweist. Um sich von der Reinheit dieser
Lösung zu überzeugen, wird eine titrimetrische Gehaltsbestimmung durchgeführt:

1 cm³ der Lösung wird in einem Becherglas mit einer Lösung von 2 g Kalium-
natrium-tartrat in 20 cm³ Wasser gut umgeschüttelt, mit 2 g Natriumbicarbonat
versetzt und dann mit $^1/_{10}$ n-Jodlösung titriert (Stärkelösung als Indicator). 1 cm³
$^1/_{10}$ n-Jodlösung entspricht 0,01141 g Antimontrichlorid. Das Reagens wird in einer
mit Glasstöpsel gut verschlossenen, braunen Glasflasche aufbewahrt. Es ist zweckmäßig, für den laufenden Gebrauch kleine Fläschchen zu etwa 100 cm³ abzufüllen,
da durch die häufige Entnahme von 2—2,5 cm³ Reagens mittels einer Pipette

---

[1] Bei der Beschreibung der einzelnen Punkte folgen wir der Arbeitsvorschrift
von K. Ritsert aus dem Hauptlaboratorium von E. Merck, Darmstadt; vgl.
E. Mercks Jber. über 1935, **49**, 19—33 (1936).

leicht Feuchtigkeit in die Stammlösung gelangen kann, was einen oft unbemerkten Einfluß auf die Farbtiefe hat.

d) **Ausführung der Messung.** Die Ablesungen müssen bei Erreichung des Maximums, d. h. innerhalb 5—10 Sekunden, vorgenommen werden. Zur Ablesung sollen zwei Personen zur Verfügung stehen: Die eine mischt in der Cuvette, die sich schon im Apparat befindet, die Reagenzien und rührt dabei kurz mit einem trockenen Glasstab um, die zweite nimmt nach 5 und 10 Sekunden die Ablesung vor.

e) **Beispiel einer Vitamin A-Bestimmung (Vogan).** „In eines der Cuvettengläser von 10 mm Schichtdicke gibt man 2,5 cm³ Wasser, in das andere genau abgemessen 0,25 cm³ einer Voganlösung in Chloroform, die genau 1:1000 eingestellt ist. Nun gibt man aus einer Pipette mit etwas erweiterter Öffnung — um ein rasches Abfließen zu gewährleisten — 2,5 cm³ Antimontrichloridreagens hinzu und rührt dabei mit einem Glasstäbchen kurz durch, obwohl an sich schon durch das rasche Einlaufen eine Durchmischung erfolgt. Die Ablesung kann nun, da in 2—3 Sekunden die Mischung der Reagenzien vollzogen ist, nach 5 Sekunden vorgenommen werden, eine zweite nach 10 Sekunden. Bei der oben angegebenen Konzentration liegt die Durchlässigkeit bei 14,5—15,5—16—16,5—17%. Der Mittelwert = 16%. Nun wiederholt man die Ablesung noch 1—2mal mit zwei neuen Proben und nimmt den Mittelwert."

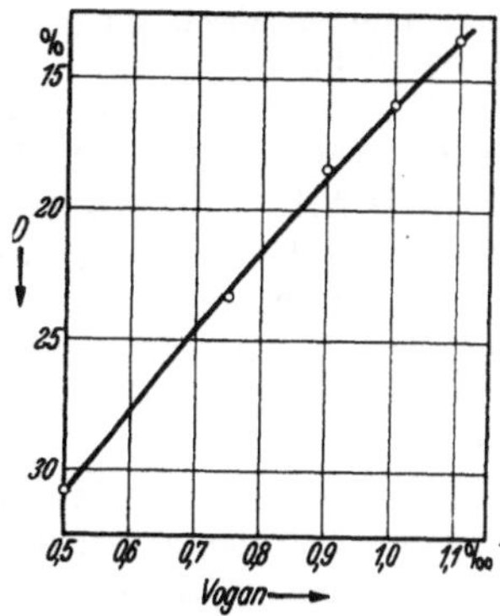

Abb. 1.
Eichkurve für die Vitamin A-Bestimmung mittels Vogan.

Für Vogan ergibt sich die Eichkurve (Abb. 1), auf der die Ordinate die Konzentrationen, die Abszisse die Absorption in Prozenten der eingestellten Intensität zeigt. Diese Kurve ist in ihrem für die Praxis in Betracht kommenden Teil nahezu linear.

f) **Vitamin A-Bestimmung im Lebertran.**

Die colorimetrische Messung von Vitamin A im **Dorschlebertran** wird mit dem daraus isolierten Unverseifbaren vorgenommen, da im Tran selbst die Entwicklung des maximalen Blauwertes durch Hemmungsstoffe, vermutlich fettsäureartiger Natur (**Poulsson; Coward, Dyer, Morton und Gaddum; K. Ritsert**), behindert ist. Bei frischem Tran beträgt das Verhältnis der Farbstärke des ursprünglichen Öles zu derjenigen des Unverseifbaren 1:2, bei gealtertem Material kann eine noch größere Abweichung (z. B. 1:3) auftreten.

Verseifung. 2,5 g Ätzkali werden in 5 cm³ Feinsprit gelöst, dann mit 10 g Tran versetzt und ¼ Stunde unter Durchleiten von Stickstoff gelinde gekocht. Man fügt nun 35 cm³ Wasser zu, extrahiert einmal mit 90 cm³ und 2mal mit 45 cm³ Äther und schüttelt gut durch, wobei niemals für längere Zeit eine Emulsion entsteht. Hat man vitaminreiche Öle, so muß man 1—2mal mehr extrahieren (Prüfung mit Antimonreagens, ob kein Vitamin A mehr im Äther ist). Man wäscht die gesamten Ätherlösungen 3—4mal mit 15 cm³ Wasser, einmal mit 15 cm³ 0,5 n-Kalilauge, um Alkohol und Seife zu entfernen und schließlich mehrmals mit Wasser, trocknet mit Natriumsulfat und destilliert den Äther unter Ausschluß von Luftzutritt ab. Der letzte Rest des Äthers wird im Vakuum entfernt, dann der Rückstand in Chloroform gelöst.

Die gleichen Werte erhält man nach der Verseifungsmethode, die von der 2. Internationalen Konferenz zur Vitaminstandardisierung in London 1934[1] vorgeschlagen wurde. Auch hier wird 1 g Öl 5 Minuten mit 10 cm³ 0,5 n alkoholischer Kalilauge verseift und die Extraktion mit Äther — nicht mit Chloroform — ausgeführt.

Herstellung der Tran-Chloroformlösung. Zur Herstellung der Tranverdünnung ist genaues Abwiegen des zur Prüfung bestimmten Öles unbedingt erforderlich, insbesondere ist bei Konzentraten, wie z. B. Vogan — wobei zur Prüfung nur 0,1 g gebraucht werden — das Abwiegen auf der Analysenwaage unerläßlich. Ferner ist zu beachten, daß die Reaktion mit der Chloroformlösung des zu prüfenden Präparates möglichst bald nach der Herstellung vorgenommen werden muß, da die Chloroformlösungen nicht immer längere Zeit haltbar sind, sondern schon nach ¹/₂—1stündigem Stehen bei Zimmertemperatur einen merklichen Rückgang aufweisen können. Dies trifft vor allem für die Verseifungsprodukte von Lebertran und anderen Fischölen zu, während Chloroformlösungen der Trane selbst haltbarer sind.

Bei der eigentlichen Vitamin A-Bestimmung werden 2 g Lebertran in einem Meßkölbchen genau abgewogen und mit reinem Chloroform D.A.B. 6 auf 10 cm³ aufgefüllt. Von dieser Lösung entnimmt man mit einer 1-cm³-Stangenpipette von etwa 15 cm Skalenlänge 0,25 cm³, gibt sie rasch in die Cuvette mit 1 mm Schichtdicke, in der sich 2,5 cm³ des Antimontrichloridreagenses befinden, rührt mit einem trockenen Glasstab gut durch und liest unter genauer Beobachtung des Minimums der Durchlässigkeit ab.

g) **Blauwertprüfung mit dem Lovibond-Tintometer.** Diese Vorrichtung gestattet, die Stärke der Blaufärbung durch verschiebbare, verschieden gefärbte Farbgläser rasch zu bestimmen und den Blaufarbton dadurch zu erhalten, daß noch gelbe und rote Farbscheiben vorgeschaltet werden. Als künstliche Lichtquelle bewährte sich im Hauptlaboratorium der Firma E. Merck eine 40 Watt Osram-Nitra-Milchglaslampe für 220 Volt, deren Licht jedoch nicht unmittelbar benutzt, sondern von einem dahinter aufgestellten weißen Milchglasrückstrahler reflektiert wird. Die Messung wird in ihrem ersten Teil nach der oben angegebenen Vorschrift (Beispiel einer Vitamin A-Bestimmung im Lebertran) durchgeführt. Die Ablesung erfolgt beim Maximum der Blaufärbung. Um den übereinstimmenden Farbton zu erhalten, ist meist die Vorschaltung von gelben oder roten Farbgläsern notwendig, die aber bei der Ablesung nicht berücksichtigt werden. Man führt 4—5 Bestimmungen aus und nimmt von den gefundenen Blauwerten den Mittelwert. Ein guter Durchschnittstran (20 mg Öl für 1 cm³ Reagens) gibt 10 Blau, 3,5 Gelb, 1 Rot, das sind 10 Standard-Blaueinheiten = 1 CLO (Cod Liver Oil-Einheit).

Als „**Standardtran**" bezeichnet man jenen, von dem eine Menge von 20 mg in 0,1 cm³ Chloroform gelöst, mit 1 cm³ Antimontrichloridreagens in einer Cuvette von 10 mm Schichtdicke 10 Lovibond-Einheiten ergibt (**Drummond** und **Baker**; v. **Euler**; **Moore**; v. **Euler** und **Karrer**).

h) **Vergleich zwischen Standardtran und Vogan.** Um die Vitamin A-Konzentration eines Trans mit derjenigen von Vitamin A-

---

[1] Fettchem. Umsch. **1934**, H. 11, 226.

Präparaten zu vergleichen, müssen stets die nach der Verseifung mit dem Unverseifbaren erhaltenen Blauwerte zugrunde gelegt werden.

Bei der Prüfung des Vogans wiegt man 0,1 g mit der Analysenwaage ab, füllt auf 10 cm³ im Meßkölbchen mit Chloroform auf, verdünnt je 1 cm³ davon auf 10 cm³ bzw. auf 20 cm³ und versetzt je 0,2 cm³ der so erhaltenen 0,1%- und 0,05%igen Voganlösung mit 2 cm³ Reagens. Bei genügender Übung und strenger Einhaltung der angegebenen Bedingungen gelingt es mit Sicherheit, reproduzierbare Werte zu erhalten. Immerhin können sich bei durch verschiedene Prüfer vorgenommenen Ablesungen geringe Schwankungen ergeben, die indessen eine Abweichung von etwa 0,5 Blau vom Mittelwert sicherlich nicht überschreiten werden.

Vogan 1:1000 = 10 Blau, 4 Gelb,
Vogan 0,5:1000 = 6,5 Blau, 2,5 Gelb,
Standardtran verseift 1:10 = 10 Blau, 4 Gelb.

Auf Grund dieses Ergebnisses wird Vogan als „100fach Standardtran" bezeichnet, wobei zu bemerken ist, daß aus den oben angedeuteten Gründen der Tran als „Standardtran" bezeichnet wurde, der mit 20 mg Öl und 1 cm³ Reagens 10 Blau ergibt. Wollte man z. B. den Lebertran als Standard wählen, der nach dem Brit. Arzneibuch als Mindestforderung 6 Blau ergibt, so wäre das Vogan als „200fach Standardtran" zu bezeichnen. Um die Vitaminstärke X eines beliebigen Tranes oder Vitamin A-Öles in bezug auf den Vitamin A-Gehalt des „Standardtranes" zu ermitteln, verfährt man wie folgt:

Man gewinnt, wie oben beschrieben, das Unverseifbare aus dem zu untersuchenden Öl und stellt daraus eine Chloroformlösung von einer solchen Konzentration her, daß 0,2 cm³ dieser Lösung mit 2 cm³ Antimonreagens 10 Blau bzw. 0,1 cm³ mit 2 cm³ Reagens 6,5 Blau ergeben. Man rechnet nun aus, wieviel Gramm des ursprünglichen Öles 100 cm³ dieser Chloroformlösung entsprechen. Die Vitaminstärke X des zu untersuchenden Tranes, bezogen auf die Vitaminstärke von „Standardtran" = 1 errechnet sich dann nach der Formel:

$$X = \frac{10}{C}.$$

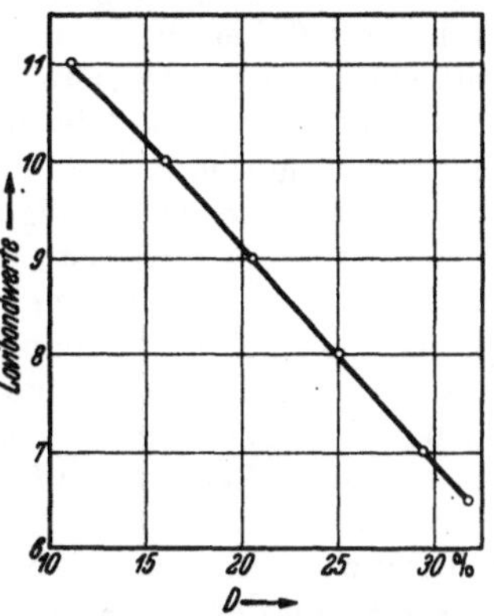

Abb. 2. Vergleich der Lovibond-Blauwerte mit den Stufenphotometerwerten.

i) Vergleich der Lovibond-Blauwerte mit den Stufenphotometerwerten. Aus der Gegenüberstellung der mit dem Lovibond-Tintometer und dem Stufenphotometer gewonnenen Kurven können die international eingeführten Lovibond-Einheiten mit den nach Zeiß-Pulfrich erhaltenen verglichen werden. Es entsprechen:

Lovibond-Einheiten	11	10	9	8	7	6,5 Blau[1]
Pulfrich-Einheiten	11	16	20,5	25	29,4	31,5

Für das Pulfrich-Photometer gilt ebenso wie für das Lovibond-Tintometer eine Fehlerbreite von etwa ± 5%. Die Ablesungen werden zweckmäßig zwischen 14—35% Durchlässigkeit vorgenommen, da die Rotfarbe über 35% etwas zu leuchtend, unter 14% aber zu dunkel ist.

---

[1] 6,5 Einheiten „Blau" bedeutet, daß 0,2 cm³ einer 20%igen Lösung des Tranes (unverseifbarer Anteil) mit 2 cm³ des Reagens eine Blaufärbung geben, die 6,5 Lovibond-Einheiten entspricht.

Berechnung. Wurden 2 g Lebertran auf 10 cm³ mit Chloroform aufgefüllt, 0,25 cm³ dieser Lösung mit 2,5 cm³ des Antimontrichloridreagens versetzt und die Durchlässigkeit der blauen Reaktionslösung in 1 cm Schichtdicke mit Filter S 61 gemessen, so entnimmt man zu der gemessenen Durchlässigkeit die internationalen Carr-Price-Werte direkt aus der Eichkurve in Abb. 2.

Wurden dagegen nicht wie oben 20 mg Einwaage in 1 cm³ Antimontrichloridreagens verwendet, sondern mehr (bei Vitamin A-armen Ölen) oder weniger (bei Konzentraten), so berechnet man den Carr-Price-Wert nach folgender Formel:

$$\frac{20 \cdot \text{aus der Eichkurve entnommener Carr-Price-Wert}}{\text{mg Einwaage pro Kubikzentimeter Antimontrichloridreagens}}.$$

Der Gültigkeitsbereich dieser Gleichung ist beschränkt durch die Tatsache, daß die Intensität der Blaufärbung nicht direkt proportional der Dichtebezeichnung der Farbgläser des Lovibond-Tintometers ist. Man muß daher die Konzentration des Trans so wählen, daß man ungefähr immer bei demselben Carr-Price-Wert prüft (etwa 6,5 bzw. 10).

k) **Spektrographische Vitamin A-Bestimmung.** Die spektrographische Methode bedient sich der Messung der Absorptionsintensität bei 328 mμ, die eine 1%ige Lösung des Testmaterials in einer Schichtdicke von 1 cm aufweist; der Extinktionskoeffizient E ist definiert als $\log I_0/I$, wobei I_0 die Intensität des eintretenden und I diejenige des durchgelassenen Lichtes bedeutet. Dieses Verfahren eignet sich nur für die Bestimmungen von Produkten mit hohen Vitamin A-Konzentrationen, da bei niedrigem Vitamin A-Gehalt der Einfluß störender Stoffe zu sehr ins Gewicht fällt, worauf neuerdings wieder von Gulbrand Lunde, V. Aschehoug und H. Kringstad hingewiesen wurde. Um störende Substanzen möglichst auszuschalten, verwendet man den unverseifbaren Anteil der Öle. Die spektrographische Auswertung von Vitamin A kann aber auch durch Messung der Absorptionsintensität der blauen Antimontrichloridlösung erfolgen, die bei der Reaktion nach Carr-Price erhalten wird. Diese zeigt charakteristische Absorptionsbanden bei 620—608 mμ (und 574—570 mμ), die verschieden sind von denen des β-Carotins und anderer Carotinoide. Daher kann dieses spektroskopische Verfahren zur quantitativen Bestimmung von Vitamin A neben Carotin verwendet werden. Die Intensitäten der Ultraviolettabsorption bei 328 mμ sind den Farbtiefen der Antimontrichloridreaktion direkt proportional[1].

Fehlerquellen der Vitamin A-Bestimmung durch Ultraviolettspektrographie (A. Chevallier). α) Vitamin A wird zum Teil durch die Ultraviolettstrahlung zerstört, die von der sehr empfindlichen Substanz absorbiert wird, und zwar beträgt die Zerstörung etwa 20% in 10 Minuten[2].

β) Eine teilweise Zerstörung von Vitamin A kann auch durch das Lösungsmittel erfolgen, in dem das zu bestimmende Produkt

---

[1] Über ein neues photoelektrisches Verfahren vgl. R. L. McFarlan, J. Reddie und E. C. Merrill.

[2] Eine ausführliche, für die Zwecke der Praxis geeignete Darstellung enthält die Arbeit „Methoden zur Bestimmung von Vitamin A bzw. Carotin in Nahrungsmitteln" von L. K. Wolff (1).

aufgenommen wurde; sehr ungünstig ist Chloroform, am geeignetsten Hexan und Äthylalkohol.

γ) Die größten Fehler bei der Vitamin A-Bestimmung im Lebertran ergeben sich durch störende Stoffe mit einer Eigenabsorption im Bereich von 3600—2800 Å; die Messung der Absorption bei 328 mμ entspricht dann nicht dem Gehalt an reinem Vitamin A. Der Anteil, der durch die Absorption fremder Substanzen bedingt ist, kann auch nicht annähernd festgestellt werden, da er zu starken Schwankungen unterliegt. Es handelt sich dabei nicht um Fettsäuren oder Sterine (deren Absorption fast gleichbleibend ist), sondern um die Umwandlungsprodukte des Vitamin A, die eine starke Absorption im gleichen Spektralbereich zeigen. Diese Umwandlungsprodukte stammen teils aus den Leberzellen, andernteils bilden sie sich während des Herstellungsvorganges und der Lagerung des Seetieröles; schließlich entstehen sie auch durch Zerstörung des A-Vitamins während der Absorptionsmessung.

1) **Molekulardestillation** („Kurzweg"-Destillation). Durch die von C. R. Burch[1] entwickelte Methode der „molekularen Destillation" läßt sich Vitamin A aus Fischleberölen abtrennen, ohne daß vorher Verseifung und Extraktion vorgenommen werden müssen. Bei einer Temperatur von 120° geht das freie Vitamin A, bei Temperaturen zwischen 160

Abb. 3. Laboratoriumsapparat für die Molekulardestillation. (Jenaer Glaswerk Schott & Gen.)

und 260° gehen Ester des Vitamin A über, während geruchloses Öl zurückbleibt. Im Heilbuttleberöl fand K. C. D. Hickman (auch N. D. Embree) bei der Destillation sowohl unversehrtes als auch esterifiziertes Vitamin A. In Deutschland hat sich das Jenaer Glaswerk Schott & Gen. große Verdienste um die Entwicklung einer für die Molekulardestillation geeigneten Laboratoriumsapparatur (vgl. Abb. 3) erworben[2]. Die schonende Fraktionierung hitzeempfindlicher Stoffe wird bei dem

---

[1] Vgl. D. H. Killeffer.
[2] Eine ausführliche Beschreibung enthalten die Mitteilungen über Molekulardestillation der genannten Glaswerke. Siehe auch E. W. Fawcett: Kolloid-Ztschr. **1938** (Berichte über den „Schott-Kurs").

neuen Verfahren dadurch ermöglicht, daß die Kondensation schon erfolgt, bevor eine Reaktion zwischen den verdampften Molekülen eintreten kann. Der Abstand von Heiz- und Kühlfläche der unter Hochvakuum betriebenen Apparate ist von der Größenordnung der mittleren freien Weglänge der Moleküle. Die Kurzweg-Destillation läßt sich kontinuierlich durchführen, wenn Heiz- und Kühlfläche in Form zweier konzentrischer Rohre vorliegen und die zu destillierende Flüssigkeit als dünner Film über die Heizrohrfläche fließt; dann erfahren alle Teile des Destillates während derselben Zeit dieselbe Wärmebehandlung und es werden alle chemischen Umsetzungen vermieden, die bei längerem Sieden in einem Kolben auftreten können.

Tabelle 8. Vitamin A-Gehalt in Seefischen[1].

	IE in 1 g
Leberöle von:	
Dorsch (Gadus morrhua)	1000
Schellfisch (Gadus aeglefinus)	1000
Köhler (Gadus virens)	2000
Hering (Clupea harengus), große	4000—11 000
Hering (Clupea harengus), kleine	250
Makrele (Scomber scombrus), kleine (50—100 g)	600
„ „ „ große (300—600 g)	5000—10 000
Lachs (Salmo salar)	10000
Heilbutt (Hippoglossus hippoglossus)	50000
Thunfisch (Thunnus thynnus)	10000
Dornhai (Squalus acanthias)	1500
Fett im Fleisch von:	
Hering (Clupea harengus), groß	5—40
Hering (Clupea harengus), klein, ganzer Fisch	20—60
Brisling (Clupea sprattus), ganzer Fisch	10—60
Makrele (Scomber scombrus)	5—20
Fischkonserven:	
Brisling, ganz, roh	8—64
Brisling, geräuchert	11—64
Brislingsardinen, konserviert	8—56
Heringe, kleine, roh	23—60
Heringsardinen, konserviert	15—40
Hering, großer, Fleisch	2—38
Hering, großer, geräuchert	0—14

Der Vitamin A-Gehalt im Wal-Leberöl kann bis über 100000 internat. Einheiten pro Gramm betragen.

m) **Hilger-Vitameter.** Bei dieser Vorrichtung wird die Absorption bei 328 mμ mit empfindlichem Gaslichtpapier photographisch festgelegt.

---

[1] Nach Untersuchungen von G. Lunde, H. Kringstad u. Vestly: Tidsskr. Hermetikind. **19**, 305 (1935). Schmidt-Nielsen: Biochem. Journ. **23**, 1153 (1929). Notevarp: Tidsskr. Kjemi og Bergvesen **17**, 49 (1937). — G. Lunde, V. Aschehoug u. H. Kringstad: Journ. Ind. and Engin. Chem. **29**, 1171 (1937). — G. Lunde: Tidsskr. Hermetikind. **24**, 280 (1938); s. a. Ztschr. f. Vitaminforsch. **8**, 97 (1938/39). Die Werte für die Leberöle wurden teils colorimetrisch, teils spektrographisch ermittelt; die Werte für das Fett im Fleisch der Fische sowie für die Fischkonserven wurden durch chemische Bestimmung festgestellt.

Bei Leberölen und Vitamin A-Konzentraten stimmen die Werte mit den spektrographisch gefundenen überein. Bei der Bestimmung verschiedener Lebertrane wurde auch Übereinstimmung der Vitameterwerte mit den Blauwerten des Lovibond-Tintometers gefunden. Die Absorption des Unverseifbaren beträgt etwa 85—90% derjenigen des ursprünglichen Leberöles (Olaf Notevarp).

D. Carotinoide.

1. Carotinbestimmung in pflanzlichem Material[1]. Zur Vorbereitung kann das noch unzerkleinerte Pflanzenmaterial bei 90—100° ohne Verlust getrocknet werden, wenn Luftsauerstoff und starkes Licht ferngehalten werden. Sonst verwendet man etwa 2 g der frischen, zerkleinerten (Fleischwolf) Substanz und extrahiert erschöpfend mit Methanol und Benzin. Die Benzinschicht wird vom Methanol durch Wasserzusatz (10%) getrennt und mehrmals mit 90%igem Methanol ausgeschüttelt. Die Methanolschicht wird mit Benzin behandelt und die vereinigten Benzinphasen durch Waschen mit Wasser von Methanolresten befreit. Dann saugt man die Benzinlösung durch eine Schicht (10 cm hoch, Durchmesser $^1/_2$ cm) von Aluminiumoxyd (E. Merck, standardisiert nach H. Brockmann) und eluiert das Carotin mittels Benzin, allenfalls mit steigenden Anteilen von Benzol. Hierbei bleiben Chorophyll und andere Carotinoide im Aluminiumoxyd zurück. Die Bestimmung der Farbtiefe der Carotinlösung erfolgt im Pulfrich-Photometer (Filter S 47). Zur Umrechnung auf Milligramm Carotin benützt man eine Standard-Carotinlösung (0,1 mg reinstes Carotin in 100 cm³ Normalbenzin vom Siedebereich 70—80°).

Für die Untersuchung von Carotinoiden in Futtermitteln wurde die Verwendung von Diacetonlösung (100 Teile Diaceton mit 6 Teilen Wasser) an Stelle von Methylalkohol vorgeschlagen (D. M. Hegsted, J. W. Porter und W. H. Peterson).

Zur Bestimmung des Carotins in gelben Rüben wurde von M. Ott die Extraktionsvorschrift von N. T. Deleano und J. Dick verwendet. Die fein gemahlenen Rüben preßt man leicht ab und treibt sie durch ein Sieb. Der hiernach verbleibende Rückstand wird mehrmals mit 95%igem Alkohol ausgepreßt und mit Petroläther extrahiert. Der eingeengte Extrakt wird zum Ausfällen etwa vorhandener Harzstoffe mit Kalilauge versetzt und nach dem Waschen und Trocknen eingedampft. Der Rückstand wird in Chloroform aufgenommen und colorimetriert. Als Vergleichslösung benutzt man eine Carotin-Standardlösung, die 5 mg Carotin in 10 g Paraffin gelöst enthält.

2. Trennungen von Carotinoiden, z. B. Polyen-Kohlenwasserstoffen und Estern von den carotinoiden Alkoholen lassen sich durch die „Entmischungsprobe" herbeiführen. Beim Schütteln der petrolätherischen Lösung der Carotinoide mit 85—90%igem Methanol werden die Kohlenwasserstoffe und die Ester von der oberen Schicht („epiphasisch") aufgenommen, dagegen wandern die Polyenalkohole und Säuren in die polare

---

[1] Vorschrift von C. Pfaff und G. Pfützer.

Methanolschicht („hypophasisch"). Carotinoide Farbwachse, wie z. B.
Physalien (Palmitinsäureester des Zeaxanthin) oder Helenien (Xantho-
phyll-Dipalmitat) zeigen vor der Verseifung epiphasisches Verhalten,
nach der Verseifung gehen jedoch die Bestandteile (Säure bzw. Polyenalkohole) in die untere Schicht. Für die eingehende Untersuchung
lipoider Farbstoffgemische, wie sie in Naturprodukten häufig vorkommen,
ist die klassische Arbeitsweise aus der Veröffentlichung von Richard
Kuhn und H. Brockmann zu ersehen. Einzelne Abschnitte des Analysenganges sind im folgenden auszugsweise wiedergegeben.

a) Carotinoiduntersuchung nach R. Kuhn und H. Brockmann.
Bei Anwendung eines Mikrocolorimeters (F. Hellige, Freiburg) genügen
zur Analyse Farbstoffmengen von 0,001—0,01 mg. Als colorimetrischer
Standard dient eine Lösung von 14,5 mg reinstem Azobenzol in 100 cm³
96%igem Äthylalkohol (0,796 Millimole im Liter). Die farbgleichen
Lösungen der Carotinoide enthalten in 1 cm³ Benzin (Siedebereich
70—80°) die in der Tabelle 9 angegebenen Farbstoffmengen F in Milligramm. Für Lycopin kann als haltbarer Standard eine 10mal konzen-
triertere Azobenzollösung verwendet werden, die 145 mg Azobenzol in
100 cm³ 96%igem Äthylalkohol enthält. Die damit farbgleiche Lycopin-
lösung enthält in 1 cm³ Benzin 0,0078 mg Lycopin $C_{40}H_{56}$ (Absorptionsbanden bei 506, 474, 445 mμ).

Tabelle 9. Carotinoid-Farbwerte bezogen auf Azobenzol
(nach R. Kuhn und H. Brockmann).

F in mg	Farbstoff	Formel	Mol.-Gew.	Absorptionsbanden	
0,00235	α-Carotin	$C_{40}H_{56}$	536,5	478	447,5
0,00235	β-Carotin	$C_{40}H_{56}$	536,5	484	451
0,00252	Lutein	$C_{40}H_{56}O_2$	568,5	477,5	447,5
0,00252	Zeaxanthin	$C_{40}H_{56}O_2$	568,5	483,5	451
0,0027	Taraxanthin	$C_{40}H_{56}O_4$	600,5	472	443
0,0027	Violaxanthin	$C_{40}H_{56}O_4$	600,5	472	443
0,0046	Helenien	$C_{72}H_{118}O_4$	1047	477	447,5
0,0046	Physalien	$C_{72}H_{118}O_4$	1047	483	451

b) Trennung der Xanthophylle von Carotin, Lycopin und
Xanthophyllestern. Die Trennung der Xanthophylle[1] (Lutein, Zeaxanthin, Violaxanthin, Taraxanthin) von den Carotinen, Lycopin und
den Xanthophyllestern erfolgt durch Verteilung zwischen Benzin (70—80°)
und 90%igem Methanol. Dabei geht der größte Teil der Xanthophylle
in die Alkoholphase. Der Rest läßt sich der Benzinschicht durch nochmaliges Auswaschen mit 90%igem Methanol entziehen, während die
Farbwachse, α- und β-Carotin, sowie das Lycopin nahezu quantitativ
in der Benzinschicht bleiben. Durch solche Verteilung lassen sich kleine
Mengen von Xanthophyllestern, Carotin und Lycopin in Xanthophyll-
präparaten nachweisen, besonders wenn die anfänglich fast oder ganz

---

[1] Der Name wird von Kuhn und Brockmann als Gruppenbezeichnung für
die hydroxylhaltigen Carotinoide mit 40 Kohlenstoffatomen gemäß der Definition
in Ztschr. f. physiol. Ch. **197**, 145 (1931) gebraucht.

farblose Benzinschicht durch wiederholtes Ausschütteln mit 95%igem Methanol, das viel Benzin aufnimmt, konzentriert worden ist. Werden die vereinigten Alkoholphasen mit dem gleichen Volumen Wasser versetzt, so lassen sich durch mehrmaliges Ausschütteln mit Benzin alle Xanthophylle quantitativ in dieses überführen. Die Benzinlösung dient zur Trennung der Xanthophylle durch Adsorptionsanalyse und zur colorimetrischen Bestimmung.

Ist Chlorophyll anwesend, so geht es bei der ersten Verteilung in beide Schichten. In der Alkoholschicht wird es dadurch von den Xanthophyllen abgetrennt, daß die alkoholische Lösung vor dem Verdünnen mit Wasser mit etwas 2 n-NaOH vermischt und 2 Stunden bei Zimmertemperatur aufbewahrt wird. Das Chlorophyll wird dadurch verseift und bleibt beim Verdünnen und Ausschütteln mit Benzin in der alkalischen wäßrig-alkoholischen Schicht.

Die kleinen Mengen von Carotinen, Lycopin oder Xanthophyllestern, die auf Grund des Verteilungsverhältnisses in die Alkoholschicht gelangen, bewirken bei genügend großer Konzentration der Xanthophylle einen Fehler, der innerhalb der Fehlergrenze der colorimetrischen Bestimmung liegt. Sind jedoch kleine Mengen von Xanthophyllen neben viel Carotin, Lycopin und Farbwachsen zu bestimmen, so kann so viel von diesen Stoffen in die alkoholische Schicht gelangen, daß die Xanthophyllwerte erheblich gefälscht werden. In diesem Fall ist es nötig, die Alkoholschicht mit einigen Kubikzentimetern Benzin durchzuschütteln. Die Benzinschicht enthält dann alles Carotin, Lycopin und verestertes Xanthophyll der alkoholischen Phase, sowie etwas freies Xanthophyll, das mit 80%igem Methanol ausgeschüttelt und wieder zur Alkoholschicht zurückgegossen wird.

c) Trennung der Xanthophyllester von Carotin und Lycopin. Die Abtrennung der Xanthophyllester erfolgt durch Verseifung, wonach die freien Xanthophylle sich durch Verteilung zwischen Benzin und 90%igem Methanol abtrennen lassen.

Zur Verseifung der Xanthophyllester wird die Benzinlösung von der ersten Verteilung mit dem gleichen Volumen 5%iger äthylalkoholischer Kalilauge, die 4% Wasser enthält, vermischt und 3 Stunden bei 40° aufbewahrt. Danach wird mit einer Wassermenge, die 20% der alkoholischen Kalilauge beträgt, entmischt und die Benzinschicht wiederholt mit 90%igem Methanol ausgeschüttelt, bis dieses farblos ist.

In der Benzinschicht können nach der Verseifung noch Carotine und Lycopin enthalten sein, die sich durch Adsorption an Fasertonerde trennen lassen. Gießt man die durch häufiges Waschen mit Wasser und Alkohol befreite Benzinlösung durch eine Schicht von Fasertonerde, so wird das Lycopin viel stärker adsorbiert als Carotin. Durch Nachwaschen mit Benzin läßt sich das Carotin aus der Fasertonerde entfernen und colorimetrieren, während das Lycopin noch quantitativ an dem Adsorptionsmittel haftet. Das Lycopin wird durch Benzin, das 1% Äthylalkohol enthält, eluiert.

d) Gekürzte Beschreibung des Analysenganges. α) *Extraktion und erste Entmischung.* 0,1—0,2 g feingepulvertes, getrocknetes

Pflanzenmaterial[1] werden mit insgesamt 40—50 cm³ absolutem Methanol, danach mit 40—50 cm³ Benzin (E. Merck, Siedepunkt 70—80°), die man in kleinen Anteilen zusetzt, in einer Porzellanreibschale gründlich verrieben. Das zurückbleibende Pulver darf bei der Untersuchung mit der Lupe keine gefärbten Partikelchen mehr aufweisen. Die Extrakte werden quantitativ durch eine Glassinternutsche in einen zylindrischen graduierten Scheidetrichter von 120 cm³ Inhalt übergeführt, worauf durch so viel Wasser (4—5 cm³) entmischt wird, daß das Methanol 10% davon enthält. Nach kräftigem Durchschütteln wartet man, bis eine saubere Trennung der beiden Schichten erfolgt ist. Die untere Schicht läßt man in einen 200 cm³ fassenden zylindrischen Scheidetrichter fließen und wäscht die Benzinschicht 2—3mal mit etwas 90%igem Methanol. vorsichtig nach, bis dieses farblos bleibt.

Um der Methanolschicht kleine Mengen von Carotin, Lycopin oder von Xanthophyllestern zu entziehen, wird sie 1—2mal mit einigen Kubikzentimetern Benzin durchgeschüttelt. Das vorsichtig abgetrennte Benzin wird in einem kleinen Scheidetrichter 2—3mal mit 90%igem Methanol gewaschen und mit der Hauptbenzinlösung vereinigt. Das zum Auswaschen benötigte Methanol wird zur Hauptmenge der Methanollösung gegeben.

β) Verarbeitung der Alkoholphase. Ist die Alkoholschicht durch Chlorophyll grün gefärbt, so wird sie mit 10 cm³ 2 n-NaOH versetzt und 2 bis 3 Stunden bei Zimmertemperatur aufbewahrt. Anwesenheit von Flavonen zeigt sich durch gelbe bis rotgelbe Verfärbung nach dem Zusatz der Lauge an. Nach beendeter Verseifung des Chlorophylls wird mit etwas Benzin versetzt, mit Wasser auf das doppelte Volumen verdünnt und kräftig durchgeschüttelt. Zeigt die Lösung Neigung zur Bildung von Emulsionen, so wird noch etwas 2 n-Natronlauge zugegeben. Nach einigem Stehen scheidet sich die Benzinschicht klar und rein gelb ab. Mehrmaliges Nachextrahieren mit Benzin entzieht der wäßrig-alkoholischen Schicht alles Xanthophyll. Die vereinigten Benzinextrakte werden gründlich (5—6mal) mit Wasser gewaschen und in einem Meßkolben auf ein für die Colorimetrie geeignetes Volumen gebracht. Die Benzinschicht muß sehr sorgfältig gewaschen werden, weil Spuren von Alkohol die Adsorptionsanalyse stören.

γ) Verarbeitung der Benzinphase[2]. Das Chlorophyll, das bei der ersten Verteilung zum Teil mit ins Benzin gegangen ist, gelangt bei dieser zweiten Verteilung in den Alkohol, aus dem in der gleichen Weise wie bei der ersten Trennung die Xanthophylle nach dem Verdünnen mit Wasser durch Benzin ausgeschüttelt und der Adsorptionsanalyse unterworfen werden.

---

[1] Kuhn und Brockmann pflegen bei 15—20 mm über Phosphorpentoxyd zu trocknen. Bei der Verarbeitung von frischem tierischen Material, z. B. von Lebern, ist es vorteilhaft, die Extraktion unter Zusatz von Quarzsand vorzunehmen. Zur Bestimmung der Carotinoide im Blutserum fällen Kuhn und Brockmann zunächst mit dem gleichen Volumen Methanol und extrahieren den abzentrifugierten Niederschlag in der beschriebenen Weise. Der überstehende 50%ige Alkohol enthält keine Carotinoide, kann aber von Bilirubin gelb gefärbt sein.

[2] Die Verseifung der Xanthophyllester wird nach der in Punkt c) beschriebenen Weise durchgeführt (vgl. oben, zweiter Absatz).

Die Benzinschicht der zweiten Verteilung enthält Carotin und Lycopin, deren Trennung durch Adsorptionsanalyse der sorgfältig gewaschenen Benzinlösung vorgenommen wird. Als Adsorptionsmittel dient in diesem Fall eine Mischung von 10 Teilen Fasertonerde (E. Merck, nach Wislicenus) und 40 Teilen Aluminiumoxyd (anhydr. puriss., E. Merck)[1]. Die Trennung wird in genau derselben Weise vorgenommen wie bei den Xanthophyllen. Das Carotin läuft beim Nachwaschen mit Benzin bedeutend schneller durch die adsorbierende Schicht als das Lycopin, das als leuchtend roter Ring nur langsam wandert. Das Lycopin wird nach quantitativem Durchwaschen des Carotins mit Benzin, das 1% Äthylalkohol enthält, eluiert.

Der Vergleich der Farbstärke erfolgt in einem Mikrocolorimeter, dessen Gefäße 1 cm³ fassen. Um Verdunstung der Lösungsmittel zu vermeiden, werden diese Gefäße mit gut passenden Korkdeckeln verschlossen, die in der Mitte eine Öffnung zur Durchführung der Glaszylinder besitzen. Die Ablesungen können bei Tageslicht oder im Licht einer Tageslichtlampe erfolgen, wobei die Genauigkeit durch Einschalten eines Blaufilters (Kobaltglas) erhöht wird. Die Schichtdicke der Azobenzollösung bleibt konstant (10 mm), dann wird die Schichtdicke der Carotinoidlösung verändert, bis beide Lösungen farbgleich erscheinen und das Mittel aus 6—10 Ablesungen genommen. Durch geeignete Verdünnung mit Benzin wird der Gehalt der Carotinoidlösung so eingestellt, daß die erforderliche Schichtdicke zwischen 4 und 20 mm liegt. Für alle angeführten Farbstoffe ist innerhalb dieser Grenzen das Beersche Gesetz gültig.

e) **Bestimmung von Carotinoiden im Eidotter** (nach R. Kuhn und H. Brockmann). Die vom Eiklar befreiten Dotter werden mit Aceton (doppeltes Volumen) gut verrührt, bis ein feinkörniger Niederschlag entsteht. Diesen extrahiert man noch 2—3mal mit Aceton und wäscht mit Benzin, wobei er rein weiß wird. Die vereinigten Aceton- und Benzinauszüge versetzt man mit Wasser, um allen Farbstoff in die Benzinschicht zu bringen. Diese Schicht wird gut gewaschen und mit 90%igem Methanol ausgeschüttelt.

Tabelle 10. Carotinoide in verschiedenen Eidottern.
(Farbstoffmengen in Milligramm, bezogen auf 100 g frischen Dotter.)
(Nach R. Kuhn und H. Brockmann.)

Material	Freies Lutein	Absorptions-banden		Lutein-ester	Carotin	Absorptions-banden		
Bulgarische Hühnereier	4,50	475	455	0,65	0,94	504	474	448
	3,08	479	450	0,41	0,11	481	451	
Chinesische Hühnereier	2,96	476	446	0,24	0,24	481	450	
	8,13	478	447	1,38	0,83	481	450	
RumänischeHühnereier	3,10	476	446	0,59	0,16	480	450	
	6,01	478	448	1,49	0,23	481	450	
Chinesisches Entenei	3,80	478	448	0,47	0,94	483	452	
Badische Taubeneier	4,65	478	447	0,11	0,31	480	450	
	4,45	477	447	0,64	0,36	480	450	
Bebrütetes Taubenei	4,35	477	447	0,53	0,33	480	449	

[1] Grobkörnig.

f) **Die chromatographische Bestimmung der Provitamine A** erfolgt nach L. Zechmeister[1] in folgender Weise:

„Das pflanzliche oder tierische **Ausgangsmaterial** wird entsprechend fein verteilt, entwässert und mit Äther erschöpft. Man verseift den Auszug durch Stehenlassen über 30% methylalkoholischem Kali während 24 Stunden, gibt viel Wasser zu, zapft die Unterschicht ab, wiederholt, wenn nötig, die alkalische Behandlung und wäscht den Äther schließlich alkalifrei. Handelt es sich um ein Fett, so kann dasselbe in der Maschine zerhackt und direkt in methanolische Kalilauge eingelegt werden, worauf man das verseifte Material mit Wasser versetzt und die gebildete Oberschicht gründlich auswäscht.

Der ätherische Extrakt wird (nach dem Trocknen mit Natriumsulfat) völlig verdampft und sein in leichtem Benzin aufgenommener Trockenrückstand 3mal mit je 1 Volumen 85% Methylalkohol ausgeschüttelt. Man wäscht die abgehobene Oberschicht mit Wasser methanolfrei und gießt sie (nach dem Trocknen) auf eine Calciumhydroxyd- oder Aluminiumoxydsäule. Beim reichlichen Nachspülen mit Benzin bilden sich die folgenden Farbschichten aus:

Oben: Kryptoxanthin, Lycopin (wird verworfen), γ-Carotin, β-Carotin; unten: α-Carotin.

Nach dem Zerschneiden der Kolonne werden die einzelnen Säulenteile zerdrückt und in methanolhaltiges Benzin geworfen. Die Elution erfolgt sehr rasch; man saugt ab, wäscht nach, entfernt den Methanolgehalt mit Wasser und colorimetriert die getrocknete Farbstofflösung nach der bekannten Mikromethode von **Kuhn** und **Brockmann**.

Oft ist das Verteilen zwischen Benzin und 85% Methylalkohol vor der Chromatographie entbehrlich. In diesem Fall zeigt das Chromatogramm ein verwickelteres Bild, indem die Polyenalkohole und -ketone die obersten Säulenteile besetzen. Beim Aufgießen von Benzin hat man es jedoch meist in der Hand, die beiden Farbstoffklassen räumlich so weit zu trennen, daß die als Provitamin unwirksamen Vertreter mit dem Messer leicht entfernt werden können. Zu beachten ist die Mittelstellung des Kryptoxanthins.

Wie bei allen chromatographischen Versuchen, ist auch hier die einwandfreie Identifizierung der individuellen Farbstoffschichten von ausschlaggebender Bedeutung. Hat man ein öfters zu verarbeitendes Rohmaterial in dieser Hinsicht einmal gründlich untersucht, z. B. die Farbstoffe in kristallinischer Form isoliert, so wird man bei allen weiteren Ansätzen über das Wesen der pigmenthaltigen Scheiben zuverlässig orientiert sein.

Ist dies nicht der Fall, so gibt die spektroskopische Messung gute, aber nicht endgültige Anhaltspunkte. Es ist wohl am einfachsten, die optischen Schwerpunkte in der bereits zur Verfügung stehenden Benzin-Endlösung zu ermitteln. Ein besonders schönes Hilfsmittel bietet die sog. **Mischchromatographie**: Man löst in der individuellen Polyen-

---

[1] Berichte über Vitamine „5. Congrès internat. Techn. et Chim. des Ind. agricoles", Scheveningen 1937, Kongreßbericht S. 20ff. Vgl. L. Zechmeister: Carotinoide. Berlin 1934. — L. Zechmeister u. L. v. Cholnoky: Die chromatographische Adsorptionsmethode. Wien: Julius Springer 1937 u. 1938.

lösung jenes Carotinoid auf, mit welchem die Identifizierung vorgenommen werden soll und chromatographiert. Einheitlichkeit der Farbschicht bedeutet Identität, Zweiteilung Verschiedenheit. Dieses Verfahren ist der Bestimmung des Mischschmelzpunktes an die Seite zu stellen und erfordert in günstigen Fällen kaum mehr Substanz, als jene altbewährte Identitätsprobe. Die Kontrolle versagt allerdings, wenn das Kryptoxanthin von seinem physiologisch unwirksamen Isomeren Rubixanthin $C_{40}H_{56}O$ (**Kuhn** und **Grundmann**) unterschieden werden soll, doch kommt das erwähnte Polyen nur selten vor."

g) **Qualitativer Nachweis von Carotin in Ölen und Fetten** (**S. H. Bertram**). 15 cm³ Öl werden mit 7,5 cm³ Petroläther (Siedepunkt unter 60°) und 2 cm³ Amylalkohol gemischt, 1 cm³ konzentrierte Schwefelsäure ($d = 1,53$) zugefügt und 2 Minuten kräftig geschüttelt. Bei Anwesenheit von Carotin färbt sich die untere Säureschicht blau. Mittels dieser Reaktion wurde die Gegenwart von Carotin in folgenden natürlichen Fetten nachgewiesen: Eieröl, Milchfett, Rinderfett, Palmöl, Leinöl, Sojabohnen-, Rüb-, Senf- und Baumwollsamenöl.

E. Cholesterin.

Nachweis und Bestimmung. Außer den schon im Hauptwerk IV, 473 behandelten Verfahren kommen die folgenden in Betracht:

a) **Zur mikroskopischen Prüfung** fügt man zu kristallisiertem Cholesterin auf dem Objektträger etwa 80%ige Schwefelsäure, dann färben sich die Kristalle zunächst carminrot, später violett. Wird dazu etwas Jodtinktur gesetzt, so zeigen die Kristalle nacheinander Färbungen in violett, blau, grün und rot.

Zu beachten ist bei allen Farbreaktionen, die durch Zusatz von konzentrierter Schwefelsäure hervorgerufen werden, daß bei Gegenwart von Bestandteilen in der Probe, die sich durch die konzentrierte Säure braun oder schwarz färben, die eigentliche Farbreaktion gestört oder ganz verdeckt wird. Außerdem sind die genannten Farbreaktionen nicht für Cholesterin spezifisch, da auch andere Sterine und deren Derivate sowie viele andere hochmolekulare ungesättigte Alkohole, manche Harzsäuren und einige Terpene die Reaktionen liefern.

Liegen genügende Mengen des zu untersuchenden Materials vor, so wird eine Reindarstellung des Cholesterins und die Kennzeichnung durch die physikalischen Konstanten vorgenommen[1]. Zum Nachweis verwendet man folgendes Verfahren: Man löst die cholesterinhaltige Probe in möglichst wenig Äther und versetzt mit einer Brom - Eisessigmischung (5 g Brom in 100 g Eisessig) bis zur bleibenden Braunfärbung, worauf sich Cholesterindibromid in langen Nadeln vom Schmelzpunkt 122—125° ausscheidet (**A. Windaus**). Mit Lithiumchlorid in Pyridin entsteht eine kristallisierte, schwer lösliche Anlagerungsverbindung vom Schmelzpunkt 140°.

b) **Digitonidmethode** (IV, 474). Als Ergänzung dienen folgende Verfahren zur quantitativen Cholesterinbestimmung (s. a. bei Ergosterin, S. 595):

---

[1] Vgl. Bd. IV, S. 474f.

Colorimetrische Mikrobestimmung[1]. Zu 2 cm³ der Probe (Blutserum) fügt man in einem 100-cm³-Erlenmeyerkolben 20 cm³ Kalilauge (25%ig) und erhitzt das Gemisch 2—3 Stunden im siedenden Wasserbad. Nach dem Abkühlen wird die meist trübe Lösung in einen Scheidetrichter übergeführt und mit etwa 15 cm³ Chloroform geschüttelt. Nach Trennung der Schichten wird das Chloroform in einen trockenen Kolben abgelassen, worauf die Chloroformextraktion noch 4—5mal wiederholt wird. Die cholesterinhaltige Chloroformlösung wird mit etwa dem zehnten Teil trockenem Natriumsulfat entwässert. Dann filtriert man durch ein mit Chloroform angefeuchtetes Filter in einen 100-cm³-Meßkolben und wäscht den Natriumsulfatrückstand mit wenig Chloroform 1—2mal. Die nunmehr klare Lösung wird mit reinem Chloroform bis zur Marke aufgefüllt und kurz durchgemischt. Davon pipettiert man genau 10 cm³ in einen trockenen, mit eingeschliffenem Glasstöpsel versehenen Erlenmeyerkolben von 50 cm³ Inhalt, versetzt mit 2 cm³ Essigsäureanhydrid und 2 cm³ einer Mischung aus 9 Teilen Essigsäureanhydrid und 1 Teil konzentrierter Schwefelsäure (also 1,8 cm³ Essigsäureanhydrid + 0,2 cm³ H_2SO_4 konzentriert) und erwärmt genau 15 Minuten in einem Wasserbad von 35—38° unter Lichtausschluß (Brutschrank). Während dieser Zeit ist meist das Farbmaximum der grünen Lösung erreicht. Nun erfolgt die Messung mit dem Zeiß-Pulfrich-Photometer bei der Schichtdicke 30 mm (Filter S 61) gegen Wasser. Von wenigen Minuten zu Minuten muß die Ablesung mehrere Male wiederholt werden, so lange, bis keine Änderung mehr eintritt bzw. die Extinktion wieder abnimmt. Für die Berechnung ist der größte der erhaltenen Extinktionswerte einzusetzen. $A = 1745$, also für 30 mm Schichtlänge: $c = E \cdot 582$ mg-% Cholesterin.

In besonderen Fällen hat sich das folgende Verfahren bewährt: Cholesterin wird mit Digitonin niedergeschlagen, das Digitonid mit warmem Eisessig gespalten, das Digitonin mit Äther ausgefällt und Cholesterin in Chloroform aufgenommen. Die colorimetrische Bestimmung erfolgt nach Liebermann-Burchard. Liegt das Cholesterin in gebundener Form vor, so ergibt die direkte Bestimmung mittels der genannten Reaktion Werte, die bis zu 25% zu hoch sind; daher Verseifung, Fällung mit Digitonin und weitere Behandlung wie oben (M. Yasuda; W. M. Sperry; R. M. Smith und A. Marble; sowie J. Terrier). Untere Erfassungsgrenze 0,5 mg.

Titrimetrisches Verfahren. Das durch Lösungsmittel extrahierte, nötigenfalls verseifte Cholesterin wird als Digitonid gefällt, der Zuckerrest des gereinigten Digitonides hydrolysiert und jodometrisch bestimmt (F. Rappaport und R. Klapholz; vgl. auch E. C. H. J. Noyons).

c) **Bestimmung der Jodzahl.** Die Jodzahlbestimmungsmethode von H. P. Kaufmann (bromometrisches Verfahren) liefert, auf Cholesterin angewandt, nur bei kürzerer Reaktionsdauer ($^1/_2$—$1^1/_2$ Stunden) konstante Werte. Bei längerer Dauer der Einwirkung (über 2 Stunden) treten Substitutionsreaktionen auf, wie aus der folgenden Tabelle hervorgeht (W. Trappe).

---

[1] Liebermann-Burchardsche Methode (nach Krebs und Urbach).

Tabelle 11.
Theoretische Jodzahl von Cholesterin: 65,7 (Werte nach H.P. Kaufmann).

Stunden	$\frac{1}{2}$	1	$1\frac{1}{2}$	2	4	$6\frac{1}{2}$	10	15
Jodzahl gef.	67	67,1	67,8	69,3	72,7	77	79,7	87,3

Zur Cholesterinbestimmung in Eiern und Eierteigwaren siehe J. Tillmans, H. Riffart und A. Kühn (s. a. H. Riffart und H. Keller)[1].

F. Ergosterin.

1. Nachweis durch Farbreaktionen. Ergosterin und die anderen Sterine der Pilze unterscheiden sich vom Cholesterin und den eigentlichen Phytosterinen der höheren Pflanzen durch die sog. umgekehrte

a) Salkowskische Probe. Versetzt man die Chloroformlösung eines Pilzsterins mit konzentrierter Schwefelsäure, so färbt sich die Säure tiefrot, während die Chloroformschicht farblos bleibt.

b) Tortelli-Jaffe-Reaktion. Die ergosterinhaltige Probe wird in 10 cm³ Chloroform gelöst und mit 1 cm³ Eisessig und 2,5 cm³ einer 10%igen Lösung von Brom in Chloroform versetzt. Die nach einigem Schütteln auftretende Grünfärbung soll etwa 1 mg Ergosterin neben 1 g Cholesterin oder Phytosterin nachzuweisen gestatten (E. P. Häussler und E. Brauchli). Die Reaktion tritt aber auch bei Seetierölen und den daraus durch Hydrierung gewonnenen Fetten auf (s. IV, 519), ist sonach für Ergosterin nicht spezifisch. Dies wurde auch durch die Versuche von H. Wieland (H. Wieland und M. Asano; H. Wieland und G. A. C. Gouch) bewiesen, der eine positive Tortelli-Jaffe-Reaktion mit anderen Sterinen der Hefe (z. B. Neosterin, Faecosterin, Ascosterin usw.) feststellte.

c) Reaktion nach Rosenheim-Page. Eine Lösung von Ergosterin in Chloroform bzw. Dichloräthylen wird mit einer Lösung von 9 Teilen Trichloressigsäure und 1 Teil Wasser versetzt. Zunächst erfolgt Rotfärbung, die nach einiger Zeit in Hellblau übergeht. Der Vorschlag von I. H. Page, diese Reaktion für quantitative Bestimmungen zu verwenden, kann nicht empfohlen werden, da die Farbintensität der Reaktion je nach der Art der Vorbehandlung der Probe verschieden ist (F. Bilger, W. Halden und M. K. Zacherl).

Auch die Liebermann-Burchardsche Reaktion (s. IV, 473), die für Zwecke der quantitativen Bestimmung verwendet wurde (A. Heiduschka und H. Lindner), liefert keine einwandfreien Ergebnisse (F. Bilger, W. Halden und M. K. Zacherl).

2. Ergosterinbestimmung in der Hefe. Nach den bisherigen Erfahrungen über die Bestimmung des Ergosterins in Hefen vermag nur die absorptionsphotometrische Messung einwandfreie Ergebnisse in bezug auf den tatsächlichen Ergosteringehalt von Hefe-Sterin-Mischungen zu geben.

---

[1] Colorimetrische Bestimmung mit dem Stufenphotometer (Zeiß) in Eiern, Mehl und Teigwaren; titrimetrische Bestimmung des Cholesterins siehe ebenda S. 116. Eine zusammenfassende Darstellung dieser Methoden findet sich in Bd. V des Handbuches der Lebensmittelchemie, S. 282—292. 1938.

Der Komplex Ergosterin-Digitonid verhält sich bei der Ultraviolett-absorptionsmessung in gleicher Weise, wie das reine Ergosterin (M. Castille und E. Ruppol). Da durch Digitonidfällung der Sterine eine weitgehende Trennung von Balaststoffen erzielt wird, kann die spektrographische Messung ohne weitere komplizierte Reinigungsverfahren durchgeführt werden.

Zur Ermittlung des Steringehalts in der Hefe verfährt man praktisch in folgender Weise: Die frisch abgenommenen feuchten Hefeproben werden in kleinen dünnwandigen Porzellanreibschalen mit einem Gewichtsteil Natriumsulfat (siccum) vermengt und so lange über einem schwach siedenden Wasserbad unter Rühren behandelt, bis sich der gesamte Schaleninhalt verflüssigt hat. Während der darauffolgenden Abkühlung und Erstarrung der hefehaltigen Kristallmasse wird mittels eines Pistills zerrieben und dadurch ein trockenes homogenes Pulver erzielt. Die Probe bleibt zwecks vollständiger Entwässerung 6—12 Stunden im Vakuumexsiccator und wird vor der Verseifung nochmals zerrieben. Die hierbei verwendete Hefemenge richtet sich nach dem Gesamtsteringehalt, der, bezogen auf Trockenhefe, rund 5—10 mg betragen soll. Gleichzeitig bestimmt man den Wassergehalt jeder Probe durch Mikro-Trockenbestimmung (F. Bilger, W. Halden und M. K. Zacherl). Getrocknete Hefen werden unter Zufügen von einem Gewichtsteil Seesand und einem Teil Natriumsulfat (siccum) möglichst fein zerrieben und die Proben bis zur Verseifung im Vakuumexsiccator belassen. Hefedauerpräparate erhält man durch dünnschichtiges Aufstreichen von Feuchthefe auf Glasschalen und darauffolgendes scharfes Trocknen im Vakuumexsiccator.

Nach quantitativer Einbringung in den Verseifungskolben wird mit 25 cm³ 5%iger alkoholischer Kalilauge während 30 Minuten unter ständigem Umschütteln des Kolbeninhaltes am Wasserbade behandelt. Die mit Wasser auf das 4fache Volumen verdünnte Lösung schüttelt man 5mal mit Petroläther (Fraktion unter 45°) aus. Für die erste Ausschüttelung werden 175 cm³, für die darauffolgenden 50 cm³ des Extraktionsmittels verwendet. Allenfalls auftretende Emulsionen werden nach der ersten Ausschüttelung durch Zufügen von 1—2 g Kochsalz zerstört. Man wäscht den Petrolätherextrakt 3mal mit Wasser, trocknet mit Natriumsulfat und dampft das Lösungsmittel bei 80—90° ab. Die letzten Petrolätherreste werden durch Abblasen im Kohlendioxydstrom entfernt.

Die Extraktion der Gesamtsterine aus dem alkoholischen Verseifungsgemisch erfolgt am besten mit niedrig siedendem Petroläther, wobei eine bessere Trennung der Schichten erzielt wird; bei Anwendung von Äther als Extraktionsmittel und nachfolgendem 3maligen Waschen des Sterinextraktes mit Wasser werden in der Regel keine vollkommen reinen Sterin-Digitonid-Produkte erhalten.

Der vom Petroläther befreite Rückstand wird in 5—10 cm³ absolutem Alkohol, entsprechend etwa 5—10 mg Gesamtsterin, aufgenommen und mit der gleichen Menge einer 1%igen Digitoninlösung (in absolutem Alkohol) versetzt. Durch Zusatz von Wasser, dessen Menge (1—2 cm³) dem zehnten Teil des Gesamtvolumens entspricht, erfolgt die Fällung der Sterin-Digitonide, die nach 24stündigem Stehen in einem Glasfrittenfilter Nr. 1 G 3/7 (Schott & Gen., Jena) gesammelt werden. Der Niederschlag wird mittels einer Caminadeschen Lösung (73 Teile Aceton, 18 Teile Wasser und 9 Teile absoluter Alkohol) gewaschen und im Vakuumexsiccator über Chlorcalcium bis zur Gewichtskonstanz getrocknet. Die auf diesem Wege erhaltenen Sterin-Digitonide werden in 25 cm³ absolutem Alkohol aufgenommen und zur Ermittlung des prozentualen Ergosterinanteils spektrographisch untersucht.

Die absorptionsphotometrische Bestimmung wird am besten photographisch mit Vergleichsspektren und rotierendem Sektor durchgeführt (M. Pestemer und E. Mayer-Pitsch; s. a. M. Pestemer und G. Schmidt). Digitonin, dessen Grenzabsorption erst bei $\nu' = 3900$ mm^{-1} merklich zu werden beginnt, besitzt im Gebiete der beiden hohen Maxima von Ergosterin bei $\nu^1 = 3550$ und 3690 mm^{-1} keine nennenswerte Absorption. Da sich eine Kurve von reinem Ergosterin-Digitonid, das nach oben angeführter Fällung erhalten wird, im Gebiet der beiden Maxima vollkommen mit der reinen Ergosterinkurve deckt, ist die Gewähr für eine richtige Konzentrationsbestimmung durch Messung der Höhe dieser Maxima gegeben. Zweckmäßig bestimmt man den spezifischen Extinktionskoeffizienten k im ersten Bandenmaximum bei $\nu^1 = 3550$ mm^{-1}, dessen maximaler molarer Extinktionskoeffizient für reines Ergosterin bzw. Ergosterindigitonid $\varepsilon = 10250$ bzw. $\log \varepsilon = 4{,}01$ beträgt.

Nach der Lambertschen Formel ergibt sich der spezifische Extinktionskoeffizient k aus der gemessenen Extinktion E und der Schichtdicke d zu:

$$k = \frac{E}{d}$$

nach der Lambert-Beerschen Formel der spezifische molekulare Extinktionskoeffizient ε zu:

$$\varepsilon = \frac{E}{c \cdot d}.$$

Die molekulare Konzentration c ergibt sich aus beiden Formeln zu:

$$c = \frac{k}{\varepsilon}.$$

Die Fehlergrenze beträgt entsprechend der Genauigkeit der Extinktionsmessung ± 2 bis $\pm 5\%$. Aus der so erhaltenen Konzentration c (Mole im Liter) von Ergosterin läßt sich bei Kenntnis der Sterin-Digitonid-Einwaage (meist von der Größenordnung von 1 g im Liter) der Prozentgehalt Ergosterin in den Sterin-Digitoniden und weiterhin bei Kenntnis des Gehaltes der getrockneten Hefe an mit Digitonin fällbaren Sterinen der Prozentgehalt an Ergosterin der Trockenhefe errechnen. Die Haltbarkeit der untersuchten Lösungen bei Aufbewahrung im Dunkeln ist sehr gut, eine Kontrollösung von Ergosterin-Digitonid zeigte für den maximalen Extinktionskoeffizienten nach 4 Monaten den gleichen Wert (F. Bilger, W. Halden, E. Mayer-Pitsch und M. Pestemer).

Von besonderem Interesse ist die Feststellung, daß im Unverseifbaren der Hefe (19,6%) neben 3,3% Sterinen eine bedeutende Menge (16,3%) des Kohlenwasserstoffes Squalen enthalten sein kann (K. Täufel, H. Thaler und H. Schreyegg).

Tabelle 12. Gesamtsterin- und Ergosteringehalte verschiedener Hefen[1].

Art der Hefe und Vorbehandlung	Gesamt-sterine bezogen auf Hefe-Trocken-Substanz %	Ergosterin bezogen auf Gesamt-sterine %	Ergosterin bezogen auf Hefe-Trocken-Substanz %
Reinzuchthefe[2], frischgelieferter Stamm	0,43	54,8	0,24
Reinzuchthefe A nach mehrwöchigem Lagern unter Würze	1,11	56,2	0,62
Reinzuchthefe B, dgl.	1,13	48,0	0,54
Reinzuchthefe, gelagert	0,938	49,0	0,46
Dgl. nach Angären mit Würze	0,73	50,0	0,46
Reinzuchthefe, gelagert, nach wiederholten Angärungen	0,67	47,9	0,32
Sprithefe, getrocknet	0,58	49,0	0,28
Sprithefe, abgepreßt	0,87	45,7	0,40
Sprithefe, Reinzucht	0,63	50,5	0,32

G. Natürliche Provitamine und Vitamine D.

1. Einleitung. Aus Gründen der Übersichtlichkeit sollen die wichtigsten Eigenschaften der natürlichen Provitamine und Vitamine der D-Gruppe tabellarisch angeordnet werden (Tabelle 13).

Vitamin D wird von Digitonin nicht gefällt. Zur Abscheidung des Vitamins aus dem rohen Bestrahlungsprodukt eignet sich der 3,5-Dinitrobenzoesäureester, dargestellt durch Umsetzung des Vitamins mit Dinitrobenzoylchlorid in Pyridin; hierbei gibt Vitamin D_2 dunkelgelbe Prismen vom Schmelzpunkt 148—149° aus Aceton oder Chloroform-Alkohol (A. Windaus, Linsert, Lüttringhaus und Weidlich).

Im tierischen Organismus können beide Arten von Provitaminen zugegen sein, und zwar Ergosterin aus der pflanzlichen Nahrung, die übrigen Provitamine durch Synthese im Tierkörper oder durch Abbau körpereigener Cholesterine.

2. Vitamin D. a) Nachweis und chemische Bestimmung. H. Brockmann und Yun Hwang Chen benützen eine Farbreaktion[3], die von Vitamin D_2, D_3 und Tachysterol gegeben wird und bei Abwesenheit von Alkohol mit Antimontrichlorid in Chloroform eine scharfe Absorptionsbande bei 500 mμ zeigt.

b) Reaktionen von Sterinen und Sterinderivaten mit Antimontrichlorid. Man verwendet kalt gesättigte Lösungen von Antimontrichlorid in trockenem, alkoholfreien Chloroform. In der folgenden

---

[1] Bilger, F., W. Halden, E. Mayer-Pitsch u. M. Pestemer: Über die Anreicherung von Sterinen und Fetten in der Hefe vgl. W. Halden (1, 2) und M. Sobotka.

[2] Reinzuchthefen ohne nähere Bezeichnung ihrer Herkunft sind untergärige Brauereihefen vom Typus Frohberg.

[3] Vgl. Vitamin A, Reaktion von Carr-Price.

Tabelle 13.

Angabe	Ergosterin[1]	7-Dehydrocholesterin[2]
Formel	$C_{28}H_{44}O$	$C_{27}H_{44}O$
Schmelzpunkt	163°. Aus Alkohol mit 1 Mol. Kristallwasser, aus wasserfreien Lösungsmitteln ohne Kristallwasser	142—143°
Acetatschmelzpunkt. .	173°	130°
Opt. Drehung	$[\alpha]_D = -132°$ in Chloroform	stark linksdrehend
Abs. Spektrum	Charakteristische Banden bei 260, 269, 281, 293 mμ	Entsprechend demjenigen des Ergosterins
Farbreaktionen	Nachweis und Bestimmung s. S. 595	
U.-V.-Bestrahlung . .	Photochemische Reihe der Bestrahlungsprodukte: Lumisterin ↓ Tachysterin ↓ Vitamin D_2 ↙ ↘ Suprasterin | Suprasterin I ↓ II Toxisterin	Bestrahlungsprodukt: Vitamin D_3. Dieses wurde aus Thunfischleberöl[3], aus Heilbuttleberöl[4], sowie aus Bluefin-Thune-Leberöl[5] gewonnen (Als Vitamin D_1 bezeichnet man ein Gemisch gleicher Teile von Lumisterin und Vitamin D_2.)

Tabelle 13 (Fortsetzung).

Angabe	Vitamin D_2 aus Ergosterin[6] (Calciferol)	Vitamin D_3 aus 7-Dehydrocholesterin[7]
Formel	$C_{28}H_{44}O$	$C_{27}H_{44}O$
Löslichkeit.	Äther, Chloroform, Essigester und Benzol lösen leicht, ebenso Petroläther und Alkohol, etwas schwerer Methanol. 1 Teil Vitamin D ist bei $+ 7°$ in 14 Teilen Aceton löslich	
Schmelzpunkt	115—117°	82—84°
Opt. Drehung	$[\alpha]_D^{20}$ in Alkohol: $+ 103°$ in Benzin: $+ 35,3°$	$[\alpha]_D^{20} = + 83,3°$
Abs.-Maximum	bei 265 mμ	bei 265 mμ
Wirksamkeit	Antirachitische Grenzdosis an der Ratte: 0,03 γ 1 mg $D_2 = 40000$ IE	entsprechend D_2 sind 0,025 $D_3 = 1$ IE (Rattenversuch). An Kücken zeigt D_3 stärkere Wirkung.
Giftgrenzwert	an der Maus: 60—100 γ	Verträgliche Grenzdosis an der Maus entsprechend derjenigen von D_2.

[1] Ausführliche Angaben siehe bei H. Lettré u. H. H. Inhoffen: Über Sterine, Gallensäuren usw. Stuttgart 1936.

[2] Windaus, A., H. Lettré u. F. Schenck: Liebigs Ann. **520**, 98 (1935).

[3] Brockmann, H.: Ztschr. f. physiol. Ch. **241**, 104 (1936).

[4] Brockmann, H.: Ztschr. f. physiol. Ch. **245**, 96 (1936).

[5] Brockmann, H. u. A. Busse: Ztschr. f. physiol. Ch. **249**, 176 (1937).

[6] Windaus, A., Linsert, Lüttringhaus u. Weidlich: Liebigs Ann. **492**, 226 (1932).

[7] Windaus, A., H. Lettré u. F. Schenck: Liebigs Ann. **520**, 98 (1935). — Windaus, A., F. Schenck u. F. v. Werder: Ztschr. f. physiol. Ch. **241**, 100 (1936). Schenck, F.: Naturwiss. **25**, 159 (1937).

Tabelle 14 sind die im Verlauf von 10—15 Minuten auftretenden Farben und Absorptionsbanden vermerkt. Die Messung der Schwerpunkte erfolgte mit einem Spektroskop mit Glasprisma. Die Zahlenangaben in der vierten Spalte geben den auf Vitamin D_2 bezogenen Überschuß an, in welchem die betreffende Substanz die quantitative Bestimmung von Vitamin D stört.

Tabelle 14[1].

Name	Farbe der Reaktions-Lösung	Lage der Absorptionsbande mμ	Stört in der n-fachen Menge	Bemerkungen
Cholesterin . .	gelb	500	n = 80	Lösung zuerst farblos, später rotviolett. Banden bei 550, 500 mμ.
Sitosterin. . .	gelb	500	80	Lösung später violett.
Ergosterin . .	rot[2]	550	50	Nach kurzer Zeit erscheint zweite Bande bei 500 mμ
7-Dehydro-Cholesterin .	rot	550	50	
Lumisterin . .	rot	495	30	
Suprasterin I .	gelb	Endabsorption	40	
Suprasterin II.	gelb	,,	200	
Isopyrovitamin	gelb	,,	400	

H. Brockmann gibt folgende Vorschrift[3]:

α) *Eichung des Colorimeters*. Man stellt eine Reihe von Vitaminlösungen her, die in 0,2 cm³ Mengen von 0,02—0,4 mg kristallisiertem Vitamin D_2 enthalten. Zu 0,2 cm³ jeder Lösung werden 4 cm³ einer kalt gesättigten Lösung von Antimontrichlorid in reinstem Chloroform gesetzt. Nachdem die Reaktionslösung in den Keil des Colorimeters gefüllt ist, wird genau 10 Minuten nach Zusatz des Antimontrichlorids die Schichtdicke so eingestellt, daß die Bande eben zu erkennen ist. Die Einstellung wird, wie schon erwähnt, genauer durch Benutzung eines Vergleichsspektrums und Abblendung des Spektrums bis auf schmale Teile zu beiden Seiten der Bande.

Bei der Eichung und den Messungen muß die Spaltöffnung selbstverständlich konstant gehalten werden. Als Vitaminkonzentration wird in der Eichkurve die Menge D-Vitamin aufgetragen, die in der gesamten Reaktionslösung vorhanden ist. Die Zeit von 10 Minuten muß eingehalten werden, weil erst dann die Bande ihre größte Extinktion zeigt und nach längerer Zeit die Banden der Begleitstoffe so stark werden können, daß die Bestimmung gestört wird.

---

[1] Nach H. Brockmann.

[2] Bei Gegenwart von kleinen Alkoholmengen ist die Lösung blauviolett.

[3] Über die Anwendbarkeit der Brockmann-Reaktion siehe Bericht der Konferenz für Lebensmittelchemie, abgehalten von der Niederländischen chemischen Gesellschaft und der Niederländischen Gesellschaft für Pharmazie in Amsterdam am 22. April 1938 unter dem Vorsitz von Prof. Dr. B. C. P. Jansen: Z. Vitaminforsch. 7, 269, 277 (1938). S. a. A. Emmerie und M. van Eekelen: Acta brevia neerl. Physiol. 6, Nr. 9/10 (1936).

β) *Bestimmung von Vitamin D.* Eine Menge Substanz, die zwischen 0,04 und 0,4 mg Vitamin enthalten soll, wird auf der Mikrowaage abgewogen (feste Substanzen in Öle an einem Schmelzpunktsröhrchen), in 0,2 cm³ Chloroform gelöst und mit 4 cm³ der Reagenslösung versetzt. Nachdem die Reaktionslösung in den Colorimeterkeil eingefüllt worden ist, erfolgt die Einstellung der Schichtdicke so, wie es bei der Eichung beschrieben ist. Gleichzeitig wird kontrolliert, ob die Bande bei 500 mμ liegt. Aus der abgelesenen Schichtdicke wird an Hand der Eichkurve die Menge des Vitamins in der gesamten Reaktionslösung ermittelt und daraus der Vitamingehalt der Einwaage berechnet. Die zu prüfende Substanz muß absolut frei von Alkohol sein.

Auf Grund eingehender Prüfungen der chemischen Vitamin D-Bestimmungsmethoden (deren Einzelheiten am besten aus den Originalvorschriften zu ersehen sind) kommt K. Ritsert (2) zu folgenden Feststellungen:

„Nach dem Farbtest mit Antimontrichloridlösung von Brockmann und Chen läßt sich die Vitamin D-Bestimmung in öligen Lösungen und anderen relativ reinen Präparaten quantitativ und zuverlässig durchführen. Eine häufige Kontrolle der Antimontrichloridlösung ist wichtig, da die Intensität der Farbe mit dem Alter der Antimontrichloridlösung schwankt. Die Reaktion wird mit dem unverseifbaren Anteil des zu untersuchenden Präparates durchgeführt. Die Grenze der Nachweisbarkeit liegt etwa bei 15 γ Vitamin D. Als Standardpräparat zum Aufstellen der Eichkurve hat sich Vigantol-Öl bewährt.

In einigen Fällen gelingt die Entfernung von Stoffen, die die Farbreaktion stören, durch Adsorption an Aluminiumoxyd und Elution mit methanolhaltigem Benzin-Benzolgemisch.

Da außer Vitamin D auch mindestens je ein weiteres Bestrahlungsprodukt des Ergosterins, 7-Dehydrocholesterins und anderer Provitamine die gleiche Reaktion mit Antimontrichlorid gibt, ist die Methode nicht zur Gehaltsbestimmung von Stoffen geeignet, die durch Bestrahlung aktiviert wurden, also z. B. nicht für bestrahlte Hefe.

Die beschriebene Methode ist ferner nicht zur quantitativen Bestimmung in Gegenwart von Vitamin A geeignet, also nicht für Lebertran oder andere Fischleberöle. — Auch zur Bestimmung von Vitamin D in Körperflüssigkeiten und anderem biogenen Material ist die Methode insbesondere wegen der außerordentlich niedrigen Konzentration, in der das Vitamin D normalerweise im Organismus enthalten ist, nicht geeignet.“

Das gleiche gilt für die folgende

c) **Farbreaktion mit Aluminiumchlorid und Pyrogallol** [W. Halden (3) und H. Tzoni]. Liegt Vitamin D in reinem Zustand oder in gelöster Form vor, so kann die Reaktion ohne weitere Vorbereitung ausgeführt werden. Ist dagegen das Vitamin in Öl oder Fett gelöst, so muß eine Verseifung und eine Abtrennung der unverseifbaren Bestandteile mittels Petroläther vorangehen.

Aus den mit wasserfreiem Natriumsulfat sorgfältig getrockneten Petrolätherauszügen wird das Lösungsmittel bei vermindertem Druck unter Durchleiten von Kohlendioxyd abdestilliert. Der Rückstand wird im Vakuum über Schwefelsäure getrocknet und für die Bestimmung in absolutem Alkohol, Benzol, Chloroform oder Petroläther gelöst. Ungeeignet als Lösungsmittel sind Aceton, Acetaldehyd, Methylalkohol, Trichloräthylen. Geringe Beimengungen von Sterinen stören die Reaktion nicht. Größere Mengen werden mit 1%iger Digitoninlösung gefällt, die Sterindigitonide abfiltriert und mit Caminadelösung (vgl. bei Ergosterin S. 597) gewaschen. Das Filtrat versetzt man mit dem gleichen Volumen einer 10%igen Kochsalzlösung und schüttelt das Vitamin D mit Petroläther aus. Auch andere reaktionsfähige Stoffe wie Carotinoide und Vitamin A müssen vor der Bestimmung quantitativ entfernt werden.

Ausführung. Die Vitamin D-haltige Lösung wird im trockenen Reagensrohr mit 5—10 Tropfen einer 0,1%igen Lösung von Pyrogallol in absolutem Alkohol versetzt und im schwach siedenden Wasserbad (Becherglas) bis auf ein Volumen von wenigen Zehnteln Kubikzentimeter eingeengt; dann fügt man 2—4 Tropfen einer frisch bereiteten, 10%igen Lösung von wasserfreiem Aluminiumchlorid („zur Synthese", E. Merck) in absolutem Alkohol hinzu und erhitzt im siedenden Wasserbad, worauf nach wenigen Sekunden eine tief violette Färbung auftritt, die nach etwa 4 Minuten ihre höchste Intensität erreicht. Zur colorimetrischen Bestimmung wird in absolutem Alkohol aufgenommen. Cholesterin, Ergosterin, Lumisterin geben unter den genannten Bedingungen keine Färbung; Suprasterin II zeigt die Reaktion bedeutend schwächer als Vitamin D.

d) **Einheiten der Vitamin D-Wirkung.** Eine internationale Einheit ist die D-Wirksamkeit von 1 mg der internationalen Standardlösung, in ihrer antirachitischen Wirkung entsprechend 0,025 γ kristallisiertem Vitamin D. Somit ist 1 mg kristallisiertes D gleich 40000 IE.

3. Isolierung von antirachitischen Vitaminen aus Naturstoffen, wie Thunfisch-, Heilbutt-, Bluefin-Thune-Leberölen [1]. Die Vitamin D-haltigen Fraktionen werden zunächst einer Entmischung mit einem wasserlöslichen und einem wasserunlöslichen Lösungsmittel unterworfen. Dann erfolgt die chromatographische Adsorption in einem wasserunlöslichen Lösungsmittel, wie Benzin, Benzol, Schwefelkohlenstoff od. dgl. Zur Erkennung der D-haltigen Schicht nimmt man die Adsorption in Gegenwart eines Farbstoffes vor, dessen Adsorptionseigenschaften mit denjenigen des Vitamins übereinstimmen, z. B. mit Sudan III. Das Herauslösen aus der Adsorptionssäule geschieht mit wasserlöslichen organischen Lösungsmitteln, z. B. Methanol, Äthanol, allenfalls in Mischung mit wasserunlöslichen Solventien. Schließlich wird das vom Farbstoff befreite Vitamin D mit 3,5-Dinitrobenzoylchlorid verestert, erneut chromatographiert und eluiert. Etwa vorhandenes Cholesterin wird durch Fällung mit Digitonin oder Ausfrieren entfernt. Die Verseifung erfolgt mit alkoholischer Kalilauge, worauf das freigelegte Vitamin mit Äther oder Petroläther ausgezogen wird. Sein Absorptionsspektrum ist gleich demjenigen des durch Bestrahlung von Ergosterin hergestellten Vitamin D_2. Im Rattenschutzversuch sind 0,05 γ, im Hühnchentest 0,2 γ antirachitisch voll wirksam.

---

[1] Brockmann, H.: D.R.P. 659882 vom 31. Mai 1936, ausg. 17. Mai 1938 (übertragen an I. G. Farbenindustrie A.G.). — Brockmann, H. u. A. Busse.

Tabelle 15. Vitamin D-Gehalte in Naturprodukten.

	IE in 1 g
Leberöl[1] von:	
Dorsch (Gadus morrhua)	100
Schellfisch (Gadus aeglefinus)	100
Köhler (Gadus virens)	100—200
Makrele (Scomber scombrus)	800
Lachs (Salmo salar)	400—1300
Heilbutt (Hippoglossus hippoglossus)	1000—2000
Thunfisch (Thunnus thynnus)	20000—50000
Dornhai (Squalus acanthias)	35
Körperfett[1] von:	
Hering (Clupea harengus)	125—130
Brisling (Clupea sprattus)	105
Makrele	55
Grönland-Lachs (Salmo alpinus)	200
Thunfisch	75
Muscheln, Austern	0,05
Konserven[1] von:	
Brisling, geräuchert	90
Brisling-Sardinen, konserviert	105
Hering, geräuchert (konserviert)	120—130
Eidotter	1,5—5
Butter	0,2—4
Käse	0,3
Rindsleber	0,5
Schafsleber	0,2
Hühnerleber	0,6
Sahne	0,5
Milch	0—0,1
	(im Mittel 0,02)
Speisepilze (nach A. Scheunert):	
Lorchel	1,25
Steinpilz, Pfifferling	0,8
Agaricus (Psalliota) campestris, im Freien gewachsen	0,6
„ „ „ im Dunkeln gewachsen	0,2
Luzernenklee, in der Sonne getrocknet	0,3

H. Vitamine der E-Gruppe.

1. Einleitung. In Übereinstimmung mit den Forschungsergebnissen über andere Wirkstoffe wurde auch für die Vitamin E-Wirksamkeit erkannt, daß sie nicht nur einem Stoff zukommt, sondern mit einer Reihe ähnlich zusammengesetzter Substanzen verbunden ist. Als Vitamin E-wirksame Stoffe wurden die Tokopherole ermittelt (H. M. Evans, O. M. Emerson und G. A. Emerson), die sich durch Einleiten von Cyansäure (Cyanursäure) in die Lösung des Unverseifbaren von Weizenkeimöl u. a. lipoidhaltigen Naturprodukten als gut kristallisierende Allophanate abscheiden lassen.

---

[1] Notevarp: Tidsskr. Kjemi og Bergvesen **17**, 49 (1937). — Schmidt-Nielsen S. u. S.: Kgl. Norske Videnskb. Selsk. Forh. **6**, Nr. 58 (1933). — Lunde: Nord. med. Tidsskr. **15**, 444 (1938). — Lunde, Aschehoug and Kringstad: Ind. and Engin. Ch. **29**, 1171 (1937). — Lunde: Tidsskr. Hermetikind. **24**, 280 (1938).

Mit Hilfe dieses Verfahrens konnten drei verschiedene E-Vitamine als α-, β- und γ-Tokopherol gekennzeichnet werden [O. H. Emerson, G. A. Emerson, A. Mohammad und H. M. Evans; E. Fernholz; P. Karrer und Mitarb. (2); W. John und Mitarb.; O. H. Emerson]. Gemische dieser Stoffe finden sich vor allem in den Keimlingsölen der Getreidearten (A. R. Todd, F. Bergel, H. Waldmann und T. S. Work; J. A. Drummond und A. A. Hoover; F. Grandel) und im Unverseifbaren verschiedener pflanzlicher und tierischer Organe.

Tabelle 16. Einige Eigenschaften von Tokopherolen.

Angabe	α	β	γ
Summenformel	$C_{29}H_{50}O_2$	$C_{28}H_{48}O_2$	$C_{28}H_{48}O_2$
Schmelzpunkt des Allophanats	158—160° (synthetisch: 172°)	144—146°	135—136°
Opt. Drehung des Allophanats		$[\alpha]_D^{25} = +5{,}7°$ $[\alpha]_D^{18} = +6{,}7°$ (in Chloroform)	
U.V.-Absorption: Minimum		248—265 mμ	
Maximum	200—300 mμ	275—289 mμ	

Die Inhibitoreigenschaften (H. S. Olcott und H. A. Mattill; H. S. Olcott und O. H. Emerson) (antioxydative Wirkungen) der Vitamine E beruhen auf dem Reduktionsvermögen der Tokopherole, die neutrale Silbernitratlösung in der Kälte nach kurzem Stehen, in der Hitze sofort reduzieren.

2. Elektrometrische Titrationsmethode durch Reduktion von Goldchloridlösungen [P. Karrer und Mitarb. (3)]. Es entsprechen 3 Mole Tokopherol 2 Molen Goldchlorid. Carotin und andere Carotinoide sind auszuschließen, da sie unter gleichen Bedingungen ebenfalls Goldsalzlösung reduzieren. Im allgemeinen sind zwar im unverseifbaren Anteil der Öle weniger als 0,001% Carotinoide zugegen, so daß kein meßbarer Fehler entsteht (bei Kopfsalat muß der Carotinoidgehalt im Unverseifbaren des Öles berücksichtigt werden). Die potentiometrische Titration wird im unverseifbaren Anteil der äther- oder petrolätherlöslichen Extrakte aus pflanzlichen oder tierischen Ausgangsstoffen vorgenommen. Die Tokopherolester reduzieren Goldchloridlösung nicht, demnach müssen beim Vorliegen von Estern die Titrationswerte verschieden ausfallen, je nachdem ob die Bestimmung im ursprünglichen Öl oder im Unverseifbaren durchgeführt wird. In der Tabelle 17 sind die Ergebnisse von Tokopherolbestimmungen in verschiedenen natürlichen Produkten zusammengestellt (nach P. Karrer und H. Keller).

A. Emmerie und Ch. Engel fanden, daß die Oxydation von α-Tokopherol durch Eisenchlorid in Gegenwart von α, α'-Dipyridyl in alkoholischer Lösung so vollständig verläuft, daß diese Reaktion zur quantitativen Bestimmung verwendet werden kann (ein Molekül Tokopherol verbraucht 2 Mole $FeCl_3$).

Tabelle 17. Tokopherolgehalte (elektrometrisch bestimmt).

	Ursprüngliches Material %	Unverseifbares %
Weizenkeime	0,03	—
Weizenkeimöl	0,52	13,4 (nach Abtrennung eines Teiles der Sterine)
Maiskeime	0,016	—
Maiskeimöl	—	10,2 (nach Abtrennung eines Teiles der Sterine)
Kopfsalat, getrocknet	0,055	4,3[1]
Leinöl.	0,023	2,34
Olivenöl.	0,008	0,94
Sesamöl	0,005	0,63
Cocosöl	0,003	0,55

Ausführung. Die Vitamin E-haltige Lösung, in der sich 0,1—0,4 mg α-Tokopherol befinden, versetzt man mit 1 cm³ Eisenchloridlösung (0,2%ig in reinem Alkohol) und 1 cm³ einer 0,5%igem alkoholischen Lösung von α, α'-Dipyridyl. Nun wird mit Alkohol auf 25 cm³ aufgefüllt und die durch Bildung eines Ferrodipyridylkomplexes rot gefärbte Lösung nach 10—15 Minuten langem Stehen colorimetriert, wobei man zweckmäßig das Zeiß-Pulfrich-Photometer verwendet (1 cm³-Cuvette, Filter S 50). In die zweite Cuvette wird die entsprechende Menge Eisenchloridlösung und Dipyridyl gegeben. Die Ergebnisse stimmen mit den durch potentiometrische Titration ermittelten Werten gut überein.

Literatur.
(Mitbearbeitet von Dipl.-Ing. J. Fleischanderl.)

Beattie, F. J. R.: Biochemic. Journ. **30**, 1554 (1936). — Bertram, S. H.: Öle, Fette, Wachse **1937**, Nr. 8. — Bilger, F., W. Halden, E. Mayer-Pitsch u. M. Pestemer: Monatshefte f. Chemie **70**, 259 (1937). — Bilger, F., W. Halden u. M. K. Zacherl: Mikrochemie **15**, 119 (1934). — Bischoff, C., W. Grab u. J. Kapfhammer: Ztschr. f. physiol. Ch. **207**, 57 (1932). — Bleyer, B. u. W. Diemair: Biochem. Ztschr. **235**, 243 (1931); **238**, 197 (1931). — Bloor, W. R. and R. H. Snider: Journ. Biol. Chem. **87**, 399 (1930). — Brockmann, H.: (1) Ztschr. f. physiol. Ch. **241**, 104 (1936). — (2) Ztschr. f. physiol. Ch. **245**, 96 (1936). — Brockmann, H. u. A. Busse: Ztschr. f. physiol. Ch. **249**, 176 (1937). — Brockmann, H. u. Yun Hwang Chen: Ztschr. f. physiol. Ch. **241**, 129 (1936). — Buell, M., M. Strauss and E. Andris: Journ. Biol. Chem. **98**, 645 (1933).

Carlsohn, H.: Angew. Chem. **49**, 763 (1936). — Carr and Price: Biochemic. Journ. **20**, 497 (1926). — Castille, M. et E. Ruppol: Bull. Acad. Méd. Belgique, Sitzgsber. 28. Jan. **1933**, 48—60. — Chevallier, A.: Ztschr. f. Vitaminforschung **7**, 10 (1938). — Coward, Dyer, Morton and Gaddum: Biochemic. Journ. **25**, 1119 (1931).

Deleano, N. T. u. J. Dick: Biochem. Ztschr. **259**, 110 (1933). — Diemair, W. u. B. Bleyer: Biochem. Ztschr. **275**, 242 (1935). — Diemair, W., B. Bleyer u. M. Ott: (1) Biochem. Ztschr. **272**, 119 (1934). — (2) Biochem. Ztschr. **272**, 126 (1934). — Diemair, W., B. Bleyer u. W. Schmidt: Biochem. Ztschr. **294**, 353

---

[1] Nach Abtrennung der Hauptmenge der Sterine und Berücksichtigung des „Carotinoidfehlers" von 0,3%.

(1937). — Diemair, W., F. Mayr u. K. Täufel: Ztschr. f. Unters. Lebensmittel 69, 1 (1935). — Diemair, W. u. W. Schmidt: Biochem. Ztschr. 294, 348 (1937). — Diemair, W. u. K. Weiß: Biochem. Ztschr. 302, 112 (1939). — Drummond, J. A. and Baker: Biochemic. Journ. 23, 275 (1929). — Drummond, J. A. and A. A. Hoover: Biochemic. Journ. 31, 1852 (1937).

Eekelen, M. van: Klin. Wschr. 14, 829 (1935). — Eekelen, M. van, A. Emmerie, H. W. Julius u. L. K. Wolff: Proc. Royal. Acad. Amsterdam 35, 1347 (1932); Acta brevia neerl. Physiol. 2, 155 (1933). — Eekelen, M. van, A. Emmerie u. L. K. Wolff: Ztschr. f. Vitaminforschung 6, 150 (1937). — Embree, N. D.: Journ. Ind. and Engin. Chem. 29, 975 (1937). — Emerson, O. H.: Journ. Amer. Chem. Soc. 60, 1741 (1938). — Emerson, O. H., G. A. Emerson, A. Mohammad and H. M. Evans: Journ. Biol. Chem. 122, 99 (1937). — Emmerie, A. and Ch. Engel: Rec. trav. chim. Pays-Bas 57, 1351 (1938). — Emmerie, A., H. W. Julius u. L. K. Wolff: Nederl. Tijdschr. Geneesk. 1933, 605. — Euler, H. v.: Biochem. Ztschr. 203, 373 (1928). — Euler, H. v. u. P. Karrer: Helv. chim. Acta 15, 495 (1932). — Evans, H. M., O. H. u. G. A. Emerson: Journ. Biol. Chem. 113, 319 (1936).

Fawaz, G., H. Lieb u. M. K. Zacherl: Biochem. Ztschr. 293, 121 (1937). — Fernholz, E.: Journ. Amer. Chem. Soc. 59, 1154 (1937); 60, 700 (1938). — Feulgen, R. u. Mitarb.: Ztschr. f. physiol. Ch. 256, 15 (1938). — Feulgen, R. u. H. Grünberg: Ztschr. f. physiol. Ch. 257, 161 (1939); 260, 244 (1939).

Goldhammer, H. u. F. M. Kuen: Biochem. Ztschr. 215, 6 (1929); 267, 406 (1933). — Grandel, F.: Angew. Chem. 52, 420 (1939). — Grün, A. u. R. Limpaecher: Ber. Dtsch. Chem. Ges. 60, 151 (1927).

Häußler, E. P. u. E. Brauchli: Helv. chim. Acta 12, 187 (1929). — Halden, W.: (1) Ztschr. f. physiol. Ch. 225, 249 (1934). — (2) Fettchem. Umschau 42, 29 (1935). — (3) Naturwissenschaften 24, 296 (1936). — Halden, W., F. Bilger u. R. Kunze: Naturwissenschaften 21, 660 (1933). — Halden, W., s. a. F. Bilger bzw. M. Sobotka u. Mitarb. — Hegsted, D. M., J. W. Porter and W. H. Peterson: Journ. Ind. and Engin. Chem., Anal. Ed. 11, 256 (1939). — Heide, C. v. d. u. K. Hennig: Ztschr. f. Unters. Lebensmittel 66, 344 (1933). — Heiduschka, A. u. H. Lindner: Ztschr. f. physiol. Ch. 181, 15 (1929). — Hickman, K. C. D.: Journ. Ind. and Engin. Chem. 29, 1107 (1937). — Hilditch, T. P. and F. B. Shorland: Biochemic. Journ. 31, 1499 (1937).

Jantzen, F.: Journ. f. prakt. Ch., N. F. 127, 277 (1930). — Jantzen, F. u. H. Schmalfuß: Chem. Fabrik 7, 112 (1934). — John, W.: Ztschr. f. physiol. Ch. 250, 11 (1937); 252, 201, 222 (1938). — John, W., E. Dietzel u. Ph. Günther: Ztschr. f. physiol. Ch. 252, 208 (1938). — John, W., E. Dietzel, Ph. Günther u. W. Emte: Naturwissenschaften 26, 366 (1938).

Kapfhammer, J. u. C. Bischoff: Ztschr. f. physiol. Ch. 191, 179 (1930). — Karrer, P. u. Mitarb.: (1) Helv. chim. Acta 9, 3 (1926); 10, 87 (1927). — (2) Helv. chim. Acta 21, 309, 520, 820 (1938). — (3) Helv. chim. Acta 21, 939, 1161 (1938). — Karrer, P. u. H. Keller: Helv. chim. Acta 21, 1163 (1938). — Kaufmann, H. P. Studien auf dem Fettgebiet. Berlin: Verlag Chemie 1935. — Killeffer, D. H.: Journ. Ind. and Engin. Chem. 29, 966 (1937). — Klenk, E.: (1) Ztschr. f. physiol. Ch. 200, 56 (1931); 242, 250 (1936). — (2) Angew. Chem. 47, 273 (1934). — Krebs, W.: Klinische Kolorimetrie mit dem Pulfrich-Photometer. Leipzig: Verlag F. Volckmar. — Kuhn, R. u. H. Brockmann: Ztschr. f. physiol. Ch. 206, 41 (1932).

Lettré, H. u. H. H. Inhoffen: Über Sterine, Gallensäuren usw. Stuttgart: Ferdinand Enke 1936. — Levene, P. A. and J. P. Rolf: Journ. Biol. Chem. 73, 587 (1927). — Lintzel, W. u. S. Fomin: Biochem. Ztschr. 238, 438, 452 (1931). — Lintzel, W. u. G. Monasterio: Biochem. Ztschr. 241, 273 (1931). — Lunde, G., V. Aschehoug and H. Kringstad: Journ. Ind. and Engin. Chem. 29, 1171 (1937).

MacFarlan, R. L., J. Reddie and E. C. Merrill: Journ. Ind. and Engin. Chem., Analyt. Ed. 9, 324 (1937). — Mahr, C.: Ztschr. f. anal. Ch. 104, 241 (1936). — Milas, N. A. and McAlevy: Journ. Amer. Chem. Soc. 57, 580 (1935). — Moore: Biochemic. Journ. 23, 1267 (1929). — Moore and Willimott: Biochemic. Journ. 31, 585 (1937); s. a. Goldhammer u. Kuen.

Norberg, B. u. T. Teorell: Biochem. Ztschr. 264, 310 (1933). — Notevarp, O.: Biochemic. Journ. 29, 1227 (1935). — Nottbohm, F. E. u. F. Mayer: (1) Chem.-

Ztg. **56**, 881 (1932). — (2) Ztschr. f. Unters. Lebensmittel **65**, 55 (1933); **66**, 585 (1933). — Noyons, E. C. H. J.: Acta brevia neerl. Physiol., Pharmacol., Microbiol. **7**, 15 (1935).

Olcott, H. S. and O. H. Emerson: Journ. Amer. Chem. Soc. **59**, 1008 (1937). — Olcott, H. S. and H. A. Mattill: Journ. Amer. Chem. Soc. **58**, 1627 (1936). — Ott, M.: Angew. Chem. **50**, 76 (1937).

Page, I. H.: Biochem. Ztschr. **220**, 420 (1930). — Pestemer, M. u. E. Mayer-Pitsch: Monatshefte f. Chemie **70**, 261 (1937). — Pestemer, M. u. G. Schmidt: Monatshefte f. Chemie **69**, 399 (1936). — Pfaff, C. u. G. Pfützer: Angew.Chem. **50**, 179 (1937). — Poulsson: Ber. Ges. Physiol. **59**, 736 (1931).

Rappaport, F. u. R. Klapholz: Biochem. Ztschr. **258**, 467 (1933); Ztschr. f. Unters. Lebensmittel **72**, 101 (1936). — Riffart, H. u. H. Keller: Ztschr. f. Unters. Lebensmittel **68**, 113 (1934). — Ritsert, K.: (1) E. Mercks Jber. **49**, 19 (1936). — (2) E. Mercks Jber. **52**, 27 (1939). — Roman, W.: Biochem. Ztschr. **219**, 218 (1930). — Rosenheim, O.: Biochemic. Journ. **23**, 47 (1929). — Rosenthal u. Erdely: Biochem. Ztschr. **267**, 119 (1933); **271**, 414 (1934); Biochemic. Journ. **28**, 41 (1934).

Schenck, F.: Naturwissenschaften **25**, 159 (1937). — Scheunert, A.: Forschungsdienst **3**, 523 (1937). — Slyke, D. D. van: Ber. Dtsch. Chem. Ges. **43**, 3170 (1910); **44**, 1684 (1911). — Smith, R. M. et A. Marble: Journ. Biol. Chem. **117**, 673 (1937). — Sobotka, M., W. Halden u. F. Bilger: Ztschr. f. physiol. Ch. **234**, 1 (1935). — Sperry, W. M.: Journ. Biol. Chem. **118**, 377 (1937). — Stadler, P.: (1) Ztschr. f. anal. Ch. **109**, 168 (1937). — (2) Briefliche Mitteilung.

Täufel, K., H. Thaler u. H. Schreyegg: Ztschr. f. Unters. Lebensmittel **72**, 394 (1936). — Terrier, J.: Mitt. Lebensmittelunters. **29**, 15 (1938). — Thierfelder, H. u. E. Klenk: Die Chemie der Cerebroside und Phosphatide. Berlin: Julius Springer 1930. — Tiedtke, K.: Journ. f. prakt. Ch., N. F. **127**, 277 (1930). — Tillmans, J., H. Riffart u. A. Kühn: Ztschr. f. Unters. Lebensmittel **60**, 361 (1930). — Todd, A. R., F. Bergel, H. Waldmann and T. S. Work: Nature (Lond.) **140**, 361 (1937); Biochemic. Journ. **31**, 2257 (1937). — Tortelli, M. u. E. Jaffe: Chem.-Ztg. **39**, 14 (1915). — Trappe, W.: Biochem. Ztschr. **296**, 174 (1937). — Tzoni, H.: Biochem. Ztschr. **287**, 18 (1936).

Wieland, H. u. M. Asano: Liebigs Ann. **473**, 312 (1929). — Wieland, H. u. G. A. C. Gouch: Liebigs Ann. **482**, 39, 49 (1930). — Willstaedt, H.: (1) Svensk Kem. Tidskr. **46**, 61 (1934). — (2) Ztschr. f. Vitaminforschung **4**, 272 (1935). — Windaus, A.: Chem.-Ztg. **30**, 1011 (1906); Ber. Dtsch. Chem. Ges. **39**, 518 (1906); Ztschr. f. physiol. Ch. **115**, 258 (1921). — Windaus, A., H. Lettré u. F. Schenck: Liebigs Ann. **520**, 98 (1935). — Windaus, A., Linsert, Lüttringhaus u. Weidlich: Liebigs Ann. **492**, 226 (1932). — Windaus, A., F. Schenck u. F. v. Werder: Ztschr. f. physiol. Ch. **241**, 100 (1936). — Winterstein, E. H. u. A. Winterstein: Phosphatide. Handbuch der Pflanzenanalyse, herausgeg. von G. Klein, Bd. II, S. 698. Wien: Julius Springer 1932. — Wolff, L. K.: Ztschr. f. Vitaminforschung **7**, 227 (1938).

Yasuda, M.: Biochemic. Journ. **24**, 429, 443 (1936).

Zechmeister, L. u. L. Cholnoky: Die chromatographische Adsorptionsmethode. Wien: Julius Springer 1937. — Zinzadze, R.: Ztschr. f. Pflanzenernähr. A **16**, 129 (1930).

Wasch- und Reinigungsmittel.

Von

Dr. phil. **Bernhard Wurzschmitt**, Ludwigshafen/Rh.

Einleitung.

Begriffsbestimmung und allgemeine Gruppeneinteilung.

Unter diesem Sammelnamen sollen alle im Haushalt, in der Industrie und in gewerblichen Betrieben, in der Lohnwäscherei und in chemischen Reinigungsanstalten, sowie besonders in der Textilindustrie zum Einweichen, Waschen, Reinigen und Spülen, ferner zum Abziehen, Abkochen, Beuchen und Abbeizen sowie zum Entschlichten und Bleichen von Gegenständen aller Art verwendeten Produkte behandelt werden. Dazu gehören folgende Gruppen:

Die Seifen, die Seifen-, Wasch-, Putz- und Scheuerpulver.

Die synthetischen Waschmittel, bei denen auch die Türkischrotöle und ihre technischen Verbesserungen behandelt werden sollen.

Organische Fettlösungsmittel, wie aliphatische (z. B. Benzin, Petroleum), aromatische (z. B. Benzol, Toluol, Xylol) und hydroaromatische Kohlenwasserstoffe (Tetralin, Dekalin, Methylhexalin, Terpene usw.), Alkohole, Ketone, chlorierte Kohlenwasserstoffe (Methylenchlorid, Chloroform, Tetrachlorkohlenstoff, Trichloräthylen, Chlorbenzol), Pyridinbasen und Ammoniaksubstitutionsprodukte, wie z. B. Äthanolamin, Triäthanolamin usw.

Anorganische Chemikalien, wie Alkalihydroxyde, Ätzkalk, Soda, Natriumbicarbonat, Pottasche, Ammoniak, Wasserglas, Metasilicat, Natriumaluminat, Phosphate, Borax, Natriumsulfat, Natriumsulfit, Kochsalz, Ammonsalze und auch Quarzmehl, Sandpulver, Glaspulver, Marmorpulver, Kreide, Talkum, Kaolin, Bentonit, Hydrosilicate (Bleicherden), Bimsstein und natürlich vorkommende und künstlich hergestellte Metalloxyde, wie Eisenoxyde, Chromoxyd, Titandioxyd, Tonerde.

Sauerstoffabgebende und dadurch bleichende Produkte, wie Chlorkalk, Natriumhypochlorit, Natriumperoxyd, Wasserstoffperoxyd, Perborate, -carbonate, -silicate und -sulfate, Kaliumpermanganat und aromatische Sulfosäurechlorylamide.

Das durch Reduktionswirkung bleichende und entfärbende Natriumhyposulfit und seine Abkömmlinge, ferner:

Organische Stoffe, wie Holzmehl, Stärke, Dextrine, Zucker, löslich gemachte Cellulose, Saponine, Lecithine, Pflanzenschleime, tierisches Eiweiß und dessen Abbauprodukte, Sulfitablaugenextrakte, Oxalsäure, diastatische Fermente und Pankreasenzyme.

Es ist klar, daß bei dieser Fülle und der teilweise völlig verschiedenen chemischen Natur der als Wasch- und Reinigungsmittel oder zu deren Aufbau verwendeten Stoffe zunächst einmal eingehendere Untersuchungsvorschriften nur für die oben zusammengefaßten Gruppen bzw. deren wichtigste Einzelglieder, soweit sie als selbständige Wasch- und Reinigungsmittel auftreten, gegeben werden können, während sich für die Untersuchung von aus verschiedenen Stoffen dieser Gruppen bestehenden oder gemischten Produkte nur allgemeine Richtlinien geben lassen.

Wenn im nachfolgenden eingehende chemisch-analytische Untersuchungsmethoden, nicht nur für die Seifen, sondern auch für die synthetischen Waschmittel und eine Reihe von Kombinationsprodukten beschrieben werden, so könnte dabei leicht der Eindruck erweckt werden, als ob die technische Bewertung der Wasch- und Reinigungsmittel ausschließlich oder in erster Linie von dem Ergebnis der chemischen Analyse abhinge. Dazu ist allgemein folgendes zu sagen: Für den Verbraucher ist der Gebrauchswert der Produkte das Entscheidende. Denn nur diesen kann er mit dem für sie anzulegenden Preis vergleichen. Genaue analytische Methoden zur vergleichenden Untersuchung zweier Wasch- und Reinigungsmittel auf ihren Gebrauchswert, d. h. in bezug auf die gute Abgleichung von Ausgiebigkeit, Waschkraft, Schonung der zu waschenden bzw. zu reinigenden Gegenstände, besondere technische Effekte usw. gibt es bis jetzt nicht. Hierüber kann letzten Endes nur der praktische Versuch entscheiden. Ergänzt wird dieser einerseits durch die Bestimmung verschiedener technisch-physikalischer Eigenschaften, wie z. B. der Schaumwirkung, der Auflösungsgeschwindigkeit, des Trübungspunktes, der Beständigkeit gegen aussalzende und ausflockende Einflüsse (Wasserhärte, Säuren, Basen und Salze), der Netzwirkung, des Lösungsvermögens für Lösungsmittel, des Kalkseifenschutzvermögens usw. und andererseits durch die chemische Analyse, wobei ausdrücklich darauf hingewiesen sei, daß aus der chemischen Analyse allein vielfach keine Rückschlüsse auf die oben erwähnten technisch-physikalischen Eigenschaften und noch weniger auf den Gebrauchswert zu ziehen sind.

Ebenso sei hier allgemein auf die Wichtigkeit einer richtigen Probenahme gerade bei Wasch- und Reinigungsmitteln hingewiesen, bei der ganz besonders auf die Möglichkeit einer Inhomogenität der Produkte bzw. auf eine teilweise Entmischung während des Transportes usw. zu achten ist. Über die Durchführung der Probenahme siehe in diesem Werk vornehmlich I, 33; IV, 566.

I. Die einzelnen Gruppen und ihre Untersuchungsmethoden.
A. Seifen (IV, 564).

1. Definition. Man versteht darunter chemisch ganz allgemein die Salze von natürlich vorkommenden Fettsäuren bzw. Oxyfettsäuren mit Kohlenstoffketten von etwa acht oder mehr Kohlenstoffatomen und den aus ihnen durch intermolekulare Veresterung entstehenden Polyoxysäuren, Harzsäuren, Wachssäuren, Naphthencarbonsäuren, Gallensäuren und neuerdings auch der über die Oxydation von Paraffin synthetisch gewonnenen höhermolekularen aliphatischen Säuren der allgemeinen Formel R-COOMe, wobei R ein vollständig gesättigter oder noch ein oder mehrere Doppelbindungen, oder bzw. und daneben noch Oxy- bzw. Ketongruppen enthaltender Säurerest sein kann. Letzteres kann nach einer Mitteilung von Herrn Dr. G. Wietzel der I. G. Farbenindustrie (1) (Hauptversammlung der Deutschen Gesellschaft für Fettforschung, Hamburg 1938) bei den Paraffinoxydationssäuren der Fall sein. Vergleiche auch die Mitteilung über den Gehalt der bei der Paraffinoxydation gebildeten festen Fettsäuren an Oxysäuren und Ketonen und die Möglichkeiten zu ihrer Trennung von A. Dawenkow und O. Fedotjewa. Für die Herstellung von Seifen zu Wasch- und Reinigungszwecken ist Me zumeist ein Alkalimetall oder auch die Ammoniumgruppe, letztere neuerdings häufig in teilweise mit organischen Gruppen substituierter Form.

2. Einteilung. Nach ihrem Verwendungszweck teilt man sie ein in: Haushaltsseifen (Wasch-, Putz-, Flecken-, Toilette-, Kinder-, Rasier-, Badeseifen usw.); gewerbliche und industrielle Seifen (z. B. Industrieseifen, Werkstattseifen, Textilseifen usw.); medizinische bzw. arzneiliche Seifen (z. B. Heilseifen, Desinfektionsseifen usw.).

Ihrer äußeren Erscheinungsform nach unterscheidet man: Feste Seifen in geformten Stücken, Schnitzeln, Nadeln oder Flocken und in Pulverform; pastenförmige Seifen, wie Schmierseifen, weiche Seifen, Kaliseifen und flüssige Seifen, meist Lösungen von Seifen in Wasser, Alkoholen oder anderen Lösungsmitteln.

Ihrer chemischen Natur und ihrer Herstellung nach endlich werden sie bezeichnet als: Kern-, Harzkern-, Halbkern-, Leim-, Harzleim-, Kali-, Kalinatron-, Gallen-, Transparent-, Silber-, marmorierte, gefüllte, überfettete und pilierte Seifen.

3. Die chemische Untersuchung. Sie erstreckt sich auf die Bestimmung von Wasser und anderen bei 105° C flüchtigen Stoffen, auf die Bestimmung der Gesamtfettsäuren und der freien Fettsäuren, des Unverseiften und des Unverseifbaren, und deren chemischen Identifizierung bzw. Charakterisierung, auf die Bestimmung des gesamten und des an die Seifenfettsäuren gebundenen sowie des freien Alkalis bzw. bei Ammoniumseifen des Ammoniaks und weiter auf den Nachweis und die Bestimmung von Chloriden und der Zusatz- und Füllstoffe.

a) **Die Wasserbestimmung** (IV, 574). Sie kann nach verschiedenen Methoden erfolgen:

α) *Als Gewichtsverlust durch Trocknen bei 105° C.* Man wiegt ein Glas- oder Porzellanschälchen mit etwa 15 g ausgeglühtem Seesand oder Bimssteinpulver und einem kleinen Glasstab genau aus, gibt etwa 5 g zerschnittene Seife hinzu und wägt zur genauen Bestimmung der Seifeneinwaage wieder. Nach gutem Durchmischen von Seife und Seesand mittels des Glasstabes wird im Trockenschrank zunächst bei 60—70° C und dann bei 105° C eine Stunde getrocknet, wobei das Gemisch öfters mit dem mitgetrockneten Glasstab aufgelockert wird. Nach dem Erkalten im Exsiccator wird zurückgewogen und der festgestellte Gewichtsverlust nach Prüfung auf Gewichtskonstanz auf 100 g Seife berechnet. Nach den Erfahrungen des Verfassers ist bei diesem Verfahren Gewichtskonstanz nach einer Stunde fast nie erreicht. Meist sind dazu mindestens mehrere Stunden erforderlich. Das Verfahren besitzt überdies den prinzipiellen Fehler, daß eine eventuelle Sauerstoffaufnahme der Seifen bzw. ihrer

Bestandteile während des Trocknens zu kleine Werte der bei 105° C flüchtigen Anteile ergibt. Durch Zusatz von etwa 20 cm³ reinen Methanols oder rückstandsfrei verdunstenden technischen Alkohols nach der Einwaage wird das Vermischen mit dem Seesand erleichtert und die Trocknung beschleunigt [Einheitsmethode (1)].

β) Als Gewichtsverlust durch Erhitzen mit Olein nach Fahrion (Schnellmethode) (IV, 574). Statt Olein empfiehlt N. Spasskij Stearinsäure, die den Vorteil hat, keine oxydationsfähigen Doppelbindungen zu besitzen. Enthalten die zu untersuchenden Seifen flüchtige Lösungsmittel oder Füllstoffe, die mit Ölsäure oder Stearinsäure unter Entwicklung flüchtiger oder wasserdampfflüchtiger Verbindungen reagieren können, wie Soda, Bicarbonat, Borax oder Borate usw., so sind die bis jetzt genannten Methoden nicht brauchbar, da sie dann zu hohe Wasserwerte liefern.

γ) Man muß dann zu den sog. Destillationsmethoden greifen, die aus den obengenannten Gründen überhaupt vorzuziehen sind.

Wasserbestimmung nach Marcusson durch Destillation mit Xylol (s. a. IV, 574, 690). Sie sei in der nur an einigen Stellen etwas abgeänderten Vorschrift der Deutschen Einheitsmethoden 1930 [Wizöff (2)] hier angeführt: In einen Kurzhalsrundkolben von 500 cm³ Inhalt mit aufgelegtem Rand wird je nach dem vermuteten Wassergehalt so viel Seife eingewogen, daß man im Meßrohr etwa 3 cm³ Wasser erhält und 100 cm³ (bei erforderlichen größeren Seifeneinwaagen entsprechend mehr) wasserfreies Xylol hinzugefügt. Nach Zugabe von etwas trockenem Bimssteinpulver, Seesand oder Tonscherben zur Vermeidung von Siedeverzug wird der Kolben mit einem dichten Stopfen (besser sind Schliffverbindungen mit Einheitsschliffen) verschlossen, durch den ein Glasrohr geführt ist. Mit dem Glasrohr ist ein in $^1/_{10}$ cm³ eingeteiltes Meßrohr fest verbunden, an das durch einen zweiten Stopfen (Schliff) ein Liebigkühler mit unten schräg abgeschliffenem Kühlrohr angeschlossen ist. Dann wird zuerst langsam zum Sieden, später aber so erhitzt, daß das Xylol mit den Wasserdämpfen lebhaft überdestilliert und das kondensierte Destillat flott aus dem Kühler in das Meßrohr fließt. Ist das Destillat nach etwa 15 Minuten vollständig wasserfrei (klar) und vermehrt sich das Volumen der Wasserschicht im Meßrohr nicht mehr, so stellt man das Erhitzen ein, läßt das Meßrohr auf Zimmertemperatur abkühlen und liest dann die Wassermenge an der scharfen Trennungslinie zwischen Wasser und Xylol ab. Bleiben während der Destillation Wassertropfen an den Wandungen des Gefäßes oder des unteren Kühlerendes haften, so bringt man sie durch kurzes Erwärmen mittels vorübergehenden Abstellens des Kühlwassers zum Abfließen. Um jedoch ein Hängenbleiben von Wassertropfen mit Sicherheit auszuschließen, genügt es, die von den Xyloldämpfen und dem Destillat bespülten Apparateteile durch jeweilige sorgfältige Reinigung mit Chromschwefelsäure vollständig entfettet und mit Reinmethanol nachgespült zu verwenden. Einem etwaigen zu starken Schäumen des Reaktionsgemisches im Kolben kann man durch Zugabe von wasserfreiem Olein, Paraffinöl, Kolophonium, Oliven- oder Türkischrotöl (etwa $^1/_4$—$^1/_1$ der Seifeneinwaage) oder derselben Menge Kochsalz begegnen [vgl. auch die im Hauptwerk (IV) erwähnten Apparaturen nach Besson, Aufhäuser, Liese und Normann].

Entgegen den in der Literatur geäußerten Bedenken über die Genauigkeit des Verfahrens wegen der in der Wärme beträchtlichen gegenseitigen Löslichkeit von Wasser und Tetrachloräthan ist nach den Erfahrungen der analytischen Laboratorien der I. G. Farbenindustrie (2) die Destillationsmethode von Tausz und Rumm mittels Tetrachloräthan (IV, 691) nicht nur für die Wasserbestimmung in vielen anderen technischen und chemischen Produkten, sondern gerade auch für die Seifen und seifenhaltigen Produkte ausgezeichnet geeignet. Ihre Vorteile sind: erstens ist das verwendete Lösungsmittel nicht feuergefährlich, zweitens liegt die Destillationstemperatur etwas höher als beim Xylol, so daß das Abdestillieren des Wassers rascher geht, drittens scheidet sich die Wasserschicht über der Schicht des Destillationsmittels ab, wodurch ein Hängenbleiben von Wassertropfen an den Gefäßwänden vermieden wird, viertens kommt das Destillat nicht mit Korkstopfen, sondern nur mit Glasschliffen in Berührung und fünftens erhöht die Ablesung in der Meßcapillare statt der Meßröhre überdies die Genauigkeit der Wasserbestimmung besonders bei etwaigen kleineren Einwaagen, da die Wassermenge auf 0,002 cm³ genau abgelesen werden kann. Es empfiehlt sich die Schlauchverbindung der Originalapparatur zwischen Auffang- und Niveaugefäß durch ein an das Auffanggefäß angeschmolzenes, gebogenes Glasrohr zu ersetzen, das unten einen Glashahn zum Ablassen von Tetrachloräthan und am anderen Ende einen Schliff zum Aufsetzen der Meßcapillare besitzt. Das zur Verwendung gelangende Tetrachloräthan muß natürlich trocken sein und einen Siedepunkt von 146—147° C aufweisen. Es wird aus dem technischen Tetrachloräthan durch Fraktionierung herausgeschnitten. Zur Verhütung des Schäumens verwendet man die oben für die Xylolmethode angegebenen Zusatzstoffe, wobei sich nach unseren Erfahrungen Kolophonium am besten bewährt. Bei Seifenpräparaten, die flüchtige wasserlösliche Lösungsmittel, wie z. B. niedere Alkohole enthalten, werden auch bei diesen beiden Destillationsmethoden zu hohe Wasserwerte erhalten, weil die wasserlöslichen Lösungsmittel in die wäßrige Schicht übergehen. Man kann zwar auf verschiedene Weise z. B. den Alkoholgehalt der wäßrigen Schicht ermitteln [etwa durch Bestimmung des spezifischen Gewichtes oder durch die später (S. 617) beschriebenen Methoden, wenn die Seifenpräparate außer Alkoholen noch andere wasserlösliche Stoffe enthalten] und vom Wasserwert in Abzug bringen. Da es sich aber bei dieser Art des Vorgehens um mit ziemlichen Fehlern behaftete Differenzmethoden handelt, verfährt man vorteilhafter nach folgendem Verfahren des Untersuchungslaboratoriums der I. G. Farbenindustrie Ludwigshafen (3), das auch zur Ermittlung kleiner Wassergehalte, bei denen selbst bei Einwaagen von 100 g keine Abscheidung von Wasser, sondern nur Trübung im Destillat erfolgt, geeignet ist.

Man überführt durch langsames Abfließenlassen (Xylolmethode) oder langsames Überdrücken (Tausz und Rumm) die wasserhaltige Schicht aus den Meßrohren in einen trockenen Meßkolben von 500 cm³ Inhalt, wobei man zur vollständigen Entfernung der wäßrigen Schicht auch einige Kubikzentimeter Xylol bzw. Tetrachloräthan mit zufließen läßt und füllt mit Reinmethanol, das mit methylalkoholischer Jod-Pyridin-SO_2-Lösung nach K. Fischer (s. Erg.-Bd. II, 155) eben bis zum Endpunkt austitriert ist, zur Marke auf. In einem aliquoten Teil, der höchstens 0,1 g Wasser entsprechen soll, titriert man nun das Wasser mit derselben Maßlösung, wobei die übrigen im Wasser gelösten mit überdestillierten Lösungsmittel nicht stören.

Sind die Wassergehalte der zu prüfenden Stoffe so klein, daß sich auch bei größeren Einwaagen keine sichtbare Wasserschicht unter dem Xylol bzw. über dem Tetrachloräthan abscheidet, so kann man entweder bekannte Mengen Wasser bei der Destillation zusetzen und nach der Ablesung der überdestillierten Wassermenge in Abzug bringen oder aber man destilliert besser unter Vermeidung von Feuchtigkeitszutritt direkt in ein mit etwas nach Fischer austitriertem Methanol beschicktes Maßkölbchen.

Über die Bestimmung anderer flüchtiger Bestandteile als Wasser siehe später S. 635 f.

b) Die Bestimmung der Gesamtfettsäuren (IV, 568). Es ist wichtig von dem Begriff Gesamtfettsäure den Ausdruck Gesamtfett zu unterscheiden, der alle fettartigen Bestandteile, also außer den Gesamtfettsäuren auch noch das Glycerin des Neutralfettes sowie das fettartige Unverseifbare umfaßt, aber eigentlich unnötig und auch irreführend ist und daher am besten nicht verwendet werden sollte. Ihre Bestimmung erfolgt zum Zwecke der Bewertung der Seife. Diese ist abhängig von der Menge und Art der in ihr enthaltenen Seifenfettsäuren. Letztere kann nur in den abgeschiedenen Säuren festgestellt werden. Die wichtigsten Methoden zu ihrer Bestimmung sind folgende:

α) Die zur Ermittelung der Hehner-Zahl dienende *Wachskuchenmethode* (IV, 439), die aber bei Seifen mit größerem Gehalt an wasserlöslichen Fettsäuren oder Füllstoffen nicht anwendbar und außerdem nur als Methode zur Betriebskontrolle geeignet und nicht als handelsübliche Methode anerkannt ist.

β) *Die Äthermethoden.* Gewichtsanalytisch unter Wägung der freien Säuren. Maßanalytisch unter Wägung der Natrium- oder Kaliumsalze der Säuren.

Gewichtsanalytisches Verfahren. 3—5 g Seife werden in heißem Wasser gelöst, sobald wie möglich unter Nachspülen mit Wasser in einen geblasenen Scheidetrichter übergeführt, einige Tropfen Methylorangelösung zugegeben und unter Schütteln mit verdünnter Salzsäure bis zum bleibenden Umschlag nach Rot zerlegt. Dann werden noch einige Kubikzentimeter Salzsäure zugegeben. Führt man diese Zerlegung unter Messung des Verbrauches mit einer Salzsäurelösung bekannten Gehaltes durch (soll im Sauerwasser Glycerin bestimmt werden, zersetzt man mit Schwefelsäure), wobei auch der erforderliche Überschuß von Salzsäurelösung über den Neutralpunkt hinaus gemessen wird, so kann später im Sauerwasser die Bestimmung des Gesamtalkalis angeschlossen werden (vgl. S. 619 f.). Nach dem Abkühlen wird mit etwa 100 cm³ Äther kräftig durchgeschüttelt und absitzen gelassen. Kann das Absitzen über Nacht erfolgen, so ist das Sauerwasser gewöhnlich vollständig klar und eine zweite Ausschüttelung nicht erforderlich. Bei kürzerer Absitzzeit muß jedoch das Sauerwasser ein zweites Mal mit 25 cm³ Äther ausgeschüttelt werden. Der oder die vereinigten Ätherauszüge sind nach klarem Absitzen und sorgfältigem Ablassen meist praktisch mineralsäurefrei. Ist das nicht der Fall, werden sie 1—2mal mit je 30 cm³ 10%iger Kochsalzlösung gewaschen. Die mineralsäurefreie Ätherlösung wird $^1/_2$ Stunde lang im Erlenmeyerkolben mit durch Glühen entwässertem Natriumsulfat getrocknet und filtriert, wobei man das Natriumsulfat möglichst im Erlenmeyerkolben behält. Das Natriumsulfat wird unter mehrmaligem Ausschütteln mit ebenfalls über entwässertem Natriumsulfat oder über Natriummetall getrocknetem Äther und Dekantieren fettfrei gewaschen und ebenso das Filter. Man treibt dann die Hauptmenge Äther auf dem Wasserbade ab, bläst einige Male, am besten mit einem Handgebläse, auf den Rückstand, wodurch sich der Rest des Äthers in kurzer Zeit verflüchtigt und erzielt durch kurze Trocknung Gewichtskonstanz, d. h. höchstens 0,1% Gewichtsänderung nach wiederholter je $^1/_4$stündiger Trocknung [Deutsche Einheitsmethoden 1930, Wizöff (3)].

γ) *Bemerkungen.* Bei Seifen leichtflüchtiger, wasserlöslicher Fettsäuren, z. B. von Cocosfett- oder Palmkernfettsäuren ist es zweckmäßig, erschöpfend auszuäthern und bei einer 60° C nicht übersteigenden Temperatur zu trocknen.

δ) *Leicht oxydierbare Fettsäuren* werden im inerten Gasstrom (sauerstofffreier Stickstoff oder sauerstofffreie Kohlensäure) getrocknet.

Bei schwer zersetzlichen Seifen (Kalkseifen und ähnliche), bei denen man nach obigem Verfahren nach der ersten Ätherausschüttelung keine klare Ätherschicht erhält, werden vor der Behandlung im Scheidetrichter durch Erwärmen im Kolben mit einem Überschuß von verdünnter Mineralsäure gespalten, bis die Fettsäuren sich oben klar abgetrennt haben und dann nach dem Abkühlen erst der Ausschüttelung im Scheidetrichter unterworfen.

Maßanalytisches Verfahren. Die nach dem oben beschriebenen gewichtsanalytischen Verfahren erhaltene mineralsäurefreie ätherische Fettsäurelösung, welche in diesem Falle nicht getrocknet zu werden braucht, wird nach dem Abtreiben von etwa der Hälfte des Äthers mit 50 cm³ gegen Phenolphthalein neutral gestellten Alkohols und 1 bis 2 Tropfen Phenolphthaleinlösung versetzt, mit $^1/_2$ n-alkoholischer Kalilauge titriert und mit Alkohol im Meßkölbchen zu 250 cm³ aufgefüllt. 50 cm³ der gut durchgeschüttelten Lösung werden in einer nicht zu flachen gewogenen Schale von etwa 100 mm Durchmesser im Dampftrockenschrank eingedampft, zuletzt bei 105° C getrocknet und gewogen. Zur Titration seien x cm³ $^1/_2$ n-alkoholische Kalilauge verbraucht worden, das Gewicht der getrockneten Kaliseifen habe y g und die Einwaage an Seife z g betragen. Dann sind in der ursprünglichen Seife $\dfrac{(5\,y - 0{,}019\,x)\cdot 100}{z}$ % Gesamtfettsäuren enthalten (vgl. Fendler und Frank, IV, 460).

ε) *Refraktometrisches Verfahren.* Über die Bestimmung des Lichtbrechungsvermögens in Fetten und Fettsäuren siehe Hauptwerk IV, 420.

Ein rasches „Minutenverfahren" vor allem zur Betriebskontrolle haben W. Leithe (1) und H. I. Heinz angegeben: 2 g fein zerkleinerte Seife werden in einem mit Glasstopfen verschließbaren Jenaer Glasrohr von etwa 30—50 cm³ Inhalt mit 10 cm³ 10%iger Schwefelsäure übergossen, zum Sieden erhitzt, 3 cm³ α-Bromnaphthalin hinzupipettiert und 1 Minute warm geschüttelt. Von der sich rasch absetzenden Fettsäurelösung wird mit dem Scheideröhrchen (ein einseitig zur Spitze ausgezogenes Glasröhrchen, in dessen oberes Ende ein Wattebausch eingepreßt wird: man saugt etwa 1 cm³ der Fettsäurelösung auf, dreht das Röhrchen um und läßt die Lösung durch den Wattebausch klar abfließen) ein Tropfen klar auf das Prisma des Abbe-Refraktometers gebracht und bei 40° C gemessen. Die Umrechnung erfolgt in üblicher Weise mittels des bekannten oder einmal zu ermittelnden Brechungsindexes der verarbeiteten Fettsäuren. Wasserglas oder Kaolin stören nicht, wenn die Phasen durch Zentrifugieren getrennt werden.

ζ) Liegen Seifen oder Seifenpulver mit einem beträchtlichen Gehalt an Füllstoffen (Talkum, Ton, Stärke usw.) vor, so ermittelt man den Gehalt an Gesamtfettsäuren im alkoholischen Extrakt. Man kocht die erforderliche Menge möglichst fein zerkleinerter Seife mehrmals mit kleinen Mengen Alkohol aus oder extrahiert besser im Extraktionsapparat und wiegt von dem durch Eindampfen des Extraktes (unter gleichzeitiger Feststellung seines Gewichtsverhältnisses zur ursprünglichen Seifeneinwaage) erhaltenen Rückstand zur Gesamtfettsäurebestimmung ein.

η) Nach Knigge können die üblichen Gesamtfettsäurebestimmungsmethoden nicht angewandt werden, wenn die Seifen Tylose enthalten. Er empfiehlt folgende qualitative Prüfung: Im Reagensglas wird etwas Seife in heißem Wasser gelöst, dann wird mit verdünnter Salzsäure angesäuert (Methylorange). Scheidet sich beim Erwärmen im Wasserbad oben eine weißliche, krümelige Masse ab und kommt es nicht zur Bildung einer klaren Fettsäureschicht, so ist vermutlich Tylose vorhanden. Bei positivem Ausfall dieser Prüfung verfährt man zur quantitativen Gesamtfettsäurebestimmung nach Knigge wie folgt: 3—5 g Seife werden in einen Jenaer Rundstehkolben von 150 cm³ Inhalt eingewogen, mit etwa 60 cm³ 10%iger Salzsäure übergossen und 1 Stunde am Rückflußkühler gekocht. Nach dem Erkalten wird das Sauerwasser in einen Scheidetrichter filtriert und der Tyloseniederschlag auf das Filter gespült. Das Filter wird getrocknet und mit Äther ausgewaschen. Der erstarrte Fettsäurekuchen wird in Äther gelöst und diese Lösung quantitativ in den Scheidetrichter gebracht. Von hier ab können die oben angegebenen Arbeitsvorschriften angeschlossen werden. W. Schulze verfährt bei Gegenwart von Tylose in der Weise, daß die Tylose durch Kochen mit Säure ($^1/_2$ Stunde bei einer Salzsäurekonzentration von 15—20% HCl) bis zur Bildung wasserlöslicher Produkte abgebaut und dann in üblicher Weise verfahren wird.

ϑ) *Die Bestimmung der freien Fettsäuren.* Sie können nur bei negativem Ausfall der Prüfung auf freies Alkali vorhanden sein und werden, wenn nötig nach den Einheitsmethoden (4) wie folgt bestimmt: 10 g Seife werden in der Wärme in ausreichender Menge in mindestens 60%igem

Alkohol gelöst und nach dem Abkühlen der Lösung mit alkoholischer $^1/_{10}$ n-Kalilauge gegen Phenolphthalein titriert.

ι) *Die Untersuchungen an den abgeschiedenen Fettsäuren.* Die Methoden zur Ermittelung der optischen und sonstigen physikalischen Konstanten (Dichte, Schmelz- bzw. Erstarrungspunkt, Farbe, Fluorescenz, Lichtbrechung, Drehung, Konsistenz, Zähigkeit und Löslichkeit), sowie der chemischen Natur und der Kennzahlen (Säure-, Verseifungs-, Ester-, Acetyl-, Reichert-Meißl-, Polenske-, Jod-, Rhodan-Zahl usw.) sind im Abschnitt Fette und Wachse dieses Werks (IV, 431f.) ausführlich beschrieben. Hier sollen nur noch einige Ergänzungen dazu mitgeteilt werden.

Nach einer Mitteilung des Forschungslaboratoriums Oppau der I. G. Farbenindustrie (4) empfiehlt es sich vielfach die Bestimmung der Säure- und Verseifungszahl und damit auch der Esterzahl in einer einzigen Einwaage vorzunehmen, um dadurch den Einfluß der Wägefehler auf die Esterzahl weitgehend herabzumindern. Es wird dafür folgende Vorschrift empfohlen: 2 g Fettsäure werden gelinde zum Schmelzen erwärmt und in 20 cm³ gegen wenig Phenolphthalein neutral gestelltem Alkohol gelöst. Die lauwarme bis heiße, aber nicht kochende Lösung wird unmittelbar mit $^1/_2$ n-alkoholischer Kalilauge unter kräftigem Umschütteln titriert. Auf Grund der dazu verbrauchten Kubikzentimeter Maßlösung wird die Säurezahl berechnet. Der Wirkungswert der alkoholischen Kalilauge wird jeweils ebenfalls gegen Phenolphthalein festgestellt. Hierauf setzt man weitere 20 cm³ $^1/_2$ n-alkoholische Kalilauge zu, kocht $^1/_2$ Stunde am Rückflußkühler und titriert mit $^1/_2$ n-wäßriger Salzsäure zurück. Außerdem bestimmt man den Blindwert von 20 cm³ $^1/_2$ n-alkoholischer Kalilauge nach $^1/_2$stündigem Kochen in gleicher Weise. Die Esterzahl ist dann:

$$\frac{(\text{cm}^3 \; ^1/_2 \; \text{n-HCl beim Blindwert} - \text{cm}^3 \; ^1/_2 \; \text{n-HCl bei der Analyse}) \cdot 28{,}055}{\text{Einwaage}}$$

und die Verseifungszahl ist gleich der Säurezahl + Esterzahl.

Die gleiche Stelle hat bei der Untersuchung von freien Paraffinoxydationsfettsäuren folgende Erfahrungen gemacht:

1. Zur Bestimmung der Hydroxylzahl eignet sich folgende Methode (s. a. S. 617), bei der Fehlresultate durch Bildung gegen Wasser relativ beständiger gemischter Anhydride bzw. durch die Hydrolyse der Salze der höheren Fettsäuren bei der Ausführung der Acetylierungsmethode vermieden werden: 2 g Fettsäuren werden im Schliffkolben in 10 cm³ reinstem Pyridin gelöst und mit genau 10 cm³ eines immer möglichst frischen Pyridin-Essigsäureanhydridgemisches (aus 220 g Pyridin reinst und 30 g Essigsäureanhydrid hergestellt) am Steigrohr 1 Stunde erhitzt. Nach dem Erkalten werden 15 cm³ Wasser durch das Steigrohr zugegeben und unter gelegentlichem Schütteln 10 Minuten am Dampfbad erhitzt. Nach dem Erkalten werden durch das Steigrohr 50 cm³ neutralisierter Alkohol zugefügt und nach Abnahme des Steigrohrs mit $^1/_2$ n-alkoholischer Kalilauge gegen Phenolphthalein titriert. In völlig gleicher Weise wird der Blindwert mit 10 cm³ Pyridin und genau 10 cm³ Pyridin-Essigsäureanhydridgemisch bestimmt. Da bei der Rücktitration mit alkoholischer

Kalilauge die Carboxylgruppe ebenfalls mittitriert wird, muß auch die Säurezahl ermittelt und rechnerisch berücksichtigt werden.

$$\text{Hydroxylzahl} = \frac{\text{cm}^3\ ^1/_2\ \text{n-KOH (Blindwert}-\text{Probenwert)}\cdot 28{,}055}{\text{Einwaage}} + \text{Säurezahl}\,.$$

Vergleiche auch die Vorschriften der 8. und 10. Mitteilung der Gemeinschaftsarbeit der DGF [Fette u. Seifen **45**, 234—236, 315 (1938)], ferner das Verfahren von Kaufmann (1) und Funke der Acetylierung mit Acetylchlorid in Toluol.

Im Untersuchungslaboratorium der I. G. Ludwigshafen (5) wird zur Bestimmung der Hydroxylzahl (s. a. S. 616) ganz allgemein seit Jahren mit gutem Erfolg folgende Acetylierungsmethode angewandt:

In ein Reagensrohr, das etwa in der Mitte nicht zu eng ausgezogen ist, werden nacheinander 5 g der Probe und 5 g Essigsäureanhydrid genau eingewogen, worauf das Reagensrohr mit noch etwa 8 cm³ reinem, wasserfreiem Pyridin gefüllt und schließlich abgeschmolzen wird. Hierauf wird das Röhrchen in einem entsprechend gebohrten Kupferblock 1 Stunde bei 120° C gehalten, nach Abkühlung in eine bereits 20 cm³ Pyridin enthaltende Flasche fallen gelassen, so daß es zerspringt und beide Flüssigkeiten sich mischen. Nach Verdünnen mit etwa 200 cm³ kohlensäurefreiem Wasser wird kräftig geschüttelt und hierauf mit 1 n-Natronlauge gegen Phenolphthalein titriert. Der Wirkungswert des Essigsäureanhydrids wird in gleicher Weise, nur ohne Substanzzugabe ermittelt. Handelt es sich um die Hydroxylzahlbestimmung von Oxyfettsäuren, deren Acetylprodukt sich beim Verdünnen des Acetylierungsgemisches ausscheidet, so ist dies mittels Petroläther oder Benzol auszuschütteln, ehe die Rücktitration der überschüssigen Essigsäure in der wäßrigen Schicht erfolgt. In diesem Falle ist selbstverständlich die Säurezahl des Ausgangsproduktes nicht zu berücksichtigen. Spaltet sich während der Acetylierung aus der Probe eine Säure, z. B. Salzsäure oder Bromwasserstoffsäure ab, worauf bei halogenhaltigen Stoffen grundsätzlich zu prüfen ist, so ist die Menge der bei der Acetylierung abgespaltenen Halogenwasserstoffsäure zu berücksichtigen. Man verfährt in letzterem Falle so, daß nach der Rücktitration des Acetylierungsgemisches (mit halogenfreier Lauge) in diesem das Halogen nach Mohr oder mittels potentiometrischer Titration bestimmt wird (vgl. S. 625).

2. Die Bestimmung der Carbonylzahl nach dem Verfahren von Stillmann und Reed durch Umsetzen mit Hydroxylaminchlorhydratlösung und acidimetrische Titration der bei der Oximierung der Ketogruppen frei gewordenen Salzsäure mit Bromphenolblau bei Zimmertemperatur versagt bei den freien Paraffinoxydationssäuren. Folgendes Verfahren, das einer im Forschungslaboratorium Oppau der I. G. Farbenindustrie (6) ausgeführten Arbeit von W. Leithe (2) entnommen ist, liefert dagegen einwandfreie Resultate:

2 g Fettsäure (bei größeren CO-Zahlen nur 1 oder $^1/_2$ g) werden mit 20 cm³ wäßrig-alkoholischer Hydroxylaminchlorhydratlösung (40 g Hydroxylaminchlorhydrat in 80 cm³ Wasser lösen, mit 800 cm³ 95%igem Äthylalkohol verdünnen, 600 cm³ $^1/_2$ n-alkoholische Kalilauge zusetzen und abfiltrieren) im Erlenmeyerkölbchen ohne Kühler 2—3 Minuten

zum gelinden Sieden erhitzt und nach Zusatz von möglichst wenig Methylorangelösung sofort heiß mit $^1/_2$ n-Salzsäure bei gutem Tageslicht titriert,
bis die anfangs grünlichgelbe Farbe eben in schwach rötlichgelb umschlägt.
Der Umschlag ist bei einiger Übung innerhalb $\pm$ 0,1 cm^3 $^1/_2$ n-Salzsäure,
d. h. einer CO-Zahl von 1,4 scharf festzustellen, und zwar wesentlich
schärfer als bei Verwendung von Bromphenolblau. Man muß sich vor
jeder Bestimmung durch einen Vorversuch überzeugen, daß die zu untersuchenden Fettsäuren in alkoholischer Lösung gegen Methylorange neutral
reagieren. Ist das nicht der Fall, so müssen sie vor dem Zusatz der Hydroxylaminlösung in etwas Alkohol gelöst und sorgfältig gegen Methylorange
neutralisiert werden. Ebenso ist für die Berechnung eine Blindwertsbestimmung unter gleichen Bedingungen ohne Probeneinwaage durchzuführen.

3. Trotz der Anwesenheit von Ketogruppen läßt sich die Jodzahl-
Bestimmung nach den üblichen Verfahren, z. B. nach Wijs durchführen,
da unter diesen Bedingungen nur die Doppelbindungen abgesättigt
werden, die Ketogruppen aber kein Halogen verbrauchen.

Nach den Erfahrungen des Verfassers sind Äthylglykol (Äthylenglykolmonoäthyläther) und ebenso Diäthylenglykol selbst bei der Untersuchung von Fetten, Seifen, Waschmitteln usw. häufig dem Äthylalkohol
zur Herstellung von Lösungen, insbesondere auch von alkoholischer
Kalilauge vorzuziehen, da sie viele Fette und Ester vorzüglich lösen
und bei der Verseifung die Erreichung höherer Temperaturen ohne Anwendung von Druck gestatten. Vergleiche auch C. E. Redemann und
H. J. Lucas und E. Jaffe.

Von den Möglichkeiten zur Bestimmung und Trennung der Fettsäuren
sei noch die Methode der fraktionierten Destillation in besonderen
Spiralrohrsäulen nach Jantzen, Rheinheimer und Asche erwähnt,
von neueren Fortschritten die Bestimmung der Dien-Zahl nach H. P.
Kaufmann (2), Baltes und H. Büter auf jodometrischem und nach
H. P. Kaufmann (3) und L. Hartweg auf meso- und mikroanalytischem Weg.

Bei der qualitativen Prüfung auf Harzsäuren erwies sich nach
Burgdorf(1) die Halphen-Grimaldische Reaktion der Liebermann-
Storchschen Reaktion (IV, 478) überlegen. Sie wird wie folgt ausgeführt:
Ein Stückchen Seife von ungefähr 0,01 g wird in einer Porzellanschale
mit etwas Salzsäure erhitzt, wodurch die Fettsäuren in Freiheit gesetzt
werden. Die überschüssige Salzsäure wird abgedampft. Man behandelt
alsdann die Masse mit rund 0,5 cm^3 einer Lösung von 1 Teil Phenol in
3 Teilen Tetrachlorkohlenstoff. Dann läßt man in die Schale, deren
Wandungen mit dem Gemisch benetzt sind, die Dämpfe einer Lösung
von 1 Teil Brom in 5 Teilen Tetrachlorkohlenstoff eindringen. Bei
Gegenwart von Harzsäuren entsteht sofort eine intensive Blaufärbung.

Zu ihrer quantitativen Bestimmung wurde auf der IX. Versammlung
der internationalen Kommission zum Studium der Fettstoffe
1938 in Rom [vgl. Bericht darüber Fette u. Seifen 45, 315 (1938)] folgendes festgestellt:

1. die gewichtsanalytische Methode [Einheitsmethoden 1930 (5)] ergibt
zu niedrige Harzsäurewerte,

2. die Ergebnisse der maßanalytischen Methoden von Twitchell und Nicoll stimmen weitgehend überein.

c) Die Bestimmung des Unverseiften (Neutralfett) und des Unverseifbaren (IV, 570). Das Unverseifbare umfaßt die natürlichen unverseifbaren Stoffe (Sterine und auch Kohlenwasserstoffe), sowie die bei 100° C nicht flüchtigen unverseifbaren organischen Stoffe, wie Mineralöle u. dgl. Die Bestimmung des Unverseiften (Neutralöles) und des Unverseifbaren erfolgt nach folgender Vorschrift: 20 g gut zerkleinerte Seife werden in einer Mischung von 80 cm³ Alkohol und 70 cm³ Wasser gelöst. Dem Wasser wird vorher 1 g Natriumbicarbonat zur Neutralisation etwa vorhandenen freien Alkalis oder freier Fettsäuren in der Kälte zugesetzt. Nach dem Abkühlen der Seifenlösung auf etwa 20° C schüttelt man 3mal mit je 70 cm³ Petroläther aus. Die vereinigten petrolätherischen Lösungen werden zur Abscheidung etwa aufgenommener Seife einige Zeit stehengelassen. Bei erheblicher Seifenabscheidung wird die Lösung in einen anderen Scheidetrichter filtriert, in den vorher je 15 cm³ $^1/_{10}$ n-Sodalösung und Alkohol gefüllt wurden. Die petrolätherische Lösung wird mit der Sodalösung durchgeschüttelt und 3mal mit je 30 cm³ 50%igem Alkohol nachgewaschen. Nach dem Abjagen des Petroläthers wird die Summe von Neutralfett und Unverseifbarem gewogen.

d) Zur Bestimmung des Unverseifbaren allein wird der Petrolätherextrakt mit überschüssiger alkoholischer Kalilauge verseift und wiederum wie oben mit Petroläther extrahiert. Dieses einfach auszuführende Petrolätherextraktionsverfahren genügt in den meisten Fällen. Bei gewissen Fettsäuren, z. B. Tranfettsäuren, Wollfettsäuren usw. werden dabei zu niedrige Werte erhalten. Man muß in diesen Fällen nach dem Äthylätherextraktionsverfahren arbeiten [s. IV, 570 und die Einheitsmethoden 1930 (6)]. Bei Angaben über den Gehalt an Neutralfett und Unverseifbarem ist daher jeweils die Methode mit anzugeben, nach der gearbeitet wurde. Nach Voermann ist es ratsam, vor der Trocknung des Unverseifbaren eine bekannte Menge (etwa 2 g) eines nicht flüchtigen Öles hinzuzufügen, um den Verlust flüchtiger unverseifbarer Stoffe, die bei der Bestimmung von Wasser und anderen bei 105° C flüchtigen Stoffen nur zum Teil erfaßt werden, zu vermeiden. Solche flüchtige unverseifbare Bestandteile enthalten z. B. Extraktionsfette.

e) Die Bestimmung des gesamten, d.h. des an die Seifenfettsäuren gebundenen und freien Alkalis (IV, 571). Unter Gesamtalkali wurde in der Seifenindustrie bis jetzt die Summe des freien und an Fettsäuren sowie andere schwache Säuren (Kohlensäure, Kieselsäure, Borsäure) gebundenen Alkalis verstanden. Die zunehmende Verwendung auch anderer alkalisch reagierender anorganischer und organischer Stoffe, z. B. Trinatriumphosphat, Trilon A, Trilon B, Calgon (Natriummetaphosphat) machte es erforderlich, diese Definition zu ändern und sie festzulegen als:

α) *Das Gesamtalkali* ist dasjenige Alkali, welches unter gewissen Versuchsbedingungen acidimetrisch titriert werden kann. Diese Versuchsbedingungen sind folgende:

β) Bei der Bestimmung der Gesamtfettsäuren (vgl. S. 613).

1. durch direkte Titration mit $^1/_2$ n-Mineralsäure,

2. durch indirekte Rücktitration im Sauerwasser nach der Zerlegung der Seifen und Salze mit einem bekannten Überschuß von $^1/_2$ n-Mineralsäure (vorher Abtrennung der Fettsäuren).

γ) in 1%iger wäßriger Lösung direkt,

δ) im wäßrigen Auszug der Asche der Seifen, wobei die Asche nur durch Abschwelung bis zum Zurückbleiben eines kohligen Rückstandes erzielt werden soll.

f) **Das an die Gesamtfettsäure gebundene Alkali** wird mittels der Verseifungszahl erfaßt unter rechnerischer Berücksichtigung eventuell vorhandener Gehalte an Neutralfett und freien Fettsäuren.

g) **Als freies Alkali** (IV, 572) werden die Hydroxyde der Alkalimetalle, also hauptsächlich Natrium- und Kaliumhydroxyd bezeichnet. **Qualitativ** kann darauf in folgender Weise geprüft werden: Etwa 1 g zerkleinerte Seife wird unter Erwärmen in 15 cm³ gegen Phenolphthalein genau und immer frisch neutralisiertem Alkohol gelöst. Bleibt nach dem Erkalten eine Rotfärbung bestehen, so ist freies Alkali vorhanden.

α) *Für die quantitative Bestimmung* ist zur Zeit nur ein richtiges direktes Verfahren vorhanden. Es ist die für den Verkehr mit der Deutschen Reichsbahngesellschaft vorgeschriebene Chlorbariummethode, die hier in der Fassung der Einheitsmethoden (7) wiedergegeben sei: 5 g Seife werden in 100 cm³ heißem kohlensäurefreiem Wasser gelöst. In die Lösung wird gesättigte Chlorbariumlösung langsam unter Umrühren eingegossen. Gewöhnlich genügen 15 cm³. Wenn nach dem Absitzen des Niederschlags die darüberstehende, ziemlich klare Flüssigkeit durch einige Tropfen Chlorbariumlösung nicht mehr getrübt wird, ist die ausgefällte Bariumseife abzufiltrieren. Der Rückstand auf dem Filter wird mit kohlensäurefreiem Wasser bis zur neutralen Reaktion gewaschen und das Filtrat mit $^1/_{10}$ n-Salzsäure gegen Phenolphthalein titriert. Zur Bestimmung sehr kleiner Mengen von freiem Alkali verwendet man die Bariumchloridmethode von Heermann in der Ausführungsform von Borstard und Huggenberg (IV, 572).

β) Die in der Literatur als „*Alkoholmethode*" beschriebene Methode, die darauf beruht, daß eine alkoholische Lösung von Seife mit Salzsäure gegen Phenolphtalein titriert wird, liefert nach neueren Berichten [Burgdorf (2)] ungenaue und unbrauchbare Werte, da sie wegen der Unmöglichkeit in alkoholischer Lösung den Endpunkt der Bicarbonatstufe zuverlässig zu treffen, einen Teil des Carbonat-Alkalis miterfaßt.

h) **Für die gemeinsame Bestimmung des freien und des Carbonat-Alkalis** ist die Methode von Vizern und Guillot einwandfrei, die die Seife in Alkohol erhitzt, der eine bestimmte Menge Fettsäure enthält und die nicht verbrauchte Fettsäure acidimetrisch zurückbestimmt. Die Methode ist außerdem auch bei Seifen brauchbar, die Natriumhyposulfit oder Calciumcarbonat enthalten.

Nach Ermittlung des **Carbonats** durch direkte Kohlensäurebestimmung durch Austreibung der Kohlensäure (s. später) läßt sich dann das freie Alkali als Differenz bestimmen.

i) **Die Bestimmung von Soda, Percarbonat und Bicarbonat** (IV, 573). Die in der Literatur angegebenen maßanalytischen Bestimmungsmethoden (Titration in 50%igem Alkohol) sind nicht anwendbar bei gleichzeitiger Anwesenheit von Silicaten und Boraten. Aber auch bei deren Abwesenheit müssen sie nach dem oben Ausgeführten versagen. Das gilt z. B. für das von Davidsohn und Weber beschriebene Verfahren. Da die erste Titration zu hohe Werte liefert, müssen die Carbonatwerte zu klein ausfallen. Richtige Werte erhält man nur durch die oben erwähnten Methoden der Kohlensäureaustreibung.

k) **Über die Bestimmung von Ammoniak und Ammonsalzen,** sowie die der einzelnen Alkalien und der Nebenbestandteile (z. B. in Seifen-, Wasch- und Scheuerpulvern) sei hier nichts weiter angeführt, da später bei der Untersuchung der zusammengesetzten Waschmittel noch ausführlich darauf eingegangen werden muß.

l) Chloride können im Sauerwasser, das bei der Abscheidung der Fettsäuren erhalten wird, nach Mohr, Volhard oder elektrometrisch (potentiometrisch) titriert werden (vgl. S. 625), wenn zur Zerlegung der Seife nicht wie üblich Salzsäure, sondern Schwefelsäure oder Salpetersäure verwendet wird. Bei elektrometrischer Titration läßt sich nach den Erfahrungen des Verfassers die Abtrennung der Fettsäuren durch Extraktion vermeiden. Man verfährt wie folgt: 5 g Seife (bei kleinem Gehalt an Chloriden entsprechend mehr) werden fein zerschnitten in 50 cm³ destilliertem Wasser heiß gelöst, auf etwa 50° C abgekühlt, mit Salpetersäure deutlich sauer gestellt, 55 cm³ Aceton zugegeben und mit $^1/_{10}$ n-Silbernitrat direkt unter potentiometrischer Endpunktsbestimmung titriert.

4. Die Feststellung des Gebrauchswertes. Über die Bestimmung der Schaumfähigkeit, Auflösungsgeschwindigkeit und des Trübungspunktes, sowie die Ausführung der Spinnprobe s. IV, 581. Nach einer neueren Mitteilung der Coloristischen Abteilung der I. G. Farbenindustrie Höchst (7) läßt sich das Schaumvermögen von Waschmitteln sehr zuverlässig bestimmen, indem man 250 cm³ der zu prüfenden Lösung in einem Meßzylinder von 1000 cm³ Inhalt mit einer ruckartig auf- und abbewegten Siebplatte mit 25 Löchern von 5 mm Durchmesser zum Schäumen bringt, bis das Schaumvolumen nicht mehr zunimmt. E. Bosshard und H. Sturm benutzten bei Versuchen zur Bestimmung des Waschwertes mit Eisenhydroxyd künstlich angeschmutzte Flanellappen und schließen aus dem nach dem Waschen unter genau festgelegten Bedingungen in den Lappen zurückbleibenden Eisengehalt auf den Waschwert der untersuchten Seifen. Vergleiche aber hierzu die Bemerkungen der Liste Nr. 871 A2 des Reichsausschusses für Lieferbedingungen (RAL) 1931.

B. Die synthetischen Waschmittel.

1. Vom Typ des Türkischrotöls (IV, 543). a) **Definition.** Sie enthalten als wirksamen Bestandteil neben unsulfiertem Öl (Oxyfettsäuren und deren innere Ester) Schwefelsäureester pflanzlicher Öle, meist von Ricinusöl, aber auch von Olivenöl (Tournanteöle) oder von Tranen und Talgen, die mit Alkalien oder Ammoniak oder dessen Substitutionsprodukten, wie z. B. Triäthanolamin neutralisiert sind. Sie können allgemein durch die Formel

$$R \cdot (CH_2)_x - \overset{\displaystyle H}{\underset{\displaystyle \underset{\displaystyle SO_3 - Me}{O}}{C}} - (CH_2)_y \cdot CH_2 \cdot COOMe$$

dargestellt werden. Wenn die sulfierten Fettprodukte vom Typus des Türkischrotöls in Substanz auch hauptsächlich als typische Textilhilfsmittel, insbesondere als Netz-, Färbe- und Appreturöle und auch als Wollschmälzöle und als Ölbeizen und nicht als Wasch- und Reinigungsmittel Verwendung finden, so sollen sie doch an dieser Stelle angeführt werden, da sie als gute Netzer in der Bleicherei und in Kombination mit Tetrachlorkohlenstoff und anderen Fettlösungsmitteln in der chemischen Reinigung (Naßwäsche) eine ausgedehnte Verwendung finden.

b) Zu ihrer **chemischen Analyse** (IV, 544) werden bestimmt das Gesamtfett, das Neutralfett, das Unverseifbare, die Gesamtschwefelsäure, die Sulfatschwefelsäure, das Ammoniak, die Alkalien und die Abstammung der sulfierten Öle, der Wassergehalt, Salze und organische Lösungsmittel.

α) *Die Gesamtfettsäuren nach Herbig* (IV, 545). Ergänzungen: In der mit den Waschwässern vereinigten wäßrigen Schicht können die wasserlöslichen Fettsäuren, das Glycerin und sonstige wasserlösliche Bestandteile sowie das Gesamt-SO_4 bestimmt werden. Die ätherische Lösung der entstandenen Oxyfettsäuren wird mit neutralem, geglühtem Natriumsulfat getrocknet und dann im gewogenen Kolben eingeengt.

Die **Sulphonated Oil Manufacturers Association** nahm im November 1935 auf Vorschlag der **American Association of Textile Chemists and Colorists** folgende **maßanalytische Bestimmungsmethode** zur Bestimmung der organisch gebundenen Schwefelsäure (Esterschwefelsäure) an: In einem 300-cm³-Erlenmeyerkolben mit aufgeschliffenem Steigrohr werden 10 g der Probe mit 25 cm³ mehr $^1/_1$ n-Schwefelsäure versetzt, als der Gesamtalkalinität entspricht und $^1/_2$ Stunde gekocht. Nach Abkühlung werden unter Ausspülen des Steigrohrs 50 cm³ Wasser, 30 g Kochsalz, 25 cm³ Äther und 5 Tropfen Methylorangelösung (0,1%ig) zugesetzt und unter kräftigem Schütteln mit $^1/_1$ n-HCl titriert. Gleichzeitig wird ein Blindversuch mit derselben Menge $^1/_1$ n-Schwefelsäure durchgeführt. Wären a g angewandt und b cm³ $^1/_1$ n-NaOH im Blindversuch und h cm³ $^1/_1$ n-NaOH im Hauptversuch verbraucht worden, so enthält die Probe $\dfrac{(h-b) \cdot 56{,}112}{a}$ % organisch gebundenes SO_3.

β) *Die Gesamtalkalinität* (IV, 548) wird wie folgt bestimmt: 10 g der Probe werden im 250-cm³-Erlenmeyerkolben mit 100 cm³ Wasser gegebenenfalls unter Erwärmen gelöst, mit 30 g Kochsalz, 25 cm³ Äther und 5 Tropfen Methylorangelösung (0,1%ig) und nach dem Erkalten unter Schütteln mit so viel $^1/_2$ n-Schwefelsäure versetzt, bis die Lösung schwach sauer ist, kräftig geschüttelt, dann mit $^1/_1$ n-Natronlauge wieder schwach alkalisch gestellt und mit $^1/_2$ n-Schwefelsäure genau neutralisiert. Die Gesamtalkalinität wird ausgedrückt in mg KOH/g.

γ) *Das Neutralfett und das Unverseifbare* (IV, 546). Ergänzungen: Die vereinigten Ätherauszüge werden 2mal mit 50 cm³ einer 0,1 molaren Natriumsulfatlösung gewaschen, danach mit neutralem geglühtem Natriumsulfat getrocknet und der nach dem Abdunsten des Äthers verbleibende Rückstand gewogen.

δ) Soll auch das meist nur in kleinen Mengen anwesende Unverseifbare bestimmt werden, so wird der Rückstand nach S. 619 verseift.

ε) *Die Gesamtschwefelsäure* (IV, 546).

ζ) *Die Bestimmung der Sulfatschwefelsäure* (IV, 546).

η) *Die Bestimmung des Ammoniaks.* Seine Bestimmung erfolgt ebenfalls — wenn nötig nach deren Auffüllung — in einem aliquoten Teil der bei der Gesamtfettsäurebestimmung erhaltenen sauren Wässer durch Destillation mit Lauge in üblicher Weise.

ϑ) *Die Bestimmung des Wassers.* Sie kann nach den bei Seife angegebenen Methoden erfolgen.

ι) *Die Bestimmung der Salze und der organischen Lösungsmittel* (IV, 548) soll später im Zusammenhang mit der Untersuchung zusammengesetzter Wasch- und Reinigungsmittel beschrieben werden, hier sei nur noch eine im Amer. Dyestuff Rep. **23**, 290 (1934) gegebene Methode zur direkten Bestimmung von anorganischen Sulfaten und Chloriden und aller anderen Salze, die in einer Mischung von Ölsäure und Tetrachlorkohlenstoff unlöslich sind, beschrieben: 3—5 g Probe werden in einem 250-cm³-Becherglas mit der annähernd gleichen Menge Ölsäure in einem Ölbad unter dauerndem Rühren auf 105—110° C erhitzt, bis die Probe wasserfrei ist, dann wird noch 5 Minuten bei 118—120° C gehalten. Nach dem Erkalten muß die Probe flüssig bleiben, andernfalls ist mehr Ölsäure zuzugeben. Die wasserfreie Mischung wird nunmehr in 110 cm³ Tetrachlorkohlenstoff unter Erwärmen auf 50—55° C eingetragen und durch ein gewogenes Filter oder einen Goochtiegel filtriert. Der Goochtiegel ist mit einer etwa 2 mm dicken Asbestschicht vorbereitet, die mit Alkali, Säure und Wasser und nach dem Trocknen so oft mit Tetrachlorkohlenstoff gewaschen wurde, bis nach ¹/₂stündigem Erhitzen in einem größeren Tiegel bei 125—130° C Gewichtskonstanz erreicht war. Der Filterrückstand wird zunächst 3mal mit je 15 cm³ einer 2%igen Lösung von Ölsäure in Tetrachlorkohlenstoff, dann 6mal mit je 15 cm³ heißem Tetrachlorkohlenstoff und schließlich 2mal mit je 15 cm³ Äther gewaschen bzw. so oft, bis der Rückstand ölfrei ist. Hierbei ist auch darauf zu achten, daß der obere Teil des Goochtiegels bzw. Filters gut durchgewaschen wird. Der Filterrückstand wird bei 125—130° C 45 Minuten getrocknet und nach Feststellung der Gewichtskonstanz gewogen, danach bis zur Gewichtskonstanz schwach geglüht. Die Differenz zwischen Trockenrückstand und Glührückstand soll nicht größer als 0,25% sein. Bei Anwesenheit von Ammonsalzen wird nur der Trockenrückstand bestimmt.

Weitere Einzelheiten, insbesondere die volumetrische Schnellbestimmung der Gesamtfettsäuren, des Gehaltes an Polyricinolsäuren und anderer Estolide, sowie die chemische Identifizierung und Charakterisierung der Oxysäuren siehe Hauptwerk IV, 544f. Insbesondere höher sulfierte Produkte, wie z. B. Brilliantmonopolöle und Praestabitöle enthalten neben den Fettsäureschwefelsäureestern meist auch echte C-Sulfosäuren von dem auf S. 632 unter 6 beschriebenen Typ. Bei der Untersuchung derartiger Produkte sind die unter 2 und 6 beschriebenen Methoden in geeigneter Weise zu kombinieren.

c) **Ihr Gebrauchswert** wird, soweit die Produkte für den hier in Frage stehenden Verwendungszweck bestimmt sind, gegeben durch ihre Beständigkeit gegen aussalzende Einflüsse und ihr Lösungsvermögen für flüchtige Lösungsmittel, deren Bestimmung im Hauptwerk IV, 549 zu finden ist.

2. Vom Typus der Nekale und Leonile. a) **Definition.** Sie sind ganz allgemein als echte Sulfosäuren von Kohlenwasserstoffen zu bezeichnen, bei denen im Gegensatz zu den vorher behandelten Türkischrotölen die SO_3H-Gruppe direkt am Kohlenstoffatom $—C—SO_3H$ sitzt. Besitzen die sulfonierten Oxyfettsäuren also zwei verschiedene salzbildende und wasserlöslich machende Gruppen, nämlich eine Carboxylgruppe ($—COOH$) und eine Sulfogruppe ($—SO_3H$), so besitzen die hier beschriebenen Verbindungen nur die letztere, aber eventuell mehrfach. Genannt seien hier die durch Sulfierung von Naphthalin und dessen Hydrierungsprodukten (Dekalin, Tetralin), den Hydrierungsprodukten des Anthracens, den Alkylderivaten von Benzol und Naphthalin, sowie von Mineralöl entstehenden Produkte. Ihre Sulfogruppen lassen sich im Gegensatz zu denen der sulfonierten Öle unter den dort genannten analytischen Bedingungen nicht abspalten. Man erkennt ihre Anwesenheit in einem unbekannten Wasch- und Reinigungsmittel in der Regel daran, daß beim Ausäthern der Gesamtfettsäuren nach dem Abkochen mit Salzsäure Emulsionen auftreten oder die Sulfosäuren selbst in den Äther übergehen (Prüfung der abgeschiedenen Fettsäuren auf einen Schwefelgehalt). Sie kommen entweder als trockene Pulver oder als Pasten in den Handel, meist als Natronsalze und enthalten oft von ihrer Herstellung her noch Natriumsulfat oder Kochsalz. Ihre Untersuchung erstreckt sich auf die Bestimmung des Wassergehaltes, des Gehaltes an Natriumsalz der echten Sulfosäure, an Kochsalz, an Natriumsulfat und des Säure- bzw. Alkalititers.

b) **Die Bestimmung des Wassers** kann nach den bei Seifen gegebenen Vorschriften (s. S. 610), bei soda- bzw. bicarbonatfreien Produkten auch in wasserfreier methylalkoholischer Lösung bzw. Aufschlämmung nach der ebenfalls dort beschriebenen Titration nach K. Fischer mit Pyridin-SO_2-Jod-Methanollösung direkt ohne vorhergehende Destillation durchgeführt werden.

c) **Die Bestimmung des Natriumsalzes der echten Sulfosäure** erfolgt durch Extraktion mit Toluolsprit. Etwa 4 g der getrockneten Probe werden mit 350 cm³ Toluolsprit (mit Toluol vergällter technischer Spiritus von 96 Vol.-%) in einem 500-cm³-Meßkolben 2 Stunden auf dem Wasserbad am Rückflußkühler gekocht und abgekühlt. Man füllt mit Toluolsprit zur Marke auf, schüttelt gut durch und filtriert durch ein trockenes Filter in einen trockenen Erlenmeyerkolben. Um Verluste an Alkohol durch Verdunstung zu vermeiden, ist durch Anwendung eines großen Faltenfilters die Filtration möglichst zu beschleunigen und während der Filtration der Trichter mit einem Uhrglas zu bedecken. 100 cm³ des Filtrats werden in einen mit Schliff versehenen, gewogenen Erlenmeyerkolben von 250 cm³ Inhalt abpipettiert und dieser nach dem Abdestillieren des Alkohols bei 110° C bis zur Gewichtskonstanz getrocknet und gewogen. Dabei ist Rücksicht darauf zu nehmen, daß manche dieser Produkte etwas hygroskopisch sind. Enthalten die Produkte Kochsalz, so wird dieses zum Teil mit in den Alkoholextrakt gehen. Man bestimmt deshalb in weiteren 100 cm³ des Filtrates nach Verjagen der Hauptmenge des Alkohols und Auflösen in Wasser den Gehalt an Chlorion in üblicher Weise, was bei allen Wasch- und Reinigungsmitteln am besten und zuverlässigsten durch direkte Titration mit $^1/_{10}$ n-Silbernitrat unter potentiometrischer Endpunktsanzeige erfolgt, da sowohl die Titration nach Mohr als auch nach Volhard häufig durch die Anwesenheit der organischen Verbindungen gestört wird und dadurch leicht zu hohe Werte erhalten werden. [Über die Ausführung der potentiometrischen Bestimmung s. I, 425 und Erich Müller: Die elektrometrische (potentiometrische) Maßanalyse, 5. Aufl., S. 112. Dresden u. Leipzig: Theodor Steinkopff 1932.] Geeignete Apparatur: z. B. Triodometer). Das Titrationsergebnis wird auf Natriumchlorid umgerechnet, von dem Gewicht des Alkoholextraktes in Abzug gebracht und so der wahre Gehalt an organischem sulfosaurem Salz ermittelt. Die Bestimmung des in der ursprünglichen Probe enthaltenen Kochsalzes erfolgt in gleicher Weise in einer besonderen Einwaage aus der nicht mit Alkohol extrahierten Probe. Enthalten die Produkte unsulfierte Anteile, so werden sie ebenfalls im Toluolspritextrakt miterfaßt. Sie können ihm dann nach seiner Trocknung gegebenenfalls durch Extraktion mit geeigneten Lösungsmitteln, z. B. Petroläther entzogen und bestimmt werden (Schwefelbestimmung).

d) Die Bestimmung des Natriumsulfatgehaltes erfolgt durch die Bestimmung des Gesamtschwefelgehaltes, von dem der in dem gewogenen Alkoholextrakt ermittelte Schwefelgehalt in Abzug gebracht wird.

e) Die Schwefelbestimmung erfolgt in beiden Fällen so, daß etwa 0,5 g Substanz mit Soda-Salpetergemisch vermischt und mit Soda abgedeckt verschmolzen werden. Nach dem Erkalten wird mit Wasser gelaugt und in der Lösung, wie bei Türkischrotöl beschrieben, das SO_4-Ion bestimmt.

f) Der Säure- bzw. Alkalititer wird bestimmt, indem 40—50 g in 500 cm³ Wasser gelöst und gegen Methylorange mit $^1/_1$ n-Lauge bzw. $^1/_1$ n-Säure titriert werden.

Liegen nicht die Natriumsalze, sondern die freien Sulfosäuren vor, so führt man diese vor der Untersuchung durch genaue Neutralisation mit Natronlauge in die Natriumsalze über.

g) Häufig empfiehlt es sich, eine Bestimmung des gesamten in der Probe enthaltenen Natriums (durch Veraschung in Gegenwart von Salpeter- und Schwefelsäure und Bestimmung des dabei erhaltenen Natriumsulfates in üblicher Weise) durchzuführen und die Bilanz zwischen der Summe der den einzelnen bestimmten Anteilen (NaCl, Na_2SO_4, sulfosaures Natrium) entsprechenden Natriummengen und dem so ermittelten

Gesamtnatriumgehalt zu ziehen und dadurch die einzelnen Bestimmungen zu kontrollieren bzw. wenn nötig zu ergänzen (vgl. S. 633).

h) Enthalten die Produkte Ammonsalze, so können diese mittels der Formalintitration bestimmt werden. Man versetzt die wäßrige Lösung einer entsprechenden Einwaage mit einigen Tropfen Thymolphthalein und stellt, falls sie alkalisch reagiert, tropfenweise mit $^1/_{10}$ n-Säure neutral. Reagiert die Probe gegen Methylorange sauer, so wird die Lösung mit der bis zu dessen Umschlag in einer besonderen Probe ermittelten Menge $^1/_{10}$ n-NaOH, aber ohne Methylorangezusatz und nach Thymolpthaleinzusatz mit 10 cm³ 30%igem wäßrigen, gegen Thymolphthalein neutral gestelltem Formaldehyd versetzt. Nach 1 Minute titriert man die nach der Gleichung

$$4 \, NH_4 \cdot Cl + 6 \, CH_2O = (CH_2)_6N_4 + 4 \, HCl + 6 \, H_2O$$

entstandene freie Säure mit $^1/_{10}$ n-Lauge. 1 cm³ $^1/_{10}$ n-Lauge = 0,0018 g NH_4.

i) Manche dieser Sulfosäuren spalten, wie z. B. die Tetralinsulfosäure bei Behandlung mit Phosphorsäure und Natriumphosphat bei höheren Temperaturen nach Friedel Crafts die Sulfogruppe unter Rückbildung des zugrunde liegenden Kohlenwasserstoffs ab, von welcher Reaktion man Gebrauch machen kann, wenn man sich über die Art des sulfonierten Kohlenwasserstoffs Aufschluß verschaffen will.

k) Aromatische Sulfosäuren geben bekanntlich bei der Alkalischmelze die entsprechenden Phenole. Man kann daher qualitativ auf die aromatische Herkunft der sulfonierten Kohlenwasserstoffe prüfen, indem man die mit Alkohol extrahierten sulfosauren Salze mit Kaliumhydroxyd im Nickeltiegel 15 Minuten bei etwa 280° C schmilzt, nach dem Erkalten die Schmelze in Wasser löst, ansäuert und das entstandene Phenol ausäthert und so vom mit entstandenen Sulfit trennt. Aus der Ätherlösung führt man das Phenol in Lauge über, versetzt diese mit Natriumacetat und Essigsäure und prüft, ob dabei mit p-Nitrobenzoldiazoniumlösung kupplungsfähige aromatische Phenole usw. entstanden sind.

3. Vom Typus der Fettalkoholsulfonate. a) Definition. Sie stellen wieder wie die Türkischrotöle und im Gegensatz zu den eben besprochenen echt sulfierten Kohlenwasserstoffen Schwefelsäureester dar, die durch Sulfonierung (Veresterung) von Fettalkoholen meist mit einer Kohlenstoffkette von etwa 10—18 Kohlenstoffatomen hergestellt werden. Diese Alkohole sind einesteils direkt natürlichen Ursprungs, z. B. die Spermölalkohole, andernteils werden sie durch chemische Verfahren (katalytische Reduktion) aus den entsprechenden Fettsäuren bzw. deren Estern gewonnen. Enthalten sie Doppelbindungen in ihrem Molekül, so kann die Schwefelsäureesterbildung nicht nur an der Hydroxylgruppe, sondern auch an der Doppelbindung eintreten. Je nach den Sulfonierungsbedingungen und der Wahl des Ausgangsalkohols können also im fertigen Sulfonierungsgemisch folgende schematisch dargestellte Schwefelsäureester nebeneinander vorliegen:

1. $$R \cdot CH_2 \cdot OH + H_2SO_4 = R \cdot CH_2 \cdot O \cdot SO_3H + H_2O,$$

wobei im Falle des Vorliegens sekundärer Alkohole natürlich auch die sekundären Ester

$$\begin{matrix} R_1 \\ R_2 \end{matrix}\Big> CHO \cdot SO_3H$$

erhalten werden.

2.
$$R \cdot (CH_2)_x \cdot CH = CH \cdot (CH_2)_y \cdot CH_2 \cdot OH + H_2SO_4 =$$
$$R \cdot (CH_2)_x \cdot CH-CH_2 (CH_2)_y \cdot CH_2 \cdot OH + H_2O$$
$$\overset{|}{O} \cdot SO_3H$$

oder

$$R \cdot (CH_2)_x \cdot CH = CH \cdot (CH_2)_y \cdot CH_2 \cdot O \cdot SO_3H + H_2O \,.$$

Besitzen also die Seifen nur Carboxylgruppen, die Türkischrotöle Carboxyl- und Schwefelsäureestergruppen, die nekalähnlichen Produkte nur echt an Kohlenstoff gebundene SO_3-Gruppen als salzbildende und wasserlöslich machende Gruppen, so tragen die Alkoholsulfonate in der Hauptsache nur Schwefelsäureestergruppen, wenn auch häufig von der Herstellung her kleine Mengen echt C-sulfierter Verbindungen vorhanden sind.

Ihre Schwefelsäureestergruppen verhalten sich wie die der Türkischrotöle, lassen sich also durch Kochen mit Salzsäure am Rückflußkühler ebenfalls abspalten. Dabei entsteht im obigen Fall 2 zum Teil natürlich ein Diol:

$$R \cdot (CH_2)_x \cdot CH-CH_2 (CH_2)_y \cdot CH_2 \cdot OH \,,$$
$$\overset{|}{OH}$$

was bei Rückschlüssen auf die Art der zur Herstellung der Sulfonate verwendeten Ausgangsprodukte zu beachten ist.

b) **Die chemische Untersuchung der Fettalkoholsulfonate** erstreckt sich auf die Bestimmung des Wassers, der freien und der gebundenen Fettalkohole, der Fettsäuren, des gesamten und des als Na_2SO_4 vorhandenen Schwefels, des Kochsalzes und des gesamten in der Probe enthaltenen Alkalis bzw. wenn vorhanden, auch des Ammoniaks.

α) Die *Bestimmung des Wassers* erfolgt nach den bei Seifen (S. 610f.) gegebenen Vorschriften oder auch wieder wie bei den Produkten des Nekaltyps in Methanol nach K. Fischer.

β) Zur Bestimmung der *freien Fettalkohole,* die im allgemeinen nur in geringen Mengen in den Handelsprodukten vorzukommen pflegen, werden 10—20 g (von Pasten dementsprechend mehr) in etwa 100 cm³ 50%igem Alkohol gelöst (bei Pasten ist so hochprozentiger Alkohol zu verwenden, daß unter Berücksichtigung des in der Probe enthaltenen Wassers die Endlösung 50%ig in bezug auf Alkohol ist) und 3—4mal mit je etwa 70 cm³ Petroläther (Kochpunkt nicht über 50° C) ausgeschüttelt. Sollte sich das Muster nicht vollständig lösen, so wird die Suspension ausgeschüttelt. Die vereinigten eventuell filtrierten Petrolätherauszüge werden mit 50%igem wäßrigen Alkohol gewaschen, der Petroläther verjagt und der Rückstand bei 50—60° C im Trockenschrank getrocknet und gewogen.

γ) Die Bestimmung der *gebundenen Fettalkohole* erfolgt in der bei der Bestimmung der freien Fettalkohole nach der Extraktion mit Petroläther verbleibenden wäßrig-alkoholischen Lösung, der auch die Waschalkoholmengen zugefügt werden. Man verjagt durch Erwärmen auf dem Wasserbad den Alkohol, gibt 25 cm³ konzentrierte Salzsäure zu und kocht 1 Stunde am Rückflußkühler, wobei anfangs noch Schäumen eintreten kann. Nach dem Erkalten wird das Reaktionsgemisch mit Wasser und Äther in einen Scheidetrichter gespült (dabei auch Kühlrohr des Kühlers ausspülen), 4mal mit Äther ausgezogen und der Äther auf dem Wasserbad verjagt. Der Rückstand enthält jetzt die durch die Spaltung der Sulfonate in Freiheit gesetzten Alkohole und kann außerdem noch kleine Mengen Fettsäuren enthalten, die im ursprünglichen Sulfonat als Seifen vorhanden sein können und aus einem eventuellen Gehalt der zur Herstellung der Sulfonate verwendeten Fettalkohole an Fettsäuren stammen.

Um sie abzutrennen, wird der Ätherrückstand in üblicher Weise mit alkoholischer Kalilauge verseift, mit Wasser verdünnt und mit Petroläther (obere Siedegrenze 50° C) wie oben bei der Isolierung der freien Fettalkohole ausgeschüttelt und weiterbehandelt.

δ) Die *Fettsäuren* werden aus dem wäßrig-alkoholischen Filtrat der letzten Petrolätherausschüttelung nach dessen Ansäuerung mit Salzsäure in der bei Seifen beschriebenen Weise mit Petroläther ausgeschüttelt und isoliert.

ε) Der *Gesamtschwefel* wird wie S. 625 beschrieben bestimmt.

ζ) Über die Bestimmung des *Kochsalzgehaltes* s. S. 625, über die Bestimmung des Gesamtnatriums und des Ammoniaks S. 623, 625 u. 626.

η) Der als *Natriumsulfat* vorhandene Schwefel kann nach der von Kling und Püschel mitgeteilten Benzidinmethode bestimmt werden, die darauf beruht, daß aus einem Gemisch von Natriumsulfat und Alkoholsulfonat in wäßriger Lösung mittels Benzidinchlorhydrat nach den Gleichungen:

1. $Na_2SO_4 + Cl \cdot NH_3$—⟨ ⟩—⟨ ⟩—$NH_3 \cdot Cl =$

   $= 2\,NaCl + NH_3$—⟨ ⟩—⟨ ⟩—NH_3 (I)
   mit SO_4-Brücke

2. $2\,R \cdot CH_2 \cdot OSO_3Na + Cl \cdot NH_3$—⟨ ⟩—⟨ ⟩—$NH_3 \cdot Cl =$

   $= 2\,NaCl + NH_3$—⟨ ⟩—⟨ ⟩—NH_3 (II)
   $SO_3 \quad\quad SO_3$
   $O \quad\quad\quad O$
   $CH_2 \cdot R \quad\quad CH_2 \cdot R$

Benzidinsulfat (I) und Benzidinalkylsulfate (II) als im Reaktionsgemisch praktisch unlösliche Niederschläge ausgefällt werden. Da Benzidinalkylsulfate aber im Gegensatz zu Benzidinsulfat in heißem Äthylalkohol löslich sind, lassen sie sich nach ihrer Filtration trennen. Man verfährt nach folgender Arbeitsvorschrift: In einen mit destilliertem Wasser gut ausgespülten Kolben von etwa 300 cm³ Inhalt gibt man 150 cm³ $^1/_{20}$ n-Benzidinlösung und fügt etwa 0,5 g Substanz in etwa 50 cm³ Wasser gelöst langsam und unter dauerndem kräftigen Schütteln hinzu, bis sich der Niederschlag zusammengeballt hat. Nach etwa 10 Minuten filtriert man durch ein säurefreies Papierfilter, wäscht mit etwa 100 cm³ heißem Äthylalkohol in mehreren Anteilen gut nach, gibt das ausgewaschene Filter samt Inhalt in den Kolben zurück, setzt etwa 150 cm³ heißes destilliertes Wasser zu, verschließt mit einem Gummistopfen und schüttelt kräftig zur feinen Verteilung des Niederschlages durch. Nach vorsichtigem Abheben und Abspritzen des Gummistopfens und Zusatz von 10 cm³ gegen Phenolphthalein neutral gestelltem Alkohol wird mit $^1/_{10}$ n-Lauge und Phenolphthalein als Indicator titriert, wobei man eventuell noch einmal erwärmt und kräftig durchschüttelt. 1 cm³ $^1/_{10}$ n-Lauge = 0,0071 g Na_2SO_4. Die Lösung der zu untersuchenden Substanz muß neutral sein. Reagiert sie alkalisch oder sauer, so ist sie vorher mit Salzsäure oder Lauge gegen Methylorange neutral zu stellen. Die Benzidinlösung wird wie folgt hergestellt: Man wägt 4,603 g reines Benzidin ab und übergießt mit genau 50 cm³ n-Salzsäure. Dann erwärmt man bis zur Lösung, filtriert und füllt zum Liter auf.

ϑ) Durch Abzug des dem so ermittelten Natriumsulfat entsprechenden Schwefels vom Gesamtschwefel ergibt sich der organisch gebundene Schwefel. Da nach der im Hauptwerk V, 1435 gegebenen Vorschrift zur Bestimmung der organisch gebundenen Schwefelsäure nicht die gesamte organisch, sondern nur die abspaltbar organisch gebundene Schwefelsäure bestimmt wird, ergibt sich durch die Hinzunahme dieser Methode die Möglichkeit, zu prüfen ob, und quantitativ festzustellen, wieviel **nicht abspaltbar gebundene Schwefelsäure** (also z. B. als echte C-Sulfosäure) in der Probe vorhanden ist. Die Methode erfordert zwei Titrationen:

ι) *Bestimmung des titrierbaren Alkalis.* 5—10 g Sulfonat werden in einem 500-cm³-Kolben mit 50 cm³ Wasser gelöst und kalt mit je 50 cm³ gesättigter Kochsalzlösung und Äther versetzt. Alsdann wird mit $^1/_2$ n-Salzsäure gegen Methylorange titriert, bis die wäßrige Schicht deutlich sauer reagiert.

$$A \text{ mg KOH pro 1 g Fettalkoholsulfonat} = \frac{28{,}055 \cdot cm^3 \, ^1/_2 \, n\text{-Salzsäure}}{\text{Einwaage}}.$$

$\varkappa$) *Bestimmung der organisch gebundenen abspaltbaren Schwefelsäure.* 8—10 g Sulfonat werden in einem 500-cm³-Kolben mit Rückflußkühler mit 25 cm³ 2 n-Schwefelsäure 1 Stunde gekocht (Glasperlenzusatz). Nach anfänglichem starken Schäumen scheiden sich die Fettalkohole ab. Der Kühler wird ausgespült und die erkaltete Lösung mit $^1/_2$ n-Kalilauge unter gutem Schütteln gegen Methylorange zurücktitriert.

$$B \text{ mg KOH pro 1 g Fettalkoholsulfonat} = \frac{28{,}055 \, (cm^3 \, ^1/_2 \, n\text{-KOH} - 100)}{\text{Einwaage}}.$$

$$\text{Abspaltbares organisch gebundenes } SO_3 = \frac{8 \cdot (A + B)}{56 \cdot 11} \, \%.$$

B kann auch einen negativen Wert erhalten und ist dann mit negativem Vorzeichen in die Gleichung einzusetzen.

In manchen Fällen, insbesondere zur schnellen Betriebskontrolle, ist es auch möglich die von H. Jahn angegebene Isolierung der Fettalkoholsulfonate durch Extraktion mittels eines gleichteiligen Gemisches von absolutem Alkohol und Trichloräthylen, in dem Natriumsulfat praktisch unlöslich ist, analytisch zu verwenden. Doch muß man sich im Einzelfall davon überzeugen, ob die Alkoholsulfonatkomponente restlos in diesem Lösungsmittelgemisch löslich ist.

λ) Der *Sulfonierungsgrad von Fettalkoholsulfonaten* gibt an, wieviel Prozent der vorhandenen gesamten Fettalkohole als Monoschwefelsäureester vorliegen. Er kann aus den Ermittelungen nach den mitgeteilten Methoden ohne weiteres errechnet werden. Werden dabei Zahlen über 100% erhalten, liegen in der Probe zum Teil Dischwefelsäureester vor.

μ) *Die Identifizierung und Charakterisierung der freien und gebundenen Alkohole* erfolgt in üblicher Weise durch die Bestimmung ihrer Kennzahlen, insbesondere der Hydroxyl- und Jodzahl, der Siedeintervalle, der Schmelzpunkte usw.

Unter Umständen können auch ganz oder zum Teil andere Mineralsäuren als Schwefelsäure zur Veresterung der Fettalkohole benutzt worden sein. Sie werden dann qualitativ in den bei der Isolierung der abgespaltenen Fettalkohole erhaltenen wäßrig-alkoholischen Rückständen nachgewiesen und nach den bekannten Methoden quantitativ bestimmt.

c) Technisch werden die Fettalkoholsulfonate in ähnlicher Weise geprüft, wie die Türkischrotöle, die nekalähnlichen und die folgenden Produkte, insbesondere durch Bestimmung der Schaumzahl, der Kalkbeständigkeit, der Säurebeständigkeit und ihrer Fähigkeit Kalkseifenabscheidung zu verhindern bzw. zu dispergieren.

4. Verbindungen vom Igepon A-Typus. a) **Definition.** Sie stellen chemisch Ester einer aliphatischen Alkoholsulfosäure mit einer Fettsäure dar, die normalerweise wieder mit den üblichen Neutralisierungsmitteln in Salze übergeführt sind. Ihre allgemeine Formel lautet:

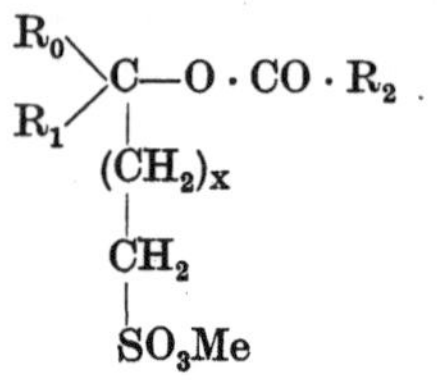

$$\begin{matrix} R_0 \\ \diagdown \\ C\!-\!O\cdot CO\cdot R_2 \\ \diagup \quad | \\ R_1 \quad\ (CH_2)_x \\ | \\ CH_2 \\ | \\ SO_3Me \end{matrix}$$

Sie enthalten die Sulfogruppe nicht als Ester-, sondern als echte C-Sulfosäuregruppe, also festgebunden wie in den nekalartigen Produkten, den Fettsäurerest dagegen in Esterbindung also unter geeigneten Bedingungen abspaltbar.

b) **Ihre chemische Untersuchung** erstreckt sich auf die Bestimmung von Wasser, Natriumsulfat, Kochsalz, sowie der als Ester und der als Seife vorhandenen Fettsäuren, unter Umständen noch vom Gesamtschwefel und Gesamtnatrium bzw. der Ammonsalze.

α) *Wasser und Kochsalz* werden wie bei den bis jetzt behandelten synthetischen Waschmitteln bestimmt, *Ammonsalze* nach S. 623 u. 625.

β) Die als *Seife gebundene Fettsäure und das Unverseifbare* werden wie folgt bestimmt: 10 g der Probe werden in 50 cm³ Wasser gelöst oder suspendiert, mit 50 cm³ Alkohol verdünnt, mit 10 cm³ Eisessig angesäuert und 3mal mit Petroläther (Siedegrenzen 40—60° C) ausgeschüttelt. Die vereinigten Petrolätherauszüge werden mit 50%igem wäßrigem Alkohol gewaschen und auf dem Wasserbad eingedampft. Der Rückstand wird mit 50 cm³ ½ n-alkoholischer Kalilauge 1 Stunde am Rückflußkühler gekocht und nach dem Erkalten und Verdünnen mit 50 cm³ Wasser 3mal mit Petroläther ausgezogen. Die vereinigten Petrolätherauszüge werden mit 50%igem Alkohol gewaschen, auf dem Wasserbad abgedampft und bei 100° C getrocknet und gewogen und stellen das Unverseifbare dar. Die alkalische, alkoholisch-wäßrige Schicht wird auf dem Wasserbad vom Alkohol befreit, mit 30 cm³ $^1/_1$ n-Salzsäure kurz aufgekocht, nach dem Erkalten 3mal mit Äther ausgeschüttelt und die Fettsäuren in üblicher Weise bestimmt.

γ) Zur Bestimmung der *als Ester vorhandenen Fettsäuren* wird die bei der ersten Petrolätherextraktion zur Bestimmung der freien Fettsäuren und des Unverseifbaren erhaltene essigsaure, alkoholisch-wäßrige Lösung oder Suspension mit den Waschwässern auf dem Wasserbad vom Alkohol befreit, mit so viel konzentrierter Salzsäure versetzt, daß auf 5 Volumteile der Probelösung 1 Volumteil konzentrierte Salzsäure vorhanden ist und 1 Stunde am Rückflußkühler gekocht. Das Reaktionsgemisch wird 3mal mit Äther ausgeschüttelt und in üblicher Weise unter Waschung des Äthers mit 50%igem Alkohol die Fettsäuren bestimmt. Sie können nach den bei Seife S. 616 gegebenen Methoden weiter untersucht und gekennzeichnet werden.

δ) Die Bestimmung des *Natriumsulfatgehaltes* erfolgt entweder in dem bei der Bestimmung der als Ester vorhandenen Fettsäuren erhaltenen Sauerwasser in üblicher Weise oder kann nach einer Mitteilung des analytischen Laboratoriums Höchst der I. G. Farbenindustrie (8) auch nach der auf S. 628 bereits beschriebenen Benzidinmethode nach Kling und Püschel vorgenommen werden.

ε) *Gesamtschwefel und Gesamtnatrium*, die zur Aufstellung der Gesamtbilanz oftmals wertvolle Dienste leisten, werden wie auf S. 625 u. 626 beschrieben, bestimmt.

5. Verbindungen vom Igepon T-Typ. a) Definition. Chemisch lassen sie sich definieren als die Salze aliphatischer Aminosulfosäuren, deren Amidogruppe durch einen Fettsäurerest acyliert ist, vom allgemeinen Bautyp: Ihre analytischen Kennzeichen sind der Gehalt an Stickstoff, sowie die für analytische Zwecke nicht gerade erwünschte Tatsache, daß die als echte C-Sulfosäuregruppe und der in Amidbindung am Stickstoffatom sitzende Fettsäurerest unter den gewöhnlichen analytischen Arbeitsverfahren nicht abspaltbar sind. Das erleichtert einerseits ihren Nachweis neben den anderen bis jetzt beschriebenen Stoffen in zusammengesetzten Wasch- und Reinigungsmitteln, zwingt aber andererseits dazu ihren Gehalt aus Differenzbestimmungen zu errechnen.

$$\begin{matrix} R_0 \\ \ \\ R_1 \end{matrix}\!\!\!\bigg\rangle C\!-\!N\!\!\bigg\langle\!\!\begin{matrix} H \\ \ \\ CO\cdot R_2 \end{matrix}$$
$$\begin{matrix} | \\ (CH_2)_x \\ | \\ CH_2 \\ | \\ SO_3Me \end{matrix}$$

b) Untersuchung. Man bestimmt das Wasser bzw. die flüchtigen Stoffe nach S. 610f.

Die als Seifen vorhandenen Fettsäuren nach S. 613f.

Kochsalz nach S. 625.

Natriumsulfat nach Kling und Püschel (s. oben).

Der Reingehalt an wirksamer Substanz ergibt sich dann als:

100 — (Wasser bzw. Flüchtiges + Seife + Kochsalz + Natriumsulfat + evtl. andere bestimmte Bestandteile).

Auch hier kann zweckmäßigerweise die Analyse durch Bestimmung des Gesamtschwefels, des Gesamtalkalis, des Ammoniaks und des

Gesamtstickstoffs kontrolliert und ergänzt werden. Letztere wird nach Kjeldahl in üblicher Weise durchgeführt.

6. Echt C-sulfierte aliphatische Carbonsäuren der Formel

$$R \cdot CH-(CH_2)_x \cdot CH_2 \cdot COOMe$$
$$|$$
$$SO_3Me$$

Die Sulfogruppe ist nicht abspaltbar. Die üblichen Begleitstoffe, wie Wasser, Kochsalz, Sulfat, Ammonsalze und Seifen können nach den bisher beschriebenen Methoden bestimmt und daraus als Differenz zu 100 der Gehalt an Sulfofettsäure berechnet werden.

7. Verbindungen vom Sapamintyp (saure Seifen). a) Definition. Chemisch stellen diese Kondensationsprodukte von Fettsäuren mit Diaminen bzw. deren Salze mit organischen oder anorganischen Säuren der allgemeinen Formel dar:

$$R_1 \cdot (CH_2)_x \cdot CH_2 \cdot CO \cdot N{\overset{H_2}{\diagup}}(CH_2)_y \cdot CH_2 \cdot N{\overset{\diagup R_2}{\diagdown R_3}}$$

Säurerest

Sie sind gewissermaßen die Umkehrung der normalen Seifen: Alkalien scheiden die Seifenbase ab, die sauren Lösungen sind auch in der Hitze beständig. Sie werden deshalb auch **saure Seifen oder Säureseifen** genannt.

b) Untersuchung. Analytisch charakteristisch ist ihr Stickstoffgehalt, von dem sich in alkoholischer Lösung gegen Methylrot nur die Hälfte acidimetrisch titrieren läßt, ihre Aussalzbarkeit mit Kochsalz, ihre Fällbarkeit mit Lauge, der mit den üblichen Mitteln nicht abspaltbare Fettrest, sowie das Fehlen organisch gebundenen Schwefels. Soweit der Säurerest organischer Natur ist — meist liegt er als Ameisensäure- oder Essigsäurerest vor —, kann er in dem alkalischen Filtrat in der üblichen Weise bestimmt werden. Die Bestimmung von Wasser und sonstigen Begleitsubstanzen bietet nach den bisher beschriebenen Methoden keine besonderen Schwierigkeiten.

8. Eiweißabbauprodukte. a) Definition. Sie werden meist durch Hydrolyse eiweißhaltiger Naturstoffe, wie Molken, Caseine, Leim usw. hergestellt, bzw. als die Alkali- oder Ammonsalze der dabei entstehenden Imino- und Aminocarbonsäuren (Polypeptide) verwendet.

b) Qualitativer Nachweis. Sie werden analytisch an ihrem Stickstoffgehalt bei sonst fehlenden charakteristischen Gruppen und der zumeist bei ihnen positiv ausfallenden Biuretreaktion erkannt. Letztere wird wie folgt ausgeführt: Zu der gelösten oder fein gepulverten Substanz fügt man überschüssige Natronlauge und darauf tropfenweise sehr verdünnte Kupfersulfatlösung und schüttelt nach jedesmaligem Zusatz von Kupfersulfat um. Zuerst auftretende Rosafärbung, die später in Violett und schließlich in Blauviolett übergeht, zeigt den positiven Ausfall der Reaktion an. Wasser, beigefügte Salze, wie Kochsalz, Natriumsulfat und Soda werden in üblicher Weise bestimmt.

c) Die quantitative Bestimmung des Stickstoffs nach Kjeldahl läßt bei Abwesenheit von Ammonsalzen einen Rückschluß auf die Menge der Eiweißabbauprodukte zu.

d) Sind Ammoniumsalze vorhanden, so lassen sie sich nur nach folgender Methode bestimmen, da hier die üblichen Methoden (alkalische Destillation und Formalinmethode) infolge Mitreagierens der Eiweißabbauprodukte versagen: Etwa 2—3 g Substanz werden in möglichst wenig Wasser gelöst, mit Essigsäure angesäuert (über den Neutralpunkt hinaus sollen 0,5 cm³ 30%ige Essigsäure vorhanden sein) und mit der 2—3fachen Menge Äthylalkohol versetzt. Bildet sich dabei ein Niederschlag, so spült man mit 70%igem wäßrigen Äthylalkohol in ein Meßkölbchen zu 250 cm³ Inhalt über, füllt mit demselben Alkohol zur Marke auf, filtriert und benutzt 200 cm³ des Filtrats zur weiteren Bestimmung. Entsteht kein Niederschlag, so wird dafür die ursprüngliche Lösung benutzt, die durch Zugabe von 70%igem Alkohol ebenfalls auf ein Volumen von 200 cm³ gebracht wird. Man gibt 8 g festes Natriumkobaltinitrit ($Na_3Co(NO_2)_6$) zu, schüttelt gut um und läßt über Nacht verschlossen stehen. Dann filtriert man durch ein Papierfilter ab, wäscht mehrmals mit 70%igem wäßrigen Alkohol aus und unterwirft den Niederschlag samt Filter nach Zugabe von etwas Wasser und Natronlauge der üblichen Ammoniakdestillation. Der so gefundenen Gramm-Menge Stickstoff wird als Korrektur für die Löslichkeit des Ammoniumkobaltinitrits unter diesen Bedingungen 0,003 g Stickstoff zugezählt.

9. Kondensationsprodukte von Fettsäuren mit Eiweißstoffen bzw. Eiweißabbauprodukten. a) Definition. Meist ist der Fettsäurerest amidartig gebunden und sitzt daher so fest, daß er durch alkalische oder saure Verseifung am Rückflußkühler nicht abgespalten werden kann.

b) Zur Untersuchung bestimmt man den Gehalt an Gesamtstickstoff nach Kjeldahl, den Gesamtschwefel und das Gesamthalogen durch soda-alkalische Oxydationsschmelze, das Gesamtalkali durch trockene Veraschung oder besser mittels des folgenden im Untersuchungslaboratorium der I. G. Farbenindustrie A.G., Ludwigshafen (9) seit Jahren zur Zerstörung organischer Substanzen benutzten nassen Aufschlußverfahrens, das natürlich für die Alkalibestimmung in allen hier erwähnten organischen Produkten geeignet ist.

c) Gesamtnatrium. Etwa 2—5 g Substanz werden in einem Schliff-Rundkolben (500 cm³, Jenaer Glas) mit 10 cm³ konzentrierter Schwefelsäure übergossen. Dann wird ein Aufsatzrohr mit Schliff von etwa 40 mm Durchmesser und 350 mm Länge, das seitlich einen eingeschmolzenen Tropftrichter trägt, aufgesetzt, der Kolben zunächst vorsichtig, dann stärker erhitzt und aus dem Tropftrichter Salpetersäure (D 1, 4) so lange in kleinen Anteilen zugegeben, wie sie noch verbraucht wird. Ist der Aufschluß so weit erfolgt, daß keine organische Substanz mehr sichtbar ist, so dampft man bis fast zur Trockne ein, was durch Einblasen eines schwachen, durch ein Wattefilter gereinigten Luftstromes in den Kolben kurz über die Oberfläche des Reaktionsgemisches sehr beschleunigt werden kann und wodurch auch das Stoßen trotz starker Erhitzung vermieden wird. Dann läßt man abkühlen, spült den Rückstand mit möglichst wenig Wasser in eine gewogene Platinschale über und bestimmt das Gesamtalkali durch Eindampfen und Verglühen in üblicher Weise als Sulfat, wobei bei Anwesenheit anderer Metalle (Eisen, Aluminium, Calcium, Magnesium) oder Phosphorsäure diese vorher zu entfernen sind.

Liegen keine festen Substanzen, sondern Pasten bzw. Lösungen vor, so werden diese in der angegebenen Zerstörungsapparatur erst durch Erhitzen entwässert und dann erst die Säuren zur Zerstörung zugegeben. Enthalten die zu untersuchenden Produkte Glycerin oder Glykole, so kann dieses Aufschlußverfahren wegen der Gefahr der Bildung von Nitroprodukten der genannten Stoffe nicht angewandt werden.

d) Die in den Produkten enthaltenen **anorganischen Salze**, wie Kochsalz, Natriumsulfat, Natriumsulfit, Soda, Phosphate, Ammonsalze, werden nach den dafür in dieser Abhandlung gegebenen Methoden bestimmt.

e) Die **wirksame organische Substanz** ergibt sich dann als Differenz 100 — der Summe der übrigen Bestandteile. Die in ihr enthaltenen Anteile an Halogen, Stickstoff, Schwefel und Natrium können aus den jeweiligen Differenzen zwischen Gesamtbestimmung dieser Elemente und der Summe ihrer Einzelanteile in den Salzen ermittelt werden. Eventuell in den Produkten enthaltene abspaltbare, sowie als Seife vorhandene Fettsäuren werden in üblicher Weise bestimmt.

10. Quaternäre Ammoniumbasen vom Typ z. B. der **Fettalkylpyridiniumsalze** der allgemeinen Formel:

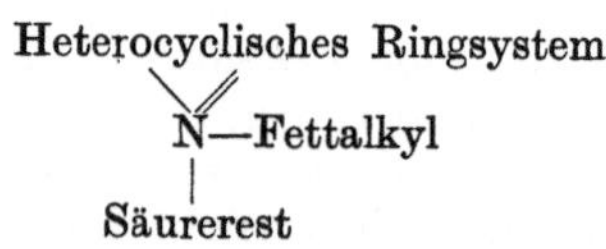

a) Während ihr Säurerest, z. B. Cl oder SO_4, analytisch ohne weiteres mit den üblichen analytischen Verfahren erfaßbar, also gegen NO_3 bzw. Cl bzw. OH glatt austauschbar ist, ist der Fettalkylrest chemisch fest gebunden, so daß er weder durch saure noch durch alkalische Verseifung abgespalten werden kann. Meistens enthalten die Produkte von der Herstellung her noch geringe Mengen Fettalkohole, die aus saurer Lösung mit Petroläther extrahierbar sind. Ihre Identifizierung ermöglicht dann Rückschlüsse auf das zur Herstellung der quaternären Base verwendete Fettalkyl.

b) Auf ihr Vorliegen wird man in der Regel durch die gleichzeitige Anwesenheit von freiem Pyridin und meist auch von Pyridinsalzen aufmerksam, doch gibt es auch Produkte, die nur letztere Bestandteile, aber keine quaternären Basen enthalten. Über die Bestimmung des freien Pyridins und der Pyridinsalze siehe später S. 640. Im übrigen erfolgt die Untersuchung dieser Produkte nach den unter 11. beschriebenen Richtlinien.

11. Andere synthetische Waschmittel. a) Außer den bis jetzt beschriebenen synthetischen Waschmitteln, die als salzbildende und wasserlöslich machende Gruppen die Carboxylgruppe (—COOH), die

Sulfogruppe (—C—O—SO_3H oder —C—SO_3H), die Ammoniumgruppe

$\left(\substack{N—R \\ Cl} \text{ oder } \substack{—N—SO_3H \\ H} \right)$, bzw. mehrere dieser Gruppen enthalten, gibt

es auch synthetische Produkte, die auf nicht ionogenem Wege wasserlöslich gemacht sind. Als Prototyp solcher Verbindungen können die
Saponine bezeichnet werden.

b) Ihre analytische Untersuchung ist verhältnismäßig einfach. Die
Bestimmung von Wasser, anorganischen Salzen und Lösungsmitteln
erfolgt nach den bei den anderen Produkten mitgeteilten Methoden.
Nach der Entfernung von Wasser und anderen Lösungsmitteln lassen
sie sich durch Extraktion mit Benzol von den anorganischen Salzen und
auch von eventuell in ihnen enthaltenen Seifen trennen. Letztere können
dann nach dem Ansäuern durch Ausziehen mit Äther in üblicher Weise
bestimmt werden. Der nach dem Abtreiben des Benzols erhaltene
benzollösliche Anteil kann durch eine Hydroxylzahlbestimmung noch
näher charakterisiert werden.

Selbstverständlich lassen sich bei der Vielzahl der für die Synthese
künstlicher Wasch- und Reinigungsmittel gegebenen Möglichkeiten nicht
für jeden einzelnen Fall ganz genau zugeschnittene Untersuchungsmethoden geben, doch wird es unter sinngemäßer Anwendung der hier beschriebenen teils allgemein gültigen, teils speziellen Methoden auch bei unbekannten und neuen Produkten immer gelingen, den Gehalt an wirksamer Substanz und an Begleitstoffen in praktisch hinlänglicher Genauigkeit zu ermitteln.

C. Die organischen Lösungsmittel.

a) Übersicht. Als wichtigste der hier in Frage kommenden seien
genannt:

Kohlenwasserstoffe, wie Benzine, Petroleum, Terpene, Benzol,
Toluol, Xylol, Tetralin, Dekalin, Methylhexalin;

Alkohole, wie Methanol, Äthanol, Butanol, Amylalkohol, Äthylen-
und Polyäthylenglykoläther, Methylcyclohexanol, Äthylenglykol, Glycerin;

Ester, wie Methyl-, Äthyl-, Butylacetat, Äthylenglykolester;

Ketone, wie Aceton, Cyclohexanon, Methylcyclohexanon;

Halogenkohlenwasserstoffe, wie Chloroform, Tetrachlorkohlenstoff, Trichloräthylen, Äthylenchlorid, Methylenchlorid, Perchloräthylen,
Chlorbenzol;

Basen, wie z. B. Pyridin, Äthanolamin, Triäthanolamin usw.

b) Allgemeiner Nachweis. Ihre Untersuchung als Einzelrohstoffe
zur Herstellung von Wasch- und Reinigungsmitteln bzw. für den Einzel-
gebrauch erfolgt nach den üblichen Methoden zur Bestimmung der Dichte,
der Refraktion, der Siedekurve und des Abdampfrückstandes. Der Gehalt
an Wasser wird am besten und einfachsten nach K. Fischer (vgl. S. 613),
der Gehalt an Alkoholen durch Bestimmung des spezifischen Gewichtes,
durch Bestimmung der Hydroxylzahl (vgl. S. 616f.) oder durch die bekannten Methoden der Oxydation mit Kaliumbichromat in schwefelsaurer Lösung und jodometrischer Rücktitration des nicht verbrauchten
Bichromats (s. IV, 456), der Gehalt an Estern durch die Verseifungszahl und der an Ketonen maßanalytisch mittels Hydroxylaminchlorhydrat (s. III, 894) bzw. an Aceton auch jodometrisch nach Messinger
(s. III, 892) bestimmt. Die Halogenbestimmung in den Halogenkohlen-

wasserstoffen erfolgt am einfachsten nach Wurzschmitt (1)-Zimmermann in der nach D.R.P. 642166 abgeänderten Grote-Krekeler-Apparatur. Nähere Angaben über die technischen Daten der Lösungsmittel, ihre besonderen Eigenschaften für bestimmte Verwendungszwecke und die bei ihrer Anwendung zu beachtenden Punkte finden sich bei der Abhandlung der einzelnen Produkte in diesem Werk sowie in der Chemischen Technologie der Lösungsmittel von O. Jordan, Berlin 1932.

c) **Spezielle Bestimmungen.** Für den Fall, daß sie nicht als Einzelindividuen, sondern im Gemisch mit anderen Wasch- und Reinigungsmitteln vorliegen, lassen sich allgemein gültige Trennungs- und Bestimmungsmethoden nicht geben, da diese ebenso stark von der Zusammensetzung des Lösungsmittelgemisches selbst, wie von der des übrigen Produktes abhängen. Jedoch lassen sich nach den Erfahrungen der **analytischen Laboratorien der I. G. Farbenindustrie A.G.** (10) folgende allgemeine Richtlinien geben, wobei natürlich auch auf einen eventuell vorhandenen Wassergehalt der Produkte Rücksicht zu nehmen ist. Man bestimmt:

α) Den *Wassergehalt* nach den auf den S. 610—613 beschriebenen Methoden.

β) *Den Gehalt an wasserdampfflüchtigen organischen Lösungsmitteln.* Wenn vorhanden, werden etwa 100—200 g der Probe angesäuert und mit Wasserdampf erschöpfend geblasen. Sollte die Probe dabei auch in saurer Lösung noch stark schäumen, wird Calcium- oder Bariumchlorid zugesetzt und dadurch in den meisten Fällen das Schäumen beseitigt. Oft hilft auch ein Aussalzen durch Übersättigen der sich bildenden konzentrierten wäßrigen Lösung mit Kochsalz. Bei einem Gehalt an mit Laugen ausscheidbaren Produkten, wie Säureseifen oder Alkylpyridiniumsalzen kann ein alkalisches Blasen besser zum Ziel führen, wobei darauf zu achten ist, daß dabei Bestandteile des Lösungsmittelgemisches verändert werden können. So können z. B. Ester verseift werden, Aceton kann sich zum Diacetonalkohol kondensieren, Formaldehyd kann Cannizzarosche Umlagerung erleiden usw. Im Destillat werden die wasserunlöslichen Lösungsmittel im Scheidetrichter nach Kochsalzzusatz abgetrennt und mit geglühtem Natriumsulfat getrocknet. Die Bestimmung ihrer Siedekurve zeigt, ob im wesentlichen ein einheitliches Lösungsmittel oder ein Gemisch von mehreren Lösungsmitteln vorliegt, wobei meistens, unterstützt durch Geruchsproben schon an dem Verlauf der Siedekurve qualitativ die Anwesenheit bestimmter Löser oder wenigstens bestimmter Lösergruppen erkannt bzw. ausgeschlossen werden kann. Man beachte dabei die Möglichkeit der Bildung binärer und ternärer azeotropischer Gemische mit Minimumsiedepunkt (Tabelle in Chemische Technologie der Lösungsmittel von Jordan). Man stellt mit dem Lösungsmittelgemisch dann noch folgende qualitative Prüfungen an:

Die **Acetylierungsprobe.** In einem Reagensglas werden etwa gleiche Teile Lösungsmittelgemisch und Essigsäureanhydrid gemischt. Auf Zusatz eines Tropfens konzentrierter Schwefelsäure eintretende Erwärmung deutet auf einen Gehalt der Probe an hydroxylgruppenhaltigen Lösern (z. B. Alkohole) hin. Nach dem Durchschütteln der Probe mit Wasser ist aus dem Geruch des entstandenen Esters oft der Alkohol zu erkennen.

Die Verseifungsprobe. Im Reagensglas wird das Lösergemisch tropfenweise mit 50%iger wäßriger Kalilauge unter Schütteln versetzt. Niedrig molekulare Ester verseifen sich hierbei ziemlich rasch, bei höher molekularen Estern gibt man, um ein homogenes Reaktionsgemisch zu haben, reines Methanol bis zur Klärung zu. Sofort oder nach kurzer Zeit eintretende Erwärmung zeigt einen Gehalt an Estern an, wobei oft aus dem Geruch die Alkoholkomponente des verseiften Esters zu erkennen ist. Nach Abdampfen der Alkoholkomponente und Ansäuern des Abdampfrückstands ist oft aus dem Geruch auch die Säurekomponente des Esters zu erkennen.

Die Oximierungsprobe. Etwa 10 cm³ einer auf Methylorange neutral gestellten ¹/₁ n-Hydroxylaminchlorhydratlösung werden mit dem Lösungsmittel überschichtet. An der Trennungszone ist auch bei recht geringem Gehalt an Ketonen oder Aldehyden noch deutliche Rotfärbung wahrzunehmen.

Die Schwefelsäureprobe. Sie wird zweckmäßig sofort quantitativ angestellt. In einem nicht allzu weiten Meßrohr werden 2 Volumteile des Lösungsmittelgemisches mit 4 Volumteilen Schwefelsäure von 82,5 Gew.-% gemischt und nach Klärung die Menge der oberen Schicht abgelesen. Unter Berücksichtigung der spezifischen Gewichte des zur Ausschüttelung verwendeten Lösergemisches und des der abgeschiedenen Schicht ist dann der Prozentgehalt an Kohlenwasserstoffen und deren Chlorsubstitutionsprodukten zu errechnen. Durch die Beilstein-Probe — Glühen an der oxydierten Kupferdrahtspirale — wird ein Gehalt an Chlorkohlenwasserstoffen erkannt. Als weitere Trennung erfolgt zunächst die Durchschüttelung des in Schwefelsäure unlöslichen Anteils mit demselben Volumen Dimethylsulfat in der Meßröhre. Dabei sind aliphatische Kohlenwasserstoffe in Dimethylsulfat unlöslich. Ihre Menge wird abgelesen, dann werden sie abgetrennt und nach ihrer Siedekurve und ihrem sonstigen Verhalten näher charakterisiert. Dekalin verhält sich dabei wie ein aliphatischer Kohlenwasserstoff. Aromatische Kohlenwasserstoffe — Tetralin verhält sich wie ein solcher — sind dagegen in Dimethylsulfat löslich. Mit Ausnahme von Perchloräthylen, das bei dem angewandten Mischungsverhältnis von 1:1 zu etwa 43% in Dimethylsulfat unlöslich ist und deshalb aus einer Chlorbestimmung im dimethylsulfatunlöslichen Anteil errechnet werden kann, sind die technisch benutzten aliphatischen Chlorkohlenwasserstoffe ebenfalls in Dimethylsulfat löslich. Durch alkalische Verseifung der Dimethylsulfatschicht, schwaches Ansäuern und Verdünnen mit Wasser lassen sich die aromatischen und die halogenierten Kohlenwasserstoffe wieder abscheiden und weiter, z. B. durch Fraktionierung, trennen. Zur Prüfung auf aromatische Kohlenwasserstoffe wird in ihnen die Nitrier- und Kuppelprobe angesetzt.

Nitrier- und Kuppelprobe. Im Reagensglas werden etwa 0,2 cm³ zu prüfendes Gemisch mit etwa 1 cm³ Salpetersäure (D 1,5) übergossen, nach erfolgter Reaktion mehrfach mit Wasser dekantierend gewaschen, das entstandene Nitroprodukt mit etwas Zinkstaub und Salzsäure reduziert, abfiltriert, das eiskalte Filtrat diazotiert und auf sodaalkalische R-Salzlösung gekuppelt. Tritt hierbei Farbstoffbildung ein, kann die Menge der **aromatischen Kohlenwasserstoffe** bestimmt werden, indem das Gemisch mit konzentrierter Salpetersäure oder Oleum behandelt wird, in welchem Benzinkohlenwasserstoffe und Halogenkohlenwasserstoffe unlöslich sind. Nach einer Mitteilung von N. G. Moffitt (The Government Laboratory London) ist die von Lustgarten beschriebene Farbreaktion zwischen Chloroform und α- und β-Naphthol in starker Kalilauge zum Nachweis und zur Bestimmung von Chloroform auch in Gegenwart von Methylenchlorid, symmetrischem und unsymmetrischem Dichloräthylen, Tetrachlorkohlenstoff, Äthylenchlorid und Trichloräthylen gut geeignet. Er empfiehlt folgende Ausführungsform: 2,0 g β-Naphthol werden in 100 cm³ 40%iger kalter Kalilauge gelöst. 5 cm³ Chloroform werden mit 95%igem Äthylalkohol zum Liter gelöst. In Vergleichsröhrchen werden je 10 cm³ der β-Naphthollösung mit verschiedenen gemessenen Mengen der Chloroformlösung versetzt und mit 95%-igem Alkohol zu 11,0 cm³ ergänzt. In gleicher Weise wird eine aus bekannten Mengen des zu prüfenden Gemisches und Äthylalkohol hergestellte Lösung behandelt. Die Röhrchen werden geschüttelt und nach 5—10 Minuten im Colorimeter verglichen.

Für den Nachweis und die Bestimmung von **Trichloräthylen** haben H. Schmalfuß und H. Werner gezeigt, daß sich die von K. A. Hofmann und H. Kirmreuther gefundene Umsetzung von Trichloräthylen mit alkalischer Mercuricyanidlösung zu gut kristallisierendem Mercuritrichloräthylenid $Hg < (C \cdot Cl = C \cdot Cl_2)_2$ vom Schmelzpunkt 83° C gut zu einer quantitativen Bestimmungsmethode für Trichloräthylen auch in Gegenwart von Di- und Tetrachloräthylen, Dichloräthan, Tetrachlorkohlenstoff, Chloroform und Dichlormethan eignet. In einer Glasstöpselflasche von 10 cm³ Inhalt schüttelt man auf einer gut wirkenden Schüttelmaschine 4 cm³ des zu prüfenden Chlorkohlenwasserstoffgemisches mit 4 cm³ alkalischer Quecksilbercyanidlösung (50 g Mercuricyanid, 23 g Kaliumhydroxyd und 200 g Wasser). Dann wird in einem kleinen Scheidetrichter die (untere) Chlorkohlenwasserstoffschicht abgetrennt und durch ein Papierfilterchen in ein gewogenes Glasschälchen filtriert. Die im Scheidetrichter verbliebene wäßrige Schicht wird 2mal mit je etwa 1 cm³ reinem Tetrachlorkohlenstoff ausgeschüttelt und die Tetrachlorkohlenstoffauszüge ebenfalls in das Glasschälchen filtriert. Das Filtrat wird auf einem siedenden Wasserbad eingedampft und der Rückstand gewogen. Da die Umsetzung praktisch erst in einigen Tagen zu Ende verläuft, begnügt man sich mit einer etwa 18stündigen Schüttelzeit (über Nacht) und wertet an Hand einer unter denselben Bedingungen ermittelten Kurve aus.

Die bei der Prüfung mit Schwefelsäure (S. 637) erhaltene Lösung wird mit Wasserdampf ausgeblasen, wobei vorhandene Ester schon teilweise verseift werden. Das gegebenenfalls durch Destillation über die Kolonne konzentrierte Destillat wird durch etwa $^1/_2$stündiges Kochen mit überschüssigem Alkali am Rückflußkühler vollends verseift, dann werden die Alkohole über die Kolonne abdestilliert und identifiziert. Hierzu können die p-Nitrobenzoesäureester dienen, die in folgender Weise hergestellt werden: äquivalente Mengen des Alkohols und p-Nitrobenzoylchlorid werden mit Pyridin übergossen, wobei unter Selbsterwärmung Reaktion eintritt, die auf dem Wasserbad vervollständigt wird. Aus dem Reaktionsgemisch wird der Ester mit Wasser ausgefällt, die mitausgefallene p-Nitrobenzoesäure mit Soda herausgelöst, abgesaugt, getrocknet und aus Ligroin, Benzol, Toluol oder Pyridin umkristallisiert. Die Schmelzpunkte der p-Nitrobenzoesäureester sind beim:

Methanol	95,0° C	n-Butanol	35,5° C
Äthanol	57,0° C	iso-Butanol	67,0° C
n-Propanol	35,0° C	iso-Amylalkohol	14,2° C.

H. Weber weist höhere Alkohole (Isobutyl-, n-Butyl-, Isoamylalkohol) nach bzw. unterscheidet sie von niederen Alkoholen und von Amyl- und Butylacetat durch die Farbreaktionen mit folgendem Reagens: 10 cm³ einer aus 12,5 Teilen Ammonrhodanat und 10 Teilen Wasser bestehenden Lösung werden mit 2 cm³ einer 5%igen Kobaltnitritlösung und 24 cm³ Wasser gemischt. Probe und Reagens werden im Verhältnis 1:2 gemischt und durchgeschüttelt. Es zeigen sich dann folgende Erscheinungen:

Isoamylalkohol. Obere Schicht blau, untere farblos.

Isobutylalkohol. Obere Schicht blau, untere grünblau. Verdünnt man mit Reagens bis zum Verhältnis 1:6 einheitlich blaue Lösung. Bei weiterer Verdünnung mit Wasser bis zur Rosafärbung keine Entmischung.

n-Butylalkohol. Einheitliche blaue Lösung. Beim Verdünnen mit Wasser Entmischung. Obere Schicht blau, untere farblos (niedere Alkohole entmischen nicht).

W. F. Whitmore und E. Lieber stellen aus den Alkoholen durch Umsatz mit Kaliumhydroxyd und Schwefelkohlenstoff in ätherischer Lösung die Alkalixanthogenate dar und bestimmen nach dem Umkristallisieren aus Äthanol oder Aceton ihren Schmelzpunkt bzw. den Jodverbrauch. Die pro Gramm Xanthogenat berechneten Milligramm Jod werden als den betreffenden Alkohol scharf charakterisierende Alkalixanthogenatreagenszahl bezeichnet. Sie wird für

Methanol	zu	869	angegeben (gefunden		874)
Äthanol	„	793	„	(„	797)
n-Propanol	„	729	„	(„	726)
n-Butanol	„	675	„	(„	676)
n-Amylalkohol	„	628	„	(„	625)
Cyclohexanol	„	593	„	(„	589)

In vielen Fällen genügt es auch schon, die mit Pottasche entwässerten Alkohole durch Siedeanalyse und Bestimmung der Refraktion zu charakterisieren.

Weiter können die Alkohole auch durch Kaliumbichromat in saurer Lösung oder alkalische Kaliumpermanganatlösung zu den entsprechenden Säuren oxydiert und diese durch ihre Barytsalze bestimmt werden. Zu diesem Zweck werden die aus der Oxydationsflüssigkeit abdestillierten Säuren durch Kochen mit überschüssigem Bariumcarbonat an Barium gebunden, die Barytsalze heiß filtriert, auf ein kleines Volumen eingedampft, nochmals filtriert, vollends zur Trockne eingedampft und bei 100° C getrocknet. Der Bariumgehalt der Salze ist durch Abrauchen einer gewogenen Menge mit Schwefelsäure in einfacher Weise zu bestimmen. Es ergeben dabei

Bariumacetat . . . . 53,8 % Barium
Bariumpropionat. . . . . 48,5 %　 „
Bariumbutyrat . . . . 44,1 %　 „

Bariumacetat ist fast unlöslich in absolutem Alkohol, die Acetate der höheren Fettsäuren sind dagegen löslich. Handelt es sich nur um die Bestimmung von Essigsäure neben Buttersäure, d. h. sind nur diese beiden Säuren vorhanden, so ist es vorteilhaft, die auf der Ausschüttelung der wäßrigen Säurelösung mit Äther beruhende Methode in der Modifikation von Behrens anzuwenden.

In dem alkalischen, durch Abblasen von den Alkoholen befreiten Verseifungsrückstand sind die Säuren der in der ursprünglichen Probe als Ester vorhanden gewesenen Lösungsmittel enthalten. Man dampft den Rückstand zur Trockne und destilliert die flüchtigen Säuren nach Ansäuerung mit Phosphorsäure im Wasserdampfstrom über. Wesentlich rascher gelingt die Abdestillation der Säuren, wenn man sie nach Zugabe von wenig Wasser ohne Wasserdampf nach einem im Untersuchungslaboratorium der I. G. Farbenindustrie A. G., Ludwigshafen (11) gefundenen Verfahren, mit Zusatz von o-Dichlorbenzol vornimmt. Man kann dazu zweckmäßig den Destillationskolben und den Siedeaufsatz (ohne die Auffangvorrichtung, an deren Stelle man einen Erlenmeyerkolben oder einen Scheidetrichter setzt) von Tausz und Rumm (vgl. S. 612) benutzen. Dem mit übergegangenen o-Dichlorbenzol entzieht man die Säuren durch Ausschüttelung mit Wasser. Sie können dann wie oben angegeben bestimmt werden. Nichtflüchtige Säuren werden im alkalischen Trockenrückstand direkt nachgewiesen und bestimmt, z. B. Oxalsäure über das Calciumsalz und permanganometrische Titration, Milchsäure durch alkalische Oxydation zu Oxalsäure.

Die nach der Wasserdampfdestillation der ursprünglichen Probe in der wäßrigen Kochsalzlösung verbliebenen wasserlöslichen Lösungsmittel, die in der Hauptsache aus Alkoholen (Methanol und Äthanol) und Aceton bestehen können, werden herausdestilliert und zur Anreicherung noch ein oder mehrere Male über eine Kolonne destilliert. Man bestimmt im letzten Destillat das Wasser nach K. Fischer (vgl. S. 613), das Aceton mittels Hydroxylaminchlorhydrat (vgl. S. 635) oder nach Messinger, die Summe der Alkohole durch Bestimmung der Hydroxylzahl und Methanol nach Chapin durch Oxydation mit Kaliumpermanganat zu Formaldehyd und Colorimetrierung nach Zusatz von fuchsinschwefliger Säure. Für manche Zwecke hinreichend genau ist auch die angenäherte Trennung von Wasser und Methanol einerseits und Äthanol und Aceton andererseits in einer Meßröhre mittels 10 n-Kaliumcarbonatlösung, in der nur die ersteren löslich sind.

Wurde alkalisch mit Wasserdampf destilliert, so befinden sich eventuell in der Probe — frei oder als Salze — enthaltene Pyridinbasen ebenfalls im Destillat. Man fügt dann beim Aussalzen und Abtrennen der wasserunlöslichen Lösungsmittel etwas Salzsäure zu, wodurch sie in der wäßrigen Schicht verbleiben. Nach dem Abtreiben der Alkohole und des Acetons aus dieser sauren Lösung können sie alkalisch abgetrieben und durch acidimetrische Titration gegen Methylorange bestimmt werden. Reaktionen zur qualitativen Identifizierung und quantitativen Bestimmung s. IV, 337—338.

γ) *Den Gehalt an nicht wasserdampfflüchtigen Lösungsmitteln.* Als solche kommen vornehmlich in Betracht Äthylenglykol, Glycerin und Äthanolamine. Wurde die Probe sauer geblasen, so befinden sich auch die Pyridinbasen im nicht wasserdampfflüchtigen Rückstand. Der Nachweis und die quantitative Bestimmung dieser Stoffe wird am besten in den nach der Ermittelung der Gesamtfettsubstanz, also nach dem sauren Verkochen der von Wasser und flüchtigen Stoffen durch Trocknung befreiten Produkte nach den bisher beschriebenen Methoden erhaltenen Sauerwässern ausgeführt. Nach den dabei bereits mit Äther oder Petroläther erfolgten Extraktionen werden sie noch einmal mit Benzol extrahiert und dann alkalisch destilliert. Die dabei übergehenden Pyridinbasen werden wie oben beschrieben nachgewiesen und bestimmt. Glykol und Glycerin — daß bei ihrer beabsichtigten Isolierung aus dem Sauerwasser zum Spalten der Fettprodukte nicht Salzsäure, sondern Schwefelsäure angewandt wird, wurde weiter oben schon erwähnt — können dann aus dem bei 80° C schwach alkalisch eingedampften Destillationsrückstand mit Alkohol ausgezogen werden. Nach dem Abdestillieren des Alkohols im Vakuum wird zur Identifizierung die Siedekurve bei Atmosphärendruck bestimmt. Nach den Erfahrungen des Verfassers läßt sich die von Z. Dische für Milchsäure beschriebene Farbreaktion mit Carbazol und Schwefelsäure auch sehr gut zur Unterscheidung von Äthylenglykol und Glycerin verwenden. Ein Tropfen des zu prüfenden Destillats wird mit 1 cm³ destilliertem Wasser verdünnt, unter Kühlung mit 4 cm³ konzentrierter Schwefelsäure versetzt, durchgeschüttelt, 0,1 cm³ einer 0,5%igen methanolischen Lösung von Carbazol zugefügt, wieder durchgeschüttelt und 10 Minuten im siedenden Wasserbad erwärmt. Bei Äthylenglykol tritt höchstens eine ganz leichte Gelbfärbung, bei Glycerin intensive Braunrotfärbung auf. Qualitativ können Glykol und Glycerin, sowie Oxycarbonsäuren nach Wagenaar nachgewiesen werden, indem man eine Probe des Sauerwassers mit Natronlauge übersättigt, etwas Kupfersulfat zufügt und kocht. Blaufärbung des Filtrates zeigt Stoffe mit zwei benachbarten Hydroxylgruppen bzw. Hydroxyl- und Carboxylgruppen an.

Triäthanolamin läßt sich aus dem Sauerwasser der mit Salzsäure abgekochten Produkte als salzsaures Salz gewinnen, indem das Sauerwasser neutral gestellt eindampft und mit Methanol ausgezogen wird. Aus der Methanollösung läßt sich das Hydrochlorid des Triäthanolamins, das bei 179° C schmilzt, mit Äther ausfällen und isolieren. Über Farbreaktionen des Triäthanolamins mit Kupfer- und Kobaltsalzen, sowie eine weitere quantitative Bestimmungsmethode als Hydrojodid s. E. J. Fischer.

D. Anorganische Produkte.

Die Untersuchung von Alkalihydroxyden, Ätzkalk, Soda, Natriumbicarbonat, Pottasche, Ammoniak, Wasserglas, Metasilicat, Phosphaten, Borax usw. erfolgt, soweit diese anorganischen Chemikalien als selbständige Wasch- und Reinigungsmittel Verwendung finden, nach den in diesem Werk bei den einzelnen Produkten gegebenen Vorschriften. Auch für Gemische aus einzelnen der hier aufgezählten Chemikalien lassen sich daraus die nötigen Analysenvorschriften entnehmen. Liegen sie im Gemisch mit anderen Wasch- und Reinigungsmitteln, also entweder mit unlöslichen anorganischen Stoffen, wie Quarzmehl, Sandpulver, Marmorpulver, Kreide, Talkum, Kaolin, Bentonit, Bimsstein, Eisenoxyden, Chromoxyd, Titandioxyd, Tonerde usw. oder bzw. und mit Seifen oder synthetischen Produkten vor, so lassen sich zu ihrem Nachweis und zu ihrer Bestimmung folgende allgemeine Hinweise und speziellen Reaktionen geben.

1. Wasserunlösliche Stoffe. a) Abtrennung der unlöslichen Stoffe. Sie wird in den meisten Fällen durch Auflösen in Wasser eventuell in der Wärme und nachfolgendes Filtrieren durch gewogene Filter oder Absaugen durch gewogene Jenaer Glasfilter oder Zentrifugieren erfolgen können. In manchen Fällen wird man besser Alkohol, Petroläther oder Benzol als Lösungsmittel verwenden. Unter Umständen kann es auch zweckmäßig sein, erst mit den organischen Lösungsmitteln und dann mit Wasser oder umgekehrt zu arbeiten. Die unlöslichen Rückstände werden mit Wasser und anschließend mit Methanol gewaschen und getrocknet. In den meisten Fällen gibt schon ihr Aussehen, besonders auch unter dem Mikroskop (Farbe, Korngröße, Oberflächengestaltung, Einheitlichkeit usw.), sowie die Prüfung zwischen den Fingern gewisse Aufschlüsse über ihre chemische Natur.

Die von H. Wagner und M. Zipfel für die mikroskopische Untersuchung von Pigmentsubstraten durch selektive Anfärbung mit Brillantgrünlösung oder Einbettung in organische Flüssigkeiten von geeigneten Lichtbrechungsexponenten läßt sich auch hier gut verwenden und gestattet in sehr einfacher Weise z. B. die Erkennung von Quarz neben Calciumcarbonat, Kaolin oder Bentonit usw. Carbonate werden durch die Entwicklung von Kohlensäure beim Übergießen mit Salzsäure erkannt und quantitativ im Geißlerschen Apparat bestimmt.

b) Das Vorhandensein unlöslicher organischer Stoffe, wie z. B. Holzmehl, Stärke usw., macht sich meistens schon beim Lösen bzw. Filtrieren bemerkbar, kann aber auch durch die Erhitzungsprobe im Reagensglas nachgewiesen werden.

2. Zum Nachweis und zur Bestimmung der **wasserlöslichen anorganischen Stoffe** kann, bei Abwesenheit von organischen Stoffen, die erhaltene Lösung zu einem bekannten Volumen aufgefüllt und die Bestimmung der einzelnen Bestandteile in üblicher Weise durchgeführt werden.

Liegt ein Gemisch mit organischen Stoffen vor, so finden sich die anorganischen Begleitsalze in den bei der Bestimmung der Gesamtfettsäuren bzw. Fettalkohole erhaltenen Sauerwässern, wobei natürlich Soda,

Bicarbonate und Sulfite schon zersetzt sind und als Chloride oder Sulfate vorliegen.

a) **Borsäure, aus Borax oder Perboraten** stammend, kann qualitativ durch folgende zwei sehr empfindliche Proben erkannt werden: etwa 1—2 g Substanz werden mit 5 g wasserfreiem Natriumsulfat vermischt und in einem Porzellanglühtiegel so lange bei schwacher Rotglut verascht, bis das Gemisch rein weiß geworden ist. Es wird nach dem Erkalten in der Reibschale gepulvert und gemischt und dann folgenden Prüfungen unterworfen: Nach S. Komarowsky und S. Poluektoff: Chromotrop 2 B = p-Nitrobenzolazochromotropsäure wird 0,005%ig in reiner konzentrierter Schwefelsäure gelöst. In ein trockenes Reagensglas gibt man etwa $^1/_2$ g des geglühten Gemisches und 2 cm³ des obigen Reagenses. Bei Anwesenheit von Borsäure schlägt die rotviolette Farbe der Lösung sofort oder nach schwachem Erwärmen in ein etwas grünstichiges Blau um. Oder: In einem kleinen Rundkölbchen werden etwa 5 g des geglühten Gemisches mit 15 cm³ einer Mischung von 5 cm³ konzentrierter Schwefelsäure und 95 cm³ Methanol versetzt und der sich bei Anwesenheit von Borsäure bildende Borsäuremethylester unter guter Kühlung durch einen kleinen absteigenden Kühler abdestilliert und in einem kleinen eisgekühlten Erlenmeyerkölbchen aufgefangen. Sind etwa 5—10 cm³ Destillat übergegangen, wird auf dieses Kölbchen nach Zugabe eines Tropfens konzentrierter Schwefelsäure mittels eines durchbohrten Korkstopfens eine feine Quarzcapillare aufgesetzt, die an ihrem oberen Ende nie mit den Fingern angefaßt und immer nur mit reinem Methanol gespült und an der Luft getrocknet wird. Dann wird das Kölbchen auf eine Heizplatte aufgesetzt und die aus der Capillare entweichenden Dämpfe angezündet. Da durch das vorher ausgeglühte absolut alkalifreie Ende der Quarzcapillare der Flamme keine Gelbfärbung erteilt wird, ist die Grünfärbung mit größter Sicherheit zu erkennen.

Die **quantitative Borsäurebestimmung** kann bei Abwesenheit von Phosphaten in dem alkalisch eingedampften Sauerwasser erfolgen. Sind im Sauerwasser auch Ammonsalze vorhanden, so muß man sich nach dem Eindampfen überzeugen, daß alles Ammoniak ausgetrieben ist. Der Eindampfrückstand wird mit etwa 100 cm³ Wasser aufgenommen, gegen Methylorange neutral gestellt, zur Entfernung der Kohlensäure kurz gekocht, abgekühlt und nach Zugabe von 50 cm³ säurefreiem Glycerin oder 20 g Mannit oder neutralem Invertzucker mit Natronlauge gegen Phenolphthalein titriert (Kolthoff, II, 125).

Bei Anwesenheit von **Äthanolaminen oder Phosphaten** ist diese Titrationsmethode nicht anwendbar. Man muß dann in umständlicher Weise mittels Ferrichlorid und Natronlauge die Phosphorsäure entfernen oder verfährt besser nach folgendem Verfahren:

Eine bestimmte Einwaage aus dem trockenen Eindampfrückstand des Sauerwassers wird mit einigen Siedesteinchen in einen 250-cm³-Kochkolben gegeben, der mit einem absteigenden Kühler verbunden und außerdem mit Tropftrichter und einem kurzen Luftzuführungsrohr versehen ist. Durch den Tropftrichter wird ein Gemisch von 15 cm³ konzentrierter Phosphorsäure und 85 cm³ Methanol zufließen gelassen, zum Sieden erhitzt und ein schwacher Luftstrom durch die Apparatur gesaugt. Das Kühlerrohr ist an die Absorptionsvorlage der Grote- und Krekeler-Apparatur (s. S. 636) angeschlossen, die mit 2 n-Natronlauge beschickt ist. Man destilliert auf etwa die Hälfte des ursprünglichen Volumens ab und überzeugt sich durch Zugabe von 50 cm³ Methanol durch den Tropftrichter und Wechsel der Vorlage, daß alle Borsäure als Bormethyl übergetrieben wurde. Die vorgelegte Absorptionsflüssigkeit wird in einen Erlenmeyer gespült, mit Salzsäure gegen Methylorange neutral gestellt, kurz aufgekocht und wie oben weitertitriert.

b) Die Bestimmung der Phosphorsäure erfolgt nach den üblichen Methoden entweder ebenfalls im Sauerwasser oder aber in der nach S. 633 erhaltenen Aufschlußlösung. Die Anwesenheit von Pyro- oder Metaphosphaten neben Orthophosphaten kann bei Waschmitteln rein anorganischer Zusammensetzung nach den üblichen und bekannten analytischen Reaktionen festgestellt und durch eine entsprechende Alkali-Phosphatbilanz unter Berücksichtigung der für die anderen Bestandteile benötigten Alkalimengen auch analytisch ausgewertet werden [vgl. B. Wurzschmitt (2) und W. Schuhknecht: Nachweis und Bestimmung von Ortho-, Pyro- und Metaphosphation nebeneinander].

c) Metaphosphate. In organische Produkte enthaltenden Waschmitteln erkennt man die Anwesenheit von Metaphosphaten sehr oft daran, daß ihre wäßrige Lösung in der Kälte gegen Phenolphthalein neutral gestellt beim längeren Kochen immer wieder deutlich sauer wird (vgl. die Arbeiten von L. Germain über die Stabilität verdünnter Lösungen von Natriumhexametaphosphat, wobei jedoch zu beachten ist, daß die Säuerung auch von einer Spaltung der sulfonierten Fette usw. herrühren kann).

E. Sauerstoffabgebende Produkte.

Die qualitative und quantitative Untersuchung der sauerstoffabgebenden Mittel, wie Hypochlorit, Chlorkalk, Perborat, Persilicat, Persulfat, Natriumperoxyd, p-Toluolsulfochloramidnatrium bzw. p-Toluolsulfodichloramid usw., insbesondere die Bestimmung ihres Gehaltes an wirksamem Chlor oder Sauerstoff erfolgt nach den üblichen Methoden permanganometrisch und jodometrisch (direkt oder über die Oxydation von arseniger Säure oder Ferrosalzen), wie sie in diesem Werk bei den einzelnen Produkten beschrieben sind (II/1, 803f.).

1. Qualitativer Nachweis. Die meisten von ihnen können in vereinfachter Form auch zum qualitativen Nachweis dieser Stoffe in zusammengesetzten Waschmitteln benutzt werden. Da sie alle wasserlöslich sind, benutzt man dazu eine wäßrige Lösung oder einen wäßrigen Auszug, den man ansäuert und dann entweder nach Zusatz von Jodkali und Stärkelösung oder von Chlorzinkstärke auf Jodausscheidung, oder auf ihren Kaliumpermanganatverbrauch prüft. Letztere Prüfung ist aber weniger zuverlässig als die erstere, da die Produkte häufig oxydierbare Substanzen enthalten und dann durch den dadurch bedingten Permanganatverbrauch leicht ein Gehalt an sauerstoffabgebenden Mitteln vorgetäuscht werden kann.

2. Bei der **quantitativen Bestimmung** bleiben die Bedenken gegen die Verwendung der Permanganattitration natürlich ebenfalls bestehen. Hier-

bei hat aber auch die Jodausscheidungsmethode ihre Mängel, da sie bei Produkten, die ungesättigt sind und deshalb Jod verbrauchen können, zu niedrige Werte ergeben kann. Als zuverlässig hat sich nach eigenen Erfahrungen die

a) Titration mit Ferricyankalium erwiesen, für die folgende Ausführungsform mitgeteilt sei: 0,5—2 g Substanz werden in etwa 100 cm³ destilliertem Wasser gelöst, mit 25—30 cm³ 40%iger Natronlauge alkalisch gestellt und mit $^1/_{10}$ n-Ferricyankaliumlösung bis zur bleibenden Färbung (gelbgrüne Selbstindication) titriert:

$$1 \text{ cm}^3 \; ^1/_{10} \text{ n-}K_3Fe(CN)_6 = 0,0008 \text{ g aktiver Sauerstoff (0).}$$

In stark gefärbten Lösungen läßt sich der Endpunkt mittels potentiometrischer Anzeige (Triodometer) unter Zusatz einer kleinen Spur Thalliumnitrat bestimmen.

b) Bei Persulfaten sind die Ferricyankalium- und die Kaliumpermanganatmethode nicht anwendbar. Als zweite Kontrollmethode neben der jodometrischen Methode, die bei Persulfaten etwas zu niedrige Werte liefert, sei die Titration mittels arseniger Säure nach Grützner erwähnt. 50 cm³ $^1/_{10}$ n-arsenige Säurelösung werden mit 20 cm³ 10%iger Natronlauge alkalisch gestellt, die entsprechende Substanzeinwaage hinzugegeben und 20 Minuten bis fast zum Sieden erhitzt. Nach dem Erkalten säuert man mit Salzsäure eben schwach an, gibt festes sodafreies Natriumbicarbonat im Überschuß zu und titriert die nicht verbrauchte arsenige Säure mit $^1/_{10}$ n-Jodlösung zurück. Die arsenige Säure wird in gleicher Weise ebenfalls gegen Jod eingestellt.

Da beim Auflösen solcher sauerstoffabgebende Mittel enthaltender Produkte in Wasser schon kleine Verluste an aktivem Sauerstoff eintreten können, sei es, daß die Verbindungen, wie die Percarbonate oder Natriumsuperoxyd sehr labil sind oder, daß die organischen Substanzen des Produktes in Lösung selber langsam oxydiert werden, ist es in solchen Fällen ratsam, die Substanzen zur Bestimmung nicht erst zu lösen, sondern sie in festem Zustand in die vorgelegten Reagenzien einzutragen.

F. Hydrosulfit und solches enthaltende Präparate.

Seine qualitativen Nachweisreaktionen und die zu seiner Gehaltsbestimmung dienenden Methoden sind im Hauptwerk III, 734f. ausführlich beschrieben.

G. Andere Produkte.

1. Qualitativer Nachweis. Stärke, Dextrine, Zucker werden qualitativ erkannt an ihrem Vermögen, gegebenenfalls erst nach ihrer Inversion durch Kochen mit Säure, Fehlingsche Lösung unter Ausscheidung von Kupferoxydul zu reduzieren. Stärke wird meist auch schon an ihrer Blaufärbung mit Jod erkannt. Eiweißstoffe werden durch die oben angeführte Biuretreaktion erkannt. Ihre Gesamtmenge ist verhältnismäßig leicht zu bestimmen, wenn die organischen oberflächenaktiven Verbindungen in Alkohol oder Benzol löslich sind. Der dabei erhaltene unlösliche Rückstand enthält dann die anorganischen und die hier in Frage kommenden organischen Verbindungen.

2. Quantitative Bestimmung. Entweder in diesem Rückstand oder auch in der ursprünglichen Probe oder im Sauerwasser werden quantitativ bestimmt:

a) Stärke (Kartoffelmehl) als in 50%igem mit Essigsäure angesäuertem wäßrigen Alkohol unlöslicher Anteil [vgl. Einheitsmethoden (8) und IV, 576].

b) Rohrzucker. Eine etwa 2 g Zucker entsprechende Menge der Probe wird im 100-cm³-Meßkölbchen mit 75 cm³ Wasser gelöst, mit 2 cm³ n-Salzsäure versetzt, bei aufgesetztem Steigrohr 5 Minuten im siedenden Wasserbad erhitzt, rasch abgekühlt, mit n-Natronlauge neutralisiert, auf 100 cm³ genau eingestellt und wenn nötig durch ein trockenes Filter filtriert. 25 cm³ der klaren Lösung werden in eine Mischung von 25 cm³ Kupferlösung [69,278 g reines Kupfersulfat ($CuSO_4 \cdot 5\,H_2O$) im Liter], 25 cm³ Seignettesalzlösung (346 g Seignettesalz und 250 g Kaliumhydroxyd im Liter) und 25 cm³ Wasser gegeben, genau 2 Minuten im Sieden erhalten, filtriert und mit heißem Wasser gewaschen. Der Kupferoxydulrückstand wird verglüht, der Glührückstand in Salpetersäure gelöst und elektrolysiert. Aus den gefundenen Milligramm Kupfer werden in der Tabelle (s. V, 179) die zugehörigen Milligramm Invertzucker abgelesen, die mit 0,95 vervielfacht die in 25 cm³ der Probelösung enthaltenen Milligramm Rohrzucker ergeben.

c) Dextrin. Eine etwa 0,6 g Dextrin enthaltende Menge der Probe wird im 100-cm³-Meßkölbchen mit 40 cm³ Wasser gelöst oder suspendiert, mit 23 cm³ 2 n-Salzsäure versetzt, bei aufgesetztem Steigrohr 3 Stunden im siedenden Wasserbad erhitzt, abgekühlt, mit 2 n-Natronlauge neutralisiert, zur Marke aufgefüllt und wenn nötig durch ein trockenes Filter filtriert. 25 cm³ der klaren Lösung werden in ein siedendes Gemisch von je 30 cm³ der beiden obigen Lösungen und 60 cm³ Wasser einlaufen gelassen, die Mischung noch 2 Minuten im Sieden erhalten, filtriert, heiß nachgewaschen und weiter wie oben verfahren. Die gefundenen Milligramm Kupfer sind aus der Tabelle auf Milligramm Glykose zu berechnen. Mit 0,9 vervielfacht ergeben sie die in 25 cm³ der Probelösung enthaltenen Milligramm Dextrin (vgl. auch IV, 576 u. V, 167).

d) Eiweißstoffe. Ihre Berechnung erfolgt bei positivem Ausfall der Biuretreaktion aus dem Eiweiß-Stickstoffgehalt durch Multiplikation mit 6,25. Letzterer ergibt sich aus dem Gesamtstickstoffgehalt der Probe abzüglich der Sticktoffgehalte der übrigen bestimmten Stickstoffverbindungen.

e) Sulfitablaugeextrakte. Ihre wirksamen Bestandteile, die Ligninsulfosäuren, werden (meist in den Sauerwässern nach der Abscheidung der Fettbestandteile) nachgewiesen durch den charakteristischen, bei der thermischen Zersetzung am Glühdraht entstehenden Geruch, die mit alkoholischer salzsaurer Phloroglucinlösung auftretende weinrote und die mit salzsaurer Benzidin- oder β-Naphthylaminlösung entstehende Gelbfärbung oder nach Procter und Hirst in folgender Weise nachgewiesen: 10 cm³ der auf Ligninsulfosäuren zu prüfenden Lösung werden neutral gestellt und darüber hinaus 0,2 cm³ 25%ige Salzsäure zugesetzt, kräftig geschüttelt und nach 10 Minuten filtriert. 5 cm³ des absolut klaren Filtrats werden mit 0,5 cm³ reinstem Anilin und nach kräftigem Durchschütteln mit 2 cm³ konzentrierter Salzsäure versetzt. Nach genau 15 Minuten ist festzustellen, ob eine Trübung eingetreten ist, was nur bei Anwesenheit von Ligninsulfosäuren der Fall ist.

A. Noll gibt noch eine viel schärfere Prüfung an. Sie beruht auf der sehr empfindlichen Fällbarkeit der Ligninsulfosäuren mit Trypaflavin (3,6-Diamido-10-methylacridiniumchlorid) in wäßriger Lösung, die noch 0,000126 g Ligninsulfosäure nachzuweisen erlaubt. Da synthetische Waschmittel, soweit sie Sulfogruppen enthalten, ähnliche Fällungsreaktionen ergeben, führt Noll vorher eine sehr sorgfältige Abtrennung der Ligninsulfosäuren wie folgt durch: „Eine Probe des getrockneten und gepulverten Waschmittels (flüssige Waschmittel sind vorher einzudampfen) wird mit einem Überschuß von verdünnter Schwefelsäure (1:3) unter häufigem Umschütteln auf etwa 100° C erwärmt und einige Zeit dabei belassen, wobei Kochen zu vermeiden ist. Es scheiden sich auf diese Weise die von den Seifen herrührenden Fettsäuren, ferner die aus alkylierten aromatischen Sulfonaten (Nekale usw.) frei werdenden (vgl. aber S. 631 f.) Sulfosäuren, sowie auch die aus Fettalkoholsulfonaten und ähnlichen Produkten frei werdenden Sulfosäuren zunächst ölig ab. Weiter scheiden sich etwa vorhandene oder durch Zersetzung von Sulfonaten gebildete Fettalkohole, sowie Fettsäureamide usw. ebenfalls ab. Man läßt auf Eis erkalten und filtriert von dem erstarrten Kuchen ab. Im Filtrat findet sich die dabei nicht abscheidbare Ligninsulfosäure vor. Man neutralisiert das Filtrat mit Natronlauge und dampft zur Trockne ein. Der gepulverte Salzrückstand wird zur Entfernung etwa noch vorhandener restlicher Fettspuren sowie Spuren synthetischer Sulfonate usw. mit 96%igem Alkohol extrahiert und getrocknet. Mit dem Trockenrückstand führt man dann die Prüfung durch."

Nach unseren Erfahrungen genügt die Extraktion mit 96%igem Alkohol nicht. Man muß ihr eine solche mit Benzol nachfolgen lassen. Noll hat die Empfindlichkeit seiner Prüfungen dadurch kontrolliert, daß er den Gehalt reiner Ligninsulfosäurelösungen an durch Hautpulver herausnehmbaren (gerbenden) Substanzen bestimmte. Er fand ihn zu 55%. Unter Benutzung eines Umrechnungsfaktors von rund 2 hätte man in der leicht ausführbaren Gerbstoffbestimmung in den nach obiger Vorschrift erhaltenen Auszügen (vgl. Gerbereichemisches Taschenbuch, 4. Aufl. 1938) eine bequeme Methode zur quantitativen Bestimmung der Ligninsulfosäuren.

f) Auf Enzym- bzw. Fermentwirkung beruhende Produkte, die Diastasen (Amylasen) zum Abbau (Verflüssigen und Löslichmachen) von Stärke, Proteasen zum gleichen Zweck für Eiweißkörper und Lipasen für Fette enthalten, werden durch praktische, dem technischen Verwendungszweck angepaßte Prüfungsverfahren bewertet. Auf eine qualitative Prüfung kann meistens verzichtet werden, da ein Gehalt an solchen Stoffen in Wasch- und Reinigungsmitteln vom Hersteller gewöhnlich angegeben wird. Auch aus der Angabe, daß die betreffenden Waschmittel nicht oberhalb bestimmter Temperaturen angewandt werden sollen, kann auf einen Gehalt an solchen Produkten (aber auch Perverbindungen) geschlossen werden. Soll darauf geprüft werden, so führt man eine Bestimmung des enzymatischen Wirkungswertes durch, der bei Diastase-haltigen Produkten wie folgt bestimmt wird: Etwa 1 g (bei kleinem Wirkungswert mehr) der zu prüfenden Substanz wird in etwa 200 cm³ Wasser gelöst, 10 g Kartoffelstärke zugesetzt und ½ Stunde unter öfterem Umrühren bei 62—64° C gehalten. Nach dem Erkalten verdünnt man auf genau 250 cm³ und gibt die Lösung in eine Bürette. Dann erhitzt man in einem Kölbchen 10 cm³ Kupfersulfatlösung (34,639 g $CuSO_4 \cdot 5\,H_2O$ im Liter) und 10 cm³ alkalische Seignettesalzlösung (43,3 g Seignettesalz + 15 g chemisch reine Natronlauge in 250 cm³ Lösung) und 30 cm³ destilliertes Wasser zum Sieden und titriert während des Siedens aus der Bürette in das Kölbchen auf gelb (nicht grün). Das Ende der Titration ist dadurch leicht zu erkennen, daß sich das Kupferoxydul leicht absetzt. Zur Kontrolle filtriert man noch heiß ab und prüft das Filtrat mit Ferrocyankalium auf Kupfer. Es dürfen höchstens Spuren (Rosafärbung) vorhanden sein. Da 10 cm³ der Kupfer- und 10 cm³ der Seignettesalzlösung 0,074 g Maltose entsprechen (Nachprüfen mit Lösungen von reinem Traubenzucker), ergibt sich folgende Berechnung, wenn zur Titration a cm³ verbraucht wurden:

$$\frac{250 \cdot 0{,}074 \cdot 100}{a \cdot \text{Einwaage}} = A.$$

Man ermittelt dann in derselben Weise den Wert B, indem man dieselbe Bestimmung, aber ohne Zusatz von Kartoffelstärke, durchführt, um dadurch den Einfluß der bereits in den Präparaten selbst enthaltenen Zuckerstoffe auf die Bestimmung auszuschalten. $A—B$ ist dann der Wirkungswert für 100 g Substanz, ausgedrückt in Milligramm Maltose.

Der enzymatische Wirkungswert von Proteasen enthaltenden Produkten wird bestimmt, indem man nach Vlcěk ihre wäßrigen Auszüge bei schwach alkalischer Reaktion in Gegenwart von Ammonsalzen 1 Stunde lang bei 40° C auf Casein einwirken läßt, dann die Enzymwirkung durch Zugabe von salzsaurer Glaubersalzlösung abbremst und zugleich das nicht abgebaute Casein ausfällt. Im Filtrat werden dann die durch den enzymatischen Abbau gebildeten Aminosäuren mit ¹/₁₀ n-Natronlauge titriert. Mit Casein, Wasser und allen anderen Zusätzen, aber ohne Präparatextrakt, wird der abzuziehende Blindwert ermittelt. Die Einzelheiten dieser Methoden müssen in den Originalarbeiten nachgelesen werden.

g) Saponine. Sie stellen chemisch nur aus Kohlenstoff, Sauerstoff und Wasserstoff aufgebaute Glykoside dar, d. h. sie bestehen aus einem Nichtzuckeranteil, dem Sapogenin, der in glykosidischer Bindung an ein oder mehrere Zuckermoleküle gebunden ist und werden technisch aus Drogen und Pflanzen gewonnen, insbesondere aus Roßkastanien und Quillajawurzeln. Ihrer Wasserlöslichkeit wegen befinden sie sich bei der Untersuchung zusammengesetzter Waschmittel immer, wenn auch durch die saure Verkochung schon teilweise gespalten, als Zucker und Sapogenine bzw. Prosapogenine in den Sauerwässern, in denen sie meist durch ihr auch dann noch vorhandenes Schaumvermögen erkannt werden. Zuverlässig ist auch die qualitative Prüfung nach Rosoll. Aus ihren neutral bzw. schwach alkalisch eingedampften Trockenrückständen können sie nach schwachem Ansäuern mit einigen Tropfen Essigsäure und Zusatz von einigen Kubikzentimetern gesättigter Ammonsulfatlösung mittels Phenol extrahiert werden. Aus dem Extrakt läßt sich das Phenol mit Xylol herauslösen und dadurch die Saponine isolieren. Da diese Isolierung um so besser geht, je weniger die Saponine chemisch verändert sind, empfiehlt es sich, die Prüfung auch wie folgt auszuführen: Man trocknet die zu untersuchenden Produkte und zieht erschöpfend mit Benzol und anschließend mit 50%igem Alkohol aus. Die Saponine gehen in diese wäßrig-alkoholische Lösung über. Man versetzt sie unter Schütteln mit einer gesättigten Lösung von Cholesterin in heißem Alkohol, verdünnt dann mit Wasser wieder auf 50%ige Stärke, kühlt ab und filtriert vom Niederschlag ab. Er enthält freies Cholesterin und bei Anwesenheit von Saponinen deren Komplexverbindungen mit Cholesterin. Aus ihm wird durch Behandeln mit Xylol, das die Komplexverbindungen zerlegt [Kofler, Fischer und Newesely (1)] und alles Cholesterin weglöst, das Saponin isoliert. Dabei ist jedoch zu beachten, daß nach L. Kofler (2) und H. Ramm nicht alle Saponine mit Cholesterin fällbar sind. So soll das Roßkastanien- und das Sapindussaponin keine unlösliche Verbindung mit Cholesterin geben. Über die Chemie der Saponine, deren Sapogenine sich nach Diels durch die Methode der Selendehydrierung in der Hauptsache auf zwei große Grundgruppen zurückführen lassen, nämlich auf Abkömmlinge des Methylcyclopentenophenanthrens (I) und des 1,2,7-Trimethylnaphthalins (II)

(s. R. Tschesche).

h) Lecithine. Chemisch sind sie fettartige Substanzen pflanzlichen oder tierischen Ursprungs, die beim Kochen mit Säuren oder Laugen in Fettsäuren, Glycerinphosphorsäure, Cholin und Amidoäthylalkohol zerlegt werden. Meist finden sie sich in fester Bindung mit Kohlehydraten, oft auch mit Eiweißstoffen. Da sie in Äther löslich, die Alkalisalze der in den Wasch- und Reinigungsmitteln enthaltenen Seifen, Sulfonate usw., sowie die anorganischen Salze aber unlöslich sind, lassen sie sich auf folgende Weise isolieren: Man trocknet die zu untersuchenden Proben, wenn nötig nach vorheriger Neutralisation mit Natronlauge und unter Zusatz von geglühtem Seesand bei 105° C und extrahiert mit trockenem Äther. Nach dem Abdunsten des Äthers hinterbleiben die Lecithine eventuell im Gemisch mit ebenfalls extrahiertem Unverseiften und unverseifbaren Anteilen. Da diese aber im allgemeinen weder Stickstoff noch Phosphor enthalten, läßt sich aus dem Stickstoff- und Phosphorgehalt des Ätherextraktes die Menge Lecithin berechnen. Man löst wieder in wenig Äther, füllt zu einem bestimmten Volumen auf und führt in aliquoten Teilen in üblicher Weise die Stickstoffbestimmung nach Kjeldahl und die Phosphorbestimmung nach dem Carius-Aufschluß oder besser nach dem auf S. 633 beschriebenen Aufschlußverfahren in üblicher Weise, z. B. nach Lorenz, durch. Nach Nottbohm und Mayer beträgt das Verhältnis $N : P$ in den Pflanzenlecithinen etwa 1 : 1,23, in den tierischen Lecithinen dagegen etwa 1 : 0,81, so daß daraus Rückschlüsse auf die Art der vorliegenden Lecithine gezogen werden können.

II. Untersuchung zusammengesetzter Produkte.

An Hand der bisher mitgeteilten Reaktionen und Analysenverfahren lassen sich Produkte, deren Bestandteile bekannt sind, etwa zum Zwecke der Nachprüfung ihrer Zusammensetzung, ohne weiteres untersuchen, wobei bei einfacher Zusammensetzung der Analysengang vereinfacht werden kann, während er bei komplizierter zusammengesetzten Produkten eine sinngemäße Kombination der einzelnen Verfahren erfordert.

A. Vorprüfung.

Liegen Produkte unbekannter Zusammensetzung vor, so wird man an Hand des Aussehens und einiger Vorprüfungen im Reagensglas, die sich in der Hauptsache auf die Reaktion gegen Indicatoren in wäßriger Lösung, auf die Löslichkeit in Wasser, Benzol oder Alkohol, auf das Schaumvermögen, auf die Beständigkeit des Schaumes in kalter, saurer Lösung, auf die Aussalzbarkeit mit Kochsalz, Natronlauge, Alkohol usw., auf die Fällbarkeit der Lösung mit Kalksalzen, auf die Möglichkeit der Abspaltung von Fettsäuren oder Alkoholen beim sauren Verkochen, auf den Gehalt an Soda, Sulfit oder Hydrosulfit, oder sauerstoffabgebenden Mitteln, Prüfung auf organische Substanzen durch die Verschwelungsprobe, Prüfung auf mit Jod auftretende Blaufärbung, Prüfung gegen Fehlingsche Lösung direkt oder nach Inversion, Prüfung auf Schwefel, Chlor, Phosphor und Stickstoff direkt oder in Auszügen, Prüfung auf Ammonsalze usw. erstrecken, sehr bald erkennen, welcher Weg eingeschlagen werden muß.

B. Schematische Beispiele.

Um das Gesagte noch etwas näher zu erläutern, sei zum Schluß an Hand einiger Beispiele, deren hier angeführte Zusammensetzung vorher nicht, deren Verwendungszweck aber bekannt gewesen sein soll, noch einmal kurz und skizzenhaft das Vorgehen geschildert, wobei auf die Vorprüfung und Untersuchung der Lösungsmittel nicht mehr eingegangen werden soll.

1. Abbeizmittel. 75% Wasser, 15% Natronlauge (NaOH), 10% Dextrin.
Vorprüfung. Aussehen: viscose trübe Flüssigkeit. Stark alkalische Reaktion, Verschwelungsprobe positiv, wasserlöslich, Carbonat nur in geringen Mengen, Fehlingsche Prüfung nach Inversion positiv. Schwefel, Stickstoff, Chlor und Phosphor höchstens in Spuren. Fettsubstanzen negativ. Mit Alkohol flockbar.
Bestimmungen. Wasser (Tausz u. Rumm), Gesamtalkali durch Titration und Sulfatasche und Identifizierung als Natrium. Dextrinbestimmung nach Isolierung durch Alkoholfällung.

2. Abbeizmittel. 4% Nitrocellulose, 2% Paraffin, 94% Lösungsmittel (aus 62% Methylenchlorid, 20% Chloroform, 8% Aceton und 10% Methanol).

Vorprüfung. Aussehen: trübe, viscose Flüssigkeit. Stark nach niedrigsiedenden Lösern und Chlorkohlenwasserstoffen riechend. Im nicht wasserlöslichen Trockenrückstand kein Schwefel und kein Chlor. Stickstoff positiv. Ursprüngliche Probe mit Benzol flockbar. Flockung verpufft beim Verbrennen. Verbrennungsgase: Nitrose. Benzollösliches phosphorsäurefrei, unverseifbar. Keine Hydroxylzahl.

Bestimmungen. Trockenrückstand, Benzolflockung. Stickstoffbestimmung in der Nitrocellulose im Nitrometer. Schmelzpunkt des Benzollöslichen, Identifizierung als Paraffinkohlenwasserstoff. Aus größerer Probe Lösungsmittel quantitativ abdestillieren (dabei bei Gehalt an Nitrocellulose nicht über 120° C gehen. Ölbad!, Vakuum. Gute Kühlung, eventuell Tiefkühlung).

3. Entpechungsmittel. 25% Wasser, 2% Unverseifbares und Unverseiftes, 10% Ricinolschwefelsäureester (Ammoniumsalz), 20% Natronseife, 1% Natriumsulfat, 42% Lösungsmittel (50% Tri- und 50% Perchloräthylen).

Vorprüfung. Aussehen: hellbraune, gallertartige Masse, nach Chlorkohlenwasserstoffen riechend, wasserlöslich. Trockenrückstand ergibt: Schwefel positiv, Stickstoff und Ammoniak positiv, organische Substanz positiv. Mit Säure kalt milchige Trübung, nach Kochen Ölabscheidung.

Bestimmungen. Gesamtschwefel, Gesamtnatrium, Ammoniak, Unverseifbares und Unverseiftes (Unsulfiertes) durch kalte Ätherextraktion. Seifenfettsäuren durch Ätherextraktion kalt salzsauer. Als Schwefelsäureester vorhandene Oxyfettsäuren durch Kochen mit Salzsäure und Ausschüttelung mit Äther. Abspaltbare Schwefelsäure und Na_2SO_4 im Sauerwasser. SO_4-Ion in der ursprünglichen Probe nach der Benzidinmethode oder nach Ausschütteln der Probe mit Benzol und gesättigter Kochsalzlösung in letzterer. Lösungsmittel durch Wasserdampfdestillation.

Berechnung. Man errechnet aus abspaltbarer Schwefelsäure und der zugehörigen Fettsäure den Oxyfettsäureschwefelsäureester. Das gefundene Ammoniak ist äquivalent mit der Esterschwefelsäure. Also liegt deren Ammonsalz vor. Die kalt abspaltbare Fettsäure kann dann nur als Natronseife vorliegen.

4. Seifenersatzmittel. 15% Saponine, 40% Kaolin, 10% Soda, 20% Harzseife, 15% Wasser.

Vorprüfung. Nicht restlos wasserlöslich. Mit Säure Kohlensäureentwicklung und Ölabscheidung. Wäßrige Lösung reagiert alkalisch und gibt mit Kalksalzen Fällung. Schwefelfrei. Stickstofffrei. Die mit Kalksalzen gefällte Lösung schäumt noch. Prüfung auf Kohlehydrate nach Mohlisch positiv.

Bestimmungen. Quantitative Extraktion mit Alkohol. Im Löslichen: titrierbares Alkali und Fettsubstanz. Identifizierung als Harzsäuren. Ausziehen des Unlöslichen mit Wasser. Rückstand als Kaolin identifizieren. In einem Teil der Lösung Soda bestimmen. Anderen Teil eindampfen. Nachweis von Saponin mit der Rosollschen Reaktion.

Bestimmung mittels Phenol oder Cholesterin. Wasser nach Tausz und Rumm.

5. Spülmittel. 30% Trinatriumphosphat, 16% sekundäres Natriumphosphat, 7% Soda, 1% Kochsalz, 46% Wasser.

Vorprüfung. Keine organische Substanz. Wasserlöslich. Alkalisch. Kohlensäure, Phosphorsäure (nur Ortho), Chlor. Keine Borsäure, kein aktiver Sauerstoff, keine Kieselsäure.

Bestimmungen. Gesamtnatrium, Gesamtphosphorsäure, Kohlensäure, Chlor, Wasser nach Tausz und Rumm.

Berechnung. Man rechnet Cl auf NaCl, CO_2 auf Na_2CO_3 und errechnet indirekt aus dem darüber hinaus vorhandenen Natrium und dem PO_4-Ion die phosphorsauren Salze.

6. Händereinigungsmittel. 25% Natriumseife, 55% Spiritus, 15% Wasser, 5% Glycerin.

Vorprüfung. Weiche Paste. Geruch nach Alkohol. Organische Substanz. Wasserlöslich. Schäumt beim Verdünnen mit viel Wasser. Beim Ansäuern Trübung und Ölabscheidung. Schwefel-, stickstoff- und chlorfrei.

Bestimmungen. Trockenrückstand, gesamtes und titrierbares Alkali, Gesamtfettsäuren. Wasser nach Fischer. Glycerin im Sauerwasser. Äthanol durch Abdestillation aus saurer Lösung.

7. Waschmittel. 3% Wasser, 10% Natronseife, 10% Fettalkoholsulfonat, 10% Igepon T, 38% Natriumsulfat, 29% Kochsalz.

Vorprüfung. Weißes trockenes Pulver. Neutral. Stark und auch sauer schäumend. S-, N- und Cl-haltig. Organische Substanz. Wasserlöslich. Keine Ammonsalze.

Bestimmungen. Wasser durch Trocknen bei 105°C oder nach K.Fischer. Unverseifte, unverseifbare und unsulfierte Anteile durch Ausziehen mit Petroläther. Seifenfettsäuren aus kalter saurer Lösung mit Petroläther. Abspaltbare Fettsubstanz durch Kochen mit Salzsäure und neuerliches Ausziehen mit Äther. Prüfung der Fettsubstanz auf S und N. Charakterisierung als Fettsäuren oder Fettalkohole, Mol.-Gewichtsbestimmung der Alkohole. Bei Gemisch Trennung durch Verseifung. Gesamtschwefel, SO_4-Ion nach Benzidinmethode und abspaltbarer Schwefel. Chlor- und Gesamtalkali.

Berechnung. Man berechnet Cl auf Kochsalz, SO_4-Ion auf Na_2SO_4, die Seifenfettsäuren auf Natriumseife. Aus der Schwefelbilanz ergibt sich, daß außer Fettalkoholsulfonat noch echte C-sulfierte Fettsubstanz vorhanden ist, die stickstoffhaltig ist und Stickstoff und Schwefel im Atomverhältnis 1:1 enthält.

8. Selbsttätiges Haushaltwaschmittel. 40% Natriumseife, 10% Soda, 8% Natriumbicarbonat, 10% Natriumpyrophosphat, 3% Wasserglas, 5% Natriumperborat, 24% Wasser.

Vorprüfung. Trockenes weißes Pulver, wasserlöslich, schäumend, alkalisch, Kohlensäure, Phosphorsäure (nur Pyro), aktiver Sauerstoff, Borsäure, kein Schwefel, kein Stickstoff, organische Substanz.

Bestimmungen. Aktiver Sauerstoff, Wasser nach Tausz und Rumm oder durch Trocknung bei 120° C. Borsäure durch Destillation. Gesamt-

Natrium, Phosphorsäure, Kohlensäure, Kieselsäure, Gesamtfett, Mol.-Gewichtsbestimmung der Fettsäuren durch Titration.

Berechnung. Der dem aktiven Sauerstoff äquivalente Teil der Borsäure auf Perborat. Der Rest auf Borat (eventuell geringe Zersetzung von Perborat), bei größeren Mengen auf Borax. Die Kieselsäure auf Wasserglas oder Metasilicat. Die Phosphorsäure auf Natriumpyrophosphat, die Fettsäuren auf Natriumseife. Aus dem überschüssigen Natrium und der direkt bestimmten Kohlensäure wird indirekt auf Soda und Bicarbonat geschlossen.

9. Putz- und Scheuermittel. 5% Natriumseife, 4% Soda, 91% Quarzmehl.

Vorprüfung. Feinkörniges Pulver. Nur teilweise wasserlöslich. Kohlensäure. Kein Schwefel, Chlor und Stickstoff. Die mikroskopische Prüfung ergibt gemahlenen Quarz.

Bestimmungen. Wasserunlösliches, Kohlensäure, titrierbares Alkali im Wasserlöslichen. Fettsäurebestimmung.

10. Waschmittel. 10% Ricinolschwefelsäureester (Natriumsalz), 10% Nekal, 10% Natriumseife, 5% Pyridin, 5% Natriumsulfat, 25% Wasser, 35% Lösungsmittelgemisch (Tetralin, Butanol, Chlorkohlenwasserstoffe).

Vorprüfung. Geruch nach Pyridin und Chlorkohlenwasserstoffen, organische Substanz, schwefel- und stickstoffhaltig, nach dem sauren Kochen Ölabscheidung.

Bestimmungen. Trockenrückstand bei 100° C. Wasser nach Tausz und Rumm. Lösungsmittel nach Zusatz von $BaCl_2$ durch Wasserdampfdestillation aus salzsaurer Lösung. Der Destillationsrückstand bildet zwei Schichten. Oben: Die Seifenfettsäuren, die Oxyfettsäuren und das Unverseifbare. Unten: Nekalsäuren, ursprünglich vorhandenes Na_2SO_4, die abgespaltene Schwefelsäure und Pyridin. Extraktion mit Petroläther. Je nach Verhältnis Fettsäuren zu Oxyfettsäuren zwei oder drei Schichten. Oben die Fettsäuren und das Unverseifbare, in der Mitte die Oxyfettsäuren und unten die übrigen Bestandteile. Bei Anwesenheit von sehr viel Fettsäuren fallen obere und mittlere Schicht zusammen. Abtrennung des Unverseifbaren, Trennung der Fett- und Oxyfettsäuren und deren Charakterisierung. Sauerwasser fast neutralisieren und ganz schwach sauer eindampfen. Nach Zusatz von konzentrierter Salzsäure Ausschütteln mit Benzol. Benzol verjagen. Rückstand ist schwefelhaltig, aber stickstofffrei. Gibt nach Alkalischmelze kuppelnde Produkte: also Nekal. Benzolunlösliches alkalisch blasen, Pyridin. Im Trockenrückstand Gesamt-SO_4, SO_4-Ion nach Benzidinmethode und Gesamtnatrium. Im benzolunlöslichen Sauerwasser Na_2SO_4 + abspaltbare Schwefelsäure.

Berechnung. Gesamtstickstoff entspricht dem gefundenen Pyridin, also sonst kein stickstoffhaltiges synthetisches Waschmittel vorhanden. SO_4-Ion auf Natriumsulfat. Oxyfettsäuren und abspaltbare Schwefelsäure auf Natriumsalz der Oxyfettsäuren. Fettsäuren auf Natriumsalze. Nekal auf Natriumsalz. Aufstellung der Natriumbilanz.

Hat man bei der Vorprüfung keinen Bestandteil übersehen und bei ihrer Isolierung und Bestimmung keinen Fehler gemacht, so muß die Summe aller bestimmten Bestandteile praktisch 100% ergeben und die

Bilanz zwischen der Summe der in den angegebenen Bestandteilen enthaltenen Baustoffe, z. B. Schwefel, Natrium, Stickstoff, Kohlensäure, Phosphorsäure usw. und dem bei ihrer Gesamtbestimmung erhaltenen Werten aufgehen. Ist das nicht der Fall, hat man entweder irgendwelche Bestandteile nicht erfaßt oder die Berechnung nicht richtig durchgeführt.

Literatur.

American Association of Textile Chemists and Colorists. Erg.-Bd. S. 622. — Aufhäuser, D.: Chem.-Ztg. **46**, 1149 (1922).

Behrens, W. V.: Ztschr. f. anal. Ch. **69**, 97 (1926). — Beilstein: Rosenthaler: Nachweis organischer Verbindungen, 2. Aufl. Stuttgart: Ferdinand Enke 1923. — Besson, A. A.: Chem.-Ztg. **41**, 346 (1917). — Borstard, E. u. W. Huggenberg: Ztschr. f. angew. Ch. **27**, 11, 456 (1914). — Boßhard, E. u. H. Sturm: Chem.-Ztg. **54**, 762 (1930). — Burgdorf, K.: (1) Fette u. Seifen **45**, 382 (1938). — (2) Fette u. Seifen **45**, 379 (1938).

Cannizzaro: Ann. Chem. Pharm. **88**, 129 (1853). — Carius, L.: Ann. Chem. **136**, 129 (1865). — Chapin, R. M.: Journ. Ind. and Engin. Chem. **13**, 543 (1921).

Davidsohn, J. u. G. Weber: Seifensieder-Ztg. **33**, 770 (1906). — Dawenkow, A. u. O. Fedotjewa: Seifensieder-Ztg. **64**, 494 (1937). — Deutsche Einheitsmethoden 1930 (Wizöff): (1) Einheitliche Untersuchungsmethoden für die Fett- und Wachsindustrie Stuttgart 1930. Wissenschaftl. Verlagsges., S. 139, (2) S. 43, (3) S. 126, (4) S. 131, (5) S. 128, (6) S. 37, (7) S. 135, (8) S. 146. — Deutsche Gesellschaft für Fettforschung: Erg.-Bd. S. 617. — Deutsche Reichsbahngesellschaft: Erg.-Bd. S. 620. — Diels, O.: H. Meyer, Analyse und Konstitutionsermittlung organischer Verbindungen, 6. Aufl. Wien: Julius Springer 1938. — Dische, Z.: Ztschr. f. Unters. Lebensmittel **63**, 231 (1932).

Fahrion, W.: Hauptwerk IV, 574. — Fendler, G. u. L. Frank: Ztschr. f. angew. Ch. **22**, 255 (1909). — Fischer, E. J.: Triäthanolamin und andere Äthanolamine. Berlin-Lichterfelde: Allg. Ind.-Verlag 1936. — Fischer, K.: Ztschr. f. angew. Ch. **48**, 394 (1935). — Friedel, C. u. J. M. Crafts: C. r. d. l'Acad. des sciences **109**, 95 (1889).

Geißler: Hauptwerk III, 298 u. 620. — Germain, L.: Seifensieder-Ztg. **64**, 195 (1937). — Grote, W. u. H. Krekeler: Ztschr. f. angew. Ch. **46**, 106 (1933). — Grützner, B.: Arch. der Pharm. **237**, 705 (1899).

Halphen, A. M. u. Grimaldi: Chem. Zentralblatt **1903** I, 202; **1908** I, 175. — Heermann, P.: Ztschr. f. angew. Ch. **27**, 11, 456 (1914). — Herbig, W.: Chem. Rev. Fett- und Harzindustrie **13**, 243 (1906). — Hofmann, K. A. u. H. Kirmreuther: Ber. Dtsch. Chem. Ges. **41**, 314 (1908); **42**, 4233 (1909).

I. G. Farbenindustrie Aktiengesellschaft: (1) Erg.-Bd. S. 610, (2) S. 612, (3) S. 612, (4) S. 616, (5) S. 617, (6) S. 617, (7) Melliand Textilber. **18**, 812 (1937), (8) Erg.-Bd. S. 631, (9) S. 633, (10) S. 636, (11) S. 640. — Internationale Kommission zum Studium der Fettstoffe: Fette u. Seifen **45**, 315 (1938).

Jaffe, E.: Farben-Ztg. **38**, 1499 (1933). — Jahn, H.: Chem.-Ztg. **57**, 383 (1933). — Jantzen, E., W. Rheinheimer u. W. Asche: Fette u. Seifen **45**, 388 (1938). — Jordan, O.: Chemische Technologie der Lösungsmittel. Berlin: Julius Springer 1932.

Kaufmann, H. P. (1) u. S. Funke: Ber. Dtsch. Chem. Ges. **70**, 2549 (1937). — Kaufmann, H. P. (2), J. Baltes u. H. Büter: Ber. Dtsch. Chem. Ges. **70**, 904 (1937). — Kaufmann, H. P. (3) u. L. Hartweg: Ber. Dtsch. Chem. Ges. **70**, 2558 (1937). — Kjeldahl, J.: Ztschr. f. anal. Ch. **22**, 366 (1883). — Kling, W. u. F. Püschel: Melliand Textilber. **15**, 21 (1934). — Knigge, G.: Seifensieder-Ztg. **64**, 208 (1937). — Kofler, L. (1), R. Fischer u. H. Newesely: Ber. Dtsch. Pharm. Ges. **267**, 685 (1929). — Kofler, L. (2) u. H. Ramm: Biochem. Ztschr. **219**, 335 (1930). — Kolthoff, J. M.: Die Maßanalyse, 2. Aufl. Berlin: Julius Springer 1930. — Komarowsky, S. u. S. Poluektoff: Mikrochemie, N. F. **8**, 317 (1933/34).

Leithe, W. (1) u. H. J. Heinz: Ztschr. f. angew. Ch. **49**, 412 (1936). — Leithe, W.: (2) Fette u. Seifen **45**, 615 (1938). — Liebermann, C. u. L. Storch:

Rosenthaler, Nachweis organischer Verbindungen, 2. Aufl. Stuttgart: Ferdinand Enke 1923. — Liese: Hauptwerk IV, 383. — Lorenz, N. v.: Ztschr. f. anal. Ch. 46, 193 (1907). — Lustgarten, S.: Monatshefte f. Chemie 3, 715 (1882).

Marcusson, J.: Hauptwerk IV, 574, 690. — Messinger, J.: Ber. Dtsch. Chem. Ges. 21, 3366 (1888). — Mofitt, N. G.: Erg.-Bd. S. 638. — Müller, E.: Die elektrometrische Maßanalyse, 5. Aufl. Dresden u. Leipzig: Theodor Steinkopff 1932.

Noll, A.: Papierfabr. 36, 41—45 (1938). — Normann, W.: Ztschr. f. angew. Ch. 38, 380 (1925). — Nottbohm, F. E. u. F. Mayer: Chem.-Ztg. 56, 881 (1932).

Procter, H. R. u. S. Hirst: Ztschr. f. anal. Ch. 112, 455 (1938).

Redemann, C. E. u. H. J. Lucas: Farben-Ztg. 43, 558 (1938). — Reichsausschuß für Lieferungsbedingungen (RAL): Prüfverfahren für Seifen und seifenhaltige Waschmittel, 2. Aufl., Nr. 871 A2. Berlin: Beuth-Verlag 1930. — Rosoll: Holde, Kohlenwasserstoffe und Fette, 7. Aufl. Berlin: Julius Springer 1933.

Schmalfuß, H. u. H. Werner: Ztschr. f. anal. Ch. 97, 314 (1934). — Schulze, W.: Appretur-Ztg. 30, 55 (1938). — Spasskij, N.: Seifensieder-Ztg. 63, 795 (1936). Stillmann, R. C. u. R. M. Reed: Chem. Zentralblatt 1932 II, 2747. — Sulphonated Oil Manufacturers Association: Erg.-Bd. S. 622.

Tausz, J. u. H. Rumm: Ztschr. f. angew. Ch. 39, 155 (1926). — Tschesche, R.: Ztschr. f. angew. Ch. 48, 569 (1935). — Twitchell, E. u. Nicoll: Erg.-Bd. S. 619.

Vizern u. Guillot: Fette u. Seifen 45, 379 (1938). — Vlcĕk, A. K.: Collegium 1937, 470. Gerbereichem. Taschenbuch, 4. Aufl. Dresden: Theodor Steinkopff. — Voermann: Fette u. Seifen 45, 313 (1938).

Wagenaar, M.: Pharm. Weekblad 48, 479 (1911). — Wagner, H. u. M. Zipfel: Farben-Ztg. 39, 501, 527 (1934). — Weber, H.: Chem.-Ztg. 54, 61 (1930). — Whitemore, W. F. u. E. Lieber: Farben-Ztg. 40, 1269 (1935). — Wietzel, G.: Ztschr. f. angew. Ch. 51, 531—537 (1938). — Wijs: Ber. Dtsch. Chem. Ges. 31, 750 (1898). — Wurzschmitt, B. (1) u. W. Zimmermann: Ztschr. f. anal. Ch. 114, 321 (1938). — Wurzschmitt, B. (2) u. W. Schuhknecht: Ztschr. f. angew. Ch. 52, 711 (1939).

Ätherische Öle.

Von

Dr.-Ing. **Hans Thomas**, Miltitz b. Leipzig.

I. Physikalische Untersuchungsmethoden.

1. Dichte (IV, 1001). Die Dichte läßt manchmal gewisse Rückschlüsse auf die Zusammensetzung des ätherischen Öles zu. So enthalten Öle mit einer Dichte von 0,900 und darunter oft große Mengen von Terpenen oder aliphatischen Verbindungen. Bei einer Dichte über 0,900 liegen meistens Gemische von Verbindungen vor, die den verschiedensten Körperklassen angehören. Bei einer Dichte über 1,000 kann man Stoffe der aromatischen Reihe, senfölartige Verbindungen oder Sesquiterpenalkohole erwarten.

2. Optisches Drehungsvermögen (IV, 1001). Die Höhe des Wertes für die optische Drehung läßt im allgemeinen keine Rückschlüsse auf die Zusammensetzung eines ätherischen Öles zu. Sie kann manchmal für die Beurteilung des Reinheitsgrades eines abgeschiedenen Stoffes von Belang sein.

3. Brechungsvermögen (IV, 1001). Das Brechungsvermögen ätherischer Öle liegt innerhalb verhältnismäßig enger Grenzen zwischen 1,43 und 1,61.

4. Löslichkeit (IV, 1001). Ganz allgemein ist zu sagen, daß ätherische Öle sich in den üblichen organischen Lösungsmitteln: absolutem Alkohol, Äther, Essigäther, Chloroform, Schwefelkohlenstoff, Aceton, Petroläther und Benzol gut lösen. Wenn beim Lösen in Petroläther, Benzol oder Schwefelkohlenstoff schwache Trübungen auftreten, so sind sie auf einen geringen Wassergehalt der ätherischen Öle von ihrer Herstellung durch Destillation mit Wasserdampf her zurückzuführen. Solche kleinen Wassermengen lassen sich aber durch Anwendung eines geeigneten Trockenmittels leicht entfernen (z. B. getrocknetes Natriumsulfat). Zimtaldehyd und die Öle, deren Hauptbestandteil er ist, z. B. Cassiaöl und Ceylon-Zimtöl, lösen sich nicht in Petroläther. Sind bei Anwendung ·der genannten Lösungsmittel kaum nennenswerte Unterschiede zwischen den einzelnen ätherischen Ölen festzustellen, so ergeben sich gute Unterscheidungsmerkmale bei Anwendung von Alkoholen verschiedener Stärke. Zu beachten ist, daß man die Löslichkeit stets bei einer Temperatur von 20° C bestimmen muß, um vergleichbare Resultate zu erhalten.

5. Erstarrungspunkt (IV, 1002). Ein gutes Kriterium zur Beurteilung des Reinheitsgrades ist der Erstarrungspunkt beispielsweise bei Anethol oder anetholhaltigen Produkten, bei Safrol, Isosafrol, Methylnonylketon, Guajol und anderen Stoffen. Auch der Gehalt an festen Kohlenwasserstoffen, Stearoptenen, läßt sich (z. B. beim Rosenöl) durch Bestimmung des Erstarrungspunktes erkennen.

6. Fraktionierte Destillation (Siedetemperatur) (IV, 1003). Bei ätherischen Ölen, die meistens innerhalb ziemlich weiter Grenzen sieden, bestimmt man die Siedetemperatur, d. h. das Temperaturintervall, innerhalb dessen sie sich vollständig überdestillieren lassen.

Man führt die Siedeanalyse oft zu dem Zwecke durch, um Anhaltspunkte für die Zerlegung des Öles durch fraktionierte Destillation zu erhalten. Da die ätherischen Öle meistens Stoffe enthalten, die durch Hitze Veränderungen erleiden, empfiehlt es sich, die Destillation unter vermindertem Druck vorzunehmen. Diese Destillationsweise ist daher auch in der Industrie der ätherischen Öle und Riechstoffe weit verbreitet.

Zur Ausführung der Vakuumdestillation im Laboratorium benutzt man am zweckmäßigsten einen kleinen Apparat, den von Rechenberg beschrieben hat (Abb. 1).

Dem mit besonderem Stutzen versehenen Kolben h ist eine Kolonne direkt angeschmolzen. In der Kolonne ist unten ein Drahtnetz eingeschmolzen, das die zur Füllung benutzten Glaskugeln zurückhält. Sie ist zum Schutz gegen Wärmeverluste mit einer Lage von Asbest oder Filz (g) umgeben. In den Dephlegmator l leitet man von f her langsam Luft oder Wasser ein, um dadurch eine weitere Fraktionierung zu bewirken. Der Stutzen e dient zur Aufnahme des Thermometers und des Anschlusses an das Manometer i, dessen Schlauchende k geschlossen wird. Im Kühler d wird das Destillat, das nur tropfenweise ablaufen soll, kondensiert und gelangt in die Vorlage b, die bei a mit der Vakuumpumpe verbunden ist und die so eingerichtet ist, daß man während der Destillation das Destillat aus der Vorlage *c* entnehmen kann, wenn man die Vorlage *b* durch Herunterdrücken des Stöpsels verschlossen und das Gefäß *c* durch den unteren Hahn, einen Dreiwegehahn, mit der Außenluft in Verbindung gebracht hat. Wesentlich ist bei dem Apparat, daß die Höhe der Kolonne verschieden gewählt werden kann, je nachdem ob die Siedetemperatur hoch oder niedrig liegt. Je höher

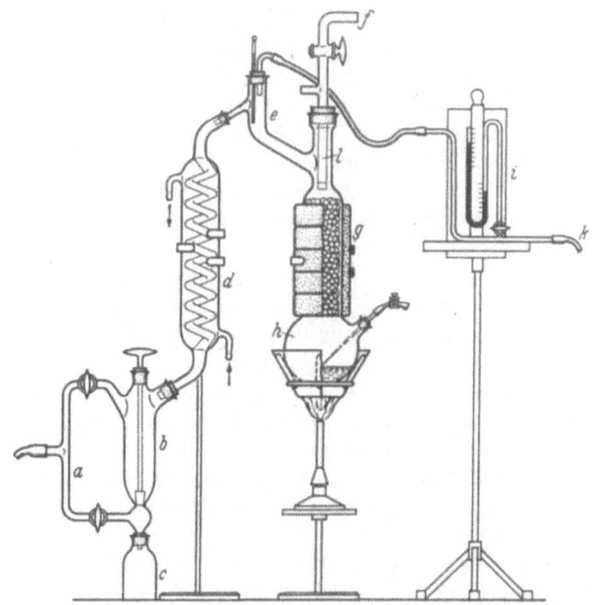

Abb. 1. Apparat für Vakuumdestillation nach von Rechenberg.

die Siedetemperatur, um so kürzer auch die Kolonne. Man erreicht auch bei Flüssigkeiten mit nahe beieinander liegendem Siedepunkt sehr gute Trennungen.

II. Chemische Untersuchungsmethoden.

A. Quantitative Untersuchung.

1. Bestimmung von Estern (IV, 1004). Bei Ausführung der Esterbestimmung empfiehlt es sich, stets vorher die Säurezahl für sich zu bestimmen. Man könnte zwar glauben, daß die kleinen, in ätherischen Ölen im allgemeinen anzutreffenden Säuremengen das Resultat nur unwesentlich beeinflussen. Das mag auch richtig sein. Bestimmt man aber die Säurezahl nicht für sich, so wird man Verharzungen, die sich durch eine Erhöhung der Säurezahl ausdrücken, oder Verfälschungen mit fremden Säuren natürlich übersehen.

2. Bestimmung von freien Alkoholen (IV, 1005). Während sich bei der normalen Acetylierung durch Kochen des ätherischen Öles mit

Essigsäureanhydrid in Gegenwart von Natriumacetat die meisten Terpen-
alkohole glatt in ihr Acetat überführen lassen, ergeben sich bei der
analogen Behandlung der Alkohole Linalool und Terpineol infolge von
Wasserabspaltungen Schwierigkeiten. Man kann diese durch Anwendung
des Verfahrens von Boulez beseitigen.

Gute Resultate liefert aber auch das Verfahren von Glichitch, das
auf der Formylierung von Linalool und Terpineol durch Einwirkung
von Essig-Ameisensäureanhydrid bei gewöhnlicher Temperatur beruht.

Das Anhydridgemisch bereitet man sich in der Weise, daß man in
2 Teile 100%iges chlorfreies Essigsäureanhydrid 1 Teil 100%ige Ameisensäure ($d_{20°}$ 1,22) langsam eingießt, wobei die Temperatur $+ 15°$ C nicht
übersteigen darf und jede Spur von Feuchtigkeit unbedingt ausgeschlossen werden muß. Wenn die Mischung fertig ist, wird sie ganz
allmählich im Verlauf einer Viertelstunde auf 50° erwärmt und dann
sofort stark abgekühlt. Man bewahrt die Mischung, die 68% Essig-
Ameisensäureanhydrid enthält und farblos sein muß, in einer gut
schließenden Glasstöpselflasche auf.

Zur Ausführung der Bestimmung bringt man 10 cm³ Öl und 15 cm³
Anhydridgemisch in eine Glasstöpselflasche, schüttelt gut um und stellt
die Flasche in Eiswasser, in dem das Eis beim weiteren Stehen nicht
mehr erneuert wird. Die Mischung bleibt in dem Wasser bei Zimmertemperatur etwa 3—4 Tage stehen. Dann gießt man das formylierte
Gemisch in 50 cm³ kaltes Wasser, schüttelt gut durch und läßt 2 Stunden
lang bei Zimmertemperatur stehen. Nach dem Abtrennen der sauren
wäßrigen Flüssigkeit schüttelt man das Öl nacheinander mit 50 cm³
Wasser, 50 cm³ 5%iger Natriumbicarbonatlösung und noch zweimal mit
je 50 cm³ Wasser aus, trocknet und verseift es, wobei man die Verseifung
$1^1/_2$ Stunden lang mit einem erheblichen Überschuß an Alkali durchführt, um etwa gebildetes Terpinylacetat quantitativ zu verseifen.

Der Nachteil dieses Verfahrens gegenüber dem von Boulez ist die
viel längere Dauer.

Die Berechnung der Alkoholmenge erfolgt nach der Formel:

$$\text{\% Alkohol im ursprünglichen Öl} = \frac{a \cdot m}{20 \cdot (s - a \cdot 0{,}014)}$$

in der m das Molekulargewicht des Alkohols, a die Anzahl der verbrauchten Kubikzentimeter Halbnormal-Kalilauge und s die angewandte
Ölmenge in Grammen bedeutet.

Primäre Alkohole, wie Geraniol, Citronellol, Benzylalkohol oder die
Santalole kann man in der Weise quantitativ bestimmen, daß man sie
durch Einwirkung von Phthalsäureanhydrid unter bestimmten Bedingungen in ihre sauren Phthalester (Gildemeister und Hoffmann)
überführt. In einen Acetylierungskolben wiegt man genau 2 g reines
Phthalsäureanhydrid, das frei von Phthalsäure sein muß, und 2 g Öl ein,
setzt 2 cm³ reines Benzol hinzu und erwärmt die Mischung 2 Stunden lang
unter öfterem Umschwenken auf dem Wasserbade. Dann läßt man erkalten
und schüttelt mit 60 cm³ wäßriger Halbnormalkalilauge 10 Minuten lang
kräftig durch. Man führt dadurch den sauren Phthalester in sein Kalisalz
und das unverbrauchte Phthalsäureanhydrid in Kaliumphthalat über und

kann nun den Überschuß an Alkali mit Halbnormalschwefelsäure zurücktitrieren. Durch Subtraktion der bei dem Versuch verbrauchten Menge
Alkali von der, die der angewandten Menge Phthalsäureanhydrid entspricht, erfährt man, wieviel Alkali dem an Phthalsäure gebundenen Alkohol
entspricht, und kann daraus den Prozentgehalt an Alkohol errechnen.

Zwei weitere Verfahren, nach denen sich Alkohole bestimmen lassen,
haben gemeinsam, daß sie nicht nur für die Bestimmung von Alkoholen,
sondern auch für die Bestimmung von Phenolen benützt werden können.
Will man also einwandfreie Werte bei der Alkoholbestimmung erhalten,
so muß man die Phenole durch Ausschütteln mit Lauge vorher entfernen.
Die Phenole lassen sich aus der Alkalilösung durch Säure abscheiden
und können dann nach dem gleichen Verfahren quantitativ bestimmt
werden. Das Verfahren von Verley und Bölsing ist eine etwas vereinfachte Form der Acetylierung. Das zweite Verfahren, das von Zerevitinoff stammt, beruht auf einer Methanabspaltung, die eintritt,
wenn man Magnesiummethyljodid auf Alkohole oder Phenole einwirken
läßt. Beide Methoden haben den besonderen Vorzug, daß man mit
kleinen Substanzmengen auskommt.

Nach der Methode von Verley und Bölsing werden 1—2 g Alkohol
(oder Phenol) mit 25 cm³ eines Gemisches von etwa 120 g reinem Essigsäureanhydrid mit 880 g Pyridin in einem etwa 200 cm³ fassenden Kölbchen $^1/_4$ Stunde lang auf dem Wasserbade erwärmt. Man läßt die Mischung erkalten und versetzt dann mit der gleichen Menge Wasser,
um unverändertes Essigsäureanhydrid in Essigsäure und weiter in
Pyridinacetat überzuführen. Die Essigsäuremenge, die nicht an Alkohol
(Phenol) gebunden wurde, titriert man anschließend mit Halbnormalkalilauge zurück. Durch einen blinden Versuch, den man in der gleichen
Weise durchführt, ermittelt man den Gehalt des Gemisches an Essigsäure. Daraus läßt sich dann die an den Alkohol (oder das Phenol)
gebundene Menge Essigsäure und daraus wieder der Gehalt an Alkohol
(Phenol) errechnen.

Die schon länger bekannte Methode der Bestimmung hydroxylhaltiger chemischer Verbindungen durch Anwendung von Magnesiummethyljodid kann nach Zerevitinoff gut zur quantitativen Bestimmung von Alkoholen und Phenolen in ätherischen Ölen verwandt werden.
Der Vorteil der Methode ist der, daß nicht nur primäre und sekundäre,
sondern auch tertiäre Alkohole quantitativ bestimmt werden. Das Öl
muß allerdings absolut trocken sein und darf keine freie Säure enthalten.
Zur Bestimmung, die in der üblichen Weise ausgeführt wird, genügen
0,2—0,3 g Öl, das man in Toluol oder Xylol auflöst. Aus dem Volumen
des aufgefangenen Methans läßt sich der Prozentgehalt an Alkohol
oder Phenol nach der folgenden Formel berechnen:

$$\% \text{ Alkohol (Phenol)} = \frac{0{,}000\,719 \cdot V \cdot m \cdot 100}{16 \cdot s} \, .$$

In dieser Formel bedeutet V das auf 0° und 760 mm Druck reduzierte
Volumen des aufgefangenen Methans in Kubikzentimetern, m das Molekulargewicht des betreffenden Alkohols oder Phenols und s das Gewicht
der angewandten Substanzmenge in Grammen.

42*

3. Bestimmung von Aldehyden und Ketonen. a) Bisulfitmethode von Schimmel & Co. (IV, 1007). In der angegebenen Form eignet sich die Bisulfitmethode nur zur Bestimmung größerer Mengen von Citral oder Zimtaldehyd, deren Bisulfitverbindungen in überschüssiger Natriumbisulfitlauge löslich sind. Zur quantitativen Bestimmung anderer Aldehyde, wie Benzaldehyd, Anisaldehyd, Phenylacetaldehyd, Hydrozimtaldehyd, Nonylaldehyd, Decylaldehyd usw. muß man die Methode etwas modifizieren, da die Natriumbisulfitverbindungen dieser Aldehyde nicht in überschüssiger Natriumsulfitlösung, wohl aber in Wasser löslich sind. Man bringt daher den Aldehyd zunächst in der üblichen Weise mit Natriumbisulfitlösung zur Reaktion, wobei man auf 10 cm³ Aldehyd etwa 40 cm³ Natriumbisulfitlösung anwendet. Das Reaktionsprodukt, das sich als feste Masse abscheidet, bringt man durch Zusatz von Wasser in Lösung, wobei man unter öfterem Umschütteln noch einige Zeit im Wasserbade erwärmt. Das nicht in Reaktion getretene Öl drängt man durch weiteren Wasserzusatz in den Kolbenhals und kann sein Volumen nach dem Erkalten ablesen. Handelt es sich bei den nicht in Reaktion getretenen Anteilen um Stoffe, die schwerer als Wasser sind, so verwendet man zum Hochdrücken dieser Mengen in den Kolbenhals eine konzentrierte Kochsalzlösung.

b) Sulfitmethode von Burgess (IV, 1007). Von den Ketonen Carvon, Pulegon und Piperiton (Menthenon) reagiert nur Carvon ziemlich schnell, während für die Bestimmung der beiden anderen Ketone eine erheblich längere Zeit erforderlich ist. Die Sulfitmethode eignet sich nicht zur Bestimmung von Anisaldehyd, Benzaldehyd und Cuminaldehyd.

c) Hydroxylaminmethode von Walther (IV, 1008). Während die bisher genannten Bestimmungsmethoden für Aldehyde und Ketone, die Bisulfit- und die Sulfitmethode, volumetrische Methoden sind, ist die Hydroxylaminmethode eine gravimetrische Methode. Es ist klar, daß Resultate, die man nach den verschiedenen Methoden erhalten hat, nicht ohne weiteres miteinander vergleichbar sind. Das gilt besonders für Bestimmungen in ätherischen Ölen, bei denen auch kleine Mengen anderer Bestandteile neben den Aldehyden oder Ketonen gelöst werden können. Dadurch fallen die Ergebnisse etwas anders als bei der Hydroxylaminmethode aus.

Zur Ausführung einer Aldehyd- oder Ketonbestimmung nach der Hydroxylaminmethode verfährt man in der Weise, daß man 0,5—2 g genau abwiegt und einige Kubikzentimeter starken Alkohol zur Verdünnung hinzufügt. Man neutralisiert nun die eventuell vorhandene freie Säure durch Titration mit alkoholischer Halbnormalkalilauge (Phenolphthalein als Indicator). Erst dann setzt man eine entsprechende Menge Hydroxylaminchlorhydratlösung hinzu und titriert die sich bildende freie Salzsäure sofort mit alkoholischer Halbnormalkalilauge zurück. Dabei ist zu beachten, daß man die alkoholische Halbnormalkalilauge nur langsam und unter gutem Umschwenken des Kölbchens zulaufen lassen darf, damit an keiner Stelle ein Überschuß an Lauge auftreten kann.

Die Reaktionsgeschwindigkeit der verschiedenen Aldehyde und Ketone mit Hydroxylaminchlorhydrat ist recht unterschiedlich. Auch danach muß die Arbeitsweise modifiziert werden. Bei rasch reagierenden und empfindlichen Aldehyden kühlt man die Hydroxylaminchlorhydratlösung ebenso wie die alkoholische Aldehydlösung auf 0° oder noch tiefer ab. Aldehyde, bei denen diese Vorsichtsmaßregel notwendig ist, sind beispielsweise: Citronellal, Phenylacetaldehyd, Phenylpropionaldehyd und die Fettaldehyde Heptylaldehyd, Octylaldehyd, Nonylaldehyd, Decylaldehyd, Undecylaldehyd, Duodecylaldehyd und Methylnonylacetaldehyd.

Eine ganze Anzahl anderer Aldehyde und Ketone reagiert bei Zimmertemperatur glatt. Bei manchen ist die Reaktion nach wenigen Minuten, bei anderen erst nach mehreren Stunden beendet. In solchen Fällen muß man immer wieder nachtitrieren, bis der Farbenumschlag des Indicators erst nach sehr langer Zeit oder überhaupt nicht mehr eintritt. Sehr gut reagieren z. B. Acetaldehyd und Propionaldehyd, von denen man sich am besten dünne wäßrige Lösungen herstellt. Sehr glatt verläuft die Reaktion bei Zimmertemperatur auch bei Benzaldehyd, Zimtaldehyd, Cuminaldehyd, Anisaldehyd, Vanillin, Heliotropin, Citral, Aceton, Methylheptylketon, Methylnonylketon, Methylheptenon und Iron.

Bedeutend langsamer reagieren die Ketone Menthon, Carvon, Thujon, Jonon und Methyljonon, bei denen bis zur Beendigung der Bestimmung 3—4 Stunden vergehen.

Noch langsamer reagieren die Ketone Campher, Pulegon und Piperiton (Menthenon). Man kann die Reaktion aber dadurch etwas beschleunigen, daß man die Mischung auf dem Wasserbade vorsichtig auf etwa 50—60° erwärmt. Man erhält so zufriedenstellende Ergebnisse. Nur Fenchon kann auch durch Erwärmen nicht vollständig zur Reaktion gebracht werden.

4. Bestimmung von Phenolen und Phenoläthern (IV, 1009). Das Verfahren von Gildemeister, den Phenolgehalt ätherischer Öle durch Ausschüttelung mit einer verdünnten Natronlauge zu bestimmen, ist auch heute noch durch keine bessere oder einfachere Methode ersetzt worden.

Über die Bestimmung von Phenolen nach den Verfahren von Verley und Bölsing und von Zerevitinoff vgl. S. 659.

Die quantitative Bestimmung von Phenoläthern, die in ätherischen Ölen verhältnismäßig oft anzutreffen sind, geschieht nach der Zeiselschen Methode. Zur Ausführung der Bestimmung werden 0,2—0,3 g Öl mit 10 cm³ Jodwasserstoffsäure ($d_{15°}$ = 1,70) im Glycerinbade bis zum Sieden erhitzt, während gewaschenes Kohlendioxyd — etwa 3 Blasen in 2 Sekunden — durch den Apparat geleitet wird. Die bei längerem Erhitzen entstehenden Dämpfe von Jodmethyl bzw. Jodäthyl leitet man zur Entfernung von mitgerissenen Joddämpfen in Wasser, in dem man etwa 0,25—0,5 g amorphen roten Phosphor angeschlämmt hat. Man hält die Phosphoranschlämmung während des Versuches auf einer Temperatur von 50—60°. Nach dem Passieren der Waschflüssigkeit kommen die Dämpfe in alkoholische Silbernitratlösung, in der sich

die weiße Doppelverbindung von Jodsilber und Silbernitrat abscheidet.
Durch Zersetzen dieser Verbindung durch Wasser erhält man Jodsilber,
das man in der üblichen Weise durch Wägung bestimmt.

Von Gregor ist die Methode von Zeisel insofern modifiziert worden,
als an Stelle der Phosphoraufschwemmung eine jedesmal frisch zu
bereitende Lösung aus je einem Teile Kaliumcarbonat und arseniger
Säure in 10 Teilen Wasser und als Absorptionsflüssigkeit eine alkoholische Zehntelnormal-Silbernitratlösung verwendet werden. Der Überschuß an Silbernitrat wird durch Titration bestimmt.

Die Silbernitratlösung, die nur beschränkt haltbar ist, stellt man
durch Auflösen von 17 g Silbernitrat in 30 g Wasser und Verdünnen
mit absolutem Alkohol auf 1 l her. Man stellt die Lösung gegen Zehntelnormal-Rhodanammoniumlösung ein. Zur Ausführung der Alkoxylbestimmung bringt man in die erste Vorlage 50 cm³ und in die zweite
25 cm³ dieser Lösung, worauf man noch einige Tropfen salpetrigsäure-
freie Salpetersäure zufügt. Nach Beendigung der Reaktion wird der
Inhalt beider Vorlagen in einen 250-cm³-Meßkolben gespült, mit Wasser
bis zur Marke aufgefüllt, umgeschüttelt und durch ein trockenes Faltenfilter in ein trockenes Gefäß filtriert. 50 oder 100 cm³ dieser Lösung
titriert man dann nach Zusatz von etwas Salpetersäure und Eisen-
ammonalaunlösung mit Zehntelnormal-Rhodanammoniumlösung.

B. Allgemeine Untersuchungsverfahren zur Zerlegung eines ätherischen Öles und zum Nachweis seiner Einzelbestandteile.

Ätherische Öle sind meistens recht kompliziert zusammengesetzte
Gemische von Stoffen, die den verschiedensten Körperklassen angehören.
Aus diesem Grunde ist die Zerlegung eines ätherischen Öles in seine
Einzelbestandteile und der Nachweis dieser oft mit besonderen Schwierigkeiten verbunden. Es kommt hinzu, daß die Einzelbestandteile meistens
flüssig sind und häufig nur auf dem Wege der fraktionierten Destillation
angereichert oder isoliert werden können. Wenn man daher einen allgemeinen Analysengang festlegen will, so kann man natürlich nur auf
die Gruppen von chemischen Verbindungen Rücksicht nehmen, die
immer wieder in ätherischen Ölen anzutreffen sind. Es sollen daher
im folgenden nur Hinweise gegeben werden, in welcher Reihenfolge
man die Einzelbestandteile am praktischsten abtrennt. Entsprechend
den Erkenntnissen, die man durch eine Vorprüfung gewonnen hat,
wird man sich den Gang der Untersuchung bei jedem ätherischen Öl
besonders zurechtlegen.

Die einfachsten Vorproben, die man durchführen kann, sind die
Bestimmung der physikalischen Konstanten und die Prüfung der elementaren Zusammensetzung des Öles. Aus den bei der Bestimmung der
physikalischen Konstanten erhaltenen Werten lassen sich einige Rückschlüsse ziehen, worauf oben bereits hingewiesen wurde. Die elementare
Zusammensetzung ist bei ätherischen Ölen nicht sehr mannigfaltig.
Neben Kohlenstoff, Wasserstoff und Sauerstoff kommen gelegentlich
noch die Elemente Stickstoff und Schwefel vor. Man prüft auf ihre
Anwesenheit in der bei organischen Stoffen üblichen Weise. Hat man

beispielsweise Schwefel nachweisen können, so muß das Öl Sulfide, Polysulfide oder Senföle enthalten. Die Gegenwart von Stickstoff läßt vermuten, daß das Öl Nitrile oder Amidoverbindungen, z. B. Anthranilsäuremethylester enthält. Die gleichzeitige Anwesenheit von Stickstoff und Schwefel deutet auf die Gegenwart von Senfölen hin.

Weitere Vorproben dienen dazu, sich Gewißheit über die An- oder Abwesenheit einiger Gruppen von Verbindungen zu verschaffen. Man führt dazu die im Teil A angeführten quantitativen Bestimmungen durch. Durch eine Verseifung erkennt man, ob in dem Öl Ester vorhanden sind oder nicht. Man muß dabei aber berücksichtigen, daß Phenole bei der Esterbestimmung störend wirken. Phenole und Säuren erkennt man an einer Volumenverminderung, die beim Schütteln des Öles mit verdünnter Lauge auftritt. Einen Gehalt an Alkoholen weist man durch Acetylierung nach. Man kocht das Öl in der üblichen Weise mit Essigsäureanhydrid und stellt fest, ob die Esterzahl des acetylierten Öles größer ist als die des ursprünglichen Öles. Aldehyde reagieren mit Natriumbisulfitlösung oder mit Hydroxylamin. Auch die Ketone geben bei der Hydroxylaminbestimmung eine Reaktion, wenn auch langsamer als die Aldehyde. Äther weist man nach dem Zeiselschen Verfahren nach.

Hat man durch die Vorprüfung des Öles genügend Hinweise für die nähere Untersuchung erhalten, so kann man zur Zerlegung des Öles schreiten. Man verbindet dazu physikalische und chemische Methoden in geeigneter Weise. Vor allem zwei physikalische Methoden werden häufig benutzt, das Ausfrieren und die Destillation des Öles. Konnte man bei stärkerem Abkühlen eines Öles irgendwelche Abscheidungen beobachten, so tut man gut, die gesamte Ölmenge durch Ausfrieren von den festwerdenden Anteilen zu befreien. Anethol, Safrol, Campher, Menthol, Methylnonylketon, paraffinartige Stoffe und höhere Fettsäuren lassen sich auf diese Weise dem Öle wenigstens teilweise entziehen. Die Abtrennung erfolgt aber nie quantitativ, weshalb man bei der weiteren Prüfung auf diese bereits teilweise abgeschiedenen Stoffe Rücksicht nehmen muß. Das Verfahren der Destillation und vor allem der fraktionierten Destillation im Vakuum wird viel häufiger gebraucht als das des Ausfrierens. Man wird bei kaum einer Untersuchung eines ätherischen Öles ohne Anwendung dieses Verfahrens auskommen können. Von Fall zu Fall muß man entscheiden, wann man eine fraktionierte Destillation durchführt. Es kann sich als vorteilhaft erweisen, ein Öl sofort in einzelne Fraktionen zu zerlegen, es kann aber auch richtiger sein, daß man zunächst einige wichtige Anteile auf chemischem Wege isoliert und erst danach eine Fraktionierung einschaltet. Eine wichtige Voraussetzung für die Anwendung aller chemischen Reagenzien bei den Trennungen ist jedoch die, daß die übrigen Bestandteile bei der Reaktion unverändert erhalten bleiben.

Haben die Vorproben die Anwesenheit von **Säuren oder Phenolen** ergeben, so beginnt man die Untersuchung damit, daß man die Säuren und Phenole entfernt. Das ätherische Öl, das man mit einer größeren Menge Äther verdünnt hat, schüttelt man mehrfach mit verdünnter Alkalilauge aus. Die vereinigten Alkalilaugen befreit man durch mehrmaliges Ausschütteln mit Äther von Anteilen des ursprünglichen Öles, die in der Alkalilauge mechanisch gelöst sein können. Aus der so gereinigten Lösung scheidet man das Gemisch der Säuren und Phenole durch Zusatz von verdünnter Schwefelsäure wieder ab. Nachdem man mit Äther genügend ausgeschüttelt hat, behandelt man die ätherische Lösung zur Abtrennung der Säuren vorsichtig mit Sodalösung. Die Sodalösung reinigt man wieder durch Ausschütteln mit Äther und setzt die gebundenen Säuren durch Zusatz von verdünnter Schwefelsäure in Freiheit. Die weitere Trennung der Säuren erfolgt durch Wasserdampfdestillation oder durch fraktionierte Fällung ihrer Salze. Man identifiziert sie durch Überführung in charakteristische Derivate, unter denen vor allem die Silbersalze sehr geeignet sind. Die ätherische Lösung, die mit Sodalösung behandelt wurde, enthält nur noch die Phenole und wird zunächst vom Äther völlig befreit. Das Phenolgemisch sucht man durch Herstellung von charakteristischen Verbindungen zu trennen. Recht geeignet zur Trennung und zum Nachweis sind die Benzoylverbindungen, die man nach der Schotten-Baumannschen Reaktion leicht erhalten kann. Man kann auch die leichte Reaktionsfähigkeit der Phenole mit Phenylisocyanat zu ihrem Nachweis benützen. Man erhält so die Phenylurethane. Manche Phenole geben auch leicht herstellbare Bromderivate.

Aldehyde scheidet man durch mehrmaliges Ausschütteln mit einer konzentrierten Natriumbisulfitlösung ab, wobei man nötigenfalls etwas Alkohol zusetzt, um das Eintreten der Reaktion zu beschleunigen. Auch einige Ketone reagieren bei dieser Behandlung mit. Hat man bei der Behandlung mit Natriumbisulfitlösung eine feste Abscheidung erhalten, die aus der kristallinischen Doppelverbindung des Aldehyds mit Natriumbisulfit besteht, so reinigt man diese, indem man sie zunächst gut absaugt und mehrfach mit Alkohol und Äther auswäscht. Die in Natriumbisulfitlauge löslichen Doppelverbindungen befreit man durch Ausschütteln der Lösung mit Äther von den mechanisch beigemengten nichtaldehydischen Bestandteilen. Die Natriumbisulfitdoppelverbindungen, die in fester oder gelöster Form vorliegen, zersetzt man zur Zurückgewinnung der Aldehyde oder der Ketone durch gelindes Erwärmen mit Alkali oder Alkalicarbonat. Man äthert sie dann aus und unterwirft sie zur weiteren Reinigung einer Wasserdampfdestillation. Manche Aldehyde geben bei der Behandlung mit einem großen Überschuß von Natriumbisulfitlauge Dihydrosulfonsäurederivate, aus denen sie sich nicht wieder regenerieren lassen. Die weitere Zerlegung des Aldehyd- und Ketongemisches geschieht durch sorgfältige fraktionierte Destillation.

Zur Abtrennung von Aldehyden und Ketonen läßt sich außer der Behandlung mit Natriumbisulfit auch ihre Reaktionsfähigkeit mit Semicarbazid benutzen. Eine alkoholische Lösung des Öles oder der entsprechenden Fraktion schüttelt man mit einer Lösung von Semicarbazidchlorhydrat und Natriumacetat. Bei Ketonen, die nicht mit Natriumbisulfit reagieren, wie Carvon, Menthon, Fenchon und Campher ist neben der Herstellung der Oxime die Überführung in die Semicarbazone sogar der beste Weg, sie von den übrigen Bestandteilen zu trennen. Aus den Semicarbazonen lassen sich die Ketone in den meisten Fällen

unverändert wiedergewinnen, was bei den Oximen durchaus nicht immer
der Fall ist, da bei ihnen bei der Behandlung mit Säuren leicht Um-
lagerungen eintreten. Auch aus diesem Grunde sind daher die Semicarbazone den Oximen vorzuziehen. Einige Ketone, wie Carvon, Pulegon
und Piperiton reagieren gut mit neutralem Natriumsulfit und bieten
auf diese Weise eine gute Möglichkeit sie zu isolieren und zu reinigen.
Aus der erhaltenen Lösung setzt man die genannten Ketone durch
Zugabe von Alkalilauge wieder in Freiheit. Ihre weitere Reinigung
geschieht durch Wasserdampfdestillation bzw. durch eine fraktionierte
Destillation im Vakuum.

Hat man die Aldehyde und die Ketone in der angegebenen Weise
voneinander getrennt, so muß man sie zur näheren Charakterisierung
in geeignete Derivate überführen. Solche Derivate sind die Oxime,
Semicarbazone, Thiosemicarbazone, Phenylhydrazone oder para-Brom-
phenylhydrazone und Nitrophenylhydrazone. In einigen Fällen haben
sich auch die Semioxamazone, die man durch Behandlung mit Semi-
oxamazid erhält, als brauchbar für den Nachweis erwiesen. Die Aldehyde
kann man natürlich auch zu Säuren oxydieren und als solche näher
charakterisieren.

Zur Herstellung der Oxime (Semmler) setzt man zu einer alkoholischen
Lösung von 1 Mol. Aldehyd oder Keton eine Lösung von etwas mehr als
1 Mol. Hydroxylaminchlorhydrat und der berechneten Menge Natriumcarbonat in wenig Wasser unter Umschütteln hinzu. Sollte die Mischung
trübe sein, so gibt man noch so viel Alkohol hinzu, bis sie sich völlig
geklärt hat, wobei höchstens eine geringe kristallinische Ausscheidung
von Natriumchlorid auftreten darf. Man läßt die Mischung dann einige
Zeit bei 50—60° auf dem Wasserbade stehen. Während sich die Bildung
der Aldoxime sehr rasch vollzieht, verläuft die Bildung von Ketoximen
meist erheblich langsamer. Man ist manchmal sogar gezwungen, längere
Zeit auf dem Wasserbade zu kochen und an Stelle der Soda freies Alkali
im Überschuß zuzusetzen.

Semicarbazone (Semmler) erhält man, wenn man Semicarbazidchlorhydrat mit der berechneten Menge Natriumacetat (gleiche Mol.) in wenig
Wasser löst und diese Lösung zu 1 Mol. Aldehyd oder Keton zusetzt, die
man vorher mit Alkohol verdünnt hat. Sollte die Mischung trübe sein, so
wird sie durch weiteren Alkoholzusatz geklärt. Wenn sich das Semicarbazon nicht bald in fester Form abscheidet, so läßt man die Mischung
einige Zeit an einem mäßig warmen Orte stehen. Zum Umkristallisieren
eignet sich Methylalkohol bei ihnen oft recht gut. Thiosemicarbazone
zieht man dann den Semicarbazonen vor, wenn diese einen unscharfen
Schmelzpunkt haben.

Phenylhydrazone (Semmler) stellt man her, indem man Phenylhydrazin in der berechneten Menge auf eine ätherische Lösung des Aldehyds
oder des Ketons einwirken läßt. Zur Trennung zieht man die Lösung mit
verdünnter Säure aus. Durch Kochen mit verdünnten Säuren erhält
man die Aldehyde und Ketone zurück. para-Bromphenylhydrazin
und Nitrophenylhydrazin geben manchmal auch dann kristallinische
Derivate, wenn die Phenylhydrazone nicht kristallisieren. Man zieht
sie dann den Phenylhydrazonen natürlich vor.

Stickstoffhaltige basische Verbindungen, die in einem Öle enthalten sein können, wenn die Elementaranalyse des Öles einen Stickstoffgehalt ergeben hat, trennt man ab, indem man die ätherische Lösung des Öles wiederholt mit verdünnter Schwefelsäure ausschüttelt, wobei die vorhandenen Basen als schwefelsaure Salze in Lösung gehen. Durch Ausfällen in Form der Sulfate gelingt die Isolierung ebenfalls. Man gibt in diesem Falle zu der stark abgekühlten, trockenen Lösung des Öles in Äther ein Gemisch von einem Volumen konzentrierter Schwefelsäure mit 5—6 Volumen Äther. Aus den Sulfaten bzw. der Sulfatlösung setzt man die basischen Verbindungen durch Zugabe von Alkalilauge wieder in Freiheit.

Ist der Stickstoffgehalt eines Öles durch **Nitrile** bedingt, so führt man sie durch Behandlung mit Hydroxylamin in Amidoxime über. Man kann sie auch durch Alkalilauge verseifen.

Enthält das Öl gemäß dem Ausfall der Vorprüfungen **schwefelhaltige Verbindungen,** so können dies Mercaptane, Sulfide oder Polysulfide sein. Sie lassen sich durch Fällung in Form von Quecksilberverbindungen abscheiden, wenn man zu dem Öl Quecksilberchloridlösung zusetzt.

Hat man bei den Vorproben Stickstoff und Schwefel nachgewiesen, so kann man mit Bestimmtheit annehmen, daß das Öl Senföle enthält. Sie machen sich auch durch ihren stechenden Geruch bemerkbar. Senföle fällt man durch Zusatz von Ammoniak als Thioharnstoffe.

Sind diese Gruppen von Verbindungen aus dem Öl abgeschieden, so können in ihm noch Laktone, Ester, Alkohole, Kohlenwasserstoffe, Oxyde und Äther enthalten sein.

Laktone lassen sich in der Weise abscheiden, daß man das Öl verseift. Dabei gehen die Laktone in die Alkalisalze der entsprechenden Oxysäuren über und lassen sich aus der Verseifungslauge nach Zusatz von Säure als Oxysäuren abscheiden. Die Verseifung des Öles führt neben der Aufspaltung der Laktone auch zur Verseifung der in dem Öle enthaltenen Ester, die in die entsprechenden Alkohole und die Alkalisalze der entsprechenden Säuren zerlegt werden. Die so gebundenen Säuren werden bei der Zersetzung der Alkalisalze der Oxysäuren ebenfalls zerlegt. Die Alkohole dagegen bleiben in dem Öl und lassen sich erst bei der weiteren Untersuchung des Öles isolieren.

Die Abtrennung der **Alkohole** aus dem zurückgebliebenen Ölgemisch bereitet größere Schwierigkeiten als die Abscheidung der bisher besprochenen Verbindungsgruppen. Das kommt oft daher, daß primäre, sekundäre und tertiäre Alkohole nebeneinander vorkommen. Wenn auch ihre Reaktionsfähigkeit verschieden ist, so ist sie andererseits doch nicht unterschiedlich genug, daß man darauf allgemeine Methoden zu ihrer Trennung gründen könnte. Man isoliert die Alkohole, indem man sie in ihre sauren Phthalsäureester, in die sauren Bernsteinsäureester, in Borsäureester oder in Benzoesäureester überführt. Bei manchen primären Alkoholen, wie Geraniol, Benzylalkohol und β-Phenyläthylalkohol, gelingt die Reinigung auch über die festen Chlorcalciumverbindungen.

Das Phthalestersäureverfahren ist anwendbar bei primären und weniger empfindlichen sekundären Alkoholen. Unbrauchbar ist die

Methode aber bei empfindlichen sekundären und allen tertiären Alkoholen. Zur Gewinnung der sauren Phthalsäureester behandelt man das Öl in der Wärme mit Phthalsäureanhydrid, wobei die betreffenden Alkohole in die sauren Phthalsäureester übergehen. Durch Erwärmen mit Alkali oder Alkalicarbonat führt man die sauren Ester in die entsprechenden Alkalisalze über und entfernt dann die nicht in Reaktion getretenen Anteile des Öles durch Ausschütteln mit einem indifferenten Lösungsmittel. Durch Verseifung der Alkalisalze der sauren Phthalester erhält man die Alkohole zurück.

Da primäre Alkohole bereits in Benzollösung bei Wasserbadtemperatur, sekundäre Alkohole aber erst bei 120—130° ohne Lösungsmittel und tertiäre Alkohole gar nicht mit Phthalsäureanhydrid reagieren, ist das Verfahren geeignet, diese Alkohole voneinander zu trennen. Quantitativ erfolgt die Trennung allerdings nicht, da gewisse Überschneidungen bei der Reaktion doch nicht zu vermeiden sind.

Nach Ruzicka verfährt man in der Weise, daß man die betreffende Fraktion oder das Öl selbst mit Phthalsäureanhydridpulver mehrere Stunden lang auf dem Wasserbade erhitzt, nach dem Erkalten mit Äther versetzt und vom ungelösten Phthalsäureanhydrid abfiltriert. Die ätherische Lösung schüttelt man zunächst mit überschüssiger 10%iger Natronlauge durch, in der das phthalestersaure Natrium praktisch unlöslich ist, trennt die Schichten und gießt in die ätherische Lösung in dünnem Strahle Wasser ein, um das phthalestersaure Natrium in Lösung zu bringen. Ein Durchschütteln ist zunächst unbedingt zu vermeiden, da dabei Emulsionsbildung eintritt. Man wiederholt das Eingießen von Wasser mehrere Male, bis das Wasser nach dem Eingießen nicht mehr die Beschaffenheit einer dünnen Seifenlösung besitzt. Dann schüttelt man die ätherische Lösung noch einmal mit Wasser durch, um auch die letzten Reste von phthalestersaurem Natrium aus dem Äther zu entfernen, säuert die wäßrigen Auszüge mit Essigsäure an, schüttelt mit Äther aus und verseift die erhaltene Phthalestersäure mit starkem Alkali, worauf man den Alkohol mit Wasserdampf übertreibt oder mit Äther extrahiert. Die Aufarbeitung der Phthalestersäure gelingt nach diesem Verfahren gut und ohne nennenswerten Verlust, wenn man sich genau an die Vorschrift hält. Nach Elze kann man die Reaktion in etwas anderer Weise durchführen. 100 g Öl, das man vorher im Vakuum destilliert hat, werden mit 100 g Phthalsäureanhydridpulver und 100 g Benzol $1^1/_2$ Stunden lang im Wasserbade gekocht. Aus der erkalteten Mischung fällt man die überschüssige Phthalsäure mit Petroläther aus, filtriert die Mischung, destilliert Petroläther und Benzol ab und behandelt mit Kalium- oder Natriumcarbonatlösung. Es entstehen zwei Schichten, deren untere — reine Carbonatlösung — abgelassen wird. Die obere Schicht löst man in viel Wasser und entzieht ihr durch mehrmaliges Ausäthern die nicht mit Phthalsäureanhydrid in Reaktion getretenen Anteile des Öles. Man säuert nun mit 20%iger Schwefelsäure an, salzt mit Kochsalz aus und nimmt die Phthalestersäuren mit Äther auf. Nach dem Verjagen des Äthers verseift man den Rückstand mit alkoholischer Kalilauge (1:3). Die Verseifungslauge wird mit Wasser verdünnt und ausgeäthert. Den

Äther destilliert man ab, wäscht die rohen primären Alkohole mit Wein-
säurelösung und Wasser aus und destilliert sie schließlich nach Zugabe
von Kalk mit Wasserdampf und weiter noch im Vakuum. Zur Isolierung
von sekundären Alkoholen läßt Elze gleiche Teile Öl und Phthalsäureanhydrid ohne Benzol $1^1/_2$ Stunden lang im Ölbad auf 125° erhitzen.
Die Aufarbeitung geschieht in der gleichen Weise wie bei den primären
Alkoholen.

Bei der Ausführung beider Verfahren ist darauf zu achten, daß man
ein durchaus einwandfreies Phthalsäureanhydrid verwendet, das keine
Phthalsäure enthält (Prüfung auf völlige Löslichkeit in Benzol).

Die Abtrennung der Alkohole nach dem Borsäureverfahren geschieht
in der Weise, daß man das Öl mit einer zur Bildung von Triborsäure-
estern genügenden Menge Borsäure versetzt, die Esterifizierung durch
leichtes Erwärmen durchführt, dann die indifferenten Ölanteile abdestilliert und schließlich die nicht flüchtigen Borate mit Alkalilauge
in der Hitze verseift. Da auch Phenole mit Borsäure reagieren, ist bei
der Weiterverarbeitung der alkoholischen Anteile darauf Rücksicht
zu nehmen, vorausgesetzt, daß man die Phenole nicht schon vorher
entfernt hat. Nach dem Borsäureverfahren kann man eine, wenn auch
nur annähernde, Trennung der Alkohole der verschiedenen Klassen
erzielen, da nämlich primäre Alkohole rascher als sekundäre und diese
wieder rascher als tertiäre reagieren. Wenn man also zunächst nur eine
dem Gehalt an primären Alkoholen entsprechende Menge Borsäure
zusetzt, wird man in der Hauptsache nur diese isolieren. Durch Zusatz
weiterer Mengen von Borsäure kann man dann die Trennung von sekundären und tertiären Alkoholen erreichen.

H. Schmidt gibt eine in der Praxis bewährte Arbeitsweise an.
Nachdem man in dem vorliegenden Ölgemisch die Menge der vorhandenen
alkoholischen Bestandteile auf analytischem Wege ermittelt hat, setzt
man die zur Bildung der Triborsäureester berechnete Menge Borsäure
zu und erwärmt die Mischung in einem geeigneten Destillationsapparat
unter Anwendung eines mäßigen Vakuums (etwa 100 mm) auf etwa
80—100°. Das bei Eintreten der Reaktion abgespaltene Wasser destilliert
allmählich ab und kann aufgefangen und gemessen werden. Nach einiger
Zeit hört die Wasserabspaltung auf, und die Borsäure ist infolge von
Bildung der Triborsäureester in Lösung gegangen. Man destilliert
darauf unter Anwendung eines guten Vakuums die indifferenten Ölanteile ab, zerlegt die als Kolbenrückstand verbleibenden Borate mit
Sodalösung oder Alkalilauge und treibt die so erhaltenen Alkohole bzw.
Phenole mit Dampf ab. Sind die Borate fest, was besonders bei cyclischen
Alkoholen häufiger der Fall ist, so können die Borate vor der Verseifung
durch Umkristallisieren aus einem geeigneten Lösungsmittel noch weiter
gereinigt werden. Ein besonderer Vorteil der Boratmethode ist der,
daß infolge der niedrigen Reaktionstemperatur bei der Esterifizierung
und der geringen Acidität der Borsäure weder die alkoholischen noch
die nichtalkoholischen Bestandteile geschädigt werden.

Zur Isolierung von Alkoholen ist manchmal auch die Benzoylierungs-
methode recht brauchbar. Durch Behandeln mit Benzoylchlorid oder
Benzoesäureanhydrid führt man die in dem Öl vorhandenen Alkohole

in die schwer flüchtigen Benzoesäureester über, destilliert die indifferenten Ölanteile im Vakuum ab und verseift die zurückbleibenden Benzoesäureester. Wenn sie fest sind, kann man sie vor dem Verseifen durch Umkristallisieren reinigen.

Die Charakterisierung der Alkohole geschieht durch Überführung in geeignete Derivate, in Ester organischer Säuren, wie Acetate oder Benzoate, in die Phthalestersäuren und vor allem in Phenylurethane, Naphthylurethane und Diphenylurethane.

Die Überführung in Ester organischer Säuren geschieht durch Behandlung mit den Säureanhydriden oder bei den Benzoaten auch durch Behandlung mit Benzoylchlorid.

Zur Herstellung der Phenylurethane (Semmler) gibt man zu dem absolut trockenen Alkohol die berechnete Menge Phenylisocyanat, taucht die Mischung einen Augenblick in warmes Wasser und läßt darauf in der Kälte stehen. Es dauert manchmal mehrere Tage, ehe die Umsetzung völlig vor sich gegangen ist. In derselben Weise werden unter Anwendung von α - Naphthylisocyanat die α - Naphthylurethane erhalten. Auch zur Abscheidung der Naphthylurethane ist manchmal längeres Stehen nötig. So muß man zur Herstellung von Linalyl-Naphthylurethan die Mischung zunächst etwa eine Woche lang in der Kälte stehenlassen und dann noch mehrere Stunden lang erwärmen, ehe die Umsetzung vor sich gegangen ist.

Das nach der Abscheidung der Alkohole zurückbleibende Gemisch kann nur durch fraktionierte Destillation weiter zerlegt werden. Zur Reinigung der in diesem Gemisch meistens vorhandenen **Kohlenwasserstoffe** destilliert man, am besten mehrmals, über metallisches Natrium, bis keine Einwirkung des Metalls mehr zu bemerken ist. Wird die Destillation im Vakuum ausgeführt, wobei eine entsprechend niedrigere Temperatur herrscht, so zieht man dem Natrium die flüssige Legierung von Kalium und Natrium vor. Die anschließende Fraktionierung der Kohlenwasserstoffe muß zuweilen viele Male wiederholt werden, ehe die Kohlenwasserstoffe voneinander getrennt sind. Man bestimmt dann zunächst die physikalischen Konstanten der Fraktionen, ehe man die in ihnen enthaltenen Kohlenwasserstoffe in gut charakterisierte Derivate überführt. Von solchen Derivaten sind zu nennen die Tetrabromide, die Hydrochloride, Hydrobromide und Hydrojodide, die Nitrosochloride, die Nitrosite und Nitrosate und die Nitrolamine.

Die Tetrabromide stellt man nach Wallach her, indem man eine Lösung von einem Volumen des Terpens in 8 Volumen eines Gemisches gleicher Volumina Alkohol und Äther in einem von außen gut mit Eis gekühlten Kolben unter Vermeidung zu starker Erwärmung tropfenweise mit 0,7 Volumen Brom versetzt. Ist das Brom zugegeben, so gießt man die Flüssigkeit in eine Kristallisierschale und läßt langsam abdunsten. Schon bald beginnt die Abscheidung von Kristallen, wenn überhaupt ein festes Tetrabromid entstanden ist. Nach Verlauf von 1—2 Stunden gießt man die Mutterlauge durch einen mit Glaswolle verschlossenen Trichter ab, läßt die Kristalle abtropfen, preßt sie auf Tonplatten ab, wäscht sie eventuell noch mit starkem Alkohol und kristallisiert sie aus Äther oder Essigäther um. Die Anwendung von

Alkohol als Lösungsmittel bietet keine Nachteile, da das Brom bereits von dem Terpen gebunden ist, ehe es auf den Alkohol einwirken kann. Die Anwendung von Alkohol ist insofern sogar von Vorteil, als ölige Verunreinigungen, die stets neben den festen Derivaten gebildet werden, gelöst zurückbleiben. Manchmal können ölige Produkte in so großer Menge auftreten, daß das Auskristallisieren der festen Anteile stark verzögert oder verhindert werden kann. Als Lösungsmittel zur Herstellung der Tetrabromide hat sich auch Eisessig gut bewährt, der in der 10fachen Gewichtsmenge angewandt wird.

Zur Gewinnung der Hydrochloride (Wallach), Hydrobromide und Hydrojodide sättigt man Eisessig mit Chlor-, Brom- oder Jodwasserstoffsäuregas und gibt die Lösung im Überschuß zu einer Eisessiglösung des Kohlenwasserstoffes. Die Bildung der Derivate geht sehr rasch vonstatten. Zu ihrer Abscheidung gießt man die Eisessiglösung in Eiswasser, wobei die Additionsprodukte sofort in festem Zustande abgeschieden werden.

Die Entstehung der Nitrosochloride beruht auf der Anlagerung von Nitrosylchlorid, NOCl, an Terpene. Man läßt Salzsäure und salpetrige Säure in Gegenwart eines wasserbindenden Mittels einwirken.

Nach der Vorschrift von Wallach, die er für Pinennitrosochlorid gibt, kühlt man eine Lösung von 5 g Pinenfraktion in 5 g Eisessig und 5 g Äthylnitrit (oder Amylnitrit) in einer kräftigen Kältemischung gut ab und setzt nach und nach 1,5 cm^3 rohe (33%ige) Salzsäure hinzu. Das Nitrosochlorid scheidet sich bald kristallinisch ab. Man sammelt es auf einem Saugfilter und wäscht es mit etwas kaltem Alkohol nach. Neuerdings haben Rupe und Löffl eine Vorschrift gegeben, nach der man zu einem in einer Saugflasche befindlichen Brei von Kochsalz und roher Salzsäure aus zwei Tropftrichtern rohe konzentrierte Schwefelsäure und eine konzentrierte Natriumnitritlösung so zutropfen läßt, daß das Verhältnis von Säure zu Nitritlösung 2:3 beträgt. Ein Überschuß von Salzsäuregas soll unbedingt vermieden werden. Das abströmende Gas passiert erst eine leere, dann eine mit Chlorcalcium gefüllte Waschflasche, die beide von außen mit Eis gekühlt werden, und gelangt dann in die Lösung von Pinen oder Limonen im gleichen Volumen Äther und im halben Volumen Eisessig, die durch eine Eiskochsalzmischung stark abgekühlt ist. Die Farbe der Lösung, die anfangs hellgrün ist, soll dann in Blaugrün übergehen, nicht aber in eine bräunliche oder dunkelgrüne Färbung. Wird die Lösung bräunlich, so sind zuviel nitrose Gase vorhanden, wird sie dunkelgrün, so ist zuviel Chlorwasserstoff zugegen, was unbedingt zu vermeiden ist. Die Ausbeuten nach diesem Verfahren sind besonders gut.

Nitrosate entstehen durch Addition von Stickstoffdioxyd NO$_2$. Nach der Vorschrift von Wallach für die Herstellung von Limonennitrosat versetzt man ein Gemisch gleicher Volumina Limonen und Amylnitrit unter guter Kühlung und gutem Umschütteln mit dem halben Volumen Eisessig und einem Volumen Salpetersäure (d 1,395). Nach Zusatz von Alkohol scheidet sich das Nitrosat als Öl ab, das erst durch sehr starke Abkühlung durch Kohlendioxyd unter Äther zum Erstarren zu bringen ist.

Die Nitrolamine, meistens Nitrolbenzylamine oder Nitrolpiperidide, dienen häufig zur besseren Charakterisierung von Nitrosochloriden und Nitrosaten, wenn diese Produkte ein wenig charakteristisches Verhalten zeigen. Die Umsetzung erfolgt zwischen 1 Mol. Nitrosochlorid oder Nitrosat und 2 Mol. der betreffenden Base, Benzylamin oder Piperidin, manchmal auch Äthylamin, wobei man in wenig Alkohol löst und schwach erwärmt, bis alles in Lösung gegangen ist. Nach dem Verdünnen mit Wasser läßt man auskristallisieren oder fällt durch starken Wasserzusatz ganz aus. Das so erhaltene rohe Produkt löst man zur Reinigung in wenig kaltem Eisessig und verdünnt mit Wasser, um auf diese Weise ölige Bestandteile abzuscheiden. Nach dem Filtrieren durch ein angefeuchtetes Filter fällt man die Lösung durch Zusatz von Ammoniak, wobei sich die Nitrolamine häufig als schwammige Masse abscheiden, die erst nach längerer Zeit kristallinisch werden. Die Schmelzpunkte der Nitrolamine sind charakteristischer als die der entsprechenden Nitrosochloride oder Nitrosate, weshalb man diese meistens sofort in entsprechende Nitrolamine überführt.

Nitrosite (Semmler) oder Nitrite entstehen durch Addition von N_2O_3 an Terpene. Das durch Zersetzung von Natriumnitrit durch Eisessig erhaltene Stickstoffsesquioxyd läßt man auf den am besten mit Petroläther verdünnten Kohlenwasserstoff einwirken. Man stellt sich zunächst eine konzentrierte Lösung von Natriumnitrit her, überschichtet sie mit der Petrolätherlösung des Terpens, kühlt die Mischung gut ab und fügt unter Umschütteln in kleinen Anteilen Eisessig zu. Nachdem man in einer Kältemischung nochmals gut abgekühlt hat, läßt man längere Zeit ruhig stehen. Während z. B. beim Phellandren die Nitrositbildung sehr rasch vor sich geht, verläuft sie beim Terpinen recht langsam. Da die entstandenen Nitrosite leicht zersetzlich sind, filtriert man möglichst kalt ab, preßt die Kristalle ab und kristallisiert sie um.

Neben den Derivaten, deren Herstellung eingehend beschrieben wurde, sind noch manche anderen Reaktionen üblich, die zu Produkten führen, die für den betreffenden Kohlenwasserstoff charakteristisch sind. Namentlich Oxydationen werden gern ausgeführt, da man bei ihnen oft auch Einblick in die Konstitution des Kohlenwasserstoffes bekommt.

C. Qualitativer Nachweis verschiedener Zusätze (IV, 1010).

Die Verfälschung ätherischer Öle wird heute im allgemeinen in viel raffinierterer Form durchgeführt als früher. Leicht nachzuweisende Verfälschungsmittel, wie Spiritus, fette Öle, Mineralöl, Terpentinöl oder verschiedene Arten von künstlichen Estern findet man dank der guten Methoden, die für ihren Nachweis ausgearbeitet wurden, nur selten. Man ist heute mehr dazu übergegangen, den Ölen die gleichen Inhaltsstoffe zuzusetzen, die sie von Natur aus enthalten. So läßt sich z. B. feststellen, daß Lavendelöle mit Linalylacetat verschnitten sind oder daß einem Geraniumöle Geraniol oder Citronellol zugesetzt wurde. Zum Nachweis solcher raffinierten Verfälschungen gehört meistens eine vollkommene Untersuchung des betreffenden Öles bis in seine Einzelbestandteile. Beim Lavendelöl kann man die Verfälschung daran erkennen, daß man den Camphergehalt des Öles feststellt. Künstlich gewonnenes Linalylacetat enthält von der Herstellung aus Shiuöl her stets geringe Mengen Campher, die sich natürlich auch in dem verfälschten Lavendelöl auffinden lassen. Allerdings wird der Nachweis dann erheblich erschwert, wenn dem Öl gleichzeitig auch Spiköl zugesetzt wurde, das selbst Campher enthält. Verfälschungen mit Geraniol erkennt man, indem man das Verhältnis der in den Ölen enthaltenen Mengen Geraniol und Citronellol zueinander feststellt. Am besten verfährt man dabei in der Weise, daß man eine vergleichende Untersuchung an einem wirklich guten Öle durchführt. Der geübte Analytiker wird schon durch Vergleiche der geruchlichen Eigenschaften solche Verfälschungen feststellen können, die sich durch die eingehende chemische Untersuchung bestätigen lassen.

Man tut also gut, wenn man gemäß der Zusammensetzung eines Öles prüft, ob ihm wichtige Einzelbestandteile, die für die analytische Beurteilung des Öles von Bedeutung sind, künstlich zugefügt wurden.

III. Konstanten und Eigenschaften ätherischer Öle
(IV, 1016).

Baldrianöl. Man unterscheidet deutsches und japanisches Baldrianöl. Während das deutsche Baldrianöl aus der Wurzel von Valeriana officinalis L. gewonnen wird, stellt man das japanische Öl aus den Wurzeln einer Abart, Valeriana officinalis L. var. angustifolia Miq. her. Im Handel erhält man nur das billigere, aus japanischer Wurzel gewonnene Öl. $d_{15°}$ 0,960—1,004; α_D —23° bis —34°; $n_{D\,20°}$ 1,477 bis 1,487; S.Z. 1—20; E.Z. 92—138; E.Z. nach Actlg. 139—166; löslich in 1—2,5 Vol. und mehr 80%igen Alkohols; die verdünnte Lösung ist manchmal schwach opalisierend.

Campheröl. Zur quantitativen Bestimmung des Camphers im Campheröl kann man sich der Methode bedienen, die von Zeiger und ebenso auch von Aschan vorgeschlagen wurde. Sie beruht auf der Abscheidung des Camphers als Semicarbazon. 1 g Öl löst man in einem Reagensglase in 2 cm³ Eisessig und fügt 1 g Semicarbazidchlorhydrat und 1,5 g wasserfreies Kaliumacetat hinzu. Man mischt den Inhalt mit einem Glasstabe gut durch, verschließt das Reagensglas mit einem Wattepfropfen und stellt es 3 Stunden lang in ein Wasserbad bei etwa 70°. Nach dem Abkühlen gibt man 10—15 cm³ Wasser hinzu, bringt die abgeschiedenen Salze zur Lösung und filtriert den unlöslichen Anteil (Camphersemicarbazon) unter sorgfältigem Nachwaschen durch ein getrocknetes und gewogenes Filter. Man trocknet dann das zurückgebliebene Camphersemicarbazon bei gewöhnlicher Temperatur, wäscht es mit Petroläther nach und trocknet es erneut bis zum konstanten Gewicht.

Citronellöl. Zur Bestimmung der in Citronellölen enthaltenen primären Alkohole benützt man das von Schimmel & Co. ausgearbeitete Phthalestersäureverfahren, nach dem das in den Ölen enthaltene Geraniol in den sauren Phthalsäureester übergeführt wird. 2 g Phthalsäureanhydrid werden mit 2 g des zu untersuchenden Öles und 2 cm³

Benzol 2 Stunden lang in einem Acetylierungskolben auf dem Wasserbade erwärmt. Dann läßt man erkalten und schüttelt mit 60 cm³ wäßriger Halbnormalkalilauge 10 Minuten lang gut durch, um das unverbrauchte Phthalsäureanhydrid in neutrales phthalsaures Kalium überzuführen. Der saure Geraniolester geht gleichzeitig in sein Kaliumsalz über. Das überschüssige Alkali wird mit Halbnormalschwefelsäure zurücktitriert und durch einen blinden Versuch festgestellt, welche Menge Alkali dem eingewogenen Phthalsäureanhydrid entspricht. Aus der Differenz zwischen dieser Menge Alkali und der für den Versuch verbrauchten läßt sich der Geraniolgehalt des Öles berechnen.

Den Gehalt an Citronellal bestimmt man am bequemsten nach der verbesserten Hydroxylaminmethode.

Man kann aber auch das etwas langwierige Verfahren von Dupont und Labaune benutzen, das darauf beruht, daß man das Citronellal in das Oxim überführt, dann das Öl acetyliert und die Esterzahl des acetylierten Öles bestimmt. 10 g Citronellöl werden bei gewöhnlicher Temperatur 2 Stunden lang mit einer Hydroxylaminlösung geschüttelt, die man durch Vermischen der Lösungen von 10 g Hydroxylaminchlorhydrat und 12 g Kaliumcarbonat in je 25 cm³ Wasser hergestellt hat. Das oximierte und getrocknete Öl wird hierauf in der üblichen Weise 1 Stunde lang acetyliert. Aus der Esterzahl des acetylierten Öles ergibt sich der Gehalt an Alkohol $C_{10}H_{18}O$ und durch Subtraktion vom sog. Gesamtgeraniolgehalt der Gehalt an Citronellal. Der nur geringen Unterschiede der Molekulargewichte wegen kann bei der Berechnung die Umwandlung des Citronellals in Citronellsäurenitril unberücksichtigt bleiben.

Der direkten Bestimmung des Citronellals in dem nach Dupont und Labaune oximierten Öl dient ein Verfahren von Reclaire und Spoelstra, das auf der Bestimmung des Stickstoffgehaltes nach Kjeldahl in dem oximierten Öle beruht. 1 g oximiertes Öl wird in einem kleinen Glasröhrchen genau abgewogen und vorsichtig in einen Kjeldahl-Kolben gebracht. Nachdem man 1 Tropfen Quecksilber (etwa 0,6 g) und 20 cm³ konzentrierte Schwefelsäure ($d_{15°}$ 1,84) hinzugegeben hat, erhitzt man über zunächst kleiner, später vergrößerter Flamme zum Sieden. Den Kolben stellt man auf eine Asbestplatte, die in der Mitte einen entsprechend großen, runden Ausschnitt hat, so daß nur der mit Flüssigkeit gefüllte Teil des Kolbens von der Flamme umspült werden kann. Zur Vermeidung starken Schäumens gibt man zweckmäßig ein kleines Stück Paraffin hinzu. Das Kochen setzt man so lange fort, bis sämtliche festen Kohleteilchen verschwunden sind und die Flüssigkeit sich tief dunkelbraun gefärbt hat. Das ist meistens nach 30—45 Minuten der Fall. Man fügt nun 15 g gepulvertes Kaliumsulfat hinzu und kocht so lange weiter, bis die Flüssigkeit farblos geworden ist. Dann läßt man abkühlen, spült die Flüssigkeit quantitativ in einen Destillierkolben über, ergänzt mit Wasser auf etwa 300 cm³, fügt einige Bimssteinstückchen und 100 cm³ alkalische Natriumsulfidlösung hinzu (durch Auflösen von 500 g Natriumhydroxyd und 10—15 g Natriumsulfid in 1 l Wasser hergestellt) und destilliert das freigemachte Ammoniak in vorgelegte Fünftelnormalschwefelsäure. Der Überschuß an

Säure wird mit Fünftelnormallauge zurücktitriert und der Citronellalgehalt aus dem Säureverbrauch nach folgender Formel berechnet:

$$\% \text{ Citronellal} = \frac{a \cdot 3{,}083}{s - a \cdot 0{,}003}$$

$a = \text{cm}^3 \, {}^1/_5 \text{ n-Schwefelsäure.}$

$s = $ angewandte Menge oximiertes Öl in Grammen.

Die nach dieser Methode erhaltenen Werte stimmen mit den nach anderen Methoden gewonnenen Werten gut überein.

Elemiöl. Aus dem Harzsaft von Canarium luzonicum (Miq.) A. Gray. $d_{15°}$ 0,870—0,914; α_D +35° bis +55°; $n_{D20°}$ 1,479—1,489; S.Z. bis 1,5; E.Z. 4—8; löslich in 0,5—5 Vol. 90%igen Alkohols, meistens aber schon in 5—10 Vol. 80%igen Alkohols. Das Öl gibt mit Natriumnitrit und Eisessig eine starke Phellandrenreaktion.

Eucalyptusöle. Eucalyptus-Globulusöl. Das einfachste und modernste Verfahren zur Cineol-(Eucalyptol)bestimmung ist das von Kleber und von Rechenberg. Es beruht auf der Bestimmung des Erstarrungspunktes des Öles, wobei man eine besondere Apparatur benützt, und übertrifft die Methode, nach der man das Cineol als Cineol-Resorcinverbindung abscheidet, noch in der Genauigkeit. Außerdem bietet die Klebersche Methode den Vorteil, daß man das zur Bestimmung verwendete Öl unverändert zurückerhält. Zur Ausführung der Bestimmung benutzt man ein doppelwandiges Rohr von 18 cm Länge, das einen äußeren Durchmesser von 3 cm und einen inneren Durchmesser von 2 cm besitzt. Eine im oberen Teil angebrachte Öffnung verbindet den Raum zwischen den Glaswandungen mit der Außenluft. Die Außenwand trägt 5 cm vom oberen Rande entfernt 3 Ausstülpungen, die dazu dienen, das Gefrierrohr zu stützen, wenn es in die aus Eis und Kochsalz bereitete Kältemischung eingehängt wird. Um ein Beschlagen der Glaswandungen des Luftmantels zu vermeiden, gibt man etwas gekörntes Chlorcalcium oder konzentrierte Schwefelsäure in den Mantel. Man bringt etwa 10 cm³ Öl in das Rohr und stellt den Erstarrungspunkt zunächst auf die übliche Weise fest. Kennt man ungefähr die Temperatur, bei der das Öl erstarrt, so läßt man die eigentliche Bestimmung folgen, bei der man als Erstarrungspunkt die Temperatur ansieht, bei der die Kristallisation eben einsetzt. Man nimmt das Rohr von Zeit zu Zeit aus der Kältemischung heraus, rührt mit dem Thermometer um und impft etwa 1° oberhalb des zu erwartenden Erstarrungspunktes mit einem Cineolkriställchen. Scheiden sich die ersten Kristalle aus, so ist der Erstarrungspunkt erreicht. Man liest die Temperatur ab und ersieht aus der beigefügten, von Schimmel & Co. angefertigten graphischen Darstellung den Cineolgehalt. Öle, die weniger als 70% Cineol enthalten, mischt man vor der Bestimmung des Erstarrungspunktes mit der gleichen Menge reinen Cineols. Durch Zurückrechnen kann man auch bei solchen Ölen den Cineolgehalt genau erfahren (Abb. 2).

Galgantöl. Aus den Wurzeln von Alpinia officinarum Hance. $d_{15°}$ 0,915—0,924; α_D —1,5° bis —8°; $n_{D\,20°}$ 1,476—1,482; S.Z. bis 4; E.Z. 12—17; E.Z. nach Actlg. 40—64; löslich in 0,2—0,5 Vol. und mehr 90%igen Alkohols und in 10—25 Vol. 80%igen Alkohols.

Guajakholzöl. Aus dem Holz von Bulnesia Sarmienti Lor. Es ist ein zähes, dickflüssiges Öl, das beim Stehen allmählich zu einer weißen bis gelblichen, festen Masse erstarrt. $d_{30°}$ 0,967—0,974; α_D —3° bis —8°; $n_{D\,20°}$ 1,502—1,507; S.Z. bis 1,5; E.Z. 0—7,5; E.Z. nach Actlg. 98—159; löslich in 3—5 Vol. und mehr 70%igen Alkohols.

Ingweröl. Aus dem Wurzelstock von Zingiber officinale Roscoe. $d_{15°}$ 0,877—0,888; α_D —26° bis —50°; $n_{D\,20°}$ 1,489—1,494; S.Z. bis 2; E.Z. 0—15; E.Z. nach Actlg. 24—50; auch in mehr als 7 Vol. 95%igen Alkohols ist Ingweröl oft nur trübe löslich.

Krauseminzöl. Aus dem Kraut einer Reihe von Varietäten von Mentha spicata Huds. (M. viridis L.). $d_{15°}$ 0,920—0,940; α_D —34° bis —56°; $n_{D\,20°}$ 1,482—1,492; S.Z. bis 2; E.Z. 18—36; Carvongehalt (Sulfitmethode) 42—67%; löslich in 1—1,5 Vol. und mehr 80%igen Alkohols; die verdünnte Lösung zeigt Opalescenz bis Trübung.

Lavendelöl. $d_{15°}$ 0,880—0,896; α_D —3° bis —11°; $n_{D\,20°}$ 1,458 bis 1,464; löslich in 2—3 Vol. und mehr 70%igen Alkohols, manchmal mit schwacher Opalescenz. Manche, besonders hochprozentige Öle, die durch Dampfdestillation gewonnen wurden, sind erst in 10 Vol. 70%igen Alkohols löslich, wobei manchmal noch eine leichte Trübung bestehen bleibt. Gehalt an Linalylacetat 30—55% und mehr; Differenz der Esterzahlen bei der fraktionierten Verseifung (IV, 1014) höchstens 5; Differenz zwischen Verseifungszahl und Säurezahl II (IV, 1013) höchstens 5.

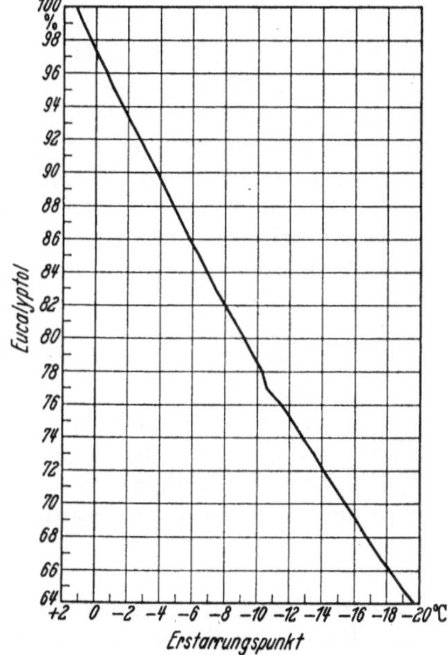

Abb. 2.
Eucalyptolbestimmung in Eucalyptusöl durch Ermittlung des Erstarrungspunktes nach C. Kleber und W. v. Rechenberg.

Limettöl. Aus den Fruchtschalen von Citrus Medica L. var. acida Brandis gepreßtes Öl. $d_{15°}$ 0,878—0,901; α_D +32° bis +38°; $n_{D\,20°}$ 1,482—1,486; die ersten 10% des Destillates drehen etwas höher oder um höchstens 4° niedriger als das ursprüngliche Öl. S.Z. 0,6—6; E.Z. 18—34; Abdampfrückstand 10—18%; V.Z. des Abdampfrückstandes 160—181; Citralgehalt (nach der Hydroxylaminmethode bestimmt) 6,5—10%; trübe und unter Abscheidung von wachsartigen Anteilen löslich in 4—10 Vol. und mehr 90%igen Alkohols; die Lösung zeigt eine geringe bläuliche Fluorescenz.

Lorbeerblätteröl. Aus den Blättern von Laurus nobilis L. $d_{15°}$ 0,915—0,932; α_D —14° bis —18°; $n_{D\,20°}$ 1,466—1,477; S.Z. bis 3; E.Z. 28—50; E.Z. nach Actlg. 58—93; löslich in 1—3 Vol. und mehr 80%igen Alkohols; manche Öle lösen sich bereits in 3—10 Vol. 70%igen Alkohols.

Mandarinenöl. Aus den Fruchtschalen von Citrus madurensis Lour. durch Auspressen gewonnenes Öl. $d_{15°}$ 0,854—0,859; α_D +65° bis +75°; $n_{D\,20°}$ 1,475—1,478; die ersten 10% des Destillates sollen wenig niedriger oder bis 2° höher drehen als das ursprüngliche Öl; S.Z. bis 3; E.Z. 5—11; Abdampfrückstand 2,4—3,5%; trübe löslich in 7 bis 10 Vol. und mehr 90%igen Alkohols.

Orangenblütenöl, Neroliöl. Zur quantitativen Bestimmung des im Orangenblütenöl enthaltenen Anthranilsäuremethylesters dient das Verfahren von Hesse und Zeitschel. Anthranilsäuremethylester ist zwar nur in kleinen Mengen im Orangenblütenöl enthalten, für den Geruch des Öles ist er aber von besonderer Bedeutung. Das zur quantitativen Bestimmung des Anthranilsäuremethylesters dienende Verfahren beruht auf der Eigenschaft des Esters, daß er mit einem Gemisch von Schwefelsäure und Äther einen Niederschlag von Anthranilsäuremethylestersulfat gibt. Etwa 25 g Öl löst man in der 2—3fachen Menge absolut trockenen Äthers, kühlt die Lösung in einer Kältemischung auf mindestens 0° ab und fügt unter ständigem Umrühren tropfenweise ein abgekühltes Gemisch von 1 Vol. konzentrierter Schwefelsäure in 5 Vol. Äther zu, bis kein Niederschlag mehr entsteht. Den Niederschlag sammelt man auf einem Filter und wäscht ihn mit trockenem Äther bis zur Geruchlosigkeit aus. Man löst den Niederschlag dann in Wasser (etwa ungelöst bleibende harzige Anteile bringt man durch Zusatz von etwas Alkohol in Lösung oder in Suspension) und titriert die unfiltrierte Lösung mit Halbnormalkalilauge (Phenolphthalein als Indicator). Der Prozentgehalt des Öles an Anthranilsäuremethylester ergibt sich nach der Formel:

$$\% = \frac{a \cdot 3{,}775}{s}.$$

a bedeutet in dieser Formel die Anzahl der verbrauchten Kubikzentimeter Halbnormalkalilauge und s die angewandte Ölmenge in Gramm.

Die Lösung erhitzt man mit einem Überschuß von alkoholischer Halbnormalkalilauge $1/_2$ Stunde lang auf dem Wasserbade und titriert die zur Verseifung nicht verbrauchte alkoholische Halbnormalkalilauge mit Halbnormalschwefelsäure zurück. Aus der zur Verseifung verbrauchten Anzahl Kubikzentimeter Halbnormalkalilauge (b) und der Menge der angewandten Substanz in Gramm (s) läßt sich der Prozentgehalt des Öles an Anthranilsäuremethylester nach folgender Gleichung berechnen:

$$\frac{b \cdot 7{,}55}{s}.$$

Bestand der Sulfatniederschlag in der Hauptsache aus reinem Anthranilsäuremethylestersulfat, oder aus dem Sulfat eines ähnliches Stoffes, so verhält sich die Anzahl Kubikzentimeter Halbnormalkalilauge, die bei beiden Bestimmungen verbraucht wurde, zueinander wie 2:1 ($a:b$). Verbraucht man bei der Verseifung weniger Halbnormalkalilauge, als diesem Verhältnis entspricht, so muß eine andere, nicht verseifbare Base, wie Pyridin, neben dem Anthranilsäuremethylester vorhanden sein. Kommt in dem Öle auch Methylanthranilsäuremethylester vor, so wird er mitbestimmt und gibt bei der Verseifung keine merklichen Unterschiede.

Pimentöl. Aus den getrockneten, unreifen Beeren von Pimenta officinalis Lindl. $d_{15°}$ 1,024—1,055; α_D —0,5° bis —5°; $n_{D\,20°}$ 1,525 bis 1,536; löslich in 1—2 Vol. 70%igen Alkohols; die verdünnte Lösung zeigt in vereinzelten Fällen Opalescenz bis schwache Trübung; Phenolgehalt 65—89% (mit 3%iger Natronlauge bestimmt).

Poleiöl. Aus dem frischen Kraut von Mentha pulegium L. $d_{15°}$ 0,930—0,950; α_D +15° bis +25°; $n_{D\,20°}$ 1,483—1,488; Pulegongehalt 80—95% (Sulfitmethode); löslich in 4—7 Vol. und mehr 60%igen Alkohols und in 1,5—2,5 Vol. und mehr 70%igen Alkohols.

Rautenöl. Aus dem Kraut von verschiedenen Arten der Gattung Ruta, z. B. von Ruta graveolens L. $d_{15°}$ 0,832—0,847; α_D —5° bis +2°; $n_{D\,20°}$ 1,430—1,437; löslich in 2—4 Vol. und mehr 70%igen Alkohols, manchmal mit schwacher Opalescenz; Gehalt an Methylnonyl- bzw. Methylheptylketon 90—98%; Erstarrungspunkt +5° bis +10°; algerische Öle erstarren manchmal bei —15° noch nicht; je mehr Methylnonylketon in dem Öle enthalten ist, desto höher liegt auch sein Erstarrungspunkt, je mehr es Methylheptylketon enthält, desto niedriger liegt er dagegen.

Vetiveröl. Aus der Wurzel von Vetiveria zizanioides Stapf. Man unterscheidet zwei Arten von Ölen: die in Europa aus trockenen Wurzeln gewonnenen und die im Ursprungsland (Java und Reunion) aus frischer Wurzel destillierten.

EuropäischeDestillate. $d_{15°}$ 1,013—1,04; α_D +25° bis +41°; $n_{D\,20°}$ 1,522—1,528; S.Z. 27—75; E.Z. 8—23; E.Z. nach Actlg. 120—173; löslich in 1—2 Vol. und mehr 80%igen Alkohols, manchmal mit Opalescenz bis Trübung.

Reunion-Vetiveröl. $d_{15°}$ 0,990—1,020; α_D +14° bis +37°; $n_{D\,20°}$ 1,515—1,529; S.Z. 4—17; E.Z. 5—20; E.Z. nach Actlg. 119—145; löslich in 1—2 Vol. und mehr 80%igen Alkohols, in der Verdünnung oft Opalescenz bis Trübung.

Java-Vetiveröl. $d_{15°}$ 0,993—1,044; α_D +20° bis +46°; $n_{D\,20°}$ 1,519 bis 1,531; S.Z. 8—40; E.Z. 5—25; E.Z. nach Actlg. 104—151; löslich in 1—2 Vol. 80%igen Alkohols, von etwa 2—3 Vol. ab meistens Opalescenz bis Trübung.

Die sog. leichten Javaöle haben niedrigeres spezifisches Gewicht, niedrigere Drehung und eine schlechtere Löslichkeit als die normalen Javaöle. Sie sind auch durch ihren schlechteren, manchmal wenig angenehmen Geruch leicht zu erkennen.

Wermutöl. Aus dem Kraut von Artemisia absinthium L. Das amerikanische Wermutöl, das heute meistens im Handel zu haben ist, hat folgende Eigenschaften: $d_{15°}$ 0,916—0,942; S.Z. bis 2; E.Z. 46 bis 117; E.Z. nach Actlg. 90—142; löslich in 1—2 Vol. 80%igen Alkohols, bei weiterem Alkoholzusatz zeigt sich häufig eine schwache Opalescenz; löslich in jedem Vol. 90%igen Alkohols.

Wintergrünöl. Aus der Rinde des Stammes und der stärkeren Zweige von Betula lenta L. (Birkenrindenöl) und aus dem Kraute von Gaultheria procumbens L. (Gaultheriaöl). Beide Öle sind ihrem chemischen und physikalischen Verhalten nach einander sehr ähnlich, dem Geruch nach kann der Fachmann sie aber doch unterscheiden.

Birkenrindenöl. $d_{15°}$ 1,180—1,189; optisch inaktiv; $n_{D\,20°}$ 1,536 bis 1,538; E.Z. 356—365 entspricht 97—99% Salicylsäuremethylester; löslich in 5—8 Vol. und mehr 70%igen Alkohols.

Gaultheriaöl. $d_{15°}$ 1,180—1,193; α_D —0,5° bis —1,5°; $n_{D\,20°}$ 1,535 bis 1,536; E.Z. 354—365 entspricht 96—99% Salicylsäuremethylester; löslich in 6—8 Vol. und mehr 70%igen Alkohols.

IV. Konstanten und Eigenschaften von Riechstoffen
(IV, 1034).

Benzoesäureäthylester, Äthylbenzoat. $C_6H_5COOC_2H_5$. Ist bisher in der Natur nicht beobachtet worden. $d_{15°}$ 1,052—1,054; optisch inaktiv; $n_{D\,20°}$ 1,505—1,508; Siedepunkt 213°; Estergehalt 98—100%; löslich in 7,5 Vol. und mehr 60%igen Alkohols und in 2 Vol. und mehr 70%igen Alkohols.

Carvacrol. $C_{10}H_{14}O$ kommt im Origanumöl und im Thymianöl vor. Technische Präparate haben folgende Eigenschaften: $d_{15°}$ um 0,98; optisch inaktiv; $n_{D\,20°}$ 1,523—1,525; löslich in 2—3 Vol. und mehr 70%igen Alkohols; die alkoholische Lösung wird durch Eisenchloridlösung grün gefärbt. Zum Nachweis dient das Phenylurethan vom Schmelzpunkt 140° ebenso wie das Nitrosocarvacrol vom Schmelzpunkt 153°.

Cuminaldehyd. $C_{10}H_{12}O$ ist der Hauptbestandteil des Cuminöles. $d_{15°}$ 0,982; optisch inaktiv; Siedepunkt 232°. Zum Nachweis sind geeignet das Semicarbazon vom Schmelzpunkt 210—211°, das Phenylhydrazon vom Schmelzpunkt 126—127° und das Oxim vom Schmelzpunkt 58—59°.

Decylacetat. $CH_3COOC_{10}H_{21}$ besitzt einen rautenartigen Geruch. $d_{15°}$ 0,87; Siedepunkt 103—104° (4 mm); löslich in 2 Vol. und mehr 80%igen Alkohols. Estergehalt 98—100%.

Duodecylaldehyd, Laurinaldehyd $C_{12}H_{24}O$ kommt im Edeltannennadelöl in geringer Menge vor. $d_{15°}$ 0,835 bis 0,840; optisch inaktiv; $n_{D\,20°}$ 1,435 bis 1,438; Siedepunkt 142—143° (22 mm); zum Nachweis dient das Semicarbazon vom Schmelzpunkt 101,5—102,5°.

Farnesol, 2,6,10-Trimethyl-dodecatrien-(2,6,10)-ol-(12) $C_{15}H_{26}O$ kommt im Perubalsamöl und Moschuskörneröl vor. $d_{20°}$ 0,8846; $n_{D\,20°}$ 1,4877; Siedepunkt 160° (10 mm); optisch inaktiv. Zum Nachweis oxydiert man es zunächst zum Farnesal, dessen Semicarbazon bei 134° schmilzt.

Heptylaldehyd, Önanthol, $C_6H_{13}CHO \cdot d_{15°}$ 0,822—0,826; optisch inaktiv; $n_{D\,20°}$ 1,412—1,414; löslich in 4 Vol. und mehr 60%igen Alkohols; Siedepunkt 153—155°.

Iron $C_{13}H_{20}O$ ist der Hauptbestandteil des flüssigen Irisöls. $d_{20°}$ 0,939; α_D etwa +40°; $n_{D\,20°}$ 1,50113; Siedepunkt 144° (16 mm). Zum Nachweis dient das Iron-p-bromphenylhydrazon, das bei 174—175° schmilzt.

Menthylacetat $CH_3COOC_{10}H_{19}$ kommt im Pfefferminzöl vor. $d_{15°}$ 0,9295—0,9299; α_D —72,5 bis —73,5°; $n_{D\,20°}$ 1,4467—1,4489; Estergehalt 98—100%; löslich in 6 Vol. und mehr 70%igen Alkohols.

Literatur.

Aschan: Finska Apotekareföreningens Tidskr. **1925**, 49; nach Chemist and Druggist **103**, 425 (1925).

Dupont u. Labaune: Bericht von Roure-Bertrand Fils, April 1912, S. 3; Bericht von Schimmel & Co., Okt. 1912, S. 38.

Elze: Riechstoffindustrie **3**, 175 (1928).

Gildemeister u. Hoffmann: Die ätherischen Öle, 3. Aufl., Bd. 1, S. 734. Miltitz bei Leipzig 1928. — Glichitch: Parfums de France 1923, Nr. 6 vom 30. Dez.

Hesse u. Zeitschel: Ber. Dtsch. Chem. Ges. **34**, 297 (1901).

Kleber u. v. Rechenberg: Journ. f. prakt. Ch. II 101, 171 (1921); Bericht von Schimmel & Co., 1921, S. 25.

Rechenberg, v.: Einfache und fraktionierte Destillation in Theorie und Praxis. Miltitz bei Leipzig 1923. — Reclaire u. Spoelstra: Perfum. Record 18, 130 (1927); Bericht von Schimmel & Co., 1928, S. 18. — Rupe u. Löffl: Helv. chim. Acta **4**, 149 (1921). — Ruzicka u. Stoll: Helv. chim. Acta **7**, 266 (1924).

Schimmel & Co.: Bericht von Schimmel & Co., Okt. 1899, S. 20; Okt. 1912, S. 39. — Schmidt, H.: Chem.-Ztg. **52**, 898 (1928). — Semmler: Die ätherischen Öle, Bd. 1, S. 110—174. Leipzig 1906.

Verley u. Bölsing: Ber. Dtsch. Chem. Ges. **34**, 3354 (1901).

Wallach: Terpene und Campher, 2. Aufl., S. 61 u. 70. Leipzig 1914.

Zerevitinoff: Ztschr. f. anal. Ch. **68**, 321 (1926).

Organische Farbstoffe.

I. Die Vor- und Zwischenprodukte der organischen Farbstoffe (V, 1214).

Von

Dr.-Ing. Edmund van Hulle, Leverkusen (Rhld.).

A. Allgemeines.

Die allgemeinen Richtlinien für die Untersuchung der Vor- und Zwischenprodukte der organischen Farbstoffe sind kurz zusammengefaßt folgende: Zunächst wird das Aussehen, d. h. Form, Farbe, Klarheit usw., beurteilt. Bei vielen Produkten wird dann auf Klarlöslichkeit in den verschiedensten Lösungsmitteln geprüft, eventuell werden Farbreaktionen mit einzelnen Reagenzien angestellt.

Bei Flüssigkeiten wird im allgemeinen eine Destillation unter bestimmten Bedingungen ausgeführt, welche weitgehend Aufschluß gibt über die Reinheit des Produktes. Bei festen Körpern tritt an Stelle der Siedeanalyse die Bestimmung des Erstarrungspunktes (V, 1266) bzw. des Schmelzpunktes.

Für die Gehaltsermittlung der einzelnen Produkte kommt in erster Linie die quantitative Bestimmung einzelner Elemente wie Halogen, Schwefel, Stickstoff oder spezifischer Atomgruppen wie Nitro-, Amido-, Hydroxyl-, Carboxylgruppen usw. zur Ausführung.

Zur Bestimmung organisch gebundenen Halogens ist in den meisten Fällen der Aufschluß nach Burgeß-Parr zu empfehlen. Das gleiche gilt für die Bestimmung von organisch gebundenem Schwefel. Stickstoff wird in der Regel nach Kjeldahl oder nach Dumas ermittelt.

Die Nitrogruppe bestimmt man durch Reduktion mit Zinkstaub, mit Titantrichlorid oder mit Zinnchlorür (V, 1268), die aromatische Amidogruppe in den meisten Fällen durch Diazotierung (V, 1273) oder durch Kupplung (V, 1275), die aromatisch gebundene Imidogruppe durch Kupplung oder durch Nitrosierung, die Hydroxylgruppe durch Acetylierung, die Carboxylgruppe durch Titration mit Lauge und die Sulfogruppe in der Regel durch Schwefelbestimmung.

Neben diesen bekannten Methoden gibt es für die Untersuchung der Zwischenprodukte·noch eine sehr große Zahl spezieller zum Teil spezifischer Methoden, welche zum weitaus größten Teil jedoch Betriebsgeheimnisse der mit der Herstellung und Verarbeitung der Produkte sich befassenden Werke sind. Dies gilt insbesondere für die exakte Analyse der so häufig vorkommenden Gemische von Isomeren.

B. Spezieller Teil.

Im folgenden sind die seit Erscheinen des Hauptwerkes in der Literatur veröffentlichten Methoden zum Nachweis und zur Bestimmung organischer Zwischenprodukte zusammengestellt, soweit sie von einiger Bedeutung sind.

1. Aromatische Kohlenwasserstoffe (V, 1215). Für die quantitative Analyse binärer Gemische von Benzol, Toluol und Xylol gibt Hradski eine physikalisch-chemische Methode an. Es wird eine bestimmte Menge Wasser zugesetzt und unter genauer Einhaltung der Temperatur mit Methanol titriert bis die milchige Emulsion plötzlich verschwindet und eine klare Lösung entsteht. An Hand empirisch ermittelter Tabellen oder Kurven läßt sich aus dem Methanolverbrauch die Zusammensetzung des Kohlenwasserstoffgemisches ablesen.

Die quantitative Bestimmung des Gehaltes an m-Xylol in Xylolgemisch kann nach Scharapowa und Proschtschin erfolgen durch Nitrieren des Gemisches unter bestimmten Bedingungen und Abtrennung, Reinigung und Wägung des Trinitro-m-Xylols.

2. Nitrierte aromatische Kohlenwasserstoffe (V, 1218, 1268). Die Farbreaktionen mit Aceton und Alkali für die Identifizierung von Mono-, Di- und Trinitroverbindungen wurden von Bost und Nicholson (1) einer Nachprüfung unterzogen. Fedorow und Spryskow machen Angaben über die Unterscheidung der Nitroderivate des Naphthalins durch Farbreaktion mit Alkali in Pyridinlösung.

Die quantitative Bestimmung von o-, m- und p-Dinitrobenzol nebeneinander im technischen m-Dinitrobenzol wird nach Pounder und Masson in folgender Weise ausgeführt: Durch Bestimmung des Schmelzpunktes der Originalprobe läßt sich der Gehalt an m-Verbindung ermitteln. Nach Zusatz von soviel reiner p-Verbindung, daß genau 70% m-Isomeres vorhanden sind, wird erneut der Schmelzpunkt bestimmt, woraus sich an Hand empirisch ermittelter Tabellen der Gehalt an o- und p-Verbindung ergibt.

W. Krassowa gibt eine chemische Methode für die Untersuchung der isomeren Dinitrobenzole an. Nach Reduktion der Nitroverbindungen zu den entsprechenden Amidokörpern wird der Gehalt an m-Isomerem durch essigsaure Kupplung mit diazotiertem Anilin, der Gehalt an o-Verbindung durch Kondensation mit Phenanthrenchinon und Wägen des Kondensationsproduktes ermittelt.

Melamed und Hofman geben eine Analysenmethode an für die Untersuchung von mononitriertem Toluol. Nach Reduktion mit Zinkstaub wird die Gesamtmenge der Isomeren durch Diazotierung ermittelt. Weiter wird eine Bromierung ausgeführt und aus der Differenz zwischen Diazotierung und Bromierung ergibt sich der Gehalt an m-Verbindung, da diese bei der Bromierung 6 Bromatome verbraucht, die beiden Isomeren aber nur vier. Der Gehalt an p-Verbindung wird nach der Methode von Glasmann (s. V, 1219) durch Fällung mit Oxalsäure aus ätherischer Lösung bestimmt.

3. Benzolsulfosäuren. Zur quantitativen Bestimmung von Mono- und Disulfosäure im Sulfierungsgemisch von Benzol liegt eine Methode vor von Kiprianow und Ssytsch. Es wird eine Bestimmung der freien Schwefelsäure durch Fällung mit Chlorbarium sowie eine Gesamttitration mit n-Kalilauge ausgeführt. Nach Eindampfen der neutralisierten Lösung werden die Kalisalze bei 250° getrocknet und gewogen. Aus diesen drei Bestimmungen läßt sich der Gehalt an Mono- und Disulfosäure errechnen.

4. Aromatische Amine (V, 1221, 1273). Zum Nachweis von aromatischen (zum Teil auch von aliphatischen) Aminen empfehlen Buehler, Curier und Lawrence die Darstellung ihrer 3,5-Dinitrobenzoate und die Ermittlung von deren Schmelzpunkten in Anlehnung an die Arbeit von Noller und Liang, welche die p-Toluolsulfonate für diesen Zweck benutzen.

P. Sah und Tsu-Sheng Ma wenden 3,5-Dinitrobenzazid als Reagens für die Identifizierung von primären und sekundären Aminen an. Dieses zerfällt beim Erwärmen seiner Lösung in trockenem Benzol oder Toluol glatt in Stickstoff und Dinitrophenylisocyanat, welches seinerseits mit den Aminen unter Bildung der entsprechenden Harnstoffe reagiert, deren Schmelzpunkt bestimmt wird.

Als weiteres Reagens empfehlen P. Sah und Hsing-Han Lei m-Nitrophenylisothiocyanat, welches mit Aminen die entsprechenden Thioharnstoffe liefert.

Als Reagens für den Nachweis von zwei Aminogruppen in o-Stellung zueinander bzw. von zwei solchen Nitrogruppen, welche dann vorher zu den Amidoverbindungen reduziert werden, geben Kulikow und Panowa Acetylaceton an, womit eine Violettfärbung auftreten soll. Die Reaktion soll sehr empfindlich und für den Nachweis von o-Dinitrobenzol, o-Nitranilin und o-Phenylendiamin in den Isomeren brauchbar sein.

Shigezo Ueno und Tazo Suzuki (1) haben die Diazotierungsgeschwindigkeit von aromatischen Aminen unter verschiedenen Bedingungen gemessen. Die Diazotierungsgeschwindigkeit steigt mit zunehmender Temperatur und zunehmender Säurekonzentration, ist aber unabhängig von der H·-Konzentration, sondern abhängig von der Art der Säure. Stark beschleunigend wirkt Bromwasserstoffsäure, verzögernd Salpetersäure, Schwefelsäure und Naphthalin-1,5-disulfosäure. Negativ substituierte Amine haben eine größere Diazotierungsgeschwindigkeit.

Für die Titration schwer diazotierbarer Amine ist nach Shigezo Ueno und Haruo Sekiguchi (1) die Zugabe von etwa 5 g Bromkalium sehr zu empfehlen.

Zur Bestimmung der Isomeren in technischem Toluidin kann die Analysenmethode von Melamed und Hofman für mononitriertes Toluol (s. oben) angewandt werden.

Die Bestimmung des Gehaltes an o-Toluidin neben den Isomeren in technischem o-Toluidin kann nach Shigezo Ueno und Haruo Sekiguchi (2) erfolgen durch Ermittlung des Schmelzpunktes des Hydrochlorids oder Hydrobromids, da dieser durch die Isomeren proportional zu deren Summe herabgedrückt wird.

p-Chloranilin läßt sich nach Misutsch und Ssawtschenko quantitativ bestimmen durch Fällung mit Oxalsäure in ätherischer Lösung, Abtrennung des Oxalates durch Filtration und Bestimmung durch Bromierung (analog der Methode von Glasmann für p-Toluidin).

Zur Ermittlung des Gehaltes an o-Nitranilin in p-Nitranilin wird nach Terentjew, Klimowa und Pusyrewa eine Wasserdampfdestillation unter bestimmten Bedingungen ausgeführt, und das übergegangene o-Nitranilin diazotiert.

Forster gibt eine Methode an zur Unterscheidung von Metanil- und Sulfanilsäure. Nach Ersatz der Amidogruppe durch Chlor werden Arylaminsalze dargestellt und deren Schmelzpunkte festgestellt.

Zur Bestimmung der Metanilsäure in Gegenwart der o- und p-Isomeren wird nach Amiantow und Titkow eine Bromierung in der Wärme ausgeführt, wobei Orthanilsäure und Sulfanilsäure unter Abspaltung der Sulfogruppe Tribromanilin bilden, welches abfiltriert wird. Im Filtrat wird die Tribrommetanilsäure durch Diazotierung bestimmt. Eine Diazotierung ohne vorherige Bromierung gibt die Gesamtsumme der Anilinsulfosäuren; nach Abzug der Metanilsäure erhält man daraus den Gehalt an Orthanil- + Sulfanilsäure.

5. Phenole (V, 1240). Angaben über Farbreaktionen einer Reihe von Phenolen mit Antimonpentachlorid in Chloroformlösung macht L. Ekkert.

Zur Identifizierung von Phenolen schlagen Bost und Nicholson (2) die Darstellung der 2,4-Dinitrophenyläther durch Umsetzung mit 2,4-Dinitrochlorbenzol und die Bestimmung von deren Schmelzpunkten vor.

P. Sah und Tsu-Sheng Ma verwenden für denselben Zweck 3,5-Dinitrobenzazid; das beim Erwärmen daraus entstehende Dinitrophenylisocyanat gibt mit den Phenolen die entsprechenden Carbamate, deren Schmelzpunkt bestimmt wird.

Bei der Bestimmung des m-Kresols nach der bekannten Methode von Raschig ist nach L. Schumann an Stelle der Wägung des Trinitro-m-kresols dessen Titration mit n-Lauge gegen Phenolphthalein als einfacher und schneller ausführbar vorzuziehen.

Resorcin kann neben Phenol bestimmt werden durch Nitrosierung. Phenol und Brenzcatechin stören nicht [Rostowzewa und Hofman und Shigezo Ueno und Tazo Suzuki (2)].

Eine Gehaltsbestimmung von Pikrinsäure, auch von 2,4-Dinitrophenol kann nach A. Bolliger ausgeführt werden durch Titration mit Methylenblau.

6. Aldehyde und Ketone (V, 1245). Als Reagenzien für die Identifizierung von Aldehyden und Ketonen sind eine ganze Anzahl von Verbindungen vorgeschlagen worden; von P. T. Sah und Mitarbeitern z. B. zur Darstellung der entsprechenden Hydrazone o-Tolylhydrazin, p-Tolylhydrazin und p-Chlorphenylhydrazin, ferner 3-Nitrobenzhydrazid, o-Chlorbenzhydrazid, p-Chlorbenzhydrazid und 3,5-Dinitrobenzhydrazid, sowie zur Darstellung von Semicarbazonen Phenylsemicarbazid und p-Tolylsemicarbazid. Im Amer. J. Pharmac. **105**, 381 wird die Darstellung der Hydrazone von 2,4-Dinitrophenylhydrazin empfohlen. In allen Fällen wird der Schmelzpunkt der dargestellten Hydrazone bzw. Semicarbazone zur Identifizierung der Aldehyde oder Ketone bestimmt.

Bei der quantitativen Bestimmung von Aldehyden und Ketonen nach der bekannten Oximmethode wird von H. Schultes an Stelle von Methylorange als Indicator die Anwendung von Bromphenolblau vorgeschlagen.

Zur Gehaltsbestimmung von Benzaldehyd mit Bisulfit gibt Donally eine verbesserte Methode an. Durch Reglung des p_H-Wertes kann die Zersetzung des Bisulfitadditionsproduktes während der Titration des HSO_3'-Überschusses zurückgedrängt und dann für die Bestimmung des gebundenen HSO_3' beschleunigt werden.

Houghton führt die quantitative Bestimmung von Benzaldehyd aus durch Fällung als 2,4-Dinitrophenylhydrazon und Wägen desselben.

7. Aromatische Carbonsäuren (V, 1245). Zur Identifizierung von aromatischen Carbonsäuren sind nach Buehler, Carson und Edds die Benzylamin- und α-Phenyläthylaminsalze und die Ermittlung von deren Schmelzpunkten — und eventuell auch der Neutralisationsäquivalente — geeignet, während Kelly und Howard für diesen Zweck die Darstellung der Phenacylester empfehlen.

Für die quantitative Bestimmung der Salicylsäure durch Titration mit Natronlauge ist nach Thomis als Indicator mit scharfem Umschlag Thymolblau brauchbar.

Bei vergleichender Nachprüfung verschiedener Methoden zur quantitativen Bestimmung von Salicylsäure neben Benzoesäure haben Brodsky und Perelmann festgestellt, daß die beste Bestimmungsmethode für Salicylsäure die von Freyer übertragene Bromierungsmethode nach Koppeschaar ist.

Die Anthranilsäure und ihre Salze lassen sich nach Funk und Ditt in 4 n-Salzsäure mit geringem Überschuß an Bromid-Bromatlösung und jodometrischer Rücktitration des Überschusses quantitativ bestimmen.

Petrowa und Nikolajew führen die Gehaltsermittlung der Anthranilsäure durch Fällung als Kupfersalz und jodometrische Bestimmung des Kupferüberschusses aus.

8. Naphthalinsulfosäuren (V, 1250, 1279). Zur quantitativen Bestimmung von Naphthalin-α-monosulfosäure oder von Naphthalin-1,5- und 1,6-disulfosäure geben Terentjew und Terentjewa eine Methode an. Durch Behandlung der wäßrigen, sodaalkalischen Lösung mit 3%igem Natriumamalgam werden die α-ständigen Sulfogruppen als Sulfit abgespalten und entweder jodometrisch oder nach Oxydation mit Wasserstoffperoxyd gravimetrisch als Sulfat bestimmt.

9. Arylhydrazinsulfosäuren. Eine Gehaltsbestimmung von Arylhydrazinsulfosäuren kann nach Wildenstein durch Auffangen und Messen des mit Kupfersulfat abgespaltenen Stickstoffes erfolgen.

10. Anthracen (V, 1255). Eine sehr brauchbare Anwendung der Diensynthese nach Diels und Alder für analytische Zwecke fanden Posstowski und Chmelewski. Durch Kondensation des Anthracens mit Maleinsäureanhydrid wird die Bestimmung des Anthracens im Rohanthracen in weitaus kürzerer Zeit als bisher und mit größter Genauigkeit ermöglicht.

Literatur.

Amer. Journ. Pharm. **105**, 381; Chem. Zentralblatt **1934** I, 1678. — Amiantow u. Titkow: Chem. Zentralblatt **1934** I, 1188.

Bolliger, A.: Chem. Zentralblatt **1934** II, 2424. — Bost and Nicholson: (1) Ind. and Engin. Chém., Anal. Ed. **7**, 190; Chem. Zentralblatt **1936** I, 121. — (2) Journ. Amer. Chem. Soc. **57**, 2368; Chem. Zentralblatt **1936** I, 3133. — Brodsky u. Perelmann: Ztschr. f. anal. Ch. **95**, 304 (1933). — Buehler, Carson and Edds: Journ. Amer. Chem. Soc. **57**, 2181; Chem. Zentralblatt **1936** I, 2539. — Buehler, Curier and Lawrence: Ind. and Engin. Chem., Anal. Ed. **5**, 277; Chem. Zentralblatt **1934** I, 2626.

Donally: Ind. and Engin. Chem., Anal. Ed. **5**, 91; Chem. Zentralblatt **1933** I, 3989.

Ekkert, L.: Pharm. Zentralhalle Deutschland **75**, 49 (1934).

Fedorow u. Spryskow: Ztschr. f. anal. Ch. **101**, 188 (1935). — Forster: Chem. Zentralblatt **1935** II, 211. — Freyer: Chem.-Ztg. **20**, 820 (1896). — Funk u. Ditt: Chem.-Ztg. **57**, 334 (1933).

Houghton: Amer. Journ. Pharm. **106**, 62; Chem. Zentralblatt **1934** I, 3891. — Hradski: Chem. Zentralblatt **1937** I, 140.

Kelly and Howard: Journ. Amer. Chem. Soc. **54**, 4383; Chem. Zentralblatt **1933** I, 417. — Kiprianow u. Ssytsch: Chem. Zentralblatt **1936** I, 2152. — Krassowa, W.: Chem. Zentralblatt **1935** II, 89. — Kulikow u. Panowa: Chem. Zentralblatt **1933** II, 1727.

Melamed u. Hofman: Chem. Zentralblatt **1936** II, 3825. — Misutsch u. Ssawtschenko: Chem. Zentralblatt **1934** II, 3150.

Noller u. Liang: Chem. Zentralblatt **1932** II, 203.

Petrowa u. Nikolajew: Chem. Zentralblatt **1936** II, 515. — Posstowski u. Chmelewski: Chem. Zentralblatt **1937** II, 2042. — Pounder and Masson: Journ. Chem. Soc. London **1934**, 1352.

Rostowzewa u. Hofman: Chem. Zentralblatt **1935** II, 727.

Sah, P. u. Hsing-Han Lei: Chem. Zentralblatt **1935** I, 885. — Sah, P. u. Mitarbeiter: Chem. Zentralblatt **1933** I, 3707; **1933** II, 1180; **1935** I, 56; **1934** II, 2209, 3016. — Sah, P. u. Tsu-Sheng Ma: Chem. Zentralblatt **1934** II, 3015. — Scharapowa u. Proschtschin: Chem. Zentralblatt **1936** I, 4770. — Schultes, H.: Angew. Chem. **47**, 258 (1934). — Schumann, L.: Chem. Zentralblatt **1934** I, 736. — Shigezo, Ueno u. Haruo Sekiguchi: (1) Chem. Zentralblatt **1933** II, 2429. — (2) Chem. Zentralblatt **1934** I, 736. — Shigezo, Ueno u. Tazo Suzuki: (1) Chem. Zentralblatt **1934** I, 849. — (2) Chem. Zentralblatt **1936** I, 2786.

Terentjew, Klimova u. Pusyrewa: Chem. Zentralblatt **1935** II, 89. — Terentjew u. Terentjewa: Chem. Zentralblatt **1937** II, 1629. — Thomis: Chem. Zentralblatt **1934** II, 810.

Wildenstein: Chem. Zentralblatt **1932** II, 1662.

II. Analyse der Farbstoffe.

Erkennung und Trennung von Farbstoffgemischen (V, 1328).

Von

Dr.-Ing. Ernst Messmer, Leverkusen (Rhld.).

Farbstoffmischungen sind nur dann als solche leicht durch Aufblasen einer Probe des Farbstoffpulvers auf feuchtes Filtrierpapier oder eine Schicht konzentrierter Schwefelsäure über weißem Grund zu erkennen, wenn die Mischung der Farbstoffe auf trockenem Weg erfolgt war. In diesem Falle lassen sich auf den „Spritzproben" einzelne Farbflecke oft durch Vergleich mit bekannten Farbstoffen zur Identifizierung auswerten, besonders auch auf Papier durch Beobachtung der Farbumschläge mit Säuren, Basen oder Sonderreagenzien. War die Farbstoffmischung jedoch auf nassem Wege zustande gekommen, also z. B. beim Vorliegen von Färbungen[1], dann gibt es zwei wichtige Wege zum Nachweis und Trennen von Gemischen: erstens die fraktionierte Umlösung und zweitens die fraktionierte Adsorption.

Nach dem ersten altbewährten Verfahren werden Mischungen durch teilweises Lösen mit Wasser, Salzlösungen oder verschiedenen organischen Lösungsmitteln, sowie durch Umfällen fast immer zerlegbar sein. Eine spezielle Anwendungsform, Ausschütteln mit nicht mischbaren Flüssigkeiten, beschrieb W. E. Mathewson. Er teilt die (in den Ver. Staaten Amerikas gebräuchlichsten) Farbstoffe in 10 Gruppen:

1. Basische Farbstoffe, gehen in Äther aus alkalischer, nicht aus saurer Lösung; oft farbloser Extrakt färbt sich mit Eisessig: Chrysoidin, Bismarckbraun, Auramin, Fuchsin, Methylviolett, Viktoriablau B, Rhodamin B, Phosphin, Safranin, Wasserblau und Methylenblau.

2. Großenteils in Äther, fast ganz in Amylalkohol oder Amylalkohol-Petroläther (1:1) gehen nicht aus alkalischer, aber aus $^1/_{64}$ n-salzsaurer Lösung: Chromgelb 2 G, Chromblauschwarz A, Chromschwarz F, Eosin.

3. Wenig in Äther aus $^1/_{64}$ n, viel stärker aus $^1/_{64}$—4 n-Salzsäure in Amylalkohol-Petroläther, fast ganz in Amylalkohol, auch aus $^1/_1$ n-Alkalichloridlösung, gehen: Croceinorange, Metanilgelb, Azogelb, Orange I und II, Echtrot A, Resorcinbraun B, Echtcyanin 5 R, Echtcyaninschwarz B, Direktechtscharlach, Chrysophenin G, Direktscharlach B und Echtlichtgelb 2 G.

4. Durch Salzsäure oder 6% Salz gefällt, mit Amylalkohol an die Grenzfläche, aus schwach salzsaurer Lösung in Anilin-Amylalkohol (1:1), hieraus kaum in $^1/_1$ n-Kalilauge gehen Kongorot, Direktechtrot F, Benzopurpurin 4 B, Direktschwarz FF, Direkttiefschwarz E und RW, Direktbraun 3 GO, Primulin, Direktechtgelb, Alizarincyaningrün E und Anthrachinonblauschwarz B.

---

[1] Neuere ausführliche Arbeiten über Farbstoffuntersuchung auf der Faser vgl. Literaturverzeichnis.

5. Wie vor, aber aus ihrer Lösung (oder kolloiden Suspension) in Anilin-Amylalkohol werden fast ganz extrahiert durch $^1/_1$ n-Kalilauge Diaminschwarz BH, Direktbraun M, Direktazurin G, Direktblau RW, Direktgrün B.

6. Kaum in Amylalkohol-Petroläther aus 4 n-Salzsäure, teilweise in Amylalkohol, fast ganz aus schwach saurer oder neutraler $^1/_1$ n-Salzlösung, hieraus auch in α-Dichlorhydrin-Tetrachlorkohlenstoff (1 : 3) gehen Säuregrün B, Säureviolett, Alkaliblau, Patentblau A, Wasserblau und Methylenblau.

7. Großenteils in Amylalkohol-Petroläther aus 4 n-Salzsäure, nicht aus $^1/_{64}$ n, ebenso in Amylalkohol nur aus $^1/_1$ n und stärkerer Säure, kaum aus schwach saurer oder neutraler Lösung in Dichlorhydrin gehen Orange G, Amidonaphtholrot G, Echtfuchsin 6 B, Ponceau 2 R, Bordeaux B, Orange I, Azorubin, Echtrot VR, Echtsäureblau R, Chromrot B, Säureschwarz 10 B, Brillantcrocein, Ponceau S, Papiergelb, Direktreinblau 6 B, Wasserblau und Direktechtgelb.

8. Weniger als halb aus 4 n, kaum aus 1 n oder schwächerer Salzsäure in Amylalkohol-Petroläther, mehr aus 4 n-Salzsäure in Amylalkohol, nicht aus $^1/_4$ n-Salzsäure oder $^1/_1$ n-Salzlösung, auch nicht in Dichlorhydrin gehen Amidonaphtholrot 6 B, Amaranth, Cochenillerot, Direktgelb, Tartrazin und Indigocarmin.

9. Kaum aus schwach saurer Lösung in Amylalkohol, mehr in Dichlorhydrin gehen Säurelichtgrün, Erioglaucin A, Wollgrün S und Nigrosin wasserlöslich.

10. Nicht aus salzsaurer Lösung in Amylalkohol, noch in Dichlorhydrin, wohl aber wie alle vorigen Gruppen aus $^1/_{16}$ n oder stärkerer Säure in Anilin-Amylalkohol (1:1) gehen Direktblau 2 B und 3 B, Direktreinblau, Nigrosin wasserlöslich und Säurealizarinblau B.

In keine dieser Gruppen passend, nimmt Säurefuchsin eine Sonderstellung ein.

Zur Durchführung solcher Versuche werden jeweils etwa 50—100 cm^3 0,005—0,05%ige Farbstofflösungen nötig sein.

Das zweite hier zu besprechende Verfahren zur Trennung von Farbstoffen beruht auf ihrer unterschiedlichen Haftfestigkeit auf geeigneten Adsorptionsmitteln. Dies Verfahren der „chromatographischen Adsorptionsanalyse" stammt von M. Tswett und ist von P. Ruggli und P. Jensen zuerst systematisch für wäßrige Lösungen künstlicher organischer Farbstoffe angewandt worden (s. Erg.-Bd. I, 200).

Die Farbstofflösung wird durch eine hohe Schicht eines weißen adsorbierenden Stoffes filtriert.

Diese wird nach Ruggli und Jensen am besten aus „Aluminiumoxyd reinst wasserfrei" (Merck) bereitet. Zur Verbesserung der Adsorption wird es 3mal mit Leitungswasser aufgeschlämmt, dekantiert, getrocknet und 1—2 Stunden über einer Teclu-Flamme unter anfänglichem Umrühren stark erhitzt. Auch nach Gebrauch und Auswaschen von Farbstoffresten wird wieder mit Leitungswasser einmal aufgeschlämmt, abgesaugt und 1 Stunde erhitzt. Das Adsorptionsmittel wird in destilliertem Wasser aufgeschlämmt ins Rohr bis etwa 2 cm vom oberen Rand eingefüllt und zum Schutz gegen Aufwirbeln mit zwei Papierrundfiltern bedeckt. Wenn nach dem Aufgießen von Wasser dieses nur noch wenige Millimeter über der Adsorptionsschicht steht, wird die 0,05—2%ige Farbstofflösung 1—2 cm hoch aufgegossen. Nach dem Einsickern wird durch Nachgießen von Wasser das Chromatogramm entwickelt. In größeren Rohren können mehrere Gramm Farbstoff in 1—2 Stunden getrennt werden. Wasserunlösliche Acetatseidenfarbstoffe können analog in Pyridinlösung ebenfalls an Aluminiumoxyd chromatographisch zerlegt werden.

Für ihre Versuche stellten Ruggli und Jensen Farbstoffmischungen her, um die einzelnen Farbstoffe in Reihen nach Maßgabe der Adsorptionsfähigkeit in Art der Spannungsreihen einzuordnen und um etwaige Beziehungen zum färberischen Verhalten, chemischen Aufbau oder Molekulargewicht zu finden. Die folgende Übersicht zeigt die wesentlichen Ergebnisse, wobei die Reihen nach fallender Adsorption geordnet sind:

1. Basische Farbstoffe:

> Viktoriablau B.
> Methylenblau D und Patentphosphin G.
> Kristallviolett 5 BO, Fuchsin G und Safranin OO.
> Brillantgrün und Malachitgrün.
> Auramin O.

Die Adsorption nimmt ab mit der Molekülgröße ohne Beziehung zur Löslichkeit oder zur Diffusionsgeschwindigkeit in Gelatine.

2. Eosingruppe:

> Rose bengale.
> Erythrosin und Phloxin.
> Eosin und Spriteosin.
> Fluorescein.

Die Adsorption fällt mit dem Molekülgewicht.

3. Polymethinfarbstoffe zeigen fallende Adsorption mit abnehmender Anzahl von Vinylgruppen, jedoch ohne Beziehung zur Diffusion.

4. Substantive Farbstoffe zeigen fallende Adsorption oft mit abnehmender Substantivität (bemerkenswerte Ausnahmen!), stets mit abnehmender Zahl von Azogruppen; die Benzidinfarbstoffe aus den Aminonaphtholsulfosäuren reihen sich folgendermaßen ein:

> γ-Säure, I-Säure, B-Säure, S-Säure, M-Säure.

5. Säurefarbstoffe:

> Tuchechtschwarz B.
> Tuchechtblau B.
> Helvetiablau und Orange II.
> Naphtholgelb S und ähnliche, Tartrazin und ähnliche.
> Erioglaucin supra und Xylenrot B.

Auch hier besteht keine eindeutige Abhängigkeit von der Diffusionsgeschwindigkeit.

Abschließend ist zu sagen, daß die Chromatographie sich für die im Handel befindlichen Baumwoll-Farbstoffmischungen bisher als minder geeignet erweist im Vergleich zu den Erfolgen, die sie auf anderen Gebieten gebracht hat.

Literatur.

Clayton, E.: Identifizierung von Farbstoffen auf der Faser. Journ. Soc. Dyers Colourists **53**, 178—197 (1937).

Fabrini, E.: Ermittlung der Gruppenzugehörigkeit von auf der Faser fixiertem Farbstoff. Boll. Assoc. ital. Chim. tessile colorist. **12**, 116—124 (1936).

Hasse, G.: Identifizierung von Küpenfarbstoffen auf der Faser. Boll. Assoc. ital. Chim. tessile colorist. **13**, 18—45 (1937).

Jensen, P.: Chromatographische Adsorptionsanalyse für Untersuchung von Teerfarbstoffen und Zwischenprodukten. Diss. Eidg. Tech. Hochschule Zürich 1936.

Koschara, W.: Die Tswettsche Adsorptionsanalyse. Chem.-Ztg. **61**, 185—188 (1937).

Mathewson, W. E.: Analyse von Farbstoffgemischen. Amer. Dyestuff Reporter **22**, 721—745 (1933).

Robinet, M.: Erkennung von Baumwollfarbstoffen auf der Faser. Congr. Chim. ind. Bruxelles **15 II**, 640—646 (1935). — Ruggli, P. u. P. Jensen: Chromatographische Adsorptionsanalyse wäßriger Lösungen künstlicher organischer Farbstoffe. Helv. chim. Acta **18**, 624—643 (1935); **19**, 64—68 (1936).

Zechmeister, L. u. L. v. Cholnoky: Die chromatographische Adsorptionsmethode. Wien: Julius Springer 1937. (Mit vollständiger Literaturübersicht und vielen Abbildungen.) — Zühlke, E.: Analyse von Färbungen. Leipzig: Jänecke 1937.

III. Die Farbstoffe.

Von

Dr. **P. Rabe**, Leverkusen (Rhld.).

1. Farbstoffbezeichnungen (V, 1325). Seit dem Zusammenschluß der I. G. Farbenindustrie sind eine ganze Reihe der im Hauptwerk aufgeführten Farbstoffnamen in Fortfall gekommen und überholt, so daß die Liste, die auch einige Unrichtigkeiten enthält, heute nicht mehr den tatsächlichen Verhältnissen entspricht. Als Farbstoffbezeichnung der I. G. Farbenindustrie kommen heute hauptsächlich folgende in Frage:

Algol-, Alizarindirekt-, Alizarin-, Anthracenchrom-, Anthracensäure-, Anthracyanin-, Azosäurefarbstoffe, Astraphloxin, Rhodulin, Rhodamin, Beizen-, Benzokupfer-, Benzoechtkupfer-, Benzoviscosefarbstoffe, Bismarckbraun, Vesuvin, Brillantindocyanine, Cellitazol-, Cellitonätz-, Celliton-, Cellitonecht-, Chloramin-, Chromecht-, Chrom-, Chromoxan-, Diazo-, Diazobrillant-, Diazolicht-, Direkt-, Direkttieffarbstoffe, Cotonerole, Gallofarben, Halbwollecht-, Halbwollmetachrom-, Helindon-, Hydron-, Immedial-, Immedialleuko-, Indanthren-, Indigo-, Indigosolfarbstoffe, Indocarbon, Kunstseidenschwarz, Metachrom-, Methylen-, Naphthol AS-, Palatinecht-, Para-, Plurafil-, Rapidechtfarbstoffe, Rapidogene, Säurealizarin-, Säureanthracen-, Säurechrom-, Sirius-, Siriuslichtfarbstoffe, Sulfoncyanin, Supranol-, Veganfarbstoffe.

Die Indigosole (V, 1337, statt letztem Absatz usw.), meist Dischwefelsaure Estersalze, werden auf der Faser durch saure Oxydation entwickelt, wobei sie unter gleichzeitiger Verseifung in kürzester Zeit zu dem ihnen zugrunde liegenden Farbstoff abgebaut werden (Bader). Auf der Faser findet sich dann der entsprechende Küpenfarbstoff.

Die Echtheitsbewegung hat es mit sich gebracht, daß heute bedeutende Mengen von Baumwolle, Kunstseide usw. mit Küpenfarbstoffen gefärbt werden. Solche Farbstoffe stellen fast alle größeren Farbenfabriken her. Von den Produkten der I. G. Farbenindustrie sind die Indanthrenfarbstoffe besonders bekannt.

Das Indanthrenetikett ist der I. G. Farbenindustrie warenzeichenrechtlich geschützt. Mit diesem Indanthrenetikett können gefärbte und bedruckte Textilien ausgezeichnet werden, wenn sie die Bedingungen erfüllen, welche bezüglich der Farbstoffe und ihrer Verwendung in den „Richtlinien für die Kennzeichnung von Färbungen und Drucken mit dem Indanthrenetikett, I. G. Farbenindustrie" niedergelegt sind. Die Firma hat dabei ihre besten Farbstoffe zusammengefaßt, und zwar finden wir darunter außer den Indanthrenfarbstoffen auch eine große Anzahl Azofarbstoffe der Naphthol AS-Reihe (Derivate der 2-3-oxy-naphthoesäure 1332), eine Reihe Indigosole, Alizarinrot, Anilinschwarz, die Indocarbone u. a.

Die Erkennung der Indanthrenfarbstoffe und der sonstigen Küpenfarbstoffe auf der Faser ist, soweit Einzelfarbstoffe verwendet worden sind, nicht sehr schwierig. Vielfach handelt es sich jedoch um Kombinationen, in denen mehrere Küpenfarbstoffe zusammen oder unter Umständen auch Küpenfarbstoffe neben Farbstoffen einer anderen Klasse und dgl. vorliegen. Auf diese Weise kompliziert sich die Analyse außerordentlich.

Die Tabelle 7 (V, 1339) ist überholt und enthält uralte Farbstoffnamen, die längst in Vergessenheit geraten sind. In der Tabelle 8 — Indanthrenfarbstoffe (V, 1340) — sind

Indanthrengelb RK	Indanthrenoliv GN
Indanthrenviolett B, BN	Indanthrengrau GK
Indanthrendunkelblau BGO, GBE	
Indanthrenblau GT, 8 GK	
Indanthrenblaugrün B	

zu streichen.

Die Liste ist durch folgende Farbstoffe (Tabelle S. 690), die in der Zwischenzeit neu herausgekommen sind, zu ergänzen.

Außerdem käme noch eine Reihe von Druckfarbstoffen in Frage. Eine Erneuerung der Tabellen 9 und 10 ist bis zu einer Neuauflage zurückgestellt worden.

2. Prüfung der Lichtechtheit nach Typen (V, 1399). Es trifft nach Einführung der Blauskala und der dazugehörigen Hilfstypen heute nicht mehr zu, daß die Prüfung der Lichtechtheit nach Typen nicht allgemein befriedigt, weil es kaum angeht, einen Gelbfarbstoff mit einem andersfarbigen zu vergleichen. Die Hilfstypen sind geschaffen, um eine derartige Überbrückung von großen Farbtonunterschieden zu gewährleisten.

3. Tanninbrechweinsteinbeize (V, 1412). Das Beizen wird heute auch vielfach mit Katanol ON bzw. O vorgenommen. Die Baumwolle wird für helle Töne mit

3—4% Katanol ON,
0,6—0,8% Soda calc. und
15% Kochsalz,

Bezeichnung der Farbstoffe	Küpenfarbe	H_2SO_4	$HNO_3 (d = 1,4)$
Indanthrengelb 4 GK	Matt rotbraun	Orangegelb	Orange
„ 6 GD	Olivbraun	Rot	Etwas oranger
„ 7 GK	Bordo	Orange	Unverändert
Indanthrengoldgelb RK	Violett	Violett	Wenig röter
„ orange RR	Trüb violett	Orangegelb	Etwas gelber
„ orange F 3 R	Trüb violett	Gelb	Hellgelb
„ orange 7 RK	Braunorange	Grün	Unverändert
„ brillantorange GK	Violett	Grün	Unverändert
„ brillantorange GR	Grün (rotviolette Fluorescenz)	Orangegelb	Orangegelb
„ rot FBB	Matt grünlich	Schwach gelb	Unverändert
„ scharlach GK	Violett	Grün	Unverändert
„ scharlach F 3 G	Grünviolett	Grün	Unverändert
„ scharlach R	Fuchsinrotviolett	Blauviolett	Unverändert
„ brillantscharlach RK	Orangebraun	Orange	Citrongelb
„ brillantscharlach FR	Violett	Grün	Unverändert
„ brillantrosa 3 B	Citrongelb	(Faser ziemlich rot, Lösung grün)	Unverändert
„ brillantrosa BBL	Carminrot	Orange	Unverändert
„ rubin B	Matt violett	Schwach gelb	Unverändert
„ marineblau BF	Reinblau	Dunkelblau	Unverändert
„ brillantblau RCL	Blau	Grün	Graubraun
„ blau 3 GF	Blau	Matt gelbbraun	Gelb
„ türkisblau GK	Trüb violett	Grün, dann gelb	Rotbraun
„ türkisblau 3 GK	Trüb violett	Grün, dann orange	Dunkelgrün
„ blaugrün FFB	Blau	Graubraun	Etwas matter
„ grün 4 G	Braunrot	Gelb	Braun
„ brillantgrün FFB	Blau	Rotviolett	Unverändert
„ olivgrün B	Violettblau	Grün	Unverändert (langsam brauner)
„ olivgrün GG	Violettblau	Grün	Unverändert
„ oliv 3 G	Matt braun	Gelbbraun	Wenig brauner
„ oliv T	Dunkeloliv	Grün	Unverändert (bald brauner)
„ braun 3 GT	Matt braun	Blau	Unverändert
„ braun NG	Matt rot	Blau	Unverändert
„ rotbraun GR	Rotfuchsin	Dunkelviolett	Unverändert
„ rotbraun RR	Orange	Blau	Unverändert
„ grau BG	Violett	Grün	Etwas röter
„ grau M	Blaugrün	Grün	Etwas brauner
„ grau MG	Blaugrün	Grün	Etwas brauner
„ direktschwarz B	Dunkelviolett	Dunkelblau	Unverändert
„ direktschwarz R	Dunkelviolett	Dunkelblau	Unverändert
„ direktschwarz G	Rotviolett	Rotviolett	Etwas grüner
„ direktschwarz RR	Rotviolett	Rotviolett	Unverändert

für dunkle Töne mit

6% Katanol ON,
1,2% Soda calc. und
30% Kochsalz

im Flottenverhältnis 1:10—12 gebeizt. Zweckmäßig löst man zuerst die erforderliche Menge Soda in kochend heißem Wasser, streut das Katanol unter Umrühren ein und kocht kurz auf. Etwaige Trübung wird durch geringen Sodazusatz beseitigt. Diese Lösung gibt man in die Beizflotte und setzt vorsichtig das Kochsalz nach, geht mit der Baumwolle ein, behandelt 1 Stunde bei 60—70° C und läßt bei abgestelltem Dampf $^1/_2$ Stunde nachziehen. Danach wird gespült.

4. Druckversuche (V, 1414, vorletzter Absatz). Ergänzend sind noch die wichtigen Farbstoffgruppen für Druck: Rapidogene, Rapidecht, Naphthol AS und Indigosol zu erwähnen.

5. Basische Farbstoffe, Beizen (V, 1416). Auch hier wäre noch auf Katanol ON hinzuweisen.

6. Grundieren (V, 1417). Vielfach wendet man zum Lösen der Naphthole auch das sog. Kaltlöseverfahren an, das im wesentlichen darin besteht, daß man das Naphthol mit denat. Spiritus, Natronlauge und etwas Wasser sowie in den meisten Fällen auch in Gegenwart von Formaldehyd konzentriert kalt löst. Darauf gibt man diese konzentrierte Lösung in das entsprechend vorgeschärfte Grundierungsbad.

7. Küpen- und Indanthrenfarbstoffe (V, 1418). Nur der kleinere Teil der Indanthrenfarbstoffe wird nach dem Stammküpenverfahren gelöst. Die Hauptfärbemethoden für diese Farbstoffklasse sind die den Aufklärungsschriften der I. G. Farbenindustrie zu entnehmenden Verfahren IK, IW und IN, die sich im wesentlichen durch die anzuwendenden Mengen Natronlauge und Hydrosulfit pro Liter bzw. durch die Höhe der Färbetemperatur unterscheiden.

8. Allgemeines (V, 1431, vorletzter Absatz, neue Fassung). Die I. G. Farbenindustrie ist neuerdings den gestellten Anforderungen an Textilhilfsprodukte noch weiter nahe gekommen. Sie bringt unter dem Namen Igepon T (Taurinderivat) ein Produkt in den Handel, das gegen sehr hartes Wasser, stark alkalische und stark saure Bäder bei hoher Temperatur und sogar unter Druck praktisch vollkommen beständig ist. Eine weitere Entwicklung in der Reihe hochwertiger Textilhilfsmittel ist in den Igepalmarken zu sehen.

V, 1432, 3. und 4. Absatz (neue Fassung). Die Herstellung von Emulsionen von Ölen, Wachsen, Paraffin und selbst unlöslicher anorganischer Stoffe für Appretur- und Imprägnierzwecke ist durch die verschiedenen Hilfsstoffe wie Nekal AEM (Nekal BX + Leim), sulfurierte Öle und namentlich durch Triäthanolamin in gesteigertem Maße möglich geworden.

9. Sulfurierte Öle (Emulphore) (V, 1932). An Weichmachungsmitteln haben sulfurierte Talgsubstanzen (Tallosan — Chem. Fabrik Stockhausen & Cie., Krefeld), Sulfosäuren von anderen Ölen als Ricinusöl neue Effekte ermöglicht.

10. Entschlichtungsmittel (V, 1438, neue Fassung). 1. Absatz. Viele Schlichten aus Leim, Pflanzenschleim oder wasserlöslichen Substanzen lassen sich auf dem Entschlichtungsbad ohne besondere Hilfsmittel entfernen. Einige davon verlangen überhaupt keine besondere Entschlichtung, so z. B. Vinarol (polymerer Alkohol, I. G. Farbenindustrie). Die nicht wasserlöslichen Schlichten lassen sich in zwei Gruppen einteilen usw.

11. Netzmittel (V, 1440). Leonil S alkylierte Naphthalinsulfosäure (Lenocal AL Entschlichtungsmittel für Leinölschlichten streichen!).

12. Emulgiermittel (V, 1441). Emulphor FM. Fettsubstitutionsprodukt, wasser- und öllöslich. Verwendung unter Zusatz von Seife.

44*

Emulphor O - Paste. Besonders zum Emulgieren von Olein und Wachsen geeignet.

Emulphor A. Fettsubstitutionsprodukt, wasser- und öllöslich. Für Mineralöle bevorzugt.

13. Reinigungsmittel (V, 1441). Laventin BL. Alkylierte Naphthalinsulfosäure + Fettlöser. Hervorragendes Produkt zur Entfernung öliger Beschmutzungen.

Igepon T. Taurinderivat.

14. Entschlichtungsmittel (V, 1441 einfügen). Lenocal AL. Entschlichtungsmittel für Leinölschlichten.

15. Weichmachungsmittel (V, 1442). Soromin A, F, SG. Fettkondensationsprodukte.

Tinte (IV, 1049—1079).

Von

Dr. H. von Haasy, Dresden-Loschwitz.

Eine ganz bedeutende Rolle bei der Feststellung von Schriftfälschungen, Korrekturen usw. bildet neben dem Identitätsnachweis der Tinte, die Altersbestimmung der Schriftzüge. Nach beiden Richtungen hin sind von Dr. Otto Mezger, Dr. Walter Heeß und Dr. Hugo Rall bahnbrechende Arbeiten geleistet worden[1]. Der Grundgedanke, der sie bei ihren Arbeiten leitete war: Die an sich sehr geringe Substanzmenge, die ein Schriftzug enthält, nicht erst durch Lösung zu verdünnen, sondern die Schriftzüge unter gleichzeitiger Zerstörung der Tintenfarbstoffe gleich auf ihrer ursprünglichen Stelle fast quantitativ in geeignete unlösliche Verbindungen derjenigen Stoffe überzuführen, deren Nachweis erbracht werden soll. Im weiteren Verfolg können dann die farblosen oder schwer sichtbaren, aber auf dem Papier festhaftenden Niederschläge durch chemische Behandlung deutlich sichtbar gemacht werden.

Eisennachweis. Derselbe erfolgt nach dem Verfahren von Dennstedt durch behandeln der Schriftzüge mit einer starkverdünnten Lösung von Natriumhypochlorit, da letzteres das Papier sehr wenig angreift. Dadurch wird das Eisen in das unlösliche Eisenhydroxyd übergeführt. Das überschüssige Reagens auf dem Papier wird mit einer stark verdünnten Lösung von Natriumthiosulfat zerstört und mit destilliertem Wasser nachgewaschen.

Die nun farblosen Schriftzüge können nach verschiedenen Verfahren, die (zit. S. 101 und 102) genau beschrieben sind, durch ultraviolettes Licht, durch Einwirkung starkverdünnter Tanninlösung, durch behandeln mit Ammoniumsulfid oder Rhodanammonium, gasförmige

---

[1] Beiträge zur kriminalistischen Symptomatologie und Technik von **Bischoff, Daimer, Danckwortt, Dangl, Haschamova, Haslacher, Heeß, Lochte, Mezger, Rall** und **Türkel.** Herausgegeben von Professor Dr. **Siegfried Türkel.** Graz: Ulr. Mosers Verlag 1931.

Rhodanwasserstoffsäure, Ferrocyankalium oder Nitroso-β-Naphthol wieder sichtbar gemacht bzw. dauernd fixiert werden.

Chromnachweis. Sehr wichtig ist das Verfahren Chrom neben Eisen nachweisen zu können (zit. S. 103—105). An sich gibt es wenige Blauholztinten denen schon bei der Erzeugung Eisensalze zugesetzt werden. In der Praxis aber kann es vorkommen, daß mit einer Feder, mit der vorher mit einer Eisengallustinte, nachher mit einer Blauholztinte und umgekehrt geschrieben wird. In diesen Fällen wird dann durch langsames Auflösen des Tintenrestes, der in der Feder eingetrocknet ist, entweder Chrom in Eisengallustintenschriftzüge oder umgekehrt Eisen in Blauholztintenschriftzüge nachzuweisen sein. Auch durch Auflösen von Eisen bei einer korrodierten Feder durch die in der Blauholz- oder Farbstofftinte befindliche freie Säure ist eine Vortäuschung eines Eisengehaltes möglich. Nach den angegebenen Verfahren wird man meist zu einem sicheren Schluß kommen.

Tuschen sind an der Widerstandsfähigkeit gegen die Entfärbungsmittel der Tinten leicht erkenntlich.

Wenn nun schon obige Reaktionen bestimmt feststellen, welcher Klasse von Tinte die einzelnen Schriftzüge angehören, so ist doch eine Unterscheidung von Tinten derselben Klasse in wenig Fällen möglich. Am ehesten bei Blauholztinten, da der Chromgehalt bei Blauholzschreibtinten größer ist als bei Blauholzkopiertinten, während der Eisengehalt der Eisengallustinten normalerweise nur wenig schwankt.

Einer größeren Schwankung aber unterliegt bei diesen verschiedenen Tinten der Chlorid- und der Sulfatgehalt.

Chloridreaktion (zit. S. 106f.) a) Bei Eisengallus- und Blauholztinten. Zur Durchführung dieser Reaktion legt man einen kleinen Ausschnitt der zu untersuchenden Schrift in eine Lösung von Silbernitrit in verdünnter Salpetersäure, wodurch das Chlorid der Tinte in unlösliches Silberchlorid übergeführt, der Tintenkörper gelöst und der Teerfarbstoff durch die salpetrige Säure zerstört wird. Nach der Entfärbung wird mit stark verdünnter Salpetersäure das überschüssige Silbernitrat ausgewaschen und das Silberchlorid mit einer schwachalkalischen Formalinlösung zu metallischem Silber reduziert. Zum Schluß wird mehrere Male mit destilliertem Wasser ausgewaschen und dann der Ausschnitt getrocknet. Die Reduktion könnte auch mit Natriumsulfid oder alkalischem Natriumhydrosulfid ausgeführt werden, wodurch aber weniger kräftige Färbungen erreicht werden. Man muß bei der Durchführung dieser Reaktion möglichst helles Licht vermeiden, da ja das überschüssige Silbernitrat auch das Papier schwärzen würde.

b) Bei Farbstofftinten. Da Nitrit zur Entfärbung von Farbstofftinten meistens nicht genügt bzw. zu lange dauert, muß Kaliumpermanganat verwendet und damit der Nachteil schlechterer Chloridbilder mit in Kauf genommen werden. Der Ausschnitt kommt in ein Bad von ganz schwacher Silbernitratlösung, die wenig freie Salpetersäure enthält und gibt dann wenige Tropfen einer schwachen Kaliumpermanganatlösung hinzu. Nach der Entfärbung wird der auf dem Papier abgeschiedene Braunstein mit schwacher Salpetersäure, der etwas festes Hydrazinsulfat als Reduktionsmittel zugesetzt ist, gelöst und entfernt auch das überschüssige Silbernitrat durch Behandlung mit verdünnter Salpetersäure. Dann weiter wie unter a).

c) **Bei violetten Farbstofftinten.** Der violette Farbstoff ist noch widerstandsfähiger, besonders in den konzentrierten Kopiertinten, so daß selbst die Oxydation mit Kaliumpermanganat noch zu lange dauern würde. Man verwendet hier zur Lösung eine Mischung von Perchlorsäure mit Salpetersäure der 1% Silbernitrat zugesetzt ist. Wenn nach 5 Minuten der nun gelbgewordene Farbstoff noch nicht vollständig gelöst ist, muß zur Schonung des Papieres unterbrochen werden. Der letzte Rest des Farbstoffes wird mit Kaliumpermanganat oxydiert, dann auswaschen mit Salpetersäure usw. wie oben.

d) **Bei Tuschen.** Bei denselben muß erst die Schutzschicht, der Schellack, durch Kochen mit einer schwach essigsauren 1%igen methyl-alkoholischen Silbernitratlösung gelöst werden, wobei auch ein Teil des Farbstoffes mit in Lösung geht. Der Rest des Farbstoffes wird nach Entfernen des Methylalkohols mit Nitrit- oder Kaliumpermanganat wie oben beschrieben zerstört. Schwarze Tuschen, die Ruß enthalten, können nicht entfärbt werden.

Sulfatreaktion. Man behandelt die Ausschnitte mit einer schwachen Bleinitratlösung, der freie Perchlorsäure beigemischt ist, wodurch das Sulfat der Tinte in Bleisulfat übergeführt und auf dem Papier fixiert wird. Die übrigen Tintensalze gehen in Lösung. Der Zusatz der Per-chlorsäure ist deshalb nötig, weil Bleisulfat eine beträchtliche Löslich-keit in Wasser besitzt, aber sich durch eine besondere Unlöslichkeit in Perchlorsäure auszeichnet. Als Rest bleibt auf dem Papier nur der Teer-farbstoff der Tinte, wodurch sich schon Unterschiede im verwendeten Farbstoff feststellen lassen. Zur Entfärbung dieser Farbstoffe genügen einige Tropfen einer stark verdünnten Kaliumpermanganatlösung. Nach der Entfärbung gießt man die Permanganatlösung ab und wäscht kurz mit Bleisulfat gesättigtem Wasser, dem etwas Hydrazinchlorid zur Entfärbung des noch vorhandenen Permanganats und zur Reduktion des entstandenen Braunsteins zugesetzt ist. Weiter wird mit Bleisulfat gesättigtem Wasser ausgewaschen. Nach einigen Minuten kommen diese Ausschnitte ganz kurz in destilliertes Wasser und dann in eine schwach alkalische niedrigprozentige Natrium-Sulfidlösung, wodurch die Umsetzung des farblosen Bleisulfats in das schwarzbraune Blei-sulfid erfolgt. In diesem Bad läßt man die Ausschnitte bis die Schrift-züge eine kräftige Färbung angenommen haben. Dann wird noch einmal zuerst mit destilliertem und nachher mit Leitungswasser ausgewaschen.

Da die meisten Papiere durch die Harzleimung nennenswerte Mengen von Sulfat enthalten, welche die Schärfe des Sulfatbildes stören würden, muß dasselbe vorher aus dem Papier entfernt werden. Entweder durch Bleisulfatwasser oder besser durch ganz kurzes Eintauchen des Aus-schnittes vor seiner weiteren Behandlung in destilliertes Wasser. Wenn man mit einer Tinte, die nur geringe Mengen Sulfat enthält auf solche Papiere schreibt, so erhält man ohne Vorbehandlung eine negative Sulfatreaktion, d. h. die Schriftzeichen sind heller gefärbt als das um-gebende Papier. Nach Vorbehandlung mit destilliertem Wasser aber meist eine schwache positive. Nach dieser Methode ist der Sulfatnachweis in allen Tinten möglich. Bei Tuschen ist analog wie beim Chloridnachweis eine Vorbehandlung, hier Kochen mit einer schwachessigsauren 1%igen methylalkoholischen Bleinitratlösung, notwendig. In schwarzen Tuschen ist kein Sulfatnachweis möglich.

Veränderung des Chlorides im Papier. Führt man mit einem Ausschnitt einer Tintenschrift nach irgendeiner der oben beschriebenen Methoden die Chloridreaktion durch, so erscheint die Schrift in Form von metallischem Silber wieder, das sog. Chloridbild.

Nur bei ganz frisch geschriebenen Schriftzügen erscheinen dieselben in der ursprünglichen Form. Schon bei einen Tag alten Schriftzügen verbreitert sich das Chloridbild über die Grenze der ursprünglichen Schrift hinaus. Auch in die Tiefe dringt das Chlorid vor. Radiert man ganz frisch geschriebene Schriftzüge weg, so ist kein Chloridbild zu erhalten; radiert man dagegen einen Tag alte Schriftzüge ab, so erhält man ein gut lesbares Chloridbild. Im weiteren Verlauf, schon nach 4 Tagen, können sogar schon Chloridbilder auf der Rückseite des Papieres erscheinen. Die Verbreiterung des Chlorids in dem Papier setzt also gleich nach dem Schreiben ein, setzt sich auch dann noch fort, wenn die Tinte schon ganz eingetrocknet ist. Selbst bei sehr alten Schriftzügen findet noch weitere Verbreiterung des Chlorides statt. Sie kommt erst dann zum Stillstand, wenn das Chlorid gleichmäßig über das ganze Papier verteilt ist. Dieses Verhalten des Chlorides kann nicht etwa durch Verdunsten der Salzsäure erklärt werden, da ja eine 10%ige Salzsäure nur einen HCl-Partialdruck von 0,004 mm hat und Salzsäure in dieser Konzentration nie in einer Tintenschrift vorhanden ist. Außerdem enthält Papier schon in trockenem Zustand 10% Wasser. Dieser normale Wassergehalt des Papieres, der an die Cellulose adsorbiert ist, ist die Ursache der Beweglichkeit des Chlorides. Je leichter löslich, um so größer ist die Beweglichkeit des Chlorides. Unlösliche Eisentintensalze können sich sonach nicht fortbewegen. Aber auch Eisenchlorid und Bariumchlorid haben, wie nachgewiesen worden ist, keine direkte Wanderungsfähigkeit. Trotzdem verteilt sich das Chlorion dieser Verbindung langsam in dem Maße, in dem Natriumchlorid oder Salzsäure durch Umsatz mit Alkalisalzen oder durch Hydrolyse gebildet werden kann.

Veränderung des Sulfates im Papier. Ganz analog dem Chlorid, wenn auch wesentlich langsamer, wandert auch das Sulfat im Papier über die ursprünglichen Schriftzüge hinaus und liefert verbreiterte Sulfatbilder. Enge Schleifen werden ausgefüllt und spitze Winkel werden abgerundet.

Diese Veränderungen in den Chlorid- und den Sulfatbildern gestatten nun eine Altersbestimmung der Schriftzüge. Einen wesentlichen Einfluß auf die Wanderungen des Chlorides und Sulfates haben die chemischen Zusammensetzungen der Tinten wie neutrale, violette und die verschiedenen Eisengallustinten. Da es der Raum dieser Abhandlung nicht gestattet, auf das Verhalten der einzelnen Gruppen einzugehen, so sei auf das oben angegebene Werk hingewiesen. In demselben finden sich die Chloridbilder der Vorder- und Rückseiten mit verschiedenen Tintenarten auf gut geleimten 0,075 mm starken Papier geschriebenen Schriftzüge nach 0, 1, 4, 10 Tagen, 1, 2, 6 Monaten und nach 1 und 2 Jahren dargestellt.

Allgemeine Beurteilung der Chloridbilder. Wichtig für die Brauchbarkeit der Chloridbilder ist, ob die Verbreiterung des Chlorides in jedem Falle gleichmäßig erfolgte oder durch besondere Umstände, die nicht abzuschätzen sind, beeinflußt wurde. Entscheidend für die Bestimmung des Alters einer Tintenschrift ist nicht die Stärke, sondern die Form des Chloridbildes. Eine Ausnahme bilden die Chloridbilder von violetten und blauen mit Ammoniak nicht entfärbbaren Tinten, bei denen auch aus der Stärke der Bilder Rückschlüsse auf das Alter gezogen werden können.

Die Strichdicke bringt nichts grundsätzliches Neues für die Altersbestimmung. Ein dicker Strich liefert eben das Bild einer stark chloridhaltigen und ein feiner Strich ebenso wie ein abgelöschter das Bild einer schwach chloridhaltigen Tinte.

Die Dicke des Papieres hat Einfluß auf die mehr oder minder rasche gleichmäßige Verbreiterung der Chloride im Papier. Bei dünnen Papieren werden die Chloride rascher die Rückseite erreichen und hier an der weiteren Verbreiterung gehemmt. Sie können sich also dann nur mehr seitlich verbreiten und brauchen infolgedessen sehr lange Zeit bis sie sich vollständig auf das Papier verteilt haben und unsichtbar geworden sind. Mit Zunahme der Dicke nimmt auch in demselben Maße die Geschwindigkeit der vollständigen Verteilung auf dem Papier zu. Auch die Beschaffenheit des Papieres, die Art der Leimung, ist zum Teil von Einfluß aber meistens sehr gering.

Von wesentlichem Einfluß ist die Luftfeuchtigkeit. Nach den angestellten Versuchen findet bei einer Luftfeuchtigkeit von 10% eine Wanderung der Chloride praktisch nicht statt. Bei 20% tritt sie ein, aber sehr langsam. Eine 30 Tage lang so aufbewahrte Tinte würde man auf 5 Tage schätzen. Die Konturen der Chloridbilder aber sind auffallend scharf. Bei 75% Feuchtigkeit wandern die Chloride sehr rasch. Eine 5 Tage alte Schrift könnte man auf ein Alter von 1 Monat schätzen. Die Chloridbilder sind aber sehr verschwommen. Bei Feuchtigkeitswerten von 50—60% wurden Wanderungsgeschwindigkeiten festgestellt, die denen der Schriftzüge, welche der Zimmerluft ausgesetzt waren, entsprachen. Aus diesen Feststellungen heraus ist es klar, das absolute Altersangaben von Schriften deren Lagerungsbedingungen unbekannt sind, auf Grund der Chloridbilder — dasselbe gilt auch für die Sulfatbilder — nur mit Vorsicht zu machen sind. Wenn es sich aber um Schriftzüge handelt, die in gleichem Raum aufbewahrt oder sogar auf gleiches Papier geschrieben worden sind, dann spielt der Einfluß der Feuchtigkeit keine Rolle, weil die Schriftzüge in diesem Falle stets der gleichen Feuchtigkeit ausgesetzt waren. In diesem Falle ist mit großer Sicherheit ein Schluß über die Zeitfolge zweier oder mehrerer Schriften zu ziehen ohne Rücksicht, ob sie mit gleicher oder verschiedener Tinte geschrieben sind.

Diffuses Licht hat keine Einwirkung. Direktes Sonnenlicht wirkt genau wie ein Heizkörper, nur durch Austrocknung verlangsamend.

Chemische Präparate.

Von

Dr. H. Leonhardt und Dr. G. Hamann,
Chemiker der Firma E. Merck, Darmstadt.

I. Anorganische Präparate[1].
A. Reduktionsmittel.

1. Hydrazinsulfat (III, 731). Qualitativer Nachweis. Die Eigenschaft von Hydrazin, sich mit aromatischen Aldehyden (Salicylaldehyd) zu unlöslichen Aldazinen zu kondensieren (weißer Niederschlag oder Trübung), liegt dem empfindlichen Nachweis von Feigl (1) zugrunde. Erfassungsgrenze $0,1\,\gamma$; Grenzkonzentration $1:500000$. Über den Nachweis von Hydrazin neben Hydroxylamin siehe Hydroxylaminhydrochlorid (s. unten).

2. Hydroxylaminhydrochlorid (III, 733). a) Qualitativer Nachweis. Nach Feigl und Uzel setzt sich Hydroxylamin mit Eisen (2)-hydroxyd zu Eisen (3)-hydroxyd und Ammoniak um. Ammoniak wird nach dem von Feigl (2) angegebenen Verfahren (Umsetzung von Mangan (2)-salz und Silbersalz zu Braunstein und metallischem Silber) nachgewiesen. Es gelingt noch der Nachweis von $0,5\,\gamma$ Hydroxylamin neben der 3000fachen Menge Hydrazin. Ammoniumsalze und Nitrite dürfen nicht anwesend sein, da sie bei dieser Reaktion ebenfalls Ammoniak bilden. Vergleiche auch Feigl: Qualitative Analyse mit Hilfe von Tüpfelreaktionen, 2. Aufl., S. 274. Leipzig 1935.

b) **Quantitative Bestimmung.** Hydroxylaminhydrochlorid reagiert mit Aceton unter Bildung von Acetonoxim. Die freiwerdende Salzsäure wird titriert. $0,1$—$0,2$ g Hydroxylaminhydrochlorid werden in Wasser unter Zusatz von 1—2 cm^3 Aceton gelöst und sofort mit $^1/_{20}$ n-Natronlauge titriert, Methylrot als Indicator oder (besser) Methylrot und indigosulfosaures Natrium als Mischindicator. 1 cm^3 $^1/_{20}$ n-Natronlauge entspricht $0,003475$ g (log $= 0,54095$—3) Hydroxylaminhydrochlorid (Urbanek).

3. Natriumhydrosulfit (III, 734). Handelsmarken und Decknamen siehe Panizzon.

Quantitative Bestimmung. Auf Grund der Angaben von Murooka läßt sich Natriumhydrosulfit mit gutem Ergebnis und auf verschiedenen Wegen potentiometrisch titrieren.

4. Formaldehyd-Natriumsulfooxylat (III, 741). Handelsnamen und Decknamen siehe Panizzon.

a) **Reinheitsprüfung.** Zur Bestimmung von freiem Sulfit im Rongalit nach Malaprade wird die mit Thymolphthalein versetzte Lösung zunächst unter Ausschluß von Luft neutralisiert. Dann wird ein Überschuß von neutralisiertem Formaldehyd hinzugefügt und an der

---

[1] Bearbeitet von Dr. H. Leonhardt.

Luft mit Phenolphthalein als Indicator auf Farblos titriert. Die Umsetzung verläuft sehr rasch nach der Gleichung: $Na_2SO_3 + HCHO + H_2O = SO_3HNaHCHO + NaOH$. Zur Titration wird natriumacetathaltige Essigsäure verwendet, um mögliche Störungen durch starke Säuren auszuschalten.

b) **Quantitative Bestimmung.** Über die potentiometrische Bestimmung von Sulfoxylat (und Sulfit) neben Hyposulfit mit Chromsäure (Platindrahtnetz als Indicatorelektrode) siehe Löbering. Zum Reaktionsmechanismus dieser Titration äußert sich E. Müller.

B. Peroxyde und Persalze.

1. Wasserstoffperoxyd[1]. a) **Qualitativer Nachweis.** Feigl und Fränkel geben für den Nachweis geringster Spuren $(0,01—3\,\gamma)$ Wasserstoffperoxyd mehrere Tüpfelreaktionen an. Sehr empfindlich ist der auf der Entstehung von Berlinerblau beruhende Nachweis. Gleiche Raumteile 0,4%iger Ferrichloridlösung und 0,8%iger Kaliumferricyanidlösung werden mit Wasserstoffperoxyd versetzt. Erfassungsgrenze $0,08\,\gamma$ H_2O_2, Grenzkonzentration 1 : 600000. Auf der Entfärbung höherer Nickeloxyde basiert eine weitere Tüpfelreaktion. Erfassungsgrenze $0,01\,\gamma$ H_2O_2, Grenzkonzentration 1 : 5000000. Siehe auch Plank (Tüpfelreaktion mit Kaliumcerocarbonat, Gelb- bis Braunfärbung durch Kaliumpercericarbonat; Erfassungsgrenze $0,1\,\gamma$, Grenzkonzentration 1 : 160000), ferner R. Kempf. Kempf verwendet mit (wenig) Bleisulfid imprägniertes Papier. Beim Antüpfeln mit Wasserstoffperoxyd tritt Entfärbung ein (Bildung von Bleisulfat). Lichtabschluß ist notwendig, da im Licht Spuren von Wasserstoffperoxyd entstehen können. Erfassungsgrenze $0,5\,\gamma$ H_2O_2. Siehe auch Erg.-Bd. I, 28.

b) **Reinheitsprüfung von medizinischem Wasserstoffperoxyd.** Das Schweizer Arzneibuch (1933) prüft den Abdampfrückstand auf Schwermetalle. Die Lösung des Abdampfrückstandes aus 10 cm³ 3%igem Wasserstoffperoxyd in 3 cm³ Wasser darf nach Zusatz von 3 Tropfen verdünnter Essigsäure und 3 Tropfen Natriumsulfidlösung höchstens eine gelblichgraue Opalescenz geben.

c) **Reinheitsprüfung von Wasserstoffperoxyd für analytische Zwecke.** Die Fremdstoffe in „Perhydrol zur Analyse" sind mit folgenden Höchstmengen begrenzt: Nichtflüchtige Bestandteile 0,001%, freie Säure (als H_2SO_4) 0,005%, Chlorid (Cl) 0,0005%, Gesamt-Stickstoff 0,0002%, Phosphat 0,0005%, Sulfat (SO_4) 0,001%, Fluorid (F) 0,001%, Schwermetalle (Pb) 0,00004%, Eisen (Fe) 0,00002%. Die Vorschriften zur Ermittlung der Höchstgrenzen der angegebenen Fremdstoffe siehe in E. Merck: Prüfung der Reagenzien.

d) **Quantitative Bestimmung.** Über die Titration von Wasserstoffperoxyd neben Oxalsäure siehe Simon und Reetz.

Zur Bestimmung des Wasserstoffperoxyds in Gegenwart von Alkalioxalaten und in Bleichbädern siehe Fehre.

Über die Bestimmung von Wasserstoffperoxyd und Caroscher Säure in Gegenwart von Perschwefelsäure siehe Berry.

---

[1] Vgl. auch die Monographie von W. Machu.

2. Natriumperoxyd (III, 748). a) Eigenschaften. Wegen der besseren Haltbarkeit und der geringeren Verstäubbarkeit ist das Präparat auch in mohnsamengroßen Kügelchen im Handel.

b) Qualitativer Nachweis. Siehe Erg.-Bd. I, 28.

c) Quantitative Bestimmung. Die potentiometrische Titration mit $^1/_{10}$ n-Kaliumpermanganatlösung gelingt nicht in schwefelsaurer, wohl aber in salzsaurer Lösung (Rob. Müller und Brenneis).

3. Bariumperoxyd (III, 751). Quantitative Bestimmung. Die potentiometrische Titration läßt sich wie bei Natriumperoxyd (s. oben) ausführen.

4. Persulfate (III, 753). a) Eigenschaften. Feuchtigkeitsspuren und Erwärmen haben Zersetzung der Persulfate zur Folge.

b) Qualitativer Nachweis. Für den Nachweis von Persulfat in Mehl wird empfohlen, 5—6 g Mehl auf einer Glasplatte in möglichst dünner Schicht auszubreiten. Werden auf die Oberfläche einige Tropfen einer 1%igen Kaliumjodidlösung gebracht, so entstehen bei Anwesenheit von Persulfat allmählich braunschwarze Punkte [Ann. des Falsifications Fraudes 24, 232 (1931), Ref. Z. anal. Ch. 88, 156 (1932). Siehe auch Pap.]

c) Reinheitsprüfung. Prüfungsvorschriften für Ammonium- und Kaliumpersulfat zur Analyse siehe E. Merck: Prüfung der Reagenzien.

d) Quantitative Bestimmung. Die gute Verwendbarkeit der jodometrischen Methode von E. Müller (III, 754) bestätigt Köhne, ebenso van der Meulen (1), der noch auf einige bei der Titration zu beachtende Punkte hinweist. Einwandfrei läßt sich Ammoniumpersulfat auf acidimetrischem Weg nach van der Meulen (2) titrieren. Das Verfahren beruht darauf, daß Wasserstoffperoxyd, Silbernitrat und Manganosalz die Zersetzung des Persulfates beträchtlich beschleunigen. Die hierbei entstehende Schwefelsäure wird titriert.

50 cm³ einer etwa $^1/_{10}$ molaren Persulfatlösung werden mit 20 cm³ n-Perhydrollösung, 5 cm³ $^1/_{10}$ n-Silbernitratlösung und 2 cm³ etwa $^1/_{10}$ molarer Manganosulfatlösung versetzt und auf dem Wasserbad bis zum Aufhören der Gasentwicklung erwärmt. Nach dem Erkalten werden 2 g Ammoniumsulfat hinzugefügt. Dann wird mit $^1/_2$ n-Lauge auf Reingelb titriert (Methylorange als Indicator). Reagiert die Persulfatlösung von vornherein stark sauer, so liegt ein teilweise zersetztes Salz vor. In diesem Fall ist die freie Säure gesondert zu bestimmen und bei der Berechnung zu berücksichtigen. 1 cm³ $^1/_2$ n-Kalilauge = 0,06758 g $K_2S_2O_8$ = 0,05705 g $(NH_4)_2S_2O_8$.

5. Perborate (III, 756). a) Qualitativer Nachweis. Über den Nachweis von Perborat in Mehl siehe Simons, ferner Pap.

b) Quantitative Bestimmung. Die Gehaltsbestimmung in Waschmitteln mit Hilfe der handelsüblichen Permanganatmethode liefert häufig zu hohe Werte, da der Seifenkörper auch andere oxydable Substanzen (ungesättigte Fettsäuren, Riechstoffe) enthält. Stiepel empfiehlt deshalb eine abgeänderte Permanganatmethode. Ein weiteres Verfahren, das nur um ein Geringes zu hohe Werte liefern soll, stammt von Ringbom. Es wird 1 g Waschmittel in 150 cm³ Wasser (35—40°) gelöst und die Lösung langsam in 100 cm³ 2 n-Schwefelsäure, die etwa 1 g Mohrsches Salz (ferrisalzfrei) enthält, eingegossen. Nach Zusatz von 10 cm³ 10%iger

Kaliumrhodanidlösung wird mit $^1/_{20}$ n - Titantrichloridlösung (gegen Kaliumdichromat eingestellt) auf Farblos titriert. Während der Titration werden einige Messerspitzen Natriumbicarbonat hinzugefügt. In der Nähe des Titrationsendpunktes muß langsam titriert werden.

6. Percarbonate (III, 757). Bei der Gehaltsbestimmung nach Rupp und Mielk (III, 758) müssen anstatt 25 cm³ 50 cm³ $^1/_{10}$ n-Jodlösung vorgelegt werden.

C. Sonstige Präparate.

1. Eisen (III, 758). a) Qualitativer Nachweis. Über die Unterscheidung des reduzierten vom gepulverten Eisen siehe Hoffmann.

b) Reinheitsprüfung. Um Kupfer nachzuweisen, führt Karsten das Eisen mit Citronensäure in eine Komplexverbindung über und bestimmt das Kupfer mit Natriumdiäthyldithiocarbamat colorimetrisch.

Der mit verdünnter Schwefelsäure entwickelte Wasserstoff soll fast geruchlos sein und Bleiacetatpapier innerhalb 2 Minuten nicht verändern [Prüfung auf Sulfide nach dem Amerikanischen Arzneibuch (1936)].

c) Quantitative Bestimmung. L. Weiß hat beobachtet, daß die Sublimatmethode zu niedrige Werte gibt, wenn auf 1 g Eisen 10 g Sublimat (III, 759) verwendet werden, weil das gebildete Kalomel Eisen einschließe. Er schlägt vor, nur etwas mehr als die theoretische Menge (4,86 g), nämlich 5 g Sublimat auf 1 g Eisen, zu verwenden. Die Gefahr, bei Anwendung von 10 g Sublimat auf 1 g Eisen zu niedrige Werte zu erhalten, besteht nicht, wenn das Eisen und das feingepulverte Sublimat erst im trockenen Kolben gemischt werden, die Mischung dann mit der vorgeschriebenen Menge kochendem Wasser übergossen und das Erhitzen nach gutem Umschwenken der Vorschrift entsprechend (III, 759), also bei kleiner Flamme und unter häufigem Umschütteln, fortgesetzt wird. Auch bei 5 g Sublimat auf 1 g Eisen werden gute Ergebnisse erhalten, wenn wie oben für gute Durchmischung gesorgt und beachtet wird, daß die Einwaage nicht mehr als 1 g Eisen beträgt, da bei hohem Gehalt an metallischem Eisen sonst Unterwerte die Folge sein können.

2. Unterphosphorige Säure (III, 760). Quantitative Bestimmung. Ein Verfahren zur Bestimmung der unterphosphorigen Säure neben phosphoriger Säure, Unterphosphorsäure und Phosphorsäure wird von Wolf und Jung angegeben.

Über die Bestimmung von unterphosphoriger Säure, Phosphorsäure und Glycerinphosphorsäure nebeneinander in pharmazeutischen Produkten siehe Raurich (Glycerinphosphorsäure S. 713).

Weitere Bestimmungsmethoden bei Calcium- und Natriumhypophosphit.

3. Calciumhypophosphit (III, 761). Quantitative Bestimmung. Die von Schwicker (1) zur Diskussion gestellten Methoden (Bestimmung über Kalomel, mit Kaliumpermanganat, mit Bromat in schwefel- und salzsaurer Lösung) dürften gegenüber der Bromid-Bromatmethode von Rupp und Kroll (III, 762) kaum Vorteile bieten, da etwa vorhandenes Phosphit ebenfalls mitbestimmt und auch an Zeit nichts gespart wird.

Nach eigenen Versuchen gibt die Titration mit Bromat in salzsaurer Lösung nach Schwicker zuverlässige Werte, die Brauchbarkeit der übrigen Methoden wurde nicht geprüft. Über eine Modifikation der Methode von Rupp und Fink (III, 762) mit Herabsetzung der Wartezeit auf $2^1/_2$ Stunden siehe Kamecki. Am schnellsten erfolgt die Bestimmung durch Titration mit Hilfe von alkalischer Permanganatlösung nach H. Stamm (Erg.-Bd. I, 32).

Bei den bekannten Methoden (s. o.) wird etwa vorhandenes Phosphit mitbestimmt. Raquet und Pinte haben ein Verfahren ausgearbeitet, nach dem die Bestimmung beider Substanzen nebeneinander möglich wird.

α) *Hypophosphit allein.* In einem Druckfläschchen von etwa 100 cm³ Inhalt werden 5 cm³ der 1%igen Calciumhypophosphitlösung, 25 cm³ $^1/_{10}$ n-Jodlösung und 5 cm³ Salzsäure (1 cm³ etwa 37%ige Salzsäure + 9 cm³ Wasser) 15 Minuten lang durch Einstellen des Gefäßes in Wasser von 70—80° erwärmt. Nach dem Abkühlen werden 30 cm³ lauwarme 10%ige Boraxlösung und nach 15 Minuten 3 cm³ Eisessig hinzugefügt, worauf mit $^1/_{10}$ n-Natriumthiosulfatlösung titriert wird. 1 cm³ $^1/_{10}$ n-Jodlösung = 0,00165 g H_3PO_2.

β) *Hypophosphit neben Phosphit.* 10 cm³ der 1%igen Mischlösung werden mit 20 cm³ $^1/_{10}$ n-Jodlösung, 20 cm³ der lauwarmen Boraxlösung und nach 15 Minuten mit 2—3 cm³ Eisessig versetzt. Man titriert mit $^1/_{10}$ n-Natriumthiosulfatlösung (a cm³ $^1/_{10}$ n-Jodlösung). Ferner wird in 5 cm³ Mischlösung das Hypophosphit wie unter α) bestimmt (b cm³ $^1/_{10}$ n-Jodlösung). 100 cm³ Mischlösung (= 1 g Substanz) enthalten dann $0{,}041 \cdot a$ g phosphorige Säure und $0{,}033 \cdot \left(b - \dfrac{a}{b}\right)$ g unterphosphorige Säure.

Die Bestimmung nach Vieböck und Fuchs erfolgt nach der Vorschrift von Natriumhypophosphit (S. 701—702), nur fügt man nach der Bromwasserstofftitration 0,5 g Kaliumoxalat hinzu. 1 cm³ $^1/_{10}$ n-Kalilauge = 0,008506 g $Ca(H_2PO_2)_2$.

4. Natrium- und Kaliumhypophosphit (III, 763). Quantitative Bestimmung. Nach Vieböck und Fuchs läßt sich Natriumhypophosphit (1 Mol.) durch Brom in der Wärme zu primärem Natriumphosphat (1 Mol.) oxydieren, wobei Bromwasserstoff (4 Mol.) entsteht. Durch Titration des Bromwasserstoffs mit Lauge (gegen Methylorange) und anschließende Überführung des primären Natriumphosphats in das sekundäre durch Titration mit Lauge gegen Phenolphthalein wird die Gehaltsbestimmung zu einer spezifischen, d. h. wenn sich das Verhältnis des Verbrauchs an Lauge, das bei den beiden Titrationen 4 : 1 betragen muß, verschiebt, so ist mit Verunreinigungen zu rechnen.

10 cm³ einer Lösung von 0,5 g in 100 cm³ Wasser werden auf 60° erwärmt und mit gesättigtem Bromwasser versetzt. Nach 1 Minute wird langsam (sonst Gefahr der Zersetzung des Hypophosphits) bis zum Sieden weitererhitzt und einige Zeit im Sieden erhalten, wobei darauf zu achten ist, daß die Lösung immer durch Brom gefärbt erscheint. Dann wird bis zur völligen Entfernung des Broms weitergekocht. Nach dem Abkühlen wird mit $^1/_{10}$ n-Kalilauge gegen Methylorange titriert.

Anschließend wird nach Zusatz von Phenolphthalein und einigen Gramm Natriumchlorid bis zum Phenolphthaleinumschlag titriert. 1 cm³ $^1/_{10}$ n-Kalilauge = 0,010605 g $NaH_2PO_2 \cdot H_2O$. Bei einem einwandfreien Salz muß bei der zweiten Titration ein Viertel der Laugenmenge der ersten Titration verbraucht werden. Bei Kaliumhypophosphit entspricht 1 cm³ $^1/_{10}$ n-Kalilauge 0,0010404 g KH_2PO_2.

II. Organische Präparate[1].

A. Säuren.

1. Ameisensäure. a) Qualitativer Nachweis. Feigl und Frehden gründen einen spezifischen, mikrochemischen Nachweis der Ameisensäure und ihrer Ester auf die Tatsache, daß die Säure in alkalischer Lösung beim Erhitzen mit alkoholischer Hydroxylaminchlorhydratlösung nach der Gleichung:

$$\text{OH} \cdot \text{C} \underset{\text{H}}{\overset{\text{O}}{\lessgtr}} + \text{H}_2\text{NOH} = \text{OH} \cdot \text{C} \underset{\text{H}}{\overset{\text{NOH}}{\lessgtr}} + \text{H}_2\text{O}$$

Formhydroxamsäure bildet, die mit wäßriger Eisenchloridlösung in das violettgefärbte Ferri-Innerkomplexsalz übergeht. Erfassungsgrenze 15 γ; Grenzkonzentration 1 : 3000.

Empfindlicher (Erfassungsgrenze 1,4 γ) als diese Reaktion ist die Violettrosafärbung, die nach Reduktion mit Magnesiumpulver zu Formaldehyd mit Chromotropsäure eintritt (Formaldehyd S. 707, Eegriwe).

Bezüglich Nachweis von Ameisensäure als Konservierungsmittel in Lebensmitteln und Fruchtsäften sei auf den Analysengang von v. Fellenberg und Krauze verwiesen.

b) Reinheitsprüfung. Über die Prüfung der Ameisensäure zur Analyse siehe E. Merck: Prüfung der Reagenzien.

c) Quantitative Bestimmung. Leitfähigkeitstitrationen der Ameisensäure, wozu Tellur- und Antimonelektrode gut geeignet sind, haben Tomiček und Feldmann ausgeführt.

Über die Bestimmung von Kaliumformiat in gebrauchten Silberbädern siehe Lochmann.

Um Ameisensäure in rohem Holzessig zu bestimmen, kann man sich des Verfahrens von Weihe und Jacobs bedienen.

Über die Bestimmung von Ameisensäure neben Essigsäure siehe Stainier und Massart, neben höheren Fettsäuren Rigamonti, neben Essig- und Propionsäure in Gemischen Osburn, Wood und Werkman.

2. Essigsäure (III, 768). a) Qualitativer Nachweis. Die bekannte „Jodlanthanreaktion" von Krüger und Tschirch (III, 769; V, 655) ist auch als Tüpfelreaktion mit einer Erfassungsgrenze von 50 γ (Grenzkonzentration 1 : 2000) zuverlässig und einfach [Mikrochemie 8, 337 (1930)]. Wegen des Miterfassens von Propionsäure besteht aber keine strenge Spezifität. Es sei deshalb noch auf die Mikroreaktion von Feigl, Zappert und Vasquez (1) verwiesen, wobei Calciumacetat in Aceton

---

[1] Bearbeitet von Dr. H. Leonhardt.

übergeführt wird, das nach der Einwirkung von o-Nitrobenzaldehyd als Indigo zu identifizieren ist (s. a. Aceton, S. 718).

b) **Reinheitsprüfung.** *Abdampfrückstand.* 20 cm^3 dürfen nach dem **Amerikanischen Arzneibuch** (1936) nicht mehr als 0,002 g Abdampfrückstand geben.

Arsen und Schwermetalle. Das **Britische Arzneibuch** (1932) schreibt bei 99%iger Essigsäure vor, daß der Arsengehalt (als As_2O_3) unter 0,0006%, der Schwermetallgehalt (als Pb) unter 0,0003% liege.

Fremde organische Substanzen. Eine Mischung aus gleichen Raumteilen konzentrierter Essigsäure und konzentrierter Schwefelsäure darf sich nicht bräunen.

Über die Bestimmung des Wassergehaltes, der Ameisensäure und höherer Homologen in Eisessig siehe **Charles**.

Zur Prüfung der Essigsäure auf Buttersäure siehe **Klinc** (1).

Über die Reinheitsprüfung von Essigsäure zur Analyse siehe **E. Merck:** Prüfung der Reagenzien. Herstellung und Prüfung reinsten Eisessigs für Präzisionsmessungen siehe **Heß** und **Haber**.

c) **Quantitative Bestimmung.** Die potentiometrische Titration von Essigsäure, auch neben Salzsäure, mit Hilfe von Chinhydron- und Antimonelektrode, ist einfach und genau (**F. L. Hahn**).

Literaturangaben zur Bestimmung im Silofutter siehe **Lepper**, ferner das Referat in Ztschr. f. anal. Ch. **110**, 61 (1937).

d) **Salze der Essigsäure** (III, 774). Im Rahmen der Gesamtanalyse von essigsauren Tonerdelösungen bestimmt **Rohmann** die Essigsäure nach **Fresenius** (Wasserdampfdestillation nach Zusatz von Phosphorsäure). Über die Bestimmung in Bleiacetat siehe **Han** und **Chu**.

3. Essigsäureanhydrid (III, 777). Quantitative Bestimmung. Die Gehaltsbestimmung läßt sich auch auf dem Weg der sog. thermometrischen Titration ausführen. Dieses Verfahren beruht auf der Messung der Reaktionswärme, wobei die zu bestimmende Substanz mit dem Reaktionspartner (oder umgekehrt) versetzt und während der Zugabe die Kubikzentimeter-Temperaturkurve aufgenommen wird. Zur Aufstellung der Eichkurve dienen eine 2,743 normale Standardanilinlösung und eine 2,870 normale Standardessigsäureanhydridlösung, als Lösungsmittel wasserfreie Kohlenwasserstoffe (Toluol) (**Somiya**). Die Brauchbarkeit der Methode wurde von **Hardy** bestätigt. In Acetylierungssäure stören Schwefelsäure und abgebaute Cellulose.

4. Mandelsäure. Phenylglykolsäure. Racemische Mandelsäure. $C_6H_5CHOHCOOH$. Mol.-Gewicht 152,06. a) **Eigenschaften.** Mandelsäure ist ein weißes, kristallinisches Pulver von schwachem Eigengeruch. F. 118—120°.

b) **Reinheitsprüfung.** Glührückstand höchstens 0,05%. Sulfat darf nicht, Chlorid nur in Spuren vorhanden sein. Auf Cyanid wird geprüft, indem die wäßrige Lösung (0,5:10) nach dem Alkalischmachen mit Natronlauge mit etwas Ferrosulfat und einem Tropfen Eisenchloridlösung versetzt und gelinde erwärmt wird. Nach dem Ansäuern mit Salzsäure darf keine Blaufärbung auftreten.

c) **Quantitative Bestimmung.** Durch Titration mit $^1/_5$ n-Kalilauge gegen Phenolphthalein. 1 cm³ $^1/_5$ n-Kalilauge = 0,030413 g (log = 0,48306—2) Mandelsäure.

5. Oxalsäure (III, 785). a) **Qualitativer Nachweis.** Siehe Erg.-Bd. I, 24.

b) **Reinheitsprüfung.** Oxalsäure zur Analyse soll höchstens folgende Mengen an Fremdstoffen enthalten[1]: Unlösliche Anteile 0,01%, Glührückstand 0,01%, Chlorid (Cl) 0,0005%, Sulfat (SO$_4$) 0,005%, Gesamt-Stickstoff (N) 0,001%, Calcium (Ca) 0,002%, Magnesium (Mg) 0,0015%, Schwermetalle (Pb) 0,0009%, Eisen (Fe) 0,0002%.

c) **Quantitative Bestimmung.** Die potentiometrische Titration von Oxalat mit Silbernitrat (Indicatorelektrode Silberdraht) wird von P. Spacu mit $^1/_{10}$ molaren Lösungen in 60%igem Alkohol ausgeführt.

6. Citronensäure (III, 787). **Quantitative Bestimmung.** Reichard hat die bekanntesten Methoden zur Bestimmung von Citronensäure kritisch besprochen und die Bedingungen festgelegt, die die seit langem bekannte Reaktion von Stahre (s. a. V, 245), die auf der Überführung der Citronensäure in Pentabromaceton beruht, quantitativ und reproduzierbar verlaufen läßt.

Die Bestimmung der Citronensäure ist nach der Methode von Reichard angebracht, wenn die acidimetrische Titration bei Gegenwart anderer Säuren unspezifisch wird. Ausführung: Eine 50—100 mg Citronensäure entsprechende Menge der wäßrigen Lösung wird in einem Erlenmeyerkolben, der mit Korkstopfen zu verschließen ist, auf etwa 50 cm³ mit Wasser verdünnt, mit 10 cm³ Schwefelsäure (1 + 1) und mit 1 cm³ Kaliumbromidlösung (50%) versetzt. Dann wird in Eiswasser bis auf etwa 5° abgekühlt und aus einer Bürette unter fortwährendem Umschwenken gesättigte Kaliumpermanganatlösung zutropfen gelassen, bis die gelbe bis goldgelbe Farbe sich in dunkles Braunrot verwandelt hat. Man beläßt weiter im Kühlbad, bis (nach etwa 5—10 Minuten) die Gelbfärbung wieder auftritt. Dann wird wieder Permanganat bis zur erneuten Dunkelfärbung zugetropft, wieder bis zur Aufhellung abgekühlt und die Oxydation so oft wiederholt, bis der sich abscheidende Mangansuperoxydschlamm deutlich abgesetzt hat und auch nach $^1/_2$ Stunde nicht mehr verschwindet. Hierauf löst man das Mangansuperoxyd durch Zugabe von 1 cm³ der Kaliumbromidlösung und läßt die goldgelbe Flüssigkeit unter Kühlung, am besten im Eisschrank über Nacht, stehen. Das abgeschiedene Pentabromaceton wird auf einem Glassinter- oder Porzellantiegel mit porösem Boden gesammelt, zweimal mit je 5 cm³ kaltem Wasser gewaschen, über Schwefelsäure im Vakuumexsiccator 1—2 Stunden stehengelassen und gewogen. Das Gewicht des leeren Tiegels ermittelt man nach dem Herauslösen des Pentabromacetons mit Äther und Alkohol.

Kristallisierte Citronensäure = Pentabromaceton · 0,464.
Wasserfreie Citronensäure = Pentabromaceton · 0,4242.

Wasserlösliche Citrate werden analog bestimmt. Barium- und Calciumcitrat werden mit einigen Tropfen Salzsäure gelöst. Nach Zusatz der

---

[1] Merck, E.: Prüfung der chemischen Reagenzien auf Reinheit, 5. Aufl. 1939.

Schwefelsäure wird von unlöslichem Sulfat abfiltriert und dann wie oben weiter verfahren.

Über die Bestimmung der Citronensäure in Nickelbädern siehe Vincke und Raub und Nann.

7. Benzoesäure (III, 788). a) **Qualitativer Nachweis.** Benzoesäure läßt sich über die Nitroverbindung in Aminobenzoesäure überführen. Die Rotfärbung, die nach der Diazotierung und Kupplung mit β-Naphthol entsteht, dient zur Erkennung kleiner Mengen (Johnson).

v. Fellenberg und Krauze behandeln die Isolierung und den Nachweis der bekanntesten Konservierungsmittel, unter anderem auch Benzoesäure, in Lebensmitteln. R. Fischer (1) führt den Nachweis in Lebensmitteln mit Hilfe des Mikroschmelzpunktes. Erkennung neben Zimtsäure gelingt durch Reduktion einer Probe mit Natriumamalgam. Hierbei bildet sich aus Benzoesäure Benzaldehyd. Dieser wird in das p-Nitrophenylhydrazon übergeführt und dessen Mikroschmelzpunkt (190—192°) ermittelt.

b) **Reinheitsprüfung.** Nach dem Schweizer Arzneibuch (1933) müssen sich 0,2 g Benzoesäure in 1 cm³ Chloroform klar und farblos lösen (Borsäure, Oxalsäure). Sulfat darf nicht vorhanden sein. Nach dem Britischen Arzneibuch sind höchstens 0,0002% Arsen (als As_2O_3) und höchstens 0,0005% Schwermetalle (als Blei) zugelassen.

c) **Quantitative Bestimmung.** Sind titrierbare Mengen von Benzoesäure und Salicylsäure nebeneinander, z. B. in pharmazeutischen Präparaten, zu bestimmen, so titriert man nach Brodsky und Perelman die Gesamtsäure, bestimmt dann die Salicylsäure bromometrisch und berechnet die Benzoesäure aus der Differenz.

8. Sulfanilsäureamid. p-Aminophenylsulfonsäureamid, p-Aminobenzolsulfonamid, Prontosil album[1].

$$C_6H_4\begin{cases} NH_2\ (1) \\ SO_2NH_2\ (4) \end{cases} \qquad \text{Mol.-Gewicht: 172,14.}$$

a) **Eigenschaften.** Weißes, kristallinisches Pulver, in heißem Alkohol und heißem Wasser gut, in kaltem Wasser nur wenig löslich. F. 163—165°.

b) **Reinheitsprüfung.** Der Glührückstand von 0,5 g Sulfanilsäureamid darf nicht mehr als 0,0005 g betragen. In 5 cm³ der wäßrigen Lösung (1 + 49) darf nach dem Ansäuern mit Salpetersäure und nach Zusatz von Silbernitratlösung höchstens Opalescenz auftreten. In weiteren 5 cm³ der wäßrigen Lösung darf mit Salzsäure und Bariumchloridlösung kein Sulfat nachweisbar sein. 5 cm³ der wäßrigen Lösung (1 + 49) sollen nach Zugabe von 1 cm³ etwa 30%iger Essigsäure und einigen Tropfen Natriumsulfidlösung keine Färbung zeigen (Schwermetalle).

c) **Quantitative Bestimmung.** 0,5 g Sulfanilsäureamid werden unter Zusatz von 0,7 g Quecksilberoxyd nach Kjeldahl zerstört. Der Ammoniak wird in 50 cm³ ¹/₅ n-Salzsäure aufgefangen und die überschüssige Säure mit ¹/₅ n-Kalilauge zurücktitriert. 1 cm³ ¹/₅ n-Salzsäure = 0,017214 (log = 0,23588 — 2) Sulfanilsäureamid.

---

[1] Name geschützt.

Sulfanilsäureamid stellt den Grundkörper für eine Anzahl neuer Heilmittel dar, die bei bestimmten Infektionskrankheiten Bedeutung gewonnen haben. Auch wird es selbst als Heilmittel verwendet. Näheres siehe E. Mercks Jber. 51, 99 (1937).

9. Zimtsäure (III, 792). **Qualitativer Nachweis.** Über den Nachweis in Lebensmitteln und die Abtrennung von anderen Konservierungsmitteln siehe die Arbeit von v. Fellenberg und Krauze, sowie Jansen, durch Mikrosublimation und Mikroschmelzpunkt R. Fischer (1).

10. Phthalsäure (III, 794). **Quantitative Bestimmung.** Ein Verfahren zur Bestimmung der Phthalsäure in Alkydharzen und anderen Phthalsäureestern (Kunstharzen, Weichmachern, Lackkörpern) ist von Kappelmeier angegeben worden. Das Verfahren beruht auf der Wägung des nach der Verseifung mit alkoholischer Kalilauge durch Äther quantitativ abgeschiedenen Kaliumphthalats. Das Salz besitzt die Zusammensetzung $C_8H_4O_4K_2 \cdot C_2H_5OH$ und ist hygroskopisch, deshalb ist rasche Wägung erforderlich. 1 mg des Kaliumsalzes = 0,5760 mg Phthalsäure. Nach Kappelmeier beträgt die Fehlerbreite 0,5—1% des Phthalsäuregehalts.

11. Gallussäure (III, 795). a) **Qualitativer Nachweis.** Erkennungsproben siehe Mercks Reagenzienverzeichnis.

b) **Quantitative Bestimmung.** Gallussäure läßt sich bei Verwendung von Bromthymolblau als Indicator titrieren. 20 cm³ einer 1%igen wäßrigen Gallussäurelösung werden nach Zusatz von 1 cm³ 0,04%iger Bromthymolblaulösung mit $^1/_{10}$ n-Natronlauge bis zum Farbumschlag nach Olivgrün titriert. 1 cm³ $^1/_{10}$ n-Natronlauge entspricht 0,018806 g $C_7H_6O_5 \cdot H_2O$. Es ist zu beachten, daß die Titration nicht schon beim Erscheinen des ersten grünen Stichs, sondern bis zum Umschlag in die olivgrüne Farbe fortgesetzt wird (Leonhardt und Klockmann).

Über die elektrometrische Titration der Gallussäure, die gute Werte gibt und schnell auszuführen ist, sowie über die Bestimmung von Gallussäure neben Tannin durch elektrometrische Titration siehe Schweitzer.

12. Tannin (III, 796). a) **Qualitativer Nachweis.** Über den Nachweis von Gallotannin in Pelzen siehe Cox (1).

b) **Quantitative Bestimmung.** Tretzmüller beschreibt folgende Schnellmethode zur Tanninbestimmung: 10—20 cm³ einer Tanninätzblau-RB-Lösung (5 g Farbstoff und 10 g Brechweinstein im Liter) werden mit einer 0,1—0,2%igen Lösung des zu untersuchenden Tannins bis zur vollständigen Lackbildung titriert. Der Endpunkt wird daran erkannt, daß ein Tropfen auf gehärtetem Filter nicht mehr farbig ausläuft, sondern einen farblosen Hof um den Farbfleck bildet. Unbekannte Tannine werden mit Standardtanninen verglichen.

B. Ester.

Äthylnitrit (III, 801). **Quantitative Bestimmung.** In einen Meßkolben von 100 cm³ Inhalt gibt man 20 cm³ $^1/_{10}$ n-Silbernitratlösung, 10 cm³ Äthylnitrit, 20 cm³ Kaliumchloratlösung (5,8 g Kaliumchlorat

in 100 cm³ Lösung) und 5 cm³ etwa 2 n-Salpetersäure, verschließt sofort
und schüttelt 5 Minuten lang kräftig. Nach 5—10 Minuten wird bis
zur Marke aufgefüllt und durch ein trockenes Filter von 9 cm Durchmesser filtriert. Unter Verwerfen der ersten 20 cm³ werden 50 cm³
des Filtrats mit $^1/_{10}$ n-Ammoniumrhodanidlösung gegen Ferriammoniumsulfat titriert. 1 cm³ $^1/_{10}$ n-Silbernitratlösung = 0,022515 g Äthylnitrit
[Schweizer Arzneibuch (1933); ferner Hamann (1)].

C. Aldehyde.

1. Formaldehyd (III, 804). a) Qualitativer Nachweis. Ein empfindlicher und charakteristischer Nachweis für Formaldehyd sowie für
Verbindungen, die mit Säuren Formaldehyd abspalten (Hexamethylentetramin), beruht auf der Reaktion zwischen Formaldehyd und Chromotropsäure (1,8-Dioxynaphthalin-3,6-disulfosaures Natrium)[1], wobei
Violettrosafärbung auftritt. 1 Tropfen der Probelösung wird mit 2 cm³
Schwefelsäure (100 cm³ Wasser + 150 cm³ 96%ige Schwefelsäure) und
wenig fester, fein gepulverter Chromotropsäure 10 Minuten lang auf 60°
erwärmt. Erfassungsgrenze 0,2 γ, Grenzkonzentration 1:250000. Acetaldehyd, höhere Homologe und aromatische Aldehyde stören nicht, Furfurol gibt in konzentrierter Lösung Rosafärbung. Die mit Furfurol auftretende Färbung ist aber weniger beständig (Eegriwe).

Um Formaldehyd neben Hexamethylentetramin erkennen zu können,
empfiehlt Rosenthaler (1), die Probe mit Phloroglucin und Lauge zu
versetzen (Sabalitschka und Harnisch), wobei Rotfärbung entsteht.
Nur die Rotfärbung ist beweisend, sie wird von Hexamethylentetramin
weder hervorgerufen noch gestört. Violettfärbung tritt auch bei Abwesenheit von Formaldehyd ein.

Über den Nachweis in Lebensmitteln siehe v. Fellenberg und
Krauze.

Weitere Nachweisreaktionen Mercks Reagenzienverzeichnis.

b) Quantitative Bestimmung. α) *Maßanalytische Methoden.* Es
ist empfehlenswert, bei der Titration nach der Sulfitmethode (III, 806)
Thymolphthalein als Indicator zu verwenden.

Spitzer ersetzt die Jodlösung bei der Bestimmung nach Romijn
(III, 808) durch Alkalihypobromit. Dabei wird Formaldehyd zu Kohlen-
säure und Wasser oxydiert. Eine gute Methode zur Bestimmung neben
Hexamethylentetramin ist von J. Büchi angegeben worden.

β) *Elektrometrische Methoden.* Bestimmungen nach dem polaro-
graphischen Verfahren sind von Winkel und Proske sowie von Jahoda
ausgeführt worden.

γ) *Colorimetrische Methoden.* Zur colorimetrischen Bestimmung von
kleinen Mengen Formaldehyd im Zeißschen Stufenphotometer mit Hilfe
von Schiffs Reagens wird die zu colorimetrierende Flüssigkeit zur Erreichung der größten Farbtiefe, die sich sonst nur langsam einstellt, erwärmt. Fischbeck und Neundeubel gehen so vor, daß sie die Mischung

---

[1] Im Handel erhältlich.

von Formaldehyd und Reagens im geschlossenen Gefäß genau 5 Minuten
im Wasserbad von 80° erwärmen, dann sofort mit Eiswasser auf 20° abkühlen und genau 25 Minuten nach Herstellen der Lösung die Bestimmung ausführen. Ein beständiges Reagens ist Voraussetzung. Herstellung und Aufbewahrung eines solchen sind in der Arbeit von Fischbeck und Neundeubel beschrieben.

2. Acetaldehyd (III, 816). a) Qualitativer Nachweis. Erkennungsproben siehe Mercks Reagenzienverzeichnis.

b) Quantitative Bestimmung. Bei der Aldehydbestimmung mit
Hilfe von Hydroxylaminsalz durch Titration der bei der Oximbildung
frei werdenden Säure zieht Schultes als Indicator Bromphenolblau
dem ungenaueren Methylorange vor.

Die colorimetrische Bestimmung von Acetaldehyd mit Schiffs Reagens wird wie bei Formaldehyd (S. 707) ausgeführt, nur daß nicht auf
80° erwärmt, sondern die Mischung bei 20° gehalten wird, weil sonst die
Farbe verblaßt. Auch wird anstatt nach 25 Minuten die Ablesung bereits
nach 12 Minuten vorgenommen.

Parkinson und Wagner haben beobachtet, daß die Bisulfitmethode
von Ripper-Feinberg (s. a. III, 810 und 818) zu niedrige Werte
gibt wegen der Dissoziation der Bisulfitverbindung und wegen der Ungenauigkeit bei der Titration des überschüssigen Bisulfits mit Jod.
Nach den beiden Autoren werden einwandfreie Ergebnisse auch bei
verdünnten Aldehydlösungen erzielt, wenn $^1/_{10}$ n-Jodlösung im Überschuß
zugesetzt und sofort mit $^1/_{10}$ n-Thiosulfatlösung titriert wird.

3. Paraldehyd (III, 819). a) Eigenschaften. Paraldehyd nimmt
unter dem Einfluß von Licht Sauerstoff auf und wird dann sauer. Er
werde deshalb in nicht zu großen, braunen, ganz gefüllten Flaschen vor
Licht geschützt aufbewahrt.

b) Reinheitsprüfung. Auf Acetaldehyd prüft das Amerikanische
Arzneibuch (1936) in folgender Weise: 100 cm³ Wasser werden mit
5 cm³ Paraldehyd versetzt, bis zur Lösung geschüttelt und 5 cm³ wäßrige
Hydroxylaminhydrochloridlösung (3,5 g in 100 cm³ Lösung) hinzugefügt.
Es wird $^1/_2$ Minute geschüttelt und nach Zugabe von 2 Tropfen Methylorangelösung sofort mit $^1/_2$ n-Natronlauge titriert. In gleicher Weise wird
ein Blindversuch mit 5 cm³ der Hydroxylaminlösung in 100 cm³ Wasser
ausgeführt. Zwischen beiden Versuchen darf der Unterschied höchstens
1 cm³ $^1/_2$ n-Natronlauge betragen.

4. Chloralhydrat (III, 821). Erkennungsproben siehe Mercks Reagenzienverzeichnis.

Quantitative Bestimmung. Schwicker (2) ersetzt bei der Methode
nach Rupp (III, 823) die Lauge durch Ammoniumboratlösung (170 cm³
10%iger Ammoniak und 20 g Borsäure im Liter). Das Verfahren arbeitet
zuverlässig.

Ferner beschreibt Schwicker (2) noch eine bromometrische,
eine argentometrische sowie zwei permanganometrische Gehaltsbestim-
mungen.

D. Phenole und Derivate.

1. Naphthole (III, 823). a) **Qualitativer Nachweis.** Zum Nachweis von β-Naphthol geben de Haas und Schoorl (1) folgende einfache Methode an: 1 cm³ der wäßrigen Lösung wird mit 5 cm³ Eisessig, der eine Spur Acetaldehyd enthält, versetzt und mit 5 cm³ konzentrierter Schwefelsäure unterschichtet. β-Naphthol gibt hellgrünen Ring, bei α-Naphthol, Guajacol, Thymol und Phenol bleibt diese Färbung aus. Erkennbar: 0,001% β-Naphthol.

Weitere Erkennungs- und Unterscheidungsreaktionen von α- und β-Naphthol siehe Mercks Reagenzienverzeichnis.

Über den Nachweis des β-Naphthols in Textil-Oleinen siehe Kehren.

2. Guajacol (III, 825). a) **Qualitativer Nachweis.** Farbreaktionen zur Unterscheidung von Guajacolcarbonat und guajacolsulfosaurem Kalium siehe Ekkert (1), weitere Erkennungsproben Mercks Reagenzienverzeichnis.

b) **Quantitative Bestimmung.** Über die Bestimmung neben Eucalyptol, besonders in öligen Lösungen, siehe Ponte.

3. Guajacolcarbonat (III, 826). **Qualitativer Nachweis.** Farbreaktionen zur Unterscheidung von Guajacol siehe Ekkert (1).

4. Kaliumguajacolsulfonat (III, 827). a) **Qualitativer Nachweis.** Über den Nachweis mit Formaldehyd und Schwefelsäure nach Ekkert (1) siehe Guajacol (s. oben).

b) **Quantitative Bestimmung.** Da die arzneilich verwendete Verbindung wechselnde Mengen des 1-, 2-, 4- und des 1-, 2-, 5-Salzes enthält, das erstere eine Monojod- und das letztere eine Dijodverbindung gibt, lassen sich die jodometrische Bestimmungsmethode des Deutschen Arzneibuches VI und die Methode nach Messinger und Vortmann nicht durchführen [Hamann (2)].

Behelfsmäßig kann der Gehalt nach dem Mineralisieren durch Wägung als Kaliumsulfat ermittelt werden, wobei allerdings zu bedenken ist, daß nach dieser Methode Verfälschungen mit anderen Kaliumsalzen der Beobachtung entgehen (Fialkow und Stschigol).

5. Kreosotcarbonat (III, 827). **Qualitativer Nachweis.** Die Lösung von 0,01 g Kreosotcarbonat in 0,5 cm³ Weingeist wird mit 1 Tropfen Formaldehydlösung und 1 cm³ konzentrierter Schwefelsäure leberrot [Kreosot violett, Ekkert (1)]. Siehe auch Guajacol.

6. Thymol (III, 828). **Quantitative Bestimmung.** Ein neues Bestimmungsverfahren, das auf der Umsetzung von Thymol mit Quecksilberacetat zu Diquecksilberthymolacetat beruht und der jodometrischen Methode (III, 829) vorzuziehen ist, stammt von Bordeianu (1). Die Reaktion verläuft nach folgender Gleichung:

$$C_6H_3 \begin{cases} CH_3 & (1) \\ OH & (3) \\ C_3H_7 & (4) \end{cases} + 2\,(CH_3COO)_2Hg = 2\,CH_3COOH + C_6H \begin{cases} CH_3 & (1) \\ HgOOC \cdot CH_3 & (2) \\ OH & (3) \\ C_3H_7 & (4) \\ HgOOC \cdot CH_3 & (6) \end{cases}$$

Das Quecksilberacetat wird im Überschuß verwandt und das nicht gebundene Quecksilber rhodanometrisch bestimmt. 2,527 g Quecksilberoxyd werden in einem 50-cm³-Kolben mit 7,5 cm³ Wasser angeschüttelt und nach Zugabe von 9 cm³ Eisessig gelöst. Nach dem Hinzufügen von 0,5 g Thymol (genau gewogen) wird der Kolben mit einem Steigrohr oder Rückflußkühler versehen und $^1/_2$ Stunde (nicht weniger) auf dem siedenden Wasserbad erhitzt. Nach dem Abkühlen spült man in einen Meßkolben von 100 cm³ Inhalt über, füllt mit Wasser auf, schüttelt um und filtriert. Unter Verwerfen der ersten Anteile werden 20 cm³ des Filtrats mit Salpetersäure versetzt und mit Wasser auf 150—160 cm³ verdünnt. Das nicht gebundene Quecksilber wird durch Titration mit $^1/_{10}$ n-Ammoniumrhodanidlösung und Ferriammoniumsulfat als Indicator bis zum Umschlag von Wasserhell in Gelbbraun ermittelt. (Die Rotfärbung tritt wegen des Gehaltes an Essigsäure nicht auf, jedoch ist der Endpunkt gut zu erkennen.) Die hierbei verbrauchte Anzahl Kubikzentimeter $^1/_{10}$ n-Ammoniumrhodanidlösung ist von der Menge $^1/_{10}$ n-Ammoniumrhodanidlösung abzuziehen, die für die gesamte Einwaage von Quecksilberoxyd notwendig wäre. Man erhält dann die dem gebundenen Quecksilberoxyd äquivalente Menge $^1/_{10}$ n-Ammoniumrhodanidlösung. 1 cm³ $^1/_{10}$ n-Ammoniumrhodanidlösung $=$ 0,003752 g Thymol.

Über bromometrische und rhodanometrische Thymolbestimmungen siehe **Kaufmann.** Schrifttum neuerer Arbeiten über Thymol siehe **K. Meyer.**

E. Stickstoffhaltige Präparate.

1. Hexamethylentetramin (III, 829). a) Qualitativer Nachweis. Hexamethylentetramin in Lebensmitteln, in denen es als Konservierungsmittel vorkommen kann, wird nach v. **Fellenberg** und **Krauze** wie bei Formaldehyd (S. 707) nachgewiesen.

Mit Chromotropsäure reagiert Hexamethylentetramin wie Formaldehyd (S. 707). Erkennungsproben siehe **Mercks Reagenzienverzeichnis.**

b) Reinheitsprüfung. Über den Nachweis von Formaldehyd in Hexamethylentetramin siehe **Rosenthaler** (Formaldehyd S. 707).

c) Quantitative Bestimmung. Eine Besprechung der für die Hexamethylentetraminbestimmung gebräuchlichen Methoden findet sich bei **Schulek** und **Gervay.** **Schulek** und **Gervay** empfehlen ein eigenes Makro- und Mikroverfahren zur Bestimmung des Hexamethylentetramins in Arzneigemischen. Bei beiden Verfahren wird durch Schwefelsäure Formaldehyd abgespalten und dieser nach der Kaliumcyanidmethode von **Schulek** bestimmt. Beim Makroverfahren wird destilliert, beim Mikroverfahren (für Mengen von 0,01—0,001 g) nicht. Am genauesten ist die Destillationsmethode.

2. Harnstoff (III, 831). a) Qualitativer Nachweis. Erkennungsproben siehe **Mercks Reagenzienverzeichnis.**

b) Quantitative Bestimmung. Über die Bestimmung des Harnstoff-Stickstoffs in Mischdüngern siehe **Alten** und **Weiland.**

3. Acetanilid (III, 832) und **4. Phenacetin** (III, 835). Qualitativer Nachweis. Durch Kochen mit verdünnter Schwefelsäure wird Essigsäure abgespalten. Diese wird übergetrieben und im Destillat als Lanthanblau (Essigsäure S. 702) nachgewiesen (**Del Boca** und **Remezzano**).

Weitere Erkennungsproben siehe **Mercks Reagenzienverzeichnis.**

5. Atophan (III, 836). a) **Qualitativer Nachweis.** Über mikrochemische Reaktionen von Atophan und Atophan-Äthylurethan (Kristallbildungen) siehe **Denigès** (1), über Farbreaktionen **Ekkert** (2).

b) **Quantitative Bestimmung.** Eine argentometrische Gehaltsbestimmung des Atophans stammt von **Sanchez** (1).

Atophan gibt mit Kieselwolframsäure die unlösliche Verbindung $12\,WO_3 \cdot SiO_2 \cdot 2\,H_2O \cdot 4\,C_{16}H_{11}O_2N \cdot 2\,H_2O$, Salicylsäure und Acetylsalicylsäure reagieren nicht. Darauf beruht die Bestimmung des Atophans neben Salicylsäure und Acetylsalicylsäure nach **Castiglioni** (1). Der obige Niederschlag wird verascht und das Kieselwolframsäureanhydrid gewogen. Durch Multiplikation mit 0,3504 wird die Menge Atophan gefunden.

Zur quantitativen Bestimmung des Atophans neben Salicylsäure und Acetylsalicylsäure siehe auch **Schulek** und **Kerényi**.

F. Naturstoffe.

1. Gelatine (s. a. III, 890, V, 905).

Reinheitsprüfung. Um labil gebundenen Schwefel zu bestimmen, setzen **Sheppard** und **Hudson** den Schwefel durch Erwärmen mit ammoniakalischer Silberchloridlösung zu Silbersulfid um. Nach dem Zerlegen des Silbersulfids wird der Schwefelwasserstoff durch Stickstoff in eine Vorlage mit einer p-Aminodimethylanilinsulfatlösung getrieben, die nach Zusatz von verdünnter Eisenchloridlösung Blaufärbung ergibt. Der Nachweis läßt sich auch zu einer colorimetrischen Bestimmung ausbauen.

Über den Nachweis von Arsen in Gelatine mit **Penicillium brevicaule** siehe **Remenec.** 20 g Gelatine werden mit 10 g Fructose, Glucose oder Saccharose, 0,5 g Natriumchlorid und 0,5 g Fleischextrakt in 100 cm³ Wasser gelöst, bei p_H 5,5—4,5 in Anteilen von 6 cm³ 30 Minuten während 3 Tagen sterilisiert und mit einer Kultur von Penicillium brevicaule bei 23° ($\pm$ 1°) 3—4 Tage stehengelassen. Tritt nach dieser Zeit Knoblauchgeruch auf, so sind in 6 cm³ der Gelatinelösung nicht unter $1 \cdot 10^{-12}$ g Arsen enthalten.

2. Lecithin aus Hühnereigelb (III, 843). a) **Qualitativer Nachweis.** Zur Unterscheidung von Ei- und Pflanzenlecithin durch Cholinbestimmung siehe **Nottbohm** und **Mayer** (1), ferner **Rewald**, in Teigwaren siehe **Mezger**, **Jesser** und **Volkmann** sowie **Kluge**, in Schokolade, Kakao und Kaffee **Nottbohm** und **Mayer** (2).

b) **Quantitative Bestimmung.** Bei der Extraktion des Lecithins aus Zubereitungen leisten nach **Großfeld** Propylalkohol, Isopropylalkohol oder Benzolalkohol (1 + 4) gleiche Dienste wie der üblicherweise verwendete absolute Alkohol (III, 847). Wesentlich ist, daß die Lösungsmittel wasserfrei sind (sonst zu hohe Werte).

Über die Bestimmung in **wasserhaltigen Lebensmitteln** siehe **Großfeld** und **Walter**.

Bei Verwendung von Selen als Katalysator läßt sich der Aufschluß nach **Kjeldahl** beschleunigen, außerdem wird hierdurch die Bestimmung von Stickstoff und Phosphor in einem Arbeitsgang möglich (**Kurtz**).

3. Casein (III, 847). a) **Qualitativer Nachweis.** Über den Nachweis von Casein neben Tierleim im Papier siehe **Schulze** und **Rieger**.

b) **Reinheitsprüfung.** Lösliches Casein (Caseinnatrium) für pharmazeutische Zwecke soll nach dem **British Pharmaceutical Codex** (1934) mindestens 12% Stickstoff (auf bei 100° getrocknete Substanz bezogen) enthalten, beim Trocknen bei 100° höchstens 10% Verlust und höchstens ·5% Asche aufweisen. Es dürfen nur Spuren von Lactose vorhanden sein (Prüfung mit **Fehling**scher Lösung nach dem Ausfällen des Caseins).

c) **Quantitative Bestimmung.** Nach einer kritischen Untersuchung der Versuchsbedingungen kommen **Désveaux** und **Monguillon** zu dem Schluß, daß mit Hilfe der **Kjeldahl**-Methode nur dann brauchbare Werte erhalten werden, wenn die Einwaage von Casein unterhalb von 1 g liegt, wenn die Erhitzung nach der Entfärbung 3—4 Stunden beträgt und wenn die Kaliumsulfatmenge genau festgelegt wird, da ein Überschuß Verluste bedingt.

In Streichpapieren wird der Caseingehalt aus dem Stickstoffgehalt (nach **Kjeldahl**) ermittelt (**Sutermeister**).

4. Santonin (III, 851). a) **Qualitativer Nachweis.** Erkennungsproben siehe **Mercks Reagenzienverzeichnis**.

b) **Quantitative Bestimmung.** Nach **Fernández** und **Socías** kann Santonin als 2,4-Dinitrophenylhydrazon bestimmt werden, indem die etwa $^1/_2$%ige alkoholische Santoninlösung mit dem gleichen Volumen salzsaurer Dinitrophenylhydrazinlösung [1 g 2,4-Dinitrophenylhydrazin, 25 g Salzsäure (37%), mit Wasser auf 250 cm³ auffüllen] versetzt wird. Nach einigen Stunden wird filtriert, mit 45%igem Alkohol gewaschen, bei 105° getrocknet und gewogen. (Genauigkeit: 99,6—99,8% Santonin.)

Um den Santoningehalt in Schokoladenpastillen zu bestimmen, extrahiert **Claus** mit Äther, dampft ab, fügt zum Rückstand etwas festes Paraffin (zum Aufnehmen der Kakaobutter) und kocht mit Alkohol aus. Nachdem aus der alkoholischen Lösung die letzten Reste Fett durch Ausschütteln mit Petroläther entfernt sind, wird das Santonin durch Erwärmen mit überschüssiger $^1/_{10}$ n-Natronlauge in das Alkalisalz der Santoninsäure übergeführt und die überschüssige Natronlauge mit $^1/_{10}$ n-Salzsäure zurücktitriert (Phenolphthalein als Indicator). 1 cm³ $^1/_{10}$ n-Natronlauge = 0,0246 g Santonin.

Für die quantitative Bestimmung des Santonins im Wurmsamen kommt als zur Zeit bestes Verfahren die Methode von **Massagetow** in Betracht. Sie ist gegenüber der Gehaltsbestimmung des **Deutschen Arzneibuchs** wegen der einfacheren Ausführung, der Berücksichtigung von santoninsaurem Salz in der Droge, der reineren Kristalle, der höheren und gleichmäßigeren Werte und dem geringeren Korrekturfaktor, ferner wegen der nur halb so großen Einwaage der teuren Droge bei gleicher Genauigkeit zu bevorzugen (**Graf** sowie **Hieronimus**).

G. Sonstige Präparate.

1. Sulfonal (III, 852). Trional, Tetronal. **Qualitativer Nachweis.** Unterscheidungsreaktionen von Sulfonal und Trional siehe **Ekkert** (3) und **Mercks Reagenzienverzeichnis**.

Die Unterscheidung von Sulfonal, Trional und Tetronal kann nach Denigès (2) auch mikroskopisch erfolgen. [Verschiedene Kristallformen, siehe auch R. Fischer (2).]

2. Glycerinphosphorsäure (III, 854). a) Eigenschaften. Glycerinphosphorsäure und die Salze des Handels enthalten das α- und β-Isomere in verschiedenem Mengenverhältnis. α-Glycerinphosphorsäure wird von Überjodsäure oxydiert, nicht aber β-Glycerinphosphorsäure. Hierauf beruht die Methode zur Ermittlung des Verteilungsverhältnisses der α- und β-Form der Glycerinphosphorsäure und ihre Salze von Fleury und Raoul.

b) Quantitative Bestimmung. Raurich gibt ein Verfahren an, um Glycerinphosphorsäure neben unterphosphoriger Säure und Phosphorsäure in pharmazeutischen Zubereitungen zu bestimmen. Unterphosphorige Säure wird in schwach saurer Lösung durch Silbernitrat unter Abscheidung von Silber zu Phosphorsäure oxydiert, die sich als tertiäres Silberphosphat abscheidet, während die Glycerinphosphorsäure in Lösung bleibt. Im Filtrat wird die Glycerinphosphorsäure mit rauchender Salpetersäure, Kaliumpermanganat und Wasserstoffperoxyd zerstört und als Magnesiumpyrophosphat gewogen.

3. Glycerinphosphorsaures Calcium (III, 855). Quantitative Bestimmung. Über die potentiometrische Titration und die acidimetrische Bestimmung unter Verwendung eines Mischindicators zur besseren Erkennung des Titrationsendpunkts siehe Leonhardt, Moeser und Klockmann.

4. Glycerinphosphorsaures Natrium (III, 856). Quantitative Bestimmung. Über die Bestimmung von Natriumglycerinophosphat neben Natriumkakodylat siehe Babitsch.

III. Lösungsmittel [1,2].

A. Kohlenwasserstoffe.

Hydrierte Naphthaline (III, 858). a) Qualitativer Nachweis. Die Reaktion nach Schrauth (III, 859) zeigt in einer Mischung von Dekalin und Tetralin nur das Tetralin an. Um Dekalin neben Tetralin nachzuweisen, löst Castiglioni (2) 1 cm³ des Kohlenwasserstoffgemisches in 50 cm³ 95%igem Alkohol. Zu 1 cm³ dieser Lösung werden 1 cm³ 30%iger Formaldehyd und entweder 10 cm³ etwa 37%ige Salzsäure oder unter guter Kühlung 2 cm³ konzentrierte Schwefelsäure hinzugefügt. Bei Verwendung von Salzsäure wird zum Sieden erhitzt und nach dem Abkühlen beobachtet. Dekalin färbt orange, Tetralin bleibt farblos (noch 0,05 g Dekalin neben 0,2 g Tetralin nachweisbar). Bei Verwendung von konzentrierter Schwefelsäure unterbleibt das Erhitzen. Hierbei bleibt Dekalin farblos, während Tetralin eine Rosa-

---

[1] Bearbeitet von Dr. H. Leonhardt.
[2] Zur Analyse von Lösungsmittelgemischen: Hans H. Weber: Praktische Lösungsmittelanalyse, Heft 3 der Schriftenreihe des Reichsgesundheitsamts. Leipzig 1936.

färbung gibt (noch 0,01 g Tetralin neben 0,1 g Dekalin erkennbar [1]). Verdünnt man bei sonst gleicher Ausführung der Reaktion 1 cm³ der alkoholischen Lösung der Kohlenwasserstoffe mit 5 cm³ 95%igem Alkohol und ersetzt den Formaldehyd durch zwei Tropfen einer 2%igen alkoholischen Furfurollösung, so entsteht bei Anwendung von Salzsäure und bei Anwesenheit beider Kohlenwasserstoffe Grünfärbung (Tetralin allein: blau; Dekalin allein: gelb). Erfassungsgrenze 0,005 g Kohlenwasserstoffgemisch.

b) Reinheitsprüfung. Um Naphthalin in Tetralin zu bestimmen, benutzt Brückner die Eigenschaft der Pikrinsäure, nur mit Naphthalin, nicht aber mit Tetralin und anderen gelösten Benzolkohlenwasserstoffen eine Anlagerungsverbindung zu bilden.

B. Chlorierte Kohlenwasserstoffe [2].

1. Chloroform (III, 860) a) Qualitativer Nachweis. Unterscheidung von Tetrachlorkohlenstoff und Methylenchlorid: 1 Tropfen Chloroform wird im Reagensglas mit 2 cm³ Cyclohexanol, einem linsengroßen Stück Natriumhydroxyd und einer kleinen Messerspitze voll 2,7-Dioxynaphthalin im siedenden Glykolbad genau 45 Sekunden erhitzt, dann wird abgekühlt, abgegossen, 2 cm³ Eisessig und 4 cm³ 96%iger Alkohol zugefügt und durchgeschüttelt: tiefrote Färbung (Tetrachlorkohlenstoff wird hellgelb-braun, Methylenchlorid stahlblau) [Weber (1)].

Farbreaktionen zur Unterscheidung von alkoholfreiem Chloroform und alkoholfreiem Tetrachlorkohlenstoff (nicht in Mischungen) siehe Rozeboom und Schoorl (2), weitere Erkennungsproben Mercks Reagenzienverzeichnis.

b) Quantitative Bestimmung. Zur Bestimmung von Chloroform in Arzneigemischen werden nach Stschigol 0,15—0,2 g der Probe in einem Kolben von 50 cm³ Inhalt mit 5 cm³ Xylol und 25 cm³ ½ n-alkoholischer Kalilauge 1 Stunde am Rückflußkühler auf dem Wasserbad zum Sieden erhitzt (mit alkoholischer Kalilauge allein ist die Verseifung unvollständig). Nach dem Erkalten wird angesäuert und das Chlorid nach Volhard bestimmt. 1 cm³ ¹⁄₁₀ n-Silbernitratlösung = 0,003979 g Chloroform.

2. Tetrachlorkohlenstoff (III, 864). a) Qualitativer Nachweis. Unterscheidungsreaktionen von Chloroform (s. oben).

b) Reinheitsprüfung. Der Nachweis von Schwefelkohlenstoff als Schwefelblei (III, 864) wird von Feigl und Weisselberg durch eine Tropfenreaktion auf der Tüpfelplatte erbracht. Erfassungsgrenze 3,5 γ Schwefelkohlenstoff; Grenzkonzentration 1 : 14200. Auf Chloroform wird nach denselben Autoren geprüft, indem 1 Tropfen der Probe mit 2 cm³ Cyclohexanol, einer Messerspitze voll α-Naphthol und 2 cm³

---

[1] Manche Kohlenwasserstoffe enthalten organische Substanzen, die sich mit konzentrierter Schwefelsäure dunkel färben. In einem solchen Falle bedient man sich zweckmäßiger der Reaktion mit Salzsäure.

[2] Unterscheidungsreaktionen für verschiedene Chlorkohlenwasserstoffe siehe Hans H. Weber [Chem.-Ztg. 57, 836 (1933)].

20%iger wäßriger Kalilauge unter kräftigem Schütteln zum Sieden erhitzt und etwa 15 Sekunden im Sieden erhalten wird. Falls Chloroform anwesend ist, färbt sich die obere Schicht intensiv blau. Tetrachlorkohlenstoff und Methylenchlorid allein geben keine Färbung der oberen Schicht.

3. Acetylentetrachlorid (III, 865) und **4. Pentachloräthan** (III, 866).

Quantitative Bestimmung. 10 cm³ einer etwa normalen absolut-alkoholischen Kalilauge werden mit 20 cm³ Xylol gemischt. Die Mischung wird in einer Glasstöpselflasche tariert, hierauf schnell mit einigen Tropfen (nicht mehr als 0,15 g) der Probe versetzt und gewogen. Nach einigen Minuten wird das ausgeschiedene Kaliumchlorid in etwas Wasser gelöst und nach dem Ansäuern mit Salpetersäure nach Volhard titriert. Erwärmen und längeres Stehenlassen sind zu vermeiden. 1 cm³ $^1/_{10}$ n-Silbernitratlösung = 0,016784 g Acetylentetrachlorid = 0,020229 g Pentachloräthan (Gowing-Scopes).

5. Dichloräthylen (III, 866). Qualitativer Nachweis. Zur Erkennung von Dichloräthylen neben anderen Chlorkohlenwasserstoffen ist eine von Schmalfuß und Werner angegebene Methode brauchbar.

4 cm³ des Chlorkohlenwasserstoffgemisches werden in einer Glasstöpselflasche von 10 cm³ Inhalt mit 4 cm³ einer Lösung von 50 g Mercuricyanid und 23 g Kaliumhydroxyd in 200 g Wasser versetzt und auf einer guten Schüttelmaschine bei Zimmertemperatur 18—24 Stunden geschüttelt. Bei Anwesenheit von Dichloräthylen scheidet sich Mercurichloracetylid in weißen Tafeln aus, das bei 195° verpufft. Es sind noch 2 Vol.-% Dichloräthylen neben Tetrachlorkohlenstoff nachweisbar. Über den Nachweis neben Trichloräthylen (s. unten).

6. Trichloräthylen (III, 867). a) Qualitativer Nachweis. Nach Schmalfuß und Werner läßt sich Trichloräthylen neben anderen Chlorkohlenwasserstoffen nach demselben Prinzip wie Dichloräthylen (s. oben) nachweisen. Bei Anwesenheit von Trichloräthylen entsteht Mercuritrichloräthylenid (F. 85°, nach dem Umlösen aus Chloroform). Es sind noch 0,2 Vol.-% Trichloräthylen in Tetrachlorkohlenstoff erkennbar. Bei gleichzeitiger Anwesenheit von Dichloräthylen entsteht auch Mercurichloracetylid (s. oben), das durch seine Schwerlöslichkeit in Chloroform vom Mercuritrichloräthylenid abgetrennt werden kann.

b) Reinheitsprüfung. Reinheitsforderungen, die an Trichloräthylen für medizinische (anästhetische) Zwecke zu stellen sind, hat Tschentke veröffentlicht.

Prüfung auf Acetylenverbindungen nach Tschentke: 5 cm³ Trichloräthylen werden in einem 10—15 cm³ fassenden Glaszylinder mit Glasstopfen mit 2 cm³ ammoniakalischer Silbernitratlösung vorsichtig geschüttelt. Innerhalb von 10 Minuten darf keine Trübung oder Dunkelfärbung einer Schicht auftreten.

Prüfung auf Chloride und freies Chlor nach Tschentke: 10 cm³ Trichloräthylen werden mit 25 cm³ Wasser ausgeschüttelt. 10 cm³ der wäßrigen Schicht dürfen sich mit 0,1 cm³ Silbernitratlösung innerhalb 5 Minuten nicht trüben und nach Zusatz von 0,1 cm³ Kaliumjodidlösung und 0,1 cm³ Stärkelösung keine Blaufärbung zeigen. Siehe auch III, 867.

Da wegen der nahe beieinanderliegenden Siedepunkte von Trichloräthylen und Benzol eine Trennung durch Destillation nur schwierig durchzuführen ist, ist der Nachweis des Benzols in Trichloräthylen, den H. Weber (2) empfiehlt, beachtenswert. Die Probe wird zunächst nitriert und dann bei Gegenwart von Natriumhydroxyd mit Amylalkohol geschüttelt. Wird die farblose oder höchstens schwach rötlich gefärbte Amylalkoholschicht mit Aceton überschichtet, so entsteht bei Anwesenheit von Benzol Blau- bis Permanganatfärbung, die später in Braun übergeht, bei Benzolhomologen tritt nach dem Acetonzusatz gegenüber der vorherigen schmutzigbraunen Färbung keine Veränderung ein.

C. Alkohole.

1. Methylalkohol (III, 868). a) Qualitativer Nachweis. Erkennungsproben siehe Mercks Reagenzienverzeichnis.

b) Reinheitsprüfung. Der Wassergehalt läßt sich auch auf refraktometrischem Wege oder nach dem maßanalytischen Verfahren von K. Fischer (Äthylalkohol S. 717) ermitteln. Für das Magnesiumnitridverfahren (Äthylalkohol S. 717) muß zur Ausschaltung von Nebenreaktionen mit absolutem Äthylalkohol verdünnt werden, so daß die Mischung nicht mehr als 60% Methylalkohol enthält.

Über den Reinheitsgrad von Methylalkohol für analytische Zwecke siehe E. Merck: Prüfung der Reagenzien.

Quantitative Bestimmung. Die Zuverlässigkeit der Methode von Waldemar M. Fischer und Arvid Schmidt (III, 873) wird von Ender durch Änderungen der Form der Reaktions- und Absorptionsgefäße erhöht. Nach Ender ist bei 0,5- bis 0,01%igen methylalkoholischen Lösungen die Bestimmung noch genau. Unter 10 mg Methylalkohol lassen sich nicht mehr sicher ermitteln.

Über die Bestimmung des Methylalkohols neben anderen Alkoholen sowie neben Aceton und seinen Homologen siehe Äthylalkohol S. 716—717.

2. Äthylalkohol (III, 874). a) Reinheitsprüfung. α) *Methylalkohol*. Wilson führt die Alkohole in der Apparatur nach Zeisel und Fanto in Methyljodid und Äthyljodid über und fängt das Destillat in einer absolutalkoholischen Lösung von Trimethylamin auf. Hierbei bilden sich Tetramethylammoniumjodid und Trimethyläthylammoniumjodid. Von ersterem lösen sich in 100 cm³ absolutem Alkohol nur 0,04 g, von letzterem aber 4,165 g, wodurch Abtrennung und Wägung möglich werden. Methoxylhaltige Verbindungen stören. Mit der Frage, den Methylalkohol zu isolieren und den üblichen Nachweis als Formaldehyd zu umgehen, hat sich auch Flanzy in einer eingehenden Arbeit befaßt. [Ausführliches Referat hierüber in Ztschr. f. anal. Ch. 109, 143 (1937).]

β) *Benzol*. Nach Lansing wird die etwa 0,01 Vol.-% Benzol enthaltende Flüssigkeit nach dem Aussalzen mit Natriumsulfat mit Tetrachlorkohlenstoff ausgeschüttelt und das Benzol in Tetrachlorkohlenstofflösung nitriert. Das Nitrierungsprodukt wird nach dem Abdampfen des Tetrachlorkohlenstoffs mit Amylalkohol (Siedepunkt 128—132°), wäßriger konzentrierter Natronlauge und Aceton versetzt. Hierbei entsteht bei Anwesenheit von Benzol eine rote Farbe, die nach einigen Stunden in ein stumpfes Orangerot übergeht. Toluol gibt bräunlichgelbe, m-Xylol grüne Färbung. Wegen der Beständigkeit der Farbe läßt sich dieser Nachweis auch für colorimetrische Bestimmungen auswerten. Chloride müssen vor der Nitrierung entfernt werden.

γ) Aceton. Nach der Methode von Messinger (III, 892) läßt sich Aceton bei gleichzeitiger Anwesenheit von Methylalkohol nicht bestimmen. Aceton kann aber auch in Gegenwart von Methylalkohol nach der Methode von Scott und Wilson (s. a. Aceton S. 718) in der Abänderung nach Marriott noch einwandfrei ermittelt werden, wenn nicht mehr als 8 mg Aceton vorhanden sind und die 8—9fache der theoretischen Reagensmenge zugesetzt wird. Es sollen noch 0,1 mg-% Aceton neben Methyl- und Äthylalkohol nachweisbar sein (Sunawala und Katti).

δ) Aldehyde und Furfurol. Eine Änderung der Methode des Schweizer Lebensmittelbuches (V, 203) siehe bei Vegezzi und Haller.

ε) Wasser. Der Wassergehalt in Alkohol und Alkoholkraftstoffen wird mit Magnesiumnitrid[1] festgestellt. Der gebildete Ammoniak wird überdestilliert, in $^1/_{10}$ n-Säure aufgefangen und in der üblichen Weise bestimmt (Dietrich und Conrad).

Noch einfacher arbeitet man nach dem Verfahren zur maßanalytischen Bestimmung des Wassergehaltes von K. Fischer. Zur Titration des Alkohols wird eine Jodlösung in absolutem Methylalkohol, die Pyridin und Schwefeldioxyd im Überschuß enthält, verwendet. Der Umschlag erfolgt von Gelb nach Braun. Die Umsetzung geht in folgendem Sinne vor sich:

$$2\,H_2O + SO_2 \cdot (C_5H_5N)_2 + J_2 + 2\,C_5H_5N = (C_5H_5N)_2 \cdot H_2SO_4 + 2\,(C_5H_5N \cdot HJ).$$

Der Wirkungswert der Titrationsflüssigkeit wird durch Einstellen gegen absoluten Alkohol und gegen Alkohol mit bekanntem Wassergehalt ermittelt.

Reinheitsforderungen, die an absoluten Äthylalkohol zur Analyse zu stellen sind, finden sich bei E. Merck: Prüfung der Reagenzien.

b) **Quantitative Bestimmung.** Auf der Tatsache, daß Alkohole mit Schwefelkohlenstoff und Kaliumhydroxyd Xanthogenate bilden, die sich jodometrisch leicht bestimmen lassen, gründen Whitmore und Lieber eine Bestimmungsmethode, um Äthylalkohol in Gemischen mit anderen Alkoholen zu identifizieren. Nach fraktionierter Destillation wird in 1,2 Mol. des gereinigten Alkohols 1 Mol. pulverisiertes Kaliumhydroxyd unter Rühren und leichtem Erwärmen gelöst. Nach dem Abkühlen werden der gleiche Raumteil trockener Äther und allmählich 1,5 Mol. Schwefelkohlenstoff unter weiterem Rühren zugefügt. Die Flüssigkeit, in der sich das Xanthogenat sofort bildet, wird mit zwei Raumteilen trockenem Äther versetzt, der Niederschlag abgesaugt und mit trockenem Äther gewaschen. Dann wird aus Äthylalkohol oder

---

[1] Im Handel erhältlich.

Aceton unter Zusatz von trockenem Äther umkristallisiert (stehenlassen bei 0°), das reine Xanthogenat abgesaugt, mit trockenem Äther gewaschen und im Vakuumexsiccator getrocknet. Die Titration wird in folgender Weise ausgeführt: 0,15—0,25 g des gereinigten Xanthogenats werden in 200 cm³ Wasser gelöst und nach Zusatz von 4 cm³ Stärkelösung bis zur 5—10 Minuten bestehen bleibenden deutlichen Blaufärbung mit $^1/_{10}$ n - Jodlösung unter kräftigem Schütteln titriert. 1 Mol. Jod entspricht 2 Mol. Xanthogenat.

	Jodverbrauch für 1 g Xanthogenat in mg	Schmelzpunkt des Xanthogenats
Methylalkohol	869	195—215° (Dunkelfärbung)
Äthylalkohol	793	215,3°
Propylalkohol	729	205,7°
Butylalkohol	675	223,9°
Amylalkohol	628	225,0°

Walter Meyer empfiehlt dieses Verfahren für pharmazeutische Zubereitungen, bei denen es hauptsächlich auf die Erkennung von Methyl- und Propylalkohol neben Äthylalkohol ankommt.

3. Amylalkohol (III, 881). a) **Reinheitsprüfung.** Amylalkohol zur Fettbestimmung nach **Gerber** soll farblos bis höchstens leicht gelblich aussehen, die Dichte (15/15°) = 0,814—0,816 aufweisen und zwischen 128 und 132° sieden. Die Werte für die Fettbestimmung nach **Gerber** dürfen von denen nach der Methode von **Gottlieb-Röse** höchstens um 0,05 % abweichen (s. III, 883).

D. Ketone und Aldehyde.

1. Aceton (III, 889). a) **Qualitativer Nachweis.** **Feigl, Zappert** und **Vasquez** (2) weisen Methylketone (Aceton, Acetophenon, Diacetyl) in folgender Weise nach: 1 Tropfen der Probelösung, die möglichst alkoholfrei sein soll, wird mit 1 Tropfen alkalischer o-Nitrobenzaldehydlösung (gesättigte Lösung von o-Nitrobenzaldehyd in 2 n-Natronlauge) im Wasserbad erwärmt. Die Flüssigkeit wird nach dem Erkalten mit Chloroform ausgeschüttelt: Blaufärbung des Chloroforms infolge Indigobildung. Erfassungsgrenze 100 γ Aceton.

Eine Zusammenstellung von Erkennungsproben (im Harn) siehe in **Mercks Reagenzienverzeichnis.**

Um Aceton neben jeder Menge Acetaldehyd, aber auch in Gegenwart von Form- und Propionaldehyd nachzuweisen, verfährt **Klinc** (2) in folgender Weise: 1 cm³ Aceton-Aldehydmischung wird mit 5 cm³ **Scott-Wilson-Reagens** (0,5 g Quecksilbercyanid, 9 g Natriumhydroxyd, 60 cm³ Wasser, 20 cm³ 0,7268 %ige Silbernitratlösung) versetzt, nach 10 Minuten werden 5 cm³ 3 %ige Wasserstoffperoxydlösung hinzugefügt. Dann wird das Ganze sehr langsam erhitzt. Die Dämpfe leitet man durch siedende 30 %ige Kalilauge, kondensiert und fängt in 5 cm³ des obigen Reagenses auf. Infolge Bildung der Quecksilber-Acetonverbindung von der Formel $C_3OHg_5C_4N_4$ tritt weißer Niederschlag, Trübung oder nur bläuliche Opalescenz auf, je nach der Menge des vorhandenen Acetons.

Über den Nachweis in Alkohol siehe Äthylalkohol S. 717.

b) **Reinheitsprüfung.** Über die konduktometrische Bestimmung des Wassergehaltes in Aceton siehe **Sommer.**

c) **Quantitative Bestimmung. Iddles** und **Jackson** bestimmen Aceton als 2,4-Dinitrophenylhydrazon. Siehe auch **Perkins** und **Edwards.**

Über eine colorimetrische Bestimmung nach der Überführung mit o-Nitrobenzaldehyd in Indigo siehe **Adams** und **Nicholls.**

2. Furfurol (III, 897). a) **Qualitativer Nachweis.** Unterscheidungsreaktionen von Furfurol und Oxymethylfurfurol siehe **Akabori,** von Furfurol, Methylfurfurol und Oxymethylfurfurol **Wagenaar** (1), weitere Erkennungsproben in **Mercks Reagenzienverzeichnis.**

b) **Quantitative Bestimmung.** In Anlehnung an die Methode von **Ripper** (III, 897) und nach **Ssertschel** wird folgende Gehaltsbestimmung empfohlen: 10 cm³ einer $^1/_{10}$ molaren wäßrigen Furfurollösung werden mit 50 cm³ $^1/_{10}$ n-Natriumbisulfitlösung (gegen Jodlösung eingestellt) versetzt. Nach kräftigem Schütteln wird 10—15 Minuten im Dunkeln stehengelassen und der Bisulfitüberschuß mit $^1/_{10}$ n-Jodlösung zurücktitriert. Die erste, einige Zeit bestehenbleibende Blaufärbung ist als Endpunkt anzusehen. 1 cm³ $^1/_{10}$ n-Jodlösung = 0,0048 g Furfurol.

Furfurol läßt sich nach **Simon** auch als 2,4-Dinitrophenylhydrazon (F. etwa 186°, unscharf) bestimmen.

Als Schnellmethode zur Bestimmung von Furfurol eignet sich nach **Noll, Bolz** und **Belz** die Umsetzung mit Hydroxylaminchlorhydrat zum Oxim, wobei die entstehende Säure titriert wird. 20 cm³ etwa 1%ige alkoholische Furfurollösung und 20 cm³ 7%ige Hydroxylaminchlorhydratlösung werden mit 50 cm³ Wasser versetzt und mit $^1/_{10}$ n-Natronlauge titriert, Methylorange oder Bromphenolblau als Indicator. 1 cm³ $^1/_{10}$ n-Natronlauge entspricht 0,0096 g Furfurol.

E. Sonstige Verbindungen.

1. Äthyläther (III, 898). a) **Reinheitsprüfung.** α) *Wasser.* Die Bestimmung erfolgt nach der maßanalytischen Methode von K. **Fischer** mit einer Mischung von 27,5 cm³ Äther und 10 cm³ Methanol. Siehe auch das Kapitel Äther in E. **Merck:** Prüfung der Reagenzien.

β) *Peroxyd.* **Middleton** und **Hymas** haben die Ferrosalz-Rhodanidmethode (**Dietze,** III, 900) wesentlich empfindlicher gestaltet. Das Reagens wird in folgender Weise bereitet: 30 cm³ 10%ige Schwefelsäure und 100 cm³ Wasser werden unter Überleiten von Kohlendioxyd kurze Zeit zum Sieden erhitzt, darin 5 g reines kristallisiertes Ferrosulfat gelöst und nach dem Abkühlen 30 cm³ 10%ige Kaliumrhodanidlösung hinzugefügt. Die Lösung wird durch tropfenweise Zugabe von Titan-(3)-chloridlösung bei 40° eben entfärbt. **Ausführung:** In eine 35-cm³-Glasstöpselflasche werden 30 cm³ Äther und so viel Reagens gefüllt, daß die Flüssigkeit bis zur Mitte des Halses reicht. Dann wird verschlossen, geschüttelt und 5 Minuten im Dunkeln aufbewahrt. Empfindlichkeit für Wasserstoffperoxyd 0,02:1000000, für Äthylperoxyd 0,017:1000000. Medizinischer Äther darf nur eine ganz schwache Rotfärbung zeigen.

γ) *Aldehyd*. Um Aldehyd mit Hilfe einer spezifischen Reaktion unter Ausschaltung von störendem Peroxyd, Alkohol und Aceton erkennen zu können, benutzen Carly, Green und Schoetzow fuchsinschweflige Säure bestimmter Zusammensetzung unter Zusatz von Pyrogallol. Durch Vergleich mit gereinigtem Äther, der Aldehyd in bekannten Mengen enthält, wird die Reaktion zu einer quantitativen colorimetrischen Bestimmung ausgestaltet. Es lassen sich qualitativ 0,0001% nachweisen, quantitativ 0,0002—0,0005% Aldehyd bestimmen. Reagens: 1 g Fuchsin wird in $^1/_2$ l heißem Wasser gelöst, die Flüssigkeit allmählich mit 20 cm³ gesättigter Bisulfitlösung und 10 cm³ Salzsäure gemischt, abgekühlt, mit Wasser zum Liter aufgefüllt und mit 1 g Pyrogallol versetzt. Der Zusatz von Pyrogallol wird gemacht, weil das Reagens ohne Pyrogallol auch mit einwandfreiem Äther infolge sekundärer Bildung von Acetaldehyd reagiert. Vergleiche auch van Deripe, Billenheimer und Nitardy.

Eine neuere Arbeit über die Untersuchung von Narkoseäther findet sich im Pharm. Weekblad 74, 1306 (1937). Die Prüfung des Narkoseäthers auf Tropenfestigkeit durch Bestrahlen mit UV.-Licht behandelt Liversedge.

Über Autoxydation und Zersetzungserscheinungen des Äthers siehe Neu, Rieche und Meister.

2. Schwefelkohlenstoff (III, 902). a) Qualitativer Nachweis. Der Nachweis nach Tischler beruht auf der Bildung von braunem Kupferdiäthyldithiocarbamat aus Schwefelkohlenstoff, Diäthylamin und Kupferacetat. Die Reaktion ist auch für die colorimetrische Bestimmung brauchbar. Grenzkonzentration 1:100000.

b) Reinheitsprüfung. Der Nachweis von Spuren freien Schwefels kann mit Hilfe der Jodazidreaktion (Stickstoffentwicklung) von Feigl (1) erbracht werden. Über die Reinheitsprüfung von Schwefelkohlenstoff zur Analyse siehe E. Merck: Prüfung der Reagenzien.

c) Quantitative Bestimmung. Kleine Mengen Schwefelkohlenstoff in Gasen, Benzol, Motortreibstoffen usw. lassen sich bei Abwesenheit jodbindender Substanzen nach Matuszak durch Überführen in Xanthogenat, das jodometrisch titriert wird, bestimmen (1 Mol. Jod = 2 Mol. Xanthogensäure).

3. Hydrierte Phenole (III, 903). Quantitative Bestimmung. Über die Bestimmung als Xanthogenat nach Whitmore und Lieber siehe Äthylalkohol (S. 717).

F. Physikalische Konstanten
verschiedener Lösungs- und Weichmachungsmittel (III, 906).

Neuere Literatur. Jordan, O.: Chemische Technologie der Lösungsmittel. Berlin 1932. — Durrans, T. H. u. O. Merz: Lösungsmittel und

Weichmachungsmittel. Halle 1933. — Durrans: Solvents. London 1938. — Merz, O.: Neuere Lösungsmittel und Weichmachungsmittel. Berlin. Wilhelm Pansegrau 1939. — Ulrich, H.: Decknamen und chemische Zusammensetzung der wichtigsten Lösungsmittel und Weichmacher. Berlin 1935. Farbenchemiker 6, 53 (1935). — Chemikertaschenbuch, S. 640, 642. 1937. — Holzverkohlungsindustrie G.m.b.H.: Lösungsmittel und Rohstoffe für die Cellulose verarbeitenden Industrien. Frankfurt a. M. 1935. — I. G. Farbenindustrie A. G.: Lösungs- und Weichmachungsmittel. Frankfurt a. M. 1937.

Tabelle 1. Physikalische Konstanten verschiedener Lösungsmittel.

Präparat und Formel	Siedebereich °	Spez. Gewicht 20°/4°	Tension b/20° in mm	Flammpunkt °	Anmerkung
1. Alkohole					
Intrasolvan E	100—140	0,801 —0,805	25	25	Farbloses, neutrales Gemisch aliph. Alkohole, frei von Äthylalkohol
2. Ester					
n-Propylacetat $C_3H_7 \cdot CO_2 \cdot CH_3$	95—102	0,90 (15°/4°)	25	14	—
Butoxyl $(CH_3O)C_4H_8OCOCH_3$	167—171	0,954 —0,958	18,5	60	Methoxybutylacetat
Ester P	95—110	0,895 (15°/4°)	32	7,9	Gemisch von Äthylpropionat und Äthylbutyrat
Ester PP	96—98	0,896 (15°/4°)	37	9,5	Farblose, mit Wasser nicht mischbare Flüssigkeit
n-Propylpropionat $C_3H_7 \cdot CO_2 \cdot C_2H_5$	118—125	0,88 (15°/4°)	10	40	—
n-Butylpropionat $C_4H_9 \cdot CO_2 \cdot C_2H_5$	130—143	0,88 (15°/4°)	8	45	—
Propylbutyrat $C_3H_7 \cdot CO_2 \cdot C_3H_7$	135—145	0,88 (15°/4°)	5	50	—
Butylbutyrat $C_4H_9 \cdot CO_2 \cdot C_3H_7$	145—165	0,87—0,88 (15°/4°)	3	51	—
Äthylpolyglykol	190—200	1,006 —1,010	0,1	93	—
Polysolvan E	108—134	0,865 —0,871	32	19	Essigsäureester eines Gemisches aliph. Alkohole, frei von Äthylalkohol
Polysolvan HS	160—170	0,863 —0,869	31	50	Wie E, nur langsamer flüchtig
Polysolvan O	150—200	0,980 —0,990	24	55	Wie E, sehr langsam flüchtig
Solvalin	112—168	0,865 —0,871	35	22,5	Gemisch aliph. Ester der Essigsäure ohne Äthylalkohol, mit H_2O mischbar

     Chemische Präparate.

Tabelle 1 (Fortsetzung).

Präparat und Formel	Siede- bereich °	Spez. Gewicht 20°/4°	Tension b/20° in mm	Flamm- punkt °	Anmerkung
3. Sonstige Verbindungen.					
Depanol N IV	50—110 b. 10 mm	0,887 —0,891	—	50	Farbloses, wasserunlös- liches Lösungsmittel mit hohem Gehalt an Terpen- alkoholen
Lösungsmittel E 33	52—60	0,894 —0,898	173	—10	Aceton, Methylacetat, Methanol
Lösungsmittel MC 50	56—75	0,90 (15°/4°)	197	— 8,5	Speziallösungsmittel „Hiag" mit Äthylacetat
Lösungsmittel MC 75	61—75	0,902 (15°/4°)	163	— 7	desgl.
Lösungsmittel RS 200	197—200	1,10 (15°/4°)	unter 1	94	Hauptbestandteil: γ-Buty- rolacton u. γ-Valerolacton
Mittel L 30	160—200	0,869 —0,871	—	38	Terpentinähnlicher Ge- ruch, farblos, wasserfrei, mit Wasser nicht mischbar
Speziallösungsmittel „Hiag"	53—64	0,86 —0,90 (15°/4°)	253	—16	Gemisch von Methylacetat und Methanol
Speziallösungsmittel „Hiag" E	52—62	0,90 (15°/4°)	229	—14	Gemisch von Methylacetat, Essigester und Methanol
Speziallösungsmittel „Hiag" EF	55—63	0,88 —0,90 (15°/4°)	216	—10	desgl.
Speziallösungsmittel „Hiag" A	53—64	0,86 —0,90 (15°/4°)	239	—18	Gemisch von Methylace- tat, Aceton und Methanol. Identisch mit dem Spezial- lösungsmittel Marke „Verein"
Speziallösungsmittel Wacker EMA	60—75	0,893	—	—12	—
Speziallösungsmittel Wacker C	60—75	0,87	—	—10	—
Speziallösungsmittel Wacker EF	55—63	0,87 —0,89	—	—10	—

Literatur zur Tabelle 1.

I. G. Farbenindustrie A.G., Frankfurt a. M. 1937: Lösungs- und Weich- machungsmittel. — Holzverkohlungsindustrie G. m. b. H. Frankfurt a. M. 1935: Lösungsmittel und Rohstoffe für die Cellulose verarbeitenden Industrien. — Durrans, T. H. u. Merz, O.: Lösungsmittel und Weichmachungsmittel. Halle 1933. — Ulrich, H.: Decknamen und chemische Zusammensetzung der wichtigsten Lösungsmittel und Weichmacher. Berlin 1935. — Farbenchemiker 6, 53 (1935). — Jordan, O.: Chemische Technologie der Lösungsmittel. Berlin 1932.

IV. Weichmachungsmittel[1].

Tabelle 2. Physikalische Konstanten von Weichmachungsmitteln.

Präparat	Schmelz-punkt °	Siedebereich °	Spez. Gewicht	Flamm-punkt °	Anmerkung
Albanol	—	nicht destillier-bar	1,23 (20°/4°)	170	Esterartiges Kon-densationsprodukt
Casterol	—	Zers.	0,977 (15°)	300	—
Cetamoll Q	—	210—220 (20 mm)	1,425 —1,429 (20°/4°)	prakt. unbrenn-bar	Aliphatischer, chlorhaltiger Phos-phorsäureester
Clophen A 60	—	200—250 (12 mm)	1,6 (20°/4°)	etwa 240	Chlorhaltig, neu-tral, unverseifbar
Desavin	Erst.-Pkt. 16—18	190—200 (0,7 mm)	1,128 (20°/4°)	202	—
Hydropalat B	—	185—190 (10 mm)	1,005 (15°)	152	Hydrophthalsäure-dibutylester
Isobutylphosphat, techn.	—	150—160 (20 mm)	0,975 (20°/4°)	135 nach Mar-cussen	—
Mollit A	—	170—240 (10 mm)	1,185 —1,195 (15°)	170	—
Mollit AP	137	Zers.	1,09 (15°)	200	—
Mollit B	etwa 20	Zers.	1,23 (20°)	etwa 185	—
Palatinol BB	—	200—288 (20 mm)	1,093 —1,097 (20°/4°)	185	Benzylbutyl-phthalat
Palatinol HS	—	233—238 (20 mm)	0,998 —1,002 (20°/4°)	187	Phthalsäureester aliph. Alkohole, frei von Äthylalkohol
Palatinol L	—	200—215 (20 mm)	1,038 —1,042 (20°/4°)	165	Phthalsäureester aliph. Alkohole, frei von Äthylalkohol
Placidol A	—	345	1,018 (25°)	165	Diamylphthalat
Plastol Va	41	200—220 (7 mm)	0,822 (25°)	—	—
Plastol Vb	35	195—210 (7 mm)	0,874 (25°)	—	Monoäthyltoluol-sulfamid
Plastomoll SW 100%	—	siedet nicht unzersetzt	1,013 (20°/4°)	—	Unverseifbares Polymerisations-produkt

[1] Bearbeitet von Dr. H. Leonhardt.

46*

Tabelle 2 (Fortsetzung).

Präparat	Schmelz-punkt °	Siedebereich °	Spez. Gewicht	Flamm-punkt °	Anmerkung
Plastomoll SW 70% (in Methylacetat)	—	siedet nicht unzersetzt	1,02 (20°/4°)	unter 0	—
Sipalin MOA	—	230—245° (20 mm)	1,007 (15°)	—	Methyladipin-säureäthylester
Stabilisal	—	siedet nicht unzersetzt	1,183 —1,188 (20°/4°)	95	—
T-Öl	—	175—220 (7 mm)	1,2 (20°/4°)	200	—
Trikresylphosphat CIIS	—	275—280 (20 mm)	1,179 (20°/4°)	248	—
Weichmachungs-mittel 9	—	nicht unzersetzt destillierbar	1,17 (20°/4°)	über 200	—
Weichmachungs-mittel 90	—	nicht unzersetzt destillierbar	1,136 —1,140 (20°/4°)	über 100	—

Literatur zur Tabelle 2.

Durrans, T. H. u. Merz, O.: Lösungsmittel und Weichmachungsmittel. Halle 1933. — I. G. Farbenindustrie A.G., Frankfurt a. M. 1937: Lösungsmittel und Weichmachungsmittel. — Rein, H.: Konstanten einiger Weichmacher. Chemiker-Taschenbuch, S. 640. 1937. — Ulrich, Hans: Decknamen und chemische Zusammensetzung der wichtigsten Lösungsmittel und Weichmacher. Berlin 1935. — Farbenchemiker 6, 53 (1935).

V. Präparate für photographische Zwecke[1].

1. Brenzcatechin (III, 923). Qualitativer Nachweis. Über den Nachweis von Brenzcatechin in Resorcin siehe Resorcin S. 726, Erkennungsproben Mercks Reagenzienverzeichnis.

2. Hydrochinon (III, 927). a) Qualitativer Nachweis. Empfindlich und charakteristisch ist die Farbreaktion, die beim Verreiben von Hydrochinon mit schwach angefeuchtetem Kaliumcarbonat eintritt. Es entsteht eine bläuliche, nach einigen Minuten eine tiefblaue Färbung und grüner, metallischer Oberflächenschimmer. Wasser, Alkohol und Ammoniak beseitigen die Farbe. Brenzcatechin und Resorcin geben nur graue bis bräunliche Verfärbungen (Maldiney). Weitere Erkennungsproben siehe Mercks Reagenzienverzeichnis.

b) Quantitative Bestimmung. Hydrochinon läßt sich jodometrisch titrieren nach: $C_6H_4(OH)_2 + J_2 \rightleftarrows C_6H_4O_2 + 2\,HJ$. Das kann in alkalischer Lösung geschehen, wobei die Reaktion von links nach rechts verläuft oder in saurem Medium nach vorheriger Oxydation zum Chinon, wobei die Umsetzung in umgekehrter Richtung vonstatten geht.

---

[1] Bearbeitet von Dr. H. Leonhardt.

Nach Preiß führt die Titration kleiner Mengen Hydrochinon (bis 30 mg) unter Verwendung von Kaliumbicarbonat als Alkalisierungsmittel zu ungenauen Ergebnissen, weil durch Luft teilweise Oxydation zu Chinon eintritt. Deshalb ist es besser, an Stelle von Kaliumbicarbonat sekundäres Natriumphosphat zu verwenden, wodurch der Fehler praktisch ausgeschaltet wird. Das bei der Titration in alkalischer Lösung gebildete Chinon kann man anschließend durch Titration in saurer Lösung in Hydrochinon zurückverwandeln. Werden bei beiden Titrationen die gleichen Werte erhalten, so liegt chinonfreies Hydrochinon vor. Nach der Vorschrift von Preiß gibt die Gehaltsbestimmung in folgender Ausführung befriedigende Werte:

α) *In alkalischer Lösung.* 1 g Hydrochinon wird in einem Meßkolben von 100 cm³ Inhalt in wenig heißem Wasser gelöst und die Lösung nach dem Erkalten mit Wasser aufgefüllt. 10 cm³ dieser Lösung werden mit 10 cm³ Natriumphosphatlösung, die 10% kristallisiertes sekundäres Natriumphosphat enthält, versetzt und mit $^1/_{10}$ n-Jodlösung titriert (Stärke als Indicator).

β) *In saurer Lösung.* Die austitrierte Lösung (α) wird mit 2 g Kaliumjodid versetzt und mit verdünnter Schwefelsäure angesäuert. Dann wird das freie Jod mit $^1/_{10}$ n-Natriumthiosulfatlösung titriert. 1 cm³ $^1/_{10}$ n-Jodlösung = 0,0055025 g Hydrochinon.

Wenn Hydrochinon bei Gegenwart von Phenol und Kresol bestimmt werden soll, versagt die Jodtitration. In solchen Fällen kann nach Kolthoff (1) mit Bichromat unter Verwendung von Diphenylamin als Redoxindicator titriert werden.

3. p-Phenylendiaminchlorhydrat (III, 932). a) Eigenschaften. Es bewirkt Hautreiz.

b) Qualitativer Nachweis. Zum Nachweis des p-Phenylendiamins in Pelzfarben siehe Heim.

Da p-Phenylendiamin in Deutschland in Haarfärbemitteln verboten ist, verdienen seine Isolierung aus kosmetischen Präparaten und sein Nachweis, insbesondere neben dem weniger giftigen p-Toluylendiamin und anderen Diaminen, Beachtung. Hierauf bezügliche Arbeiten stammen von Griebel und Weiß, von Griebel sowie von Viollier und Studinger. Nach Griebel und Weiß gelingt die Identifizierung des p-Phenylendiamins und anderer Diamine durch die verschiedenen Farbtöne, die entweder die Substanzen selbst oder die daraus hergestellten Dichlordiimide mit Vanillin-Salzsäure von bestimmter Zusammensetzung geben. Auch die Zersetzungspunkte einiger Dichlordiimide werden zur Unterscheidung herangezogen. Siehe auch das Referat von W. Dehio.

Über die Erkennung geringer Mengen (0,005%) in Leder siehe Mather und Shanks.

4. Pyrogallol (III, 933). a) Eigenschaften. Pyrogallol ist unzersetzt sublimierbar.

b) Qualitativer Nachweis. Zum Unterschied von Phloroglucin entsteht rotbraune bis rotviolette Färbung, wenn 0,05 g Pyrogallol mit 2 cm³ Wasser und 5—10 Tropfen 1%iger Jodjodkaliumlösung und mit wenigen Tropfen Natronlauge versetzt werden. Die Violettfärbung wird beim Verdünnen mit Wasser deutlicher. Phloroglucin gibt nur Gelbfärbung (Schewket).

Weitere Erkennungsproben siehe Mercks Reagenzienverzeichnis. Über den Nachweis in Pelzen siehe Cox (2).

5. **Resorcin** (III, 934). a) **Qualitativer Nachweis.** Nur Resorcin gibt mit Bromwasser einen Niederschlag, Brenzcatechin nicht. Weitere Erkennungsproben siehe Mercks Reagenzienverzeichnis.

b) **Quantitative Bestimmung.** Nach Ueno und Suzuki läßt sich Resorcin in folgender Weise bestimmen: $^1/_{200}$ Mol. Resorcin wird in 90 cm³ konzentrierter Salzsäure und 210 cm³ Eiswasser gelöst und bei 0—5° mit $^1/_2$ n-Natriumnitritlösung gegen Jodstärkepapier titriert, wobei etwa 95% der notwendigen Menge Nitrit in 4—5 Minuten, der Rest langsam zugegeben werden muß. Die Methode soll bei Anwesenheit von Phenol und Brenzcatechin Vorteile besitzen, da nach dem bromometrischen Verfahren (III, 935) auch diese beiden Substanzen mittitriert werden.

VI. Künstliche Süßstoffe [1].

1. **Saccharin** (III, 936). a) **Qualitativer Nachweis.** Nach Wagenaar (2) sind folgende Kristallreaktionen gut verwendbar: Versetzt man eine Lösung des Saccharins oder seines Natriumsalzes mit wenig verdünnter Salzsäure, einigen winzigen Kaliumjodidkristallen sowie mit 1 Tropfen Wasserstoffperoxyd, so entstehen gut ausgebildete, dunkle Nadeln und Haarformen, die schwach dichroitisch sind, manchmal auch schöne, braune Quadrate. Erfassungsgrenze 0,01 mg Saccharin; Grenzkonzentration 1:300. Auch mit Kupfersalzen und Zwikkers Pyridinreagens bilden sich sofort sehr schöne, quadratische Tafeln und Prismen mit lebhaften Polarisationsfarben und prächtigem Dichroismus (dunkelblau-farblos). Erfassungsgrenze 0,02 mg Saccharin; Grenzkonzentration 1:300.

Über den Nachweis von Saccharin und Dulcin in Bier siehe Olli Ant-Wuorinen und Staněk und Pavlas.

Eine Zusammenfassung über Nachweis- und Bestimmungsmethoden der künstlichen Süßstoffe stammt von Bruhns. Siehe auch den Bericht von W. Herzog über die Fortschritte auf dem Gebiete der synthetischen Süßstoffe und verwandten Verbindungen in den Jahren 1935—1937.

Weitere Erkennungsproben: E. Mercks Reagenzienverzeichnis. Über den Nachweis neben Dulcin siehe auch Dulcin (s. unten).

2. **Dulcin** (III, 942). a) **Qualitativer Nachweis.** R. Fischer (1) weist Saccharin und Dulcin in Lebensmitteln mit Hilfe des Mikroschmelzpunktapparates von Kofler nach. Dulcin sublimiert bei 130° und zeigt einen Mikroschmelzpunkt von 173° (flache Nadeln und andere Kristallformen). Saccharin sublimiert bei 150°, der Mikroschmelzpunkt liegt bei 221° (Tröpfchen und Kristalle mit trapezförmigem Umriß).

Nach Vlezenbeek und Schoorl (3) wird Dulcin neben Saccharin in folgender Weise nachgewiesen: 100 mg Süßstoffmischung werden mit

---

[1] Bearbeitet von Dr. H. Leonhardt.

100 mg Resorcin und 1 cm³ konzentrierter Schwefelsäure in einem 8 cm langen und 9 mm weiten Reagensglas 1,5—2 Minuten auf 180° erhitzt (Thermometer in der Flüssigkeit). Dann wird in 5 cm³ Wasser gegossen. Nach dem Abkühlen wird unter Kühlung mit Natronlauge alkalisch gemacht. Die Flüssigkeit sieht infolge Anwesenheit von Saccharin orangerot aus und fluoresciert grün (Sulfofluorescein). Nach Zugabe von einigen Tropfen Jodtinktur entsteht bei Anwesenheit von Dulcin eine rotviolette Farbe mit grüner Fluorescenz. Es ist noch 1 mg Dulcin neben 99 mg Saccharin erkennbar. Erfassungsgrenze 0,1 mg Dulcin. Andere p-Aminophenolabkömmlinge, wie Phenacetin und Phenokoll, geben die gleiche Reaktion. Nitroverbindungen und Kohlehydrate stören (Dunkelfärbung).

Weitere Erkennungsproben siehe Mercks Reagenzienverzeichnis. Über den Nachweis neben Saccharin siehe S. 726.

VII. Desinfektionsmittel[1].

1. p-Chlor-m-Kresol. Chlorkresolseifenlösung (III, 947). a) Quantitative Bestimmung. Eine Schnellbestimmung des p-Chlor-m-Kresolgehaltes kann nach der Methode von Handke (1) (Kresolseifenlösung S. 728) ausgeführt werden, und zwar mit der Abänderung, daß vor dem Zersetzen der alkalischen Lösung durch Salzsäure 5 cm³ Benzin hinzugefügt werden (leichtere Trennung). Vom abgelesenen Volumen p-Chlor-m-Kresol ist die Benzinmenge abzuziehen, worauf die Berechnung wie bei Kresolseifenlösung vorgenommen wird. Die Methode gibt nur Näherungswerte.

Stempel bestimmt das p-Chlor-m-Kresol durch Überdestillieren des p-Chlor-m-Kresols mit Wasserdampf nach vorheriger Fällung der Seife durch Calciumchlorid, Extraktion des Destillats mit Äther, Überführung des Chlors in Chlorid durch katalytische Reduktion, Fällung und Wägung als Chlorsilber. Enthält die zu untersuchende Chlorkresolseifenlösung neben Chlorkresol keine flüchtigen Substanzen (ätherische Öle), so kann der Chlorkresolgehalt einfacher durch Wägung des Ätherrückstandes ermittelt werden.

2. Zusammengesetzte kresolhaltige Desinfektionsmittel. Kresolseifenlösung (III, 948). a) Quantitative Bestimmung. Kresolgehalt: Nach Schumann kann auch das nach Raschig (IV, 327, III, 953) hergestellte Trinitrometakresol anstatt gewogen mit n-Natronlauge und Phenolphthalein titriert werden.

Neuerdings kommt auch der Bestimmung des o-Kresolgehaltes Bedeutung zu, nachdem Uhlenhuth und Remy festgestellt haben, daß die keimabtötende Wirkung bei tuberkulösem Sputum nur dem o-Kresol in alkalischer Seifenlösung, nicht aber dem m- und p-Kresol zuzuschreiben ist.

Zur Bestimmung des o-Kresolgehalts in Gemischen ist die Methode von Potter und Williams, deren Brauchbarkeit H. Düll nachgeprüft hat, geeignet. Diese Methode beruht darauf, daß Cineol mit o-Kresol,

---

[1] Bearbeitet von Dr. H. Leonhardt.

aber nicht mit m- und p-Kresol unter Bildung einer bei 55,7° erstarrenden Molekularverbindung (Kresineol) reagiert. Die Bestimmung des Erstarrungspunktes eines Gemisches der drei Isomeren mit Cineol ermöglicht die Ermittlung des Gehaltes an o-Kresol. Liegt der Gehalt an o-Kresol unter 40%, so ist reinstes o-Kresol zuzusetzen. Als Eichsubstanz dient reinstes o-Kresol, das über die Cineolverbindung, die gegebenenfalls bis zum gleichbleibenden Schmelzpunkt aus Petroläther umkristallisiert wird, zu erhalten ist. Als Cineol kommt die Handelsmarke „reinst, wasserhell, kristallisierbar" in Betracht. Wasser ist bei der Bestimmung sorgfältig auszuschließen (1,5% Wasser erniedrigt den Erstarrungspunkt um 5,6°). Potter und Williams haben für o-Kresolgehalte von 40—100% folgende Erstarrungspunkte der o-Kresol-Cineolverbindung gefunden:

o-Kresol-%:	100	95	89,85	80	63,5	50	40
Erstarrungspunkt:	55,7°	54,2°	52,5°	49,2°	42,8°	36,3°	30,3°

Bezüglich Ausführung sei auf die Arbeit von Düll verwiesen.

Als Schnellmethode für die Bestimmung des Rohkresolgehaltes hat sich die Methode von Handke (2) bewährt. In einem Erlenmeyerkolben von 200 cm³ Inhalt werden 40 g 15%ige Natronlauge, 20 g Wasser und 40 g 10%ige Calciumchloridlösung gemischt und 20 g Kresolseifenlösung hinzugefügt. Nachdem eine Minute gut durchgeschüttelt wurde, werden durch ein glattes Filter von 15 cm Durchmesser 60 g (= 10 g Kresolseifenlösung) in ein Cassiakölbchen von genau 100 cm³ Inhalt (Deutsches Arzneibuch VI, S. XXX) filtriert. Nach dem Zufügen von 15 g Wasser und nach dem Auflösen von 20 g zerriebenem Natriumchlorid werden 15 g 25%ige Salzsäure hinzugefügt. Hierauf wird bis zum oberen Teilstrich mit Wasser aufgefüllt. Nach gutem Durchmischen wird mindestens 4 Stunden stehengelassen. Die Anzahl der Zehntelkubikzentimeter des ausgeschiedenen Rohkresols, vermehrt um 2, ergibt den Kresolgehalt in Prozenten. Das Verfahren von Handke versagt, wenn Ricinusölsäure, deren Sulfonierungsprodukte oder Harze als Seifenkörper Verwendung gefunden haben.

VIII. Pharmazeutische Präparate[1].

A. Silberpräparate (III, 964).

1. Argidal. Argidal ist eine Lösung, die 1% salicylsaures Hexamethylensilber, 0,5% Hexamethylentetraminacetat und etwa 3% Hexamethylentetramin enthält. Über Prüfung und Gehaltsbestimmung siehe Prüfungsvorschriften für die Spezialpräparate „Boehringer" und „Zimmer" Mannheim-Waldhof 1937.

2. Argyrol. Argentum vitellinicum ist ein Silberproteinpräparat, das nach dem Belgischen Arzneibuch mindestens 18,34% Silber enthalten soll. Es ist geruchlos, hygroskopisch und zu gleichen Teilen in Wasser löslich; in Alkohol und Äther ist es unlöslich. Es enthält etwa 0,5% Schwefel.

---

[1] Bearbeitet von Dr. Hamann.

Reinheitsprüfungen und quantitative Bestimmung sind, wie bei Albargin beschrieben, auszuführen (III, 964, 965), letztere jedoch nur mit einer Einwaage von etwa 0,5 g.

3. Itrol ist Silbercitrat mit einem Gehalt von mindestens 60% Silber.

Über Eigenschaften, Prüfung und Gehaltsbestimmung siehe Argentum citricum des Ergänzungsbuches 5 zum Deutschen Arzneibuch 6.

$$\begin{array}{l} CH_2 \cdot CO_2Ag \\ | \\ COH \cdot CO_2Ag \\ | \\ CH_2 \cdot CO_2Ag \end{array}$$

4. Targesin ist kolloidales, komplexes Diacetyltanninsilbereiweiß mit einem Gehalt von 6% Silber. Dunkle, metallisch glänzende Lamellen, die sich leicht und mit schwach saurer Reaktion in Wasser lösen.

B₁. Arsenpräparate.

1. Kakodylsaures Natrium (III, 973). a) Reinheitsprüfung. Empfindlicher als die Prüfung auf monomethylarsinsaures Natrium mit Calciumchlorid (III, 973) ist die Reaktion nach Martin: 1 g kakodylsaures Natrium wird mit 5 cm³ Schwefelsäure (1 + 2 Volumteile) bis zur Lösung geschüttelt, die Flüssigkeit mit einigen Tropfen Kaliumjodidlösung (1 + 9) überschichtet und vorsichtig gegen die Gefäßwand geklopft. Bei Anwesenheit noch sehr geringer Mengen Monosalz tritt ein Niederschlag auf, bei Abwesenheit von Monosalz bleibt die Lösung klar.

b) Quantitative Bestimmung. Um eine zu heftige Reaktion des Kaliumpermanganats bei der Zerstörung der organischen Substanz nach Rupp (III, 974) zu vermeiden, wird entweder das Permanganat nach Frerichs und Meyer durch gefälltes Mangandioxydhydrat ersetzt, oder es wird das Salz vor der Permanganatzugabe mit 10 cm³ Wasser versetzt und die Gehaltsbestimmung wie bei monomethylarsinsaurem Eisen (s. unten) zu Ende geführt.

Über die Mineralisierung durch Glühen mit Magnesiumperoxyd siehe Rupp und Poggendorf.

Die Bestimmung des Natriumgehaltes kann durch Titration mit ¹/₂ n-Salzsäure in einer Lösung in 66%igem Alkohol und unter Anwendung von Bromphenolblau als Indicator erfolgen (Thomis).

2. Monomethylarsinsaures Eisen (III, 976). Monomethylarsonsaures Eisen.

Quantitative Bestimmung. In einem Meßkolben von 100 cm³ Inhalt werden 0,6 g monomethylarsinsaures Eisen in etwa 75 cm³ heißem Wasser gelöst. Die heiße Lösung wird unter Umschwenken mit etwa 5 cm³ Natronlauge (15%ig) versetzt und auf dem Wasserbad belassen, bis der Niederschlag abgesunken ist. Nach dem Erkalten wird mit Wasser bis zur Marke aufgefüllt, gut durchgeschüttelt und filtriert. Die ersten 10—15 cm³ des Filtrates werden verworfen. Weitere 25 cm³ des Filtrates werden in einem schräg eingespannten Kjeldahl-Kölbchen über kleiner Flamme auf etwa 10 cm³ eingekocht und erkalten gelassen. Nach Zugabe von 2,5 g feinst zerriebenem Kaliumpermanganat werden unter Kühlung 10 cm³ konzentrierte Schwefelsäure tropfenweise so hinzugegeben, daß am Kolbenhals haftendes Kaliumpermanganat möglichst hinabgespült wird. Es wird nun über kleiner Flamme erhitzt, bis alles Wasser fort-gekocht ist, dann ein kleines Trichterchen aufgesetzt und noch etwa $^1/_2$ Stunde derart weiter erhitzt, daß der Kolben dicht mit Schwefelsäure-dampf gefüllt ist und sich schließlich alles Mangandioxyd löst. Nach dem Erkalten wird der Kolbeninhalt vorsichtig mit Wasser verdünnt, mit insgesamt 50 cm³ Wasser quantitativ in eine Glasstopfenflasche über-gespült und die rötliche Flüssigkeit mit einigen Körnchen Oxalsäure ent-färbt. Der erkalteten Lösung werden 3 g Kaliumjodid hinzugefügt, und nach $^1/_2$stündigem Stehenlassen wird das ausgeschiedene Jod mit $^1/_{10}$ n-Natriumthiosulfatlösung ohne Anwendung von Stärkelösung titriert. 1 cm³ $^1/_{10}$ n-Natriumthiosulfatlösung = 0,003748 (log = 0,57380 — 3) g As = 0,0087605 (log = 0,94253 — 3) g $(CH_3AsO_3)_3$ Fe_2.

Zur Bestimmung des Eisengehaltes werden der auf dem Filter gesam-melte Eisenhydroxydniederschlag und das Kölbchen, ohne auf den an der Kolbenwand festsitzenden Niederschlag Rücksicht zu nehmen, mit heißem Wasser nachgewaschen, bis das Filtrat nicht mehr alkalisch reagiert. Danach wird der Niederschlag in den Kolben, in dem die Fäl-lung vorgenommen wurde, mit warmer, verdünnter Salzsäure vom Filter gelöst und das Filter mit warmem Wasser nachgewaschen. Das gesamte Filtrat wird nach dem Erkalten auf 100 cm³ aufgefüllt. 50 cm³ dieser Lösung werden in einer Glasstopfenflasche mit 3 g Kaliumjodid versetzt. Nach $^1/_2$ Stunde wird das ausgeschiedene Jod unter Anwendung von Stärkelösung als Indicator mit $^1/_{10}$ n-Natriumthiosulfatlösung titriert. 1 cm³ $^1/_{10}$ n-Natriumthiosulfatlösung = 0,005584 (log = 0,74695 — 3) g Fe = 0,026282 (log = 0,41965 — 2) g $(CH_3AsO_3)_3$ Fe_2.

Zwecks Erzielung einer besseren Löslichkeit zeigen die Handels-präparate z. T. nicht die genaue stöchiometrische Zusammensetzung.

Über die Mineralisierung mit Magnesiumperoxyd siehe Rupp und Poggendorf.

3. Salvarsanpräparate (III, 976). a) Myosalvarsan. Natriumsalz der m-Diamino-p-dioxyarsenobenzol-dimethansulfosäure.

b) Neojacol „J.S.M.“. Natriumsalz der m-Diamino-p-dioxyarseno-benzolmethylen-sulfoxylsäure mit etwa 20% Arsen, offizinelles Prä-parat des Italienischen Arzneibuches.

Über qualitative Reaktionen siehe Ekkert (4).

B₂. **Wismutpräparate** (III, 988)
(s. Erg.-Bd. II, S. 601).

C. Quecksilberpräparate.

1. Anhydro-Hydroxymercurisalicylsäure (III, 996). a) Reinheits-prüfung. Wird 1 g mit 10 cm³ Wasser geschüttelt und filtriert, so darf das klare Filtrat nicht alkalisch reagieren (Natriumsalicylat, Natrium-carbonat) und mit Schwefelwasserstoff kaum eine Färbung oder Trübung geben (Schwermetalle).

0,5 g dürfen nach dem Abrauchen mit Schwefelsäure nicht mehr als 0,5 mg Rückstand hinterlassen.

b) **Quantitative Bestimmung.** Über den Aufschluß und die Bestimmung des Quecksilbers in arzneilichen Quecksilberpräparaten siehe Schulek und Floderer (1).

2. Quecksilberamidochlorid (III, 997). a) Quantitative Bestimmung. Bei der Gehaltsbestimmung nach Rupp und Lehmann (III, 997) kann das Kaliumjodid durch das billigere Natriumthiosulfat ersetzt werden.

$$NH_2HgCl + 2 Na_2S_2O_3 + H_2O = Na_2[Hg(S_2O_3)_2] + NaCl + NH_3 + NaOH$$

0,2—0,3 g fein zerriebenes Quecksilberpräcipitat werden in einer Flasche mit Glasstopfen von 100 cm³ Inhalt mit etwa 50 cm³ Wasser und 2—3 g festem Natriumthiosulfat versetzt und unter häufigem Umschütteln etwa 10 Minuten lang bis zur vollständigen Lösung stehengelassen. Die Lösung wird sodann unter Anwendung von Methylrot als Indicator mit $^1/_{10}$ n-Salzsäure titriert. 1 cm³ $^1/_{10}$ n-Salzsäure = 0,012604 (log = 0,10053 — 2) g Quecksilberamidochlorid.

Über die Gehaltsbestimmung von weißer Quecksilberpräcipitatsalbe siehe Hamann (3).

3. Quecksilberchlorid (III, 998). Quantitative Bestimmung. Bei der jodometrischen Methode nach Rupp (III, 999) erhöht die Zugabe eines Schutzkolloids die Reaktionsfähigkeit des Quecksilbers mit der Jodlösung. 1 g Quecksilberchlorid wird in Wasser zu 100 cm³ gelöst. 20 cm³ dieser Lösung werden in einem Erlenmeyerkolben mit eingeschliffenem Stopfen mit 1 g Kaliumjodid versetzt und mit 10 cm³ Natronlauge (15%ig) alkalisch gemacht. Hierauf werden etwa 10 cm³ einer Anschüttelung von 0,2 g Pektin in 100 cm³ Wasser (das Pektin ist auf einen Eigenjodverbrauch zu prüfen) hinzugefügt. Die Mischung wird auf etwa 60° erwärmt und unter dauerndem Umschwenken mit einer Mischung aus 3 cm³ Formaldehydlösung und 10 cm³ Wasser reduziert. Nach kräftigem Schütteln wird mit etwa 25 cm³ Essigsäure (30%ig) angesäuert und danach aus einer Pipette mit 25 cm³ $^1/_{10}$ n-Jodlösung versetzt. Durch den Pektinzusatz tritt fast sofortige Lösung des reduzierten Quecksilbers ein, so daß der Jodüberschuß alsbald mit $^1/_{10}$ n-Natriumthiosulfatlösung zurücktitriert werden kann. 1 cm³ $^1/_{10}$ n-Jodlösung = 0,013576 (log = 0,13277 — 2) g Quecksilberchlorid.

Zur Ausführung der Arsenitmethode nach v. Bruchhausen und Hanzlik (III, 1000) schlägt Peták vor, vor der Titration des Arsenits der Reaktionsflüssigkeit 25 cm³ Chloroform zuzusetzen. Es bleibt dann das ausgeschiedene Quecksilber unter der Chloroformschicht, während in der darüberstehenden Lösung das Arsenit leicht titriert werden kann.

Eine einfache acidimetrische Bestimmung des Sublimats und der Sublimatpastillen bietet das Verfahren von Rupp: 0,2—0,25 g Quecksilberchlorid werden in wenig Wasser gelöst und mit 25 cm³ $^1/_{10}$ n-Natronlauge und einigen Tropfen Perhydrol (oder neutralisierter Wasserstoffperoxydlösung) über kleiner Flamme auf etwa 70° so lange erwärmt, bis das ausgeschiedene Quecksilberoxyd völlig in graues Quecksilber übergeführt ist. Nach dem Erkalten wird der Überschuß an Lauge unter Anwendung von Methylrot als Indicator mit $^1/_{10}$ n-Salzsäure zurückgemessen. 1 cm³ $^1/_{10}$ n-Natronlauge = 0,013576 (log = 0,13277 — 2) g Quecksilberchlorid.

Über Reinheitsforderungen und Prüfung des Quecksilberchlorids für analytische Zwecke siehe E. Merck: Prüfung der Reagenzien.

4. Quecksilberoxycyanid (III, 1003). Zur Quecksilberoxycyanid-pastillenfrage siehe Bordeianu (2).

Über eine Zusammenfassung der Arzneibuchangaben verschiedener Länder für Quecksilberoxycyanid und Quecksilberoxycyanidpastillen siehe Kälin.

5. Quecksilberoxyd (III, 1005). a) **Qualitativer Nachweis.** Über Reaktionen zur Unterscheidung von rotem und gelbem Quecksilberoxyd siehe Ritsema und Rosenthaler (2).

b) **Quantitative Bestimmung.** Die Gehaltsbestimmung kann bei Abwesenheit von Halogeniden rhodanometrisch erfolgen: 0,25 g gelbes oder rotes Quecksilberoxyd werden in 10 cm³ Salpetersäure (25%ig) gelöst. Die Lösung wird mit 100 cm³ Wasser verdünnt, mit 5 cm³ Ferri-ammoniumsulfatlösung als Indicator versetzt und mit $^1/_{10}$ n-Ammonium-rhodanidlösung titriert. 1 cm³ $^1/_{10}$ n-Ammoniumrhodanidlösung = 0,010831 (log = 0,03465 — 2) g Quecksilberoxyd.

Über die Bestimmung von Quecksilberoxyd in Salben siehe Peyer und Hamann.

D. Brompräparate.

Bromural (III, 1008). a) **Eigenschaften.** Bromural besteht im wesentlichen aus α-Bromisovalerianylharnstoff. Es schmilzt unscharf bei 147—149°. Völlig reiner Isovalerianylharnstoff schmilzt bei 154°. Der den Handelspräparaten oft eigene niedrigere Schmelzpunkt rührt von geringen Mengen Methyläthylessigsäure als Verunreinigung des Iso-valerianylharnstoffs her.

b) **Qualitativer Nachweis.** Über Farbreaktionen mit α- und β-Naphthol-Schwefelsäure, Diazobenzolsulfosäure, Dinitrobenzol, Re-sorcin-Schwefelsäure siehe Ekkert (5).

E. Jodpräparate.

1. Dijoddithymol (III, 1010). Die Konstitution dieses Körpers ist noch umstritten, siehe dazu Bordeianu (3) und Leclerq.

Die Handelsware stellt meist ein gelbbraunes Pulver dar, während ganz reines Dijoddithymol nach Bordeianu (3) in zwei desmotropen Formen, und zwar als gelbliche, dickflüssige Masse und als farblose Kristalle vom Schmelzpunkt 45—47°, vorkommt. Der Gehalt an Jod sollte nicht weniger als 43% betragen. Die Forderung des Belgischen Arzneibuches (45% Jod) wird von den Handelspräparaten kaum gehalten.

Über Prüfungen und quantitative Bestimmung siehe Leclerq. Die Gehaltsbestimmung sollte zweckmäßig nach dem Veraschen mit Soda-Salpeter jodometrisch nach Winkler vorgenommen werden, da mitunter chlorhaltige Präparate angetroffen werden, die einen geringen Jod-, jedoch hohen Gesamthalogengehalt aufweisen.

2. Jodipin (III, 1012). **Quantitative Bestimmung.** Etwa 1 g Jodipin wird mit 10 cm³ Eisessig unter Zusatz von 1 g Zinkdrehspänen ungefähr 1 Stunde lang am Rückflußkühler gekocht. Danach werden durch den Kühler 30 cm³ Wasser zugegossen. Die Flüssigkeit wird durch einen kleinen Wattebausch in einen Kolben mit Glasstopfen filtriert. Filter sowie Kolben werden mit je 20 cm³ Wasser nachgewaschen. (Das Filtrat braucht nicht klar zu sein.) Die Lösung wird unter Kühlung mit 100 cm³ rauchender Salzsäure versetzt und mit $^1/_{10}$ n-Kaliumjodatlösung titriert. Ist die anfangs dunkelbraune Flüssigkeit heller geworden, werden einige Kubikzentimeter Chloroform hinzugegeben. Es wird bis zur Farblosigkeit des Chloroforms unter kräftigem Schütteln titriert. 1 cm³ $^1/_{10}$ n-Kaliumjodatlösung = 0,004231 (log = 0,62644 — 3) g Jod.

Prinzip der Bestimmung: Das organisch gebundene Jod wird in Zinkjodid übergeführt und nach der Gleichung: $ZnJ_2 + HJO_3 + 5\,HCl = ZnCl_2 + 3\,ClJ + 3\,H_2O$ titriert (nach **Tusting, Cocking** und **Middleton**).

3. Jodival (III, 1013). Jodival besteht im wesentlichen aus α-Jodisovalerianylharnstoff. Der unscharfe und etwas niedere Schmelzpunkt gegenüber reinem α-Jodisovalerianylharnstoff (181°) wird durch Methyläthylessigsäure (aus dem Gärungsamylalkohol) verursacht.

Quantitative Bestimmung (nach den Angaben der Knoll A. G., Ludwigshafen). 0,5 g Jodival kocht man gelinde eine Viertelstunde lang mit 10 cm³ Kalilauge in einem Kölbchen mit aufgesetztem Trichter, verdünnt darauf mit 50 cm³ Wasser und fügt nach dem schwachen Ansäuern mit verdünnter Salzsäure etwa 2,5 cm³ einer 10%igen Palladiumchlorürlösung hinzu, bis keine Fällung mehr entsteht. Den braunschwarzen Niederschlag von Palladiumjodür läßt man an einem warmen Orte 1—2 Tage stehen, sammelt ihn darauf auf einem gewogenen Porzellanfiltertiegel und wäscht mit wenig warmem Wasser nach. Nach dem Trocknen bei 100° sollen für 0,5 g Einwaage mindestens 0,284 g Palladiumjodür gewogen werden, was einem Jodgehalt von 40% gleichkommt. 1,0 g Palladiumjodür entspricht 0,704 (log = 0,84757 — 1) g Jod.

F. Adsorbierende Arzneistoffe.

Kohle für medizinischen Gebrauch (III, 1016). Reinheitsprüfung. Da nach **Ruff, Ebert** und **Luft** bei der Ermittlung des Sublimattiters (III, 1019) Quecksilber-(2)-chlorid durch Kohle zum Teil zum Quecksilber-1-salz reduziert werden kann, ist das Sublimat zweckmäßig durch ein anderes Präparat zu ersetzen. Bewährt hat sich der Antipyrintest nach C. und U. **Rohmann** (vgl. auch **Rohmann** und **Gericke**). Eine 0,5 g Trockenkohle entsprechende Menge ungetrockneter Kohle wird in einem mit Glasstopfen verschlossenen Gefäß von etwa 200 cm³ Inhalt mit 100 cm³ einer wäßrigen Antipyrinlösung, die in 100 cm³ genau 0,5 g Antipyrin enthält, 10 Minuten lang geschüttelt und durch ein trockenes Filter abfiltriert. Die ersten 20 cm³ des Filtrates werden verworfen. Von dem weiteren Filtrat werden 25 cm³ in eine mit Glasstopfen verschließbare Flasche abpipettiert, mit 1,5—2 g Natriumacetat und 20 cm³ $^1/_{10}$ n-Jodlösung versetzt und 20 Minuten lang verschlossen stehengelassen. Durch Zugabe von 20 cm³ Alkohol (oder Chloroform) wird der Niederschlag in Lösung gebracht und die überschüssige Jod-

lösung mit $^{1}/_{10}$ n-Natriumthiosulfatlösung zurücktitriert. Eine gute Kohle
muß eine Antipyrinadsorption von mindestens 45% aufweisen, so daß
höchstens 7,3 cm³ $^{1}/_{10}$ n-Jodlösung von dem nicht adsorbierten Antipyrin gebunden werden sollten. 1 cm³ $^{1}/_{10}$ n-Jodlösung = 0,0094055
(log = 0,97338 — 3) g Antipyrin (Stärkelösung als Indicator).

Das Ungarische Arzneibuch fordert für Carbo medicinalis eine
Antipyrinadsorption von 50%.

Das Amerikanische Arzneibuch (1936) prüft unter anderem die
Adsorptionskraft gegenüber Alkaloiden. 0,1 g Strychninsulfat wird in
50 cm³ Wasser gelöst, die Lösung mit 1 g Aktivkohle 5 Minuten kräftig
geschüttelt und dann sofort durch ein trockenes Filter filtriert. Die
ersten 20 cm³ des Filtrates werden verworfen. Zu weiteren 10 cm³ des
Filtrates werden 1 Tropfen Salzsäure und 5 Tropfen Kaliumquecksilber-
jodidlösung hinzugefügt. Es darf keine Trübung auftreten.

Über die Prüfung der Kohle für analytische Zwecke siehe E. Merck:
Prüfung der Reagenzien.

G. Therapeutisch verwendete Anilinfarbstoffe.

Methylenblau (III, 1024). a) Reinheitsprüfung. 1 g Methylenblau wird in 50 cm³ kochendem Alkohol gelöst und die Lösung filtriert.
Der Rückstand wird mit heißem Alkohol bis zum Verschwinden
des Farbstoffs ausgewaschen. Beim Anfeuchten mit $^{1}/_{10}$ n-Jodlösung
darf keine weinrote Farbe auftreten (Dextrin).

b) Quantitative Bestimmung. Etwa 0,1 g bei 110° getrocknetes
Methylenblau (genau gewogen) wird in einem Meßkolben von 500 cm³
Inhalt in 100 cm³ Wasser gelöst. Es werden 50 cm³ Natriumacetatlösung (1 + 9) hinzugefügt und nach dem Durchmischen 50 cm³ $^{1}/_{10}$ n-
Jodlösung unter dauerndem Umschwenken aus einer Bürette hinzugegeben. Der Kolben wird verschlossen und 50 Minuten stehengelassen,
wobei alle 10 Minuten kräftig umgeschüttelt wird. Danach wird mit
Wasser auf 500 cm³ aufgefüllt, durchgemischt, 10 Minuten absitzen gelassen und durch ein trockenes Filter filtriert. Die ersten 30 cm³ des
Filtrates werden verworfen. In weiteren 100 cm³ des Filtrates wird
der Jodüberschuß mit $^{1}/_{10}$ n-Natriumthiosulfatlösung zurückgemessen.
1 cm³ $^{1}/_{10}$ n-Natriumthiosulfatlösung = 0,005328 (log = 0,72656 — 3) g
Methylenblau. (Bestimmungsvorschrift des Amerikanischen Arzneibuches 1936.)

H. Salicylsäure und Salicylsäurepräparate.

1. Salicylsäure (III, 1029). Über den mikrochemischen Nachweis der
Salicylsäure und einiger Derivate sowie der Ester der isomeren p-Oxybenzoesäure in Lebensmitteln und Arzneien siehe R. Fischer und
Stauder. Erkennungsproben siehe auch Mercks Reagenzienverzeichnis.

Quantitative Bestimmung. Über die colorimetrische Bestimmung
der Salicylsäure im Harn siehe Merz.

2. Salicylsäuremethylester (III, 1032). Da bei der Gehaltsbestimmung
durch Verseifung mit alkoholischer Kalilauge infolge Einwirkung des

Alkohols auf die Salicylsäure mitunter schwankende Werte gefunden wurden, schlägt Ekkert (6) folgende Abänderung vor: Etwa 2,5 g Ester (genau gewogen) werden mit 25 cm³ wäßriger n-Kalilauge $^1/_4$ Stunde auf dem Wasserbad unter häufigem Umschütteln verseift. Das Reaktionsgemisch wird nach dem Erkalten mit n-Salzsäure titriert. 1 cm³ n-Salzsäure = 0,15206 (log = 0,18201 — 1) g Methylsalicylat.

3. Diplosal (III, 1034). Schmelzpunkt 143—144°.

Quantitative Bestimmung. 0,516 g Diplosal werden in 10 cm³ Alkohol gelöst und mit $^1/_{10}$ n-Natronlauge und Phenolphthalein als Indicator titriert. Kurz vor dem Umschlag sind 30 cm³ Wasser hinzuzufügen. Zur Neutralisation sollen 20—20,2 cm³ $^1/_{10}$ n-Lauge erforderlich sein (Titration a). Darauf wird ein Überschuß $^1/_{10}$ n-Lauge hinzugefügt, so daß insgesamt 50 cm³ zugesetzt sind. Die Lösung wird 5 Minuten lang gekocht und der Überschuß an Lauge unter möglichstem Ausschluß der Kohlensäure der Luft mit $^1/_{10}$ n-Salzsäure zurücktitriert. Es müssen hiervon 9,6—10 cm³ erforderlich sein (Titration b).

$$1 \text{ cm}^3 \; ^1/_{10} \text{ n-Lauge} \begin{cases} = 0,025808 \; (\log = 0,41176 - 2) \text{ g Diplosal für Titration } a \\ = 0,012904 \; (\log = 0,11073 - 2) \text{ g Diplosal für Titration } b. \end{cases}$$

[Prüfungsvorschrift der Niederländischen Krankenhaus- und Gemeindeapotheker. Pharm. Weekblad 70, 307 (1933).]

J. Antipyrin und Antipyrinpräparate.

1. Antipyrin (III, 1037). a) Qualitativer Nachweis. Über mikrochemische Reaktionen des Antipyrins siehe Wagenaar (3), über Unterscheidungsreaktionen von Stovain Roisman, siehe auch Mercks Reagenzienverzeichnis.

b) Quantitative Bestimmung. Über die Fällung und Bestimmung des Antipyrins in Gegenwart von Pyramidon als Hydroferrocyanid siehe Kolthoff (2).

2. Migränin (III, 1041). a) Qualitativer Nachweis (nach den Angaben der I. G. Farbenindustrie A. G., Werk Frankfurt-Höchst). Eine warm bereitete Lösung von 0,5 g Migränin in 1 cm³ absolutem Alkohol scheidet beim Erkalten Kristallnadeln aus. Werden diese gesammelt, mit kleinen Mengen kaltem absolutem Alkohol gewaschen und nach dem Trocknen mit 10 Tropfen Wasserstoffperoxyd und 1 Tropfen Salzsäure eingedunstet, so entsteht beim Befeuchten des Abdampfrückstandes mit 1 Tropfen Ammoniakflüssigkeit eine purpurrote Färbung. Die Lösung von 0,3 g Migränin in 1 cm³ Wasser wird mit 3 cm³ Kalkwasser versetzt und zum Sieden erhitzt. Es entsteht eine Trübung, die nach dem Erkalten fast völlig wieder verschwindet.

b) Quantitative Bestimmung. α) *Gehalt an freier Citronensäure.* 1 g Migränin wird in 10 cm³ Wasser gelöst und nach Zugabe von 2 bis 3 Tropfen Phenolphthaleinlösung mit $^1/_{10}$ n-Natronlauge bis zur Rosafärbung titriert. 1 cm³ $^1/_{10}$ n-Lauge = 0,006402 (log = 0,80632 — 3) g wasserfreie Citronensäure. Das Schweizer Arzneibuch (1933) fordert einen Gehalt von mindestens 0,90 und höchstens 0,96% Citronensäure.

β) *Gehalt an Antipyrin* nach der Methode von Kolthoff (III, 1038). 1 g Migränin wird in einem Meßkolben von 100 cm³ Inhalt in Wasser gelöst und die Lösung bis zur Marke aufgefüllt. 10 cm³ dieser Lösung werden in einer Flasche mit Glasstopfen mit 2 g Natriumacetat und 20 cm³ $^1/_{10}$ n-Jodlösung versetzt und 20 Minuten unter zeitweiligem Schütteln stehengelassen. Danach werden 25 cm³ Alkohol oder 10 cm³ Chloroform zwecks Lösung des Niederschlages hinzugegeben. Der Jodüberschuß wird mit $^1/_{10}$ n-Natriumthiosulfatlösung zurückgemessen. 1 cm³ $^1/_{10}$ n-Jodlösung = 0,0094055 (log = 0,97338 — 3) g Antipyrin. Der Gehalt an Antipyrin betrage mindestens 90%.

3. Pyramidon (III, 1042). a) Qualitativer Nachweis. Über den mikrochemischen Nachweis des Pyramidons siehe Rosenthaler (3) sowie ·Wagenaar (4). Weitere Erkennungsproben siehe Mercks Reagenzienverzeichnis.

b) Quantitative Bestimmung. Bei der acidimetrischen Titration (III, 1043) gibt die Anwendung eines Mischindicators aus 4 Teilen Bromkresolgrün und 1 Teil Dimethylgelb (je 0,02%ige Lösungen) auch bei Anwendung von $^1/_{10}$ n-Meßlösung einen genaueren Umschlagspunkt. Es wird auf rein Gelb bis zum Stich Rötlich titriert. 1 cm³ $^1/_{10}$ n-Schwefelsäure = 0,023116 (log = 0,36391 — 2) g Pyramidon.

Annäherungswerte liefert die bromometrische Bestimmung: 0,2 g Pyramidon werden in einem Meßkolben von 100 cm³ Inhalt in Wasser gelöst. Die Lösung wird bis zur Marke mit Wasser aufgefüllt. 20 cm³ der (bei Tabletten filtrierten) Lösung werden mit 25 cm³ $^1/_{10}$ n-Kaliumbromatlösung, 1 g Kaliumbromid und 10 cm³ verdünnter Salzsäure versetzt. Nach 15 Minuten (die Zeit muß genau eingehalten werden) werden 0,5 g Kaliumjodid zugesetzt. Der Jodüberschuß wird mit $^1/_{10}$ n-Natriumthiosulfatlösung unter Anwendung von Stärke als Indicator zurücktitriert. 1 cm³ $^1/_{10}$ n-Kaliumbromatlösung = 0,0028895 (log = 0,46083 — 3) g Pyramidon.

Über eine oxydimetrische Bestimmung des Pyramidons in Gegenwart von Antipyrin, Coffein, Acetanilid usw. siehe Schulek und Menyhárth, über die Bestimmung von Coffein, Pyramidon und Phenacetin nebeneinander v. Mikó.

K. Veronal.

1. Veronal (III, 1045). Quantitative Bestimmung. Bei der alkalimetrischen Titration (III, 1047) ist Thymolphthalein durch sein geeigneteres Umschlagsintervall dem Phenolphthalein vorzuziehen: 0,5 g Veronal werden in 25 cm³ gegen Thymolphthalein neutralisiertem Alkohol gelöst und mit $^1/_{10}$ n-Natronlauge titriert. 1 cm³ $^1/_{10}$ n-Natronlauge = 0,018411 (log = 0,26507 — 2) g Veronal.

Eine argentometrische Schnellbestimmung ermöglicht das Verfahren von Budde: 0,2—0,3 g Veronal werden mit 1 g trockenem Natriumcarbonat in 30 cm³ Wasser gelöst. Die klare Lösung (bzw. bei Tabletten das klare Filtrat) wird mit $^1/_{10}$ n-Silbernitratlösung bis zur bleibenden Trübung titriert. 1 cm³ $^1/_{10}$ n-Silbernitratlösung = 0,018411 (log = 0,26507 — 2) g Veronal.

Über die Bestimmung des Veronals im Harn siehe Straub und Mihalovits.

2. Luminal (III, 1048). a) Qualitativer Nachweis. 0,01—0,02 g Luminal werden mit 0,5—1 cm³ einer etwa 6%igen Formaldehydlösung und mit etwa 4 cm³ konzentrierter Schwefelsäure versetzt. Es tritt bei Zimmertemperatur allmählich, im siedenden Wasserbad innerhalb 1 Minute, eine lebhaft rosenrote, später bis weinrote Färbung auf. Veronal gibt keine Rotfärbung, Phanodorm zeigt dabei grüne Fluorescenz [nach Ekkert (7)].

Weitere Erkennungsproben siehe Beal und Szalkowski und Mercks Reagenzienverzeichnis.

b) Reinheitsprüfung. 3 cm³ gesättigte wäßrige Luminallösung werden mit 1 Tropfen 0,1%iger Kaliumpermanganatlösung und 10 Tropfen etwa 16%iger Schwefelsäure versetzt. Die Rotfärbung des Permanganats muß in der Kälte mindestens 15 Minuten bestehen bleiben (Phanodorm).

c) Quantitative Bestimmung. Die Gehaltsbestimmung kann, wie bei Veronal (S. 736) beschrieben, entweder alkalimetrisch mit Thymolphthalein als Indicator oder argentometrisch nach Budde erfolgen. 1 cm³ $^1/_{10}$ Normallösung = 0,023211 (log = 0,36570 — 2) g Luminal.

3. Phanodorm (III, 1050). a) Qualitativer Nachweis. Wird 0,01 g Phanodorm mit 3 cm³ konzentrierter Schwefelsäure und 10 Tropfen Formaldehydlösung gelöst, so nimmt die Lösung nach kurzem Erwärmen im Wasserbad eine orange bis rote Farbe an und zeigt grüne Fluorescenz (Unterschied von Veronal und Luminal).

b) Bei der quantitativen Bestimmung (III, 1051) ist der Logarithmus des Äquivalentgewichtes zu berichtigen. Er beträgt 0,67422—2. Die Bestimmung kann auch argentometrisch, wie bei Veronal (S. 736), erfolgen. 1 cm³ $^1/_{10}$ n-Silbernitratlösung = 0,023614 (log = 0,37317 — 2) g Phanodorm.

4. Phanodorm-Calcium. Calciumsalz der Cyclohexenylbarbitursäure. $(C_{12}H_{15}O_3N_2)_2Ca$. Mol.-Gewicht: 510,32. Weißes, kristallinisches Pulver, das in kaltem Wasser schwer, in heißem etwas leichter löslich, in Alkohol und Äther fast unlöslich ist.

5. Evipan. N-Methylcyclohexenylmethylbarbitursäure. $C_{12}H_{16}O_3N_2$. Mol.-Gewicht: 236,14. Kristallinisches Pulver, das sich schwer in Wasser, leicht in heißem Alkohol löst. Schmelzpunkt 145°.

6. Prominal. Phenyläthyl-N-methylbarbitursäure. $C_{13}H_{14}O_3N_2$. Mol.-Gewicht: 246,13. Weißes, kristallinisches Pulver, das in verdünnten Alkalien, heißem Alkohol und Aceton löslich, in Wasser und Äther schwer löslich, in Benzol und Chloroform fast unlöslich ist. Schmelzpunkt 177—178°.

L. Synthetische Arzneimittel für Lokalanästhesie.

1. Anästhesin (III, 1053). a) Qualitativer Nachweis. Erkennungsproben siehe Offerhaus und Baert, Wagenaar (5), Ekkert (8) und Mercks Reagenzienverzeichnis.

b) Quantitative Bestimmung. 0,1 g Anästhesin wird in einer Flasche mit Glasstopfen von etwa 200 cm³ Inhalt in etwa 2 cm³ n-Salzsäure und 25 cm³ Wasser gelöst. Die Lösung wird mit 50 cm³

$^1/_{10}$ n-Kaliumbromatlösung, 1 g Kaliumbromid und 5 cm³ 5 n-Salzsäure versetzt und 10—15 Minuten vor Licht geschützt stehengelassen. Nach Zugabe von 1 g Kaliumjodid wird das ausgeschiedene Jod nach 5 Minuten mit $^1/_{10}$ n-Natriumthiosulfatlösung titriert. 1 cm³ $^1/_{10}$ n-Kaliumbromatlösung = 0,004127 (log = 0,61563 — 3) g Anästhesin. Siehe auch Novocain (s. unten).

2. Novocain (III, 1055). a) Qualitativer Nachweis. Über Erkennungsproben und Unterscheidung des Novocains von Cocain und anderen Anaesthetica siehe Offerhaus und Baert.

b) Quantitative Bestimmung. 0,3 g Novocainhydrochlorid werden in einer Mischung aus 10 cm³ Alkohol und 5 cm³ Tetrachlorkohlenstoff gelöst. Die Lösung wird mit 2—3 Tropfen Phenolphthaleinlösung versetzt und mit $^1/_{10}$ n-Natronlauge unter Umschwenken bis zur Rosafärbung titriert. 1 cm³ $^1/_{10}$ n-Natronlauge = 0,027264 (log = 0,43559—2) g Novocainhydrochlorid. In der austitrierten Lösung kann nach Sanchez (2) nunmehr die freie Base durch Titration mit $^1/_{10}$ n-Schwefelsäure bestimmt werden. Es wird bis zum Farbenumschlag nach Goldgelb bei Verwendung von Rosolsäure als Indicator titriert. Für ein reines Salz müssen bei der ersten und zweiten Titration gleiche Mengen Zehntel-Normallösung verbraucht werden. Der Gehalt an Novocainhydrochlorid betrage mindestens 99,5%.

Bei Novocain-Suprareninlösungen liefert bei genauer Einhaltung der Versuchsbedingungen und bei Abwesenheit störender Stoffe, wie z. B. Zinksulfat, die bromometrische Bestimmung nach Fijalkow und Jampolska brauchbare Werte: Etwa 0,04—0,1 g Novocainsalz werden genau gewogen und in einem Jodzahlkolben in 10 cm³ Wasser gelöst, sodann werden entsprechend der Substanzmenge 10—25 cm³ $^1/_{10}$ n-Kaliumbromatlösung, 1 g Kaliumbromid und nach dessen Lösung 15 cm³ Salzsäure (20%ig) hinzugegeben. Der Kolben wird sofort verschlossen und nach kurzem Umschütteln 5—10 Minuten ins Dunkle gestellt. Sodann werden möglichst schnell aus einer Bürette 10—25 cm³ $^1/_{10}$ n-Arsenitlösung hinzugefügt. Das Reaktionsgemisch wird unter öfterem Umschütteln so lange stehengelassen, bis der zuerst gelblich gefärbte Niederschlag rein weiß geworden ist, dann mit 2 Tropfen Methylorangelösung versetzt und mit $^1/_{10}$ n-Kaliumbromatlösung bis zum Verschwinden der Rotfärbung titriert. Gegen Ende hat die Titration ziemlich langsam zu erfolgen. 1 cm³ $^1/_{10}$ n-Kaliumbromatlösung = 0,006815 (log = 0,83347 — 3) g Novocainhydrochlorid. Ein Blindversuch zur Titerstellung der Kaliumbromat- und Arsenitlösung ist erforderlich.

Eine Bestimmung des Novocains, Anästhesins und anderer Ester der p-Aminobenzoesäure beruht auf der Wägung des Farbstoffs, der nach dem Diazotieren und Kuppeln mit β-Naphthol entsteht. Hierüber siehe die eingehende Arbeit von Schulek und Floderer (2).

3. Stovain (III, 1056). Quantitative Bestimmung. Stovain läßt sich wie Novocain (s. oben) durch Titration des Salzes in Alkohol-Tetrachlorkohlenstofflösung mit $^1/_{10}$ n-Natronlauge und anschließender Titration der Base mit $^1/_{10}$ n-Schwefelsäure bestimmen. 1 cm³ $^1/_{10}$ n-Natronlauge = 0,027164 (log = 0,43399 — 2) g Stovain.

4. Larocain. Hydrochlorid des p-Aminobenzoesäureesters des 3-Diäthylamino-2,2-dimethyl-1-propanol.

$$H_2N \cdot C_6H_4 \cdot CO \cdot OCH_2 \cdot \overset{\overset{\displaystyle CH_3}{|}}{\underset{\underset{\displaystyle CH_3}{|}}{C}} \cdot CH_2 \cdot N(C_2H_5)_2 \, .$$

Es ist ein in Wasser leicht lösliches Pulver, das bei 196—197° schmilzt.

5. Pantocain. Hydrochlorid des p-Butylaminobenzoesäuredimethylaminoäthylesters.

$$CH_3 \cdot CH_2 \cdot CH_2 \cdot CH_2 \cdot NH \cdot C_6H_4 \cdot CO \cdot OCH_2 \cdot CH_2 \cdot N(CH_3)_2 \cdot HCl \, .$$

Weiße Nadeln, die sich in Wasser und Alkohol lösen. Schmelzpunkt 149—150°. Erkennungsproben und Prüfung siehe **Prüfungsvorschriften der Spezialpräparate „Bayer"**.

6. Panthesin. N-Diäthylleucinolester der p-Aminobenzoesäure als Salz der Methandisulfonsäure.

$$NH_2 \cdot C_6H_4 \cdot CO \cdot OCH_2 \cdot CH \cdot CH_2 \cdot CH \underset{\underset{\displaystyle N(C_2H_5)_2}{|}}{\Big\langle} \overset{\displaystyle CH_3}{\underset{\displaystyle CH_3}{}}$$

Kristallinisches Pulver, das sich leicht in Alkohol und Wasser löst.

7. Orthoform. m-Amino-p-Oxybenzoesäuremethylester.

$$C_6H_3 \Big\langle \begin{matrix} CO_2CH_3 \\ NH_2 \\ OH \end{matrix}$$

Weißes, kristallinisches Pulver, das in Wasser fast unlöslich, in Alkohol leicht löslich ist. Schmelzpunkt 141—143°. Erkennungsproben und Prüfung siehe Ergänzungsbuch 5 zum Deutschen Arzneibuch 6.

8. Subcutin. p-Phenolsulfonsäure-p-Aminobenzoesäureäthylester.

$$OH \cdot C_6H_4 \cdot HO_3S \cdot NH_2 \cdot C_6H_4 \cdot CO_2C_2H_5$$

Kristallinisches, fast farbloses, wasserlösliches Pulver.

9. Tutocain. p-Aminobenzoyldimethylaminomethylbutanol-Hydrochlorid.

$$HCl \cdot NH_2 \cdot C_6H_4 \cdot CO \cdot O \qquad CH_2 \cdot N(CH_3)_2$$
$$H_3C \cdot \overset{|}{CH} - \overset{|}{CH} - CH_3$$

Gelbliches, kristallinisches Pulver, das sich leicht in Wasser, schwer in Alkohol löst. Schmelzpunkt 213—215°.

M. Alkaloide.

1. Aconitin (III, 1058). a) Eigenschaften. Reines Aconitin zeigt einen Schmelzpunkt von 197—198°. Die Bestimmung der optischen Aktivität wird besser als in alkoholischer Lösung (III, 1058) in Benzollösung ausgeführt, da die alkoholische Lösung die Erscheinung der Mutarotation zeigt. Für eine 2%ige Lösung in Benzol ist $[\alpha]_D^{20} = -36°$.

b) Quantitative Bestimmung. α) *Acidimetrisch.* 0,3 g Aconitin werden in 10 cm³ ¹/₁₀ n-Salzsäure gelöst. Der Säureüberschuß wird unter Anwendung von Methylrot als Indicator mit ¹/₁₀ n-Natronlauge bis zur

Gelbfärbung zurückgemessen. 1 cm³ $^1/_{10}$ n - Salzsäure = 0,064537 (log = 0,80981 — 2) g Aconitin.

β) *Aminometrisch* nach Vorländer nach der Vorschrift von Dietzel und Paul (1).

0,2 g Aconitin werden in einem Becherglas in Chloroform gelöst und mit $^1/_{20}$ n-p-Toluolsulfosäure-Chloroformlösung unter Anwendung von 5 Tropfen einer 0,05%igen Lösung von Dimethylaminoazobenzol in Chloroform als Indicator bis zum (scharf erfolgenden) Farbumschlag nach Rot titriert. 1 cm³ $^1/_{20}$ n - p - Toluolsulfosäure - Chloroformlösung = 0,032269 (log = 0,50878 — 2) g Aconitin. Der Farbumschlag kann durch Zugabe von 1% reinem Phenol zu dem Titriervolumen noch weiter verschärft werden.

Zur Herstellung der p-Toluolsulfosäure-Chloroformlösung werden 8,606 g p-Toluolsulfosäure in destilliertem Chloroform zum Liter gelöst. Die Einstellung kann direkt gegen eine gewogene Menge Hexamethylentetramin in Chloroform oder gegen $^1/_{20}$ n-Kalilauge und Phenolrot erfolgen. Zu diesem Zweck werden 10 cm³ der p-Toluolsulfosäurelösung mit 30 cm³ Wasser bis zur Emulsionsbildung geschüttelt. Die Emulsion wird nach Zusatz von 1 Tropfen Phenolrotlösung mit $^1/_{20}$ n-Kalilauge bis zum Farbumschlag titriert. Im 1. Fall werden etwa 0,05 g Hexamethylentetramin genau gewogen (= a Gramm), in einem Becherglas in 10 cm³ Chloroform gelöst und nach Zugabe von 5 Tropfen einer 0,05%igen Dimethylaminoazobenzol-Chloroformlösung als Indicator mit der einzustellenden p-Toluolsulfosäurelösung bis zum Farbumschlag nach Rot titriert. Sind hierzu b cm³ erforderlich, so ist der Faktor $F = 142,7 \cdot a/b$. Zur Verschärfung des Farbumschlags wird dem Titriervolumen etwa 1% reines Phenol zugesetzt. Wird die Lösung in einem Vorratsgefäß mit eingeschliffener Bürette (Feinbürette) und unter Luftabschluß aufbewahrt, so bleibt der Titer lange unverändert.

2. Apomorphinhydrochlorid (III, 1059). Eigenschaften. Die spezifische Drehung $[\alpha]_D^{20}$, aus der Drehung der 1,5%igen wäßrigen Lösung berechnet, schwankt zwischen — 46,6° und — 50°, je nach dem Wassergehalt des Salzes, der zwischen 2,8 und 4,3% liegen kann.

3. Arecolinhydrobromid (III, 1061). a) Reinheitsprüfungen. Die in einem Schälchen befindliche Lösung von 0,05 g Arecolinhydrobromid in 1 cm³ konzentrierter Schwefelsäure soll sich bei leichtem Erwärmen auf dem Wasserbad entfärben oder höchstens schwach gelb bleiben (organische Verunreinigungen). Je ein Drittel dieser Lösung darf weder durch ein Kriställchen Kaliumdichromat violett (Strychnin, Yohimbin), noch durch 2 Tropfen konzentrierte Salpetersäure rot (Morphin, Brucin), noch durch ein Kriställchen Ammoniummolybdat überhaupt gefärbt werden (andere Alkaloide).

b) Quantitative Bestimmung. Die Titration läßt sich außer in absolut alkoholischer Lösung mit Porriersblau (III, 1062) auch mit Phenolphthalein als Indicator ausführen, wenn man dem Alkohol etwas Chloroform oder Tetrachlorkohlenstoff zusetzt. 0,2 g Arecolinhydrobromid werden in einem gegen Phenolphthalein neutralen Gemisch von 10 cm³ Alkohol und 5 cm³ Tetrachlorkohlenstoff gelöst und unter Umschwenken mit $^1/_{10}$ n-Natronlauge bis zur Rosafärbung titriert.

1 cm³ ¹/₁₀ n-Natronlauge = 0,023603 (log = 0,37297 — 2) g Arecolinhydrobromid.

4. Atropin (III, 1062). a) **Reinheitsprüfung.** 0,125 g Atropin werden in 10 cm³ schwach salzsaurem Wasser gelöst und mit 4 cm³ verdünnter Ammoniaklösung versetzt. Es darf nicht sofort eine Trübung eintreten (Apoatropin).

b) **Quantitative Bestimmung.** Atropin läßt sich aminometrisch nach Vorländer (Aconitin S. 740) titrieren, 1 cm³ ¹/₂₀ n-p-Toluolsulfosäure = 0,01446 (log = 0,16017 — 2) g Atropin, oder auch acidimetrisch bei Gegenwart von Tetrachlorkohlenstoff und unter Verwendung eines Mischindicators aus 2 Tropfen Methylrot- und 1 Tropfen Methylenblaulösung (je 0,02 %ige Lösungen).

5. Berberin und Berberinsalze (III, 1065). a) **Qualitativer Nachweis.** Die bei Berberinbisulfat (III, 1066) angegebene Farbreaktion mit Ammoniak ist manchen Handelspräparaten eigentümlich. Ganz reines Berberinsalz gibt diese Reaktion nicht.

b) **Quantitative Bestimmung.** Etwa 0,2 g Berberinhydrochlorid oder -bisulfat oder 0,5 g Berberinmonosulfat werden in einem Rundkölbchen unter Erwärmen in 20 cm³ Wasser und 10 cm³ Essigsäure (30 %ig) gelöst. Die Lösung wird allmählich unter Umschütteln mit 2 g Zinkstaub und darauf mit 5 cm³ Schwefelsäure (etwa 16 %ig) versetzt und am Rückflußkühler solange erhitzt, bis die Flüssigkeit vollkommen farblos ist. Die Flüssigkeit wird noch warm schnell durch Watte in einen Schütteltrichter filtriert. Kölbchen, Zink und Wattefilter werden möglichst rasch vier- bis fünfmal mit 5 cm³ heißem Wasser, das mit einigen Tropfen verdünnter Schwefelsäure angesäuert ist, nachgewaschen. Die Operationen sind so schnell wie möglich auszuführen, um eine Oxydation (Gelbwerden der Lösung) zu vermeiden. Die Lösung wird mit Ammoniaklösung versetzt, bis sich das ausfallende Zinkhydroxyd wieder gelöst hat. Nach dem Abkühlen wird zweimal mit je 20 cm³ Äther 1—2 Minuten lang ausgeschüttelt. Die vereinigten Ätherlösungen werden mit geglühtem Natriumsulfat getrocknet und durch Watte filtriert. Die Watte wird mit Äther nachgewaschen. Dann wird auf dem Wasserbad bis auf einige Kubikzentimeter abgedampft und nach Zusatz von 10 cm³ ¹/₁₀ n-Salzsäure und 10 cm³ Wasser der restliche Äther verdampft. Nach dem Abkühlen wird unter Verwendung von Dimethylgelb als Indicator mit ¹/₁₀ n-Natronlauge auf rein Gelb titriert. 1 cm³ ¹/₁₀ n-Salzsäure = 0,033514 (log = 0,52522 — 2) g Berberin = 0,040764 (log = 0,61027 — 2) g Berberinhydrochlorid = 0,046925 (log = 0,67141 — 2) g Berberinbisulfat = 0,08224 (log = 0,91508 — 2) g Berberinmonosulfat.

Prinzip der Bestimmung: Berberin läßt sich mit Zink und Säure quantitativ zu Dihydrodesoxyberberin, einem Isomeren des Canadins, reduzieren. Dihydrodesoxyberberin kann als tertiäre Base nach Zusatz von Ammoniak mit Äther ausgeschüttelt werden. Ist Berberin neben Hydrastin zu bestimmen, so wird zunächst das Hydrastin (nebst Canadin) aus der ammoniakalischen Lösung ausgeäthert. Dann wird die wäßrige Lösung nach dem Verjagen der Ätherreste wie oben reduziert und weiter verarbeitet (nach Neugebauer und Brunner).

6. Brucin (III, 1067). Quantitative Bestimmung. Die aminometrische Bestimmung ist mit 0,2 g des bei 100° getrockneten Alkaloids wie bei Aconitin (S. 740) auszuführen. 1 cm³ $^1/_{20}$ n-p-Toluolsulfosäure = 0,019211 (log = 0,28355 — 2) g Brucin wasserfrei = 0,021512 (log = 0,33268 — 2) g Brucin + 2 H_2O = 0,023313 (log = 0,36760 — 2) g Brucin + 4 H_2O. Über die Bestimmung von Brucin und Strychnin als Hydroferrocyanid und ihre Trennung mittels Ferrocyaniden sowie über eine gravimetrische und volumetrische Bestimmung als Dichromat siehe **Kolthoff** und **Lingane**.

7. Chinin (III, 1069). Quantitative Bestimmung. Chinin läßt sich nach **Vorländer** aminometrisch als 2-säuriges Amin bestimmen: 0,1 g Chinin wird in einem Becherglas in Chloroform gelöst und wie bei Aconitin (S. 740) mit $^1/_{20}$ n-p-Toluolsulfosäurelösung titriert. 1 cm³ $^1/_{20}$ n-p-Toluolsulfosäurelösung = 0,01621 (log = 0,20078 — 2) g wasserfreies Chinin.

Über die Chininbestimmung in Dragees und Ampullen siehe **Emmanuel.**

8. Chininsulfat (III, 1070). a) Reinheitsprüfung. Das **Schweizer Arzneibuch (1933)** verlangt, daß der Drehungswinkel einer Lösung von bestimmter Zusammensetzung (s. unten), bei 20° und im 2-dm-Rohr ermittelt, nicht weniger als — 17,8° und nicht mehr als — 18° betrage. Die Lösung wird durch Auflösen von 0,746 g wasserfreiem Chininsulfat in 1 cm³ 10%iger Schwefelsäure und 1 cm³ 2 n-Salzsäure und Auffüllen mit Wasser zu 20 cm³ bereitet. Werden die obigen Grenzen der Drehung nicht eingehalten, so sind Nebenalkaloide vorhanden.

b) Quantitative Bestimmung. 0,4 g Chininsulfat werden in 50 cm³ ausgekochtem Wasser gelöst. Nach dem Erkalten wird die Lösung mit 10 cm³ Chloroform und 1 cm³ Phenolphthaleinlösung versetzt und unter Schütteln mit $^1/_{10}$ n-Natronlauge bis zur bleibenden Rosafärbung titriert. 1 cm³ $^1/_{10}$ n-Natronlauge = 0,04453 (log = 0,64865 — 2) g Chininsulfat + 8 H_2O = 0,03245 (log = 0,51121 — 2) g Chininsulfat, wasserfrei. Der Umschlag ist schärfer als bei der Titration mit Poirriersblau als Indicator (III, 1073).

9. Chininhydrochlorid (III, 1073). Reinheitsprüfung. Prüfung auf Nebenalkaloide: Löst man 0,721 g wasserfreies Chininhydrochlorid oder das dieser Menge entsprechende wasserhaltige Salz in 1 cm³ 4 n-Schwefelsäure auf und verdünnt die Lösung mit Wasser auf 20 cm³, so darf der Drehungswinkel dieser Lösung, bei 20° im 2-dm-Rohr bestimmt, nicht weniger als — 17,7 und nicht mehr als — 18,0° betragen (für jeden Grad höherer Temperatur muß der absolute Wert um 0,023° verringert werden). **(Niederländisches Arzneibuch.)**

10. Optochin (III, 1074). Für eine 1%ige Lösung der freien Base in Alkohol ist die spezifische Drehung $[\alpha]_D^{20} = -144,3°$. Die spezifische Drehung des Hydrochlorids, aus der Drehung der 1%igen wäßrigen Lösung berechnet, ist $[\alpha]_D^{20} = -123,6°$. Das aus einer Mischung von Aceton und Äther umkristallisierte Hydrochlorid schmilzt bei 252—254°.

a) Reinheitsprüfung. Zur Prüfung der Optochinbase auf Chinin und andere Chinaalkaloide läßt das **Schweizer Arzneibuch (1933)** bei 20° und im 2-dm-Rohr den Drehungswinkel einer Lösung bestimmen,

die aus 0,68 g getrocknetem Optochin, 2 cm³ 2 n-Schwefelsäure, 1 cm³
2 n-Salzsäure und Auffüllen mit Wasser zu 20 cm³ bereitet wird. Der
Drehungswinkel darf nicht weniger als — 15° und nicht mehr als — 15,4°
betragen. Für das Optochinhydrochlorid werden dieselben Werte verlangt. Zur Bestimmung der Drehung werden 0,753 g getrocknetes Optochinhydrochlorid in 2 cm³ 2 n-Schwefelsäure gelöst. Die Lösung wird
mit Wasser auf 20 cm³ ergänzt.

b) Quantitative Bestimmung. α) *Optochinbase.* 0,3 g getrocknete Optochinbase werden in 5 cm³ Alkohol und 20 cm³ $^1/_{10}$ n-Salzsäure in der Wärme gelöst. In der warmen Lösung wird der Säureüberschuß unter Anwendung von Methylrot als Indicator mit $^1/_{10}$ n-Natronlauge bis zur Gelbfärbung zurücktitriert. 1 cm³ $^1/_{10}$ n-Salzsäure =
0,034024 (log = 0,53178 — 2) g Optochin.

β) *Optochinhydrochlorid.* 0,4 g getrocknetes Optochinhydrochlorid
werden in einem Gemisch aus 10 cm³ Alkohol und 5 cm³ Chloroform
gelöst und unter Verwendung von Phenolphthalein als Indicator mit
$^1/_{10}$ n-Natronlauge unter Umschwenken bis zur Rosafärbung titriert.
1 cm³ $^1/_{10}$ n-Natronlauge = 0,037671 (log = 0,57601 — 2) g Optochinhydrochlorid.

11. Chinidinsulfat (III, 1077). a) Reinheitsprüfung. 0,5 g Chinidinsulfat werden in 15 cm³ siedendem Wasser gelöst und mit Kaliumjodidlösung (1 + 9) versetzt. Es entsteht ein weißer Niederschlag (Unterschied
von Chinin). Das Gemisch wird auf 15° abgekühlt, 1 Stunde bei dieser
Temperatur gehalten, danach filtriert und das Filtrat mit 2 Tropfen
Ammoniaklösung (10%ig) versetzt. Es darf innerhalb 1 Minute keine
Trübung entstehen (Cinchonidin).

b) Quantitative Bestimmung. Siehe Chininsulfat (S. 742).
1 cm³ $^1/_{10}$ n-Natronlauge = 0,039127 (log = 0,59247 — 2) g Chinidinsulfat
+ 2 H$_2$O.

12. Cinchoninsulfat (III, 1078). a) Eigenschaften. Die isolierte
Base hat nach dem Umkristallisieren aus verdünntem Alkohol den
Schmelzpunkt 260°.

b) Quantitative Bestimmung. Die quantitative Bestimmung
kann wie bei Chininsulfat (S. 742) durch Titration in Chloroform-Wasser-
Gemisch mit $^1/_{10}$ n-Natronlauge und Phenolphthalein als Indicator
erfolgen. 1 cm³ $^1/_{10}$ n-Natronlauge = 0,036124 (log = 0,55780 — 2) g
Cinchoninsulfat + 2 H$_2$O. Auch die aminometrische Titration nach
Vorländer (s. Aconitin S. 740) ist zur Gehaltsbestimmung geeignet.

13. Cocain und Cocainhydrochlorid (III, 1081). a) Eigenschaften.
Für eine 2%ige wäßrige Lösung des Cocainhydrochlorides soll $[\alpha]_D^{20}$ =
— 72 bis — 73° sein.

b) Qualitativer Nachweis. Über einen Mikronachweis siehe
Martini (1). Weitere Reaktionen siehe Offerhaus und Baert und
Mercks Reagenzienverzeichnis.

c) Reinheitsprüfung. 1 cm³ einer frisch hergestellten $^1/_{10}$ normalen
wäßrigen Lösung wird mit je 1 Tropfen Methylrotlösung (1 + 999) und
Methylenblaulösung (1 + 2000) versetzt. Dabei soll die Flüssigkeit eine
rotviolette Färbung annehmen, die auch nach Zusatz von 4 cm³ ausgekochtem (gegen Bromthymolblau neutralem) Wasser bestehen bleiben,

aber nach Zusatz von 150 cm³ Wasser und je 1 Tropfen der beiden Farblösungen nach Grün umschlagen soll (Prüfung auf Abwesenheit von Puffersubstanzen nach Örtegren).

0,1 g Cocainhydrochlorid wird in 5 cm³ Wasser gelöst. Die Lösung wird mit 5 Tropfen Salzsäure (etwa 37%ig) angesäuert, mit 2 Tropfen 10%iger Natriumnitritlösung und darauf mit 5 cm³ einer frisch bereiteten 2%igen β-Naphthollösung in 10%iger Natronlauge versetzt. Es darf kein roter Niederschlag auftreten. (Prüfung auf Novocain.)

Werden 10 cm³ 1%ige Cocainhydrochloridlösung mit 1 cm³ Natriumphosphatlösung (1 + 19) geschüttelt, so muß die Lösung klar bleiben oder darf höchstens opalisieren [Prüfung des Portugiesischen Arzneibuches (1936) auf Amylocain].

d) **Quantitative Bestimmung.** Die Bestimmung des Cocains kann, wie bei Aconitin (S. 740) beschrieben, aminometrisch nach Vorländer erfolgen. 1 cm³ $^1/_{20}$ n-p-Toluolsulfosäure - Chloroformlösung = 0,015159 (log = 0,18066 — 2) g Cocain. Die Bestimmung des Cocainhydrochlorids erfolgt alkalimetrisch.

0,3 g Cocainhydrochlorid werden in einem Gemisch aus 10 cm³ Alkohol und 5 cm³ Tetrachlorkohlenstoff gelöst und unter Verwendung von 2—3 Tropfen Phenolphthalein mit $^1/_{10}$ n-Natronlauge unter Umschwenken bis zur Rosafärbung titriert. 1 cm³ $^1/_{10}$ n-Natronlauge = 0,033964 (log = 0,53102 — 2) g Cocainhydrochlorid.

Über die Bestimmung von Cocain in Mischungen mit anderen Alkaloiden und Lokalanaesthetica siehe Nicholls.

14. Emetinhydrochlorid (III, 1084). a) **Eigenschaften.** Neben dem Salz mit 2 Mol. Kristallwasser ist auch ein solches mit 4 Mol., wie es z. B. vom Schweizer Arzneibuch (1933) vorgeschrieben ist, im Handel. Mol.-Gewicht des wasserfreien Salzes 553,27. Emetinhydrochlorid ist wenig lichtbeständig und deshalb unter verstärktem Lichtschutz aufzubewahren.

b) **Quantitative Bestimmung.** 0,15 g Emetinhydrochlorid werden in einem Gemisch aus 5 cm³ Alkohol und 2,5 cm³ Tetrachlorkohlenstoff gelöst und nach Zugabe von 2 Tropfen Phenolphthaleinlösung mit $^1/_{10}$ n-Natronlauge unter Umschütteln bis zur Rosafärbung titriert. 1 cm³ $^1/_{10}$ n-Natronlauge = 0,027664 (log = 0,44191 — 2) g wasserfreies Emetinhydrochlorid.

15. Ephedrin (III, 1086). a) **Qualitativer Nachweis.** Wird Ephedrinhydrochloridlösung mit Natronlauge und Jodlösung versetzt, so entsteht Jodoform.

Unterscheidung von Ephetonin: Wird in einem Tropfen Wasser ein wenig Ephedrinhydrochlorid aufgelöst und an den Rand des Tropfens etwas festes Kaliumoxalat gebracht, so zeigt das mikroskopische Bild Kristalle in Form von Bündeln gerade löschender Nadeln und Prismen, die meist zu fächerförmigen Gruppen geordnet sind. Das Ephetonin (racemisches synthetisches Ephedrin) kristallisiert bei der gleichen Reaktion in völlig abweichenden dünnen Rauten und Verwachsungskristallen (nach Paris). Weitere Nachweise des Ephedrins siehe Sanchez (3) und Mercks Reagenzienverzeichnis.

b) Quantitative Bestimmung. α) *Ephedrin.* Etwa 0,3 g wasserfreies Ephedrin werden in 10 cm³ gegen 5 Tropfen Bromthymolblaulösung neutralisierten Alkohol gelöst und mit 25 cm³ $^1/_{10}$ n-Salzsäure versetzt. Der Säureüberschuß wird mit $^1/_{10}$ n-Natronlauge bis zum Farbumschlag nach Grüngelb zurücktitriert. 1 cm³ $^1/_{10}$ n-Salzsäure = 0,016512 (log = 0,21780 — 2) g Ephedrin (Amerikanisches Arzneibuch 1936).

β) *Ephedrinhydrochlorid.* Eine Lösung von etwa 0,5 g getrockneter Substanz in 10 cm³ Wasser wird mit 5 cm³ Ammoniaklösung (10%ig) versetzt und das ausgefallene Ephedrin mit 20 cm³ Äther ausgeschüttelt. Das Ausschütteln mit Äther wird noch vier- bis fünfmal wiederholt. Die gesammelten Ätherauszüge werden auf dem Wasserbad eingedampft. Der Rückstand wird in bromthymolblauneutralem Alkohol gelöst und die Bestimmung wie unter α) zu Ende geführt.

16. Hordeninsulfat (III, 1088). Die empirische Formel ist zu berichtigen. Sie lautet: $(C_{10}H_{15}ON)_2H_2SO_4 + 2 H_2O$. Mol.-Gewicht 464,36.

17. Hydrastinhydrochlorid (III, 1089). a) Qualitativer Nachweis. Wird durch Alkalisieren und Ausschütteln mit Äther und Chloroform die Hydrastinbase isoliert, so soll diese nach dem Trocknen einen Schmelzpunkt von 135° besitzen.

b) Quantitative Bestimmung. Diese kann nach Neugebauer erfolgen. 0,2 g Hydrastinhydrochlorid werden in 20 cm³ Wasser gelöst. Die Lösung wird mit Ammoniaklösung im Überschuß versetzt und das ausgefallene Hydrastin mit 20 cm³ Äther ausgeschüttelt. Das Ausschütteln mit Äther wird noch einige Male wiederholt. Die gesammelten Ätherauszüge werden auf dem Wasserbad eingedampft. Der Rückstand wird in 10 cm³ $^1/_{10}$ n-Salzsäure gelöst und die Lösung mit $^1/_{10}$ n-Natronlauge unter Anwendung von 4 Tropfen Methylorange und 1 Tropfen Methylenblau (je 0,1%ige Lösungen) auf Reingrün titriert. 1 cm³ $^1/_{10}$ n-Salzsäure = 0,041964 (log = 0,62288 — 2) g Hydrastinhydrochlorid.

Ist Hydrastin neben Berberin zu bestimmen, so kann das Hydrastin durch Ausäthern aus der ammoniakalischen Lösung von dem Berberin getrennt werden (nach Neugebauer und Brunner; s. a. Berberin, S. 741).

Das Salz kann auch, wie bei Arecolinhydrobromid (S. 740) beschrieben, in einem Gemisch aus Alkohol und Tetrachlorkohlenstoff, Phenolphthalein als Indicator, mit $^1/_{10}$ n-Natronlauge titriert werden.

18. Hyoscyamin (III, 1092). Die quantitative Bestimmung kann aminometrisch wie bei Aconitin (S. 740) erfolgen. 1 cm³ $^1/_{20}$ n-p-Toluolsulfosäurelösung = 0,01446 (log = 0,16017 — 2) g Hyoscyamin.

Über die Bestimmung von Hyoscyamin in Bilsenkraut und Tollkirschenblättern siehe Böhm und Dekay sowie Jordan.

19. Codein (III, 1093). a) Eigenschaften. Codein zeigt, zu 1% in 80%igem Alkohol gelöst, die spezifische Drehung $[\alpha]_D^{20} = -137{,}75°$.

b) Quantitative Bestimmung. 0,2 g Codein werden in 15 cm³ $^1/_{10}$ n-Salzsäure gelöst, die Lösung wird mit 10 cm³ Alkohol verdünnt und der Säureüberschuß mit $^1/_{10}$ n-Natronlauge unter Anwendung von Methylrot als Indicator zurückgemessen.

1 cm³ $^1/_{10}$ n-Natron-$\Big\{$ = 0,02992 (log = 0,47596 — 2) g Codein wasserfrei,
lauge $\qquad$ = 0,031719 (log = 0,50132 — 2) g kristallwasserhaltiges Codein.

Die Bestimmung kann ferner aminometrisch, wie bei Aconitin (S. 740), erfolgen. 1 cm³ $^1/_{20}$ n - p - Toluolsulfosäurelösung = 0,01496 (log = 0,17493 — 2) g wasserfreies Codein = 0,01586 (log = 0,20030 — 2) g kristallwasserhaltiges Codein. Der Gehalt an wasserfreier Base soll mindestens 94%, der Wassergehalt 5,5—5,9% betragen.

20. Codeinphosphat (III, 1094). a) Eigenschaften. Die 5%ige, mit redestilliertem Wasser hergestellte Lösung zeigt ein p_H von 4,4—4,8.

b) **Reinheitsprüfung.** Die Lösung von 0,1 g Codeinphosphat in 10 cm³ konzentrierter Schwefelsäure soll nach vorübergehender Rosafärbung farblos oder höchstens leicht gelb sein (Narcotin, Thebain, Narcein, organische Verunreinigungen).

c) **Quantitative Bestimmung.** 0,2 g Codeinphosphat werden mit 5 cm³ Alkohol und 2,5 cm³ Tetrachlorkohlenstoff gemischt und nach kurzem Erwärmen auf dem Wasserbad unter Verwendung von 2—3 Tropfen Phenolphthaleinlösung als Indicator mit $^1/_{10}$ n-Natronlauge unter Umschwenken bis zur Rosafärbung titriert. 1 cm³ $^1/_{10}$ n-Natronlauge = 0,019861 (log = 0,29800 — 2) g Codeinphosphat (wasserfrei).

21. Coffein (III, 1095). a) Qualitativer Nachweis. Über mikrochemische Reaktionen siehe **Martini (2)** und **Wagenaar (6).**

b) **Quantitative Bestimmung.** 0,3 g Coffein werden in einem Meßkolben von 100 cm³ Inhalt in Wasser gelöst. Die Lösung wird mit Wasser auf 100 cm³ ergänzt. 20 cm³ dieser Lösung werden in einem Meßkolben von 50 cm³ Inhalt mit 5 cm³ Schwefelsäure (etwa 16%ig) angesäuert und unter Umschwenken mit 20 cm³ $^1/_{10}$ n-Jodlösung versetzt. Nach dem Auffüllen mit Wasser bis zur Marke wird umgeschüttelt und durch einen Wattebausch filtriert. Die ersten 10 cm³ des Filtrates werden verworfen, in weiteren 25 cm³ des Filtrates wird der Jodüberschuß mit $^1/_{10}$ n-Natriumthiosulfatlösung (Feinbürette) zurückgemessen. 1 cm³ $^1/_{10}$ n-Jodlösung = 0,0048527 (log = 0,68599 — 3) g wasserfreies Coffein.

Reaktionsverlauf. Coffein gibt mit Jodjodkaliumlösung in mineralsaurer Lösung einen Niederschlag von der Zusammensetzung

$$C_8H_{10}O_2N_4 \cdot NJ \cdot J_4$$

(nach **Wallrabe**).

Über eine colorimetrische Mikrobestimmung [Vergleich der Färbung des Murexids mit Quecksilber-(2)-acetatlösung gegen Standardlösungen] siehe **Denigès (3).**

22. Coffeinum-Natriumsalicylat (III, 1096) und Coffeinum-Natriumbenzoat (III, 1097). Quantitative Bestimmung. Etwa 0,6 g Coffein-Natriumbenzoat bzw. 0,73 g Coffein-Natriumsalicylat werden in einem Meßkolben zu 50 cm³ mit Wasser gelöst. 10 cm³ dieser Lösung werden in einem Meßkolben von 50 cm³ Inhalt mit 5 cm³ Schwefelsäure (etwa 16%ig) angesäuert und unter Umschwenken mit 20 cm³ $^1/_{10}$ n - Jodlösung versetzt. Nach dem Auffüllen bis zur Marke wird umgeschüttelt und durch einen Wattebausch filtriert. Die ersten 10 cm³ des Filtrates werden verworfen, in weiteren 25 cm³ des Filtrates wird der Jodüberschuß mit $^1/_{10}$ n-Natriumthiosulfatlösung (Feinbürette) zurückgemessen. 1 cm³ $^1/_{10}$ n-Jodlösung = 0,0048527 (log = 0,68599 — 3) g Coffein (wasserfrei).

23. Colchicin (III, 1098). Neuere Arzneibücher [z. B. das Schweizer Arzneibuch (1933)] führen ein kristallisiertes Colchicin von der Formel $C_{22}H_{25}O_6N + 1^1/_2 H_2O$. Mol.-Gewicht: 426,23.

a) **Qualitativer Nachweis.** Über Erkennungsproben siehe Mercks Reagenzienverzeichnis.

b) **Quantitative Bestimmung.** In einem Meßkölbchen von 50 cm³ Inhalt wird 0,1 g Colchicin (genau gewogen) mit 15 cm³ $^1/_{10}$ n-Salzsäure (mit Pipette gemessen) bis zur Auflösung geschüttelt und die Lösung mit 1 g Natriumchlorid versetzt. Hierauf werden 30 cm³ Kaliumtrijodidlösung (1 g Jod und 1,5 g Kaliumjodid zu 100 cm³ in Wasser gelöst) in kleinen Portionen unter dauerndem Umschütteln aus einer Bürette zugegeben. Die Mischung wird mit der Kaliumjodidlösung bis zur Marke aufgefüllt, nochmals 5 Minuten lang geschüttelt und bis zur völligen Klärung der überstehenden Flüssigkeit stehengelassen. Nach dem Filtrieren werden 25 cm³ des Filtrates mit $^1/_{10}$ n-Natriumthiosulfatlösung gerade entfärbt und mit $^1/_{10}$ n-Natronlauge unter Anwendung von 2—3 Tropfen Phenolphthaleinlösung als Indicator titriert. 1 cm³ $^1/_{10}$ n-Salzsäure = 0,03992 (log = 0,60119 — 2) g wasserfreies Colchicin = 0,042623 (log = 0,62934 — 2) g Colchicin mit $1^1/_2$ Mol. Kristallwasser.

Reaktionsmechanismus: $\text{Base} + \text{HCl} \rightarrow \text{Base} \cdot \text{HCl} \xrightarrow{\text{KJ}} \text{Base} \cdot \text{HJ} + \text{KCl} \xrightarrow{\text{xJ}} (\text{Base} \cdot \text{HJ}) \cdot \text{Jx}$. [Nach Dietzel und Paul (2).]

Über die quantitative Bestimmung in Herbstzeitlosensamen siehe Rosenthaler (4).

24. Morphin (III, 1102). a) **Eigenschaften.** Morphin zeigt in alkoholischer Lösung die spezifische Drehung $[\alpha]_D^{20} = -130,9°$.

b) **Quantitative Bestimmung.** Morphin läßt sich alkalimetrisch unter Verwendung von Methylrot und Methylenblau als Mischindicator titrieren: 0,2 g Morphin werden in 10 cm³ $^1/_{10}$ n-Salzsäure gelöst. Die Lösung wird mit 15 cm³ Wasser verdünnt und mit 2 Tropfen Methylrot- und 1 Tropfen Methylenblaulösung (etwa 0,5 molar) versetzt. Der Säureüberschuß wird mit $^1/_{10}$ n-Natronlauge bis zum Farbumschlag nach Grün zurückgemessen. 1 cm³ $^1/_{10}$ n-Salzsäure = 0,03032 (log = 0,48173 — 2) g Morphin mit 1 Mol. Kristallwasser = 0,02852 (log = 0,45515 — 2) g wasserfreies Morphin.

25. Morphinhydrochlorid (III, 1103). a) **Eigenschaften.** Eine 5%ige wäßrige Lösung zeigt ein p_H von 4,2—5,0. Für eine 2%ige wäßrige Lösung ist die spezifische Drehung $[\alpha]_D^{20} = -98,4°$.

b) **Qualitativer Nachweis.** Erkennungsproben siehe Mercks Reagenzienverzeichnis.

c) **Quantitative Bestimmung.** 0,25 g Morphinhydrochlorid werden in 20 cm³ Wasser gelöst. Die Lösung wird mit 15 cm³ Tetrachlorkohlenstoff und 5 Tropfen Phenolphthaleinlösung versetzt und unter kräftigem Schütteln mit $^1/_{10}$ n-Natronlauge bis zur bestehen bleibenden Rosafärbung titriert. 1 cm³ $^1/_{10}$ n-Natronlauge = 0,03757 (log = 0,57484 — 2) g Morphinhydrochlorid.

Nach Reimers werden 0,2 g Morphinhydrochlorid in 50 cm³ Aceton und 5 cm³ $^1/_{10}$ n-Natronlauge auf dem Wasserbad gelöst. Die

Lösung wird nach dem Erkalten mit 2 Tropfen Porriersblau als Indicator versetzt und mit $^1/_{10}$ n-Natronlauge bis zum Farbumschlag titriert.

Über die Gehaltsbestimmung mit Dinitrochlorbenzol, zumal im Opium, siehe Mannich, über colorimetrische Bestimmungen van Arkel sowie Hofmann und Popovici. Über eine nephelometrische Bestimmung mit Vanadinmolybdänsäure siehe Deckert.

26. Diacetylmorphinhydrochlorid (III, 1106). Das Salz kristallisiert mit 1 Mol. Wasser. Mol.-Gewicht: $C_{17}H_{17}ON(OCOCH_3)_2 \cdot HCl + H_2O = 423{,}67$.

a) **Eigenschaften.** Die 5%ige wäßrige Lösung zeigt ein p_H von etwa 5—5,5.

b) **Quantitative Bestimmung.** 0,4 g Diacetylmorphinhydrochlorid werden in einem Gemisch aus 10 cm³ Alkohol und 5 cm³ Tetrachlorkohlenstoff gelöst und unter Verwendung von 2—3 Tropfen Phenolphthaleinlösung als Indicator mit $^1/_{10}$ n-Natronlauge unter Umschütteln bis zur Rosafärbung titriert. 1 cm³ $^1/_{10}$ n-Natronlauge = 0,042367 (log = 0,62703 — 2) g Diacetylmorphinhydrochlorid (mit 1 Mol. Wasser).

27. Narcein (III, 1108). Reinheitsprüfung. Werden 0,1 g Narcein mit 10 cm³ Benzol 5 Minuten lang unter zeitweiligem Umschütteln stehengelassen, so dürfen 5 cm³ der filtrierten Benzollösung beim Verdampfen auf dem Wasserbad keinen wägbaren Rückstand hinterlassen (Codein, Narcotin, Papaverin). Die Lösung von 0,05 g Narcein in 2 cm³ 2 n-Natronlauge darf mit 2 Tropfen Nitroprussidnatriumlösung (1 + 9) höchstens eine schwach gelbrote, aber keine rote Färbung geben (Methylnarcein).

28. Narcotin (III, 1110). Quantitative Bestimmung. Narcotin läßt sich aminometrisch nach Vorländer, wie bei Aconitin (S. 740) beschrieben, bestimmen. 1 cm³ $^1/_{20}$ n-p-Toluolsulfosäurelösung = 0,02066 (log = 0,31513 — 2) g Narcotin.

29. Papaverin (III, 1111). a) Qualitativer Nachweis. Etwa 5 mg Papaverin werden in 3 cm³ Essigsäureanhydrid gelöst. Die Lösung wird auf etwa 80° erhitzt und dann vorsichtig mit 3 Tropfen konzentrierter Schwefelsäure versetzt. Es entsteht unter Ringschluß Coralynsulfoacetat. Die Lösung fluoresziert lebhaft gelblichgrün, die Fluoreszenz bleibt beim Verdünnen mit Alkohol bestehen (nach Awe). Weitere Erkennungsproben siehe Mercks Reagenzienverzeichnis.

b) Quantitative Bestimmung. Papaverin läßt sich aminometrisch nach Vorländer wie Aconitin (S. 740) titrieren. 1 cm³ $^1/_{20}$ n-p-Toluolsulfosäurelösung = 0,016958 (log = 0,22939 — 2) g Papaverin.

30. Physostigminsalicylat (III, 1113). a) Eigenschaften. Reines Physostigminsalicylat zeigt den Schmelzpunkt von 185—187° und, aus der Drehung der 1%igen wäßrigen Lösung berechnet, die spezifische Drehung $[\alpha]_D^{20} = -91°$.

b) Reinheitsprüfung. Wird 1 cm³ einer 1%igen wäßrigen Lösung mit 5 Tropfen Chloroform und 1 Tropfen 2 n-Salzsäure vermischt, so darf das Chloroform beim Schütteln während einer Minute nicht violett gefärbt werden (Eseridin).

c) Quantitative Bestimmung. Die Gehaltsbestimmung wird mit 0,3 g Physostigminsalicylat wie bei Diacetylmorphinhydrochlorid (S. 748) ausgeführt. 1 cm³ $^1/_{10}$ n - Natronlauge = 0,041324 (log = 0,61619 — 2) g Physostigminsalicylat.

31. Scopolaminhydrobromid (III, 1117). a) Reinheitsprüfung. 0,05 g wasserfreies Scopolaminhydrobromid werden zweimal während je 5 Minuten mit je 1 cm³ einer Mischung aus 1 cm³ Chloroform und 2 cm³ Äther geschüttelt. Die Auszüge werden durch ein kleines Filter filtriert und verdampft. Der Rückstand wird in 3 Tropfen 2 n-Schwefelsäure gelöst. 1 Tropfen dieser Lösung wird auf einen Objektträger gebracht und mit 1 Tropfen $^1/_{10}$ n-Bromid-Bromatlösung versetzt. Beim Betrachten unter dem Mikroskop dürfen wohl kleine Tröpfchen, aber keine Kristalle wahrnehmbar sein (Atropin, Hyoscyamin, Homatropin).

b) Quantitative Bestimmung. Die Gehaltsbestimmung kann alkalimetrisch statt mit Poirriersblau (III, 1118) auch mit Phenolphthalein als Indicator erfolgen. Die Gehaltsbestimmung wird mit 0,25 g Scopolaminhydrobromid wie bei Diacetylmorphinhydrochlorid (S. 748) ausgeführt. 1 cm³ $^1/_{10}$ n-Natronlauge = 0,03841 (log = 0,58444 — 2) g wasserfreies Scopolaminhydrobromid.

32. Strychninnitrat (III, 1119). Qualitative Erkennungsproben siehe Mercks Reagenzienverzeichnis. Mikrochemische Nachweise siehe v. Klobusitzky.

Quantitative Bestimmung. Die Gehaltsbestimmung kann alkalimetrisch statt mit Porriersblau (III, 1120) auch mit Phenolphthalein als Indicator erfolgen: 0,4 g Strychninnitrat werden mit 10 cm³ Alkohol und 5 cm³ Tetrachlorkohlenstoff gemischt und nach kurzem Erwärmen auf dem Wasserbad unter Umschwenken mit $^1/_{10}$ n-Natronlauge (Phenolphthalein als Indicator) titriert. 1 cm³ $^1/_{10}$ n - Natronlauge = 0,039721 (log = 0,59902 — 2) g Strychninnitrat. Über die aminometrische Bestimmung des Strychnins siehe Brucin (S. 742). Über die Strychninbestimmung in Chininmischungen siehe Sticht und Halstrøm, im Harn Noetzel. Über die Strychninbestimmung in Strychningetreide siehe Krauß. Siehe auch Brucin.

33. Thebainhydrochlorid (III, 1120). Neben dem Salz mit 1 Mol. Wasser wird auch ein solches mit $^1/_2$ Mol. Wasser arzneilich verwendet [s. z. B. Schweizer Arzneibuch (1933)].

a) Reinheitsprüfung. 1 g getrocknetes Thebainhydrochlorid soll sich in 2 cm³ Chloroform klar, farblos und völlig lösen (anorganische Salze, Morphin-, Codeinhydrochlorid).

b) Quantitative Bestimmung. 0,35 g getrocknetes Thebainhydrochlorid werden in einem Gemisch aus 30 cm³ Alkohol und 10 cm³ Wasser gelöst und unter Anwendung von 2—3 Tropfen Phenolphthaleinlösung mit $^1/_{10}$ n-Natronlauge bis zur Rosafärbung titriert. 1 cm³ $^1/_{10}$ n-Natronlauge = 0,034764 (log = 0,54113 — 2) g wasserfreies Thebainhydrochlorid.

34. Theobromin (III, 1121). Quantitative Bestimmung. Etwa 0,3 g Theobromin werden unter leichtem Erwärmen in 20 cm³ $^1/_{10}$ n-Natronlauge gelöst. Die Lösung wird nach dem Erkalten mit 1,5 cm³ Phenolrotlösung (0,1 g Phenolrot wird mit 5,7 cm³ $^1/_{20}$ n-Natronlauge verrieben und in 50 cm³ Wasser gelöst) und mit $^1/_{10}$ n-Schwefelsäure bis zur hellcitronengelben Farbe versetzt. Nach Zugabe von 20—25 cm³ $^1/_{10}$ n-Silbernitratlösung wird die Mischung mit $^1/_{10}$ n-Natronlauge auf beständigen, deutlich rotvioletten Farbton titriert. Gegen Ende der Titration ist die Natronlauge tropfenweise zuzugeben. 1 cm³ $^1/_{10}$ n-Natronlauge = 0,01801 (log = 0,25551 — 2) g Theobromin.

Nun wird etwa 1 g Natriumchlorid hinzugefügt und die jetzt wieder alkalisch gewordene Flüssigkeit unter Anwendung von Methylrot als Indicator mit $^1/_{10}$ n-Schwefelsäure bis zum Umschlag des Methylrots titriert. Der Verbrauch an $^1/_{10}$ n-Schwefelsäure darf von dem Verbrauch an $^1/_{10}$ n-Natronlauge bei der ersten Titration höchstens um 0,1 cm³ abweichen.

Reaktionsverlauf bei der ersten Titration: $C_7H_8O_2N_4 + AgNO_3 \rightarrow C_7H_7O_2N_4Ag + HNO_3$; bei der zweiten Titration: $C_7H_7O_2N_4Ag + NaCl \rightarrow AgCl + C_7H_7O_2N_4Na$ (modifizierte Methode nach Boie).

35. Theobrominnatriumsalicylat (III, 1123). Quantitative Bestimmung. Der Nachtrag zum Deutschen Arzneibuch gibt für die Bestimmung des Theobrominnatriumsalicylats das jodometrische Verfahren von Matthes und Schütz an: Etwa 0,3 g Theobrominnatriumsalicylat werden in einem Meßkölbchen von 100 cm³ Inhalt in 10 cm³ Wasser gelöst. Die Lösung wird mit 1 cm³ Essigsäure (96%ig) versetzt. Alsdann werden 50 cm³ $^1/_{10}$ n-Jodlösung, 5 g Natriumchlorid und 5 cm³ Salzsäure (etwa 12%ig) hinzugefügt. Nach einstündigem Stehen wird mit Wasser bis zur Marke aufgefüllt, gut umgeschüttelt und durch ein Faltenfilter von 9 cm Durchmesser filtriert. Die ersten 30 cm³ des Filtrats werden verworfen. 50 cm³ des weiteren Filtrats werden mit $^1/_{10}$ n-Natriumthiosulfatlösung bis zur Entfärbung titriert. 1 cm³ $^1/_{10}$ n-Jodlösung = 0,0045025 (log = 0,65345 — 3) g Theobromin. Der Mindestgehalt an Theobromin betrage nach dem Deutschen Arzneibuch 44%.

Die Bestimmung kann auch nach der Methode von Boie, die im Prinzip bei Theobromin (S. 748) beschrieben ist, erfolgen.

36. Theophyllin (III, 1125). Quantitative Bestimmung. (Nach den Prüfungsvorschriften für die Spezialpräparate Boehringer, Mannheim-Waldhof 1937). 0,25 g Theophyllin (genau gewogen) werden in einem Meßkolben von 250 cm³ Inhalt in etwa 200 cm³ siedendem Wasser gelöst. Die Lösung wird mit 15 cm³ $^1/_{10}$ n-Silbernitratlösung versetzt und mit Normal-Ammoniaklösung neutralisiert. Die Ammoniaklösung wird unter Umschwenken tropfenweise zugesetzt, bis ein in der Flüssigkeit befindliches Lackmuspapier eben gebläut wird. Nach dem Abkühlen wird auf 250 cm³ aufgefüllt, filtriert und in 200 cm³ Filtrat, entsprechend 12 cm³ vorgelegter $^1/_{10}$ n-Silbernitratlösung, der Überschuß an Silbernitrat nach dem Ansäuern mit Salpetersäure mit $^1/_{10}$ n-Ammoniumrhodanidlösung zurücktitriert (Ferriammoniumsulfatlösung als Indicator). 1 cm³ $^1/_{10}$ n-Silbernitratlösung = 0,019811 (log = 0,29690 — 2) g Theophyllin.

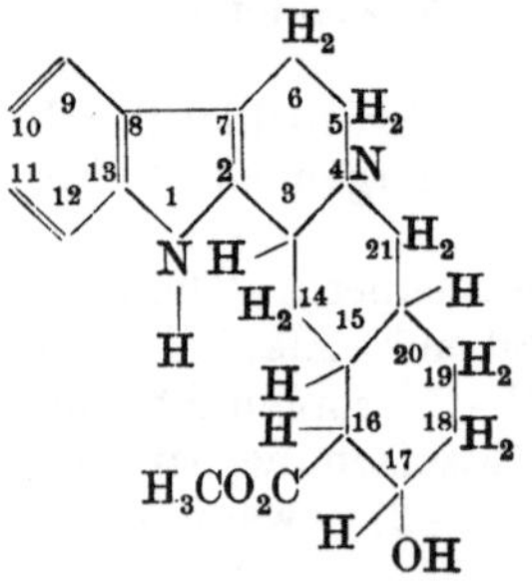

37. Yohimbin (III, 1127). Yohimbin besitzt nach den Untersuchungen von Hahn und Werner die obige Konstitutionsformel.

Ganz reines Yohimbin schmilzt bei 234—235°, reines Yohimbinhydrochlorid bei 300—301° (Warnat). Die Handelspräparate zeigen meist infolge Beimengungen geringer Mengen von Isoyohimbin einen etwas niedrigeren Schmelzpunkt.

a) **Qualitativer Nachweis.** Über einen mikroanalytischen Nachweis siehe Pesez, siehe auch Shaner und Willard und Mercks Reagenzienverzeichnis.

b) **Quantitative Bestimmung.** 0,3 g getrocknetes Yohimbinhydrochlorid werden mit 10 cm³ Alkohol und 5 cm³ Tetrachlorkohlenstoff gemischt und nach kurzem Erwärmen auf dem Wasserbad unter Anwendung von 2—3 Tropfen Phenolphthaleinlösung als Indicator mit $^1/_{10}$ n-Natronlauge unter Umschwenken bis zur Rosafärbung titriert. 1 cm³ $^1/_{10}$ n-Lauge = 0,039069 (log = 0,59183 — 2) g Yohimbinhydrochlorid. Der Gehalt des wasserfreien Salzes betrage mindestens 99,4%.

N. Glykoside.

1. Aesculin (III, 1130). Eigenschaften. Aesculin verliert bei 120 bis 130° sein Kristallwasser und schmilzt bei 204—205°. Es zeigt in Pyridinlösung die spezifische Drehung $[\alpha]_D^{20} = -38°$.

2. Amygdalin (III, 1132). a) Eigenschaften. Reines, aus Alkohol kristallisiertes Amygdalin schmilzt unter Zersetzung bei 215—217°.

b) **Quantitative Bestimmung.** 0,1 g Amygdalin wird in einem verschlossenen Kolben von etwa 300 cm³ Inhalt in 100 cm³ Wasser gelöst. Die Lösung wird mit 0,01 g Emulsin versetzt, 1 Stunde bei 30—40° belassen und danach mit 100 cm³ Wasser verdünnt. Von dieser Lösung werden 100 cm³ in eine Vorlage destilliert, die 20 g Wasser und 1 cm³ Ammoniakflüssigkeit (10%ig) enthält. Das Destillat wird mit einigen Körnchen Kaliumjodid versetzt und mit $^1/_{10}$ n-Silbernitratlösung bis zur ersten Gelbtrübung titriert. 1 cm³ $^1/_{10}$ n-Silbernitratlösung = 0,0054032 (log = 0,73265 — 2) g HCN. Der Gehalt des Amygdalins ($C_{20}H_{27}O_{11}N$ + 3 H_2O) an HCN beträgt 5,28%.

Der Gesamtstickstoffgehalt läßt sich nach der üblichen Kjeldahl-Methode bestimmen. Der Gehalt an Stickstoff beträgt 2,74%.

3. Arbutin (III, 1133). a) Eigenschaften. Die spezifische Drehung der Handelspräparate beträgt etwa — 62° ($[\alpha]_D^{20}$).

b) **Quantitative Bestimmung.** In einer Druckflasche werden 0,2 g Arbutin in 10 cm³ Wasser gelöst. Die Lösung wird mit 10 cm³ Schwefelsäure (etwa 16%ig) angesäuert und 1 Stunde im siedenden Wasserbad erhitzt. Nach dem Erkalten wird der Inhalt der Flasche mit 100 cm³ Wasser in einen Erlenmeyerkolben von etwa 500 cm³ Inhalt übergespült und mit festem Natriumbicarbonat im Überschuß versetzt. Darauf werden 20 cm³ $^1/_{10}$ n-Jodlösung hinzugegeben. Nach 5 Minuten wird der Jodüberschuß mit $^1/_{10}$ n-Thiosulfatlösung unter Anwendung von Stärkelösung als Indicator entfernt, die Lösung mit Schwefelsäure (etwa 16%ig) angesäuert und nach Zugabe von 3 g Kaliumjodid mit $^1/_{10}$ n-Natriumthiosulfatlösung titriert. 1 cm³ $^1/_{10}$ n-Natriumthiosulfatlösung = 0,014055 (log = 0,14784 — 2) g Arbutin (modifizierte Methode nach Zechner und Grimme). Siehe auch Hydrochinon (S. 724).

4. Digitoxin (III, 1137). Digitalinum cristallisatum. Digitoxin ($C_{41}H_{64}O_{13}$) liefert bei der Hydrolyse Digitoxigenin und Digitoxose. Dem Digitoxigenin $C_{23}H_{34}O_4$ kommt nach neueren Untersuchungen die beistehende Strukturformel zu.

Digitoxin hat einen Zersetzungspunkt von etwa 250°. Für die 5%ige Lösung in Chloroform ist die spezifische Drehung $[\alpha]_D^{20} = + 17°$, für die Lösung in Pyridin $[\alpha]_D^{17} = - 5,7°$.

Über Erkennungsproben siehe Ekkert (9).

5. Strophanthin, *k*-Strophanthin (III, 1141). Reinstes *k*-Strophanthin bildet farblose Blättchen oder ein weißes, kristallinisches Pulver von der Summenformel $C_{40}H_{66}O_{19} + 3\,H_2O$. Es schmilzt wasserfrei bei 170°. Es liefert bei der Hydrolyse Strophanthidin und eine Hexose. Dem Strophanthidin kommt wahrscheinlich die nebenstehende Strukturformel zu.

Qualitativer Nachweis. *k*-Strophanthin ist im filtrierten ultravioletten Licht leuchtend hellblau, *g*-Strophanthin bleibt dagegen dunkler.

5 mg *k*-Strophanthin geben mit je 1 Tropfen alkoholischer 1%iger Furfurollösung und konzentrierter Schwefelsäure sofort eine tiefindigoblaue Färbung. *g*-Strophanthin gibt mit dem gleichen Reagens grünbraune Färbung und nur allmählich Violettfärbung.

6. *g*-Strophanthin (III, 1142). Die spezifische Drehung ist für das wasserfreie Salz: $[\alpha]_D^{20} = - 31,6°$.

O. Fermente.

1. Diastase (III, 1145). Bei der Bestimmung der Fermentationskraft nach Grimbert (III, 1146) ist der Wirkungswert der Fehlingschen Lösung gegenüber Maltose zu berichtigen. Es entspricht 1 cm³ Fehlingsche Lösung 0,00746 g Maltose, so daß nach den vorgeschriebenen Bedingungen (entsprechend dem französischen Arzneibuch 1937) 1 g Diastase aus 100 g Stärke 60 g Maltose bildet.

2. Pankreatin (III, 1148). Das Präparat, das in neuere Arzneibücher [Belgisches (1930), Britisches (1932), Schweizer (1933), Amerikanisches (1936)] aufgenommen wurde, wird außer auf proteolytische und diastatische, auch auf seine fettspaltende Wirksamkeit geprüft. Zu diesem Zweck werden zwei Kölbchen mit der zu untersuchenden Fermentlösung beschickt, wobei in der einen Probe das Ferment durch Kochen zerstört wird. Dann werden zu dem Inhalt der beiden Kölbchen je 10 cm³ einer neutralen Fettemulsion oder Milch gegeben. Die beiden Proben werden mit Alkali versetzt, bis sie sich auf Zusatz einiger Tropfen Lackmustinktur schwach blau färben, und in den Brutschrank gestellt. Nach erfolgter Fettspaltung wird die Lösung rot. Das Britische Arzneibuch (1932) verlangt einen Mindestgehalt an Lipase und läßt diesen wie folgt ermitteln: Frische Milch von der Dichte 1,030—1,034 wird 10 Minuten bei 2000 Umdrehungen in der Minute zentrifugiert. Der dabei abgeschiedene Rahm wird in so viel $1/10$ n-Natriumcarbonatlösung, die auf 100 cm³ 0,2 cm³ Ölsäure enthält, suspendiert, daß das Volumen dieser Suspension der ursprünglich angewandten, nicht entrahmten Milchmenge entspricht. Durch vorsichtige Zugabe von 6%iger Essigsäure wird auf p_H 8 eingestellt (Phenolrot als Indicator). Je 10 cm³ dieser Suspension kommen in zwei Reagensgläser A und B. In das Reagensglas A wird 1 cm³ einer Lösung von 0,1 g Pankreatin in 10 cm³ Wasser und in das Reagensglas B 1 cm³ der gleichen, aber vorher zum Sieden erhitzten und wieder erkalteten Pankreatinlösung gegeben. Die beiden Suspensionen werden rasch auf 40° erwärmt und während 4 Stunden in einem Thermostaten auf 38—40° gehalten. In jedes der beiden Reagensgläser werden nun das gleiche Volumen 90 volum%iger Alkohol und 2 Tropfen Phenolphthaleinlösung gegeben und die beiden Flüssigkeiten mit $1/20$ n-Natronlauge titriert. Der Unterschied bei beiden Titrationen darf nicht weniger als 1 cm³ betragen.

3. **Pepsin** (III, 1151). Neuere Methoden für die Bewertung von Pepsinpräparaten sind das Standard-Pepsinverfahren, das das **Amerikanische Arzneibuch** und das Caseinverfahren, das das **Schweizer Arzneibuch** vorschreibt. Da das erste Verfahren das Vorhandensein eines Standardpepsins voraussetzt, sei die Bestimmungsvorschrift des **Schweizer Arzneibuches** angeführt: In einem dickwandigen Reagensglas von etwa 13 mm innerer Weite mit Glasstopfen mischt man 5 cm³ der Caseinlösung (Herstellung s. unten) mit 3,8 cm³ Wasser und 1,2 cm³ der frisch hergestellten Pepsinlösung (s. unten), stellt das Gemisch sogleich in ein konstantes Wasserbad von 40° und beläßt es dort während einer Stunde. Nach dieser Zeit wird die Verdauung durch Zugabe von 0,3 cm³ etwa 2 n-Natriumacetatlösung unterbrochen. Gleichzeitig mischt man, ohne zu schütteln, in einem zweiten gleich weiten Reagensglas 10 cm³ Caseinvergleichslösung (s. unten) mit 0,3 cm³ Natriumacetatlösung (Vergleichstrübung). Das Reagensglas mit der verdauten Caseinlösung wird nun etwa 4 Minuten lang in Wasser von Zimmertemperatur gestellt. Vergleicht man alsdann binnen 3 Minuten die beiden Reagensgläser, so darf die Trübung der verdauten Probe höchstens gleich stark sein wie diejenige der Vergleichstrübung.

Caseinlösung. 0,1 g Casein wird in ein trockenes Meßkölbchen von 50 cm³ Inhalt gegeben und durch Anschütteln mit wenig Wasser aufgeschwemmt. Die Aufschwemmung wird mit etwa 25 cm³ Wasser verdünnt und unter Umschwenken mit 1 cm³ $1/10$ n-Natronlauge versetzt. Das Casein wird unter Erwärmen auf 40° durch Umschwenken, unter Vermeidung von Schütteln, gelöst (was nicht länger als $1/2$ Stunde erfordern soll). Die Lösung verdünnt man mit etwa 15 cm³ Wasser, läßt, ohne umzuschwenken, 2,6 cm³ n-Salzsäure in das Kölbchen fließen, schwenkt dann rasch um, bis sich das ausgefallene Casein wieder gelöst hat und ergänzt nach dem Abkühlen auf Zimmertemperatur mit Wasser auf 50 cm³.

Casein-Vergleichslösung. 4 cm³ der obigen Caseinlösung (genau gemessen) werden in einem Meßkölbchen von 100 cm³ Inhalt mit etwa 50 cm³ Wasser verdünnt, mit 2,3 cm³ n-Salzsäure versetzt und mit Wasser auf 100 cm³ ergänzt.

Pepsinlösung. 0,1 g Pepsin wird auf eine Mischung aus etwa 5 cm³ Wasser und 5 cm³ $^1/_{10}$ n-Salzsäure, die sich in einem Schälchen befindet, aufgestreut. Man läßt ruhig stehen, bis das Pulver sich gelöst hat bzw. untergesunken ist. Dann wird die Mischung mit Wasser verlustlos in einen Meßkolben von 1 Liter Inhalt gespült und mit Wasser auf 1 Liter ergänzt.

Zur Caseinmethode vergleiche auch Eschenbrenner. Als Beitrag zur Wertbestimmung auf der Basis des Standardprinzips siehe Stasiak und Kerényi, siehe auch Bullock.

4. Trypsin (III, 1156). Da Trypsin öfters im Handel nach Fuld-Groß-Einheiten bewertet wird, sei die dieser Bewertung zugrunde liegende Bestimmungsmethode angegeben: 0,1 g reines Casein wird mit 5 cm³ $^1/_{10}$ n-Natronlauge und 25 cm³ Wasser zum Sieden erhitzt, die überschüssige Natronlauge mit $^1/_{10}$ n-Salzsäure neutralisiert, wozu etwa 4,5 cm³ erforderlich sind, und die Lösung mit Wasser auf 100 cm³ ergänzt. Eine Reihe von Reagensgläsern wird mit der Fermentlösung in absteigenden Mengen beschickt und der Inhalt jeden Glases mit destilliertem Wasser auf gleiches Volumen ergänzt. Dann werden je 2 cm³ der 1⁰/₀₀igen Caseinlösung zugesetzt. Das Gemisch wird danach 1 Stunde lang bei 38° stehengelassen. Nach dem Abkühlen werden zu jeder Portion 6 Tropfen einer Mischung aus 1 Teil Essigsäure (96%), 49 Teilen Wasser und 50 Teilen Alkohol (96 volum%ig) hinzugefügt. Bei Gegenwart von unverändertem Casein entsteht eine Trübung. Die Probe, die gerade noch völlig klar bleibt, wird für die Berechnung herangezogen. Enthält diese Probe *a* g der ursprünglichen Fermentmenge, so beträgt der Wirkungswert des untersuchten Trypsins 2/*a*-Trypsineinheiten nach Fuld-Groß, wobei unter einer Trypsineinheit nach Fuld-Groß diejenige Fermentmenge zu verstehen ist, die innerhalb 1 Stunde bei einer Temperatur von 38° 1 cm³ der obigen Caseinlösung glatt verdaut. Waren z. B. noch 0,00005 g Ferment imstande, 2 cm³ Caseinlösung glatt zu verdauen, so ist der Trypsinwert $\dfrac{2}{0,00005} = 40000$ Fuld-Groß-Einheiten.

Literatur.

Adams and Nichols: Analyst **54**, 2 (1929). — Akabori: Ber. Dtsch. Chem. Ges. **66**, 142 (1933). — Alten u. Weiland: Angew. Chem. **46**, 165 (1933). — van Arkel: Pharm. Weekblad **72**, 366 (1936). — Awe: Pharm. Zentralhalle Deutschland **74**, 157 (1936).

Babitsch: Ztschr. f. anal. Ch. **101**, 398 (1935). — Beal and Szalkowski: Journ. Amer. Pharmac. Assoc. **23**, 18 (1934); Chem. Zentralblatt **1934** I, 3503. — Berry: Analyst **58**, 464 (1933). — Böhm: Apoth.-Ztg. **46**, 793 (1931). — Boie: Pharm. Ztg. **75**, 968 (1930). — Bordeianu: (1) Ztschr. f. anal. Ch. **91**, 421 (1933). — (2) Arch. der Pharm., Ber. Dtsch. Pharmaz. Ges. **271**, 149 (1933). — (3) Arch. der Pharm., Ber. Dtsch. Pharmaz. Ges. **272**, 8 (1934). — Brodsky u. Perelman: Pharm. Zentralhalle Deutschland **73**, 721 (1932). — Brückner: Gas- u. Wasserfach **75**, 573 (1932). — Bruhns: Dtsch. Zuckerind. **59**, 646, 728, 985, 1039 (1934). —

Budde: Apoth.-Ztg. 49, 295 (1934). — Büchi, J.: Pharmac. Acta Helvet. 13, 132 (1938). — Bullock: Quart. Journ. Pharmac. Pharmacol. 8, 13 (1935).

Carly, Green and Schoetzow: Journ. Amer. Pharmac. Assoc. 22, 1237 (1933). — Castiglioni: (1) Annali Chim. appl. 25, 240 (1935); Chem. Zentralblatt 1935 II, 2710. — (2) Ztschr. f. anal. Ch. 101, 414 (1935). — Charles: Ann. Chim. analyt. Chim. appl. (2) 14, 5 (1932); Ztschr. f. anal. Ch. 94, 55 (1933). — Claus: Pharm. Weekblad 68, 422 (1931). — Cox: (1) Analyst 60, 793 (1935); Ztschr. f. anal. Ch. 108, 217 (1937). — (2) Analyst 54, 694 (1929).

Deckert: Ztschr. f. anal. Ch. 112, 241 (1938). — Dehio, W.: Ztschr. f. anal. Ch. 110, 157 (1937). — Dekay and Jordan: Journ. Amer. Pharmac. Assoc. 23, 316 (1934); Chem. Zentralblatt 1934 II, 1815. — Del Boca u. Remezzano: Chem. Zentralblatt 1936 II, 2167. — Denigès: (1) Mikrochemie 10, 430 (1932). — (2) Bull. Trav. Soc. Pharmac. Bordeaux 71, 5 (1933); Ztschr. f. anal. Ch. 104, 317 (1936). — (3) C. r. d. l'Acad. sciences 199, 1622 (1934); Chem. Zentralblatt 1935 I, 3311. — van Deripe, Billenheimer and Nitardy: Journ. Amer. Pharmac. Assoc. 25, 209 (1936). — Désvaux et Monguillon: Ann. des Falsifications Fraudes 27, 216 (1934); Ztschr. f. anal. Ch. 108, 456 (1937). — Dietrich u. Conrad: Angew. Chem. 44, 532 (1931). — Dietzel u. Paul: (1) Arch. der Pharm., Ber. Dtsch. Pharmaz. Ges. 273, 507 (1935); 276, 408 (1938). — (2) Süddtsch. Apoth.-Ztg. 76, 476 (1936). — Düll, H.: Arch. der Pharm., Ber. Dtsch. Pharmaz. Ges. 274, 283 (1936).

Eegriwe: Ztschr. f. anal. Ch. 110, 22 (1937). — Ekkert: (1) Pharm. Zentral-halle Deutschland 73, 504 (1932). — (2) Pharm. Zentralhalle Deutschland 73, 487 (1932). — (3) Pharm. Zentralhalle Deutschland 71, 550 (1930). — (4) Pharm. Zentralhalle Deutschland 73, 197 (1932). — (5) Pharm. Zentralhalle Deutschland 73, 369 (1932). — (6) Pharm. Zentralhalle Deutschland 76, 237 (1935). — (7) Pharm. Zentralhalle Deutschland 67, 481 (1926). — (8) Pharm. Zentralhalle Deutschland 73, 226 (1932). — (9) Pharm. Zentralhalle Deutschland 75, 228 (1934). — Emmanuel: Ztschr. f. anal. Ch. 82, 296 (1930). — Ender: Angew. Chem. 47, 227 (1934). — Eschenbrenner: Pharm. Ztg. 81, 229 (1936).

Fehre: Ztschr. f. anal. Ch. 87, 180, 185 (1932). — Feigl: (1) Qualitative Analyse mit Hilfe von Tüpfelreaktionen, 2. Aufl. Leipzig 1935. — (2) Mikrochemie 13, 134 (1933). — Feigl u. Fränkel: Mikrochemie 12, 303 (1933). — Feigl u. Frehden: Feigl, Qualitative Analyse mit Hilfe von Tüpfelreaktionen, 2. Aufl., S. 405. Leipzig 1935. — Feigl u. Uzel: Mikrochemie 19, 136 (1936). — Feigl u. Weisselberg: Ztschr. f. anal. Ch. 83, 103 (1931). — Feigl, Zappert u. Vasquez: (1) Mikrochemie 17, 165 (1935). — (2) Mikrochemie 17, 169 (1935). — Fellenberg, v. u. Krauze: Mitt. Lebensmittelunters. 23, 111 (1932); Ztschr. f. anal. Ch. 92, 132 (1933). — Fernández y Socías: Anales soc. espanola Fis. Quim. 30, 477 (1932); Chem. Zentralblatt 1932 II, 2497. — Fialkow u. Stschigol: Pharm. Zentralhalle Deutschland 74, 103 (1934). — Fijalkow u. Jampolska: Arch. der Pharm., Ber. Dtsch. Pharmaz. Ges. 270, 203 (1932). — Fischbeck u. Neundeubel: Ztschr. f. anal. Ch. 104, 81 (1936). — Fischer, K.: Angew. Chem. 48, 394 (1935). — Fischer, R.: (1) Ztschr. f. Unters. Lebensmittel 67, 161 (1934). — (2) Mikrochemie 10, 409 (1932). — Fischer, R. u. Stauder: Mikrochemie 8, 330 (1930). — Fleury and Raoul: Journ. Pharmac. Chim. (8) 18, (125), 479 (1933); Chem. Zentralblatt 1934 I, 2010. — Frerichs u. Meyer: Apoth.-Ztg. 45, 440 (1930).

Gowing-Scopes: Analyst 39, 385 (1914); Chem. Zentralblatt 1915 I, 507. — Graf: Pharm. Ztg. 78, 92 (1933). — Griebel: Ztschr. f. Unters. Lebensmittel 66, 253 (1933). — Griebel u. Weiß: Ztschr. f. Unters. Lebensmittel 65, 419 (1933); 67, 86 (1934). — Grimme: Pharm. Zentralhalle Deutschland 74, 669 (1933). — Großfeld: Dtsch. Nahrungsmittelrundschau 20, 154 (1933). — Großfeld u. Walter: Ztschr. f. Unters. Lebensmittel 68, 270 (1934).

de Haas: Pharm. Weekblad 68, 29 (1931). — Hahn u. Werner: Liebigs Ann. 520, 123 (1935). — Hahn, F. L.: Angew. Chem. 43, 712 (1930). — Halstrøm: Dansk Tidsskr. Farmac. 9, 181 (1935); Chem. Zentralblatt 1935 II, 3130. — Hamann: (1) Apoth.-Ztg. 50, 922 (1935). — (2) Arch. der Pharm., Ber. Dtsch. Pharmaz. Ges. 274, 315 (1936). — (3) Pharm. Monatshefte 15, 112 (1934). — Han and Chu: Ind. and Engin. Chem., Anal. Ed. 3, 379 (1931). — Handke: (1) Apoth.-Ztg. 50, 335 (1935). — (2) Apoth.-Ztg. 49, 1183 (1934); 50, 335 (1935). — Hardy:

Chem. Zentralblatt **1936 II**, 515. — Heim: Ind. and Engin. Chem., Anal. Ed. 7, 146 (1935). — Herzog, W.: Pharm. Zentralhalle Deutschland 78, 761 (1937). — Heß u. Haber: Ber. Dtsch. Chem. Ges. 70, 2205 (1937). — Hieronimus: Pharm. Ztg. 81, 514 (1936). — Hoffmann: Dansk Tidsskr. Farmac. **1932**, 19; Pharm. Ztg. **1932**, 357. — Hofmann u. Popovici: Pharm. Zentralhalle Deutschland 76, 346 (1935).

Iddles and Jackson: Ind. and Engin. Chem., Anal. Ed. 6, 454 (1934).

Jahoda: Chem. Zentralblatt **1935 I**, 1091. — Jansen: Pharm. Weekblad 33, 239 (1936); Chem. Zentralblatt **1936 I**, 4827. — Johnson: Journ. Soc. Chem. Ind., Chem. & Ind. 55, 109 (1936); Chem. Zentralblatt **1936 II**, 3825.

Kälin: Pharmac. Acta Helvet. 6, 159 (1931). — Kamecki: Wiadomosci farmac. 64, 593 (1937); Chem. Zentralblatt **1938 I**, 937. — Kappelmeier: Farben-Ztg. 40, 1141 (1935). — Karsten: Pharm. Weekblad 70, 920 (1933). — Kaufmann: Arch. der Pharm., Ber. Dtsch. Pharmaz. Ges. 267, 5 (1929). — Kehren: Mell. Textilber. 11, 291 (1930). — Kempf, R.: Ztschr. f. anal. Ch. 89, 88 (1932). — Klinc: (1) Ann. Chim. analyt. Chim. appl. (3), 18, 6 (1936); Chem. Zentralblatt **1936 I**, 4338. — (2) Bull. Soc. Chim. biol. Paris 14, 885 (1932); Chem. Zentralblatt **1932 II**, 2693. — Klobusitzky, v.: Biochem. Ztschr. **1934**, 120. — Kluge: Ztschr. f. Unters. Lebensmittel 69, 9 (1935). — Köhne: Ztschr. f. anal. Ch. 88, 161 (1932). — Kolthoff: (1) Rec. trav. chim. Pays-Bas 45, 745 (1926). — (2) Journ. Amer. Pharmac. Assoc. 22, 947 (1933); Chem. Zentralblatt **1934 I**, 1223. — Kolthoff and Lingane: Journ. Amer. Pharmac. Assoc. 23, 302, 404 (1934); Chem. Zentralblatt **1934 II**, 1500 u. 1657. — Krauß: Angew. Chem. 44, 946 (1931). — Kurtz: Ind. and. Engin. Chem., Anal. Ed. 5, 260 (1933).

Lansing: Ind. and Engin. Chem., Anal. Ed. 7, 184 (1935). — Leclerq: Journ. Pharmac. Belgique 17, 423, 449, 467 (1935); Apoth.-Ztg. 51, 1281 (1936). — Leonhardt u. Klockmann: Apoth.-Ztg. 52, 1117 (1937). — Leonhardt, Moeser u. Klockmann: Mercks Jber. 50, 155 (1936). — Lepper: Landw. Vers.-Stat. 117, 113 (1933); Chem. Zentralblatt **1934 I**, 1127. — Liversedge: Analyst 59, 815 (1934). — Lochmann: Metallwar.-Ind., Galvano-Techn. 32, 188 (1934); Chem. Zentralblatt **1934 II**, 506. — Löbering: Ztschr. f. anal. Ch. 101, 392 (1935).

Machu, W.: Das Wasserstoffsuperoxyd und die Perverbindungen. Wien 1937. — Malaprade: C. r. d. l'Acad. des sciences 198, 1037 (1934); Ztschr. f. anal. Ch. 102, 130 (1935). — Maldiney: C. r. d. l'Acad. des sciences 158, 1782 (1914). — Mannich: Arch. der Pharm., Ber. Dtsch. Pharmaz. Ges. 273, 97 (1935). — Marriott: Journ. Biol. Chem. 16, 281 (1913). — Martin: Bull. Sci. pharmacol. 41, 36 (1934); Chem. Zentralblatt **1934 I**, 3774. — Martini: (1) Mikrochemie 12, 111 (1933). — (2) Mikrochemie 12, 109 (1933). — Massagetow: Arch. der Pharm., Ber. Dtsch. Pharmaz. Ges. 270, 392 (1932). — Mather and Shanks: Analyst 59, 517 (1934). — Matthes u. Schütz: Pharm. Ztg. 75, 42 (1930). — Matuszak: Ind. and Engin. Chem., Anal. Ed. 4, 98 (1932). — Merck: Prüfung der chemischen Reagenzien auf Reinheit, 5. Aufl. 1939. — Mercks Reagenzienverzeichnis, 8. Aufl. 1936. — Merz: Arch. der Pharm., Ber. Dtsch. Pharmaz. Ges. 269, 449 (1931). — Merz, O.: Neuere Lösungsmittel und Weichmachungsmittel. Berlin: Wilhelm Pansegrau 1939. — Messinger u. Vortmann: Ber. Dtsch. Chem. Ges. 22, 2312 (1899). — van der Meulen: (1) Ztschr. f. anal. Ch. 88, 173 (1932). — (2) Rec. trav. chim. Pays-Bas 51, 445 (1932); Ztschr. f. anal. Ch. 94, 208 (1933). — Meyer, K.: Pharm. Ztg. 81, 192, 205 (1936). — Meyer, Walter: Pharm. Zentralhalle Deutschland 78, 669 (1937). — Mezger, Jesser u. Volkmann: Chem. Ztg. 57, 413 (1933). — Middleton and Hymas: Analyst 53, 201 (1928). — Mikó, v.: Pharm. Zentralhalle Deutschland 73, 179 (1932). — Müller, E.: Ztschr. f. anal. Ch. 103, 340 (1935). — Müller, Rob. u. Brenneis: Berg- u. Hüttenm. Jber. Montan. Hochschule Leoben 80, 101 (1932); Chem. Zentralblatt **1932 II**, 2689. — Murooka: Chem. Zentralblatt **1936 I**, 3808, 3873.

Neu: Pharm. Zentralhalle Deutschland 75, 529 (1934). — Neugebauer: Pharm. Ztg. 78, 1077 (1933). — Neugebauer u. Brunner: Pharm. Ztg. 82, 1212 (1937). — Nicholls, J. R.: Analyst 61, 155 (1936); Chem. Zentralblatt **1936 II**, 4030. — Noetzel: Pharm. Zentralhalle Deutschland 74, 205 (1933). — Noll, Bolz u. Belz: Papierfabr., Verein d. Zellstoff- u. Papier-Chemiker u. -Ingenieure 28, 565 (1930). — Nottbohm u. Mayer: (1) Chem.-Ztg. 56, 881 (1932). — (2) Ztschr. Unters. Lebensmittel 70, 121 (1935).

Örtegren: Farm. Revy **1932**, 282; Pharm. Zentralhalle Deutschland **74**, 773 (1933). — Offerhaus u. Baert: Pharm. Weekblad **72**, 1411 u. 1443 (1935). — Olli Ant-Wuorinen: Ztschr. f. Unters. Lebensmittel **70**, 389 (1935). — Osburn, Wood and Werkman: Ind. and Engin. Chem., Anal. Ed. **5**, 247 (1933).

Panizzon: Mell. Textilber. **12**, 119 (1931). — Pap: Mühle **69**, Nr. 17; Mühlenlaboratorium **25** (1932); Chem. Zentralblatt **1932** II, 634. — Paris: Pharm. Weekblad **73**, 1526 (1936). — Parkinson and Wagner: Ind. and Engin. Chem., Anal. Ed. **6**, 433 (1934). — Perkins and Edwards: Amer. Journ. Pharmac. **107**, 208 (1935); Chem. Zentralblatt **1935** II, 3136. — Pesez: J. Pharmac. Chim. **22**, 164 (1935); Chem. Zentralblatt **1936** I, 590. — Peták: Čas. česk. Lécarnictva **16**, 137 (1936); Chem. Zentralblatt **1936** II, 2407. — Peyer u. Hamann: Pharm. Monatshefte **15**, 113 (1934). — Plank: Ztschr. f. anal. Ch. **99**, 105 (1934). — Ponte: Chem. Zentralblatt **1934** I, 2629. — Potter and Williams: Journ. Soc. Chem. Ind. **51**, Transact. 59 (1932). — Preiß: Ztschr. f. Unters. Lebensmittel **67**, 144 (1934).

Raquet and Pinte: Journ. Pharmac. Chim. (8), **18**, (125), 5 (1933); Chem. Zentralblatt **1933** II, 1898. — Raub u. Nann: Mitt. Forsch.-Inst. Probieramtes Edelmetalle, Staatl. höhere Fachschule Schwäb.-Gmünd **9**, 77 (1935); Chem. Zentralblatt **1936** I, 3007. — Raurich: Ann. Inst. Técnico de Comprobación **1**, 14 (1930); Ztschr. f. anal. Ch. **97**, 364 (1934). — Reichard: Ztschr. f. anal. Ch. **99**, 81 (1934). — Reimers: Arch. der Pharm., Ber. Dtsch. Pharmaz. Ges. **273**, 140 (1935). — Remenec: Chem. Listy Vedu Prumysl **30**, 96 (1936); Chem. Zentralblatt **1936** II, 242. — Rewald: Chem.-Ztg. **57**, 373 (1933). — Rieche u. Meister: Angew. Chem. **49**, 101 (1936). — Rigamonti: Annali Chim. appl. **22**, 744 (1932); Chem. Zentralblatt **1933** I, 2848. — Ringbom: Ztschr. f. anal. Ch. **92**, 95 (1933). — Ritsema: Pharm. Weekblad **71**, 58 (1934). — Rohmann: Pharm. Zentralhalle Deutschland **74**, 396 (1933). — Rohmann, C. u. U.: Pharm. Ztg. **79**, 122 (1934). — Rohmann u. Gericke: Pharm. Ztg. **77**, 652 (1932). — Roisman: Ztschr. f. anal. Ch. **88**, 262 (1932). — Rosenthaler: (1) Pharm. Zentralhalle Deutschland **73**, 737 (1932). — (2) Mikrochemie **19**, 17 (1935). — (3) Süddtsch. Apoth.-Ztg. **45**, 512 (1905); **78**, 75 (1938). — (4) Pharm. Ztg. **76**, 288 (1931). — Rozeboom: Pharm. Weekblad **72**, 498, 689 (1935). — Rupp: Pharm. Ztg. **74**, 1568 (1929). — Rupp u. Poggendorf: Apoth.-Ztg. **48**, 246 (1933).

Sabalitschka u. Harnisch: Pharm. Zentralhalle Deutschland **67**, 290 (1926). — Sanchez: (1) Rev. Centro Estudiantes Farm. Bioquim. **20**, 125 (1931); Ztschr. f. anal. Ch. **104**, 369 (1936). — (2) Schweiz. Apoth.-Ztg. **72**, 295 (1934). — (3) Journ. Pharmac. Belgique **18**, 953 (1935); Apoth.-Ztg. **52**, 1261 (1937). — Schewket: Biochem. Ztschr. **54**, 283 (1915). — Schmalfuß u. Werner: Ztschr. f. anal. Ch. **97**, 314 (1934). — Schoorl: (1) Pharm. Weekblad **68**, 279 (1931). — (2) Pharm. Weekblad **72**, 751 (1935). — (3) Pharm. Weekblad **74**, 210 (1937). — Schulek: Ber. Dtsch. Chem. Ges. **58**, 732 (1925). — Schulek u. Floderer: (1) Ztschr. f. anal. Ch. **96**, 388 (1934). — (2) Ztschr. f. anal. Ch. **102**, 186 (1935). — Schulek u. Gervay: Ztschr. f. anal. Ch. **92**, 406 (1933); **102**, 271 (1935). — Schulek u. Kerényi: Ztschr. f. anal. Ch. **88**, 401 (1932). — Schulek u. Menyhárth: Ztschr. f. anal. Ch. **89**, 427 (1932). — Schultes: Angew. Chem. **47**, 258 (1934). — Schulze u. Rieger: Papierfabr., Verein d. Zellstoff- u. Papier-Chemiker u. -Ingenieure **32**, 245 (1934). — Schumann: Chem. Zentralblatt **1934** I, 736. — Schweitzer: Collegium **1933**, 155. — Schwicker: (1) Ztschr. f. anal. Ch. **110**, 165 (1937). — (2) Ztschr. f. anal. Ch. **110**, 161 (1937). — Scott u. Wilson: Ztschr. f. anal. Ch. **51**, 790 (1912). — Shaner u. Willard: Mikrochemie **19**, 222 (1936). — Sheppard and Hudson: Abridged Sci. Publ. from the Kodak Laboratories **15**, 33 (1931/32); Ztschr. f. anal. Ch. **101**, 456 (1935). — Simon: Biochem. Ztschr. **247**, 171 (1932). — Simon u. Reetz: Ztschr. f. anal. Ch. **105**, 321 (1936). — Simons: Mühlenlaboratorium Nr. 7, S. 46 (1932); Ztschr. f. anal. Ch. **92**, 449 (1933). — Somiya: Journ. Soc. Chem. Ind. **51**, 135 (1932); Ztschr. f. anal. Ch. **92**, 427 (1933). — Sommer: Chem. Zentralblatt **1935** I, 2569. — Spacu, P.: Ztschr. f. anal. Ch. **103**, 272 (1935). — Spitzer: Chem.-Ztg. **57**, 227 (1933). — Ssertschel: Chem. Zentralblatt **1933** II, 3019. — Stainier et Massart: Journ. Pharmac. Belgique **15**, 869, 891 (1933); Chem. Zentralblatt **1934** I, 1360. — Staněk u. Pavlas: Mikrochemie **16**, 211 (1935). — Stasiak u. Kerényi: Pharm. Zentralhalle Deutschland **74**, 519, 531 (1933). — Stempel: Pharm. Zentralhalle

Deutschland **77**, 329 (1936). — Sticht: Journ. Amer. Pharmac. Assoc. **22**, 22 (1933); Chem. Zentralblatt **1933** I, 2439. — Stiepel: Seifensieder-Ztg. **61**, 108 (1934). — Straub u. Mihalovits: Pharm. Zentralhalle Deutschland **75**, 226 (1934). — Stschigol: Pharm. Zentralhalle Deutschland **74**, 529 (1933). — Sunawala and Katti: Journ. Indian Inst. Sci., Ser. A **18**, 115 (1935); Chem. Zentralblatt **1936** I, 1982. — Sutermeister: Paper Ind. **15**, 316 (1933); Chem. Zentralblatt **1933** II, 3069.

Thomis: Praktika **10**, 130 (1935); Chem. Zentralblatt **1936** I, 1065. — Tischler: Ind. and Engin. Chem., Anal. Ed. **4**, 146 (1932). — Tomiček u. Feldmann: Coll. Trav. chim. Tchécoslovaquie **6**, 408 (1934); Chem. Zentralblatt **1935** I, 442. — Tretzmüller: Mitt. staatl. techn. Versuchsamt Wien **24**, 77 (1935); Chem. Zentralblatt **1936** I, 4949. — Tschentke: Ind. and Engin. Chem., Anal. Ed. **6**, 21 (1934). — Tusting, Cocking and Middleton: Quart. J. Pharmac. Pharmacol. **4**, 175 (1931).

Ueno and Suzuki: Journ. Soc. Chem. Ind. Japan (Suppl.) **38**, 139 (1935); Chem. Zentralblatt **1936** I, 2786. — Uhlenhuth u. Remy: Arch. f. Hyg. **111**, 127 (1934). — Urbanek: Mezögazdasági-Kutatások **6**, 334 (1933); Chem. Zentralblatt **1934** I, 1546.

Vegezzi u. Haller: Mitt. Lebensmittelunters. **25**, 39 (1934); Ztschr. f. anal. Ch. **103**, 298 (1935). — Vieböck u. Fuchs: Pharm. Monatshefte **15**, 37 (1934). — Vincke: Chem.-Ztg. **57**, 695 (1933). — Viollier u. Studinger: Mitt. Lebensmittelunters. **24**, 194 (1933); Chem. Zentralblatt **1933** II, 1101. — Vlezenbeek: Pharm. Zentralhalle Deutschland **78**, 265 (1937). — Vorländer: Ber. Dtsch. Chem. Ges. **66**, 1789 (1933); **67**, 145 (1934).

Wagenaar: (1) Pharm. Weekblad **69**, 449 (1932). — (2) Mikrochemie **11**, 132 (1932). — (3) Pharm. Weekblad **72**, 642 (1935). — (4) Pharm. Weekblad **72**, 564, 612 (1935). — (5) Pharm. Weekblad **70**, 322 (1933). — (6) Mikrochemie **13**, 145 (1933). — Wallrabe: Apoth.-Ztg. **46**, 341 (1931). — Warnat: Ber. Dtsch. Chem. Ges. **63**, 2959 (1930). — Weber: (1) Chem.-Ztg. **61**, 807 (1937). — (2) Chem.-Ztg. **55**, 202 (1931). — Weihe and Jacobs: Ind. and Engin. Chem., Anal. Ed. **8**, 44 (1936). — Weiß: Ztschr. f. anal. Ch. **98**, 397 (1934). — Whitmore and Lieber: Ind. and Engin. Chem., Anal. Ed. **7**, 127 (1935). — Wilson: Chem. Zentralblatt **1936** I, 390. — Winkel u. Proske: Ber. Dtsch. Chem. Ges. **69**, 698 (1936). — Wolf u. Jung: Ztschr. f. anorg. u. allg. Ch. **201**, 353 (1931).

Zechner: Pharm. Monatshefte **10**, 194 (1929). — Zeisel u. Fanto: Ztschr. f. anal. Ch. **42**, 554 (1903). — Zwikker: Pharm. Weekblad **68**, 975 (1931).

Namenverzeichnis
für den III. Teil des Ergänzungswerkes.

Gesamtsachverzeichnis
zu den Bänden I—V des Hauptwerkes und zu den Teilen I—III des Ergänzungswerkes.

Holzschliff in Papier V 574.
— Trockengehalt V 544.
Holzstoff V 543.
— Holzart V 543.
— Trockengehalt V 544.
Holzteer, Kautschukind. V 461.
Holzteerpech in Erdölteerpech IV 939.
Holzzellstoff V 545.
— Nitrierung III 1177.
Homatropinhydrobromid III 1087.
Honigessig V 340.
Hoolamite-Detektor E II 168.
Hopcalite I 658; E II 168.
Hopfen V 407.
— Asche V 1411.
— Arsen V 409.
— Bitterstoffe V 410.
— Hopfengerbstoff V 409.
— Hopfenharz V 410.
— Hopfenöl V 408.
— Wasser V 408.
Hopfenharze V 408.
Hopfenöl IV 1031; V 408.
Hopfensurrogate V 431.
Hordeninsulfat III 1088; E III 744.
Horn in Knochenmehl III 626.
Hornmehl III 632.
Hottenroth-Zahl V 744.
H-Säure V 1254.
Hüblsche Verhältniszahl IV 597.
Hübnerit II 1699; s. a. Wolframerze.
Hühnerfett IV 490; s. a. Fette.
Hüttenerzeugnisse, Gold II 1025.
— Silber II 998, 1025.
Hüttenkupfer II 1220; s. a. Kupfer-
    metall.
Humifizierungszahl E II 272, 273.
Huminal E II 391.
Humus in Boden III 663; E II 270—276.
— in Moorboden III 680.
— Ton III 88.
Humusdüngemittel s. Düngemittel.
Hundefett IV 490; s. a. Fette.
Hundshaiöl IV 488; s. a. Fette.
Hutchinson-Teerprüfer IV 357, 358.
Hyacinthin IV 1040; s. a. Öle, äth.
Hybridenwein V 313.
Hydnocarpusöl s. a. Fette.
— Drehungsvermögen IV 427.
— Kennzahlen IV 486.
Hydralin III 905.
Hydrastin I 423.
Hydrastinhydrochlorid III 1089;
    E III 745.
— Unterscheidung von Berberin
    III 1090.
Hydrastininchlorid III 1091.
Hydratcellulose, Dimensionen der Mi-
    celle I 1009.
— Quellung I 1014.
— Raumgruppe I 1012.

Hydratcellulose, Röntgendiagramm
    I 994.
— Translationsgitter-Abmessungen
    I 1011.
— in Zellstoff III 1178.
Hydraulefaktoren III 338.
Hydraulite III 426.
Hydrazin, Dissoziationskonstante I 299.
— potentiometrisch I 502; E I 73.
Hydrazinderivate I 203.
Hydrazinhydrochlorid III 733.
Hydrazinsulfat III 731; E III 697.
— Titerstellung I 371.
Hydrazoverbindungen I 208, 213.
Hydrierjodzahl von Fetten E III 529—532.
Hydrierung, mikro-, katalytische
    E I 346.
— von Kohlenwasserstoffgemischen
    E II 162.
— Mineralölen E II 67.
— Schmierölen E II 67.
Hydrierzahl IV 454.
Hydronalium E II 572.
Hydrocellulose V 739.
— in Kunstfasern E III 282.
— Pflanzenfasern V 665.
— Zellstoff III 1178.
Hydrochinon III 927; V 1244; E I 74.
— Bestimmung E III 724, 725.
— — maßanalytische I 503.
— — potentiometrische I 442.
Hydrolin III 905, 909.
Hydrolisierzahl III 1178; V 634.
Hydrolyse I 96, 98.
Hydrosol I 1054.
Hydrosulfit in Natriumhydrosulfit
    III 738.
— neben Sulfit und Thiosulfat III 739.
Hydrotimeter II 168; E II 186.
Hydroxycitronellal IV 1041.
Hydroxylaminhydrochlorid E III 697.
Hydroxylaminoxalat, Titerstellung I 365.
Hydroxylgruppen, Mikrobest. I 1202.
Hydroxylzahl von Fetten IV 442;
    E III 519—521.
— Fettsäuren E III 616, 617.
Hygrometer II 408; V 973.
Hygroskopizität von Humusdüngemittel
    E II 397, 398.
— Schwarzpulver III 1209.
— Sprengstoffen III 1261.
— Tonkörpern III 161; E II 471.
Hygrostate V 837.
Hyoscinhydrobromid III 1117.
Hyoscyamin III 1092; E III 745.
Hypnal III 1040.
Hypobromit, potentiometrisch I 497.
Hypochlorit, Bestimmung I 139, 159.
— — mikrochemische I 159.
— — potentiometrische I 496.
— — in Bleichlaugen II 813.

Schleuderglas IV 719.
Schleuder-Psychrometer II 407.
Schlichte in Gespinstfasern V 680.
Schlieren in Glas III 509.
Schlierenmethode I 1140; E I 278.
Schliffe, Herst. von Metall- I 757;
   E I 127, 128.
Schmälzöle IV 551.
Schmalzöl s. a. Fette.
— Grenzflächenspannung IV 640.
— in Olivenöl IV 519.
Schmelze, Herauslösen I 77.
Schmelzpunkt I 177, 178.
— Bestimmung IV 400, 415.
— — mikrochemische I 1139.
— — von Acetylcellulose V 765.
— — Asche II 9; E II 3.
— — Braunkohlenpech IV 393.
— — Emulsionen, photographischen
   V 870.
— — Essigsäure III 768.
— — Fetten IV 414.
— — Gasen II 826.
— — — flüssigen u. Dämpfen I 577.
— — Gelatine V 901.
— — Iridium II 1548.
— — Kohlenasche IV 13.
— — Natriumchlorid II 686.
— — Nitroglycerin III 1225.
— — Nitrokörpern, aromatischen
   III 1230.
— — Oleum II 654.
— — Osmium II 1553.
— — Palladium II 1557.
— — Paraffin IV 400, 905.
— — Pech IV 924.
— — Platin II 1524.
— — Quecksilber II 1434.
— — Rhodium II 1563.
— — Ruthenium II 1568.
— — Schwefelsäuren II 623.
— — Steinkohlenteerbestandteilen
   IV 241.
— — Tonwaren III 200.
— — Trinitrotoluol III 1238.
Schmelzsoda II 745; V 540.
Schmelzwärme von Mineralölen IV 672.
— Paraffin IV 908.
Schmelzzement III 334, 336;
   s. a. Zement.
Schmetterlingsfarben E I 200.
Schmiedeeisen s. Eisenmetall.
Schmierergiebigkeit von Ölen IV 805.
Schmierfette, Ablaufprobe IV 876.
— Analysendaten IV 889.
— Anforderungen IV 884, 886, 888.
— Asche IV 881.
— Farbstoffe IV 881.
— Fettfleckprobe IV 875.
— Fettsäuren, freie IV 878.
— Füllstoffe IV 886.

Schmierfette, Glycerin IV 880, 888.
— Kalk, freier IV 880.
— Konsistenz IV 635, 876.
— Mineralöl IV 880.
— Nitronaphthalin IV 881.
— Probenahme IV 602.
— Seifen IV 878, 879.
— Tropfpunkt IV 875.
— Unterscheidung von Vaselin IV 922.
— Untersuchungsgang IV 882, 883.
— Unverseifbares IV 880.
— Wasser IV 880.
Schmiermittel s. a. Mineralöl, Mineral-
   schmieröl u. Schmierfette.
— Hochdruck E II 52—54.
— Graphit- IV 889.
— kautschukhaltige IV 871.
— leitfähige IV 870.
Schmieröle s. Mineralöle u. Mineral-
   schmieröle.
Schmierölrückstände IV 829, 834.
Schmierschicht, Dicke IV 798.
Schmierseife IV 565.
Schmutzgehalt von Kartoffeln V 120.
Schneideöl s. Bohröl.
Schnelldialysator I 1075.
Schnelldrehstahl II 1409.
Schöllkopf-Säure V 1253.
Schönfeldscher Keimtrichter V 413.
Schoenit II 862.
Schönrocksche Formel V 102.
Schönungsmittel in Mennige V 1119.
Schornstein-Abgase I 7.
— Verlust I 640.
Schrot III 699; E III 543;
   s. a. Futtermittel.
Schrot, Analyse II 1520; s. a. Bleilegie-
   rungen.
Schrumpfungstemperatur von Chrom-
   leder V 1533.
Schüttelapparat II 994; III 608.
Schüttgewicht s. a. Gewicht, kubisches.
— anorganische Farben V 1011.
— Soda II 756.
Schulzesches Macerationsgemisch
   V 606.
Schutzrohre für Pyrometer I 564.
Schwärzungsmesser E I 395, 397.
Schwarzblech, Zinn II 1612.
Schwarzerde V 1205.
Schwarzkupfer s. a. Kupfermetall.
— Analyse II 1249.
— Edelmetalle II 1250.
— Silber II 914.
— Verunreinigungen II 1173.
Schwarzlauge s. Zellstoffabr.
Schwarzpulver III 1203; s. a. Salpeter-
   sprengstoffe u. Explosivstoffe.
Schwarzpulverzündschnüre III 1285.
Schwarzsenföl IV 482; s. a. Fette.
Schwebeanalyse von Kalk III 423.

Chemisch-technische Untersuchungsmethoden
Ergänzungswerk
zur achten Auflage
Herausgegeben von Dr.-Ing. Jean D'Ans
Drei Teile
(Jeder Teil ist einzeln käuflich.)

Erster Teil: **Allgemeine Untersuchungsmethoden.** Mit 190 Abbildungen im Text. X, 424 Seiten. 1939. Gebunden RM 39.—.

Inhaltsübersicht: Bemusterung von Erzen, Metallen, Zwischenprodukten und Rückständen. Das Wägen. Von Dr.-Ing. K. Wagenmann, Eisleben. — Qualitative Analyse anorganischer Verbindungen. Von Prof. Dr. R. Berg, Königsberg (Pr.). — Maßanalyse. Von Prof. Dr.-Ing. K. R. Andreß, Darmstadt. — Elektroanalytische Bestimmungsmethoden. Von Dr.-Ing. K. Wagenmann, Eisleben. — Elektrometrische Maßanalyse. Von Dr. G. Rienäcker, Göttingen. — Polarographie. Von Prof. Dr. J. Heyrovský, Prag. — Metallographische Untersuchungen. Von Dr.-Ing. H. Mann, Düren (Rhld.). — Gasanalyse. Von Prof. Dr.-Ing. K. R. Andreß und Dr.-Ing. K. Wüst, Darmstadt. — Die chromatographische Adsorptionsanalyse. Von Dozent Dr. G. Hesse, Marburg a. L. — Fluorescenzanalyse. Von Oberst M. Haitinger, Wien. — Kolloidchemische Untersuchungsmethoden. Von Dr. A. Winkel und Dr. H. Siebert†, Berlin-Dahlem. — Mikrochemische Analyse. Von Prof. Dr. A. A. Benedetti-Pichler, New York, und Prof. Dr. H. Lieb, Graz. — Temperaturmessung. Von Prof. Dr.-Ing. K. R. Andreß, Darmstadt. — Optische Messungen. Von Dr. F. Löwe, Jena. — Photographische Schichten. Von Reg.-Rat Dr. W. Meidinger, Berlin. — Namen- und Sachverzeichnis.

Zweiter Teil: **Untersuchungsmethoden der allgemeinen und anorganisch-chemischen Technologie und der Metallurgie.** Mit 114 Abbildungen im Text. XXI, 879 Seiten. 1939. Gebunden RM 84.—. (Der zweite Teil bringt Ergänzungen zum zweiten, dritten und vierten Band des Hauptwerkes.)

Inhaltsübersicht: Feste und flüssige Brennstoffe. Von Dipl.-Ing. R. Walcher, Ingenieurkonsulent, Wien. — Flüssige Kraftstoffe. Mineralöle und verwandte Produkte Von Dr. C. Zerbe, Hamburg. — Gasfabrikation. Von Dr. D. Witt, Berlin-Wannsee. — Cyanverbindungen. Von Dr. techn. Dipl.-Ing. F. Schuster, Berlin. — Steinkohlenteer. Braunkohlenteer. Von Dr. D. Witt, Berlin-Wannsee. — Calciumcarbid und Acetylen. Von Dr. phil. U. Stolzenburg, Piesteritz. — Verflüssigte und komprimierte Gase. Von Dr.-Ing. A. Orlicek, Höllriegelskreuth b. München. — Die Luft. Von Prof. Dr. W. Liesegang, Berlin-Dahlem. — Physikalisch-chemische Untersuchung für die Kesselspeisewasserpflege. Von Dr. A. Splittgerber, Berlin. — Untersuchung von Trink- und Brauchwasser. Von Dr. phil. habil. R. Strohecker, Stadtchemiker in Frankfurt a. M. — Abwässer. Von Dr. phil. P. Sander, Berlin-Dahlem. — Boden. Von Prof. Dr. F. Scheffer, Jena. — Futtermittel. Von Prof. Dr. W. Wöhlbier, Stuttgart-Hohenheim. — Die Fabrikation der Schwefelsäure. Die Fabrikation der schwefligen Säure. Sulfat- und Salzsäurefabrikation Von Dr.-Ing. Dr. Specht, Leverkusen (Rhld.). — Fabrikation der Salpetersäure. Fabrikation der Soda. Von Dr.-Ing. J. D'Ans, Berlin. — Die Industrie des Chlors. Von Dr.-Ing. Fr. Specht, Leverkusen (Rhld.). — Kalisalze. Von Dr.-Ing. B. Wandrowsky, Berlin. — Phosphorsäure und phosphorsaure Salze. Von Dr.-Ing. J. D'Ans, Berlin. — Die Handelsdüngemittel. Von Dozent Dr. L. Schmitt, Darmstadt. — Bariumverbindungen. Von Dr.-Ing. Fr. Specht, Leverkusen (Rhld.). — Tonerdepräparate. Von Dr.-Ing. habil. A. Dietzel, Berlin. — Die anorganischen Farbstoffe. Von Dr. phil. G. Wittmann, Leverkusen (Rhld.). — Glas-, keramische und Emailfarbkörper. Von Dr. W. Heimsoeth. Leverkusen (Rhld.). — Mörtelbindemittel. Von Prof. Dr. R. Grün, Düsseldorf. — Keramik. Glas. Email und Emaillierung. Von Dr.-Ing. habil. A. Dietzel, Berlin. — Aluminium. Von Dr. habil. Fr. Heinrich und Chefchemiker Frohw. Petzold, Dortmund. — Beryllium. — Von Dr. phil. H. Fischer und Dr. phil. F. Kurz, Berlin-Siemensstadt. — Wismut. Cadmium. Von Dr.-Ing. G. Darius, Stolberg (Rhld.). — Kobalt. Chrom. Von Dr. habil. Fr. Heinrich und Chefchemiker Frohw. Petzold, Dortmund. — Kupfer. Von Dr.-Ing. K. Wagenmann, Eisleben. — Eisen. Von Dr. habil. Fr. Heinrich und Chefchemiker Frohw. Petzold, Dortmund. — Magnesium und seine Legierungen. Von G. Siebel, Bitterfeld. — Mangan. Molybdän. Nickel. Von Dr. habil. Fr. Heinrich und Chefchemiker Frohw. Petzold, Dortmund. — Blei. Von Dr.-Ing. G. Darius, Stolberg (Rhld.). — Zinn. Von Dr. H. Toussaint, Essen. — Tantal und Niob. Titan, Zirkon, Hafnium, Thorium, seltene Erden. Von Dr.-Ing. J. D'Ans, Berlin. — Uran. Vanadium. Wolfram. Von Dr. habil. Fr. Heinrich und Chefchemiker Frohw. Petzold, Dortmund. — Zink. Von Dr.-Ing. G. Darius, Stolberg (Rhld.). — Namen- und Sachverzeichnis.